武經七書
무 경 칠 서

《일러두기》

* 책의 구성은 아래와 같이

❶ 원문, ❷ 음, ❸ 한글 해석문, ❹ 한자 사전을 찾지 않고도 볼 수 있는 설명문으로 되어 있습니다.

孫子曰, 兵者, 國之大事, 死生之地, 存亡之道, 不可不察也. ❶ 원문
손자왈, 병자, 국지대사, 사생지지, 존망지도, 불가불찰야. ❷ 음

손자가 말하기를 군사와 관련된 문제는 나라의 큰일이며, 생사가 걸린 일이며, 국가의 존망이 걸린 일이므로 신중하게 잘 살피지 않을 수 없다. ❸ 한글 해석문

孫子 왈(손자 왈) 손자가 말하다. 兵者(병자) 군사와 관련된 문제. 者(자) ~하는 것. 國(국) 나라. 大事(대사) 큰일. 死生(사생) 죽음과 삶. 地(지) 땅. 처지. 存亡(존망) 존재하느냐 망하느냐. 道(도) 방법. ~와 관련된 일. 不可不(불가불) ~하지 않을 수 없다. 察(찰) 살피다. ❹ 설명문

----

* 그리고, 중간중간에 각주로 추가 설명되어있습니다.

한자 사전없이 보는

武經七書

무 경 칠 서

· 인간 경영의 지혜를 담은 7대 병법서 ·

김원태 譯註

《추천사》

'고전(古典)'이란 오랫동안 많은 사람에게 읽히고 높이 평가된 작품을 말합니다. 동양의 고전이라고 하면 우리는 보통 옛 문인(文人)들이 탐독하던 《논어(論語)》나 《맹자(孟子)》를 우선 떠올릴 것입니다. 그러나 무인(武人)들에게 있어 《무경칠서(武經七書)》는 《사서삼경(四書三經)》과 같은 급(級)의 고전입니다. 무인들에게 무경(武經)은 종교인들에게 성경(聖經)과 불경(佛經)같은 존재이며, 무경을 통해서 무인의 혼(魂)이 면면히 이어져 감을 깊이 인식(認識)해야 합니다.

《무경칠서》는 《손자병법(孫子兵法)》을 포함하여, 《오자(吳子)》, 《사마법(司馬法)》, 《울료자(尉繚子)》, 《육도(六韜)》, 《삼략(三略)》, 《당태종이위공문대(唐太宗李衛公問對)》 등 총 일곱 종류의 대표적 병서를 모은 무경총서(武經總書)로, 중국 춘추 · 전국시대부터 시대별로 내려오던 것을 송나라 신종이 1080년에 국자감(國子監)에 이들 병서(兵書)를 교정하고 판목에 새겨 간행하도록 명하여 3년간의 작업을 거쳐 1083년에 마무리되었다고 합니다. 《무경칠서》는 당시 유행하던 수백 종의 병서(兵書) 중에서 최고만을 선정하여 발간한 것으로, 이후 원 · 명 · 청나라를 거쳐 오늘에 이르기까지 중국의 병학(兵學) 수준을 대표하게 됩니다. 이에 따라 유가(儒家)에서는 《사서삼경》이 칠서(七書)로 대표성을 가지게 되는 반면, 병학에서는 《무경칠서》가 대표성을 갖게 되었으며, 명(明)나라 때에는 이를 무과(武科) 시험의 과목으로 삼았을 정도였습니다.

우리나라의 병학도 《무경칠서》의 영향을 많이 받았습니다. 이순신 장군의 《난중일기(亂中日記)》 속 '필사즉생, 필생즉사(必死則生, 必生則死)'라는 문구도 《오자병법(吳子兵法)》 제3편 〈치병(治兵)〉편의 '필사즉생, 행생즉사(必死則生, 幸生則死)'라는 문구와 유사한 점을 보면, 이를 쉽게 미루어 짐작할 수 있습니다.

다른 사람에게 책을 권하는 것은 매우 신중해야 할 일입니다. 더군다나 몹시 어렵다는 생각에 쉬이 읽을 엄두를 내지 못하는 동양의 고전을 권하는 것은 더더욱 조심스러운 일입니다. 또한 다른 한편으로는 저 스스로가 《무경칠서》라는 위대한 작품(作品)을 타인에게 자신 있게 추천할 만큼의 위치에 있는가를 생각해 봤을 때, 비록 사랑하는 부하의 부탁이긴 하였으나 추천의 글을 쓰기가 여간 어려운 일이 아니었습니다. 이러한 이유로 추천사 쓰기를 몇 번 거절하였으나 김 대령이 군단 정보통신단장 시절 10여 년에 걸쳐 《무경칠서》를 하나씩 하나씩 정리하고 있다고 군단장(軍團長)인 저에게 이야기하던 모습을 떠올리며, 전문적으로 한학(漢學)을 전공하지 않은 현역 군인의 신분으로 이렇게 훌륭한 저서(著書)를 만들어 낸 그의 열정(熱情)과 노고(勞苦)를 생각하여 비록 저 스스로에게는 어려운 일이었지만 여러분에게 일독을 권하게 되었습니다.

'병서'라는 이름을 붙인 책들은 대부분 한학을 전공한 학자들이 저자인 경우가 많습니다. 그래서 원문(原文)을 해석하는 방법 면에서도 이 정도는 알고 있을 것이라는 전제하에 많은 부분이 생략되어 있어, 왜 그렇게 해석이 되었는가에 대한 설명이 빠진 경우가 많아서 읽고 이해하기가 쉽지 않았던 것이 사실입니다. 그러나, 이 책의 경우는 한 문장 한 문장씩 원문과 훈(訓), 그리고 옥편(玉篇)을 별도로 찾아보지 않아도 될 정도의 자세한 설명을 덧붙여서 처음 《무경칠서》를 접하는 사람도 쉽게 이해할 수 있도록 구성되어 있습니다. 또한, 가급적 원문 그대로 해석함으로써 뜻글자인 한자(漢字)가 가진 의미를 독자들 스스로 생각하게 한 저자의 의도는 매우 적절해 보입니다.

흔히들 인생(人生)을 전쟁(戰爭)에 비유하는 이유는 인생 자체가 다른 사람들과의 치열한 경쟁이기 때문일 것입니다. 그래서 인생을 살아가는 지혜를 병서에서 찾기 위해 다양하게 해석된 병서가 처세술(處世術)의 교재로 읽히고 있는 것이라 생각합니다.

부하들에게 늘 공부하는 군인(軍人)이 되어야 한다고 강조하고 있는 저의 지론(持論)을 빌려서 바라는 바는 이번을 기회로 많은 사람이 병서의 고전인 《무경칠서》를 통해 옛사람들의 지혜(智慧)를 보다 쉽게 접하는 기회가 되고, 역사를 통해 검증된 고전을 읽고 생각함으로써 지력(知力)

을 쌓아 지력(智力)이 충만한 이 시대의 손자(孫子)나 오자(吳子)와 같은 전략가(戰略家)가 우리 대한민국에 많이 나오는 것입니다.

끝으로 바쁜 군 생활 중에서도 자기와의 약속을 지키기 위해 10여 년에 걸쳐 꾸준히 노력하여 커다란 결실(結實)을 보게 된 김원태 대령의 열정과 견정(堅定)한 의지에 아낌없는 찬사와 격려를 보내면서 모쪼록 이 책이 '싸워 이기는 군(軍)'을 만드는 데 크게 이바지할 것으로 기대합니다.

2016년 07월

제1야전군사령관 육군대장 김 영 식

《서 문》

저는 현역 군인입니다. 소령이었던 2003년 어떤 강의에서 장교라면 당연히 읽어 봤을 거라는 초빙 강사님의 말씀에 "도대체 《무경칠서》가 뭐지?"하는 단순한 호기심에서 《무경칠서》와의 인연이 시작되었습니다.

손자병법 같은 병법서 중의 하나이겠거니 생각하며 책을 찾아 봤습니다. 그런데 1권이 아니었고, 고대 병법서 중 대표적인 일곱 가지 병법서 《손자》, 《오자》, 《사마법》, 《육도》, 《삼략》, 《울료자》, 《이위공문대》등을 통칭하는 것이었습니다. '한번 읽어보기나 하자!'하면서 책을 찾아 보았으나 일반서점에서 찾기가 쉬운 책이 아니었습니다. 1987년 국방부 군사편찬위원회에서 발간한 《무경칠서 해제》를 찾았는데 처음부터 그렇게 관심이 가는 책이 아니었습니다. 왜냐하면,《무경칠서 해제》의 구성이 처음부터 끝까지 한글로 해석되어있고, 뒤에 부록으로 한자 원문만 첨부되어있어 이해하기 힘들었기 때문입니다

이후, 우연히 〈이순신의 두 얼굴〉이라는 책을 읽었는데, 저자는 전국은행연합회에서 평범한 직장생활을 하시는 분이었습니다. 그냥 이순신이란 인물에 흠뻑 빠져 직장생활 틈틈이 십 년 가까이 공을 들여 책을 내신 것이었습니다. 책을 다 읽고 나서, 나도 한 번 《무경칠서》를 직접 정리해 볼까? 하는 생각이 들었습니다. 지난 20여 년간 제대로 발간된 적도 없었고 군에서도 정리해 본 적이 없다면, 내가 한번 해보는 것도 의미가 있겠다는 생각이었습니다. 그것도 현역 군인으로서 누군가는 해야 할 일이라는 묘한 사명감 같은 느낌도 있었습니다.

그런데, 막상 시작하려니 막막했습니다. 나오는 한자를 제대로 읽을 줄도 몰랐기 때문이었습니다. 일일이 한자 사전에서 부수 획수를 찾아가는 과정이 그렇게 쉽지만은 않았습니다. 처음

몇 년 동안 한자를 하나하나씩 한글 파일로 변환해가면서 원문을 만들고, 거기에 훈을 달고, 한자 사전과 관련 자료를 비교해가면서 하나씩 하나씩 해석문을 정리해나갔습니다. 몇 년 만에 원문 파일을 완성하고, 하나씩 해석과 관련된 자료를 찾아가면서 설명을 달기 시작했습니다. 하루에 한 문장이라도 하자는 마음으로 시작했었습니다. 어느 순간 습관이 되어 있고, 어느 순간 취미생활처럼 틈이 나는 대로 한자와 씨름하고 있는 저를 발견하게 되었습니다.

지금 생각해보니 참 우여곡절이 많았습니다. 중간에 몇 번이나 이렇게 해서 뭐하나? 누가 알아주기나 하나? 하는 생각이 들었습니다. 그리고 군인이라는 직업적 특성 때문에 잦은 보직 이동과 이사를 해야 했었는데, 그때마다 자료를 옮겨 다니는 과정도 쉽지는 않았습니다. 한번은 거의 1년간 정리한 자료가 컴퓨터 고장으로 없어져 버리기도 했었습니다. 다행히 전체 자료가 없어지지는 않았지만, 참 허탈한 생각이 들었습니다. 그러나 한 권씩 완성이 될 때마다 느꼈었던 뿌듯함이 더 컸습니다.

정리하는 방법에 대해서도 여러 차례 변화가 있었습니다. 그러다가 최종적으로 지금의 구성대로 정했습니다. 한자 원문의 의미를 그대로 살리기 위해서 문장단위로 설명하기로 했고, 가급적 별도로 한자 사전을 찾아보지 않아도 읽을 수 있도록 구성했습니다. 제 생각이 일부 들어가 있는 곳도 있고, 설명이 필요한 것은 각주로 부연 설명을 하였습니다. 내가 궁금했던 것은 누구나 궁금할 수 있다는 생각에 여기저기서 찾은 것을 가급적 많이 포함하려고 노력했습니다.

예를 들자면, 영화 명량을 보다가 '초요기를 올려라!'라는 대사가 나옵니다. 초요기? 어디서 본 건데! 하는 생각에 찾아보니, 오자병법에 부대기에 대한 설명이 있었습니다. 그래서 일부 설명을 각주로 설명을 달아 놓았습니다. 그리고 오자병법에 '필사즉생, 행생즉사(必死則生, 幸生則死)'라는 대목이 나옵니다. 이순신 장군이 생각났습니다. 시대적 순서를 보면 오자병법이 먼저이니, 이순신 장군도 이 책을 보고 인용했구나! 하고 유추해석을 나름대로 하기도 하였습니다. 중간중간에 나오는 문구들을 보면, 어디선가 많이 듣거나 본 문장이 나옵니다. '천하수안, 망전필위(天下雖安, 忘戰必危)' 같은 문장들이 그 예입니다. 이 책을 읽다 보면 이렇게 널리 알려지고 인용되어진 문장들이 어디서 나왔는지 알아가는 재미도 있을 것입니다.

모두 문장 단위로 설명하다 보니, 읽기에 다소 불편한 부분도 있을 것이라 생각됩니다. 그러므로 ① 한글로 된 해석문만 먼저 읽고, ② 설명해 놓은 주석을 섞어서 해석문을 같이 읽고, ③ 한자 원문과 훈을 설명문과 함께 비교해 가면서 읽어 보기를 권합니다. 먼저 전체적인 내용을 파악하고, 조금씩 깊이 알아가는 과정을 통해서 자신만의 생각을 정리할 수 있을 것이라 생각하기 때문입니다. 제가 설명해 놓은 것이 자신만의 생각을 정리하는 데 약간의 도움이라도 되었으면 하는 마음입니다.

마지막으로 사랑하는 가족에게 그동안 많이 표현하지 못했었던 고마움과 사랑의 마음을 전하고 싶습니다.

2019년 04월 서울 용산에서

김 원 태

《목 차》

第六書. 【尉繚子】 (제6서. 울료자)

第七書. 【李衛公問對】 (제7서. 이위공문대)

第一書.【孫子兵法】

제1서. 손자병법

—

《손자병법(孫子兵法)에 대하여》

현존하는 중국의 최고(最古), 그리고 세계 최고의 병법으로 알려져 있습니다. 손자병법(孫子兵法)은 기원전 6세기경, 병법가인 손무(孫武)가 썼다고 전해지고 있습니다. 고대 중국인은 책 제목에 저자의 성(姓)을 그대로 사용하는 경우가 많았습니다. 그러니 손자(孫子)는 손무(孫武)를 지칭하는 것이라 할 수 있습니다. 즉, 손무(孫武)가 쓴 병법(兵法)이라는 의미로 손자병법(孫子兵法)이 된 것입니다.

오(吳)나라는 장강(長江)의 남쪽에 영토를 가지고 있었는데, 중원(中原)의 제후들은 그곳을 오랑캐의 땅이라고 인식하고 있었습니다. 그러나 손무가 오왕(吳王)을 모신 직후부터 활발하게 군사 활동을 시작해서 남쪽의 웅(雄), 초(楚)나라를 멸망 직전까지 몰고 갔다고 전해집니다. 이러한 일련의 전투에서의 승리는 손무(孫武)의 공적이었습니다.

손무(孫武)가 오왕(吳王)을 모시던 시기에 병법서를 오왕(吳王)에게 바쳤는데, 그것이 바로 손자병법(孫子兵法)의 원형이 된 책이라 여겨집니다. 그 후 수백 년 동안 몇 개의 문장이 빠지거나 첨가되었을 것입니다. 그중에서 현재의 손자병법(孫子兵法)이 있게 하는데 가장 많은 영향을 미친 사람이 바로 삼국지에 나오는 위(魏)나라를 세운 조조(曺操)입니다. 그러나 1997년에 56편으로 이루어진 손자(孫子)의 죽간본이 발굴되어 현재 해석 중이라는 설도 있습니다. 만약, 이 죽간본(竹簡本)에 대한 해독이 끝나게 된다면 손자병법(孫子兵法)은 새로운 국면을 맞이할 수도 있을 것입니다. 물론 다른 여러 병법가 중에 전국시대 초(楚)나라의 오기(吳起), 진(秦)나라 시황제를 모신 울료(尉繚) 등도 있었지만 손자병법(孫子兵法)을 쓴 손자처럼 체계적이지 않다는 것이 일반적인 평입니다.

현대에도 손자병법(孫子兵法)을 인생의 이정표나 비즈니스 전술서로 활용하는 사람들이 많습니다. 이는 인생이라는 것도, 비즈니스라는 것도 누군가와의 경쟁이 필요한 부분이며 그런 경쟁에서 승리(勝利)라는 것을 얻기 위한 체계적이면서도 일반적인 교훈을 줄 수 있기 때문일 것입니다. 손자병법(孫子兵法) 이외의 병법서들을 보면, 당시의 시대상을 너무 많이 반영하거나 군사적인 내용으로만 해석될 수밖에 없는 이유로 인해 손자병법(孫子兵法)처럼 일반인들에게 널리 알려질 수 없었던 반면, 손자병법(孫子兵法)은 시대를 불문하고 대상을 불문하고 적용할 수 있는 교훈적인 내용이 많아서 아직도 많은 부분에서 활용된다고 생각됩니다.

손자병법(孫子兵法)에서는 구체적인 상황에 대한 대처를 일일이 알려주지는 않습니다. 추상적이며 일반적인 표현이 풍부하며 실전에 부딪혔을 때 개개인의 능력이나 해석에 따라 다양한 응용을 해내는 역량이 있어야 비로소 도움이 되는 책이라 할 수 있습니다. 무경칠서(武經七書)의 제1서, 손자병법(孫子兵法)을 읽고 나서 다양한 응용을 통해서 날마다 승리하는 하루가 되기를 기원합니다.

第一. 始計 제 1. 시계. 국방계획

始(시)는 처음을 의미하며, 計(계)는 계책을 세우는 것을 말함. 전쟁을 수행하기 위해서 국가가 군대를 일으키고 병력을 동원하려면 반드시 먼저 조정(朝庭)에서 계책을 세워 피아를 비교한 다음, 미리 승산을 따져보아야 하기 때문에 손자가 시계(始計)를 제1편으로 삼았던 것임.

–손무자직해(孫武子直解)에서–

孫子曰, 兵者, 國之大事, 死生之地, 存亡之道, 不可不察也.
손자왈, 병자, 국지대사, 사생지지, 존망지도, 불가불찰야.

손자가 말하기를 국방과 관련된 문제는 나라의 큰일이며, 생사가 걸린 일이며, 국가의 존망이 걸린 일이므로 신중하게 잘 살펴야 한다.

孫子 曰(손자 왈) 손자가 말하다. 兵(병) 군사와 관련된 문제. 者(자) ~하는 것. 國(국) 나라. 大事(대사) 큰일. 死生(사생) 죽음과 삶. 地(지) 땅. 처지. 存亡(존망) 존재하느냐 망하느냐. 道(도) 방법. ~와 관련된 일. 不可不(불가불) ~하지 않을 수 없다. 察(찰) 살피다.

故 經之以五事, 校之以計, 而索其情.
고 경지이오사, 교지이계, 이색기정.

그러므로 5사(五事)로 국력의 근간을 분석하고, 7계(計)로 서로 비교하여 그 정세를 살펴야 하는 것이다.

故(고) 그러므로. 經(경) 경영하다. 다스리다. 분석하다는 의미도 포함되어 있음. 以(이) 써. ~로써. 五事(오사) 5가지 요건. 도. 천. 지. 장. 법을 말함. 校(교) 본받다. 가르치다. 여기서는 비교하다는 교(較)자와 의미가 유사함. 以(이) ~로써. 計(계) 꾀. 계략. 뒤에 나오는 7가지 비교요소인 七計(칠계)를 말함. 索(색) 살핀다. 찾다. 其(기) 그것. 情(정) 정세. 정황.

一曰道, 二曰天, 三曰地, 四曰將, 五曰法.
일왈도, 이왈천, 삼왈지, 사왈장, 오왈법.

5사(五事)에 대해서 말하자면, 첫째는 도(道)요, 둘째는 천(天)이요, 셋째는 지(地)요, 넷째는 장(將)이요, 다섯째는 법(法)이다.

一曰(일왈) 첫 번째로 말하자면. 道(도) 도이다. 二曰(이왈) 두 번째로 말하자면. 天(천) 천이다. 三曰(삼왈) 세 번째로 말하자면. 地(지) 지이다. 四曰(사왈) 네 번째로 말하자면. 將(장) 장이다. 五曰(오왈) 다섯 번째로 말하자면. 法(법) 법이다.

道者, 令民與上同意, 可與之死, 可與之生, 而民不畏危也.
도자, 영민여상동의, 가여지사, 가여지생, 이민불외위야.

도(道)라고 하는 것은 백성들이 군주와 뜻을 같이하여, 가히 함께 죽게도 하고 살게도 하여, 백성들이 위험을 두려워하지 않게 하는 것이다.

道(도)라고 하는 것은. 令(영) ~으로 하여금. 民(민) 백성. 與(여) 더불어. 上(상) 위. 임금. 군주. 同意(동의) 같은 뜻. 可(가) 가능하다. 與(여) 더불어. 死(사) 죽음. 生(생) 삶. 民(민) 백성. 不畏(불외) 두려워하지 않다. 危(위) 위험.

天者, 陰陽, 寒暑, 時制也.
천자, 음양, 한서, 시제야.

천(天)이라고 하는 것은 음양(陰陽)이라는 초자연적인 요소와 추위나 더위 같은 자연적 요소를 때에 따라 조절하는 것이다.

天者(천자) 천이라고 하는 것. 陰陽(음양) 음양이라는 초자연적 요소를 말함. 寒暑(한서) 춥고 더움. 기후라는 요소를 말함. 時制也(시제야) 때에 따라 조절하다.

地者, 遠近 · 險易 · 廣狹 · 死生也.
지자, 원근 · 험이 · 광협 · 사생야.

지(地)라고 하는 것은 지리적으로 멀고 가까움, 지세의 험하고 평탄함, 지형의 넓고 좁음, 사람이 살 수 있는 지형인지 아닌지에 대한 지리적 조건을 말하는 것이다.

地者(지자) 지라고 하는 것은. 遠近(원근) 지리적으로 멀고 가까움. 險易(험이) 지리적으로 험하고 평탄함. 廣狹(광협) 지리적 여건이 넓고 좁음. 死生也(사생야) 지리적 여건이 살 수 있는지, 살 수 없는지?

將者, 智, 信, 仁, 勇, 嚴也.
장자, 지, 신, 인, 용, 엄야.

장(將)이란 장수가 갖추어야 할 요건을 말하는 것으로 지(智). 신(信). 인(仁). 용(勇). 엄(嚴) 등

5가지가 그것이다.

將者(장자) 장수가 갖추어야 할 요건. 智 · 信 · 仁 · 勇 · 嚴也(지 · 신 · 인 · 용 · 엄야) 지혜. 신의. 인애. 용기. 위엄.

法者, 曲, 制, 官, 道, 主, 用也.
법자, 곡, 제, 관, 도, 주, 용야.

법(法)이라고 하는 것은 군대의 상세한 편제나 편성, 행정이나 조직을 활용하여 적절하게 임무를 나누어 운영하는 제도, 전쟁물자와 같은 국가의 재산과 재정 등에 관한 사항을 말한다.

法者(법자) 법이라고 하는 것은. 曲(곡) 부곡-部曲을 말함. 부곡은 곧 부대를 말함. 制(제) 절제-節制를 말함. 적절한 통제를 의미함. 官(관) 벼슬, 관청, 행정조직을 말하지만 적절하게 임무를 나누어 맡기는 것을 의미함. 道(도) 길. 군량의 수송로를 편리하게 함을 말함. 主(주) 군수물자를 주관하는 것을 의미함. 用(용) 쓰다. 사용하는 물건을 계산하는 것을 말함.

凡 此五者, 將莫不聞, 知之者 勝, 不知者 不勝.
범 차오자, 장막불문, 지지자 승, 부지자 불승.

무릇 이 5가지에 대해서 듣지 않은 장수는 없을 것이지만, 이 5가지에 대해서 잘 아는 자는 승리할 것이오, 알지 못하는 자는 승리하지 못할 것이다.

凡(범) 무릇. 此(차) 이것. 五者(오자) 5가지. 將(장) 장수. 莫(막) 없다. 不聞(불문) 듣지 아니하다. 知之者(지지자) 그것을 아는 자. 그것=5사. 勝(승) 이기다. 不知者(부지자) 알지 못하는 사람. 不勝(불승) 못 이긴다.

故 校之以計, 而索其情.
고 교지이계, 이색기정.

그러므로 다음에 언급하는 7계(七計)로 잘 비교 분석해서, 그 정세를 살펴야 한다.

故(고) 그러므로. 校(교) 비교 분석하다. 以計(이계) 계획으로써. 뒤에 나오는 7가지 요소를 말함. 索(색) 살피다. 其(기) 그것. 情(정) 정세.

日, 主孰有道, 將孰有能, 天地孰得, 法令孰行, 兵衆孰强,
왈, 주숙유도, 장숙유능, 천지숙득, 법령숙행, 병중숙강,

손자가 말하기를 ① 어느 쪽 군주가 더 바른 정치를 하는지? ② 어느 쪽 장수가 더 유능한지? ③ 어느 쪽이 천시(天時)와 지리(地理)를 더 잘 이용하고 있는지? ④ 어느 쪽이 법과 명령이 더 잘 시행하고 있는지? ⑤ 어느 쪽 군대가 더 강한지?

曰(왈) 말하다. 主(주) 군주. 孰(숙) 누구. 有(유) 있다. 道(도) 도의나 명분. 將(장) 장수. 有(유) 있다. 能(능) 능력. 天地(천지) 상황적 요건과 지리적 여건. 得(득) 얻다. 法令(법령) 법령. 行(행) 시행되다. 兵衆(병중) 군대. 국방력. 强(강) 강하다.

士卒孰練, 賞罰孰明, 吾 以此 知勝負矣.
사졸숙련, 상벌숙명, 오 이차 지승부의.

⑥ 어느 쪽 장병이 더 잘 훈련되어있는지? ⑦ 어느 쪽의 상벌이 더 공명정대하게 행해지는가? 와 같은 7가지의 승부를 알 수 있는 요소가 있는데, 나는 이것으로 승부를 알 수 있느니라!

士卒(사졸) 장병들. 孰(숙) 누구. 練(련) 훈련하다. 賞罰(상벌) 상과 벌. 明(명) 밝다. 공명정대하다. 吾(오) 나. 以此(이차) 이것으로. 知(지) 알다. 勝負(승부) 이기고 짐. 矣(의) 어조사.

將聽吾計, 用之必勝, 留之. 將不聽吾計 用之必敗, 去之.
장청오계, 용지필승, 유지. 장불청오계 용지필패, 거지.

부하장수들이[1] 나의 계책(五事, 七計)을 듣고 나의 계책대로 군사를 운용하면 반드시 이길 것인데 그리되면 계속 머물게 하고, 부하장수들이 나의 계책(五事, 七計)을 듣지 않고 군사를 운용하면 반드시 질 것인데 그리되면 떠나게 해야 한다.

將(장) 장수. 聽(청) 듣다. 吾(오) 나. 計(계) 앞에서 말한 5事 7計. 用(용) 쓰다. 必勝(필승) 반드시 이긴다. 留(유) 머물다. 將(장) 장수. 不聽(불청) 듣지 않다. 吾計(오계) 5事 7計. 必敗(필패) 반드시 패한다. 去(거) 가다.

計利以聽, 乃爲之勢, 以佐其外. 勢者, 因利而制權也.
계리이청, 내위지세, 이좌기외. 세자, 인리이제권야.

계(計)가 이롭고 부하장수들이 이를 듣고 따르면 그것을 기세(勢)로 만들어 그 계(計)의 외적

1) 여기서 장(將)은 대장(大將)이 아닌 부하장수들을 말하는 것으로 부장(副將)격의 편비(偏裨)를 말함.

인 발휘를 도와야 한다. 기세(勢)라는 것은 이로운 바를 따라 상황에 맞게 임기응변하는 것이다.

計(계) 계략. 利(리) 이롭다. 以(이) ~로써. 聽(청) 듣다. 乃(내) 이에. 爲(위) 하다. 勢(세) 기세. 佐(좌) 돕다. 其(기) 그. 계리이청의 計를 말함. 外(외) 바깥. 勢者(세자) 기세라고 하는 것은. 因(인) ~로 인하여. 利(리) 이로움. 制(제) 자르다. 만들다. 權(권) 임기응변하다.

兵者, 詭道也.

병자, 궤도야.

군사 행동이란 속임이 많은 분야이다.

兵者(병자) 군사적인 행동이라는 것은. 詭(궤) 속이다. 道(도) 방법.

故 能而示之不能, 用而示之不用, 近而示之遠, 遠而示之近, 利而誘之,

고 능이시지불능, 용이시지불용, 근이시지원, 원이시지근, 이이유지,

그러므로 ① 능하면 능하지 않은 듯이 보이고, ② 유능한 자를 등용하면 마치 등용하지 않는 듯이 보이며, ③ 가까운 곳을 치려면 먼 곳을 칠 것처럼 보이고, ④ 먼 곳을 치려면 가까운 곳을 치려는 것처럼 보이며, ⑤ 이로움을 가지고 적을 유인하고,

故(고) 그러므로. 能(능) 능력이 있다. 示(시) 보이다. 不能(불능) 능력이 없다. 用(용) 쓰다. 인재를 등용하다. 不用(불용) 쓰지 않다. 등용하지 않다. 近(근) 가깝다. 遠(원) 멀다. 利(리) 이로움. 誘(유) 유인하다.

亂而取之, 實而備之, 强而避之, 怒而撓之, 卑而驕之, 佚而勞之,

난이취지, 실이비지, 강이피지, 노이요지, 비이교지, 일이노지,

⑥ 적을 혼란하게 하여 이를 취하며, ⑦ 적이 충실하면 그에 대비해야 하고, ⑧ 적이 강하면 피하며, ⑨ 적장이 화를 내면 더 흔들어 놓고, ⑩ 적이 나를 낮추어 보면 적을 더 교만하게 하며, ⑪ 적이 편안하면 적을 더 힘들게 하고,

亂(난) 어지럽다. 혼란스럽다. 取(취) 취하다. 實(실) 차다. 충실하다. 備(비) 대비하다. 强(강) 강하다. 避(피) 피하다. 怒(노) 성내다. 화내다. 撓(요) 더 흔들다. 卑(비) 낮추어 보다. 驕(교) 교만하다. 佚(일) 편안하다. 勞(노) 힘들게 하다.

親而離之, 攻其無備, 出其不意, 此 兵家之勝, 不可先傳也.
친이리지, 공기무비, 출기불의, 차 병가지승, 불가선전야.
⑫ 적이 서로 친하면 적들을 서로 떼놓으며, ⑬ 대비가 없는 곳을 공격하고, ⑭ 뜻하지 않는 곳으로 나아가나니, 이것은 병법가의 승리 비결이니, 미리 전해서는 안 된다.

親(친) 친하다. 離(리) 떼어놓다. 攻(공) 공격하다. 其(기) 그. 無備(무비) 대비가 없는 곳. 出(출) 나아가다. 不意(불의) 의도하지 않다. 此(차) 이것. 兵家之勝(병가지승) 병법가의 승리 비결. 不可(불가) ~이 가능하지 않다. 先傳(선전) 미리 알려 전하다.

夫 未戰而廟算勝者, 得算多也. 未戰而廟算不勝者, 得算少也.
부 미전이묘산승자, 득산다야. 미전이묘산불승자, 득산소야.
이긴다는 것은 승산이 많았다는 것이고, 이기지 못한다는 것은 승산이 적게 나왔다는 것이다.

夫(부) 대개. 未戰(미전) 전쟁하기 전. 廟(묘) 종묘. 算(산) 계산하다. 옛날에 군사를 출정하기 전에 미리 종묘사직에 출정 사실을 고하면서 승산을 따져보는 것. 勝(승) 이기다. 者(자) ~하는 것. 得(득) 얻다. 多(다) 승산이 많다. 未戰(미전) 전쟁을 하기 전. 廟(묘) 종묘. 不勝(불승자) 이기지 못하다. 少(소) 승산이 적다.

多算 勝, 少算 不勝, 而況於無算乎.
다산 승, 소산 불승, 이황어무산호.
승산을 판단해본 결과에서 승산이 많으면 이길 것이고, 승산이 적으면 이길 수 없는데, 하물며 승산이 없으면 어떻겠는가?

多算 勝(다산 승) 승산이 많으면 이긴다. 少算 不勝(소산 불승) 승산이 적으면 이기지 못한다. 況(황) 하물며. 於無算(무산) 승산이 없으면. 乎(호) 어조사 ~로다.

吾 以此觀之, 勝負 見矣.
오 이차관지, 승부 현의.
나는 이것을 살펴봄으로써 전쟁의 승부를 미리 예견할 수 있다.

吾(오) 나. 以(이) ~로써. 此(차) 이것. 觀之(관지) 그것을 보다. 勝負(승부) 이기고 지는 것. 見矣(견의, 현의) 보다. 미리 알 수 있다. 見자를 나타날 현자로 읽음.

第二. 作戰 제2. 작전. 군사작전

조정(朝庭)에서 승산이 결정된 후에 군대를 일으켜 전쟁하게 되니, 작전(作戰)을 제2편으로 삼았음.

-손무자직해(孫武子直解)에서-

孫子曰, 凡用兵之法, 馳車千駟, 革車千乘, 帶甲十萬, 千里饋糧,
손자왈, 범용병지법, 치차천사, 혁차천승, 대갑십만, 천리궤량,
손자가 말하기를, 무릇 용병법에 보면 전쟁을 준비하기 위해서는 전투용 전차 1천 대, 보급용 수레 1천 대, 갑옷을 입은 병사 10만 명, 그리고 천 리 밖까지 보급할 양식 등이 필요하며,

孫子曰(손자왈) 손자가 말하기를. 凡(범) 무릇. 用兵之法(용병지법) 용병법에 보면. 馳車(치차) 전투용 전차. 駟(사) 전차를 세는 단위. 千駟(천사) 전차 1천 대. 革(혁) 가죽. 車(차) 전차. 乘(승) 수레를 세는 단위. 帶(대) 띠. 甲(갑) 갑옷. 帶甲(대갑) 전투용 갑옷을 입은 병사. 十萬(십만) 10만 명. 千里(천리) 천 리. 약 400km. 원거리까지 전투해야 하는 상황에 대한 설명.

則 內外之費, 賓客之用, 膠漆之材, 車甲之奉, 日費千金, 然後, 十萬之師, 擧矣.
즉 내외지비, 빈객지용, 교칠지재, 차갑치봉, 일비천금, 연후, 십만지사, 거의.
국내 · 외에서 지출해야 하는 비용, 외교사절을 맞이하는 비용, 무기 정비와 수리용 자재 구매, 전차 · 수레 · 갑옷과 같은 것을 조달하는 데 소요되는 비용 등 매일 천금과 같이 큰 비용이 들며, 그런 것을 다 준비한 이후에야 10만의 군사를 일으킬 수 있으리라고 하였다.

則(즉) 곧. 內外之費(내외지비) 국내외에서 지출해야 하는 비용. 賓客(빈객) 외교사절. 用(용) 비용. 膠(교) 아교. 漆(칠) 옻칠. 아교와 옻칠을 주로 무기체계를 정비하는 데 사용하였으니, 무기를 정비하는 것을 말함. 材(재) 재료. 車甲(차갑) 전차와 갑옷. 奉(봉) 받을 봉. 즉, 전차와 갑옷을 조달할 때 들어가는 비용. 日費(일비) 매일 매일 들어가는 비용. 千金(천금) 많은 예산이 들어감을 설명. 然後(연후) 그런 다음. 十萬之師(십만지사) 십만의 군사들. 擧(거) 일으키다. 矣(의) 어조사. ~로다.

其用戰也, 貴勝, 久則鈍兵挫銳, 攻城則力屈, 久暴師, 則國用不足.
기용전야, 귀승, 구즉둔병좌예, 공성즉력굴, 구폭사, 즉국용부족.
전쟁을 함에 있어서 승리를 귀하게 여기지만, 전쟁을 오래 끌면 군사력이 무디어지고 날카

로움이 꺾이고, 성을 공략하면 전력이 약화되고, 군사작전을 오래 하면 할수록 국가재정이 부족하게 될 것이다.

其(기) 그. 用戰(용전) 전쟁을 함에 있어서. 貴勝(귀승) 승리를 귀하게 여기다. 久(구) 오래 전쟁하면. 則(즉) 곧. 鈍(둔) 무디다. 兵(병) 군사력. 挫(좌) 좌절하다. 銳(예) 예리함. 攻城(공성) 성을 공략하다. 力(력) 전투력. 屈(굴) 다하다. 暴(폭) 사납다. 師(사) 군사. 國用(국용) 나라의 재정. 不足(부족) 부족해진다.

夫 鈍兵挫銳, 屈力殫貨, 則諸侯, 乘其弊而起, 雖有智者, 不能善其後矣.
부 둔병좌예, 굴력탄화, 즉제후, 승기폐이기, 수유지자, 불능선기후의.
무릇 군사력이 무디어지고 날카로움이 꺾이고 전력이 약화되고 국가재정이 고갈되면, 주변의 제후들이 그 폐해를 틈타 들고 일어날 것이기 때문에, 아무리 지혜로운 사람이 있다 하더라도 그 뒷감당을 잘해낼 수 없을 것이다.

夫(부) 무릇. 鈍兵(둔병) 군사력이 무디어지고. 挫銳(좌예) 날카로움이 꺾이면. 屈力(굴력) 전투력은 약화되고. 殫(탄) 다하다. 貨(화) 재화. 재물. 則 諸侯(즉 제후) 그리하면, 제후들이. 乘(승) 올라타다. 其弊(기폐) 그 폐해를 틈타다. 起(기) 일어나다. 雖(수) 비록. 有智者(유지자) 지혜로운 사람이 있다 하더라도. 不能(불능) ~하지 못한다. 善(선) 잘하다. 其後(기후) 그 뒷감당을. 矣(의) 어조사. ~로다.

故 兵聞拙速, 未覩巧之久也. 夫 兵久而國利者, 未之有也.
고 병문졸속, 미도교지구야. 부 병구이국리자, 미지유야.
그러므로 전쟁은 다소 미흡하더라도 속히 끝내야 한다는 말은 들었으나, 정교함을 위해 오래 끈다는 말은 들어 보지 못했다. 대체로 전쟁을 오래 끌어 국가에 이로운 적은 아직 없었다.

故(고) 그러므로. 兵(병) 용병. 전쟁. 聞(문) 듣다. 拙(졸) 서두르다. 速(속) 빠르다. 未(미) 아니다. 覩(도) 보다. 未覩(미도) 보지 못했다. 巧(교) 정교하다. 久(구) 오래. 夫(부) 대체로. 久(구) 오래. 國利(국리) 나라에 이롭다. 未之有也(미지유야) 있던 적이 없었다.

故 不盡知用兵之害者, 則不能盡知用兵之利也.
고 부진지용병지해자, 즉불능진지용병지리야.
그러므로 전쟁의 해로운 점을 다 알지 못하는 자는 전쟁의 이로운 점도 능히 다 알지 못한다.

故(고) 그러므로. 不(부) 아니다. 盡(진) 다하다. 知(지) 알다. 用兵之害(용병지해) 용병의 해로움. 者(자) ~하는 사람. 則(즉) 곧. 不能(불능) ~하지 못하다. 盡知(진지) 다 알다. 用兵之利(용병지리) 용병, 즉 전쟁의 이로움을 말함.

善用兵者, 役不再籍, 糧不三載, 取用於國, 因糧於敵. 故 軍食, 可足也.
선용병자, 역부재적, 양불삼재, 취용어국, 인량어적. 고 군식, 가족야.
전쟁을 잘하는 자는 장병을 다시 징집하지 아니하고 군량을 세 번이나 실어 나르지 않고, 적국에서 획득해서 쓰고 적에게서 양식을 구한다. 그렇게 함으로써 군량을 가히 풍족하게 할 수 있다.

善(선) 잘하다. 用兵(용병) 용병보다는 전쟁으로 해석. 者(자) ~하는 사람. 役(역) ~하게 하다. 不(불) ~하지 않다. 再(재) 다시. 籍(적) 장부, 징집하기 위해 쓰는 장부. 糧(량) 식량. 不(불) ~하지 않다. 三載(삼재) 세 번 싣는다. 取(취) 취하다. 用(용) 쓰다. 於(어) ~에서. 國(국) 나라. 여기서는 적국을 말함. 因(인) ~로 인하다. 糧(량) 식량. 군량. 於敵(어적) 적으로부터. 故(고) 그러므로. 軍(군) 군대. 食(식) 식량. 可足(가족) 가히 족하다.

國之貧於師者, 遠輸, 遠輸則百姓 貧.
국지빈어사자, 원수, 원수즉백성 빈.
국가가 전쟁 때문에 빈곤해지는 것은 멀리 실어 날라야 하는 것 때문이니, 전쟁과 관련된 물자나 장비를 멀리 실어 나른다는 것은 곧 백성들이 가난해진다는 것과 같은 말이다.

國之貧(국지빈) 국가가 가난하다. 於(어) 어조사. 師(사) 군사. 문맥상 전쟁으로 해석. 者(자) ~하는 것. 輸(수) 나르다. 수송하다. 遠輸(원수) 멀리 수송하는 것. 則(즉) 곧. 百姓(백성) 말 그대로 백성들. 貧(빈) 가난하다.

近師者, 貴賣, 貴賣, 則百姓財竭, 財竭, 則急於丘役.
근사자, 귀매, 귀매, 즉백성재갈, 재갈, 즉급어구역.
군대 근처에서는 물가가 비싸지고, 물가가 올라가면 백성의 재물이 고갈되고, 그렇게 되면 노역이나 공출에 급급해진다.

近(근) 가깝다. 師(사) 군사. 者(자) ~하는 것. 貴(귀) 귀하다. 賣(매) 팔다. 貴賣(귀매) 물가가 급등하면. 則(즉) 곧. 百姓(백성) 백성. 財竭(재갈) 재물이 고갈되다. 急(급) 급하다. 於(어) 어조사. 丘(구)

언덕이라는 뜻도 있지만, 모은다는 뜻도 있음. 役(역) 노역, 병역 등 국가에서 역을 부여하는 것.

力屈財殫, 中原, 內虛於家, 百姓之費, 十去其七.

역굴재탄, 중원, 내허어가, 백성지비, 십거기칠.

국력이 약화되고 국가재정이 다하면, 나라 안이 집집마다 텅 비게 되며 백성들 경제력의 70%가 소모된다.

力(력) 힘. 국력. 屈(굴) 다하다. 財(재) 재물. 국가재정. 殫(탄) 다하다. 中原(중원) 나라의 가운데, 근본이 되는 것을 말함. 중국이 세상의 중심이라는 중원사상을 이해하면, 이 말은 곧 국내를 설명하는 것임. 內(내) 안. 虛(허) 비다. 於(어) 어조사. 家(가) 집. 百姓之費(백성지비) 백성들의 경제력. 十去其七(십거기칠) 10중에서 7개가 없어진다.

公家之費, 破車罷馬, 甲冑弓矢, 戟楯矛櫓, 丘牛大車, 十去其六.

공가지비, 파차파마, 갑주궁시, 극순모로, 구우대차, 십거기육.

수레와 말의 보충, 갑옷과 투구, 활과 살, 창과 방패, 수송수단의 보충 등으로 국가재정의 60%나 잃게 된다.

公(공) 공적인 업무. 家(가) 집. 費(비) 비용. 국가의 재정. 破車(파차) 전차가 부서지고. 罷馬(파마) 말을 쓸 수 없게 되고. 甲冑(갑주) 갑옷과 투구. 弓矢(궁시) 활과 화살. 戟(극) 창. 楯(순) 방패. 矛(모) 창. 櫓(로) 방패. 丘牛(구우) 소를 모으다. 大車(대차) 큰 전차. 十去其六(십거기육) 10중에 6을 잃다.

故 智將, 務食於敵, 食敵一種, 當吾二十鐘, 萁秆一石, 當吾二十石.

고 지장, 무식어적, 식적일종, 당오이십종, 기간일석, 당오이십석.

그러므로 지혜로운 장수는 적지에서 식량 획득에 힘쓰는 것이니, 적으로부터 획득한 식량 1종(種)은 자국에서 20종(種)을 수송하는 것과 같으며, 적으로부터 획득한 말먹이 1석(石)은 자국에서 수송한 20석(石)에 해당한다.

故(고) 그러므로. 智將(지장) 지혜로운 장수는. 務(무) 힘쓰다. 食(식) 식량. 於(어) ~에서. 敵(적) 적지에서. 食敵(식적) 적지에서 식량 획득하다. 一種(일종) 1종. 식량을 세는 단위. 當(당) ~에 해당된다. 吾(오) 나. 二十鐘(이십종) 식량을 세는 단위 20종. 萁(기) 풀. 秆(간) 볏짚. 一石(일석) 말먹이를 세는 단위. 當吾二十石(당오이십석) 자국에서 수송하는 20석에 해당한다.

故 殺敵者, 怒也. 取敵之利者, 貨也.
고 살적자, 노야. 취적지리자, 화야.
고로 적을 죽이게 하는 것은 적개심을 갖게 하는 것에서 나오는 것이요, 적의 자원을 획득하게 하는 것은 재물을 상으로 주는 것과 같다.[2)]

故(고) 그러므로. 殺(살) 죽이다. 敵(적) 적. 者(자) ~하는 것. 怒也(노야) 화내다. 取(취) 취하다. 敵之利(적지리) 적에서 얻는 이로움. 貨也(화야) 재물. 적에게서 자원을 획득한 자에게 주는 재물.

車戰, 得車十乘以上, 賞其先得者, 而更其旌旗, 車雜而乘之, 卒善而養之,
차전, 득차십승이상, 상기선득자, 이경기정기, 차잡이승지, 졸선이양지,
是謂勝敵而益强.
시위승적이익강.
전차전에서 전차 10대 이상을 노획하면 최초 노획자에게 상을 주고, 노획한 전차에 아군 깃발을 바꾸어 달아서 아군 전차 사이에 편성하여 탈 수 있게 하고, 포로는 선무할 것이니, 이것을 일컬어 적과 싸워 이기면서도 전력을 더욱 강하게 하는 비법이라 한다.

車戰(차전) 전차전에서는. 得(득) 얻다. 車(차) 전차. 十乘以上(십승이상) 10대 이상. 賞(상) 상을 주다. 其(기) 그. 先得者(선득자) 최초로 획득한 자. 更(경) 바꾸다. 其(기) 그. 旌旗(정기) 깃발. 車(차) 전차. 雜(잡) 섞이다. 아군 전차부대에 섞어서 편성. 乘(승) 타다. 卒(졸) 적에게서 잡힌 포로. 善(선) 잘하다. 선무활동. 養(양) 기르다가 아닌 아군에 섞어서 편성해서 잘 운용한다. 是謂(시위) 이를 일컬어. 勝(승) 이기다. 敵(적) 적. 益强(익강) 더욱 강해지다.

故 兵貴勝, 不貴久. 故 知兵之將, 民之司命, 國家安危之主也.
고 병귀승, 불귀구. 고 지병지장, 민지사명, 국가안위지주야.
용병함에 있어서 승리는 귀중히 여기지만 오래 끄는 것을 귀하게 여기지 않는다. 그러므로 용병을 아는 장수라야 백성의 생명을 맡을 만한 인물이요, 국가 안위에 관한 일을 맡길 수 있는 주인인 것이다.

---

2) 《손무자직해》에 따르면, 아군 병사들로 하여금 서로 분발해서 적의 이로움을 취하게 하는 것은 재화(財貨)로 우리 병사들을 유인하기위한 것이라고 설명하고 있다. 조태조(趙太祖)가 촉(蜀)을 정벌할 적에 병사들에게 얻은 창고의 재화를 모두 병사들에게 나누어 준다고 하면서, 오로지 국가에서 바라는 것은 적의 강토뿐이라 하였으니, 이 때문에 장수와 관리들이 필사적으로 싸워 이르는 곳 마다 승리하여 마침내 촉(蜀)을 평정하였다는 사례를 들어 설명하고 있다.

故(고) 그러므로. 兵(병) 용병. 貴勝(귀승) 승리를 귀하게 여기다. 不貴(불귀) 귀하게 여기지 않는다. 久(구) 전쟁을 오래 끄는 것. 故(고) 그러므로. 知兵(지병) 용병을 잘 알다. 將(장) 장수. 民(민) 백성. 司(사) 벼슬. 맡다. 命(명) 생명. 國家安危之主也(국가안위지주야) 국가 안위를 맡을 만한 주인이다.

第三. 謨攻 제3. 모공. 공격작전

모공(謨攻)이라는 것은 적국을 취하는 것을 도모하고, 적국의 군대를 정벌할 것을 도모하는 것을 말함. 제2편 작전(作戰)에서는 신속하게 승리를 쟁취하는 것이 필요하며, 오랫동안 전쟁을 하는 것은 칼날과 군대를 무디게 하는 것이라고 설명하였는데, 제3편 모공(謨攻)에서는 적국이나 적의 성, 적의 군대를 허무는 것보다 온전하게 두고 이기는 방법을 모색하였으니 전쟁을 부득이한 경우에만 하였다는 것을 설명하고 있음.

-손무자직해(孫武子直解)에서-

孫子曰, 凡 用兵之法, 全國爲上, 破國次之, 全軍爲上, 破軍次之,
손자왈, 범 용병지법, 전국위상, 파국차지, 전군위상, 파군차지,

손자가 말하기를 용병함에 있어서 적의 국가(國)를 온전한 채로 이기는 것이 상책이며 쳐서 굴복시키는 것은 차선책이고, 적의 군대(軍)를 온전한 채로 이기는 것이 상책이며 쳐서 굴복시키는 것은 차선책이고,

孫子曰(손자왈) 손자가 말하다. 凡(범) 무릇. 用兵之法(용병지법) 용병하는 방법. 全國(전국) 국가를 온전한 채로 이기는 것. 爲上(위상) 상책이다. 破國(파국) 국가를 쳐서 부순다. 次之(차지) 차선책이다. 全軍爲上(전군위상) 군대를 온전한 채로 두고 이기는 것이 상책이다. 破軍次之(파군차지) 적의 군대를 쳐부수어 이기는 것은 차선책이다.

全旅爲上, 破旅次之, 全卒爲上, 破卒次之, 全伍爲上, 破伍次之.
전려위상, 파려차지, 전졸위상, 파졸차지, 전오위상, 파오차지.

적의 여(旅)를 온전한 채로 이기는 것이 상책이며 쳐서 굴복시키는 것은 차선책이고, 적의 졸(卒)을 온전한 채로 이기는 것이 상책이며 쳐서 굴복시키는 것은 차선책이고, 적의 오(伍)를 온전한 채로 이기는 것이 상책이며 쳐서 굴복시키는 것은 차선책이라 하였다.

旅(여) 軍 보다는 적은 부대. 卒(졸) 旅보다는 적은 부대. 伍(오) 卒보다는 적은 부대. 여→졸→오의 순서대로 차선책이다.

是故 百戰百勝, 非善之善者也. 不戰而屈人之兵, 善之善者也.

시고 백전백승, 비선지선자야. 부전이굴인지병, 선지선자야.

이러한 까닭에 백번 싸워 백번 이기는 것은 최선이 아니며 싸우지 않고 적을 굴복시키는 것이 최선의 방법이다.

是故(시고) 이러한 이유로. 百戰百勝(백전백승) 백번 싸워 백번 이기는 것. 非(비) 아니다. 善之善(선지선) 잘한 것 중의 잘한 것이니 최선이라는 의미임. 不戰(부전) 싸우지 않고. 屈(굴) 굴복시키다. 人(인) 적군을 말함. 兵(병) 병법, 전투, 전쟁. 善之善者也(선지선자야) 최선이다.

故 上兵伐謀, 其次伐交, 其次伐兵, 其下攻城.

고 상병벌모, 기차벌교, 기차벌병, 기하공성.

그러므로 최상의 용병법은 생각이나 의도를 봉쇄하는 것이고, 그다음은 외부에서 지원 가능한 외교를 치는 것이고, 그다음은 군대를 치는 것이고, 최하는 적의 성을 공격하는 것이다.

故(고) 그러므로. 上兵(상병) 최상의 용병술. 伐(벌) 치다. 베다. 謀(모) 꾀하다. 其次(기차) 그다음. 伐(벌) 치다. 베다. 交(교) 사귀다. 외교. 其次(기차) 그다음. 伐兵(벌병) 군대를 치는 것. 其下(기하) 최하 수준의 용병술. 攻城(공성) 성을 공격하다.

攻城之法, 爲不得已, 修櫓轒轀, 具器械, 三月而後成, 距闉, 又三月而後已,

공성지법, 위부득이, 수로분온, 구기계, 삼월이후성, 거인, 우삼월이후이,

성을 공격하는 방법은 부득이한 경우에만 하는 것이다. 그 이유는 큰 방패나 공성용 병거를 수리하고 각종 장비를 갖추는데 3개월이나 소요되고, 성벽 공격용 토산(土山)인 거인(距闉) 또한 구축하는데 3개월이나 소요되는데,

攻城之法(공성지법) 성을 공격하는 방법. 爲(위) 하다. 不得已(부득이) 부득이한 경우에. 修(수) 고치다. 櫓(로) 방패. 轒(분) 병거. 轀(온) 와거. 무기체계의 한 종류. 具(구) 갖추다. 器械(기계) 무기체계. 三月(삼월) 삼 개월. 而後(이후) 이후. 成(성) 이루다. 距闉(거인) 흙을 높이 쌓아 적의 성을 관측하는 공성용 무기체계. 距(거) 사이가 벌어지다. 闉(인) 성곽 문. 又(우) 또.

將不勝其忿, 而蟻附之, 殺士卒三分之一, 而城不拔者, 此 攻之災也.

장불승기분, 이의부지, 살사졸삼분지일, 이성불발자, 차 공지재야.

장수가 분을 이기지 못하여 준비 없이 병사들을 성벽에 개미떼처럼 기어오르게 하여 그중 3분의 1을 죽게 하고서도 성을 함락시키지 못한다면, 이는 성을 공격하게 함으로 인한 재앙

과도 같기 때문이다.

將不勝(장불승) 장수가 이기지 못하다. 其忿(기분) 그 분노. 蟻附之(의부지) 개미처럼 붙어서 성을 공격하게 하다. 殺士卒(살사졸) 군사들을 죽인다. 三分之一(삼분지일) 3분의 1. 城(성) 성. 不拔(불발) 빼앗지 못하다. 者(자) ~하는 것. 此(차) 이것은. 攻之災也(공지재야) 공격을 해서 생기는 재앙이다.

故 善用兵者, 屈人之兵, 而非戰也. 拔人之城, 而非攻也. 毁人之國, 而非久也.
고 선용병자, 굴인지병, 이비전야. 발인지성, 이비공야. 훼인지국, 이비구야.
그러므로 용병을 잘하는 자는 적의 부대를 굴복시키되 전투하지 않고, 성을 함락시키되 성을 공격함이 없이 하고, 적국을 허물어뜨리되 오래 끌지 않는다.

故(고) 그러므로. 善用兵者(선용병자) 용병을 잘하는 자. 屈(굴) 굴복시키다. 人(인) 적. 兵(병) 부대. 非戰(비전) 싸우지 않다. 拔(발) 쳐서 빼앗다. 人之城(인지성) 적의 성. 而非攻也(이비공야) 성을 공격함이 없이. 毁(훼) 헐다. 무찌르다. 人之國(인지국) 적국. 而非久也(이비구야) 전쟁이나 전투를 오래 끌지 않다.

必以全爭於天下. 故 兵不頓而利可全, 此 謀攻之法也.
필이전쟁어천하. 고 병부둔이리가전, 차 모공지법야.
용병을 잘하는 자는 반드시 온전하게 자신을 보존하면서 천하의 주도권을 다투는 법이다. 그러므로 용병을 잘하는 자의 군대는 무디어짐도 없고[3], 그 이익도 가히 온전할 것이니, 이것이 모공의 법칙인 것이다.

必(필) 반드시. 以(이) ~로써. 全(전) 온전하다. 爭(쟁) 다투다. 於(어) ~에서. 天下(천하) 천하. 故(고) 그러므로. 兵(병) 군대. 용병을 잘하는 군대. 不頓(부둔) 무디어지지 않는다. 利(리) 이익. 可全(가전) 가히 온전하다. 此(차) 이것. 謀攻之法也(모공지법야) 모략을 겨루는 법칙이다.

故 用兵之法, 十則圍之, 五則攻之, 倍則分之,
고 용병지법, 십즉위지, 오즉공지, 배즉분지,

---

3) 병부둔이리가전(兵不頓而利可全). '둔'자를 鈍으로 쓴 것과, 頓자로 쓴 것이 있는데 여기서는 예리함이 무디어진다, 둔해진다는 의미로 사용되어 2가지 다 사용해도 의미가 통할 것으로 보이지만, 전통문화연구회에서 발간한 《손무자직해》에서 사용한대로 頓자로 사용하였음.

그리고 용병함에 있어서 적보다 전투력이 10배이면 포위가 가능하고, 5배이면 일방적인 공격이 가능하고, 2배이면 분할하여 운용이 가능하고,

故(고) 그러므로. 用兵之法(용병지법) 용병법. 十(십) 적보다 10배. 則(즉) 곧. 圍(위) 포위하다. 五(오) 적보다 5배. 則(즉) 곧. 攻(공) 공격하다. 倍(배) 적보다 2배. 則(즉) 곧. 分(분) 분할하다.

敵則能戰之, 少則能逃之, 不若則能避之. 故 少敵之堅, 大敵之擒也.
적즉능전지, 소즉능도지, 불약즉능피지. 고 소적지견, 대적지금야.

대등하면 싸움 정도를 할 수 있고, 적으면 잠시 도망할 수 있고[4], 만약 상대가 안 될 정도이면 피해야 한다. 전투력이 적은 부대가 무리하게 큰 부대에 대항하면 전투력이 큰 적에게 사로잡힐 것이다.

敵(적) 적과 대등하다. 則(즉) 곧. 能戰(능전) 능히 전투하다. 少(소) 적보다 적다. 則(즉) 곧. 能逃(능도) 능히 도망하다. 不若(불약) 만약 상대가 안 될 정도이면. 則(즉) 곧. 能避(능피) 능히 피하다. 故(고) 그러므로. 少(소) 전투력이 적다. 敵(적) 적. 堅(견) 견고하다. 大敵(대적) 전투력이 큰 적. 擒(금) 사로잡히다.

夫 將者, 國之輔也. 輔周則國必强, 輔隙則國必弱.
부 장자, 국지보야. 보주즉국필강, 보극즉국필약.

무릇 장수는 나라의 중요한 보좌역이니 보좌가 치밀하면 나라가 반드시 강해지고, 보좌가 엉성하면 나라는 반드시 약해진다.

夫(부) 무릇. 將者(장자) 장수는. 國(국) 나라. 輔(보) 보좌하다. 輔周(보주) 두루 잘 보좌하다. 則(즉) 곧. 國必强(국필강) 나라가 반드시 강해지다. 輔(보) 보좌하다. 隙(극) 간극. 國必弱(국필약) 나라는 반드시 약해지다.

故 軍之所以患於君者, 三.
고 군지소이환어군자, 삼.

군사를 운용함에 있어서 군주로 인해 잘못이 생기는 3가지 경우가 있다.

---

4) 소즉능도지(少則能逃之). 逃를 守로 바꾸어 해석한 책도 있음. 그러나, 《손무자직해》에서 설명한 바에 의하면, '아군이 적보다 적으면 마땅히 인내하는 마음으로 우선 잠시 도망하였다가 ~'라는 부분이 나옴. 따라서 여기서는 守가 아닌 逃로 사용하였음.

故(고) 그러므로. 軍(군) 군대. 所(소) ~하는 바. 以(이) ~로써. 患(환) 근심. 於(어) ~로부터. 君(군) 군주. 者(자) ~하는 것. 三(삼) 세 가지가 있다.

不知軍之不可以進, 而謂之進, 不知軍之不可以退, 而謂之退, 是謂縻軍.
부지군지불가이진, 이위지진, 부지군지불가이퇴, 이위지퇴, 시위미군.
첫 번째, 군대가 진격할 수 없는 상황임을 알지 못하고 진격하라고 명령하거나 군대가 후퇴할 수 없는 상황임을 알지 못하고 후퇴하라고 하는 등 군주가 군을 얽어매는 경우이다.

不知(부지) 알지 못하다. 軍(군) 군대. 不可(불가) ~이 불가하다. 以進(이진) 진격하다. 謂(위) 말하다. 軍(군) 군대. 以退(이퇴) 퇴각하다. 謂(위) 말하다. 是謂(시위) 이를 일컬어. 縻(미) 옭아매다. 軍(군) 군대.

不知三軍之事, 而同三軍之政, 則軍士惑矣.
부지삼군지사, 이동삼군지정, 즉군사혹의.
두 번째, 군의 사정을 알지 못하고 군사행정에 개입해서 군주가 오히려 군사들을 미혹되게 하는 경우이다.

不知(부지) 알지 못하다. 三軍之事(삼군지사) 여기서 삼군은 전군을 말함. 전군의 일이니 군의 사정을 말함. 同(동) 같이하다. 개입하다. 三軍之政(삼군지정) 군의 행정. 則(즉) 곧. 軍士(군사) 군의 간부. 惑(혹) 미혹하다. 矣(의) 어조사.

不知三軍之權, 而同三軍之任, 則軍士疑矣.
부지삼군지권, 이동삼군지임, 즉군사의의.
세 번째, 군의 명령 권한과 계통을 제대로 알지 못하고 군의 지휘계통과 보직에 개입해서 군주가 오히려 장병들을 의심하게 하는 경우이다. 이 모든 것들은 군주가 제대로 알지 못해서 생기는 잘못이다. (不知, 不知, 不知, 모든 게 몰라서 생기는 문제다. 지력-知力이 있어야 한다.)

不知(부지) 알지 못하다. 三軍之權(삼군지권) 삼군은 전군을 말함. 군대의 권한. 군의 계통. 同(동) 같이하다. 개입하다. 三軍之任(삼군지임) 보직. 군 고유의 권한인 임명권. 則(즉) 곧. 軍士(군사) 군대. 疑(의) 의심하다. 矣(의) 어조사.

三軍 既惑且疑, 則諸侯之難 至矣, 是謂亂軍引勝.

삼군 기혹차의, 즉제후지난 지의, 시위난군인승.
전군이 이미 의혹을 가지고 있으며 또한 의심하기 시작하면 각 제후가 난을 일으키게 될 것이니, 이를 일컬어 '군대를 혼란하게 하여 적의 승리를 끌어들인다' 고 하는 것이다.

三軍(삼군) 전군을 말함. 旣(기) 이미. 惑(혹) 미혹하다. 且(차) 또. 疑(의) 의심하다. 則(즉) 곧. 諸侯之難(제후지난) 제후들의 난. 至矣(지의) 그런 상황에 이른다. 是謂(시위) 이를 일컬어. 亂軍(난군) 군대를 혼란하게 하다. 引勝(인승) 승리를 끌어들인다.

故 知勝 有五, 知可以與戰, 不可以與戰者, 勝. 識衆寡之用者, 勝.
고 지승 유오, 지가이여전, 불가이여전자, 승. 식중과지용자. 승.
승리를 아는 다섯 가지 조건이 있으니 ① 가히 싸울 수 있는지, 없는지를 아는 자는 이기고, ② 병력이 많을 때와 적을 때의 용병법을 아는 자는 이기고,

故(고) 그러므로. 知勝 有五(지승 유오) 승리를 미리 알 수 있는 5가지 방법이 있다. 知(지) 알다. 可以與戰(가이여전) 싸우는 것이 가능한지. 不可以與戰(불가이여전) 싸우는 것이 불가능한지. 者(자) ~하는 것. 勝(승) 이긴다. 識(식) 알다. 衆(중) 많다. 전투력이 많다. 우세하다. 寡(과) 적다. 전투력이 적다. 열세하다. 用(용) 용병법을 말함. 者(자) ~하는 자. 勝(승) 이긴다.

上下同欲者, 勝. 以虞待不虞者, 勝. 將能而君不御者, 勝. 此五者, 知勝之道也.
상하동욕자, 승. 이우대불우자, 승. 장능이군불어자, 승. 차오자, 지승지도야.
③ 상하가 같은 마음을 가지면 이기고, ④ 대비함으로써 대비함이 없는 적을 상대하는 자는 이기고, ⑤ 장수가 유능하고 임금이 간섭하지 않는 자는 이기나니, 이 다섯 가지는 승리를 아는 방법이다.

上下(상하) 윗사람과 아랫사람. 同欲(동욕) 하고자 하는 바가 같다. 者(자) ~하는 자. 勝(승) 이긴다. 以(이) ~로써. 虞(우) 대비하다. 待(대) 기다리다. 不虞(불우) 대비하지 않다. 勝(승) 이긴다. 將(장) 장수. 能(능) 능력이 있다. 君(군) 군주. 不御(불어) 간섭하지 않는다. 勝(승) 이긴다. 此五者(차오자) 이 다섯 가지는. 知勝之道(지승지도) 승리를 알 수 있는 방법.

故 日, 知彼知己, 百戰不殆. 不知彼而知己, 一勝一負. 不知彼不知己, 每戰必敗.
고 왈, 지피지기, 백전불태. 부지피이지기, 일승일부. 부지피부지기, 매전필패.
그러므로 손자가 말하기를 적을 알고 자기를 알면 백번을 싸워도 위태롭지 않고, 적을 모르

고 자기만을 알면 승부는 반반이고, 적을 모르고 자기를 모르면 싸울 때마다 반드시 패한다고[5] 하였다.

故(고) 그러므로. 曰(왈) 손자가 말하기를. 知彼知己(지피지기) 적을 알고 나를 알다. 百戰不殆(백전불태) 백번 싸워도 위태롭지 않다. 不知彼而知己(부지피이지기) 적을 알지 못하고 나를 알면. 一勝一負(일승일부) 한번은 이기고, 한번은 진다. 不知彼不知己(부지피부지기) 적을 알지도 못하고 자신도 알지 못하면. 每戰必敗(매전필패) 싸울 때마다 반드시 패한다.

5) 매전필패(每戰必敗). 일부 다른 저술에서는 매전필태(每戰必殆)로 되어 있으나, 《손무자직해》에 보면, 적의 허점을 알지못하고 또 자기 세력의 강약을 알지 못하면 적과 싸울 때마다 반드시 모두 패배한다고 되어 있으며 직해본의 원문은 다음과 같이 되어 있음. 不知彼之虛實, 又不知自己勢力之强弱, 必皆敗北(부지피지허실, 우부지자기세력지강약, 필개패배)

第四. 軍形 제4. 군형. 군의 형세

형(形)이라고 하는 것은 싸우고 수비하는 모양을 설명한 것임. 군대는 일정한 형세가 있는 것이 아니라 적에 따라 변화하면서 형세를 만드는 것임을 설명하고 있음. 따라서 그 형세가 마치 물을 천 길이나 되는 계곡에 가두어 놓았다가 쏟아내는 것과 같은 것이니, 그리하면 그 물의 양이 너무 많아서 측량할 수가 없고 쏟아지면 막아 낼 수가 없음을 비유한 것이다.

–손무자직해(孫武子直解)에서–

孫子曰, 昔之善戰者, 先爲不可勝, 以待敵之可勝.
손자왈, 석지선전자, 선위불가승, 이대적지가승.
손자 말하기를 옛날에 전쟁을 잘했던 사람들은 적이 이기지 못할 나의 태세를 먼저 갖추고 난 이후에, 적의 허점이자 내가 이길 수 있는 상황이 조성되기를 기다린다고 하였다.

孫子曰(손자왈) 손자가 말하기를. 昔(석) 옛날. 善戰(선전) 싸움을 잘하다. 者(자) ~하는 자. 先(선) 미리. 爲(위) ~하다. 不可勝(불가승) 적이 이길 수 없도록 하다. 以(이) ~로써. 待(대) 기다리다. 敵之可勝(적지가승) 적이 이긴다는 것이 아니라, 적이 허점을 만들어서 내가 이길 수 있도록 하는 상황이 만들어지는 것.

不可勝, 在己, 可勝, 在敵. 故 善戰者, 能爲不可勝, 不能使敵之必可勝.
불가승, 재기, 가승, 재적. 고 선전자, 능위불가승, 불능사적지필가승.
따라서 적이 아군을 이기지 못하게 하는 태세는 나에게 달려 있고, 내가 적을 이길 수 있는 허점을 조성하는 것은 적에게 달린 것이다. 그러므로 전투를 잘하는 자라도 적이 이기지 못하도록 할 수는 있으나, 적이 허점을 만들게 할 수는 없는 것이다.

不可勝(불가승) 이기지 못하다. 적이 나를 이기지 못할 상황. 在己(재기) 나에게 달려 있음. 可勝(가승) 이길 수 있다. 내가 적을 이길 수 있는 상황. 在敵(재적) 적에게 달려 있음. 故(고) 그러므로. 善戰者(선전자) 잘 싸우는 자는. 能爲(능위) 능히 ~할 수 있다. 不可勝(불가승) 이기지 못하다. 不能(불능) ~하게 할 수 없다. 使(사) ~하게 하다. 敵(적) 적군. 必可勝(필가승) 반드시 이길 수 있게 하다.

故 日, 勝可知不可爲, 不可勝者, 守也, 可勝者, 攻也.

고 왈, 승가지불가위, 불가승자, 수야, 가승자, 공야.

그러므로 적이 만들어낸 허점으로 인한 승리라는 것은 알 수는 있지만 내가 만들어 낼 수는 없는 것이다. 나를 이기지 못하게 하는 것은 아군의 지키는 태세를 말하는 것이고, 내가 이길 수 있게 해주는 것은 적이 만들어 주는 것이 아니라 아군이 공격할 수 있는 능력이 있는지에 달린 것이다.

故(고) 그러므로. 曰(왈) 손자가 말하기를. 勝(승) 승리. 적의 약점으로 인한 승리. 可知(가지) 알 수 있다. 不可爲(불가위) 만들지는 못한다. 不可勝者(불가승자) 적이 나를 이길 수 없도록 한다는 것. 守也(수야) 나의 방어태세. 可勝者(가승자) 내가 이길 수 있게 하는 것. 攻也(공야) 나의 공격태세.

守則不足, 攻則有餘.

수즉부족, 공즉유여.

지킨다는 것은(守) 전투력 · 주도권 · 승리를 위한 여건 등이 부족하기 때문이요, 공격한다는 것은(攻) 전투력 · 주도권 · 승리를 위한 여건 등이 조성되어 여유가 있기 때문이다.

守(수) 지키다. 則(즉) 곧. 不足(부족) 부족하다. 승리를 위한 여건이 부족하다. 攻(공) 공격하다. 則(즉) 곧. 有餘(유여) 여유가 있다. 승리를 위한 여건이 여유가 있다.

善守者, 藏於九地之下, 善攻者, 動於九天之上. 故 能自保而全勝也.

선수자, 장어구지지하, 선공자, 동어구천지상. 고 능자보이전승야.

잘 지키는 자는 깊은 땅속에 숨은 것같이 하고, 공격을 잘하는 자는 하늘 위에서 움직이듯이 한다. 그 때문에 능히 자신을 보존하고 승리를 온전히 할 수 있는 것이다.

善守者(선수자) 잘 지키는 자. 藏(장) 감추다. 於(어) ~에. 九地之下(구지지하) 땅속 깊은 곳. 善攻者(선공자) 공격을 잘 하는 자. 動(동) 움직이다. 九天之上(구천지상) 하늘 위 높은 곳. 故(고) 그러므로. 能(능) 능히. 自保(자보) 자신을 보존하고. 全勝(전승) 온전한 승리.

見勝, 不過衆人之所知, 非善之善者也. 戰勝而天下曰善, 非善之善者也.

견승, 불과중인지소지, 비선지선자야. 전승이천하왈선, 비선지선자야.

승리의 가능성에 대한 예측이 많은 사람이 아는 것에 불과하다면 최고 수준이 아니다. 전투나 전쟁에서 이긴 후에 세상 사람들이 잘했다고 한다면 이것 또한 최고 수준이 못 된다.

見勝(견승) 승리를 보다. 승리의 가능성에 대한 예측. 不過(불과) ~에 불과하다. 衆人(중인) 많은 사람. 所知(소지) 아는 바. 非(비) 아니다. 善之善者(선지선자) 최고. 戰勝(전승) 싸움에서 이기다. 天下 曰(천하 왈) 세상 모든 사람이 말하기를. 善(선) 잘했다. 善之善者(선지선자) 최고.

故 擧秋毫, 不爲多力. 見日月, 不爲明目. 聞雷霆, 不爲總耳.
고 거추호, 불위다력. 견일월, 불위명목. 문뢰정, 불위총이.
왜냐하면, 짐승의 털 오라기 하나를 들 수 있다고 해서 힘이 세다고 하지 않으며, 해와 달을 볼 수 있다고 해서 눈이 밝다고 하지 않으며, 천둥소리를 들을 수 있다고 해서 귀가 밝다고 하지 않는 것과 같기 때문이다.

故(고) 그러므로. 擧(거) 들다. 秋毫(추호) 가을철에 가늘어진 짐승들의 털. 不爲(불위) ~라고 하지 않는다. 多力(다력) 힘이 세다. 見日月(견일월) 해와 달을 본다고 해서. 明目(명목) 눈이 밝다. 聞(문) 듣다. 雷(뢰) 우레. 천둥. 霆(정) 천둥소리. 總(총) 밝다. 耳(이) 귀.

古之所謂善戰者, 勝於易勝者也. 故 善戰者之勝也. 無智名, 無勇功.
고지소위선전자, 승어이승자야. 고 선전자지승야. 무지명, 무용공.
옛날에 소위 전쟁이나 전투를 잘했다고 하던 자들은 이기기 쉬운 상대에게 이긴 것이다. 그러므로 진정으로 전쟁이나 전투를 잘했던 자의 승리는 오히려 지혜롭다는 이름도 나타나지 않고 용맹스럽다는 무공도 나타나지 않는 법이다.

古(고) 옛날. 所謂(소위) 이른바. 善戰(선전) 잘 싸웠다. 者(자) ~하는 것. 勝(승) 이기다. 於(어) 어조사. ~에서. 易(이) 쉽다. 勝(승) 이기다. 故(고) 그러므로. 善戰者(선전자) 잘 싸웠다고 하는 자. 勝(승) 승리. 無(무) 없다. 智名(지명) 지혜롭다는 명성. 勇功(용공) 용맹하다는 공로나 무공.

故 其戰勝不忒, 不忒者, 其所措勝, 勝已敗者也.
고 기전승불특, 불특자, 기소조승, 승이패자야.
고로 그런 자들은 싸워서 승리하는 것에 어긋남이 없으며, 어긋남이 없다고 하는 이유는 이미 패한 적을 이기는 것이기 때문이다.

故(고) 고로. 그러므로. 其(기) 그. 戰(전) 전투, 전쟁, 싸움. 勝(승) 승리. 不忒(불특) 어긋남이 없다. 不忒者(불특자) 어긋남이 없다는 것은. 其所(기소) 그 ~하는 바. 措(조) 섞이다. 勝(승) 이기다. 已(이) 이미. 敗者(패자) 패자.

故 善戰者, 立於不敗之地, 而不失敵之敗也.

고 선전자, 입어불패지지, 이불실적지패야.

그러므로 잘 싸우는 자는 패하지 않을 태세에 있으면서 적 스스로 만든 패할 수밖에 없는 상황을 놓치지 않는다.

故(고) 고로. 그러므로. 善戰者(선전자) 잘 싸우는 자. 立(입) 서다. 於(어) 어조사. ~에. 不敗之地(불패지지) 패하지 않는 처지. 不失(불실) 놓치지 않는다. 敵之敗(적지패) 적을 패배시킬 수 있는.

是故, 勝兵, 先勝而後 求戰, 敗兵, 先戰而後 求勝.

시고, 승병, 선승이후 구전, 패병, 선전이후 구승.

이 때문에 승리하는 군대는 먼저 이겨놓고 싸움을 구하고, 패배하는 군대는 먼저 싸움을 시작한 후에 승리를 구하려 한다.

是故(시고) 이러한 이유로. 勝兵(승병) 승리하는 군대. 先勝(선승) 먼저 이기고. 而後(이후) ~한 다음. 求戰(구전) 싸움을 구한다. 敗兵(패병) 패배하는 군대. 先戰(선전) 먼저 싸우고. 求勝(구승) 승리를 구한다.

善用兵者, 修道而保法. 故 能爲勝敗之政.

선용병자, 수도이보법. 고 능위승패지정.

용병을 잘하는 자는 도(道)에서 법(法)에 이르는 5사(五事)를 잘 갖추어야 한다. 그래야 능히 승패를 좌우할 수 있게 되는 것이다.

善用兵者(선용병자) 용병을 잘하는 자. 修(수) 닦다. 수양하다. 道(도) 5事 중의 첫 번째. 道를 말함. 保(보) 지키다. 法(법) 5事 중의 다섯 번째. 法을 말함. 故(고) 그러므로. 能爲(능위) 능히 ~할 수 있다. 勝敗之政(승패지정) 이기고 지는 것에 대한 정사.

兵法, 一日 度, 二日 量, 三日 數, 四日 稱, 五日 勝.

병법, 일왈 도, 이왈 양, 삼왈 수, 사왈 칭, 오왈 승.

병법에서는 다음 5가지 요소를 잘 살펴보아야 한다. 첫째는 국토의 넓이를, 둘째는 자원의 양을, 셋째는 군사의 수를, 넷째는 전력에 대한 비교를, 다섯째는 승리에 대한 예측을 잘 살펴보아야 한다.

兵法(병법) 병법서에서. 一日(일왈) 첫 번째로 말하기를. 度(도) 도량형, 계측, 측정하는 척도. 여기서는 국토의 넓이. 二曰(이왈) 두 번째로 말하기를. 量(량) 분량, 수량. 자원의 양. 三曰(삼왈) 세 번째로 말하기를. 數(수) 수. 군사의 수. 四曰(사왈) 네 번째로 말하기를. 稱(칭) 저울을 의미함. 여기서는 전력을 비교하다. 五曰(오왈) 다섯 번째로 말하기를. 勝(승) 승리에 대한 예측.

地生度, 度生量, 量生數, 數生稱, 稱生勝.
지생도, 도생량, 양생수, 수생칭, 칭생승.
지형이 국토의 넓이를 좌우하고, 국토의 넓이가 인적 · 물적 자원의 양을 좌우하고, 자원의 양이 군사의 수를 좌우하고, 군사의 수가 전력에 대한 비교를 좌우하고, 전력에 대한 비교가 승리에 대한 예측을 좌우하게 된다.

地(지) 지형. 度(도) 국토의 넓이. 지형이 넓이를 좌우한다. 度(도) 넓이. 量(량) 자원의 양. 數(수) 군사의 수. 數(수) 군사의 수. 稱(칭) 전력의 비교. 勝(승) 승리에 대한 예측.

故 勝兵, 若以鎰稱銖, 敗兵, 若以銖稱鎰.
고 승병, 약이일칭수, 패병, 약이수칭일.
그러므로 승리하는 군대는 1일(鎰=240 銖)로 1수(銖=1/240鎰)를 저울질하는 것과 같고, 패배하는 군대는 1수(銖=1/240鎰)로 1일(鎰=240 銖)을 저울질하는 것과 같다.

故(고) 그러므로. 勝兵(승병) 승리하는 군대. 若(약) ~과 같다. 以(이) ~로써. 鎰(일) 무게의 단위. 稱(칭) 저울질하다. 銖(수) 무게의 단위. 敗兵(패병) 패배하는 군대. 若以銖稱鎰(약이수칭일) 가벼운 것으로 무거운 것을 저울질하는 것과 같다.

勝者之戰, 若決積水, 於千仞之谿者, 形也.
승자지전, 약결적수, 어천인지계자, 형야.
승리하는 자가 전투를 하는 형세를 보면, 마치 천길 계곡 위에 막아둔 물을 터뜨리는 것과 같이하는 데, 그것이 바로 형(形=태세)이다.

勝者之戰(승자지전) 이기는 자의 싸움. 若(약) ~과 같다. 決(결) 터지다. 積水(적수) 물을 쌓아 놓다. 於(어) ~에. 千仞之谿(천인지계) 골짜기의 깊이가 천 길이나 되는 계곡. 者(자) ~하는 군사대비태세. 形也(형야) 형태라는 의미보다는 군사적 의미로 태세를 말하는 것임.

第五. 兵勢 제5. 병세. 군의 기세

세(勢)라고 하는 것은 적을 깨뜨리는 기세를 말함. 적에게 격파할 만한 빈틈이 있을 때 그 빈틈을 노려 적을 공격하면, 대나무를 쪼개거나 마른 나뭇가지를 꺾거나, 썩은 나무를 줍는 것과 같은 기세를 유지할 수 있음을 설명하고 있음. 그 형세를 설명하기를 둥근 돌을 높이가 천 길이나 되는 높은 산에서 둥근 돌을 굴리는 것으로 설명하고 있으며, 이렇게 하면 그 기세가 험하여 꺾을 수가 없다고 하였음.

-손무자직해(孫武子直解)에서-

孫子曰, 凡 治衆如治寡, 分數 是也. 鬪衆如鬪寡, 形名 是也.

손자왈, 범 치중여치과, 분수 시야. 투중여투과, 형명 시야.

손자가 말하기를 무릇 많은 수의 군사를 지휘하는 것을 마치 적은 수의 군사를 지휘하듯이 손쉽게 하는 것은 부대편성 덕분이고, 많은 수의 군사로 싸우는 것을 적은 수의 군사로 싸우듯이 손쉽게 하는 것은 지휘통제 수단 덕분이다.

孫子曰(손자왈) 손자가 말하기를. 凡(범) 무릇. 治衆(치중) 많은 군사를 다스리다. 如(여) ~과 같다. 治寡(치과) 적은 수의 군사를 다스리다. 分數(분수) 수를 나눈다는 것은 곧 부대의 편성을 말함. 是也(시야) 옳다. 바르다. 鬪衆(투중) 많은 군사로 싸우다. 鬪寡(투과) 적은 수의 군사로 싸우다. 形名(형명) 태세를 갖추게 하고, 명을 내리는 것. 지휘통제 수단으로 해석.

三軍之衆, 可使必受敵而無敗者, 奇正 是也.

삼군지중, 가사필수적이무패자, 기정 시야.

그리고 대부대로 하여금 적을 맞이해서 반드시 패함이 없게 하는 것은 기정(奇正)을 어떻게 활용하는가에 달린 것이다.

三軍(삼군) 전군을 말함. 衆(중) 무리. 즉, 대부대를 말함. 可使(가사) ~을 하게 하는 것이 가능하다. 必(필) 반드시. 受敵(수적) 적을 맞이하여. 無敗(무패) 패함이 없다. 者(자) ~하는 것. 奇(기) 기이하다. 변칙. 正(정) 정공. 是也(시야) 옳다.

兵之所加, 如以碬投卵者, 虛實, 是也. 凡 戰者, 以正合, 以奇勝.

병지소가, 여이하투란자, 허실, 시야. 범 전자, 이정합, 이기승.
군사를 투입하는 것을 마치 단단한 돌을 계란에 던지듯이 손쉽게 하는 것은 허실(虛實)을 어떻게 활용하느냐에 달린 것과 같다. 대체로 전투나 전쟁에서는 정병(正)으로 대치해서 기병(奇)으로 승리를 결정짓는 법이다.

兵(병) 군대. 所(소) ~하는 바. 加(가) 더하다. 전장에서 군사를 투입하는 것을 말함. 如(여) ~과 같다. 以(이) ~로써. 碬(하) 돌멩이. 投(투) 던지다. 卵(란) 계란. 者(자) ~하는 것. 虛實(허실) 허실을 잘 활용하는 것을 설명함. 是也(시야) 옳다. 凡(범) 대체로, 戰者(전자) 싸움, 전투, 전쟁이라고 하는 것은. 正(정) 정상적인 방법. 合(합) 합하다. 적과 싸우다. 以奇(이기) '창의적인 전술이나 전법을 활용해서'라는 의미. 勝(승) 이기다.

故 善出奇者, 無窮如天地, 不竭如江海,
고 선출기자, 무궁여천지, 불갈여강해,
그러므로 기(奇)를 잘 구사하는 자가 용병을 하는 것을 보면, 천지와 같이 막힘이 없고, 강이나 바다와 같이 마르지 않고,

故(고) 그러므로. 善(선) 잘하다. 出(출) 나다. 奇(기) 창의적인 전법. 者(자) ~하는 자. 無窮(무궁) 막힘이 없다. 如天地(여천지) 천지와 같이. 不竭(불갈) 마르지 않다. 如江海(여강해) 강이나 바다와 같이.

終而復始, 日月, 是也. 死而更生, 四時, 是也.
종이부시, 일월, 시야. 사이갱생, 사시, 시야.
끝나는가 하면 다시 시작되는 것을 해와 달처럼 하고, 죽었는가 하면 다시 살아나는 것은 사계절이 반복되는 것과 같이 변화무쌍하다.

終(종) 끝나다. 復始(부시) 다시 시작하다. 日月(일월) 마치 해와 달과 같다. 是也(시야) 옳다. 死(사) 죽다. 更生(갱생) 다시 살다. 四時(사시) 마치 사계절과 같다.

聲不過五, 五聲之變, 不可勝聽也. 色不過五, 五色之變, 不可勝觀也.
성불과오, 오성지변, 불가승청야. 색불과오, 오색지변, 불가승관야.
소리의 기본요소는 불과 5가지(궁, 상, 각, 치, 우)이지만 그 변화(수많은 곡)는 다 들을 수도 없을 정도이며, 색깔의 요소는 불과 5가지(적, 청, 황, 백, 흑)이지만 그 변화(수많은 그림)는 다 볼 수도 없을 정도이다.

聲(성) 소리. 不過(불과) ~에 지나지 않는다. 五(오) 5가지. 궁상각치우. 오성을 말함. 五聲(오성) 궁상각치우, 5성을 말함. 變(변) 변화. 不可(불가) 불가능하다. 勝(승) 이기다. 聽(청) 듣다. 色(색) 색깔. 不過(불과) ~에 불과하다. 五(오) 5색. 적청황백흑. 五色之變(오색지변) 적청황백흑, 5색의 변화. 不可勝觀也(불가승관야) 다 보는 것이 불가능하다.

味不過五, 五味之變, 不可勝嘗也. 戰勢, 不過奇正, 奇正之變, 不可勝窮也.
미불과오, 오미지변, 불가승상야. 전세, 불과기정, 기정지변, 불가승궁야.
그리고 맛의 요소는 불과 5가지(甘감=달다, 酸산=시다, 鹹함=짜다, 辛신=맵다, 苦고=쓰다)이지만 요리가 되었을 때의 변화는 다 맛볼 수도 없을 정도이며, 전세(戰勢)는 기(奇)와 정(正)에 불과하지만 그 군사적 용병법의 변화는 다 헤아릴 수도 없을 정도이다.

味(미) 맛. 五味(오미) 달고, 시고, 짜고, 맵고, 쓰다 등 5가지 맛. 五味之變(오미지변) 5가지 맛의 변화. 不可勝嘗也(불가승상야) 다 맛을 보는 것은 불가능하다. 嘗(상) 맛보다. 戰勢(전세) 전장에서의 기세. 不過奇正(불과기정) 기정에 불과하다. 奇正之變(기정지변) 기정의 변화. 不可勝窮也(불가승궁) 다함이 없다.

奇正相生, 如循環之無端, 孰能窮之哉.
기정상생, 여순환지무단, 숙능궁지재.
기정(奇正)의 변화가 생기는 것은 마치 끝이 없이 순환하는 고리와 같기에 누가 그것을 능히 다 헤아릴 수 없을 정도이다.

奇正相生(기정상생) 기정이 서로 낳고 낳음. 기정의 변화. 如(여) ~과 같다. 循環(순환) 주기적으로 되돌아옴. 無端(무단) 끝이 없음. 孰(숙) 누구. 能(능) 능히. 窮(궁) 헤아리다. 哉(재) 어조사.

激水之疾, 至於漂石者, 勢也. 鷙鳥之疾, 至於毁折者, 節也.
격수지질, 지어표석자, 세야. 지조지질, 지어훼절자, 절야.
거세게 흐르는 물이 무거운 돌을 떠내려가게 하는 것을 세(勢)라 하고, 맹금류의 새가 빠른 습격을 통해서 먹이의 뼈를 꺾어 버리듯이 하는 것을 절(節)이라고 한다.

激(격) 물길이 부딪혀 흐르다. 水(수) 물. 疾(질) 빠르다. 至(지) 이르게 하다. 於(어) ~에. 漂(표) 떠돌다. 물에 뜨다. 石(석) 돌. 者(자) ~하는 것. 勢也(세야) 기세 때문이다. 鷙(지) 독수리와 같은 맹금류 새. 鳥(조) 새. 疾(질) 성질. 至(지) 이르게 하다. 於(어) ~에. 毁(훼) 헐다. 허물어뜨리다.

折(절) 꺾이다. 節也(절야) 절도.

是故, 善戰者, 其勢險, 其節短, 勢如彍弩, 節如發機.
시고, 선전자, 기세험, 기절단, 세여확노, 절여발기.
그 때문에 잘 싸우는 자의 기세는 험하고 그 절도가 지극히 간명한데, 그 기세(勢)는 당겨진 활과 같고, 그 절도(節)는 활을 쏘는 것과 같다.

是故(시고) 이러한 이유로. 善戰者(선전자) 잘 싸우는 자. 其勢(기세) 그 기세. 險(험) 험하다. 其節短(기절단) 그 절도가 있음이 대단히 짧고. 勢(세) 기세. 如(여) ~과 같다. 彍(확) 활시위를 당기다. 弩(노) 활. 節(절) 절도 있는 동작은. 發(발) 쏘다. 機(기) 기계, 앞의 문구를 보면 활을 말함.

紛紛紜紜, 鬪亂而不可亂, 渾渾沌沌, 形圓而不可敗.
분분운운, 투란이불가란, 혼혼돈돈, 형원이불가패.
부대편성이 잘 되면 어지럽게 엉클어져 혼란스러워 보이지만 실제로는 혼란스럽지 않을 것이며, 지휘통제가 잘 되면 뒤섞이고 혼란스러워 보이지만 원진(形圓)만으로도 패하지 않을 수 있다.

紛(분) 어지럽다. 紜(운) 어지럽다. 鬪亂(투란) 혼란스럽게 싸우다. 不可亂(불가란) 혼란스럽게 하는 것이 불가하다. 渾(혼) 흐리다, 어지럽게 혼란스럽다. 沌(돈) 어둡다. 혼란스럽다. 形圓(형원) 둥그런 형태로 특별한 진법을 사용하지 않고 싸워도. 不可敗(불가패) 패배시키는 것이 불가능하다.

亂生於治, 怯生於勇, 弱生於强.
난생어치, 겁생어용, 약생어강.
부대가 질서를 잘 유지할 수 있어야 적에게 어지러운 듯이 보일 수 있고, 부대가 용맹스러울 때 적에게 겁이 난 것처럼 보일 수 있고, 부대가 강해야 적에게 약한 것처럼 보일 수 있다.

亂(난) 어지러움. 生(생) 생기다. 於(어) ~에서. 治(치) 다스리다. 질서. 怯(겁) 겁내다. 勇(용) 용기. 弱(약) 약하다. 强(강) 강하다.

治亂, 數也. 勇怯, 勢也. 强弱, 形也.
치란, 수야. 용겁, 세야. 강약, 형야.
질시와 혼란은 부대편성(分數)의 문제이며, 용기와 겁 많음은 사기나 전투의지(兵勢)의 문제요, 강하고 약함은 대비태세(形)의 문제이다.

治亂(치란) 어지러움을 잘 다스리는 것. 數也(수야) 부대의 수를 조정하는 것이니 결국 편성을 말함. 勇怯(용겁) 용맹스러움과 겁냄. 勢也(세야) 부대의 기세를 말함. 强弱(강약) 부대 전투력의 강함과 약함. 形也(형야) 군의 대비태세.

故 善動敵者, 形之, 敵必從之, 予之, 敵必取之. 以利動之, 以本待之.
고 선동적자, 형지, 적필종지, 여지, 적필취지. 이리동지, 이본대지.
그러므로 적을 내 맘대로 잘 조종하는 자는 자신의 대비태세를 보여주면 적이 반드시 따라서 반응하게 하고, 적에게 무엇을 주면 적이 반드시 취하게 한다. 적에게 이로움을 주는 척하면서 적을 움직이게 하고, 아군의 기본 대비태세를 튼튼히 해서 적이 오기를 기다리는 것이다.

故(고) 그러므로. 善(선) 잘하다. 動(동) 움직이다. 形(형) 부대의 태세. 敵(적) 적군. 必(필) 반드시. 從(종) 따르다. 予(여) 주다. 取(취) 취하다. 以(이) ~로써. 利(리) 이익. 動(동) 움직이다. 本(본) 근본. 待(대) 기다리다.

故 善戰者, 求之於勢, 不責之於人.
고 선전자, 구지어세, 불책지어인.
그러므로 전쟁을 잘하는 자는 승리를 부대의 기세를 어떻게 조성하는가에서 구하고, 절대로 부하에게 그 책임을 지우지 않는다.

故(고) 그러므로. 善戰者(선전자) 싸움을 잘하는 자. 求(구) 구하다. 於勢(어세) 부대의 기세에서. 不責(불책) 책임을 지우지 않는다. 於人(어인) 여기에서 人은 부하로 해석.

故 能擇人而任勢, 任勢者, 其戰人也, 如轉木石.
고 능택인이임세, 임세자, 기전인야, 여전목석.
고로 인재를 선발해서 적재적소에 임무를 부여하면서 부대의 기세를 만들어 내야 하는 것이다. 부대의 기세를 만들어내도록 임무를 준다는 것은 전투에서 둥근 나무나 큰 돌을 굴리는 것과 같이 부대를 운용하는 것을 말한다.

故(고) 그러므로. 能(능) 능히 ~을 하다. 擇人(택인) 사람을 택하다. 任勢(임세) 부대의 기세를 만들도록 임무를 주다. 任勢者(임세자) 부대의 기세를 만들도록 임무를 주는 것. 其戰人也(기전인야) 부하들을 싸우게 함에 있어서. 如(여) ~과 같다. 轉(전) 굴리다. 木石(목석) 나무와 돌.

木石之性, 安則靜, 危則動, 方則止, 圓則行.
목석지성, 안즉정, 위즉동, 방즉지, 원즉행.
나무나 돌의 본성은 안정된 곳에 두면 편안하지만, 위태로운 곳에 두면 움직이며, 그 모양이 모가 나면 정지하고, 둥글면 굴러가는 법이다.

木石之性(목석지성) 목석의 본성. 安(안) 편안하다. 則(즉) 곧. 靜(정) 고요하다. 危(위) 위태롭다. 動(동) 움직이다. 方(방) 모나다. 止(지) 그치다. 圓(원) 둥글다. 則(즉) 곧. 行(행) 가다. 굴러가다.

故 善戰人之勢, 如轉圓石於千仞之山者, 勢也.
고 선전인지세, 여전원석어천인지산자, 세야.
그러므로 잘 싸우게 하는 부대의 기세는 마치 둥근 돌을 천 길이나 되는 높은 산에서 굴러내리는 것과 같은데, 그것을 바로 기세(勢)라고 하는 것이다.

故(고) 그러므로. 善戰人之勢(선전인지세) 잘 싸우게 하는 자가 지휘하는 부대의 기세. 如(여) ~과 같다. 轉(전) 회전하다. 구르다. 圓(원) 둥글다. 石(석) 돌. 於(어) ~에서. 千仞之山(천인지산) 천 길이나 되는 높은 산. 者(자) ~하는 것. 勢也(세야) 이것이 바로 부대의 기세다.

第六. 虛實 제6. 허실. 허와 실

허실(虛實)은 피아 모두 가지고 있으며, 아군이 허(虛)하면 방어를 해야 하고, 아군이 실(實)하면 공격하고, 적도 이와 마찬가지의 형태를 보일 것임. 장수 된 자는 피아의 허실(虛實)을 잘 파악해서 공격하거나 방어하는 방법을 만들어야 함을 설명하고 있음.

-손무자직해(孫武子直解)에서-

孫子曰, 凡 先處戰地, 而待敵者, 佚, 後處戰地, 而趨戰者, 勞.

손자왈, 범 선처전지, 이대적자, 일, 후처전지, 이추전자, 노.

손자가 말하기를, 먼저 싸움터에 나와서 오는 적을 맞이하는 자는 편하고, 뒤늦게 도착해서 싸움에 끌려다니는 자는 힘들게 된다.

孫子曰(손자왈) 손자가 말하다. 凡(범) 무릇. 先(선) 먼저. 處(처) 처하다. 머물러있다. 戰(전) 전쟁, 싸움. 地(지) 땅. 待(대) 기다리다. 敵(적) 적군. 者(자) ~하는 자. 佚(일) 편하다. 後處戰地(후처전지) 나중에 싸움터에 위치하다. 趨(추) 쫓다 . 勞(로) 힘들다.

故 善戰者, 致人而不致於人.

고 선전자, 치인이불치어인.

그러므로 잘 싸우는 자는 적을 끌어들이되 적에게 끌려가지 않는 법이다.

故(고) 그러므로. 善戰者(선전자) 잘 싸우는 자. 致(치) 이르다. 끌어들이다. 人(인) 적 부대를 말함. 不致(불치) 이르지 않다. 끌려가지 않다. 於人(어인) 적 부대에게.

能使敵人, 自至者, 利之也. 能使敵人, 不得至者, 害之也.

능사적인, 자지자, 이지야. 능사적인, 부득지자, 해지야.

적이 스스로 오게 하는 것은 적이 스스로 이롭다는 생각이 들게 해야 하고, 적이 오지 못하게 하려면 적에게 해롭다는 생각이 들게 해야 하는 것이다.

能(능) 능히 ~하다. 使(사) ~을 하게 하다. 敵人(적인) 적 부대. 自(자) 스스로. 至(지) 이르다. 者(자) ~하는 것. 利之也(리지야) 이로움을 보여줘야 한다는 의미. 不得(부득) ~을 얻지 못하다. 害之也(해지야) 해롭다고 생각하게 해야 한다는 의미임.

故敵, 佚能勞之, 飽能飢之, 安能動之, 出其所不趨, 趨其所不意.
고적, 일능노지, 포능기지, 안능동지, 출기소불추, 추기불소의.
그리고 적이 편안하면 피곤하게 할 수 있어야 하고, 적이 배부르면 배고프게 할 수 있어야 하고, 적이 안정되어 있으면 동요하게 할 수 있어야 하고, 적이 쫓아올 수 없는 곳으로 나아가며, 적이 의도하지 않은 곳으로 나아가야 하는 것이다.

故(고) 그러므로. 敵佚(적일) 적이 편안하면. 能勞之(능로지) 능히 피곤하게 하고. 飽(포) 배부르다. 能飢之(능기지) 능히 배고프게 해야 하고. 安(안) 적이 편안하면. 能動之(능동지) 능히 동요시켜야 하고. 出(출) 나아가다. 其所(기소) 그곳. 不趨(불추) 쫓아오지 못하는 곳. 趨(추) 달리다. 不意(불의) 적이 의도하지 않은 곳.

行千里而不勞者, 行於無人之地也.
행천리이불노자, 행어무인지지야.
천 리를 행군해도 피로하지 않은 이유는 적의 대비가 없는 곳으로 행군하기 때문이다.

行千里(행천리) 천 리를 행군하다. 不勞者(불로자) 피로하지 않은 것은. 行(행) 행군하다. 於(어) ~에. ~로. 無人之地(무인지지) 적이 없는 지역.

攻而必取者, 攻其所不守也. 守而必固者, 守其所不攻也.
공이필취자, 공기소불수야. 수이필고자, 수기소불공야.
공격하기만 하면 반드시 성공시키는 것은 적이 지키지 않는 곳을 공격하기 때문이며, 지키기만 하면 반드시 견고하게 지킬 수 있는 것은 적이 공격하지 못할 곳을 지키기 때문이다.

攻(공) 공격하다. 必取(필취) 반드시 취하다. 者(자) ~하는 것. 攻(공) 공격하다. 其所(기소) 그곳. 不守(불수) 지키지 않다. 守(수) 방어하다. 必固(필고) 반드시 견고하게 지키다. 不攻(불공) 적이 공격하지 않다.

故 善攻者, 敵不知其所守, 善守者, 敵不知其所攻.
고 선공자, 적부지기소수, 선수자, 적부지기소공.
그러므로 공격을 잘하는 자는 적이 지켜야 할 곳을 모르게 하고, 방어를 잘하는 자는 적이 공격해야 할 곳을 모르게 하는 것이다.

故(고) 그러므로. 善攻者(선공자) 공격을 잘하는 자는. 敵(적) 적 부대. 不知(부지) 알지 못하다. 其所

(기소) 그곳. 守(수) 지키다. 善守者(선수자) 방어를 잘하는 자. 敵不知(적부지) 적 부대가 모르게 하다. 其所攻(기소공) 그 공격해야 할 곳.

微乎微乎, 至於無形. 神乎神乎, 至於無聲. 故 能爲敵之司命.
미호미호, 지어무형. 신호신호, 지어무성. 고 능위적지사명.
이렇게 미묘하니, 형체도 보이지 않는 경지에 이르렀구나! 이렇게 신비하니, 소리도 들리지 않는 경지에 이르렀구나! 이런 경지에 이르게 되면, 적의 생사를 내 마음대로 할 수 있게 되는 것이다.

微(미) 작다는 의미도 있지만, 여기서는 미묘하다는 의미. 乎(호) 감탄의 의미. 至(지) 이르다. 於(어) ~에. 無形(무형) 무형의 경지. 神(신) 신비롭다. 至於無聲(지어무성) 무성의 경지에 이르다. 故(고) 그러므로. 能爲(능위) 능히 ~을 하다. 敵之司命(적지사명) 적의 생사를 좌우하다.

進而不可禦者, 衝其虛也. 退而不可追者, 速而不可及也.
진이불가어자, 충기허야. 퇴이불가추자, 속이불가급야.
나아가되 적이 가히 막지 못함은 그 허점을 찔러 공격하기 때문이요, 물러가되 적이 쫓아오지 못함은 너무 빨라서 적이 미처 따라올 수 없기 때문이다.

進(진) 나아가다. 不可(불가) 불가하다. 禦(어) 막다. 者(자) ~하는 것. 衝(충) 찌르다. 其虛(기허) 그 허점. 退(퇴) 물러가다. 不可追(불가추) 추격하지 못하다. 速(속) 빠르다. 不可及(불가급) 적이 따를 수 없다.

故 我欲戰, 敵雖高壘深溝, 不得不與我戰者, 攻其所必救也.
고 아욕전, 적수고루심구, 부득불여아전자, 공기소필구야.
그러므로 내가 싸우고자 하면 적이 비록 성루를 높이고 참호를 깊이 파고 있다 하더라도 나와서 싸울 수밖에 없는 이유는 적이 반드시 구해야 할 곳을 공격하기 때문이다.

故(고) 그러므로. 我欲戰(아욕전) 내가 싸우고자 하다. 敵(적) 적 부대. 雖(수) 비록. 高(고) 높다. 壘(루) 성루. 深(심) 깊다. 溝(구) 해자. 不得不(부득불) 부득이하게 ~하다. 與(여) 같이하다. 我戰(아전) 나와 싸우다. 攻(공) 공격하다. 其所(기소) 그곳. 必救(필구) 필히 구하다.

我不欲戰, 雖劃地而守之, 敵不得與我戰者, 乖其所之也.

아불욕전, 수획지이수지, 적부득여아전자, 괴기소지야.

내가 싸우지 않으려 하면 비록 땅에 선만 긋고 지키더라도 적이 싸움을 걸지 못하는 것은 적들이 의도하는 바를 허물어뜨리기 때문이다.

我不欲戰(아불욕전) 내가 싸우고자 하지 않으면. 雖(수) 비록. 劃(획) 선을 긋다. 地(지) 땅. 守(수) 지키다. 敵(적) 적 부대. 不得(부득) 얻지 못하다. 與(여) 함께하다. 我戰(아전) 나와 싸우는 것. 乖(괴) 어그러지다. 其所(기소) 그곳.

故 形人而我無形, 則我專而敵分, 我專爲一, 敵分爲十,

고 형인이아무형, 즉아전이적분, 아전위일, 적분위십,

그러므로 적의 형태나 대비태세는 드러나게 하고 나의 형태나 대비태세는 드러나지 않게 한다는 것은 곧 나는 뭉치고 적은 분산하게 되는 것과 같다. 나는 한 개로 뭉치고 적은 열 개로 나누어지는 것이다.

故(고) 그러므로. 形(형) 형태. 여기서는 부대의 태세로 해석. 人(인) 적 부대를 말함. 我(아) 아군. 無形(무형) 태세가 드러나지 않는다. 則(즉) 곧. 專(전) 오로지. 여기서는 뭉친다는 의미. 敵(적) 적 부대. 分(분) 분산되다. 我專(아전) 아군이 뭉쳐서. 爲一(위일) 하나가 되다. 敵分(적분) 적 부대는 분산되어. 爲十(위십) 10개로 나누어지다.

是以十攻其一也, 則我衆敵寡.

시이십공기일야, 즉아중적과.

이는 곧 나는 열 개로 적 한 개를 공격하게 되는 것과 같은 이치이니, 나는 전투력이 우세해지고 적의 전투력은 열세해지는 것과 같은 것이다.

是(시) 이렇게 되면. 以十(위십) 아군 10개 부대로. 攻其一也(공기일야) 적 1개의 부대를 공격하다. 則(즉) 곧. 我衆(아중) 나는 전투력이 많고. 敵寡(적과) 적은 전투력이 적다.

能以衆擊寡, 則吾之所與戰者, 約矣.

능이중격과, 즉오지소여전자, 약의.

우세한 전투력으로 열세한 적을 공격하면, 내가 적과 싸우는 방법은 아주 간단해질 것이다.

能(능) 능히 ~을 하다. 以衆(이중) 우세한 전투력으로. 擊(격) 치다. 寡(과) 적다. 則(즉) 곧. 吾(오) 나. 所(소) ~하는 바. 與戰(여전) 적과 싸우다. 者(자) ~하는 것. 約(약) 간단하다. 矣(의) 어조사.

吾所與戰之地, 不可知. 不可知, 則敵所備者, 多.
오소여전지지, 불가지. 불가지, 즉적소비자, 다.
내가 싸우려 하는 곳을 적이 알지 못하게 해야 하고, 적이 그것을 알지 못하게 되면 적은 대비해야 할 곳이 많아지게 된다.

吾(오) 나. 所(소) ~하는 바. 與戰(여전) 싸움을 하다. 之地(지지) 싸움을 하는 곳. 不可知(불가지) 알지 못하게 하다. 則(즉) 곧. 敵(적) 적 부대가. 所備(소비) 대비해야 할 바. 者(자) ~하는 바. 多(다) 많다.

敵所備者, 多. 則吾所與戰者, 寡矣.
적소비자, 다. 즉오소여전자, 과의.
적이 대비할 곳이 많아지면 상대적으로 내가 싸우려고 하는 곳의 적은 전투력이 아군에 비해 열세하게 될 것이다.

敵所備者 多(적소비자 다) 적이 대비해야 할 곳이 많으면. 則(즉) 곧. 吾所與戰者(오소여전자) 내가 싸워야 할 상대는. 寡(과) 적다.

故 備前則後寡, 備後則前寡, 備左則右寡, 備右則左寡.
고 비전즉후과, 비후즉전과, 비좌즉우과, 비우즉좌과.
앞을 대비하면 뒤가 열세해지고, 뒤를 대비하면 앞이 열세해지고, 좌측을 대비하면 우측이 열세해지고, 우측을 대비하면 좌측이 열세해진다.

故(고) 그러므로. 備前(비전) 앞을 대비하다. 則(즉) 곧. 後寡(후과) 뒤가 열세해진다. 備後則前寡(비후즉전과) 뒤를 대비하면, 앞이 열세해진다. 備左則右寡(비좌즉우과) 좌측을 대비하면, 우측이 열세해진다. 備右則左寡(비우즉좌과) 우측을 대비하면, 좌측이 열세해진다.

無所不備, 則無所不寡, 寡者, 備人者也, 衆者, 使人備己者也.
무소불비, 즉무소불과, 과자, 비인자야, 중자, 사인비기자야.
대비하지 않는 곳이 없으면 열세하지 않은 곳이 없게 되니, 열세하다는 것은 적을 대비하기 때문이요, 우세하다는 것은 적이 스스로 대비하게 하기 때문이다.

無(무) 없다. 所(소) ~하는 바. 不備(불비) 대비하지 않다. 則(즉) 곧. 不寡(불과) 열세하지 않다. 寡者(과자) 열세하다는 것. 備(비) 대비하다. 人(인) 적 부대. 者(자) ~하는 것. 衆者(중자) 우세하다는 것. 使(사) ~하게 하다. 人(인) 적 부대를 말함. 備(비) 대비하다. 己(기) 자기. 者(자) ~하는 것.

故 知戰之地, 知戰之日, 則可千里而會戰.
고 지전지지, 지전지일, 즉가천리이회전.
싸울 장소와 시기를 알면, 가히 천 리에 걸쳐 싸움을 치를 수 있을 것이다.

故(고) 그러므로. 知戰之地(지전지지) 싸울 장소를 알다. 知戰之日(지전지일) 싸워야 할 날짜를 알다. 則(즉) 곧. 可(가) 가능하다. 千里(천리) 천 리. 400km 會戰(회전) 싸움을 하다.

不知戰地, 不知戰日, 則左不能救右, 右不能救左, 前不能救後, 後不能救前,
부지전지, 부지전일, 즉좌불능구우, 우불능구좌, 전불능구후, 후불능구전,
그런데, 싸울 장소와 시기를 알지 못하면, 좌측의 부대가 우측의 부대를 구하지 못하고, 우측의 부대가 좌측의 부대를 구하지 못하며, 전위부대가 후위 부대를 구하지 못하고, 후위부대가 전위부대를 구하지 못하게 되는데

不知戰地(부지전지) 싸울 장소를 모르다. 不知戰日(부지전일) 싸울 시기를 모르다. 則(즉) 곧. 左(좌) 좌측부대. 不能(불능) ~을 할 수 없다. 救(구) 구하다. 右(우) 우측부대. 右不能救左(우불능구좌) 우측부대가 좌측부대를 구하는 것이 불가하다. 前不能救後(전불능구후) 전위부대가 후위 부대를 구하는 것이 불가하다. 後不能救前(후불능구전) 후위부대가 전위부대를 구하는 것이 불가하다.

而況遠者數十里, 近者數里乎.
이황원자수십리, 근자수리호.
하물며 멀리 수십 리가 떨어져 있거나, 가까이 있다 해도 몇 리나 떨어져 있는 부대를 어떻게 구해줄 수 있겠는가?

況(화) 하물며. 遠(원) 멀다. 者(자) ~하는 것. 數十里(수십리) 거리. 수십 리. 近者(근자) 가까이 있다. 數里(수리) 수 리. 乎(호) 어조사.

以吾度之, 越人之兵, 雖多, 亦奚益於勝哉.
이오탁지, 월인지병, 수다, 역해익어승재.
내가 이런 것들을 잘 헤아려 보니, 월(越)나라 군대가 비록 병력이 많다고 하더라도 어떻게 승리에 더 유리하다 할 수 있겠는가?

以(이) ~로써. 吾(오) 나. 度(탁) 헤아리다. 越人之兵(월인지병) 월나라 병력. 雖多(수다) 비록 많다고 하더라도. 亦(역) 또한. 奚(해) 어찌. 益(익) 이익이다. 於勝(어승) 승리에. 哉(재) 어조사.

故 日, 勝可爲也, 敵雖衆, 可使無鬪.
고 왈, 승가위야, 적수중, 가사무투.
그 때문에 비록 적이 수적으로 많다고 하더라도 적들을 싸울 수 없도록 만들어 버리면, 승리도 가히 만들 수도 있는 것이라고 말하는 것이다.

故(고) 그러므로. 日(왈) 손자가 말하다. 勝(승) 승리. 可(가) 가히. 爲(위) 만들다. 敵(적) 적 부대. 雖(수) 비록. 衆(중) 많은 수의 부대. 可(가) 가능하다. 使(사) ~하게 하다. 無鬪(무투) 싸움이 없다.

故 策之而知得失之計, 作之而知動靜之理,
고 책지이지득실지계, 작지이지동정지리,
그러므로 계책(策)을 써서 적의 작전계획에 대한 득실을 파악하고, 작전(作)을 펴서 적을 움직이게 한 다음 동정을 살피며,

策(책) 계책을 쓰다. 知(지) 알다. 得失之計(득실지계) 적의 계획에 대해서 득과 실을 따지다. 作之(작지) 작전하다. 知(지) 알다. 動靜之理(동정지리) 적의 동정을 잘 살펴서 그 이치를 알다.

形之而知死生之地, 角之而知有餘不足之處.
형지이지사생지지, 각지이지유여부족지처.
적의 형태(形)를 드러나게 해서 적의 사지와 생지를 알아내며, 적과 부딪쳐(角) 본 다음 적의 전투력이 남는 곳과 부족한 지점을 알아내야 한다.

形之(형지) 적의 형태를 드러나게 하다. 死生之地(사생지지) 적이 어떤 처지에 있는지를 알아보는 것을 의미. 角之(각지) 적과 부딪쳐보다. 有餘(유여) 전투력이 남다. 不足(부족) 전투력이 부족.

故 形兵之極, 至於無形, 無形則深間, 不能窺, 智者, 不能謀.
고 형병지극, 지어무형, 무형즉심간, 불능규, 지자, 불능모.
군사 배비(形)의 극치는 무형의 경지에 이르는 것이니, 형태가 없으면 깊숙이 잠입한 첩자들도 능히 엿볼 수 없을 것이며, 지혜가 있는 자라고 하더라도 능히 계책을 쓰지 못하게 된다.

形兵(형병) 군의 배비된 형태. 極(극) 극치. 至(지) 이르다. 於(어) 어조사. 無形(무형) 형태가 없음. 無

形(무형) 특징과 형태가 없으면. 則(즉) 곧. 深間(심간) 깊숙이 잠입한 첩자. 不能(불능) ~할 수 없다. 窺(규) 엿보다. 智者(지자) 지혜가 있는 자라도. 謀(모) 계책을 도모하다.

因形而措勝於衆, 衆不能知.
인형이조승이중, 중불능지.
적의 형태에 따라서 적절한 방법으로 승리를 조성해 나가면 대부분 사람은 어떻게 승리를 했는지 알 수 없다.

因(인) ~으로 인하여. 形(형) 적의 형태. 措勝(조승) 승리를 만들다. 於(어) 어조사. 衆(중) 무리. 적 부대를 말함. 衆(중) 무리. 많은 사람. 不能知(불능지) 알 수가 없다.

人皆知我所以勝之形, 而莫知吾所以制勝之形.
인개지아소이승지형, 이막지오소이제승지형.
그러니, 사람들은 대개 내가 승리한 피상적인 형태는 알고 있어도, 내가 승리를 조성해 나가기 위해서 사전에 조치한 계책은 잘 알지 못하는 것이다.

人(인) 사람들. 皆(개) 모두. 知(지) 알다. 我(아) 나. 손자 자신을 말함. 所(소) ~하는 바. 以(이) 어조사. ~로써. 勝之形(승지형) 승리를 했던 모양, 형태. 莫知(막지) 아는 것이 없다. 吾(오) 나. 制勝之形(제승지형) 승리하기 위해 제어해 나간 형태. 사전에 조치한 여러 가지 계책들.

故 其戰勝不復, 而應形於無窮.
고 기전승불복, 이응형어무궁.
고로 전승(戰勝)의 방법은 반복되지 않고, 피아 형세에 따라 대응하는 방법은 무궁무진하다.

故(고) 그러므로. 其(기) 그. 戰勝(전승) 전쟁에서의 승리. 不復(불복) 반복되지 않는다. 복으로 읽지 않고, 부로 읽는다는 의견도 있음. 應(응) 응하다. 形(형) 형태. 於(어) 어조사. 無窮(무궁) 막힘이 없다.

夫 兵形象水, 水之形, 避高而趨下, 兵之形, 避實而擊虛,
부 병형상수, 수지형, 피고이추하, 병지형, 피실이격허,
대체로 전투력의 운용 형태는 물의 성질을 닮았으니, 물의 성질은 높은 곳을 피해 낮은 곳으로 흘러가고, 전투력의 운용은 적의 실한 곳을 피해 허한 곳을 치며,

夫(부) 무릇. 대체로. 兵形(병형). 용병에 있어서의 형태. 象水(상수) 물의 모양. 水之形(수지형) 물의 형태. 避(피) 피하다. 高(고) 높다. 趨(추) 달린다. 下(하) 아래. 兵之形(병지형) 용병의 형태. 避實(피실) 실한 곳은 피하다. 擊虛(격허) 허한 곳을 치다.

水 因地而制流, 兵 因敵而制勝.
수 인지이제류, 병 인적이제승.
물이 땅의 형태에 따라 흐름을 바꾸는 것처럼, 전투력도 적의 형태에 따라 승리를 조성해 나가는 것이다.

水(수) 물. 因(인) ~로 인하여. 地(지) 지형. 制(제) 제어하다. 流(류) 흐름. 兵(병) 용병은. 因敵(인적) 적의 형태로 인해. 制勝(제승) 승리를 제어하다.

故 兵無常勢, 水無常形, 能因敵變化, 而取勝者, 謂之神.
고 병무상세, 수무상형, 능인적변화, 이취승자, 위지신.
그러므로 용병함에 있어서 항상 같은 형세를 유지하는 것은 불가능하며, 이는 물이 일정한 형태가 없는 것과 유사한 것이다. 이렇게 일정한 형태가 없는 것을 잘 운용함으로 인해서 적의 변화에 따라 승리를 만들어 갈 수 있는 자를 일컬어 신의 경지에 이르렀다고 한다.

故(고) 그러므로. 兵(병) 용병. 無常勢(무상세) 항시 같은 기세를 유지하는 것이 불가능하다. 水無常形(수무상형) 물도 항상 일정한 형태가 있는 것이 아니다. 能(능) 능히. 因(인) ~로 인하여. 敵變化(적변화) 적의 변화. 取勝者(취승자) 승리를 확보하는 자. 謂(위) 일컫다. 神(신) 신의 경지.

故 五行無常勝, 四時無常位, 日有短長, 月有死生.
고 오행무상승, 사시무상위, 일유단장, 월유사생.
오행(金 · 水 · 木 · 火 · 土)의 어느 요소도 다른 모든 요소를 이길 수는 없으며, 4계절도 언제나 고정됨이 없으며, 해도 길고 짧음이 있고, 달도 차고 기울어짐이 있는 것이다.

故(고) 그러므로. 五行(오행) 金·水·木·火·土, 오행을 말함. 無常勝(무상승) 항상 이길 수 없다. 四時(사시) 4계절을 말함. 無常位(무상위) 항상 고정되어 있지 않다. 日(일) 해. 有短長(유장단) 길고 짧음이 있다. 月有死生(월유사생) 달도 차고 기욺이 있다.

第七. 軍爭 제7. 군쟁. 군의 전쟁

피아의 군대가 서로 대치하면 반드시 다투게 되며, 이때는 반드시 이로움에 따라 움직이게 되어 있음. 그러므로 이번 편(編)에서는 이로움(利)에 대해서 많이 설명하였음. 여기에서 이로움은 재물을 말할 때의 이로움이 아니라 편리하다는 의미의 이로움을 말하는 것이니 아군에게 이로우면 이기게 되고, 적에게 이로우면 지게 되는 것이다. 승리를 위해서는 이로움을 얻기 위해 다투지 않을 수 없으니 편명이 군쟁(軍爭)인 것이다.

-손무자직해(孫武子直解)에서-

孫子曰, 凡 用兵之法, 將 受命於君, 合軍聚衆, 交和而舍, 莫難於軍爭.
손자왈, 범 용병지법, 장 수명어군, 합군취중, 교화이사, 막난어군쟁.
손자가 말하기를 용병의 방법을 살펴보면, 먼저 장수가 군주로부터 명을 받아서 부대와 병력을 모으고 적과 대치하여 숙영하게 되는데, 이때 전투 수행보다 더 어려운 일은 없다.

孫子曰(손자 왈) 손자가 말하다. 凡(범) 무릇. 用兵之法(용병지법) 용병의 법. 將(장) 장수. 受命(수명) 명을 받다. 於君(어군) 군주로부터. 合軍(합군) 군사를 모으고. 聚(취) 모이다. 衆(중) 군사. 交(교) 적과 교전하다. 和(화) 서로 응하다. 舍(사) 숙영하다. 莫(막) 없다. 難(란) 어렵다. 於(어) 어조사. 軍爭(군쟁) 전투 수행.

軍爭之難者, 以迂爲直, 以患爲利.
군쟁지난자, 이우위직, 이환위리.
전투 수행이 어렵다고 하는 이유는 멀리 돌아서 가는 굽은 길을 일찍 도착하기 위해 곧은길처럼 만들고, 근심거리를 이로운 것으로 만들어야 하기 때문이다.

軍爭之難者(군쟁지란자) 전투 수행의 어려움은. 以(이) ~로써. 迂(우) 멀다. 爲(위) 하다. 直(직) 바르다. 患(환) 걱정거리. 利(리) 이로움.

故 迂其途而誘之以利, 後人發, 先人至, 此 知迂直之計者也.
고 우기도이유지이리, 후인발, 선인지, 차 지우직지계자야.
우회하는 것처럼 속이기도 하고 적에게 이로운 듯이 미끼를 던져 적을 유인하면, 적보다 늦게 출발하고도 더 일찍 도착할 수 있으니 이처럼 하는 것은 우직지계를 아는 것이다.

故(고) 그러므로. 迂(우) 멀리 돌아가는 것. 其(기) 그. 途(도) 길. 誘(유) 꾀다. 以利(이리) 이로움으로써. 後(후) 뒤. 發(발) 출발하다. 先人至(선인지) 남보다 먼저 도착하다. 此(차) 이것. 知(지) 알다. 迂直之計(우직지계) 멀리 돌아가는 것이 빠르다는 우직지계.

故 軍爭爲利, 衆爭爲危, 擧軍而爭利則不及, 委軍而爭利則輜重 捐.
고 군쟁위리, 중쟁위위, 거군이쟁리즉불급, 위군이쟁리즉치중 연.
부대 전체를 이끌고 싸우는 것은 이롭고, 정예부대만 이끌고 싸우는 것은 위태롭다. 전군을 이끌고 싸우려면 신속성이 미치지 못하고, 전 부대를 두고 정예만으로 싸우려면 치중 부대를 떼 내야 하는 불리한 점이 있다.

故(고) 그러므로. 軍爭(군쟁) 문맥상 부대 전체를 이끌고 싸우는 것을 말함. 爲利(위리) 이롭다. 衆爭(중쟁) 정예부대만 이끌고 싸우는 것. 爲危(위위) 위태롭게 한다. 擧軍(거군) 전군을 이끌고. 爭(쟁) 싸우다. 利(리) 이롭다. 則(즉) 곧. 不及(불급) 이르지 못하다. 委(위) 맡기다. 軍(군) 전군. 輜重(치중) 치중 부대. 捐(연) 버리다.

是故, 捲甲而移, 日夜不處, 倍道兼行, 百里而爭利, 則擒三將軍,
시고, 권갑이이, 일야불처, 배도겸행, 백리이쟁리, 즉금삼장군,
이런 까닭에 갑옷을 풀어 젖히고 빨리 이동해서 밤낮을 쉬지 않고 평상시보다 두 배의 거리를 강행군해서 백 리를 나가 싸움을 하면 대부분 장수가 사로잡히게 되며

是故(시고) 이러한 이유로. 捲(권) 걷다. 甲(갑) 갑옷. 移(이) 이동하다. 日夜(일야) 밤낮. 不處(불처) 쉬지 않다. 倍道(배도) 배의 거리. 兼行(겸행) 강행군하다. 百里(백리) 백 리를 나가. 爭利(쟁리) 이익을 쟁취하기 위해 싸우다. 則(즉) 곧. 擒(금) 사로잡히다. 三將軍(삼장군) 대부분의 장수.

勁者先疲者後, 其法, 十一而至.
경자선피자후, 기법, 십일이지.
건장한 장병들만 앞서가고 피로한 장병들은 뒤에 처지게 되어 이런 방법으로는 전 병력의 10분의 1 정도만 도달할 수 있을 것이다.

勁(경) 굳세다. 者(자) ~하는 자. 先(선) 먼저. 疲者後(피자후) 피로한 장병은 뒤에 처지다. 其法(기법) 이러한 방법으로. 十一(십일) 11이 아닌 10분의 1. 至(지) 이르다.

五十里而爭利, 則蹶上將軍, 其法, 半至, 三十里而爭利, 則三分之二至.
오십리이쟁리, 즉궐상장군, 기법, 반지, 삼십리이쟁리, 즉삼분지이지.
그렇게 오십 리를 나가서 싸우면 상장군을 잃고 전 병력의 1/2 정도만 도달할 것이고, 그렇게 삼십 리를 나가서 싸우면 전 병력의 2/3 정도만 도달할 것이다.

五十里(오십리) 50리. 爭利(쟁리) 싸움을 하다. 則(즉) 곧. 蹶(궐) 넘어지다. 탕진하다. 上將軍(상장군) 장수 중의 우두머리. 其法(기법) 이러한 방법으로. 半至(반지) 절반은 도달할 것이다. 三十里而爭利(삼심리이쟁리) 30리를 나가서 싸우면. 則三分之二至(즉3분지2지) 2/3만 도달하다.

是故, 軍無輜重則亡, 無糧食則亡, 無委積則亡.
시고, 군무치중즉망, 무양식즉망, 무위자즉망.
이러한 이유로 인해서, 군대에 치중 부대가 없으면 망하고, 양식이 없어도 망하고, 보급물자가 없어도 망하는 법이다.

是故(시고) 이러한 이유로 인해서. 軍(군) 군대. 無(무) 없다. 輜重(치중) 치중 부대. 보급부대. 則(즉) 곧. 亡(망) 망하다. 無糧食則亡(무양식즉망) 군대에 양식이 없으면 망한다. 委(위) 맡기다. 積(자) 쌓아놓다. 통상 '적'으로 읽지만 '자'로 읽는 경우도 있다.

故 不知諸侯之謀者, 不能豫交, 不知山林險阻沮澤之形者, 不能行軍,
고 부지제후지모자, 불능예교, 부지산림험조저택지형자, 불능행군,
그리고 인접 제후국의 의도를 모르면 미리 외교관계를 맺을 수 없고, 산림이나 지형의 험한 정도와 늪지나 택지 같은 지형에 대해서 알지 못하면 행군을 할 수 없고,

故(고) 그러므로. 不知(부지) 모르다. 諸侯之謀(제후지모) 제후들의 모략. 不能(불능) 불가능하다. 豫交(예교) 미리 외교관계를 맺다. 山林(산림) 산과 수풀. 險阻(험조) 험한 지형. 沮澤(저택) 물을 막아 만든 연못. 形(형) 지형. 不能行軍(불능행군) 행군이 불가능하다.

不用鄕導者, 不能得地利.
불용향도자, 불능득지리.
향도와 같은 지역안내자를 활용하지 않으면 지형의 이로움을 얻을 수 없다.

不用(불용) 활용하지 못하다. 鄕導(향도) 지역의 안내자. 不能(불능) 불가능하다. 得(득) 얻다. 地利(지리) 지형의 이로움.

故 兵 以詐立, 以利動, 以分合, 爲變者也.

고 병 이사립, 이리동, 이분합, 위변자야.

그러므로 군사 행동은 속임수로써 여건을 조성하고, 이로우면 움직이고, 분산과 집중으로 변화를 만드는 것이다.

故(고) 그러므로. 兵(병) 용병법. 以(이) ~로써. 詐(사) 속임수. 立(입) 서다. 利(리) 이익. 動(동) 움직이고. 以分合(이분합) 분산과 집중으로. 爲變(위변) 변화를 만들다. 者(자) ~하는 것.

故 其疾如風, 其徐如林, 侵掠如火, 不動如山, 難知如陰, 動如雷震,

고 기질여풍, 기서여림, 침략여화, 부동여산, 난지여음, 동여뇌진,

그러므로 그 빠름은 바람과 같이하고, 그 느림은 숲과 같이하고, 습격할 때는 불과 같이 맹렬히 하고, 움직이지 않을 때는 산과 같이 장중히 하고, 적으로 하여금 알기 어렵게 만들 때는 어둠과 같이하고, 움직일 때는 번개처럼 하고,

故(고) 고로. 其(기) 그. 疾(질) 빠르다. 如風(여풍) 바람과 같다. 徐(서) 느림. 如林(여림) 숲과 같다. 侵(침) 습격하다. 掠(략) 노략질하다. 如火(여화) 불과 같다. 不動(부동) 움직이지 않음. 如山(여산) 산과 같다. 難知(난지) 알기 어려움. 如陰(여음) 어둠과 같다. 動(동) 움직임. 如雷震(여뇌진) 번개와 같다.

掠鄕分衆, 廓地分利, 懸權而動, 先知迂直之計者, 勝, 此 軍爭之法也.

약향분중, 곽지분리, 현권이동, 선지우직지계자, 승, 차 군쟁지법야.

토산물을 약탈하면 나누어주고, 땅을 얻으면 이익을 나누어주며, 상황을 저울질 해본 후에 움직이는 등 먼저 우직지계(迂直之計)를 아는 자가 승리하는 것이니 이것이 바로 전투 수행의 법칙이다.

掠(략) 침략하다. 鄕(향) 시골. 토산품. 分(분) 나누다. 衆(중) 무리. 廓(곽) 둘레. 地(지) 땅. 利(리) 이익. 懸(현) 매달다. 權(권) 저울추. 動(동) 움직이다. 先知迂直之計者 勝(선지우직지계자 승) 먼저 우직지계를 아는 자가 승리한다. 此(차) 이것이. 軍爭之法也(군쟁지법야) 전투 수행의 법칙이다.

軍政曰, 言不相聞故, 爲之金鼓, 視不相見, 故 爲之旌旗.

군정왈, 언불상문고, 위지금고, 시불상견, 고 위지정기.

군정(軍政)이라는 병서에서 말하기를, 말소리가 서로 들리지 않기 때문에 징과 북을 사용하

고, 서로 보이지 않기 때문에 깃발을 사용한다고 한다.

軍政 曰(군정 왈) 군정에서 말하기를. 言(언) 말소리. 不(불) 아니다. 相(상) 서로. 聞(문) 듣다. 故(고) 그러므로. 爲(위) 하다. 金(금) 징을 의미. 鼓(고) 북. 視(시) 신호. 見(견) 보다. 故(고) 고로. 旌(정) 깃발. 旗(기) 깃발.

夫 金鼓旌旗者, 所以一人之耳目也.
부 금고정기자, 소이일인지이목야.
대체로 징 · 북 · 깃발과 같은 것들은 사람들의 이목을 하나로 모을 수 있기 때문이다.

夫(부) 무릇. 金(금) 징. 鼓(고) 북. 旌旗(정기) 깃발. 所(소) ~하는 바. 以(이) ~로써. 一(일) 하나로 모으다. 人之耳目(인지이목) 사람의 이목.

人旣專一, 則勇者, 不得獨進, 怯者, 不得獨退, 此 用衆之法也.
인기전일, 즉용자, 부득독진, 겁자, 부득독퇴, 차 용중지법야 .
병력이 하나로 뭉쳐지면, 용감한 자도 혼자만 나아갈 수는 없고 비겁한 자도 혼자 물러설 수는 없으니, 이것이 바로 많은 병력을 운용하는 방법이다.

人(인) 병력이. 旣(기) 이미. 專(전) 오로지. 一(일) 하나가 되다. 則勇者(즉용자) 곧, 용감한 사람도. 不得(부득) 얻지 못한다. 獨進(독진) 혼자서 나아가다. 怯者(겁자) 겁이 많은 사람도. 不得(부득) 얻지 못한다. 獨退(독퇴) 혼자서 후퇴하다. 此(차) 이것이. 用衆之法也(용중지법) 병력을 운용하는 방법이다.

故 夜戰, 多火鼓, 晝戰, 多旌旗, 所以變人之耳目也.
고 야전, 다화고, 주전, 다정기, 소이변인지이목야.
야간전투에서 불과 북소리를 많이 사용하고, 주간전투에서 깃발을 많이 쓰는 것은 적군의 이목을 현혹하기 위한 것이다.

故(고) 그러므로. 夜戰(야전) 야간전투를 할 때. 多火鼓(다화고) 불과 북소리를 많이 사용하고. 晝戰(주전) 주간전투를 할 때, 多旌旗(다정기) 깃발을 많이 사용한다. 所(소) ~하는 바. 以(이) ~로써. 變(변) 변하다. 현혹하다. 人(인) 여기서는 적군을 말함.

故 三軍, 可奪氣, 將軍, 可奪心. 是故, 朝氣 銳, 晝氣 惰, 暮氣 歸.

고 삼군, 가탈기, 장군, 가탈심. 시고, 조기 예, 주기 타, 모기 귀.

적 부대와 싸울 때는 부대의 사기나 기세를 꺾어야 하고, 적장의 심지를 뒤흔들어야 한다. 원래 부대의 사기나 기세라는 것이 아침에는 예리하지만, 낮에는 타성에 젖어 해이해지며, 저녁에는 돌아가 쉬고 싶어 하게 된다.

故(고) 그러므로. 三軍(삼군) 전군을 말함. 可(가) 가히. 奪(탈) 빼앗다. 氣(기) 기세. 將軍(장군) 장수. 적군 장수를 말함. 可奪心(가탈심) 마음을 빼앗다. 是故(시고) 이러한 이유로. 朝氣(조기) 아침의 기세. 銳(예) 예리하다. 晝氣(주기) 주간의 기세는. 惰(타) 타성에 젖으며. 暮氣(모기) 저녁의 기세는. 歸(귀) 돌아가고자 하는 것.

故 善用兵者, 避其銳氣, 擊其惰歸, 此 治氣者也.

고 선용병자, 피기예기, 격기타귀, 차 치기자야.

따라서 용병을 잘하는 자는 적의 왕성한 기세는 피하고, 해이해지고 돌아가 쉬고 싶어 할 정도로 기세가 꺾이고 나서 쳐야 하는 것이다. 이것이 바로 적의 사기를 다스리는 방법이다.

故(고) 그러므로. 善用兵者(선용병자) 용병을 잘하는 자는. 避(피) 피하다. 其(기) 그. 銳(예) 예리하다. 氣(기) 기세. 擊(격) 치다. 其(기) 그. 惰(타) 게으르다. 歸(귀) 돌아가다. 此(차) 이것. 治氣者也(치기자야) 기를 잘 다스리는 것이다.

以治待亂, 以靜待譁, 此 治心者也.

이치대란, 이정대화, 차 치심자야.

정돈된 상태로 혼란한 적을 맞이하고, 안정된 상태로 소란한 적을 맞이해야 한다. 이렇게 하는 것이 바로 적장의 마음을 다루는 방법이다.

以治(이치) 잘 다스림으로써. 待亂(대란) 혼란한 적을 기다리다. 靜(정) 안정되다. 譁(화) 시끄럽다. 此(차) 이것. 治心者也(치심자야) 마음을 다스리는 것이다.

以近待遠, 以佚待勞, 以飽待飢, 此 治力者也.

이근대원, 이일대로, 이포대기, 차 치력자야.

가까운 곳에서 먼 곳에서부터 오는 적을 맞이하고, 편안하게 대비하고 있으면서 피로해 하는 적을 맞이하고, 배부르게 쉬고 있으면서 굶주려 하는 적을 맞이해야 한다. 이렇게 하는 것이 바로 적의 힘을 다루는 방법이다.

近(근) 가깝다. 遠(원) 멀다. 佚(일) 편안하다. 勞(로) 피로하다. 飽(포) 배부르다. 飢(기) 배고프다. 此(차) 이것. 治力者也(치력자야) 힘을 다스리는 것이다.

無邀正正之旗, 勿擊堂堂之陣, 此 治變者也.
무요정정지기, 물격당당지진, 차 치변자야.
깃발이 질서 정연한 적은 맞받아치지 말아야 하고, 진영이 당당한 적은 공격하지 말아야 한다. 이렇게 하는 것이 바로 전장 상황의 변화를 다루는 방법이다.

無(무) 없다. 邀(요) 맞받아치다. 正(정) 바르다. 正(정) 바르다. 旗(기) 깃발. 勿擊(물격) 치지 않는다. 堂堂(당당) 당당하다. 陣(진) 진영. 此(차) 이것. 治變者也(치변자야) 전장 상황의 변화를 잘 다스리는 것이다.

故 用兵之法, 高陵勿向, 背丘勿逆, 佯北勿從, 銳卒勿攻, 餌兵勿食,
고 용병지법, 고릉물향, 배구물역, 양배물종, 예졸물공, 이병물식,
용병함에 있어, 높은 언덕에 있는 적진을 향하지 말며, 언덕을 등진 적을 공격하지 말며, 거짓으로 패주하는 적을 추격하지 말며, 적의 정예부대는 공격하지 말며, 적이 놓은 미끼와 같은 부대는 잡으려 하지 말며,

故(고) 그러므로. 用兵之法(용병지법) 용병법에 있어서. 高陵(고릉) 높은 구릉. 勿向(물향) 향하지 말라. 背(배) 뒤 丘(구) 언덕. 勿逆(물역) 거스르지 마라. 佯(양) 거짓. 北(배) 패배. 勿從(물종) 쫓아가지 말라. 銳(예) 예리하다. 卒(졸) 부대. 勿攻(물공) 공격하지 말라. 餌(이) 먹이. 미끼. 兵(병) 부대. 勿食(물식) 먹지 마라. 잡지 마라.

歸師勿遏, 圍師必闕, 窮寇勿迫, 此 用兵之法也.
귀사물알, 위사필궐, 궁구물박, 차 용병지법야.
철수하는 적 부대를 막지 말고, 포위할 때는 반드시 틈을 내주며, 궁지에 처한 적은 핍박하지 말라고 하였다. 이는 용병을 하는 기본법도이니라.

歸(귀) 돌아가다. 師(사) 부대. 勿遏(물알) 막지 마라. 圍(위) 포위하다. 師(사) 부대. 必(필) 반드시. 闕(궐) 대궐. 여기서는 도망갈 틈을 의미. 窮(궁) 다하다. 寇(구) 도둑. 적 부대. 勿迫(물박) 다그치지 마라. 此(차) 이것이. 用兵之法也(용병지법야) 용병의 법도이다.

第八. 九變 제8. 구변. 아홉 가지 용병 원칙

구변(九變)이란 용병을 하는 방법이 아홉 가지라는 뜻이다. 모름지기 용병에는 정상적인 방법이 있고 변화하는 방법이 있으니 항상 정상적인 방법만 알고 변화하는 방법을 알지 못하면 어찌 승리할 수 있겠는가? 그 때문에 손자가 구변(九變) 편에서 그 방법을 설명하고 있는 것이다.

-손무자직해(孫武子直解)에서-

孫子曰, 凡 用兵之法, 將 受命於君, 合軍聚衆,
손자왈, 범 용병지법, 장 수명어군, 합군취중,
손자가 말하기를 무릇 용병을 할 때는 장수가 군주로부터 명을 받아 부대와 병력을 모으되

孫子曰(손자왈) 손자가 말하다. 凡(범) 무릇. 用兵之法(용병지법) 용병하는 방법. 將(장) 장수. 受命(수명) 명을 받다. 於君(어군) 군주로부터. 合(합) 모으다. 軍(군) 군대, 부대. 聚(취) 모으다. 衆(중) 병력.

圮地無舍, 衢地合交, 絕地無留, 圍地則謀, 死地則戰,
비지무사, 구지합교, 절지무류, 위지즉모, 사지즉전,
습하고 잘 무너지는 지형에서는 숙영하지 말고, 교통이 잘 발달한 요충지에서는 외교관계에 힘쓰고, 메마른 지형에서는 머물지 말고, 빙 둘러싸인 지형에서는 즉각 계책을 세우고, 사람이 살 수 없을 만한 지형에서는 즉시 결전하고,

圮(비) 무너지다. 地(지) 땅. 無舍(무사) 숙영하지 말라. 衢地(충지) 교통이 잘 발달 된 땅. 合交(합교) 외교관계. 絕地(절지) 마른 지형. 無留(무유) 머물지 말라. 圍地(위지) 둘러싸인 지형. 則(즉) 곧. 謀(모) 계획을 세우다. 死地則戰(사지즉전) 사지에서는 즉각 결전해야 한다.

塗有所不由, 軍有所不擊, 城有所不攻, 地有所不爭, 君命 有所不受.
도유소불유, 군유소불격, 성유소불공, 지유소불쟁, 군명 유소불수.
길이라도[6] 가서는 안 될 길이 있으며, 군대라도 쳐서는 안 될 군대가 있으며, 성이라도 공

6) 도유소불유(塗有所不由). 길이라도 말미암아서는 안 되는 바가 있다. 塗를 途로 쓴 것도 있는데, 여기서는 《손무자직해》에

격해서는 안 될 성이 있으며, 땅이라도 빼앗기 위해서 쟁탈해서는 안 될 땅이 있으며, 군주의 명령이라도 따르지 않을 것이 있다.

塗(도) 길. 有(유) 있다. 所(소) ~하는 바. 由(유) 말미암을 유. 軍(군) 군대. 擊(격) 치다. 城(성) 성곽. 攻(공) 공격하다. 地(지) 땅. 爭(쟁) 쟁탈. 君命(군명) 군주의 명령. 受(수) 받다.

故 將通於九變之利者, 知用兵矣.
고 장통어구변지리자, 지용병의.
장수가 수많은 변화(九變)의 이점에 통달하면 용병법을 잘 아는 것이다.

故(고) 그러므로. 將(장) 장수. 通(통) 능통하다. 於(어) ~에. 九變之利(구변지리) 많은 변화에 따르는 이로운 점. 知用兵矣(지용병의) 용병법을 잘 아는 것이다.

將不通於九變之利者, 雖知地形, 不能得地之利矣.
장불통어구변지리자, 수지지형, 불능득지지리의.
장수가 구변의 이점에 통달하지 못한다면 비록 지형을 잘 안다 하더라도 지형의 이점을 능히 얻지 못할 것이다.

將(장) 장수. 不通(불통) 능통하지 못하다. 於(어) ~에. 九變之利(구변지리) 많은 변화에 따르는 이로운 점. 雖(수) 비록. 知(지) 알다. 地形(지형) 땅의 형태. 不能(불능) ~하지 못하다. 得(득) 얻다. 地之利(지지리) 지형의 이로운 점.

治兵, 不知九變之術, 雖知五利, 不能得人之用矣.
치병, 부지구변지술, 수지오리, 불능득인지용의.
군대 운용에 있어서 구변의 활용법을 모른다면 비록 몇 가지의 이로운 점을 안다 하더라도 군사력 운용의 요체를 얻지는 못할 것이다.

治兵(치병) 군대를 다스리다. 군대를 운용하다. 不知(부지) 모르다. 九變之術(구변지술) 구변의 활용법. 雖(수) 비록. 知(지) 알다. 五利(오리) 다섯 가지 이로운 점. 몇 가지 이로운 점. 不能得(불능득) 능히 얻지 못하다. 人之用(인지용) 여기서 사람은 군사력으로 해석 가능.

나오는 것을 기준으로 塗를 사용하였다.

是故, 智者之慮, 必雜於利害, 雜於利而務可伸也, 雜於害而患可解也.
시고, 지자지려, 필잡어리해, 잡어리이무가신야, 잡어해이환가해야.
그래서 지혜로운 자는 반드시 이로운 점과 해로운 점을 함께 고려하는 것이니, 이로움에 섞이면 그 해로운 것을 방지할 수 있고[7], 해로움에 섞이면 그 이로운 점으로 근심거리를 해결할 수 있다.

是故(시고) 이러한 이유로. 智者(지자) 지혜로운 자. 慮(려) 생각. 必(필) 반드시. 雜(잡) 섞이다. 利害(이해) 이로움과 해로움. 雜(잡) 섞이다. 利(리) 이로운 점. 務(무) 힘쓰다. 可(가) 가능하다. 伸(신) 펴다. 害(해) 해로움. 患(환) 걱정, 근심거리. 解(해) 해결하다.

是故, 屈諸侯者, 以害. 役諸侯者, 以業. 趨諸侯者, 以利.
시고, 굴제후자, 이해. 역제후자, 이업. 추제후자, 이리.
이 때문에 인접 제후국을 굴복시키려면 굴복하지 않았을 때의 해로움을 보여 주어야 하고, 그들을 부리려하면 일거리를 만들어 주어야 하고, 제후국들이 스스로 따르게 하려면 뭔가 이로운 것이 있다는 것을 보여 주어야 한다.

屈(굴) 굴복시키다. 諸侯(제후) 인접 국가의 왕. 者(자) ~하는 것. 以害(이해) 해로움으로써. 役(역) 부리다. 일을 부리다. 以業(이업) 일거리를 줌으로써. 趨(추) 쫓다. 제후국들이 스스로 쫓아오게 하려면. 以利(이리) 이로움을 보여 주어야 한다.

故 用兵之法, 無恃其不來, 恃吾有以待也, 無恃其不攻, 恃吾有所不可攻也.
고 용병지법, 무시기불래, 시오유이대야, 무시기불공, 시오유소불가공야.
따라서 용병함에 있어서, 적이 오지 않으리라는 것을 믿지 말고 내가 적에 대해서 대비하는 태세가 있음을 믿어야 하며, 적이 공격하지 않으리라는 것을 믿지 말고 나에게 적들이 함부로 공격할 수 없는 태세가 있음을 믿어야 하는 것이다.[8]

故(고) 그러므로. 用兵之法(용병지법) 용병법에 있어서. 無(무) 없다. 恃(시) 믿다. 其不來(기불래) 적이 오지 않음을. 恃(시) 믿다. 吾(오) 나. 有(유) 있다. 以(이) ~로써. 待(대) 기다리다. 대비 태세를 잘 갖추고 기다린다는 의미. 無(무) 없다. 恃(시) 믿다. 其不攻(기불공) 적이 공격하지 않음을. 吾(오)

7) 잡어리이무가신야(雜於利而務可伸也). 伸은 원래 《손무자직해》에서는 信으로 되어 있으나, 문맥과 의미를 고려해볼 때 伸으로 하는 것이 더 어울리므로 수정하였음.

8) 무시기불래, 시오유이대야(無恃其不來, 恃吾有以待也). 전방 GOP 부대 같은 곳에서 많이 발견할 수 있는 문구임.

나. 有(유) 있다. 以(이) ~로써. 不可攻(불가공) 공격할 수 없음. 적이 공격할 수 없도록 잘 대비한 나의 태세를 설명.

故 將有五危, 必死可殺, 必生可虜, 忿速可侮, 廉潔可辱, 愛民可煩也.
고 장유오위, 필사가살, 필생가로, 분속가모, 염결가욕, 애민가번야.

장수에게 다섯 가지 위태한 경우가 있으니 그것들을 살펴보면 다음과 같다. ① 필사적으로 싸우려고 하는 자는 쉽게 유인술에 빠지기 때문에 적에게 쉽게 죽임을 당할 수 있고, ② 살려고만 하는 자는 목숨이 아까워 비겁해질 수 있으므로 오히려 쉽게 사로잡을 수 있고, ③ 성미가 급하고 쉽게 화를 잘 내는 자는 급한 성격을 이용해서 쉽게 수모를 겪게 할 수 있고, ④ 청렴결백에 치우친 자는 명예심을 이용해서 농락하면 쉽게 격분시킬 수 있고, ⑤ 부하 사랑에 치우친 자는 부하를 구하려는 마음을 이용해서 오히려 쉽게 곤경에 처하게 할 수 있다.

故(고) 그러므로. 將(장) 장수. 有(유) 있다. 五危(오위) 5가지 위태로운 경우. 必死(필사) 적장이 필사적이다. 可殺(가살) 가히 죽일 수 있다. 生(생) 살다. 虜(로) 사로잡다. 포로. 忿(분) 성내다. 速(속) 빠르다. 侮(모) 모욕하다. 업신여기다. 廉(염) 청렴하다. 潔(결) 깨끗하다. 辱(욕) 욕되게 하다. 愛民(애민) 백성을 사랑하다. 煩(번) 번뇌하다.

凡 此五者, 將之過也, 用兵之災也. 覆軍殺將, 必以五危, 不可不察也.
범 차오자, 장지과야, 용병지재야. 복군살장, 필이오위, 불가불찰야.

이 다섯 가지는 장수들이 하는 과오이면서 동시에 용병의 재앙이다. 군이 뒤집히고, 장수가 죽임을 당하는 것은 반드시 이 5가지 위험으로부터 시작되는 것이니 신중하게 살피지 않으면 안 된다.

凡(범) 무릇. 此五者(차오자) 이 5가지는. 將之過也(장지과야) 장수의 과오. 用兵之災也(용병지재야) 용병하는 데 있어서 재앙이다. 覆(복) 뒤집히다. 軍(군) 군대. 殺(살) 죽이다. 將(장) 장수. 必以五危(필이오위) 반드시 이 5가지 때문이다. 不可不(불가불) ~하지 않을 수 없다. 察(찰) 살피다.

第九. 行軍 제9. 행군. 군의 출동과 주둔

행군(行軍)이란 군대가 출동함에 있어서 반드시 편리한 곳을 골라서 주둔하는 것을 일컫는 말이다. 그래서 이번 편에서 군대를 주둔하여 적과 대적하는 것에 대해서 말하였으며, 군대를 주둔하게 하는 것이 바로 군대를 운용한다는 의미도 되는 것이다. 그리고 적의 허실과 동정을 제대로 살피지 못하면 승리를 얻을 수 없을 뿐만 아니라 우리의 허점을 틈타 도리어 공격을 하지 않을까 두렵기 때문에 조심하여야 한다.

-손무자직해(孫武子直解)에서-

孫子曰, 凡 處軍相敵, 絕山依谷, 視生處高, 戰隆無登, 此 處山之軍也.
손자왈, 범 처군상적, 절산의곡, 시생처고, 전륭무등, 차 처산지군야.
손자가 이렇게 말했다. 군이 전쟁터에 임해서 적과 마주함에 있어서 산을 넘어갈 때는 계곡을 따르고, 살려고 하면 높은 곳에 머물고, 높은 곳에 있는 적과 싸우러 올라가지 말아야 한다. 이렇게 하는 것이 산악에서의 전투 요령이다.

孫子曰(손자왈) 손자가 말하다. 凡(범) 모름지기. 處(처) 처하다. 軍(군) 군대. 相(상) 서로 마주하다. 敵(적) 적 부대. 絕(절) 끊다. 山(산) 뫼. 依(의) 의지하다. 谷(곡) 계곡. 視(시) 보다. 生(생) 살다. 高(고) 높은 곳. 戰(전) 싸움. 隆(륭) 크다. 높다. 無登(무등) 올라가지 마라. 此(차) 이것. 處山之軍也(처산지군야) 산악지형에 처한 군대의 전투 요령이다.

絕水, 必遠水, 客 絕水而來, 勿迎之於水內, 令半濟而擊之, 利,
절수, 필원수, 객 절수이래, 물영지어수내, 영반제이격지, 리,
강을 건너고 나면 반드시 강에서 최대한 빨리 멀리 떨어지고, 적이 강을 건너오면 물속에서 맞아 싸우지 말고, 적을 반쯤 건너게 한 다음 공격하면 유리할 것이다.

絕水(절수) 물을 건너다. 必(필) 반드시. 遠(원) 멀다. 水(수) 물. 客(객) 손님. 적군을 의미함. 絕水而來(절수이래) 물을 건너서 오다. 勿(물) ~하지 말다. 迎(영) 환영하다. 맞이하다. 於水內(어수내) 물속에서. 令(령) 명령하다. 半(반) 절반. 濟(제) 건너다. 擊(격) 치다. 利(리) 유리하다.

欲戰者, 無附水而迎客, 視生處高, 無迎水流, 此 處水上之軍也.

욕전자, 무부수이영객, 시생처고, 무영수류, 차 처수상지군야.

싸우기를 원할 때는 물가에 붙어서 적을 맞이하지 말고, 생지를 보면서 높은 곳에 머무르며 적의 수공(水攻)에 의해 피해를 보지 않을 장소에 있어야 한다. 이렇게 하는 것이 하천에서의 전투 요령이다.

欲戰者(욕전자) 싸우고자 할 때. 無(무) 없다. 附(부) 붙다. 水(수) 물. 迎(영) 맞이하다. 客(객) 손님. 적군을 말함. 視生處高(시생처고) 살려고 하면, 높은 곳에 머물고. 無迎(무영) 맞이하지 마라. 水流(수류) 물 흐름. 적의 수공(水攻). 此(차) 이것. 處水上之軍也(처수상지군야) 하천이나 물이 있는 곳에 처한 군대의 전투 요령이다.

絕斥澤, 惟亟去無留, 若交軍於斥澤之中, 必依水草而背衆樹, 此 處斥澤之軍也.
절척택, 유극거무류, 약교군어척택지중, 필의수초이배중수, 차 처척택지군야.

늪지대를 지나갈 때는 빨리 지나가고 머물지 말며, 만약 늪지 속에서 전투하게 되면 반드시 수초가 있는 곳에 의지해서 몸을 가릴 수 있는 숲을 등진 상태로 싸워야 한다. 이렇게 하는 것이 늪지대에서의 전투 요령이다.

絕(절) 끊다. 지나가다. 斥(척) 물리치다. 澤(택) 못. 늪지. 惟(유) 생각하다. 亟(극) 빠르다. 去(거) 지나가다. 無留(무유) 머무르지 말라. 若(약) 만약. 交軍(교군) 적군과 교전이 생기다. 於(어) ~에서. 斥澤之中(척택지중) 늪지대를 건너는 도중. 必(필) 반드시. 依(의) 의지하다. 水草(수초) 수초가 있는 지형. 背(배) 뒤. 등지다. 衆樹(중수) 나무가 많은 숲. 此(차) 이것. 處斥澤之軍也(처척택지군야) 늪지대에 처한 군대의 전투 요령이다.

平陸處易, 右背高, 前死後生, 此 處平陸之軍也.
평육처이, 우배고, 전사후생, 차 처평육지군야.

평지에서는 편한 곳에 머무르며 오른쪽 뒤편에 고지를 두어야 하며, 앞에는 사지(死地, 낮은 곳)를 두고 뒤에 생지(生地, 높은 곳)를 두어야 한다. 이렇게 하는 것이 평지에서의 전투 요령이다.

平陸(평륙) 평평한 평지. 處(처) 처하다. 易(이) 쉽다. 편하다. 右背(우배) 오른쪽 뒤. 高(고) 높다. 前死(전사) 앞에는 사지. 後生(후생) 뒤에는 생지. 此(차) 이것. 處平陸之軍也(처평륙지군야) 평지에 처한 군대의 전투 요령이다.

凡 此四軍之利, 黃帝之所以勝四帝也.

범 차사군지리, 황제지소이승사제야.

이 4가지 지형의 이용법이 황제(黃帝)9)가 사방(四方)의 제후들과 싸워 이기게 된 비결이다.

凡(범) 모름지기. 此(차) 이것. 四軍之利(사군지리) 4가지 군대에 이로운 점. 黃帝(황제) 중국의 황제를 말함. 所(소) ~하는 바. 四帝(4제) 4방의 제후국들을 말함.

凡 軍 好高而惡下, 貴陽而賤陰, 養生而處實, 軍無百疾, 是謂必勝.

범 군 호고이오하, 귀양이천음, 양생이처실, 군무백질, 시위필승.

대체로 군이 주둔할 때는 고지대를 택하고 저지대는 피해야 하며, 양지바른 곳을 택하고 음지를 피하며, 생활하기에 편하며 견실한 곳에 주둔하면, 병사들에게 질병이 생기지 않는다. 이렇게 하면 필승의 태세를 갖추고 있다고 할 수 있다.

凡(범) 무릇. 軍(군) 군대. 好高(호고) 높은 곳을 좋아하다. 惡下(오하) 낮은 곳은 싫어한다. 貴陽(귀양) 양지바른 곳을 귀하게 여기다. 賤陰(천음) 음지를 천하게 여긴다. 養生(양생) 잘 먹여 살리다. 處實(처실) 실한 곳에 처하다. 軍(군) 군대. 無百疾(무백질) 백 가지 질병이 없다. 병이 없다. 是謂(시위) 이를 일컬어. 必勝(필승) 필승의 태세.

丘陵堤防, 必處其陽, 而右背之, 此 兵之利也, 地之助也.

구릉제방, 필처기양, 이우배지, 차 병지리야, 지지조야.

언덕이나 제방 주변에 주둔할 때는 양지바른 곳에 진을 치되 언덕이나 제방을 오른쪽 뒤편에 두어야 한다. 이렇게 하면 용병할 때 유리하며, 이것이 바로 지형의 이점을 활용하는 방법이다.

丘陵堤防(구릉제방) 언덕이 많거나 제방이 있는 지형. 處(처) 진을 치다. 처하다. 陽(양) 양지바른 곳. 右背(우배) 오른쪽 뒤편. 此(차) 이것. 兵之利也(병지리야) 용병의 유리함 때문. 地之助也(지지조야) 지형의 도움.

上雨水沫至, 欲涉者, 待其定也.

상우수말지, 욕섭자, 대기정야.

---

9) 황제(黃帝) : 중국의 전설상에 나오는 제왕. 복희씨, 신농씨와 더불어 삼황(三皇)이라고 불림.

강을 건너려고 할 때, 상류에 비가 와서 물거품이 떠내려오면 강물이 넘칠 위험이 있으니 강을 건너고 싶더라도 물살이 안정되기를 기다려야 한다.

上(상) 위. 상류. 雨(우) 비. 水沫(수말) 물거품. 至(지) 이르다. 欲(욕) ~을 하고자 하다. 涉(섭) 건너다. 待(대) 기다리다. 其(기) 그것. 定(정) 안정되다.

凡 地有, 絕澗天井, 天牢天羅, 天陷天隙, 必亟去之, 勿近也.
범 지유, 절간천정, 천뢰천라, 천함천극, 필극거지, 물근야.

지형상으로 깊은 계곡, 움푹 꺼져 물이 모이는 지형, 산이 험하여 우리 같은 지형, 숲이 울창한 지형, 깊은 늪지대와 같은 지형, 울퉁불퉁한 동굴이 많은 지형 등이 있으면 반드시 빨리 지나가야 하고, 가까이 있어서는 안 된다.

凡(범) 무릇. 地有(지유) 지형이 있다. 絕(절) 끊기다. 澗(간) 계곡의 시내. 지형상으로 깊은 계곡의 지형을 말함. 天井(천정) 하늘이라는 글자와 우물이라는 글자를 합쳐, 매우 깊이 움푹 꺼져 물이 모이는 지형을 말함. 天牢(천뢰) 뢰 牢자는 우리 또는 감옥이라는 뜻임. 하늘이라는 글자와 우리라는 글자를 합쳐, 높이 솟은 지형들이 마치 우리처럼 둘러싸인 지형을 말함. 天羅(천라) 하늘이라는 글자와 새그물이라는 글자를 합쳐, 숲이 매우 울창한 지형을 말함. 天陷(천함) 아주 깊이 빠지는 지형이니, 늪지를 말함. 天隙(천극) 아주 깊은 틈이 있으니 동굴이 많은 지형을 말함. 亟(극) 빠르다. 去(거) 가다. 勿近也(물근야) 가까이 있어서는 안 된다.

吾遠之, 敵近之, 吾迎之, 敵背之.
오원지, 적근지, 오영지, 적배지.

내가 그런 지형을 멀리하면 상대적으로 적은 가까이 있게 될 것이며, 내가 그것을 앞에 두게 되면 적은 상대적으로 그것을 뒤에 두게 될 것이다.

吾(오) 나. 遠(원) 멀다. 敵(적) 적 부대. 近(근) 가까이하다. 迎(영) 맞이하다. 背(배) 뒤.

軍旁, 有險阻, 潢井, 林木, 蒹葭, 翳薈者, 必謹覆索之, 此 伏姦之所也.
군방, 유험조, 황정, 임목, 겸가, 예회자, 필근복색지, 차 복간지소야.

부대 근처에 험한 지형, 웅덩이, 수풀, 갈대숲, 가시덤불 등이 있으면 반드시 반복해서 수색해야 한다. 왜냐하면, 이런 지형에는 적의 첩자가 잘 숨어 있을 수 있기 때문이다.

軍(군) 군대. 旁(방) 근처. 有(유) 있다. 뒤에 나오는 단어들과 같은 지형이 있다. 險(험) 험하다. 阻(조)

험하다. 潢(황) 웅덩이. 井(정) 우물. 큰 웅덩이. 林木(임목) 나무숲. 蒹(겸) 갈대. 葭(가) 갈대. 翳(예) 가리개, 가시. 薈(회) 무성하다. 者(자) ~한 것. 必(필) 반드시. 謹(근) 삼가다. 覆(복) 뒤집다. 索(색) 수색하다. 此(차) 이것. 伏(복) 매복하다. 姦(간) 간첩.

敵近而靜者, 恃其險也. 遠而挑戰者, 欲人之進也.
적근이정자, 시기험야. 원이도전자, 욕인지진야.
적이 가까이 있으면서도 조용한 것은 지형이 험한 것을 믿기 때문이고, 멀리 있으면서도 싸움을 거는 것은 아군의 공격을 유인하려 하기 때문이다.

近(근) 가깝다. 靜(정) 고요하다. 恃(시) 믿다. 其(기) 그것. 지형을 말함. 險(험) 험하다. 遠(원) 멀다. 挑戰(도전) 싸움을 걸다. 欲(욕) ~하고자 하다. 人(인) 아군을 말함. 進(진) 진출하다.

其所居易者, 利也. 衆樹動者, 來也. 衆草多障者, 疑也.
기소거이자, 리야. 중수동자, 래야. 중초다장자, 의야.
적이 험한 지형을 버리고 평평한 곳에 숙영하는 것은 평지의 이로움을 이용하겠다는 의도이며, 숲에 있는 많은 나무가 움직이는 것은 적이 은밀히 습격해오고 있다는 징후이며, 많은 풀로 다량의 장애물을 설치해 놓은 것은 의심을 해봐야 한다.

其(기) 그. 所(소) ~하는 바. 居(거) 머물다. 易(이) 평평하다. 利(리) 이로움. 衆(중) 많다. 樹(수) 나무. 動(동) 움직이다. 來(래) 적이 오다. 衆(중) 많다. 草(초) 풀. 多(다) 많다. 障(장) 가로막다. 疑(의) 의심.

鳥起者, 伏也. 獸駭者, 覆也.
조기자, 복야. 수해자, 복야.
숲 속의 새가 갑자기 날아오르는 것은 복병이 있다는 징조이고, 짐승이 놀라 달아나는 것도 복병이 있다는 것이다.

鳥(조) 새. 起(기) 일어나다. 伏(복) 매복하다. 獸(수) 짐승. 駭(해) 놀라다. 覆(복) 복병을 말함.

塵高而銳者, 車來也. 卑而廣者, 徒來也.
진고이예자, 차래야. 비이광자, 도래야.
먼지가 높고 날카롭게 오르는 것은 적의 전차부대가 오고 있다는 것이고, 먼지가 낮고 넓게

깔리는 것은 적의 보병부대가 오고 있다는 것이고,

塵(진) 티끌, 먼지. 高(고) 높다. 銳(예) 날카롭다. 車來(차래) 전차부대가 오다. 卑(비) 낮다. 廣(광) 넓다. 徒來(도래) 도보부대가 오다.

散而條達者, 樵採也. 少而往來者, 營軍也.
산이조달자, 초채야. 소이왕래자, 영군야.
먼지가 여러 곳에서 가늘게 일어나고 있는 것은 적들이 땔나무를 해서 끌고 간다는 것이며, 먼지가 작게 일어나면서 생겼다가 없어지곤 하는 것은 숙영준비를 하는 것이다.

散(산) 흩어놓다. 條(조) 가지. 達(달) 통달하다. 樵(초) 땔나무. 採(채) 캐다. 少(소) 작다. 往來(왕래) 왔다 갔다 하다. 營軍(영군) 군대가 숙영하다.

辭卑而益備者, 進也. 辭强而進驅者, 退也.
사비이익비자, 진야. 사강이진구자, 퇴야.
적이 말은 겸손하게 하면서 대비태세를 더 강화하는 것은 아군을 방심하게 한 다음에 진격하려는 의도이고, 말을 강경하게 하면서 당장에라도 뛰쳐나와 진격하려는 듯이 보이는 것은 퇴각하려는 의도인 것이다.

辭(사) 말하다. 卑(비) 낮다. 益(익) 더하다. 備(비) 대비하다. 進(진) 진격하다. 나아가다. 辭(사) 말하다. 强(강) 강하다. 驅(구) 말을 몰다. 退(퇴) 퇴각하다.

輕車先出, 居其側者, 陳也. 無約而請和者, 謀也.
경차선출, 거기측자, 진야. 무약이청화자, 모야.
경전차가 먼저 나와서 양쪽 측면에 서는 것은 공격을 위한 진형을 갖추는 것이요, 아무런 약속도 없이 강화를 청하는 것은 어떤 모략이 있는 것으로 봐야 한다.

輕車(경차) 경전차. 先出(선출) 먼저 나오다. 居(거) 있다. 其側(기측) 그 측면에. 陳(진) 진형을 갖추다. 無約(무약) 약속이 없다. 請和(청화) 강화를 요청하다. 謀(모) 계략이 있다.

奔走而陳兵車者, 期也. 半進半退者, 誘也.
분주이진병차자, 기야. 반진반퇴자, 유야.
분주하게 뛰어다니며 병력과 전차를 배치하는 것은 전투를 곧 하려고 날짜를 정해놓고 하는 행동이고, 반쯤 전진하다가 반쯤 후퇴하는 것은 아군을 유인하려는 행동이다.

奔(분) 달리다. 走(주) 달리다. 陳(진) 진을 치다. 兵車(병차) 병력과 전차. 期(기) 기약하다. 半進(반진) 반쯤 전진하다. 半退(반퇴) 반쯤 후퇴하다. 誘(유) 유인하다.

倚仗而立者, 飢也. 汲而先飮者, 渴也. 見利而不進者, 勞也.
의장이입자, 기야. 급이선음자, 갈야. 견리이부진자, 노야.
병사들이 지팡이에 기대어 서 있는 것은 굶주렸다는 증거이고, 물을 길으면서 먼저 물을 마시는 것은 목이 마르다는 증거이며, 이로움이 있다는 것을 알고도 진격하지 않는 것은 장병들이 피로에 지쳤다는 증거이다.

倚(의) 의지하다. 仗(장) 지팡이. 立(립) 서다. 飢(기) 배고프다. 汲(급) 물을 긷다. 先飮(선음) 먼저 마시다. 渴(갈) 목마르다. 見利(견리) 이로움을 보다. 不進(부진) 진격하지 않다. 勞(로) 피로하다.

鳥集者, 虛也. 夜呼者, 恐也.
조집자, 허야. 야호자, 공야.
적의 숙영지 일대에 새들이 모이는 것은 숙영지가 비어 있다는 증거이며, 밤에 소리를 지르는 것은 장병들이 두려워 겁먹은 상태라는 증거이다.

鳥(조) 새. 集(집) 모이다. 虛(허) 비어 있다. 夜(야) 밤. 呼(호) 부르다. 恐(공) 두렵다.

軍擾者, 將不重也. 旌旗動者, 亂也. 吏怒者, 倦也.
군요자, 장부중야. 정기동자, 난야. 이노자, 권야.
군이 어지러운 것은 장수가 위엄이 없기 때문이고, 부대의 깃발이 흔들리는 것은 부대가 혼란스럽기 때문이며, 간부들이 화를 잘 내는 것은 전투에 지쳐 게을러졌기 때문이다.

軍(군) 군대. 擾(요) 어지럽다. 將(장) 장수. 不重(부중) 위엄이 없다. 旌(정) 깃발. 旗(기) 깃발. 動(동) 움직이다. 亂(란) 어지럽다. 吏(리) 간부. 怒(노) 화내다. 倦(권) 게으르다.

殺馬肉食者, 軍無糧也. 懸缻不返其舍者, 窮寇也.
살마육식자, 군무량야. 현부불반기사자, 궁구야.

말을 죽여 고기를 먹는 것은 군량이 없다는 증거이고, 그릇을 걸어두고[10] 막사로 되돌아 가지 않는 것은 적들이 궁지에 몰려 있는 증거이다.

殺馬(살마) 말을 죽이다. 肉食(육식) 고기를 먹다. 軍(군) 군대 無糧(무량) 식량이 없다. 懸(현) 매달다. 缻(부) 질 장구. 진흙으로 구워 화로같이 만든 것. 단지. 밥그릇. 不返(불반) 돌아오지 않다. 其舍(기사) 그 막사. 窮(궁) 다하다. 궁지에 몰리다. 寇(구) 도둑, 떼를 지어 약탈하는 무리.

諄諄翕翕, 徐與人言者, 失衆也. 數賞者, 窘也.

순순흡흡, 서여인언자, 실중야. 삭상자, 군야.

적장이 느리고 어눌한 말투로 장병들에게 훈시하는 것은 장수가 장병들의 신망을 잃었다는 증거이고, 적장이 자주 상을 주는 것은 지휘하는데 상이 아니면 따르지 않을 정도로 궁해졌다는 증거이다.

諄(순) 타이르다. 翕(흡) 많은 일이 한꺼번에 일어나다. 徐(서) 천천히. 與人(여인) 사람들과 같이. 言(언) 말씀. 얘기할 때. 失(실) 잃다. 衆(중) 병사들 무리. 數(삭) 여러 차례, 자주. 賞(상) 상을 주다. 窘(군) 막히다. 궁해지다. 장수가 궁색해졌다는 의미.

數罰者, 困也. 先暴而後畏其衆者, 不精之至也.

삭벌자, 곤야. 선폭이후외기중자, 부정지지야.

그리고, 적장이 자주 벌을 주는 것은 벌을 내리지 않으면 지휘하기 어려워졌다는 증거이고, 적장이 난폭하게 해서 나중에는 적장이 부하들을 겁내는 것은 군사를 다룰 줄 모른다는 증거이다.

數罰者(삭벌자) 자주 벌만 주는 것. 困(곤) 어려워지다. 先暴(선폭) 먼저 난폭하게 하다. 而後(이후) 그다음에. 畏(외) 겁내다. 其衆(기중) 그 병사들. 不精(부정) 정교하지 못하다. 至(지) 이르다.

來委謝者, 欲休息也. 兵怒而相迎, 久而不合, 又不相去, 必謹察之.

내위사자, 욕휴식야. 병노이상영, 구이불합, 우불상거, 필근찰지.

적의 사신이 와서 거짓으로 사과하는 것은 휴식을 원하는 것이고, 적이 크게 노한 채 대치하면서도 오랫동안 전투도 하지 않고 또 철수도 하지 않는다는 것은 반드시 어떤 모략이 있을 것이니 잘 살펴봐야 한다.

---

10) 현부(懸缻). 그릇을 걸어두다. 缻는 缶(진흙으로 구워서 만든 그릇)와 같은 뜻임.

來(래) 오다. 委(위) 맡기다. 謝(사) 사과하다. 欲(욕) ~하고자 한다. 休(휴) 쉬다. 息(식) 숨 쉬다. 휴식. 兵(병) 군대. 적군. 怒(노) 노하다. 相(상) 서로. 迎(영) 맞이하다. 久(구) 오래. 不合(불합) 교전하지 않다. 又(우) 또. 不相去(불상거) 서로 철수하지 않다. 必(필) 반드시. 謹(근) 삼가다. 察(찰) 살피다.

兵非貴益多, 雖無武進, 足以并力, 料敵, 取人而已.
병비귀익다, 수무무진, 족이병력, 요적, 취인이이.
군사는 병력이 많을수록 좋은 것은 아니며, 비록 무용의 앞서감이 없다 하더라도 족히 힘을 합하고 적정(敵情)을 잘 파악하면 적을 취할 수 있는 것이다.

兵(병) 군사. 非貴(비귀) 귀하게 여기지 않는다. 益多(익다) 많을수록. 雖(수) 비록. 無(무) 없다. 武(무) 무기, 무인, 무용. 進(진) 나아가다. 足(족) 족하다. 以(이) ~로써. 并(병) 어우르다. 力(력) 군사력. 料(료) 헤아리다. 敵(적) 적정. 取(취) 취하다. 人(인) 사람. 적을 말함. 已(이) 이미.

夫 唯無慮而易敵者, 必擒於人.
부 유무려이이적자, 필금어인.
무릇 깊은 생각 없이 적을 가벼이 여기는 자는 반드시 적에게 사로잡힐 것이다.

夫(부) 대저. 唯(유) 오직. 無慮(무려) 사려 깊음이 없음. 易敵(이적) 적을 쉽게 보다. 必(필) 반드시. 擒(금) 사로잡히다. 於人(어인) 적에게.

卒未親附而罰之, 則不服, 不服則難用, 卒已親附而罰不行, 則不可用也.
졸미친부이벌지, 즉불복, 불복즉난용, 졸이친부이벌불행, 즉불가용야.
장병들과 친하기도 전에 벌을 주면 마음으로 따르지 않을 것이니, 마음으로 따르지 않으면 전쟁터에서 쓰기 어려워지는 법이다. 또한, 장병들과 이미 친해졌음에도 불구하고 친하다 해서 벌을 집행하지 않으면, 이 또한 전쟁터에서 쓸 수 없게 되는 것이다.

卒(졸) 병사들. 未(미) 아직. 親(친) 친하다. 附(부) 붙다. 기대다. 의지하다. 罰(벌) 벌하다. 則(즉) 곧. 不服(불복) 복종하지 않는다. 難用(난용) 쓰기 어렵다. 卒(졸) 병사들. 已(이) 이미. 不行(불행) 시행하지 않다. 則(즉) 곧. 不可用(불가용) 쓸 수 없다.

故 令之以文, 齊之以武, 是謂必取.
고 영지이문, 제지이무, 시위필취.

고로 장수는 문덕(文德)으로 령을 내리고, 무위(武威)로써 부하를 단련해야 하는 것이다. 이를 잘했을 경우, 반드시 적에게 승리한다 하여 '필취(必取)'라 한다.

故(고) 고로. 令(령) 령을 내리다. 以文(이문) 문서로. 齊(제) 가지런하게 하다. 以武(이무) 훈련으로. 是謂(시위) 이를 일컬어. 必取(필취) 반드시 승리를 취할 태세를 의미함.

令素行, 以教其民, 則民服. 令不素行, 以教其民, 則民不服.
영소행, 이교기민, 즉민복. 영불소행, 이교기민, 즉민불복.

평소 영(令)이 제대로 서게 하고 장병들을 잘 가르치면 장병들이 마음으로부터 따르게 되고, 평소에 영(令)이 제대로 서지 않으면 장병들을 가르쳐봐야 마음으로부터 따르지 않게 되는 것이다.

令(영) 군령. 素(소) 평소에. 行(행) 행하다. 以教(이교) 교육으로 가르치다. 其民(기민) 그 백성들. 則(즉) 곧. 民服(민복) 장병들이 복종한다. 令不素行(영불소행) 령이 평소에 잘 행해지지 않으면. 以教其民, 則民不服(이교기민, 즉민불복) 장병들을 가르쳐봐야 장병들이 복종하지 않는다.

令素行者, 與衆相得也.
영소행자, 여중상득야.

평소 령(令)을 제대로 서게 하는 것은 장수나 장병들 모두 서로 득이 되는 것이다.

令素行者(영소행자) 령이 평소에 잘 행해지는 것. 與衆(여중) 장병들과 함께. 相得(상득) 서로 득이 된다.

第十. 地形 제10. 지형. 지형의 활용

지형(地形)이란 산천이 얼마나 험하고 평탄한지에 대한 형세를 말하는 것이다. 따라서 용병함에 있어서 지형을 알지 못하면 싸움에 있어서 이점을 잃게 되는 것이다. 그러므로 지형은 용병함에 있어서 도움이 되는 것이며, 지형이 험하고 좁고 멀고 가까움을 계산하는 것이 지휘관으로서 당연한 도리인 것이다. 따라서 병법을 배우고자 하는 자는 지형을 잘 살피지 않으면 안 되는 것이다.

-손무자직해(孫武子直解)에서-

孫子曰, 地形, 有通者, 有掛者, 有支者, 有隘者, 有險者, 有遠者.
손자왈, 지형, 유통자, 유괘자, 유지자, 유애자, 유험자, 유원자.
손자가 말하기를 지형에는 ① 통형(通形), ② 괘형(掛形), ③ 지형(支形), ④ 애형(隘形), ⑤ 험형(險形), ⑥ 원형(遠形)이 있다고 하였다.

孫子曰(손자왈) 손자가 말하다. 地形(지형) 땅의 형태에는. 通(통) 통하다. 통형. 掛(괘) 걸어놓다. 괘형. 支(지) 가르다. 지형 隘(애) 좁다. 애형. 險(험) 험하다. 험형. 遠(원) 멀다. 원형.

我可以往, 彼可以來, 日, 通, 通形者, 先居高陽, 利糧道以戰則利.
아가이왕, 피가이래, 왈, 통, 통형자, 선거고양, 이양도이전즉리.
① 아군도 가기 쉽고 적도 오기 쉬운 지형을 통형(通形)이라 하며, 통형(通形)에서는 먼저 높고 양지바른 곳에 주둔하여, 양식의 보급로를 이롭게 해두고서 싸우면 유리하다.

我可以往(아가이왕) 나도 갈수 있고. 彼可以來(피가이래) 적도 올 수 있는 지형. 曰(왈) 이르기를. 通(통) 통형. 通形者(통형자) 통형이라는 것은. 先居(선거) 먼저 거처를 정하다. 高陽(고양) 높고 양지바른 곳. 利(리) 이롭다. 糧道(량도) 군량을 나르는 보급로. 병참선. 以(이) ~로써. 戰(전) 싸우다. 則(즉) 곧. 利(리) 이롭다.

可以往, 難以返, 日掛, 掛形者, 敵無備, 出而勝之,
가이왕, 난이반, 왈괘, 괘형자, 적무비, 출이승지,
② 가기는 쉬우나 돌아오기 어려운 곳을 괘형(掛形)이라 하니, 괘형(掛形)에서는 적의 대비가 없으면 나아가 이기도록 하고,

可以往(가이왕) 가는 것은 가능하다. 難以返(난이반) 돌아오는 것은 어렵다. 曰(왈) 이르기를. 掛(괘) 괘형이라 한다. 掛形者(괘형자) 괘형이라는 것은. 敵無備(적무비) 적이 대비가 없다. 出而勝之(출이승지) 나아가 이기도록 하다.

敵若有備, 出而不勝, 難以返, 不利.
적약유비, 출이불승, 난이반, 불리.
만약 적의 대비가 있어서 나아가 이기지 못하게 되면 돌아오기가 어려우므로 불리하다.

敵若有備(적약유비) 만약 적의 대비가 있어서. 出而不勝(출이불승) 나아가 못 이기다. 難以返(난이반) 되돌아오는 것이 어렵다. 不利(불리) 불리하다.

我出而不利, 彼出而不利, 曰支, 支形者, 敵雖利我, 我無出也,
아출이불리, 피출이불리, 왈지, 지형자, 적수리아, 아무출야,
③ 아군이 나아가도 불리하고 적이 나아가도 불리한 곳을 지형(支形)이라 하니, 지형(支形)에서는 비록 적이 아군에게 이로움을 보여 주어 유인하더라도 나가서는 안 된다.

我出而不利(아출이불리) 내가 나아가면 불리하다. 彼出而不利(피출이불리) 적이 나아가도 불리하다. 曰(왈) 이르기를. 支(지) 지형이라 한다. 支形者(지형자) 지형이라는 것은. 敵(적) 적군. 雖(수) 비록. 利我(리아) 나를 이롭게 하다. 我無出也(아무출야) 내가 나아가서는 안 된다.

引而去之, 令敵, 半出而擊之, 利.
인이거지, 영적, 반출이격지, 리.
오히려 적을 유인하면서 뒤로 물러나 적이 반쯤 오게 한 후에 이를 공격하면 유리하다.

引(인) 유인하다. 去之(거지) 그곳을 지나가다. 令敵(영적) 적에게 명하다. 半出(반출) 반쯤 나오게 하다. 擊之(격지) 그것을 치다. 利(리) 유리하다.

隘形者, 我先居之, 必盈之, 以待敵, 若敵, 先居之, 盈而勿從, 不盈而從之.
애형자, 아선거지, 필영지, 이대적, 약적, 선거지, 영이물종, 불영이종지.
④ 양쪽이 산으로 둘러싸여 좁게 형성된 애형(隘形)에서는 아군이 먼저 위치하게 되면 필히 충분하게 병력을 배치해서 적을 맞이하고, 만약 적이 먼저 병력을 배치한 상태라면 들어가지 말고 적이 병력을 충분히 배치하지 않았으면 들어가서 싸운다.

隘形者(애형자) 애형이라는 것. 我(아) 아군. 先居(선거) 먼저 위치하다. 必(필) 반드시. 盈之(영지) 꽉 차게 하다. 충분히 병력을 배치하다. 待(대) 기다리다. 敵(적) 적군. 若敵, 先居之(약적, 선거지) 만약, 적이 먼저 위치하면. 盈(영) 꽉 차다. 적이 다 배치되었으면. 勿從(물종) 따라가지 마라. 不盈(불영) 적이 배치되지 않았으면. 從之(종지) 따라 들어가라.

險形者, 我先居之, 必居高陽, 以待敵, 若敵, 先居之, 引而去之, 勿從也.
험형자, 아선거지, 필거고양, 이대적, 약적, 선거지, 인이거지, 물종야.
⑤ 험한 지형인 험형(險形)에서는 아군이 먼저 위치하면 반드시 높고 양지바른 곳을 차지하여 적을 맞이하고, 만약 적이 먼저 위치했으면 유인하여 물러나야 하며 들어가지 말아야 한다.

險形者(험형자) 험형에서. 我先居之(아선거지) 아군이 먼저 위치하면. 必居(필거) 필히 위치하다. 高陽(고양) 높고 양지바른 곳. 以待敵(이대적) 적을 기다린다. 若敵, 先居之(약적, 선거지) 만약, 적이 먼저 위치하였으면. 引而去之(인이거지) 유인하고, 지나가야 한다. 勿從也(물종야) 따라 들어가면 안 된다.

遠形者, 勢均, 難以挑戰, 戰而不利.
원형자, 세균, 난이도전, 전이불리.
⑥ 피아 공히 멀리 떨어져 있는 원형(遠形)에서는 이해득실이 비슷하기 때문에 싸움을 걸기가 어려우며, 먼저 싸우면 불리하다.

遠形者(원형자) 원형이란 것. 勢均(세균) 세가 균등하다. 지형의 이해득실이 비슷하다. 難(난) 어렵다. 挑戰(도전) 싸움을 걸다. 戰而不利(전이불리) 먼저 싸우면 불리하다.

凡 此六者, 地之道也, 將之至任, 不可不察也.
범 차육자, 지지도야, 장지지임, 불가불찰야.
이 여섯 가지는 지형을 어떻게 하면 잘 이용하는가에 대한 방법이며, 이는 장수의 중요한 임무이니 잘 살펴보지 않으면 안 된다.

凡(범) 무릇. 此六者(차육자) 이 여섯 가지는. 地之道也(지지도야) 지형의 전술적인 활용 방법이다. 將(장) 장수. 至(지) 이르다. 任(임) 임무. 不可不察也(불가불찰야) 잘 살피지 아니하면 안 된다.

故 兵 有走者, 有弛者, 有陷者, 有崩者, 有亂者, 有北者,

고 병 유주자, 유이자, 유함자, 유붕자, 유란자, 유배자,
그리고 잘못된 군사(軍師)의 종류에는 ① 주병(走兵), ② 이병(弛兵), ③ 함병(陷兵), ④ 붕병(崩兵), ⑤ 난병(亂兵), ⑥ 배병(北兵)이 있다.

故(고) 그러므로. 兵(병) 군대에는. 有走者(유주자) 달리다. 有弛者(유이자) 이완되어 있다. 有陷者(유함자) 빠지다. 有崩者(유붕자) 붕괴하다. 有亂者(유난자) 어지럽다. 有北者(유배자) 패배하다.

凡 此六者, 非天地之災, 將之過也.
범 차육자, 비천지지재, 장지과야.
무릇 이 여섯 가지 유형의 군사는 자연현상 때문에 생기는 재앙이 아니라 장수들이 잘못해서 생기는 것들이다.

凡(범) 무릇. 此六者(차육자) 이 여섯 가지는. 非天地之災(비천지지재) 자연적인 재해가 아니다. 將之過也(장지과야) 장수의 과오다.

夫勢均, 以一擊十日, 走. 卒强吏弱日, 弛. 吏强卒弱日, 陷.
부세균, 이일격십왈, 주. 졸강이약왈, 이. 이강졸약왈, 함.
① 여건이 비슷한데 1로써 10을 공격하면 당연히 패배하니 주병(走兵)이라고 하고, ② 병사들은 강하고 간부들이 약하면 군기가 해이해졌으니 이병(弛兵)이라고 하고, ③ 간부들이 강하고 병사들이 약하면 전력이 쓸모없으니 함병(陷兵)이라고 한다.

夫(부) 무릇. 勢均(세균) 세력이 비슷하다. 以一(이일) 1로써. 擊十(격십) 10을 치다. 日(왈) 이르기를. 走(주) 주병. 卒强(졸강) 병사들은 강하고, 吏弱(이약) 간부들은 약하다. 弛(이) 이병. 吏强(이강) 간부들은 강하고, 卒弱(졸약) 병사들은 약하다. 陷(함) 함병.

大吏怒而不服, 遇敵懟而自戰, 將不知其能日, 崩.
대리노이불복, 우적대이자전, 장부지기능왈, 붕.
④ 장수가 화를 내며 통제에 불복하고, 적을 만나면 서로 다투듯이 제멋대로 싸우는 경우가 있는데 이는 지휘관이 그들의 능력을 알지 못한 탓이라, 이렇게 싸우면 스스로 붕괴하니 붕병(崩兵)이라고 한다.

大吏(대리) 큰 간부이니 장수들. 怒(노) 노하다. 不服(불복) 복종하지 않는다. 遇(우) 만나다. 敵(적) 적군. 懟(대) 원망하다. 自戰(자전) 스스로 싸우다. 將(장) 장수가. 不知(부지) 알지 못한다. 其能

(기능) 그 부대의 능력을. 崩(붕) 붕병.

將弱不嚴, 教道不明, 吏卒無常, 陳兵縱橫曰, 亂.
장약불엄, 교도불명, 이졸무상, 진병종횡왈, 난.
⑤ 장수가 약해서 위엄이 없고, 가르침이 명확하지 않고, 장병들에게 일정한 형태의 절도 있는 모습이 없고, 전투대형이 종횡으로 어지러운 것을 부대가 어지럽다 하여 난병(亂兵)이라고 한다.

將弱(장약) 장수가 약하다. 不嚴(불엄) 위엄이 없다. 教道(교도) 가르치는 방향이. 不明(불명) 불명확하다. 吏卒(이졸) 간부들과 병사들이. 無常(무상) 일정한 형태의 절도 있는 모습이 없다. 陳兵(진병) 병사들의 대형. 縱橫(종횡) 종횡으로 제멋대로 있는 모습. 曰(왈) 이르기를. 亂(란) 난병.

將不能料敵, 以少合衆, 以弱擊强, 兵無選鋒曰, 北.
장불능요적, 이소합중, 이약격강, 병무선봉왈, 배.
⑥ 장수가 적정을 잘 파악하지 못해서 적은 병력으로 많은 병력의 적과 싸우게 하고, 약한 병력으로 강한 적을 공격하게 하여, 정예 선봉 부대가 남아나지 않으니 이런 군대는 싸우기만 하면 패배하니 배병(北兵)이라 한다.

將(장) 장수. 不能(불능) ~을 할 능력이 없다. 料敵(료적) 적을 살피다. 以少(이소) 적은 병력으로. 合衆(합중) 많은 적군과 싸우게 한다. 以弱擊强(이약격강) 약한 전투력으로 강한 적을 치다. 兵無(병무) 군사가 없다. 選鋒(선봉) 선발되고 예리한 정예부대. 曰(왈) 이르기를. 北(배) 배병.

凡 此六者, 敗之道也. 將之至任, 不可不察也.
범 차육자, 패지도야, 장지지임, 불가불찰야.
무릇 이 여섯 가지는 부대가 패배하는 길이며, 또한 장수의 지엄한 임무이기도 하니 신중히 살피지 않을 수 없는 것이다.

凡(범) 무릇. 此(차) 이것. 六者(육자) 여섯 가지는. 敗之道也(패지도야) 패배하는 길이다. 將之至任(장수지임) 장수의 지엄한 임무. 不可不察(불가불찰) 잘 살피지 않을 수 없다.

夫 地形者, 兵之助也. 料敵制勝, 計險阨遠近, 上將之道也.
부 지형자, 병지조야. 요적제승, 계험액원근, 상장지도야.

무릇 지형이란 용병하는 데 도움을 주는 것이니, 적을 헤아려 승리 태세를 만들어 감에 있어서 지형의 험하고 좁음과 멀고 가까움을 잘 활용해서 계획을 수립하는 것은 최고 장수로서 해야 할 책임 분야이다.

夫(부) 무릇. 地形者(지형자) 지형이라고 하는 것은. 兵(병) 용병. 助(조) 돕다. 料敵(료적) 적을 헤아리다. 制勝(제승) 승리를 만들어 가다. 計(계) 계획하다. 險(험) 험하다. 阨(액) 좁다. 遠(원) 멀다. 近(근) 가깝다. 上將(상장) 최고 우두머리 장수. 道(도) 해야 할 일.

知此而用戰者, 必勝, 不知此而用戰者, 必敗.
지차이용전자, 필승, 부지차이용전자, 필패.
이것을 알고 용병하면 반드시 이길 것이고, 알지 못한 상태에서 용병하면 반드시 패하게 된다.

知此(지차) 이것을 알다. 用戰(용전) 싸움에 활용하다. 必勝(필승) 반드시 이긴다. 不知此(부지자) 이것을 알지 못하다. 必敗(필패) 반드시 패한다.

故 戰道必勝, 主曰無戰, 必戰, 可也. 戰道不勝, 主曰必戰, 無戰, 可也.
고 전도필승, 주왈무전, 필전, 가야. 전도불승, 주왈필전, 무전, 가야.
그러므로 전쟁이나 전투에서의 상황이 반드시 이길 수밖에 없을 경우에는 군주가 싸우지 말라 했더라도 싸우는 것이 필요하며, 이길 수 없는 상황일 경우에는 군주가 반드시 싸우라 했더라도 싸우지 않는 것이 가능하다.

故(고) 그러므로. 戰道(전도) 싸움의 길. 싸움의 형세. 必勝(필승) 반드시 이기다. 主曰(주왈) 군주가 말하다. 無戰(무전) 싸우지 말라. 必戰(필전) 반드시 싸우다. 可(가) 가능하다. 戰道不勝(전도불승) 싸움의 형세가 이기지 못할 것 같다. 主曰必戰(주왈필전) 군주가 반드시 싸우라 해도. 無戰, 可也(무전, 가야) 싸우지 않는 것이 가능하다.

故 進不求名, 退不避罪, 惟民是保, 而利於主, 國之寶也.
고 진불구명, 퇴불피죄, 유민시보, 이리어주, 국지보야.
고로 장수가 적진으로 진격하면서 명예를 구하지 않으며, 퇴각하면서 책임추궁을 피하려 하지 않으며, 오로지 백성들을 보호하고 군주에게 도움이 되는 것만 생각한다면 이런 장수는 나라의 보배와도 같은 것이다.

故(고) 그러므로. 進(진) 나아가다. 不求(불구) 구하지 않는다. 名(명) 명예. 退(퇴) 퇴각하다. 不避(불피) 피하지 않는다. 罪(죄) 죄, 책임추궁. 惟(유) 생각하다. 民是保(민시보) 백성들을 보호하고. 利於主(리어주) 군주에게 이롭다. 國之寶也(국지보야) 나라의 보배이다.

視卒如嬰兒, 故, 可與之赴深谿, 視卒如愛子故, 可與之俱死.
시졸여영아, 고, 가여지부심계, 시졸여애자고, 가여지구사.
병사들을 보기를 마치 어린아이 보듯이 하면 함께 깊은 골짜기라도 진격할 수 있으며, 병사들을 사랑하기를 자기 자식 사랑하듯이 하면 가히 생사를 같이할 수 있는 것이다.

視(시) 보다. 卒(졸) 병사들. 如(여) ~과 같이. 嬰兒(영아) 어린아이. 故(고) 이런 이유로. 可(가) 가능하다. 與(여) 같이. 赴(부) 나아가다. 深谿(심계) 깊은 계곡. 視(시) 보다. 卒(졸) 병사들. 如(여) ~과 같이. 愛(애) 사랑하다. 子(자) 아들. 故(고) 이런 이유로. 可與(가여) 같이 하는 것이 가능하다. 俱死(구사) 함께 죽다.

愛而不能令, 厚而不能使, 亂而不能治, 譬如驕子, 不可用也.
애이불능령, 후이불능사, 난이불능치, 비여교자, 불가용야.
너무 아끼기 때문에 명령을 내리지 못하고, 후하게 베푼다고 하면서 임무도 제대로 주지 못하며, 부대가 어지러운데도 다스리지 못한다면, 이는 마치 버릇없는 자식 같아서 쓸 수가 없다.

愛(애) 사랑하다. 不能(불능) ~을 하지 못하다. 令(령) 명령을 내리다. 厚(후) 후하게 하다. 不能(불능) ~을 하지 못하다. 使(사) 일을 시키다. 亂(란) 어지럽다. 治(치) 다스리다. 譬(비) 비유하다. 如(여) ~과 같다. 驕(교) 교만하다. 子(자) 자식. 不可用也(불가용야) 쓸 수가 없다.

知吾卒之可以擊, 而不知敵之不可擊, 勝之半也.
지오졸지가이격, 이부지적지불가격, 승지반야.
나의 장병들이 공격할 역량이 있음은 알고 있으나, 적에게 공격에 이용할 약점이 없음을 알지 못하면 승리의 확률은 반이오,

知(지) 알다. 吾卒(오졸) 나의 부하들이. 可以擊(가이격) 공격할 역량이 있다. 不知(부지) 알지 못하다. 敵之不可擊(적지불가격) 적에게 공격할 수 없음. 勝之半也(승지반야) 승률이 반이다.

知敵之可擊, 而不知吾卒之不可以擊, 勝之半也.
지적지가격, 이부지오졸지불가이격, 승지반야.

적들이 공격에 이용할 약점이 있음은 알고 있으나, 나의 장병들이 공격할 역량이 없음을 알지 못하는 것 또한 승리의 확률은 반이다.

知敵之可擊(지적지가격) 적이 가히 공격할 수 있는 약점이 있음을 알다. 不知(부지) 알지 못하다. 吾卒(오졸) 나의 부하들이. 不可以擊(불가이격) 공격할 수 없음. 勝之半也(승지반야) 승률이 반이다.

知敵之可擊, 知吾卒之可以擊, 而不知地形之不可以戰, 勝之半也.
지적지가격, 지오졸지가이격, 이부지지형지불가이격, 승지반야.
적에게 공격에 이용할 약점이 있음을 알고, 나의 장병들에게 공격할 역량이 있다는 것까지 알아도 지형여건 상 싸울 수 없음을 알지 못하면 이 또한 승리의 확률은 반이다.

知敵之可擊(지적지가격) 적이 가히 공격할 수 있음을 알다. 知吾卒之可以擊(지오졸지가이격) 나의 부하들이 가히 공격할 수 있음을 알다. 不知(부지) 알지 못하다. 地形之不可以戰(지형지불가이전) 지형이 가히 싸울 수 있는 여건이 아니다. 勝之半也(승지반야) 승률이 반이다.

故 知兵者, 動而不迷, 擧而不窮.
고 지병자, 동이불미, 거이불궁.
고로 용병을 아는 자는 일단 움직이면 미혹함이 없고, 전쟁을 시작하면 다함이 없다.

故(고) 그러므로. 知兵者(지병자) 용병을 아는 자. 動(동) 움직이다. 不迷(불미) 미혹함이 없다. 擧(거) 일어나다. 전쟁을 시작하다. 不窮(불궁) 다함이 없다.

故 曰, 知彼知己, 勝乃不殆, 知天知地, 勝乃可全.
고 왈, 지피지기, 승내불태, 지천지지, 승내가전.
고로 적을 알고 나를 알면 승리를 거두는데 위태로움이 없고, 나아가 천시와 지리까지 알 수 있으면 승리는 가히 온전해지는 것이다.

故(고) 그러므로. 曰(왈) 이르기를. 知彼知己(지피지기) 상대를 알고 나를 알다. 勝(승) 승리. 乃(내) 이에. 不殆(불태) 위태롭지 않다. 知天知地(지천지지) 천시와 지형을 알다. 勝乃可全(승내가전) 승리는 가히 온전해진다.

第十一. 九地 제11. 구지. 아홉 가지 지형의 형세

구지(九地)란 땅의 형세에 아홉 가지 종류가 있다는 것을 말한다. 제10편에서 말한 지형(地形)은 자연의 형태가 주는 형세를 말하는 것이고 이번 편에서 말하는 구지(九地)는 군대가 이르는 곳에 따른 군대의 형세변화에 대해서 말하는 것이다. 그러므로 이번 편에서는 구지(九地)의 변화와 부대의 움직임으로 인해 얻을 수 있는 이로움에 대해서 설명한 것이다. 이것이 바로 제10편과 11편으로 지형(地形)과 구지(九地)를 나눈 이유인 것이다.

-손무자직해(孫武子直解)에서-

孫子曰, 用兵之法, 有散地, 有輕地, 有爭地, 有交地,
손자왈, 용병지법, 유산지, 유경지, 유쟁지, 유교지,
有衢地, 有重地, 有圮地, 有圍地, 有死地.
유구지, 유중지, 유비지, 유위지, 유사지.

손자가 말하기를 용병법에 ① 산지(散地), ② 경지(輕地), ③ 쟁지(爭地), ④ 교지(交地), ⑤ 구지(衢地), ⑥ 중지(重地), ⑦ 비지(圮地), ⑧ 위지(圍地), ⑨ 사지(死地) 등이 있다고 하였다.

孫子曰(손자왈) 손자가 말하다. 用兵之法(용병지법) 용병을 하는데 있어서. 有散地(유산지) 흩어지다. 산지가 있다. 有輕地(유경지) 가볍다. 경지가 있다. 有爭地(유쟁지) 다투다. 쟁지가 있다. 有交地(유교지) 교차되다. 교지가 있다. 有衢地(유구지) 네거리. 구지가 있다. 有重地(유중지) 무겁다. 중요하다. 중지가 있다. 有圮地(유비지) 무너지다. 비지가 있다. 有圍地(유위지) 둘레. 위지가 있다. 有死地(유사지) 사지가 있다.

諸侯, 自戰其地者, 爲散地. 入人之地, 而不深者, 爲輕地.
제후, 자전기지자, 위산지. 입인지지, 이불심자, 위경지.

① 각 제후가 자기 땅에서 싸우면 마음이 분산되어 산지(散地)라 하고, ② 적국에 들어가되 그리 깊지 않은 곳을 마음이 가볍다 하여 경지(輕地)라고 한다.

諸侯(제후) 각국의 왕. 自(자) 스스로. 戰(전) 싸우다. 其地(기지) 그 땅. 자기네 땅. 爲散之(위산지) 산지라 한다. 入(입) 들어서다. 人(인) 사람. 여기서는 적을 의미. 地(지) 땅. 적의 땅. 不深(불심) 깊지 않다. 者(자) ~하는 것. 爲輕地(위경지) 경지라 한다.

我得亦利，彼得亦利者，爲爭地. 我可以往，彼可以來者，爲交地.
아득역리, 피득역리자, 위쟁지. 아가이왕, 피가이래자, 위교지.
③ 내가 얻어도 유리하고, 적이 얻어도 유리한 곳을 서로 다툰다 하여 쟁지(爭地)라 하고,
④ 나도 가기 쉽고 적도 오기 쉬운 곳을 서로 교차한다 하여 교지(交地)라 한다.

我(아) 아군. 得(득) 얻다. 亦(역) 또한. 利(리) 이롭다. 彼(피) 적군. 爲爭地(위쟁지) 쟁지라 한다. 可以往(가이왕) 가히 갈 수 있고. 彼可以來者(피가이래자) 적도 가히 올 수 있다. 爲交地(위교지) 교지라 한다.

諸侯之地三屬，先至而得天下之衆者，爲衢地.
제후지지삼속, 선지이득천하지중자, 위구지.
⑤ 제후들의 땅이 여러 나라와 인접해있어서 먼저 가서 점령하면 천하의 백성들을 얻을 수 있는 곳을 교통의 요충지라는 의미로 구지(衢地)라 한다.

諸侯之地(제후지지) 제후의 땅. 屬(속) 잇다. 여러 나라와 인접해있다는 의미임. 先至(선지) 먼저 이르다. 得(득) 얻다. 天下之衆(천하지중) 천하의 백성들. 爲衢也(위구지) 구지라 한다.

入人之地深，背城邑多者，爲重地.
입인지지심, 배성읍다자, 위중지.
⑥ 적지로 깊숙이 들어가서 그 나라의 많은 성읍이 배후에 있게 되어 되돌아오기 어려워진 곳을 중지(重地)라고 한다.

入(입) 들어가다. 人之地(인지지) 적의 땅. 여기서 사람이란 적을 의미함. 深(심) 깊다. 背(배) 등. 城邑(성읍) 성과 마을. 多(다) 많다. 者(자) ~하는 것. 爲重地(위중지) 중지라 한다.

行山林，險阻，沮澤，凡難行之道者，爲圮地.
행산림, 험조, 저택, 범난행지도자, 위비지.
⑦ 산림, 험준한 지형, 늪과 소택지 등 행군하기 어려운 곳을 비지(圮地)라고 한다.

行(행) 행군하다. 山林(산림) 산과 수술. 險阻(험조) 험한 지형. 沮澤(저택) 못으로 막힌 지형. 凡(범) 무릇. 難(난) 어렵다. 行之道(행지도) 행군하는 길. 者(자) ~하는 것. 爲圮地(위비지) 비지라 한다.

所由入者隘，所從歸者迂，彼寡可以擊吾之衆者，爲圍地.

소유입자애, 소종귀자우, 피과가이격오지중자, 위위지.

⑧ 들어가는 입구는 좁고, 돌아올 때는 우회해야 하고, 소수의 적이 다수의 아군을 공격할 수 있는 곳을 위지(圍地)라고 한다.

所(소) ~하는 바. 由(유) 말미암다. 入(입) 들어가다. 者(자) ~하는 것. 隘(애) 좁다. 所(소) ~하는 바. 從(종) 좇다. 歸(귀) 돌아오다. 迂(우) 우회하다. 彼寡(피과) 적의 적은 병력. 可(가) 가능하다. 以(이) 로써. 擊(격) 공격하다. 吾之衆(오지중) 아군의 많은 병력. 爲圍地(위위지) 위지라 한다.

疾戰則存, 不疾戰則亡者, 爲死地.

질전즉존, 부질전즉망자, 위사지.

⑨ 빠른 속도로 전투하면 살지만, 그렇게 하지 않으면 망하는 곳을 죽는다는 의미로 사지(死地)라고 한다.

疾戰(질전) 아주 빠른 속도로 치르는 전쟁. 전투. 則(즉) 곧. 存(존) 생존한다. 不疾戰(부질전) 빨리 전투를 끝내지 않는다. 亡(망) 망한다. 爲死地(위사지) 사지라 한다.

是故, 散地則無戰, 輕地則無止, 爭地則無攻, 交地則無絶,

시고, 산지즉무전, 경지즉무지, 쟁지즉무공, 교지즉무절,

이러한 까닭에 ① 산지(散地)에서는 싸우지 말고, ② 경지(輕地)에서는 머물지 말고, ③ 쟁지(爭地)에서는 공격하지 말고, ④ 교지(交地)에서는 통행이 끊이지 않도록 하고,

散地則無戰(산지즉무전) 산지에서는 싸우지 마라. 輕地則無止(경지즉무지) 경지에서는 머물지 마라. 爭地則無攻(쟁지즉무공) 쟁지에서는 공격하지 마라. 交地則無絶(교지즉무절) 교지에서는 통행이 끊이지 않도록 하라.

衢地則合交, 重地則掠, 圮地則行, 圍地則謀, 死地則戰.

구지즉합교, 중지즉략, 비지즉행, 위지즉모, 사지즉전.

⑤ 구지(衢地)에서는 외교와 친선에 힘쓰고, ⑥ 중지(重地)에서는 현지에서 군수물자를 조달에 힘쓰고, ⑦ 비지(圮地)에서는 최대한 빨리 지나가고, ⑧ 위지(圍地)에서는 즉시 빠져나올 계책을 쓰고, ⑨ 사지(死地)에서는 전군이 전력을 다해 싸워야 하는 것이다.

衢地則合交(구지즉합교) 구지에서는 외교 친선에 힘써라. 重地則掠(중지즉략) 중지에서는 현지조달에 힘써라. 圮地則行(비지즉행) 비지에서는 지나가라. 圍地則謀(위지즉모) 위지에서는 즉시 빠져나올 계책을

수립하라. 死地則戰(사지즉전) 사지에서는 싸워야 한다.

古之所謂, 善用兵者, 能使敵人, 前後不相及, 衆寡不相恃, 貴賤不相收,
고지소위, 선용병자, 능사적인, 전후불상급, 중과불상시, 귀천불상수,
옛날에 이른바[11] 용병을 잘한다는 자는 적의 전위와 후위부대가 서로 연계되지 못하게 하고, 적 본대의 대부대와 소부대가 서로 믿고 의지하지 못하게 하고, 적 지휘관과 병사들이 서로 원활하게 연락체계를 구축하지 못하게 하고,

古之(고지) 옛날에. 所謂(소위) 이른바. 善用兵者(선용병자) 용병을 잘한다는 사람은. 能使(능사) 능히 ~을 시키다. 敵人(적인) 적군. 前後(전후) 앞과 뒤. 부대의 앞과 뒤가 될 수도 있고, 전투함에 있어서도 앞의 부대와 뒤의 부대를 말할 수도 있음. 不相及(불상급) 서로 연계되지 못하게 하다. 衆寡(중과) 본대와 같은 대부대와 소부대. 不相恃(불상시) 서로 믿지 못하게 하다. 貴賤(귀천) 귀족과 천민. 不相收(불상수) 서로 연락체계를 잘 갖추지 못하게 하다.

上下不相扶, 卒離而不集, 兵合而不齊, 合於利而動, 不合於利而止.
상하불상부, 졸리이부집, 병합이부제, 합어리이동, 불합어리이지.
상하가 서로 의지하지 못하게 하고, 장병들이 흩어져 모이지 못하게 하고, 장병들이 집결되더라도 질서정연하지 못하게 하였다. 이렇게 해서 유리하다고 판단되면 부대를 움직이고, 유리하다고 판단되지 않으면 정지해야 하는 것이다.

上下(상하) 상급자와 하급자. 不相扶(불상부) 서로 돕지 못하게 하다. 卒(졸) 장병들. 離(리) 떨어지다. 不集(부집) 모이지 못하게 하다. 兵(병) 장병들. 合(합) 합치다. 不齊(부제) 가지런하지 못하다. 合(합) 합치다. 於利(어리) 유리하다. 動(동) 움직이다. 不合(불합) 합치되지 않다. 於利(어리) 유리하다. 止(지) 그치다.

敢問, 敵 衆整而將來, 待之若何. 日, 先奪其所愛則聽矣.
감문, 적 중정이장래, 대지여하. 왈, 선탈기소애즉청의.
감히 묻기를 '앞으로 적이 우세하고 질서정연하게 오면 어떻게 대처하는가?'라고 한다면,' 먼저 적이 가장 아끼는 것을 빼앗으면 적이 내말을 들을 것이다!'라고 대답할 것이다.

11) 고지소위(古之所謂)로 쓰인 것도 있고, 소위고지(所謂古之)로 쓰인 것도 있다. 그러나 의미는 같다.

敢問(감문) 감히 묻다. 敵(적) 적군. 衆(중) 무리들. 整(정) 가지런하다. 將(장) 장차. 來(래) 오다. 待(대) 기다리다. 若(약) 같다. 何(하) 어찌. 曰(왈) 대답하다. 先奪(선탈) 먼저 빼앗다. 其所(기소) 그 ~하는 바. 愛(애) 아끼다. 則(즉) 곧. 聽(청) 듣다.

兵之情, 主速, 乘人之不及, 由不虞之道, 攻其所不戒也.
병지정, 주속, 승인지불급, 유불우지도, 공기소불계야.

용병에 있어서 가장 중요한 것은 바로 신속함이니, 적이 미치지 못하는 곳을 노리고, 생각지도 못한 방법으로, 적이 경계하지 않는 곳을 공격해야 하는 것이다.

兵(병) 용병. 情(정) 본질. 主速(주속) 주로 신속함이다. 乘(승) 기회를 올라타다. 人之不及(인지불급) 사람이 미치지 못하는 바. 여기서 사람은 적. 由(유) 말미암다. 不虞(불우) 미처 생각지도 못하다. 道(도) 방법. 攻(공) 공격하다. 其所(기소) 그 ~하는 바. 不戒(불계) 경계하지 않다.

凡 爲客之道, 深入則專, 主人不克, 掠於饒野, 三軍足食,
범 위객지도, 심입즉전, 주인불극, 략어효야, 삼군족식,

무릇 적지로 원정을 가는 작전을 할 때는 적진 깊숙이 들어가면 굳게 뭉치게 되어 적이 대항하지 못하게 된다. 풍요로운 들에서 곡식을 획득해서 전군을 충분히 먹이고,

凡(범) 무릇. 爲(위) ~하다. 客(객) 손님. 원정을 가는 것을 손님으로 표현. 道(도) 방법. 深入(심입) 깊이 들어가다. 則(즉) 곧. 專(전) 오로지. 主人(주인) 원정 작전간 지역의 원래 주인은 곧 적을 말함. 不克(불극) 이기지 못한다. 掠(략) 약탈하다. 於(어) ~에서. 饒(효) 넉넉하다. 野(야) 들. 三軍(삼군) 전군을 의미. 足食(족식) 충분히 먹이다.

謹養而勿勞, 并氣積力, 運兵計謀, 爲不可測.
근양이물노, 병기적력, 운병계모, 위불가측.

불필요한 일을 만들지 않음으로써 힘을 비축하고 피곤하지 않게 해서 사기를 진작시킴과 동시에 전투력을 축적하고, 부대를 운용할 때는 책략을 세워 가히 예측할 수 없게 하는 것이다.

謹養(근양) 삼가 전투력을 비축하다. 勿勞(물노) 피곤하게 하지 말라. 并(병) 어우르다. 氣(기) 사기. 積(적) 쌓다. 力(력) 전투력. 運(운) 운용하다. 兵(병) 군대. 計謀(계모) 책략을 세우다. 爲不可測(위불가측) 예측할 수 없게 하다.

投之無所往, 死且不北, 死焉不得士人盡力.
투지무소왕, 사차불배, 사언부득사인진력.
부대를 원정작전에 투사할 때는 병사들이 도주할 수 없는 곳으로 투사해야 도망가지 않고 죽기를 각오하고 싸울 것이다. 죽음에 이른 병사들이 어찌 힘을 다하지 않겠는가?

投(투) 던지다. 無所往(무소왕) 갈 곳이 없다. 死(사) 죽다. 且(차) 또. 不北(불배) 달아나지 않다. 死(사) 죽다. 焉(언) 어찌. 不得(부득) 얻지 못하다. 士人(사인) 사졸들. 병사들. 盡力(진력) 있는 힘껏.

兵士甚陷則不懼, 無所往則固, 入深則拘, 不得已則鬪.
병사심함즉불구, 무소왕즉고, 입심즉구, 부득이즉투.
병사들은 빠져나갈 길이 없으면 오히려 두려워하지 않게 되고, 도망갈 곳이 없으면 단결하게 되고, 적진 깊숙이 들어갈수록 전투 의지는 더욱 단단해지는 등 부득이한 상황이 되면 싸울 수밖에 없는 것이다.

兵士(병사) 병사들. 甚(심) 심하다. 陷(함) 빠지다. 則(즉) 곧. 不懼(불구) 두려워하지 않는다. 無所往(무소왕) 갈 곳이 없다. 固(고) 견고하다. 入深(입심) 깊이 들어가다. 拘(구) 잡다. 不得已則鬪(부득이즉투) 부득이 싸울 수밖에 없다.

是故, 其兵 不修而戒, 不求而得, 不約而親, 不令而信, 禁祥去疑, 至死無所之.
시고, 기병 불수이계, 불구이득, 불약이친, 불령이신, 금상거의, 지사무소지.
그렇게 되면, 장병들은 별도로 가르치지 않아도 스스로 경계하게 되며, 따로 요구하지 않아도 잘 따르며, 굳이 따로 약속하지 않아도 서로 잘 협조하며, 명을 내리지 않아도 믿게 되고, 미신을 숭상하는 등의 이상한 짓을 금하면 죽을지언정 도망가는 일은 없을 것이다.

是故(시고) 이러한 이유로. 其兵(기병) 그 군사들은. 不修(불수) 따로 지도하지 않아도. 戒(계) 경계하다. 不求(불구) 구하지 않아도. 得(득) 얻을 것이다. 不約(불약) 따로 약속하지 않아도. 親(친) 친해진다. 不令(불령) 명령하지 않아도. 信(신) 믿을 것이다. 禁(금) 금하다. 祥(상) 상서롭다. 去(거) 가다. 疑(의) 의심. 至(지) 이르다. 死(사) 죽음. 無(무) 없다. 所之(소지) ~하는 바.

吾士, 無餘財, 非惡貨也, 無餘命, 非惡壽也.
오사, 무여재, 비오화야, 무여명, 비오수야.
장병들이 재물을 남기지 않음은 재물을 싫어하기 때문이 아니며, 목숨을 아끼지 않고 싸우는 것은 살기 싫어서 그러는 것이 아니다.

吾士(오사) 나의 사졸들이. 無(무) 없다. 餘(여) 남다. 財(재) 재물. 非(비) 아니다. 惡(오) 싫어하다. 貨(화) 재화. 재물. 命(명) 목숨. 壽(수) 목숨.

令發之日, 士卒坐者, 涕霑襟, 偃臥者, 涕交頤, 投之無所往, 則諸劌之勇也.
영발지일, 사졸좌자, 체점금, 언와자, 체교이, 투지무소왕, 즉제귀지용야.
출동명령이 내리는 날이면 앉아있는 장병들은 눈물로 옷깃을 적시고, 누워있는 병사들은 두 뺨을 온통 눈물로 적시게 된다. 이들을 도망갈 곳이 없는 곳에 투입하면 전제(專諸)[12]나 조귀(曺劌)[13]와 같은 용기로 싸우게 되는 것이다.

令(령) 명령. 發(발) 떠나다. 日(일) 날짜. 출전명령이 있는 날. 士卒(사졸) 사졸 중에. 坐者(좌자) 앉아 있는 자는. 涕(체) 눈물. 霑(점) 젖다. 襟(금) 옷깃. 偃(언) 쓰러지다. 臥(와) 엎드리다. 涕(체) 눈물. 交(교) 서로 만나다. 頤(이) 턱. 投(투) 던지다. 투입되다. 無所往(무소왕) 갈 곳이 없다. 則(즉) 곧. 諸(제) 전제. 劌(귀) 조귀. 勇(용) 용기.

故 善用兵者, 譬如率然, 率然者, 常山之蛇也.
고 선용병자, 비여솔연, 솔연자, 상산지사야.
용병을 잘하는 자를 솔연(率然)과 비교를 하게 되는데, 솔연(率然)이란 뱀은 상산(常山)[14]에 사는 뱀의 이름이다.

故(고) 그러므로. 善用兵者(선용병자) 용병을 잘하는 자. 譬(비) 비유하다. 如(여) ~과 같다. 率然(솔연) 상산에 사는 전설 속의 뱀. 常山之蛇也(상산지사야) 상산이라는 지역에 사는 뱀이다.

擊其首則尾至, 擊其尾則首至, 擊其中則首尾俱至.
격기수즉미지, 격기미즉수지, 격기중즉수미구지.
그 뱀은 머리를 치면 꼬리가 달려들고, 꼬리를 치면 머리가 달려들고, 그 중간을 치면 머리

---

12) 전제(專諸) : 춘추시대 오나라 사람으로 오나라 왕 합려(합려)가 조카인 료(僚)를 죽이고 왕위를 빼앗을 때 비수를 고기 뱃속에 숨기고 료(僚)를 잔치에 초대해 죽이고 자신도 그 자리에서 죽임을 당한 자객의 이름.

13) 조귀(曺劌) : 춘추시대 노나라의 대부. 제나라 환공이 노나라를 공격했을 때 산골에 은거하던 조귀가 등장해 노라라 군을 지휘하여 제나라 군을 대패시킨 군사 전략가.

14) 상산(常山) : 중국의 5악(岳)중의 하나. 중국의 5악(岳)= 동악 태산, 서악 화산, 남악 형산, 북악 항산, 중악 숭산 중에서 북악 항산을 일명 태항산·원악·상산이라고 부름.

와 꼬리가 둘 다 달려든다.

擊(격) 치다. 其首(기수) 그 머리를. 則(즉) 곧. 尾(미) 꼬리. 至(지) 미치다. 擊(격) 치다. 其中(기중) 그 중간. 首尾(수미) 머리와 꼬리. 俱(구) 함께. 至(지) 미치다.

敢問, 兵可使如率然乎, 曰, 可, 夫 吳人與越人, 相惡也.
감문, 병가사여솔연호, 왈, 가, 부 오인여월인, 상오야.

감히 묻기를, '군대도 솔연(率然)과 같이 되도록 할 수 있는가?'라고 묻는다면, 나는 '그렇게 할 수 있다!'고 대답할 것이다. 예를 들자면, 오(吳)나라와 월(越)나라 사람들은 서로 미워하지만,

敢問(감문) 감히 묻다. 兵(병) 병사들. 可使(가사) 가히 ~하게 하다. 如率然(여솔연) 솔연과 같이. 曰(왈) 대답하다. 可(가) 가능하다. 夫(부) 무릇. 吳人與越人(오인여월인) 오나라 사람과 월나라 사람들. 相惡也(상오야) 서로 싫어한다.

當其同舟而濟, 遇風, 其相救也, 如左右手, 是故, 方馬埋輪, 未足恃也.
당기동주이제, 우풍, 기상구야, 여좌우수, 시고, 방마매륜, 미족시야.

같이 배를 타고 건너다가 풍랑을 만나게 되면 서로 돕기를 마치 좌 · 우측 손처럼 해서 살아난 적이 있지 않은가?[15] 도망가는 것을 막기 위해 말을 서로 묶어서 움직이지 못하게 하고, 수레바퀴를 땅에 파묻어 움직이지 못하도록 한다고 해서 솔연처럼 되리라는 것은 믿을 것이 못 되며, 따라서 할 만한 것이 못 된다.

當(당) 당하다. 其(기) 그. 同舟(동주) 같은 배. 濟(제) 건너다. 遇(우) 만나다. 風(풍) 풍랑. 救(구) 구하다. 如左右手(여좌우수) 마치 좌우 손처럼 하다. 是故(시고) 이러한 이유로. 方馬(방마) 말을 묶다. 埋輪(매륜) 바퀴를 땅에 묻다. 未(미) 아니다. 足(족) 족하다. 恃(시) 믿다.

齊勇若一, 政之道也, 剛柔皆得, 地之理也.
제용약일, 정지도야, 강유개득, 지지리야.

전군을 하나로 굳게 단결시키는 것이 지휘통솔의 도이며, 굳센 자와 부드러운 자를 모두 다 제대로 활용하게 하는 것은 구지(九地)의 이치이다.[16]

---

15) 이 문구는 오월동주(吳越同舟)라는 고사성어(故事成語)에서 사례를 인용하여 설명한 것임.

16) 지지리(地之理). 지형에 대한 이해나 이치를 말하는 것으로 해석하면, '굳센 자와 유약한 자를 모두 잘 활용하기 위해서는 지형을 제대로 활용해야 한다'는 뜻이 된다. 그러나 여기에서 지(地)를 편명과 연계하여 구지(九地)로 해석하면, 구지의

齊(제) 가지런하다. 무슨 일을 할 때 조심스러워 하는 사람. 勇(용) 용감하다. 용감한 사람. 若一(약일) 마치 하나인 것처럼 하다. 政(정) 나라를 다스리는 일. 부대를 다스리는 일. 剛(강) 굳세다. 柔(유) 부드럽다. 皆(개) 모두. 得(득) 얻다. 地(지) 이번 편명인 '九地'라는 의미로 해석. 理(리) 이치.

故 善用兵者, 携手若使一人, 不得已也.
고 선용병자, 휴수약사일인, 부득이야.

그러므로 용병을 잘하는 자가 마치 전군의 장병들 손을 묶어서 한 사람을 부리듯 하는 것은 장병들이 그렇게 하지 않으면 안 되도록, 부득이한 상황을 만들었기 때문이다.

故(고) 그러므로. 善用兵者(선용병자) 용병을 잘하는 자. 携(휴) 이끌다. 手(수) 손. 若使一人(약사일인) 마치 한 사람을 부리는 듯이 하다. 不得已也(부득이야) 부득이하기 때문이다.

將軍之事, 靜以幽, 正以治, 能愚士卒之耳目, 使之無知,
장군지사, 정이유, 정이치, 능우사졸지이목, 사지무지,

장수가 군무를 처리함에 있어서는 침착하면서도 주도면밀해야 하며, 지휘함에 있어서는 바르게 해야 하며, 병사들의 눈과 귀를 가려 꼭 필요한 것 외에는 아는 것이 없게 해야 한다.[17)]

將軍之事(장군지사) 장수의 일. 靜(정) 고요하다. 幽(유) 그윽하다. 正(정) 바르다. 治(치) 다스리다. 能(능) 능히 ~하다. 愚(우) 어리석다. 士卒之耳目(사졸지이목) 사졸들의 귀와 눈. 使之無知(사지무지) 아는 것이 없도록 만들다.

易其事, 革其謀, 使人無識, 易其居, 迂其途, 使人不得慮,
역기사, 혁기모, 사인무식, 역기거, 우기도, 사인부득려,

작전보안을 유지함에 있어서는 업무를 담당하는 부서를 바꾸거나 작전계획을 변경하는 방법으로 관련 없는 자들이 알지 못하게 하고, 주둔지를 바꾸거나 행군하는 길을 우회하여 가거나 하는 방법으로 적들이 계획을 알아차리지 못하게 해야 한다.

이치를 잘 활용해야 한다는 포괄적인 의미로 해석 가능하다.

17) 이 부분을 해석함에 있어서 愚士卒(우사졸)은 병사들을 어리석게 한다는 의미로 해석하면 안 됨. 작전보안이 필요한 부분에 대해서 강조한 것을 해석해야 함. 작전보안의 가장 기본인 Need to Know (꼭 알아야 할 것만 알아야 한다)의 개념으로 이해.

易(역) 바꾸다. 其事(기사) 그 일. 일을 담당하는 부서로 해석. 革(혁) 가죽이라는 뜻이 아니라 고치다는 의미. 其謀(기모) 그 계획. 使(사) ~하게 하다. 人(인) 사람들. 無識(무식) 알지 못하게. 易(역) 바꾸다. 其居(기거) 주둔지. 迂(우) 우회하다. 其途(기도) 그 길. 不得(부득) ~을 얻지 못하다. 慮(려) 생각하다. 헤아리다.

帥與之期, 如登高而去其梯, 帥與之深入諸侯之地, 而發其機, 焚舟破釜,
수여지기, 여등고이거기제, 수여지심입제후지지, 이발기기, 분주파부,

군사를 이끌고 결전함에 있어서는 마치 높은 곳에 오르게 하고 사다리를 치워버리듯 하며, 군사를 이끌고 적진 깊숙이 들어갔을 때는 도강한 다음 배를 태우고 가마솥을 깨트리는 분주파부(焚舟破釜)[18]의 심정으로 전의를 고양한 후에 전기(戰機)가 조성되면 결전을 치러야 한다.

帥(수) 장수. 與(여) 베풀다. 期(기) 기약하다. 如(여) 마치 ~과 같다. 登高(등고) 높은 곳에 오르다. 去(거) 제거하다. 梯(제) 사다리. 帥(수) 장수. 與(여) 베풀다. 深入(심입) 깊숙이 들어가다. 諸侯之地(제후지지) 제후들의 땅. 發(발) 쏘다. 떠나다. 機(기) 틀. 여기서는 전쟁이나 전투에서의 기회. 전기를 의미.

若驅群羊, 驅而往, 驅而來, 莫知所之, 聚三軍之衆, 投之於險, 此 將軍之事也.
약구군양, 구이왕, 구이래, 막지소지, 취삼군지중, 투지어험, 차 장군지사야.

이때는 마치 양 떼를 몰듯이 몰아가고 몰아오되 갈 곳을 알지 못하게 해서 오로지 전투에 집중하게 해야 한다. 전군을 모아서 전쟁이나 전투 같은 위험한 곳에 투입해서 결사적으로 싸우게 하는 일이 바로 장수가 해야 할 일이다.

若(약) 마치. 驅(구) 몰다. 群羊(군양) 양떼 무리. 驅(구) 몰다. 莫知(막지) 알지 못하다. 所之(소지) 갈 곳. 聚(취) 모으다. 三軍之衆(삼군지중) 전군의 병력. 投(투) 전투력을 투사하다. 險(험) 험한 곳. 위험한 곳. 此(차) 이것. 將軍之事也(장군지사야) 장수가 해야 할 일이다.

18) 분주파부(焚舟破釜) : 배를 불사르고 가마솥을 깨트린다. 沈船(침선) 배를 침몰시키다. 破釜甑(파부증) 밥을 짓는 가마솥과 시루를 깨트리다. 이 이야기는 사기(史記)의 항우본기에 나오는 얘기로 항우(項羽)가 도강을 한 후에 전의를 고양하기 위해서 배를 침몰시키고 밥을 짓는 가마솥과 시루를 깨트렸다고 기록된 것에서 유래한다. 손자가 그 이야기를 인용하면서, 분주파부(焚舟破釜)라는 구절로 표현한 것이다. 〈죽간본〉과 〈무경본〉에는 이 구절이 없으며, 후대인들이 끼워 넣은 것으로 추측됨.

九地之變, 屈伸之利, 人情之理, 不可不察也.
구지지변, 굴신지리, 인정지리, 불가불찰야.
상황에 따라 지형을 어떻게 활용할 것인지에 대한 구지(九地)의 변화, 탄력적인 부대 운용을 통해서 얻어지는 유리함, 장병들의 심리적 변화에 대한 이치 등은 잘 살피지 않으면 안 된다.

九地之變(구지지변) 구지의 변화. 屈(굴) 굽다. 伸(신) 펴다. 利(리) 이로움. 人情(인정) 사람의 마음. 심리적 변화. 理(리) 이치. 不可不察也(불가불찰야) 살피지 않을 수 없다.

凡 爲客之道, 深則專, 淺則散, 去國越境而師者, 絕地也. 四達者, 衢地也.
범 위객지도, 심즉전, 천즉산, 거국월경이사자, 절지야. 사달자, 구지야.
무릇 적지로 원정을 가서 작전을 펼 때는 다음 사항을 주의해야 한다. 적지로 깊숙이 들어가면 장병들이 단결되고, 얕게 들어가면 마음이 산만하게 된다. 나라를 떠나 국경을 넘어 작전하는 곳은 구지(九地) 중의 절지(絕地)에 해당하는 것이고, 사방이 트인 곳은 구지(衢地)에 해당한다.

凡(범) 무릇. 爲(위) 하다. 客(객) 손님. 여기서는 원정군을 의미. 深(심) 깊다. 專(전) 단결하다. 淺(천) 얕다. 散(산) 흩어지다. 去國(거국) 나라를 떠나다. 越境(월경) 국경을 넘다. 師(사) 군대. 絕地也(절지야) 구지 중의 절지에 해당한다. 四達者(사달자) 사방이 트인 곳. 衢地也(구지야) 구지 九地중의 하나인 구지 衢地에 해당한다.

入深者, 重地也. 入淺者, 輕地也. 背固前隘者, 圍地也. 無所往者, 死地也.
입심자, 중지야. 입천자, 경지야. 배고전애자, 위지야. 무소왕자, 사지야.
적진 깊숙이 들어간 곳은 중지(重地), 얕게 들어간 곳은 경지(輕地), 뒤가 막히고 앞의 길이 좁은 것은 위지(圍地), 나갈 곳이 없는 곳은 사지(死地)라 한다.

入深(입심) 깊이 들어감. 重地(중지) 구지 중 중지에 해당한다. 入淺(입천) 얕게 들어가다. 輕地(경지) 구지 중 경지에 해당한다. 背固(배고) 뒤가 견고하게 막히다. 前隘(전애) 앞이 좁다. 圍地(위지) 구지 중 위지에 해당한다. 無(무) 없다. 所往(소왕) 나갈 곳. 死地(사지) 구지 중 사지에 해당한다.

是故, 散地, 吾將一其志, 輕地, 吾將使之屬, 爭地, 吾將趨其後, 交地, 吾將謹其守,
시고, 산지, 오장일기지, 경지, 오장사지속, 쟁지, 오장추기후, 교지, 오장근기수,

이런 까닭에 산지(散地)에서는 전 장병의 마음을 하나로 단결시켜야 하고, 경지(輕地)에서는 각 부대 간의 결속을 긴밀히 하고, 쟁지(爭地)에서는 적의 배후로 진출해야 하고, 교지(交地)에서는 방어를 엄중히 해야 하고,

是故(시고) 이러한 까닭에. 散地(산지) 산지에서는. 吾(오) 나. 將(장) 장수. 一其志(일기지) 그 마음과 의지를 하나로 만들다. 輕地(경지) 경지에서는. 使(사) ~하게 하다. 屬(속) 잇다. 엮다. 爭地(쟁지) 쟁지에서는. 趨(추) 달리다. 其後(기후) 적의 배후. 交地(교지) 교지에서는. 謹(근) 삼가다. 경계하다. 其守(기수) 수비. 방어.

衢地, 吾將固其結, 重地, 吾將繼其食, 圮地, 吾將進其途,

구지, 오장고기결, 중지, 오장계기식, 비지, 오장진기도,

구지(衢地)에서는 외교관계를 견고하게 해야 하고, 중지(重地)에서는 식량 조달을 원활하게 해야 하고, 비지(圮地)에서는 신속히 통과해야 하고,

衢地(구지) 구지에서는. 固(고) 견고하게 하다. 其結(기결) 외교관계의 결속력을 말함. 重地(중지) 중지에서는. 繼(계) 잇다. 其食(기식) 식량 조달. 圮地(비지) 비지에서는. 進(진) 나아가다. 其途(기도) 그 길.

圍地, 吾將塞其闕, 死地, 吾將示之以不活.

위지, 오장색기궐, 사지, 오장시지이불활.

위지(圍地)에서는 탈출로를 봉쇄해야 하고, 사지(死地)에서는 살아남을 수 없음을 보여 주어야 한다.

圍地(위지) 위지에서는. 塞(색) 막다. 其闕(기궐) 탈출로. 死地(사지) 사지에서는. 示(시) 보여 주다. 不活(불활) 살아날 수 없음.

故 兵之情, 圍則禦, 不得已則鬪, 逼則從.

고 병지정, 위즉어, 부득이즉투, 핍즉종.

장병들의 심리라는 것은 적에게 포위되면 스스로 방어하고, 부득이한 상황이 되면 싸울 수밖에 없게 되고, 상황이 닥치면 장수의 말에 따를 수밖에 없는 법이다.

故(고) 그러므로. 兵之情(병지정) 병사들의 심리. 圍(위) 포위되다. 則(즉) 곧. 禦(어) 막다. 방어하다. 不得已(부득이) 부득이하다. 鬪(투) 싸우다. 逼(핍) 궁핍하다, 닥치다. 從(종) 따르다.

是故, 不知諸侯之謀者, 不能豫交, 不知 山林 險阻 沮澤之形者, 不能行軍,
시고, 부지제후지모자, 불능예교, 부지 산림 험조 저택지형자, 불능행군,
이런 이유로 제후국들의 계략을 모르면 사전에 외교관계를 맺을 수 없고, 산림 · 험난한 지형 · 늪지나 택지 등의 지형에 대해서 알지 못하면 행군할 수 없고,

是故(시고) 이런 이유로. 不知(부지) 알지 못하다. 諸侯之謀(제후지모) 제후들의 계략. 不能(불능) ~할 수 없다. 豫(예) 미리. 交(교) 외교관계를 맺다. 山林(산림) 산림지역. 險阻(험조) 험한 지형. 沮澤(저택) 못으로 막힌 지형. 形(형) 형태. 不能行軍(불능행군) 행군할 수 없다.

不用鄕導者, 不能得地利, 四五者, 一不知, 非覇王之兵也.
불용향도자, 불능득지리, 사오자, 일부지, 비패왕지병야.
해당지역의 길 안내자를[19] 잘 활용하지 않으면 지형의 이점을 얻을 수 없는 것이다. 구지(九地)의 이치 중에서 하나라도 모르면 천하의 패권을 다툴만한 군대가 못 된다.

不用(불용) 이용하지 않다. 鄕導(향도) 지방의 길 안내자. 不能(불능) ~할 수 없다. 得(득) 얻다. 地利(지리) 지형의 이로움. 四五者(사오자) 4+5. 구지를 말함. 一不知(1부지) 1개라도 모르면. 9가지 중에서 하나라도 모르면. 非覇王之兵也(비패왕지병야) 패권을 다툴만한 군대가 아니다.

夫 覇王之兵, 伐大國則其衆不得聚, 威加於敵則其交不得合.
부 패왕지병, 벌대국즉기중부득취, 위가어적즉기교부득합.
무릇 패왕의 군사가 대국을 정벌하러 갈 때는 미처 군대를 집결시키지 못하도록 조치를 하고, 또한 그러한 위세로 그들의 동맹국들을 위협해서 그들이 외교관계를 맺지 못하게 한다.

夫(부) 무릇. 覇王之兵(패왕지병) 패왕의 군사는. 伐(벌) 정벌하다. 大國(대국) 큰 나라. 則(즉) 곧. 衆(중) 무리. 군대. 不得(부득) ~을 얻지 못하다. 聚(취) 모으다. 威(위) 위엄. 위세. 加(가) 가하다. 於敵(어적) 적국에. 其交(기교) 외교관계. 不得合(부득합) 맺지 못한다.

是故, 不爭天下之交, 不養天下之權, 信己之私威, 加於敵.
시고, 부쟁천하지교, 불양천하지권, 신기지사위, 가어적.
그 때문에 외국과 동맹을 맺기 위해 다툴 필요도 없고, 굳이 패권을 장악하기 위해 힘을 키

19) 향도(鄕導)로 된 것도 있고, 향도(鄕道)로 된 것도 있지만 여기서는 의미를 고려하여 향도(鄕導)로 쓰기로 하였음.

울 필요도 없고, 오로지 자신의 위세를 마음대로 적에게 펼칠 수 있게 되는 것이다.

是故(시고) 이런 이유로. 不爭(부쟁) 다투지 않는다. 天下之交(천하지교) 천하의 외교 문제. 不養(불양) 키우지 않는다. 權(권) 패권 장악을 위한 힘. 信己(신기) 자신에 대한 믿음. 私威(사위) 자신의 위세. 加(가) 가하다. 於敵(어적) 적에게.

故 其城可拔, 其國可隳, 施無法之賞, 縣無政之令. 犯三軍之衆, 若使一人.
고 기성가발, 기국가휴, 시무법지상, 현무정지령. 범삼군지중, 약사일인.
그리하여 적의 성도 함락할 수 있고 적국도 파괴할 수 있는 것이며, 법에도 없는 후한 상도 줄 수 있으며, 이를 위해서는 평소와 달리 파격적인 법령을 내리기도 한다. 그리하면, 전군의 병력을 마치 한 사람처럼 부릴 수 있는 것이다.

故(고) 그러므로. 其城(기성) 적국의 성. 可(가) 가능하다. 拔(발) 쳐서 빼앗다. 其國(기국) 그 나라. 적국. 隳(휴) 무너뜨리다. 施(시) 베풀다. 無法之賞(무법지상) 법에도 없는 상. 縣(현) 매달다. 無政之令(무정지령) 행정적 관례에도 없는 령. 犯(범) 범하다. 三軍之衆(삼군지중) 전군의 병사들. 若使一人(약사일인) 마치 한 사람인 것처럼 부리다.

犯之以事, 勿告以言, 犯之以利, 勿告以害.
범지이사, 물고이언, 범지이리, 물고이해.
그리고 일을 처리함에 있어서 말이 아닌 행동으로 다스리고, 포상의 이익으로써 다스리고 처벌한다는 위협으로 다스리지 않아야 한다.

犯(범) 범하다. 事(사) 일. 勿(물) 말다. 告(고) 알리다. 言(언) 말. 犯(범) 범하다. 利(리) 이익. 勿(물) 말다. 告(고) 알리다. 害(해) 해로움.

投之亡地, 然後, 存, 陷之死地, 然後, 生, 夫衆陷於害, 然後, 能爲勝敗.
투지망지, 연후, 존, 함지사지, 연후, 생, 부중함어해, 연후, 능위승패.
병사들이란 죽을 위험에 던져진 후에야 살아남을 수 있고, 사지에 빠진 후에야 살아날 수 있는 것이니, 대체로 장병들이 위험에 빠진 후에야 승패를 결정할 수 있는 것이다.

投(투) 던지다. 亡地(망지) 망할 처지에 놓이다. 然後(연후) 그런 다음에. 存(존) 살아남다. 陷(함) 빠지다. 死地(사지) 죽을 처지에 놓이다. 生(생) 살아남다. 夫(부) 무릇. 衆(중) 병사들. 陷(함) 빠지다. 於害(어해) 해로운 것에. 能爲(능위) 능히 ~하다. 勝敗(승패) 승리와 패배.

故 爲兵之事, 在於順詳敵之意, 并力一向, 千里殺將, 是謂巧能成事.

고 위병지사, 재어순상적지의, 병력일향, 천리살장, 시위교능성사.

그러므로 전쟁을 할 때는 먼저 적의 의도에 따라 순순히 응해주는 척하다가, 때가 되면 힘을 한 방향으로 집중함으로써 천 리 밖의 적장이라도 죽일 수 있는 것이니, 이를 일러 교묘한 방법으로 임무를 완수하는 것이라 하여 교능성사(巧能成事)라고 한다.

故(고) 그러므로. 爲兵之事(위병지사) 군의 일을 함에 있어서. 전쟁하다. 在(재) 있다. 順(순) 순하다. 詳(양) 자세. 태도. 敵之意(적지의) 적의 의도. 并力(병력) 전투력을 어우르다. 一向(일향) 한 방향으로. 千里殺將(천리살장) 천 리나 되는 거리에 있는 적의 장수를 죽이다. 是謂(시위) 이를 일컬어. 巧(교) 교묘하다. 能(능) 능히 ~하다. 成事(성사) 일을 이루다.

是故, 政擧之日, 夷關折符, 無通其使, 勵於廟堂之上, 以誅其事.

시고, 정거지일, 이관절부, 무통기사, 여어묘당지상, 이주기사.

고로 일단 전쟁이 결정되면 그날부로 국경의 관문을 막고 통행증을 폐지하고, 적국의 사신을 통행시키지 않고, 조정회의에서 전의를 독려해서 전쟁에 관한 일을 결정한다.

是故(시고) 이런 까닭에. 政擧之日(정거지일) 거사를 치르기로 결정된 날. 夷(이) 오랑캐. 關(관) 빗장. 折(절) 꺾다. 符(부) 증표. 신분증. 無通其使(무통기사) 그 사신들을 통과시키지 않는다. 勵(려) 힘쓰다. 於(어) ~에서. 廟堂(묘당) 종묘와 명당을 합친 말로, 나라의 중요한 일을 처리하던 곳. 誅(주) 베다. 결단을 내리다. 其事(기사) 전쟁에 관한 일.

敵人開闔, 必亟入之, 先其所愛, 微與之期, 踐墨隨敵, 以決戰事.

적인개합, 필극입지, 선기소애, 미여지기, 천묵수적, 이결전사.

적이 국경을 열거나 닫을 때를 잘 살피다가 약점이 보이면 신속하게 적국으로 들어가서 먼저 적이 가장 아끼는 요충지를 장악하고, 적이 반격할 기회를 거의 주지 않아야 하며, 기존 병법서에 나오는 전략전술에 따르지 않고 적의 움직임에 따라 사용할 전략전술을 결정지어야 한다.[20]

20) 천묵수적(踐墨隨敵). 여기서 묵(墨)은 묵수(墨守)라는 뜻으로 묵자(墨子)가 성을 굳게 지켰다는 고사에서 유래한 것으로 제 의견이나 생각 또는 옛 관습을 굳게 지킨다는 의미. 따라서 기존 병법서에 나오는 전략전술을 따라서 하는 것이 아니라 적의 상황에 따라 전략전술을 구사해야 한다는 의미로 해석 가능함.

敵人(적인) 적국의 사람. 開(개) 열다. 闔(합) 닫다. 必(필) 반드시. 亟(극) 빠르다. 入(입) 들어가다. 先其所愛(선기소애) 먼저, 적국이 아끼는 바. 微(미) 적다. 與(여) 주다. 期(기) 기약하다. 踐(천) 밟다. 墨(묵) 먹. 병법서에 적힌 병법. 隨(수) 따르다. 敵(적) 적국. 적의 상황. 決(결) 결정하다. 戰事(전사) 전쟁에 관한 일. 전략전술.

是故, 始如處女, 敵人開戶, 後如脫兎, 敵不及拒.
시고, 시여처녀, 적인개호, 후여탈토, 적불급거.
이런 까닭에 처음에는 처녀처럼 얌전하다가[21] 적이 문을 열고 나오면, 마치 덫에 걸렸던 토끼가[22] 도망가듯이 신속히 공격해서 적이 미처 막을 겨를이 없도록 해야 한다.

是故(시고) 이런 까닭에. 始(시) 시작하다. 如處女(여처녀) 처녀처럼. 敵人(적인) 적국의 사람. 開戶(개호) 문을 열다. 後(후) 그런 후에. 如(여) ~처럼. 脫(탈) 탈출하다. 兎(토) 토끼. 敵(적) 적국. 不(불) 아니다. 及(급) 미치다. 拒(거) 막다.

21) 시여처녀(始如處女). 처녀처럼 얌전하게만 있으라는 의미가 아니라 모든 대비태세를 잘 갖추고 있는 모양을 설명한 것임. 마치 맹수들이 먹잇감을 사냥할 때 납작 엎드린 상태로 있다가 튀어 나가는 것처럼, 사냥 직전의 상태를 설명한 글임.

22) 후여탈토(後如脫兎). 여기서는 왜 토끼라는 동물을 예로 들었는지 모르겠으나, 단순히 빠르다는 의미만 있는 것이 아니다. 앞의 문구에서 맹수들이 사냥하기 직전에 납작 엎드린 상태를 설명했다면, 여기서는 그때 비축해 놓은 힘을 폭발적으로 사용해야 한다는 의미도 같이 포함되어 있다고 생각됨. 따라서 토끼라는 동물보다는 맹수에 속하는 호랑이나 사자로 하였으면 이해가 더 쉽지 않았을까 하고 생각됨.

第十二. 火攻 제12. 화공. 화공작전

화공(火攻)이란 불을 사용하여 적을 공격하는 것을 말한다. 병력과 물자를 해하는 데 있어 화공보다 더 심한 것이 없으니 국가가 부득이하게 사용하는 것이 전쟁이라면, 이 화공(火攻)이라는 방법은 전쟁에서 부득이한 경우에만 쓰는 것이다. 그러므로 현명한 군주는 이를 삼가고, 훌륭한 장수는 이를 경계한다고 하였으니, 이것이 바로 손무자가 화공(火攻)을 책의 후반부에 서술한 이유인 것이다.

-손무자직해(孫武子直解)에서-

孫子曰, 凡 火攻, 有五, 一曰火人, 二曰火積, 三曰火輜, 四曰火庫, 五曰火隊.
손자왈, 범 화공, 유오, 일왈화인, 이왈화적, 삼왈화치, 사왈화고, 오왈화대.
손자가 말하기를 무릇 화공작전에는 5가지가 있다고 하였다. 첫째는 사람을 태우는 것이요, 둘째는 쌓아놓은 보급품을 태우는 것이요, 셋째는 보급품 수레를 태우는 것이요, 넷째는 창고를 태우는 것이요, 다섯째는 부대를 태우는 것이다.

孫子曰(손자왈) 손자가 말하다. 凡 火攻, 有五(범 화공, 유오) 무릇 화공에는 5가지 방법이 있다. 一曰(일왈) 첫 번째. 火人(화인) 사람을 태우다. 二曰(이왈) 두 번째는. 積(적) 쌓아놓은 보급품. 三曰(삼왈) 세 번째는. 輜(치) 보급품을 싣고 나르는 수레. 四曰(사왈) 네 번째는. 庫(고) 창고. 五曰(오왈) 다섯 번째는. 隊(대) 부대.

行火, 必有因, 煙火, 必素具, 發火有時, 起火有日.
행화, 필유인, 연화, 필소구, 발화유시, 기화유일.
화공작전을 할 때는 모든 조건을 구비해 놓고 시행해야 하는데, 화공작전에 필요한 도구를 평소에 잘 갖추어야 하며, 화공작전을 할 적절한 시기가 있으며, 불을 일으킴에도 적절한 날이 있는 것이다.

行火(행화) 화공을 행하다. 必(필) 반드시. 因(인) ~로 인하여. 여기서는 조건으로 해석. 煙火(연화) 불을 붙이다. 必素具(필소구) 반드시 갖추어야 할 도구가 있다. 發火(발화) 불을 붙이다. 有時(유시) 시기가 있다. 起火(기화) 불을 일으키다. 有日(유일) 날이 있다.

時者, 天之燥也, 日者, 月在 箕 壁 翼 軫也, 凡 此四宿者, 風起之日也.
시자, 천지조야, 일자, 월재 기 벽 익 진야, 범 차사수자, 풍기지일야.
화공작전을 할 시기라는 것은 바로 기후가 건조한 때를 말하며, 화공작전을 할 적절한 날이라는 것은 달이 기(箕) · 벽(壁) · 익(翼) · 진(軫)[23]이란 별자리를 지나갈 때를 말하는 것이니, 이 네 별자리는[24] 바람이 일어나는 날을 말하는 것이다.

時者(시자) 불붙일 시기라는 것은. 天(천) 하늘. 기후로 해석. 燥(조) 마르다. 건조한 시기. 日者(일자) 화공을 할 날이라는 것은. 月在(월재) 달이 있다. 箕壁翼軫(기벽익진) 별자리 이름. 凡(범) 무릇. 此(차) 이것. 宿(수) 별자리. 風起之日也(풍기지일야) 바람이 일어나는 날이다.

凡 火攻, 必因五火之變, 而應之.
범 화공, 필인오화지변, 이응지.
대개 화공(火攻)작전은 반드시 아래 5가지 법칙에 따라 대처해야 한다.

凡 火攻(범 화공) 무릇, 화공이라는 것은. 必(필) 반드시. 因(인) ~로 인하여. 조건이나 법칙을 의미. 五火之變(오화지변) 5가지 화공의 변화 법칙. 而應之(이응지) 이에 대처해야 한다.

火發於內, 則早應之於外. 火發而其兵, 靜者, 待而勿攻,
화발어내, 즉조응지어외. 화발이기병, 정자, 대이물공,
첫 번째, 적진 내부에서 불이 나면 밖에서 때에 맞춰서 같이 응전해야 한다. 두 번째, 적진 내부에서 불이 났음에도 불구하고 적병들이 조용하면 어떤 계략이 있을지 모르니 공격하지 말고 기다려야 하며,

火(화) 불. 發(발) 일어나다. 於內(어내) 적진 내부. 則(즉) 곧. 早(조) 일찍. 應(응) 대응해야 한다. 於外(어외) 밖에서부터. 火發(화발) 불이 나다. 其兵(기병) 적 병사들. 靜者(정자) 조용하다. 待(대) 기다리다. 勿攻(물공) 공격하지 말라.

23) 기, 벽, 익, 진(箕, 壁, 翼, 軫). 28수 별자리의 이름을 말함. 기(箕)는 동북쪽의 별자리, 벽(壁)은 북서쪽 하늘의 별자리, 익(翼)과 진(軫)은 남동쪽 하늘의 별자리를 말함. 손자는 달이 지나가면 바람이 이는 별자리로 설명하고 있지만, 신빙성은 많이 떨어진다. 맞고 안 맞고를 따지기보다는 그만큼 화공작전에 있어서 바람이 중요한 역할을 했었다는 것만 이해하면 될 것으로 보인다.

24) 사수(四宿). 별자리를 의미할 때는 '숙'이 아니라 '수'로 읽는다.

極其火力, 可從而從之, 不可從而止.
극기화력, 가종이종지, 불가종이지.
불길이 극에 달한 이후에 공격할 만하면 공격하고, 아니면 중지해야 한다.

極(극) 다하다. 其火力(기화력) 그 불길이. 可(가) 가히. 從而從之(종이종지) 따를 수 있으면 따르라. 不可從(불가종) 따를 수 없으면. 止(지) 그치라.

火可發於外, 無待於內, 以時發之. 火發上風, 無攻下風. 晝風久, 夜風止.
화가발어외, 무대어내, 이시발지. 화발상풍, 무공하풍. 주풍구, 야풍지.
세 번째, 적진 외부에서 불을 지를 수 있으면 적진의 내부 동정을 기다리지 말고 적절한 시기에 불을 질러야 한다. 네 번째, 바람이 불 때 불은 바람이 부는 방향으로 놓아야 하며, 바람을 안고 불을 놓은 실수를 범해서는 안 된다. 다섯 번째, 주간에 바람이 오랫동안 불면 밤에는 바람이 그치는 법이다.

可發(가발) 불을 내는 것이 가능하면. 於外(어외) 적진 밖에서. 無待(무대) 기다리지 마라. 於內(어내) 적진 안에서의 동정. 以時(이시) 때에 맞추어. 發之(발지) 불을 질러라. 火(화) 화공은. 發(발) 불을 질러야 한다. 上風(상풍) 바람이 부는 방향으로. 無攻(무공) 공격하지 말아야 한다. 下風(하풍) 바람을 안고. 晝(주) 낮. 風(풍) 바람. 久(구) 오래. 夜風(야풍) 밤 바람. 止(지) 그친다.

凡 軍 必知五火之變, 以數守之.
범 군 필지오화지변, 이수수지.
모름지기 군은 반드시 상황에 따른 화공(火攻)작전의 5가지 변화에 대해서 알고 작전을 펼칠 때 이를 잘 헤아려서 해야 한다.

凡(범) 무릇. 軍(군) 부대는. 必知(필지) 반드시 알아야 한다. 五火之變(오화지변) 5가지 화공의 변화법. 以數(이수) 헤아림으로써. 守之(수지) 지켜야 한다.

故 以火佐攻者, 明. 以水佐攻者, 强. 水可以絕, 不可以奪.
고 이화좌공자, 명. 이수좌공자, 강. 수가이절, 불가이탈.
따라서 화공(火攻)으로 공격작전을 도우면 승리는 더욱 명확해지고, 수공(水攻)을 공격작전에 활용하면 전투력은 더욱 강해진다. 수공(水攻)은 적을 격리하여 끊어 놓을 수는 있지만,

적 병력이나 물자 등을 탈취하는 것은 불가하다.[25)]

故(고) 그러므로. 以火(이화) 화공으로. 佐(좌) 돕다. 攻(공) 공격. 明(명) 명확하다. 승리가 명확하다. 以水佐攻者(이수좌공자) 수공으로 공격에 이용하는 자. 强(강) 강해지다. 水可以絕(수가이절) 물은 가히 끊을 수 있다. 奪(탈) 탈취하다.

夫 戰勝攻取, 而不修其功者, 凶, 命日費留. 故 日 明主慮之, 良將修之.
부 전승공취, 이불수기공자, 흉, 명왈비류. 고 왈 명주려지, 양장수지.
무릇 싸워 이기고 공격에 성공하고서도 그 공로를 따져서 논공행상(論功行賞)하지 않으면 흉한 일이 생길 것이니 이를 일컬어 쓸데없는 경비만 쓴다 하여 비류(費留)라고 한다. 고로 현명한 임금은 이를 신중하게 고려하고, 훌륭한 장수는 이 문제를 신중하게 처리한다.

夫(부) 무릇. 戰勝(전승) 싸워 이기다. 攻取(공취) 공격하여 취하다. 不修(불수) 다스리지 않다. 其功(기공) 싸워서 이긴 것에 대한 공로. 凶(흉) 흉하다. 命日(명왈) 명하여 가로되. 費留(비류) 쓸데없이 경비만 쓰다. 故(고) 그러므로. 日(왈) 말하다. 明主(명주) 현명한 군주는. 慮之(려지) 그러한 것을 고려하다. 良將(양장) 훌륭한 장수. 修之(수지) 이를 처리한다.

非利不動, 非得不用, 非危不戰.
비리부동, 비득불용, 비위부전.
나라에 이로움이 없으면 군사를 움직이지 말아야 하며, 군사를 움직여 승리를 얻지 못한다면 용병하지 말아야 하며, 나라가 위험하지 않으면 전쟁을 일으키지 말아야 하는 것이다.[26)]

非利(비리) 이롭지 않으면. 不動(부동) 움직이지 마라. 非得(비득) 얻는 것이 없으면. 不用(불용) 용병하지 않아야 한다. 非危(비위) 위험하지 않으면. 不戰(부전) 싸우지 말아야 한다.

---

25) 화공(火攻)의 경우에는 적의 병력이나 물자를 직접 불로 태워서 없앰으로 인해서 적으로부터 병력이나 물자 등을 빼앗는 효과가 있는 것에 비해서, 수공(水攻)의 경우는 직접적인 공격으로 병력이나 물자에 직접적인 피해보다는 적의 전투력 운용을 단절시키는 효과밖에 없다는 의미임. 그러므로 화공(火攻)작전이 훨씬 더 승리에 기여하는 바가 크기 때문에 명(明)은 승리가 더욱 명확해진다는 것을 의미한다고 할 수 있으며, 수공(水攻)이 적 전투력 운용을 단절시키니 상대적으로 아군의 전투력이 강(强)해지는 효과가 있다는 의미로 강(强)자를 사용하였음.

26) 이 문장에서도 손자의 부전(不戰) 사상이 드러난다. 국가의 이익이 없으면(非利) 군이 군대를 출동시키지 말고(不動), 전투에서 승리를 얻지 못하면(非得) 군사를 운용하지 말고(不用), 국가적 위기나 환란이 아니면(非危) 군이 전쟁을 일으키지 말아야 한다(不戰). 여기에서 리(利)는 국가의 이익, 동(動)은 군사를 출동하는 것, 득(得)은 승리를 얻는 것, 용(用)은 용병하는 것, 위(危)는 국가적 위기나 환란, 전(戰)은 전쟁으로 해석하였다.

主 不可以怒而興師. 將 不可以慍而致戰. 合於利而動, 不合於利而止.

주 불가이노이흥사. 장 불가이온이치전. 합어리이동, 불합어리이지.

군주는 한때의 분노로 인해 군사를 일으켜서는 안 되며, 장수 또한 한때의 분노를 참지 못해서 전투해서는 안 된다. 국가와 부대의 이익에 합치되면 움직이고, 이익에 합치되지 않으면 즉시 중지해야 한다.

主(주) 군주. 不可(불가) ~하는 것이 불가하다. 怒(노) 분노하다. 興師(흥사) 군사를 일으키다. 將(장) 장수. 慍(온) 성내다. 致戰(치전) 전투에 이르다. 合於利(합어리) 이익에 부합하다. 動(동) 움직이다. 不合於利而止(불합어리이지) 이익에 부합하지 않으면 그쳐야 한다.

怒可以復喜, 慍可以復悅, 亡國, 不可以復存, 死者, 不可以復生.

노가이부희, 온가이부열, 망국, 불가이부존, 사자, 불가이부생.

분노는 다시 기쁨이 될 수 있고, 화가 났었던 것도 다시 즐거워질 수도 있지만, 한번 나라가 망하면 다시 세울 수 없고, 죽은 자는 다시 살아날 수 없기 때문이다.

怒(노) 분노. 화내다. 可(가) 가능하다. 復(부) 다시. 喜(희) 기쁨. 慍(온) 화내다. 悅(열) 기쁘다. 亡國(망국) 나라가 망하면. 不可以復存(불가이부존) 다시 존재하는 것이 불가하다. 死者(사자) 죽은 사람. 不可以復生(불가이부생) 다시 살아날 수 없다.

故 曰 明主愼之, 良將警之, 此 安國全軍之道也.

고 왈 명주신지, 양장경지, 차 안국전군지도야.

그러므로 현명한 군주는 전쟁을 일으키는 것을 삼가고 훌륭한 장수는 이를 경계하는 것이니, 이것이 바로 국가를 안정되게 하고 군대를 온전하게 보전하는 길이다.[27]

故(고) 그러므로. 曰(왈) 말하다. 明主(명주) 현명한 군주. 愼(신) 삼가다. 良將(양장) 훌륭한 장수. 警(경) 경계하다. 此(차) 이것. 安國(안국) 나라가 안정되다. 全軍(전군) 군대가 온전하다.

---

27) 명주신지(明主愼之)로 기록된 것도 있고, 명군신지(明君愼之)로 기록된 것도 있다. 그러나 양쪽 다 의미는 동일하다.

第十三. 用間 제13. 용간. 간첩의 활용

용간(用間)에서 간(間)이란 빈틈을 말하는 것이다. 따라서 용간(用間)이란 사람이 적의 빈틈을 타고 적진으로 들어가서 적의 동정을 탐지해내는 것을 말하는 것이다.

-손무자직해(孫武子直解)에서-

孫子曰, 凡 興師十萬, 出征千里, 百姓之費, 公家之奉, 日費千金,
손자왈, 범 흥사십만, 출정천리, 백성지비, 공가지봉, 일비천금,
손자가 말하기를, 10만 대군을 일으켜 천 리나 되는 원정길을 나서면 백성의 재산과 국가재정이 매일 천금이나 소모될 것이다.

孫子曰(손자왈) 손자가 말하다. 凡(범) 무릇. 興(흥) 일으키다. 師(사) 군대. 出(출) 나가다. 征(정) 치다. 정벌하다. 百姓之費(백성지비) 백성들의 재산, 비용. 公家(공가) 국가기관으로 해석. 奉(봉) 받들 봉. 국가재정. 日費千金(일비천금) 하루 비용이 천금이나 된다.

內外騷動, 怠於道路, 不得操事者, 七十萬家.
내외소동, 태어도로, 부득조사자, 칠십만가.
또한, 나라의 안팎이 소란하게 되고 길가에 나앉아 생업에 종사하지 못하는 자가 70만 가구나 될 것이다.[28)]

騷(소) 떠들썩하다. 動(동) 움직이다. 怠(태) 게으르다. 於(어) ~에. 道路(도로) 길, 도로. 不得(부득) 얻지 못한다. 操(조) 잡다. 事(사) 일. 생업. 七十萬家(칠십만가) 70만 가구.

相守數年, 以爭一日之勝, 而愛爵祿百金, 不知敵之情者, 不仁之至也,
상수수년, 이쟁일일지승, 이애작록백금, 부지적지정자, 불인지지야,
전쟁으로 서로 대치한 상태에서 수년 동안 있다가 결국에는 하루아침에 승패를 다투게 되는

28) 여기서 숫자 70만 가구에 관해 설명하자면, 옛날 정전법(井田法)에서 그 답을 찾을 수 있다. 우물 정자로 구획을 해보면 9등분이 되는데 이중 가운데 1구획은 공전(公田)으로 국가에서 세금으로 거둬들이고 나머지 8개를 가구별로 나누어 주었다고 한다. 여기서 8가구들 중 1가구에서 병사가 출정하게 되면, 나머지 7가구에서 1가구의 생계를 돌봐주었으니, 10만의 대군을 소집시키면 나머지 70만 가구들의 생활이 궁핍하게 된다는 계산이 나오게 되는 것이다.

데, 벼슬이나 금전을 아끼느라고 적정을 파악하지 않는다는 것은 지극히 어리석은 일이다.

相守(상수) 서로 지키다. 서로 대치하다. 以爭(이쟁) 다툰다. 一日(1일) 결전하는 당일. 勝(승) 승리. 愛(애) 아끼다. 爵(작) 벼슬. 祿(녹) 녹봉. 百金(백금) 상금의 규모. 不知(부지) 알지 못하다. 敵之情(적지정) 적의 정세. 者(자) ~하는 자. 不仁(불인) 어질지 못하다. 至(지) 이르다.

非人之將也, 非主之佐也, 非勝之主也.
비인지장야, 비주지좌야, 비승지주야.
이런 자는 장수가 될 자격도, 군주를 보좌할 자격도 없으며, 승리의 주인이 될 수가 없는 것이다.

非人之將也(비인지장야) 장수가 될 자격이 없다. 非主之佐也(비주지좌야) 군주의 보좌가 될 자격이 없다. 非勝之主也(비승지주야) 승리의 주인이 될 수 없다.

故 明君賢將, 所以動而勝人, 成功出於衆者, 先知也,
고 명군현장, 소이동이승인, 성공출어중자, 선지야,
현명한 군주와 훌륭한 장수가 일단 출동하기만 하면 이기고, 다른 사람보다 공을 더 많이 세우는 이유는 모두 적보다 먼저 알고 대처하기 때문이다.

故(고) 그러므로. 明君(명군) 현명한 군주. 賢將(현장) 현명한 장수. 所(소) ~하는 바. 以動(이동) 움직이는 것만으로도. 勝人(승인) 적을 이기다. 成功(성공) 공을 이루다. 出(출) 나다. 於衆(어중) 무리들 중에서. 者(자) ~하는 자. 先知也(선지야) 먼저 알다.

先知者, 不可取於鬼神, 不可象於事, 不可驗於度. 必取於人, 知敵之情者也.
선지자, 불가취어귀신, 불가상어사, 불가험어도. 필취어인, 지적지정자야.
여기서 먼저 안다는 것은 적정에 대해서 아는 것을 말하는데, 이는 귀신에게 빌어서 알아낼 수도 없고, 어떤 비슷한 사례에서 유추해낼 수도 없으며, 어떤 경험이나 법칙이 있어서 추론할 수도 없는 것이다. 이는 반드시 사람을 통해서 적정을 알아내어 적의 정세를 살펴야 하는 것이다.[29]

29) 현대에서는 다양한 방법으로 적에 관한 정보를 획득하지만, 당시에는 사람을 통해서 얻어내는 정보화 가장 확실했었다는 말이다. 반드시 사람으로부터 적의 정세를 알아야 한다고 강조하고 있는데 이는 시대성을 극복하지 못한 문구이지만, 전쟁을 수행하면서 적정을 살피는 것이 얼마나 중요한지 인지하고 있었으며 그것을 강조했다는 것은 대단히 의미가 있음.

先知者(선지자) 먼저 안다고 하는 것은. 不可取(불가취) 취할 수 없다. 於鬼神(어귀신) 귀신에게서. 不可(불가) 불가능하다. 象(상) 모양. 於事(어사) 어떤 사실. 驗(험) 증거. 추정. 於度(어도) 어떤 법도. 必取(필취) 반드시 취하다. 於人(어인) 사람으로부터. 知(지) 알다. 敵之情(적지정) 적의 정세

故 用間, 有五. 有鄕間, 有內間, 有反間, 有死間, 有生間.

고 용간, 유오. 유향간, 유내간, 유반간, 유사간, 유생간.

첩자를 운용하는 데에는 다음과 같은 5가지 유형이 있다. 향간(鄕間), 내간(內間), 반간(反間), 사간(死間), 생간(生間) 등이 그것이다.

故(고) 그러므로. 用間(용간) 첩자를 운용하다. 有五(유오) 5가지 유형이 있다. 有鄕間(유향간) 향간이라는 유형의 첩자가 있다. 有內間(유내간) 내간이라는 유형의 첩자가 있다. 有反間(유반간) 반란. 반간이라는 유형의 첩자가 있다. 有死間(유사간) 사간이라는 유형의 첩자가 있다. 有生間(유생간) 생간이라는 유형의 첩자가 있다.

五間, 俱起, 莫知其道, 是謂神紀, 人君之寶也.

오간, 구기, 막지기도, 시위신기, 인군지보야.

5가지 유형의 첩자들을 모두 함께 활용하되, 아무도 그 운용을 어떻게 하는지에 대해서 알지 못하게 하는 것을 일컬어 신의 경지에 이르렀다고 하여 '신기(神紀)'라고 하며, 이는 군주의 보배와 같은 존재인 것이다.

五間(오간) 5가지 유형의 첩자. 俱(구) 함께. 起(기) 일어나다. 莫(막) 없다. 知(지) 알다. 其道(기도) 그 방법. 是謂(시위) 이를 일컬어. 神紀(신기) 신의 경지. 人(인) 사람. 君之寶(군지보) 군주의 보배.

鄕間者, 因其鄕人而用之, 內間者, 因其官人而用之, 反間者, 因其敵間而用之,

향간자, 인기향인이용지, 내간자, 인기관인이용지, 반간자, 인기적간이용지,

향간(鄕間)이라고 하는 것은 적국의 주민들을 첩자로 활용하는 것을 말하며, 내간(內間)은 적국의 벼슬아치들을 첩자로 활용하는 것을 말하며, 반간(反間)은 거짓 정보를 활용해서 적의 첩자를 역으로 이용하는 것을 말한다.

鄕間者(향간자) 향간이라는 것은. 因(인) ~로 인하여. 其(기) 그. 鄕(향) 시골. 人(인) 사람. 적을 의미. 用(용) 이용하다. 內間者(내간자) 내간이라는 것은. 官(관) 관리. 人(인) 사람. 적을 의미. 用(용) 이용하다. 反間者(반간자) 반간이라는 것은. 敵間(적간) 적국의 간첩/첩보원.

死間者，爲誑事於外，令吾間，知之而傳於敵間也，生間者，反報也.
사간자，위광사어외，영오간，지지이전어적간야，생간자，반보야.
사간(死間)은 외부에서 거짓 정보를 꾸며서 적진에 잠입해 있는 아군 정보원이 적의 정보원에게 알리게 하는 것을 말하는 데，이것이 거짓을 밝혀지면 죽게 되기 때문에 사간(死間)이라고 하며，생간(生間)이란 적국에 잠입하여 수집한 정보를 돌아와서 보고하게 하는 것을 말한다.

死間者(사간자) 사간이라는 것은. 爲(위) ~하다. 誑(광) 속이다. 事(사) 일. 令(령) 명령을 내리다. 吾間(오간) 나의 정보원. 아군의 정보원. 知之(지지) 그것을 알게 하다. 거짓 사실을 알게 하다. 傳(전) 전하다. 於敵間(어적간) 적의 정보원에게. 生間者(생간자) 생간이라는 것은. 反(반) 돌아오다. 報(보) 보고하다.

故 三軍之事，莫親於間，賞 莫厚於間，事 莫密於間，
고 삼군지사，막친어간，상 막후어간，사 막밀어간，
군대에서 처리하는 일 중에서 정보활동보다 더 친밀해야 할 것이 없고，포상함에 있어 정보활동보다 더 후하게 해야 할 것이 없고，처리해야 할 일 중에서 정보활동보다 더 은밀하게 해야 할 것이 없는 법이다.

故(고) 그러므로. 三軍(삼군) 全군을 의미함. 전군의 일. 莫(막) 없다. 親(친) 친하다. 間(간) 정보활동. 賞(상) 포상. 厚(후) 후하다. 事(사) 일. 密(밀) 은밀하다.

非聖智，不能用間，非仁義，不能使間，非微妙，不能得間之實，
비성지，불능용간，비인의，불능사간，비미묘，불능득간지실，
뛰어난 지혜(聖智)가 아니면 첩자를 잘 운용할 수 없고，인의(仁義)가 아니면 첩자를 잘 부릴 수도 없고，미묘함(微妙)이 아니면 첩자로부터 참된 정보를 잘 얻을 수 없는 법이다.

非(비) 아니다. 聖智(성지) 뛰어난 지혜. 不能(불능) ~할 수 없다. 用(용) 활용하다. 間(간) 정보원. 不能使間(불능사간) 간첩，정보원을 부릴 수 없다. 非微妙(비미묘) 미묘함이 아니면. 不能得(불능득) 얻을 수 없다. 間之實(간지실) 정보원이 제공한 정보의 실체.

微哉微哉，無所不用間也.
미재미재，무소불용간야.
미묘하고 미묘하도다! 어느 곳이든 첩자를 운용하지 않는 곳이 없구나!

微哉微哉(미재미재) 미묘하다는 말을 반복하여 감탄의 의미. 無(무) 없다. 所不用間(소불용간) 정보원을 활용하지 않는 곳.

間事, 未發而先聞者, 間與所告者, 皆死.
간사, 미발이선문자, 간여소고자, 개사.
첩자를 운용하기도 전에 먼저 첩자를 운용한다는 기밀이 새어 나가게 되면, 작전보안을 유지하기 위해서는 해당 첩자는 물론 그 기밀을 누설한 자는 모두 죽여야 한다.

間事(간사) 정보원의 활동. 未發(미발) 시작하지 않았다. 先聞(선문) 먼저 듣다. 間(간) 정보원. 與(여) ~와 함께. 所告者(소고자) 소문을 보고한 자. 皆死(개사) 모두 죽는다.

凡 軍之所欲擊, 城之所欲攻, 人之所欲殺,
범 군지소욕격, 성지소욕공, 인지소욕살,
무릇 적을 공격하려고 하거나, 성을 공격하려고 하거나, 적중에서 죽이려는 사람이 있으면,

凡(범) 무릇. 軍(군) 군대. 所(소) ~하는 바. 欲(욕) ~하고자 하다. 擊(격) 치다. 城之所欲攻(성지소욕공) 공격하려는 성곽. 人之所欲殺(인지소욕살) 죽이려는 사람.

必先知其守將, 左右, 謁者, 門者, 舍人之姓名, 令吾間, 必索知之.
필선지기수장, 좌우, 알자, 문자, 사인지성명, 영오간, 필색지지.
반드시 먼저 적장 · 좌우 측근 · 주위의 벼슬아치 · 수문장 · 시중을 드는 사람 등의 이름을 알아내야 하는데, 이를 아군에서 보낸 첩자가 반드시 찾아내도록 해야 한다.

必(필) 반드시. 先知(선지) 먼저 알다. 其守將(기수장) 그것을 지키는 장수. 左右(좌우) 장수의 좌우 측근. 謁(알) 아뢰다. 門者(문자) 문을 지키는 사람. 舍人(사인) 같이 숙영하고 있는 사람. 시중을 드는 사람으로 해석. 姓名(성명) 성과 이름. 令吾間(령오간) 아군의 정보원에 명령을 내리다. 必(필) 반드시. 索(색) 찾아내다.

必索敵間之來間我者, 因而利之, 導而舍之, 故 反間, 可得而用也.
필색적간지래간아자, 인이리지, 도이사지, 고 반간, 가득이용야.

그리고 적이 아군을 정찰하러 보낸 첩자는[30] 반드시 색출해내서 무슨 수단을 쓰든지 우리 편으로 이끌어 머물게 하여야 한다. 그리하면 반간(反間)으로 만들어 아군이 이용할 수 있게[31] 될 것이다.

必索(필색) 반드시 색출하다. 敵間(적간) 적 정보원. 來(래) 오다. 間(간) 정보활동을 하다. 我(아) 아군. 因(인) ~로 인하여. 利(리) 이로움. 導(도) 우리 편으로 이끌다. 舍(사) 머물게 하다. 故(고) 그리하여. 反間(반간) 반간으로 만들다. 可得而用也(가득이용야) 반간으로 만들어 이용하다.

因是而知之故, 鄕間內間, 可得而使也.

인시이지지고, 향간내간, 가득이사야.

반간(反間)을 통해 적의 내부 사정을 알 수 있게 되면, 이를 통해서 향간(鄕間)이나 내간(內間)을 획득해서 적절히 부릴 수 있게 될 것이다.

因(인) ~로 인하여. 是(시) 옳다. 知之故(지지고) ~을 한 이유를 알다. 鄕間內間(향간내간) 향간이나 내간. 可得而使也(가득이사야) 가히 얻어서 부릴 수 있다.

因是而知之故, 死間, 爲誑事, 可使告敵.

인시이지지고, 사간, 위광사, 가사고적.

반간(反間)을 통해 적의 내부 사정을 알 수 있게 되면, 사간(死間)을 통해서 거짓 정보를 적에게 흘릴 수 있게 된다.

因是而知之故(인시이지지고) 반간을 통해 적의 내부 사정을 알 수 있게 되면. 死間(사간) 사간으로 하여금. 爲誑事(위광사) 거짓 사실을 만들어. 可使告敵(가사고적) 적에게 보고하게 하는 것이 가능하다.

因是而知之故, 生間, 可使如期.

인시이지지고, 생간, 가사여기.

반간(反間)을 통해 적의 내부사정을 알 수 있게 되면, 생간(生間)이 예정된 시간 내에 돌아와 보고할 수 있는 여건을 만들어 줄 수 있다.

---

30) 필색적간지래간아자(必索敵間之來間我者)로 된 것도 있고, 필색적인지간 래간아자(必索敵人之間 來間我者)로 된 것이 있으나 의미는 같음.

31) 가득이용야(可得而用也)로 된 것도 있고, 가득이사야(可得而用也)로 된 것도 있음. 이용하는(用) 것이 부리는(使) 것이나 의미는 같다고 생각됨.

因是而知之故(인시이지지고) 반간을 통해 적의 사정을 알 수 있게 되면. 生間(생간) 생간으로 하여금. 可使如期(가사여기) 생간이 돌아올 때를 기약하게 할 수 있다.

五間之事, 主必知之, 知之必在於反間, 故 反間, 不可不厚也.
오간지사, 주필지지, 지지필재어반간, 고 반간, 불가불후야.
이러한 5가지 첩자의 운용과 관련된 일은 군주가 반드시 알아야 하며, 적의 내부사정에 대해서 잘 알게 되는 것의 관건은 반간(反間)을 어떻게 운용하느냐에 달려 있다. 그러므로 반간(反間)을 후하게 대우하지 않을 수 없는 것이다.

五間之事(오간지사) 이 5가지의 정보활동은. 主必知之(주필지지) 군주가 반드시 알아야 하는 것이다. 知(지) 알다. 必(필) 반드시. 在於(재어) ~에 달려 있다. 反間(반간) 반간 운용. 故(고) 그러므로. 反間(반간) 반간은. 不可不厚也(불가불후야) 후하게 대우하지 않을 수 없다.

昔 殷之興也, 伊摯在夏, 周之興也, 呂牙在商.
석 은지흥야, 이지재하, 주지흥야, 여아재상.
옛날에 은(殷)나라가 부흥할 수 있었던 것은 하(夏)나라에서 귀순했었던 이지(伊摯)[32]가 있었기 때문이며, 주(周)나라가 부흥할 수 있었던 것은 상(商)나라의 실정에 밝은[33] 여아(呂牙)[34] 강태공(姜太公)이 있었기 때문이었다.

昔(석) 옛날. 殷(은) 은나라. 興(흥) 일어나다. 伊摯(이지) 사람 이름. 在夏(재하) 하나라에 있었다. 周之興也(주지흥야) 주나라가 일어날 때. 呂牙(여아) 사람 이름. 강태공. 在殷(재은) 은나라에 있었다.

故 明君賢將, 能以上智, 爲間者, 必成大功, 此 兵之要, 三軍之所恃而動也.

32) 이지(伊摯) : 은(殷)나라 건국공신인 이윤(伊尹)을 말함. 요리사 출신의 재상. 하나라의 마지막 왕인 폭군이었던 걸왕(桀王)의 잔혹한 정치를 고치기 위해 요리사가 되어 궁궐로 들어가서, 수차례 간언에도 불구하고 걸왕(桀王)이 무도한 정치를 고치지 않자 은나라로 귀순하였음. 요리사답게 솥과 도마를 짊어지고 나타나 요리하는 방법에 비유해서 나라를 다스리는 방법을 가르치기도 하였다고 함.

33) 여야재상(呂牙在商). 상나라 실정에 밝은 여아 강태공이 있었다. 여야재은(呂牙在殷)으로 된 것도 있으나, 문맥상 여아 강태공이 무왕을 도와 토벌한 대상이 바로 상나라 주왕(商, 紂王)임을 고려, 은(殷)이 아닌 상(商)이 더 타당할 것으로 보임.

34) 여아(呂牙) : 주(周)나라 건국공신 여상(呂尙)을 말함. 은나라 말기 폭군 주왕(紂王)이 다스리는 혼란스러운 세상을 피해 강에서 미끼도 없이 세월을 낚는 일을 벗 삼아 지낸 사람. 주(周)나라 문왕(文王)이 직접 낚시하는 곳으로 찾아가서 여상을 모셔옴. 후에 태공(太空)에 봉해져서 강태공(姜太公)이라고 불리기도 함.

고 명군현장, 능이상지, 위간자, 필성대공, 차 병지요, 삼군지소시이동야.

그러므로 현명한 군주와 훌륭한 장수들은 능히 최고로 지혜로운 자를 첩자로 삼을 수 있어야 하며, 그리해야만 큰 공을 이룰 수 있는 것이다. 이러한 첩자의 운용은 군사 활동의 요체이며, 첩자가 제공하는 정보가 기본이 되어야 전군이 비로소 움직일 수 있는 것이다.

故(고) 그러므로. 明君(명군) 현명한 군주. 賢將(현장) 현명한 장수. 能(능) 능히 ~하다. 以上智(이상지) 최고로 지혜로운 자로 하여금. 爲間者(위간자) 간자로 삼다. 정보원으로 삼다. 必(필) 반드시. 成(성) 이루다. 大功(대공) 큰 공로. 此(차) 이것. 兵之要(병지요) 군사 활동의 요체. 용병의 요체. 三軍(삼군) 전군. 所(소) ~하는 바. 恃而動(시이동) 믿고 움직이다.

第二書.【吳子兵法】

제2서. 오자병법

《오자병법(吳子兵法)에 대하여》

춘추전국시대에 저술되었다고 추정되는 병법서입니다. 손자병법(孫子兵法)이 도교 철학에 기초한 병법서인 반면, 오자병법(吳子兵法)은 유교 철학에 기초한 병법서입니다. 흔히 이 두 병법서를 같이 호칭을 할 때 손오병법(孫吳兵法)이라고 부르기도 하며, 저자는 오기(吳起) 또는 오기(吳起)의 문인이 후세에 기록했다고 전해지지만 확실하지는 않습니다.

손자병법(孫子兵法)은 전체적으로 구성이 치밀하고 문체들도 정교한 반면, 오자병법(吳子兵法)은 군데군데 문맥의 연결이 매끄럽지 못하고 구성이 치밀하지 못하다는 평가가 있습니다. 이는 전해 내려오는 과정에서 내용이 빠지고 부분 부분이 훼손되었기 때문입니다. 손자병법(孫子兵法)은 총 13편으로 구성되어 있지만, 오자병법(吳子兵法)은 한서 예문지(漢書 藝文志)에 오자 48편(吳子 48編)이라고 언급되어있는 것으로 보아 총 48편으로 구성되었으나 현재 전해져 오는 것은 총 6편만 남은 것으로 추정됩니다.

내용 면에서 보면, 부대 편제의 방법, 상황과 지형에 따라 싸우는 방법, 군사의 사기를 올리는 방법 등 사전 대비태세를 강조하는 내용이 주를 이루고 있습니다. 제1장 도국(圖國)은 나라를 다스리는 원칙을 주로 논하고 있으며, 나라를 먼저 잘 다스린 뒤에 출병할 수 있음을 강조하며 전쟁의 원인과 성격, 인재 등용의 중요성 등을 다루었습니다. 제2장 요적(料敵)은 적의 강약과 허실을 판단하고 승리할 수 있는 계획을 수립할 것을 주장하는 내용으로 되어있으며, 도국(圖國) 편이 자기 자신을 알고 준비해야 하는 내용이라면 요적(料敵)은 적을 알기 위한 내용으로 구성되었습니다. 제3장 치병(治兵)은 지휘 통솔의 원칙을 설명한 것으로 장병의 교육, 훈련, 편성 및 장비 등을 완전히 갖추고 일사불란하게 운용하는 것이 승리의 요건임을 강조하고 있습니다. 제4장 논장(論將)은 장수나 지도자가 갖추어야 할 자질에 대해서 논하였으며, 제5장 응변(應變)은 임기응변에 대해서, 제6장 여사(勵士)는 장병들에 대한 격려를 어떻게 하는지를 설명하는 내용으로 구성되어 있습니다.

오자병법(五子兵法)에 '필사즉생, 행생즉사(必死則生, 幸生則死)'라는 구절이 나오는데, 이순신(李舜臣) 장군이 이를 인용해서 '필사즉생, 필생즉사(必死則生, 必生則死)'라고 한 것을 볼 수 있습니다. 이를 미루어 보았을 때 사서삼경(四書三經)이 옛 문인(文人)들의 필독서였다면, 무경칠서(武經七書)는 무인(武人)들의 필독서였음을 알 수 있습니다. 이렇듯 자주 쓰이는 군사 명언들을 찾아보는 것도 무경칠서(武經七書)와 같은 고전을 읽는 재미라고 할 수 있을 것입니다.

第一. 圖國 제1. 도국. 나라를 도모하려면

도국(圖國)이라는 것은 나라를 어떻게 다스릴 것인지를 도모하는 것을 말한다. 나라가 제대로 다스려져야 용병을 할 수 있는 것이다. 이번 편(篇) 내용 중에 도국(圖國)이라는 두 글자가 있어 편명(篇名)으로 지었다.

-오자직해(吳子直解)에서-

吳起儒服, 以兵機, 見魏文侯. 文侯日, 寡人不好軍旅之事.

오기유복, 이병기, 견위문후. 문후왈, 과인불호군려지사.

오기(吳起) 장군이 유생의 차림으로 군사문제를 논의하기 위해 위(魏)나라 문후(文侯)를 만나볼 기회를 얻었다. 이때, 위(魏) 문후(文侯)가 말하기를 '과인은 군사와 관련된 일은 좋아하지 않소!'라고 하였다.

吳起(오기) 오기 장군. 儒服(유복) 유생의 복장. 以兵機見(이병기견) 군사문제를 가지고 만나볼 기회를 얻었다. 魏文侯(위문후) 위나라 왕 문후. 文侯日(문후왈) 위나라 왕인 문후가 말하기를. 寡人(과인) 왕이 자신을 낮추어 부르는 말. 不好(불호) 좋아하지 않는다. 軍旅之事(군려지사) 군사와 관련된 일.

起日, 臣, 以見占隱, 以往察來, 主君, 何言與心違.

기왈, 신, 이현점은, 이왕찰래, 주군, 하언여심위.

오기(吳起) 장군이 말하기를 '저는 나타난 현상을 보면 그 뒤에 숨겨진 것을 짐작할 수 있으며, 지나간 일을 보면 미래를 살필 수 있습니다. 그런데 주군께서는 어찌 속뜻과 다른 말씀을 하십니까?'라고 하였다.

起日(기왈) 오기 장군이 말하다. 臣(신) 신하. 오기장군 자신을 말함. 以見(이현) 나타난 현상을 보는 것만으로도. 占隱(점은) 숨은 뜻을 점치다. 往(왕) 지나간 일. 察來(찰래) 다가올 일을 살필 수 있다. 主君(주군) 위나라 문후. 何言(하언) 어찌 그리 말을 하느냐? 與心違(여심위) 마음을 속이다.

今君, 四時, 使 斬離皮革, 掩以朱漆, 畫以丹靑, 爍以犀象.

금군, 사시, 사 참리피혁, 엄이주칠, 화이단청, 삭이서상.

지금 주군께서는 1년 내내 가죽을 자르고, 붉은 옻칠을 하고, 단청으로 문양을 그려 넣고, 무소 뿔이나 코끼리 뿔로 장식하는 등 전쟁에 필요한 갑옷을 만들게 하고 있으면서 어찌 군사문제에 관심이 없다고 하십니까?

今(금) 지금. 君(군) 위 문후. 四時(사시) 1년 내내. 使(사) ~을 시킨다. 斬離(참리) 자르다. 皮革(피혁) 가죽. 掩(엄) 가린다. 朱漆(주칠) 붉은 옻칠. 畫(화) 그림을 그리다. 丹靑(단청) 그려 넣은 문양. 爍(삭) 빛나다. 장식을 하다. 犀象(서상) 무소 뿔이나 코끼리 뿔.

冬日衣之, 則不溫, 夏日衣之, 則不涼.
동일의지, 즉불온, 하일의지, 즉불량.

그렇게 만든 갑옷은 겨울에 입어도 따뜻하지도 않고, 여름에 입어도 시원하지도 않습니다.

冬日(동일) 겨울날. 衣之(의지) 그것을 입으면. 不溫(불온) 따뜻하지 않다. 夏日衣之(하일의지) 則不涼(즉불량) 여름에 갑옷을 입어봐야 시원하지도 않다.

爲長戟二丈四尺, 短戟一丈二尺, 革車奄戶, 縵輪籠轂.
위장극이장사척, 단극일장이척, 혁차엄호, 만륜롱곡.

또한 2장 4척(약 7.2m)[35]이나 되는 긴 창과 1장 2척(약 3.6m)의 짧은 창을 만들고, 수레에 가죽을 씌우고 튼튼한 바퀴를 달도록 하고 계십니다.

爲(위) 하다. 長戟(장극) 긴 창. 二丈四尺(2장4척) 창의 길이. 短戟(단극) 짧은 창. 一丈二尺(1장2척) 창의 길이. 革車(혁차) 수레에 가죽을 씌우다. 奄戶(엄호) 가죽을 씌워 보이지 않게 하다. 縵輪(만륜) 무늬가 없는 가죽으로 만든 수레. 籠轂(농곡) 가죽이나 금속을 이용해서 감싼 차축의 둥근 나무.

觀之於目, 則不麗, 乘之以田, 則不輕, 不識主君安用此也.
관지어목, 즉불려, 승지이전, 즉불경, 불식주군안용차야.

이런 것들은 보기에 아름답지도 않고, 사냥하기 위해 타기에는 가볍지도 않습니다. 저는 주군께서 이런 것들을 어디에 쓰려고 하시는지 잘 모르겠습니다.

觀(관) 보다. 於目(어목) 눈으로 보기에. 則(즉) 곧. 不麗(불려) 아름답지 않다. 乘(승) 타다. 以田(이전) 여기서는 사냥한다는 의미임. 不輕(불경) 가볍지 않다. 不識(불식) 알지 못하다. 主君(주군) 임

35) 장(丈), 척(尺). 1장(丈)=약 3m. 1척(尺)=1자=약 30cm. 2丈 4尺=6m+120cm=7.2m. 1丈 2尺=3m+60cm=3.6m.

금, 왕. 安(안) 편하다. 用(용) 사용하다. 此(차) 이것.

若以備進戰退守, 而不求能用者,
약이비진전퇴수, 이불구능용자,
만약 공격과 방어에 필요한 충분한 군사력을 갖추었더라도 이를 운용할 인재가 없다면,

若(약) 만약. 以(이) ~로써. 備(비) 준비하다. 進戰(진전) 싸움에 나가다. 退守(퇴수) 물러나 방어하다. 不求(불구) 구하지 못했다. 能用者(능용자) 운용할 능력이 있는 자.

譬猶伏雞之搏狸, 乳犬之犯虎, 雖有鬪心, 隨之死矣.
비유복계지박리, 유견지범호, 수유투심, 수지사의.
이는 알을 품은 닭이 너구리와 싸우는 것과 같고, 새끼 딸린 개가 호랑이에게 덤비는 것과 같아서 투지가 있다 하더라도 결국엔 잡아먹히고 마는 경우와 같은 것입니다.

譬(비) 비유하다. 猶(유) 마치 ~과 같다. 伏雞(복계) 엎드린 닭. 알을 품은 닭. 搏(박) 잡다. 치다. 때리다. 狸(리) 삵. 너구리. 乳(유) 젖. 犬(견) 개. 犯(범) 범하다. 虎(호) 호랑이. 雖(수) 비록. 鬪心(투심) 싸울 마음. 隨之死矣(수지사의) 죽음을 따를 수밖에 없다.

昔承桑氏之君, 修德廢武, 以滅其國. 有扈氏之君, 恃衆好勇, 以喪其社稷.
석승상씨지군, 수덕폐무, 이멸기국. 유호씨지군, 시중호용, 이상기사직.
옛날에 승상씨(承桑氏)36)의 군주는 덕(德)만 닦고 군사력을 소홀히 하다가 망국의 화를 입었으며, 유호씨(有扈氏)37)의 군주는 군사력만 믿고 전쟁을 일삼다가 사직(社稷)을 잃고 말았습니다.

昔(석) 옛날에. 承桑氏之君(승상씨지군) 승상씨라는 군주. 修德(수덕) 덕을 닦는다. 廢武(폐무) 무를 폐기하다. 以滅其國(이멸기국) 나라가 멸망하다. 有扈氏之君(유호씨지군) 유호씨라는 군주는. 恃(시) 믿다. 衆(중) 무리. 군대. 好(호) 좋아하다. 勇(용) 용맹스럽다. 전쟁이라는 의미로 쓰임. 喪(상) 죽다. 잃다. 社稷(사직) 나라 또는 조정.

36) 승상씨(承桑氏). 중국의 전설적인 삼황인 신농(神農)이 다스리던 시절의 부족 명칭.
37) 유호씨(有扈氏). 순(舜)임금의 아버지. 우리 역사에는 단군조선의 중신(重臣)으로 기록되어 있음. 중국기록에 의하면 전쟁을 일삼고 극악무도해서 하(夏)나라 우(禹)임금의 아들 계(啓)가 즉위한 후 감(甘)에서 싸워 멸망시켰다고 되어있음.

明主鑒玆, 必內修文德, 外治武備.

명주감자, 필내수문덕, 외치무비.

현명(賢明)한 군주는 이러한 사실을 거울삼아 반드시 안으로는 문덕(文德)을 닦고 밖으로는 무비(武備)에 힘을 써야 하는 것입니다.

明主(명주) 현명한 군주. 鑒(감) 거울. 玆(자) 이것. 必(필) 반드시. 內(내) 안. 修(수) 닦다. 文德(문덕) 문과 덕. 外(외) 밖. 治(치) 다스리다. 武備(무비) 군사적 대비태세.

故當敵而不進, 無逮於義矣, 僵屍而哀之, 無逮於仁矣.

고당적이부진, 무체어의의, 강시이애지, 무체어인의.

적으로부터 침략을 당하고도 나아가 싸우지 않는다면 의롭다(義) 할 수 없으며, 전쟁에 패하여 죽은 병사의 시신을 보고 슬퍼한다고 해서 어질다고(仁) 할 수 없는 것입니다.

故(고) 그러므로. 當敵(당적) 적을 대하다. 不進(부진) 나아가지 아니한다. 無逮(무체) 미치지 않는다. 於義(어의) 의롭다. 僵(강) 쓰러지다. 屍(시) 주검. 哀(애) 슬퍼하다. 無逮於仁矣(무체어인의) 어질다고 할 수 없다.

於是, 文侯身自布席, 夫人捧觴, 醮吳起於廟, 立爲大將, 守西河,

어시, 문후신자포석, 부인봉상, 초오기어묘, 입위대장, 수서하,

이에 문후(文侯)가 친히 자리를 펴고 부인이 잔을 받들어, 오기 장군을 종묘사직에 제사를 드리게 하고 대장으로 삼아서 서하(西河)지역을 지키게 하였다.

於是(어시) 이에. 文侯身自(문후신자) 문후가 친히. 布席(포석) 자리를 깔다. 夫人(부인) 남의 아내를 높여서 하는 말. 捧觴(봉상) 잔을 받들다. 醮(초) 제사를 지내다. 吳起(오기) 오기 장군. 於廟(어묘) 종묘사직에. 立(입) 세우다. 임명하다. 爲大將(위대장) 대장으로. 守西河(수서하) 서하를 지키다.

與諸侯大戰七十六, 全勝六十四, 餘則鈞解.

여제후대전칠십육, 전승육십사, 여즉균해.

이후 위(魏)나라는 이웃 제후들과 76회의 큰 싸움을 벌여 64회의 대승을 거두었고 나머지는 무승부를 이루었다.

與(여) 더불어. 같이. 諸侯(제후) 제후. 大戰(대전) 큰 전투, 전쟁. 全勝(전승) 온전히 승리를 거두다. 餘(여) 남다. 則(즉) 곧. 鈞(균) 고르다. 解(해) 풀다.

闢土四面, 拓地千里, 皆起之功也.

벽토사면, 척지천리, 개기지공야.

그렇게 사방으로 천 리나 영토를 확장하였으니 이는 모두 오기(吳起) 장군의 공이었다.

闢(벽) 열다. 물리치다. 土(토) 영토. 拓(척) 넓히다. 地(지) 땅. 영토, 皆(개) 모두. 起(기) 오기 장군. 功(공) 공로.

吳起曰, 昔之圖國家者, 必先敎百姓而親萬民.

오기왈, 석지도국가자, 필선교백성이친만민.

오기(吳起) 장군이 이렇게 말했다. 옛날에 나라를 잘 다스렸던 군주들은 반드시 먼저 백성을 교육하고 만민과 친화를 이루었습니다.

吳起曰(오기왈) 오기 장군이 말하기를. 昔(석) 옛날에. 圖(도) 도모하다. 國家(국가) 나라. 必(필) 반드시. 先敎(선교) 먼저 가르치다. 百姓(백성) 백성들. 親(친) 친하다. 萬民(만민) 만백성.

有四不和, 不和於國, 不可以出軍. 不和於軍, 不可以出陳.

유사불화, 불화어국, 불가이출군. 불화어군, 불가이출진.

나라를 불화하게 하는 4가지가 있습니다. 첫 번째, 나라(國)가 하나로 화합되어 있지 않으면 군대를 출군시켜서는 안 되며, 두 번째, 군(軍)이 하나로 화합되어 있지 않으면 부대를 출진시켜서는 안 됩니다.

有四不和(유사불화) 네 가지 불화가 있다. 不和於國(불화어국) 나라가 화합되지 않으면. 不可(불가) 해서는 안 된다. 出軍(출군) 군대를 출동시키다. 不和於軍(불화어군) 군대가 화합되지 않으면. 不可以出陳(불가이출진) 출진하게 해서는 안 된다.

不和於陳, 不可以進戰. 不和於戰, 不可以決勝.

불화어진, 불가이진전. 불화어전, 불가이결승.

세 번째, 진영(陳)이 단합되어 있지 않으면 나아가 싸우게 해서는 안 되며, 네 번째, 전투(戰)에 임하여 일사불란하지 않으면 결전을 해서는 안 됩니다.

不和於陳(불화어진) 진이 화합되지 않으면. 不可以進戰(불가이진전) 전투에 나아가서는 안 된다. 不和於戰(불화어전) 전투에 임하여 화합되지 않으면. 不可以決勝(불가이결승) 승리에 필요한 결전에 투입되어서는 안 된다.

是以有道之主, 將用其民, 先和而造大事.
시이유도지주, 장용기민, 선화이조대사.
이 때문에 정치를 잘하는 군주는 장수를 등용하거나 백성을 다스림에 먼저 화합을 이루고 나서 국가 대사를 도모했던 것입니다.

是以(시이) 이것 때문에. 有道之主(유도지주) 도가 있는 군주이니, 정치를 잘하는 군주. 將用(장용) 장수를 쓰다. 其民(기민) 그 백성. 先和(선화) 먼저 화합을 이룬다. 造大事(조대사) 큰일을 만든다.

不敢信其私謀, 必告於祖廟, 啓於元龜, 參之天時, 吉乃後擧.
불감신기사모, 필고어조묘, 계어원구, 참지천시, 길내후거.
그것도 혹시 군주 자신의 생각이 잘못인지 몰라 반드시 종묘(宗廟)에 고한 다음 거북점을 치고 천시(天時)를 살펴 길조(吉兆)로 나타나야만 거사를 도모했던 것입니다.

不敢信(불감신) 감히 믿지를 못하다. 其私謀(기사모) 그 개인적인 생각. 必告(필고) 반드시 고하다. 祖廟(조묘) 조상의 종묘. 啓(계) 열다, 인도하다. 元龜(원구) 거북점을 치다. 參(참) 참고하다. 天時(천시) 천시를 참고하기 위해 살피다. 吉(길) 길하다. 乃(내) 이에. 後(후) 뒤. 擧(거) 일으키다.

民知君之愛其命, 惜其死, 若此之至, 而與之臨難, 則士以盡死爲榮, 退生爲辱矣.
민지군지애기명, 석기사, 약차지지, 이여지임난, 즉사이진사위영, 퇴생위욕의.
앞에서 언급한 것처럼 해야 백성들은 군주가 자신들의 생명을 소중히 여기며 희생을 아까워한다고 믿게 되는 것입니다. 이와 같은 조치를 한 이후에 전쟁에 임한다면 병사들은 용감히 싸우다 죽는 것을 자랑으로 생각하고 물러나 살아남는 것을 부끄럽게 여길 것입니다.

民知(민지) 백성들이 알다. 君(군) 군주. 愛其命(애기명) 백성들의 생명을 사랑하다. 惜其死(석기사) 백성들의 죽음을 애석해 하다. 若(약) 만약. 此(차) 이것. 至(지) 이르다. 與(여) 더불어. 臨(임) 임하다. 難(란) 난리 또는 전쟁. 則(즉) 곧. 士(사) 선비가 아닌 병사로 해석. 盡死(진사) 목숨을 다해 싸우다 죽는 것. 爲榮(위영) 영광으로 삼다. 退生(퇴생) 후퇴하여 살아남다. 爲辱(위욕) 치욕으로 알다.

吳起曰, 夫道者, 所以反本復始. 義者, 所以行事立功.
오기왈, 부도자, 소이반본부시. 의자, 소이행사립공.
오기(吳起) 장군이 이렇게 말했다. 무릇 도(道)란 근본으로 돌아가 시작하는 것이요, 의(義)는 마땅한 일을 실행하여 성취하는 것이라 하였습니다.

吳起曰(오기왈) 오기가 말하다. 夫(부) 무릇. 道者(도자) 도라고 하는 것은. 所(소) 이른바. 以(이) ~로써. 反本(반본) 근본으로 돌아가다. 復始(부시) 다시 처음으로. 義者(의자) 의라고 하는 것은. 所(소) 이른바. 以(이) ~로써. 行事(행사) 일을 행하다. 立功(입공) 공을 세우다.

謀者, 所以違害就利. 要者, 所以保業守成.

모자, 소이위해취리. 요자, 소이보업수성.

모(謀)란 해로움을 막고 이로움을 취하는 것이요, 요(要)는 업적을 잘 보존하며 성과를 지키는 것을 말하는 것입니다.

謀者(모자) 모라고 하는 것은. 所(소) 이른바. 以(이) ~로써. 違害(위해) 해로움을 막다. 就利(취리) 이로움을 취하다. 要者(요자) 요라고 하는 것은. 保業(보업) 업적을 보전하다. 守成(수성) 성과를 지키다.

若行不合道, 擧不合義, 而處大居貴, 患必及之.

약행불합도, 거불합의, 이처대거귀, 환필급지.

만약 군주나 장수의 언행이 도(道)에 합당하지 않고 그 조치가 의(義)에 부합하지 않으면서 지위만 높으면 반드시 재앙이 닥치게 될 것입니다.

若(약) 만약. 行(행) 행동. 不合(불합) 합당하지 않다. 道(도) 도리. 도의. 擧(거) 행동이나 조치. 不合義(불합의) 의에 합당하지 않다. 處(처) 처지나 지위. 大居貴(대거귀) 아주 귀한데 거주한다는 뜻이니 지위가 높음을 말함. 患(환) 우환. 必及(필급) 반드시 이르다.

是以聖人綏之以道, 理之以義, 動之以禮, 撫之以仁.

시이성인수지이도, 리지이의, 동지이례, 무지이인.

그러므로 성인들은 도(道)를 지켜 만민을 평안케 하고, 의(義)로써 매사를 처리하며, 예(禮)에 따라 행동하고, 인(仁)으로 어루만지는 것입니다.

是(시) 옳다. 以(이) ~로써. 聖人(성인) 성인. 綏(수) 편안하다. 道(도) 도. 理(리) 다스리다. 義(의) 의. 動(동) 행동하다. 禮(례) 예. 撫(무) 어루만지다. 仁(인) 인.

此四德者, 修之則興, 廢之則衰.

차사덕자, 수지즉흥, 폐지즉쇠.

이 4가지의 덕(德)을 잘 닦으면 나라가 흥성하고, 이를 소홀히 하면 나라가 쇠망합니다.

此(차) 이것. 四德(사덕) 4가지 덕. 者(자) ~하는 것. 修(수) 닦다. 興(흥) 흥하다. 廢(폐) 폐하다. 衰(쇠) 쇠하다.

故成湯討桀, 而夏民喜悅, 周武伐紂, 而殷人不非. 擧順天人, 故能然矣.
고성탕토걸, 이하민희열, 주무벌주, 이은인불비. 거순천인, 고능연의.

옛날 은(殷)나라 탕왕(湯王)38)이 폭군이었던 하(夏)나라 걸왕(傑王)39)을 쳤을 때 하(夏)나라 백성들은 오히려 기뻐하였다고 합니다. 그리고 주(周)나라 무왕(武王)40)이 은(殷)나라 주왕(紂王)41)을 쳤을 때도 은(殷)나라 백성들은 이를 비난하지 않았습니다. 왜냐하면 그들의 거사는 바로 하늘과 민심에 순응한 것이었기 때문입니다.

故(고) 그러므로. 成湯(성탕) 은나라 탕왕. 討(토) 토벌하다, 치다. 桀(걸) 하나라 걸왕으로 폭군이었다고 함. 夏民(하민) 하나라 백성들이. 喜悅(희열) 기뻐하다. 周武(주무) 주나라 무왕. 伐(벌) 치다. 紂(주) 은나라 주왕. 殷人(은인) 은나라 백성. 不非(불비) 비난하지 아니하다. 擧(거) 거사, 다른 나라를 토벌하기 위한 거병, 전쟁을 말함. 順(순) 순리에 따르다. 天人(천인) 하늘의 도리와 민심을 말함. 能然(능연) 자연스럽다는 뜻임. 矣(의) 어조사.

吳起日, 凡制國治軍, 必敎之以禮, 勵之以義, 使有恥也.
오기왈, 범제국치군, 필교지이례, 려지이의, 사유치야.

38) 은(殷)나라 탕왕(湯王). 은나라는 하나라가 쇠망한 후 뒤를 이어 중국을 지배한 나라. 은나라의 왕. 탕왕(湯王)을 이야기할 때 빠질 수 없는 인물이 이윤(伊尹)이다. 이윤(伊尹)은 원래 은나라의 농부였으나 마음가짐이 의와 도가 아니면 천하를 준다고 해도 받지 않는 인물이라고 명성이 자자하여, 탕왕(湯王)이 그를 다섯 번이나 불러 그를 등용하였다. 이윤이 솥과 가마를 지고 탕왕(湯王)에게 음식을 하는 것을 예로 들어 왕도에 관해서 이야기하였다고 함.

39) 하(夏)나라 걸왕(桀王). 하(夏)나라는 기원전 약 2070~1600년경 중국에서 처음으로 상(商)나라 이전 수백 년간 존재했다고 기록에 남은 나라. 걸왕(桀王)은 하(夏)나라의 마지막 왕. 악독하고 탐욕스러웠으나 남다른 힘과 지략을 가지고 있었다고 함. 말희(妺)라고 하는 여인이 나타나는데, 걸왕(桀王)이 정복한 유시씨국(有施氏國)에서 진상품으로 바쳐진 여인에게 마음을 송두리째 빼앗겨 하나라를 멸망에 이르게 한 왕임. 여자에 눈이 멀어, 보석과 상아로 장식한 요대(瑤臺)라는 궁전을 짓고, 전국에서 선발한 3천여 명의 미소녀들을 모아서 날마다 연회를 베풀게 하고, 술로 연못을 만들고 고기로 숲을 만들었다고 하는 주지육림(酒池肉林)이라는 사자성어를 만들게 한 장본인이다.

40) 주(周)나라 무왕(武王). 주(周)나라는 강태공이 문왕(文王)과 같이 세운 나라. 무왕(武王)은 문왕(文王)의 아들.

41) 은(殷)나라 주왕(紂王). 은나라의 마지막 왕. 주왕이 정벌한 오랑캐의 유소씨국(有蘇氏國)에서 공물로 보내온 달기라는 여인에게 흠뻑 빠져서 폭정을 일삼기 시작하였다. 달기의 말이라면 들어주지 않는 것이 없었다고 함. 술로 연못을 만들고 고기로 숲을 만들었다고 하는 주지육림(酒池肉林)이라는 사자성어가 하나라 걸왕에도 나오고 은나라 주왕의 경우에도 나온다. 그러므로 주지육림이라는 말은 사실관계를 떠나서 폭군의 대명사로 알려진 하나라 걸왕과 은나라 주왕의 음란 무도한 생활을 표현하는 말로 이해하는 것이 좋을 듯하다.

오기(吳起) 장군이 이렇게 말했다. 무릇 국가를 잘 다듬고 군사력을 기르려면 반드시 예(禮)를 가르치고 의(義)를 고취하여 백성들이 부끄러움을 알게 해야 합니다.

吳起曰(오기왈) 오기가 말하다. 凡(범) 무릇. 制國(제국) 나라를 잘 다듬다. 治軍(치군) 군사력을 제대로 기르다. 必(필) 반드시. 敎(교) 가르치다. 以禮(이례) 예로써. 勵(려) 격려하다. 以義(이의) 의로써, 使(사) ~을 하게 하다. 有(유) 있다. 恥(치) 부끄러움. 使有恥(사유치) 부끄러움을 알게 하다.

夫人有恥, 在大足以戰, 在小足以守矣. 然戰勝易, 守勝難.
부인유치, 재대족이전, 재소족이수의. 연전승이, 수승난.
백성들이 부끄러움을 알게 되면 크게는 적과 싸우기에 충분하고, 작게는 적의 공격으로부터 나라를 지키기에 충분합니다. 그러나 싸워서 이기기는 쉬우나 이를 지키기는 어렵습니다.

夫(부) 모름지기. 人(인) 사람. 有恥(유치) 부끄러움을 알다. 在(재) 있다. 大(대) 크다. 足(족) 충분하다. 以戰(이전) 적과 싸우다. 在(재) 있다. 小(소) 작다. 足(족) 충분하다. 以守(이수) 적의 공격으로부터 지키다. 矣(의) 어조사. 然(연) 그러하다. 戰勝(전승) 싸워서 이기다. 易(이) 쉽다. 守勝(수승) 승리를 지키다. 難(난) 어렵다.

故曰, 天下戰國, 五勝者禍, 四勝者弊, 三勝者霸, 二勝者王, 一勝者帝.
고왈, 천하전국, 오승자화, 사승자폐, 삼승자패, 이승자왕, 일승자제.
그러므로 천하가 어지러울 때 5번 싸워 이긴 나라는 결국 화(禍)를 면치 못했으며, 4번 싸워 이긴 나라는 피폐해졌으며(弊), 3번 싸워 이긴 나라는 패자(霸者)가 되고, 2번 싸워 이긴 나라는 왕(王)이 되었으며, 1번 싸워 이긴 나라는 황제(皇帝)가 된다고 하였습니다.

故曰(고왈) 예로부터 이르기를. 天下(천하) 천하. 戰國(전국) 전국시대처럼 어지러울 때. 五勝者(5승자) 5번 싸워 이긴 나라 禍(화) 화를 입었다. 四勝者(4승자) 4번 싸워 이긴 나라. 弊(폐) 피폐하다. 三勝者(3승자) 3번 싸워 이긴 나라. 霸(패) 으뜸. 二勝者(2승자) 2번 싸워 이긴 나라. 王(왕) 임금. 一勝者(1승자) 1번 싸워 이긴 나라. 帝(제) 황제.

是以, 數勝, 得天下者稀, 以亡者衆.
시이, 삭승, 득천하자희, 이망자중.
예로부터 여러 번의 싸움에서 이겨서 천하를 손에 넣은 자는 드문 반면에, 여러 번 싸워서 망한 자는 많은 것입니다.

是(시) 이것으로 볼 때. 以數勝(이삭승) 자주 승리함으로써. 得天下者(득천하자) 천하를 얻은 자. 稀(희) 드물다. 以亡者(이망자) 망한 자는. 衆(중) 많다.

吳起日, 凡兵之所起者, 有五.
오기왈, 범병지소기자, 유오.
오기(吳起) 장군이 이렇게 말했다. 전쟁이 일어나는 데에는 다음에 설명하는 5가지의 원인이 있습니다.

吳起曰(오기왈) 오기가 말하다. 凡(범) 무릇. 兵(병) 병사보다는 전쟁으로 해석. 所起(소기) 일어나는 것, 일어나는 이유. 者(자) ~하는 것. 有五(유오) 5가지 이유가 있다.

一日爭名, 二日爭利, 三日積德惡, 四日內亂, 五日因饑.
일왈쟁명, 이왈쟁리, 삼왈적덕오, 사왈내란, 오왈인기.
첫째 명분을 다투기 때문이며, 둘째 이익을 다투기 때문이며, 셋째 증오심이 쌓였기 때문이며, 넷째 나라 안이 어지럽기 때문이며, 다섯째 나라에 기근이 들었기 때문입니다.

一曰(1왈) 첫 번째 이유는. 爭名(쟁명) 명분을 다투다. 二曰(2왈) 두 번째 이유는. 爭利(쟁리) 이익을 다투다. 三曰(3왈) 세 번째 이유는. 積(적) 쌓다. 德惡(덕오) 덕과 미움/증오. 積德惡(적덕오) 쌓아둔 증오심 때문이며. 四曰(4왈) 네 번째 이유는. 內亂(내란) 나라 안이 어지럽기 때문이며. 五曰(5왈) 다섯 번째 이유는. 因饑(인기) 기근으로 말미암아.

其名, 又有五. 一日 義兵, 二日 强兵, 三日 剛兵, 四日 暴兵, 五日 逆兵.
기명, 우유오. 일왈 의병, 이왈 강병, 삼왈 강병, 사왈 폭병, 오왈 역병.
또한 전쟁에 임하는 군대에도 5가지 종류가 있습니다. 대의명분을 갖춘 의병(義兵), 강력한 군사력만 믿는 강병(强兵), 분노로 가득 찬 강병(剛兵), 도리를 저버리고 이익만 탐하는 폭병(暴兵), 민심에 반하는 역병(逆兵) 등 5가지가 있습니다.

其名(기명) 그 이름. 一曰 義兵(1왈 의병) 첫 번째는 의병이라 하고. 二曰 强兵(2왈 강병) 두 번째는 강병이라 하고. 三曰 剛兵(3왈 강병) 세 번째는 강병이라 하고. 四曰 暴兵(4왈 폭병) 네 번째는 폭병이라 하고. 五曰 逆兵(5왈 역병) 다섯 번째는 역병이라 한다.

禁暴救亂日 義, 恃衆以伐日 强, 因怒興師日 剛,

금폭구란왈 의, 시중이벌왈 강, 인노흥사왈 강,

폭정을 물리치고 혼란에서 나라를 구하고자 하는 군대를 의병(義兵)이라 하고, 군사력만 믿고 정벌에 나선 군대를 강병(强兵)이라 하며, 분노로 인해 일으킨 군대를 강병(剛兵)이라 하고,

禁暴(금폭) 폭정을 금하다. 救亂(구란) 난리로부터 나라를 구하다. 曰(왈) 이르기를. 義(의) 의병이라 한다. 恃衆(시중) 군대를 믿고. 以伐(이벌) 토벌에 나서다. 强(강) 강병이라 한다. 因怒(인노) 분노로 인해. 興師(여사) 군사와 더불어. 군사를 일으키다. 剛(강) 강병이라 한다.

棄禮貪利曰 暴, 國亂人疲擧事動衆曰 逆.

기례탐리왈 폭, 국란인피거사동중왈 역.

도의를 저버리고 이익을 탐해 나선 군대는 폭병(暴兵)이라고 하고, 나라가 어지럽고 백성이 신음하고 있는데도 동원한 군대는 역병(逆兵)이라고 합니다.

棄禮(기례) 예를 버리다. 貪利(탐리) 이익을 탐하다. 暴(폭) 폭병이라 한다. 國亂(국난) 나라를 어지럽히다. 人疲(인피) 사람이 지치다. 擧事(거사) 군사를 일으키다. 動衆(동중) 군대를 동원하다. 逆(역) 역병이라 한다.

五者之數, 各有其道,

오자지수, 각유기도,

이러한 5가지 군대에는 각각 대처하는 방법이 따로 있습니다.

五者之數(오자지수) 이러한 5가지 군대의 경우. 各(각) 각각 有(유) 있다. 其道(기도) 그 방법,

義必以禮服, 彊必以謙服, 剛必以辭服, 暴必以詐服, 逆必以權服.

의필이례복, 강필이겸복, 강필이사복, 폭필이사복, 역필이권복.

의병(義兵)은 반드시 예로써 대처해야 하고, 강병(强兵)은 반드시 겸손한 자세로 임해야 하며, 강병(剛兵)은 반드시 설득해야 하고, 폭병(暴兵)은 반드시 속임수로 응수하며, 역병(逆兵)은 반드시 권모술수를 써서 대적해야 합니다.

義(의) 의병. 必(필) 반드시. 以禮服(이례복) 예로서 복종하게 하고. 彊(강) 강병. 以謙服(이겸복) 겸손함으로써 복종하게 하고. 剛(강) 강병. 以辭服(이사복) 설득으로 복종하게 하고. 暴(폭) 폭병. 以詐服(이사복) 속임수로 복종하게 하고. 逆(역) 역병. 以權服(이권복) 권모술수로 복종하게 하여야 한다.

武侯問曰, 願聞治兵, 料人, 固國之道.

무후문왈, 원문치병, 요인, 고국지도.

위 무후(武侯)가 다음과 같이 물었다. 군대를 육성하고, 인재를 등용하며, 나라를 튼튼히 하는 방법에 대한 의견을 듣고 싶소!

武侯問曰(위문후 왈) 위문후가 말하다. 願聞(원문) 듣기를 원한다. 治兵(치병) 군대를 다스리는 방법. 料人(료인) 사람을 헤아리다. 固國之道(고국지도) 나라를 견고하게 하는 방법.

起對曰, 古之明王, 必謹君臣之禮, 飾上下之儀, 安集吏民,

기대왈, 고지명왕, 필근군신지례, 식상하지의, 안집이민,

오기(吳起) 장군이 이렇게 대답하였다. 옛날의 현명한 왕들은 반드시 군신 간의 예의를 잘 갖추고, 상하 간의 법도를 세우고, 관리와 백성들이 편안하게 일을 볼 수 있도록 하였으며,

起對曰(기대왈) 오기 장군이 대답하여 말하다. 古之明王(고지명왕) 옛날의 현명한 왕. 必(필) 반드시. 謹(근) 삼가다. 君臣之禮(군신지례) 임금과 신하 간의 예의. 飾(식) 꾸미다. 여기서는 경계하고 삼가다는 뜻을 가진 칙 飭의 의미로 쓰임. 다스리거나 바로 세운다는 의미. 上下之儀(상하지의) 상하 간의 법도. 安(안) 편안하다. 集(집) 모으다. 만나다는 뜻도 됨. 吏民(이민) 관리와 백성.

順俗而敎, 簡募良材, 以備不虞.

순속이교, 간모양재, 이비불우.

풍습에 따라 올바르게 가르치고, 훌륭한 인재를 가려서 등용함으로 인해서 불의의 사태에 대비하는 것에 걱정이 없도록 하였습니다.

順俗(순속) 풍습에 순종하다. 敎(교) 가르치다. 簡募(간모) 가려서 뽑는다. 良材(양재) 우수한 인재. 以備(이비) 잘 대비함으로써. 不虞(불우) 걱정거리가 없다.

昔齊桓, 募士五萬, 以霸諸侯.

석제환, 모사오만, 이패제후.

옛날 제 환공(齊 桓公)42)은 5만의 군사로 패자(霸者)가 되었고,

42) 제 환공(齊 桓公). 제(齊)나라 14대 왕인 양공(襄公)이 즉위해서 음란하고 폭정을 일삼자 양공은 측근의 손에 제거되고, 양공을 살해한 측근들조차 다른 대신에게 죽임을 당해서 사촌 아우인 공손무기가 군주로 등극하였으나 반년도 못되어 이승을 하직하였다. 이후, 군주의 자리가 비게 되었고, 이때 양공의 배다른 동생이었던 공자 규(糾)와 공자 소백(小白)이

昔(석) 옛날에. 齊桓(제환) 제나라 환공. 募士五萬(모사5만) 군사 5만을 모집하여. 以霸諸侯(이패제후) 제후 중에서 으뜸이 되었다.

晉文, 召爲前行四萬, 以獲其志. 秦穆, 置陷陳三萬, 以服鄰敵.
진문, 소위전행사만, 이획기지. 진목, 치함진삼만, 이복인적.
진 문공(晉 文公)[43]은 4만의 전위대로 자기 뜻을 달성하였으며, 진 목공(秦 穆公)[44]은 3만의 특공대로 주변 적대국들을 굴복시켰습니다.

晉文(진문) 진나라 문공. 召爲前行四萬(소위전행4만) 전위대 4만 명을 소집하여. 獲(획) 획득하다. 其志(기지) 그 뜻. 자기 뜻. 秦穆(진목) 진나라 목공. 置(치) 두다. 陷陳(함진) 군대의 명칭으로 사용된 것으로 보이며, 특공대와 같은 부대. 服(복) 복종하다. 鄰(린) 이웃. 敵(적) 적.

故 强國之君, 必料其民.
고 강국지군, 필료기민.
이처럼 강한 나라의 군주들은 나라를 다스릴 때 반드시 백성들의 특성을 잘 살폈던 것입니다.

故 强國之君(고 강국지군) 그러므로 강국의 군주는. 必(필) 반드시. 料(료) 살피다. 其民(기민) 백성.

民有膽勇氣力者, 聚爲一卒. 樂以進戰效力, 以顯其忠勇者, 聚爲一卒.
민유담용기력자, 취위일졸. 낙이진전효력, 이현기충용자, 취위일졸.
주군께서는 다음에 설명하는 5개 유형의 부대를 만드셔야 합니다. 백성들 가운데 담력과 용기가 있고 힘 있는 자들로 한 부대를 편성하고, 기꺼이 전쟁터로 달려가 자신의 용맹과 충성심을 보이기를 좋아하는 자들로 한 부대를 편성하십시오.

있어서 중에서 소백이 군주의 자리에 오르게 된다. 그가 바로 춘추시대 5명의 패자를 말하는 춘추 5패(覇)중의 한 명인 환공(桓公)이다. 춘추 5패=제나라 환공, 진나라 문공, 초나라 장왕, 오나라 합려, 월나라 구천을 말함. 일부 기록에는 진나라 목공, 송나라 양공, 오나라 부차를 꼽는 경우도 있음.

43) 진 문공(晉 文公). 춘추시대 5명의 패자를 말하는 춘추 5패(覇)중의 한 명. BC 697~BC 628년. 재위 BC 636년. 진나라 헌공의 아들로 헌공의 뒤를 잇지 못한 채 19년간 전국을 유랑하다가 62세라는 늦은 나이에 재위함. 재위한 이후 죽을 때까지 집권하였으며, 각종 개혁정책과 왕성한 군사 활동으로 춘추 5패의 한사람으로 꼽힘.

44) 진 목공(秦 穆公). 진(秦)나라의 군주. 미상~BC 621년. 재위 BC 659~BC 621년. 진나라 문공의 장인이기도 함. 이후 진 문공을 도와 성복 전투에서 초나라를 격파하기도 하고, 진 문공(晉 文公) 사후 백리해(百里奚)와 유여(由余) 등의 인재를 발탁하여 한때 천하를 호령하기도 함.

民(민) 백성. 有(유) 있다. 膽(담). 勇(용). 氣(기). 뒤에 나오는 力(력)자와 합쳐져서 담력, 용력, 기력을 의미함. 聚(취) 모으다. 爲(위) 만들다. 一卒(1졸) 부대편성의 단위. 樂(락) 좋아하다. 以進戰(이진전) 전쟁터에 나아가. 效力(효력) 힘을 보여주다. 以顯(이현) 보여줌으로써. 其忠勇(기충용) 그 충성심과 용맹성.

能踰高超遠, 輕足善走者, 聚爲一卒. 王臣失位而欲見功於上者, 聚爲一卒.
능유고초원, 경족선주자, 취위일졸. 왕신실위이욕현공어상자, 취위일졸.
높은 곳을 잘 뛰어넘고 발이 가벼워 잘 달릴 수 있는 자들로 다시 한 부대를 편성하고, 임금의 신하로서의 지위를 잃고 윗사람에게 다시 공을 세워 드러내고자[45] 하는 자들로 한 부대를 편성하십시오.

能(능) 능히 ~하다. 踰(유) 넘다. 高(고) 높다. 超(초) 넘다. 遠(원) 멀다. 輕足(경족) 다리가 가볍고. 善走(선주) 잘 달린다. 聚爲一卒(취위일졸) 모아서 1졸을 만들다. 王臣(왕신) 왕의 신하. 失位(실위) 지위를 잃다. 欲(욕) ~을 하고자 하다. 見功(견공) 공로를 보이다. 於上(어상) 윗사람에게.

棄城去守, 欲除其醜者, 聚爲一卒. 此五者, 軍之練銳也.
기성거수, 욕제기추자, 취위일졸. 차오자, 군지련예야.
예전에 지키던 성을 버리고 달아났었던 불명예를 씻고자 하는 자들로 한 부대를 편성하십시오. 이렇게 편성한 다섯 부대는 그야말로 군의 정예부대가 될 것입니다.

棄(기) 버리다. 城(성) 성. 去(거) 가다. 守(수) 지키다. 欲(욕) ~을 하고자 하다. 除(제) 없애다, 제거하다. 其醜(기추) 그 추함, 불명예. 聚爲一卒(취위일졸) 모아서 1졸을 만들다. 此五者(차오자) 이 5가지는. 練(련) 훈련하다. 銳(예) 예리하다.

有此三千人, 內出可以決圍, 外入可以屠城矣.
유차삼천인, 내출가이결위, 외입가이도성의.
이러한 정예 병력 3천 명만 있으면 어떠한 포위망도 돌파할 수 있으며, 아무리 견고한 성이라도 무너뜨릴 수 있을 것입니다.

---

45) 욕현(欲見). 드러내고자 하다. 드러낸다는 의미로 사용될 때는 見을 현으로 읽음.

有此三千人(유차3천인) 이런 병력 3천 명이 있으면. 內出可(내출가) 안으로부터 나가는 것이 가능하다. 以決圍(이결위) 포위망을 뚫어서. 外入可(외입가) 밖에서부터 들어가는 것이 가능하다. 以屠城(이도성) 성을 무찌름으로써.

武侯問曰, 願聞陳必定, 守必固, 戰必勝之道.

무후문왈, 원문진필정, 수필고, 전필승지도.

위 무후(武侯)가 다음과 같이 물었다. 진을 치면 반드시 안정되고, 방어하면 반드시 견고하게 막고, 싸우면 반드시 이기는 방법에 대해 듣고 싶소.

武侯問曰(무후문왈) 무후가 물어보면서 말하다. 願聞(원문) 듣기를 원하다. 陳必定(진필정) 진을 치면 필히 안정되다. 守必固(수필고) 수비하면 필히 견고하다. 戰必勝(전필승) 싸우면 필히 승리하다.

起對曰, 立見且可, 豈直聞乎.

기대왈, 입견차가, 기직문호.

오기(吳起) 장군이 대답하였다. 바로 보여 드릴 수도 있는데[46] 서서 듣기만 하시겠습니까?

起對曰(기대왈) 오기가 대답하다. 立見(입견) 보는 것을 세우다. 且可(차가) 가능하다. 豈(기) 다만. 直(직) 서다. 聞(문) 듣다.

君能使賢者居上, 不肖者處下, 則陳已定矣.

군능사현자거상, 불초자처하, 즉진이정의.

주군께서 현명한 자를 위에 앉히고, 무능한 자를 아래에 두실 수만 있다면 군진(軍陣)은 이미 안정된 것입니다.

君(군) 군주. 能使(능사) 능히 ~하게 하다. 賢者(현자) 현명한 사람을. 居上(거상) 위에 앉히고. 不肖者(불초자) 능력이 없는 사람. 處下(처하) 아래로 앉히다. 則(즉) 곧. 陳已定(진이정) 진지가 안정되다.

民安其田宅, 親其有司, 則守已固矣.

민안기전댁, 친기유사, 즉수이고의.

---

46) 입견(立見). 볼 수 있는 것을 세우다. 여기서 立을 '세우다'는 뜻 보다 '당장 보여주다'는 뜻으로 見자와 같이 해석하는 것이 더 좋을 듯 함.

그리고 백성들이 마음 놓고 생업에 종사하며 관리들에게 친밀감을 느끼게 할 수 있다면 방어태세는 이미 견고해진 것입니다.

民(민) 백성. 安(안) 평안하다. 其田宅(기전댁) 그 밭과 집에서. 親(친) 친하다. 其有司(기유사) 그 관리들. 則(즉) 곧. 守(수) 지키다. 固(고) 단단하다.

百姓皆是吾君而非鄰國, 則戰已勝矣.
백성개시오군이비인국, 즉전이승의.
또 백성들이 모두 주군을 옳다고 생각하게 하고, 인접국이나 적국을 나쁘다고 생각하게 할 수만 있다면 전쟁은 이미 승리한 것이나 마찬가지입니다.

百姓(백성) 백성들. 皆(개) 모두. 是(시) 옳다. 吾君(오군) 나의 군주. 非(비) 아니다. 鄰國(린국) 인접국가, 적국. 則(즉) 곧. 戰已勝(전이승) 전쟁은 이미 승리다.

武侯嘗謀事, 群臣莫能及, 罷朝而有喜色.
무후상모사, 군신막능급, 파조이유희색.
하루는 무후(武侯)가 신하들과 국사를 논의하는데 신하들의 생각이 모두 자기보다 못하였다. 이에 무후(武侯)는 조회가 끝나자 얼굴에 희색이 만연하였다.

武侯嘗謀事(무후상상모사) 무후가 국사를 논의하다. 群臣(군신) 여러 신하. 莫(막) ~하지 못하다. 能(능) 능력. 及(급) 미치다. 罷朝(파조) 조회를 파하다. 有喜色(유희색) 기뻐하는 얼굴빛이 있다.

起進曰, 昔楚莊王嘗謀事, 群臣莫能及, 罷朝而有憂色.
기진왈, 석초장왕상모사, 군신막능급, 파조이유우색.
이를 보고 오기(吳起) 장군이 나아가 이렇게 진언하였다. 옛날 초 장왕(楚 莊王)47)이 국사를 논의하는데 신하들 모두가 왕에 미치지 못하였습니다. 그런데 조회가 끝난 후 장왕(莊

47) 초 장왕(楚 莊王). 초나라 왕. ~BC 591년. 재위 BC 614~BC 591년. 초나라의 23대 왕. 춘추시대 5명의 패자를 말하는 춘추 5패(覇) 중의 한 명. 장왕은 즉위한 후 3년 동안 밤낮으로 놀기만 하고, 나라 전체에 '감히 간언하는 자가 있으면 죽여 버리겠다'고 명령을 내리기도 하였으나, 오거(伍擧)와 소종(蘇從) 같은 신하가 간언하여 놀이를 그만두고 정사를 살폈다는 일화가 있다. 그 외에도 신하들과 연회를 하는 도중 바람이 불어 촛불이 끄자 장웅(蔣雄)이라는 사람이 장왕이 총애하는 여인을 껴안았는데, 그 여인이 장웅의 갓끈을 잡아 뜯어 장왕에게 고하자 장왕은 모든 신하들의 갓끈을 떼라고 하여 신하들로부터 존경을 받았던 인물임. 이후 장웅은 진나라가 공격해왔을 때 전쟁터에서 목숨을 바쳐 싸워 큰 공로를 세우기도 하였음.

王)의 얼굴에 근심이 가득하여,

起進曰(기진왈) 오기 장군이 나아가 말하다. 昔(석) 옛날에. 楚莊王(초장왕)초나라 장왕. 嘗謀事(상모사) 모사를 논하다. 국사를 논하다. 臣(신) 신하. 莫能及(막능급) 능력이 미치지 못하다. 罷朝(파조) 조회를 마치다. 有憂色(유우색) 근심하는 기색이 있다.

申公問曰, 君有憂色, 何也?
신공문왈, 군유우색, 하야?

신공(申公)48)이란 사람이 '주군께서는 어두운 기색을 하고 계시는데 무슨 일이 있으신지요?' 라고 물었습니다.

申公問曰(신공문왈) 신공이 물으면서 말하다. 君有憂色(군유우색) 군주께서 근심하는 기색이 있다. 何也(하야) 어찌 된 일인가요.

曰 寡人聞之, 世不絕聖, 國不乏賢, 能得其師者王, 得其友者霸.
왈 과인문지, 세불절성, 국불핍현, 능득기사자왕, 득기우자패.

이에 장왕(莊王)이 다음과 같이 말했습니다. 과인이 듣기로 세상에는 성현이 끊이는 법이 없고, 나라에는 인재가 모자라지 않는 법이니 그런 성현과 인재를 스승으로 얻으면 천하의 왕(王)이 될 수 있고, 벗으로 삼으면 패자(霸者)가 될 수 있다고 하였소.

曰(왈) 말하다. 문맥상 장왕이 말한 것이다. 寡人(과인) 임금이 자신을 낮추는 말. 聞之(문지) 그것을 듣다. 世(세) 세상. 不絕(부절) 끊이지 않는다. 聖(성) 성현. 國(국) 나라. 不乏(불핍) 모자라지 않다. 賢(현) 현명한 사람. 能得(능득) 능히 얻을 수 있다. 其師者(기사) 그런 사람을 스승으로 삼는 자. 得(득) 얻다. 其友者(기우자) 그런 사람을 벗으로 삼는 자. 霸(패) 으뜸.

今寡人不才, 而群臣莫及者, 楚國其殆矣.
금과인부재, 이군신막급자, 초국기태의.

---

48) 신공(申公). 중국 춘추시대 초나라 사람. 굴탕(屈湯)의 아들인 굴신(屈申)을 말함. 굴무(屈巫) 또는 신공 무신(申公巫臣)으로 불림. 초 장왕과 초나라의 대장군 자반도 모두 당대의 절세미인이자 음탕하기로 유명한 하희(夏姬)를 취하려고 하자 스스로 취하여 진나라로 도망갔음. 그 후 사신으로 오나라에 병법과 전차 기동법을 가르쳐 초나라를 배후에서 공격하도록 하였음. 하희(夏姬)를 일컬어 3명의 군주와 7명의 대부와 정을 통했고, 제후와 대부들이 그녀를 서로 차지하기 위해 다투었으며 그녀를 보면 넋이 빠져 미혹되지 않은 사람이 없었다고 할 정도였다고 함.

그런데 지금의 상황을 보니, 과인의 재능이 부족한데도 신하들 모두가 나에게 미치지 못하니 우리 초(楚)나라의 앞날이 위태롭지 않겠소!

今(금) 지금. 寡人(과인) 임금이 자신. 不才(부재) 재능이 부족하다. 群臣(군신) 신하들. 莫及者(막급자) 미치지 못하다. 楚國(초국) 초나라. 其殆(기태) 위태롭다.

此楚莊王之所憂, 而君說之, 臣竊懼矣. 於是武侯有慚色.
차초장왕지소우, 이군열지, 신절구의. 어시무후유참색.
이처럼 초나라 장왕(莊王)이 근심하고 걱정했던 일을 주군께서는 도리어 기뻐하시니 신은 걱정이 먼저 앞섭니다. 그러자 무후(武侯)의 얼굴에 부끄러워하는 기색이 역력하였다.

此(차) 이것. 楚莊王(초장왕) 초나라 장왕. 所憂(소우) 근심하던 바. 君(군) 무후를 말함. 說之(열지) 그것을 기뻐하다. 臣(신) 신하. 竊(절) 훔치다. 懼(구) 두려워하다. 於是(어시) 이에. 武侯(무후) 위 무후. 有慚色(유참색) 부끄러운 기색이 있다. 慚(참) 부끄럽다.

第二. 料敵 제2. 요적. 적을 살펴라

요적(料敵)이라는 것은 적의 강약이나 허실의 형세를 살피는 것을 말한다. 제1편 도국(圖國)에서는 국가를 어떻게 도모하느냐에 대해서 말했는데 이는 자신을 아는 것이고, 이번 편에서는 적의 강약이나 허실을 헤아리는 것에 대해서 말하였으니 적에 대해서 알아야 한다는 것이다. 이번 편(篇) 내용 중에 요적(料敵)이라는 두 글자가 있어 편명(篇名)으로 지었다.

-오자직해(吳子直解)에서-

武侯謂吳起曰, 今秦脅吾西, 楚帶吾南, 趙衝吾北,

무후위오기왈, 금진협오서, 초대오남, 조충오북,

무후(武侯)가 오기(吳起) 장군에게 물었다. 지금 진(秦)나라는 우리의 서쪽을 위협하고, 초(楚)나라는 남쪽을 둘러싸고, 조(趙)나라는 북쪽에서 핍박하고,

武侯謂吳起曰(무후위오기왈) 무후가 오기에게 물었다. 今(금) 지금. 秦(진) 진나라. 脅(협) 옆구리. 위협하다. 吾西(오서) 우리나라의 서쪽. 楚(초) 초나라. 帶(대) 둘러싸고 있다. 吾南(오남) 우리나라의 남쪽. 趙(조) 조나라. 衝(충) 부딪히다. 吾北(오북) 우리나라의 북쪽.

齊臨吾東, 燕絕吾後, 韓據吾前.

제임오동, 연절오후, 한거오전.

제(齊)나라는 동쪽에서 대치하고, 연(燕)나라는 우리의 후방을 차단하고, 한(韓)나라는 전방에 버티고 있소.

齊(제) 제나라. 臨(임) 吾東(오동) 우리나라의 동쪽. 燕(연) 연나라. 絕(절) 끊다. 吾後(오후) 우리나라의 뒤쪽. 韓(한) 한나라. 據(거) 버티고 있다. 吾前(오전) 우리나라의 앞쪽.

六國兵四守, 勢甚不便, 憂此奈何.

육국병사수, 세심불편, 우차내하.

이처럼 여섯 나라가 에워싸고 있어 형세가 몹시 불리하다는 생각이 들어 근심입니다. 무슨 좋은 방책이 없겠소?

六國兵(6국병) 여섯 나라의 군대가. 四守(4수) 사방을 지키다. 勢(세) 기세. 甚(심) 심하다. 不便(불편)

불편하다. 불리하다. 憂(우) 근심되다. 此(차) 이것. 奈何(내하) 어찌하오?

起對曰, 夫安國家之道, 先戒爲寶.
기대왈, 부안국가지도, 선계위보.
이에 오기(吳起) 장군이 대답하였다. 무릇 국가를 안전하게 지키는 길은 무엇보다 항상 경계를 늦추지 않는 것이 가장 중요합니다.

對曰(기대왈) 오기 장군이 대답하다. 夫(부) 무릇. 安國家之道(안국가지도) 나라와 집이 평안해지는 방법. 先(선) 먼저. 戒(계) 경계하다. 爲寶(위보) 보물로 삼다. 중요하게 생각하다.

今君已戒, 禍其遠矣. 臣請論, 六國之俗.
금군이계, 화기원의. 신청론, 육국지속.
지금 주군께서는 이미 이렇게 경각심을 갖고 계시니 화를 당하는 일은 없을 것으로 생각됩니다. 제가 이제부터 여섯 나라의 실상에 대해서 하나하나 말씀드리겠습니다.

今(금) 지금. 君(군) 위나라 무후를 말함. 已(이) 이미. 戒(계) 경계하다. 禍(화) 재앙이나 화. 其遠(기원) 멀리 있다. 矣(의) 어조사로 문장의 말미에 사용. 臣(신) 신하. 請(청) 청합니다. 論(논) 논하다. 六國(육국) 여섯 나라, 俗(속) 풍속. 그나라의 실상.

夫齊陳重而不堅, 秦陳散而自鬪, 楚陳整而不久,
부제진중이불견, 진진산이자투, 초진정이불구,
제(齊)나라의 군대는 두터워 보이지만 견실하지 못하며, 진(秦)나라의 군대는 산만하여 제각기 싸우고, 초(楚)나라의 군대는 정연하여 보이나 오래 버티지 못합니다.

夫(부) 무릇. 齊(제) 제나라. 陳(진) 군대를 말함. 重(중) 무겁다, 두텁다. 不堅(불견) 견고하지 못하다. 秦陳(진진) 진나라 군대. 散(산) 산만하다. 自鬪(자투) 제각각 따로 싸운다. 楚陳(초진) 초나라 군대. 整(정) 정돈되다. 정리되다. 不久(불구) 오래가지 못하다.

燕陳守而不走, 三晉陳治而不用.
연진수이부주, 삼진진치이불용.

또 연(燕)나라의 군대는 방어엔 능하지만 퇴각할 줄 모르며, 삼진(三晉)[49]의 군대는 체제는 잡혀 있지만 실전에는 쓸모가 없습니다.[50]

燕陳(연진) 연나라 군대. 守(수) 지키다. 不走(부주) 퇴각할 줄 모른다. 三晉陳(삼진진) 삼진의 군대. 治(치) 다스리다. 不用(불용) 써먹을 수 없다. 실전에 쓸모가 없다.

夫齊性剛, 其國富, 君臣驕奢而簡於細民, 其政寬而祿不均,
부제성강, 기국부, 군신교사이간어세민, 기정관이녹불균,
무릇, 제(齊)나라의 국민성은 강직하고 국가도 부유합니다. 그러나 군주와 신하들이 교만하고 사치스럽고 백성들에게 소홀한 편이며, 정치는 비교적 관대한 편이지만 녹봉을 불공평하게 지급하고 있습니다.

夫(부) 무릇. 齊(제) 제나라. 性(성) 국민성. 剛(강) 강직하다. 其(기) 그. 國(국) 나라. 富(부) 부유하다. 君臣(군신) 군주와 신하. 驕奢(교사) 교만하고 사치스럽다. 簡(간) 종이, 책. 於(어) '~에'라는 의미로 쓰임. 細(세) 가늘다. 소홀하다. 民(민) 백성. 政(정) 정치. 寬(관) 너그럽다. 祿(녹) 녹봉. 不均(불균) 공정하지 못하다.

一陳兩心, 前重後輕, 故重而不堅.
일진양심, 전중후경, 고중이불견.
그리고 군을 살펴보면 상급자와 하급자가 두 마음으로 분리되어 있어서 앞은 두터우나 뒤는 허술한 상태입니다. 그래서 제가 '두터워 보이지만 견실하지 못하다.'라고 한 것입니다.

一陳(일진) 하나의 군대가. 兩心(양심) 두 개의 마음. 前重(전중) 앞은 무겁고. 後輕(후경) 뒤는 가볍다. 故(고) 그러므로. 重(중) 두터워 보이다. 不堅(불견) 견고하지 못하다.

擊此之道, 必三分之, 獵其左右, 脅而從之, 其陳可壞.
격차지도, 필삼분지, 렵기좌우, 협이종지, 기진가괴.
이러한 제(齊)나라를 격파하는 방법은 우리 부대를 셋으로 나누어 그들의 좌 · 우측을 급습

49) 삼진(三晉). 춘추시대의 진(晉)나라가 위(魏), 한(韓), 조(趙)나라로 분리된 것을 통칭하는 말.
50) 무후(武侯)가 언급한 나라의 순서는 '진나라(서)→ 초나라(남)→조나라(북)→제나라(동)→연나라(뒤)→한나라(앞)' 순서이며, 오기(吳起) 장군이 설명하는 나라의 순서는 '동(제나라)→서(진나라)→남(초나라)→북(연나라)→기타(조나라, 한나라) 순서임.

하고, 후방을 위협하며 추격해 들어가면 그 진영은 반드시 허물어질 것입니다.

擊(격) 치다. 此(차) 이것. 道(도) 방법. 必(필) 반드시. 三分(삼분) 셋으로 나누다. 獵(엽) 사냥하다. 기습하다. 其左右(기좌우) 그것의 왼쪽 오른쪽. 脅(협) 옆구리. 위협하다. 從之(종지) 그것을 따라가다. 其陳(기진) 그 군대는. 可(가) 가능하다. 壞(괴) 무너지다.

秦性强, 其地險, 其政嚴, 其賞罰信, 其人不讓, 皆有鬪心. 故 散而自戰.
진성강, 기지험, 기정엄, 기상벌신, 기인불양, 개유투심. 고 산이자전.
진(秦)나라는 국민성이 사납고 지세가 험하며 정치가 엄격하며 상벌이 분명합니다. 따라서 백성들은 서로 양보할 줄을 모르고 모두가 공명심에 불타 강한 전투 의지를 지니고 있습니다. 이 때문에 제가 '산만하고 제각기 싸운다.'고 한 것입니다.

秦(진) 진나라. 性(성) 국민성. 强(강) 강하다. 其(기) 그. 地(지) 땅, 지세. 險(험) 험하다. 政(정) 정치. 嚴(엄) 엄하다. 賞罰(상벌) 상과 벌. 信(신) 신뢰하다. 믿다. 人(인) 사람. 백성. 不讓(불양) 양보할 줄 모르다. 皆(개) 모두. 有(유) 있다. 鬪心(투심) 싸우고자 하는 마음. 전투 의지. 故(고) 그러므로. 散(산) 산만하다. 흩어지다. 自戰(자전) 스스로 싸우다. 통제를 받지 않고 각자 제 각기 싸우다.

擊此之道, 必先示之以利而引去之, 士貪於得而離其將.
격차지도, 필선시지이리이인거지, 사탐어득이리기장.
이러한 진(秦)나라를 격파하는 방법은 다음과 같습니다. 먼저 적에게 이로운 것을 보여주는 방법으로 유인하면 이들은 서로 이익을 얻고자 장수의 지휘로부터 떨어져 나갈 것입니다.

擊(격) 치다. 此(차) 이것. 道(도) 방법. 必(필) 반드시. 先示(선시) 먼저 보여주다. 利(리) 이로움. 引(인) 끌어들이다. 去(거) 가다. 士貪(사탐) 군사들이 탐하다. 於(어) 어조사. 得(득) 얻다. 離(리) 떨어지다. 其將(기장) 그 장수로부터.

乘乖獵散, 設伏投機, 其將可取.
승괴렵산, 설복투기, 기장가취.
이처럼 지휘체계가 문란해진 틈을 타서 그들을 사냥하듯이 각개격파하고 매복을 통해서 기회가 왔을 때 전투력을 가하면 적장을 사로잡을 수 있을 것입니다.

乘(승) 올라타다. 乖(괴) 어그러지다. 獵(렵) 사냥하다. 散(산) 흩어지다. 設(설) 설치하다. 伏(복) 매복. 投(투) 던지다. 機(기) 기회. 其將(기장) 그 장수, 진나라 장수. 可取(가취) 가히 취할 수 있다.

楚性弱, 其地廣, 其政騷, 其民疲, 故 整而不久.
초성약, 기지광, 기정소, 기민피, 고 정이불구.
초(楚)나라는 국민성이 약한 반면 영토는 대단히 넓으며, 정치는 늘 어수선하며 백성들은 지쳐 있습니다. 이 때문에 제가 '정연하게 보이나 오래 버티지 못한다.'고 한 것입니다.

楚(초) 초나라. 性(성) 국민성을 말함. 弱(약) 약하다. 其(기) 그. 地(지) 영토를 말함. 廣(광) 넓다. 政(정) 정치. 騷(소) 떠들썩하다. 정치가 어수선함. 民(민) 국민, 백성을 말함. 疲(피) 피곤하다, 지쳐 있다. 故(고) 그러므로, 整(정) 정돈되어 있다. 不久(불구) 오래가지 못하다.

擊此之道, 襲亂其屯, 先奪其氣. 輕進速退, 弊而勞之, 勿與戰爭, 其軍可敗.
격차지도, 습란기둔, 선탈기기. 경진속퇴, 폐이로지, 물여전쟁, 기군가패.
이러한 초(楚)나라를 격파하는 방법은 다음과 같습니다. 먼저 적의 주둔지를 기습하여 주도권을 빼앗고, 가볍게 치고 신속히 퇴각하는 방법으로 적의 전투력을 소모하며 지치게 하되 직접적인 전쟁은 피해야 합니다. 이렇게 하면 초(楚)나라 군대는 쉽게 이길 수 있을 것입니다.

擊(격) 치다. 此(차) 이것. 道(도) 방법. 襲(습) 불의에 쳐들어가다. 亂(란) 어지럽다. 其(기) 그. 屯(둔) 진을 치다. 先(선) 먼저. 奪(탈) 빼앗다. 氣(기) 기선이나 주도권. 輕(경) 가볍다. 進(진) 나아가다. 速(속) 빠르다. 退(퇴) 퇴각하다. 弊(폐) 넘어뜨리다. 勞(노) 힘쓰다. 勿(물) 말다. 與(여) 더불어. 戰爭(전쟁) 전쟁하지 말라. 其軍(기군) 그 군대는. 可敗(가패) 패할 것이다.

燕性愨, 其民愼, 好勇義, 寡詐謀, 故 守而不走.
연성각, 기민신, 호용의, 과사모, 고 수이부주.
연(燕)나라의 국민성은 고지식하며 매우 신중한 편입니다. 또한 용기와 의리를 중요하게 생각하며 속임수도 잘 쓰지 않습니다. 이 때문에 제가 '방어에 능하나 퇴각할 줄 모른다.'고 한 것입니다.

燕(연) 연나라. 性(성) 국민성. 愨(각) 성실. 고지식하다. 其(기) 그. 民(민) 국민. 愼(신) 삼가다. 신중하다. 好(호) 좋아하다. 勇義(용의) 용기와 의리. 寡(과) 적다. 詐(사) 속이다. 謀(모) 꾀하다. 故(고) 그러므로. 守(수) 지키다. 不走(부주) 달리지 않는다. 퇴각할 줄 모른다.

擊此之道, 觸而迫之, 陵而遠之, 馳而後之,
격차지도, 촉이박지, 릉이원지, 치이후지,

이런 연(燕)나라를 격파하는 방법은 다음과 같습니다. 먼저 적과 접촉하여 압박하다가 약만 올리고 멀리 후퇴합니다. 그리하면 적이 추격할 텐데 이때는 달아나는 척하다가 갑자기 역습하는 것입니다.

擊(격) 치다. 此(차) 이것. 道(도) 방법. 觸(촉) 부딪치다. 迫(박) 다그치다. 陵(릉) 능욕하다. 욕을 보이다. 遠(원) 멀다. 馳(치) 달리다. 추격하다. 後(후) 뒤.

則上疑而下懼, 謹我車騎必避之路, 其將可虜.

즉상의이하구, 근아차기필피지로, 기장가로.

이렇게 하면 적장은 우리의 의도를 제대로 파악하지 못해서 의구심을 갖게 됨과 동시에 장병들은 두려움을 느끼게 될 것입니다. 이때 전차와 기병을 운용해서 적의 진출로를 차단하면 적장을 사로잡을 수 있을 것입니다.

則(즉) 이렇게 하면. 上(상) 위. 적장은. 疑(의) 의심하다. 下(하) 아래. 부하나 병사. 懼(구) 두려워하다. 謹(근) 삼가다. 我(아) 나의. 車騎(차기) 전차와 기병. 必(필) 반드시. 避之路(피지로) 그 길을 피하다. 其將(기장) 그 장수. 적장. 可虜(가로) 가히 포로로 잡을 수 있다.

三晉者, 中國也, 其性和, 其政平, 其民疲於戰, 習於兵,

삼진자, 중국야, 기성화, 기정평, 기민피어전, 습어병,

삼진(三晉)은 중원(中原)51)에 있는 나라로 국민성이 온화하고 정치 또한 평온하지만 백성들은 거듭되는 전쟁에 너무 지쳐 있습니다.

三晉者(삼진자) 삼진이라는 나라는. 中(중) 중원이라는 뜻. 國(국) 나라. 性(성) 국민성. 和(화) 온화하다. 政(정) 정치. 平(평) 평온하다. 民(민) 백성. 疲(피) 지치다. 於戰(어전) 전쟁으로 인해. 習(습) 익숙해져 있다. 於兵(어병) 전쟁으로 인한 병력동원에.

輕其將, 薄其祿, 士無死志, 故 治而不用.

경기장, 박기록, 사무사지, 고 치이불용.

---

51) 중국(中國). 원래 중국이라는 단어는 중원(中原)을 의미함. 중원(中原)은 중국 한족(漢族)이 일어난 황하강 중류의 양기슭 지역을 말하며, 현재의 하남성과 산동성 서부, 하북성의 동부를 포함한다. 현재 사용하고 있는 중국(中國)이라는 국가명칭은 1905년 손문(孫文)에 의해 시작된 신해혁명(辛亥革命) 이후 사용되기 시작함. 당시에는 중화민국(中華民國)을 줄임 말로 중국(中國)이라고 하였으나, 현재의 중국(中國)은 중화인민공화국(中華人民共和國)의 줄임말임.

따라서 장수의 권위가 높지도 않고 녹봉도 적어서 장병들은 죽음을 무릅쓰고 싸우려 하지 않기 때문에 '체계는 갖춰졌지만 실전에는 쓸모가 없다.'고 한 것입니다.

輕(경) 가볍다. 將(장) 장수. 薄(박) 얇다. 祿(녹) 녹봉. 士(사) 병사. 無死志(무사지) 죽음을 무릅쓰고자 하는 의지가 없다. 故(고) 그러므로. 治(치) 잘 다스려져 있다. 不用(불용) 쓸모가 없다.

擊此之道, 阻陳而壓之, 衆來則拒之, 去則追之, 以倦其師. 此其勢也.
격차지도, 조진이압지, 중래즉거지, 거즉추지, 이권기사. 차기세야.
이런 삼진(三晉)을 격파하는 방법은 다음과 같습니다. 먼저 막강한 군사력을 보여줌으로써 적에게 위압감을 주고, 적이 공격해 오면 저지하고 적이 후퇴하면 추격함으로써 적군을 피곤하게 해야 합니다. 이러한 것들이 바로 지금의 형세입니다.

擊(격) 치다. 此(차) 이것. 道(도) 방법. 阻陳(조진) 험한 군대. 아주 막강한 군대를 말함. 壓之(압지) 위압감을 준다는 뜻임. 衆來(중래) 무리들이 오다. 삼진의 군대가 공격해 오는 모습을 설명. 拒之(거지) 막는다. 去(거) 가다. 문맥상 후퇴한다, 퇴각한다는 의미. 追之(추지) 추격하다. 倦(권) 피로하다. 其師(기사) 그 군대. 삼진의 군대를 말함. 此(차) 이것. 勢(세) 형세.

然則一軍之中, 必有虎賁之士, 力輕扛鼎, 足輕戎馬, 搴旗斬將, 必有能者.
연즉일군지중, 필유호분지사, 역경강정, 족경융마, 건기참장, 필유능자.
그러면, 이제 우리가 어떻게 해야 할 것인지에 대해서 말씀드리겠습니다. 부대 안을 잘 살펴보면 호랑이처럼 날쌘 병사가 있기도 하고, 힘이 세서 솥을 들어 올리는 자도 있고, 걸음이 말보다 빠른 자도 있을 것이며, 적의 군기를 빼앗고 적장을 벨 만한 자도 있기 마련입니다.

然(연) 그러하다. 則(즉) 곧. 一軍之中(일군지중) 하나의 부대 안에는. 必有(필유) 반드시 있다. 虎賁之士(호분지사) 호랑이처럼 날래고 용맹한 병사를 말함. 力(력) 힘세다. 輕(경) 가볍게. 扛(강) 들다. 鼎(정) 가마솥. 足輕(족경) 발이 빠르다. 戎(융) 전차를 말함. 馬(마) 말. 搴(건) 빼내 오다. 旗(기) 깃발. 적의 군기를 말함. 斬(참) 베어내다. 將(장) 적장을 말함. 必有能者(필유능자) 반드시 능력이 있는 자가 있다.

若此之等, 選而別之, 愛而貴之, 是謂軍命.
약차지등, 선이별지, 애이귀지, 시위군명.
만약 이러한 병사들은 선발하여 별도로 등급을 나누었다면, 아끼고 우대해야 합니다. 왜냐하면 이들이야말로 군대의 핵심전력이기 때문입니다.

若(약) 만약. 此之等(차지등) 이렇게 등급을 나누다. 選(선) 선발하다. 別(별) 별도로. 愛(애) 아끼다. 貴(귀) 귀하게 여기다. 是謂(시위) 이렇게 말하다. 軍命(군명) 군대의 핵심전력을 말함.

其有工用五兵, 材力健疾, 志在呑敵者, 必加其爵列, 可以決勝.
기유공용오병, 재력건질, 지재탄적자, 필가기작렬, 가이결승.
그중에서 각종 병기를 잘 다루는 다섯 개의 부대와 재주가 있고 힘세며 튼튼하고 신체조건이 뛰어나고 빠르며 적을 삼켜버릴 정도로 전투 의지가 왕성한 자들은 반드시 직위를 높여주어야 합니다. 그리하면, 전투에서 가히 승리를 결정지을 수 있습니다.

其(기) 그. 有(유) 있다. 工用(공용) 병기를 잘 다루다. 五兵(오병) 5개의 부대. 材(재) 재주. 力(력) 힘세다. 健(건) 튼튼하다. 疾(질) 빠르다. 志在(지재) 의지가 있다. 呑(탄) 삼키다. 敵(적) 적군. 必(필) 반드시. 加(가) 보태주다. 爵列(작렬) 계급을 올려주는 것을 말함. 可以決勝(가이결승) 가히 전투에서 승리를 결정지을 수 있다.

厚其父母妻子, 勸賞畏罰, 此堅陳之士, 可與持久. 能審料此, 可以擊倍.
후기부모처자, 권상외벌, 차견진지사, 가여지구. 능심료차, 가이격배.
아울러 이들의 부모 처자를 돌보아 주고 상벌을 엄정하게 하면, 병사들은 부대를 견고하게 하여 진지를 끝까지 사수하게 될 것입니다. 주군께서 이러한 점을 헤아려 잘 살펴주시면, 배가 넘는 적군도 능히 격퇴할 수 있을 것입니다.

厚(후) 잘 돌봐준다는 뜻임. 勸賞(권상) 상을 권하다. 畏罰(외벌) 벌을 두려워하게 하다. 此(차) 이. 堅(견) 견고하다. 陳(진) 부대. 可(가) 가능하다. 持(지) 보존하다. 久(구) 오래. 끝까지. 能(능) 능히 ~을 하다. 審(심) 살피다. 料(료) 생각하다. 擊倍(격배) 배가 넘는 적군을 격파하다.

武侯曰, 善.
무후왈, 선.
무후(武侯)가 '옳은 말씀이오'라고 하였다.

武侯曰(무후왈) 무후가 말하였다. 善(선) 좋다.

吳起曰, 凡 料敵有不卜 而與之戰者 八.

오기왈, 범 요적유불복 이여지전자 팔.

오기(吳起) 장군이 이렇게 말하였다. 적정(敵情)을 살펴서 길흉을 따지지 않고도 적과 싸울 수 있는 8가지 경우가 있습니다.

吳起曰(오기왈) 오기장군이 말하였다. 凡(범) 무릇. 料敵(료적) 적정을 살피다. 有(유) 있다. 不卜(불복) 점을 치지 않다. 與之戰者(여지전자) 적과 싸우는 것. 八(팔) 8가지.

一曰, 疾風大寒, 早興寤遷, 刊木濟水, 不憚艱難.

일왈, 질풍대한, 조흥오천, 간목제수, 불탄간난.

첫 번째, 바람이 심하게 부는 혹한의 날씨에 아침 일찍 병사들을 깨워 숙영시설을 거두어 짊어지게 하고는 장병들의 어려움은 무시하고 나무를 깎아 뗏목을 만들어 강을 건너갈 때입니다.

一曰(일왈) 첫 번째로 말하다. 疾風(질풍) 바람이 심하게 불다. 大寒(대한) 아주 추운 날씨, 早(조) 아침. 興(흥) 일으키다. 寤(오) 잠에서 깨다. 遷(천) 옮기다. 刊(간) 깎다. 木(목) 나무. 濟(제) 건너다. 水(수) 물, 不(불) 아니다. 憚(탄) 꺼리다. 삼가다. 艱(간) 어려워하다. 難(난) 근심. 不憚(불탄) 전혀 꺼리지 않는다. 艱難(간난) 부하들의 근심과 어려움.

二曰, 盛夏炎熱, 晏興無間, 行驅飢渴, 務於取遠.

이왈, 성하염열, 안흥무간, 행구기갈, 무어취원.

두 번째, 무더운 여름날 출발이 늦어 행군 도중 휴식을 취하지 못했는데도 장병들과 말이 허기지고 갈증이 나는데도 채찍질을 해서 계속 장거리행군을 강행할 때입니다.

二曰(이왈) 두 번째로 말하다. 盛夏(성하) 무더운 한여름. 炎熱(염열) 불같이 더운 날. 晏(안) 늦다. 興(흥) 일어나다. 無間(무간) 사이가 없다. 중간 휴식시간도 없다. 行(행) 행군하다. 驅(구) 말을 채찍질해서 달리게 하다. 飢(기) 허기. 渴(갈) 갈증. 務(무) 힘쓰다. 於(어) 어조사. 取(취) 취하다. 遠(원) 멀다.

三曰, 師旣淹久, 糧食無有, 百姓怨怒, 祅祥數起, 上不能止.

삼왈, 사기엄구, 양식무유, 백성원노, 요상삭기, 상불능지.

세 번째, 출병한 지 오래되어 식량이 다 떨어지고 백성들은 조정을 원망하고 불길한 징조가 자주 나타남에도 군주가 이를 무마시키지 못할 때입니다.

三曰(삼왈) 세 번째로 말하다. 師(사) 군사. 旣(기) 이미. 淹(엄) 오래되다. 久(구) 오래. 糧食(양식) 먹을 식량. 無有(무유) 있는 것이 없다. 百姓(백성) 백성들. 怨(원) 원망. 怒(노) 성내다. 祆(요) 재앙. 祥(상) 상서롭다. 數起(수기) 수차례 일어나다. 上(상) 위. 문맥상 군주를 말함. 不能止(불능지) 그칠 줄을 모르다.

四曰, 軍資旣竭, 薪芻旣寡, 天多陰雨, 欲掠無所.
사왈, 군자기갈, 신추기과, 천다음우, 욕략무소.
네 번째, 군수물자가 고갈되고 땔감도 모자라는데 날씨마저 악천후가 거듭되고 적지에서 노략질이라도 해서 현지조달을 하려고 해도 그럴 수 없을 때입니다.

四曰(사왈) 네 번째로 말하다. 軍資(군자) 군에서 쓰는 물자. 旣(기) 이미. 竭(갈) 다하다. 薪(신) 땔나무. 芻(추) 건초. 旣(기) 이미. 寡(과) 적다. 天(천) 하늘. 기후를 말함. 多陰雨(다음우) 흐리거나 비 오는 날이 많다. 악천후로 해석함. 欲(욕) ~을 하고자 하다. 掠(략) 노략질하다. 無所(무소) 없다.

五曰, 徒衆不多, 水地不利, 人馬疾疫, 四鄰不至.
오왈, 도중부다, 수지불리, 인마질역, 사린부지.
다섯 번째, 병력은 적고 물과 지형이 불리하고 장병들과 말이 질병에 시달리는데도 사방에서 지원군이 오지 않을 때입니다.

五曰(오왈) 다섯 번째로 말하다. 徒衆(도중) 병력. 不多(부다) 많지 않다. 水地(수지) 물과 지형. 不利(불리) 이롭지 않다. 人馬(인마) 병력과 말. 疾(질) 병. 疫(역) 염병. 四(사) 사방에서. 鄰(린) 이웃. 지원군. 不至(부지) 오지 않는다.

六曰, 道遠日暮, 士衆勞懼, 倦而未食, 解甲而息.
육왈, 도원일모, 사중로구, 권이미식, 해갑이식.
여섯 번째, 먼 길을 행군하고 해가 저물어 장병들은 지치고 사기가 떨어져서 귀찮은 나머지 식사도 하지 않고 갑옷을 벗고 쉬려고만 할 때입니다.

六曰(육왈) 여섯 번째로 말하다. 道遠(도원) 길이 멀다. 日(일) 날. 暮(모) 저물다. 士衆(사중) 병사들을 말함. 勞(로) 피로하다. 懼(구) 두려워하다. 倦(권) 게으르다. 未食(미식) 식사도 하지 않는다. 解甲(해갑) 갑옷을 풀다. 息(식) 쉬다.

七曰, 將薄吏輕, 士卒不固, 三軍數驚, 師徒無助.
칠왈, 장박리경, 사졸불고, 삼군삭경, 사도무조.
일곱 번째, 장수는 무능하고 간부들은 경솔하며 병사들은 단결되지 않아 자주 동요하고 상호 간에 협조가 이루어지지 않을 때입니다.

七曰(칠왈) 일곱 번째로 말하다. 將(장) 장수, 지휘관. 薄(박) 엷다. 무능하다는 뜻. 吏(리) 간부. 輕(경) 가볍다. 士卒(사졸) 병사들. 不固(불고) 단결되지 않는다는 뜻임. 三軍(삼군) 전군. 數驚(삭경) 수차례 놀라다. 師徒(사도) 부대들 서로 상호간. 無助(무조) 서로 도움이 없다.

八曰, 陳而未定, 舍而未畢, 行阪, 涉險, 半隱半出, 諸如此者, 擊之勿疑.
팔왈, 진이미정, 사이미필, 행판, 섭험, 반은반출, 제여차자, 격지물의.
여덟 번째, 진지의 배치가 아직 정해지지 않았고 막사도 다 지어지지 않았고 행군하기 어려운 비탈길로 행군하며 험한 길을 건너면서 절반가량이 노출되어있는 이러한 적들은 전혀 의심하지 말고 공격해도 무방합니다.

八曰(팔왈) 여덟 번째로 말하다. 陳(진) 부대의 진지 배치. 未定(미정) 아직 정해지지 않았다. 舍(사) 막사. 未畢(미필) 아직 마치지 않았다. 行(행) 행군하다. 阪(판) 비탈길. 涉(섭) 건너다. 險(험) 험하다. 半隱半出(반은반출) 반은 숨겨지고, 반은 노출되다. 諸如此者(제여차자) 이러한 적들은 모두. 擊之(격지) 그들을 치다. 勿疑(물의) 의심하지 말고.

有不占而避之者, 六.
유부점이피지자, 육.
그런 반면에 길흉을 따져 볼 것도 없이 적과의 교전을 피해야 할 6가지 경우도 있습니다.

有(유) 있다. 不占(부점) 점을 보지 않다. 避(피) 피하다. 者(자) ~하는 것. 六(육) 여섯 가지

一曰, 土地廣大, 人民富衆. 二曰, 上愛其下, 惠施流布.
일왈, 토지광대, 인민부중. 이왈, 상애기하, 혜시류포.
첫 번째, 영토가 넓고 인구가 많으며 경제력이 풍부할 때입니다. 두 번째, 군주가 백성들을 아끼고 정치를 잘해서 혜택이 전 백성들에게 골고루 미칠 때입니다.

一曰(일왈) 첫 번째. 土地(토지) 영토. 廣大(광대) 넓고 크다. 人民(인민) 백성. 富(부) 부유하다. 衆(중) 인구가 많다. 二曰(이왈) 두 번째. 上(상) 군주. 愛(애) 아끼다. 其下(기하) 그 백성들. 惠(혜) 은

혜. 施(시) 시행하다. 流(류) 흐르다. 布(포) 펴다.

三日, 賞信刑察, 發必得時. 四日, 陳功居列, 任賢使能.
삼왈, 상신형찰, 발필득시. 사왈, 진공거열, 임현사능.
세 번째, 상은 믿음을 주고 벌은 잘 살펴서 주며 이러한 것들이 항상 적시에 이루어질 때입니다. 네 번째, 부대에서 공을 세운 자가 높은 지위를 차지하며 능력이 있고 현명한 인재들이 임명되는 등 적재적소에 인재를 쓰고 있을 때입니다.

三日(삼왈) 세 번째. 賞信(상신) 상은 믿음을 주고. 刑察(형찰) 벌은 잘 살펴서 주고. 發(발) 상과 벌을 주는 것. 必(필) 반드시. 得時(득시) 적절한 시기라는 뜻임. 四日(사왈) 네 번째. 陳(진) 부대를 말함. 功(공) 공을 세우다. 居(거) 차지하다. 列(열) 높은 지위를 말함. 任(임) 임명하다. 賢(현) 현명하다. 使(사) 하여금. 能(능) 능력 있다.

五日, 師徒之衆, 兵甲之精. 六日, 四鄰之助, 大國之援.
오왈, 사도지중, 병갑지정. 육왈, 사린지조, 대국지원.
다섯 번째, 병력이 많고 군사 대비태세가 아주 잘 되어있을 때입니다. 여섯 번째, 유사시 사방의 인접국의 도움과 강대국의 지원을 받을 수 있을 때입니다.

五日(오왈) 다섯 번째. 師徒之衆(사도지중) 병력이 많다. 兵甲之精(병갑지정) 병사들의 갑옷이 아주 정밀하다. 군사 대비태세가 아주 잘 되어있다는 뜻임. 六日(육왈) 여섯 번째. 四(사) 사방의. 鄰(린) 이웃 나라. 助(조) 도움. 大國(대국) 큰 나라. 강대국을 말함. 援(원) 지원.

凡此不如敵人, 避之勿疑. 所謂見可而進, 知難而退也.
범차불여적인, 피지물의. 소위견가이진, 지난이퇴야.
이러한 것들을 서로 비교해서 우리가 적보다 못하면 의심하지 말고 교전을 피해야 합니다. '승산이 있을 땐 공격하고, 어렵다고 판단되면 물러서라!'는 것은 이런 경우를 두고 한 말입니다.

凡(범) 무릇. 此(차) 이런 것들. 不如(불여) ~같지 못하다. 敵人(적인) 적군. 避之(피지) 그들을 피하다. 勿疑(물의) 의심하지 말고. 所謂(소위) 이른바. 見可而進(견가이진)가능하다고 보일 때 나아가다. 知難而退也(지난이퇴야) 어려움을 알면 물러서다.

武侯問曰, 吾欲觀敵之外, 以知其內, 察其進以知其止, 以定勝負, 可得聞乎?
무후문왈, 오욕관적지외, 이지기내, 찰기진이지기지, 이정승부, 가득문호?
무후(武侯)가 아래와 같이 물었다. 나는 적의 외형만 보고도 그들의 속셈을 알고, 적이 나아가는 것만 보고도 그 목표가 무엇인지 짐작해서 승부를 예측할 수 있는 안목(眼目)을 갖고 싶은데 조언을 해줄 수 있겠습니까?

武侯問曰(무후문왈) 무후가 물어보며 말했다. 吾(오) 나. 欲(욕) ~하고자 하다. 觀(관) 보다. 敵之外(적지외) 적의 외형. 知其內(지기내) 그 내면을 알다. 察其進(찰기진) 적이 나아가는 것을 살피다. 知其止(지기지) 적이 정지하는 것을 알다. 以定(정) 정해진 목표를 가지고. 勝負(승부) 이기고 지는 것. 可(가) 가능하다. 得聞(득문) 대답을 얻다.

起對曰, 敵人之來, 蕩蕩無慮, 旌旗煩亂, 人馬數顧, 一可擊十, 必使無措.
기대왈, 적인지래, 탕탕무려, 정기번란, 인마삭고, 일가격십, 필사무조.
오기(吳起) 장군이 대답하였다. 공격해 오는 적이 흩어져 산만하고 경계가 소홀하며 군기(軍旗)가 무질서하게 움직이고 장병들과 말이 주위를 자주 살피면 아군 한 명으로도 적군 열 명을 무찔러 꼼짝 못 하게 할 수 있습니다.

起對曰(기대왈) 오기 장군이 대답하여 말하다. 敵人(적인) 적군을 말함. 來(래) 오다. 蕩(탕) 흩어지다. 無慮(무려) 고려 없이. 경계함이 없이. 旌旗(정기) 깃발. 군기라는 의미. 煩亂(번란) 무질서한 모습을 말함. 人馬(인마) 병력과 말. 數(삭) 여러 번. 顧(고) 돌아보다. 一可擊十(일가격십) 한 명으로 열 명을 치는 것이 가능하다. 必(필) 반드시. 使(사) ~하게 하다. 無(무) 없다. 措(조) 그만두다.

諸侯大會, 君臣未和, 溝壘未成, 禁令未施,
제후대회, 군신미화, 구루미성, 금령미시,
주변 제후국들과 관계가 좋지 못하고52), 군신 관계가 화합되지 않으며, 방어진지가 제대로 되어있지 않고, 군령(軍令) 또한 제대로 시행되지 않으며,

諸侯(제후) 주변의 다른 제후국을 말함. 大會(대회) 원문는 大會로 되어 있으나 大가 아닌 未자의 오타로 보임. 未會(미회)는 아직 모이지 않았다고 하니, 제후들과 관계가 좋지 않음을 말하는 것. 君臣(군

52) 諸侯大會(제후대회). 이 문구에서 大(대)를 그대로 해석하면, 해석이 안 됨. 뒤의 문장들을 보면, 未和(미화), 未成(미성), 未施(미시) 등으로 되어있음을 알 수 있음. 따라서 이 문장에서 大(대) → 未(미)로 바꾸어서 해석하는 것이 타당할 것으로 보임.

신) 군주와 신하. 未和(미화) 관계가 그리 좋지 않다. 溝(구) 해자. 壘(루) 진. 未成(미성) 아직 완성되지 않았다. 禁令(금령) 금지하는 명령. 군령으로 해석. 未施(미시) 제대로 시행되지 않는다.

三軍洶洶, 欲前不能, 欲去不敢, 以半擊倍, 百戰不殆.
삼군흉흉, 욕전불능, 욕거불감, 이반격배, 백전불태.
전군이 뒤숭숭하여 공격하고자 해도 제대로 할 수 없고, 후퇴하고자 해도 감히 제대로 되지 않는 적이라면 절반의 병력만으로도 갑절이 되는 적을 격퇴할 수 있을 뿐 아니라 백 번 싸워도 위태롭지 않을 것입니다.

三軍(삼군) 전군. 洶洶(흉흉) 뒤숭숭한 상황을 설명. 欲(욕) ~하고자 하다. 前(전) 앞으로. 不能(불능) 하지 못하다. 欲(욕) ~하고자 하다. 去(거) 가다. 不敢(불감) 감히 ~을 못하다. 以半擊倍(이반격배) 반으로 배가 되는 적을 치다. 百戰不殆(백전불태) 백번 싸워도 위태롭지 않다.

武侯問, 敵必可擊之道.
무후문, 적필가격지도.
무후(武侯)가 물었다. 적을 반드시 격파하는 방법에는 어떤 것들이 있겠습니까?

武侯問(무후문) 무후가 물었다. 敵必可擊之道(적필가격지도) 적을 반드시 격파하는 방법.

起對曰, 用兵必須審, 敵虛實, 而趨其危.
기대왈, 용병필수심, 적허실, 이추기위.
오기(吳起) 장군이 대답하였다. 용병할 때는 반드시 적정을 잘 살펴서 적의 허(虛)와 실(實)을 잘 살핀 후에 그 약점을 노려야 합니다.

起對曰(기대왈) 오기 장군이 대답하여 말하다. 用兵(용병) 용병. 必(필) 반드시. 須(수) 모름지기. 審(심) 살피다. 敵虛實(적허실) 적의 허와 실. 趨(추) 쫓다. 其危(기위) 그 위태로운 점. 약점을 말함.

敵人, 遠來新至, 行列未定可擊. 旣食未設備可擊.
적인, 원래신지, 행렬미정가격. 기식미설비가격.
① 첫 번째, 먼 곳에서 막 도착하여 대오가 정돈되지 않았을 때 공격하면 적을 격파할 수 있습니다. ② 두 번째, 적이 식사를 마치고 전투태세가 갖춰지지 않았을 때 공격하면 적을 격파할 수 있습니다.

敵人(적인) 적의 병력을 말함. 遠來(원래) 먼 곳에서부터 와서. 新至(신지) 새로운 곳에 이르다. 行列(행렬) 군대의 행군과 대열. 未定(미정) 아직 정해지지 않았다. 可擊(가격) 치는 것이 가능하다. 旣(기) 이미. 食(식) 식사. 未設備(미설비) 대비태세를 제대로 갖추지 못하다.

奔走可擊. 勤勞可擊. 未得地利可擊. 失時不從可擊. 旌旗亂動可擊.
분주가격. 근로가격. 미득지리가격. 실시부종가격. 정기난동가격.

③ 세 번째, 무질서하게 패주하여 도망가는 적은 격파할 수 있습니다. ④ 네 번째, 적이 일에 시달려 지쳐 있을 때 공격하면 적을 격파할 수 있습니다. ⑤ 다섯 번째, 불리한 지형에 자리 잡고 있을 때 공격하면 적을 격파할 수 있습니다. ⑥ 여섯 번째, 적이 자신에게 유리한 시기를 놓쳤을 때 공격하면 격파할 수 있습니다. ⑦ 일곱 번째, 군기(軍旗)가 무질서하게 움직이는 적은 공격하면 격파할 수 있습니다.

奔(분) 달리다. 走(주) 달리다. 奔走(분주) 아주 무질서하게 달리는 모습. 可擊(가격) 치는 것이 가능하다. 勤(근) 부지런하다. 勞(로) 일하다. 勤勞(근로) 부지런하게 일한다는 뜻이 아니라 일을 많이 해서 지쳐 있는 모습을 말함. 未得(미득) 아직 얻지 못하다. 地利(지리) 지형의 이로움. 失(실) 잃다. 時(시) 시기. 不從(부종) 따르지 않다. 旌旗(정기) 깃발이라는 뜻인데 여기서는 군기를 말함. 亂動(난동) 어지럽게 움직이다.

涉長道後行未息可擊. 涉水半渡可擊, 險道狹路可擊, 陳數移動可擊,
섭장도후행미식가격. 섭수반도가격, 험도협로가격, 진삭이동가격,

⑧ 여덟 번째, 먼 길을 건너기 위해 행군한 후 아직 휴식을 취하지 못했을 때 공격하면 적을 격파할 수 있습니다. ⑨ 아홉 번째, 적의 병력이 강을 반쯤 건넜을 때 공격하면 적을 격파할 수 있습니다. ⑩ 열 번째, 적이 험한 길이나 좁은 길에 있을 때 공격하면 적을 격파할 수 있습니다. ⑪ 열한 번째, 진지를 자주 이동하는 적은 공격하면 격파할 수 있습니다.

涉(섭) 건너다. 長道(장도) 먼 길. 後行(후행) 행군한 후. 未息(미식) 아직 쉬지 못하다. 涉水(섭수) 물을 건너다. 半渡(반도) 반쯤 건너다. 險道(험도) 험한 길. 狹路(협로) 좁은 길. 可擊(가격) 치는 것이 가능하다. 陳(진) 진지. 數(삭) 자주. 移動(이동) 이동하다.

將離士卒可擊, 心怖可擊. 凡若此者, 選銳衝之, 分兵繼之, 急擊勿疑.
장리사졸가격, 심포가격. 범약차자, 선예충지, 분병계지, 급격물의.

⑫ 열두 번째, 장수가 병사들과 떨어져 있을 때 공격하면 적을 격파할 수 있습니다. ⑬ 열세 번째, 공포에 떨고 있을 때 공격하면 적을 격파할 수 있습니다. 이러한 적들은 먼저 정예부대를 선발해서 돌파하게 하고, 나머지 부대를 나누어 계속 몰아치되 신속히 공격해야 하며 지체해서는 안 됩니다.

將(장) 장수. 離(리) 떨어지다. 士卒(사졸) 병사들. 可擊(가격) 치는 것이 가능하다. 心(심) 마음. 怖(포) 공포에 떨다. 凡若此者(범약차자) 무릇 만약 이러한 적들은. 選(선) 선발하다. 銳(예) 정예부대. 衝(충) 맞부딪치다. 分兵(분병) 부대를 나누다. 繼(계) 잇다. 急(급) 신속히. 擊(격) 공격하다. 勿疑(물의) 의심하지 마라.

第三. 治兵 제3. 치병. 부대를 잘 다스리려면

치병(治兵)이란 부대를 잘 정돈하고 다스려서 어지럽지 않게 하는 것을 말한다. 군대가 잘 다스려지면 곧 전쟁에서 이길 수 있는 것이며 잘 다스려지지 않으면 곧 스스로 패하게 되는데 어떻게 적과 싸울 수 있겠는가? 이번 편(篇) 내용 중에 부대를 다스리는 방법에 대하여 논하였으므로 치병(治兵)을 편명(篇名)으로 지었다.

-오자직해(吳子直解)에서-

武侯問曰, 進兵之道何先?
무후문왈, 진병지도하선?
무후(武侯)가 물었다. 용병함에 있어 먼저 해야 할 것은 무엇이오?

武侯(무후) 위나라 왕 무후. 問(문) 묻다. 曰(왈) 말하다. 進(진) 나아가다. 兵(병) 군대. 進兵(진병) 군대를 나아가게 하다. 용병(用兵)과도 같은 뜻. 道(도) 방법. 何先(하선) 무엇이 먼저인가?

起對曰, 先明 四輕 二重, 一信.
기대왈, 선명 사경 이중, 일신.
오기(吳起) 장군이 대답하였다. 먼저 사경(四輕), 이중(二重), 일신(一信)을 분명히 해야 합니다.

起(기) 오기 장군. 對曰(대왈) 대답하여 말하다. 先明(선명) 먼저 밝히다. 四輕(사경) 가볍게 해야 할 4가지. 二重(이중) 중요하게 지켜야 할 2가지. 一信(일신) 믿음을 주어야 할 1가지.

曰, 何謂也?
왈, 하위야?
무후(武侯)가 다시 물었다. 그것이 무슨 뜻이오?

曰(왈) 말하다. 何謂也(하위야) 무슨 뜻이오?

對曰, 使地輕馬, 馬輕車, 車輕人, 人輕戰. 明知陰陽, 則地輕馬.
대왈, 사지경마, 마경차, 차경인, 인경전. 명지음양, 즉지경마.
오기(吳起) 장군이 대답하였다. 사경(四輕)이란 가볍게 해주어야 할 4가지를 말하는 것인데

다음과 같습니다. 첫 번째 땅이 말을 가벼이 여겨야 하고, 두 번째 말이 수레를 가벼이 여기며, 세 번째 수레가 장병들을 가벼이 여겨야 하며, 네 번째 장병들이 전쟁이나 전투를 가벼이 여기도록 하는 것입니다.

對曰(대왈) 대답하여 말하다. 使(사) ~하게 하다. 地輕馬(지경마) 땅이 말을 가볍게 하다. 馬輕車(마경차) 말이 수레를 가볍게 하다. 車輕人(차경인) 수레가 사람을 가볍게 하다. 人輕戰(인경전) 사람이 전쟁을 가볍게 하다.

明知陰陽, 則地輕馬. 芻秣以時, 則馬輕車.
명지음양, 즉지경마. 추말이시, 즉마경차.
부연설명을 드리자면, 첫 번째, 지경마(地輕馬)는 지형이 어느 쪽이 좋고 나쁜지를 명확히 알면, 땅이 말을 가볍게 할 것이라는 뜻입니다. 두 번째, 마경차(馬輕車)는 말 먹이를 제때에 주어 말이 힘이 넘치게 하면, 말은 수레를 가벼이 여길 것이라는 뜻입니다.

明知(명지) 명확하게 알다. 陰陽(음양) 지형의 음과 양. 則(즉) 곧. 地輕馬(지경마) 말이 지형을 가볍게 여길 수 있다. 芻(추) 꼴, 건초 등 말의 먹이. 秣(말) 꼴, 건초 등 말의 먹이. 時(시) 시기. 則(즉) 곧. 馬輕車(마경차) 말이 수레를 가볍게 여긴다는 뜻이다.

膏鐗有餘, 則車輕人. 鋒銳甲堅, 則人輕戰.
고간유여, 즉차경인. 봉예갑견, 즉인경전.
세 번째, 차경인(車輕人)은 수레의 축에 기름칠을 충분히 하는 등 전투에 필요한 장비들을 잘 정비해 놓으면 전투 장비를 장병들이 사용하기 쉬워진다는 뜻입니다. 네 번째, 인경전(人輕戰)은 병기가 예리하고 갑옷을 튼튼하게 하는 등 전투에 필요한 장비들을 사용하기 쉬워지면 장병들이 전쟁이나 전투에 참여하는 것을 가벼이 여길 것이라는 뜻입니다. 이러한 4가지를 4경(四輕)이라 하는 것입니다.

膏(고) 살찌다. 기름지다. 기름칠하다. 鐗(간) 굴대로 쓰는 쇠. 有餘(유여) 여유분이 있다. 則(즉) 곧. 車輕人(차경인) 수레가 사람을 가볍게 여기다. 鋒(봉) 칼끝. 銳(예) 예리하다. 甲(갑) 갑옷. 堅(견) 견고하다. 人輕戰(인경전) 병사들은 전쟁을 가볍게 여길 수 있다.

進有重賞, 退有重刑. 行之以信. 審能達此, 勝之主也.
진유중상, 퇴유중형. 행지이신. 심능달차, 승지주야

다음은 2중(二重), 즉 2가지 중요하게 지켜야 할 것에 대해 말씀드리겠습니다. 첫 번째, 전쟁터에 나아가 싸워 공을 세운 자에게는 큰 상을 주고, 두 번째, 전쟁터에서 뒤로 물러난 자는 무거운 형벌을 내려야 합니다. 다음은 반드시 믿음을 주어야 할 1신(一信)에 대한 것입니다. 1신(一信)은 앞에서 언급한 2가지 중요한 사항을 행함에 있어서 신뢰가 있어야 한다는 것입니다. 이런 것을 잘 살펴 능히 통달할 정도가 되도록 하는 것이 바로 승리의 원동력입니다.

進(진) 나아가다. 有(유) 있다. 重(중) 소중하게 여기다. 賞(상) 상. 退(퇴) 퇴각하다. 刑(형) 형벌. 行之(행지) 그것을 행하다. 以信(이신) 믿음이 있어야 한다. 審(심) 살피다. 能(능) 능히 ~하다. 達此(달차) 이것에 통달하다. 勝之主也(차 승지주야) 승리의 원동력.

武侯問日, 兵何以爲勝.

무후문왈, 병하이위승.

무후(武侯)가 물었다. 전투에서 승리를 위해서는 어떻게 해야 하오?

武侯(무후) 위나라 왕 무후. 問(문) 묻다. 日(왈) 말하다. 兵(병) 군사. 何(하) 어찌. 爲勝(위승) 승리를 만들다.

起對日, 以治爲勝.

기대왈, 이치위승.

오기(吳起) 장군이 대답하였다. 훈련이 잘된 군대라면 승리합니다.

起(기) 오기 장군. 對日(대왈) 대답하여 말하다. 以(이) ~로써. 治(치) 다스리다. 爲勝(위승) 승리를 만들다. 治(치) 다스린다는 뜻도 있지만, 잘 훈련된 군대라는 뜻으로 해석.

又問日, 不在衆寡.

우문왈, 부재중과.

무후(武侯)가 다시 물었다. 전투에서의 승리는 병력의 수에 달려 있는 것 아니오?

又(우) 또. 問日(문왈) 물어보다. 不在(부재) 있는 것이 아닌가? 衆(중) 많다. 寡(과) 적다.

對日, 若法令不明, 賞罰不信, 金之不止, 鼓之不進, 雖有百萬, 何益於用.

대왈, 약법령불명, 상벌불신, 금지부지, 고지부진, 수유백만, 하익어용.

오기(吳起) 장군이 이렇게 대답하였다. 만약 군법과 지휘체계가 명확하지 않고 상벌을 시행함에 있어 믿음이 없으면, 병사들은 퇴각을 알리는 징을 쳐도 멈추지 않고 진격을 알리는 북을 울려도 나아가지 않을 것이니 백만 대군이라 한들 무슨 소용이 있겠습니까?

對曰(대왈) 대답하여 말하다. 若(약) 만약. 法令(법령) 군법과 군령을 말함. 不明(불명) 명확하지 않다. 賞罰(상벌) 상과 벌. 不信(불신) 믿음이 없다. 金(금) 징을 말함. 不止(부지) 멈추지 않다. 鼓(고) 북. 不進(부진) 나아가지 않다. 雖(수) 비록. 有百萬(유백만) 백만 대군이 있다. 何(하) 어찌. 益(익) 이익. 於用(어용) 쓰임에.

所謂治者, 居則有禮, 動則有威, 進不可當, 退不可追,

소위치자, 거즉유례, 동즉유위, 진불가당, 퇴불가추,

이른바 잘 훈련된 군대는 평상시에는 예절이 바르고, 일단 출동했다 하면 위엄이 있어서 공격하면 당할 상대가 없고, 물러나면 쫓아오지 못하는 부대입니다.

所謂(소위) 이른바. 治者(치자) 직역하면 다스려진 것이지만 문맥상 잘 훈련된 부대나 군대를 말함. 居(거) 평상시 주둔하고 있는 모습을 설명. 則(즉) 곧. 有禮(유례) 예의범절이 바르다는 것은 곧 군 기본자세가 제대도 되어있다는 뜻임. 動(동) 움직이다. 부대가 출동하다. 有威(유위) 위엄이 있다. 進(진) 나아가다. 공격하다. 不可當(불가당) 당할 수가 없다. 退(퇴) 물러나다. 후퇴하다. 不可追(불가추) 쫓아오지 못하다는 뜻임.

前卻有節, 左右應麾, 雖絕成陳, 雖散成行.

전각유절, 좌우응휘, 수절성진, 수산성행.

그리고, 부대를 전진하거나 후퇴할 때 절도가 있고, 좌우 이동도 명령에 따라 일사불란하게 이루어지는 부대입니다. 이런 부대는 비록 부대가 단절되더라도 진을 잘 유지하고, 비록 부대들이 분산되어 있더라도 주어진 임무를 잘 수행하는 하는 부대입니다.

前(전) 앞으로 나아가다. 卻(각) 퇴각하다. 有節(유절) 절도가 있다. 左右(좌우) 좌우로의 이동. 應(응) 응하다. 麾(휘) 지휘하다. 雖(수) 비록. 絕(절) 부대 간 지휘체계가 단절된 상황을 설명. 成陳(성진) 진을 이루다. 雖(수) 비록. 散(산) 흩어지다. 成行(성행) 명령을 잘 이행한다.

與之安, 與之危, 其衆可合而不可離, 可用而不可疲, 投之所往, 天下莫當,

여지안, 여지위, 기중가합이불가리, 가용이불가피, 투지소왕, 천하막당,

또한 생사고락을 같이하는 부대는 일치단결되어 흩어지는 일이 없으며, 일단 전투에 투입되면 지칠 줄을 모르므로 투입되는 곳마다 천하에 당할 자가 없습니다.

與之安(여지안) 평안함을 같이하다. 與之危(여지위) 위태로움을 같이하다. 其衆(기중) 그 무리. 그러한 군대. 可合(가합) 합치는 것은 가능하다. 不可離(불가리) 떼어놓은 것은 불가하다는 뜻임. 可用(가용) 쓰이는 것은 가능함. 不可疲(불가피) 지칠 줄 모르고 전투를 한다. 投之(투지) 부대를 투입하다. 所往(소왕) 부대를 투입하는 곳. 天下莫當(천하막당) 천하에 당할 자가 없다.

名曰父子之兵.

명왈부자지병.

이러한 부대를 일컬어 부자지간같이 끈끈한 정으로 뭉친 부대라는 뜻으로 '부자지병(父子之兵)'이라 합니다.

名曰(명왈) 이를 일컬어. 父子之兵(부자지병) 부자지간같이 끈끈하게 뭉친 군대.

吳起曰, 凡行軍之道, 無犯進止之節, 無失飮食之適, 無絕人馬之力.

오기왈, 범행군지도, 무범진지지절, 무실음식지적, 무절인마지력.

오기(吳起) 장군이 말하였다. 행군할 때는 다음 3가지를 주의해야 하는데, 앞으로 나아갈 때와 정지해야 할 때의 절도를 어기지 않고, 적절한 식사 시기를 놓치지 않아야 하며, 병력과 말을 탈진시키지 않아야 합니다.

吳起曰(오기왈) 오기 장군이 말하였다. 凡(범) 모름지기. 行軍之道(행군지도) 행군의 방법. 無犯(무범) 범함이 없다. 進止之節(진지지절) 행군할 때 나아갈 때와 정지할 때 절도가 있게 해야 함. 無失(무실) 놓치지 말아야 함. 飮食之適(음식지적) 식사를 할 적당한 때. 無絕(무절) 끊어짐이 없다. 人馬之力(인마지력) 병력과 말의 힘.

此三者, 所以任其上令.

차삼자, 소이임기상령.

이 3가지는 장수의 명령에 권위가 있는지를 알아보는 척도이기도 합니다.

此三者(차삼자) 이 세 가지는. 所(소) ~하는 바. 以(이) ~~로써. 任(임) 맡기다. 其上令(기상령) 그 상부의 명령. 상부의 명령이 얼마나 권위가 있느냐에 달려있다.

任其上令, 則治之所由生也.
임기상령, 즉치지소유생야.
명령이 서야 잘 훈련된 군대가 됩니다.

任其上令(임기상령) 상부의 명령에 권위가 있다. 則(즉) 곧. 治(치) 다스리다는 뜻보다는 잘 육성되다. 所由(소유) 잘 육성됨으로써 말미암아. 生(생) 태어나다, 나다.

若進止不度, 飮食不適, 馬疲人倦而不解舍, 所以不任其上令.
약진지부도, 음식부적, 마피인권이불해사, 소이불임기상령.
만약 부대가 행군하면서 전진하거나 정지함에 있어 절도나 법도가 없고, 식사 시간이 적절하지 않고, 말이 피곤해하고 병력이 게을러지는데도 머물러 해결해주지 않는다면, 그것은 상부의 명령이 제대로 서지 않기 때문입니다.

若(약) 만약. 進止(진지) 전진과 정지. 不度(부도) 법도가 없다. 飮食(음식) 음식. 不適(부적) 적절하지 못하다. 馬(마) 말. 疲(피) 지치다. 人(인) 사람. 여기서는 병력을 말함. 倦(권) 게으르다. 不解(불해) 해결하지 않다. 舍(사) 머물다. 不解舍(불해사) 머무르면서 해결해주지 않는다. 所(소) ~하는 바. 以(이) ~로써. 不任其上令(불임기상령) 상부의 명령이 제대로 서지 않는다.

上令旣廢, 以居則亂, 以戰則敗.
상령기폐, 이거즉란, 이전즉패.
상부의 명령이 무너지면 그 부대는 평소에도 문란하고, 전투가 벌어지면 곧 패하게 됩니다.

上令(상령) 상부의 명령. 旣(기) 이미. 廢(폐) 무너지다. 以(이) 써. 居(거) 머물다. 則(즉) 곧. 亂(란) 문란하다. 以戰(이전) 싸움에 임하다. 則(즉) 곧. 敗(패) 지다.

吳起曰, 凡兵戰之場, 立屍之地. 必死則生, 幸生則死.
오기왈, 범병전지장, 입시지지. 필사즉생, 행생즉사.
오기(吳起) 장군이 말하였다. 모름지기 전쟁터란 항상 죽음이 도사리고 있는 곳입니다. 따라서 죽기를 각오한 자는 살고, 요행히 살아남기를 바라는 자는 죽을 것입니다.[53)]

53) 필사즉생 행생즉사(必死則生 幸生則死). 이순신 장군의 '필사즉생 필생즉사(必死則生 必生則死)'라는 문구가 여기서 인용된 것이 아닌가 하는 생각이 드는 문장이다. 예전 무반(武班)들이 무경칠서(武經七書)를 공부하였다면, 이순신 장군도 분명 이 문구를 보았을 터, 따라서 이순신 장군도 오기(吳起) 장군의 이 말을 인용했던 것으로 추정된다.

吳起曰(오기왈) 오기 장군이 말하다. 凡(범) 모름지기. 兵戰之場(병전지장) 전쟁터. 立(입) 서다. 屍(시) 주검. 地(지) 땅. 必死則生(필사즉생) 죽기를 각오하면 살 것이다. 幸生則死(행생즉사) 요행히 살기를 바라면 곧 죽을 것이다.

其善將者, 如坐漏船之中, 伏燒屋之下, 使智者不及謀, 勇者不及怒, 受敵可也.
기선장자, 여좌루선지중, 복소옥지하, 사지자불급모, 용자불급노, 수적가야.
훌륭한 장수는 마치 물이 새어 침몰하는 배 안에 앉아 있거나 불에 타고 있는 집에 엎드려 있는 것과 같은 급박한 상황에서도 의연하게 대처하는 법입니다. 그리고 모사꾼들이 미치지 못할 정도로 지모가 뛰어나고, 화난 사람도 미치지 못할 정도로 용맹스럽기 때문에 적과 상대하여 싸울 수 있는 것입니다.

其(기) 그. 善(선) 훌륭하다. 將(장) 장수. 如(여) 마치 ~하는 것 같다. 坐(좌) 앉아 있다. 漏船(누선) 물이 새는 배. 伏(복) 엎드려 있다. 燒(소) 타다. 屋(옥) 집. 使(사) ~하게 하다. 智者(지자) 지혜로운 것. 不及謀(불급모) 모사꾼들이 미치지 못하는. 勇者不及怒(용자불급노) 화난 사람도 미치지 못할 정도로 용맹함을 말함. 受(수) 받다. 敵(적) 적. 可(가) 가능하다.

故曰, 用兵之害, 猶豫最大, 三軍之災, 生於狐疑.
고왈, 용병지해, 유예최대, 삼군지재, 생어호의.
고로 용병에 있어서 가장 큰 병폐는 주저함이요, 전군을 재앙으로 몰고 가는 것은 의구심을 갖는 데서 비롯되는 것입니다.

故曰(고왈) 그 때문에, 말하자면, 用兵之害(용병지해) 용병에 있어서 가장 큰 해가 되는 것은. 猶豫(유예) 결심을 잘 하지 않고 우유부단함. 最大(최대) 제일 큰 병폐다. 三軍(삼군) 전체 군대를 말함. 之災(지해) 해가 되는. 生(생) 생겨나다. 於(어) ~에. 狐(호) 여우. 疑(의) 의심하다.

吳起曰, 夫人當死其所不能, 敗其所不便, 故用兵之法, 敎戒爲先.
오기왈, 부인당사기소불능, 패기소불편, 고용병지법, 교계위선.
오기(吳起) 장군이 말하였다. 군인이 전쟁터에서 죽는 것은 통상 전투기술에 능숙하지 못하기 때문이며, 전투에서 패하는 것은 전술에 익숙하지 않기 때문입니다. 그러므로 용병에 있어서는 교육과 훈련이 우선되어야 합니다.

吳起曰(오기왈) 오기 장군이 말하다. 夫(부) 무릇. 人(인) 여기서는 군인으로 해석. 當死(당사) 죽어

마땅하다. 其所不能(기소불능) 능력이 부족하다. 여기서는 문맥상 단순한 능력이 아닌 군인의 전투 기술이 부족하다는 뜻임. 其所不便(기소불편) 편하지 않다. 군인이므로 전술에 익숙하지 않다. 故(고) 그러므로. 用兵之法(용병지법) 용병하는 방법. 教(교) 가르치다. 戒(계) 경계하다는 뜻이지만 문맥상 훈련으로 해석하는 것이 더 낳을 듯함. 爲先(위선) 우선해야 함.

一人學戰, 教成十人, 十人學戰, 教成百人, 百人學戰, 教成千人,
일인학전, 교성십인, 십인학전, 교성백인, 백인학전, 교성천인,
한 명이 전술을 배우면 열 명을 가르칠 수 있고, 열 명은 백 명을, 백 명은 천 명을,

一人學戰(일인학전) 한 명이 전술을 배우면. 教成十人(교성십인) 열 명을 가르칠 수 있다. 十人學戰(십인학전) 열 명이 전술을 배우면. 教成百人(교성백인) 백 명을 가르칠 수 있다. 百人學戰(백인학전) 백 명이 전술을 배우면. 教成千人(교성천인) 천 명을 가르칠 수 있다.

千人學戰, 教成萬人, 萬人學戰, 教成三軍.
천인학전, 교성만인, 만인학전, 교성삼군.
천 명은 만 명을, 만 명은 전군(全軍)을 가르칠 수 있습니다.

千人學戰(천인학전) 천 명이 전술을 배우면. 教成萬人(교성만인) 만 명을 가르칠 수 있다. 萬人學戰(만인학전) 만 명이 전술을 배우면. 教成三軍(교성삼군) 전군을 가르칠 수 있다.

以近待遠, 以佚待勞, 以飽待飢.
이근대원, 이일대로, 이포대기.
가까운 곳에 있으면서 먼 곳에서 오는 적을 기다렸다가 상대해야 하고, 편안하게 있으면서 피로한 적을 상대하고, 배부르게 있으면서 허기진 적을 상대해야 합니다.

以近(이근) 가까운 곳에 있으면서. 待遠(대원) 먼 곳에서 오는 적을 기다려라. 以佚(이일) 편안하게 있으면서. 待勞(대로) 피곤한 적을 기다려라. 以飽(이포) 배부르게 있으면서. 待飢(대기) 배고픈 적을 기다려라.

圓而方之, 坐而起之, 行而止之, 左而右之, 前而後之, 分而合之, 結而解之.
원이방지, 좌이기지, 행이지지, 좌이우지, 전이후지, 분이합지, 결이해지.
그리고 원진(圓陳)을 갖추다가 방진(方陳)으로 바꾸고, 앉았다가 일어서고, 가다가 멈추고,

왼쪽에서 오른쪽으로 옮기고, 전진하다 후퇴하고, 나누었다가 합치고, 모였다가 흩어지는 등의 훈련을 해야 합니다.

圓(원) 둥글다. 圓陳(원진)이라는 둥근 형태의 전투대형을 말함. 方(방) 모나다. 方陳(방진)이라는 모난 형태의 전투대형을 말함. 坐(좌) 앉아 있다. 起(기) 일어서다. 行(행) 행군하다. 止(지) 그치다. 左而右之(좌이우지) 왼쪽으로, 오른 쪽으로도 움직이고. 前而後之(전이후지) 앞뒤로도 움직이고. 分而合之(분이합지) 분산되었다가도 합치고. 結而解之(결이해지) 모였다가 흩어지기도 하고.

每變皆習, 乃授其兵. 是謂將事.
매변개습, 내수기병. 시위장사.
훈련을 할 때는 매번 변화하면서 훈련하고, 이러한 것들에 숙달되면 비로소 병기를 다루게 합니다. 이러한 것들이 바로 장수가 해야 할 일입니다.

每(매) 늘. 變(변) 변화하다. 皆(개) 모두. 習(습) 연습하다. 乃(내) 이에. 授(수) 주다. 其(기) 그. 兵(병) 병사보다는 병기로 해석. 是(시) 이. 謂(위) 말하다. 將事(장사) 장수의 일.

吳起曰, 敎戰之令,
오기왈, 교전지령,
오기(吳起) 장군이 말하였다. 전투훈련의 방법에 대해서 말씀드리겠습니다.

吳起曰(오기왈) 오기 장군이 말하다. 敎戰之令(교전지령) 전투훈련의 방법을 말함.

短者持矛戟, 長者持弓弩, 强者持旌旗, 勇者持金鼓, 弱者給廝養, 智者爲謀主.
단자지모극, 장자지궁노, 강자지정기, 용자지금고, 약자급시양, 지자위모주.
키 작은 자에게는 창을 주고, 키 큰 자에게는 활을 주며, 힘이 센 자는 깃발을 들게 하고, 용감한 자는 징과 북을 들게 하며, 약한 자에게는 잡일을 시키고, 영리한 자는 참모로 써야 합니다.

短者(단자) 키 작은 사람. 持(지) 가지다. 矛戟(모극) 둘 다 창이라는 뜻임. 長者(장자) 키 큰 사람. 持(지) 가지다. 弓(궁) 활. 弩(노) 어떤 장치에 의해 화살 같은 것을 쏠 수 있게 한 장치. 强者(강자) 힘센 사람. 持(지) 가지다. 旌旗(정기) 둘 다 깃발이라는 뜻. 勇者(용자) 용감한 사람. 持(지) 가지다. 金(금) 징을 의미하는데 주로 퇴각할 때 신호로 사용. 鼓(고) 북이라는 뜻인데 주로 공격할 때 신호로 사용. 弱者(약자) 약한 사람. 給(급) 공급하다. 廝(시) 하인. 養(양) 기르다. 廝養(시양) 하인들이 하는 잡일을 의미함. 智者(지자) 지혜로운 사람. 爲謀主(위모주) 주군을 돕는 참모로 삼다.

鄕里相比, 什伍相保.

향리상비, 십오상보.

지방 행정단위에 따라 부대 편성을 해서 유사시 예하 부대들끼리는 서로 잘 보호해줄 수 있도록 해야 합니다.

鄕里(향리) 마을. 지방 행정단위. 相(상) 서로. 比(비) 따르다. 什(십) 사람 열 명으로 구성된 부대. 伍(오) 사람 다섯 명으로 구성된 부대. 相保(상보) 서로 도와주다.

一鼓整兵, 二鼓習陳, 三鼓趨食, 四鼓嚴辨, 五鼓就行.

일고정병, 이고습진, 삼고추식, 사고엄변, 오고취행.

북을 치는 것으로 부대를 통제하는 신호를 살펴보겠습니다. 북을 1번 치면 병기를 갖추고, 2번 치면 진법(陳法)을 연습하고, 3번 치면 식사를 하고, 4번 치면 출동태세를 엄격하게 점검하고, 5번 치면 행군대열을 갖추게 합니다.

一鼓(일고) 북을 한번 치면. 整兵(정병) 병기를 갖춘다는 뜻임. 二鼓(이고) 북을 두 번 치면. 習陳(습진) 진을 연습하다. 三鼓(삼고) 북을 세 번 치면. 趨(추) 달리다. 食(식) 식사. 四鼓(사고) 북을 네 번 치면. 嚴(엄) 엄하다. 辨(변) 분별하다. 五鼓(오고) 다섯 번 북을 치다. 就行(취행) 행렬을 갖추다.

聞鼓聲合, 然後擧旗.

문고성합, 연후거기.

이렇게 해서 각 부대의 북소리가 일치하는지 확인한 후에 군기(軍旗)를 세우고 출동해야 합니다.

聞鼓(문고) 북소리를 듣다. 聲合(성합) 소리가 합쳐지다. 然後(연후) ~일을 한 이후에. 擧(거) 들다. 旗(기) 깃발.

武侯問曰, 三軍進止, 豈有道乎.

무후문왈, 삼군진지, 기유도호.

무후(武侯)가 물었다. 전군(三軍)이 전진하고 멈추는 데에도 어떤 원칙이 있지 않소?

武侯問曰(무후문왈) 무후가 물어보았다. 三軍進止(삼군진지) 전군이 전진하고 멈추다. 豈(기) 어찌. 有(유) 있다. 道(도) 방법이나 원칙.

起對曰, 無當天竈, 無當龍頭. 天竈者 大谷之口. 龍頭者 大山之端.
기대왈, 무당천조, 무당용두. 천조자 대곡지구. 용두자 대산지단.
오기(吳起) 장군이 대답하였다. 천조(天竈)와 용두(龍頭)의 지형은 피해야 합니다. 천조(天竈)이란 큰 계곡의 입구가 마치 하늘의 부엌과 같이 생겼다 하여 이름 붙여진 지형을 말하며, 용두(龍頭)는 큰 산의 산기슭이 마치 용의 머리와 같이 생겼다 하여 이름 붙여진 지형을 가리킵니다.

起對曰(기대왈) 오기 장군이 말하다. 無當天竈(무당천조) 마땅히 천조의 지형은 피해야 한다. 天(천)은 하늘. 竈(조)는 부엌. 無當龍頭(무당용두) 마땅히 용두의 지형은 피해야 한다. 天竈者(천조자) 천조라고 하는 것은. 大谷之口(대곡지구) 큰 계곡의 입구. 龍頭者(용두자) 용두라고 하는 것은. 大山(대산) 큰 산. 端(단) 산마루나 산기슭. 큰 산의 산기슭을 말함.

必 左靑龍, 右白虎, 前朱雀, 後玄武, 招搖在上, 從事於下.
필 좌청룡, 우백호, 전주작, 후현무, 초요재상, 종사어하.
그리고 진을 쳤을 때는 반드시 왼쪽에 청룡기(靑龍旗), 오른쪽에 백호기(白虎旗), 앞쪽에 주작[54]기(朱雀旗), 뒤쪽에 현무[55]기(玄武旗)를 꽂아 방위를 표시하고, 중앙에 초요[56]기(招搖旗)를 세워 부하들이 따르도록 지휘소로 삼습니다.

必(필) 반드시. 左靑龍(좌청룡) 왼쪽에는 청룡기를. 右白虎(우백호) 오른쪽에는 백호기를. 前朱雀(전주작) 앞쪽에는 주작기를. 後玄武(후현무) 뒤쪽에는 현무기를. 招搖在上(초요재상) 초요기는 위쪽에. 부대의 중앙으로 해석. 從(종) 따르다. 事(사) 일. 於下(어하) 아랫사람들에게.

將戰之時, 審候風所從來. 風順致呼而從之, 風逆堅陳以待之.
장전지시, 심후풍소종래. 풍순치호이종지, 풍역견진이대지.
전투에 임할 때는 바람을 잘 살펴야 합니다. 바람이 순풍으로 적을 향해 불면 함성을 지르며 공세를 취하고, 역풍으로 불면 진지를 견고히 하여 적의 공격에 대비해야 합니다.

---

54) 주작(朱雀). 남쪽 방위를 지키는 신령을 상징하는 봉황을 말함. 붉은 봉황이라는 뜻임.

55) 현무(玄武). 북쪽 방위를 지키는 신령을 상징하는 태음신을 말함. 거북이와 뱀이 뭉친 모습을 보임.

56) 초요(招搖). 북두칠성의 끝에 있는 2개의 별 중의 하나를 가리키는 말임. 일명 천모(天矛)라고도 불렀다. 초요기(招搖旗)라고 하는 것은 황색으로 만들어 중군(中軍)의 지휘기로 삼았으며, 전장에서 대장이 이 깃발을 흔들면 주변의 장수들이 대장이 있는 곳으로 오라는 신호로 삼았다. 영화 '명량'에서도 이순신 장군이 장수들을 부를 때, '초요기(招搖旗)'를 올리라고 명(命)하는 장면이 나온다.

將(장) 장수. 戰之時(전지시) 전투에 임할 때. 審(심) 살피다. 候(후) 기다리다. 風(풍) 바람. 所(소) ~하는 바. 從(종) 따르다. 來(래) 오다. 風順(풍순) 순풍이 불다. 致(치) 이르다. 미치다. 呼(호) 함성을 지르다. 從之(종지) 그것을 따르다. 風逆(풍역) 역풍이 불다. 堅(견) 견고하다. 陳(진) 진지. 以(이)~로써. 待之(대지) 그것을 기다리다. 공격에 대비하다.

武侯問曰, 畜卒騎, 豈有方乎?
무후문왈, 휵졸기, 기유방호?
무후(武侯)가 물었다. 부대에서 키우는 군마를[57] 어떻게 관리해야 하는지에 대해서 알고 싶소?

武侯問曰(무후문왈) 무후가 물어보았다. 畜(휵) 기르다. 卒騎(졸기) 군마를 말함. 卒(졸)은 병사라는 뜻이 아니고 부대의 단위를 말하며, 騎(기)는 말을 말하므로 군에서 키우는 말이라는 뜻임. 豈(기) 어찌. 有方乎(유방호) 방법이 있는가?

起對曰, 夫馬必安其處所, 適其水草, 節其飢飽.
기대왈, 부마필안기처소, 적기수초, 절기기포.
오기(吳起) 장군이 대답하였다. 모름지기 말(馬)은 거처를 편안케 하고, 먹이는 제때에 주며, 배가 고프거나 부르지 않도록 양을 잘 조절해 주어야 합니다.

起對曰(기대왈) 오기 장군이 말하다. 夫(부) 모름지기. 馬(마) 말. 必安(필안) 반드시 편안하게 해주다. 其處所(기처소) 말이 기거하는 처소를 말함. 適(적) 적절하다. 其(기) 그. 水草(수초) 물과 풀. 節(절) 조절하다는 의미. 其(기) 그. 飢飽(기포) 배고픔과 배부름.

冬則溫燒, 夏則涼廡. 刻剔毛鬣, 謹落四下.
동즉온소, 하즉량무. 각척모렵, 근락사하.
겨울에는 불을 때서라도 마구간을 따뜻이 하고, 여름에는 처마를 달아서라도 서늘하게 해주며, 털과 갈기를 잘 깎아주고 말의 발굽이 손상되지 않도록 해야 합니다.

冬(동) 겨울. 則(즉) 곧. 溫(온) 따뜻하다. 燒(소) 불을 때다. 夏(하) 여름. 則(즉) 곧. 涼(량) 시원하다.

57) 휵졸기(畜卒騎). 畜 자가 '쌓다, 가축'을 의미할 때는 '축'으로 읽지만, '기르다'는 의미일 때에는 '휵'으로 읽는다. 의미상 여기에서는 '기를 휵'으로 읽는 것이 맞을 듯하다.

廡(무) 처마. 刻(각) 깎다. 剔(척) 깎다. 毛(모) 털. 鬣(렵) 갈기. 謹(근) 삼가다. 落(락) 벗겨지다. 四下(사하) 4가지 아래에 있는 것이니 말의 네 다리 아래에 있는 말발굽을 말한다.

戢其耳目, 無令驚駭. 習其馳逐, 閑其進止. 人馬相親, 然後可使.

집기이목, 무령경해. 습기치축, 한기진지. 인마상친, 연후가사.

말의 눈과 귀는 잘 덮고 가려서 놀라지 않도록 해야 합니다. 달리는 것을 연습하며 나아가고 멈추는 것을 익숙하게 하고 사람과 말이 친숙해진 후에야 말을 전투에 사용할 수 있습니다.

戢(집) 그치다. 其(기) 그. 耳目(이목) 귀와 눈. 無(무) 없다. 驚(경) 놀라다. 駭(해) 놀라다. 習(습) 연습하다. 馳(치) 달리다. 逐(축) 쫓다. 閑(한) 가로막다. 훈련하다. 進止(진지) 나아가고 멈춤. 人馬(인마) 사람과 말. 相親(상친) 서로 친하다. 然後(연후) 그런 다음에. 可使(가사) 사용하는 것이 가능하다.

車騎之具, 鞍勒銜轡, 必令完堅.

거기지구, 안륵함비, 필령완견.

안장 · 굴레 · 재갈 · 고삐 등의 마구는 반드시 완전하고 견고하게 하도록 명을 내려야 합니다.

車(거) 수레. 騎(기) 말. 具(구) 장구. 鞍(안) 안장. 勒(륵) 굴레. 銜(함) 재갈. 轡(비) 고삐. 必令(필령) 반드시 령을 내리다. 完堅(완견) 완전하고 견고하다.

凡 馬不傷於末, 必傷於始, 不傷於飢, 必傷於飽.

범 마불상어말, 필상어시, 불상어기, 필상어포.

말은 충분히 다 사용한 이후에 다치는 것이 아니라 처음 키울 때 다치는 경우가 더 많으며, 먹이가 모자랐을 때보다 너무 많이 먹어서 해가 되는 경우가 더 많은 법입니다.

凡(범) 모름지기. 馬(마) 말. 不傷(불상) 다치지 않는다. 於末(어말) 마지막에. 말이 충분히 사용하고 난 이후에. 必傷(필상) 반드시 다친다. 於始(어시) 말을 사용하던 초기를 말한다. 不傷(불상) 다치지 않는다. 於飢(어기) 말 먹이가 모자라 배고파하는 시기를 말한다. 必傷(필상) 반드시 다친다. 於飽(어포) 말이 배부르게 먹인 다음이라는 뜻이다.

日暮道遠, 必數上下. 寧勞於人, 愼無勞馬.

일모도원, 필삭상하. 영노어인, 신무로마.

날이 저물도록 가야 하는 먼 길을 갈 때는 반드시 여러 차례 말에 내렸다가 타도록 해서 사람이 다소 피곤할지라도 말은 지치게 하지 않도록 조심해야 한다.

日(일) 날. 暮(모) 저물다. 道遠(도원) 길이 멀다. 必(필) 반드시. 數(삭) 자주. 上下(상하) 말에서 타고 내리는 모습. 寧(녕) 평안하다. 勞(노) 힘들다. 於人(어인) 사람에게는. 愼(신) 삼가다. 無勞(무노) 힘들지 않다. 馬(마) 말.

常令有餘, 備敵覆我. 能明此者, 橫行天下.
상령유여, 비적복아. 능명차자, 횡행천하.
이처럼 말에게 항상 힘이 남아있도록 하는 것은 적의 공격에 대비해야 하기 때문입니다. 이러한 이치에 밝은 자만이 천하를 누빌 수 있는 것입니다.

常(상) 항상. 令(령) 령을 내리다. 有餘(유여) 여유가 있다. 備(비) 대비하다. 敵(적) 적. 覆(복) 뒤집히다, 무너지다. 我(아) 나. 能(능) 능히 ~하다. 明(명) 밝다. 此(차) 이. 者(자) ~것. 이러한 이치에 밝은 자. 橫(횡) 가로. 行(행) 다니다.

第四. 論將 제4. 논장. 장수의 자질을 논하다

논장(論將)이란 장수라면 가져야 할 기본적인 자질을 논한 것이다. 이편에서는 적장(敵將)의 능함과 능하지 못함을 같이 논하였으며 이를 승리를 취하는 방법으로 삼았다. 이번 편(編) 내용 중에 논장(論將)이라는 두 글자가 있어 편명(篇名)으로 지었다.

오자직해(吳子直解)에서-

吳起曰, 夫總文武者, 軍之將也. 兼剛柔者, 兵之事也.
오기왈, 부총문무자, 군지장야. 겸강유자, 병지사야.
오기(吳起) 장군이 말하였다. 문덕(文德)과 무위(武威)를 겸비하는 것은 지휘관의 요건이요, 강(剛)과 유(柔)를 겸하는 것은 용병(用兵)의 요건입니다.

起對曰(기대왈) 오기 장군이 말하다. 夫(부) 무릇. 總(총) 거느리다. 文武(문무) 문과 무. 軍之將也(군지장야) 군의 장수로서의 갖추어야 할 요건이다. 兼(겸) 겸비하다. 剛柔(강유) 강한 것과 부드러운 것. 兵之事也(병지사야) 용병의 요건이다.

凡人論將, 常觀於勇. 勇之於將, 乃數分之一爾.
범인론장, 상관어용. 용지어장, 내수분지일이.
사람들이 장수를 논할 때 흔히 용맹성(勇)만을 보는 경우가 많은데, 용맹성(勇)은 지휘관이 갖추어야 할 여러 덕목 중의 하나에 지나지 않습니다.

凡(범) 무릇. 人(인) 사람. 論(논) 논하다. 將(장) 장수. 常(상) 항상. 觀(관) 보다. 勇(용) 용맹함. 於將(어장) 장수에게 있어. 乃(내) 이에. 數分之一(수분지일) 여러 가지 중의 하나. 爾(이) 어조사.

夫勇者必輕合, 輕合而不知利, 未可也.
부용자필경합, 경합이부지리, 미가야.
용장(勇將)은 무턱대고 경솔하게 적과 싸우려고만 하는데, 경솔하게 싸울 줄만 알고 득실을 살필 줄 모른다면, 아직 훌륭한 장수라 할 수 없습니다.

夫(부) 모름지기. 勇者(용자) 용감한 자. 必(필) '반드시'라는 뜻도 있지만 여기서는 문맥상 '무턱대고'로 해석. 輕(경) 경솔하다. 合(합) 적과 싸우다. 而(이) 접속사. 不知利(부지리) 이득을 알지 못한다. 未(미)

아직 ~하지 못하다. 可(가) 가능하다.

故 將之所愼者五, 一曰理, 二曰備, 三曰果, 四曰戒, 五曰約.
고 장지소신자오, 일왈리, 이왈비, 삼왈과, 사왈계, 오왈약.
그러므로 장수가 늘 새겨야 할 사항 다섯 가지가 있는데 이(理)·비(備)·과(果)·계(戒)·약(約)이 그것입니다.

故(고) 그러므로. 將(장) 장수. 所(소) 바. 愼(신) 삼가다. 者(자) ~하는 것. 五(오) 다섯. 一曰理(일왈리) 첫 번째는 리. 二曰備(이왈비) 두 번째는 비. 三曰果(삼왈과) 세 번째는 과. 四曰戒(사왈계) 네 번째는 계. 五曰約(오왈약) 다섯 번째는 약.

理者, 治衆如治寡. 備者, 出門如見敵. 果者, 臨敵不懷生.
리자, 치중여치과. 비자, 출문여견적. 과자, 임적불회생.
첫 번째, 리(理)는 많은 병사를 적은 인원 다루듯 지휘하는 통솔력을 말하는 것입니다. 두 번째, 비(備)는 문을 나서면 적을 보는 것처럼 대비하는 준비태세를 말하는 것입니다. 세 번째, 과(果)는 적과 싸울 때 살겠다는 생각을 품지 않는 과감성을 말하는 것입니다.

理者(리자) 리라고 하는 것은. 治衆(치중) 많은 인원을 다스리는 것. 如(여) 같다. 治寡(치과) 적은 인원을 다스리는 것. 備者(비자) 비라고 하는 것은. 出門(출문) 문을 나서다. 如(여) 같다. 見敵(견적) 적을 보다. 果者(과자) 과라고 하는 것은. 臨敵(임적) 적과 상대하다. 不懷生(불회생) 살겠다는 생각을 품지 않는다.

戒者, 雖克如始戰. 約者, 法令省而不煩.
계자, 수극여시전. 약자, 법령생이불번.
네 번째, 계(戒)는 비록 전투에 이기더라도 시작할 때와 같은 신중함을 견지하는 것을 말합니다. 다섯 번째, 약(約)은 군령이 간단명료하여 복잡하지 않은 간결성을 말하는 것입니다.

戒者(계자) 계라고 하는 것은. 雖(수) 비록. 克(극) 이기다. 如(여) ~과 같다. 始戰(시전) 전투를 시작하다. 約者(약자) 약이라고 하는 것은. 法令(법령) 법과 명령. 省(생) 간결하다. 不煩(불번) 번거롭지 않다.

受命而不辭家, 敵破而後言返, 將之禮也.
수명이불사가, 적파이후언반, 장지례야.

출전명령을 받으면 사사로이 집에 알리지 말고, 전장으로 나아가 적을 무찌른 후에 돌아왔다고 말하는 것이 지휘관의 예(禮)인 것입니다.

受命(수명) 출전명령을 받으면. 不辭家(불사가) 집에 알리는 것. 敵破(적파) 적을 격파하다. 而後(이후) 그런 다음. 言返(언반) 돌아와서 알리다. 將之禮也(장지례야) 장수의 예이다.

故 師出之日, 有死之榮, 無生之辱.
고 사출지일, 유사지영, 무생지욕.
고로 출전하는 장수에게 영예로운 죽음은 있을지언정 수치스러운 삶이란 있을 수 없는 것입니다.

故(고) 그러므로. 師出之日(사출지일)장수가 출전하는 날. 有死之榮(유사지영) 죽어서 영예는 있을지언정. 無生之辱(무생지욕) 살아서 치욕스러움은 없다.

吳起曰, 凡兵有四機, 一曰氣機, 二曰地機, 三曰事機, 四曰力機.
오기왈, 범병유사기, 일왈기기, 이왈지기, 삼왈사기, 사왈력기.
오기(吳起) 장군이 말하였다. 용병할 때 승리를 이끄는 중요한 전기(戰機)로 작용할 수 있는 4가지 요소가 있습니다.[58] 첫 번째가 '기기(氣機)'이고, 두 번째가 '지기(地氣)'이며, 세 번째가 '사기(事機)'이며, 네 번째가 '역기(力機)'라는 요소입니다.

吳起曰(오기왈) 오기 장군이 말하다. 凡(범) 무릇. 兵(병) 용병. 有四機(유사기) 네 가지 중요한 요소가 있다. 一曰氣機(일왈기기) 첫 번째는 사기라는 요소. 二曰地機(이왈지기) 두 번째는 지형적인 요소. 三曰事機(삼왈사기) 세 번째는 용병술이라는 요소. 四曰力機(사왈력기) 네 번째는 전투력이라는 요소.

三軍之衆, 百萬之師, 張設輕重, 在於一人, 是謂氣機.
삼군지중, 백만지사, 장설경중, 재어일인, 시위기기.
첫 번째, 출정하는 전군의 병력이 백만 대군이라도 지휘과정에서 생기는 모든 일은 장수 한

58) 四機(사기). 여기에서 '기(機)'는 기본 틀을 의미함. 용병을 함에 있어서 필요한 네 가지 기본 틀. 사물이나 어떤 일을 함에 있어서 중요한 대목이나 요소를 의미하는 '추기(樞機)'의 의미이지만, 병법서에서 말하는 중요한 대목이나 요소는 곧 전쟁에서의 승리를 이끄는 중요한 전기(戰機)를 말하는 것임. 따라서 용병을 할 때 승리로 이끄는 중요한 4요소라는 의미임.

사람의 역량에 달려있는데, 이러한 것을 '기기(氣機)'라 합니다.

三軍之衆(삼군지중) 3군의 규모. 百萬之師(백만지사) 백만 대군. 張設輕重(장설경중) 경중의 형세를 펼치다. 在於一人(재어일인) 한 사람에게 달렸다. 是謂(시위) 이를 일컬어. 氣機(기기) 기기라는 요소.

路狹道險, 名山大塞, 十夫所守, 千夫不過, 是謂地機.
노협도험, 명산대새, 십부소수, 천부불과, 시위지기.
두 번째, 길이 좁고 험하며 큰 산이 가로막고 있는 요새와 같은 지형은 열 명이 지켜도 천 명의 적이 지나가지 못하게 할 수 있습니다. 이런 것을 일컬어 '지기(地機)'라 합니다.

路狹(로협) 좁은 길. 道險(도험) 험한 길. 名山(명산) 이름 있는 산. 大塞(대새) 큰 요새. 十夫(십부) 열 명의 병사. 所(소) 바. 守(수) 지키다. 千夫(천부) 천 명의 병사. 不過(불과) 지나가지 못하다. 是謂(시위) 이를 일컬어. 地機(지기) 지기라는 요소.

善行間諜, 輕兵往來, 分散其衆, 使其君臣相怨, 上下相咎, 是謂事機.
선행간첩, 경병왕래, 분산기중, 사기군신상원, 상하상구, 시위사기.
세 번째, 첩자를 잘 이용하고, 발이 빠른 병사들을 잘 운용하며, 적의 병력을 분산시키고, 군주와 신하를 서로 원망하게 하고, 윗사람과 아랫사람이 서로의 허물을 책망하게 할 수 있습니다. 이런 것을 일컬어 '사기(事機)'라고 합니다.

善行(선행) 잘 이용하다. 間諜(간첩) 첩자. 輕兵(경병) 발 빠른 병사. 往來(왕래) 오고 감. 分散(분산) 나누어 흩어지다. 其衆(기중) 그 무리. 使(사) ~하게 하다. 其君臣(기군신) 그 군주와 신하. 相怨(상원) 서로 원망하다. 上下(상하) 윗사람과 아랫사람. 相咎(상구) 서로 원망하다. 是謂(시위) 이를 일컬어. 事機(사기) 사기라는 요소.

車堅管轄, 舟利櫓楫, 士習戰陳, 馬閑馳逐, 是謂力機.
차견관할, 주리노즙, 사습전진, 마한치축, 시위역기.
네 번째, 전차의 바퀴통과 굴대가 잘 굴러가도록 관리하여야 하며, 전투에 사용되는 전투함은 제 기능이 잘 발휘되도록 관리되어야 하고, 병사들에게는 전투에 사용되는 진법을 숙달시키고, 말은 잘 달릴 수 있도록 조련해 놓아야 합니다. 이러한 것들을 '역기(力機)'라 합니다.

車(차) 전차. 堅(견) 견고하다. 管(관) 대롱. 轄(할) 바퀴통과 굴대가 마찰하는 소리. 舟(주) 배. 利(리)

이로움. 櫓(노) 배를 저을 때 쓰는 노. 楫(즙) 배를 저을 때 쓰는 노. 士(사) 병사들. 習(습)연습하다. 戰陳(전진) 전투에 쓰이는 진법. 馬(마) 말. 閑(한) 가로막다. 馳(치) 달리다. 逐(축) 쫒다. 是謂(시위) 이를 일컬어. 力機(력기) 역기라는 요소.

知此四者, 乃可爲將.
지차사자, 내가위장.
이러한 전쟁에서의 승기를 잡는 데 필요한 요소인 사기(四機)에 대해서 잘 아는 자라야 장수로 삼을 수 있습니다.

知此四者(지차사자) 이러한 4가지를 아는 자. 乃可爲將(내가위장) 이에 장수라 하는 것이 가능하다.

然其威德仁勇, 必足以率下安衆, 怖敵決疑. 施令而下不犯, 所在寇不敢敵.
연기위덕인용, 필족이솔하안중, 포적결의. 시령이하불범, 소재구불감적.
여기에 위(威) · 덕(德) · 인(仁) · 용(勇)을 갖추게 되면 부대를 잘 통솔하고, 적에게 두려움을 주며, 부하들은 의구심을 갖지 않고 오히려 결의에 차게 될 것입니다. 또한 명령을 내리면 부하들은 이를 어기지 않으며, 그 장수가 있는 곳에는 적이 감히 덤비지 못하게 됩니다.

然(연) 그러하다. 其(기) 그. 威(위) 위엄. 德(덕) 덕. 仁(인) 인. 勇(용) 용맹스러움. 必(필) 반드시. 足(족) 충분하다. 以率(이솔) 통솔하는데. 下安衆(하안중) 아랫사람을 편안하게 하다. 怖(포) 두려워하다. 敵(적) 적. 決疑(결의) 의심스럽지 않고 결의에 차게 하다. 施令(시령) 명령을 내리다. 下不犯(하불범) 부하들이 감히 어기지 않는다. 所在(소재) 있는 곳. 寇(구) 도둑. 不敢敵(불감적) 적이 감히 덤비지 못하다.

得之國强, 去之國亡. 是謂良將.
득지국강, 거지국망. 시위양장.
이러한 장수를 얻으면 나라가 강해지고, 떠나면 나라가 망하게 될 것입니다. 이러한 인물을 훌륭한 장수라 하는 것입니다.

得(득) 얻다. 國强(국강) 나라가 강해진다. 去(거) 가다. 國亡(국망) 나라가 망한다. 是謂(시위) 이를 일컬어. 良將(양장) 훌륭한 장수.

吳起曰, 夫鼙鼓金鐸, 所以威耳, 旌旗麾幟, 所以威目. 禁令刑罰, 所以威心.

오기왈, 부비고금탁, 소이위이, 정기휘치, 소이위목. 금령형벌, 소이위심.

오기(吳起) 장군이 말하였다. 위엄이 서게 하는 방법 3가지에 대해서 말씀드리겠습니다. 첫 번째, 무릇 북과 징과 방울은 병사들의 귀를 통해 명령의 위엄을 서게 하는 것입니다. 두 번째, 각종 깃발은 눈을 통해 명령의 위엄을 서게 하는 것입니다. 세 번째, 군령과 형벌은 마음을 통해 명령의 위엄을 서게 하는 것입니다.

吳起曰(오기왈) 오기 장군이 말하다. 夫(부) 무릇. 鼙鼓金鐸(비고금탁) 작은북, 큰북, 징, 방울. 所以威耳(소이위이) 귀를 두렵게하는 것이다. 旌旗麾幟(정기휘치) 전시에 사용되는 각종 깃발. 所以威目(소이위목) 눈을 두렵게 하는 것이다. 禁(금) 금하다. 令(령) 군령. 刑(형) 형벌. 罰(벌) 벌. 所以威心(소이위심) 마음을 두렵게 하는 것이다.

耳威於聲, 不可不淸. 目威於色, 不可不明. 心威於刑, 不可不嚴.

이위어성, 불가불청. 목위어색, 불가불명. 심위어형, 불가불엄.

그러므로 귀로 전달되는 소리는 뚜렷해야 하고, 눈으로 전달되는 색은 분명해야 하며, 마음으로 전달되는 형벌은 엄정해야 합니다.

耳威(이위) 귀로 명령의 위엄을 세우다. 於聲(어성) 소리를 통해서. 不可不(불가불) 하지 않을 수 없다. 淸(청) 맑다. 目威(목위) 눈으로 명령의 위엄을 세우다. 於色(어색) 색을 통해서. 明(명) 분명하다. 心威(심위) 마음을 통해서 명령의 위엄을 세우다. 於刑(어형) 형벌을 통해. 嚴(엄) 엄하다.

三者不立, 雖有其國, 必敗於敵.

삼자불립, 수유기국, 필패어적.

이 3가지가 제대로 서지 않으면, 나라는 반드시 적에게 패하고 말 것입니다.

三者不立(삼자불립) 이 세 가지가 제대로 서지 않으면. 雖(수) 비록. 有(유) 있을. 其國(기국) 그 나라. 必敗(필패) 반드시 패한다. 於敵(어적) 적에게.

故曰, 將之所麾, 莫不從移, 將之所指, 莫不前死.

고왈, 장지소휘, 막부종이, 장지소지, 막부전사.

고로 옛 병법서에서 이르기를 장수가 명령하면 어디든지 따라 이동하고, 장수가 지시하면 비록 죽는 한이 있더라도 전진한다 하였습니다.

故曰(고왈) 그러므로 말하기를. 將(장) 장수. 麾(휘) 지휘하다. 莫不(막불) ~하지 않는 것이 없다. 從

거군황택, 초초유예, 풍표삭지, 가분이멸.

열 번째, 적이 거친 벌판에 잡초가 무성한 지형에 주둔하고 있으며 바람이 자주[60] 불고 때에 따라서는 폭풍이 불듯이 바람이 세차게 부는 상황이면, 화공(火攻)을 통해서 적을 멸하는 것이 좋습니다.

居軍(거군) 군대가 주둔하다. 荒(황) 거칠다. 澤(택) 늪지. 草(초) 풀. 楚(초) 가시나무와 같은 풀을 말함. 幽(유) 그윽하다. 穢(예) 거칠다. 風(풍) 바람. 飆(표) 폭풍. 數至(삭지) 자주 생긴다. 可(가) 가능하다. 焚(분) 불사르다. 문맥상 화공을 의미함. 滅(멸) 멸하다.

停久不移, 將士懈怠, 其軍不備, 可潛而襲.

정구불이, 장사해태, 기군불비, 가잠이습.

열한 번째, 적이 이동하지 않고 장기간 주둔해서 병사들이 나태하고 전투태세가 허술하면, 기습을 가하는 것이 좋습니다.

停(정) 머무르다. 久(구) 오래. 不移(불이) 이동하지 않고. 將士(장사) 장수와 병사들. 懈(해) 게으르다. 怠(태) 게으르다. 其軍(기군) 적의 군대를 말함. 不備(불비) 대비태세가 제대로 되어 있지 않다. 可(가) 가능하다. 潛(잠) 자맥질하다. 문맥상 '몰래 숨어서' 라는 뜻으로 해석. 襲(습) 기습하다.

武侯問日, 兩軍相望, 不知其將, 我欲相之, 其術如何?

무후문왈, 양군상망, 부지기장, 아욕상지, 기술여하?

무후(武侯)가 물었다. 양쪽 군대가 대치한 상황에서 적장에 대한 것을 전혀 모를 때, 그를 알려면 어떻게 해야 하오?[61]

武侯問曰(무후문왈) 무후가 물어보았다. 兩軍(양군) 양쪽 군대가. 相(상) 서로. 望(망) 바라보다. 不知(부지) 알지 못하다. 其將(기장) 그 장수. 我欲(아욕) 내가 ~을 하고자 한다. 相(상) 서로. 자세히 보다. 其術(기술) 그 방법은. 如何(여하) 어떻게 해야 하는가.

起對日, 令賤而勇者, 將輕銳以嘗之. 務於北, 無務於得, 觀敵之來,

---

60) 풍표삭지(風飆數至). 風(풍) 바람. 飆(표) 폭풍. 數(삭) 자주. 至(지) 이르다. 여기서, 數는 '자주'라는 의미로 해석되므로 '삭'으로 읽는다.

61) 我欲相之(아욕상지). 相(상)은 관찰해서 평가한다는 의미로 쓰임. 이와 유사한 사례로는 상인(相人=사람의 관상을 보고 그 사람을 평가함), 상마(相馬=말의 생김새를 보고 그 말의 좋고 나쁨을 평가함) 등이 있음.

기대왈, 영천이용자, 장경예이상지. 무어배, 무무어득, 관적지래,

오기(吳起) 장군이 대답하였다. 신분은 낮지만 용감한 자에게 명을 내리면서 약간의 정예병을 딸려 보내 시험해 보면 됩니다. 이들에게는 전과를 올릴 필요 없이 그저 도망쳐오도록 지시하고, 쫓아오는 적을 관찰해야 합니다.

起對曰(기대왈) 오기 장군이 말하다. 令(령) 명을 내리다. 賤(천) 미천한 사람. 勇(용) 용맹한 사람. 將(장) 장수. 輕(경) 약간이라는 의미. 銳(예) 정예병사. 嘗(상) 시험해 보다. 務(무) 힘쓰다. 於北(어배) 패배하는데. 無務(무무) 힘쓸 필요 없이. 於得(어득) 얻어내는데. 觀敵(관적) 적을 잘 관찰하다. 來(래) 오다.

一坐一起, 其政以理, 其追北佯爲不及, 其見利佯爲不知,

일좌일기, 기정이리, 기추배양위불급, 기견리양위불지,

이때 만약 적군의 행동이 정지하거나 기동하는데 그 짜임새가 법도에 맞게 하며, 추격하면서도 못 미치는 척하고, 미끼를 보고도 모르는 척하며 속지 않는다면,

一坐(일좌) 한번 앉았다가. 一起(일기) 한번 일어서다. 政(정) 정치 부대의 지휘나 관리 상태. 理(리) 이치에 맞게, 其(기) 그. 追北佯(추배양) 도망치는 적을 추격하는 것. 佯(양) 거짓. 不及(불급) 미치지 않다. 見利(견리) 이익을 보다. 佯(양) 거짓. 不知(부지) 모르다.

如此將者, 名爲智將, 勿與戰矣.

여차장자, 명위지장, 물여전의.

그 적장은 지장(智將)이 분명하므로 섣불리 싸워서는 안 됩니다.

如此將者(여차장자) 이러한 장수는. 名爲智將(명위지장) 지장이 분명하다. 勿(물) 말다. 與戰(여전) 싸움을 같이하다.

若其衆讙譁, 旌旗煩亂, 其卒自行自止, 其兵或縱或橫,

약기중훤화, 정기번란, 기졸자행자지, 기병혹종혹횡,

그러나 만약 적의 부대가 소란스럽고 군기가 무질서하게 날리며, 병사들이 제멋대로 행군하거나 정지하며, 병사들이 제멋대로 종횡으로 다니며,

若(약) 만약. 其衆(기중) 적의 부대. 讙(훤) 시끄럽다. 譁(화) 시끄럽다. 旌旗(정기) 부대의 깃발. 煩(번) 괴롭다. 亂(란) 어지럽다. 其卒(기졸) 적 부대의 병사들. 自行(자행) 자기 마음대로 행동하다. 自止(자

지) 마음대로 멈추다. 其兵(기병) 적 부대의 병사들. 或縱或橫(혹종혹횡) 어떤 병사들은 종으로 어떤 병사들은 횡으로 움직이다.

其追北恐不及, 見利恐不得, 此爲愚將, 雖衆可獲.
기추배공불급, 견리공부득, 차위우장, 수중가획.
기를 쓰고 추격해 오거나 미끼를 보고 혈안이 되어 달려든다면, 그 적장은 어리석은 자임이 분명하므로 적병이 아무리 많아도 능히 무찔러 사로잡을 수 있습니다.

其追北(기추배) 그 도망치는 적을 추격하다. 恐(공) 두려워하다. 不及(불급) 미치지 못함. 見利(견리) 이익을 보다. 恐不得(공부득) 얻지 못해 두려워하다. 此爲愚將(차위우장) 이러한 장수는 어리석은 장수라 한다. 雖(수) 비록. 衆(중) 적의 병력이 많음. 可獲(가획) 가히 사로잡을 수 있다.

第五. 應變 제5. 응변. 상황에 따른 임기응변

응변(應變)이란 상황에 따라 임기응변하는 것을 말한다. 부대를 운용하면서 단지 정상적인 방법만으로 지킬 줄만 알고, 상황에 따라 대처하는 방법을 알지 못하면 어떻게 승리를 쟁취할 수 있겠는가? 이러한 이유로 오자가 하나하나씩 이번 편에서 언급한 것이다. 그러므로 편명(篇名)을 응변(應變)으로 지었다.

-오자직해(吳子直解)에서-

武侯問曰, 車堅馬良, 將勇兵强, 卒遇敵人, 亂而失行, 則如之何.
무후문왈, 차견마량, 장용병강, 졸우적인, 난이실행, 즉여지하.
무후(武侯)가 물었다. 전차도 견고하고, 말도 튼튼하며, 장수도 용맹하며, 병사들도 강한데, 부대가 갑자기 적과 조우하였을 때[62] 질서를 잃고 대오가 흐트러지면 어떻게 해야 하오?

武侯問曰(무후문왈) 무후가 물어보았다. 車堅(차견) 전차가 견고하다. 馬良(마량) 말의 상태가 좋음. 將勇(장용) 장수는 용맹하고. 兵强(병강) 병사들도 강함. 卒(졸) 갑자기. 遇(우) 조우하다. 敵人(적인) 적군의 병력. 亂(난) 어지럽다. 失行(실행) 전술 행군 간 대오를 잃다. 則(즉) 곧. 如之何(여지하) 그것을 어찌해야 하는가?

起對曰, 凡戰之法, 晝以旌旗旛麾爲節, 夜以金鼓笳笛爲節.
기대왈, 범전지법, 주이정기번휘위절, 야이금고가적위절.
오기(吳起) 장군이 대답했다. 통상 전쟁을 할 때, 낮에는 깃발로, 밤에는 징·북·피리로 지휘통제를 합니다.

起對曰(기대왈) 오기장군이 대답하여 말하다. 凡(범) 모름지기. 戰之法(전지법) 전투하는 방법. 晝(주) 낮. 以(이) ~로써. 旌旗(정기) 둘 다 깃발이라는 뜻임. 旛(번) 깃발. 麾(휘) 대장기. 夜(야) 밤. 金(금) 징. 鼓(고) 북. 笳(가) 갈잎 피리. 笛(적) 피리. 爲節(위절) 지휘통제를 하다.

---

62) 卒遇敵人(졸우적인). 졸(卒) 병사라는 의미로 해석하면 무리가 있음. 여기에서도 가차(假借=뜻은 다르나 음이 같은 글자를 빌려서 쓰는 것)를 쓴 것으로 보임. 느닷없고 갑작스러운 판국이라는 뜻을 가진 졸지(猝地)라는 의미의 졸(猝)에서 음을 따서 쓴 것으로 해석하였음. 졸지에 적 부대를 만나다, 갑자기 적 부대를 만난다는 의미로 해석하였음.

麾左而左, 麾右而右. 鼓之則進, 金之則止.
휘좌이좌, 휘우이우. 고지즉진, 금지즉지.
가령 기를 왼쪽으로 휘두르면 병사들은 왼쪽으로, 오른쪽으로 휘두르면 오른쪽으로 이동하고 또 북을 치면 전진하고, 징을 치면 정지합니다.

麾左(휘좌) 깃발을 좌로 흔들면. 而左(이좌) 병력은 좌로. 麾右而右(휘우이우) 깃발을 우로 흔들면 병력은 우로. 鼓(고) 북. 進(진) 나아가다. 金(금) 징. 止(지) 정지하다.

二吹而行, 再吹而聚, 不從令者誅.
이취이행, 재취이취, 부종령자주.
피리를 2번 불면 행군하고, 다시 불면 모입니다. 신호에 따라 명을 따르지 않는 자는 군법에 따라 목을 베어 버려야 합니다.

二吹(이취) 두 번 불면. 而行(이행) 행군하고. 再吹(재취) 다시 불면. 而聚(이취) 모이다. 不從令(부종령) 명령을 따르지 않다. 誅(주) 베다.

三軍服威, 士卒用命, 則戰無彊敵, 攻無堅陳矣.
삼군복위, 사졸용명, 즉전무강적, 공무견진의.
전군(全軍)이 장수의 권위에 복종하고 병사들이 명령에 잘 따른다면, 어떠한 적과 싸워도 이길 수 있고 아무리 견고한 적진이라도 무너뜨릴 수 있습니다.

三軍(삼군) 전군을 말함. 服(복) 복종하다. 威(위) 위엄. 士卒(사졸) 병력을 말함. 用命(용명) 명령을 잘 따른다는 말임. 則(즉) 곧. 戰(전) 싸우다. 無彊敵(무강적) 당해낼 적이 없다. 攻(공) 공격하다. 無堅陳(무견진) 당해낼 진지가 없다.

武侯問曰, 若敵衆我寡, 爲之柰何?
무후문왈, 약적중아과, 위지내하?
무후(武侯)가 물었다. 만약 적의 병력이 많고 아군은 병력이 적을 때는 어떻게 해야 하는가?

武侯問曰(무후문왈) 무후가 물어보았다. 若(약) 만약. 敵衆(적중) 적의 병력이 많고. 我寡(아과) 아군의 병력이 적음. 爲(위) 할. 柰(내) 어찌. 何(하) 어찌.

起對曰, 避之於易, 邀之於阨.

기대왈, 피지어이, 요지어액.
오기(吳起) 장군이 대답했다. 아군의 병력이 적기 때문에 평탄한 지형을 피하고, 험하고 좁은 지형에서 적을 맞이해야 합니다.

起對曰(기대왈) 오기 장군이 대답하여 말하다. 避(피) 피하다. 易(이) 평탄한 지형을 말함. 邀(요) 맞이하다. 阨(액) 험하고 좁은 지형

故曰, 以一擊十, 莫善於阨, 以十擊百, 莫善於險, 以千擊萬, 莫善於阻.
고왈, 이일격십, 막선어액, 이십격백, 막선어험, 이천격만, 막선어조.
옛말에 일로 십을 치는 데는 좁은 곳이 가장 좋고, 십으로 백을 치는 데는 험한 곳이 가장 좋으며, 일천으로 일만을 치는 데는 막힌 곳이 가장 좋다고 하였습니다.

故曰(고왈) 그러므로. 以一(이일) 하나로. 擊十(격십) 10을 치다. 莫善(막선) 가장 좋다. 於阨(어액) 험하고 좁은 지형에서. 以十(이십) 10으로. 擊百(격백) 100을 치다. 於險(어험) 험한 지형에서. 以千(이천) 1000으로. 擊萬(격만) 10000을 치다. 於阻(어조) 막힌 곳에서

今有少卒, 卒起, 擊金鳴鼓於阨路, 雖有大衆, 莫不驚動.
금유소졸, 졸기, 격금명고어액로, 수유대중, 막불경동.
지금 소수의 병력밖에 없을 경우라면, 좁은 길로 들어선 적들에게 갑자기 징과 북을 울려댄다면 적들이 아무리 많은 병력이 있다고 하더라도 혼비백산하지 않을 수 없을 것입니다.

今(금) 지금. 有(유) 있다. 少卒(소졸) 소수의 병력. 起(기) 일어나다. 擊(격) 치다. 金(금) 징. 鳴(명) 울다. 鼓(고) 북. 阨(액) 좁다. 路(로) 길. 雖(수) 비록. 有大衆(유대중) 많은 수의 병력이 있다. 莫不(막불) ~하지 않을 수 없다. 驚(경) 놀라다. 動(동) 움직이다.

故曰, 用衆者務易, 用少者務隘.
고왈, 용중자무이, 용소자무애.
이 때문에 대부대를 운용할 때는 평지를63) 차지해야 하며, 소부대를 운용할 때는 험지를 차지해야 한다고 하는 것입니다.

故曰(고왈) 그러므로. 用衆者(용중자) 많은 수의 병력을 운용하는 자. 務(무) 힘쓰다. 易(이) 평지라는

63) 용중자, 무이(用衆者, 務易) 또는 용중자, 무평(用衆者, 務平)으로 된 것도 있음.

뜻임. 用少者(용소자) 적은 수의 병력을 운용하는 자. 隘(애) 좁다.

武侯問曰, 有師甚衆, 旣武且勇, 背大險阻, 右山左水.
무후문왈, 유사심중, 기무차용, 배대험조, 우산좌수.

무후(武侯)가 물었다. 적들이 병력도 많고 훈련도 잘되어 있고 용맹스럽기도 하고, 지형마저 뒤가 높고 험하며 오른쪽은 산으로 왼쪽으로는 물이 흐르는 등 이상적인 조건을 갖추었소.

武侯問曰(무후문왈) 무후가 물어보았다. 有(유) 있다. 師(사) 군사. 甚(심) 심하다. 衆(중) 무리. 旣(기) 이미. 武(무) 굳세다. 且(차) 또. 勇(용) 용맹스럽다. 武且勇(무차용) 무예도 갖추고 용맹스러움도 갖춘 적을 말함. 背(배) 등. 大險阻(대험조) 대단히 험하다. 右山(우산) 오른쪽에는 산. 左水(좌수) 왼쪽에는 물.

深溝高壘, 守以彊弩, 退如山移, 進如風雨, 糧食又多, 難與長守.
심구고루, 수이강노, 퇴여산이, 진여풍우, 양식우다, 난여장수.

게다가 깊은 해자와 높은 진으로 견고한 진지를 편성하고 있으며 강력한 무기로 방어진지를 편성하고 있으며, 후퇴할 때는 마치 산이 이동하는 것 같고, 공격할 때는 마치 비바람이 몰아치는 듯하며, 식량 또한 충분하오. 이런 적과는 오랫동안 대치하기가 어려울 것 같은데 이럴 때는 어찌해야 하는가?

深(심) 깊다. 溝(구) 해자. 高(고) 높다. 壘(루) 진. 守(수) 지키다. 以彊弩(이강노) 굳센 활로써. 退(퇴) 퇴각하다. 如山移(여산이) 마치 산이 이동하는 것과 같다. 進(진) 나아가다. 如風雨(여풍우) 마치 비바람이 몰아치듯 하다. 糧食(양식) 식량. 又(우) 또. 多(다) 많다. 難(난) 어렵다. 長(장) 오래. 守(수) 지키다.

對曰 大哉問乎. 非此車騎之力, 聖人之謀也.
대왈 대재문호. 비차차기지력, 성인지모야.

오기(吳起) 장군이 대답하였다. 좋은 질문이십니다. 이러한 경우에는 전차와 기병의 힘과 같은 외형적인 힘이 아닌 성인의 지모가 있어야 하는 것입니다.

對曰(대왈) 대답하여 말하다. 大哉問乎(대재문호) 아주 좋은 질문이라는 감탄의 말. 非(비) 아니다. 此(차) 이. 車騎之力(차기지력) 전차와 기병의 힘. 聖人之謀也(성인지모야) 성인의 지모.

能備千乘萬騎, 兼之徒步, 分爲五軍, 各軍一衢.
능비천승만기, 겸지도보, 분위오군, 각군일구.
먼저 전차 일천 대와 기병 일만을 준비하고 여기에 덧붙여 보병을 편성한 다음, 다섯 개의 부대로 나누어 각각 배치합니다.

能備(능비) 능히 준비하다. 千乘(천승) 전차 천대. 萬騎(만기) 기병 1만. 兼(겸) 겸하다. 徒步(도보) 보병부대. 分爲五軍(분위오군) 5개의 부대로 나누다. 各軍(각군) 각각의 부대. 一衢(일구) 한 방향씩.

夫五軍五衢, 敵人必惑, 莫之所加.
부오군오구, 적인필혹, 막지소가.
이를 다섯 방향으로 포진시키면, 적은 틀림없이 당혹스러워하며 어떻게 대처해야 할지 모르게 될 것입니다.64)

夫(부) 무릇. 五軍(오군) 다섯 개의 부대가. 五衢(오구) 다섯 개의 방향으로 포진해 있다. 敵人(적인) 적 병력. 必惑(필혹) 반드시 당혹해 할 것이다. 莫之所加(막지소가) 거기에 더 가할 수 있는 게 없다.

敵人若堅守以固其兵, 急行間諜, 以觀其慮.
적인약견수이고기병, 급행간첩, 이관기려.
적들이 만약 방어태세를 견고하게 하려 한다면 재빨리 첩자를 침투시켜 적의 의도를 염탐하는 한편 사신을 보내 협상을 시도합니다.

敵人(적인) 적 병력. 若(약) 만약. 堅守(견수) 견고하게 방어를 하다. 固(고) 굳게 수비하다. 其兵(기병) 그 군대. 急行(급행) 급하게 보내다. 間諜(간첩) 첩자. 觀(관) 보다. 慮(려) 생각하다.

彼聽吾說, 解之而去. 不聽吾說, 斬使焚書, 分爲五戰.
피청오설, 해지이거. 불청오설, 참사분서, 분위오전.
적이 우리의 요구를 받아들인다면 진영을 풀고 철수하고, 적이 거부하여 사신을 죽이고 사신을 통해서 보낸 외교문서를 불태워 버린다면, 기편성된 5개 부대를 활용해서 공격하게 합니다.

64) 막지소가(莫之所加). 여기에서 之로 쓰면 해석하기가 애매함. 따라서 《오자직해》를 참고하여, 知로 바꾸고 해석하면, '더해야 하는 바를 알지 못하다'는 의미가 되어 '어떻게 해야 할지 모르겠다.'는 것으로 해석이 가능함.

彼(피) 저쪽. 적. 聽(청) 듣다. 吾說(오설) 나의 말. 解之(해지) 그것을 풀다. 去(거) 가다. 不聽(불청) 듣지 않는다. 吾說(오설) 나의 말. 斬(참) 베다. 使(사) 사신. 焚(분) 불사르다. 書(서) 문서. 分爲五戰(분위오전) 5개로 나누어 싸우다.

戰勝勿追, 不勝疾歸. 如是佯北, 安行疾鬪.
전승물추, 불승질귀. 여시양배, 안행질투.
이때 주의사항으로는 싸움에서 이기더라도 추격하지 말아야 하며, 이기지 못할 것 같으면 신속하게 물러서게 해야 합니다. 이처럼 패한 척하면서 적이 쫓아오면 서서히 움직이다가 신속하게 공세로 전환해야 합니다.

戰勝(전승) 싸움에서 이기다. 勿追(물추) 추격하지 말라. 不勝(불승) 이기지 못하다. 疾(질) 빠르다. 歸(귀) 돌아가다. 如是(여시) 이처럼. 佯(양) 거짓. 北(배) 패배하다. 安行(안행) 천천히 움직인다는 뜻. 疾鬪(질투) 갑작스럽게 싸우다.

一結其前, 一絕其後. 兩軍銜枚, 或左或右, 而襲其處.
일결기전, 일절기후. 양군구매, 혹좌혹우, 이습기처.
한 부대는 적의 선두를 막고, 한 부대는 적의 후방을 차단하며, 두 개의 부대는 재갈을 물려서[65] 은밀히 기동하여 적의 좌우를 급습합니다.

一(일) 한 부대는. 結(결) 막다. 其前(기전) 그 앞을. 一(일) 한 부대는. 絕(절) 막다. 其後(기후) 그 뒤를. 兩軍(양군) 두 개의 부대는. 銜枚(함매) 재갈을 물리다. 或左或右(혹좌혹우) 한 부대는 좌측으로 한 부대는 우측으로. 而襲其處(이습기처) 그곳을 급습하다.

五軍交至, 必有其利. 此擊彊之道也.
오군교지, 필유기리. 차격강지도야.
이처럼 다섯 개 부대가 번갈아 가면서 공격을 하면 반드시 승기를 잡을 수 있습니다.[66] 이것이 바로 강한 적을 치는 법입니다.

五軍(오군) 다섯 개의 부대. 交至(교지) 번갈아가며 이르다. 必有其利(필유기리) 반드시 그 이로움이

65) 함매(銜枚). 옛날 행군할 때 병사들이 떠들지 못하도록 병사들의 입에 나무막대기를 물리던 일을 말함.

66) 필유기리(必有其利). 리(利)를 력(力)으로 기록한 책도 있음. 여기서는 리(利)를 사용해서 전투에서의 이로움이니 반드시 승리할 수 있을 것이라는 의미로 해석함.

있다. 此(차) 이것. 擊(격) 치다. 彊(강) 강한 적. 道(도) 방법.

武侯問曰, 敵近而薄我, 欲去無路, 我衆甚懼, 爲之柰何?

무후문왈, 적근이박아, 욕거무로, 아중심구, 위지내하?

무후(武侯)가 물었다. 적들이 아군 진영으로 아주 가깝게 육박(肉薄)[67]해 오는 상황에서, 퇴로는 끊기고 아군 장병들은 매우 두려워하고 있다면 어떻게 해야 하는가?

武侯問曰(무후문왈) 무후가 물어보았다. 敵(적) 적군. 近(근) 가깝게 오다. 薄(박) 얇다. 我(아) 나. 欲去(욕거) 가고자 하다. 無路(무로) 길이 없다. 我衆(아중) 아군을 말함. 甚(심) 매우. 懼(구) 두려워하다. 爲之柰何(위지내하) 어떻게 해야 하는가?

對曰, 爲此之術, 若我衆彼寡, 各分而乘之.

대왈, 위차지술, 약아중피과, 각분이승지.

오기(吳起) 장군이 대답하였다. 이러한 상황을 극복하는 전술에 대해 말씀드리겠습니다. 만약 아군의 병력이 많고 적군이 병력이 적다면 병력을 분산하여 적의 허점을 파고들어야 합니다.

對曰(대왈) 대답하다. 爲此之術(위차지술) 이러한 상황을 극복하는 전술은. 若(약) 만약. 我衆(아중) 아군은 병력이 많고. 彼寡(피과) 적군은 병력이 적다. 各(각) 각각. 分(분) 나누다. 乘(승) 오르다.

彼衆我寡, 以方從之. 從之無息, 雖衆可服.

피중아과, 이방종지. 종지무식, 수중가복.

적군의 병력이 많고 아군의 병력이 적다면 병력을 집중하여 운용하면서 오히려 적이 휴식할 여유 없이 집중공격 해야 합니다. 이렇게 하면 비록 적의 병력이 많다 하더라도 충분히 극복 가능합니다.

彼衆(피중) 적군은 병력이 많다. 我寡(아과) 아군은 병력이 적다. 以(이) ~로써. 方(방) 모난 것. 從(종) 따르다. 從之(종지) 그것을 따르다. 無息(무식) 휴식 없이. 雖(수) 비록. 衆(중) 적의 병력이 많다. 可服(가복) 극복이 가능하다.

67) 敵近而薄我(적근이박아). 薄(박)=肉薄(육박)=바싹 가까이 다가감. 육박전(肉薄戰)을 벌일 정도로 가깝게 근접하다.

武侯問曰, 若遇敵於谿谷之間, 傍多險阻, 彼衆我寡, 爲之奈何?
무후문왈, 약우적어계곡지간, 방다험조, 피중아과, 위지내하?
무후(武侯)가 물었다. 만약 계곡에서 적과 조우했을 때, 지형은 대단히 험하고 병력도 적보다 열세라면 어찌해야 하오?

武侯問曰(무후문왈) 무후가 물어보았다. 若(약) 만약. 遇敵(우적) 적과 조우하다. 於谿谷之間(어계곡지간) 계곡사이에서. 傍(방) 곁. 多(다) 많다. 險(험) 험하다. 阻(조) 험하다. 彼衆(피중) 적군은 병력이 많다. 我寡(아과) 아군은 병력이 적다. 爲之奈何(위지내하) 어떻게 해야 하는가?

起對曰, 諸丘陵, 林谷, 深山, 大澤, 疾行亟去, 勿得從容.
기대왈, 제구릉, 임곡, 심산, 대택, 질행극거, 물득종용.
오기(吳起) 장군이 대답하였다. 언덕이나 골짜기, 깊은 산이나 넓은 늪지와 같은 지형에서는 빠른 속도로 벗어나야지 뭔가를 얻으려고 우물쭈물해서는 안 됩니다.

起對曰(대왈) 오기 장군이 대답하여 말하다. 諸(제) 모든. 丘陵(구릉) 낮은 언덕. 林谷(임곡) 수풀이 있는 골짜기. 深山(심산) 깊은 산. 大澤(대택) 넓은 늪지. 疾行(질행) 빠른 속도로 행군하다. 亟(극) 빠르다. 去(거) 가다. 勿(물) 말아라. 得(득) 얻다. 從容(종용) 우물쭈물대며 한가로이 머물다.

若高山深谷, 卒然相遇, 必先鼓譟而乘之.
약고산심곡, 졸연상우, 필선고조이승지.
만약 높은 산이나 깊은 계곡에서 부대가 갑자기[68] 적과 마주쳤다면 반드시 먼저 북을 치며 함성을 지르며 공격해서 적을 혼란스럽게 해서 그 기회를 봐야 합니다.

若(약) 만약. 高山(고산) 높은 산. 深谷(심곡) 깊은 골짜기. 卒(졸) 갑자기라는 의미. 然(연) 그러하다. 相遇(상우) 서로 조우하다. 必(필) 반드시. 先(선) 먼저. 鼓譟(고조) 북을 치며 시끄럽게 떠드는 것. 乘之(승지) 적이 혼란해진 틈을 올라타다.

進弓與弩, 且射且虜. 審察其政, 亂則擊之勿疑.
진궁여노, 차석차로. 심찰기정, 난즉격지물의.

68) 卒然相遇(졸연상우). 졸(卒)을 병사라는 의미로 해석하면 무리가 있다. 여기에서도 가차(假借=뜻은 다르나 음이 같은 글자를 빌려서 쓰는 것)를 쓴 것으로 보임. 느닷없고 갑작스러운 판국이라는 뜻을 가진 졸지(猝地)라는 의미의 졸(猝)에서 음을 따서 쓴 것으로 해석하였음. 졸지에 적 부대를 만나다, 갑자기 적 부대를 서로 만난다는 의미로 해석하였음.

이때 활이나 쇠뇌를 담당하는 사수(射手)들을 전진 배치하여 쏘아 죽이거나[69] 사로잡습니다. 적의 움직임이 어떤지 유심히 살펴서 무질서하거나 어지럽다면 주저 없이 공격해야 합니다.

進(진) 나아가다. 弓與弩(궁여노) 시위를 당겨 무언가를 발사하는 무기체계의 총칭. 且(차) 또. 射(석) 쏘아 맞히다. 虜(노) 사로잡다. 審(심) 살피다. 察(찰) 살피다. 유심히 살핀다. 其政(기정) 적의 정세를 말한다. 亂(난) 어지럽다. 則(즉) 곧. 擊之(격지) 적을 치다. 勿疑(물의) 의심이 없이.

武侯問曰, 左右高山, 地甚狹迫, 卒遇敵人, 擊之不敢, 去之不得, 爲之奈何?
무후문왈, 좌우고산, 지심협박, 졸우적인, 격지불감, 거지부득, 위지내하?
무후(武侯)가 물었다. 좌우에 높은 산이 있고 지형이 아주 협소한 곳에서 갑자기[70] 적과 조우하게 되어 공격하기도 힘들고, 그렇다고 후퇴하기도 힘든 상황일 때는 어떻게 해야 하는가?

武侯問曰(무후문왈) 무후가 물어보았다. 左右高山(좌우고산) 좌·우측에 높은 산이 있다. 地(지) 지형. 甚(심) 심하다. 狹(협) 좁다. 迫(박) 닥치다. 卒(졸) 갑자기. 遇(우) 조우하다. 敵人(적인) 적 병력. 擊之(격지) 적을 치다. 不敢(불감) 감히 할 수 없다. 去之(거지) 적으로부터 도망치다. 不得(부득) 얻을 수 없다. 爲之奈何(위지내하) 어찌해야 하는가?

起對曰, 此謂谷戰, 雖衆不用. 募吾材士, 與敵相當,
기대왈, 차위곡전, 수중불용. 모오재사, 여적상당,
오기(吳起) 장군이 대답하였다. 이러한 경우를 일컬어 곡전(谷戰)이라 합니다. 이런 경우는 병력이 많아도 쓸모가 없으므로, 아군 병력 중에서 무예가 뛰어난 병사들만을[71] 골라서 적과 상대하게 해야 합니다.

起對曰(대왈) 오기 장군이 대답하여 말하다. 此謂(차위) 이를 일컬어. 谷戰(곡전) 골짜기에서의 전투. 雖(수) 비록. 衆(중) 병력이 많다. 不用(불용) 쓰임새가 없다. 募(모) 모으다. 吾(오) 나. 材士(재사) 재주가 있는 병사. 與敵相當(여적상당) 적과 서로 상대하게 하다.

---

69) 射(사, 석). '단순히 쏘다'의 의미일 때는 '사'로 읽고, '쏘아 맞히다'라는 의미일 때는 '석'으로 읽음. 둘다 의미는 통하나 여기서는 '석'으로 읽었음.

70) 卒遇敵人(졸우적인). 졸(卒)을 위 졸연상우(卒然相遇)의 경우처럼 음을 가차하여 사용함. 졸(猝)의 의미로 해석하여 갑자기 적을 만나다.

71) 材士(재사). 재주가 있는 병사. 여기에서 재주는 군인(軍人)으로서 무예가 뛰어난 병사를 말함.

輕足利兵, 以爲前行, 分車列騎, 隱於四旁, 相去數里, 無見其兵.
경족리병, 이위전행, 분차열기, 은어사방, 상거수리, 무견기병.
발이 빠른 병사들에게 예리한 무기를 주어 행렬의 맨 앞에서 싸우게 해야 합니다. 그동안 전차와 기병은 분산시켜 사방에 숨겨두고, 멀찍이 간격을 띄워서 적에게 노출되지 않도록 해야 합니다.

輕足(경족) 발이 빠르다. 利(리) 예리하다. 兵(병) 병기. 以爲前行(이위전행) 행렬의 맨 앞에서 싸우게 하다. 分(분) 분산시키다. 車列騎(차열기) 전차와 기병의 대열. 隱(은) 숨기다. 於四旁(어사방) 사방에. 相(상) 서로. 去(거) '가다'라는 뜻보다 '간격을 띄워놓다'로 해석. 數里(수리) 몇 리의 거리나 되는 멀찌감치. 無見(무견) 볼 수 없다. 其兵(기병) 그 병사는 적 병력을 말함.

敵必堅陳, 進退不敢. 於是出旌列旆, 行出山外營之, 敵人必懼.
적필견진, 진퇴불감. 어시출정렬패, 행출산외영지, 적인필구.
적들은 반드시 진지를 견고하게 하느라 전진도 후퇴도 감히 하지 못할 것입니다. 이 틈을 이용하여 대열을 갖추고 유유히 빠져 나와서 산 밖에 진을 치면, 적은 반드시 두려워하게 될 것입니다.

敵(적) 적. 必(필) 반드시 堅陳(견진) 진지를 견고하게 하다. 進退(진퇴) 전진과 후퇴. 不敢(불감) 감히 하지 못하다. 於是(어시) 이러한 틈에. 出(출) 나가다. 旌(정) 깃발. 列(열) 대열. 旆(패) 깃발. 行(행) 행군하다. 出(출) 나가다. 山外(산외) 산의 바깥에. 營之(영지) 진을 치고 숙영을 하다. 敵人(적인) 적 병력. 必(필) 반드시. 懼(구) 두려워하다.

車騎挑之, 勿令得休. 此谷戰之法也.
차기도지, 물령득휴. 차곡전지법야.
그때 전차와 기병을 움직여 계속 공격을 가함으로써 적이 숨 돌릴 틈조차 없게 합니다. 이것이 곡전(谷戰)의 요령입니다.

車騎(차기) 전차와 기병. 挑(도) 의욕을 돋우다. 勿令得休(물령득휴) 적에게 휴식을 취할 기회를 주지 말라. 此 谷戰之法也(차 곡전지법야) 이것이 곡전에서의 싸우는 방법이다.

武侯問曰, 吾與敵相遇,
무후문왈, 오여적상우,

무후(武侯)가 물었다. 만일 물이 많은 늪지에서 적군과 조우했는데,

武侯問曰(무후문왈) 무후가 물어보았다. 吾(오) 나. 與敵(여적) 적군과. 相遇(상우) 서로 조우하다.

大水之澤, 傾輪沒轅, 水薄車騎, 舟楫不設, 進退不得, 爲之奈何?
대수지택, 경륜몰원, 수박차기, 주즙불설, 진퇴부득, 위지내하?
전차 바퀴가 수렁에 빠지고, 기병이 물에 박히고, 배도 설치하기가 어렵고, 진퇴가 곤란할 때는 어떻게 하오?

大水之澤(대수지택) 물이 많은 늪지. 傾(경) 기울다. 輪(륜) 전차 바퀴. 沒(몰) 가라앉다. 轅(원) 수레의 양쪽에 길게 나와 말과 소를 매는 곳. 水(수) 물. 薄(박) 박히다. 車騎(차기) 전차와 기병. 舟(선) 배. 楫(즙) 노. 不設(불설) 설치하지 못하다. 進退不得(진퇴부득) 진퇴가 되지 못하다. 爲之奈何(위지내하) 어찌해야 하는가?

起對曰, 此謂水戰, 無用車騎, 且留其傍. 登高四望, 必得水情.
기대왈, 차위수전, 무용차기, 차류기방. 등고사망, 필득수정.
오기(吳起) 장군이 대답하였다. 이러한 경우를 수전(水戰)이라 합니다. 이때는 전차나 기병이 쓸모가 없으므로 그대로 두고, 우선 높은 곳에 올라가 사방을 두루 살펴서 물과 관련된 지형을 파악하는 것이 급선무입니다.

起對曰(대왈) 오기 장군이 대답하여 말하다. 此謂(차위) 이를 일컬어 ~라 한다. 水戰(수전) 물에서 싸우는 전투. 無用(무용) 쓸모가 없다. 車騎(차기) 전차와 기병. 且(차) 또. 留(유) 머물다. 其傍(기방) 그 변방에. 登高(등고) 높은 곳에 오르다. 四望(사망) 사방을 둘러 살피다. 必得(필득) 필히 얻어내다. 水情(수정) 물의 상태.

知其廣狹, 盡其淺深, 乃可爲奇以勝之. 敵若絕水, 半渡而薄之.
지기광협, 진기천심, 내가위기이승지. 적약절수, 반도이박지.
어느 곳이 넓고 좁은지를 알고, 어디가 깊고 얕은지를 세밀하게 살펴본 후에 적의 의표를 찌르면 승리할 수 있습니다. 만약 적이 물을 건너고 있으면 절반 정도를 건너갔을 때 공격합니다.

知(지) 알다. 其(기) 그. 廣狹(광협) 넓고 좁음. 盡(진) 세밀히 살피는 것을 말함. 淺深(천심) 어디가 얕고 깊은지. 乃(내) 이에. 可(가) 가능하다. 爲奇(위기) 기병을 통해서. 正兵과 대치되는 개념의 奇兵을

의미함. 以勝之(이승지) 승리할 수 있다. 敵(적) 적군. 若(약) 만약. 絕水(절수) 물을 건너다. 半渡(반도) 반쯤 건너다. 薄(박) 얇다는 뜻인데 적과 얇게 붙어야 하는 것은 공격한다는 것을 의미함.

武侯問日, 天久連雨, 馬陷車止, 四面受敵, 三軍驚駭, 爲之奈何?
무후문왈, 천구련우, 마함차지, 사면수적, 삼군경해, 위지내하?
무후(武侯)가 물었다. 날씨가 오랫동안 연이어 비가 내려서 말이 진흙에 빠지고, 전차를 기동할 수가 없는데, 적에게 사방을 포위당하여 전군이 놀라서 당황하는 상황에서는 어떻게 해야 하오?

武侯問曰(무후문왈) 무후가 물어보았다. 天(천) 날씨. 久連雨(구연우) 오랫동안 연이어 비가 오다. 馬(마) 말. 陷(함) 빠지다. 車(차) 전차. 止(지) 기동할 수 없다. 四面(사면) 사방에서. 受敵(수적) 적을 만나서 포위당하다. 三軍(삼군) 전군. 驚(경) 놀라다. 駭(해) 놀라다. 爲之奈何(위지내하) 어찌해야 하는가?

起對日, 凡用車者, 陰濕則停, 陽燥則起,
기대왈, 범용차자, 음습즉정, 양조즉기,
오기(吳起) 장군이 대답하였다. 전차를 운용할 때에는 비가 오고 습하면 기동하지 않고, 맑고 건조할 때 기동해야 합니다.

起對曰(대왈) 오기 장군이 대답하여 말하다. 凡(범) 무릇. 用車者(용차자) 전차를 사용할 때는. 陰(음) 비 오는 날씨. 濕(습) 축축함. 則(즉) 곧. 停(정) 정지하다. 陽(양) 맑은 날씨. 燥(조) 건조하다. 則(즉) 곧. 起(기) 일어난다는 뜻보다 기동한다는 의미.

貴高賤下, 馳其强車, 若進若止, 必從其道.
귀고천하, 치기강차, 약진약지, 필종기도.
또한 지형은 높은 지대를 선택하고 낮은 지대는 피해야 합니다. 전차는 전진하건 멈추건 간에 반드시 이러한 원칙을 지켜야 합니다.

貴高(귀고) 가급적 높은 지대를 선택해서 기동하라. 賤下(천하) 가급적 낮은 지대를 피해서 기동하라. 馳(치) 달리다. 其(기) 그. 强(강) 강하다. 車(차) 전차. 若進若止(약진약지) 만약 전진하거나 정지할 때에는. 必從(필종) 반드시 따라야 한다. 其道(기도) 그 원칙을.

敵人若起, 必逐其跡.

적인약기, 필축기적.
적이 만약 전차를 움직인다면, 그 바퀴 자국을 반드시 추적해야 합니다.

敵人(적인) 적 병력보다는 앞의 문맥과 연계해서 생각할 때는 적의 전차를 의미함. 若起(약기) 만약 기동하면. 必(필) 반드시. 逐(축) 추적하다. 其跡(기적) 그 바퀴 자국을.

武侯問曰, 暴寇卒來, 掠吾田野, 取吾牛羊, 則如之何?
무후문왈, 폭구졸래, 약오전야, 취오우양, 즉여지하?
무후(武侯)가 물었다. 갑자기 도적 떼처럼 적들이 쳐들어와[72] 아군의 곡물을 노략질하고 가축을 탈취할 때는 어찌하오?

武侯問曰(무후문왈) 무후가 물어보았다. 暴(폭) 사납다. 寇(구) 도둑. 卒(졸) 갑작스럽다. 來(래) 오다. 掠(략) 약탈하다. 吾(오) 아군의. 田野(전야) 밭과 들로 해석하기보다는 아군의 곡물로 해석. 取(취) 갈취하다. 吾(오) 아군의. 牛羊(우양) 소와 양으로 해석하기 보다는 가축으로 해석. 則(즉) 곧. 如之何(여지하) 어찌하오?

起對曰, 暴寇之來, 必慮其强, 善守勿應.
기대왈, 폭구지래, 필려기강, 선수물응.
오기(吳起) 장군이 대답하였다. 도적 떼처럼 적들이 쳐들어오면 그들의 전투력이 강한 점을 고려하여 방어를 위한 대비태세를 강화하고 섣불리 대응하지 말아야 합니다.

起對曰(기대왈) 오기 장군이 대답하여 말하다. 暴(폭) 사납다. 寇(구) 도둑. 來(래) 오다. 必(필) 반드시. 慮(려) 고려하다. 其强(기강) 그 강력한 전투력을. 善守(선수) 방어준비를 잘하고. 勿應(물응) 대응하지 말라.

彼將暮去, 其裝必重, 其心必恐, 還退務速, 必有不屬. 追而擊之, 其兵可覆.
피장모거, 기장필중, 기심필공, 환퇴무속, 필유불속. 추이격지, 기병가복.
그러나 적의 장수가 약탈을 마치고 철수할 때는 반드시 짐이 무겁고, 혹시 공격을 받을까 하는 마음에 불안해하며 돌아갈 때 빨리 빠져나가는 데만 급급하게 되고, 적의 대열은 간격

72) 暴寇卒來(폭구졸래). 暴寇(폭구) 사나운 도적 떼. 적을 도적 떼로 비유함. 卒(졸)은 가차(假借=뜻은 다르나 음이 같은 글자를 빌려서 쓰는 것)를 쓴 것으로 보임. 느닷없고 갑작스러운 판국이라는 뜻을 가진 졸지(猝地)라는 의미의 졸(猝)에서 음을 따서 쓴 것으로 해석하였음. 사나운 도적 떼처럼 적들이 갑자기 쳐들어옴.

이 벌어지고 흐트러질 것입니다. 이때를 놓치지 않고 적을 추격해서 공격하면 그들을 궤멸시킬 수 있습니다.

彼將(피장) 적의 장수. 暮去(모거) 약탈을 마치고 가다. 暮(모) 저물다. 去(거) 가다. 其(기) 그. 裝(장) 꾸미다. 必(필) 반드시. 重(중) 무겁다. 其心(기심) 그 마음. 恐(공) 두려워하다. 還退(환퇴) 퇴각하여 돌아가다. 務(무) 힘쓰다. 速(속) 빠르다. 有(유) 있다. 不屬(불속) 대열이 이어지지 않아 끊어진다. 追(추) 쫓다. 擊(격) 치다. 其兵(기병) 갑자기 쳐들어온 暴寇(폭구)를 말함. 可(가) 가능하다. 覆(복) 뒤집히다.

吳起曰, 凡攻敵圍城之道, 城邑旣破, 各入其宮. 御其祿秩, 收其器物.
오기왈, 범공적위성지도, 성읍기파, 각입기궁. 어기녹질, 수기기물.
오기(吳起) 장군이 말하였다. 모름지기 적의 성을 포위공격을 할 때도 원칙이 있습니다. 성읍을 이미 격파한 다음, 마을의 관아로 진입해서 지방 관아의 아전과 하인들을 통제하고 모든 기물을 접수합니다.

吳起曰(오기왈) 오기 장군이 말하다. 凡(범) 무릇. 攻(공) 공격하다. 敵圍城(적위성) 적의 성을 포위하다. 道(도) 법도. 城邑(성읍) 성읍. 旣(기) 이미. 破(파) 부서지다. 各(각) 각각. 入(입) 들어가다. 其宮(기궁) 관아를 말함. 御(어) 다스리다. 其(기) 그. 祿(녹) 녹봉. 秩(질) 녹봉. 收(수) 거두다. 器物(기물) 그릇과 물건. 집기류 같은 것.

軍之所至, 無刊其木, 發其屋, 取其粟, 殺其六畜, 燔其積聚, 示民無殘心.
군지소지, 무간기목, 발기옥, 취기속, 살기육축, 번기적취, 시민무잔심.
군대가 주둔할 때에는 함부로 양민들의 나무를 베거나 집을 훼손하지 않도록 하며, 곡식을 약탈하고 가축을[73] 도살하거나 재산을 불태우지 않도록 하여, 백성들에게 해치고자 하는 마음이 없다는 것을 보여주어야 합니다.

軍(군) 군대. 所至(소지) 이르는 바. 無(무) 없다. 刊(간) 잘라 내거나 깎아내다. 其木(기목) 그 나무. 發(발) ~을 쏜다는 뜻보다 위 문구에 나오는 집을 훼손한다는 뜻임. 屋(옥) 그 집. 取(취) 취하다. 粟(속) 오곡을 통칭하는 말로 곡식이라는 의미. 殺(살) 죽이다. 六畜(육축) 가축을 말함. 燔(번) 불태우다. 積聚(적취) 쌓아놓은 재산을 말함. 示民(시민) 백성들에게 보여주다. 無(무) 없다. 殘心(잔심) 해

73) 六畜(육축). 소 · 말 · 돼지 · 양 · 닭 · 개 등 6종의 가축을 말함.

치고자 하는 마음.

其有請降, 許而安之.

기유청항, 허이안지.

그리고 투항을 원하는 자가 있으면 이를 받아주고 아량을 베풀어야 합니다.

有(유) 있다. 請(청) 청하다. 降(항) 항복하다. 許(허) 허락하다. 安(안) 편안하다.

第六. 勵士 제6. 여사. 부하를 격려하라

여사(勵士)란 공이 크고 작음에 따라 연회를 베풀어주고 상을 주는 예법을 만들어서 공(功)이 없는 자까지도 격려하는 것을 말한다. 이번 편에서 어떻게 군사들을 격려하는지에 대한 방법을 언급하였으므로 편명(篇名)을 여사(勵士)로 지었다.

-오자직해(吳子直解)에서-

武侯日, 嚴刑明賞, 足以勝乎?

무후왈, 엄형명상, 족이승호?

무후(武侯)가 물었다. 벌을 엄하게 주고, 상을 분명하게 하면, 전쟁에서 충분히 이길 수 있는 것이오?

武侯日(무후왈) 무후가 말했다. 嚴刑(엄형) 형벌을 엄하게 주다. 明賞(명상) 상을 분명하게 하다. 足(족) 충분하다. 勝(승) 이기다.

起對日, 嚴明之事, 臣不能悉. 雖然, 非所恃也.

기대왈, 엄명지사, 신불능실. 수연, 비소시야.

오기(吳起) 장군이 이에 대답하였다. 엄명지사(嚴明之事)에 대해서 신하인 저로서는 알 수가 없습니다.[74] 제가 비록 알지 못한다고 하더라도 제가 아는 바로는 엄명지사(嚴明之事)가 전쟁에서의 승패와 무관한 것은 아니라고 생각됩니다.

起對日(기대왈) 오기 장군이 대답하여 말하다. 嚴(엄) 벌을 엄하게 주는 것. 明(명) 상을 분명하게 하는 것. 之事(지사) 그러한 일. 臣(신) 신하. 不能(불능) 능력이 없다. 悉(실) 모두 다. 雖然(수연) 비록 그렇다 하더라도. 非(비) 아니다. 所恃(소시) 믿는바.

夫發號布令, 而人樂聞, 興師動衆, 而人樂戰, 交兵接刃, 而人樂死.

부발호포령, 이인악문, 흥사동중, 이인악전, 교병접인, 이인악사.

첫 번째, 군주가 포고령을 내리면 백성들이 그것을 기꺼이 따르는가? 두 번째, 군사를 일으

74) 嚴明之事(엄명지사). 벌을 엄하게 주고, 상 주는 것을 명확하게 하는 것은 군주가 해야 할 일이라는 것을 강조한 말임.

켜 군대를 동원하면, 백성들이 기꺼이 나아가 싸우는가? 세 번째, 교전이 벌어지면 백성들이 기꺼이 죽을 각오가 되어있는가?

夫(부) 무릇. 發號(발호) 명령을 발하다. 布令(포령) 포고령. 人(인) 백성. 樂(락) 기뻐하다. 聞(문) 듣다. 興(여) 더불어. 師(사) 일국의 군사. 動(동) 동원하다. 衆(중) 군대. 戰(전) 싸우다. 交(교) 교전하다. 兵(병) 군대. 接刃(접인) 칼날을 맞이한다는 뜻은 죽음도 불사한다는 뜻임. 死(사) 죽다.

此三者, 人主之所恃也.
차삼자, 인주지소시야.

이 세 가지를 제대로 갖춘다면 군주는 승리를 확신해도 됩니다.

此三者(차삼자) 이 세 가지는. 人(인) 백성. 主(주) 군주. 所恃(소시) 믿는 바.

武侯曰, 致之奈何?
무후왈, 치지내하?

무후(武侯)가 물었다. 그렇게 되려면 어떻게 해야 하오?

武侯曰(무후왈) 무후가 말했다. 致(치) 이르다. 奈何(내하) 어찌해야 하는가?

對曰, 君擧有功, 而進饗之, 無功而勵之.
대왈, 군거유공, 이진향지, 무공이려지.

오기(吳起) 장군이 대답하였다. 주군께서는 공이 있는 자에게는 잔치를 베풀어주시고, 공이 없는 자도 따로 격려해 주십시오.

對曰(대왈) 대답하여 말하다. 君(군) 군주. 擧(거) 들다. 有功(유공) 공이 있다. 進(진) 나아가다. 饗(향) 잔치를 베풀다. 無功(무공) 공이 없다. 勵之(려지) 격려하다.

於是武侯, 設坐廟廷, 爲三行, 饗士大夫.
어시무후, 설좌묘정, 위삼행, 향사대부.

이에 무후(武侯)가 종묘의 뜰에 자리를 마련하고 사람들을 3줄로 앉히고 잔치를 열었다.

於是武侯(어시무후) 이에 무후는. 設坐(설좌) 자리를 마련하다. 廟廷(묘정) 종묘의 뜰. 爲三行(위삼행) 3줄로 앉히다. 饗(향) 잔치를 베풀다. 士大夫(사대부) 사대부들에게.

上功坐前行, 餚席兼重器, 上牢. 次功坐中行, 餚席器差減.

상공좌전행, 효석겸중기, 상뢰. 차공좌중행, 효석기차감.

전공이 많은 자들은 앞줄에 앉혀서 고급 그릇과 최고의 음식을 올리고[75], 약간의 공이 있는 자들은 가운뎃줄에 앉혀서 조금 못한 그릇과 음식으로 상을 꾸몄으며,

上功(상공) 공이 높은 사람. 坐(좌) 앉히다. 前行(전행) 앞줄. 餚席(효석) 고기요리를 벌여놓은 연회석. 兼(겸) 겸하다. 重器(중기) 고급 그릇을 말함. 上牢(상뢰) 소와 양, 돼지 등을 요리한 가장 큰 접대예식을 말함. 次功(차공) 그다음 공이 있는 자. 坐(좌) 앉히다. 中行(중행) 가운뎃줄. 餚席(효석) 고기요리를 벌여놓은 연회석. 器差減(기차감) 조금 못한 기물.

無功坐後行, 餚席無重器.

무공좌후행, 효석무중기.

공이 없는 자들은 뒷줄에 앉히고 평범한 식탁을 차렸다.

無功(무공) 공이 없는 사람. 坐(좌) 앉히다. 後行(후행) 뒷줄. 餚席(효석) 고기요리를 벌여놓은 연회석. 無重器(무중기) 고급 그릇이 없다. 평범한 식탁을 차렸다는 의미.

饗畢而出, 又頒賜有功者, 父母妻子, 於廟門外, 亦以功爲差.

향필이출, 우반사유공자, 부모처자, 어묘문외, 역이공위차.

그리고 연회가 끝나고 나가려 할 때, 유공자에게는 다시 상을 하사하고. 문밖에 있는 그들의 부모 처자에게도 상을 내렸는데, 역시 전공에 따라 차등을 두었다.

饗(향) 잔치를 베풀다. 畢(필) 마치다. 出(출) 나다. 又(우) 또. 頒(반) 나누다. 賜(사) 주다. 有功者(유공자) 공이 있는 자. 父母妻子(부모처자) 부모와 처, 자식. 於廟門外(어묘문외) 종묘 문 바깥에. 亦(역) 역시. 以功爲差(이공위차) 공에 따라 차이를 두다.

有死事之家, 歲被使者, 勞賜其父母, 著不忘於心.

유사사지가, 세피사자, 노사기부모, 저불망어심.

그리고 전사자가 있는 집에는 해마다 관리를 보내서 전사자의 부모를 위로함으로써 항상 잊지 않고 있다는 뜻을 표시하였다.

---

75) 上牢(상뢰). 삼생(三牲=산 채로 제물로 올리던 소·양·돼지의 3가지 가축)으로 요리한 최고의 음식. 대뢰(大牢)라고도 한다.

有死事之家(유사사지가) 전사자가 있는 집. 歲(세) 해. 被(피) 달하다. 使者(사자) 사신. 勞賜(로사) 위로를 전하다. 著(저) 분명하다. 不忘(불망) 잊지 않다.

行之三年, 秦人興師, 臨於西河, 魏士聞之, 不待吏令, 介胄而奮擊之者以萬數.
행지삼년, 진인흥사, 임어서하, 위사문지, 부대리령, 개주이분격지자이만수.
이러한 일들을 시행한 지 삼 년이 지났을 때, 진(秦)나라가 군대를 일으켜 서하(西河)를 침범하였다. 위(魏)나라의 군사들은 이 소식을 듣자 동원령이 떨어지기도 전에 스스로 갑옷을 입고 달려가 용감히 싸웠는데, 그 수가 수만 명에 이르렀다.

行之三年(행지삼년) 시행한 지 삼 년이 지나다. 秦人(진인) 진나라 사람. 興師(여사) 군사를 일으키다. 臨(임) 임하다. 西河(서하) 서하지방. 魏士(위사) 위나라 장정들. 聞之(문지) 그것을 듣고. 不待(부대) 기다리지 않다. 吏(리) 관리. 令(령) 동원령을 말함. 介胄(개주) 갑옷과 투구를 입고 나선다는 설명임. 奮(분) 떨치다. 擊(격) 치다. 萬數(만수) 1만.

武侯召吳起而謂曰, 子前日之教行矣.
무후소오기이위왈, 자전일지교행의.
진(秦)나라를 격퇴한 후 무후(武侯)가 오기(吳起) 장군을 불러서 말하였다. 그대가 지난번 가르침을 준 일이 그대로 이루어졌소.

召(소) 부르다. 謂(위) 이르다. 曰(왈) 말하다. 子(자) 그대. 前日之教(전일지교) 지난날의 가르침. 行(행) 이루어지다.

起對曰, 臣聞人有短長, 氣有盛衰. 君試發無功者五萬人, 臣請率以當之.
기대왈, 신문인유단장, 기유성쇠. 군시발무공자오만인, 신청솔이당지.
오기(吳起) 장군이 대답하였다. 신이 듣기로는 사람들은 저마다 장단점이 있고, 원기는 왕성할 때와 쇠퇴할 때가 있다고 들었습니다. 주군께서 시험 삼아 제게 전공이 없는 자 오만 명을 내어 주십시오. 그리하면 제가 그들을 이끌고 적과 상대하도록 하겠습니다.

起對曰(기대왈) 오기 장군이 대답하여 말하다. 臣(신) 신하. 聞(문) 듣다. 人(인) 사람. 有短長(유단장) 장단점이 있다. 氣(기) 원기. 有盛衰(유성쇠) 성할 때와 쇠할 때가 있다. 君(군) 군주. 試發(시발) 시험 삼아 주다. 無功者(무공자) 공이 없는 자. 五萬人(오만인) 오만 명. 臣請(신청) 신이 청합니다. 率(솔) 통솔하다. 當之(당지) 적을 맞이하다.

脫其不勝, 取笑於諸侯, 失權於天下矣.
탈기불승, 취소어제후, 실권어천하의.
만일 싸워 이기지 못한다면, 제후들의 웃음거리가 되고 천하에 위신이 떨어질 것입니다.

脫其不勝(탈기불승) 싸워 이기지 못한다. 取笑(취소) 웃음거리가 되다. 於諸侯(어제후) 제후들에게. 失權(실권) 권위를 잃다.

今使一死賊伏於曠野, 千人追之, 莫不梟視狼顧. 何者?
금사일사적복어광야, 천인추지, 막불효시랑고. 하자?
지금 죽음을 각오한 도적 한 명이 벌판에 숨어 있다고 가정한다면, 천 명이 그를 쫓을 때, 도적을 쫓고 있는 천 명이 오히려 올빼미나 이리처럼 겁먹은 모습을 보이지 않는 자가 없을 것입니다. 왜 그렇겠습니까?

今(금) 지금. 使(사) ~하게 하다. 一死賊伏(일사적복) 죽음을 각오한 도적 1명이 숨어 있다. 於曠野(어광야) 넓은 벌판에. 千人追之(천인추지) 천명이 쫓는다. 莫不(막불) ~하지 않을 수 없다. 梟視狼顧(효시랑고) 올빼미가 눈을 크게 뜨고 두리번거리거나 이리가 자꾸 뒤를 돌아보듯이 겁먹은 상태. 何者(하자) 이유가 무엇인가?

忌其暴起而害己. 是以一人投命, 足懼千夫.
기기폭기이해기. 시이일인투명, 족구천부.
그것은 도적이 갑자기 나타나 자기를 해치지 않을까 두렵기 때문입니다. 따라서 한 명이 목숨을 내던질 각오를 하면, 족히 천 명을 두려움에 떨게 할 수 있습니다.[76]

忌(기) 꺼리다. 暴起(폭기) 갑자기 나타나다. 害己(해기) 자신을 해치다. 是以(시이) 따라서. 一人投命(일인투명) 한 명이 목숨을 던지면. 足(족) 충분하다. 懼(구) 두려워하다. 千夫(천부) 천명의 장정.

今臣以五萬之衆, 而爲一死賊, 率以討之, 固難敵矣.
금신이오만지중, 이위일사적, 솔이토지, 고난적의.

76) 一人投命, 足懼千夫(일인투명, 족구천부). 1명이 목숨을 던지기로 각오한다면, 족히 천명도 두렵게 할 수 있다는 뜻임. 이 문구를 유사하게 인용한 사례를 살펴보면, 이 순신 장군이 명량해전을 앞두고 장병들에게 一夫當逕, 足懼千夫(일부당경, 족구천부)라 하여 '1명의 장부가 길목을 잘 막고 있으면, 천 명이나 되는 적들도 두렵게 하기에 족하다'고 하면서 전투 의지를 고양한 바가 있음.

이제 제가 오만 명의 군사를 죽기로 작정한 도적처럼 만들어, 이러한 군대를 지휘통솔 하여 토벌에 임한다면 아무도 상대할 자가 없을 것입니다.

今(금) 지금. 臣(신) 오기 장군을 말함. 五萬之衆(오만지중) 오만 명의 군사. 爲(위) 만들다. 一死賊(일사적) 죽기를 각오한 한 명의 도적. 率(솔) 통솔하다. 討(토) 토벌하다. 固(고) 견고하다. 難(난) 어렵다. 敵(적) 적군.

於是武侯從之, 兼車五百乘, 騎三千匹, 而破秦五十萬衆, 此勵士之功也.
어시무후종지, 겸차오백승, 기삼천필, 이파진오십만중, 차려사지공야.
이에 무후(武侯)가 오기(吳起) 장군의 말을 그대로 따라서, 별도로 전차 오백 대와 기병 삼천 명을 딸려 보냈더니, 과연 진군(秦軍) 오십만 대군을 격파하였다. 이는 바로 군사들을 잘 독려한 결과였던 것이다.

於是(어시) 이에. 武侯從之(무후종지) 무후가 그의 말대로 따라하다. 兼(겸) 겸하다. 車五百乘(차오백승) 전차 오백 대. 騎三千匹(기삼천필) 기병 삼천. 破(파) 격파하다. 秦(진) 진나라. 五十萬衆(오십만중) 오십만 군대. 此(차) 이것. 勵士之功(려사지공) 군을 격려한 결과이다.

先戰一日, 吳起令三軍曰, 諸吏士當從受馳.
선전일일, 오기령삼군왈, 제이사당종수치.
싸우기 하루 전날, 오기(吳起) 장군이 전군에 명을 내렸다. 그대들은 이제부터 적의 전차와 기병과 보병을 맞아 싸워야 한다.

先戰(선전) 싸우기에 앞서. 一日(1일) 하루. 令(령) 명령을 내리다. 三軍(삼군) 전군. 諸(제) 모두. 吏士(리사) 간부나 병사 모두. 當(당) 당하다. 從(종) 쫓다. 受(수) 받다. 馳(치) 달리다.

車騎與徒, 若車不得車, 騎不得騎, 徒不得徒, 雖破軍皆無易.
차기여도, 약차부득차, 기부득기, 도부득도, 수파군개무역.
만약 우리 전차가 적의 전차를 빼앗지 못하고, 기병이 적의 기병을 잡지 못하고, 보병이 적의 보병을 잡지 못한다면, 설령 적군을 격파했다 하더라도 나는 그대들의 전공을 인정하지 않을 것이다.

車騎(차기) 전차나 기병. 與(여) 더불어. 徒(도) 보병부대. 若(약) 만약. 車(차) 우리 전차. 不得(부득) 얻지 못하다. 車(차) 적의 전차. 騎(기) 아군의 기병. 騎(기) 적의 기병. 徒(도) 아군의 보병. 不得(부득) 얻지 못하다. 徒(도) 적의 보병. 雖(수) 비록. 破軍(파군) 적군을 격파하다. 皆(개) 모두. 無易(무역) 전공으로 바꾸어 주는 것이 없다.

故戰之日, 其令不煩 而威震天下.

고전지일, 기령불번 이위진천하.

이에 전투가 벌어지자, 더는 명령이 없었는데도 그 위세가 천지를 진동시켰다.

故(고) 그러므로. 戰之日(전지일) 전투를 하는 날. 不煩(불번) 번거롭게 하지 않다. 威(위) 위엄. 震(진) 천둥 벼락이 치다.

第三書.【六 韜】

제3서. 육도

《육도》에 대하여

第一. 文韜 (제1. 문도)

第二. 武韜 (제2. 무도)

第三. 龍韜 (제3. 용도)

第四. 虎韜 (제4. 호도)

第五. 豹韜 (제5. 표도)

第六. 犬韜 (제6. 견도)

《육도(六韜)에 대하여》

육도(六韜)에서 도(韜)는 화살을 넣는 주머니를 의미합니다. 병법(兵法)의 비결을 말하는 것입니다. 병법의 비결이 문도(文韜) · 무도(武韜) · 용도(龍韜) · 호도(虎韜) · 표도(豹韜) · 견도(犬韜) 등 총 6개 분야 6권 60편으로 나누어져 있는 데서 육도(六韜)라는 서명(書名)이 나온 것입니다. 통상적으로 육도(六韜)만을 부르기보다는 육도삼략(六韜三略)으로 삼략(三略)이라는 병서와 같이 통칭해서 부르는 경우가 많습니다. 다른 병서에 비해서 분량이 매우 많은 편이며, 주나라 건국공신인 태공망(太公望)이 지은 것으로 알려져 있습니다. 지은 시기로만 보면, 역대 병서(兵書) 중에서 가장 오래된 병서에 해당하는 것입니다.

주나라 문왕(文王)의 꿈에 천제(天帝)가 나타나서 강태공을 만나게 해주었다는 이야기로 시작되는 것이 바로 제1편인 문사(文師)의 내용입니다. 이러한 내용으로 시작되는 육도(六韜)의 주요 내용을 살펴보면 다음과 같습니다. 문도(文韜)에서는 국민을 다스리는 방법에 대하여 논하였으며, 무도(武韜)에서는 통치자로서 시행해야 할 사항을 논하였고, 용도(龍韜)에서는 통치자에게 필요한 정치와 군사전략을 첨가하여 논하였고, 호도(虎韜)에서는 호랑이 같은 위상을 떨치는데 필요한 병세와 편성방법에 대하여 논하였고, 표도(豹韜)는 표범과 같은 용맹을 병법에 어떻게 접목할 것인가에 대하여 논하였고, 견도(犬韜)는 개를 훈련하는 방법을 병법에 응용하는 방법을 이용해서 설명하였습니다.

다른 병서들은 대부분 전법, 병기, 지형 등 군사 부분에 국한하고 있으나 육도(六韜)는 치세의 대도(大道)에서부터 인간에 대한 이해, 조직에 대한 이해, 정치, 군사 등 다양한 분야에 대해서 같이 논하고 있는 것이 다른 병서들과 다른 점입니다. 무경칠서(武經七書)중에서 가장 많은 분량을 차지하고 있는 병서로서, 내용 중에는 당시 시대적 상황에 국한하여 적용할 수밖에 없는 한계를 지니는 부분도 있으나 다루고 있는 부분의 방대함이나 세밀함은 분명 현대에서도 본받아야 할 사항이라고 생각합니다.

과거의 시대적 한계점을 현대적으로 재해석하여 적용하는 부분은 독자(讀者)의 개인적 역량에 달린 것으로 생각합니다.

第一. 文韜 제1. 문도[77)]

1). 文師 문사.[78)] 문왕의 스승이 되다

문사(文師)란 주(周)나라 문왕(文王)의 스승이란 뜻이다. 문왕이 위주의 북쪽으로 사냥을 나가 태공망(太公望) 여상(呂尙)을 만나 그를 스승으로 삼게 되는 과정을 설명하는 편이다.

-육도직해(六韜直解)에서-

文王將田, 史編布卜, 曰,

문왕장전, 사편포복, 왈,

주 문왕(周 文王)[79)]이 막 사냥을 나가려 하자[80)], 사관 편(編)이 점을 쳐 보고 이렇게 말하였다.

文王(문왕) 주나라 문왕. 將(장) 막 ~하려 하다. 田(전) 사냥하다. 史(사) 사관. 編(편) 이름. 布(포) 펴다. 넓게 펴다. 卜(복) 점. 曰(왈) 말하다.

田於渭陽, 將大得焉. 非龍非彲, 非虎非羆, 兆得公侯, 天遺汝師.

전어위양, 장대득언. 비룡비리, 비호비비, 조득공후, 천유여사.

위수(渭水)[81)]의 북쪽 양지(陽地)로 사냥을 나가시면, 장차 큰 수확이 있을 것입니다. 그것은 용도 아니고 이무기도 아니고 호랑이도 아니며 곰도 아닌, 바로 공작이나 후작이 될 만한 큰 인물을 얻을 것이니 이는 하늘이 전하에게 내려 주신 스승입니다.

---

77) 문도(文韜). 문치(文治)란 인의와 도덕을 숭상하면서 만민을 교화시키고, 백성들에게 어진 정치를 베풀어서 국가의 화합과 경제적 부를 누리게 하는 바탕이 되는 것을 말한다. 따라서 육도(六韜)에서 제1로 삼은 것이 문도(文韜)인 이유는 바로 문치(文治)가 기본이 되기 때문이라 생각된다. 여기에서는 문왕(文王)이 태공망(太公望) 여상(呂尙)과 처음 만나는 과정과 그를 스승으로 삼게되는 과정을 설명하고, 두 사람이 서로 문답형식으로 나라를 다스리는 기본이 되는 것에 대해서 토론한 내용이 수록되어 있다.

78) 문사(文師). 문왕의 스승이란 뜻임.

79) 문왕(文王). 순 임금 때, 농사일을 관장하던 벼슬을 했었던 후직(后稷)의 12대손. 주(周)나라의 왕. 성은 희(姬) 이름은 창(昌). 문왕(文王)은 시호임. 그 아들은 무왕(武王)으로 후에 천자로 등극함.

80) 將田(장전). 將(장)은 막 ~하려 하다. 田(전)은 밭을 의미하는 것이 아니라, 사냥하다는 의미를 가진 畋(전)자를 가차(假借)한 것임. 따라서 막 사냥을 하려하다.

81) 위수(渭水). 감숙성(甘肅省) 위원현(渭源縣)에서 황하로 흐르는 강 이름.

田(전) 사냥을 하다. 於(어) ~에서. 渭陽(위양) 위수의 북쪽 양지. 將(장) 장차. 大得(대득) 크게 얻다. 焉(언) 어조사. 非(비) 아니다. 龍(룡) 용. 彲(리) 이무기. 虎(호) 범. 호랑이. 羆(비) 큰 곰. 兆(조) 조짐. 得(득) 얻다. 公侯(공후) 공작과 후작. 높은 벼슬의 총칭. 天(천) 하늘. 遺(유) 후세에 전하다. 汝(여) 너. 師(사) 스승.

以之佐昌, 施及三王.
이지좌창, 시급삼왕.
전하께서 하시고자 하는 일들이 창성하도록 보좌할 것이며, 이어서 3대까지 이를 수 있게 될 것입니다.

佐(좌) 돕다. 昌(창) 창성하다. 施(시) 베풀다. 及(급) 미치다. 三王(삼왕) 왕이 3번이나 바뀔 동안.

文王曰, 兆致是乎?
문왕왈, 조치시호?
문왕(文王)이 물었다. 점괘가 정말 그러한가?

文王曰(문왕 왈) 주나라 문왕이 말하다. 兆(조) 조짐. 점괘. 致(치) 이르다. 是(시) 옳다. 乎(호) 어조사.

史編曰, 編之太祖史疇, 爲禹占得皐陶, 兆比於此.
사편왈, 편지태조사주, 위우점득고요, 조비어차.
사관 편(編)이 대답하였다. 저의 선조인 사관 주(疇)가 하우씨(夏禹氏)82)를 위해 점을 쳐서, 명재상인 고요(皐陶)83)를 얻었을 때의 점괘가 이와 비슷했습니다.

史編曰(사편왈) 사관 편이 말하다. 太祖(태조) 큰할아버지. 史(사) 사관. 疇(주) 사관인 주. 爲(위) ~하다. 禹(우) 하왕조의 시조 하우씨. 占(점) 점을 보다. 得(득) 얻다. 皐陶(고요) 사람 이름. 兆(조) 조짐. 점괘. 比(비) 견주다. 於此(어차) 이것과.

82) 하우씨(夏禹氏). 중국 고대의 전설적인 군주로 하(夏)나라 우(禹)임금을 말함. 탁월한 정치능력이 있으면서도 결코 스스로 자랑한 적이 없으며, 황하의 치수사업을 성공적으로 수행한 결과로 황하에 살던 물의 신이라는 의미로 우(禹)라는 이름을 얻었다고도 함.

83) 고요(皐陶) : 요순(堯舜)시대의 현인. 순(舜)임금의 신하로 형옥을 관장하는 벼슬을 함. 자는 정견(庭堅). 국가의 기강을 바로잡기 위해 다섯 가지 형벌(피부에 죄명을 찍어 넣는 묵형-墨刑, 코를 베는 의형-劓刑, 발뒤꿈치를 베는 비형-剕刑, 성기를 제거하는 궁형-宮刑, 목을 베어 죽이는 대벽형-大辟刑)을 제정하여 천하의 질서를 잡았다고 함.

文王乃齋三日, 乘田車, 駕田馬, 田於渭陽, 卒見太公坐茅以漁.
문왕내재삼일, 승전거, 가전마, 전어위양, 졸견태공좌모이어.
문왕(文王)은 3일 동안 목욕재계한 다음, 수렵용 수레와 말[84]을 타고 위수(渭水)의 북쪽으로 사냥을 나갔는데, 이때 태공망(太公望)이 띠 풀을 깔고 앉아서 낚시질하는 것을 보았다.

文王(문왕) 주나라 문왕. 乃(내) 이에. 齋(재) 목욕재계하다. 三日(삼일) 삼일 동안. 乘(승) 올라타다. 田車(전거) 수렵용 수레. 駕(가) 멍에. 田馬(전마) 수렵용 말. 田(전) 사냥하다. 於(어) ~에. 渭陽(위양) 위수의 북쪽인 양지. 卒(졸) 군사. 見(견) 보다. 太公(태공) 강 태공을 말함. 坐(좌) 앉다. 茅(모) 띠 풀. 以(이) ~로써. 漁(어) 물고기.

文王勞而問之曰, 子樂漁耶?
문왕로이문지왈, 자락어야?
문왕(文王)은 친히 나아가는 수고로움을 무릅쓰며 물었다. 낚시를 즐기시나 봅니다.[85]

文王(문왕) 주나라 문왕. 勞(노) 힘쓰다. 問(문) 묻다. 曰(왈) 말하다. 子(자) 상대방 존칭. 樂(락, 요) 즐기다. 좋아하다. 漁(어) 낚시. 耶(야) 어조사.

太公曰, 君子樂得其志, 少人樂得其事. 今吾漁, 甚有似也.
태공왈, 군자악득기지, 소인악득기사. 금오어, 심유사야.
태공(太公)이 대답하였다. 군자(君子)는 자기의 뜻이 이루어짐을 즐거워하고, 소인(少人)은 자기의 일이 이루어짐을 즐거워한다 합니다. 지금 제가 낚시질하는 것도 그것과 유사합니다.

太公曰(태공왈) 태공이 대답하다. 君子(군자) 성인군자. 樂(락) 즐거워하다. 得(득) 얻다. 其志(기지) 자기 뜻. 少人(소인) 소인배. 樂(락) 즐거워하다. 得(득) 얻다. 其事(기사) 자신의 일. 今(금) 지금. 吾漁(오어) 내가 낚시를 하는 것. 甚(심) 심하다. 有(유) 있다. 似(사) 비슷하다.

文王曰, 何謂其有似也?
문왕왈, 하위기유사야?
문왕(文王)이 물었다. 어찌해서 그것이 비슷하다는 겁니까?

84) 田車, 田馬(전거, 전마). 田(전)은 밭을 의미하는 것이 아니라, 사냥하다는 의미를 가진 畋(전) 자를 가차(假借)한 것임. 따라서 수렵용 수레, 수렵용 말을 의미하는 것임.
85) 子樂漁耶(자락어야). 樂(락)으로 읽어도 되고, 樂(요) 요로 읽어도 됨. 즐기다, 좋아하다 모두 의미가 통함.

文王曰(문왕왈) 무왕이 말하다. 何(하) 어찌. 謂(위) 이르다. 其(기) 그것. 有(유) 있다. 似(사) 비슷하다.

太公曰, 釣有三權, 祿等以權, 死等以權, 官等以權.
태공왈, 조유삼권, 록등이권, 사등이권, 관등이권.
태공(太公)이 대답하였다. 낚시하는 것에도 세 가지 권도(權道)[86]가 있습니다. 첫 번째로 녹봉을 줄 때 등급을 나누어 등급에 맞는 훌륭한 인재를 얻는 것, 두 번째로 죽음에도 등급을 나누어 상을 내림으로써 목숨을 바치게 하는 것, 세 번째로 관직을 줄 때도 등급에 따라 줌으로써 등급에 맞는 인재를 얻는 것입니다.

太公曰(태공왈) 태공이 말하다. 釣(조) 낚시하다. 有(유) 있다. 三權(삼권) 세 가지 권도. 祿(록) 녹봉. 等(등) 등급. 以(이) ~로써. 權(권) 권도. 死(사) 죽다. 官(관) 벼슬.

夫釣以求得也, 其情深, 可以觀大矣.
부조이구득야, 기정심, 가이관대의.
모름지기 낚시질은 필요한 것을 낚기 위한 하나의 방편이긴 하지만, 여기에 담긴 뜻은 매우 심오합니다. 우리는 이러한 이치를 통해 큰 진리를 발견할 수 있는 것입니다.[87]

夫(부) 무릇. 대저. 釣(조) 낚시. 求(구) 구하다. 得(득) 얻다. 其(기) 그것. 情(정) 정성이나 마음. 深(심) 깊다. 可(가) 가능하다. 以(이) ~로써. 觀(관) 보다. 大(대) 크다.

文王曰, 願聞其情.
문왕왈, 원문기정.
문왕(文王)이 말하였다. 그에 대한 자세한 내용을 듣기를 청하옵니다.

文王曰(문왕왈) 문왕이 말하다. 願(원) 원하다. 聞(문) 듣다. 其情(기정) 자세한 것.

---

86) 권도(權道). 목적달성을 위해 임기응변으로 취하는 방편. 원래는 비정상적인 임기응변의 방편을 의미하는데 여기서는 겉으로 드러나지 않고 은밀하면서도 묘한 이치를 지칭한 것임. 권(權)이라 것은 원래 저울추라는 의미가 있는데, 사안의 경중을 따져보고 그에 적절한 조치를 취하는 것을 말함.

87) 낚시는 물고기를 낚는 것에 불과하지만 잘 살펴보면 인재를 낚고, 임금을 낚고, 황제를 낚고, 나라를 낚고, 천하를 낚는 등의 것과 방법이 다를 바 없으니 천하를 얻을 수 있는 큰 진리를 발견할 수 있다는 뜻임.

太公曰, 源深而水流, 水流而魚生之, 情也. 根深而木長, 木長而實生之, 情也.
태공왈, 원심이수류, 수류이어생지, 정야. 근심이목장, 목장이실생지, 정야.

태공(太公)이 대답하였다. 물은 수원(水源)이 깊어야 잘 흐르고, 물이 잘 흐르면 물고기가 잘 자라라는 법이며, 나무는 뿌리가 깊어야 가지와 잎이 무성하고, 가지와 잎이 무성하면 과실이 잘 열리는 법입니다.

太公曰(태공왈) 태공이 말하다. 源(원) 근원. 深(심) 깊다. 水流(수류) 물이 잘 흐르다. 魚(어) 물고기. 生(생) 살다. 情(정) 이치. 根(근) 뿌리. 深(심) 깊다. 木長(목장) 나무가 잘 자라다. 實(실) 열매. 生(생) 나다. 情(정) 이치.

君子情同而親合, 親合而事生之, 情也.
군자정동이친합, 친합이사생지, 정야.

군자는 군주와 뜻이 맞으면 마음이 화합해지고, 마음이 화합해지면 일이 이루어질 수 있습니다.

君子(군자) 군자. 情(정) 마음. 同(동) 같다. 親合(친합) 친하고 화합되다. 事(사) 일. 生(생) 나다. 情(정) 이치.

言語應對者, 情之飾也. 言至情者, 事之極也.
언어응대자, 정지식야. 언지정자, 사지극야.

말을 주고받는 것은 그 사람의 속마음을 나타내는 것이며, 서로 속마음을 털어놓고 대화를 해야 일이 제대로 이루어질 수 있는 것입니다.

言語(언어) 말. 말씀. 應(응) 응하다. 對(대) 대하다. 者(자) ~하는 것. 情(정) 마음. 飾(식) 꾸미다. 言(언) 말씀. 至(지) 이르다. 情(정) 진정성. 者(자) ~하는 것. 事(사) 일. 極(극) 극치.

今臣言至情不諱, 君其惡之乎?
금신언지정불휘, 군기오지호?

이제 신은 마음을 다해 기탄없이 말하려 합니다. 군주께서는 듣기 싫어하지는 않으시겠습니까?

今(금) 지금. 臣(신) 신하. 言(언) 말하다. 至(지) 이르다. 情(정) 마음. 不(불) 아니다. 諱(휘) 꺼리다. 君(군) 군주. 其(기) 그것. 惡(오) 싫어하다. 乎(호) 어조사.

文王曰, 惟仁人能受正諫, 不惡至情, 何爲其然?
문왕왈, 유인인능수정간, 불오지정, 하위기연?
문왕(文王)이 말하였다. 인자(仁者)는 충직한 간언을 잘 받아들이고, 진정을 다 해서 하는 말은 싫어하지 않는 법입니다. 어찌하여 그러한 말씀을 하십니까?

文王曰(문왕왈) 주나라 문왕이 말하다. 惟(유) 생각하다. 仁(인) 어질다. 人(인) 사람. 能(능) 능히 ~하다. 受(수) 받아들이다. 正諫(정간) 윗사람에게 바르게 간하다. 不惡(불오) 싫어하지 않다. 至情(지정) 진심을 말하는 것. 何(하) 어찌. 爲(위) 하다. 然(연) 그럴.

太公曰, 緡微餌明, 小魚食之. 緡綢餌香, 中魚食之. 緡隆餌豐, 大魚食之.
태공왈, 민미이명, 소어식지. 민주이향, 중어식지. 민륭이풍, 대어식지.
태공(太公)이 대답하였다. 낚싯줄이 가늘고 미끼가 작으면 작은 물고기가 물고, 낚싯줄이 약간 굵고 미끼가 향기로우면 중간 크기의 물고기가 물고, 낚싯줄이 굵고 미끼가 크면 큰 물고기가 물기 마련입니다.

太公曰(태공왈) 태공이 말하다. 緡(민) 낚싯줄. 微(미) 작다. 餌(명) 미끼. 明(명) 밝다. 小魚(소어) 작은 물고기. 食(식) 먹다. 綢(주) 명주실. 香(향) 향기롭다. 中魚(중어) 중간크기의 물고기. 緡(민) 낚시 줄. 隆(륭) 크다. 豐(풍) 넉넉하다. 大魚(대어) 큰 물고기.

夫魚食其餌, 乃牽於緡, 人食其祿, 乃服於君.
부어식기이, 내견어민, 인식기록, 내복어군.
무릇 물고기는 미끼를 먹어서 낚싯줄에 끌리는 것이며, 사람은 녹봉을 먹기 때문에 군주에게 복종하는 것입니다.

夫(부) 무릇. 魚食(어식) 물고기가 먹다. 其(기) 그것. 餌(명) 미끼. 乃(내) 이에. 牽(견) 끌리다. 於(어) 어조사. 緡(민) 낚싯줄. 人食(인식) 사람이 먹다. 其(기) 그것. 祿(녹) 녹봉. 乃(내) 이에. 服(복) 복종하다. 於君(어군) 군주에게.

故以餌取魚, 魚可殺. 以祿取人, 人可竭.
고이이취어, 어가살. 이록취인, 인가갈.
그러므로 낚시할 때 미끼를 써서 고기를 낚으면 고기를 잡을 수 있는 것처럼, 녹봉을 써서 인재를 모으면 훌륭한 인재를 얻을 수 있는 법입니다.

故(고) 그러므로. 以(이) ~로써. 餌(이) 미끼. 取(취) 취하다. 魚(어) 물고기. 可(가) 가히 ~할 수 있다. 殺(살) 죽이다. 祿(녹) 녹봉. 取(취) 취하다. 人(인) 인재. 竭(갈) 다하다.

以家取國, 國可拔. 以國取天下, 天下可畢.
이가취국, 국가발. 이국취천하, 천하가필.

나아가 사대부가 자기 집안을 바쳐 나라를 얻으려 하면 나라를 차지할 수 있으며, 군주가 자기 나라를 바쳐 천하를 얻으려 하면 천하도 차지할 수 있는 것입니다.

以(이) ~로써. 家(가) 집안. 取(취) 취하다. 國(국) 나라. 可(가) 가히 ~할 수 있다. 拔(발) 쳐서 빼앗다. 天下(천하) 천하. 畢(필) 마치다.

嗚呼! 曼曼綿綿, 其聚必散. 嘿嘿昧昧, 其光必遠.
오호! 만만면면, 기취필산. 묵묵매매, 기광필원.

오호! 겉으로만 풍성하게 꾸미려고만 하면 많이 모였더라도 흩어지기 쉬우며, 속으로 실행을 힘쓰고 겉으로 드러나지 않게 하면 그 빛은 먼 곳에까지 비추게 될 것입니다.

嗚呼(오호) 감탄의 말. 曼曼(만만) 아름답고 아름답다. 綿綿(면면) 두르고 걸치다. 其(기) 그. 聚(취) 모이다. 必(필) 반드시. 散(산) 흩어지다. 嘿嘿(묵묵) 고요하다. 입을 다물다. 昧昧(매매) 동틀 무렵. 光(광) 빛. 遠(원) 멀다.

微哉聖人之德誘乎, 獨見樂哉.
미재성인지덕유호, 독견락재.

성인의 덕이란 항상 미묘하게 베풀어서 사람들을 잘 유인하지만 남이 보지 못하고 베푸는 것을 받은 사람만 보게 하며 성인은 이를 마음속으로 즐기는 것입니다.

微(미) 미묘하다. 哉(재) 어조사. 聖人之德(성인지덕) 성인의 덕. 誘(유) 꾀다. 乎(호) 어조사. 獨(독) 홀로. 見(견) 보다. 樂(락) 즐겁다. 哉(재) 어조사.

聖人之慮, 各歸其次, 而立斂焉.
성인지려, 각귀기차, 이립렴언.

성인의 사려 깊음을 보자면 각기 사물의 원리와 순서에 맞게 돌아가게 함으로써 민심을 하나로 모아서 세우는 것이 가능하게 되는 것입니다.

聖人之慮(성인지려) 성인들의 생각. 各(각) 각각. 歸(귀) 돌아가다. 其(기) 그. 次(차) 다음. 立(입) 서다. 斂(렴) 긁어모으다. 焉(언) 어찌.

文王曰, 立斂若何, 而天下歸之?
문왕왈, 입염약하, 이천하귀지?
문왕(文王)이 물었다. 어떻게 인심을 수렴해야 천하를 얻을 수 있습니까?

文王曰(문왕왈) 문왕이 말하다. 立斂(입염) 인심을 모아 세우다. 若(약) 같다. 何(하) 어찌. 天下(천하) 천하. 歸(귀) 돌아오다.

太公曰, 天下非一人之天下, 乃天下之天下也.
태공왈, 천하비일인지천하, 내천하지천하야.
태공(太公)이 대답하였다. 천하는 군주 한 사람만의 천하가 아니고, 천하 만백성들의 천하입니다.

太公曰(태공왈) 태공이 말하다. 天下(천하) 천하. 非(비) 아니다. 一人之天下(인인지천하) 한 사람만의 천하. 乃(내) 이에. 天下之天下(천하지천하) 백성들의 천하.

同天下之利者 則得天下, 擅天下之利者 則失天下.
동천하지리자 즉득천하, 천천하지리자 즉실천하.
천하의 이익을 만백성들과 함께 하는 군주는 천하를 얻을 것이며, 이와 반대로 천하의 이익을 자기 혼자만이 독점하려는 군주는 반드시 천하를 잃게 되는 것입니다.

同(동) 같이하다. 天下之利(천하지리) 천하의 이익. 者(자) ~하는 자. 則(즉) 곧. 得(득) 얻다. 擅(천) 멋대로. 失(실) 잃다.

天有時, 地有財, 能與人共之者仁也. 仁之所在, 天下歸之.
천유시, 지유재, 능여인공지자인야. 인지소재, 천하귀지.
하늘에는 사계절이 있고 땅에서는 재화가 생산되는 법입니다. 하늘의 사계절과 땅의 재화를 백성들과 함께 하는 것을 인(仁)이라 합니다. 인(仁)이 있는 곳에 천하의 인심이 돌아가는 법입니다.

天(천) 하늘. 有(유) 있다. 時(시) 때. 계절. 地(지) 땅. 有(유) 있다. 財(재) 재화. 재물. 能(능) 능히 ~하다. 與(여) 주다. 人(인) 사람. 백성. 共(공) 함께 者(자) ~하는 자. 仁(인) 어질다. 仁之所在(인지소재) 인이 있는 곳. 天下歸之(천하귀지) 천하가 돌아가다.

免人之死, 解人之難, 救人之患, 濟人之急者, 德也. 德之所在, 天下歸之.
면인지사, 해인지난, 구인지환, 제인지급자, 덕야. 덕지소재, 천하귀지.
죽음에 처한 사람을 구해주고, 어려움에 처한 사람을 해결해주고, 우환이 많은 사람을 구해주고, 위급한 처지에 있는 사람을 건져주는 것을 덕(德)이라고 합니다. 덕(德)이 있는 곳에 천하가 돌아가는 법입니다.

○人之 □ (○인지 □) □에 처한 사람을 ○해주다. 免(면) 면하다. 死(사) 죽다. 解(해) 해결하다. 難(난) 어렵다. 救(구) 구하다. 患(환) 우환. 걱정. 濟(제) 건지다. 急(급) 급하다. 德也(덕야) 덕이라고 하는 것이다. 德之所在(덕지소재) 덕이 있는 곳. 天下歸之(천하귀지) 천하가 돌아가다.

與人同憂, 同樂, 同好同惡者, 義也. 義之所在, 天下赴之.
여인동우, 동락, 동호동오자, 의야. 의지소재, 천하부지.
백성들과 근심을 같이하고, 즐거움도 같이 하며, 그들이 좋아하는 것과 싫어하는 것을 같이 하는 것을 의(義)라고 합니다. 의(義)가 있는 곳에 천하가 나아가는 법입니다.

與(여) 주다. 베풀다. 人(인) 백성. 同(동) 같이하다. 憂(우) 근심하다. 樂(락) 즐겁다. 好(호) 좋아하다. 惡(오) 싫어하다. 義(의) 의. 義之所在(의지재소) 의가 있는 곳. 天下(천하) 천하. 赴(부) 나아가다.

凡人惡死而樂生, 好德而歸利, 能生利者道也, 道之所在, 天下歸之.
범인오사이요생, 호덕이귀리, 능생리자도야, 도지소재, 천하귀지.
무릇 사람이라면, 죽는 것을 싫어하고 사는 것을 좋아하며, 덕을 좋아하고 이익을 따라 돌아가는 법입니다. 능히 살게 해주고 이익이 되게 하는 것을 도(道)라고 하는 법입니다. 도(道)가 있는 곳에 천하의 인심이 돌아가는 법입니다.

凡(범) 무릇. 人(인) 사람. 백성. 惡(오) 싫어하다. 死(사) 죽다. 樂(요) 좋아하다. 生(생) 살다. 好(호) 좋아하다. 德(덕) 덕. 歸(귀) 돌아가다. 利(리) 이로움. 能(능) 능히 ~하다. 利(리) 이로움. 者(자) ~하는 것. 道也(도야) 도라고 하는 것이다. 道之所在(도지재소) 도가 있는 곳. 天下歸之(천하귀지) 천하가 돌아간다.

文王再拜曰, 允哉! 敢不受天之詔命乎! 乃載與俱歸, 立爲師.

문왕재배왈, 윤재! 감불수천지조명호! 내재여구귀, 입위사.

문왕(文王)이 두 번 절하며 이렇게 말하였다. 선생님의 말씀이 참으로 옳습니다! 감히 하늘의 명령을 어찌 따르지 않겠습니까? 그러고는 즉시 태공(太公)을 수레에 같이 태우고 궁으로 돌아가 스승으로 삼았다.

文王(문왕) 주나라 문왕. 再(재) 다시. 拜(배) 절하다. 曰(왈) 말하다. 允(윤) 진실로. 哉(재) 어조사. 敢(감) 감히. 不受(불수) 따르지 않다. 詔(조) 고하다. 命(명) 명령. 乎(호) 어조사. 乃(내) 이에. 載(재) 싣다. 與(여) 같이. 俱(구) 함께. 歸(귀) 돌아가다. 立(입) 세우다. 爲(위) ~하다. 師(사) 스승.

2). 盈虛 영허. 군주의 마음가짐

영허(盈虛)란 기의 변화(氣化)가 창성하거나 쇠함에 따라 만들어지거나, 인사(人事)를 잘했는지 못했는지에 따라 만들어지는 것이다. 기의 변화가 창성하거나 인사가 잘 다스려지면 영(盈)이라고 하고, 그 반대가 되면 허(虛)라고 하는 것이다.

-육도직해(六韜直解)에서-

文王問太公曰, 天下熙熙, 一盈一虛, 一治一亂, 所以然者, 何也?
문왕문태공왈, 천하희희, 일영일허, 일치일란, 소이연자, 하야?
문왕(文王)이 물었다. 천하는 너무 넓고 커서 한 번 성하면 한 번 쇠하고, 한 번 다스려지면 한 번 혼란스러워지기 마련인데, 그렇게 되는 까닭은 무엇입니까?

文王(문왕) 주나라 문왕. 問(문) 묻다. 太公(태공) 강 태공. 曰(왈) 말하다. 天下(천하) 천하. 熙熙(희희) 넓고 크다. 一盈(일영) 한 번 차고. 一虛(일허) 한 번은 비게 된다. 一治(일치) 한 번 다스려지고. 一亂(일란) 한 번 혼란하게 되다. 所(소) ~하는 바. 以(이) ~로써. 然(연) 그러하다. 者(자) ~하는 것. 何(하) 어찌.

其君賢不肖不等乎? 其天時變化自然乎?
기군현불초부등호? 기천시변화자연호?
군주가 현명하고 현명하지 못한 차이가 있기 때문입니까? 아니면, 천시의 변화로 자연적으로 그렇게 되는 것입니까?

其(기) 그. 君(군) 군주. 賢(현) 현명하다. 不肖(불초) 못나고 어리석다. 不等乎(부등호) 차이가 나기 때문인가? 其(기) 그. 天時(천시) 하늘의 시기. 變化(변화) 변화. 自然乎(자연호) 자연적으로 그리되는 것인가?

太公曰, 君不肖, 則國危而民亂. 君賢聖, 則國安而民治. 禍福在君, 不在天時.
태공왈, 군불초, 즉국위이민란. 군현성, 즉국안이민치. 화복재군, 부재천시.
태공(太公)이 대답하였다. 군주가 못나고 어리석으면 나라가 위태롭고 백성들이 혼란하게 되며, 군주가 현명하면 나라가 편안하고 백성들이 잘 다스려지게 됩니다. 나라의 화와 복은 군주에게 달린 것이지, 천시에 달린 것이 아닙니다.

太公曰(태공왈) 태공이 말하다. 君(군) 군주. 肖(초) 닮다. 不肖(불초) 어버이의 덕망이나 유업을 얻지 못함. 그런 못나고 어리석은 사람. 則(즉) 곧. 國危(국위) 나라가 위태롭다. 民亂(민란) 백성들이 혼란스럽다. 賢(현) 어질다. 聖(성) 지덕이 빼어나 우러러 표본으로 삼음. 國安(국안) 나라가 편안하다. 民治(민치) 백성들이 잘 다스려진다. 禍福(화복) 화와 복. 在君(재군) 군주에게 달려있다. 不在(부재) 있지 않다. 天時(천시) 하늘의 시운.

文王曰, 古之聖賢, 可得聞乎?
문왕왈, 고지성현, 가득문호?
문왕(文王)이 물었다. 옛날의 성인들이나 현명한 군주들은 어떠했는지에 대하여 말씀해 주시겠습니까?

文王曰(문왕왈) 문왕이 말하다. 古(고) 옛날. 聖賢(성현) 성인과 현명한 군주. 可(가) 가히 ~하다. 得(득) 얻다. 聞(문) 듣다. 乎(호) 어조사.

太公曰, 昔者帝堯之王天下, 上世所謂賢君也.
태공왈, 석자제요지왕천하, 상세소위현군야.
태공(太公)이 대답하였다. 옛날 천하를 다스린 요(堯)임금[88]은 상고시대의 현명한 임금이라 할 수 있습니다.

太公曰(태공왈) 태공이 말하다. 昔(석) 옛날. 者(자) ~하는 것. 帝(제) 임금. 왕. 堯(요) 요임금. 王(왕) 임금. 天下(천하) 천하. 上世(상세) 상고시대를 말함. 所謂(소위) 이른바. 賢君(현군) 현명한 군주.

文王曰, 其治如何?
문왕왈, 기치여하?
문왕(文王)이 물었다. 그의 다스림은 어떠하였습니까?

文王曰(문왕왈) 문왕이 말하다. 其(기) 그. 治(치) 다스리다. 如(여) 같다. 何(하) 어찌.

太公曰, 帝堯王天下之時, 金銀珠玉不飾, 錦繡文綺不衣, 奇怪珍異不視,

88) 요(堯) 임금. 중국 신화 속에 나오는 군주 이름. 삼황오제(三皇五帝) 신화 가운데 오제(五帝)중의 한명. 다음 대의 군주인 순(舜)임금과 함께 요순(堯舜)이라 하여 성군(聖君)의 대명사로 불린다.

태공왈, 제요왕천하지시, 금은주옥불식, 금수문기불의, 기괴진이불시,

태공(太公)이 대답하였다. 요(堯)임금[89]이 천하를 다스릴 때는 금은과 주옥으로 꾸미지도 않았고, 수놓은 비단이나 문양을 새긴 비단옷을 입지 않았으며, 진귀한 것을 보지도 않았습니다.

太公曰(태공왈) 태공이 말하다. 帝(제) 임금. 堯(요) 요임금. 王(왕) 임금. 天下(천하) 천하. 時(시) 시대. 金銀(금은) 금과 은. 珠玉(주옥) 옥구슬. 不(불) 아니다. 飾(식) 꾸미다. 錦(금) 비단. 繡(수) 수놓다. 文(문) 문양. 綺(기) 비단. 不衣(불의) 입지 않았다. 奇(기) 기이하다. 怪(괴) 기이하다. 珍(진) 보배. 異(리) 다르다. 不視(불시) 보지 않았다.

玩好之器不寶, 淫佚之樂不聽, 宮垣屋宇不堊, 甍桷椽楹不斲, 茅茨偏庭不翦,

완호지기불보, 음일지악불청, 궁원옥우불악, 맹각연영불착, 모자편정부전,

진귀한 노리갯감이나 집기류 같은 것들을 보배로 여기지 않았으며, 음탕한 음악을 듣지 않았습니다. 궁궐의 담장과 지붕에 백토를 칠하지 않았고, 용마루나 서까래 기둥에 조각하지 않았으며, 뜰에 가득한 잡초를 자르지도 않았습니다.

玩(완) 가지고 놀다. 好(호) 좋아하다. 玩好(완호) 진귀한 노리갯감. 器(기) 그릇. 不(불) 아니다. 寶(보) 보배. 淫佚(음일) 마음껏 음탕하게 놈. 樂(악) 음악. 不聽(불청) 듣지 않았다. 宮(궁) 궁궐. 垣(원) 담. 屋(옥) 집. 宇(우) 집. 堊(악) 백토 칠을 하다. 甍(맹) 용마루. 桷(각) 서까래. 椽(연) 서까래. 楹(영) 기둥. 斲(착) 깎다. 茅(모) 띠. 茨(자) 가시나무. 偏(편) 치우치다. 庭(정) 뜰. 翦(전) 자르다.

鹿裘禦寒, 布衣掩形, 糲粱之飯, 藜藿之羹.

녹구어한, 포의엄형, 여량지반, 여곽지갱.

사슴 가죽으로 옷을 만들어 추위를 막고, 삼베옷으로 몸을 가렸으며, 현미나 기장 등 검소하게. 밥을 짓고 콩잎으로 국을 끓여 먹었습니다.

鹿(록) 사슴. 裘(구) 가죽옷. 禦(어) 막다. 寒(한) 추위. 布(포) 베. 衣(의) 옷. 掩(엄) 가리다. 形(형) 형태. 糲(려) 현미. 粱(량) 기장. 飯(반) 밥. 藜藿(려곽) 콩잎. 羹(갱) 국.

89) 요(堯) 임금. 중국 신화 속에 나오는 군주 이름. 삼황오제(三皇五帝) 신화 가운데 오제(五帝)중의 한명. 다음 대의 군주인 순(舜)임금과 함께 요순(堯舜)이라 하여 성군(聖君)의 대명사로 불린다.

不以役作之故, 害民耕織之時, 削心約志, 從事乎無爲.
불이역작지고, 해민경직지시, 삭심약지, 종사호무위.
또한 백성을 부역에 동원하여 농사를 짓고 길쌈하는 시간을 빼앗거나 하지 않았으며, 마음을 절제하고 뜻을 잘 지켜 백성의 일에 일일이 간섭하지 않았습니다.

不(불) 아니다. 以(이) 써. 役(역) 부리다. 作(작) 짓다. 故(고) 예전에. 害(해) 해치다. 民(민) 백성. 耕(경) 밭을 갈다. 織(직) 짜다. 時(시) 시기. 削(삭) 깎다. 心(심) 마음. 約(약) 약속하다. 志(지) 뜻. 의지. 從(종) 따르다. 事(사) 일. 乎(호) 어조사. 無(무) 없다. 爲(위) 하다.

吏, 忠正奉法者, 尊其位, 廉潔愛人者, 厚其祿.
리, 충정봉법자, 존기위, 렴결애인자, 후기록.
관리로서 충성스럽고 정직하며 법을 잘 지키는 자에게는 그 직위를 높여 주고, 청렴결백하며 백성을 사랑하는 자에게는 녹봉을 후하게 주었습니다.

吏(리) 벼슬아치. 관리. 忠正(충정) 충성스럽고 정직하다. 奉法(봉법) 법을 잘 받들다. 者(자) ~하는 자. 尊(존) 높이다. 其位(기위) 그 직위. 廉潔(렴결) 청렴결백하다. 愛人(애인) 백성을 사랑하다. 厚(후) 두텁다. 후하다. 其祿(기록) 그 녹봉을.

民, 有孝慈者 愛敬之, 盡力農桑者, 慰勉之. 旌別淑慝, 表其門閭.
민, 유효자자 애경지, 진력농상자, 위면지. 정별숙특, 표기문려.
백성 중에 부모를 효도로 받들고 자식을 사랑으로 대하는 자는 아끼고 공경하며, 농사일과 길쌈에 힘을 다하는 자에게는 위로하고 권장하였습니다. 행실이 정숙한 것과 사악한 것을 분명히 구분하여 행실이 바른 자는 마을의 입구에 정문을 세워 표창하였습니다.

民(민) 백성. 有(유) 있다. 孝(효) 효도하다. 慈(자) 자식을 사랑하다. 者(자) ~하는 자. 愛(애) 아끼다. 敬(경) 공경하다. 盡(진) 다하다. 力(력) 힘. 農(농) 농사. 桑(상) 뽕나무. 慰(위) 위로하다. 勉(면) 힘쓰다. 旌(정) 깃발. 別(별) 구별하다. 淑(숙) 정숙하다. 慝(특) 사악하다. 表(표) 표시하다. 其(기) 그. 門(문) 문. 閭(려) 마을로 들어가는 문.

平心正節, 以法度禁邪僞. 所憎者, 有功必賞, 所愛者, 有罪必罰.
평심정절, 이법도금사위. 소증자, 유공필상, 소애자, 유죄필벌.
그리고 마음을 평온하게 하고 절도에 맞게 바르게 행동하게 하며 간사함과 거짓됨을 법도로 금했으며, 평소 미워하던 사람이라도 공로가 있으면 반드시 상을 주고, 평소 아끼던 사람이라도 죄가 있으면 반드시 처벌하였습니다.

平(평) 공평하다. 心(심) 마음. 正(정) 바르다. 節(절) 절도 있다. 以(이) ~로써. 法度(법도) 법과 제도. 禁(그) 금하다. 邪(사) 간사하다. 僞(위) 거짓. 所(소) ~하는 바. 평소. 憎(증) 미워하다. 者(자) ~하는 자. 有功(유공) 공이 있으면. 必賞(필상) 반드시 상을 주다. 愛(애) 아끼다. 有罪(유죄) 죄가 있으면. 必罰(필벌) 반드시 벌을 주다.

存養天下鰥寡孤獨, 賑贍禍亡之家.
존양천하환과고독, 진섬화망지가.
홀아비나 과부, 고아나 홀로 된 노인 등[90] 불우한 자들을 보호하고 양육하였으며, 재난을 당하여 망하는 집을 구휼해 주었습니다.

存(존) 있다. 養(양) 양육하다. 天下(천하) 천하. 鰥(환) 홀아비. 寡(과) 과부. 孤(고) 고아. 獨(독) 홀로된 노인. 賑(진) 구휼하다. 贍(섬) 넉넉하다. 禍亡之家(화망지가) 화를 입어 망한 집안.

其自奉也 甚薄, 其賦役也, 甚寡.
기자봉야 심박, 기부역야, 심과.
자신에 대해서는 자주 박한 대접을 받게 하고, 백성들이 부담하는 부역은 아주 적게 하였습니다.

其(기) 그. 自奉也(자봉야) 스스로 받들다. 甚薄(심박) 아주 박하게 하다. 賦役(부역) 백성들이 부담하는 공역. 甚寡(심과) 아주 적다.

故 萬民富樂而 無饑寒之色. 百姓戴其君如日月, 親其君如父母.
고 만민부락이 무기한지색. 백성대기군여일월, 친기군여부모.
그러므로 만백성들은 부유하여 즐거워하였으며, 굶주리거나 헐벗은 기색이 없었습니다. 이 때문에 백성들은 그 임금을 해와 달처럼 더 받들고 부모처럼 섬겼던 것입니다.

故(고) 그러므로. 萬民(만민) 만백성. 富(부) 부유하다. 樂(락) 즐겁다. 無(무) 없다. 饑(기) 주리다. 寒

90) 鰥寡孤獨(환과고독). 홀아비 환(鰥), 과부 과(寡), 고아 고(孤), 독거노인 독(獨) 등을 총칭하는 말. 외롭고 의지할 데 없는 처지를 이르는 말.

(한) 춥다. 色(색) 기색. 百姓(백성) 백성. 戴(대) 머리 위에 올려놓다. 其(기) 그. 君(군) 군주. 如(여) ~와 같다. ~처럼. 日月(일월) 해와 달. 親(친) 친하다. 섬기다. 父母(부모) 아버지와 어머니.

文王日, 大哉, 賢德之君也.
문왕왈, 대재, 현덕지군야.
문왕이 감탄하며 말하였다. 요(堯)임금은 참으로 어질고 덕이 있는 군주이십니다.

文王曰(문왕왈) 문왕이 말하다. 大哉(대재) 대단하다는 의미의 감탄. 賢德之君(현덕지군) 어질고 덕이 있는 군주.

3). 國務 국무. 백성을 사랑하라

국무(國務)란 나라를 다스리는 큰일을 말하는 것이다. 예를 들어 이 편(篇) 안에서 말하는 백성들을 사랑하는 방법 같은 것이 그것이다.

-육도직해(六韜直解)에서-

文王問太公曰, 願聞爲國之務. 欲使主尊人安, 爲之奈何?

문왕문태공왈, 원문위국지무. 욕사주존인안, 위지내하?

문왕(文王)이 태공(太公)에게 물었다. 나랏일을 어떻게 해야 하는지 듣기를 원합니다. 군주를 우러러보게 하고 백성들이 편안하게 하려면 어떻게 해야 합니까?

文王問太公曰(문왕문태공왈) 문양이 태공에게 물었다. 願(원) 원하다. 聞(문) 듣다. 爲(위) 하다. 國(국) 나라. 務(무) 힘쓰다. 欲(욕) ~하고자 한다. 使(사) ~을 시키다. 主(주) 군주. 尊(존) 높이다. 人(인) 백성. 安(안) 편안하다. 爲(위) 하다. 奈(내) 어찌. 何(하) 어찌.

太公曰, 愛民而已.

태공왈, 애민이이.

태공(太公)이 대답하였다. 백성들을 사랑하는 방법뿐입니다.

太公曰(태공왈) 태공이 말하다. 愛民(애민) 백성을 아끼고 사랑하다. 已(이) ~뿐.

文王曰, 愛民奈何?

문왕왈, 애민내하?

문왕(文王)이 물었다. 백성을 사랑하는 것은 어떻게 해야 합니까?

文王曰(문왕왈) 문왕이 말하다. 愛民(애민) 백성을 아끼고 사랑하다. 奈何(내하) 어찌해야 하는가?

太公曰, 利而勿害, 成而勿敗, 生而勿殺, 予而勿奪, 樂而勿苦, 喜而勿怒.

태공왈, 이이물해, 성이물패, 생이물살, 여이물탈, 낙이물고, 희이물노.

태공(太公)이 대답하였다. 백성을 이롭게 해 주고 해롭게 하지 말고, 일이 성취되도록 도와주고 실패하지 않도록 하고, 살게 해주고 죽여서는 안 되며, 주어야 하고 빼앗지 않아야 하며, 즐겁게 하고 괴롭게 하지 않아야 하며, 기쁘게 하고 노하게 하지 않아야 합니다.

太公曰(태공왈) 태공이 말하다. 利(리) 이롭게 하다. 勿害(물해) 해롭게 하지 말라. 成(성) 성공하다. 勿敗(물패) 실패하게 하지 말라. 生(생) 살게하다. 勿殺(물살) 죽이지 말라. 予(여) 주다. 勿奪(물탈) 빼앗지 말라. 樂(락) 즐겁게 하다. 勿苦(물고) 힘들게 하지 말라. 喜(희) 기쁘게 하다. 勿怒(물노) 화나게 하지 말라.

文王曰, 敢請釋其故.
문왕왈, 감청석기고.
문왕이 말하였다. 그 이유를 자세히 설명해 주시기를 감히 청하옵니다.

文王曰(문왕왈) 문왕이 말하다. 敢(감) 감히. 請(청) 청하다. 釋(석) 해석하다. 其故(기고) 그 이유.

太公曰, 民不失務, 則利之. 農不失時, 則成之. 不罰無罪, 則生之.
태공왈, 민불실무, 즉이지. 농불실시, 즉성지. 불벌무죄, 즉생지.
태공(太公)이 대답하였다. 백성의 할 일을 잃지 않도록 하는 것이 이롭게 하는 것입니다. 농민들이 농사철을 놓치지 않게 하는 것이 일이 성취되도록 도와주는 것입니다. 죄 없는 사람을 죽이지 않는 것이 백성을 살게 하는 것입니다.

太公曰(태공왈) 태공이 말하다. 民(민) 백성. 不失(불실) 잃어버리지 않다. 務(무) 일. 則(즉) 곧. 利(리) 이롭다. 農(농) 농사. 不失(불실) 잃어버리지 않다. 時(시) 시기. 때. 成(성) 성취하다. 不罰(불벌) 벌하지 않다. 無罪(무죄) 죄가 없으면. 生(생) 살다.

薄賦斂, 則與之. 儉宮室臺榭, 則樂之. 吏淸不苛擾, 則喜之.
박부렴, 즉여지. 검궁실대사, 즉낙지. 이청불가요, 즉희지.
세금을 적게 거두는 것이 곧 백성들에게 주는 것입니다. 궁궐을 짓거나 하는 등의 토목공사를 되도록 일으키지 않는 것이 백성을 즐겁게 하는 것입니다. 관리가 청렴결백하며 까다롭게 굴지 않는 것이 백성을 기쁘게 하는 것입니다.

薄(박) 엷다. 賦斂(부렴) 조세를 매겨서 거둠. 與(여) 주다. 儉(검) 검소하다. 宮(궁) 궁궐. 室(실) 집. 臺(대) 돈대. 관청. 榭(사) 정자. 則(즉) 곧. 樂(락) 즐겁게 하다. 吏(리) 관리. 淸(청) 맑다. 苛(가) 사납다. 擾(요) 어지럽다. 則(즉) 곧. 喜(희) 기쁘다.

民失其務, 則害之. 農失其時, 則敗之. 無罪而罰, 則殺之.

민실기무, 즉해지. 농실기시, 즉패지. 무죄이벌, 즉살지.

이와 반대로 백성의 할 일을 못 하게 하는 것은 백성을 해롭게 하는 것입니다. 농민들이 농사철을 놓치게 하는 것은 일이 실패하도록 하는 것입니다. 죄 없는 사람에게 벌을 주는 것은 백성들을 죽게 하는 것입니다.

民(민) 백성. 失(실) 잃다. 其務(기무) 그 일. 직업. 則(즉) 곧. 害(해) 해롭게 하다. 農(농) 농민. 失(실) 잃어버리다. 其(기) 그. 時(시) 시기. 敗(패) 실패하다. 無罪(무죄) 죄가 없다. 罰(벌) 벌하다. 殺(살) 죽이다.

重賦斂, 則奪之. 多營宮室臺榭, 以疲民力, 則苦之. 吏濁苛擾, 則怒之.

중부렴, 즉탈지. 다영궁실대사, 이피민력, 즉고지. 이탁가요, 즉노지.

세금을 과중하게 거두는 것은 백성들로부터 빼앗는 것입니다. 궁궐을 짓거나 하는 등의 토목공사를 크게 일으키는 것은 백성을 괴롭게 하는 것입니다. 관리가 탐욕스럽고 까다로운 것은 백성을 노하게 하는 것입니다.

重(중) 무겁다. 賦斂(부렴) 조세를 매겨서 거둠. 則(즉) 곧. 奪(탈) 빼앗다. 多(다) 많다. 營(영) 경영하다. 宮(궁) 궁궐. 室(실) 집. 臺(대) 돈대. 관청. 榭(사) 정자. 以(이) 써. 疲(피) 지치다. 民(민) 백성. 力(력) 힘. 苦(고) 괴롭다. 吏(리) 관리. 濁(탁) 흐리다. 苛(가) 맵다. 사납다. 擾(요) 어지럽다. 怒(노) 성내다.

故善爲國者, 馭民, 如父母之愛子. 如兄之愛弟.

고선위국자, 어민, 여부모지애자. 여형지애제.

그러므로 나라를 잘 다스리는 군주는 백성 대하기를 부모가 자식을 사랑하듯이 하고 형이 아우를 사랑하듯이 하며,

故(고) 그러므로. 善(선) 잘하다. 爲(위) 하다. 國(국) 나라. 馭(어) 말을 부리다. 다루다. 民(민) 백성. 如父母之愛子(여부모지애자) 마치 부모가 사랑하는 자식을 대하듯이. 如(여) 마치 ~같다. 兄(형) 형님. 愛(애) 아끼다. 사랑하다. 弟(제) 아우.

見其饑寒, 則爲之憂. 見其勞苦 則爲之悲.

견기기한, 즉위지우. 견기로고 즉위지비.

백성들이 굶주리거나 추위에 시달리는 것을 보면 걱정해 주고, 백성들이 수고하는 것을 보

면 슬퍼할 줄 알아야 합니다.

見(견) 보다. 其(기) 그. 饑(기) 굶주리다. 寒(한) 춥다. 則(즉) 곧. 爲(위) 하다. 憂(우) 걱정하다. 勞(노) 힘쓰다. 苦(고) 쓰다. 힘들다. 悲(비) 슬프다.

賞罰如加諸身. 賦斂如取於己. 此愛民之道也.

상벌여가제신. 부렴여취어기. 차애민지도야.

그리고 상벌을 내릴 적에는 자신의 몸에 가하는 것처럼 생각하고, 세금을 거둘 때는 자기에게 부과하는 것처럼 여깁니다. 이것이 백성을 사랑하는 방법입니다.

賞罰(상벌) 상과 벌. 如(여) 마치 ~같다. 加(가) 가하다. 諸(제) 모두. 身(신) 몸. 賦斂(부렴) 조세를 매겨서 거둠. 如(여) 마치 ~같이하다. 取(취) 취하다. 於(어) 어조사. 己(기) 자신. 此(차) 이것. 愛民(애민) 백성을 아끼고 사랑하다. 道(도) 방법.

4). 大禮 대례. 군주와 신하 간 예절은

대례(大禮)는 군주와 신하 간의 예절에 관하여 논한 것이다. 이 편(篇) 안에 있는 대례(大禮) 두 글자를 취하여 편명(篇名)으로 삼았다.

-육도직해(六韜直解)에서-

文王問太公曰, 君臣之禮如何?
문왕문태공왈, 군신지례여하?
문왕(文王)이 태공(太公)에게 물었다. 군주와 신하 간의 예의는 어떻게 하여야 합니까?

文王問太公曰(문왕문태공왈) 문왕이 태공에게 물었다. 君臣之禮(군신지례) 군주와 신하 간에 지켜야 할 예의. 如何(여하) 어떻게 해야 하는가?

太公曰, 爲上惟臨, 爲下惟沉. 臨而無遠, 沉而無隱.
태공왈, 위상유임, 위하유침. 임이무원, 침이무은.
태공(太公)이 대답하였다. 윗사람인 군주는 아래를 굽어살펴야 하고, 아랫사람인 신하는 아래에 있으면서 위를 받들어야 합니다. 아래를 굽어살피되 너무 멀리 대해서는 안 되며, 위를 받들되 속임이 없어야 합니다.

太公曰(태공왈) 태공이 말하다. 爲(위) 하다. 上(상) 윗사람. 군주. 惟(유) 생각하다. 臨(임) 내려다보다. 爲(위) 하다. 下(하) 아랫사람. 惟(유) 생각하다. 沉(침) 가라앉다. 臨(임) 내려다보다. 굽어살피다. 無(무) 없다. 遠(원) 멀다. 沉(침) 가라앉다. 떠받든다. 無(무) 없다. 隱(은) 숨김.

爲上惟周, 爲下惟定.
위상유주, 위하유정.
또한 윗사람은 아랫사람들에게 널리 두루두루 베풀어야 하고, 아랫사람은 안정되게 일을 처리하여야 합니다.

爲(위) 하다. 上(상) 윗사람. 惟(유) 생각하다. 周(주) 두루. 골고루. 爲(위) 하다. 下(하) 아랫사람. 惟(유) 생각하다. 定(정) 정해지다. 안정되다.

周, 則天也. 定, 則地也. 或天或地, 大禮乃成.

주, 즉천야. 정, 즉지야. 혹천혹지, 대례내성.
널리 두루두루 베푸는 것은 천(天)을 따르는 것이고, 안정되게 일을 처리하는 것은 지(地)를 따르는 것입니다. 하늘은 늘 하늘의 위치에서, 땅은 늘 땅의 위치에서 제 할 일을 잘하면. 군신 간의 큰 예의는 이에 이루어질 것입니다.

周, 則天也. 定, 則地也(주 즉천야, 정 즉지야) 두루두루 살피고 베푸는 것이 하늘이라면, 안정되게 일 처리 하는 것은 땅이다. 或(혹) 늘. 언제나. 天(천) 하늘. 或(혹) 늘. 언제나. 地(지) 땅. 大禮(대례) 큰 예의. 군신 간의 예의. 乃(내) 이에. 成(성) 이루어지다.

文王曰, 主位如何?
문왕왈, 주위여하?
문왕(文王)이 물었다. 군주의 처신은 어떻게 하여야 합니까?

文王曰(문왕왈) 문왕이 말하다. 主(주) 군주. 位(위) 자리. 如何(여하) 어찌해야 하는가?

太公曰, 安徐而靜, 柔節先定. 善與而不爭. 虛心平志, 待物以正.
태공왈, 안서이정, 유절선정. 선여이부쟁. 허심평지, 대물이정.
태공(太公)이 대답하였다. 안정되고 천천히 하되 치밀해야 하고, 부드럽지만 결정을 할 때는 절도가 있어야 하며, 잘 베풀되 다투지 말고, 마음을 비우고 평안하게 가지며, 모든 만물을 대할 때 바르게 하여야 합니다.

太公曰(태공왈) 태공이 말하다. 安(안) 편안하다. 徐(서) 천천히. 靜(정) 정밀하다. 柔(유) 부드럽다. 節(절) 마디. 절도. 先(선) 먼저. 定(정) 정하다. 善(선) 잘하다. 與(여) 주다. 不爭(부쟁) 다투지 않는다. 虛(허) 비다. 心(심) 마음. 平(평) 공평하다. 志(지) 의지. 뜻. 待(대) 기다리다. 대하다. 物(물) 만물. 以(이) ~로써. 正(정) 바르다.

文王曰, 主聽如何?
문왕왈, 주청여하?
문왕(文王)이 물었다. 군주가 남의 말을 들을 때 어떻게 하여야 합니까?

文王曰(문왕왈) 문왕이 물었다. 主(주) 군주. 聽(청) 듣다. 如何(여하) 어찌해야 하는가?

太公曰, 勿妄而許, 勿逆而拒. 許之則失守, 拒之則閉塞.

태공왈, 물망이허, 물역이거. 허지즉실수, 거지즉폐색.

태공(太公)이 대답하였다. 너무 쉽게 허락하거나, 처음부터 거절하지 말아야 합니다. 너무 쉽게 허락하면 위엄을 잃게 되고, 처음부터 거절하면 언로(言路)를 막게 됩니다.

太公曰(태공왈) 태공이 말하였다. 勿(물) 말다. 말라. 妄(망) 허망하다. 許(허) 허락하다. 逆(역) 거스르다. 拒(거) 막다. 거부하다. 許之(허지) 너무 쉽게 허락하면. 則(즉) 곧. 失(실) 잃다. 守(수) 지키다. 拒之(거지) 그것을 거절하다. 閉(폐) 닫다. 塞(색) 막히다.

高山仰之, 不可極也. 深淵度之, 不可測也. 神明之德, 正靜其極.

고산앙지, 불가극야. 심연탁지, 불가측야. 신명지덕, 정정기극.

군주의 기상과 도량이 높은 산과 같아서 사람들이 우러러보되 높이를 측량하지 못하게 하며, 또한 깊은 못과 같아서 사람들이 굽어보되 그 깊이를 측량하지 못하게 하여야 합니다. 신성하면서 사리에 밝은 덕(德)을 길러 항상 공정과 안정을 기본으로 삼아야 합니다.

高山(고산) 높은 산. 仰(앙) 우러르다. 不可(불가) ~할 수 없다. 極(극) 정도가 더 할 수 없는 지경. 深(심) 깊다. 淵(연) 못. 度(탁) 어떠한 정도나 한도. 不可(불가) 불가하다. 測(측) 측정하다. 神(신) 신성하다. 明(명) 사리에 밝다. 德(덕) 덕행. 正(정) 바르다. 靜(정) 안정되다. 其(기) 그. 極(극) 다하다.

文王曰, 主明如何?

문왕왈, 주명여하?

문왕(文王)이 물었다. 군주가 현명하려면 어떻게 하여야 합니까?

文王曰(문왕왈) 문왕이 말하다. 主(주) 군주. 明(명) 밝다. 如何(여하) 어찌 해야 하는가?

太公曰, 目貴明, 耳貴聰, 心貴智.

태공왈, 목귀명, 이귀총, 심귀지.

태공(太公)이 대답하였다. 눈은 밝게 보아야 하고, 귀는 밝게 들어야 하며, 마음은 지혜로워야 합니다.

太公曰(태공왕) 태공이 말하다. 目(목) 눈. 貴(귀) 귀하게 여기다. 明(명) 밝다. 耳(이) 귀. 聰(총) 귀가 밝다. 心(심) 마음. 智(지) 지혜.

以天下之目視, 則無不見也.

이천하지목시, 즉무불견야.

천하의 눈(目)으로 사물을 크게 보면 보이지 않는 것이 없습니다.

以(이) ~로써. 天下之目(천하지목) 천하의 눈. 視(시) 보다. 則(즉) 곧. 無不見(무불시) 못 볼 것이 없다.

以天下之耳聽, 則無不聞也. 以天下之心慮, 則無不知也.

이천하지이청, 즉무불문야. 이천하지심려, 즉무부지야.

천하의 귀(耳)로 크게 들으면 들리지 않는 것이 없으며, 천하의 마음(心)으로 크게 생각하면 알지 못할 것이 없는 법입니다.

天下之耳(천하지이) 천하의 귀. 聽(청) 듣다. 無不聞(무불문) 못 들을 것이 없다. 天下之心(천하지심) 천하의 마음. 慮(려) 생각하다. 無不知(무부지) 알지 못할 것이 없다.

輻輳並進, 則明不蔽矣.

복주병진, 즉명불폐의.

천하의 모든 일이 막힘이 없이 사방에서 모여들어 임금에게 그대로 잘 전달된다면 밝음을 잃지 않을 것입니다.

輻(복) 바퀴살. 輳(주) 모이다. 並(병) 아우르다. 進(진) 나아가다. 則(즉) 곧. 明(명) 밝다. 不(불) 아니다. 蔽(폐) 덮다.

5). 明傳 명전. 후손에게 분명하게 전하라

명전(明傳)은 지극한 도의 말씀을 자손에게 분명하게 전해주는 것을 말한다. 이 편(篇) 안에 있는 명전(明傳) 두 글자를 취하여 편명(篇名)으로 삼았다.

-육도직해(六韜直解)에서-

文王寢疾, 召太公望, 太子發在側, 曰.
문왕침질, 소태공망, 태자발재측, 왈.
문왕(文王)이 병상에서 태공망(太公望)을 불렀다. 그리고 곁에 있는 태자 발(發)91)에게 이렇게 말하였다.

文王(문왕) 주나라 문왕. 寢(침) 잠자다. 疾(질) 병. 召(소) 부르다. 太公望(태공망) 강태공. 太子 發(태자 발) 문왕의 아들 중 태자로 임명된 둘째 아들 발. 在(재) 있다. 側(측) 곁. 옆.

嗚呼! 天將棄予. 周之社稷, 將以屬汝. 今予欲師至道之言, 以明傳之子孫.
오호! 천장기여. 주지사직, 장이촉여. 금여욕사지도지언, 이명전지자손.
아! 하늘이 나를 버리려 하니, 주(周)나라의 사직을 장차 너에게 맡기겠다. 나는 지금 군주의 도리에 대한 훌륭한 말씀을 스승으로 삼아 자손들에게 전하여 밝히고자 한다.

嗚呼(오호) 탄식을 하면서 내뱉는 소리. 天(천) 하늘. 將(장) 장차. 棄(기) 버리다. 予(여) 나. 周(주) 주나라. 社稷(사직) 나라 또는 조정. 將(장) 장차. 以(이) ~로써. 屬(촉) 잇다. 汝(여) 너. 今(금) 지금. 予(여) 나. 欲(욕) ~하고자 한다. 師(사) 스승. 至(지) 이르다. 道(도) 도. 도리. 言(언) 말씀. 明(명) 밝히다. 傳(전) 전하다. 子孫(자손) 후손들.

太公曰, 王何所問?
태공왈, 왕하소문?
태공(太公)이 말하였다. 왕께서는 무엇을 묻고자 하십니까?

太公曰(태공왈) 태공이 말하다. 王(왕) 문왕. 何(하) 어찌. 무엇. 所(소) ~하는 바. 問(문) 묻다.

91) 태자 발(發). 무왕을 가리킴. 문왕의 둘째 아들로 즉위 13년에 은왕 주를 멸망시키고 주 제국을 건설하였다.

文王曰, 先聖之道, 其所止, 其所起, 可得聞乎?
문왕왈, 선성지도, 기소지, 기소기, 가득문호?
문왕(文王)이 말하였다. 옛 성현의 도가 끊어지기도 하고 또 흥하기도 하는데, 그 까닭이 무엇인지 말씀해 주시겠습니까?

文王曰(문왕왈) 문왕이 말하다. 先(선) 먼저. 聖(성) 성인. 道(도) 도. 其(기) 그. 所(소) ~하는 바. 止(지) 그치다. 起(기) 일어나다. 可(가) 가능하다. 得(득) 얻다. 聞(문) 듣다.

太公曰, 見善而怠, 時至而疑, 知非而處. 此三者, 道之所止也.
태공왈, 견선이태, 시지이의, 지비이처. 차삼자, 도지소지야.
태공(太公)이 대답하였다. 첫 번째는 군주가 남의 선함을 보고도 게을러서(怠) 실행하지 않는 것이며, 두 번째는 기회가 닥쳐와도 의심하여(疑) 그것을 잡지 못하는 것이며, 세 번째는 나쁜 짓임을 알면서도 그것을 버리지 못하는 것입니다(處). 이 세 가지로 말미암아 성현의 도가 끊어지게 됩니다.

太公曰(태공왈) 태공이 말하다. 見(견) 보다. 善(선) 선함. 怠(태) 태만하다. 時(시) 기회. 至(지) 이르다. 疑(의) 의심하다. 知(지) 알다. 非(비) 아니다. 處(처) 머물러 있다. 此(차) 이것. 三者(삼자) 3가지가. 道之所止(도지소지) 도가 끊기는 이유이다.

柔而靜, 恭而敬, 强而弱, 忍而剛. 此四者, 道之所起也.
유이정, 공이경, 강이약, 인이강. 차사자, 도지소기야.
첫 번째로 온화하고 차분하게 몸을 가지며, 두 번째는 공손하고 경건하게 남을 대하며, 세 번째는 강하면서도 약하며, 네 번째는 인내심이 많으면서도 굳센 것, 이 네 가지로 말미암아 성현이 도가 흥하게 됩니다.

柔(유) 부드럽다. 靜(정) 차분하다. 恭(공) 공손하다. 敬(경) 공경하다. 强(강) 강하다. 弱(약) 약하다. 忍(인) 참다. 剛(강) 굳세다. 此四者(차사자) 이 네 가지는. 道之所起(도지소기) 도가 일어나는 이유이다.

故義勝欲則昌, 欲勝義則亡, 敬勝怠則吉, 怠勝敬則滅.
고의승욕즉창, 욕승의즉망, 경승태즉길, 태승경즉멸.
그러므로 의로움이 욕심을 이기면 창성하고, 반대로 욕심이 의로움을 이기면 망합니다.

공경심이 태만함을 이기면 길하고, 반대로 태만함이 공경하는 마음을 이기면 멸하게 됩니다.

故(고) 그러므로. 義(의) 의로움. 勝(승) 이기다. 欲(욕) 욕심. 則(즉) 곧. 昌(창) 창성하다. 欲勝義 則亡(욕승의 즉망) 욕심이 의로움을 이기면, 망한다. 敬(경) 공경하다. 勝(승) 怠(태) 게으르다. 吉(길) 길하다. 怠勝敬 則滅(태승경 즉멸) 게으름이 공경하는 마음을 이기면, 멸한다.

6). 六守 육수. 여섯 가지 반드시 지켜야 할 것

육수(六守)는 군주와 신하 간의 예절에 관하여 논한 것이다. 이 편(篇) 안에 있는 육수(六守) 두 글자를 취하여 편명(篇名)으로 삼았다.

-육도직해(六韜直解)에서-

文王問太公曰, 君國主民者, 其所以失之者, 何也?
문왕문태공왈, 군국주민자, 기소이실지자, 하야?
문왕(文王)이 태공(太公)에게 물었다. 모름지기 나라와 백성을 다스리는 군주라고 하면 누구나 나라를 잘 지키려고 합니다. 그런데도 나라를 잃는 이유는 무엇입니까?

文王問太公曰(문왕문태공왈) 문왕이 태공에게 물었다. 君(군) 군주. 國(국) 국가. 主(주) 주인. 民(민) 백성. 其(기) 그 것. 所(소) ~하는 바. 以(이) ~로써. 失(실) 잃다. 何(하) 어찌.

太公曰, 不謹所與也. 人君有 六守 三寶.
태공왈, 불근소여야. 인군유 육수 삼보.
태공(太公)이 대답하였다. 그것은 군주가 인재를 선발하거나 나랏일을 할 때 신중하지 못해서입니다. 백성들과 군주는 육수(六守)와 삼보(三寶)의 중요성을 알아야 합니다.

太公曰(태공왈) 태공이 말하다. 不謹(불근) 삼가지 않았다. 所與(소여) 같이하는 바. 人(인) 사람. 백성. 君(군) 군주. 有(유) 있다. 六守(육수) 여섯 가지 잘 지켜야 할 것. 三寶(삼보) 세 가지 보물.

文王曰, 六守者, 何也?
문왕왈, 육수자, 하야?
문왕(文王)이 물었다. 육수(六守)란 무엇입니까?

文王曰(문왕왈) 문왕이 말하다. 六守(육수) 6가지 지켜야 할 것. 何(하) 어찌. 무엇인가?

太公曰, 一曰 仁, 二曰 義, 三曰 忠, 四曰 信, 五曰 勇, 六曰 謀, 是謂六守.
태공왈, 일왈 인, 이왈 의, 삼왈 충, 사왈 신, 오왈 용, 육왈 모, 시위육수.
태공(太公)이 대답하였다. 첫째는 인(仁), 둘째는 의(義), 셋째는 충(忠), 넷째는 신(信), 다섯째는 용(勇), 여섯째는 모(謨)입니다. 이 여섯 가지가 바로 육수(六守)입니다.

太公曰(태공왈) 태공이 말하다. 一曰 仁(1왈 인) 첫 번째는 인이다. 二曰 義(2왈 의) 두 번째는 의. 三曰 忠(3왈 충) 세 번째는 충이다. 四曰 信(4왈 신) 네 번째는 신. 五曰 勇(5왈 용) 다섯 번째는 용이다. 六曰 謀(6왈 모) 여섯 번째는 모. 是謂(시위) 이를 일컬어. 六守(육수) 육수라 한다.

文王曰, 謹擇 六守者 何也?
문왕왈, 근택 육수자 하야?
문왕(文王)이 물었다. 육수(六守)의 덕목을 지닌 인물을 잘 선택하려면 어찌해야 합니까?

文王曰(문왕왈) 문왕이 물었다. 謹(근) 신중하다. 擇(택) 선택하다. 六守者(육수자) 육수의 덕목을 지닌 자. 何(하) 어찌.

太公曰, 富之而觀其無犯, 貴之而觀其無驕, 付之而觀其無轉,
태공왈, 부지이관기무범, 귀지이관기무교, 부지이관기무전,
태공(太公)이 대답하였다. 첫 번째는 부유하게 해 주어 어기는 일이 없는가를 관찰하고, 두 번째는 귀하게 해 주어 교만함이 없는가를 관찰하며, 세 번째는 중요한 임무를 맡겨 변함이 없는가를 관찰하고,

太公曰(태공왈) 태공이 말하다. 富(부) 부유하다. 觀(관) 보다. 其(기) 그. 無(무) 없다. 犯(범) 어기다. 貴(귀) 귀하다. 驕(교) 교만하다. 付(부) 주다. 轉(전) 변하다.

使之而觀其無隱, 危之而觀其無恐, 事之而觀其無窮.
사지이관기무은, 위지이관기무공, 사지이관기무궁.
네 번째는 일을 시켜보아 사사로운 목적으로 숨기는 일은 없는지를 관찰하며, 다섯 번째는 위태로운 처지에 처하게 하여 두려움이 없는가를 관찰하고, 여섯 번째는 어려운 일을 맡겨 지혜가 무궁한가를 관찰하여야 합니다.

使(사) 일을 시키다. 觀(관) 보다. 其(기) 그. 無(무) 없다. 隱(은) 사사로운 목적으로 은밀히 하다. 危(위) 위험하다. 恐(공) 두려워하다. 事(사) 일. 어려운 일. 窮(궁) 다하다.

富之而不犯者, 仁也. 貴之而不驕者, 義也. 付之而不轉者, 忠也.
부지이불범자, 인야. 귀지이불교자, 의야. 부지이부전자, 충야.
만약 부유하게 되어도 함부로 범하지 않으면 인(仁)이 있는 것이며, 귀하게 되어도 교만하지

않으면 의(義)가 있는 것이며, 중요한 일을 주어도 변하지 않으면 충(忠)이 있는 것입니다.

富(부) 부유하다. 不犯(불범) 범하지 않다. 仁也(인야) 인이 있다. 貴(귀) 귀하다. 不驕(불교) 교만하지 않다. 義也(의야) 의가 있는 것이다. 付(부) 주다. 不轉(부전) 변하지 않다. 忠也(충야) 충이 있는 것이다.

使之而不隱者 信也, 危之而不恐者 勇也, 事之而不窮者 謀也.
사지이불은자 신야, 위지이불공자 용야, 사지이불궁자 모야.
일을 시켰는데 사사로이 하는 것이 없으면 신(信)이 있는 것이며, 위험한 상황에 처해도 두려워하지 않으면 용(勇)이 있는 것이며, 어려운 일을 주었는데도 지혜의 다함이 없으면 모(謀)가 있는 것이다.

使(사) ~을 시키다. 不隱(불은) 사사로이 하지 않다. 信也(신야) 신이 있는 것이다. 危(위) 위태롭다. 不恐(불공) 두려워함이 없다. 勇也(용야) 용이 있다. 事(사) 일. 不窮(불궁) 다함이 없다. 謀也(모야) 모가 있는 것이다.

人君無以三寶借人, 借人則君失其威.
인군무이삼보차인, 차인즉군실기위.
군주는 삼보(三寶)를 남에게 빌려주는 일이 없어야 합니다. 군주가 그것을 남에게 빌려주면 그 위엄을 잃게 됩니다.

人(인) 사람. 君(군) 군주. 無(무) 없다. 以(이) ~로써. 三寶(삼보) 세 가지 보물. 借(차) 빌려주다. 借人(차인) 남에게 빌려주다. 則(즉) 곧. 君(군) 군주. 失(실) 잃다. 其(기) 그. 威(위) 위엄.

文王曰, 敢問三寶?
문왕왈, 감문삼보?
문왕(文王)이 물었다. 삼보(三寶)란 무엇인지 감히 물어봐도 되겠습니까?

文王曰(문왕왈) 문왕이 물었다. 敢(감) 감히. 問(문) 묻다. 三寶(삼보) 세 가지 보물.

太公曰, 大農, 大工, 大商, 謂之三寶.
태공왈, 대농, 대공, 대상, 위지삼보.
태공(太公)이 대답하였다. 농업(大農) · 공업(大工) · 상업(大商)을 세 가지 보물, 즉 삼보(三

寶)라고 합니다.

太公曰(태공왈) 태공이 말하다. 大農(대농) 농사. 大工(대공) 공업. 大商(대상) 상업. 謂(위) 말하다. 三寶(삼보) 세 가지 보물.

農一其鄕, 則穀足, 工一其鄕, 則器足, 商一其鄕, 則貨足.
농일기향, 즉곡족, 공일기향, 즉기족, 상일기향, 즉화족.
첫 번째 보물인 농사에 종사하는 자들이 모여 하나로 뭉쳐 농사에 전념하면, 곡식이 풍족하게 될 것입니다. 두 번째 보물인 공업에 종사하는 자들이 모여 하나로 뭉쳐 생산에 전념하면, 기물이 풍족하게 될 것입니다. 세 번째 보물인 상업에 종사하는 자들이 모여 하나로 뭉쳐 상업에 전념하면, 재화가 풍족하게 될 것입니다.

農(농) 농사. 一(일) 하나. 하나로 뭉치다. 其(기) 그. 鄕(향) 고향. 마을. 則(즉) 곧. 穀(곡) 곡식. 足(족) 족하다. 工(공) 공업. 器(기) 집기류. 商(상) 상업. 貨(화) 재화.

三寶, 各安其處, 民乃不慮. 無亂其鄕, 無亂其族.
삼보, 각안기처, 민내불려. 무난기향, 무난기족.
삼보(三寶)를 각각 특정한 지역을 구분하여 편안하게 일할 수 있게 해주면, 백성들은 편안히 종사하여 다른 마음을 품지 않게 될 것입니다. 각기 일정한 곳에 살게 하여 어지럽히지 않게 하고, 가업을 계승하게 하여 집안을 어지럽히지 않게 해야 합니다.

三寶(삼보) 농. 공. 상. 3보를 말함. 各(각) 각각. 安(안) 편안하다. 其(기) 그. 處(처) 처하다. 民(민) 백성. 乃(내) 이에. 不(불) 아니다. 慮(려) 생각하다. 無亂(무난) 혼란함이 없다. 其鄕(기향) 그 지역. 그 마을. 其族(기족) 그 가족. 가계.

臣無富於君, 都無大於國. 六守長, 則君昌. 三寶全, 則國安.
신무부어군, 도무대어국. 육수장, 즉군창. 삼보전, 즉국안.
신하가 군주보다 더 부유하거나, 지방 도시가 수도보다 더 커지는 일이 없어야 합니다. 육수(六守)의 덕목을 지닌 인재가 많아지면 군주의 치적은 창성할 것이며, 삼보(三寶)가 완전하면 국가가 편안해지는 것입니다.

臣(신) 신하. 無(무) 없다. 富(부) 부유하다. 於(어) 어조사. ~보다. 君(군) 군주. 都(도) 도시. 無(무) 없다. 大(대) 크다. 國(국) 나라. 六守(육수) 6가지 지켜야 할 것. 長(장) 오래도록. 길다. 則(즉) 곧. 君(군)

군주. 昌(창) 창성하다. 三寶(삼보) 세 가지 보물. 全(전) 온전하다. 國安(국안) 나라가 편안해지다.

7). 守土 수토. 영토를 지키려면

수토(守土)는 내 나라의 강토를 보전하여 지키는 것을 말한다. 문왕(文王)이 어떻게 영토를 잘 지킬 수 있는지에 대해서 태공망(太公望)에게 물었으므로 수토(守土) 두 글자를 취하여 편명(篇名)으로 삼았다.

–육도직해(六韜直解)에서–

文王問太公曰, 守土奈何?
문왕문태공왈, 수토내하?
문왕(文王)이 태공(太公)에게 물었다. 영토를 지키려면 어찌해야 합니까?

文王問太公曰(문왕문태공왈) 문왕이 태공에게 물었다. 守(수) 지키다. 土(토) 영토. 奈(내) 어찌. 何(하) 어찌.

太公曰, 無疏其親, 無怠其衆, 撫其左右, 御其四旁.
태공왈, 무소기친, 무태기중, 무기좌우, 어기사방.
태공(太公)이 대답하였다. 군주의 친인척을 소원하게 대하지 말고 백성을 업신여기지 말아야 하며, 좌우의 측근 신하들을 잘 다스리고 국경을 잘 지켜야 합니다.

太公曰(태공왈) 태공이 말하다. 無(무) 없다. 疏(소) 멀어지다. 소원하다. 其(기) 그. 親(친) 친척. 無(무) 없다. 怠(태) 게으르다. 衆(중) 백성들을 말함. 撫(무) 어루만지다. 左右(좌우) 좌우는 곧 측근들을 말함. 御(어) 다스리다. 四旁(사방) 4방에 걸친 국경을 의미.

無借人國柄. 借人國柄, 則失其權.
무차인국병. 차인국병, 즉실기권.
또한 정권(政權, 柄)을 함부로 남에게 맡겨서는 안 됩니다. 군주가 정권을 남에게 맡기면 그 권위를 잃고 맙니다.

無(무) 없다. 借人(차인) 남에게 빌려주다. 國(국) 나라. 柄(병) 자루. 권력. 借人國柄(차인국병) 나라의 권력을 남에게 빌려주면. 則(즉) 곧. 失(실) 잃다. 其(기) 그. 權(권) 권위.

無掘壑而附丘, 無舍本而治末. 日中必彗, 操刀必割, 執斧必伐.

무굴학이부구, 무사본이치말. 일중필혜, 조도필할, 집부필벌.

깊은 골짜기의 흙을 파내어 높은 언덕을 더 높게 하는 일과 같은 쓸데없는 일 따위92)를 하지 않아야 하며, 근본적인 것은 놓아두고 지엽적인 것을 다스리는 일을 하지 말아야 합니다. 비질을 하려면 밝을 때 하고, 칼을 빼었으면 반드시 잘라야 하며, 도끼를 잡았으면 반드시 내려쳐야 합니다.

無(무) 없다. 掘(굴) 파다. 壑(학) 산골짜기. 附(부) 붙이다. 丘(구) 언덕. 舍(사) 집. 그냥 두다. 本(본) 본질. 治(치) 다스리다. 末(말) 끝. 지엽적인 것. 日(일) 날. 中(중) 중간. 必(필) 반드시. 彗(혜) 빗자루. 操(조) 잡다. 刀(도) 칼. 割(할) 자르다. 執(집) 잡다. 斧(부) 도끼. 伐(벌) 치다. 베다.

日中不彗, 是謂失時. 操刀不割, 失利之期. 執斧不伐, 賊人將來.
일중불혜, 시위실시. 조도불할, 실리지기. 집부불벌, 적인장래.

한낮에 비질하지 않으면 시기를 잃는 것이며, 칼을 잡고도 자르지 않으면 좋은 기회를 잃는 것이며, 도끼를 잡고도 내려치지 않으면 오히려 화근을 남기게 되는 것입니다.

日中(일중) 한낮에. 不彗(불혜) 비질을 하지 않다. 是謂(시위) 이를 일컬어. 失時(실시) 시기를 잃다. 操刀(조도) 칼을 잡다. 不割(불할) 베지 않는다. 失(실) 잃다. 利之期(리지기) 이로운 시기. 좋은 기회. 執斧(집부) 도끼를 잡다. 不伐(불벌) 베지 않다. 賊人(적인) 도적들. 將來(장래) 앞으로.

涓涓不塞, 將爲江河. 熒熒不救, 炎炎奈何. 兩葉不去, 將用斧柯.
연연불색, 장위강하. 형형불구, 염염내하. 양엽불거, 장용부가.

물은 조금 흐를 때 막지 않으면, 장차 큰 강이 되어 막기가 어렵게 됩니다. 불은 조그마한 불빛으로 있을 때 끄지 않으면, 장차 큰불이 되어 어찌할 수 없게 됩니다. 나무는 떡잎 때에 제거하지 않으면, 장차 거목이 되어 도끼를 사용하지 않고서는 벨 수 없게 됩니다.

涓涓(연연) 시냇물이 졸졸 흐르는 모양. 不塞(불색) 막지 않으면. 將(장) 장차. 爲(위) ~하다. ~되다. 江河(강하) 강이나 큰 강. 熒熒(형형) 조그마한 불빛이 반짝반짝하는 모양. 不救(불구) 구하지 않으면. 炎炎(염염) 활활 타는 모양. 奈何(내하) 어찌할 수 없다. 兩葉(양엽) 이파리 두 개. 떡잎을 말함. 不去(불거) 제거하지 않으면. 將(장) 장차. 用(용) 사용하다. 斧(부) 도끼. 柯(가) 도끼.

92) 무굴학이부구(無掘壑而附丘). 약한 곳을 더욱 약하게 하고, 이미 강한 곳을 더욱 강화하는 것을 깊은 골짜기의 흙을 파내서 높은 언덕에 계속 쌓는 것에 비유한 것이다.

是故人君必從事於富. 不富無以爲仁, 不施無以合親.
시고인군필종사어부. 불부무이위인, 불시무이합친.
그러므로 군주는 경제에 힘을 써서 먼저 부를 축적해야 합니다. 축적된 부가 없으면 은혜를 베풀 수 없고, 은혜를 베풀지 않으면 친척을 화합시키지 못합니다.

是故(시고) 이런 이유로. 人君(인군) 백성들의 군주. 必(필) 반드시. 從(종) 따르다. 事(사) 일. 於富(어부) 경제 분야라고 해석. 不富(불부) 부유하지 않으면. 無(무) 없다. 以(이) ~로써. 爲(위) 하다. 仁(인) 어질다. 不施(불시) 베푸는 것이 없다. 合親(합친) 친척들을 화합시키다.

疏其親則害, 失其衆則敗.
소기친즉해, 실기중즉패.
친척을 소원하게 대하면 해를 입고, 백성을 잃으면 망하게 됩니다.

疏(소) 멀리하다. 其(기) 그. 親(친) 친척. 則(즉) 곧. 害(해) 해롭다. 失(실) 잃다. 其衆(기중) 그 백성들. 敗(패) 패하다. 망하다.

無借人利器. 借人利器, 則爲人所害, 而不終於世.
무차인리기. 차인이기, 즉위인소해, 이부종어세.
예리한 무기인 권력을 남에게 빌려주면 결국 권력을 가진 자에게 살해되어 세상을 제대로 마치지 못하게 됩니다.

無(무) 없다. 借人(차인) 남에게 빌려주다. 利器(리기) 이로운 기물. 借人利器(차인리기) 국가 권력을 남에게 맡기면. 則(즉) 곧. 爲(위) 하다. 人(인) 사람. 所(소) ~하는 바. 害(해) 해롭다. 不(부) 아니다. 終(종) 마치다. 於(어) ~에서. 世(세) 세상.

文王曰, 何謂仁義?
문왕왈, 하위인의?
문왕(文王)이 물었다. 무엇을 인의(仁義)라고 하는 것입니까?

文王曰(문왕왈) 문왕이 말하다. 何(하) 어찌. 謂(위) 말하다. 仁義(인의) 인의.

太公曰, 敬其衆, 合其親. 敬其衆則和, 合其親則喜, 是爲仁義之紀.
태공왈, 경기중, 합기친. 경기중즉화, 합기친즉희, 시위인의지기.

태공(太公)이 대답하였다. 백성을 공경하고 친족을 화합시키는 것입니다. 군주가 백성을 공경하면 민심이 단합되고, 친척을 화합시키면 모두 기뻐하니, 이것이 인의(仁義)의 근본입니다.

太公曰(태공왈) 태공이 말하다. 敬(경) 공경하다. 其衆(기중) 백성들을 말함. 合(합) 화합하다. 其親(기친) 친척, 친족들을 말함. 敬其衆(경기중) 백성들을 공경하다. 則(즉) 곧. 和(화) 화합. 合其親(합기친) 친족들을 화합시키다. 喜(희) 즐겁다. 기쁘다. 是(시) 옳다. 이것. 爲(위) 하다. 仁義(인의) 인의. 紀(기) 벼리. 근본.

無使人奪汝威. 因其明 順其常.

무사인탈여위. 인기명 순기상.

그러나 군주는 권위를 잃지 않아야 하며, 자신의 밝은 덕으로 이치를 일깨워 모든 사람이 순종하게 해야 합니다.

無(무) 없다. 使人(사인) 다른 사람이 ~하게 하다. 奪(탈) 빼앗다. 汝(여) 너. 威(위) 위엄. 因(인) ~로 인해. 其明(기명) 그 밝음. 그 밝은 덕. 順(순) 순종하다. 其(기) 그. 常(상) 항상.

順者任之以德, 逆者絕之以力. 敬之勿疑, 天下和服.

순자임지이덕, 역자절지이력. 경지물의, 천하화복.

순종하는 자에게는 덕으로 대하고, 거역하는 자에게는 힘으로 대하여야 합니다. 이처럼 하여 백성을 공경한다면 천하가 화합하여 따를 것입니다.

順者(순자) 순종하는 자. 任(임) 맡기다. 德(덕) 덕. 逆者(역자) 거스르는 자. 絕(절) 끊다. 力(력) 힘. 敬(경) 공경하다. 勿疑(물의) 의심 하지 않다. 天下(천하) 천하. 和(화) 화합하다. 服(복) 복종하다.

8). 守國 수국. 국가를 잘 지키려면

수국(守國)은 국가를 잘 보전하고 지키는 방법을 말하는 것이다. 문왕(文王)이 어떻게하면 나라를 잘 지킬 수 있는지에 대해서 태공망(太公望)에게 물었으므로 수국(守國) 두 글자를 취하여 편명(篇名)으로 삼았다.

–육도직해(六韜直解)에서–

文王問太公曰, 守國奈何?
문왕문태공왈, 수국내하?
문왕(文王)이 태공(太公)에게 물었다. 나라를 지키려면 어떻게 해야 합니까?

文王問太公曰(문왕문태공왈) 문왕이 태공에게 물었다, 守國(수국) 나라를 지키다. 奈何(내하) 어찌 해야 하는가?

太公曰, 齋, 將語君, 天地之經, 四時所生, 仁聖之道, 民機之情.
태공왈, 재, 장어군, 천지지경, 사시소생, 인성지도, 민기지정.
태공(太公)이 대답하였다. 군주께서는 목욕재계하십시오. 그러면 제가 천지의 기본 법칙과 사시가 생성되는 이치, 그리고 나라를 구제하는 인성의 도리와 민심의 동요에 대한 것을 말씀드리겠습니다.

太公曰(태공왈) 태공이 말하다. 齋(재) 목욕재계하다. 將(장) 장차. 語(어) 말하다. 君(군) 군주. 天地(천지) 하늘과 땅. 經(경) 이치. 천지의 이치. 四時(사시) 4계절. 所生(소생) 생기는 바. 仁(인) 어질다. 聖(성) 지덕이 뛰어나 천하가 우러러 사표로 삼음. 道(도) 방법. 비법. 民(민) 백성. 機(기) 틀. 情(정) 본성. 백성들의 본성.

王齋七日, 北面再拜而問之.
왕재칠일, 북면재배이문지.
문왕(文王)이 이레 동안 목욕재계를 하고, 북쪽을 향해 두 번 절하고 태공(太公)에게 재차 물었다.

王齋七日(왕재칠일) 왕이 이레 동안 목욕재계하다. 北面(북면) 북쪽 방향. 再拜(재배) 두 번 절하다. 問(문) 묻다.

太公曰, 天生四時, 地生萬物. 天下有民, 聖人牧之.
태공왈, 천생사시, 지생만물. 천하유민, 성인목지.
이에 태공(太公)이 대답하였다. 하늘은 사시(四時)를 낳고 땅은 만물을 낳았습니다. 천하에는 많은 백성이 있는데, 성인(聖人)이 이를 양육합니다.

太公曰(태공왈) 태공이 말하다. 天生四時(천생사시) 하늘이 사계절을 낳고. 地生萬物(지생만물) 땅이 세상 만물을 낳고. 天下(천하) 천하에는. 有民(유민) 백성들이 있고. 聖人(성인) 성인들은. 牧之(목지) 그들을 키우다.

故 春道生, 萬物榮, 夏道長, 萬物成, 秋道斂, 萬物盈, 冬道藏, 萬物靜.
고 춘도생, 만물영, 하도장, 만물성, 추도렴, 만물영, 동도장, 만물정.
봄은 만물의 생명을 낳아 씨를 퍼트리게 하고, 여름은 만물을 자라게 하여 성장시키며, 가을은 만물을 거두어 가득하게 하고, 겨울은 만물을 감추어 고요하게 합니다.

故(고) 그러므로. 春(춘) 봄. 道(도) 길. 生(생) 낳다. 萬物(만물) 만물. 榮(영) 꽃이 피다. 夏(하) 여름. 長(장) 키우다. 자라게 하다. 成(성) 이루다. 秋(추) 가을. 斂(렴) 거두다. 盈(영) 가득 차다. 冬(동) 겨울. 藏(장) 감추다. 靜(정) 고요하다.

盈則藏, 藏則復起. 莫知所終, 莫知所始. 聖人配之, 以爲天地經紀.
영즉장, 장즉부기. 막지소종, 막지소시. 성인배지, 이위천지경기.
만물은 생겨나서 가득 차면 없어지고, 없어졌다가 다시 생겨납니다. 그러므로 일반 백성들은 어디가 시작이며 어디가 끝인지 알 수 없는 것입니다. 성인(聖人)은 백성을 다스릴 때 이 천지의 법칙과 자연의 이치를 정치의 기본으로 삼았습니다.

盈(영) 가득 차다. 則(즉) 곧. 藏(장) 감추다. 復(부) 다시. 起(기) 일어나다. 莫知(막지) 알 수가 없다. 所終(소종) 끝난 곳. 所始(소시) 시작된 곳. 聖人(성인) 성인. 配(배) 아내라는 뜻도 있지만 여기서는 지배하다는 의미로 해석. 以(이) 로써. 爲(위) 하다. 天地(천지) 천지. 經(경) 다스리다. 紀(기) 법칙.

故天下治, 仁聖藏, 天下亂, 仁聖昌, 至道其然也.
고천하치, 인성장, 천하란, 인성창, 지도기연야.
천하가 잘 다스려지면 어질고 훌륭한 사람들이 할 일이 없어져 그 모습을 감추게 되고, 천하가 어지러워지면 어질고 훌륭한 사람들이 나타나서 세상을 구제하게 되니, 이는 지극히 당연한 이치입니다.

故(고) 그러므로. 天下(천하) 천하. 治(치) 다스리다. 仁(인) 어질다. 聖(성) 성인. 훌륭한 사람. 藏(장) 감추다. 亂(란) 어지럽다. 仁聖(인성) 어질고 훌륭한 성인. 昌(창) 창성하다. 至(지) 이르다. 道(도) 도. 其(기) 그. 然(연) 그러하다.

聖人之在 天地間也, 其義固大矣. 因其常而視之, 則民安.
성인지재 천지간야, 기의고대의. 인기상이시지, 즉민안.
성인은 천지간에 참으로 존재 가치가 큽니다. 천지간의 큰 뜻에 따라 백성을 다스리면 백성이 편안해집니다.

聖人(성인) 성인. 在(재) 있다. 天地(천지) 천지. 間(간) 사이. 其(기) 그. 義(의) 뜻. 固(고) 견고하다. 大(대) 크다. 因(인) ~로 인하여. 常(상) 항상. 視(시) 보다. 則(즉) 곧. 民安(민안) 백성이 편안하다.

夫民動而爲機, 機動而得失爭矣. 故發之以其陰, 會之以其陽.
부민동이위기, 기동이득실쟁의. 고발지이기음, 회지이기양.
그러나 백성들은 원망이나 불만 같은 일들을 계기로 난리가 생기게 되고, 그렇게 난리가 생기다 보면 곧 득실을 따지게 되는 법입니다. 그러므로 원망이나 불만 같은 것은 드러내놓고 해결해야 하는 것입니다.

夫(부) 무릇. 民(민) 백성. 動(동) 동요하다. 움직이다. 爲機(위기) 동기가 되다. 機動(기동) 동기가 되어 움직이다. 得失(득실) 득과 실. 爭(쟁) 다투다. 故(고) 그러므로. 發(발) 쏘다. 떠나보내다. 以(이) ~로써. 陰(음) 응달. 會(회) 모이다. 陽(양) 볕.

爲之先倡, 而天下和之. 極反其常, 莫進而爭, 莫退而遜.
위지선창, 이천하화지. 극반기상, 막진이쟁, 막퇴이손.
이럴 때 군왕이 앞장서서 천하를 화합시켜야 합니다. 그러나 무슨 일이든 극에 달하면 반전하게 되니, 지나치게 나서서 다투지도 말고, 지나치게 물러서서 양보만 해서도 안 됩니다.

爲(위) ~하다. 先(선) 먼저. 倡(창) 부르다. 天下(천하) 천하. 和(화) 화합하다. 極(극) 다하다. 反(반) 되돌리다. 常(상) 항상. 莫進(막진) 나아가지 마라. 爭(쟁) 다투다. 莫退(막퇴) 물러서지 마라. 遜(손) 겸손하다.

守國如此, 與天地同光.

수국여차, 여천지동광.

이처럼 나라를 지키면 천지와 더불어 빛을 함께 할 것입니다.

守國(수국) 나라를 지키다. 如(여) 같이. 此(차) 이. 與(여) 더불어. 주다. 天地(천지) 천지. 同(동) 같다. 光(광) 빛.

9). 上賢 상현. 현자를 위로 모셔라

상현(上賢)은 현명한 자를 위로 삼고, 부족한 자를 아래로 삼는 것을 말하는 것이다. 내용 중에서 상현(上賢) 두 글자를 취하여 편명(篇名)으로 삼았다.

-육도직해(六韜直解)에서-

文王問太公曰, 王人者, 何上何下, 何取何去, 何禁何止?
문왕문태공왈, 왕인자, 하상하하, 하취하거, 하금하지?

문왕(文王)이 태공(太公)에게 물었다. 군왕은 어떤 자를 고위직에 쓰고 어떤 자를 하위직에 써야 하며, 또 어떤 자를 등용하고 어떤 자를 버려야 합니까? 그리고 어떤 일을 금하고 어떤 일을 중지해야 합니까?

文王問太公曰(문왕문태공왈) 문왕이 태공에게 물었다. 王人者(왕인자) 왕이라는 사람은. 何上何下(하상하하) 어떤 사람을 위에 쓰고, 어떤 사람을 아래에 써야 하는가? 何取何去(하취하거) 어떤 사람을 취하고, 버려야 하는가? 何禁何止(하금하지) 어떤 일을 금하고, 어떤 일은 그쳐야 하는가?

太公曰, 上賢, 下不肖. 取誠信, 去詐僞.
태공왈, 상현, 하불초. 취성신, 거사위.

태공(太公)이 대답하였다. 현명한 사람은 높은 직위에, 현명하지 못한 사람은 낮은 직위에 있게 해야 하며, 성실한 사람을 등용하고 성실하지 못한 사람은 제거해야 합니다.

太公曰(태공왈) 태공이 말하다. 上(상) 위. 높은 직위. 賢(현) 현명한 사람. 下(하) 하위직위. 不肖(불초) 못나고 어리석은 사람. 取(취) 취하다. 誠(성) 정성. 성실하다. 信(신) 믿다. 去(거) 보내다. 제거하다. 詐(사) 속이다. 僞(위) 거짓.

禁暴亂. 止奢侈. 故王人者, 有六賊七害.
금폭난. 지사치. 고왕인자, 유육적칠해.

그리고 질서를 문란하게 하는 행동을 억제하고 사치를 금지해야 합니다. 그러므로 군왕은 인재 등용에 있어서 육적(六賊)과 칠해(七害)를 항상 명심해야 합니다.

禁(금) 금하다. 暴(폭) 사납다. 亂(란) 혼란스럽다. 止(지) 그치다. 奢(사) 사치하다. 侈(치) 사치하다. 故(고) 그러므로. 王人者(왕인자) 왕이 된 자는. 有(유) 있다. 六賊(육적) 6가지 도적과 같은 사람. 七害

(칠해) 일곱 가지 해가 되는 사람.

文王曰, 願聞其道?

문왕왈, 원문기도?

문왕(文王)이 말하였다. 그 내용을 말씀해 주시기 바랍니다.

文王曰(문왕왈) 문왕이 말하다. 願(원) 원하다. 聞(문) 듣다. 其(기) 그. 道(도) 방법.

太公曰, 夫 六賊者, 一曰, 臣有大作宮室池榭, 遊觀倡樂者, 傷王之德.

태공왈, 부 육적자, 일왈, 신유대작궁실지사, 유관창악자, 상왕지덕.

태공(太公)이 대답하였다. 육적(六賊)이란 다음과 같은 것입니다. 첫 번째, 신하로서 호화로운 저택과 정원을 지어 놀이를 즐기며 음주가무(飮酒歌舞)에 빠진 자입니다. 이들은 군왕의 덕을 훼손합니다.

太公曰(태공왈) 태공이 말하다. 夫(부) 무릇. 六賊(육적) 여섯 가지 도적과 같은. 者(자) ~하는 자. 一曰(일왈) 첫 번째로 말하다. 臣(신) 신하. 有(유) 있다. 大作(대작) 크게 짓다. 宮(궁) 집. 室(실) 집. 池(지) 연못. 榭(수) 나무. 정원수. 遊(유) 놀다. 觀(관) 보다. 倡(창) 노래하다. 樂(락) 즐기다. 傷(상) 상처. 王之德(왕지덕) 군왕의 덕.

二曰, 民有不事農桑, 任氣遊俠, 犯陵法禁, 不從吏敎者, 傷王之化.

이왈, 민유불사농상, 임기유협, 범능법금, 부종이교자, 상왕지화.

두 번째, 백성으로서 농사와 누에치기에 힘쓰지 않고 기분대로 놀면서 호기를 부리며, 법령을 어기고 능멸하며, 관원의 지시에 따르지 않는 자입니다. 이들은 군왕의 교화를 훼손합니다.

二曰(이왈) 두 번째로 말하다. 民有(민유) 백성이 있다. 不事(불사) 일하지 않는다. 農(농) 농사. 桑(상) 누에치기. 任(임) 맡기다. 氣(기) 기운. 기분. 任氣(임기) 기분에 맡기다. 遊(유) 놀다. 俠(협) 의협심. 괜한 호기를 부리다. 犯(범) 범하다. 陵(릉) 능욕하다. 法禁(법금) 법으로 금하다. 不從(부종) 따르지 않다. 吏(리) 관리. 敎(교) 가르치다. 者(자) ~하는 자. 傷(상) 상처. 王之化(왕지화) 왕이 교화시키는 것.

三曰, 臣有結朋黨, 蔽賢智, 障主明者, 傷王之權.

삼왈, 신유결붕당, 폐현지, 장주명자, 상왕지권.
세 번째, 신하로서 서로 붕당을 지어 어진 이와 지혜로운 이를 가로막고, 군왕의 총명을 가로막아 어둡게 하는 자입니다. 이들은 군왕의 권위를 훼손합니다.

三曰(삼왈) 세 번째로 말하다. 臣(신) 신하. 有(유) 있다. 結(결) 맺다. 朋黨(붕당) 뜻을 같이한 사람들끼리 모임. 蔽(폐) 막다. 賢(현) 어질다. 智(지) 지혜롭다. 障(장) 가로막다. 主(주) 군주. 明(명) 밝다. 총명하다. 者(자) ~하는 자. 傷(상) 상처. 王之權(왕지권) 왕의 권위.

四曰, 士有抗志, 高節, 以爲氣勢, 外交諸侯, 不重其主者, 傷王之威.
사왈, 사유항지, 고절, 이위기세, 외교제후, 부중기주자, 상왕지위.
네 번째, 선비로서 야망을 품고 절개가 높은 것처럼 허세를 부리며, 밖으로 다른 제후들과 교제를 하면서 군주의 권위를 소중히 여기지 않는 자입니다. 이들은 군왕의 위엄을 훼손합니다.

四曰(사왈) 네 번째로 말하다. 士(사) 선비. 有(유) 있다. 抗(항) 막다. 志(지) 의지. 高(고) 높다. 節(절) 절개. 以(이) ~로써. 爲(위) 하다. 氣勢(기세) 기세. 外(외) 바깥. 交(교) 교제하다. 諸侯(제후) 제후들. 不重(부중) 소중히 여기지 않는다. 其(기) 그. 主(왕) 군주. 者(자) ~하는 자. 傷(상) 상처. 王之威(왕지위) 왕의 위엄.

五曰, 臣有輕爵位, 賤有司, 羞爲上犯難者, 傷功臣之勞.
오왈, 신유경작위, 천유사, 수위상범난자, 상공신지로.
다섯 번째, 신하로서 군주가 내린 벼슬과 직위를 가볍게 여기고 다른 관리들을 천시하며, 군왕을 위하여 위험을 무릅쓰고 나서는 것을 어렵게 여기는 자입니다. 이들은 공신의 공로를 훼손합니다.

五曰(오왈) 다섯 번째로 말하다. 臣有(신유) 신하가 있다. 輕(경) 가볍다. 爵位(작위) 벼슬을 말함. 賤(천) 천시하다. 有(유) 있다. 司(사) 벼슬. 羞(수) 바치다. 爲上(위상) 임금을 위하여. 犯(범) 범하다. 難(란) 어렵다. 者(자) ~하는 자. 傷(상) 상처. 功臣(공신) 공신들. 勞(로) 공로. 수고로움.

六曰, 强宗侵奪, 陵侮貧弱, 傷庶人之業.
육왈, 강종침탈, 능모빈약, 상서인지업.
여섯 번째, 호족으로서 강성한 문벌을 믿고 가난하고 약한 사람들을 못살게 굴며 능멸하는 자입니다. 이들은 서민의 생업을 훼손합니다.

六曰(육왈) 여섯 번째로 말하다. 强(강) 강하다. 宗(종) 마루라는 뜻보다는 문중, 문벌을 말함. 侵(침) 침노하다. 奪(탈) 빼앗다. 陵(릉) 능멸하다. 능욕하다. 侮(모) 업신여기다. 貧(빈) 가난하다. 弱(약) 약하다. 傷(상) 상처를 주다. 庶人(서인) 서민들. 業(업) 생업.

七害者, 一曰, 無智略權謀, 而重賞尊爵之.
칠해자, 일왈, 무지략권모, 이중상존작지.
칠해(七害)는 다음과 같은 것입니다. 첫째, 지략이나 권모가 없는 인물에게 후한 상과 높은 벼슬을 주는 것입니다.

七害者(칠해자) 일곱 가지 해가 되는 것은. 一曰(일왈) 첫 번째로 말하다. 無(무) 없다. 智略(지략) 지략. 權謀(권모) 권모. 重賞(중상) 후한 상. 尊爵(존작) 귀한 작위.

故强勇輕戰, 僥倖於外, 王者謹勿使爲將.
고강용경전, 요행어외, 왕자근물사위장.
이렇게 하면, 자신의 용맹만을 과시하고 싸움을 가볍게 여기는 자들이 요행으로 승리하여 큰 공으로 세우려 하게 됩니다. 군왕은 이러한 자들을 장수로 임명해서는 안 됩니다.

故(고) 그러므로. 强勇(강용) 강하고 용맹하다. 輕戰(경전) 싸움을 가벼이 여긴다. 僥(요) 바라다. 倖(행) 요행히. 於外(어외) 밖에서. 王者(왕자) 군왕은. 謹(근) 삼가다. 勿(물) 말다. 使(사) ~하게 하다. 爲(위) 하다. 將(장) 장수.

二曰, 有名無實, 出入異言, 掩善揚惡, 進退爲巧, 王者謹勿與謀.
이왈, 유명무실, 출입이언, 엄선양악, 진퇴위교, 왕자근물여모.
둘째, 이름만 내세우고 실력이 없으며, 말의 앞뒤가 다르고, 좋은 면은 감추고 나쁜 면만을 들추며, 처세를 교묘하게 하는 무리입니다. 군왕은 이러한 자들과 함께 국사를 논의해서는 안 됩니다.

二曰(이왈) 두 번째로 말하다. 有名無實(유명무실) 이름은 있으되, 실속은 없다. 出入(출입) 나가고 들어올 때. 異(이) 다르다. 言(언) 말. 掩(엄) 숨기다. 善(선) 좋은 것. 잘하다. 揚(양) 오르다. 惡(악) 나쁜 것. 進退(진퇴) 나아가고 물러남. 爲巧(위교) 교묘하게 하다. 王者(왕자) 군왕은. 謹(근) 삼가다. 勿(물) 말다. 與(여) 같이. 謀(모) 모략.

三曰, 樸其身躬, 惡其衣服, 語無爲以求名, 言無欲以求利,
삼왈, 박기신궁, 오기의복, 어무위이구명, 언무욕이구리,
셋째, 겉으로는 순박하고 겸손한 척하며, 요란한 의복은 싫어한다며 욕심이 없다는 말을 곧잘 하지만 실제로는 명예를 구하며, 이익을 추구하는 무리입니다.

三曰(삼왈) 세 번째로 말하다. 樸(박) 순박하다. 생긴 그대로 하다. 其(기) 그. 身(신) 몸. 躬(궁) 몸소 행하다. 惡(오) 싫어하다. 衣服(의복) 의복. 語(어) 말. 無(무) 없다. 爲(위) ~하다. 以(이) ~로써. 求名(구명) 명예를 구한다. 言(언) 말씀. 欲(욕) 욕심. 求利(구리) 이익을 구한다.

此僞人也, 王者謹勿近.
차위인야, 왕자근물근.
군왕은 이러한 거짓말을 일삼는 자들을 가까이해서는 안 됩니다.

此(차) 이. 僞(위) 거짓. 人(인) 사람. 王者(왕자) 군왕. 謹(근) 삼가다. 勿(물) 말다. 近(근) 가깝다.

四曰, 奇其冠帶, 偉其衣服, 博聞辯辭, 虛論高議, 以爲容美, 窮居靜處, 而誹時俗,
사왈, 기기관대, 위기의복, 박문변사, 허론고의, 이위용미, 궁거정처, 이비시속,
넷째, 관대를 괴상하게 차리고 의복을 색다르게 하여 남의 눈을 끌면서, 해박한 견문과 뛰어난 언변을 자랑하여 공리공담만을 일삼고, 자신을 뽐내면서도 벼슬하지 않고 초야에 틀어박혀 시국을 비방하는 무리입니다.

四曰(사왈) 네 번째로 말하다. 奇(기) 기이하다. 其(기) 그. 冠(관) 갓. 帶(대) 띠. 偉(위) 아름답다. 衣服(의복) 의복. 博(박) 넓다. 聞(문) 듣다. 辯(변) 말 잘하다. 辭(사) 말. 虛論(허론) 실속 없는 논쟁. 高(고) 뽐내다. 議(의) 의논하다. 以(이) ~로써. 爲(위) 하다. 容(용) 얼굴. 美(미) 아름답다. 窮(궁) 다하다. 居(거) 기거하다. 靜(정) 고요하다. 處(처) 살다. 誹(비) 비방하다. 時俗(시속) 시국을 말함.

此姦人也, 王者謹勿寵.
차간인야, 왕자근물총.
이러한 자들은 간사한 사람이니, 군왕은 이들을 신임해서는 안 됩니다.

此(차) 이. 奸人(간인) 간사한 사람이다. 王者(왕자) 군왕은. 謹勿(근물) 삼가고 말아라. 寵(총) 사랑하다. 아끼다.

五曰, 讒佞苟得, 以求官爵, 果敢輕死, 以貪祿秩, 不圖大事,
오왈, 참녕구득, 이구관작, 과감경사, 이탐녹질, 부도대사,
다섯째, 남을 헐뜯거나 아첨으로 관직을 구하고, 목숨을 아끼지 않는 용맹만을 내세워 녹봉을 탐내고, 큰일을 생각하지 않으며,

五曰(오왈) 다섯 번째로 말하다. 讒(참) 참소하다. 중상하다. 佞(녕) 아첨하다. 苟(구) 진실로. 得(득) 얻다. 以(이) ~로써. 求(구) 구하다. 官爵(관작) 관직과 작위. 果敢(과감) 과감하다. 輕(경) 가볍다. 死(사) 죽음. 貪(탐) 탐하다 祿秩(녹질) 녹봉. 不(부) 아니다. 圖(도) 도모하다. 大事(대사) 큰일.

貪利而動, 以高談虛論, 說於人主, 王者謹勿使.
탐리이동,이고담허론, 열어인주, 왕자근물사.
이익이 되는 것만 보면 달려들어, 호언장담으로 군왕을 기쁘게 하는 무리입니다. 군왕은 이러한 자들을 신하로 삼아서는 안 됩니다.

貪(탐) 탐하다. 利(리) 이익. 動(동) 움직이다. 以高談虛論(이고담허론) 호언장담으로. 悅(열) 기쁘다. 於(어) ~에. 人主(인주) 군주. 王者(왕자) 군왕은. 謹(근) 삼가다. 勿(물) 말다. 使(리) 관리.

六曰, 爲雕文刻鏤, 技巧華飾, 而傷農事, 王者必禁.
육왈, 위조문각루, 기교화식, 이상농사, 왕자필금.
여섯째, 아름다운 문양을 새기고 정교하고 화려한 장식품에 정신을 팔아 농사를 해치는 행위입니다. 군왕은 이러한 일을 반드시 금지해야 합니다.

六曰(육왈) 여섯 번째로 말하다. 爲(위) 하다. 雕(조) 새기다. 文(문) 글. 刻(각) 새기다. 鏤(루) 새기다. 技(기) 재주. 巧(교) 정교하다. 華(화) 꽃. 飾(식) 장식. 傷(상) 상처를 주다. 훼손하다. 農事(농사) 농사. 王者(왕자) 군왕은. 必禁(필금) 반드시 금지해야 한다.

七曰, 僞方異技, 巫蠱左道, 不祥之言. 幻惑良民, 王者必止之.
칠왈, 위방이기, 무고좌도, 불상지언. 환혹양민, 왕자필지지.
일곱째, 거짓된 방술과 요사스러운 기술이나 재주를 부리고 무당의 주술을 믿으며, 요망한 말을 퍼뜨려 양민을 현혹하는 행위입니다. 군왕은 이러한 행위를 반드시 그치게 해야 합니다.

七曰(칠왈) 일곱 번째로 말하다. 僞(위) 거짓. 方(방) 방향. 異(리) 다르다. 技(기) 기술. 巫(무) 무당. 蠱(고) 나쁜 기운. 左道(좌도) 유교의 뜻에 어긋나는 사교를 말함. 不祥之言(불상지언) 상서롭지 않은 말.

幻(환) 홀리게 하다. 惑(혹) 미혹하다. 良民(양민) 선량한 백성. 王者(왕자) 군왕은. 必止之(필지지) 반드시 그치게 해야 한다.

故民不盡力, 非吾民也. 士不誠信, 非吾士也.
고민부진력, 비오민야. 사불성신, 비오사야.
그러므로 백성으로서 각자의 소임을 다하지 않는 자는 백성이라고 할 수 없으며, 선비로서 성실하게 군주를 섬기지 않는 자는 선비라고 할 수 없습니다.

故(고) 그러므로. 民(민) 백성. 不盡力(부진력) 힘을 다하지 않다. 非(비) 아니다. 吾民(오민) 나의 백성. 士(사) 선비. 不誠信(불성신) 성실하지 않고, 믿음이 없다. 非吾士(비오사) 나의 선비가 아니다.

臣不忠諫, 非吾臣也. 吏不平潔愛人, 非吾吏也.
신불충간, 비오신야. 이불평결애인, 비오리야.
신하로서 충심으로 올바른 말을 하지 않는 자는 신하라 할 수 없으며, 관리로서 공평하게 업무를 처리하지 않으며 결백하게 업무를 처리하지도 않으며 또한 백성을 사랑하지 않는 자는 관리로서 자격이 없는 것입니다.

臣(신) 신하. 不忠諫(불충간) 충성으로 간하지 않는다. 非吾臣(비오신) 나의 신하가 아니다. 吏(리) 관리. 벼슬아치. 不平潔(불평결) 공평하고 결백하지 않다. 不愛人(불애인) 백성을 사랑하지 않다. 非吾吏(비오리) 나의 관리가 아니다.

相不能 富國强兵, 調和陰陽, 以安萬乘之主,
상불능 부국강병, 조화음양, 이안만승지주,
재상으로서 부국강병을 이루지 못하고, 음양을 조화시켜 군주를 편안하게 모시지 못하며,

相(상) 재상이란 의미. 不能(불능) ~하지 못하다. 富國(부국) 나라는 부유하고. 强兵(강병) 군대는 강하다. 調和(조화) 조화롭게 하다. 陰陽(음양) 음양의 이치. 安(안) 편안하다. 萬乘之主(만승지왕) 군주를 의미.

正群臣, 定名實, 明賞罰, 樂萬民, 非吾相也.
정군신, 정명실, 명상벌, 낙만민, 비오상야.
여러 신하를 바르게 통솔하여 명분과 실리를 바로잡지 못하고, 상벌을 분명히 하지 못해서

백성들을 즐겁게 해 주지 못하는 자는 재상이라고 할 수 없습니다.

正(정) 바르다. 群臣(군신) 신하들. 定(정) 바로잡다. 名實(명실) 명분과 실리. 明(명) 분명히 하다. 명확히 하다. 賞罰(상벌) 상과 벌. 樂(락) 즐겁게 하다. 萬民(만민) 만백성. 非吾相也(비오상야) 나의 재상이 아니다.

夫王者之道, 如龍首, 高居而遠望, 深視而審聽, 示以形, 隱其情.
부왕자지도, 여용수, 고거이원망, 심시이심청, 시이형, 은기정.
자고로 군왕(王者)이라 하면, 용의 머리처럼 높은 하늘에서 멀리 보고, 길게 생각하며, 자세히 들어야 합니다. 그리고 모습은 드러내지만 감정은 나타내지 않아야 합니다.

夫(부) 무릇. 王者之道(왕자지도) 왕의 도. 如(여) 같다. 龍首(용수) 용의 머리. 高(고) 높다. 居(거) 있다. 遠(원) 멀다. 望(망) 바라보다. 深(심) 깊다. 視(시) 보다. 審(심) 살피다. 聽(청) 듣다. 示(시) 보이다. 形(형) 형태. 모습. 隱(은) 숨기다. 情(정) 속마음.

若天之高, 不可極也, 若淵之深, 不可測也.
약천지고, 불가극야, 약연지심, 불가측야.
높은 하늘이나 깊은 연못은 그 높이와 깊이를 측량할 수 없는 것처럼 신하들이 경외심을 가지게 함으로써 부정한 생각을 품지 못하게 해야 합니다.

若(약) ~와 같이. 天(천) 하늘. 高(고) 높다. 不可(불가) ~가 불가능하다. 極(극) 다하다. 若(약) ~와 같이. 淵(연) 못. 深(심) 깊다. 測(측) 측량.

故可怒而不怒, 姦臣乃作. 可殺而不殺, 大賊乃發. 兵勢不行, 敵國乃强.
고가노이불노, 간신내작. 가살이불살, 대적내발. 병세불행, 적국내강.
그리고 군왕이 노해야 할 경우에 노하지 않으면 간신이 나쁜 마음을 품게 되고, 죽여야 할 경우에 죽이지 않으면 역적이 반란을 일으킬 계획을 하게 되며, 적국을 토벌하여 응징해야 할 경우에 토벌하지 않으면 적국이 강성하게 됩니다.

故(고) 그러므로. 可怒(가노) 화를 내는 것이 가능한 상황. 不怒(불노) 노하지 않는다. 奸臣(간신) 간사한 신하. 乃(내) 이에. 作(작) 일을 꾸미다. 可殺(가살) 죽여야 할 상황. 不殺(불살) 죽이지 않는다. 大賊(대적) 큰 도적. 역적무리. 發(발) 반란을 일으키다. 兵(병) 군대. 勢(세) 기세. 不行(불행) 행하지 않는다. 敵國(적국) 적국. 强(강) 강하다.

文王曰, 善哉!

문왕왈, 선재!

문왕(文王)이 감탄하여 말하였다. 참으로 좋은 말씀입니다.

文王曰(문왕왈) 문왕이 말하다. 善哉(선재) 좋은 말이다. 좋다.

10). 擧賢 거현. 인재를 천거하여 등용하다

거현(擧賢)은 훌륭한 재주를 가진 자를 천거하여 등용하는 것을 말하는 것이다. 문왕(文王)이 태공망(太公望)에게 거현(擧賢)에 대해 물었으므로 두 글자를 취하여 편명(篇名)으로 삼았다.

-육도직해(六韜直解)에서-

文王問太公曰, 君務擧賢, 而不能獲其功. 世亂愈甚, 以致危亡者, 何也?
문왕문태공왈, 군무거현, 이불능획기공. 세란유심, 이치위망자, 하야?
문왕(文王)이 태공(太公)에게 물었다. 군왕이 어진 사람을 등용하려고 힘쓰는데도 그 효과를 보지 못하고, 세상의 혼란이 더 심해져서 마침내 멸망에 이르게 되는 것은 무엇 때문입니까?

文王問太公曰(문왕문태공왈) 문왕이 태공에게 물었다. 君(군) 군주. 務(무) 힘쓰다. 擧賢(거현) 어진 사람을 등용하다. 不能(불능) ~가 안 된다. 獲(획) 얻다. 其功(기공) 그 공로. 世亂(세란) 세상이 혼란하다. 愈(유) 점점 더. 甚(심) 심하다. 以(이) 써. 致(치) 이르다. 危(위) 위태하다. 亡(망) 망하다. 者(자) ~하는 것. 何也(하야) 무엇 때문인가.

太公曰, 擧賢而不用, 是有擧賢之名, 而無用賢之實也.
태공왈, 거현이불용, 시유거현지명, 이무용현지실야.
태공(太公)이 대답하였다. 어진 사람을 천거해도 등용하여 쓰지 못한다면, 이는 어진 사람을 천거했다는 이름만 있을 뿐이지 어진 사람을 등용한 실체는 없는 것이나 마찬가지입니다.

太公曰(태공왈) 태공이 말하다. 擧(거) 천거하다. 賢(현) 어진 사람. 인재. 不用(불용) 쓰지 못하다. 是(시) 옳다. 有(유) 있다. 擧賢(거현) 인재를 천거하다. 名(명) 이름. 無(무) 없다. 用(용) 쓰다. 實(실) 실체.

文王曰, 其失安在?
문왕왈, 기실안재?
문왕(文王)이 물었다. 그 잘못의 원인이 어디에 있습니까?

文王曰(문왕왈) 문왕이 물었다. 其(기) 그. 失(실) 잘못하다. 安(안) 편안하다. 在(재) 있다.

太公曰, 其失在君, 好用世俗之所譽, 而不得其賢也.
태공왈, 기실재군, 호용세속지소예, 이부득기현야.
태공(太公)이 대답하였다. 그 잘못은 군왕에게 있습니다. 이는 군왕이 세간에서 칭찬하는 자를 등용하였을 뿐, 진정으로 어진 이를 찾지 못한 데에 있습니다.

太公曰(태공왈) 태공이 말하다. 其失(기실) 그 잘못. 在君(재군) 군주에게 있음. 好用(호용) 사용하기를 좋아하다. 世俗之所譽(세속지소거) 세간에서 천거하는 바. 不得(부득) 얻지 못하다. 其賢(기현) 그 어진 이.

文王曰, 何如?
문왕왈, 하여?
문왕(文王)이 물었다. 그것이 무슨 뜻입니까?

文王曰(문왕왈) 문왕이 물었다. 何如(하여) 무슨 말인가? 무슨 뜻인가?

太公曰, 君以世俗之所譽者爲賢, 以世俗之所毁者爲不肖.
태공왈, 군이세속지소예자위현, 이세속지소훼자위불초.
태공(太公)이 대답하였다. 군왕이 세속에서 훌륭하다는 호평을 듣는 자를 어진 인물이라고 여기고, 세속에서 악평을 듣는 자를 어질지 못한 인물이라고 여긴다면,

太公曰(태공왈) 태공이 말하다. 君(군) 군주가. 以(이) 써. 世俗之所譽者(세속지소거자) 세속에서 천거한 자. 爲賢(위현) 어진 인물이라고 하다. 毁(훼) 무너지다. 이지러지다. 不肖(불초) 못나고 어리석은 사람. 以世俗之所毁者(이세속지소훼자) 세속에서 좋지 않은 평판을 얻는 자. 爲不肖(위불초) 어리석은 사람이라고 하자.

則多黨者進, 少黨者退.
즉다당자진, 소당자퇴.
붕당이 많은 자는 등용되고 붕당이 적은 자는 물러나게 됩니다.

則(즉) 곧. 黨(당) 무리. 붕당. 多黨者(다당자) 붕당이 많은 자. 進(진) 나아가다. 등용되다. 少黨者(소당자) 붕당이 적은 자. 退(퇴) 등용되지 못하다. 물러나다.

若是則群邪比周, 而蔽賢, 忠臣死於無罪, 姦臣以虛譽取爵位.

약시즉군사비주, 이폐현, 충신사어무죄, 간신이허예취작위.

만약 그렇게 되면, 간신들이 당파를 만들어 어진 인물을 은폐함으로써 충신은 죄 없이 죽임을 당하고, 간신은 속임수로 칭찬을 받아 벼슬을 얻게 됩니다.

若(약) 만약. 是(시) 이렇게 된다면. 則(즉) 곧. 群(군) 무리. 邪(사) 사악하다. 간사하다. 比(비) 비교하다. 周(주) 두루. 골고루. 蔽(폐) 덮다. 賢(현) 어질다. 忠臣(충신) 충신. 死(사) 죽다. 於(어) 어조사. 無罪(무죄) 죄가 없다. 姦臣(간신) 간신. 以(이) 써. 虛(허) 비다. 譽(예) 명예. 칭찬하다. 取(취) 취하다. 爵位(작위) 벼슬.

是以世亂愈甚, 則國不免於危亡.

시이세난유심, 즉국불면어위망.

이로 말미암아 나라가 점차 혼란에 빠지고 결국 멸망을 면치 못하게 됩니다.

是(시) 옳다. 以(이) 써. 世(세) 세상. 亂(란) 혼란스럽다. 愈(유) 점점. 甚(심) 심하다. 則(즉) 곧. 國(국) 나라. 不免(불면) 면치 못하다. 於(어) 어조사. 危(위) 위험. 亡(망) 망하다.

文王曰, 擧賢奈何?

문왕왈, 거현내하?

문왕(文王)이 물었다. 훌륭한 인물을 등용하려면 어떻게 해야 합니까?

文王曰(문왕왈) 문왕이 말하다. 擧賢(거현) 훌륭한 인재를 천거하다. 奈何(내하) 어찌해야 하는가?

太公曰, 將相分職, 而各以官名擧人. 按名督實,

태공왈, 장상분직, 이각이관명거인. 안명독실,

태공(太公)이 대답하였다. 장수와 재상의 직분을 구분하고, 각기 해당기관에서 적임자를 천거하게 하여 엄선한 다음, 평판에 따라 임무를 부여하여 그에 따른 실적을 살펴봅니다.

太公曰(태공왈) 태공이 말하다. 將(장) 장수. 相(상) 재상. 分職(분직) 직무를 구분하다. 各(각) 각각. 以(이) 써. 官(관) 기관. 名(명) 이름. 擧(거) 천거하다. 人(인) 사람. 按(안) 누르다. 살펴보다. 名(명) 이름. 명성. 평판. 督(독) 살펴보다. 實(실) 내실.

選才考能, 令實當其名, 名當其實, 則得擧賢之道也.

선재고능, 령실당기명, 명당기실, 즉득거현지도야.

그리고 재능을 잘 따져서 인재를 가려서 쓰고, 그 인물의 명성과 실력이 서로 부합되는가를 살펴보도록 명하여 그 실력이 명성에 걸 맞는 인물이 있으면 곧 그것이 훌륭한 인재를 등용하는 길입니다.

選(선) 가리다. 才(재) 인재. 考(고) 곰곰이 생각하다. 能(능) 재능. 令(령) 명령하다. 實(실) 내실. 當(당) 당하다. 其名(기명) 그 명성. 名(명) 이름. 명성. 當(당) 당하다. 其實(기실) 그 내실. 則(즉) 곧. 得(득) 얻다. 擧賢(거현) 현명한 인물을 천거하다. 道(도) 방법.

11). 賞罰 상벌. 신상필벌의 방법은

상벌(賞罰)은 공이 있는 자에게 상을 주고, 죄가 있는 자에게 벌을 내리는 것을 말하는 것이다. 문왕(文王)이 태공망(太公望)에게 상벌(擧賢)의 방법에 대해 물었으므로 두 글자를 취하여 편명(篇名)으로 삼았다.

－육도직해(六韜直解)에서－

文王問太公曰, 賞所以存勸, 罰所以示懲.
문왕문태공왈, 상소이존권, 벌소이시징.
문왕(文王)이 태공(太公)에게 물었다. 상(賞)은 선행을 권장하는 수단이며, 벌(罰)은 악행을 징계하는 수단이라고 합니다.

文王問太公曰(문왕문태공왈) 문왕이 태공에게 물었다. 賞(상) 상. 所(소) ～하는 바. 以(이) 써. 存(존) 있다. 勸(권) 권하다. 罰(벌) 벌. 示(시) 보이다. 懲(징) 혼나다.

吾欲賞一以勸百, 罰一以懲衆, 爲之奈何?
오욕상일이권백, 벌일이징중, 위지내하?
내가 1명에게 상을 주어 100명에게 선(善)을 권장하고, 1명에게 벌을 주어 100명에게 악(惡)을 경계하도록 하고자 합니다. 어떻게 하면 그렇게 될 수 있겠습니까?

吾(오) 나. 欲(욕) ～하고자 한다. 賞(상) 상. 一(일) 한 번. 以(이) 써. 勸(권) 권하다. 百(백) 일백. 罰(벌) 벌. 懲(징) 혼내다. 衆(중) 무리. 爲之奈何(위지내하) 어찌해야 합니까?

太公曰, 凡用賞者貴信, 用罰者貴必.
태공왈, 범용상자귀신, 용벌자귀필.
태공(太公)이 말하였다. 포상에 있어서는 신의가 있어야 하고, 처벌에 있어서는 예외가 없어야 합니다.

太公曰(태공왈) 태공이 말하다. 凡(범) 무릇. 用(용) 쓰다. 賞(상) 상. 者(자) ～하는 것. 貴(귀) 귀하게 여기다. 信(신) 믿음. 用(용) 쓰다. 罰(벌) 벌. 必(필) 반드시.

賞信罰必, 於耳目之所聞見, 則所不聞見者, 莫不陰化矣.

상신벌필, 어이목지소문견, 즉소불문견자, 막불음화의.

많은 사람이 지켜보는 장소에서 신상필벌(信賞必罰)을 행한다면, 이를 직접 보고 듣지 못한 자들이라 할지라도 자기도 모르는 사이에 교화될 것입니다. 신상필벌의 효과는 군주가 얼마나 정성스럽게 시행하느냐에 달려있습니다.

賞信罰必(상신벌필) 상은 믿음이 있어야 하고, 벌은 반드시 집행되어야 합니다. 於(어) 어조사. 耳目(이목) 귀와 눈. 보고 듣다. 所(소) ~하는 바. 聞(문) 듣다. 見(견) 보다. 則(즉) 곧. 不聞見者(불문견자) 보고 듣지 못한 자. 莫(막) 없다. 不(불) 아니다. 陰(음) 응달. 化(화) 되다.

夫誠暢於天地, 通於神明, 而況於人乎.

부성창어천지, 통어신명, 이황어인호.

그러한 정성은 하늘과 땅에도 통하고 신명에게도 통하는 것이니, 사람에게야 어찌 통하지 않을 리가 있겠습니까?

夫(부) 무릇. 誠(성) 정성. 暢(창) 펴다. 於(어) 어조사. 天地(천지) 천지. 通(통) 통하다. 於(어) 어조사. 神明(신명) 하늘과 땅의 신령. 況(황) 하물며. 人(인) 사람.

12). 兵道 병도. 용병의 방법은

병도(兵道)는 용병하는 방법을 말하는 것이다. 무왕(武王)이 태공망(太公望)에게 병도(兵道)에 대해 물었으므로 두 글자를 취하여 편명(篇名)으로 삼았다.

–육도직해(六韜直解)에서–

武王問太公曰, 兵道如何?

무왕문태공왈, 병도여하?

무왕(武王)이 태공(太公)에게 물었다. 용병의 원리는 무엇입니까?

武王問太公曰(무왕문태공왈) 무왕이 태공에게 물었다. 兵道(병도) 용병의 도. 如何(여하) 어찌 되는가?

太公曰, 凡兵之道, 莫過於一. 一者能獨往獨來.

태공왈, 범병지도, 막과어일. 일자능독왕독래.

태공(太公)이 대답하였다. 용병의 원리는 하나(一)에 지나지 않습니다. 용병의 원리가 하나(一)라고 하는 것의 의미는 지휘권을 단일화하여 능히 한 몸처럼 행동 통일을 이루게 함으로써, 장수가 자유자재로 군을 움직이게 하는 것을 말합니다.

太公曰(태공왈) 태공이 말하다. 凡(범) 무릇. 兵之道(병지도) 용병의 도. 용병의 방법. 莫(막) 없다. 過(과) 지나치다. 於(어) 어조사. 一(일) 하나. 一者(일자) 하나라고 하는 것은. 能(능) 능히 ~하다. 獨往(독왕) 홀로 가다. 獨來(독래) 홀로 오다.

黃帝曰, 一者, 階於道, 幾於神. 用之在於機, 顯之在於勢, 成之在於君.

황제왈, 일자, 계어도, 기어신. 용지재어기, 현지재어세, 성지재어군.

황제가 말하기를 '일(一)이란 도(道)에 이르는 섬돌과 같으며, 입신의 경지에 이르는 조짐과 같은 것이며, 용병이란 전기(戰機)의 포착과 기세(氣勢)의 활용에 지나지 않고, 그 성패는 군왕이 장수를 얼마나 신임하고 모든 권한을 맡겨 주느냐에 달린 것이다'고 하였습니다.

黃帝曰(황제왈) 황제가 말하다. 一者(일자) 일이라고 하는 것. 階(계) 섬돌. 於(어) 어조사. 道(도) 도. 幾(기) 낌새. 조짐. 神(신) 신의 경지. 用(용) 용병을 말함. 在(재) 있다. 機(기) 전쟁에서의 기회. 顯(현) 나타나다. 勢(세) 기세. 成(성) 성패. 君(군) 군주.

故聖王號兵爲凶器, 不得已而用之.
고성왕호병위흉기, 부득이이용지.
그러므로 성군(聖君)들은 전쟁하는 것을 의미하는 용병(用兵)을 흉기(凶器)라고 부르고, 이는 부득이 한 경우에만 사용하였습니다.

故(고) 그러므로. 聖王(성왕) 훌륭했었던 왕들. 號(호) 부르짖다. 兵(병) 용병. 爲(위) 하다. 凶器(흉기) 흉기. 不得已(부득이) 어쩔 수 없이. 用(용) 쓰다.

今商王知存, 而不知亡, 知樂而不知殃. 夫存者非存, 在於慮亡.
금상왕지존, 이부지망, 지락이부지앙. 부존자비존, 재어려망.
지금 상왕(商王)[93]은 나라가 영원히 존속할 것으로만 알고 멸망하게 될 줄은 모르며, 자신의 안락만을 알고 앙화가 닥쳐올 줄은 모르고 있습니다. 국가의 안녕은 저절로 이루어지는 것이 아니라, 나라가 멸망할까 염려하여 미리 대처하기 때문에 이루어지는 것입니다.

今(금) 지금. 商王(상왕) 상왕. 知(지) 알다. 存(존) 있다. 不知(부지) 모르다. 亡(망) 망하다. 樂(락) 안락함. 殃(앙) 재앙. 夫(부) 모름지기. 存者(존자) 존재한다는 것. 非存(비존) 그냥 저절로 존재하는 것이 아니다. 在(재) ~에 달려있다. 於慮亡(어려망) 나라가 멸망할까 염려하는 것에 달려있다.

樂者非樂, 在於慮殃. 今王已慮其源, 豈憂其流乎.
낙자비락, 재어려앙. 금왕이려기원, 기우기류호.
안락함은 저절로 얻어지는 것이 아니라, 재앙이 닥쳐올까 염려하여 미리 대처하기 때문에 얻어지는 것입니다. 임금께서 이미 국가 흥망의 근원을 염려하시고 계시니, 그 흐름이 어찌 될 것인가를 염려할 것이 있겠습니까?

樂者(락자) 안락함이라는 것. 非樂(비락) 그냥 저절로 생기는 안락함이 아니다. 在(재) 있다. 於(어) 어조사. 慮(려) 염려하고 대처하다. 殃(앙) 재앙. 今(금) 지금. 王(왕) 임금. 已(이) 이미. 慮(려) 염려하고 대처하다. 其(기) 그. 源(원) 근원. 豈(기) 어찌. 憂(우) 근심하다. 流(류) 흐름. 乎(호) 어조사.

武王曰, 兩軍相遇, 彼不可來, 此不可往, 各設固備, 未敢先發.

93) 상왕(商王). 상(商) 왕조의 마지막 왕인 주왕(紂王)을 말함. 원래 주(周)나라는 상(商) 왕조의 제후국이었으나 세력을 얻고, 주왕(紂王)의 폭정으로 말미암아 강태공의 도움을 받은 주 무왕(周 武王)에 의해 무너지게 된다. 중국에서 한 나라가 망하게 될 때, 미모의 여인이 나타나는 경우가 많은데, 이때 등장하는 인물이 바로 '달기'라는 여인이다.

무왕왈, 양군상우, 피불가래, 차불가왕, 각설고비, 미감선발.
무왕(武王)이 물었다. 피아 양쪽 군대가 서로 대치한 상태에서 적군도 공격해 올 수 없고, 아군도 공격해 갈 수 없게 되어서 쌍방이 대비태세만 갖춘 상태로 누구도 먼저 움직이지 못하고 있습니다.

武王曰(무왕왈) 무왕이 말하다. 兩軍(양군) 양쪽 군대. 相(상) 서로. 遇(우) 조우하다. 彼(피) 적군. 不可來(불가래) 올 수도 없고. 此(차) 아군. 不可往(불가왕) 갈 수도 없다. 各(각) 각각. 設(설) 설치하다. 固(고) 견고하다. 備(비) 대비하다. 未(미) 아직. 敢(감) 감히. 先(선) 먼저. 發(발) 떠나다.

我欲襲之, 不得其利, 爲之奈何?
아욕습지, 부득기리, 위지내하?
아군이 적을 기습적으로 공격하고 싶으나 승산이 서지 않습니다. 이러한 경우에는 어떻게 해야 합니까?

我(아) 나. 欲(욕) ~하고자 한다. 襲(습) 기습하다. 不得(부득) 얻지 못하다. 其利(기리) 그 이점. 승산을 말함. 爲之奈何(위지내하) 어찌해야 합니까?

太公曰, 外亂而內整, 示饑而實飽, 內精而外鈍, 一合一離, 一聚一散,
태공왈, 외란이내정, 시기이실포, 내정이외둔, 일합일리, 일취일산,
태공(太公)이 대답하였다. 그런 경우에는 적을 기만하여 유인해야 합니다. 전열이 잘 정돈되어 있으면서도 겉으로는 혼란한 것처럼 보이게 하며, 군사들의 배가 부르면서도 겉으로는 굶주려 있는 것처럼 보이게 하며, 실제로는 정예부대이면서도 겉으로는 무딘 부대인 것처럼 보이게 합니다. 그리고 병력을 한번은 집결시켜 보기도 하고, 한 번은 분산시켜 보기도 합니다.

太公曰(태공왈) 태공이 말하다. 外亂(외란) 겉으로는 혼란스럽다. 內整(내정) 안으로는 정돈되어 있다. 示(시) 보이다. 饑(기) 배고프다. 實(실) 실제로는. 飽(포) 배부르다. 內精(내정) 안으로는 정예부대이다. 外鈍(외둔) 겉으로는 무딘 부대로 보이다. 一合(일합) 한번은 모이고. 一離(일리) 한번은 떨어지고, 一聚(일취) 한번은 모이고, 一散(일산) 한번은 흩어지고.

陰其謀, 密其機, 高其壘, 伏其銳士, 寂若無聲, 敵不知我所備.
음기모, 밀기기, 고기루, 복기예사, 적약무성, 적부지아소비.

계략을 세움에 있어서 작전보안을 잘 지켜 기밀을 잘 유지하고, 보루를 높이 쌓아 적이 잘 탐지하지 못하게 하며, 정예병을 숨기고 진영 안의 정숙을 유지하여 소리를 일체 죽임으로써 적이 아군의 대비 하는 바를 알지 못하게 합니다.

陰(음) 숨기다. 其(기) 그. 謀(모) 모략. 密(밀) 은밀하게 하다. 機(기) 기밀을 말함. 高(고) 높게 하다. 壘(루) 진. 보루. 伏(복) 엎드리다. 숨기다. 銳(예) 예리함. 士(사) 군사. 寂(적) 고요하다. 若(약) ~같이. 無聲(무성) 소리를 내지 않다. 敵(적) 적군. 不知(부지) 모르다. 我(아) 아군. 所備(소비) 대비하고 있는 바.

欲其西, 襲其東.
욕기서, 습기동.
또한 적진의 서쪽을 공격하려면 그 반대 방향인 동쪽을 공격하는 것처럼 보이게 합니다.

欲(욕) ~하고자 한다. 其西(기서) 그 서쪽을. 襲(습) 습격하다. 其東(기동) 그 동쪽을.

武王曰, 敵知我情, 通我謀, 爲之奈何?
무왕왈, 적지아정, 통아모, 위지내하?
무왕(武王)이 물었다. 적군이 아군의 실정과 작전계획을 사전에 알고 있다면 어떻게 해야 합니까?

武王曰(무왕왈) 무왕이 말하다. 敵(적) 적군. 知(지) 알다. 我情(아정) 아군의 실정. 通(통) 통하다. 我謀(아모) 아군의 모략. 爲之奈何(위지내하) 어찌해야 합니까?

太公曰, 兵勝之術, 密察敵人之機, 而速乘其利, 復疾擊其不意.
태공왈, 병승지술, 밀찰적인지기, 이속승기리, 부질격기불의.
태공(太公)이 대답하였다. 전쟁에서 승리하는 방법은 적의 기밀을 은밀히 탐지하여 적이 유리하다고 판단하고 있는 형세를 역이용하여 신속하게 적의 허를 찔러 맹렬히 공격하는 데 있습니다.

太公曰(태공왈) 태공이 말하다. 兵(병) 용병. 전쟁. 勝(승) 이기다. 術(술) 방법. 密察(밀찰) 은밀히 관찰하다. 敵人(적인) 적 부대. 機(기) 기밀. 速(속) 신속하다. 乘(승) 올라타다. 기회를 올라타다. 其利(기리) 그 유리한 점. 復(부) 다시. 疾擊(질격) 빨리 공격하다. 其不意(기불의) 의도하지 않은 바.

第二. 武韜 제2. 무도[94]

13). 發啓 발계. 백성을 구제하는 방법은

발계(發啓)란 백성을 아끼는 방법을 개발하고 계도하는 것을 말한다. 본문 내용 중에서 발(發)자와 계(啓)자 두 글자를 취하여 편명(篇名)으로 삼았다.

-육도직해(六韜直解)에서-

文王在豐, 召太公曰, 嗚呼! 商王虐極, 罪殺不辜, 公尙助予憂民, 如何?
문왕재풍, 소태공왈, 오호! 상왕학극, 죄살불고, 공상조여우민, 여하?
문왕(文王)이 주(周)나라의 도읍인 풍(豐)[95]에 있으면서 태공(太公)을 불러 이렇게 말했다. 아아! 상(商) 왕조의 주왕(紂王)[96]은 극도로 포악해서 죄 없는 사람에게 죄를 뒤집어씌워 죽이고 있습니다. 선생께서는 나를 도와 천하 백성의 일을 근심하고 있습니다만, 저 죄 없는 사람들을 구원하려면 어떻게 해야 합니까?

文王(문왕) 주나라 문왕. 在(재) 있다. 豐(풍) 주나라의 도읍 풍. 召(소) 부르다. 太公(태공) 강태공. 曰(왈) 말하다. 嗚呼(오호) 감탄사. 商王(상왕) 상 왕조의 주왕을 말함. 虐(학) 사납다. 極(극) 다하다. 罪(죄) 허물. 죄. 殺(살) 죽이다. 不辜(불고) 허물이 없다. 公(공) 강태공을 이르는 말. 尙(상) 오히려. 助(조) 돕다. 予(여) 나. 憂(우) 근심하다. 民(민) 백성. 如何(여하) 어찌해야 하는 가.

太公曰, 王其修德以下賢, 惠民以觀天道,
태공왈, 왕기수덕이하현, 혜민이관천도,
태공(太公)이 말했다. 군주께서는 덕(德)을 잘 닦으셔서, 아래로는 어질고 백성에게 은혜를 베푸시면서 천도가 향하는 바를 잘 살피셔야 합니다.

94) 무도(武韜). 무(武)는 과감한 결단성과 의지를 통해 적에게 위엄을 보여줌으로써 불의와 혼란을 바로잡아 국가의 기강을 세우는 바탕이 되는 것이다. 제2편 무도에서는 천하를 다스리는 비결과 어떻게 하면 적국을 굴복시킬 수 있는지에 대한 구체적인 용병의 방법을 주로 언급하였다.

95) 풍(豐) : 주나라 문왕의 도읍. 지금의 섬서성(陝西省) 호현(鄠縣) 경계에 있는 지명

96) 본문에는 상왕(商王)으로만 표기. 상(商) 왕조의 마지막 왕인 주왕(紂王)을 말함.

太公曰(태공왈) 태공이 말하다. 王(왕) 문왕. 其(기) 그. 修(수) 닦다. 德(덕) 덕. 以(이) 써. 下(하) 아래. 賢(현) 어질다. 惠(혜) 은혜. 民(민) 백성. 以(이) 써. 觀(관) 보다. 天道(천도) 하늘의 도.

天道無殃, 不可先倡. 人道無災, 不可先謀.
천도무앙, 불가선창. 인도무재, 불가선모.
하늘이 내리는 재앙인 천재(天災)가 없는 상황에서 먼저 적국을 치겠다는 생각을 하는 것은 불가합니다. 또한 적국에 인재(人災)가 나타나기도 전에 군대를 출동시키겠다는 생각을 하면 안 됩니다.

天道(천도) 하늘의 도. 無(무) 없다. 殃(앙) 재앙. 不可(불가) ~하는 것이 불가하다. 先(선) 먼저. 倡(창) 부르다. 人道(인도) 인간의 도. 無(무) 없다. 災(재) 재앙. 先(선) 먼저. 謀(모) 꾀하다.

必見天殃, 又見人災, 乃可以謀. 必見其陽, 又見其陰, 乃知其心.
필견천앙, 우견인재, 내가이모. 필견기양, 우견기음, 내지기심.
반드시 하늘이 재앙을 내리는 것을 보고, 그리고 인재가 일어나는 것을 보고 난 이후에 비로소 일을 도모해야 합니다. 그리고 반드시 상대방의 겉으로 드러난 것과 감추어진 행동을 보아 그 마음을 살펴서 잘 알아야 합니다.

必(필) 반드시. 見(견) 보다. 天殃(천앙) 하늘이 내리는 재앙. 又(우) 또. 人災(인재) 사람이 만드는 재앙. 乃(내) 이에. 可(가) 가능하다. 以(이) 써. 謀(모) 도모하다. 必見(필견) 반드시 보다. 其陽(기양) 그 드러낸 면. 又見(우견) 또 보다. 其陰(기음) 그 숨겨진 면. 知(지) 알다. 其心(기심) 그 속마음을.

必見其外, 又見其內, 乃知其意. 必見其疏, 又見其親, 乃知其情.
필견기외, 우견기내, 내지기의. 필견기소, 우견기친, 내지기정.
또한 반드시 외양과 내면을 같이 보아 적의 의도를 알아야 합니다. 그리고 적이 가까이하는 것과 멀리하는 것을 잘 살펴서 적의 정세를 파악할 줄 알아야 합니다.

必見(필견) 반드시 보다. 其外(기외) 그 외양. 又見(우견) 또 보다. 其內(기내) 그 내면. 乃(내) 이에. 知(지) 알다. 其意(기의) 그 숨은 의도. 其疏(기소) 소원하게 지내는 것. 其親(기친) 친하게 지내는 것. 其情(기정) 그 정세.

行其道, 道可致也. 從其門, 門可入也. 立其禮, 禮可成也.

행기도, 도가치야. 종기문, 문가입야. 입기례, 예가성야.
이렇게 도리를 바르게 행하면 그 어떤 길이라도 이를 수가 있으며, 문을 따라가면 문 안으로 들어가는 것이 가능한 것처럼 예법을 바로 세우면 예(禮)를 완성할 수 있습니다.

行(행) 행하다. 其(기) 그. 道(도) 도리. 可(가) 가능하다. 致(지) 이르다. 從(종) 따르다. 門(문) 문. 入(입) 들어가다. 立(립) 서다. 禮(례) 예의. 成(성) 이루다.

爭其强, 强可勝也. 全勝不鬪, 大兵無創, 與鬼神通, 微哉微哉.
쟁기강, 강가승야. 전승불투, 대병무창, 여귀신통, 미재미재.
전쟁에서는 강해야 이길 수 있습니다. 완전한 승리는 싸우지 않고 이기는 것이며, 훌륭한 군대는 아무런 손상이 없습니다. 이러한 경지는 바로 신의 경지와 통하는 것으로서 지극히 오묘한 것입니다.

爭(쟁) 전쟁. 其(기) 그. 强(강) 강하다. 可勝(가승) 이기는 것이 가능하다. 全勝(전승) 완전한 승리. 不鬪(불투) 싸우지 않다. 大兵(대병) 훌륭한 군대. 無(무) 없다. 創(창) 흔이 나다. 與(여) 주다. 鬼神(귀신) 귀신. 通(통) 통하다. 微哉(미재) 오묘하다는 의미.

與人同病相救, 同情相成, 同惡相助, 同好相趨,
여인동병상구, 동정상성, 동오상조, 동호상추,
사람들과 앓는 병이 같으면 서로 구해주고, 뜻이 같으면 서로 힘을 모으며, 미워하는 것이 같으면 서로 돕고, 좋아하는 것이 같으면 서로 달려가는 것입니다.

與(여) 더불어. 人(인) 사람. 同病(동병) 같은 병. 相救(상구) 서로 구하다. 同情(동정) 같은 마음. 相成(상성) 같이 이루도록 도와주다. 同惡(동오) 같이 미워하다. 相助(상조) 서로 도와주다. 同好(동호) 같은 것을 좋아하다. 相趨(상추) 서로 같이 달리다.

故無甲兵而勝, 無衝機而攻, 無溝塹而守.
고무갑병이승, 무충기이공, 무구참이수.
그렇게 된다면, 중무장한 병사나 군대가 없이도 싸워 이길 수 있고, 성을 공격하는 장비가 없이도 적의 성을 공격할 수 있으며, 참호가 없이도 성을 수비할 수 있게 됩니다.

故(고) 그러므로. 無(무) 없다. 甲兵(갑병) 중무장한 병사나 군대. 勝(승) 이기다. 衝機(충기) 공성을 할 때 사용하는 무기류. 攻(공) 공격하다. 溝(구) 도랑. 塹(참) 구덩이. 守(수) 지키다.

大智不智, 大謀不謀, 大勇不勇, 大利不利.
대지부지, 대모불모, 대용불용, 대리불리.
큰 지혜를 가진 자는 지혜롭지 않은 것처럼 보이고, 큰 꾀를 내는 자는 전혀 꾀를 내지 않을 것처럼 보이며, 큰 용맹을 가진 자는 전혀 용맹스럽지 않은 것처럼 보이고, 큰 이익을 꾀하는 자는 자신은 전혀 이익을 취하지 않는 것처럼 보이는 것입니다.

大智(대지) 큰 지혜를 가진 사람. 不智(부지) 지혜롭지 않다. 大謀(대모) 큰 꾀를 지닌 사람. 不謀(불모) 꾀를 지니지 않다. 大勇(대용) 큰 용기를 지닌 사람. 不勇(불용) 용맹스럽지 않다. 大利(대리) 큰 이익을 꾀하는 사람. 不利(불리) 이롭지 않다.

利天下者, 天下啓之, 害天下者, 天下閉之.
이천하자, 천하계지, 해천하자, 천하폐지.
천하를 이롭게 하는 자에게는 천하가 그 길을 열어 주고, 천하를 해롭게 하는 자에게는 천하가 그 길을 막는 것입니다.

利(리) 이롭다. 天下(천하) 천하. 者(자) ~하는 사람. 啓(계) 열다. 害(해) 해롭다. 閉(폐) 닫다.

天下者, 非一人之天下, 乃天下之天下也.
천하자, 비일인지천하, 내천하지천하야.
천하란 한 개인의 천하가 아니요, 천하 만민의 천하인 것입니다.

天下者(천하자) 천하라고 하는 것은. 非(비) 아니다. 一人之天下(일인지천하) 한 사람의 천하. 乃(내) 이에. 天下之天下(천하지천하) 만민의 천하다.

取天下者, 若逐野獸, 而天下皆有分肉之心.
취천하자, 약축야수, 이천하개유분육지심.
천하를 취하려는 자는 마치 들판에서 짐승을 쫓는 것처럼 해서 천하 만민이 모두 그 고기를 나누어 먹으려는 마음을 가지게 합니다.

取(취) 취하다. 若(약) 같다. 逐(축) 쫓다. 野獸(야수) 짐승. 而(이) 접속사. 天下(천하) 천하. 皆(개) 모두. 有(유) 있다. 分(분) 나누다. 肉(육) 고기. 心(심) 마음.

若同舟而濟. 濟則皆同其利, 敗則皆同其害.

약동주이제. 제즉개동기리, 패즉개동기해.

또한 마치 큰 배를 함께 타고 가는 것처럼 일이 잘 성공하면 함께 그 이익을 나누어 가지지만 실패하면 그 손해를 같이 입는다는 생각을 가지게 합니다.

若(약) 같다. 同舟(동주) 같은 배를 타다. 濟(제) 건너다. 則(즉) 곧. 皆(개) 모두. 同其利(동기리) 그 이익이 같다. 敗(패) 실패하다. 同其害(동기해) 그 손해가 같다.

然則皆有以啓之, 無有以閉之也. 無取於民者, 取民者也.

연즉개유이계지, 무유이폐지야. 무취어민자, 취민자야.

이처럼 천하 만민들과 이해를 함께하면, 사람들은 모두 일이 성공하도록 길을 열어 줄 것이며, 길을 막는 자가 없을 것입니다. 백성들로부터 빼앗는 것이 없으면, 백성 그 자체를 얻게 됩니다.

然(연) 그러하다. 則(즉) 곧. 皆(개) 모두. 有(유) 있다. 以(이) 써. 啓(계) 열다. 無(무) 없다. 閉(폐) 닫다. 取(취) 취하다. 於民(어민) 백성으로부터. 者(자) ~하는 것. 民(민) 백성.

無取民者, 民利之, 無取國者, 國利之, 無取天下者, 天下利之.

무취민자, 민리지, 무취국자, 국리지, 무취천하자, 천하리지.

백성의 이익을 취하지 않는다면, 그러한 백성들이 오히려 이롭게 해 줄 것입니다. 그리고 나라의 이익을 취하려 들지 않는다면, 온 나라의 백성들이 오히려 이롭게 해 줄 것이며, 온 천하의 이익을 취하려 하지 않는다면, 온 천하의 백성들이 힘을 다하여 이롭게 해 줄 것입니다.

無取○者, ○利之(무취○자, ○리지) ○로부터 이익을 취하지 않는다면, ○이롭게 해줄 것이다. 無取民者(무취민자) 백성으로부터 이익을 취하지 않는다면. 民利之(민리지) 백성이 이롭게 해줄 것이다. 無取國者(무취국자) 국가로부터 이익을 취하지 않는다면, 國利之(국리지) 국가가 이롭게 해줄 것이다. 無取天下者(무취천하자) 천하의 이익을 취하지 않는다면. 天下利之(천하리지) 천하가 이롭게 해줄 것이다.

故道在不可見, 事在不可聞, 勝在不可知, 微哉微哉.

고도재불가견, 사재불가문, 승재불가지, 미재미재.

그러므로 도(道)는 사람들이 보지 못하는 곳에 있고, 일(事)은 사람들이 듣지 못하는 곳에 있으며, 승리(勝)는 보통사람이 알 수 없는 곳에 있는 것입니다. 이는 참으로 미묘한 이치입니다.

故(고) 그러므로. 道(도) 도. 在(재) 있다. 不可見(불가견) 볼 수 없다. 事(사) 일. 在(재) 있다. 不可聞(불가문) 들을 수 없다. 勝(승) 승리. 在(재) 있다. 不可知(불가지) 알 수 없다. 微(미) 미묘하다.

鷙鳥將擊, 卑飛斂翼, 猛獸將搏, 弭耳俯伏. 聖人將動, 必有愚色.
지조장격, 비비렴익, 맹수장박, 미이부복. 성인장동, 필유우색.
사나운 날짐승이 먹이를 공격하려 할 때는 낮게 날면서 날개를 접습니다. 사나운 맹수가 먹이를 덮치려 할 때는 귀를 숙이고 낮게 엎드립니다. 이처럼 성인들도 행동을 개시하려 할 때는 반드시 어리석은 척해서 알아차리지 못하게 합니다.

鷙(지) 맹금. 매, 수리 따위의 조류. 鳥(조) 새. 將(장) 장차. 擊(격) 치다. 卑(비) 낮다. 飛(비) 날다. 斂(렴) 거두다. 翼(익) 날개. 猛(맹) 사납다. 獸(수) 짐승. 將(장) 장차. 搏(박) 잡다. 弭(미) 중지하다. 耳(이) 귀. 俯(부) 엎드리다. 伏(복) 엎드리다. 聖(성) 성인. 人(인) 사람. 將(장) 장차. 動(동) 움직이다. 행동하다. 必(필) 반드시. 有(유) 있다. 愚(우) 어리석다. 色(색) 안색.

今彼有商, 衆口相惑. 紛紛渺渺, 好色無極. 此亡國之徵也.
금피유상, 중구상혹. 분분묘묘, 호색무극. 차망국지징야.
지금 상(商)나라 주왕(紂王)은 간신의 말에 미혹하여 조정이 혼란해지고, 여색을 좋아하는 것이 끝이 없습니다. 이는 나라가 멸망할 징후입니다.

今(금) 지금. 彼(피) 적. 有(유) 있다. 商(상) 상나라 주왕을 말함. 衆(중) 무리. 口(구) 입. 相(상) 서로. 惑(혹) 미혹하다. 紛(분) 어지럽다. 渺(묘) 아득하다. 好色(호색) 여색을 밝히다. 無極(무극) 다함이 없다. 此(차) 이것. 亡國(망국) 나라가 망하는. 徵(징) 징후.

吾觀其野, 草菅勝穀. 吾觀其衆, 邪曲勝直. 吾觀其吏, 暴虐殘疾.
오관기야, 초관승곡. 오관기중, 사곡승직. 오관기리, 폭학잔질.
신이 그 나라의 들판을 보니 잡초가 곡식보다 더 우거져 있고, 그 백성들을 보니 사악한 자가 정직한 자를 누르고 있으며, 그 관리들을 보니 포악한 짓으로 백성들을 못살게 하고 있습니다.

吾(오) 나. 觀(관) 보다. 其(기) 그. 野(야) 들. 밭. 草(초) 풀. 菅(관) 풀. 勝(승) 이기다. 穀(곡) 곡식. 衆

(중) 무리. 백성. 邪(사) 사악하다. 曲(곡) 굽다. 勝(승) 이기다. 直(직) 바르다. 吏(리) 관리. 暴(폭) 사납다. 虐(학) 사납다. 殘(잔) 해치다. 疾(질) 병. 괴로움. 疾을 賊자로 바꿔야 한다는 풀이도 있음.

敗法亂刑, 上下不覺. 此亡國之時也.
패법란형, 상하불각. 차망국지시야.
그리하여 법령을 어기고 형벌이 남용되고 있는데도 상하가 이를 깨닫지 못하고 있으니, 이는 망국의 시기가 도래한 것입니다.

敗(패) 실패하다. 法(법) 법. 亂(란) 어지럽다. 刑(형) 형벌. 上下(상하) 윗사람과 아랫사람. 不覺(불각) 깨닫지 못하다. 此(차) 이것. 亡國之時(망국지시) 나라가 망할 시기.

大明發而, 萬物皆照. 大義發而, 萬物皆利. 大兵發而, 萬物皆服.
대명발이, 만물개조. 대의발이, 만물개리. 대병발이, 만물개복.
태양이 빛을 발하면(大明) 만물이 모두 밝게 비추어지며, 대의(大義)를 크게 펴면 만물이 모두 그 혜택을 입게 되는 것처럼, 대군(大兵)이 출동하면 만물이 모두 복종하게 됩니다.

大(대) 크다. 明(명) 밝다. 發(발) 쏘다. 萬物(만물) 만물. 皆(개) 모두. 다. 照(조) 비추다. 大義(대의) 큰 뜻. 利(리) 이롭다. 大兵(대병) 대규모 군대. 服(복) 복종하다.

大哉, 聖人之德. 獨聞獨見, 樂哉.
대재, 성인지덕. 독문독견, 낙재.
성인의 덕은 너무 크기 때문에 성인이 아니고서는 듣고 볼 수 없는 것입니다. 이 어찌 즐거운 일이라 하지 않을 수 있겠습니까?

大哉(대재) 아주 크다. 聖人之德(성인지덕) 성인이 베푸는 덕. 獨聞(독문) 혼자 듣고. 獨見(독견) 혼자 보다. 樂哉(락재) 즐겁다는 말을 강조.

14). 文啓 문계. 문덕으로 인도하라

문계(文啓)란 문덕으로 백성을 일으키고 인도하는 것을 말한다. 본문 내용 중에서 문(文)자와 계(啓)자 두 글자를 취하여 편명(篇名)으로 삼았다.

-육도직해(六韜直解)에서-

文王問太公曰, 聖人何守?
문왕문태공왈, 성인하수?
문왕(文王)이 태공(太公)에게 물었다. 성인(聖人)이 지켜야 할 도리는 무엇입니까?

文王問太公曰(문왕문태공왈) 문왕이 태공에게 물었다. 聖人(성인) 성인. 何(하) 어찌. 守(수) 지키다.

太公曰, 何憂何嗇, 萬物皆得. 何嗇何憂, 萬物皆遒.
태공왈, 하우하색, 만물개득. 하색하우, 만물개주.
태공(太公)이 대답하였다. 성인에게는 세상 만물이 저절로 얻어지는 것이니 무엇을 걱정하고 무엇을 아까워하겠습니까? 그리고 세상 만물이 저절로 모여드는데 무엇을 걱정하고 무엇을 아까워하겠습니까?

太公曰(태공왈) 태공이 말하다. 何(하) 어찌. 憂(우) 근심하다. 嗇(색) 아끼다. 萬物(만물) 만물. 皆(개) 모두. 得(득) 얻다. 何嗇何憂(하색하우) 앞 문장의 하우하색과 같은 뜻. 遒(주) 다가서다.

政之所施, 莫知其化. 時之所在, 莫知其移.
정지소시, 막지기화. 시지소재, 막지기이.
성인이 정치를 행함에 있어 덕의 은혜를 받은 사람들은 언제인지 모르게 감화되어 있으면서도 자기 자신은 그것을 의식하지 못하는 것입니다.

政(정) 정치. 所(소) ~하는 바. 施(시) 베풀다. 莫知(막지) ~을 알지 못한다. 其化(기화) 그 감화됨을. 時(시) 시기. 때. 在(재) 있다. 其移(기이) 그렇게 옮겨지는 것을.

聖人守此而萬物化. 何窮之有.
성인수차이만물화. 하궁지유.
성인은 자연의 법칙을 지킴으로써 만물을 감화시킵니다. 따라서 어찌 여기에 다함이 있겠습니까? 여기에는 시작이나 끝이 없습니다.

聖人(성인) 성인. 守(수) 지키다. 此(차) 이. 萬物(만물) 만물. 化(화) 감화시키다. 何(하) 어찌. 窮(궁) 다하다. 有(유) 있다.

終而復始, 優而游之. 展轉求之, 求而得之, 不可不藏.

종이부시, 우이유지. 전전구지, 구이득지, 불가부장.

끝났는가 하면 다시 시작하고, 자연의 법칙에 서두르지 않고 따르며, 반복해서 구하게 되고, 구하다 보면 얻게 되는 것이므로 세상에 드러내지 않습니다.

終(종) 끝나다. 復(부) 다시. 始(시) 시작하다. 優(우) 넉넉하다. 游(유) 놀다. 展(전) 펴다. 轉(전) 구르다. 展轉(전전) 말이나 행동을 계속 반복함. 求(구) 구하다. 得(득) 얻다. 不可不(불가불) ~하지 않을 수 없다. 藏(장) 감추다.

旣已藏之, 不可不行. 旣以行之, 勿復明之.

기이장지, 불가불행. 기이행지, 물부명지.

성인의 감화라는 것은 세상에 잘 드러나지 않는데도 불구하고 행해지고 있으며, 이미 행해지고 있기에 다시 세상에 드러낼 필요가 없는 것입니다.

旣(기) 이미. 已(이) 이미. 藏(장) 숨기다. 不可不行(불가불행) 행하지 않을 수 없다. 旣(기) 이미. 以(이) 써. 行(행) 행하다. 勿(물) 말다. 復(부) 다시. 明(명) 밝히다.

夫 天地不自明, 故能長生. 聖人不自明, 故能名彰.

부 천지부자명, 고능장생. 성인부자명, 고능명창.

천지는 스스로 드러내는 법이 없습니다. 그런데도 만물이 저절로 생성됩니다. 이처럼 성인 또한 스스로 드러내는 법이 없어도 그 명성이 저절로 널리 알려지게 됩니다.

夫(부) 모름지기. 天地(천지) 천지. 不自明(부자명) 스스로 드러내지 않는다. 故(고) 그러므로. 能(능) 능히 ~하다. 長生(장생) 생장하다. 聖人(성인) 성인. 不自明(부자명) 스스로 드러내지 않는다. 故(고) 그러므로. 能(능) 능히 ~하다. 名(명) 명성. 彰(창) 밝히다.

古之聖人, 聚人而爲家, 聚家而爲國, 聚國而爲天下.

고지성인, 취인이위가, 취가이위국, 취국이위천하.

옛날 성인은 사람들을 모아 가정을 이루게 하고, 가정을 모아 나라를 이루게 하고, 나라를 모아 천하를 이루게 하였습니다.

古之聖人(고지성인) 옛날의 성인들은. 聚(취) 모으다. 人(인) 사람. 爲家(위가) 가정을 이루다. 聚家而爲國(취가이위국) 가정을 모아 나라를 이루고. 聚國而爲天下(취국이위천하) 나라를 모아 천하를 이루다.

分封賢人, 以爲萬國, 命之日大紀.
분봉현인, 이위만국, 명지왈대기.
그리고 덕이 있는 사람에게 분봉(分封)하여 여러 제후국을 만들었습니다. 이것이 국가를 건립하고 천하를 통치하는 기본이 되는 것입니다.

分(분) 나누다. 封(봉) 봉하다. 賢人(현인) 현명한 사람. 以(이) 써. 爲(위) 하다. 萬國(만국) 여러 제후국. 命之(명지) 그렇게 명하는 것. 日(왈) 일컬어. 大(대) 크다. 紀(기) 벼리. 법칙.

陳其政教, 順其民俗, 群曲化直, 變於形容.
진기정교, 순기민속, 군곡화직, 변어형용.
올바른 정치와 교육을 베풀고 백성들의 미풍양속에 순응하며, 간사하고 부정한 사람들을 교화하여 모두 정직하고 참된 사람으로 만들어 변화를 이끌어야 합니다.

陳(진) 늘어놓다. 펼치다. 其(기) 그. 政(정) 정치. 정사. 教(교) 가르치다. 順(순) 순리에 따르다. 其(기) 그. 民(민) 백성. 俗(속) 풍속. 群(군) 무리. 曲(곡) 굽다. 化(화) 되다. 直(직) 바르다. 變(변) 달라지다. 於(어) 어조사. 形(형) 모양. 容(용) 얼굴.

萬國不通, 各樂其所, 人愛其上, 命之日, 大定.
만국불통, 각낙기소, 인애기상, 명지왈, 대정.
그래야 만국의 풍속이 서로 통하지 않아도 각기 살 곳을 얻어 편안히 살게 되고 백성들이 윗사람을 사랑하게 됩니다. 이것을 일컬어 천하가 크게 안정되었다고 하는 것입니다.

萬國(만국) 모든 제후국. 不通(불통) 서로 통하지 않는다. 各(각) 각각. 樂(락) 즐겁다. 其(기) 그. 所(소) ~하는 바. 人(인) 사람. 백성. 愛(애) 사랑하다. 아끼다. 其上(기상) 그 윗사람. 命之日 (명지왈) 그러한 것을 일컬어. 大定(대정) 크게 안정되다.

嗚呼! 聖人務靜之, 賢人務正之, 愚人不能正, 故與人爭.
오호! 성인무정지, 현인무정지, 우인불능정, 고여인쟁.
성인이 천하를 다스리는 목적은 백성을 안정시키려는 데 있으며, 현인이 나라를 다스리는 목적은 백성을 올바르게 인도하는 데 있습니다. 그러나 어리석은 사람은 자기 자신을 바로 잡지 못해서 다른 사람과 다투게 되는 것입니다.

嗚呼(오호) 감탄하는 말. 오호! 聖人(성인) 성인. 務(무) 힘쓰다. 靜之(정지) 그것을 안정시키다. 賢人(현인) 현명한 사람. 務(무) 힘쓰다. 正之(정지) 그것을 바르게 하다. 愚人(우인) 어리석은 사람. 不能正(불능정) 자신을 바르게 하는 것이 불가능하다. 故(고) 그러므로. 與人(여인) 다른 사람과 함께. 爭(쟁) 다툰다.

上勞則刑繁, 刑繁則民憂, 民憂則流亡.
상로즉형번, 형번즉민우, 민우즉류망.
군주가 너무 일을 많이 벌이면 형벌이 빈번하게 되고, 형벌이 빈번하게 되면 백성들에게 우환이 생기게 되며, 백성들에게 우환이 있게 되면 세상의 흐름이 망하는 쪽으로 가게 됩니다.

上(상) 윗사람. 군주. 勞(노) 일하다. 힘쓰다. 則(즉) 곧. 刑(형) 형벌. 繁(번) 많다. 刑(형) 형벌. 繁(번) 많다. 則(즉) 곧. 民(민) 백성. 憂(우) 근심. 流(류) 시류. 흐름. 亡(망) 망하다.

上下不安其生, 累世不休, 命之曰, 大失.
상하불안기생, 누세불휴, 명지왈, 대실.
그리하여 상하가 불안정해지면 몇 대가 지나도록 그것이 바로 잡히지 않습니다. 이것을 일컬어 정사가 크게 잘못되었다고 하는 것입니다.

上下(상하) 아랫사람과 윗사람. 不安(불안) 평안하지 않다. 其(기) 그. 生(생) 생기다. 累(누) 여러. 世(세) 세상. 不休(불휴) 쉼이 없다. 命之曰(명지왈) 이를 일컬어. 大失(대실) 크게 잘못되었다.

天下之人如流水, 障之則止, 啓之則行, 靜之則淸.
천하지인여류수, 장지즉지, 계지즉행, 정지즉청.
천하 백성들의 마음은 흐르는 물과 같아, 막으면 정지하고, 열어 주면 흘러가며, 고요하게 놓아두면 맑아지는 것입니다.

天下之人(천하지인) 천하의 백성들은. 如(여) ~과 같다. 流水(류수) 흐르는 물. 障(장) 막다. 則(즉) 곧.

止(지) 그치다. 啓(계) 열다. 行(행) 행하다. 靜(정) 고요하다. 淸(청) 맑다.

嗚呼神哉. 聖人見其始, 則知其終.
오호신재. 성인견기시, 즉지기종.
오직 성인만이 그 시작을 보고 그 끝을 알 수 있습니다.

嗚呼(오호) 놀라는 말. 오호. 神(신) 신기하다. 哉(재) 어조사. 聖人(성인) 성인은. 見(견) 보다. 其始(기시) 그 시작을. 則(즉) 곧. 知其終(지기종) 그 끝을 안다.

文王曰, 靜之奈何?
문왕왈, 정지내하?
문왕(文王)이 물었다. 천하를 안정시키려면 어떻게 해야 합니까?

文王曰(문왕왈) 문왕이 말하다. 靜之(정지) 천하를 고요하게 하려면, 奈何(내하) 어찌해야 하는가?

太公曰, 天有常形, 民有常生. 與天下共其生, 而天下靜矣.
태공왈, 천유상형, 민유상생. 여천하공기생, 이천하정의.
태공(太公)이 대답하였다. 하늘에는 정상적인 운행이 있고, 백성에게는 정상적인 생활 방법이 있으니, 천하의 백성들이 정상적인 생활을 누리도록 해 주면 천하는 저절로 안정됩니다.

太公曰(태공왈) 태공이 말하다. 天(천) 하늘에는. 有(유) 있다. 常(상) 정상적인. 形(형) 형태. 民(민) 백성. 生(생) 생활. 與(여) 같이 하다. 天下(천하) 천하와. 共(공) 같이. 함께. 其生(기생) 그 생활 방법을. 天下靜矣(천하정의) 천하가 고요하다.

太上因之, 其次化之. 夫民化而從政,
태상인지, 기차화지. 부민화이종정,
가장 훌륭한 정치는 자연의 진리와 천하의 인심을 따라 펴는 것이요, 그다음은 백성을 다스려 교화시키는 것입니다. 백성들이 교화되면 자연히 정치에 순종하게 됩니다.

太上(태상) 가장 훌륭한 것. 因(인) ~로 인하다. 其次(기차) 그다음이. 化之(화지) 백성을 교화시키는 것. 夫(부) 무릇. 民化(민화) 백성이 교화되면. 從政(종정) 정치를 따르게 된다.

是以天無爲而成事, 民無與而自富. 此聖人之德也.

시이천무위이성사, 민무여이자부. 차성인지덕야.

그러므로 하늘은 하는 일이 없어도 만물이 저절로 생장하며, 백성들은 받는 것이 없어도 스스로 부유해지는 것입니다. 이것이 성인의 덕화입니다.

是(시) 옳다. 이렇게. 以(이) ~로써. 天無爲(천무위) 하늘은 하늘이 없어도. 成事(성사) 모든 일이 이루어진다. 民(민) 백성. 無與(무여) 받는 것이 없다. 自富(자부) 저절로 부유해진다. 此(차) 이것이. 聖人之德(성인지덕) 성인의 덕이다.

文王曰, 公言乃協予懷, 夙夜念之不忘, 以用爲常.

문왕왈, 공언내협여회, 숙야염지불망, 이용위상.

문왕(文王)이 말하였다. 공의 말씀은 내가 평소에 품었던 생각과 같습니다. 항상 이를 정치의 기본으로 삼겠습니다.

文王曰(문왕왈) 문왕이 말하다. 公言(공언) 공의 말씀. 태공의 말씀. 乃(내) 이에. 協(협) 화합하다. 予(여) 나. 懷(회) 품다. 夙(숙) 일찍부터. 夜(야) 밤. 夙夜(숙야) 이른 아침부터 밤까지. 念(념) 생각. 不忘(불망) 잊지 않겠다. 以用(이용) 앞서 말한 것을 사용하는 것. 爲常(위상) 항상 기본으로 하겠다.

15). 文伐 문벌. 무력의 사용 없이 정벌하라

문벌(文伐)이란 학문이나 예술과 같은 문사(文事)로 적을 정벌하고, 무력으로 적을 정벌하지 않는 것을 말한다. 문왕(文王)이 문벌(文伐)에 대해서 물었으므로 이 두 글자를 취하여 편명(篇名)으로 삼았다.

-육도직해(六韜直解)에서-

文王問太公曰, 文伐之法奈何?
문왕문태공왈, 문벌지법내하?
문왕(文王)이 물었다. 무력(武伐)을 행사하지 않고 문(文伐)으로 공격하는 방법에는 어떠한 것이 있습니까?

文王問太公曰(문왕문태공왈) 문왕이 태공에게 물었다. 文伐之法(문벌지법) 문벌의 방법. 문벌=무력을 행사하지 않는 방법. 奈何(내하) 어찌 되는가?

太公曰, 凡文伐有十二節,
태공왈, 범문벌유십이절,
태공(太公)이 대답하였다. 문(文)으로 적을 공격하는 방법은 모두 열두 가지가 있습니다.

太公曰(태공왈) 태공이 말하다. 凡(범) 모름지기. 무릇. 文伐(문벌) 문으로 적을 공격하는 방법. 有(유) 있다. 十二節(12절) 열두 가지 방법.

一曰, 因其所喜, 以順其志. 彼將生驕, 必有奸事. 苟能因之, 必能去之.
일왈, 인기소희, 이순기지. 피장생교, 필유간사. 구능인지, 필능거지.
첫째, 적국의 군주가 좋아하는 일을 성취하게 해 주어, 그의 뜻을 맞춰주는 것입니다. 이렇게 하면, 그는 교만해져서 마음대로 나쁜 짓을 하게 될 것입니다. 이를 잘 이용하면 반드시 그를 제거하게 될 것입니다.

一曰(일왈) 첫 번째. 因(인) ~로 인하여. 其所(기소) 그 ~하는 바. 喜(희) 기쁘다. 以順(이순) 순응해주는 것으로써. 其志(기지) 적국 군주의 뜻. 彼將(피장) 적의 장수. 生(생) 생긴다. 驕(교) 교만심. 必(필) 반드시. 有(유) 있다. 奸事(간사) 나쁜 짓. 苟(구) 진실로. 能(능) 능히 ~할 수 있다. 因之(인지) 교만해져서 나쁜 짓을 하는 것 때문에. 去之(거지) 적장이나 군주를 제거하다.

二曰, 親其所愛, 以分其威. 一人兩心, 其中必衰. 廷無忠臣, 社稷必危.
이왈, 친기소애, 이분기위. 일인양심, 기중필쇠. 정무충신, 사직필위.

둘째, 적국의 군주가 신임하는 신하와 친분을 유지해서 아국에 대한 적개심을 없애도록 유도하는 것입니다. 이렇게 하여 적국의 군신이 서로 모순되는 두 가지 마음을 품게 함으로써 아국에 대한 적의를 감소시켜야 합니다. 적국의 조정에 충신이 없어지게 되면 그 나라는 반드시 위태롭게 될 것입니다.

二曰(이왈) 두 번째. 親(친) 친하다. 其(기) 그. 所愛(소애) 아끼는 바. 以分(이분) 나눔으로써. 其威(기위) 그 위엄을. 一人兩心(1인 양심) 한 사람이 두 마음을 가지게 한다. 其中(기중) 그 중심을. 必衰(필쇠) 필히 감소시키다. 廷(정) 적국의 조정. 無忠臣(무충신) 충신이 없다. 社稷(사직) 적국의 사직. 必危(필위) 반드시 위태로워진다.

三曰, 陰賂左右, 得情甚深. 身內情外, 國將生害.
삼왈, 음뢰좌우, 득정심심. 신내정외, 국장생해.

셋째, 적국의 군주를 가까이 섬기는 측근들을 비밀리에 매수하여 적정을 알아내는 것입니다. 몸은 적국에 있으면서도 마음은 아군에게 있어, 적국의 모든 정보를 아군에게 누설한다면, 그 나라는 반드시 피해를 입을 것입니다.

三曰(삼왈) 세 번째. 陰(음) 은밀히. 賂(뢰) 뇌물을 주다. 左右(좌우) 적국 군주의 좌우 신하들. 得情(득정) 적국의 정세를 얻다. 甚(심) 심하다. 深(심) 깊다. 身內(신내) 몸은 적국 안에 있지만. 情外(정외) 마음은 적국의 바깥에 있으니, 곧 아군에 있다는 말이다. 國將(국장) 그 나라의 장수. 生害(생해) 피해를 입을 것이다.

四曰, 輔其淫樂, 以廣其志, 厚賂珠玉, 娛以美人, 卑辭委聽, 順命而合,
사왈, 보기음악, 이광기지, 후뢰주옥, 오이미인, 비사위청, 순명이합,

넷째, 적국의 군주가 음탕한 음악을 즐기도록 도와주고, 그 마음을 더욱 키우고, 금은보화와 아름다운 여색을 뇌물로 바쳐 그를 즐겁게 해주고, 공손한 태도로 그의 뜻에 따르는 척해 줍니다.

四曰(사왈) 네 번째. 輔(보) 도와주다. 其(기) 그. 淫(음) 음란하다. 樂(락) 즐기다. 以(이) 써. 廣(광) 넓다. 其志(기지) 그 마음. 厚賂(후뢰) 뇌물을 후하게 주다. 珠玉(주옥) 주옥같은 보물. 娛(오) 즐거워하다. 以(이) 써. 美人(미인) 미인. 卑(비) 낮다. 辭(사) 말. 委(위) 맡기다. 聽(청) 듣다. 順命(순명) 명에

순응하다. 合(합) 합치다.

彼將不爭, 奸節乃定.

피장부쟁, 간절내정.

이렇게 하면 적국의 장수와 군이 싸우지 않더라도 원하는 바를 이루게 될 것입니다.

彼將(피장) 적국의 장수. 不爭(부쟁) 다투지 않는다. 奸(간) 구하다. 원하다. 節(절) 마디. 乃(내) 이에. 定(정) 정하다.

五曰, 嚴其忠臣, 而薄其賂, 稽留其使, 勿聽其事.

오왈, 엄기충신, 이박기뢰, 계류기사, 물청기사.

다섯째, 적국의 충신에게는 뇌물을 후하게 주고 군주에게는 약소하게 보내고, 만약 사신이 오게 되면 처음에는 시간을 끌고 있다가 사신의 요청을 잘 들어주지 않습니다.

五曰(오왈) 다섯 번째. 嚴(엄) 엄하다. 其忠臣(기충신) 그 충신. 적국의 충신. 薄(박) 엷다. 其賂(기뢰) 그 뇌물을. 稽留(계류) 머무르게 하다. 其使(기사) 적국의 사신을 말함. 勿(물) 말다. 聽(청) 듣다. 其事(기사) 그 일. 사신이 처리해야 할 일.

亟爲置代, 遺以誠事, 親而信之, 其君將復合之. 苟能嚴之, 國乃可謀.

극위치대, 유이성사, 친이신지, 기군장부합지. 구능엄지, 국내가모.

그러다가 다음 사신이 오면 성의를 다하여 일처리를 해줘서 그와 친하게 지내며 믿게 합니다. 그러면 적국의 군주는 새로 보낸 사신을 합당하다고 믿고 진실로 처음 보낸 그 사신을 엄히 대하게 될 것이니, 이러한 적국은 가히 쳐서 무찌를 수 있도록 도모할 수 있는 것입니다.

亟(극) 빠르다. 爲(위) ~하다. 置(치) 두다. 代(대) 대신하다. 遺(유) 끼치다. 以(이) 써. 誠事(성사) 성심껏 일 처리를 하다. 親(친) 가깝다. 信(신) 믿다. 其(기) 그. 君將(군장) 군주와 장수. 復(부) 다시. 合(합) 합치다. 苟(구) 진실로. 能(능) 능히 ~하다. 嚴(엄) 엄하다. 國(국) 적국. 乃(내) 이에. 可(가) 가히. 謀(모) 꾀하다.

六曰, 收其內, 間其外. 才臣外相, 敵國內侵, 國鮮不亡.

육왈, 수기내, 간기외. 재신외상, 적국내침, 국선불망.

여섯째, 적국의 조정에 있는 신하를 매수하고, 외직에 있는 신하를 이간질해, 재능이 뛰어난 자를 망명하게 하고 내분을 일으키도록 하는 것입니다. 이렇게 하면 적국은 망하지 않을 수가 없는 것입니다.

六曰(육왈) 여섯 번째. 收(수) 매수하다. 其內(기내) 적국의 조정 내에 있는 신하. 間(간) 이간질하다. 其外(기외) 적국의 외직에 있는 신하. 才臣(재신) 재능이 뛰어난 신하. 外(외) 국외. 相(상) 서로. 敵國內(적국내) 적국 안에서. 侵(침) 침략하다. 적국 안에서의 침략은 곧 내분을 말함. 國(국) 나라. 鮮(선) 드물다. 不亡(불망) 망하지 않다.

七曰, 欲錮其心, 必厚賂之. 收其左右忠愛, 陰示以利, 令之輕業, 而蓄積空虛.
칠왈, 욕고기심, 필후뢰지. 수기좌우충애, 음시이리, 영지경업, 이축적공허.

일곱째, 적국의 군주에게 많은 뇌물을 써서 아국을 의심하지 않게 하며, 좌우의 측근 신하들을 함께 매수하여 비밀리에 이익을 보장해 주겠다는 약속을 함으로써 그 나라 백성들의 생업을 태만히 하게 하는 것입니다. 이렇게 하면 적국은 재정이 고갈되고 대비책이 소홀해질 것입니다.

七曰(칠왈) 일곱 번째. 欲(욕) ~하고자 한다. 錮(고) 붙들어 매다. 其心(기심) 그 마음. 必(필) 반드시. 厚(후) 후하다. 賂(뢰) 뇌물. 收(수) 거두다. 其(기) 그. 左右(좌우) 좌우 측근. 忠愛(충애) 충성스럽고 아끼다. 陰(음) 은밀히. 示(시) 보여주다. 以(이) 써. 利(리) 이익. 令(령) 령을 내리다. 輕(경) 가벼이 여기다. 業(업) 일. 생업. 蓄(축) 모으다. 積(적) 쌓다. 空虛(공허) 텅 비다.

八曰, 賂以重寶, 因與之謀. 謀而利之, 利之必信, 是謂重親.
팔왈, 뇌이중보, 인여지모. 모이리지, 이지필신, 시위중친.

여덟째, 적국의 군주에게 값진 보물을 바쳐 친교를 맺고, 공동으로 사업을 성취하여 그에게 이익이 돌아가게 함으로써 아국을 신임하게 하는 것입니다. 이를 일컬어 아주 친하다는 의미로 중친(重親)이라고 합니다.

八曰(팔왈) 여덟 번째. 賂(뢰) 뇌물. 以(이) 써. 重(중) 무겁다. 중요하다. 寶(보) 보물. 因(인) ~로 인하여. 與(여) 같이. 謀(모) 모략. 같이 모략을 꾸미다. 謀(모) 모략. 利(리) 이익. 利(리) 이익. 必(필) 반드시. 信(신) 신임. 믿음. 是謂(시위) 이를 일컬어. 重親(중친) 아주 친하다.

重親之積, 必爲我用. 有國而外, 其地必敗.
중친지적, 필위아용. 유국이외, 기지필패.

이렇게 하면 적국은 아국과 친교가 깊어지게 되고, 아국은 그러한 적국을 이용할 수 있게 될 것입니다. 한 나라가 다른 나라에 이용당하게 되면, 그 나라는 반드시 패망하고 맙니다.

重親(중친) 아주 친함. 積(적) 쌓이다. 必(필) 반드시. 爲(위) ~하다. 我(아) 나. 아군. 用(용) 쓰다. 有(유) 있다. 國(국) 나라. 外(외) 바깥. 다른 나라. 其地(기지) 그 땅. 그 나라. 必敗(필패) 반드시 패한다.

九日, 尊之以名, 無難其身, 示以大勢,
구왈, 존지이명, 무난기신, 시이대세,
아홉째, 적국 군주의 이름을 높여 주며 허영심을 부추기고, 그가 어려운 처지에 빠지지 않도록 도와주어, 천하의 대세가 적국에 돌아가는 것처럼 보이게 해 줍니다.

九日(구왈) 아홉 번째. 尊(존) 높이다. 以(이) 써. 名(명) 이름. 無(무) 없다. 難(난) 어려움. 其(기) 그. 身(신) 처지. 示(시) 보여주다. 以(이) 써. 大勢(대세) 적국 군주가 대세임.

從之必信, 致其大尊, 先爲之榮, 微飾聖人, 國乃大偷.
종지필신, 치기대존, 선위지영, 미식성인, 국내대투.
그리고는 따르는 것처럼 보이게 해서 반드시 믿게 하여 그의 허영심을 만족하게 해 준 다음, 그가 마치 성인과 같은 덕이 있다고 거짓으로 말을 꾸미는 것입니다. 이렇게 하면 적국은 마침내 크게 훔쳐질 것입니다. 즉, 망하고 말 것입니다.

從(종) 따르다. 必(필) 반드시. 信(신) 신뢰. 致(치) 이르다. 其(기) 그. 大尊(대존) 크게 존중하다. 先(선) 먼저. 爲(위) ~하다. 榮(영) 영화. 영달. 微(미) 작다. 飾(식) 꾸미다. 聖人(성인) 성인. 國(국) 나라. 乃(내) 이에. 大(대) 크다. 偷(투) 훔치다.

十日, 下之必信, 以得其情. 承意應事, 如與同生.
십왈, 하지필신, 이득기정. 승의응사, 여여동생.
열째, 아군이 먼저 몸을 낮추어 적을 섬기는 것처럼 해서 신뢰를 얻고, 하는 일마다 정성을 다하여 받들어주고 응해주어서 마치 같이 공생하는 관계인 것처럼 보이게 합니다.

十日(십왈) 열 번째. 下(하) 아래. 之(지) 가다. ~의. 그것. 必(필) 반드시. 信(신) 신임. 믿음. 以(이) 써. 得(득) 얻다. 其情(기정) 그 속마음. 承(승) 받들다. 意(의) 뜻. 應(응) 응하다. 事(사) 일. 如(여) ~같이. 與(여) 같이. 同生(동생) 같이 살다.

既以得之, 乃微收之. 時及將至, 若天喪之.

기이득지, 내미수지. 시급장지, 약천상지.

그렇게 해서 적에 대해서 알아야 할 것은 모두 속속들이 파악한 다음 마침내 시기에 도달하면, 마치 하늘이 적국을 망하게 하는 것처럼 할 수 있는 것입니다.

旣(기) 이미. 以(이) 써. 得(득) 얻다. 乃(내) 이에. 微(미) 작다. 收(수) 거두다. 時(시) 시기. 將(장) 장차. 至(지) 이르다. 시기가 되다. 若(약) ~같다. 天(천) 하늘. 喪(상) 죽다.

十一曰, 塞之以道, 人臣無不重貴與富, 惡危與咎, 陰示大尊,

십일왈, 색지이도, 인신무부중귀여부, 오위여구, 음시대존,

열한째, 적국 군주의 총명한 판단력을 흐리게 하는 것입니다. 백성들이나 신하들 중에서 부귀를 중요하거나 귀한 것으로 생각하지 않는 사람이 없고, 모두가 위험한 일이나 형벌을 싫어합니다. 이것을 이용해서 대세가 적에게 유리하게 돌아가고 있는 것처럼 보여줍니다.

十一曰(십일왈) 열한 번째. 塞(색) 막히다. 以(이) ~로써. 道(도) 방법. 아래 문장을 읽어보면, 군주의 판단력과 관련된 내용이므로 군주의 판단력을 막히게 하는 방법이라는 뜻임. 人(인) 사람. 臣(신) 신하. 無(무) 없다. 不(부) 아니다. 重(중) 중요하다. 貴(귀) 귀하다. 與(여) 같이하다. 富(부) 부귀. 惡(오) 싫어하다. 危(위) 위협. 與(여) 같이. 咎(구) 허물. 재앙. 陰(음) 은밀히. 示(시) 보여주다. 大尊(대존) 크게 높이 받들다.

而微輸重寶, 收其豪傑, 內積甚厚, 而外爲乏, 陰內智士, 使圖其計, 納勇士,

이미수중보, 수기호걸, 내적심후, 이외위핍, 음내지사, 사도기계, 납용사,

값진 보물을 은밀히 날라줘서 적국의 영웅호걸들을 포섭하며, 안으로 국력을 쌓되 겉으로는 국력이 궁핍한 것처럼 위장하고, 적국의 지혜로운 선비들과 용맹한 장사들을 은밀히 받아들여 지모와 용맹을 발휘하게 합니다.

微(미) 작다. 輸(수) 나르다. 重寶(중보) 소중한 보물. 收(수) 매수하다. 其(기) 그. 豪傑(호걸) 적국의 호걸들. 內(내) 안으로는. 積(적) 쌓다. 甚(심) 심하다. 厚(후) 두텁다. 外(외) 외적으로는. 爲(위) 하다. 乏(핍) 궁핍하다. 陰(음) 은밀하게. 內(내) 안. 내적으로. 智士(지사) 지혜로운 군사. 使(사) ~하게 하다. 圖(도) 도모하다. 計(계) 계책. 계략. 納(납) 받아들이다. 勇士(용사) 용맹스러운 군사.

使高其氣, 富貴甚足, 而常有繁滋, 徒黨已具, 是謂塞之. 有國而塞, 安能有國.

사고기기, 부귀심족, 이상유번자, 도당이구, 시위색지. 유국이색, 안능유국.
이렇게 매수한 적국의 인물들이 부귀를 누리게 되어, 적국의 내부에서 아군에 협조하는 도당까지 만들게 됩니다. 이것이 적국 군주의 총명을 흐리게 하는 것입니다. 군주의 시야가 가려져서 판단력을 잃게 되면, 그 나라는 오래 유지될 수 없는 것입니다.

使(사) ~하게 하다. 高(고) 높다. 其氣(기기) 그 기세. 기운. 富貴(부귀) 부유하고 귀하다. 甚(심) 심하다. 足(족) 족하다. 常(상) 항상. 有(유) 있다. 繁(번) 많다. 滋(자) 번성하다. 徒黨(도당) 떼를 지어 일을 꾸미는 무리. 已(이) 이미. 具(구) 구비되다. 是謂(시위) 이를 일컬어. 塞之(색지) 총명함이나 판단력이 막히다. 有國而塞(유국이색) 판단력이 막히는 나라가 있으면. 安(안) 편안하다. 能(능) 능히 ~하다. 有國(유국) 나라가 있다.

十二曰, 養其亂臣以迷之, 進美女淫聲以惑之, 遺良犬馬以勞之,
십이왈, 양기난신이미지, 진미녀음성이혹지, 유량견마이로지,
열둘째, 적국에 간신을 키워주어 군주의 마음을 흐리게 하고, 미녀와 악공들을 바쳐 군주의 의지를 약화하며, 유명한 개나 말 따위의 애완동물을 보내어 군주의 몸을 수고롭게 하고,

十二曰(십이왈) 열두 번째. 養(양) 키우다. 其(기) 그. 亂臣(난신) 간신. 以(이) 써. 迷(미) 미혹하다. 進(진) 나아가다. 美女(미녀) 아름다운 여자. 淫(음) 음란하다. 聲(성) 소리. 惑(혹) 미혹하다. 遺(유) 전하다. 良(량) 양호하다. 犬馬(견마) 개와 말. 勞(노) 힘들다.

時與大勢以誘之, 上察而與天下圖之.
시여대세이유지, 상찰이여천하도지.
때로는 그를 과대평가해 주어 그가 자기의 능력을 과시하고 자만에 빠지게 합니다. 이렇게 만든 다음, 천시를 살펴 천하의 만민들과 함께 거사를 도모하는 것입니다.

時(시) 시기. 與(여) 같이하다. 大勢(대세) 대세. 以(이) 써. 誘(유) 유인하다. 上(상) 위. 하늘. 察(제) 살피다. 天下(천하) 천하의 만민들. 圖(도) 도모하다.

十二節備, 乃成武事. 所謂上察天, 下察地, 徵已見, 乃伐之.
십이절비, 내성무사. 소위상찰천, 하찰지, 징이견, 내벌지.
이상의 열두 가지의 조건이 모두 갖추어지면 군사적인 행동을 전개할 수 있는 것입니다. 군사적인 행동은 반드시 위로는 천시를 살피고 아래로는 지형을 살펴, 적국이 멸망할 징후가

나타났을 때 적국을 정벌해야 합니다.

十二節(십이절) 열두 가지 조건. 備(비) 구비되다. 乃(내) 이에. 成(성) 이루다. 武事(무사) 군사 행동. 所謂(소위) 이른바. 上察天(상제천) 위로 살피기는 하늘을 살피고. 下察地(하찰지) 아래로 살피기는 지형을 살피고. 徵已見(징이견) 징조가 이미 보이면. 伐之(벌지) 정벌하다.

16). 順啓 순계. 천하의 인심을 따라야

순계(順啓)란 천하의 인심을 따르고, 그를 계도하는 것을 말한다. 본문 내용 중에서 이 두 글자를 취하여 편명(篇名)으로 삼았다.

-육도직해(六韜直解)에서-

文王問太公曰, 何如而可爲天下?
문왕문태공왈, 하여이가위천하?
문왕(文王)이 태공(太公)에게 물었다. 천하는 어떻게 해야 잘 다스릴 수 있습니까?

文王問太公曰(문왕문태공왈) 문왕이 태공에게 말하다. 何(하) 어찌. 如(여) 같이. 而(이) 접속사. 可(가) 가능하다. 爲(위) 하다. 天下(천하) 천하.

太公曰, 大蓋天下, 然後能容天下. 信蓋天下, 然後能約天下.
태공왈, 대개천하, 연후능용천하. 신개천하, 연후능약천하.
태공(太公)이 대답하였다. 첫 번째 군주의 도량이 커서 온 천하를 덮을 만하여야 천하 사람들을 포용할 수 있으며, 두 번째 신의가 깊어 천하를 담을 만하여야 천하 사람들과 약속을 할 수 있습니다.

太公曰(태공왈) 태공이 말하다. 大(대) 크다. 蓋(개) 덮다. 天下(천하) 천하. 然後(연후) 그런 다음. 能(능) 능히 ~하다. 容(용) 포용하다. 信(신) 믿음. 約(약) 약속하다.

仁蓋天下, 然後能懷天下. 恩蓋天下, 然後能保天下.
인개천하, 연후능회천하. 은개천하, 연후능보천하.
세 번째 인덕이 온 천하를 덮을 만해야 천하를 품을 수 있고, 네 번째 은택이 널리 베풀어져서 천하에 넘칠 만하여야 천하를 보존할 수 있습니다.

仁(인) 인덕. 蓋(개) 덮다. 天下(천하) 천하. 然後(연후) 그런 다음. 能(능) 능히 ~하다. 懷(회) 품다. 恩(은) 은혜로움. 은덕. 保(보) 보존하다.

權蓋天下, 然後能不失天下.
권개천하, 연후능불실천하.

그리고 다섯 번째 권모술수(=용병)가 천하를 덮을 만해야 능히 천하를 잃어버리지 않을 수 있습니다.

權(권) 권모술수. 蓋(개) 덮다. 天下(천하) 천하. 然後(연후) 그런 다음. 能(능) 능히 ~하다. 不失(불실) 잃어버리지 않다.

事而不疑, 則天運不能移, 事變不能遷. 此六者備, 然後可以爲天下政.
사이불의, 즉천운불능이, 사변불능천. 차육자비, 연후가이위천하정.
여섯 번째 어떤 일을 결행해야 할 시기에 신념을 가지고 주저함이 없이 결행하면, 하늘의 운수나 시간의 변화도 그 성공에 장애 요소가 되지 못하는 것입니다. 이상의 여섯 가지가 갖추어진 다음에야 천하를 다스릴 수 있습니다.

事(사) 일. 而(이) 접속사. 不疑(불의) 의심하지 않다. 則(즉) 곧. 天運(천운) 하늘의 운수. 不能(불능) ~하지 못하다. 移(이) 옮기다. 事(사) 일. 變(변) 변하다. 遷(천) 옮기다. 此(차) 이. 六者(6자) 여섯 가지. 備(비) 갖추어지면. 然後(연후) 그런 다음. 可(가) 가능하다. 以(이) 써. 爲(위) 하다. 天下(천하) 천하를. 政(정) 다스리다.

故利天下者, 天下啓之, 害天下者, 天下閉之.
고리천하자, 천하계지, 해천하자, 천하폐지.
그러므로 천하 사람들을 이롭게 하는 자는 천하 사람들이 성공하도록 길을 열어 주고, 천하 사람들을 해롭게 하는 자는 천하 사람들이 성공하지 못하도록 길을 막습니다.

故(고) 그러므로. 利(리) 이롭게 하다. 天下(천하) 천하. 者(자) ~하는 것. 고로, 啓(계) 열다. 害(해) 해롭게 하다. 閉(폐) 닫다.

生天下者, 天下德之, 殺天下者, 天下賊之.
생천하자, 천하덕지, 살천하자, 천하적지.
천하 사람들을 살게 하는 자는 천하 사람들이 그의 은덕을 고맙게 여기고, 천하 사람들을 죽게 하는 자는 천하 사람들이 그의 해악을 미워하여 도적처럼 여깁니다.

生(생) 살리다. 天下(천하) 천하. 者(자) ~하는 자. 德(덕) 덕. 殺(살) 죽이다. 賊(적) 도적.

徹天下者, 天下通之, 窮天下者, 天下仇之.

철천하자, 천하통지, 궁천하자, 천하구지.

천하를 윤택하게 하는 자는 천하 사람들과 잘 소통하며, 천하를 곤궁하게 하는 자는 천하 사람들이 그를 적대시하여 원수처럼 여깁니다.

徹(철) 밝히다. 윤택하게 하다. 天下(천하) 천하. 者(자) ~하는 자. 通(통) 통하다. 窮(궁) 가난하다. 궁핍하다. 仇(구) 원망하다.

安天下者, 天下恃之, 危天下者, 天下災之.

안천하자, 천하시지, 위천하자, 천하재지.

천하를 안정시키는 자는 천하 사람들이 그를 부모처럼 믿으며, 천하를 위태롭게 하는 자는 천하 사람들이 그를 재앙처럼 버립니다.

安(안) 안정하다. 편안하다. 天下(천하) 천하. 者(자) ~하는 자. 恃(시) 믿다. 危(위) 위급하다. 위태롭다. 災(재) 재앙.

天下者, 非一人之天下, 惟有道者, 處之.

천하자, 비일인지천하, 유유도자, 처지.

천하는 한 개인의 천하가 아니므로, 오로지 도(道)가 있는 자가 군왕의 자리에 있을 수 있는 것입니다.

天下者, 非一人之天下(천하자, 비일인지천하) 천하라는 것은 한 개인의 천하가 아님. 惟(유) 오직. 有道者(유도자) 도가 있는 자. 處之(처지) 그곳에 처하다. 군왕의 자리에 있을 수 있다.

17). 三疑 삼의. 3가지 의심

삼의(三疑)란 강한 적을 공격하고, 적과 친하면 이간질하고, 적의 병력이 많으면 분산시키고자 하지만, 능력이 부족해서 잘하지 못할 것을 두려워하여 의심하는 것을 말한다. 무왕(武王)이 이러한 3가지 의심에 대해서 물었으므로 삼의(三疑)라는 두 글자를 취하여 편명(篇名)으로 삼았다.

－육도직해(六韜直解)에서－

武王問太公曰, 予欲立功, 有三疑, 恐力不能攻强, 離親, 散衆, 爲之奈何?
무왕문태공왈, 여욕립공, 유삼의, 공력불능공강, 이친, 산중, 위지내하?

무왕(武王)이 태공(太公)에게 물었다. 나는 적국을 평정하는 공을 세우고자 하는데 세 가지 의문이 생깁니다. 첫째 전력이 부족한데 적을 격파할 수 있을 것인가? 둘째 적의 지지 세력을 괴리시킬 수 있을 것인가? 셋째 적의 백성들을 분산시킬 수 있을까? 하는 것입니다. 어떻게 하면 되겠습니까?

武王問太公曰(무왕문태공왈) 무왕이 태공에게 물었다. 予(여) 나. 欲(욕) ~하고자 하다. 立功(입공) 공을 세우다. 有(유) 있다. 三疑(삼의) 세 가지 의문. 恐(공) 두렵다. 力(력) 전투력. 不能(불능) ~할 수 없다. 攻强(공강) 강하게 공격하다. 離親(리친) 적의 친한 지지 세력을 분리하다. 散衆(산중) 적의 무리를 분산시키다. 爲之奈何(위지내하) 어찌해야 하는가?

太公曰, 因之, 愼謀, 用財.
태공왈, 인지, 신모, 용재.

태공(太公)이 대답하였다. 이 세 가지 문제는 다음과 같이 풀어야 합니다. 첫째 원인을 잘 파악해서 해결해야 합니다. 둘째 계략을 신중하게 잘 수립해야 합니다. 셋째 재물을 잘 써서 해결해야 합니다.

太公曰(태공왈) 태공이 말하다. 因(인) ~로 인하여. 愼(신) 삼가다. 謀(모) 모략. 用(용) 쓰다. 財(재) 재물.

夫攻强, 必養之使强, 益之使張. 太强必折, 太張必缺.
부공강, 필양지사강, 익지사장. 태강필절, 태장필결.

강한 적을 공격하려면, 반드시 적을 더 강하게 하고 세력을 더 확장하게 해 주어야 합니다. 뭐든지 너무 강하면 반드시 꺾어지고, 너무 확장되면 반드시 이지러지기 마련입니다.

夫(부) 모름지기. 攻强(공강) 강한 적을 공격하다. 必(필) 반드시. 養(양) 기르다. 使(사) 하게 하다. 强(강) 강하다. 益(익) 더하다. 張(장) 넓히다. 모름지기, 太强(태강) 지극히 강한 적은. 必折(필절) 반드시 꺾인다. 太張(태장) 세력이 확장된 적은. 必缺(필결) 반드시 이지러진다.

攻强以强, 離親以親, 散衆以衆.
공강이강, 이친이친, 산중이중.
이렇게 하는 것을 바로 '강한 것을 더욱 강하게 하는 것으로 공격하는 것'이라고 합니다. 이와 마찬가지 방법으로 적의 지지 세력을 분리하는 것도 적의 지지 세력을 이용해야 하고, 적의 백성을 분산시키는 것도 적의 백성을 이용해야 합니다.

攻强(공강) 강한 적을 공격하는 것은. 以强(이강) 적을 강하게 만드는 것을 이용해야 한다. 離親(리친) 친한 세력을 분리하는 것은. 以親(이친) 적의 친한 세력을 이용해야 한다. 散衆(산중) 적의 백성을 분산시키는 것은. 以衆(이중) 적의 백성을 이용하는 것이다.

凡謀之道, 周密爲寶. 設之以事, 玩之以利, 爭心必起.
범모지도, 주밀위보. 설지이사, 완지이리, 쟁심필기.
모름지기 계략을 세울 때는 은밀하게 하는 것을 가장 중요하게 생각해야 합니다. 어떤 일을 처리할 때 적에게 이익이 있는 것처럼 속이면, 저들은 서로가 이익을 얻고자 다투게 될 것입니다.

凡(범) 모름지기. 謀之道(모지도) 모략을 꾸미는 방법은. 周(주) 두루. 密(밀) 은밀하다. 爲(위) ~하다. 寶(보) 보물. 設(설) 베풀다. 以(이) 써. 事(사) 일. 玩(완) 희롱하다. 利(리) 이익. 爭(쟁) 다투다. 心(심) 마음. 必(필) 반드시. 起(기) 일어나다.

欲離其親, 因其所愛, 與其寵人, 與之所欲, 示之所利, 因以疏之, 無使得志.
욕리기친, 인기소애, 여기총인, 여지소욕, 시지소리, 인이소지, 무사득지.
적과 친한 세력을 분리하려고 하면, 적이 아끼고 총애하는 사람들을 활용해서 그들이 바라는 것을 뇌물로 주거나 이익이 되는 것을 보여주고, 이로 인하여 서로 사이를 멀어지게 함으로써 얻고자 하는 바를 얻지 못하게 합니다.

欲(욕) ~하고자 한다. 離(리) 떼놓다. 其親(기친) 적국이 친한 세력. 因(인) ~로 인하여. 其(기) 그. 所

愛(소애) 아끼는 바. 與(여) 주다. 其(기) 그. 寵(총) 총애하다. 人(인) 사람. 與(여) 주다. 所欲(소욕) ~하고자 하는 바. 示(시) 보여주다. 所利(소리) 이익이 되는 바. 因(인) ~로 인하여. 以(이) 써. 疏(소) 멀어지다. 無(무) 없다. 使(사) ~하게 하다. 得(득) 얻다. 志(지) 뜻.

彼貪利甚喜, 遺疑乃止.

피탐리심희, 유의내지.

그들이 뇌물과 이익을 탐하는 것이 아주 심해지면 적의 군주는 그들을 의심하게 될 것입니다.

彼(피) 적. 상대방. 貪利(탐리) 이익을 탐하다. 甚喜(심희) 아주 기뻐하다. 遺(유) 영향을 미치다. 疑(의) 의심하다. 乃(내) 이에. 止(지) 그치다.

凡攻之道, 必先塞其明, 而後攻其强, 毁其大, 除民之害.

범공지도, 필선색기명, 이후공기강, 훼기대, 제민지해.

또한, 적을 공격하는 방법은 먼저 적 군주의 판단력을 흐리게 한 다음, 적의 강점을 공격하고 적의 나쁜 점을 깨트려 백성들의 해악을 제거하는 것입니다.

凡(범) 무릇. 攻之道(공지도) 공격을 하는 방법은. 必(필) 반드시. 先(선) 먼저. 塞(색) 막는다. 其(기) 그. 明(명) 총명함. 而後(이후) 그런 다음. 攻(공) 공격하다. 强(강) 강함. 毁(훼) 헐다. 大(대) 크다. 除(제) 제거하다. 民(민) 백성들. 害(해) 해로움.

淫之以色, 啗之以利, 養之以味, 娛之以樂.

음지이색, 담지이리, 양지이미, 오지이악.

적 군주의 판단력을 흐리게 하려면, 여색으로 음탕에 빠지게 하고, 이익으로 유인하며, 맛있는 음식으로 배를 부르게 하고, 음악으로 쾌락을 즐기게 하는 것 등의 방법이 있습니다. (아래에 나오는 내용은 대부분 군주의 판단력을 흐리게 하는 조치들임.)

淫(음) 음란하다. 以(이) 써. 色(색) 여색을 말함. 啗(담) 속이다. 利(리) 이익. 養(양) 기르다. 味(미) 맛. 娛(오) 즐거워하다. 樂(악) 음악.

旣離其親, 必使遠民, 勿使知謀. 扶而納之, 莫覺其意, 然後可成.

기리기친, 필사원민, 물사지모. 부이납지, 막각기의, 연후가성.

그렇게 하면 지지 세력들과 멀어지게 되고, 자연히 백성들과도 더 멀어지게 될 것입니다.

그래서 이러한 아군의 모략이 절대로 적에게 알려져서는 안 됩니다. 적들이 알지 못하는 사이에 아군의 계략에 빠지게 한 이후에야 적을 공격하는 것이 가능합니다.

旣(기) 이미. 離(리) 떼놓다. 其(기) 그. 親(친) 친하다. 必(필) 반드시. 使(사) ~하게 하다. 遠(원) 멀다. 民(민) 백성. 勿(물) 하지 말다. 知(지) 알다. 謀(모) 모략. 계략. 扶(부) 돕다. 納(납) 바치다. 莫(막) 없다. 覺(각) 깨닫다. 其意(기의) 그 의도. 然後(연후) 그런 다음. 可成(가성) 가히 이룰 수 있다.

惠施於民, 必無愛財, 民如牛馬, 數餧衣之, 從而愛之.
혜시어민, 필무애재, 민여우마, 삭위사지, 종이애지.
백성들에게 은혜를 널리 베풀되, 피아를 구별하지 말고 재물을 아끼지 말아야 합니다. 백성들은 소나 말과 같아서[97] 자주 먹을 것을 주고 사랑해야 합니다. 이렇게 하면, 천하의 민심은 자연히 아군에게로 모여들 것입니다.

惠(혜) 은혜. 施(시) 베풀다. 於民(어민) 백성들에게. 必(필) 반드시. 無(무) 없다. 愛(애) 아끼다. 財(재) 재물. 民(민) 백성들은. 如(여) ~과 같다. 牛馬(우마) 소와 말. 數(삭) 자주. 餧(위) 먹이다. 食(사) 밥. 從(종) 따르다. 愛(애) 아끼다.

心以啓智, 智以啓財, 財以啓衆, 衆以啓賢. 賢之有啓, 以王天下.
심이계지, 지이계재, 재이계중, 중이계현. 현지유계, 이왕천하.
온 마음을 다해 지혜를 총동원해야 합니다. 그 지혜를 통해 재물을 모으고, 재물이 풍부하면 백성들에게 은혜를 베풀 수 있는 것입니다. 그렇게 해서 백성들의 마음을 얻는다면 천하의 훌륭한 인재들이 소문을 듣고 모일 것이며, 천하의 훌륭한 인재들을 등용하는 문이 열려 있으면, 천하의 왕자(王者)가 될 수 있습니다.

心(심) 마음. 以(이) 써. 啓(계) 열다. 智(지) 지혜. 以(이) 써. 啓(계) 열다. 財(재) 재물. 衆(중) 무리. 백성. 賢(현) 어질다. 賢(현) 현명하고 어진 인재. 有(유) 있다. 王(왕) 임금. 天下(천하) 천하.

97) 민여우마(民如牛馬). 백성들이 소와 말과 같다는 말은 낮추어 보기 때문이 아니라 입히고, 먹이고, 사랑해주어야 할 대상으로 보기 때문에 하는 말임.

第三. 龍韜 제3. 용도[98)]

18). 王翼 왕익. 왕의 보좌는 어떻게

왕익(王翼)이란 왕의 날개라는 뜻으로 왕의 보좌하는 것을 말한다. 본문 내용 중에서 왕익(王翼)이라는 두 글자를 취하여 편명(篇名)으로 삼았다.

-육도직해(六韜直解)에서-

武王問太公曰, 王者帥師, 必有股肱羽翼, 以成威神, 爲之奈何?
무왕문태공왈, 왕자수사, 필유고굉우익, 이성위신, 위지내하?
무왕(武王)이 태공(太公)에게 물었다. 군왕이 군사를 통솔하여 출정하려면 반드시 수족처럼 부릴 수 있는 고굉(股肱)99)과 좌우 날개를 의미하는 우익(羽翼)100)처럼 보필할 수 있는 인물이 있어야 그 위력을 발휘하게 된다고 하는데, 이 경우에는 어떻게 하여야 합니까?

武王問太公曰(무왕문태공왈) 무왕이 태공에게 물었다. 王者(왕자) 군왕이. 帥(수) 거느리다. 師(사) 군대. 必(필) 반드시. 有(유) 있다. 股肱(고굉) 다리와 팔이라는 뜻으로 수족 같은 인물. 羽翼(우익) 양 날개. 以(이) 써. 成(성) 이루다. 威(위) 위엄. 神(신) 신. 爲之奈何(위지내하) 어찌해야 하는가?

太公曰, 凡擧帥師, 以將爲命. 命在通達, 不守一術.
태공왈, 범거사사, 이장위명. 명재통달, 불수일술.
태공(太公)이 대답하였다. 모름지기 군을 출동시키려면, 장수에게 지휘권을 위임하여야 합니다. 장수의 지휘는 전장의 상황에 임기응변하여 자유자재로 변화할 수 있어야 하며, 한 가지 방법만을 고집해서는 안 됩니다.

---

98) 용도(龍韜). 동양에서 용(龍)은 상상의 동물이면서 변화무쌍한 조화를 부릴 줄 아는 동경의 대상으로 인식. 군의 편성과 운용, 장수의 자질, 참모의 등용 등에 대한 내용을 언급하면서 부대 운용의 변화무쌍함이 필요함을 설명하는 편명임.

99) 고굉(股肱). 넓적다리라는 의미의 고(股)와 팔뚝이라는 의미의 굉(肱)이 합쳐진 것으로 임금이 가장 신임하는 중신을 의미함.

100) 우익(羽翼). 새의 날개. 도와서 받드는 일. 한 고조 유방(劉邦)이 척 부인(戚 夫人)을 총애해서 그 아들을 태자로 삼고자 하니 상산에 은거하던 네 명의 원로를 의미하는 상산사호(商山四皓)들이 태자를 보호하고 있는 것을 보고, '태자는 이미 우익(羽翼)이 생겼다'고 하였다고 함.

太公曰(태공왈) 태공이 말하다. 凡(범) 모름지기. 擧(거) 일으키다. 師師(사사) 군사. 군대. 以將(이장) 장수에게. 爲命(위명) 명령권을 위임한다. 命(명) 명령. 在(재) 있다. 通達(통달) 통달하다. 不守(불수) 지키지 않다. 一術(일술) 한 가지 방법.

因能授職, 各取所長, 隨時變化, 以爲紀綱.
인능수직, 각취소장, 수시변화, 이위기강.
장수는 부하들의 재능에 따라 적절한 임무를 부여하여, 상황의 변화에 따라 기율과 법도를 적용토록 해야 합니다.

因(인) ~로 인하여. 能(능) 재능. 授(수) 주다. 職(직) 벼슬. 임무. 各(각) 각각. 取(취) 취하다. 所(소) ~하는 바. 長(장) 길다. 隨(수) 따르다. 時(시) 때. 變化(변화) 변화. 以(이) 써. 爲(위) 하다. 紀綱(기강) 기율과 법도.

故將有股肱羽翼七十二人, 以應天道.
고장유고굉우익칠십이인, 이응천도.
장수는 하늘의 법도에 따라 72명[101]의 고굉(股肱)과 우익(羽翼)같이 보좌할 수 있는 인물을 둡니다.

故(고) 그러므로. 將(장) 장수. 有(유) 있다. 股肱(고굉) 손과 발. 수족과 같은 인물. 羽翼(우익) 양 날개와 같은 인물. 七十二人(칠십이인) 72명. 以(이) 써. 應(응) 응하다. 天道(천도) 하늘의 법도.

備數如法, 審知命理. 殊能異技, 萬事畢矣.
비수여법, 심지명리. 수능이기, 만사필의.
수를 갖춤에 있어서 마치 법에 있는 것처럼 하고, 하늘의 명(命)과 이치(理)를 잘 살펴서 사람의 재능에 따라 임무를 수행하게 하면 모든 일이 잘 이루어지게 됩니다.

備(비) 대비하다. 數(수) 여러 차례. 如法(여법) 마치 법과 같이. 審(심) 살피다. 知(지) 알다. 命(명) 명령. 理(리) 이치. 殊(수) 정하다. 能(능) 재능. 異(리) 다르다. 技(기) 재주. 萬事(만사) 세상 모든 일. 畢(필) 마치다. 矣(의) 어조사.

101) 72명.= 복심1, 모사5, 천문3, 지리3, 병법9, 통량4, 분위4, 복기3, 고굉4, 통재2, 권사3, 이목7, 조아5, 우익4, 술사2, 방사3, 법산2.

武王曰, 請問其目?
무왕왈, 청문기목?
무왕(武王)이 물었다. 이에 대한 자세한 내용을 듣고 싶습니다.

武王曰(무왕왈) 무왕이 말하다. 請(청) 청하다. 問(문) 묻다. 其(기) 그. 目(목) 세부항목.

太公曰, 腹心一人, 主贊謀應猝, 揆天消變, 總攬計謀, 保全民命.
태공왈, 복심일인, 주찬모응졸, 규천소변, 총람계모, 보전민명.
태공(太公)이 말하였다. 첫째 복심(腹心) 한 명을 둡니다. 그는 장수의 계획 수립을 돕고, 돌발 사태에 대응하며, 천도를 헤아려 변화를 예방하고, 작전계획의 전반을 총괄하여 백성의 목숨을 온전히 보호하게 합니다.

太公曰(태공왈) 태공이 말하다. 腹心(복심) 심복. 一人(일인) 한 명. 主(주) 주로. 贊(찬) 돕다. 謀(모) 계획을 수립하다. 應(응) 응하다. 猝(졸) 갑자기. 揆(규) 헤아리다. 天(천) 하늘. 消(소) 사라지다. 變(변) 변화. 변고. 總(총) 거느리다. 攬(람) 잡다. 計謀(계모) 계획과 모략. 保(보) 보호하다. 全(전) 온전히. 民(민) 백성. 命(명) 목숨.

謀士五人, 主圖安危, 慮未萌, 論行能, 明賞罰, 授官位, 決嫌疑, 定可否.
모사오인, 주도안위, 여미맹, 논행능, 명상벌, 수관위, 결혐의, 정가부.
다음으로는 모사(謀士) 다섯 명을 둡니다. 이들은 주로 전군의 안위(安危)에 대한 일을 담당하게 하고, 사태가 발생하기 전에 미리 대처하며, 장병들의 행동과 재능을 파악하여 상벌을 시행하고 직책을 부여하며, 싫어하거나 의심스러운 일들을 해결하고, 군무를 처리함에 있어서 그 가부를 결정하게 합니다.

謀士(모사) 모사. 五人(오인) 다섯 명. 主(주) 주로. 圖(도) 꾀하다. 安危(안위) 안전함과 위험함. 慮(려) 생각하다. 未(미) 아니다. 아직. 萌(맹) 싹트다. 論(논) 논의하다. 行(행) 행동. 能(능) 능력. 재능. 明(명) 명백히 하다. 賞罰(상벌) 상과 벌. 授(수) 주다. 官(관) 벼슬. 位(자리) 벼슬자리를 주다. 決(결) 터놓다. 嫌(혐) 싫어하다. 疑(의) 의심하다. 定(정) 정하다. 可否(가부) 가능하거나 불가하거나.

天文三人, 主司星曆, 候風氣, 推時日, 考符驗, 校災異, 知天心去就之機.
천문삼인, 주사성력, 후풍기, 추시일, 고부험, 교재이, 지천심거취지기.
다음은 천문(天文) 세 명을 둡니다. 이들은 주로 별자리와 책력을 담당하게 해서, 기상과 기후를 살피며, 시일의 길흉을 판단하여 추천하고, 하늘의 조짐과 실제로 발생하는 재난을 비교 분석하여 천심의 방향을 파악하게 합니다.

天文(천문) 천문을 담당하는 자. 三人(삼인) 세 명. 主(주) 주로. 司(사) 맡다. 星(성) 별. 曆(력) 책력. 候(후) 묻다. 風氣(풍기) 기상과 기후. 推(추) 추천하다. 時日(시일) 때와 날짜. 考(고) 생각하다. 符(부) 길조. 驗(험) 점괘. 校(교) 비교하다. 災(재) 재앙. 異(리) 다르다. 知(지) 알다. 天心(천심) 하늘의 마음. 去就(거취) 어디로 가거나 다니거나 하는 방향. 機(기) 틀.

地利三人, 主三軍行止形勢, 利害消息, 遠近險易, 水涸山阻, 不失地利.
지리삼인, 주삼군행지형세, 이해소식, 원근험이, 수학산조, 불실지리.

다음은 지리(地利) 세 명을 둡니다. 이들은 주로 지형의 형세를 담당하게 해서 전군이 행군을 해야 할지 말아야 할지에 대한 형세를 판단하게 하고, 거리의 원근과 지형의 험이를 판단하게 하고, 식수원이나 산세가 험한지 아닌지 등을 판단하여 지형의 이점을 놓치지 않게 합니다.

地利三人(지리삼인) 지리를 담당하는 자 세 명을 두다. 主(주) 주로. 三軍(삼군) 군대의. 전군을 말함. 行止(행지) 행군을 할지 그칠지. 形勢(형세) 지형의 형태와 지세. 利害(이해) 이로움과 해로움. 消息(소식) 소식. 기별. 遠近(원근) 멀거나 가까움. 險易(험이) 험하거나 평탄한 지형. 水(수) 물. 涸(학) 물 마름. 山(산) 산. 阻(조) 험하다. 不失(불실) 놓치지 않다. 地利(지리) 지형의 이로움.

兵法九人, 主講論異同, 行事成敗, 簡練兵器, 刺擧非法.
병법구인, 주강론이동, 행사성패, 간련병기, 자거비법.

다음은 병법(兵法) 아홉 명을 둡니다. 이들은 주로 피아의 같은 점이나 다른 점을 해석하고 논의해서 형세를 판단하고 전법을 제시하는 일을 담당하며, 군사들에게 병기 사용법을 교육하고 군법을 지키지 않는 자를 척결하게 합니다.

兵法九人(병법구인) 병법을 담당하는 자 9명. 主(주) 주로. 講(강) 익히다. 해석하다. 論(론) 논의하다. 異(리) 다르다. 同(동) 같다. 行(행) 행하다. 事(사) 일. 成敗(성패) 성공과 실패. 簡練(간련) 선택하여 가르치다. 練(련) 익히다. 兵器(병기) 병기. 刺(자) 찌르다. 擧(거) 들다. 非法(비법) 법을 지키지 않다.

通糧四人, 主度飮食, 備蓄積, 通糧道, 致五穀, 命三軍不困乏.

통량사인, 주탁음식, 비축적, 통량도, 치오곡, 명삼군불곤핍.
다음은 통량(通糧) 네 명을 둡니다. 이들은 주로 작전에 소요되는 군량을 계산하고 조치하는 임무를 담당하게 해서, 군량을 비축하고, 군량 수송로를 확보하여 전군에 군량이 떨어지지 않게 명령을 내립니다.102)

通糧四人(통량4인) 통량 네 명을 두다. 通(통) 통하다. 糧(량) 군량. 主(주) 주로. 度(탁) 헤아리다. 법도를 의미할 때는 (도)로 읽지만 헤아린다는 의미로는 (탁)으로 읽음. 飮食(음식) 음식. 備(비) 대비하다. 蓄(축) 쌓다. 積(적) 쌓다. 通(통) 통하다. 糧道(량도) 군량이 수송되는 보급로. 병참선을 말함. 致(치) 이르다. 五穀(오곡) 군량을 말함. 命(명) 명하다. 命을 令으로 바꿔야 한다는 풀이도 있음. 三軍(삼군) 전군을 말함. 不(불) 아니다. 困(곤) 괴롭다. 乏(핍) 가난하다.

奮威四人, 主擇才力, 論兵革, 風馳電掣, 不知所由.
분위사인, 주택재력, 논병혁, 풍치전체, 부지소유.
다음은 분위(奮威) 4명을 둡니다. 이들은 주로 재능과 힘이 뛰어난 군사를 선발하는 일을 담당하게 하고, 병기와 갑옷을 점검하며, 전투 시에는 군사들을 폭풍이나 천둥 벼락이 몰아치듯 신속히 행동하게 하여, 적이 대응할 바를 알지 못하게 합니다.

奮威四人(분위사인) 분위 4명을 두다. 奮(분) 떨치다. 威(위) 위엄. 主(주) 주로. 擇(택) 택하다. 才力(재력) 재주와 힘. 論(논) 논하다. 兵(병) 병기. 革(혁) 가죽. 가죽으로 된 갑옷을 말함. 風(풍) 바람. 馳(치) 달리다. 電(전) 번개. 掣(체) 끌어당기다. 不知(부지) 알지 못하게 하다. 所由(소유) 그러한 바. 왜 그러는지.

伏旗鼓三人, 主伏旗鼓, 明耳目, 詭符印, 謬號令, 闇忽往來, 出入若神.
복기고삼인, 주복기고, 명이목, 궤부인, 류호령, 암홀왕래, 출입약신.
다음은 복기(伏旗) 세 명을 둡니다. 이들은 주로 장수의 명령에 따라 북과 깃발로 신호하는 것을 담당하게 해서, 군사들의 이목을 집중시켜 신호에 따라 행동하게 하며, 때로는 비표나 신호를 바꾸어 적을 기만하고, 불시에 적진에 출몰하여 귀신처럼 날쌔게 행동함으로써 적을 혼란에 빠뜨리게 합니다.

伏旗鼓三人(복기고삼인) 복기고 3인을 두다. 伏(복) 엎드리다. 복종하다. 따르다. 旗(기) 깃발. 鼓(고)

102) 명삼군불곤핍(命三軍不困乏). 전군이 궁핍하지 않도록 명을 내린다. 命이 아니라 令으로 하거나, 命令으로 하여야 한다.

북. 主(주) 주로. 伏旂鼓(복기고) 깃발과 북을 담당한다. 明(명) 밝히다. 耳目(이목) 귀와 눈. 이목을 밝힌다. 詭(궤) 속이다. 符印(부인) 요즘으로 말하면 비표나 암호 같은 것. 謬(류) 속이다. 號令(호령) 신호와 명령체계. 闇(암) 닫다. 어둡게 하다. 忽(홀) 홀연히. 갑자기. 往來(왕래) 가고 오다. 出入(출입) 전장에 나가고 들어오는 것. 若神(약신) 귀신같이.

股肱四人, 主任重持難, 修溝塹, 治壁壘, 以備守禦.
고굉사인, 주임중지난, 수구참, 치벽루, 이비수어.
다음은 고굉(股肱) 네 명을 둡니다. 이들은 주로 중대한 직책을 맡아 어려운 일을 처리하는 것을 담당하게 하고, 참호와 보루를 보수하여 대비태세를 가다듬게 합니다.

股肱四人(고굉사인) 고굉 네 명을 두다. 股(고) 넓적다리. 肱(굉) 팔뚝. 股肱(고굉) 수족과 같은 신하. 主(주) 주로. 任重(임중) 중요한 임무를 맡다. 持(지) 가지다. 難(란) 어렵다. 修(수) 닦다. 수리하다. 溝(구) 해자. 도랑. 塹(참) 참호. 구덩이. 治(치) 다스리다. 관리하다. 壁壘(벽루) 성벽이나 보루. 備(비) 대비하다. 守(수) 지키다. 禦(어) 막다.

通才二人, 主拾遺補過, 應對賓客, 論議談語, 消患解結.
통재이인, 주습유보과, 응대빈객, 논의담어, 소환해결.
다음은 통재(通才) 두 명을 둡니다. 이들은 주로 장수의 잘못을 바로잡도록 건의하고, 내빈들을 대접하여 의견을 교환하며, 여론을 수렴하여 불만요소들을 사전에 제거하게 합니다.

通才二人(통재이인) 통재 두 명을 두다. 主(주) 주로. 拾(습) 줍다. 遺(유) 끼치다. 補(보) 보좌하다. 過(과) 과오. 應對(응대) 대접하다. 賓客(빈객) 손님들. 論議談語(논의담어) 의견을 교환하는 일. 消(소) 사라지다. 患(환) 걱정거리. 解結(해결) 해결하다.

權士三人, 主行奇譎, 設殊異, 非人所識, 行無窮之變.
권사삼인, 주행기휼, 설수이, 비인소식, 행무궁지변.
다음은 권사(權士) 세 명을 둡니다. 이들은 각종 기만, 위장, 권모술수 등을 담당하게 해서 적이 아는 바와 다르게 함으로써 적에게 아군의 무궁무진한 전술의 변화를 구사하게 합니다.

權士三人(권사삼인) 권사 세 명을 두다. 권모술수를 담당. 主(주) 주로. 行(행) 행하다. 奇(기) 기이하다. 譎(휼) 속이다. 設(설) 베풀다. 설치하다. 殊(수) 정하다. 異(이) 다르다. 非(비) 아니다. 人(인) 사람. 적군. 所(소) ~하는 바. 識(식) 알다. 無窮之變(무궁지변) 무궁무진한 변화.

耳目七人, 主往來, 聽言, 視變, 覽四方之士, 軍中之情.
이목칠인, 주왕래, 청언, 시변, 람사방지사, 군중지정.
다음은 이목(耳目) 일곱 명을 둡니다. 이들은 적진에 잠입하여 정보를 수집하고, 아군 내부의 동태도 은밀히 파악하여 장수에게 보고하게 합니다.

耳目七人(이목칠인) 이목을 담당하는 자 일곱 명을 두다. 主(주) 주로. 往來(왕래) 가고 오다. 적진을 가고 온다는 말임. 聽言(청언) 말을 듣다. 視變(시변) 변화요소를 보다. 覽(람) 보다. 四方之士(사방지사) 사방에 있는 군사들. 軍中之情(군중지정) 아군의 군중의 장병들의 심리상태.

爪牙五人, 主揚威武, 激勵三軍, 使冒難攻銳, 無所疑慮.
조아오인, 주양위무, 격려삼군, 사모난공예, 무소의려.
다음은 조아(爪牙) 다섯 명을 둡니다. 이들은 유사시 군의 위세를 드높이고 군사들을 격려하여, 위험을 무릅쓰고 예기가 넘치는 강적을 앞장서서 공격함으로써 군사들의 승리에 관한 자신감을 고취합니다.

爪牙五人(조아오인) 조아 다섯 명을 두다. 爪牙(조아) 손톱과 어금니처럼 궂은 일을 담당하는 자. 主(주) 주로. 揚(양) 고양하다. 威武(위무) 군의 위세를 말함. 激勵(격려) 격려하다. 三軍(삼군) 전군. 使(사) ~하게 하다. 冒(모) 무릅쓰다. 難(란) 어려움. 攻(공) 공격하다. 銳(예) 예리함. 無(무) 없다. 所(소) ~하는 바. 疑(의) 의심하다. 慮(려) 걱정하다.

羽翼四人, 主揚名譽, 震遠方, 動四境, 以弱敵心.
우익사인, 주양명예, 진원방, 동사경, 이약적심.
우익(羽翼) 네 명을 둡니다. 이들은 주로 군의 명예를 고양하는 활동을 담당하며, 먼 지방에서까지 권위를 떨치게 하고, 사방의 국경까지 이르게 하며, 적의 사기를 약화하는 선전 업무를 수행하게 합니다.

羽翼四人(우익사인) 우익 네 명을 두다. 요즘으로 말하면, 정훈병과와 같은 일. 主(주) 주로. 揚(양) 오르다. 고양하다. 名譽(명예) 군의 명예. 震(진) 권위를 떨치다. 遠方(원방) 먼 지방까지. 動(동) 움직이다. 四境(사경) 사방의 국경까지. 以(이) 써. ~로써. 弱(약) 약하다. 敵心(적심) 적의 사기.

遊士八人, 主伺姦候變, 開闔人情, 觀敵之意, 以爲間諜.
유사팔인, 주사간후변, 개합인정, 관적지의, 이위간첩.

유사(遊士) 여덟 명을 둡니다. 이들은 적의 간사한 계획을 탐지하고 변란을 정탐하는 일을 주로 하며, 적의 심리를 동요하게 하며, 적의 의도를 살피는 첩보 활동을 하게 합니다.

遊士八人(유사팔인) 유사 여덟 명을 두다. 主(주) 주로. 伺(사) 엿보다. 姦(간) 간사하다. 候(후) 묻다. 變(변) 변하다. 開(개) 열다. 통하다. 闔(합) 문을 닫다. 人情(인정) 적의 심리. 觀(관) 보다. 敵之意(적지의) 적의 의도. 以(이) 써. 爲(위) 하다. 間諜(간첩) 간첩.

術士二人, 主爲譎詐, 依託鬼神, 以惑衆心.
술사이인, 주위휼사, 의탁귀신, 이혹중심.
술사(術士) 두 명을 둡니다. 이들은 주로 적에게 속임수를 쓰는 일을 담당하게 하는데, 귀신의 힘을 빌려 적을 의혹에 빠지게 합니다.

術士二人(술사이인) 술사 두 명을 두다. 主(주) 주로. 爲(위) ~하다. 譎(휼) 속이다. 詐(사) 속이다. 依(의) 의지하다. 託(탁) 부탁하다. 鬼神(귀신) 귀신. 以(이) 써. 惑(혹) 미혹하다. 衆(중) 무리. 적을 말함. 心(심) 마음.

方士三人, 主百藥, 以治金瘡, 以痊萬症.
방사삼인, 주백약, 이치금창, 이전만증.
방사(方士) 세 명을 둡니다. 이들은 주로 갖은 약재를 구비하게 하는 일을 담당하게 하여 전투 시에 장병들의 상처를 치료하고 질병을 고치게 합니다.

方士三人(방사삼인) 방사 세 명을 두다. 요즘의 군의관. 의무인력. 主(주) 주로. 百藥(백약) 백 가지 약. 갖은 약재를 말함. 以治(이치) 치료하다. 金瘡(금창) 쇠붙이로 인해 나는 상처. 痊(전) 병이 낫다. 萬症(만증) 만 가지 증상. 온갖 증상.

法算二人, 主會計三軍營壘糧食, 財用出入.
법산이인, 주회계삼군영루양식, 재용출입.
법산(法算) 두 명을 둡니다. 이들은 주로 군의 막사와 군량 및 재정의 출납을 관장하게 합니다.

法算二人(법산이인) 법산을 두 명 두다. 法算(법산) 법률과 재정을 담당하는 인원. 主(주) 주로. 會計(회계) 회계를 담당. 三軍(삼군) 전군. 營壘(영루) 진영. 군의 막사. 糧食(양식) 군량을 말함. 財(재) 재물. 用出入(용출입) 쓰고, 나가고, 들어오는 것.

19). 論將 논장. 장수의 자질

논장(論將)이란 장수의 자질이 어진지 아닌지를 평가하고 논하는 것을 말한다. 무왕(武王)이 장수의 자질에 대해서 물었으므로 논장(論將)이라는 두 글자를 취하여 편명(篇名)으로 삼았다.

-육도직해(六韜直解)에서-

武王問太公曰, 論將之道奈何?
무왕문태공왈, 논장지도내하?
무왕(武王)이 태공(太公)에게 물었다. 장수를 평가하려면 어떻게 하여야 합니까?

武王問太公曰(무왕문태공왈) 무왕이 태공에게 물었다. 論將(논장) 장수에 대해서 논하다. 道(도) 방법. 奈何(내하) 어찌해야 하는가?

太公曰, 將有五材十過.
태공왈, 장유오재십과.
태공(太公)이 대답하였다. 장수에게는 다섯 가지 미덕인 오재(五材)와 열 가지 결함인 십과(十過)가 있습니다.

太公曰(태공왈) 태공이 말하다. 將(장) 장수. 有(유) 있다. 五材(오재) 다섯 가지 재목. 5가지 미덕. 十過(십과) 열 가지 과오.

武王曰, 敢問其目?
무왕왈, 감문기목?
무왕이 물었다. 그 자세한 내용을 말씀해 주십시오.

武王曰(무왕왈) 무왕이 말하다. 敢(감) 감히. 問(문) 묻다. 其(기) 그. 目(목) 목차. 세부항목.

太公曰, 所謂五材者, 勇, 智, 仁, 信, 忠也.
태공왈, 소위오재자, 용, 지, 인, 신, 충야.
태공(太公)이 대답하였다. 장수의 다섯 가지 미덕 오재(五材)는 용(勇), 지(智), 인(仁), 신(信), 충(忠)을 말하는 것입니다.

太公曰(태공왈) 태공이 말하다. 所謂(소위) 이른바. 五材者(오재자) 오재라고 하는 것은. 勇(용) 용맹스러움. 智(지) 지혜로움. 仁(인) 인자함. 信(신) 믿음. 忠(충) 충성심.

勇則不可犯, 智則不可亂, 仁則愛人, 信則不欺, 忠則無二心.
용즉불가범, 지즉불가란, 인즉애인, 신즉불기, 충즉무이심.
첫 번째, 용맹스러운 장수는(勇) 적이 감히 범할 수 없습니다. 두 번째, 지혜로운 장수는(智) 적이 그를 혼란하게 할 수 없습니다. 세 번째, 인자한 장수는(仁) 부하를 사랑할 수밖에 없습니다. 네 번째, 신의가 있는 장수는(信) 상하, 동료를 속이지 않습니다. 다섯 번째, 충성심이 있는 장수는(忠) 두 마음을 품지 않습니다.

勇(용) 용맹스러움. 則(즉) 곧. 不可(불가) 불가능하다. 犯(범) 범하다. 智(지) 지혜로움. 則(즉) 곧. 不可(불가) 불가능하다. 亂(란) 혼란스럽다. 仁(인) 인자함. 愛(애) 사랑하다. 人(인) 사람. 부하. 信(신) 믿음. 不(불) 아니다. 欺(기) 속이다. 忠(충) 충성. 無二心(무이심) 두 마음이 없다.

所謂十過者, 有勇而輕死者, 有急而心速者, 有貪而好利者,
소위십과자, 유용이경사자, 유급이심속자, 유탐이호리자,
장수의 열 가지 결함인 십과(十過)에 대해서 말씀드리겠습니다.
첫 번째는 성질이 너무 강하고 용맹하여 생명을 가볍게 여기는 것, 두 번째는 성급하여 너무 서두르는 것, 세 번째는 본성이 탐욕스러워 재물과 이익을 좋아하는 것,

所謂(소위) 이른바. 十過者(십과자) 장수의 열 가지 결함이란. 有勇(유용) 용맹스러움이 있다. 輕(경) 가벼이 여긴다. 死(사) 죽음. 者(자) ~하는 것. 有急(유급) 급함이 있다. 성급하다. 心(심) 마음. 速(속) 빠르다. 有貪(유탐) 탐욕이 있다. 好(호) 좋아하다. 利(리) 이익.

有仁而不忍者, 有智而心怯者, 有信而喜信人者, 有廉潔而不愛人者,
유인이불인자, 유지이심겁자, 유신이희신인자, 유렴결이불애인자,
네 번째는 마음씨가 너무 인자하여 차마 인명을 살상하지 못하는 것, 다섯 번째는 지혜가 있으면서도 마음에 겁이 많은 것, 여섯 번째는 자기가 신의를 지킨다고 하여 남의 말을 너무 믿는 것, 일곱 번째는 청렴결백하기만 하고 다른 사람을 아끼지 않는 것입니다.

有仁(유인) 인자함이 있다. 不忍(불인) 참지 못한다. 者(자) ~하는 것. 有智(유지) 지혜가 있다. 心(심) 마음. 怯(겁) 겁내다. 有信(유신) 믿음이 있다. 喜(희) 기쁘다. 좋아하다. 信(신) 믿다. 人(인) 사람. 有(유) 있다. 廉(렴) 청렴하다. 潔(결) 깨끗하다. 不(불) 아니다. 愛(애) 사랑하다. 아끼다.

有智而心緩者, 有剛毅而自用者, 有懦而喜任人者.
유지이심완자, 유강의이자용자, 유나이희임인자.
여덟 번째는 지혜가 있지만 결단력이 부족해서 의심을 잘 품는 것, 아홉 번째는 너무 고집이 세어 자기 의견만을 고집하는 것, 열 번째는 나약해서 모든 일을 남에게 맡기는 것입니다.

有(유) 있다. 智(지) 지혜. 心(심) 마음. 심성. 緩(완) 느리다. 느슨하다. 剛(강) 굳세다. 毅(의) 굳세다. 自(자) 스스로. 자신. 用(용) 쓰다. 懦(나) 나약하다. 喜(희) 좋아하다. 기쁘다. 任(임) 맡기다. 人(인) 사람. 남.

勇而輕死者, 可暴也. 急而心速者, 可久也. 貪而好利者, 可賂也.
용이경사자, 가폭야. 급이심속자, 가구야. 탐이호리자, 가뢰야.
다음은 장수들의 열 가지 과오인 십과(十過)의 경우별 대처방법에 대해 말씀드리겠습니다. ① 첫 번째 성질이 너무 강하고 용맹하여 생명을 가볍게 여기는 자는, 적이 그를 격노하게 하여 죽일 수 있습니다. ② 두 번째 성급하여 너무 서두르는 자는 지구전으로 곤경에 빠뜨릴 수 있습니다. ③ 세 번째 탐욕스러워 재물과 이익을 좋아하는 자는 뇌물로 유인할 수 있습니다.

有勇(유용) 용맹스러움이 있다. 輕(경) 가벼이 여긴다. 死(사) 죽음. 者(자) ~하는 것. 可(가) 가능하다. 暴(폭) 사납다. 해치다. 有急(유급) 급함이 있다. 성급하다. 心(심)마음. 速(속) 빠르다. 久(구) 오래. 지구전. 有貪(유탐) 탐욕이 있다. 好(호) 좋아하다. 利(리) 이익. 賂(뢰) 뇌물 주다.

仁而不忍人者, 可勞也. 智而心怯者, 可窘也. 信而喜信人者, 可誑也.
인이불인인자, 가로야. 지이심겁자, 가군야. 신이희신인자, 가광야.
④ 네 번째 마음씨가 너무 인자하여 인명을 살상하지 못하는 자는 그를 곤경에 빠뜨릴 수 있습니다. ⑤ 다섯 번째 지혜가 있으면서도 겁이 많은 자는 궁지에 몰아넣을 수 있습니다. ⑥ 여섯 번째 자기가 신의를 지킨다고 하여 남의 말을 너무 믿는 자는 속임수로 그를 속일 수 있습니다.

有仁(유인) 인자함이 있다. 不忍(불인) 참는다는 의미보다는 잔인하게 적을 죽일 수 없는 성품을 말함. 者(자) ~하는 것. 可(가) 가능하다. 勞(로) 힘들다. 피곤하다. 有智(유지) 지혜가 있다. 心(심) 마음. 怯(겁) 겁내다. 窘(군) 궁지에 몰리다. 有信(유신) 믿음이 있다. 喜(희) 기쁘다. 좋아하다. 信(신) 믿다. 人(인) 사람. 남. 誑(광) 속이다.

廉潔而不愛人者, 可侮也. 智而心緩者, 可襲也. 剛毅而自用者, 可事也.
염결이불애인자, 가모야. 지이심완자, 가습야. 강의이자용자, 가사야.

⑦ 일곱 번째, 청렴결백하기만 하고 사람을 아끼지 않는 자는 누명을 씌워 모욕을 줄 수 있습니다. ⑧ 여덟 번째, 지혜는 있으나 결단력이 부족하여 심성이 느린 자는 불시에 습격을 가하여 죽일 수 있습니다. ⑨ 아홉 번째, 너무 고집이 세어 자기 의견만을 고집하는 자는 그를 추켜세우면 자만심에 빠뜨릴 수 있습니다.

廉(렴) 청렴하다. 潔(결) 깨끗하다. 不(불) 아니다. 愛(애) 아끼다. 人(인) 사람. 남. 者(자) ~하는 것. 可(가) 가능하다. 侮(모) 모욕하다. 智(지) 지혜. 心(심) 마음. 심성. 緩(완) 느리다. 襲(습) 엄습하다. 剛(강) 굳세다. 毅(의) 굳세다. 自(자) 스스로. 자신. 用(용) 쓰다. 事(사) 일.

懦而喜任人者, 可欺也.
나이희임인자, 가기야.

⑩ 열 번째, 나약해서 일을 남에게 맡기기를 좋아하는 자는 쉽게 속일 수 있습니다.

懦(나) 나약하다. 喜(희) 좋아하다. 기쁘다. 任(임) 맡기다. 人(인) 사람. 남. 者(자) ~하는 것. 可(가) 가능하다. 欺(기) 속이다.

故兵者, 國之大事, 存亡之道, 命在於將.
고병자, 국지대사, 존망지도, 명재어장.

그러므로 군사는 국가의 가장 중대한 일이며, 국가 존망의 관건이 되는 것으로서 그 모든 것이 장수에게 달려 있습니다.

故兵者(고병자) 그러므로 군사와 관련된 일은. 國之大事(국지대사) 나라의 큰일. 存亡之道(존망지도) 국가의 존망이 걸린 일이다. 命(명) 국가의 운명. 在(재) 있다. 於將(어장) 장수에게.

將者, 國之輔, 先王之所重也, 故置將不可不察也.
장자, 국지보, 선왕지소중야, 고치장불가불찰야.

장수는 바로 국가의 기둥이므로, 옛날 성왕들은 그 선임에 신중을 기해 왔습니다. 따라서 장수를 선발함에는 자세히 관찰하고 깊이 고려하지 않을 수 없는 것입니다.

將者(장자) 장수라는 사람은. 國(국) 나라. 輔(보) 기둥. 나라의 기둥. 先王(선왕) 옛날 왕들. 所(소) ~하는 바. 重(중) 중요하다. 故(고) 그러므로. 置(치) 두다. 將(장) 장수. 不可不察(불가불찰) 자세히 살피지 않을 수 없다.

故曰, 兵不兩勝, 亦不兩敗. 兵出踰境, 不出十日, 不有亡國, 必有破軍殺將.
고왈, 병불양승, 역불양패. 병출유경, 불출십일, 불유망국, 필유파군살장.
따라서 예로부터 다음과 같은 말이 있습니다. 군은 양쪽이 모두 승리할 수 없으며, 또한 양쪽 모두 패할 수도 없다. 즉, 무능한 장수가 군을 이끌고 국경 밖으로 출정하여 싸우게 되면, 열흘이 지나지 않아서 나라가 멸망하든가 아니면 군이 격파되고 장수가 죽는 불행을 가져오게 됩니다.

故曰(고왈) 그러므로 예로부터 이르기를. 兵(병) 군사. 군대. 不(불) 아니다. 兩(양) 양쪽. 勝(승) 승리. 亦(역) 또. 敗(패) 패하다. 出출) 나가다. 踰(유) 넘다. 境(경) 국경. 不出十日(불출십일) 십 일이 지나지 않아서. 不有亡國(불유망국) 나라가 망하다. 必(필) 반드시. 有(유) 있다. 破軍(파군) 군이 격파되다. 殺將(살장) 장수가 죽다.

武王曰, 善哉.
무왕왈, 선재.
무왕이 말했다. 매우 좋은 말씀입니다!

武王曰(무왕왈) 무왕이 말하다. 善哉(선재) 좋은 말이다.

20). 選將 선장. 유능한 자를 골라 장수로 삼아라

선장(選將)이란 선비 중에 능력이 있는 자를 잘 가려서 장수로 임명하는 것을 말한다. 본문 내용 중에서 선장(選將)라는 두 글자를 취하여 편명(篇名)으로 삼았다.

–육도직해(六韜直解)에서–

武王問太公曰, 王者擧兵, 簡練英權, 知士之高下, 爲之奈何?
무왕문태공왈, 왕자거병, 간련영권, 지사지고하, 위지내하?
무왕(武王)이 태공(太公)에게 물었다. 군왕이 군을 출동시키려면 지략이 뛰어난 인물을 장수로 선발하고 훈련해야 하는데, 장수의 수준이 높은지 낮은지 어떻게 하면 알 수 있겠습니까?

武王問太公曰(문왕문태공왈) 문왕이 태공에게 물었다. 王者(왕) 왕이. 擧兵(거병) 군을 일으키다. 군을 출동시키다. 簡(간) 선발하다. 練(련) 훈련시키다. 英(영) 뛰어나다. 權(권) 권모술수. 지략. 知(지) 알다. 士(사) 군사. 장수를 말함. 高下(고하) 높고 낮음. 수준을 말함. 爲之奈何(위지내하) 어찌하면 좋은가?

太公曰, 夫 士外貌不與中情相應者, 十五.
태공왈, 부 사외모불여중정상응자, 십오.
태공(太公)이 대답하였다. 모름지기 사람의 외모와 속마음이 일치하지 못하는 경우가 열다섯 가지 있습니다.

太公曰(태공왈) 태공이 말하다. 夫(부) 무릇. 士(사) 군사. 장수를 말함. 外貌(외모) 외모. 不與(불여) 같이 않다. 中情(중정) 속마음. 相應(상응) 서로 응하거나 어울림. 者(자) ~하는 자. 十五(십오) 15가지가 있다.

有賢而不肖者, 有溫良而爲盜者, 有貌恭敬而心慢者,
유현이불초자, 유온량이위도자, 유모공경이심만자,
① 첫 번째, 외모는 현명해 보이지만 속으로는 어리석고 모자란 경우, ② 두 번째, 외모는 온순해 보이지만 속마음은 도둑과 같은 경우, ③ 세 번째, 외모는 매우 공경하는 것 같지만 속으로는 공경스럽지 못한 경우가 있습니다.

문장 구성이 有○○而◎◎者(유○○이◎◎자)로 되어 있어, 외모는 ○○이지만, 속마음은 ◎◎인 자로 해석. 賢(현) 어질다. 현명하다. 不肖(불초) 어리석고 모자람. 溫良(온량) 온순하고 선량함. 爲盜(위도) 도둑과 같다. 貌(모) 얼굴. 恭敬(공경) 공경하다. 心慢(심만) 게으르다.

有外廉謹而內無恭敬者, 有精精而無情者, 有湛湛而無誠者,
유외렴근이내무공경자, 유정정이무정자, 유담담이무성자,
④ 네 번째, 외모는 청렴하고 조심성이 있어 보이지만 속마음은 공경심이 없는 경우, ⑤ 다섯 번째, 겉으로는 재능이 있어 보이지만 실은 치밀하지 못한 경우, ⑥ 여섯 번째 겉으로는 담담하며 차분하게 보이지만 실은 성의가 없는 경우입니다.

外(외) 겉으로는 廉謹(렴근) 청렴하고 조심성이 있다. 內(내) 안으로는. 無恭敬(무공경) 공경심이 없다. 精精(정정) 치밀하다. 無情(무정) 치밀함이 없다. 湛湛(담담) 맑다. 無誠(무성) 성의가 없다.

有好謀而無決者, 有如果敢而不能者, 有悾悾而不信者,
유호모이무결자, 유여과감이불능자, 유공공이불신자,
⑦ 일곱 번째, 겉으로는 지모를 좋아하는 것처럼 보이지만 속으로는 결단력이 부족한 경우, ⑧ 여덟 번째, 겉으로는 과감한 것처럼 보이지만 속으로는 그렇지 못한 경우, ⑨ 아홉 번째, 겉으로는 진실해 보이지만 속으로는 진실 되지 못한 경우입니다.

好謀(호모) 지모를 좋아하다. 無決(무결) 결단력이 없다. 如果敢(여과감) 과감한 것처럼 보이다. 不能(불능) 능력이 없다. 悾悾(공공) 진실하게 보이다. 不信(불신) 신의가 없다.

有恍恍惚惚而反忠實者, 有詭激而有功效者, 有外勇而內怯者,
유황황홀홀이반충실자, 유궤격이유공효자, 유외용이내겁자,
⑩ 열 번째, 겉으로는 허황되게 보이지만 속마음은 도리어 충실한 경우, ⑪ 열한 번째, 입으로는 허튼소리를 하는데도 실속이 있는 경우, ⑫ 열두 번째, 겉으로는 용맹하게 보이지만 속으로는 겁이 많은 경우입니다.

恍(황) 황홀하다. 惚(홀) 황홀하다. 反(반) 반대로. 忠實(충실) 충실하다. 詭(궤) 속이다. 激(격) 물결이 부딪쳐 흐르다. 功(공) 공로. 效(효) 본받다. 外(외) 겉으로는. 勇(용) 용맹스럽다. 內(내) 속으로는. 怯(겁) 겁이 많다.

有肅肅而反易人者, 有嗃嗃而反靜慤者, 有勢虛形劣而出外無所不至, 無使不遂者.

유숙숙이반이인자, 유학학이반정각자, 유세허형렬이출외무소부지, 무사불수자.
⑬ 열세 번째, 겉으로는 조심스러워 하는 것 같지만 속으로는 사람을 쉽게 보는 경우, ⑭ 열네 번째, 겉으로는 엄하게 보이지만 속으로는 침착하고 성실을 다하는 경우, ⑮ 열다섯 번째, 겉으로는 허세가 심하고 못해보여도 실제로는 이르지 못하는 것도 임무를 완수하지 못하는 것도 없는 경우입니다.

肅(숙) 엄숙하다. 反(반) 반대로. 易(이) 쉽다. 嗃(학) 엄하다. 反(반) 반대로. 靜(정) 고요하다. 慤(각) 삼가다. 勢(세) 기세. 虛(허) 비다. 形(형) 외형. 劣(렬) 못하다. 出外(출외) 밖으로 나가다. 無所不至(무수부지) 이르지 않는 곳이 없다. 無使不遂(무사불수) 완수하지 못하는 것이 없다.

天下所賤, 聖人所貴, 凡人不知,
천하소천, 성인소귀, 범인부지,
모든 사람이 비천하게 여기는 것을, 성인은 도리어 그것을 귀하게 여기는 경우가 있습니다. 그러나 일반인들은 이것을 알지 못합니다.

天下(천하) 천하 모든 사람들. 所賤(소천) 천하게 여기는 바. 聖人(성인) 성인. 所貴(소귀) 귀하게 여기는 바. 凡人(범인) 보통사람. 不知(부지) 알지 못하다.

非有大明不見其際, 此士之外貌不與中情相應者.
비유대명불견기제, 차사지외모불여중정상응자.
지혜가 크게 뛰어나지 않으면 사물의 내용을 정확하게 꿰뚫어 볼 수가 없기 때문입니다. 이 때문에 사람의 외모와 속마음이 일치하지 않는 경우가 있는 것입니다.

非(비) 아니다. 有大明(유대명) 아주 크게 현명하지 않으면. 不見(불견) 볼 수가 없다. 其(기) 그. 際(제) 사이. 此(차) 이것이. 士之(사지) 사람의. 장수의. 外貌(외모) 외모. 不與(불여) 같이 않다. 中情(중정) 속마음. 相應(상응) 서로 응하여 어울리다.

武王曰, 何以知之?
무왕왈, 하이지지?
무왕이 물었다. 어떻게 하면 이를 알 수 있겠습니까?

武王曰(무왕왈) 무왕이 말하다. 何以知之(하이지지) 어떻게 하면 그것을 알 수 있는가?

太公曰, 知之有八徵,

태공왈, 지지유팔징,

태공(太公)이 대답하였다. 이것을 아는 데에는 여덟 가지 방법이 있습니다.

太公曰(태공왈) 태공이 말하다. 知之(지지) 그것을 알다. 有八徵(유팔징) 8가지 징후가 있다.

一曰 問之以言, 以觀其詳. 二曰 窮之以辭, 以觀其變.

일왈 문지이언, 이관기상. 이왈 궁지이사, 이관기변.

① 첫째, 그에게 말로 질문하여 그가 얼마나 자세히 알고 있는가를 관찰합니다. ② 둘째, 그에게 어려운 질문을 하여 임기응변하는 기민성을 관찰합니다.

一曰(일왈) 첫째. 問之(문지) 그것을 물어보다. 以言(이언) 말로써. 以觀(이관) 보는 것으로. 其(기) 그. 詳(상) 자세하다. 二曰(이왈) 두 번째. 窮(궁) 다하다. 以辭(이사) 말로써. 以觀(이관) 살펴보다. 變(변) 임기응변.

三曰 與之間諜, 以觀其誠. 四曰 明白顯問, 以觀其德.

삼왈 여지간첩, 이관기성. 사왈 명백현문, 이관기덕.

③ 셋째, 간첩을 보내어 살펴보게 해서 그의 성실성 여부를 관찰합니다. ④ 넷째, 명백하게 나타나는 질문을 해서 숨기는 것이 있는가를 보아 그 덕행을 관찰합니다.

三曰(삼왈) 세 번째. 與(여) 주다. 間諜(간첩) 간첩. 以觀(이관) 살펴보다. 其(기) 그. 誠(성) 성실하다. 四曰(사왈) 네 번째. 明白(명백) 명백하다. 顯(현) 나타나다. 問(문) 묻다. 질문. 以觀(이관) 살펴보다. 德(덕) 덕행.

五曰 使之以財, 以觀其廉. 六曰 試之以色, 以觀其貞.

오왈 사지이재, 이관기렴. 육왈 시지이색, 이관기정.

⑤ 다섯째, 그에게 재물을 맡기어 청렴도를 관찰합니다. ⑥ 여섯째, 그에게 아름다운 미녀를 안겨 주어 지조를 관찰합니다.

五曰(오왈) 다섯 번째. 使(사) ~하게 하다. 財(재) 재물. 以觀(이관) 살펴보다. 其(기) 그. 廉(렴) 청렴함. 六曰(육왈) 여섯 번째. 試(시) 시험하다. 色(색) 미색의 여자. 以觀(이관) 보다. 貞(정) 정조.

七曰 告之以難, 以觀其勇. 八曰 醉之以酒, 以觀其態.

칠왈 고지이난, 이관기용. 팔왈 취지이주, 이관기태.

⑦ 일곱째, 그에게 위험을 알리어 용맹성을 관찰합니다. ⑧ 여덟째, 그를 술에 취하게 하여 취중의 태도를 관찰합니다.

七曰(칠왈) 일곱 번째. 告(고) 알리다. 難(란) 어렵다. 以觀(이관) 살펴보다. 其(기) 그. 勇(용) 용기.

八曰(팔왈) 여덟 번째. 醉(취) 취하다. 酒(주) 술. 以觀(이관) 살펴보다. 態(태) 태도.

八徵皆備, 則賢不肖別矣.

팔징개비, 즉현불초별의.

이상 여덟 가지 방법으로 세밀히 관찰한다면 사람의 재능과 인품의 고하를 판별할 수 있을 것입니다.

八徵(팔징) 여덟 가지 징후. 皆(개) 모두. 備(비) 대비하다. 則(즉) 곧. 賢(현) 현명하다. 어질다. 不肖(불초) 어리석고 모자람. 別(별) 구별하다. 판별하다.

21). 立將 입장. 장수를 임명하려면

입장(立將)이란 대장을 세워 임명하는 것을 말한다. 무왕(武王)이 대장을 세우는 방법에 대하여 물었으므로 입장(立將)이라는 두 글자를 취하여 편명(篇名)으로 삼았다.

-육도직해(六韜直解)에서-

武王問太公曰, 立將之道 奈何?
무왕문태공왈, 입장지도 내하?
무왕(武王)이 태공(太公)에게 물었다. 장수를 선임하려면 어떻게 하여야 합니까?

武王問太公曰(무왕문태공왈) 무왕이 태공에게 물었다. 立將(입장) 장수를 세우다. 道(도) 방법. 奈何(내하) 어찌해야 하는가?

太公曰, 凡國有難, 君避正殿, 召將而詔之曰, 社稷安危, 一在將軍.
태공왈, 범국유난, 군피정전, 소장이조지왈, 사직안위, 일재장군.
태공(太公)이 말하였다. 나라에 변란이 일어나면, 군왕은 자책하는 뜻에서 왕이 조회를 하던 궁전인 정전(正殿)을 피해서 장수로 선임된 자를 불러서 이르기를, '국가와 사직의 안위가 모두 그대에게 달려 있는데,

太公曰(태공왈) 태공이 말하다. 凡(범) 무릇. 國有難(국유난) 나라에 난이 일어나면. 君避(군피) 군주는 피한다. 正殿(정전) 왕이 나와서 조회를 하던 궁전. 召(소) 부르다. 將(장) 장수. 詔(조) 고하다. 알리다. 曰(왈) 말하다. 社稷(사직) 나라 또는 조정. 安危(안위) 안위. 一在(일재) 모두 ~에 달려 있다. 將軍(장군) 군주가 부른 장군.

今某國不臣, 願將軍帥師應之.
금모국불신, 원장군수사응지.
지금 아무 곳에서 반란을 꾀하고 있으니, 그대가 군을 이끌고 나가서 정벌하기 바란다'고 당부합니다.

今(금) 지금. 某國(모국) 어떤 나라에서. 不臣(불신) 신하가 아니라는 것은 곧 반란을 꾀하고 있다는 말임. 願(원) 원하다. 將軍(장군) 장군. 帥(수) 인솔하다. 師(사) 군사. 應(응) 응하다.

將旣受命, 乃命太史鑽靈龜, 卜吉日, 齋三日, 至太廟以授斧鉞.
장기수명, 내명태사찬영구, 복길일, 재삼일, 지태묘이수부월.
장수에게 출전 명령을 내림과 동시에 군주는 기록을 맡아보던 관리인 태사(太史)에게 명해서 거북점을 치고 길한 날짜를 택해서 사흘 동안 목욕재계하고, 종묘에서 장수에게 지휘권을 상징하는 부월(斧鉞)을 수여하는 의식을 거행합니다.

將(장) 장수. 旣(기) 이미. 受命(수명) 명령을 받다. 乃(내) 이에. 命(명) 명하다. 太史(태사) 옛날 중국에서 기록을 담당하던 관리. 鑽(찬) 끌다. 靈(령) 신령. 龜(구) 거북. 卜吉日(복길일) 복되고 길한 날짜를 정하다. 齋(재) 목욕재계하다. 三日(삼일) 3일 동안. 至(지) 이르다. 太廟(태묘) 종묘를 말함. 授(수) 수여하다. 斧鉞(부월) 전쟁터에 나가는 장수에게 왕이 친히 하사하던 도끼.

君入廟門, 西面而立. 將入廟門, 北面而立.
군입묘문, 서면이입. 장입묘문, 북면이입.
군주는 종묘의 정문으로 들어가 동쪽에 서서 서쪽을 향하여 서고, 장수는 뒤따라 들어가 북쪽을 향해서 섭니다.

君(군) 군주. 入(입) 들어오다. 廟門(묘문) 종묘의 문. 西面(서면) 서쪽을 향해서. 立(입) 서다. 將(장) 장수. 北面(북면) 북쪽을 향해서.

君親操鉞, 持首, 授將其柄, 日, 從此上至天者, 將軍制之.
군친조월, 지수, 수장기병, 왈, 종차상지천자, 장군제지.
왕이 손수 큰 도끼의 머리를 잡고 장수에게 그 자루를 쥐여주며 '이제부터 위로는 하늘에 이르기까지 장군이 모두 통제하라!' 라고 선언합니다.

君親(군친) 군주가 친히. 操(조) 잡다. 鉞(월) 도끼. 군주가 장수에게 주는 도끼. 持(지) 잡다. 首(수) 머리. 도끼의 머리 부분. 授(수) 수여하다. 將(장) 장수에게. 其(기) 그. 도끼를 말함. 柄(병) 자루. 도낏자루. 日(왈) 말하다. 從(종) 따르다. 此(차) 이제. 上至天者(상지천자) 위로 하늘에 이르는 모든 것. 將軍(장군) 장군. 制(제) 통제하다.

復操斧, 持柄, 授將其刃, 日, 從此下至淵者, 將軍制之.
부조부, 지병, 수장기인, 왈, 종차하지연자, 장군제지.
그리고 다시 작은 도낏자루를 잡고 장수에게 그 날을 쥐여주며 '이제부터 아래로 연못 속 깊은 곳에 이르기까지 장군이 모두 통제하라!'고 말합니다.

復(부) 다시. 操(조) 잡다. 斧(부) 군주가 장수에게 주는 도끼 중의 하나. 持(지) 잡다. 柄(병) 자루. 授(수) 수여하다. 將(장) 장수에게. 刃(인) 칼날. 曰(왈) 말하다. 從(종) 따르다. 此(차) 이제. 下至淵者(하지연자) 아래로는 연못 속에 이르는 모든 것. 將軍(장군) 장군. 制(제) 통제하다.

見其虛 則進, 見其實 則止.

견기허 즉진, 견기실 즉지.

그리고 이어서, '장수는 적의 허점을 발견하면 지체함이 없이 진격하고, 적이 견실하면 진격을 중지해야 하느니라.'

見(견) 보다. 其虛(기허) 허점. 則(즉) 곧. 進(진) 나아가다. 其實(기실) 강점. 止(지) 그치다.

勿以三軍爲衆而輕敵, 勿以受命爲重而必死, 勿以身貴而賤人,

물이삼군위중이경적, 물이수명위중이필사, 물이신귀이천인,

'우리 군의 병력이 많다 하여 적을 경시하지 말고, 무거운 임무를 받았다 하여 죽기 위해 싸우려 하지 말며, 자기의 신분이 높다 하여 타인을 업신여기지 말아야 한다.'

勿(물) ~하지 말라. 以三軍(이삼군) 전군을 가지고. 爲(위) 하다. 衆(중) 병력이 많다. 輕(경) 가벼이 보다. 敵(적) 적군. 勿(물) ~하지 말라. 受命(수명) 임무를 받다. 重(중) 중요하다. 必(필) 반드시. 死(사) 죽다. 身貴(신귀) 신분이 귀하다. 賤人(천인) 신분이 천한 사람.

勿以獨見而違衆, 勿以辯說爲必然.

물이독견이위중, 물이변설위필연.

'자신의 독단적인 견해를 고집하여 여러 사람의 의견을 배척하지 말며, 달변가의 말만 믿고 반드시 그럴 것으로 생각하지 말라.'

勿(물) ~하지 말라. 獨見(독견) 독단적인 견해. 違(위) 어기다. 衆(중) 무리. 辯(변) 말 잘하다. 說(설) 말씀. 必(필) 반드시. 然(연) 그러하다.

士未坐勿坐, 士未食勿食, 寒暑必同.

사미좌물좌, 사미식물식, 한서필동.

'또한 병사들이 앉아 휴식하지 못했으면 먼저 자리에 앉지 말고, 병사들이 미처 식사하지

못했으면 먼저 밥을 먹지 말며, 추위와 더위를 늘과 똑같이 하라.'

士(사) 사졸. 군사들. 未坐(미좌) 앉지 않았다. 勿坐(물좌) 앉지 말라. 士(사) 사졸. 군사들. 未食(미식) 먹지 않았다. 勿食(물식) 먹지 말라. 寒(한) 춥다. 暑(서) 덥다. 必同(필동) 반드시 같이하라.

如此, 士衆必盡死力.
여차, 사중필진사력.
'장수가 이와 같이 하면 군사들은 반드시 사력을 다하여 장수의 명령을 따를 것이다.'라고 합니다.

如此(여차) 이와 같이 하면. 士衆(사중) 사졸. 부하들. 必(필) 반드시. 盡(진) 다하다. 死力(사력) 죽을 힘.

將已受命, 拜而報君曰, 臣聞國不可從外治, 軍不可從中御.
장이수명, 배이보군왈, 신문국불가종외치, 군불가종중어.
장수는 명령을 받고서 군주에게 절을 하고 화답하여 이렇게 말합니다. 신이 듣건대, 한 나라의 국사는 군왕이 독자적으로 처리하여야 하며 외부의 간섭을 받아서는 안 된다고 하옵니다. 또한 군과 관련된 사항은 장수가 독자적으로 처리하여야 하며 중앙의 통제를 받아서는 안 된다고 하옵니다.

將(장) 장수. 已(이) 이미. 受命(수명) 명령을 받다. 拜(배) 절하다. 報(보) 보답하다. 君(군) 군주. 曰(왈) 말하다. 臣(신) 신하. 聞(문) 듣다. 國(국) 나라. 不可從(불가종) ~을 따르는 것이 불가하다. 外治(외치) 외부의 통치. 軍(군) 군대. 不可從(불가종) ~을 따르는 것이 불가하다. 中御(중어) 군주의 통제.

二心不可以事君, 疑志不可以應敵. 臣既受命, 專斧鉞之威.
이심불가이사군, 의지불가이응적. 신기수명, 전부월지위.
신하가 군주를 섬김에 있어서 두 마음을 품어서는 안 되며, 장수가 군주의 뜻을 의심하면 적과 대응할 수가 없는 법입니다. 신은 이미 명령을 받들어 부월(斧鉞)의 위엄을 행사할 수 있게 되었사옵니다.

二心(이심) 2마음. 딴 마음을 품는 것을 말함. 不可(불가) 불가하다. 以事(이사) 일하다. 섬기다. 君(군) 군주. 疑(의) 의심하다. 志(지) 뜻. 不可(불가) 불가하다. 以應(이응) 대응하는 것. 敵(적) 적군. 臣(신)

신. 신하 자신을 말함. 旣(기) 이미. 受命(수명) 명령을 받다. 專(전) 오로지. 斧鉞(부월) 군주가 장수에게 지휘권을 주면서 같이 하사하는 도끼. 威(위) 위엄. 지위.

臣不敢生還, 願君亦垂一言之命於臣. 君不許臣, 臣不敢將.

신불감생환, 원군역수일언지명어신. 군불허신, 신불감장.

신은 감히 살아서 돌아오지 않겠습니다. 주군께서도 신에게 전권을 부여한다면 한마디 말씀을 내려 주십시오. 주군께서 이를 허락지 않으면, 신은 장수가 되어 전군을 지휘할 수 없습니다.

臣(신) 신하. 不(불) 아니다. 敢(감) 감히. 生還(생환) 살아서 돌아오다. 願(원) 원하다. 君(군) 군주. 亦(역) 또한. 垂(수) 베풀다. 一言之命(일언지명) 한마디 말씀. 명령. 於臣(어신) 신에게. 不許(불허) 허락하지 않다. 不敢將(불감장) 장수라는 직책을 감당할 수 없다.

君許之, 乃辭而行.

군허지, 내사이행.

이에 군주가 친히 장수에게 전권을 위임해 주면, 장수는 하직하고 출정하는 것입니다.

君(군) 군주. 許之(허지) 그것을 허락하다. 乃(내) 이에. 辭(사) 말씀. 인사말. 行(행) 행하다.

軍中之事, 不聞君命, 皆由將出. 臨敵決戰, 無有二心.

군중지사, 불문군명, 개유장출. 임적결전, 무유이심.

이로부터 모든 군무는 임금의 명령이 아니라 장수의 명령에만 따르게 됩니다. 그리하여 적과 격전을 벌이는 과정에서 상하가 한마음 한뜻이 되어 서로 의심하는 마음이 없게 됩니다.

軍中之事(군중지사) 군에서 일어나는 모든 일. 不(불) 아니다. 聞(문) 듣다. 君命(군명) 군주의 명령. 皆(개) 모두. 由(유) 말미암다. 將(장) 장수. 出(출) 나가다. 臨(임) 임하다. 敵(적) 적군. 決戰(결전) 결전을 치르다. 無有二心(무유이심) 두 마음이 없다.

若此, 則無天於上, 無地於下, 無敵於前, 無君於後.

약차, 즉무천어상, 무지어하, 무적어전, 무군어후.

이와 같이 된다면, 위로는 하늘에도 막힘이 없고, 아래로는 땅에도 막힘이 없으며, 앞에는 길을 가로막는 적이 없고, 뒤로는 군주의 간섭이 없으므로, 장수가 마음대로 임기응변하여 상황에 따라 대처할 수 있게 됩니다.

若此(약차) 만약 이처럼 하면. 則(즉) 곧. 無天於上(무천어상) 위로는 하늘에도 없고. 無地於下(무지어하) 아래로는 땅에도 없다. 無敵(무적) 적이 없다. 於前(어전) 전방에는. 無君(무군) 군주의 간섭이 없다는 말. 於後(어후) 후방에는.

是故智者爲之謀, 勇者爲之鬪, 氣厲青雲, 疾若馳騖, 兵不接刃, 而敵降服.
시고지자위지모, 용자위지투, 기려청운, 질약치무, 병부접인, 이적항복.
이 때문에 지혜로운 자는 소신대로 계책을 세울 수 있고, 용감한 자는 능력대로 힘을 발휘할 수 있는 것입니다. 이렇게 되면 군사들은 자연히 사기가 충천하여 행동이 민첩하고 용감해져서 접전하기도 전에 적이 항복하게 될 것입니다.

是故(시고) 이러한 이유로. 智者(지자) 지혜로운 자는. 爲(위) 하다. 謀(모) 지모. 勇者(용자) 용기가 있는 자는. 鬪(투) 싸우다. 氣厲(기려) 사기를 의미함. 青雲(청운) 푸른 구름. 사기가 충천함을 의미함. 疾(질) 속도. 행동의 민첩함. 若(약) 같다. 馳(치) 달리다. 騖(무) 달리다. 兵(병) 군사들이. 不接(부접) 접하지 않다. 刃(인) 칼날. 敵(적) 적 부대. 降服(항복) 항복하다.

戰勝於外, 功立於內. 吏遷上賞, 百姓歡悅, 將無咎殃.
전승어외, 공립어내. 리천상상, 백성환열, 장무구앙.
전투에서의 승리는 전쟁터에서 이루어지고 그 공로는 대내적으로 기록되는 것이다. 간부들은 상급자로부터 상(賞)을 받으며, 백성들은 승리의 환희 속에서 기뻐하게 되며, 장수들은 아무런 허물이 없이 평화로움을 누리게 될 것입니다.

戰勝(전승) 전쟁에서의 승리. 於外(어외) 밖에서. 功立(공립) 공로를 세우다. 於內(어내) 내적으로. 吏(리) 관리. 장교. 간부. 遷(천) 옮기다. 上賞(상상) 윗사람으로부터 상을 받다. 百姓(백성) 백성. 歡(환) 기뻐하다. 悅(열) 기쁘다. 將(장) 장수. 無(무) 없다. 咎(구) 허물. 殃(앙) 재앙.

是故風雨時節, 五穀豐登, 社稷安寧.
시고풍우시절, 오곡풍등, 사직안녕.
따라서 기후가 알맞게 되어 오곡이 풍성하고, 종묘사직이 평안해질 수 있는 것입니다.

是故(시고) 이러한 이유로. 風雨時節(풍우시절) 비바람이 아주 적시에 적절하게 오다. 기후가 알맞다는 말임. 五穀(오곡) 쌀, 보리, 콩, 조, 기장 등 다섯 가지 곡식. 豐(풍) 풍년. 登(등) 오르다. 社稷(사직) 종묘사직, 국가. 나라. 安寧(안녕) 편안하다. 태평이다.

武王曰, 善哉.

무왕왈, 선재.

무왕(武王)은 매우 좋은 방법이라고 감탄하였다.

武王曰(무왕왈) 무왕이 말하다. 善哉(선재) 잘했다. 잘하다.

22). 將威 장위. 장수의 위엄은

장위(將威)란 장수에게 없어서는 안 될 위엄에 대해서 논한 것이다. 위엄이 있어서 가히 두려워할 만한 것을 일컬어 위엄이라고 한다. 병사들이 장수의 위엄을 두려워하면 견고하게 지킬 수 있으며 싸우면 승리하게 되는 것이다. 무왕(武王)이 장수는 어떻게 위엄을 세우는가에 대하여 물었으므로 장위(將威)라는 두 글자를 취하여 편명(篇名)으로 삼았다.

-육도직해(六韜直解)에서-

武王問太公曰, 將何以爲威? 何以爲明? 何以禁止而令行?
무왕문태공왈, 장하이위위? 하이위명? 하이금지이령행?
무왕(武王)이 물었다. 장수는 어떻게 하면 위엄을 세우고, 어떻게 하면 지혜를 밝히며, 어떻게 하면 군사들에게 금할 것은 금하게 하고, 령(令)이 제대로 서게 할 수 있겠습니까?

武王問太公曰(무왕문왈) 무왕이 태공에게 물었다. 將(장) 장수. 何(하) 어찌. 以(이) 써. 爲(위) 하다. 威(위) 위엄. 明(명) 밝히다. 禁止(금지) 금지하다. 令行(령행) 령이 제대로 서게 하다.

太公曰, 將以誅大爲威, 以賞小爲明, 以罰審爲禁止而令行.
태공왈, 장이주대위위, 이상소위명, 이벌심위금지이령행.
태공(太公)이 대답하였다. 장수는 죄를 범했으면 지위가 높은 자라 할지라도 반드시 처벌해서 위엄을 세워야 하며, 공을 세웠을 때는 지위가 낮은 자라 할지라도 반드시 상을 내려 투명하게 처리해야 합니다. 장수는 상벌을 실정에 맞게 잘 살펴서 시행한다면, 령(令)이 잘 시행될 수 있는 것입니다.

太公曰(태공왈) 태공이 말하다. 將(장) 장수. 以(이) 써. 誅(주) 베다. 大(대) 지위가 크다. 爲(위) 하다. 威(위) 위엄. 賞(상) 상을 주다. 小(소) 지위가 작다. 爲(위) 하다. 明(명) 투명하게 하다. 罰(벌) 벌을 주다. 審(심) 살피다. 爲(위) 하다. 禁止(금지) 금지하다. 令行(령행) 령이 바로서다.

故殺一人而三軍震者, 殺之. 賞一人而萬人悅者, 賞之.
고살일인이삼군진자, 살지. 상일인이만인열자, 상지.
만일 한 사람에게 형벌을 가해서 전군에 위엄을 떨칠 수 있다면 형벌을 내려야 하며, 한 사람에게 상(賞)을 줘서 전군이 모두 기뻐할 수 있다면 그에게 상을 내려야 합니다.

故(고) 그러므로. 殺一人(살일인) 한 사람을 죽여서. 三軍(삼군) 전군이. 震(진) 권위를 떨치다. 者(자) ~하는 것. 殺(살) 죽이다. 賞一人(상일인) 한 사람을 상을 주다. 萬人(만인) 모든 사람이. 悅(열) 기쁘다. 賞(상) 상을 주다.

殺貴大, 賞貴小. 殺其當路貴重之人, 是刑上極也.

살귀대, 상귀소. 살기당로귀중지인, 시형상극야.

형벌은 높은 지위에 있는 사람에게 내리는 것이 더 효과적이며, 상(賞)은 낮은 지위에 있는 사람에게 내리는 것이 더 효과적입니다. 형벌이 지위가 높은 자에게까지 미친다면, 이는 형벌이 상부에까지 시행되는 것이요,

殺(살) 처벌하다. 貴(귀) 귀하다. 大(대) 높은 지위에 있는 사람. 賞(상) 상을 주다. 貴(귀) 귀하다. 小(소) 낮은 지위에 있는 사람. 殺(살) 죽이다. 其(기) 그. 當(당) 당하다. 路(로) 길. 貴重之人(귀중지인) 귀하고 중요한 사람. 是(시) 이는. 刑(형) 형벌이. 上極(상극) 상부에까지 미치다.

賞及牛豎馬洗廏養之徒, 是賞下通也. 刑上極, 賞下通, 是將威之所行也.

상급우수마세구양지도, 시상하통야. 형상극, 상하통, 시장위지소행야.

상이 소나 말을 씻는 것 같은 허드렛일을 하는 미천한 자에게까지 미친다면, 이는 포상이 하층에까지 시행된다는 것입니다. 형벌이 상층에까지 미치고 포상이 하층에까지 미친다면, 장수의 위엄이 바로 서는 것이라 할 수 있습니다.

賞(상) 상을 주다. 及(급) 미치다. 牛(우) 소. 豎(수) 더벅머리. 내시. 천하다. 馬(마) 말. 洗(세) 씻다. 廏(구) 마구간. 養(양) 기르다. 徒(도) 무리. 是(시) 이는. 賞(상) 상을 주다. 下通(하통) 아래까지 통하다. 刑上極, 賞下通(형상극, 상하통) 형벌은 상층에까지 미치고, 상이 하층에까지 통하다. 是(시) 이는. 將威(장위) 장수의 위엄이. 所行(소행) 제대로 행해지는 바.

23). 勵軍 여군. 군사의 사기를 올려야

여군(勵軍)이란 군사들을 격려해서 앞으로 나아가게 하는 것을 말한다. 무왕은 전군이 적의 성을 공격할 때 병사들이 서로 앞을 다투어 먼저 올라가게 하고, 야전에서 전투할 때 서로 앞을 다투어 달려가게 하고자 하였으니, 병사들을 격려하지 않고 어떻게 그렇게 할 수 있었겠는가? 따라서 여군(勵軍)이라는 두 글자를 취하여 편명(篇名)으로 삼았다.

-육도직해(六韜直解)에서-

武王問太公日, 吾欲三軍之衆, 攻城爭先登, 野戰爭先赴,
무왕문태공왈, 오욕삼군지중, 공성쟁선등, 야전쟁선부,
무왕(武王)이 태공(太公)에게 물었다. 나는 군사들이 적의 성을 공격할 때에는 앞을 다투어 성벽에 기어오르고, 들판에서 전투할 때는 앞을 다투어 진격하며,

武王問太公日(무왕문태공왈) 무왕이 태공에게 물었다. 吾(오) 나. 欲(욕) ~하고자 한다. 三軍之衆(삼군지중) 전 병력이. 攻城(공성) 성을 공격할 때. 爭(쟁) 다투다. 先登(선등) 먼저 올라가기 위해. 野戰(야전) 들판에서 전투할 때. 先(선) 먼저. 赴(부) 나아가다.

聞金聲而怒, 聞鼓聲而喜, 爲之奈何?
문금성이노, 문고성이희, 위지내하?
후퇴하라는 징소리를 들으면 분노하고, 전진을 명령하는 북소리를 들으면 기뻐하게 하고 싶습니다. 이는 어떻게 하면 되겠습니까?

聞(문) 듣다. 金(금) 징. 聲(성) 소리. 징소리는 후퇴 신호임. 怒(노) 분노하다. 聞(문) 듣다. 鼓(고) 북. 북소리는 공격 신호임. 喜(희) 기쁘다. 爲之奈何(위지내하) 어찌하면 되겠습니까?

太公日, 將有三勝.
태공왈, 장유삼승.
태공(太公)이 대답하였다. 장수에게 승리의 관건 세 가지가 있습니다.

太公日(태공왈) 태공이 말하다. 將(장) 장수에게. 有(유) 있다. 三勝(삼승) 승리를 위한 세 가지 요건.

武王日, 敢聞其目?

무왕왈, 감문기목?

무왕(武王)이 말했다. 그 자세한 내용을 말씀해 주십시오.

武王曰(무왕왈) 무왕이 말하다. 敢聞(감문) 감히 듣다. 其目(기목) 그 세부항목을.

太公曰, 將冬不服裘, 夏不操扇, 雨不張蓋, 名曰禮將.

태공왈, 장동불복구, 하부조선, 우부장개, 명왈예장.

태공(太公)이 대답하였다. 장수는 추운 겨울철에도 혼자만 따뜻한 외투를 입지 않고, 무더운 여름철에도 혼자만 부채를 잡지 않으며, 비가 내리더라도 혼자만 우산을 받지 않아야 합니다. 이러한 장수를 예의가 있는 장수라 하여 '예장(禮將)'이라고 합니다.

太公曰(태공왈) 태공이 말하다. 將(장) 장수는. 冬(동) 겨울. 不服(불복) 입지 않는다. 裘(구) 겉옷. 夏(하) 여름. 不操(부조) 잡지 않는다. 扇(선) 부채. 雨(우) 비 오는 날에. 不(불) 하지 않는다. 張蓋(장개) 비를 피하기 위한 덮개. 名曰(명왈) 이름하여 가로되. 禮將(예장) 예의가 있는 장수.

將不身服禮, 無以知士卒之寒暑.

장불신복례, 무이지사졸지한서.

장수가 이러한 예의를 몸소 실천하지 않으면 사졸들의 추위와 더위를 알지 못하는 법입니다.

將(장) 장수가. 不(불) 하지 않는다. 身(신) 몸소. 服(복) 복종하다. 禮(례) 예의를. 無(무) 없다. 以知(이지) 아는 것. 士卒之寒暑(사졸지 한서) 사졸들의 추위와 더위.

出隘塞, 犯泥塗, 將必先下步, 名曰力將. 將不身服力, 無以知 士卒之勞苦.

출애색, 범니도, 장필선하보, 명왈력장. 장불신복력, 무이지 사졸지노고.

행군 도중 도로가 좁고 막힌 곳을 나아가거나 진 수렁을 통과하여야 할 경우, 장수는 반드시 수레나 말에서 내려 도보로 걸어서 사졸들과 고락을 함께하여야 합니다. 이러한 장수를 노력을 다하는 장수라 하여 '역장(力將)'이라고 합니다. 장수가 몸소 힘을 다하여 노력하지 않으면 군사들의 노고를 알지 못하는 법입니다.

出(출) 나아가다. 隘(애) 좁다. 塞(색) 막히다. 犯(범) 범하다. 泥(니) 진흙. 塗(도) 진흙. 將(장) 장수는. 必(필) 반드시. 先(선) 먼저. 下步(하보) 내려서 걷다. 名曰(명왈) 이름하여 가로되. 力將(력장) 노력하는 장수. 將(장) 장수가. 不(불) 하지 않는다. 身(신) 몸소. 服(복) 복종하다. 力(력) 노력하다. 無(무) 없다. 以知(이지) 아는 것이. 士卒之勞苦(사졸지노고) 사졸들의 노고.

軍皆定次, 將乃就舍, 炊者皆熟, 將乃就食, 軍不擧火, 將亦不擧, 名曰止欲將.
군개정차, 장내취사, 취자개숙, 장내취식, 군불거화, 장역불거, 명왈지욕장.
야영할 경우, 군사들이 숙영 시설을 마련한 뒤에야 장수가 자리에 들고, 취사하여 군사들이 식사한 뒤에야 장수가 식사하며, 군사들이 불을 지피지 않았으면 장수도 불을 피우지 않아야 합니다. 이러한 장수를 욕심을 부리지 않는 장수라 하여 '지욕장(止欲將)'이라고 합니다.

軍(군) 군사. 皆(개) 모두. 定(정) 정하다. 次(차) 다음. 將(장) 장수. 乃(내) 이에. 就(취) 이루다. 舍(사) 막사. 炊(취) 불을 때다. 者(자) ~하는 것. 皆(개) 모두. 熟(숙) 익다. 食(식) 식사. 軍(군) 군사들. 不擧火(불거화) 불을 지피지 않다. 將(장) 장수. 亦(역) 또한. 不擧(불거) 불을 지피지 않는다. 名曰(명왈) 이름하여 가로되. 止欲(지욕) 욕심을 그치다.

將不身服止欲, 無以知士卒之饑飽.
장불신복지욕, 무이지사졸지기포.
장수가 몸소 절제하지 못한다면 군사들의 굶주림과 배부름을 알지 못하는 법입니다.

將(장) 장수가. 不(불) 아니다. 身(신) 몸소. 服(복) 입다. 옷. 의복. 止(지) 그치다. 欲(욕) ~하고자하다. 無(무) 없다. 以知(이지) 아는 것이. 士卒(사졸) 부하들. 사졸들. 饑(기) 주리다. 굶주림. 飽(포) 배부름.

將與士卒共, 寒暑, 勞苦, 饑飽, 故三軍之衆, 聞鼓聲, 則喜, 聞金聲, 則怒.
장여사졸공, 한서, 로고, 기포, 고삼군지중, 문고성, 즉희, 문금성, 즉노.
장수가 사졸들과 고락을 함께하여 추위와 더위, 노고와 굶주림을 같이 한다면 군사들은 힘을 다하여 장수의 은혜에 보답하려고 할 것입니다. 그러므로 군사들은 진격을 명령하는 북소리를 들으면 기뻐 날뛰고, 후퇴를 명령하는 징소리를 들으면 분한 마음을 품어 화를 내는 것입니다.

將(장) 장수. 與(여) 같이하다. 士卒(사졸) 사졸들과. 共(공) 함께. 寒暑(한서) 추위와 더위. 勞苦(노고) 수고스러움. 饑飽(기포) 배고픔과 배부름. 故(고) 그러므로. 三軍之衆(삼군지중) 전군의 병사들이. 聞(문) 듣다. 鼓(고) 북. 聲(성) 소리. 북소리는 공격 신호임. 則(즉) 곧. 喜(희) 기쁘다. 聞(문) 듣다. 金(금) 징. 聲(성) 소리. 징소리는 후퇴 신호임. 怒(노) 분노하다.

高城深池, 矢石繁下, 士爭先登, 白刃始合, 士爭先赴.

고성심지, 시석번하, 사쟁선등, 백인시합, 사쟁선부.

높고 견고한 적의 성곽을 공격할 때에는 적의 화살과 돌이 빗발처럼 쏟아진다 할지라도, 군사들은 용맹을 떨치고 앞을 다투어 성벽에 먼저 오르려고 하며, 들판에서 적과 만나 백병전을 벌일 때는 군사들이 약진하여 앞을 다투어 적에게 달려들게 됩니다.

高城(고성) 높은 성. 深池(심지) 깊은 연못. 矢(시) 화살. 石(석) 돌. 繁(번) 많다. 下(하) 아래로 떨어지다. 士(사) 군사들. 爭(쟁) 다투다. 先登(선등) 먼저 오르려고. 白刃(백인) 흰 칼날. 始(시) 처음. 合(합) 합치다. 백병전을 벌이다. 士(사) 군사들. 爭(쟁) 다투다. 先(선) 먼저. 赴(부) 나아가다.

士非好死, 而樂傷也. 爲其將知寒暑, 饑飽之審, 而見勞苦之明也.

사비호사, 이악상야. 위기장지한서, 기포지심, 이견노고지명야.

전군의 병사들이 이처럼 전투에 기꺼이 몸을 던지는 이유는, 그들이 죽기를 좋아하고 다치기를 좋아해서가 아닙니다. 장수가 병사들을 잘 보살펴, 자신들의 추위와 더위, 노고와 굶주림을 알아주었기 때문에 죽을힘을 다해서 장수의 은혜에 보답하려 하기 때문입니다.

士(사) 군사들. 非好(비호) 좋아하지 않는다. 死(사) 죽는 것. 樂(락) 즐거워하다. 傷(상) 상처가 나다. 爲(위) 하다. 其(기) 그. 將(장) 장수. 知(지) 알다. 寒暑(한서) 추위와 더위. 饑飽(기포) 굶주림과 배부름. 審(심) 살피다. 見(견) 보다. 勞苦(노고) 수고스러움. 明(명) 밝다.

24). 陰符 음부. 암호의 운용

음부(陰符)란 은밀하게 부절(符節)을 만들어 군주와 장수의 뜻하는 바를 서로 통하게 함으로써 적들이 알지 못하게 하는 것을 말한다.

–육도직해(六韜直解)에서–

武王問太公曰, 引兵深入諸侯之地, 三軍猝有緩急, 或利或害.
무왕문태공왈, 인병심입제후지지, 삼군졸유완급, 혹리혹해.

무왕(武王)이 태공(太公)에게 물었다. 군대를 이끌고 적지에 깊숙이 진입하였는데, 군에 갑자기 위급한 사태가 발생하거나 혹은 이해관계가 달린 일이 생겼습니다.

武王問太公曰(무왕문태공왈) 무왕이 태공에게 물었다. 引兵(인병) 군사를 이끌고. 深入(심입) 깊숙이 들어가다. 諸侯之地(제후지지) 제후의 땅에. 적지를 말함. 三軍(삼군) 전군. 猝(졸) 갑자기. 有(유) 있다. 緩急(완급) 느리거나 급하다. 或利(혹리) 혹은 이롭고. 或害(혹해) 혹은 해롭다.

吾將以近通遠, 從中應外, 以給三軍之用. 爲之奈何?
오장이근통원, 종중응외, 이급삼군지용. 위지내하?

이때 나는 가까운 곳에 있지만 장수는 원거리에 떨어져 있으면서 통해야 하는 상황입니다. 장수가 군왕에게 신속히 연락해서 군왕의 의도를 따르면서 외부에 대응하는 방법을 전군에 적용하려고 하는데 어떻게 하면 그렇게 할 수 있겠습니까?

吾(오) 나. 내가. 將(장) 장수. 以(이) 써. 近(근) 가깝다. 通(통) 통하다. 遠(원) 멀다. 從(종) 따르다. 中(중) 궁중. 조정을 의미. 應(응) 응하다. 外(외) 외부. 以(이) 써. 給(급) 공급하다. 三軍之用(삼군지용) 전군에서 쓰이다. 爲之奈何(위지내하) 어찌하면 됩니까.

太公曰, 主與將, 有陰符, 凡八等.
태공왈, 주여장, 유음부, 범팔등.

태공(太公)이 대답하였다. 군수와 장수가 서로 통신할 때 비표를 사용하는 데 여덟 가지 종류가 있습니다.

太公曰(태공왈) 태공이 말하다. 主(주) 군주. 與(여) 주다. 將(장) 장수. 有(유) 있다. 陰(음) 은밀히. 符(부) 부신. 나무 조각에 글씨를 써서 이를 반으로 나누어 각자 가지고 있다가 서로 맞추어보던 물건. 凡

(범) 모름지기. 八等(8등) 여덟 가지 등급이 있다.

有大勝克敵之符, 長一尺. 破軍殺將之符, 長九寸. 降城得邑之符, 長八寸.
유대승극적지부, 장일척. 파군살장지부, 장구촌. 항성득읍지부, 장팔촌.
① 첫 번째 적을 격파하여 대승을 거두었을 경우, 그 전과를 보고하는 비표 길이가 한 자이며, ② 두 번째 적을 격파하고 적장을 죽였을 경우, 그 전과를 보고하는 비표 길이가 아홉 치이며, ③ 세 번째 적의 성읍을 공격하여 함락시키고 성읍을 탈취하였을 경우, 그 전과를 보고하는 비표 길이가 여덟 치입니다.

有(유) 있다. 大勝(대승) 크게 이기다. 克敵(극적) 적을 극복하고. 符(부) 부신. 비표. 長(장) 길이가. 一尺(1척) 1척. 약 30cm 정도. 破軍(파군) 적군을 격파하다. 殺將(살장) 적장을 죽이다. 符(부) 부신. 비표. 長(장) 길이. 九寸(구촌) 약 27cm정도. 降城(항성) 성을 항복시키다. 得邑(득읍) 마을을 얻다. 八寸(8촌) 약 24cm정도.

郤敵報遠之符, 長七寸. 誓衆堅守之符, 長六寸. 請糧益兵之符, 長五寸.
각적보원지부, 장칠촌. 서중견수지부, 장육촌. 청량익병지부, 장오촌.
④ 네 번째 적을 공격하여 격퇴하고 그 전과를 보고하는 비표는 길이가 일곱 치이며, ⑤ 다섯 번째 군사들에게 적에 대한 경각심을 고취하고 굳게 수비할 것을 알리는 비표는 길이가 여섯 치이며, ⑥ 여섯 번째 군량을 수송해 주고 구원병을 증파해 줄 것을 요청할 때에 쓰이는 비표는 길이가 다섯 치입니다.

郤敵(각적) 적을 퇴각시키다. 報遠(보원) 멀리서 전과를 보고하다. 符(부) 부신, 비표. 長(장) 길이. 七寸(7촌) 약 21cm정도. 誓衆(서중) 군사들에게 맹서를 받다. 堅守(견수) 견고하게 방어하다. 六寸(6촌) 약 18cm정도. 請糧(청량) 군량을 더 줄 것을 청하다. 益兵(익병) 병력을 더 증원해줄 것을 요청하다. 五寸(5촌) 약 15cm정도

敗軍亡將之符, 長四寸. 失利亡士之符, 長三寸.
패군망장지부, 장사촌. 실리망사지부, 장삼촌.
⑦ 일곱 번째 싸움에서 대패하여 수많은 군사가 죽고 장수를 잃었을 경우, 이를 보고하는 비표는 길이가 네 치이며, ⑧ 여덟 번째 전세가 불리하여 약간의 병력을 잃었을 경우, 이를 보고하는 비표는 길이가 세 치입니다.

敗軍(패군) 싸움에서 패하다. 亡將(망장) 장수를 잃다. 符(부) 부신, 비표. 長(장) 길이. 四寸(4촌) 약 12cm정도. 失利(실리) 유리함을 잃다. 亡士(망사) 사졸들을 잃다. 四寸(4촌) 약 9cm정도.

諸奉使行符, 稽留者, 若符事泄, 聞者告者, 皆誅之.
제봉사행부, 계류자, 약부사설, 문자고자, 개주지.
이 비표로 연락함에 있어서 시일을 지체한 자는 참형에 처하며, 그 내용을 누설한 자 역시 참형에 처합니다. 이 경우 누설한 자는 물론, 이것을 들은 자도 모두 참형에 처합니다.

諸(제) 모두. 奉(봉) 받들다. 使(사) ~하게 하다. 行符(행부) 부신. 稽(계) 머물다. 留(유) 머무르다. 者(자) ~하는 자. 若(약) 만약, 符(부) 부신. 비표. 事(사) 일. 泄(설) 누설하다. 聞者(문자) 들은 자. 告者(고자) 알리는 자. 皆(개) 모두. 誅(주) 베다.

八符者, 主將秘聞, 所以陰通言語, 不泄中外相知之術. 敵雖聖智, 莫之通識.
팔부자, 주장비문, 소이음통언어, 불설중외상지지술. 적수성지, 막지통식.
이 여덟 가지 비표를 사용하는 것은 군주와 장수가 통신 연락을 하며 기밀을 유지할 수 있는 방법이니, 적에게 비록 지혜가 뛰어난 인물이 있다 할지라도 이것을 알 수는 없는 것입니다.[103]

八符者(8부자) 8가지 비표는. 主將秘聞(주장밀문) 군주와 장수가 비밀스럽게 통신하는 수단이다. 所(소) ~하는 바. 以(이) 써. 陰通(음통) 은밀하게 통하다. 言語(언어) 말. 不(불) 아니다. 泄(설) 누설하다. 中外(중외) 조정과 조정의 밖. 相知(상지) 서로 상황을 알다. 術(술) 방법. 敵(적) 적군. 雖(수) 비록. 聖智(성지) 아주 뛰어난 지혜. 莫(막) ~할 수 없다. 通識(통식) 통하여 알다.

武王曰, 善哉.
무왕왈, 선재.
무왕은 좋은 방법이라고 칭찬하였다.

武王曰(무왕왈) 무왕이 말하다. 善哉(선재) 잘했다. 좋다.

103) 막지통식(莫之通識). 막지능식(莫之能識)으로 된 것도 있음. 능히 알 수 없다.

25). 陰書 음서. 비밀문서의 운용

음서(陰書)란 군주와 장수의 말을 은밀하게 소통하게 함으로써 적들이 알지 못하게 하는 것을 말한다.

-육도직해(六韜直解)에서-

武王問太公曰, 引兵深入諸侯之地, 主將欲合兵, 行無窮之變, 圖不測之利.

무왕문태공왈, 인병심입제후지지, 주장욕합병, 행무궁지변, 도불측지리.

무왕(武王)이 태공(太公)에게 물었다. 군대를 이끌고 적지에 깊숙이 진입하였을 때에 군주와 장수가 서로 연락하여 군을 통합 운용하고자 하는데, 전장 상황이 너무 다양하게 변화되어 전장에서의 유리한 형세를 헤아리지 못하고 있으며,

武王問太公曰(무왕문태공왈) 무왕이 태공에게 물었다. 引兵(인병) 군사를 이끌고. 深入(심입) 깊숙이 들어가다. 諸侯之地(제후지지) 제후의 땅에. 적지를 말함. 主(주) 군주. 將(장) 장수. 欲(욕) ~하고자 한다. 合兵(합병) 군사를 합치다. 行(행) 행하다. 無窮之變(무궁지변) 여러 가지 다양한 변화. 圖(도) ~을 꾀하다. 不測之利(불측지리) 이로움을 헤아리지 못하다.

其事繁多, 符不能明, 相去遼遠, 言語不通. 爲之奈何?

기사번다, 부불능명, 상거요원, 언어불통. 위지내하?

전장 상황과 관련된 내용이 번거롭고 많아서 비표만으로는 통할 수 없고, 거리가 너무 멀어서 말로는 서로 통하지 않을 때 어떻게 하여야 하겠습니까?

其(기) 그. 事(사) 일. 繁(번) 번거롭다. 많다. 多(다) 많다. 符(부) 부신, 비표. 不能(불능) ~할 수가 없다. 明(명) 밝히다. 相(상) 서로. 去(거) 가다. 遼(료) 멀다. 遠(원) 멀어서. 言語(언어) 말. 不通(불통) 통하지 못하다. 爲之奈何(위지내하) 어찌해야 하는가?

太公曰, 諸有陰事大慮, 當用書, 不用符. 主以書遺將, 將以書問主.

태공왈, 제유음사대려, 당용서, 불용부. 주이서유장, 장이서문주.

태공(太公)이 대답하였다. 비밀을 유지하여야 할 사항이나 아주 중요한 일은 당연히 문서를 사용해야지 비표를 사용해서는 안 됩니다. 군주는 문서로 장수에게 자기 뜻을 통보하며, 장수 역시 문서로써 군주에게 지침을 물어봐야 합니다.

太公曰(태공왈) 태공이 말하다. 諸(제) 모두. 有(유) 있다. 陰事(음사) 은밀히 처리해야 할 일. 大慮(대려) 아주 중요한 일. 當(당) 당연하다. 用書(용서) 문서를 사용하다. 不用符(불용부) 부신이나 비표를 사용하지 않는다. 主(주) 군주. 以書(이서) 문서로. 遺(유) 전하다. 將(장) 장수. 問(문) 묻다.

書皆一合而再離, 三發而一知. 再離者, 分書爲三部.
서개일합이재리, 삼발이일지. 재리자, 분서위삼부.
비밀문서는 모두 한 장으로 작성한 다음 그것을 삼등분해서 그 한 쪽으로는 일부분만 알고 전체는 알 수 없도록 각기 한 사람씩 세 명의 전령에게 주어 보내는 것입니다.

書(서) 문서. 비밀문서. 皆(개) 다. 모두. 一合(일합) 한 장으로 작성하다. 再離(재리) 다시 분리한다. 三發(삼발) 세 번 출발시키다. 一知(일지) 한 부분만 알게 해서. 再離者(재리자) 분리된 문서는. 分書(분서) 문서를 나눌 때. 爲三部(위삼부) 삼등분하다.

三發而一知者, 言三人, 人操一分, 相參而不知情也.
삼발이일지자, 언삼인, 인조일분, 상삼이부지정야.
삼등분한 문서를 세 사람에게 나누어 전하게 하면, 그것을 받아보는 사람은 그 세 쪽을 모아 하나로 만들어 읽어서 전체의 내용을 알 수 있습니다. 그러나 그것을 가지고 가는 사람은 각기 한 쪽뿐이므로, 그 문서의 전체 내용이 무엇인지 알 수가 없습니다.

三發而一知者(삼발이일지자) 문서 일부분만 알도록 해서 3번 출발시키는 것을 말함. 言三人(언삼인) 세 사람이 말하다. 人操一分(인조일분) 한 사람이 일부분만 잡고 있다. 相參(상삼) 세 사람이 서로. 不知(부지) 알지 못하다. 情(정) 그 문서의 내용을 말함.

此謂陰書. 敵雖聖智, 莫之能識.
차위음서. 적수성지, 막지능식.
이것을 음서라고 합니다. 이 음서는 적에게 아무리 뛰어난 지혜를 지닌 인물이 있다 할지라도 그 내용을 알아낼 수가 없는 것입니다.

此(차) 이것. 謂(위) 말하다. 陰書(음서) 비밀문서. 敵(적) 적군. 雖(수) 비록. 聖智(성지) 아주 뛰어난 지혜. 莫(막) ~할 수 없다. 能識(능식) 능히 알 수 있다.

武王曰, 善哉.

무왕왈, 선재.

무왕은 좋은 방법이라고 칭찬하였다.

武王曰(무왕왈) 무왕이 말하다. 善哉(선재) 잘했다. 좋다.

26). 軍勢 군세. 군대의 형세

군세(軍勢)란 부대를 운용하여 적을 격파할 수 있는 형세를 말한다. 손자가 군세를 논할 때 천 길이나 되는 높은 산 위에서 둥근 돌을 굴리는 것과 같이하여 그 힘을 막을 수 없게 해야 한다고 하였고, 태공망(太公望)은 천둥이나 번개가 칠 때 미처 귀를 막지 못하고, 눈도 감지 못할 정도로 신속하여 눈과 귀를 막을 수 없음을 비유하였는데, 그 뜻이 둘 다 같은 것이다.

-육도직해(六韜直解)에서-

武王問太公曰, 攻伐之道奈何?
무왕문태공왈, 공벌지도내하?
무왕(武王)이 태공(太公)에게 물었다. 적을 공격하려면 어떻게 하여야 합니까?

武王問太公曰(무왕문태공왈) 무왕이 태공에게 물었다. 攻(공) 공격하다. 伐(벌) 정벌하다. 道(도) 방법. 奈何(내하) 어찌 되는가?

太公曰, 勢因敵之家之動, 變生於兩陣之間, 奇正發於無窮之源.
태공왈, 세인적지가지동, 변생어양진지간, 기정발어무궁지원.
태공(太公)이 대답하였다. 적을 공격하는 것은 적의 기세에 달려 있고, 기세의 변화는 피아의 상황에 따라 달라집니다. 그러한 무궁무진한 변화나 지략의 원천은 바로 기정(奇正)을 어떻게 운용하느냐에 달려 있습니다.

太公曰(태공왈) 태공이 말하다. 勢(세) 기세. 因(인) ~로 인하여. 敵(적) 적군. 家(가) 집. 動(동) 움직이다. 變(변) 변화. 기세의 변화. 生(생) 생기다. 於(어) 어조사. 兩陣之間(양진지간) 피아 양측의 진지 사이. 奇正(기정) 변칙과 정법. 發(발) 생겨난다. 無窮之源(무궁지원) 무궁무진한 변화나 지략의 원천.

故至事不語, 用兵不言. 且事之至者, 其言不足聽也.
고지사불어, 용병불언. 차사지지자, 기언부족청야.
그러므로 지극히 중요한 일은 말로 표현할 수 없으며, 용병술 또한 말로 전해 줄 수 없는 것입니다. 또한 용병에 관한 중요한 일은 듣는 것만으로는 부족한 것입니다.

故(고) 그러므로. 至(지) 이르다. 事(사) 일. 不語(불어) 말로는 안 된다. 用兵(용병) 용병술. 不言(불언)

말로는 안 된다. 且(차) 또. 事(사) 일. 용병과 관련된 일. 至(지) 이르다. 者(자) ~하는 것. 其(기) 그. 言(언) 말. 不足(부족) 부족하다. 聽(청) 듣다.

兵之用者, 其狀不定見也. 倏而往, 忽而來, 能獨專而不制者兵也.

병지용자, 기상부정견야. 숙이왕, 물이래, 능독전이부제자병야.

용병술은 어떤 일정한 모습을 보이지 않습니다. 상황들이 갑자기 나타나거나 갑자기 사라지기도 합니다. 그렇기에 오로지 장수의 독단적인 판단에 따라 지휘권을 행사하며, 남의 통제를 받지 않아야 하는 것이 용병술의 관건입니다.

兵之用者(병지용자) 용병에 있어서. 其(기) 그. 狀(상) 형상. 모양. 현상. 不定見(부정견) 일정한 모습을 보이지 않는다. 倏(숙) 갑자기. 往(왕) 가다. 忽(홀) 소홀히 하다. 來(래) 오다. 能(능) 능히 ~하다. 獨(독) 홀로. 專(전) 오로지. 不(불) 아니다. 制(제) 만들다. 者(자) ~하는 것. 兵也(병야) 용병술이다.

聞則議, 見則圖, 知則困, 辨則危.

문즉의, 견즉도, 지즉곤, 변즉위.

적이 아군의 계획을 알게 되면 적은 반드시 이에 대한 대책을 논의할 것이며, 아군의 행동이 적에게 발견되면 적은 반드시 어떤 방도를 꾀할 것입니다. 그리고 적이 아군의 계획을 알게 되면 아군을 곤경에 빠뜨리게 될 것이며, 적이 아군의 행동을 분별할 수 있게 되면 아군은 위험에 빠지고 말 것입니다.

○則◎(○즉◎). '적이 ○하면 곧 ◎하다.'는 형태의 문장구조로 되어 있음. 聞(문) 듣다. 則(즉) 곧. 議(의) 논의하다. 見(견) 보다. 圖(도) 꾀하다. 知(지) 알다. 困(곤) 피곤하다. 辨(변) 분별하다. 危(위) 위험하다.

故善戰者, 不待張軍. 善除患者, 理於未生. 善勝敵者, 勝於無形.

고선전자, 부대장군. 선제환자, 리어미생. 선승적자, 승어무형.

용병을 잘하는 자는 적이 진을 펼치기까지 기다리지 않고, 환란을 잘 제거하는 자는 환란이 발생하기 전에 방지하며, 적을 잘 이기는 자는 미리 이길 수 있도록 해놓고 싸우기 때문에 형태가 없다고 하는 것입니다.

故善戰者(고 선전자) 그러므로 전투를 잘하는 자. 不待(부대) 기다리지 않는다. 張(장) 베풀다. 펼치다. 軍(군) 군대. 善(선) 잘하다. 除(제) 제거하다. 患(환) 환란. 者(자) ~하는 자. 理(리) 다스리다. 於(어) 어조사. 未生(미생) 생기기 전에. 善勝敵者(선승적자) 적을 잘 이기는 자는. 勝(승) 이기다. 無形(무형) 형태가 없다.

上戰無與戰. 故爭勝於白刃之前者, 非良將也.
상전무여전. 고쟁승어백인지전자, 비양장야.
최고의 전략은 전쟁을 굳이 하지 않아도 되도록 만드는 것입니다. 따라서 칼날을 앞세워 승리를 다투는 자는 훌륭한 장수가 아닌 것입니다.

上戰(상전) 최고의 전쟁. 전략. 無(무) 없다. 與戰(여전) 전쟁하다. 故(고) 그러므로. 爭勝(쟁승) 다투어 승리하다. 於(어) 어조사. 白刃之前(백인지전) 흰 칼날 앞에서. 者(자) ~하는 자. 非(비) 아니다. 良將(양장) 훌륭한 장수.

設備於已失之後者, 非上聖也. 智與衆同, 非國師也, 技與衆同, 非國工也.
설비어이실지후자, 비상성야. 지여중동, 비국사야, 기여중동, 비국공야.
실패한 뒤에 대비하는 자는 뛰어난 성인이 아닙니다. 지혜가 일반인과 같다면 한 나라의 뛰어난 스승이 아니며, 기술이 일반인과 같다면 한 나라의 뛰어난 기술자가 아닙니다.

設備(설비) 대비책을 설치하다. 於(어) 어조사. 已(이) 이미. 失(실) 잃다. 後(후) 뒤에. 者(자) ~하는 자. 非(비) 아니다. 上聖(상성) 뛰어난 성인. 智(지) 지혜롭다. 與(여) 같이. 衆(중) 무리. 同(동) 같다. 國師(국사) 나라의 스승. 技(기) 기술. 國工(국공) 국가의 기술자.

事莫大於必克, 用莫大於玄默, 動莫大於不意, 謀莫大於不識.
사막대어필극, 용막대어현묵, 동막대어불의, 모막대어불식.
군무에 있어서는 싸워서 이기는 것보다 더 중요한 것이 없고, 용병술에 있어서는 은밀히 하는 것보다 더 중요한 것이 없습니다. 군사 행동에 있어서는 적이 예상하지 못한 곳으로 공격하는 것보다 더 중요한 것은 없으며, 작전 계획을 수립함에 있어서 적이 아군의 기도를 알아차리지 못하게 하는 것보다 중요한 것은 없습니다.

○莫大於 ◎◎ (○막대어 ◎◎)○중에서 ◎◎ 보다 더 큰 것은 없다. 더 중요한 것은 없다. 事(사) 일. 必克(필극) 반드시 극복하다. 用(용) 용병술. 玄默(현묵) 검고, 조용하다. 은밀히 하다. 動(동) 움직이다. 군사 행동. 不意(불의) 의도하지 않다. 불의에 하다. 謀(모) 계획하다. 不識(불식) 알지 못하게 하다.

夫先勝者, 先見弱於敵, 而後戰者也. 故事半而功倍焉.
부선승자, 선견약어적, 이후전자야. 고사반이공배언.
모름지기, 먼저 이겨놓고 싸운다는 것은 적에게 먼저 아군이 약하다는 것을 보여주어, 적이 대비하지 않게 한 뒤에 싸우는 것을 말합니다. 그리하면 절반의 노력으로도104) 효과는 두 배로 볼 수 있기 때문입니다.

夫(부) 모름지기. 先勝者(선승자) 먼저 이기는 자. 先見(선견) 먼저 보여준다. 弱(약) 아군의 약한 곳을. 於敵(어적) 적에게. 而後(이후) 그다음에. 戰(전) 싸운다. 者(자) ~하는 것. 故(고) 그러므로. 事半(사반) 일은 반만 하고. 功倍(공배) 공로는 두 배. 焉(언) 어조사.

聖人徵於天地之動, 孰知其紀. 循陰陽之道而從其候.
성인징어천지지동, 숙지기기. 순음양지도이종기후.
성인은 천지의 움직임을 보고 작은 징후만으로도 그 진리를 알 수 있으며, 음양의 이치에 따라 기후를 관찰합니다.

聖人(성인) 성인. 徵(징) 징후. 於(어) 어조사. 天地之動(천지지동) 천지의 움직임. 孰(숙) 누구. 知(지) 알다. 其(기) 그. 紀(기) 벼리. 循(순) 돌다. 陰陽之道(음양지도) 음양의 법칙. 從(종) 따르다. 候(후) 기후를 말함.

當天地盈縮, 因以爲常. 物有生死, 因天地之形.
당천지영축, 인이위상. 물유생사, 인천지지형.
천지가 한 번은 차고 한 번은 쇠하는 이치에 따라 만물이 살고 죽는 것처럼, 적군의 정세도 이와 같으니 적의 변화도 잘 관찰한 이후에 판단해보면 충분히 예측 가능합니다.

當(당) 마땅하다. 天地(천지) 천지. 盈(영) 차다. 縮(축) 줄다. 因(인) ~로 인하여. 以(이) 써. 爲(위) 하다. 常(상) 항상. 物(물) 만물. 有(유) 있다. 生死(생사) 살고 죽는 것. 天地之形(천지지형) 천지의 형상. 형태.

故曰, 未見形而戰, 雖衆必敗.
고왈, 미견형이전, 수중필패.

104) 사반이공배(事半而功倍). 事 대신에 士로 된 것도 있으며, 士가 들어갔을 때는 병사로 해석하여 병력은 반만 쓰고도 효과는 두 배라고 해석이 가능함.

그래서 옛말에 이르기를 '적의 형세를 제대로 파악하지 않고 싸우면, 비록 병력이 많다 하더라도 반드시 패하게 된다.'고 하는 것입니다.

故曰(고왈) 그러므로 병서에서 이르기를. 未見(미견) 보지 않는다. 形(형) 형태. 적의 형세. 戰(전) 전투하다. 싸우다. 雖(수) 비록. 衆(중) 병력이 많다. 必敗(필패) 반드시 패한다.

善戰者, 居之不撓, 見勝則起, 不勝則止.
선전자, 거지불요, 견승즉기, 불승즉지.
잘 싸우는 자는 군대를 요란스럽게 하지 않고 있다가 승산이 있으면 즉시 군사를 일으키며, 승산이 없으면 군대를 움직이지 않습니다.

善戰者(선전자) 잘 싸우는 자는. 居(거) 있다. 不撓(불요) 요란스럽지 않다. 見勝(견승) 승산이 보이면. 則(즉) 곧. 起(기) 군을 출동시키다. 不勝(불승) 승산이 없으면. 止(지) 그친다. 군을 출동시키지 않는다.

故曰, 無恐懼, 無猶豫. 用兵之害, 猶豫最大, 三軍之災, 莫過狐疑.
고왈, 무공구, 무유예. 용병지해, 유예최대, 삼군지재, 막과호의.
그러므로 옛말에 '승산이 있을 때는 결과를 두려워하거나 주저하지 말라'고 한 것입니다. 용병에 있어 가장 나쁜 점은 주저하여 결단을 내리지 못해서 좋은 기회를 놓치는 것입니다. 군이 환란에 빠지는 것은 바로 매사에 의심하는 호의(狐疑)105) 때문입니다.

故曰(고왈) 그러므로 병서에서 이르기를. 無(무) 없다. 恐(공) 두려워하다. 懼(구) 두려워하다. 無(무) 없다. 猶(유) 오히려. 豫(예) 미리 ~하다. 猶豫(유예) 망설이며 일을 결행하지 않음. 用兵之害(용병지해) 용병함에 있어서 나쁜 점. 猶豫(유예) 망설이며 일을 결행하지 않는 것. 最大(최대) 가장 크다. 三軍之災(삼군지재) 군에서의 재앙. 莫(막) 없다. 過(과) 지나가다. 狐疑(호의) 여우가 의심하듯 매사에 의심하다.

善戰者, 見利不失, 遇時不疑. 失利後時, 反受其殃.
선전자, 견리불실, 우시불의. 실리후시, 반수기앙.
전투를 잘하는 자는 아군에게 유리한 상황을 보면 기회를 놓치지 않습니다. 유리한 시기를 만나면 의심하지도 않습니다. 유리한 기회를 놓쳐 버리면 도리어 재앙을 당하게 됩니다.

105) 호의(狐疑). 여우는 의심이 많다는 뜻에서 유래한 말. 매사에 의심이 많다는 의미임.

善戰者(선전자) 싸움을 잘하는 자. 전투를 잘하는 자. 見利(견리) 유리한 상황을 보면. 不失(불실) 놓치지 않는다. 遇(우) 만나다. 時(시) 시기. 기회. 不疑(불의) 의심하지 않는다. 失利(실리) 유리한 상황을 놓치면. 後時(후시) 나중에. 反(반) 반대로. 도리어. 受(수) 받다. 其殃(기앙) 재앙.

故智者, 從之而不失, 巧者一決而不猶豫. 是以疾雷不及掩耳, 迅電不及瞑目.
고지자, 종지이불실, 교자일결이불유예. 시이질뢰불급엄이, 신전불급명목.
그러므로 지혜로운 자는 유리한 상황이 되면 그 기회를 놓치지 않으며, 전술에 능한 자는 망설임 없이 단번에 결심을 하는 것입니다. 이러한 장수를 가진 군대는 천둥소리에 미처 귀를 막지 못하고 빠르게 내려치는 번갯불에 미처 눈을 감지 못하는 것처럼 신속히 기동합니다.

故(고) 그러므로. 智者(지자) 지혜로운 자는. 從(종) 따르다. 不失(불실) 놓치지 않는다. 巧者(교자) 기교에 능한 자. 一決(일결) 한 번에 결심하다. 不猶豫(불유예) 망설이는 것이 없다. 是(시) 옳다. 以(이) 써. 疾雷(질전) 빠르게 내려치는 천둥. 不及(불급) 미치지 못하다. 掩(엄) 가리다. 耳(이) 귀. 迅電(신전) 빠르게 내려치는 번개. 不及(불급) 미치지 못하다. 瞑(명) 눈감다. 目(목) 논.

赴之若驚, 用之若狂, 當之者破, 近之者亡, 孰能禦之.
부지약경, 용지약광, 당지자파, 근지자망, 숙능어지.
달려들 때는 마치 놀란 것처럼 하고, 힘을 쓸 때는 마치 미친 것처럼 쓰는 것입니다. 이러한 기세를 지닌 군과 싸우는 상대는 격파되지 않을 수 없으며, 그 주변 국가들은 멸망을 면치 못합니다. 그 누가 이를 감히 막아내겠습니까?

赴(부) 나아가다. 驚(경) 놀라다. 用(용) 쓰다. 若(약) ~같이. 狂(광) 미치다. 當(당) 당하다. 者(자) ~하는 자. 破(파) 깨트리다. 격파. 近(근) 가깝다. 亡(망) 망한다. 孰(숙) 누가. 能(능) 능히. 禦(어) 막다.

夫將, 有所不言而守者, 神也. 有所不見而視者, 明也.
부장, 유소불언이수자, 신야. 유소불견이시자, 명야.
모름지기 장수 된 자가 사람들이 몰라서 함부로 말할 수도 없는 바를 미리 알아서 견고히 지킨다는 것은 신의 경지에 이른 것이라 할 수 있으며, 사람들이 볼 수 없는 것을 미리 예견하는 것을 밝음이 경지에 이르렀다고 하는 것입니다.

夫(부) 모름지기. 將(장) 장수란. 有(유) 있다. 所(소) ~하는 바. 不言(불언) 말할 수 없다. 守(수) 지키다. 者(자) ~하는 것. 神(신) 신의 경지. 不見(불견) 볼 수도 없다. 視(시) 보다. 明(명) 밝음.

故知神明之道, 野無橫敵, 對無立國.

고지신명지도, 야무횡적, 대무립국.

이러한 신명의 도리를 아는 장수는 전쟁터에서는 대항하는 적이 없고, 대항하여 맞서는 나라가 없게 되는 것입니다.

故(고) 그러므로. 知(지) 알다. 神明之道(신명지도) 신명의 도리. 野(야) 들. 전쟁터. 無(무) 없다. 橫(횡) 가로. 敵(적) 적. 對(대) 대항하다. 無(무) 없다. 立(입) 서다. 國(국) 나라.

武王曰, 善哉.

무왕왈, 선재.

무왕은 '참으로 좋은 말씀입니다.' 하고 감탄하였다.

武王曰(무왕왈) 무왕이 말하다. 善哉(선재) 참으로 좋다. 잘하다.

27). 奇兵 기병. 기병의 운용

기병(奇兵)이란 기병을 출동시켜 승리를 취하고, 상황에 따라 임기응변하기를 무궁무진하게 하는 것을 말한다. 태공망(太公望)이 무왕(武王)의 질문에 대해 그 방법을 이와 같이 말했으므로 기병(奇兵)을 편명(篇名)으로 삼았다.

-육도직해(六韜直解)에서-

武王問太公曰, 凡用兵之法, 大要何如?
무왕문태공왈, 범용병지법, 대요하여?
무왕(武王)이 태공(太公)에게 물었다. 용병술의 요점은 어떠한 것입니까?

武王問太公曰(무왕문태공왈) 무왕이 태공에게 물었다. 凡(범) 모름지기. 무릇. 用兵之法(용병지법) 용병법. 大要(대요) 요점은. 何如(여하) 어찌 되는가?

太公曰, 古之善戰者, 非能戰於天上, 非能戰於地下,
태공왈, 고지선전자, 비능전어천상, 비능전어지하,
태공(太公)은 대답하였다. 옛날에 전쟁을 잘한 사람이라고 해서 하늘 위에서 싸웠던 것도, 땅 밑에서 싸웠던 것도 아닙니다.

太公曰(태공왈) 태공이 말하다. 古之善戰者(고지선전자) 옛날에 전쟁을 잘한 사람은. 非(비) 아니다. 能(능) 능히 ~하다. 戰(전) 싸우다. 於天上(어천상) 천상에서. 於地下(어지하) 지하에서.

其成與敗, 皆由神勢. 得之者昌, 失之者亡.
기성여패, 개유신세. 득지자창, 실지자망.
그 성공과 실패는 모두 기세를 얻느냐 잃느냐에 달려 있었던 것입니다. 세(勢)를 얻은 자는 나라가 번창하고, 세(勢)를 잃은 자는 망했던 것입니다.

其(기) 그. 成(성) 성공. 與(여) 같이. 敗(패) 실패. 皆(개) 다. 모두. 由(유) 말미암다. 神(신) 신. 勢(세) 기세. 得之者(득지자) 세를 얻은 자는. 昌(창) 번창하다. 失之者(실지자) 기세를 잃은 자는. 亡(망) 망했다.

夫兩陣之間, 出甲陳兵, 縱卒亂行者, 所以爲變也.

부양진지간, 출갑진병, 종졸란행자, 소이위변야.
모름지기 피아가 대치하여 군대를 출동시키고 진을 치고 있을 때, 고의로 군사들을 늘어놓아 어지럽게 행동하도록 두는 것은 변칙으로 하는 작전입니다.

夫(부) 모름지기. 兩陣(양진) 양쪽 진지. 間(간) 사이. 出甲(출갑) 무장을 하고 출병하다. 陳兵(진병) 군대가 진을 치다. 縱(종) 늘어지다. 卒(졸) 군사들. 亂(란) 어지럽다. 行(행) 행하다. 者(자) ~하는 자. 所(소) ~하는 바. 以(이) 써. 爲(위) 하다. 變(변) 변화하다.

深草蓊翳者, 所以遁逃也. 谿谷險阻者, 所以止車禦騎也.
심초옹예자, 소이둔도야. 계곡험조자, 소이지차어기야.
풀이나 낮은 수목들이 우거진 곳에서 군대를 주둔시키면 숨어서 도망하기에 편리하며, 계곡이나 험한 지형에 주둔하면 적의 전차부대와 기병대를 차단하기가 용이합니다.

深(심) 깊다. 草(초) 풀. 蓊(옹) 수목이 우거지다. 翳(예) 가리개. 방패. 者(자) ~하는 것. 所(소) ~하는 바. 以(이) 써. 遁(둔) 달아나다. 逃(도) 달아나다. 谿(계) 시내. 谷(곡) 골짜기. 險(험) 험하다. 阻(조) 험하다. 止(지) 그치다. 중지하다. 車(차) 전차부대. 禦(어) 방어. 막다. 騎(기) 기병대.

隘塞山林者, 所以少擊衆也. 坳澤窈冥者, 所以匿其形也.
애색산림자, 소이소격중야. 요택요명자, 소이닉기형야.
좁은 길목이나 산림이 우거진 곳에 진을 치면 소수의 병력으로도 많은 수의 적을 공격할 수 있으며, 늪이나 지형이 오목하게 들어가 있어 어두운 곳에 진을 치면 부대의 형태를 은폐할 수 있습니다.

隘(애) 좁다. 塞(색) 막히다. 山林(산림) 산림. 者(자) ~하는 것. 所(소) ~하는 바. 以(이) 써. 少(소) 적다. 擊(격) 치다. 衆(중) 무리. 많은 적. 坳(요) 움푹 패여 들어간 곳. 澤(택) 못. 窈(요) 그윽하다. 冥(명) 어둡다. 匿(닉) 숨다. 其(기) 그. 形(형) 형태. 형상.

淸明無隱者, 所以戰勇力也. 疾如流矢, 擊如發機者, 所以破精微也.
청명무은자, 소이전용력야. 질여류시, 격여발기자, 소이파정미야.
환히 드러난 은폐물이 없는 곳에 진을 치면 적과 대전시에 용맹성을 발휘할 수 있고, 행군 속도가 날아가는 화살처럼 빠르며 쇠뇌의 방아쇠를 당기듯이 신속하게 공격하면 적의 치밀한 작전도 격파할 수 있습니다.

淸(청) 맑다. 明(명) 밝다. 無(무) 없다. 隱(은) 숨기다. 所(소) ~하는 바. 以(이) 써. 戰(전) 싸우다. 勇(용) 용맹하다. 力(력) 전투력. 疾(질) 속도가 빠르다. 如(여) ~과 같다. 流(류) 흐르다. 矢(시) 화살. 擊(격) 치다. 發(발) 쏘다. 機(기) 틀. 기계. 破(파) 깨트리다. 精(정) 자세하다. 微(미) 작다.

詭伏設奇, 遠張誑誘者, 所以破軍擒將也. 四分五裂者, 所以擊圓破方也.
궤복설기, 원장광유자, 소이파군금장야. 사분오열자, 소이격원파방야.
가까운 곳에 복병을 설치해놓고 먼 곳에 병력을 배치해 적을 유인하면 적을 격파하고 적장을 사로잡을 수 있으며, 부대를 질서없이 여러 갈래로 분열되는 것처럼 보이게 하였다가 일제히 공격하면 적의 원진(圓陣)과 방진(方陣)을 격파할 수 있습니다.

詭(궤) 속이다. 伏(복) 매복. 設(설) 설치하다. 奇(기) 기이하다. 기병. 遠(원) 멀다. 張(장) 베풀다. 병력을 배치하다. 誑(광) 속이다. 誘(유) 유인하다. 破(파) 깨트리다. 軍(군) 군대. 擒(금) 사로잡다. 將(장) 장수. 四分五裂(사분오열) 질서없이 어지럽게 여러 갈래로 분열됨. 擊(격) 치다. 圓(원) 둥글다. 적이 펼쳐놓은 둥근 형태로 진을 친 원진(圓陣). 破(파) 깨트리다. 方(방) 모서리. 방진(方陣) 적이 펼쳐놓은 사각형 형태의 진.

因其驚駭者, 所以一擊十也. 因其勞倦暮舍者, 所以十擊百也.
인기경해자, 소이일격십야. 인기로권모사자, 소이십격백야.
적이 놀라 허둥대는 틈을 타서 공격하면 한 명의 아군으로도 열 명의 적을 공격할 수 있으며, 적이 피로해서 게으른 상태로 있거나 야간에 숙영 중인 틈을 타서 공격하면 열 명의 아군으로도 백 명의 적을 공격할 수 있습니다.

因(인) ~로 인하여. 其(기) 그. 驚(경) 놀라다. 駭(해) 놀라다. 一(일) 하나. 擊(격) 치다. 十(십) 열. 勞(로) 피로하다. 倦(권) 게으르다. 暮(모) 해가 저물다. 舍(사) 집. 숙영하다. 十擊百(십격백) 아군 10명으로 적 100명을 칠 수 있다.

奇技者, 所以越深水渡江河也. 强弩長兵者, 所以踰水戰也.
기기자, 소이월심수도강하야. 강노장병자, 소이유수전야.
뛰어난 기술이나 재주를 가지고 있다면, 그 재주를 활용해서 깊은 물이나 강을 건널 수 있으며, 강력한 쇠뇌나 장거리 사격용 병기를 사용하면 강 건너편에 있는 적과도 싸울 수 있습니다.

奇(기) 기이하다. 뛰어나다. 技(기) 기술, 재주. 越(월) 건너다. 深水(심수) 깊은 물. 渡(도) 건너다. 江河

(강하) 작은 강과 큰 강. 强(강) 강하다. 弩(노) 쇠뇌. 활이나 석궁 같은 무기. 長(장) 길다. 사거리가 길다. 兵(병) 병기. 踰(유) 넘다. 水(수) 물. 戰(전) 싸우다.

長關遠候, 暴疾謬遁者, 所以降城服邑也. 鼓行讙囂者, 所以行奇謀也.
장관원후, 폭질류둔자, 소이항성복읍야. 고행훤효자, 소이행기모야.
경계병이나 척후병을 원거리에 배치하여 적정을 철저히 정탐하며, 기동할 때는 신속하지만 거짓으로 전진하기도 하고 후퇴하기도 하는 등의 방법으로 적을 교란하면 적의 성읍을 함락시킬 수 있으며, 북을 치고 시끄럽게 떠들며 고의로 대오를 어지럽게 하는 등의 방법으로 적을 기만하는 술책을 쓸 수 있습니다.

長(장) 길다. 멀다. 關(관) 빗장. 경계병으로 해석하는 것이 좋을 듯 함. 遠(원) 멀다. 候(후) 물어보다. 척후병으로 해석. 暴疾(폭질) 사납고 빠르다. 신속히 기동하다. 謬遁(유둔) 거짓으로 도망치다. 降(항) 항복하다. 城(성) 성. 服(복) 항복하다. 鼓(고) 북을 치다. 行(행) 하다. 讙(훤) 시끄럽다. 囂(효) 왁자하다. 奇謀(기모) 적을 기만하는 모략.

大風甚雨者, 所以搏前擒後也. 僞稱敵使者, 所以絶糧道也.
대풍심우자, 소이박전금후야. 위칭적사자, 소이절량도야.
바람이 많이 불거나 비가 심하게 오는 등의 악천후를 잘 이용하여 적이 방어하기 어려운 틈을 타서 적의 전방에 배치된 군을 격파하고 후방에 배치된 군을 사로잡을 수 있으며, 적의 간부로 위장하고 비밀리에 적의 후방을 잘 공격하면 적의 군량 수송로를 격파할 수 있습니다.

大風(대풍) 큰바람. 甚雨(심우) 심한 비. 搏(박) 잡다. 前(전) 앞. 전방에 배치된 군대. 擒(금) 사로잡다. 後(후) 후방에 배치된 군대. 僞(위) 거짓. 稱(칭) 일컫다. 敵(적) 적군. 使(사) 벼슬. 관리. 絶(절) 끊다. 糧道(양도) 군량을 실어 나르는 길.

謬號令, 與敵同服者, 所以備走北也. 戰必以義者, 所以勵衆勝敵也.
유호령, 여적동복자, 소이비주배야. 전필이의자, 소이여중승적야.
적의 신호와 명령을 위조하고 적군과 똑같은 복장을 만들어 사용하면 적이 도망갈 때 잘 활용할 수 있으며, 전투할 때는 반드시 군사들에게 내세울 대의명분이 있어야 군사들을 잘 독려할 수 있으며 이를 통해서 적을 이길 수 있습니다.

謬(유) 속이다. 號(호) 신호. 부호. 令(령) 명령. 與(여) 같이하다. 敵(적) 적군. 同服(동복) 같은 복장.

備(비) 대비하다. 走(주) 달리다. 北(배) 패배하다. 戰(전) 싸우다. 必(필) 반드시. 以(이) 써. 義(의) 대의 명분. 勵(려) 힘쓰다. 衆(중) 군사들. 아군들. 勝(승) 이기다. 敵(적) 적군.

尊爵重賞者, 所以勸用命也. 嚴刑重罰者, 所以進罷怠也.
존작중상자, 소이권용명야. 엄형중벌자, 소이진파태야.
공이 있는 자에게 높은 벼슬과 후한 상을 내리면 군사들이 명령에 잘 따르도록 권면할 수 있으며, 잘못을 저지른 자에게 엄한 형벌을 가하면 게으르고 태만한 자들에게 경각심을 줄 수 있습니다.

尊(존) 높다. 爵(작) 벼슬. 관직. 重(중) 중요하다. 賞(상) 상. 勸(권) 권하다. 用(용) 쓰다. 命(명) 명령. 嚴(엄) 엄하다. 刑(형) 형벌. 重(중) 무겁다. 罰(벌) 벌. 進(진) 나아가다. 罷(파) 방면하다. 그치다. 怠(태) 태만하다.

一喜一怒, 一予一奪, 一文一武, 一徐一疾者, 所以調和三軍, 制一臣下也.
일희일노, 일여일탈, 일문일무, 일서일질자, 소이조화삼군, 제일신하야.
장수는 때로는 기뻐하여 부하들을 안심시키고, 때로는 노여워하여 부하들을 두렵게 하며, 혹은 관작을 주어서 공로를 치하하거나 직위를 박탈하는 방법으로 죄를 다스리며, 문덕으로써 은혜를 베풀고 무위로써 위엄을 보이며, 부대를 천천히 또는 빠르게 운용하는 등 전군을 조화롭게 부하들을 하나로 만들어 잘 통제할 수 있어야 하는 것입니다.

喜(희) 기쁘다. 怒(노) 노하다. 予(여) 주다. 奪(탈) 빼앗다. 文(문) 문덕. 武(무) 무위. 徐(서) 천천히. 疾(질) 빠르다. 調和(조화) 서로 잘 어울리게 함. 三軍(삼군) 전군. 制(제) 통제하다. 一(일) 하나로. 臣下(신하) 신하.

處高敞者, 所以警守也. 保險阻者, 所以爲固也. 山林茂穢者, 所以默往來也.
처고창자, 소이경수야. 보험조자, 소이위고야. 산림무예자, 소이묵왕래야.
지형이 높은 곳에 병력을 배치하면 경계와 방어를 잘할 수 있으며, 험한 지형을 확보하여 지키면 방어를 견고히 할 수 있으며, 산림이 무성하고 지형이 어둠침침한 곳에 병력을 배치하면 부대의 행동을 적에게 들키지 않고 은밀히 작전할 수 있습니다.

處(처) 살다. 머물다. 高(고) 높다. 敞(창) 높다. 警(경) 경계. 守(수) 방어. 保(보) 확보하다. 險(험) 험하다. 阻(조) 험하다. 爲(위) 하다. 固(고) 견고하다. 山林(산림) 산림. 茂(무) 우거지다. 穢(예) 거친 땅. 默

(묵) 조용하다. 잠잠하다. 往來(왕래) 가고 오다.

深溝高壘, 積糧多者, 所以持久也.
심구고루, 적량다자, 소이지구야.
참호를 깊이 파고 보루를 높이 쌓고, 군량을 많이 비축해 두면 지구전에 대비할 수 있습니다.

深(심) 깊다. 溝(구) 봇 도랑. 해자. 참호. 高(고) 높다. 壘(루) 보루. 積(적) 쌓아놓다. 糧(량) 군량. 多(다) 많다. 持(지) 지키다. 久(구) 오래. 持久(지구) 오래도록 버티어 감.

故曰, 不知戰攻之策, 不可以語敵. 不能分移, 不可以語奇.
고왈, 부지전공지책, 불가이어적. 불능분이, 불가이어기.
고로, 예로부터 이런 말이 전해오고 있습니다. 전투에 있어서 전법(戰法)을 모르면 적에 대한 논의를 할 수 없으며, 부대를 분산시켜 운용할 줄 모르면 기병(奇兵)에 대해 논의를 할 수 없으며,

故曰(고왈) 그러므로 옛말에 이르기를. 不知(부지) 모르다. 戰(전) 전투에서. 攻之策(공지책) 공격하는 방법. 不可(불가) ~이 불가하다. 以(이) 써. 語(어) 말. 敵(적) 적군. 不能(불능) 능히 ~할 수 없다. 分(분) 나누다. 移(이) 옮기다. 奇(기) 기병.

不通治亂, 不可以語變.
불통치란, 불가이어변.
부대원과 제대로 소통이 되지 않거나 지휘하는 것이 혼란스러우면 변칙을 활용하는 방법에 대한 논의를 하는 것 자체가 불가능하다!

不通(불통) 통하지 않는다. 治(치) 다스리다. 亂(란) 어지럽다. 不可(불가) ~이 불가하다. 以(이) 써. 語(어) 말. 變(변) 변칙 전법.

故曰, 將不仁, 則三軍不親. 將不勇, 則三軍不銳.
고왈, 장불인, 즉삼군불친. 장불용, 즉삼군불예.
첫째, 장수가 인자하지 못하면, 전군(全軍)이 서로 화목하지 못합니다. 둘째, 장수가 용감하지 못하면, 전군(全軍)이 정예롭지 못합니다.

將不○, 則三軍◎◎(장불○, 즉삼군◎◎). 장수가 ○,하지 못하면, 전군이 ◎◎하다로 해석. 仁(인) 인

자하다. 不親(불친) 친하지 않다. 勇(용) 용감하다. 不銳(불예) 정예롭지 못하다.

將不智, 則三軍大疑. 將不明, 則三軍大傾.

장부지, 즉삼군대의. 장불명, 즉삼군대경.

셋째, 장수가 지혜롭지 못하면, 전군(全軍)이 의혹에 빠지고 맙니다. 넷째, 장수가 현명하지 못하면, 전군(全軍)이 중심을 잃고 한쪽으로 기울게 됩니다.

智(지) 지혜. 大疑(대의) 큰 의혹에 빠지다. 明(명) 현명하다. 大傾(대경) 크게 기운다.

將不精微, 則三軍失其機. 將不常戒, 則三軍失其備. 將不强力, 則三軍失其職.

장부정미, 즉삼군실기기. 장불상계, 즉삼군실기비. 장불강력, 즉삼군실기직.

다섯째, 장수가 치밀하지 못하면, 전군(全軍)이 적을 이길 수 있는 좋은 기회를 잃게 됩니다. 여섯째, 장수가 경계를 게을리하면, 전군(全軍)의 대비태세는 소홀해집니다. 일곱째, 장수가 강력하지 못하면 전군(全軍)이 안일함에 빠져 직무에 태만하게 됩니다.

精微(정미) 치밀하다. 失其機(실기기) 기회를 잃어버리다. 常戒(상계) 상시 경계하다. 失其備(실기비) 대비태세가 소홀해진다. 强力(강력) 강하고 힘세다. 失其職(실기직) 그 직무를 잃어버리게 된다.

故將者, 人之司命, 三軍與之俱治, 與之俱亂.

고장자, 인지사명, 삼군여지구치, 여지구란.

장수는 군사들의 생명을 맡은 자입니다. 장수의 능력 여하에 따라 전군은 잘 다스려지기도 하고, 그렇지 않으면 혼란에 빠지기도 하는 것입니다.

故將者(고장자) 그러므로 장수는. 人(인) 사람. 백성. 군사들. 司(사) 맡다. 命(명) 생명. 三軍(삼군) 전군. 與(여) 같이하다. 주다. 俱(구) 함께. 治(치) 다스리다. 亂(란) 혼란스럽다.

得賢將者, 兵强國昌. 不得賢將者, 兵弱國亡.

득현장자, 병강국창. 부득현장자, 병약국망.

군주가 현명한 장수를 얻어 군을 맡기면 군이 강해지고 나라가 번창하며, 현명한 장수를 얻지 못하면 군이 약해지고 나라가 멸망하게 되는 것입니다.

得(득) 얻다. 賢將(현장) 현명한 장수. 者(자) ~하는 것. 兵强(병강) 군사는 강해지고. 國昌(국창) 나라가 번창하다. 不得(부득) 얻지 못하다. 兵弱(병약) 군이 약해지다. 國亡(국망) 나라가 망한다.

武王曰, 善哉.

무왕왈, 선재.

무왕은 '매우 좋은 말씀입니다' 하고 감탄하였다.

武王曰(무왕왈) 무왕이 말하다. 善哉(선재) 잘했다. 좋다.

28). 五音 오음. 오음의 활용

오음(五音)이란 '궁상각치우'가 각각 응하는 바가 있으니, 그 응하는 바에 따라 잘 통제하고, 전술에 활용한다면 또한 자신의 승리를 충분히 도울 수 있는 것이다.

-육도직해(六韜直解)에서-

武王問太公曰, 律音之聲, 可以知三軍之消息, 勝負之決乎.

무왕문태공왈, 율음지성, 가이지삼군지소식, 승부지결호.

무왕(武王)이 태공(太公)에게 물었다. 십이율(十二律)106)과 오음(五音)을 가지고 적의 동정이나 승부를 점칠 수 있습니까?

武王問太公曰(무왕문태공왈) 무왕이 태공에게 물었다. 律(율) 십이율을 말함. 音(음) 오음을 말함. 聲(성) 소리. 可(가) 가능한가? 以(이) 써. 知(지) 알다. 三軍之消息(삼군지소식) 전군의 소식. 消息(소식) 상황이나 동정을 알리는 것. 勝負之決(승부지결) 이기고 지는 것을 결정.

太公曰, 深哉! 王之問也.

태공왈, 심재! 왕지문야.

태공(太公)이 대답하였다. 참으로 의미가 깊은, 왕 다운 질문입니다.

太公曰(태공왈) 태공이 말하다. 深(심) 깊다. 哉(재) 어조사. 감탄. 王之問(왕지문) 왕 다운 질문입니다.

夫律管十二, 其要有五音, 宮商角徵羽.

부율관십이, 기요유오음, 궁상각치우.

율관(律管)에는 열두 가지가 있는데, 이것을 요약하면 궁 · 상 · 각 · 치 · 우(宮商角徵羽)의 오음(五音)이 됩니다.

---

106) 십이율(十二律). 동양 음악에 있어서 12개의 죽관으로 12개월을 상징한 것. 12율은 6율(양율) · 6여(음려)로 구성되었는데, 모든 음률의 기본을 이루고 있다. 황종(율)은 11월, 대려(여)는 12월, 태주(율)는 정월, 협종(여)는 2월, 고선(율)은 3월, 중려(여)는 4월, 유빈(율)은 5월, 임종(여)는 6월, 이칙(율)은 7월, 남려(여)는 8월, 무역(율)은 9월, 응종은 10월에 해당되며, 이중 황종은 궁, 태주는 상, 고선은 각, 유빈은 변치, 임종은 치, 남려는 우, 응종은 쌍궁으로 분류된다. 또한 율관의 길이는 황종 8촌 7푼 1, 대려는 7촌 5푼 3, 태주 7촌 7푼 2, 협종 6촌 1푼 3, 고선 6촌 7푼 4, 중려 5촌 9푼, 유빈 5촌 6푼, 임종 5촌 7푼 4, 이칙 5촌 4푼, 남려 4촌 7푼 8, 무역 4촌 6푼, 응종 4촌 2푼으로 되어 있다.

夫(부) 무릇. 律(율) 가락. 管(관) 피리. 律管(율관) 소리를 내는 관. 十二(십이) 열두 가지가 있다. 其(기) 그. 要(요) 요약하다. 有五音(유오음) 다섯 가지 음이 있다. 宮商角徵羽(궁상각치우) 오음의 종류.

此眞正聲也, 萬代不易. 五行之神, 道之常也.

차진정성야, 만대불역. 오행지신, 도지상야.

이 오음(五音)은 참으로 바른 소리로써 만대에 걸쳐 바꿀 수도 없는 법칙이니, 오행(五行)의 신비이며 항상 지켜야 할 도리라고 할 수 있습니다.

此(차) 이것. 眞(진) 참. 正(정) 바르다. 聲(성) 소리. 萬代(만대) 아주 멀고 오랜 세대. 不易(불역) 바꾸어 고칠 수 없거나 고치지 않음. 五行(오행) 우주 만물을 이루는 다섯 가지 원소. 神(신) 신. 道之常(도지상) 항상 지켜야 하는 도리.

金, 木, 水, 火, 土, 各以其勝攻也.

금, 목, 수, 화, 토, 각이기승공야.

금 ·목 ·수 ·화 ·토(金, 木, 水, 火, 土)의 오행(五行)은 상생과 상극[107]이 있으니, 이기는 것을 가지고 이기지 못하는 것을 공격하여야 합니다.

金, 木, 水, 火, 土(금, 목, 수, 화, 토) 오행을 말함. 各(각) 각각. 以(이) 써. 其(기) 그. 勝(승) 이기다. 攻(공) 공격하다.

古者三皇之世, 虛無之情, 以制剛强. 無有文字, 皆由五行.

고자삼황지세, 허무지정, 이제강강. 무유문자, 개유오행.

옛날 복희(伏羲)[108] · 신농(神農)[109] · 황제(皇帝)[110]의 삼황(三皇)[111]이 세상을 다스릴

107) 오행의 상생과 상극. 土(토)〉〉水(수)〉〉火(화)〉〉金(금)〉〉木(목). 앞에서 설명한 것과 같이 土(토)는 水(수)를 이기고, 水(수)는 火(화)를 이기고, 火(화)는 金(금)을 이기며, 金(금)은 木(목)을 이기며, 木(목)은 土(토)를 이기는 상관관계를 설명한 것임. 이러한 오행을 오음과 같이 연관시켜 생각을 하면 다음과 같이 비유하여 설명할 수 있음. .土(토)=宮(궁). 水(수)=羽(우). 火(화)=徵(치). 金(금)=商(상). 木(목)=角(각)

108) 복희(伏羲). 중국 신화에 등장하는 상반신은 남자이며 하반신은 뱀의 형상을 한 신. 중국 고대사에서 중국을 다스렸던 동방의 천제로 불림.

109) 신농(神農). 중국 신화에 등장하는 사람의 몸에 소의 머리를 가진 전설적인 황제.

110) 황제(黃帝) : 중국의 전설상에 나오는 제왕. 복희씨, 신농씨와 더불어 삼황(三皇)이라고 불림.

111) 삼황(三皇). 중국 고대 전설상의 세 임금을 말함. 여러 가지 설이 있는데 복희, 신농, 황제를 통틀어 가리키는 용어임. 또는 수인(燧人), 복희(伏羲), 신농(神農)을 가리키기도 함. 수인씨는 불을 발명하고 화식하는 법을 알게 했으며,

때는 자연 그대로 둠으로써 굳세고 완강한 백성들을 다스렸습니다. 그때는 문자가 없어서 오행의 법칙에 따라 천하를 다스렸던 것입니다.

古者(고자) 옛날에. 三皇之世(삼황지세) 삼황이 다스리던 시절. 삼황=복희, 신농, 황제의 세 황제를 말함. 虛無之情(허무지정) 별도로 통제하는 것 없이 자연 그대로 두고 다스렸다는 말임. 以(이) 써. 制(제) 다스리다. 剛(강) 굳세다. 强(강) 강하다. 無(무) 없다. 有(유) 있다. 文字(문자) 문자. 皆(개) 다. 모두. 由(유) 말미암다. 五行(오행) 오행의 법칙.

五行之道, 天地自然. 六甲之分, 微妙之神.
오행지도, 천지자연. 육갑지분, 미묘지신.

오행의 법칙은 천지자연의 이치로서 육십갑자도 이러한 천지자연의 이치 중의 하나였으니 참으로 오묘하고 신비하다 할 것입니다.

五行之道(오행지도) 오행의 법칙은. 天地自然(천지자연) 천지자연의 법칙과 같다. 六甲(육갑) 육십갑자. 分(분) 나누다. 微妙(미묘) 미묘하다. 神(신) 신비하다.

其法以天淸淨, 無陰雲風雨, 夜半遣輕騎, 往至敵人之壘, 去九百步外,
기법이천청정, 무음운풍우, 야반견경기, 왕지적인지루, 거구백보외,

이 오음(五音)을 가지고 적정을 아는 방법은 이렇습니다. 하늘이 맑아 구름이나 비바람이 없는 때를 이용해서 한밤중에 경무장한 기병을 적군의 보루에서 약 구백 보쯤 떨어진 지점까지 은밀히 접근하게 합니다.

其(기) 그. 法(법) 방법. 以(이) 써. 天(천) 하늘. 淸(청) 맑다. 淨(정) 고요하다. 無(무) 없다. 陰(음) 응달. 雲(운) 구름. 風(풍) 바람. 雨(우) 비. 夜(야) 밤. 半(반) 절반. 遣(견) 보내다. 輕(경) 가볍다. 경무장하다. 騎(기) 기병. 往(왕) 가다. 至(지) 이르다. 敵人之壘(적인지루) 적 부대의 보루. 去(거) 가다. 九百步(구백보) 900보. 外(외) 바깥.

遍持律管當耳, 大呼驚之. 有聲應管, 其來甚微.
편지율관당이, 대호경지. 유성응관, 기래심미.

그리고 십이율의 소리를 내는 관을 적진을 향해 크게 불어서 적군을 놀라게 합니다. 이렇게

복희씨는 사냥기술을 창안하고, 신농씨는 농경을 발명했다고 함.

하여 적진에서 반응하는 아주 미묘한 소리를 관으로 자세히 들어 봅니다.

遍(편) 두루. 持(지) 가지다. 律管(율관) 십이율의 소리를 내는 피리. 當(당) 당하다. 耳(이) 귀. 大(대) 크다. 소리가 크다. 呼(호) 부르다. 驚(경) 놀라다. 有聲(유성) 소리가 있으면. 應(응) 응하다. 管(관) 피리. 其(기) 그. 來(래) 오다. 들려오는 소리. 甚(심) 심하다. 微(미) 작다.

角聲應管, 當以白虎.
각성응관, 당이백호.

적진에서 각(角)의 소리가 들려오면, 각(角)은 오행 중에서 목(木)에 해당하므로 목(木)을 제압할 수 있는 금(金)에 해당하는 이치로 대응해야 합니다. 예를 들면, 방위는 백호 방향인 서쪽으로 공격하여야 하는 것입니다.

○聲應管, 當以 ◎◎(○성응관, 관이◎◎) ○는 궁상각치우 등 오음을 말하며, ◎◎는 그에 대응하는 방위와 시기를 설명하는 형태임. 角聲(각성) 각의 소리. 應管(응관) 관을 통해 들리면. 當(당) ~대응해야 한다. 以白虎(이백호) 백호의 이치를 가지고.

徵聲應管, 當以玄武.
치성응관, 당이현무.

적진에서 치(徵)의 소리가 들려오면, 치(徵)는 오행 중에서 화(火)에 해당하므로 화(火)를 제압할 수 있는 수(水)에 해당하는 이치로 대응해야 합니다. 예를 들면, 방위는 현무 방향인 북쪽으로 공격하여야 합니다.

徵聲(치성) 치의 소리. 應管(응관) 관을 통해 들리면. 當(당) ~대응해야 한다. 以玄武(이현무) 현무의 이치를 가지고.

商聲應管, 當以朱雀.
상성응관, 당이주작.

적진에서 상(商)의 소리가 들려오면, 상(商)은 오행 중에서 금(金)에 해당하므로 금(金)을 제압할 수 있는 화(火)에 해당하는 이치로 대응해야 합니다. 예를 들면, 방위는 주작 방향인 남쪽으로 공격하여야 합니다.

商聲(상성) 상의 소리. 應管(응관) 관을 통해 들리면. 當(당) ~대응해야 한다. 以朱雀(이주작) 주작의 이치를 가지고.

羽聲應管, 當以勾陳.

우성응관, 당이구진.

적진에서 우(羽)의 소리가 들려오면, 우(羽)는 오행 중에서 수(水)에 해당하므로 수(水)를 제압할 수 있는 토(土)에 해당하는 이치로 대응해야 합니다. 예를 들면, 방위는 구진의 방향인 중앙으로 공격하여야 합니다.

羽聲(우성) 우의 소리. 應管(응관) 관을 통해 들리면. 當(당) ~대응해야 한다. 以勾陳(이구진) 구진의 이치를 가지고.

五管聲盡不應者, 宮也, 當以青龍.

오관성진불응자, 궁야, 당이청룡.

적진에서 반응이 없어 오음에 해당하는 것이 없으면 이는 궁(宮)으로 보며, 궁(宮)은 오행 중에서 토(土)에 해당하므로 토(土)를 제압할 수 있는 목(木)에 해당하는 이치로 대응해야 합니다. 예를 들면, 방위는 청룡의 방향인 동쪽으로 공격하여야 합니다.

五管聲(오관성) 다섯 가지 관의 소리 중에서 盡(진) 다되다. 다하다. 不應(불응) 반응이 없다. 宮(궁) 궁에 해당된다. 當(당) ~대응해야 한다. 以青龍(이청룡) 청룡의 이치를 가지고.

此五行之符, 佐勝之徵, 成敗之機也.

차오행지부, 좌승지징, 성패지기야.

이것은 오행(五行)의 원리 중에서 상극(相克)의 원리에 따라 적을 이길 수 있는 징조로서 성패의 관건이 되는 것입니다.

此(차) 이것. 五行(오행) 5행. 符(부) 부신. 부적과 같은 것. 佐(좌) 도우다. 勝(승) 이기다. 徵(징) 부르다. 징조. 成敗(성패) 성공과 실패. 機(기) 관건.

武王曰, 善哉!

무왕왈, 선재!

무왕(武王)이 말하였다. 참으로 좋은 방법입니다.

武王曰(무왕왈) 무왕이 말하다. 善哉(선재) 잘했다. 좋다.

太公曰, 微妙之音, 皆有外候.

태공왈, 미묘지음, 개유외후.
태공(太公)이 다시 말하였다. 적군의 반응하는 소리가 관에 울려오는 것은 미묘해서 알기 어려운 경우가 많습니다. 그럴 때는 겉으로 드러나는 징후를 살피면 알 수 있습니다.

太公曰(태공왈) 태공이 말하다. 微妙之音(미묘지음) 미묘한 소리. 微(미) 작다. 妙(묘) 묘하다. 皆(개) 모두. 다. 有(유) 있다. 外候(외후) 겉으로 드러나는 징후.

武王曰, 何以知之?
무왕왈, 하이지지?
무왕(武王)이 물었다. 어떠한 방법으로 그 징후를 살피어 알 수 있습니까?

武王曰(무왕왈) 무왕이 말하다. 何(하) 어찌. 以(이) 써. 知(지) 알다.

太公曰, 敵人驚動則聽之.
태공왈, 적인경동즉청지.
태공(太公)이 대답하였다. 적군이 놀라 움직일 때 나는 소리를 듣고 알아내는 것입니다.

太公曰(태공왈) 태공이 말하다, 敵人(적인) 적군. 驚(경) 놀라다. 動(동) 움직이다. 則(즉) 곧. 聽(청) 듣다.

聞枹鼓之音者, 角也. 見火光者, 徵也. 聞金鐵矛戟之音者, 商也.
문포고지음자, 각야. 견화광자, 치야. 문금철모극지음자, 상야.
북채로 북을 치는 소리가 들리면, 각(角)의 소리입니다. 불빛이 보이면, 이것은 치(徵)의 소리입니다. 금속으로 만들어진 창이 부딪치는 소리가 들리면, 이것은 상(商)의 소리입니다.

聞(문) 듣다. 枹(포) 북채. 鼓(고) 북. 音(음) 소리. 角(각) 각의 소리. 見(견) 보다. 火光(화광) 불빛. 徵(치) 치의 모양. 聞(문) 듣다. 金(금) 쇠. 鐵(철) 철. 矛戟(모극) 긴 창과 짧은 창. 音(음) 소리. 商(상) 상의 소리.

聞人嘯呼之音者, 羽也. 寂寞無聞者, 宮也. 此五者, 聲色之符也.
문인소호지음자, 우야. 적막무문자, 궁야. 차오자, 성색지부야.
휘파람을 불거나 떠드는 소리가 들리면, 이것은 우(羽)의 소리입니다. 적막해서 들리는 소리가 없으면, 이것은 궁(宮)의 소리입니다. 이 다섯 가지는 오음(五音)을 알 수 있는 표식인 것입니다.

聞(문) 듣다. 人(인) 사람. 嘯(소) 휘파람 불다. 呼(호) 부르다. 音(음) 소리. 羽(우) 우의 소리. 寂(적) 고요하다. 寞(막) 쓸쓸하다. 無聞(무문) 들리는 것이 없다. 宮(궁) 궁의 소리. 此五者(차오자) 이 다섯 가지는. 聲(성) 소리. 色(색) 색깔. 符(부) 부신. 비표.

29). 兵徵 병징. 승패의 징후

병징(兵徵)이란 병가에서 말하는 이기고 지는 것의 징조를 말한다. 혹은 흉하고 혹은 길한 것이 모두 먼저 조짐을 보이는 것이니 장수라 하면 이것을 몰라서는 안 되는 것이다. 따라서 무왕(武王)이 이러한 징조에 대해서 물어본 것에 대해 태공망(太公望)이 거기에 대해 답을 한 것이다.

–육도직해(六韜直解)에서–

武王問太公曰, 吾欲未戰, 先知敵人之强弱, 預見勝敗之徵, 爲之奈何?
무왕문태공왈, 오욕미전, 선지적인지강약, 예견승패지징, 위지내하?
무왕(武王)이 태공(太公)에게 물었다. 적과 싸우기 전에 적의 강점과 약점, 승패의 징후를 미리 알고 싶은데, 어떻게 하면 되겠습니까?

武王問太公曰(무왕문태공왈) 무왕이 태공에게 물었다. 吾(오) 나. 欲(욕) ~하고자 한다. 未戰(미전) 싸우기 전에. 先知(선지) 미리 알다. 敵人之强弱(적인지강약) 적 부대의 강한 점과 약한 점. 預見(예견) 미리 보다. 勝敗之徵(승패지징) 승패의 징후. 爲之奈何(위지내하) 어찌해야 하겠습니까?

太公曰, 勝敗之徵, 精神先見, 明將察之, 其效在人.
태공왈, 승패지징, 정신선현, 명장찰지, 기효재인.
태공(太公)이 대답하였다. 승패의 징후는 군사들의 정신 상태에서 미리 나타납니다. 따라서 현명한 장수는 군사들의 정신 상태를 잘 살펴야 하며, 그러한 징후는 가장 먼저 군사들에게 나타나게 됩니다.

太公曰(태공왈) 태공이 말하다. 勝敗之徵(승패지징) 승패의 징후는. 精神(정신) 군사들의 정신 상태. 先見(선현) 미리 나타난다. 明(명) 밝다. 현명하다. 將(장) 장수. 察(찰) 살핀다. 其(기) 그. 效(효) 본받다. 在(재) 있다. 人(인) 사람.

謹候敵人, 出入進退, 察其動靜, 言語妖祥, 士卒所告.
근후적인, 출입진퇴, 찰기동정, 언어요상, 사졸소고.
적 부대의 출입, 진퇴하는 상황을 면밀히 관찰하며, 또한 적 부대의 동정, 언어, 길흉에 대한 조짐, 장병들의 대화 내용을 주의 깊게 살펴보아야 합니다.

謹(근) 삼가다. 候(후) 묻다. 敵人(적인) 적 부대. 出入(출입) 나고 들어오고. 進退(진퇴) 나아가고 물러나고. 察(찰) 살피다. 其(기) 그. 動靜(동정) 적 부대의 동정. 言語(언어) 적군의 언어. 妖祥(요상) 길흉에 대한 조짐들. 妖(요) 아리땁다. 祥(상) 상서롭다. 士卒(사졸) 적 부대의 장병들. 所告(소고) 보고하는 바.

凡三軍悅懌, 士卒畏法, 敬其將命,
범삼군열역, 사졸외법, 경기장명,
무릇 장병들이 장수의 지휘에 모두 만족해하고, 법령을 두려워하여 장수의 명령을 철저히 이행하며,

凡(범) 무릇. 三軍(삼군) 전군. 悅(열) 기쁘고. 懌(역) 기뻐하다. 士卒(사졸) 군사들. 장병들. 畏(외) 두려워하다. 法(법) 법령. 敬(경) 공경하다. 其(기) 그. 將命(장명) 장수의 명령.

相喜以破敵, 相陳以勇猛, 相賢以威武, 此强徵也.
상희이파적, 상진이용맹, 상현이위무, 차강징야.
적을 격파하는 것을 서로 좋아하고 무용담을 서로 주고받으며, 위엄과 무용을 내세우고 있다면, 이것은 군세가 강하다는 징후입니다.

相喜(상희) 서로 기뻐하다. 以(이) 써. 破敵(파적) 적을 파하다. 相陳(상진) 서로 늘어놓다. 勇猛(용맹) 용맹함을. 相賢(상현) 서로 현명하다는 것을 자랑하다. 威武(위무) 위엄과 무용. 此(차) 이것. 强(강) 강하다. 徵(징) 징조.

三軍數驚, 士卒不齊, 相恐以强敵, 相語以不利.
삼군삭경, 사졸부제, 상공이강적, 상어이불리.
이와 반대로 전군이 자주 동요되고 시끄러우며, 장병들의 마음이 가지런하지 못하고, 강한 적에 대해서 두려워하며, 전세가 불리하다는 말이 나돌거나,

三軍(삼군) 전군이. 數(삭) 자주. 驚(경) 놀라다. 士卒(사졸) 장병들이. 不齊(부제) 가지런하지 못하다. 相恐(상공) 서로 두려워하다. 以强敵(이강적) 강한 적들로 인해. 相語(상어) 서로 말하고 있다. 以不利(이불리) 불리하다는 것에 대해.

耳目相屬, 妖言不止, 衆口相惑, 不畏法令, 不重其將, 此弱徵也.
이목상속, 요언부지, 중구상혹, 불외법령, 부중기장, 차약징야.

귓속말로 전해져서 불길한 유언비어가 그치지 않으며, 법령을 두려워하지 않고, 장수들을 존중하지 않아 명령이 제대로 시행되지 않는다면, 이것은 군세가 약하다는 징후입니다.

耳目(이목) 귀와 눈. 相屬(상속) 귓속말로 속삭이는 모양을 말함. 妖言(요언) 요상한 말. 유언비어. 不止(부지) 끊이지 않는다. 衆口(중구) 대중들이 말하기를. 相惑(상혹) 서로 의심하다. 不畏(불외) 두려워하지 않는다. 法令(법령) 법과 명령. 법령. 不重(부중) 중요하게 생각지 않는다. 其將(기장) 그 장수들을. 此(차) 이것. 弱徵(약징) 군세가 약하다는 징조다.

三軍齊整, 陣勢以固, 深溝高壘, 又有大風甚雨之利,
삼군제정, 진세이고, 심구고루, 우유대풍심우지리,
전군이 잘 정돈되어 질서가 있고 진세가 견고하며, 해자나 참호가 깊으며 보루가 높고, 또 전세에 유리한 큰바람이나 폭우가 있으며,

三軍(삼군) 전군이. 齊整(제정) 가지런하게 정리가 되어 있고. 陣(진) 진영. 勢(세) 기세. 以(이) 써. 固(고) 견고하다. 深(심) 깊다. 溝(구) 해자, 참호. 高(고) 높다. 壘(루) 보루. 又(우) 또. 有(유) 있다. 大風(대풍) 큰바람. 甚雨(심우) 비가 심하게 오다. 利(리) 유리하다.

三軍無故, 旌旂前指, 金鐸之聲揚以淸, 鼙鼓之聲宛以鳴.
삼군무고, 정기전지, 금탁지성양이청, 비고지성완이명.
전군에 아무런 사고도 없고 깃발은 앞을 향하여 펄럭이며, 징과 방울소리가 높고 맑게 울리며, 모든 북소리가 크게 울리면,

三軍無故(삼군무고) 전군에 아무런 사고가 없고. 旌旂(정기) 부대 깃발. 前(전) 앞에. 指(지) 가리키다. 金(금) 징. 鐸(탁) 방울. 聲(성) 소리. 揚(양) 오르다. 以(이) 써. 淸(청) 맑다. 鼙(비) 작은 북. 鼓(고) 큰북. 聲(성) 소리. 宛(완) 완연히. 鳴(명) 울리다.

此得神明之助, 大勝之徵也.
차득신명지조, 대승지징야.
이것은 신명의 도움을 얻어 크게 승리할 군의 징후입니다.

此(차) 이것. 得(득) 얻다. 神明之助(신명지조) 신명의 도움. 大勝之徵也(대승지징야) 대승의 징조이다.

行陣不固, 旌旂亂而相遶, 逆大風甚雨之利, 士卒恐懼, 氣絕而不屬,

행진불고, 정기란이상요, 역대풍심우지리, 사졸공구, 기절이불속,
이와 반대로 군이 진을 펼치는데 견고하지 못하며, 부대의 깃발이 어지럽게 날리고, 아군에게 불리한 큰바람이나 폭우가 몰아치고, 장병들이 겁에 질려 두려워하여 사기가 저하됩니다.

行陣(행진) 진을 펼치는데. 不固(불고) 견고하지 못하다. 旌旂(정기) 부대의 깃발. 亂(란) 어지럽다. 相(상) 서로. 遶(요) 둘러 쌓여있다. 逆(역) 반대로. 大風(대풍) 큰바람. 甚雨(심우) 비가 심하게 오다. 利(리) 유리하다. 士卒(사졸) 장병들이. 恐(공) 두려워하다. 懼(구) 두려워하다. 氣(기) 기운. 기세. 絕(절) 끊기다. 不(불) 아니다. 屬(속) 이어지다.

戎馬驚奔, 兵車折軸, 金鐸之聲下以濁, 鼙鼓之聲濕以沐. 此大敗之徵也.
융마경분, 병거절축, 금탁지성하이탁, 비고지성습이목. 차대패지징야.
그리고 전투에 사용되는 말들이 놀라서 날뛰고, 전차의 차축이 부러지며, 징소리가 낮고 흐리며, 북소리가 제대로 울리지 않으면, 이것은 크게 패전할 군의 징후입니다.

戎(융) 병기의 총칭. 馬(마) 말. 驚(경) 놀라다. 奔(분) 달리다. 兵車(병거) 전투에 쓰이는 전차. 折(절) 꺾이다. 軸(축) 전차의 차축. 金(금) 징. 鐸(탁) 방울. 聲(성) 소리. 下(하) 아래. 以(이) 써. 濁(탁) 흐리다. 鼙(비) 작은 북. 鼓(고) 큰 북. 그것. 聲(성) 소리. 濕(습) 촉촉하다. 沐(목) 머리를 감다. 此(차) 이것. 大敗之徵(대패지징) 크게 패전할 징조다.

凡攻城圍邑, 城之氣色如死灰, 城可屠.
범공성위읍, 성지기색여사회, 성가도.
적의 성을 공격하고 고을을 포위할 때 성안에서 아지랑이나 연기와 같은 것들이 잿빛이면, 그 성은 공격하여 전멸시킬 수가 있습니다.

凡(범) 무릇. 攻(공) 공격하다. 城(성) 성. 圍(위) 포위하다. 邑(읍) 읍. 城之氣色(성지기색) 성의 기운이나 색. 如(여) 같다. 死(사) 죽다. 灰(회) 재. 可(가) 가능하다. 屠(도) 잡다.

城之氣出而北, 城可克. 城之氣出而西, 城可降.
성지기출이북, 성가극. 성지기출이서, 성가항.
그리고 연기 같은 것이 성안에서 나와 북쪽으로 향하면 그 성은 점령할 수가 있으며, 서쪽으로 향하면 그 성은 항복시킬 수가 있습니다.

城之氣(성지기) 성에서 나는 연기. 出而北(출이북) 나와서 북쪽으로 향한다. 城(성) 성. 可(가) 가능하다. 克(극) 이긴다. 出而西(출이서) 나와서 서쪽으로 향한다. 降(항) 항복시키다.

城之氣出而南, 城不可拔. 城之氣出而東, 城不可攻.
성지기출이남, 성불가발. 성지기출이동, 성불가공.

그러나 연기가 나와서 남쪽으로 향하면 그 성은 점령할 수가 없으며, 또한 동쪽으로 향하면 그 성은 공격하는 것이 불가능합니다.

城之氣(성지기) 성에서 나는 연기. 出而南(출이남) 나와서 남쪽으로 향한다. 城(성) 성. 不可(불가) 불가능하다. 拔(발) 쳐서 빼앗다. 出而東(출이동) 나와서 동쪽으로 향한다. 城(성) 성. 攻(공) 공격하다.

城之氣出而復入, 城主逃北.
성지기출이부입, 성주도배.

그리고 적의 성안에서 연기가 나왔다가 다시 성안으로 들어가면 그 성을 지키는 성주가 도망할 조짐입니다.

城之氣(성지기) 出而復入(출이부입) 나와서 다시 들어간다. 復(부) 다시. 城主(성주) 성주. 逃(도) 도망가다. 北(배) 패배하다.

城之氣出而覆我軍之上, 軍必病. 城之氣出高而無所止, 用兵長久.
성지기출이부아군지상, 군필병.성지기출고이무소지, 용병장구.

적의 성안에서 연기가 나와 아군 진영의 위를 덮으면 아군에게 질병이 유행할 조짐이며, 적의 성안에서 나는 연기가 나와서 높이 올라가고 멈추지 않을 때는, 전투를 오래 끌 것으로 생각해야 합니다.

城之氣(성지기) 성에서 나는 연기. 出而(출이) 나와서. 覆(부) 뒤집히다. 我軍之上(아군지상) 아군 진영 위로. 軍(군) 아군. 必(필) 반드시. 病(병) 질병. 出(출) 나와서. 高(고) 높이 올라가고. 無所止(무소지) 멈추는 것이 없다. 用兵(용병) 군사를 쓴다. 長久(장구) 길고 오래.

凡攻城圍邑, 過旬不雷不雨, 必亟去之, 城必有大輔.
범공성위읍, 과순불뢰불우, 필극거지, 성필유대보.

적의 성읍을 포위 공격한 지 열흘이 지나도록 천둥이 치지 않고 비가 내리지 않을 경우에는 재빨리 포위를 풀고 군대를 철수하여야 합니다. 이것은 적의 성안에 반드시 적장을 잘 보좌하는 인물이 있기 때문입니다.

凡(범) 무릇. 攻(공) 공격하다. 城(성) 성. 圍(위) 포위하다. 邑(읍) 마을, 過(과) 지나가다. 旬(순) 열흘. 不雷(불뢰) 천둥이 치지 않다. 不雨(불우) 비가 오지 않다. 必(필) 반드시. 亟(극) 빠르다. 去(거) 가다. 城(성) 적군의 성. 必(필) 반드시. 有(유) 있다. 大輔(대보) 훌륭한 보좌관.

此所以知可攻而攻, 不可攻而止.

차소이지가공이공, 불가공이지.

이러한 사항을 활용해서 적을 공격해서 승리할 수 있다는 판단이 서면 공격하고, 승리할 수 없다고 판단되는 경우에는 공격을 중지하여야 하는 것입니다.

此(차) 이것. 所(소) ~하는 바. 以(이) 써. 知(지) 알다. 可攻(가공) 공격이 가능하다. 攻(공) 공격하다. 不可攻(불가공) 공격이 불가능하다고 판단되면. 止(지) 그쳐라.

武王曰, 善哉.

무왕왈, 선재.

무왕은 좋은 방법이라고 칭찬하였다.

武王曰(무왕왈) 무왕이 말하다. 善哉(선재) 잘했다. 좋다.

30). 農器 농기. 농기구를 병기로 활용하라

농기(農器)란 농사를 짓는 농기구를 가지고 용병하는 병기에 비유한 것을 말한다. 천하가 안정되면 무비(武備)를 갖추지 않게 되는 법이라. 태공(太公)이 말하기를 '농기구가 곧 병기이고, 병사(兵事)가 곧 농사(農事)이니라'라고 하였다. 또한 주(周)나라에서 농사(農事)와 병사(兵事)를 따로 대하지 않고 같이 대한 이유인 것이다.

-육도직해(六韜直解)에서-

武王問太公曰, 天下安定, 國家無爭.
무왕문태공왈, 천하안정, 국가무쟁.
무왕(武王)이 태공(太公)에게 물었다. 천하가 이미 안정되어있고 다른 나라와 전쟁도 없습니다.

武王問太公曰(무왕문태공왈) 무왕이 태공에게 물었다. 天下安定(천하안정) 천하가 안정되고. 國家無爭(국가무쟁) 다른 나라와 전쟁이 없다.

戰攻之具, 可無修乎. 守禦之備, 可無設乎.
전공지구, 가무수호. 수어지비, 가무설호.
이럴 때는 적을 공격할 때에 사용하는 병기와 장비를 정비하지 않고, 적의 공격에 대비하지 않아도 되는 것 아닙니까?

戰攻(전공) 전투 시 적을 공격할 때. 具(구) 도구. 전쟁에 쓰이는 병기나 장비를 말함. 可(가) 가능하다. 無修(무수) 수리하고 정비하지 않다. 守禦(수어) 적의 공격을 지키고 막는 것. 備(비) 대비. 無設(무설) 설치하지 않다.

太公曰, 戰攻守禦之具, 盡在於人事.
태공왈, 전공수어지구, 진재어인사.
태공(太公)이 대답하였다. 적을 공격하거나 적침에 대비하는 여러 장비는 이미 모두 백성들의 일상생활에 농기구의 형태로 갖추어져 있는 것들입니다.

太公曰(태공왈) 태공이 말하다. 戰攻(전공) 전시에 공격하다. 守禦(수어) 적침에 대비해서 지키고 막다. 具(구) 도구(=병기나 장비). 盡(진) 다되다. 在(재) 있다. 於人事(어인사) 사람들의 일상생활에.

耒耜者, 其行馬蒺藜也. 馬牛車輿者, 其營壘蔽櫓也.
뇌사자, 기행마질려야. 마우차여자, 기영누폐로야.
농부들이 사용하는 쟁기나 보습 따위는 전투 시에 목책과 같은 장애물로 대용할 수 있으며, 농사에 사용되는 마소의 수레는 전투 시에 보루를 만들거나 망루로 사용할 수 있습니다.

耒(뢰) 쟁기. 耜(사) 보습=쟁기 같은 곳에 설치된 삽 모양의 쇳조각으로 땅을 갈아서 흙덩이를 일으키는 데 쓰이는 도구. 者(자) ~하는 것. 其(기) 그. 行馬(행마) 말이 다니는 곳에. 蒺藜(질려) 도둑이나 적을 막기 위해 흩어 두었던 끝이 뾰족한 송곳처럼 생긴 서너 개의 발을 가진 쇠못. 馬牛(우마) 말과 소. 車(차) 수레. 輿(여) 수레. 營壘(영루) 성을 지키는 보루나 망루. 蔽(폐) 덮다. 櫓(로) 방패.

鋤耰之具, 其矛戟也. 蓑薛簦笠, 其甲冑干楯也.
서우지구, 기모극야. 사벽등립, 기갑주간순야.
농민이 사용하는 호미와 쇠스랑 따위는 군대의 창으로 활용할 수 있으며, 도롱이와 삿갓은 112) 군사의 갑옷과 투구나 방패로 대용할 수 있습니다.

鋤(서) 호미. 耰(우) 곰방메. 씨를 덮는데 쓰는 도구. 具(구) 도구. 其(기) 그. 矛(모) 창. 戟(극) 창. 蓑(사) 도롱이. 짚을 엮어 어깨에 걸쳐 둘러서 사용하는 우의. 薛(설) 맑은 대 쑥. 簦笠(등립) 구릿대라는 풀로 만든 우산. 簦(등) 우산. 笠(립) 구릿대. 其(기) 그. 甲(갑) 갑옷. 冑(주) 투구. 干楯(간순) 방패.

钁鍤斧鋸杵臼, 其攻城器也.
곽삽부거저구, 기공성기야.
또한 괭이 · 삽 · 도끼 · 톱 · 절굿공이 등은 군사들이 성을 공격할 때에 사용하는 도구로 쓸 수 있습니다.

钁(곽) 괭이. 鍤(삽) 가래. 斧(부) 도끼. 鋸(거) 톱. 杵(저) 절굿공이. 臼(구) 절구. 其(기) 그. 攻城(공성) 성을 공격하다. 器(기) 기구.

牛馬, 所以轉輸糧也. 雞犬, 其伺候也.
우마, 소이전수량야. 계견, 기사후야.

112) 사벽(蓑薜). 도롱이와 우의 같은 것. 벽(薜)자를 설(薛)자로 쓴 것도 있으나, 사벽(蓑薜)이 비올 때 쓰는 도구라고 기록된 문헌에 따라 바꿨음.

소나 말은 군량을 수송할 수 있으며, 시간을 알려주는 닭이나 집을 지켜주는 개는 군의 척후병과 같습니다.

牛馬(우마) 소와 말. 所(소) ~하는 바. 以(이) 써. 轉(전) 구르다. 輸(륜) 나르다. 糧(량) 군량. 군의 양식. 雞(계) 닭. 犬(견) 개. 其(기) 그. 伺(사) 엿보다. 候(후) 묻다.

婦人織紝, 其旌旂也. 丈夫平壤, 其攻城也.

부인직임, 기정기야. 장부평양, 기공성야.

부인들이 길쌈하여 짜는 비단은 부대들의 깃발로 사용할 수 있으며, 장정들이 평소에 농사를 지으면서 땅을 고르기 위해서 하는 것은 성을 공격하는 것을 훈련하는 것과 같습니다.

婦人(부인) 부인들. 織(직) 베를 짜다. 紝(임) 베를 짜다. 其(기) 그. 旌旂(정기) 부대의 깃발. 丈夫(장부) 남자들. 平(평) 평평하게 하다. 壤(양) 흙. 흙덩이. 攻城(공성) 성을 공격하다.

春鏺草棘, 其戰車騎也. 夏耨田疇, 其戰步兵也.

춘발초극, 기전차기야. 하누전주, 기전보병야.

봄에 풀이나 가시나무를 낫으로 베는 것은 전시에 전차병이나 기병이 기동로를 개척하는 것을 훈련하는 것과 비슷합니다. 밭에서 밭두둑을 만드는 것 같은 것은 보병부대가 싸우는 방법을 훈련하는 것과 유사합니다.

春(춘) 봄에. 鏺(발) 낫으로 풀을 베다. 草(초) 풀. 棘(극) 가시나무. 其(기) 그. 戰(전) 싸우다. 車(차) 전차병. 騎(기) 기병. 夏(하) 여름. 耨(누) 김을 매다. 田(전) 밭. 疇(주) 밭두둑을 만드는 것. 步兵(보병) 보병부대.

秋刈禾薪, 其糧食儲備也. 冬實倉廩, 其堅守也.

추예화신, 기량식저비야. 동실창름, 기견수야.

가을에 벼를 베고, 땔나무를 준비하는 것은 군량미를 비축하고 전쟁 물자를 준비하는 것과 같으며, 겨울에 곳간을 수리하고 잘 지키는 것은 군사들이 방어를 견고하게 하는 훈련을 하는 것과 유사합니다.

秋(추) 가을. 刈(예) 베다. 禾(화) 벼. 薪(신) 땔 나무. 其(기) 그. 糧食(양식) 먹을 양식. 군량. 儲(저) 쌓다. 備(비) 대비하다. 冬(동) 겨울. 實(실) 실하다. 倉(창) 창고. 廩(름) 창고. 其(기) 그. 堅(견) 견고하게 하다. 守(수) 지키다.

田里相伍, 其約束符信也. 里有吏, 官有長, 其將帥也.

전리상오, 기약속부신야. 리유리, 관유장, 기장수야.

마을에서 서로 대오를 편성하는 것은 군중의 규율이나 비표와 같은 것을 미리 편성하는 것과 같으며, 마을에 관리가 있고 관청에 소속부서의 장이 있는 것은 군대에 장수가 있는 것과 같은 것입니다.

田里(전리) 시골 마을. 相(상) 서로. 伍(오) 대오를 편성하다. 其(기) 그. 約束(약속) 약속. 符信(부신) 비표. 里有吏(리유리) 마을에 관리가 있고. 官有長(관유장) 관청에 소속부서의 장이 있는 것은. 將帥(장수) 장수.

里有周垣, 不得相過, 其隊分也.

이유주원, 부득상과, 기대분야.

마을마다 경계를 알려주는 담이 있어 함부로 서로 넘나들지 못하게 하는 것은 군대에서 소속부대를 나누어 통제하는 것과 같은 것입니다.

里有(이유) 마을에 ~가 있다. 周(주) 두루. 垣(원) 담. 不得(부득) ~을 얻지 못하게 하다. 相(상) 서로. 過(과) 지나가다. 其(기) 그. 隊(대) 부대. 分(분) 나누다.

輸粟取芻, 其廩庫也. 春秋治城郭, 修溝渠, 其塹壘也.

수속취추, 기름고야. 춘추치성곽, 수구거, 기참루야.

곡식을 나르면서 나오는 건초를 모아두는 것은 소나 말을 운용하는 부대에서 사용할 물자를 창고에 미리 준비하는 것과 같으며, 봄과 가을에 성의 무너진 담장과 도랑을 보수하는 것은 전시에 참호와 보루를 보수하는 것을 훈련하는 것과 같습니다.

輸(수) 나르다. 粟(속) 조. 오곡 중 하나. 取(취) 취하다. 芻(추) 건초. 其(기) 그. 廩(름) 곳간. 庫(고) 곳간. 春秋(춘추) 봄 가을. 治(치) 다스리다. 城郭(성곽) 성의 담장. 修(수) 수리하다. 溝(구) 해자. 참호. 渠(거) 도랑. 塹壘(참루) 참호와 보루.

故用兵之具, 盡在於人事也.

고용병지구, 진재어인사야.

그러므로 전투 장비는 농부의 일상생활에 모두 갖추어져 있는 것입니다.

故(고) 그러므로. 用兵之具(용병지구) 용병을 할 때 쓰는 도구. 병기나 전투용 장비. 盡(진) 다되다. 在

(재) 있다. 於人事(어인사) 사람들의 일상생활에.

善爲國者, 取於人事. 故必使遂其六畜, 闢其田野, 究其處所.
선위국자, 취어인사. 고필사수기육축, 벽기전야, 구기처소.
나라를 잘 다스리는 자는 곧 사람들이 살아가는 일상생활에서 그 진리를 얻어내는 것입니다. 그러므로 농민이 소와 말, 양과 개, 닭과 돼지 등의 가축[113]을 잘 기르게 하고, 논과 밭을 제대로 잘 정비하게 하며, 편안하게 거주할 수 있도록 대책을 잘 갖추게 하여야 한다.

善(선) 잘하다. 爲國(위국) 나라를 위해서. 者(자) ~하는 자. 取(취) 취하다. 於人事(어인사) 사람들의 일상생활에서. 故(고) 그러므로. 必(필) 반드시. 使(사) ~하게 하다. 遂(수) 성취하다. 其(기) 그. 六畜(육축) 여섯 가지 가축. 소, 말, 양, 개, 닭, 돼지 등 여섯 가지 대표적인 가축. 闢(벽) 열다. 其(기) 田野(전야) 논밭. 究(구) 연구하다. 處所(처소) 사람이 살거나 머무는 곳.

丈夫治田有畝數, 婦人織紝有尺度, 其富國强兵之道也.
장부치전유무수, 부인직임유척도, 기부국강병지도야.
농부들에게는 경작하여야 할 일정 부분의 밭을 배정해 주고, 부녀자들에게는 길쌈하여야 할 분량을 미리 정해 주어야 합니다. 이렇게 해야 나라를 부유하게 하고 군을 강성하게 할 수 있는 것입니다.

丈夫(장부) 남자들. 治(치) 다스리다. 田(전) 밭. 有(유) 있다. 畝(무) 땅 넓이의 단위. 약 30평 되는 넓이. 數(수) 숫자. 婦人(부인) 부인들. 織紝(직임) 베를 짜다. 有(유) 있다. 尺度(척도) 자로 잰 길이. 其富國强兵之道也(기부국강병지도야) 그것이 부국강병이 되는 길이다.

武王曰, 善哉!
무왕왈, 선재!
무왕은 '참으로 좋은 말씀입니다'하며 기뻐하였다.

武王曰(무왕왈) 무왕이 말하다. 善哉(선재) 잘했다. 좋다.

113) 육축(六畜). 집에서 기르는 대표적인 가축 여섯 종류. 소, 말, 양, 개, 닭, 돼지를 말함.

第四. 虎韜 제4. 호도[114)]

31). 軍用 군용. 군대의 무기체계

군용(軍用)이란 군대에서 사용하는 병기를 말하는 것이다. 미리 구비해서 싸우고 지키면 근심이 없을 것이다.

-육도직해(六韜直解)에서-

武王問太公曰, 王者擧兵, 三軍器用, 攻守之具, 科品衆寡, 豈有法乎.
무왕문태공왈, 왕자거병, 삼군기용, 공수지구, 과품중과, 기유법호.
무왕(武王)이 태공(太公)에게 물었다. 군주가 출병함에 있어서, 군이 갖추어야 할 병기와 장비는 일정한 종류와 수량이 있어야 합니까?

武王問太公曰(무왕문태공왈) 무왕이 태공에게 물었다. 王者(왕자) 군주가. 擧兵(거병) 군사를 출병하다. 三軍(삼군) 전군을 말함. 器(기) 기구. 用(용) 사용하다. 攻守(공수) 공격과 수비. 具(구) 장구. 科(과) 품목. 品(품) 물건. 衆寡(중과) 많고 적음. 豈(기) 어찌. 有(유) 있다. 法(법) 방법. 乎(호) 어조사.

太公曰, 大哉王之問也. 夫攻守之具, 各有科品, 此兵之大威也.
태공왈, 대재왕지문야. 부공수지구, 각유과품, 차병지대위야.
태공(太公)이 대답하였다. 참으로 좋은, 왕에 걸맞은 질문이십니다. 병기에는 공격과 방어에 따라 각기 종류와 등급이 있습니다. 이것으로 군의 위엄이 가늠되기도 합니다.

太公曰(태공왈) 태공이 말하다. 大哉(대재) 참으로 좋다. 王之問(왕지문) 왕의 질문. 夫(부) 무릇. 攻守(공수) 공격과 수비를 하는데. 具(구) 도구. 各(각) 각기. 有(유) 있다. 科(과) 종류. 品(품) 품목. 此(차) 이것. 兵(병) 군사. 군. 大威(대위) 큰 위엄.

---

114) 호도(虎韜) : 호랑이는 백수의 왕으로서 위엄과 용맹이 뛰어나기 때문에 용맹을 강조하기 위해 편명으로 삼은 것이다. 문도에서부터 용도까지는 주로 천하 경영에 대한 부분이 많았다면, 제4. 호도 이하의 후반부는 전술의 구체적인 방법에 대해서 논한 것이다.

武王曰, 願聞之.

무왕왈, 원문지.

무왕(武王)이 계속하여 물었다. 이에 대하여 자세히 말씀해 주십시오.

武王曰(무왕왈) 무왕이 말하다. 願(원) 원한다. 聞(문) 듣다.

太公曰, 凡用兵之大數, 將甲士萬人, 法用, 武衛大扶胥三十六乘.

태공왈, 범용병지대수, 장갑사만인, 법용, 무위대부서삼십육승.

태공(太公)이 대답하였다. 모름지기 용병하는 데 필요한 장비의 대략적인 수량에 대해서 말씀드리겠습니다. 무장한 군사 1만 명을 출동시키려면 무장을 한 대부서(大扶胥)라고 불리는 전차 36대가 필요합니다.

太公曰(태공왈) 태공이 말하다. 凡(범) 무릇. 用兵(용병) 용병을 하는데. 大數(대수) 대략적인 수량. 將甲士(장갑사) 무장한 군사. 萬人(만인) 만 명. 法用(법용) 쓰이는 법이다. 武衛大扶胥(무위 대부서) 무장을 한 대부서라고 불리는 전차. 三十六乘(삼십육승) 36대.

材士強弩矛戟爲翼, 一車二十四人, 推之以八尺車輪, 車上立旂鼓,

재사강노모극위익, 일차이십사인, 추지이팔척차륜, 차상립기고,

여기에는 무용이 뛰어난 병사가 강한 쇠뇌와 긴 창을 가지고 좌우익을 담당하게 되는데, 전차 1대에 24명을 편성하게 됩니다. 전차의 바퀴는 8척이고, 수레 위에 기와 북을 세웁니다.

材士(재사) 재주 있는 군사. 強弩(강노) 강한 쇠뇌. 강한 활. 矛戟(모극) 긴 창. 爲翼(위익) 좌우 날개. 좌우익을 담당. 一車二十四人(1차 72인) 전차 1대에 24명 편성. 推(추) 옮기다. 전차를 움직이다. 以(이) 써. 八尺(팔척) 8척. 길이. 車輪(차륜) 전차 바퀴. 車上(차상) 전차 위에. 立(입) 세운다. 旂鼓(기고) 깃발과 북.

兵法謂之震駭. 陷堅陣, 敗強敵.

병법위지진해. 함견진, 패강적.

이런 군대를 병법에서는 진해(震駭)라고 부르며, 적의 견고한 진지를 함락시키고 강한 적을 무찌르는 데 씁니다.

兵法(병법) 병법에서. 謂(위) 일컫는다. 震(진) 벼락. 駭(해) 놀라다. 陷(함) 함락시키다. 堅(견) 견고하다. 陣(진) 진지. 敗(패) 패배시키다. 強敵(강적) 강한 적.

武翼大櫓矛戟扶胥七十二乘.
무익대로모극부서칠십이승.
다음으로 큰 방패와 창을 장착한 부서(扶胥)라는 중전차 72대가 필요합니다.

武翼(무익) 날개와 같은 방패. 大櫓(대로) 큰 방패. 矛戟(모극) 창. 扶胥(부서) 전차의 종류. 七十二乘(칠십이승) 72대.

材士强弩矛戟爲翼, 以五尺車輪, 絞車連弩自副. 陷堅陣, 敗强敵.
재사강노모극위익, 이오척차륜, 교차련노자부. 함견진, 패강적.
여기에도 역시 재주가 뛰어난 병사가 강한 쇠뇌와 긴 창을 가지고 양익을 담당하며, 전차의 수레바퀴는 5척 정도가 되며 수레에 스스로 돌아가는 장치를 설치한 쇠뇌를 장착하여 운용하며, 적의 견고한 진지를 함락시키고 강한 적을 무찌르는 데 씁니다.

材士(재사) 재주 있는 군사. 强弩(강노) 강한 쇠뇌. 강한 활. 矛戟(모극) 긴 창. 爲翼(위익) 좌우 날개. 以(이) 써. 五尺(오척) 5척 길이=약 150cm. 車輪(차륜) 수레바퀴. 絞(교) 새끼를 꼬다. 묶다. 車(차) 수레. 連(연) 잇닿아 있다. 弩(노) 쇠뇌. 自(자) 스스로. 副(부) 버금가다. 陷(함) 함락시키다. 堅(견) 견고하다. 陣(진) 진지. 敗(패) 패배시키다. 强敵(강적) 강한 적.

提翼小櫓扶胥一百四十具. 絞車連弩自副, 陷堅陣, 敗强敵.
제익소로부서일백사십구. 교차련노자부, 함견진, 패강적.
다음으로 작은 방패를 장착한 부서(扶胥)라는 소전차 140대가[115] 필요합니다. 여기에도 수레에 스스로 돌아가는 장치를 설치한 쇠뇌를 장착하여 운용하며, 적의 견고한 진지를 함락시키고 강한 적을 무찌르는 데 씁니다.

提(제) 끌고 가다. 翼(익) 날개. 小(소) 작다. 櫓(로) 방패. 扶胥(부서) 전차의 종류. 一百四十具(일백사십구) 140대. 絞(교) 새끼를 꼬다. 묶다. 車(차) 수레. 連(연) 잇닿아 있다. 弩(노) 쇠뇌. 自(자) 스스로. 副(부) 버금가다. 陷(함) 함락시키다. 堅(견) 견고하다. 陣(진) 진지. 敗(패) 패배시키다. 强敵(강적) 강한 적.

大黃參連弩大扶胥三十六乘. 材士强弩矛戟爲翼, 飛鳧電影自副.

115) 다른 기록들을 참고하면, 일백사십육구(一百四十六具)=146개로 해석한 것도 있음.

대황삼련노대부서삼십육승. 재사강노모극위익, 비부전영자부.

다음에는 대황(大黃)이라는 3연발의 쇠뇌를 장치한 대부서(大扶胥)라는 이름의 대전차 36대가 필요합니다. 여기에는 재주가 뛰어난 병사가 강한 쇠뇌와 긴 창을 가지고 양익을 담당하며, 비부(飛鳧)와 전영(電影)이라는 화살을 장치해서 차체를 스스로 방어하게 합니다.

大黃(대황) 무기체계 이름. 參連弩(삼연노) 3연발로 활을 쏠 수 있는 쇠뇌. 大扶胥(대부서) 대전차의 종류. 三十六乘(삼십육승) 36대. 材士(재사) 재주 있는 군사. 强弩(강노) 강한 쇠뇌. 矛戟(모극) 긴 창. 爲翼(위익) 좌우 날개. 좌우익을 담당. 飛鳧(비부) 쇠뇌에서 쏘는 화살의 종류. 電影(전영) 쇠뇌에서 쏘는 화살의 종류. 自副(자부) 스스로 돌아가는.

飛鳧, 赤莖白羽, 以銅爲首. 電影, 靑莖赤羽, 以鐵爲首.

비부, 적경백우, 이동위수. 전영, 청경적우, 이철위수.

비부(飛鳧)라는 화살은 붉은 살대에 흰 깃을 달고 동(銅)으로 화살촉을 만듭니다. 전영(電影)이라는 화살은 푸른 살대에 붉은 깃을 달고 철(鐵)로 화살촉을 만듭니다.

飛鳧(비부) 비부라는 화살은. 赤(적) 붉다. 莖(경) 화살 살대. 白(백) 희다. 羽(우) 날개. 화살 깃. 以銅(이동) 동으로. 爲首(위수) 화살 머리를 만들다. 電影(전영) 전영이라는 화살은. 靑(청) 푸르다. 莖(경) 화살 살대. 赤(적) 붉다. 以鐵(이철) 철로. 爲首(위수) 화살 머리를 만들다.

晝則以絳縞, 長六尺, 廣六寸, 爲光耀,

주즉이강호, 장육척, 광육촌, 위광요,

전차 위에 낮에는 길이 6척, 넓이 6촌의 붉은 명주로 만든 깃발을 꽂는데, 이것을 '광요(光耀)'라고 합니다.

晝(주) 낮에는. 則(즉) 곧. 以(이) 써. 絳(강) 진홍색. 縞(호) 명주. 長六尺(장육척) 길이가 6척. 廣六寸(광육촌) 넓이가 6촌. 爲(위) 하다. 光耀(광요) 광요라 하다. 깃발의 이름. 光(광) 빛. 耀(요) 빛나다.

夜則以白縞, 長六尺, 廣六寸, 爲流星. 陷堅陣, 敗步騎.

야즉이백호, 장육척, 광육촌, 위유성. 함견진, 패보기.

밤에는 길이 6척, 넓이 6촌의 흰 명주로 만든 깃발을 꽂는데 이것을 '유성(流星)'이라고 합니다. 이런 전차는 견고한 적진을 함락시키고 적의 보병대와 기병대를 격파하는 데 사용합니다.

夜(야) 밤에는. 則(즉) 곧. 以(이) 써. 白(백) 희다. 縞(호) 명주. 爲(위) 하다. 流星(유성) 깃발의 이름. 陷

(함) 함락시키다. 堅(견) 견고하다. 陣(진) 진지. 敗(패) 패배시키다. 步(보) 보병부대. 騎(기) 기병대.

衝車大扶胥三十六乘. 螳螂武士共載, 可以擊縱橫, 敗强敵.

충차대부서삼십육승. 당랑무사공재, 가이격종횡, 패강적.

다음으로 충차(衝車)라고 불리는 대전차 36대가 필요합니다. 여기에는 당랑(사마귀)처럼 용감한 병사가 탑승하고, 종횡으로 적진을 누비면서 강한 적을 무찌르는 데 사용합니다.

衝車(충차) 전차의 이름. 衝(충) 찌르다. 大扶胥(대부서) 전차의 종류로 대전차. 三十六乘(삼십육승) 36대. 螳螂(당랑) 사마귀. 武士(무사) 무사. 共(공) 같이. 載(재) 타다. 可(가) 가능하다. 以擊(이격) 공격하는 것이. 縱橫(종횡) 종횡으로 적진을 누비다. 敗(패) 패배시키다. 强敵(강적) 강한 적.

輕車騎寇, 一名電車, 兵法謂之電擊. 陷堅陣, 敗步騎.

경차기구, 일명전차, 병법위지전격. 함견진, 패보기.

다음으로는 일명 전차(電車)로 불리는 경차(輕車)와 말을 타는 기병의 일종인 기구(騎寇)가 필요합니다. 이것은 기동이 빠르기에 병법에서 번개처럼 빠른 전차라 하여 전격(電擊)이라고 부르기도 하는데, 견고한 적진을 함락시키고 적의 보병대와 기병대를 격파하는 데 씁니다.

輕車(경차) 경전차. 騎寇(기구) 직역하면 말탄 도둑. 기병의 종류. 一名(일명) 이름 하여. 電車(전차) 번개처럼 빠른 전차. 兵法(병법) 병법서에서. 謂(위) 일컫다. 電擊(전격) 번개와 같이 치다. 陷(함) 함락시키다. 堅(견) 견고하다. 陣(진) 진지. 敗(패) 패배시키다. 步(보) 보병부대. 騎(기) 기병대.

寇夜來前, 矛戟輕車扶胥一百六十乘.

구야래전, 모극경차부서일백육십승.

적이 야음을 틈타 공격해오면, 창을 장착한 경전차 160대가 필요합니다.

寇(구) 도둑. 도적 떼. 적을 말함. 夜(야) 한밤에. 來前(래전) 공격해오다. 矛戟(모극) 창. 輕車(경차) 경전차. 扶胥(부서) 전차의 종류. 一百六十乘(일백육십승) 160대.

螳螂武士三人共載, 兵法謂之霆擊. 陷堅陣, 敗步騎.

당랑무사삼인공재, 병법위지정격. 함견진, 패보기.

여기에는 전차마다 세 명의 무사가 탑승합니다. 이것은 병법에서 천둥과 같이 친다 하여 정격(霆擊)이라고 부르는데 이 역시 견고한 적진을 함락시키고 적의 보병대와 기병대를 격파하는 데 씁니다.

螳螂武士(당랑무사) 당랑처럼 용감한 병사. 螳螂(당랑) 사마귀. 武士(무사) 무사. 三人(삼인) 세 명. 共(공) 같이. 載(재) 타다. 兵法(병법) 병법서에서. 謂(위) 일컫다. 霆擊(정격) 천둥과 같이 치다. 霆(정) 천둥. 陷(함) 함락시키다. 堅(견) 견고하다. 陣(진) 진지. 敗(패) 패배시키다. 步(보) 보병부대. 騎(기) 기병대.

方首鐵棓維胎, 重十二斤, 柄長五尺以上, 一千二百枚, 一名天棓.
방수철방유반, 중십이근, 병장오척이상, 일천이백매, 일명천부.

다음으로 각종 병기에 대하여 말씀드리겠습니다. 머리 부분이 각지게 생겼으며 머리 부분은 크고, 무게가 12근, 길이 5척 이상인 쇠몽둥이 1,200개가 필요한데, 하늘이 내린 몽둥이라 하여 일명 '천부(天棓)'라고 합니다.

方(방) 각지다. 首(수) 머리 부분. 鐵(철) 쇠. 棓(방) 몽둥이. 維(유) 밧줄. 胎(반) 머리 부분이 크다. 重(중) 무게. 十二斤(십이근) 12근. 柄(병) 자루 부분. 長(장) 길이. 五尺以上(오척이상) 5척. 一千二百枚(일천이백매) 1,200개. 一名天棓(일명천부) 이름하여 천부라 한다.

大柯斧, 刃長八寸, 重八斤, 柄長五尺以上, 一千二百枚, 一名天鉞
대가부, 인장팔촌, 중팔근, 병장오척이상, 일천이백매, 일명천월.

자루가 긴 도끼처럼 생겼으며, 날의 길이가 8촌, 무게가 8근이며, 자루 길이가 5척 이상인 무기 1,200개가 필요한데, 이는 하늘이 내린 도끼라 하여 일명 '천월(天鉞)'이라고 합니다.

大(대) 크다. 柯(가) 자루. 斧(부) 도끼. 刃(인) 도끼의 날 부분. 長(장) 길이. 八寸(8촌) 8촌. 重(중) 무게. 八斤(8근) 8근. 柄(병) 자루 부분. 長(장) 길이. 五尺以上(5척이상) 5척 이상. 一千二百枚(일천이백매) 1,200개. 一名天鉞(일명천월) 一名(일명) 이름하여. 天鉞(천월) 천월이라 한다. 월 鉞=도끼.

方首鐵槌, 重八斤, 柄長五尺以上, 一千二百枚, 一名天槌. 敗步騎群寇.
방수철퇴, 중팔근, 병장오척이상, 일천이백매, 일명천퇴. 패보기군구.

머리가 네모지게 생겼으며, 무게가 8근, 자루 길이가 5척인 철퇴 1,200개가 필요한데, 이는 하늘이 내린 쇠망치라 하여 일명 '천퇴(天槌)'라고 합니다. 이러한 병기는 적의 보병과 기병이 무리를 지어 공격해올 때 사용합니다.

方(방) 각지다. 首(수) 머리 부분. 鐵槌(철퇴) 쇠망치. 重(중) 무게. 八斤(팔근) 8근. 柄(병) 자루. 長(장)

길이. 五尺以上(오척이상) 5척 이상. 一千二百枚(일천이백매) 1,200개. 一名(일명) 이름하여. 天槌(천퇴) 천퇴이라 한다. 퇴 槌=망치. 敗(패) 패배하다. 步(보) 보병부대. 騎(기) 기갑부대. 群(군) 무리. 寇(구) 왜구 할 때의 '구'자로 도적 떼. 적군들을 말함.

飛鉤, 長八寸, 鉤芒長四寸, 柄長六尺, 一千二百枚. 以投其衆.
비구, 장팔촌, 구망장사촌, 병장육척, 일천이백매. 이투기중.
길이가 8촌이며, 갈고리의 길이가 4촌이며, 자루 길이가 6척인 비구(飛鉤)라고 하는 무기 1,200개가 필요합니다. 이것은 적군 속에 갈고리를 던져 잡아당기면서 적을 죽이는 데 사용합니다.

飛鉤(비구) 비구라고 하는 무기는. 飛(비) 날다. 鉤(구) 낫. 갈고리. 長(장) 길이. 八寸(팔촌) 8촌. 鉤(구) 갈고리. 芒(망) 갈고리 끝. 長(장) 길이. 四寸(4촌) 4촌. 柄(병) 자루. 六尺(육척) 6척. 一千二百枚(일천이백매) 1,200개. 以(이) 써. 投(투) 던지다. 其(기) 그. 衆(중) 무리.

三軍拒守, 木螳螂, 劍刃, 扶胥, 廣二丈, 百二十具, 一名行馬.
삼군거수, 목당랑, 검인, 부서, 광이장, 백이십구, 일명행마.
목 당랑(木 螳螂) 또는 칼날을 장착하고 넓이가 2장 정도이며 적을 막을 때 주로 사용하는 전차가 120대가 필요한데, 말이 달리는 것과 같다 하여 일명 '행마(行馬)'라고 합니다.

三軍(삼군) 전군. 拒(거) 막다. 守(수) 지키다. 木(목) 나무. 螳螂(당랑) 사마귀. 劍刃(검인) 칼날. 扶胥(부서) 전차의 이름. 廣(광) 넓이. 二丈(이장) 2장. 百二十具(일백이십구) 120개. 一名(일명) 이름하여. 行馬(행마) 행마라고 한다.

平易地, 以步兵敗車騎.
평이지, 이보병패차기.
이 무기는 주로 평지에서 아군의 보병이 적의 전차대나 기병을 저지할 때 사용합니다.

平(평) 평평하고. 易(이) 쉽다. 넓다. 地(지) 지형. 땅. 以步兵(이보병) 보병부대로. 敗(패) 패하게 하다. 車騎(차기) 적의 전차부대나 기병대.

木蒺藜, 去地二尺五寸, 百二十具. 敗步騎, 要窮寇, 遮走北.
목질려, 거지이척오촌, 백이십구. 패보기, 요궁구, 차주배.

적을 막기 위해 흩어 두는 끝이 뾰족한 송곳처럼 생긴 서너 개의 발이 달린 장애물인 목질려(木蒺藜)는 발의 높이가 2척 5촌짜리 120개가 필요합니다. 이는 보병부대와 기병대를 패하게 할 때, 궁지에 몰린 적 부대를 요격할 때, 패배하여 도망가는 적을 차단할 때 주로 사용합니다.

木蒺藜(목질려) 나무로 된 마름쇠. 마름쇠는 도둑이나 적을 막기 위해 흩어 두었던 끝이 뾰족한 송곳처럼 생긴 서너 개의 발을 가진 장애물을 말함. 去(거) 가다. 地(지) 땅. 땅에다 뿌려 놓다. 二尺五寸(이척오촌) 길이가 2척 5촌. 목질려의 길이를 말함. 一百二十具(일백이십구) 120개가 필요하다. 敗(패) 패하다. 步騎(보기) 보병부대와 기병대. 要(요) 요격하다. 窮寇(궁구) 궁지에 몰린 도적 떼. 遮(차) 차단하다. 走北(주배) 패배하여 도망가다.

軸旋短衝矛戟扶胥, 百二十具. 黃帝所以敗蚩尤, 敗步騎, 要窮寇, 遮走北.

축선단충모극부서, 백이십구. 황제소이패치우, 패보기, 요궁구, 차주배.

축대가 짧아서 회전이 잘 되고, 창을 주렁주렁 매달아 놓은 전차 120대가 필요합니다. 이는 황제(黃帝)[116]가 치우(蚩尤)[117]를 패하게 할 때 사용했었던 것으로 보병부대와 기병대를 패하게 할 때, 궁지에 몰린 적 부대를 요격할 때, 패배하여 도망가는 적을 차단할 때 주로 사용합니다.

軸旋短(축선단) 축대가 짧다. 軸(축) 축대. 旋(선) 회전하다. 衝(충) 찌르다. 矛戟(모극) 짧은 창과 긴 창. 扶胥(부서) 전차의 이름. 百二十具(백이십구) 120개. 黃帝(황제) 중국 전설상의 제왕. 복희씨와 신농씨와 더불어 삼황으로 불림. 所(소) ~하는 바. 以(이) 써. 敗(패) 패하게 하다. 蚩尤(치우) 치우. 敗(패) 패하다. 步騎(보기) 보병부대와 기병대. 要(요) 요격하다. 窮寇(궁구) 궁지에 몰린 도적 떼. 遮(차) 차단하다. 走北(주배) 패배하여 도망가다.

短衝矛戟扶胥, 一百二十輛. 敗步騎, 要窮寇, 遮走北.

단충모극부서, 일백이십량. 패보기, 요궁구, 차주배.

그리고, 축이 짧아 잘 구르며 창을 장착한 전차 120대를 준비합니다. 이와 같은 무기는 적의 보병과 기병을 공격하고 궁지에 몰린 적을 요격하며 패하여 도망가는 적을 차단하는 데

116) 황제(黃帝). 중국의 전설상에 나오는 제왕. 복희씨, 신농씨와 더불어 삼황(三皇)이라고 불림.

117) 치우(蚩尤). 전설 속 동방 구려족의 수령으로 중국 신화 전설 시대의 제왕. 황제(皇帝)와 천하를 다툰 동이족의 대표적인 수령.

사용합니다.

短(단) 짧다. 衝(충) 찌르다. 축을 말함. 矛戟(모극) 창을 장착한. 扶胥(부서) 전차의 종류. 一百二十輛(일백이십량) 120대. 敗(패) 패배시키다. 步(보) 보병부대. 騎(기) 기병대. 要(요) 요격하다. 窮(궁) 다하다. 寇(구) 도적 떼. 적. 遮(차) 막다. 走北(주배) 패배하여 도망가다.

狹路微徑, 張鐵蒺藜, 芒高四寸, 廣八寸, 一千二百具. 敗步騎.
협로미경, 장철질려, 망고사촌, 광팔촌, 일천이백구. 패보기.
좁은 길이나 적이 다니는 작은 지름길에 뿌려 적의 통행을 막기 위하여 날 끝의 높이가 4촌, 너비 8촌, 길이 6척 이상인 마름쇠 1,200개가 필요합니다. 이는 적의 보병대와 기병대를 패배시키는 데 사용합니다.

狹(협) 좁다. 路(로) 길. 微(미) 작다. 徑(경) 지름길. 張(장) 뿌려 놓다. 鐵蒺藜(철질려) 쇠로 만든 질려. 질려=적을 막기 위해 흩어 두었던 끝이 뾰족한 송곳처럼 생긴 서너 개의 발을 가진 쇠못. 芒(망) 날. 질려의 날을 말함. 高(고) 높이. 四寸(사촌) 4촌의 길이. 廣(광) 넓이. 八寸(팔촌) 8촌의 길이. 一千二百具(일천이백구) 1,200개. 敗(패) 패배시키다. 步(보) 보병부대. 騎(기) 기병대.

夜瞑來促戰, 白刃接. 鋪兩鏃蒺藜, 芒間相去二尺, 一萬二千具.
야명래촉전, 백인접. 포양족질려, 망간상거이척, 일만이천구.
적이 야습을 해서 쌍방 간에 백병전이 벌어질 경우를 대비하여, 뾰족한 촉이 두 개 붙은 마름쇠 여러 개를 연결해 만든 질려(蒺藜)라는 것을 풀어놓는데 이때 뾰족한 촉의 높이가 2척인 마름쇠 12,000개가 필요합니다.

夜(야) 밤. 瞑(명) 어둡다. 來(래) 오다. 促(촉) 재촉하다. 戰(전) 싸우다. 白(백) 희다. 刃(인) 칼날. 接(접) 접촉하다. 백병전을 하다. 鋪(포) 펴다. 兩(양) 둘. 2개. 鏃(족) 화살촉. 蒺藜(질려) 적을 막기 위해 흩어 두었던 끝이 뾰족한 송곳처럼 생긴 서너 개의 발을 가진 쇠못. 芒(망) 날. 질려의 날. 間(간) 사이. 相(상) 서로. 去(거) 가다. 二尺(이척) 2척 길이. 一萬二千具(일만이천구) 12,000개

曠林草中, 方胸鋌矛, 一千二百具,
광림초중, 방흉정모, 일천이백구,
그리고, 초원지대나 넓은 들판 한가운데 각(角)지게 생긴 창 1,200개가 필요합니다.

曠(광) 밝다. 환하다. 林(림) 수풀. 草(초) 풀. 中(중) 넓은 들판이나 수풀이 많은 초원의 한가운데. 方

(방) 각지다. 胸(흉) 가슴. 鋌(정) 쇳덩이. 矛(모) 창. 一千二百具(일천이백구) 1,200개를.

張鋌矛法, 高一尺五寸, 敗步騎, 要窮寇, 遮走北.
장정모법, 고일척오촌, 패보기, 요궁구, 차주배.
설치하는데 그 방법은 높이 1척 5촌 높이로 풀 속에 꽂아 놓습니다. 이것은 적의 보병과 기병을 막고 궁지에 몰린 적이 패주할 때 그들을 차단하는 데 사용합니다.

張(장) 설치하다. 鋌(정) 쇳덩이. 矛(모) 창. 法(법) 방법. 高(고) 높이. 一尺五寸(일척오촌) 길이 1척 5촌. 敗(패) 패배시키다. 步(보) 보병부대. 騎(기) 기병대. 要(요) 요격하다. 窮(궁) 다하다. 寇(구) 도적 떼. 적들을 말함. 遮(차) 막다. 走北(주배) 패배하여 도망가다.

狹路微徑, 地陷, 鐵械鎖, 一百二十具, 敗步騎, 要窮寇, 遮走北.
협로미경, 지함, 철계쇄, 일백이십구, 패보기, 요궁구, 차주배.
좁은 도로나 지형이 고르지 못한 곳에서는 서로 연결된 쇠사슬 120개를 준비합니다. 이것 역시 적의 보병과 기병을 막고 궁지에 몰린 적이 패주를 할 때 그들을 차단하는 데 사용합니다.

狹(협) 좁다. 路(로) 길. 微(미) 작다. 徑(경) 지름길. 地(지) 땅. 陷(함) 빠지다. 鐵(철) 쇠. 械(계) 형틀. 기계. 鎖(쇄) 쇠사슬. 一百二十具(일백이십구) 120개. 敗(패) 패배시키다. 步(보) 보병부대. 騎(기) 기병대. 要(요) 요격하다. 窮(궁) 다하다. 寇(구) 도적 떼. 적들을 말함. 遮(차) 막다. 走北(주배) 패배하여 도망가다.

壘門拒守, 矛戟小楯十二具, 絞車連弩自副.
누문거수, 모극소순십이구, 교차련노자부.
영문을 방비할 때에는 창을 장착하고 작은 방패 12개와 연속발사가 가능한 장치가 되어 있는 연발식 쇠뇌를 준비합니다.

壘(루) 보루. 門(문) 문. 拒(거) 막다. 守(수) 지키다. 矛戟(모극) 창. 小楯(소순) 작은 방패. 十二具(십이구) 12개. 絞(교) 새끼를 꼬다. 묶다. 車(차) 수레. 連(연) 잇닿아 있다. 弩(노) 쇠뇌. 自副(자부) 스스로 돌아가는.

三軍拒守, 天羅虎落鎖, 廣一丈五尺, 高八尺, 一百二十具,

삼군거수, 천라호락쇄, 광일장오척, 고팔척, 일백이십구,

전군을 적의 공격으로부터 보호하기 위해서는 천라(天羅)118)와 호락(虎落)119)이라고 불리는 넓이 1장 5척, 높이 8척의 연결식 쇠사슬 120개를 준비합니다.

三軍(삼군) 전군. 拒(거) 막다. 守(수) 지키다. 天羅(천라) 천라라는 병기의 명칭. 虎落(호락) 호락이라는 병기의 명칭. 鎖(쇄) 쇠사슬. 廣(광) 넓이. 一丈五尺(일장오척) 1장 5척. 高(고) 높이. 八尺(팔척) 8척. 一百二十具(일백이십구) 120개.

虎落劍刃扶胥, 廣一丈五尺, 高八尺, 五百一十具.

호락검인부서, 광일장오척, 고팔척, 오백일십구.

또 호락(虎落)과 더불어 칼날이 부착된 전차를 준비하는데 넓이 1장 5척, 높이 8척인 것으로 510대를 준비합니다.

虎落(호락) 병기의 명칭. 劍刃(검인) 칼날. 扶胥(부서) 전차의 종류. 廣(광) 넓이. 一丈五尺(일장오척) 1장 5척. 高(고) 높이. 八尺(팔척) 8척. 五百一十具(오백일십구) 510대.

渡溝塹, 飛橋一間, 廣一丈五尺, 長二丈, 轉關轆轤八具, 以環利通索張之.

도구참, 비교일간, 광일장오척, 장이장, 전관녹로팔구, 이환리통삭장지.

적의 참호 지역을 돌파할 때 설치하는 교각의 일종인 비교(飛橋)는 한 칸의 넓이가 1장 5척, 길이 2장 이상인 것으로 준비하며, 여기에 교각을 들어 올렸다 내렸다 할 수 있는 도르래와 같은 녹로(轆轤) 8개를 부착한 다음 굵은 밧줄로 동여매어 설치합니다.

渡(도) 건너다. 溝(구) 도랑. 塹(참) 참호. 구덩이. 飛橋(비교) 무기의 종류. 一間(일간) 1칸이 필요하다. 廣(광) 넓이. 一丈五尺(일장오척) 1장 5척. 長(장) 길이. 二丈(이장) 2장. 轉(전) 구르다. 關(관) 빗장. 轆(녹) 도르래. 轤(로) 도르래. 八具(팔구) 8개. 以(이) 써. 環(환) 고리. 利(리) 유리하다. 通(통) 통하다. 索(삭) 동아줄. 張(장) 베풀다. 설치하다.

渡大水, 飛江, 廣一丈五尺, 長二丈, 共八具, 以環利通索, 張之.

도대수, 비강, 광일장오척, 장이장, 공팔구, 이환리통삭, 장지.

---

118) 천라(天羅). 하늘에서 내려오는 그물이라는 뜻. 그러한 형태로 만든 무기.

119) 호락(虎落). 범의 침입을 막는 울타리라는 뜻. 그러한 형태로 만든 무기.

큰 강을 건널 때는 강을 날아간다는 의미로 이름 붙여진 비강(飛江)이라는 도하 장비가 필요합니다. 비강(飛江)은 넓이 1장 5척, 길이 2장 이상인 것 8벌을 준비하되 굵은 밧줄로 연결해 강을 건널 때 교각으로 사용합니다.

渡(도) 건너다. 大水(대수) 큰 강. 飛江(비강) 비강이라는 도하 장비. 廣(광) 넓이. 一丈五尺(일장오척) 1장 5척. 長(장) 길이. 二丈(이장) 2장. 共(공) 함께. 八具(팔구) 8세트를 준비. 以(이) 써. 環(환) 고리. 利(리) 유리하다. 通(통) 통하다. 索(삭) 동아줄. 張(장) 베풀다. 설치하다.

天浮鐵螳螂, 矩内圓外, 徑四尺以上, 環絡自副, 三十二具,
천부철당랑, 구내원외, 경사척이상, 환락자부, 삼십이구,
천부철당랑(天浮鐵螳螂)[120]이라는 도하 장비는 네모지고 밖이 둥글어서 굵기가 4척이상이고 둥근 고리가 달린 것이 32개 필요합니다.

天浮鐵螳螂(천부철당랑) 도하장비의 명칭. 矩内(구내) 안은 네모나게 생기다. 圓外(원외) 밖은 둥글게 생기다. 徑(경) 굵기. 지금. 四尺以上(사척이상) 4척 이상. 環絡自副(환락자부) 둥근 고리가 달린 것. 三十二具(삼십이구) 32개.

以天浮張飛江, 濟大海, 謂之天潢, 一名天舡.
이천부장비강, 제대해, 위지천황, 일명천강.
천부(天浮)라는 거룻배와 같은 장비를 활용하여 부교(浮橋)의 일종인 비강(飛江)을 설치하여 큰 물을 건너는 것을 천황(天潢)이라고 하며, 일명 천강(天舡)이라고도 합니다.

以天浮(이천부) 천부라는 장비로. 張(장) 설치하다. 飛江(비강) 비강이라는 다리처럼 생긴 도하장비. 濟大海(제대해) 대해를 건너다. 謂之天潢(위지천황) 이를 천황이라고 하다. 一名天舡(일명천강) 일명 천강이라고 하다.

山林野居, 結虎落柴營, 環利鐵鎖, 長二丈以上, 千二百枚.
산림야거, 결호락채영, 환리철쇄, 장이장이상, 천이백매.
산림이나 평야에 진영을 설치할 때, 적의 침입을 막기 위한 시설물인 호락(虎落)[121]과 채

120) 천부철당랑(天浮鐵螳螂). 비강(飛江)이라는 부교(浮橋) 형태의 도하장비를 설치할 때, 하늘 높이 세워서 사용하는 철구조물의 형태로 보이며, 생긴 모습이 사마귀처럼 보여서 붙인 이름으로 생각됨.

121) 호락(虎落). 범의 침입을 막는 울타리.

영122)(柴營)을 만드는데. 고리를 연결한 쇠사슬은 길이가 2장(丈)이상인 것이 1,200개가 필요합니다.

山林(산림) 산림이 우거진 지형. 野(야) 들판. 평야. 居(거) 숙영할 때. 結(결) 맺다. 虎落(호락) 울타리 종류 중의 하나. 虎(호) 범. 落(락) 떨어지다. 柴營(채영) 울타리 종류 중의 하나. 環利鐵鎖(환리철쇄) 고리를 연결한 쇠사슬. 長二丈以上(장이장이상) 길이가 2장이상. 千二百枚(천이백매) 1,200개.

環利大通索, 大四寸, 長四丈以上, 六百枚.
환리대통삭, 대사촌, 장사장이상, 육백매.
고리를 연결하는 큰 쇠사슬은 굵기가 4촌(寸), 길이가 4장(丈)이상인 것이 600개가 필요합니다.

環利大通索(환리대통삭) 고리를 연결하는 큰 쇠사슬. 大四寸(대사촌) 굵기가 4촌. 長四丈以上(장사촌이상) 길이가 4촌이상. 六百枚(육백매) 600개.

環利中通索, 大二寸, 長四丈以上, 二百枚.
환리중통삭, 대이촌, 장사장이상, 이백매.
고리를 연결하는 중간정도의 쇠사슬은 굵기가 2촌(寸), 길이가 4장(丈)이상인 것이 200개가 필요합니다.

環利中通索(환리중통삭) 고리를 연결하는 중간정도 크기의 쇠사슬. 大二寸(대사촌) 굵기가 2촌. 長四丈以上(장사촌이상) 길이가 4촌이상. 二百枚(이백매) 200개.

環利小微纆, 長二丈以上, 萬二千枚.
환리소미라, 장이장이상, 만이천매.
고리를 연결하는 작고 가느다란 끈은 길이가 2장(丈)이상인 것이 2,000개가 필요합니다.

環利小微纆(환리소미라) 고리를 연결하는 작고 가느다란 끈. 長二丈以上(장이장이상) 길리가 2장이상. 萬二千枚(만이천매) 12,000개.

天雨蓋, 重車上板, 結枲鉏鋙, 車一乘, 以鐵杙張之.

---

122) 채영(柴營). 병영시설을 둘러 싼 울타리를 총칭하는 말.

천우개, 중차상판, 결천서어, 차일승, 이철익장지.

비가 올 때에 비를 막기 위해서 천우개(天雨蓋)라고 하는 덮개를 전차 위에 2중으로 덮습니다. 넓이 4척, 길이 4장 이상인 판자를 삼밧줄로 엇물리게 묶되 전차 한 대마다 한 벌씩 준비하여 쇠말뚝을 박아서 설치합니다.

天(천) 하늘. 雨(우) 비. 蓋(개) 덮다. 重(중) 무겁다는 말 보다. 2중으로 한다는 말로 해석. 車(차) 전차. 上板(상판) 위에 판자를 댄다는 말임. 結(결) 맺다. 묶는다. 泉(천) 샘. 鉏(서) 호미. 鋙(어) 어긋나다. 車一乘(차일승) 전차마다 한 벌씩 준비한다. 以(이) 써. 鐵(철) 쇠. 杙(익) 말뚝. 張(장) 베푼다. 설치한다.

伐木天斧, 重八斤, 柄長三尺, 三百枚. 棨钁, 刃廣六寸, 柄長五尺, 三百枚.
벌목천부, 중팔근, 병장삼척, 삼백매. 계곽, 인광육촌, 병장오척, 삼백매.

벌목용 장비로는 천부(天斧)라는 도끼를 준비하는데, 무게가 8근이며 자루 길이가 3척인 것으로 300개를 준비합니다. 계곽(棨钁)이라고 하는 창처럼 생긴, 마치 괭이 같은 벌목장비는 날의 넓이 6촌, 길이 5척인 것으로 300개를 준비합니다.

伐木(벌목) 벌목하다. 天斧(천부) 도끼. 斧=도끼. 重(중) 무게. 八斤(팔근) 8근. 柄(병) 자루. 長(장) 길이. 三尺(삼척) 3척. 三百枚(삼백매) 300개. 棨(계) 창. 钁(곽) 괭이. 刃(인) 칼날. 廣(광) 넓이. 六寸(육촌) 6촌. 柄(병) 자루. 長(장) 길이. 五尺(오척) 5척. 三百枚(삼백매) 300개.

銅築固爲垂, 長五尺, 二百枚. 鷹爪. 方胸鐵把, 柄長七尺, 三百枚.
동축고위수, 장오척, 이백매. 응조. 방흉철파, 병장칠척, 삼백매.

또한 길이 5척 이상인 구리로 견고하게 만든 수(垂)라고 하는 톱과 같은 기구 200개를 준비하며, 매의 발톱처럼 생겼다고 이름 붙여진 응조(鷹爪)라는 벌목용 도구는 각이 지게 생기고 자루 길이가 7척인 철파(鐵把)를 300개를 준비합니다.

銅(동) 구리. 築(축) 쌓다. 固(고) 견고하다. 爲(위) 하다. 垂(수) 드리우다. 長五尺(장오척) 길이가 5척. 二百枚(이백매) 200개. 鷹(응) 매. 爪(조) 손톱. 方(방) 각지다. 胸(흉) 가슴. 鐵(철) 쇠. 把(파) 잡다. 柄(병) 자루. 長(장) 길이. 七尺(칠척) 7척. 三百枚(삼백매) 300개.

方胸鐵叉, 柄長七尺, 三百枚. 方胸兩枝鐵叉, 柄長七尺, 三百枚.
방흉철차, 병장칠척, 삼백매. 방흉양지철차, 병장칠척, 삼백매.

각이 지게 생기고 자루 길이가 7척인 철차(鐵叉)[123] 300개, 각이 지게 생기고 자루 길이가 7척인 가지가 두 개 달린 철차(鐵叉) 300개를 각각 준비합니다.

方(방) 각지다. 胸(흉) 가슴. 鐵叉(철차) 쇠로 만든 삼지창과 같은 형태인 창 종류 중의 하나. 柄(병) 자루. 長(장) 길이. 七尺(칠척) 7척. 三百枚(삼백매) 300개. 方(방) 각지다. 胸(흉) 가슴. 兩枝(양지) 양쪽 가지. 鐵叉(철차) 쇠로 만든 삼지창과 같은 형태인 창 종류 중의 하나. 柄(병) 자루. 長(장) 길이. 七尺(칠척) 7척. 三百枚(삼백매) 300개.

芟草木大鎌, 柄長七尺, 三百枚. 大櫓刃, 重八斤, 柄長六尺, 三百枚.
삼초목대렴, 병장칠척, 삼백매. 대로인, 중팔근, 병장육척, 삼백매.

초목을 베는 데 사용하는 도구인 대렴(大鎌)은 자루 길이가 7척인 것으로 300개를 준비하고, 큰 방패처럼 생긴 벌초 도구인 대로인(大櫓刃)은 무게가 8근 자루 길이가 6척인 것으로 300개를 준비합니다.

芟(삼) 베다. 草(초) 풀. 木(목) 나무. 大鎌(대렴) 큰 낫. 柄(병) 자루. 長(장) 길이. 七尺(칠척) 7척. 三百枚(삼백매) 300개. 大(대) 크다. 櫓(로) 방패. 刃(인) 칼날. 重(중) 무게. 八斤(팔근) 8근. 柄(병) 자루. 長(장) 길이. 六尺(육척) 6척. 三百枚(삼백매) 300개.

委環鐵杙, 長三尺以上, 三百枚. 椓杙大槌, 重五斤, 柄長二尺以上, 百二十枚.
위환철익, 장삼척이상, 삼백매. 탁익대퇴, 중오근, 병장이척이상, 백이십매.

그 밖에 고리가 달린 쇠말뚝은 길이 3척이상인 것으로 300개, 쇠말뚝을 박는 데 사용하는 큰 망치는 무게 5근에 길이 5척이상인 것으로 120개를 준비합니다.

委(위) 맡기다. 環(환) 고리. 鐵(철) 쇠. 杙(익) 말뚝. 長三尺(장삼척) 길이가 3척 三百枚(삼백매) 300개. 椓(탁) 치다. 杙(익) 말뚝. 大槌(대퇴) 큰 망치. 重五斤(중오근) 무게가 5근. 柄(병) 자루. 長(장) 길이. 二尺(이척) 2척. 百二十枚(백이십매) 120개

甲士萬人, 强弩六千, 戟櫓二千, 矛櫓二千, 修治攻具, 砥礪兵器, 巧手三百人.
갑사만인, 강노육천, 극로이천, 모로이천, 수치공구, 지려병기, 교수삼백인.

---

123) 차(叉). 포오크와 같은 형태를 가진 긴 창의 종류임. 포오크의 형태가 3개 또는 2개의 형태로 나뉜다. 이러한 여러 개의 포오크 형태는 적에게 치명적인 상처를 입힐 뿐 아니라 방어 및 가시적인 효과도 큰 무기였음. 원래 물고기를 잡기 위한 작살에서 유래하여 무기로 전환되었다고 함.

무장한 군사 10,000명 중 강한 쇠뇌를 가진 군사 6,000명, 보통크기의 창과 방패를 가진 군사 2,000명, 긴 창과 방패를 가진 군사 2,000명을 준비합니다. 그밖에 공격용 무기를 수선하고 병기를 예리하게 다듬는 기술을 담당하는 군사 300명이 필요합니다.

甲士(갑사) 갑옷을 입은 군사. 萬人(만인) 1만 명. 强弩(강노) 강한 활과 같은 무기체계를 가진 군사. 六千(육천) 6천 명. 戟(극) 창. 櫓(로) 방패. 二千(이천) 2천 명. 矛(모) 창. 櫓(로) 방패. 二千(이천) 2천 명. 修(수) 고치다. 治(치) 다스리다. 攻(공) 공격하다. 具(구) 도구. 砥(지) 숫돌. 礪(려) 숫돌. 兵器(병기) 병기. 巧手(교수) 교묘한 기술을 가진 사람. 三百人(삼백인) 300명.

此擧兵之大數也.
차거병지대수야.
이상은 군이 출동을 할 때 갖추어야 할 무기와 장비의 대략적인 수량입니다.

此(차) 이것이. 擧兵(거병) 군사를 일으키다. 大數(대수) 대략적인 수.

武王曰, 允哉.
무왕왈, 윤재.
무왕은 참으로 좋은 방법이라고 칭찬하였다.

武王曰(무왕왈) 무왕이 말하다. 允哉(윤재) 잘하였다. 잘했다.

32). 三陣 삼진. 세 가지 진법

삼진(軍用)이란 천(天), 지(地), 인(人)의 3가지 진(陳)을 일컫는 말이다.

-육도직해(六韜直解)에서-

武王問太公曰, 凡用兵爲天陣, 地陣, 人陣, 奈何?

무왕문태공왈, 범용병위천진, 지진, 인진, 내하?

무왕(武王)이 태공(太公)에게 물었다. 군을 출동시켜 적과 싸우려면 천진(天陣), 지진(地陣), 인진(人陣)의 세 가지 진을 쳐야 한다 하는데, 이것은 어떤 것들입니까?

武王問太公曰(무왕문태공왈) 무왕이 태공에게 물었다. 凡(범) 무릇. 用兵(용병) 용병에 있어서. 爲(위) ~하다. 天陣(천진) 하늘의 진영. 地陣(지진) 땅의 진영. 人陣(인진) 사람에 의한 진영. 奈何(내하) 어찌하는가?

太公曰, 日月星辰斗柄, 一左一右, 一向一背, 此謂天陳.

태공왈, 일월성신두병, 일좌일우, 일향일배, 차위천진.

태공(太公)이 대답하였다. 일월성신과 북두칠성을 보고 방향을 분별하여 진지의 전후좌우를 결정하는 것을 하늘에 의한 진(陳)의 편성인 천진(天陳)이라 합니다.

太公曰(태공왈) 태공이 말하다. 日月星辰(일월성신) 해, 달, 별, 12지신. 斗柄(두병) 북두칠성의 자루가 되는 세 개의 별을 말함. 一左一右, 一向一背(일좌일우, 일향일배) 좌, 우, 앞, 뒤를 말하는 것임. 此謂(차위) 이를 일컬어. 天陳(천진) 천기에 의한 진의 편성.

丘陵水泉, 亦有前後左右之利, 此謂地陣.

구릉수천, 역유전후좌우지리, 차위지진.

산과 구릉의 험한 정도와 강의 수심을 보고 진지의 전후좌우를 결정하는 것을 지형에 따른 진(陳)의 편성인 지진(地陣)이라 합니다.

丘(구) 언덕. 陵(릉) 큰 언덕. 水(수) 물. 泉(천) 하천. 亦(역) 또한. 有(유) 있다. 前後左右之利(전후좌우지리) 전후좌우의 이점. 此謂(차위) 이를 일컬어. 地陣(지진) 지형에 따른 진의 편성.

用車用馬, 用文用武, 此謂人陣.

용차용마, 용문용무, 차위인진.

전차병을 쓸 것인가, 기마병을 쓸 것인가, 수비할 것인가, 공격할 것인가에 따라 진지를 선택하는 것을 인간의 능력에 따른 진(陳)의 편성인 인진(人陣)이라 합니다.

用車(용차) 전차를 쓰다. 用馬(용마) 기병을 쓰다. 用文(용문) 문을 쓰다. 用武(용무) 무를 쓰다. 此謂(차위) 이를 일컬어. 人陣(인진) 사람에 의한 진의 편성.

武王曰, 善哉!

무왕왈, 선재!

무왕이 말하였다. 과연 옳은 말씀입니다.

武王曰(무왕왈) 무왕이 말하다. 善哉(선재) 잘하였다.

33). 疾戰 질전. 신속한 전투

질전(疾戰)이란 포위된 곳에 있을 때 신속하게 싸우고자 하는 것을 일컫는 말이다.

-육도직해(六韜直解)에서-

武王問太公曰, 敵人圍我, 斷我前後, 絶我糧道, 爲之奈何?
무왕문태공왈, 적인위아, 단아전후, 절아량도, 위지내하?

무왕(武王)이 태공(太公)에게 물었다. 적이 아군을 포위하여 전후를 차단하고 군량 수송로를 끊었을 경우에는 어떻게 하여야 합니까?

武王問太公曰(무왕문태공왈) 무왕이 태공에게 물었다. 敵人(적인) 적 부대가. 圍(위) 포위하다. 我(아) 아군. 斷(단) 차단하다. 前後(전후) 앞과 뒤. 絶(절) 끊다. 糧道(량도) 군량을 실어 나르는 길. 爲之奈何(위지내하) 어찌해야 하는가?

太公曰, 此天下之困兵也. 暴用之則勝, 徐用之則敗.
태공왈, 차천하지곤병야. 폭용지즉승, 서용지즉패.

태공(太公)이 대답하였다. 이는 매우 곤란한 상황에 빠져 있는 군대입니다. 이럴 때는 신속하게 결전을 하면 승리할 수 있고, 반대로 시간을 끌어 지구전을 하면 패합니다.

太公曰(태공왈) 태공이 말하다. 此(차) 이것. 天下(천하) 천하. 困(곤) 괴롭다. 兵(병) 군대. 暴(폭) 사납다. 用(용) 쓰다. 則(즉) 곧. 勝(승) 이기다. 徐(서) 천천히. 敗(패) 패하다.

如此者, 爲四武衝陣, 以武車驍騎, 驚亂其軍而疾擊之, 可以橫行.
여차자, 위사무충진, 이무차효기, 경란기군이질격지, 가이횡행.

이와 같은 경우에는 네 대의 무충(武衝)이라는 전차로 진을 치고, 날쌘 기마부대로 적진을 교란한 다음, 주력군으로 신속하게 공격하면 적의 포위망을 돌파할 수 있습니다.

如(여) 같다. 此(차) 이것. 者(자)~하는 것. 爲(위) ~하다. 四武衝(사무충) 무충이라는 전차 4대. 陣(진) 진을 치다. 以(이) 써. 武車(무차) 무충전차. 驍(효) 날쌔다. 騎(기) 기병. 驚(경) 놀라다. 亂(란) 어지럽다. 其軍(기군) 그 군대. 疾擊(질격) 아주 빠른 속도로 치다. 可(가) 가능하다. 橫(횡) 가로. 行(행) 행하다.

武王曰, 若已出圍地, 欲因以爲勝, 爲之奈何?
무왕왈, 약이출위지, 욕인이위승, 위지내하?
무왕(武王)이 말하였다. 적의 포위망을 벗어난 후 그 여세를 몰아 승리를 거두고자 한다면 어떻게 하여야 합니까?

武王曰(무왕왈) 무왕이 말하다. 若(약) 만약. 已(이) 이미. 出(출) 나가다. 圍(위) 포위. 地(지) 땅. 欲(욕) ~하고자 하다. 因(인) ~로 인하여. 以(이) 써. 爲勝(위승) 승리하다. 爲之奈何(위지내하) 어찌 해야 하는가?

太公曰, 左軍疾左, 右軍疾右, 無與敵人爭道.
태공왈, 좌군질좌, 우군질우, 무여적인쟁도.
태공(太公)이 대답하였다. 좌군(左軍)은 신속하게 적의 좌측으로 진격하고, 우군(右軍)은 적의 우측으로 진격하며, 기동로를 확보하려고 적과 다투다가 병력이 분산되는 일이 없도록 해야 합니다.

太公曰(태공왈) 태공이 말하다. 左軍(좌군) 왼쪽 군대. 疾左(질좌) 질풍같이 좌로 진격하고. 右軍(우군) 오른쪽 군대. 疾右(질우) 질풍같이 우로 진격하고. 無(무) 없다. 與(여) 주다. 敵人(적인) 적 부대에게. 爭道(쟁도) 길을 다투다.

中軍迭前迭後, 敵人雖衆, 其將可走.
중군질전질후, 적인수중, 기장가주.
그런 다음, 중군을 앞뒤로 진격시킨다면, 병력이 많은 적군이라 할지라도 격파할 수 있을 것입니다

中軍(중군) 중앙의 군대. 迭前(질전) 앞으로 진격하다. 迭後(질후) 뒤로 나아가다. 敵人(적인) 적 부대. 雖(수) 비록. 衆(중) 많다. 其將(기장) 적장. 可走(가주)가히 패주할 것이다.

34). 必出 필출. 포위에서 탈출

필출(必出)이란 포위된 지형에 빠져 있어 반드시 탈출하기 위해 힘쓰는 것을 일컫는 말이다.

-육도직해(六韜直解)에서-

武王問太公曰, 引兵深入諸侯之地, 敵人四合而圍我, 斷我歸道, 絶我糧食.

무왕문태공왈, 인병심입제후지지, 적인사합이위아, 단아귀도, 절아양식.

무왕(武王)이 태공(太公)에게 물었다. 군을 이끌고 적지에 깊이 들어갔다가 포위를 당하여 퇴로가 끊기고 군량도 다 떨어졌습니다.

武王問太公曰(무왕문태공왈) 무왕이 태공에게 물었다. 引兵(인병) 군사를 이끌고. 深入(심입) 깊숙이 들어가다. 諸侯之地(제후지지) 제후의 땅에. 적지를 말함. 敵人(적인) 적 부대. 四合(사합) 4방에서 적군이 들어와서. 圍(위) 포위하다. 我(아) 아군을. 斷(단) 끊다. 歸(귀) 돌아가다. 道(도) 길. 絶(절) 끊다. 糧食(양식) 군량

敵人旣衆, 糧食甚多, 險阻又固. 我欲必出, 爲之奈何?

적인기중, 양식심다, 험조우고. 아욕필출, 위지내하?

이때 적군은 병력이 많고 군량도 풍부할 뿐만 아니라, 지형이 험준한 것을 활용해서 방어 태세가 또한 견고합니다. 이럴 경우, 아군이 적의 포위망을 돌파하려면 어떻게 해야 합니까?

敵人(적인) 적 부대 병력. 旣(기) 이미. 衆(중) 무리. 많다. 적 부대의 병력이 많다. 糧食(양식) 군량. 甚(심) 심하다. 多(다) 많다. 險(험) 험하다. 阻(조) 험하다. 又(우) 또. 固(고) 견고하다. 我(아) 아군. 欲(욕) ~하고자 한다. 必(필) 반드시. 出(출) 탈출하다. 爲之奈何(위지내하) 어찌해야 하는가?

太公曰, 必出之道, 器械爲寶, 勇鬪爲首.

태공왈, 필출지도, 기계위보, 용투위수.

태공(太公)이 대답하였다. 이럴 때 포위망을 뚫고 탈출하는 방법은 무기와 장비를 최대한 활용하여 용감하게 싸우는 것이 제일입니다.

太公曰(태공왈) 태공이 말하다. 必出之道(필출지도) 반드시 탈출하는 방법은. 器械(기계) 병기와 장비. 爲(위) ~하다. 寶(보) 보물. 잘 활용한다는 의미를 포함. 勇(용) 용맹하다. 鬪(투) 싸우다. 爲(위) 하다. 首(수) 머리. 제일이라는 의미임.

審知敵人, 空虛之地, 無人之處, 可以必出.
심지적인, 공허지지, 무인지처, 가이필출.
적의 포위망을 잘 살펴서 그 중에서 배비가 비어 있어서 허술한 곳을 찾아낸다면 반드시 돌파할 수 있습니다.

審(심) 살피다. 知(지) 알다. 敵人(적인) 적 부대. 空(공) 비다. 虛(허) 비다. 地(지) 땅. ~한 곳. 無人之處(무인지처) 적 부대의 배비가 없는 곳. 可(가) 가능하다. 以(이) 써. 必(필) 반드시. 出(출) 탈출.

將士持玄旂, 操器械, 設銜枚, 夜出.
장사지현기, 조기계, 설함매, 야출.
장병들에게 검은색의 깃발을 들게 하고, 무기 장비들을 가지고, 입에는 재갈을 물게 하여 소리를 내지 못하게 한 다음, 야음을 이용하여 출동시킵니다.

將士(장사) 장병. 持(지) 가지다. 玄(현) 검다. 旂(기) 깃발. 操(조) 잡다. 器(기) 무기. 병기. 械(계) 전투 장비. 設(설) 설치하다. 銜(함) 재갈. 枚(매) 줄기. 銜枚(함매) 행군할 때에 떠들지 못하도록 군사의 입에 나무 막대기를 물리던 일을 말함. 夜出(야출) 야밤에 출동하다.

勇力飛走, 冒將之士, 居前, 平壘爲軍開道.
용력비주, 모장지사, 거전, 평루위군개도.
용맹하고, 힘이 세며, 마치 날아가는 것처럼 달릴 정도로 빠르며 위험을 무릅쓰고 적장을 잡아올 수 있는 병사들을 선발해서 선두에 세워 적진을 평정하게 함으로써 아군의 통로를 개척하게 합니다.

勇(용) 용맹하다. 力(력) 힘이 세다. 飛(비) 날다. 走(주) 달리다. 冒(모) 무릅쓰다. 將(장) 장수. 士(사) 군사. 병사. 居前(거전) 앞에 두다. 선두에 두다. 平(평) 평정하다. 壘(루) 진. 성곽. 적진. 爲(위) ~하다. 軍(군) 군대. 아군. 開道(개도) 길을 열다.

弱卒車騎, 居中. 陣畢徐行, 愼無驚駭. 材士强弩爲伏兵, 居後.
약졸차기, 거중. 진필서행, 신무경해. 재사강노위복병, 거후.
약한 병사들과 전차대 기병대는 부대의 중간에 위치하게 하여, 진용이 갖추어지면 서서히 진군하게 하되, 군사들이 갑자기 놀라거나 당황해서는 안 됩니다. 그리고, 강력한 활을 지닌 궁수 부대는 복병으로서 부대의 후미에 대기시킵니다.

弱卒(약졸) 약한 병사들. 車騎(차기) 전차와 기병대. 居中(거중) 가운데 두다. 陣(진) 군대의 진. 畢(필) 마치다. 徐行(서행) 천천히 가다. 愼(신) 삼가다. 無(무) 업다. 驚(경) 놀라다. 駭(해) 놀라다. 材士(재사) 재주 있는 병사. 强弩(강노) 강한 쇠뇌를 가진 부대. 爲(위) ~하다. 伏兵(복병) 매복을 서다. 居後(거후) 후미에 두다.

以武衝扶胥, 前後拒守. 武翼大櫓, 以蔽左右.

이무충부서, 전후거수. 무익대로, 이폐좌우.

무충(武衝)이라는 전차부대로 주력군의 앞뒤를 방호하고, 무익(武翼)이라는 큰 방패를 가진 부대로 좌우를 가려 적의 화살을 막습니다.

以(이) 써. 武衝(무충) 무충이라는 부대를 말함. 扶胥(부서) 전차부대를 말함. 前後(전후) 부대의 앞과 뒤. 拒(거) 막다. 守(수) 지키다. 武翼(무익) 무익이라는 부대를 말함. 大櫓(대로) 큰 방패. 以(이) 써. 蔽(폐) 덮다. 左右(좌우) 부대의 좌우.

敵人若驚, 勇力冒將之士疾擊而前.

적인약경, 용력모장지사질격이전.

이렇게 하여, 적이 놀라 동요하는 기색을 보이면, 용감하고 힘이 세며 위험을 무릅쓰고 적장을 향해 돌격할 수 있는 군사들로 맹렬히 공격하게 합니다.

敵人(적인) 적군. 若(약) 만약. 驚(경) 놀라다. 勇力(용력) 용맹하고 힘 있는 병사들. 冒將之士(모장지사) 위험을 무릅쓰고 적장을 향해 돌격할 수 있는 병사들. 疾擊(질격) 빠르게 공격하다. 前(전) 앞으로.

弱卒車騎, 以屬其後. 材士强弩, 隱伏而處.

약졸차기, 이속기후. 재사강노, 은복이처.

약한 병사들과 전차대 기병대는 그 뒤를 따라 진격하게 하며, 후미에 대기 중인 강한 쇠뇌에 재주를 가진 부대를 활용하여 매복을 서게 합니다.

弱卒(약졸) 약한 병사들. 車騎(차기) 전차와 기병대. 以(이) 써. 屬(속) 잇다. 후속하다. 其後(기후) 그 뒤를. 材士(재사) 재주 있는 병사. 强弩(강노) 강한 쇠뇌를 가진 부대. 隱(은) 숨기다. 伏(복) 엎드리다. 복병을 말함. 處(처) 배치하다. ~에 있다.

審候敵人追我, 伏兵疾擊其後.

심후적인추아, 복병질격기후.

적군이 아군을 추격하는지를 잘 살피고 있다가, 매복을 서고 있는 부대로 맹렬히 적 부대의 후방을 공격하게 합니다.

審(심) 살피다. 候(후) 묻다. 敵人(적인) 적 부대. 적군. 追(추) 쫓다. 我(아) 아군. 伏兵(복병) 매복을 서고 있는 부대. 疾擊(질격) 빠르게 공격하다. 其後(기후) 그 후방.

多其火鼓, 若從地出, 若從天下. 三軍勇鬥, 莫我能禦.

다기화고, 약종지출, 약종천하. 삼군용두, 막아능어.

이때 횃불을 많이 올리고 북을 요란하게 울려서, 마치 아군이 땅속에서 솟아난 듯, 하늘에서 떨어진 듯이 전군이 용맹하게 싸운다면, 아군의 공격을 적은 이를 능히 막아낼 수 없을 것입니다.

多(다) 많다. 其火鼓(기화고) 횃불을 많이 올리고 북을 요란하게 친다. 若(약) ~하는 것 같이. 從(종) 좇다. 地出(지출) 갑자기 땅에서 솟아난 것처럼. 若(약) ~하는 것 같이. 從(종) 좇다. 天下(천하) 하늘에서 아래로 떨어진 것처럼. 三軍(삼군) 전군. 勇(용) 용맹하다. 鬥(두) 싸우다. 莫(막) 없다. 我(아) 아군의 공격. 能(능) 능히 ~하다. 禦(어) 막다. 방어하다.

武王曰, 前有大水, 廣塹, 深坑, 我欲踰渡, 無舟楫之備.

무왕왈, 전유대수, 광참, 심갱, 아욕유도, 무주즙지비.

무왕(武王)이 물었다. 행군 도중 전방에 큰 강이나 넓은 호수와 넓고 깊은 참호가 있어서, 아군이 이를 건너고자 하는데 배나 노 같은 장비가 제대로 갖추어져 있지 않습니다.

武王曰(무왕왈) 무왕이 말하다. 前(전) 앞. 有(유) 있다. 大水(대수) 큰 물. 廣(광) 넓다. 塹(참) 구덩이. 참호. 深(심) 깊다. 坑(갱) 구덩이. 참호. 我(아) 아군이. 欲(욕) ~하고자 하다. 踰(유) 넘다. 渡(도) 건너다. 無(무) 없다. 舟(주) 배. 楫(즙) 노. 備(비) 대비하다.

敵人屯壘, 限我軍前, 塞我歸道, 斥候常戒, 險塞盡守,

적인둔루, 한아군전, 색아귀도, 척후상계, 험새진수,

적군은 보루를 굳게 지켜 아군의 전방을 가로막고, 또한 아군이 돌아갈 수 있는 퇴로마저 막고 있습니다. 그리고는 적의 척후병이 항시 아군의 움직임을 감시하고 있고 험한 지형이

가로막고 있으며 적들은 방어에 만전을 기하고 있습니다.

敵人(적인) 적군. 적 부대. 屯(둔) 진을 치다. 壘(루) 보루. 限(한) 한계, 경계. 我軍(아군) 아군. 前(전) 앞. 塞(색) 막히다. 我(아) 아군. 歸道(귀도) 돌아가는 길. 퇴로. 斥候(척후) 적의 지형이나 정세를 살피는 일. 常(상) 항상. 戒(계) 경계하다. 險塞(험새) 험한 지형. 盡(진) 다하다. 守(수) 지키다.

車騎要我前, 勇士擊我後, 爲之奈何?
차기요아전, 용사격아후, 위지내하?
또한, 적이 전차대와 기병대로 아군의 전방을 요격하고, 용맹스러운 정예부대로 아군의 후면을 공격하려고 하는 상황입니다. 이러한 경우의 대처 방법은 어떤 것입니까?

車騎(차기) 전차부대와 기병대. 要(요) 요격하다. 我前(아전) 아군의 앞쪽. 아군의 전방. 勇士(용사) 용맹스러운 부대. 擊(격) 치다. 我後(아후) 아군의 후방을. 爲之奈何(위지내하) 어찌해야 합니까?

太公曰, 大水, 廣塹, 深坑, 敵人所不守, 或能守之, 其卒必寡.
태공왈, 대수, 광참, 심갱, 적인소불수, 혹능수지, 기졸필과.
태공(太公)이 대답하였다. 큰 강이나 호수, 넓고 깊은 참호 등이 있는 곳은 지형적인 이로움으로 인해 적이 방어를 소홀히 하게 마련입니다. 혹시 방어한다 하더라도 그 병력은 많지 않을 것입니다.

太公曰(태공왈) 태공이 말하다. 大水(대수) 큰물. 廣(광) 넓다. 塹(참) 구덩이. 참호. 深(심) 깊다. 坑(갱) 구덩이. 참호. 敵人(적인) 적 부대. 所(소) ~하는 바. 不守(불수) 지키지 않다. 或(혹) 혹시라도. 能(능) 능히 ~하다. 守之(수지) 그곳을 지키다. 其卒(기졸) 그 병사는. 必(필) 반드시. 寡(과) 적다.

若此者, 以飛江轉關與天潢, 以濟吾軍.
약차자, 이비강전관여천황, 이제오군.
이러한 경우에는 비강(飛江), 전관(轉關), 천황(天潢) 등과 같은 도하 장비를 이용해서 아군을 건너게 합니다.

若此者(약차자) 만약, 이러한 경우에는. 以(이) 써. 飛江(비강) 비강이라는 도하장비. 轉關(전관) 전관이라는 도하장비. 與(여) ~와 함께. 天潢(천황) 천황이라는 도하 장비. 以(이) 써. 濟(제) 건너다. 吾軍(오군) 아군.

勇力材士, 從我所指, 衝敵絶陣, 皆致其死.
용력재사, 종아소지, 충적절진, 개치기사.
그리고, 용맹과 재질이 뛰어난 병사들을 뽑아 장수의 지휘에 따라 모두 죽음에 이를 정도로 사력을 다해 적진을 돌파하게 합니다.

勇(용) 용맹하다. 力(력) 힘이 세다. 材士(재사) 재주 있는 병사. 從(종) 좇다. 我(아) 아군. 所(소) ~하는 바. 指(지) 가리키다. 衝(충) 찌르다. 敵(적) 적 부대. 絶(절) 끊다. 陣(진) 진. 皆(개) 모두. 致(치) 이르다. 其(기) 그. 死(사) 죽음.

先燔吾輜重, 燒吾糧食, 明告吏士, 勇鬪則生, 不勇則死.
선번오치중, 소오양식, 명고리사, 용투즉생, 불용즉사.
먼저 아군의 치중품 등을 불태워 버리고 장수가 간부들과 병사들에게 다음과 같이 분명히 훈시합니다. '용감하게 싸우면 살 것이요, 용감히 싸우지 않으면 모두 죽을 것이다.'124)

先(선) 먼저. 燔(번) 불태우다. 吾(오) 아군의. 輜重(치중) 군대의 여러 가지 군수품. 치(輜) 짐수레. 중(重) 무겁다. 燒(소) 태우다. 吾(오) 아군의. 糧食(양식) 양식. 明(명) 명확하다. 告(고) 훈시하다. 吏士(리사) 간부와 병사. 勇鬪(용투) 용감하게 싸우다. 則(즉) 곧. 生(생) 살다. 不勇(불용) 용감하게 싸우지 않으면. 則(즉) 곧. 死(사) 죽는다.

已出, 令我踵軍, 設雲火遠候, 必依草木, 丘墓, 險阻.
이출, 영아종군, 설운화원후, 필의초목, 구묘, 험조.
이렇게 하여 적의 포위망을 벗어나면, 먼저 포위망을 벗어난 부대의 뒤를 쫓아가도록 명하며, 이때 횃불을 설치하여 부대의 위치를 서로 알려주고 멀리 척후병을 보내 적정을 살펴야 합니다. 그리고 반드시 수풀이 우거진 곳이나 구릉, 험한 지형 등을 이용하여 은폐하여야 합니다.

已(이) 이미. 出(출) 적의 포위망을 벗어나다. 令(령) 명령을 내리다. 我(아) 아군. 踵(종) 발꿈치. 쫓다. 軍(군) 군사. 設(설) 설치하다. 雲(운) 구름. 여기서는 불을 피워 나오는 연기를 구름으로 표현한 듯함. 火(화) 불. 횃불. 遠(원) 멀다. 候(후) 묻다. 必(필) 반드시. 依(의) 의지하다. 草木(초목) 수풀과 나무.

124) 용투즉생, 불용즉사(勇鬪則生, 不勇則死). 이순신 장군의 '필사즉생, 필생즉사(必死則生, 必生則死)'라는 문구가 생각나는 부분임.

丘墓(구묘) 언덕과 무덤. 險阻(험조) 험한 지형.

敵人車騎, 必不敢遠追長驅.

적인차기, 필불감원추장구.

이렇게 하면, 적의 전차대나 기병대는 감히 멀리까지 추격해 오지 못할 것입니다.

敵(적) 적군. 人(인) 장병. 사람. 車騎(차기) 전차부대와 기병대. 必(필) 반드시. 不敢(불감) 감히 ~하지 못하다. 遠(원) 멀다. 追(추) 추격하다. 長(장) 길다. 驅(구) 몰다.

因以火爲記, 先出者, 令至火而止, 爲四武衝陣.

인이화위기, 선출자, 령지화이지, 위사무충진.

포위망을 벗어난 이후, 횃불로 신호를 보내어 먼저 출동한 자들로 하여금 횃불이 있는 곳에 이르러 멈추어 즉시 네 개의 돌격부대를 편성하여 전투태세를 갖추게 합니다.

因(인) ~로 인하여. 以火(이화) 횃불로써. 爲記(위기) 신호를 하다. 先出者(선출자) 먼저 출동하여 탈출한 자. 令(령) 령을 내리다. 至(지) 이르다. 火(화) 횃불. 止(지) 그치다. 爲(위) ~하다. 四(사) 네 개의. 武衝陣(무충진) 무충이라는 돌격부대로 진을 편다는 의미임.

如此, 則三軍皆精銳勇鬪, 莫我能止.

여차, 즉삼군개정예용투, 막아능지.

이와 같이 한다면, 전군이 모두 다시 정예롭고 용맹하게 싸울 수 있는 부대가 되어 아군을 저지할 수 있는 적 부대는 없을 것입니다.

如此(여차) 이와 같이 한다면. 則(즉) 곧. 三軍(삼군) 전군. 皆(개) 모두. 精銳(정예) 정예롭다. 勇鬪(용투) 용맹하게 싸운다. 莫(막) 없다. 我(아) 아군. 能(능) 능히 ~하다. 止(지) 그치다. 저지하다.

武王曰, 善哉!

무왕왈, 선재!

무왕이 말하였다. 참으로 옳은 말씀입니다.

武王曰(무왕왈) 무왕이 말하다. 善哉(선재) 잘하였다.

35). 軍略 군략. 군대의 전략

군략(軍略)이란 군대를 출동할 때 전략을 도모하는 것이며, 전략을 미리 도모하여 정하지 않으면 군대를 출동할 수 없는 것이다.

-육도직해(六韜直解)에서-

武王問太公曰, 引兵深入諸侯之地, 遇深谿大谷險阻之水.

무왕문태공왈, 인병심입제후지지, 우심계대곡험조지수.

무왕(武王)이 태공(太公)에게 물었다. 군을 이끌고 적지에 깊이 들어갔다가 깊은 계곡이나 큰 협곡과 험한 격류를 만났습니다.

武王問太公曰(무왕문태공왈) 무왕이 태공에게 물었다. 引(인) 끌다. 兵(병) 군사. 深(심) 깊다. 入(입) 들어가다. 諸侯(제후) 적성을 띤 제후국. 地(지) 땅. 遇(우) 만나다. 深谿(심계) 깊은 시내. 大谷(대곡) 큰 골짜기. 險阻之水(험조지수) 험하고 험한 물.

吾三軍未得畢濟, 而天暴雨, 流水大至. 後不得屬於前,

오삼군미득필제, 이천폭우, 유수대지. 후부득속어전,

전군이 미처 다 건너가지 못하였는데, 갑자기 폭우가 쏟아져 물이 불어나, 먼저 건너간 앞 부대와 아직 건너가지 못한 뒤 부대가 서로 연결되지 못하게 되었습니다.

吾(오) 내가. 三軍(삼군) 전군. 未得(미득) 얻지 못하다. 畢(필) 다하다. 濟(제) 건너다. 天暴雨(천폭우) 하늘에서 폭우가 내려. 流水(류수) 흐르는 물. 大至(대지) 크게 이르렀다. 後(후) 뒤. 不得(부득) 얻지 못하다. 屬(속) 엮다. 잇다. 於前(어전) 앞에 먼저 건너간 부대와.

無舟梁之備, 又無水草之資.

무주량지비, 우무수초지자.

그리고 선박이나 교량을 준비한 것이 없고, 강물을 막을 만한 건초 더미도 없습니다.

無(무) 없다. 舟(주) 배. 梁(량) 교량. 備(비) 준비. 又(우) 또. 水(수) 물. 草(초) 풀. 資(자) 물자.

吾欲畢濟, 使三軍不稽留, 爲之奈何?

오욕필제, 사삼군불계류, 위지내하?

나는 전군을 지체하지 않고 도하를 마치게 하고 싶은데, 이럴 때는 어떻게 하여야 합니까?

吾(오) 나. 아군. 欲(욕) 하고자 하다. 畢(필) 마치다. 濟(제) 건너다. 使(사) ~하게 하다. 三軍(삼군) 전군. 不(불) 아니다. 稽留(계류) 머무르다. 爲之奈何(위지내하) 어찌하면 되는가?

太公曰, 凡帥師將衆, 慮不先設, 器械不備, 教不精信, 士卒不習.
태공왈, 범수사장중, 여불선설, 기계불비, 교부정신, 사졸불습.
태공(太公)이 대답하였다. 모름지기 군을 출동함에 있어서 그런 사태에 대해 미리 대책을 강구하지 않고 필요한 무기체계나 장비들을 확보하지 않았을 뿐 아니라, 그러한 상황에 대처하는 교육도 하지 않았고 장병들은 연습도 하지 않았다는 말씀인 듯합니다.

太公曰(태공왈) 태공이 말하다. 凡(범) 무릇. 帥(수) 장수. 師(사) 군사. 將(장) 장수. 衆(중) 무리. 慮(려) 생각하다. 不(불) 아니다. 先設(선설) 미리 설치하다. 器(기) 병기. 械(계) 장비. 不備(불비) 대비하지 못하다. 教(교) 가르치다. 精(정) 자세하다. 信(신) 믿음. 士卒(사졸) 장병들. 不習(불습) 연습하지 않다.

若此, 不可以爲王者之兵也. 凡三軍有大事, 莫不習用器械.
약차, 불가이위왕자지병야. 범삼군유대사, 막불습용기계.
만약 이런 상태의 부대라면 왕의 군대라고 할 수 없습니다. 전군을 출동시켜야 할 중요한 일이 있을 때는 무기와 장비의 사용법을 사전에 교육하고 연습하지 않는 일이 없어야 합니다.

若(약) 만약. 此(차) 이것. 不可(불가) 불가하다. 以(이) 써. 爲(위) 하다. 王者之兵(왕자지병) 왕의 군대. 凡(범) 모름지기. 三軍(삼군) 전군. 有大事(유대사) 큰일이 있다. 莫(막) 없다. 不習(불습) 연습하지 않다. 用(용) 쓰다. 器械(기계) 병기와 장비.

若攻城圍邑, 則有轒轀臨衝, 視城中, 則有雲梯飛樓.
약공성위읍, 즉유분온임충, 시성중, 즉유운제비루.
적의 성을 공략할 때에는 분온(轒轀), 임차(臨車), 충차(衝車)와 같은 공성용 장비가 있어야 하며, 적의 성안을 정찰하려면 운제(雲梯), 비루(飛樓) 같은 높은 누각 형태의 정찰용 장비가 있어야 합니다.

若(약) 만약. 攻城(공성) 성을 공격하다. 圍邑(위읍) 읍을 포위하다. 則(즉) 곧. 有(유) 있어야 한다. 轒轀(분온) 분온이라는 공성용 장비. 臨(임) 임차라는 무기. 衝(충) 찌르다. 충차라는 무기. 視(시) 보다.

城中(성중) 성의 안 가운데. 雲梯(운제) 구름 사다리 모양의 장비. 飛樓(비루) 높은 누각 형태의 장비.

三軍行止, 則有 武衝大櫓. 前後拒守, 絕道遮街, 則有材士强弩, 衛其兩旁.
삼군행지, 즉유 무충대로. 전후거수, 절도차가, 즉유재사강노, 위기양방.
부대가 행군하거나 정지 중일 때에는 무충(武衝)이라는 전차부대와 큰 방패를 사용하는 대로(大櫓)라는 부대가 있어야 하며, 이들이 부대의 전방과 후방을 방호하도록 해야 합니다. 그리고 적의 통로를 차단하고 막으려면 재주 있는 군사들과 강궁을 사용하는 부대들을 활용해서 좌우를 방호하게 하여야 합니다.

三軍(삼군) 전군. 行(행) 행군하다. 止(지) 정지하다. 則(즉) 곧. 有(유) 있어야 한다. 武衝(무충) 무충이라는 전차. 大櫓(대로) 큰 방패로 구성된 부대. 前後(전후) 부대의 앞과 뒤. 拒(거) 막다. 守(수) 지키다. 絕(절) 끊다. 道(도) 길. 遮(차) 막다. 街(가) 거리. 材士(재사) 재주 있는 병사. 强弩(강노) 강한 쇠뇌를 가진 부대. 衛(위) 지키다. 其(기) 그. 兩旁(양방) 양쪽을 두루.

設營壘, 則有 天羅, 武落, 行馬, 蒺藜. 晝則登雲梯遠望, 立五色旌旂.
설영루, 즉유 천라, 무락, 행마, 질려. 주즉등운제원망, 입오색정기.
영루를 설치할 때는 하늘에서 펼치는 그물이라는 의미의 천라(天羅), 깊은 함정과 같은 장애물인 무락(武落), 칼날을 장착한 수레인 행마(行馬), 끝이 뾰족한 송곳처럼 생긴 서너 개의 발을 가진 쇠못과 같은 형태의 장애물인 질려(蒺藜) 등과 같은 장애물을 설치하여 적의 공격에 대비하여야 합니다.

設(설) 설치하다. 營(영) 영문. 壘(루) 진. 성곽. 則(즉) 곧. 有(유) 있어야 한다. 天羅(천라) 그물로된 장애물 종류. 武落(무락) 깊은 함정과 같은 장애물의 종류. 行馬(행마) 칼날을 장착한 수레 같은 것으로 설치된 장애물. 蒺藜(질려) 끝이 뾰족한 송곳처럼 생긴 서너 개의 발을 가진 쇠못과 같은 것으로 장애물의 종류임.

晝則 登雲梯遠望, 立五色旌旂. 夜則火雲萬炬, 擊雷鼓, 振鼙鐸, 吹鳴笳.
주즉 등운제원망, 입오색정기. 야즉화운만거, 격뢰고, 진비탁, 취명가.
주간에는 운제에 올라서 멀리 적의 동태를 살피며, 오색의 부대기를 꽂아서 적을 혼란하게 하며, 야간에는 봉화를 엄청나게 많이 밝히며 북과 방울을 흔들어 요란하게 소리를 내며, 피리 따위를 불어대어 적을 혼란하게 해야 합니다.

晝(주) 주간. 낮. 則(즉) 곧. 登(등) 오르다. 雲梯(운제) 구름사다리. 운제라는 장비. 遠(원) 멀다. 望(망) 바라보다. 立(입) 세우다. 五色(오색) 5가지 색. 旌旂(정기) 부대기. 夜(야) 야간에는. 則(즉) 곧. 火(화) 불. 봉화. 雲(운) 구름. 萬(만) 1만. 炬(거) 횃불. 擊(격) 부딪치다. 雷(뢰) 뇌우. 鼓(고) 북. 振(진) 떨치다. 鼙(비) 작은북. 鐸(탁) 방울. 吹(취) 불다. 鳴(명) 울다. 笳(가) 갈잎 피리.

越溝塹, 則有飛橋, 轉關, 轆轤, 鉏鋙. 濟大水, 則有天潢, 飛江.
월구참, 즉유비교, 전관, 녹로, 서어. 제대수, 즉유천황, 비강.
깊은 도랑이나 참호를 건널 때는 하늘을 나는 다리라는 의미가 있는 비교(飛橋), 빗장을 걸어 구르거나 멈추게 할 수 있는 장치인 전관(轉關), 도르래를 달아서 올렸다 내렸다 할 수 있는 장치인 녹로(轆轤), 서로 어긋나게 고리로 묶어놓은 서어(鉏鋙) 등과 같은 장비를 사용하여야 합니다. 그리고, 큰 강을 건널 때는 천황(天潢)이나 비강(飛江)과 같은 부교를 사용하여야 합니다.

越(월) 넘다. 溝(구) 도랑. 塹(참) 구덩이. 참호. 則(즉) 곧. 有(유) 있어야 한다. 飛橋(비교) 하늘을 나는 다리라는 뜻을 가진 교량. 轉(전) 구르다. 關(관) 빗장. 轆轤(녹로) 도르래. 鉏(서) 호미. 鋙(어) 어긋나다. 濟(제) 건너다. 大水(대수) 큰물. 天潢(천황) 천황이라는 도하 장비의 일종. 飛江(비강) 강을 건너는 도하 장비의 일종.

逆波上流, 則有浮海, 絕江. 三軍用備, 主將何憂.
역파상류, 즉유부해, 절강. 삼군용비, 주장하우.
거센 파도를 헤치고 거슬러 올라가야 할 때는 부해(浮海), 절강(絶江)과 같은 선박을 사용하여야 합니다. 전군에 이와 같은 장비와 기구가 제대로 갖추어져 있고 제대로 쓸 수 있으면, 군주와 장수는 어찌 근심거리가 있겠습니까?

逆(역) 거스르다. 波(파) 파도. 上(상) 위. 流(류) 흐르다. 則(즉) 곧. 有(유) 있어야 한다. 浮海, 絕江(부해, 절강) 부해, 절강이라고 부르는 선박의 종류. 군선의 종류. 三軍(삼군) 전군. 用(용) 쓰다. 備(비) 대비하다. 主(주) 군주. 將(장) 장수. 何(하) 어찌. 憂(우) 근심하다.

36). 臨境 임경. 국경에서의 대치요령

임경(臨境)이란 적과 국경에 임하여 서로 대치하는 것을 말한다.

-육도직해(六韜直解)에서-

武王問太公日, 吾與敵人臨境相拒, 彼可以來, 我可以往, 陣皆堅固, 莫敢先擧.
무왕문태공왈, 오여적인임경상거, 피가이래, 아가이왕, 진개견고, 막감선거.
무왕(武王)이 태공(太公)에게 물었다. 아군이 국경에서 서로 대치하고 있는데, 적이나 아군이나 서로 진격할 수는 있으나 피아의 방어 대비태세가 모두 견고하여 감히 먼저 공격할 수 없는 상황입니다.

武王問太公日(무왕문태공왈) 무왕이 태공에게 물었다. 吾(오) 아군이. 與(여) 같이하다. 敵人(적인) 적군. 臨(임) 임하다. 境(경) 국경. 相(상) 서로. 拒(거) 막다. 彼(피) 적군. 可(가) 가능하다. 以來(이래) 오는 것. 我(아) 아군. 以往(이왕) 가는 것. 陣(진) 진지. 皆(개) 모두. 다. 堅固(견고) 견고하다. 莫(막) 없다. 敢(감) 감히. 先(선) 먼저. 擧(거) 군사를 일으키다.

我欲往而襲之, 彼亦可以來. 爲之奈何?
아욕왕이습지, 피역가이래. 위지내하?
아군이 먼저 가서 적을 공격하고 싶은데, 적도 또한 아군을 공격할 수 있는 상황인 것입니다. 이런 경우에는 어떻게 하여야 합니까?

我(아) 아군이. 欲(욕) ~하고자 하다. 往(왕) 가다. 襲(습) 기습하다. 彼(피) 적군. 亦(역) 역시. 또한. 可(가) 가능하다. 以來(이래) 공격해오는 것. 爲之奈何(위지내하) 어찌해야 합니까?

太公日, 分兵三處. 令我前軍, 深溝增壘而無出, 列旌旂, 擊鼙鼓, 完爲守備.
태공왈, 분병삼처. 영아전군, 심구증루이무출, 열정기, 격비고, 완위수비.
태공(太公)이 대답하였다. 이러한 경우에는 병력을 세 곳에 나누어 배치하여야 합니다. 전방에 있는 군대는 참호를 깊이 파고 보루를 높이 쌓게 하고 출동하는 일이 없어야 하며, 부대 깃발을 잘 정렬하고 북을 치면서 오로지 수비만 하면서 경계를 철저히 하도록 명을 내립니다.

太公日(태공왈) 태공이 말하다. 分(분) 나누다. 兵(병) 병력. 三處(삼처) 세 곳으로. 令(령) 명령을 내리다. 我(아) 아군의. 前軍(전군) 전방에 있는 군대. 深(심) 깊다. 溝(구) 도랑. 增(증) 늘리다. 높이다. 壘(루) 누각. 無出(무출) 출동하지 않는다. 列(열) 줄을 세우다. 旌旂(정기) 부대의 깃발. 擊(격) 치다. 鼙(비) 작은북. 鼓(고) 북. 完(완) 완전하다. 爲(위) ~하다. 守(수) 지키다. 備(비) 대비하다.

令我後軍, 多積糧食, 無使敵人知我意.
영아후군, 다적양식, 무사적인지아의.
후방에 있는 군대는 군량을 많이 비축하게 하고, 적이 아군의 의도를 알아차리지 못하도록 명을 내립니다.

令(령) 명령을 내리다. 我(아) 아군. 後軍(후군) 후방에 있는 군대. 多(다) 많다. 積(적) 쌓다. 糧食(양식) 군량. 無(무) 없다. 使(사) ~하게 하다. 敵人(적인) 적 부대. 知(지) 알다. 我意(아의) 아군의 의도.

發我銳士, 潛襲其中, 擊其不意, 攻其無備. 敵人不知我情, 則止不來矣.
발아예사, 잠습기중, 격기불의, 공기무비. 적인부지아정, 즉지불래의.
그런 다음, 아군의 정예병으로 편성된 가운데 배치된 중군을 은밀히 출동시켜, 적이 의도하지 않은 곳을 치고, 적이 대비하지 않은 곳으로 공격하는 것입니다.[125] 이렇게 하면, 적은 아군의 의도가 무엇인지 알지 못하게 되어 감히 아군을 치러 오지 못할 것입니다.

發(발) 출동시키다. 我(아) 아군. 銳士(예사) 정예 병사. 潛(잠) 잠기다. 襲(습) 기습하다. 其(기) 그. 中(중) 중간. 擊(격) 치다. 其(기) 그. 不意(불의) 불의에. 攻(공) 공격하다. 其(기) 그. 無備(무비) 대비하지 않은 곳. 敵人(적인) 적군. 不知(부지) 알지 못하다. 我情(아정) 아군의 정세. 則(즉) 곧. 止(지) 그치다. 不來(불래) 오지 못하다. 矣(의) 어조사.

武王曰, 敵人知我之情, 通我之機, 動則得我事.
무왕왈, 적인지아지정, 통아지기, 동즉득아사.
무왕(武王)이 물었다. 적이 아군의 실정을 잘 알고 있으면서 아군의 계획을 정확하게 판단하여 아군이 출동하면 즉시 이를 알아차립니다.

125) 격기불의, 공기무비(擊其不意, 攻其無備). 손자병법에 제1편 시계에 나오는 공기무비, 출기불의(攻其無備, 出其不意)와 같은 의미를 가진 문장임. 예나 지금이나 적이 의도하지 않은 곳을 치고, 적이 대비하지 않은 곳으로 공격하는 것이 용병의 관건이라 할 수 있을 것이다.

武王曰(무왕왈) 무왕이 말하다. 敵人(적인) 적 부대. 知(지) 알다. 我之情(아지정) 아군의 정세. 通(통) 통하다. 我(아) 아군. 機(기) 틀. 계획. 기도. 動(동) 출동하다. 則(즉) 곧. 得(득) 얻다. 我事(아사) 아군이 출동한 것.

其銳士伏於深草, 要我隘路, 擊我便處, 爲之奈何?
기예사복어심초, 요아애로, 격아편처, 위지내하?
그리고, 적들이 정예병을 우거진 풀숲에 매복시켰다가 아군이 좁은 길목을 통과할 때에 요격하며 아군에게 유리한 지역을 공격하려 하고 있습니다. 이럴 때는 어떻게 하여야 합니까?

其(기) 그. 銳士(예사) 정예 병사들. 伏(복) 매복시키다. 於(어) 어조사. 深(심) 깊다. 草(초) 풀. 要(요) 요격하다. 我(아) 아군. 隘(애) 좁다. 路(로) 길. 擊(격) 치다. 便(편) 편하다. 處(처) ~하는 곳. 爲之奈何(위지내하) 어찌해야 합니까?

太公曰, 令我前軍, 日出挑戰, 以勞其意.
태공왈, 영아전군, 일출도전, 이로기의.
태공(太公)이 대답하였다. 이런 경우에는, 아군의 전방에 있는 부대를 매일 출동시켜 적에게 도전하게 함으로써 적을 피곤하게 해야 합니다.

太公曰(태공왈) 태공이 말하다. 令(령) 령을 내리다. 我(아) 아군의. 前軍(전군) 전방에 있는 군대. 日(일) 매일. 出(출) 출동하다. 挑戰(도전) 도전하다. 以(이) 써. 勞(로) 피로하다. 其意(기의) 그 의도.

令我老弱, 曳柴揚塵, 鼓呼而往來,
영아노약, 예시양진, 고호이왕래,
그리고 병사 중에 늙고 약한 자들이 잡목 더미를 끌고 다니게 해서 먼지를 일으키게 하고, 요란스럽게 북을 치고 소리를 지르며 돌아다니게 하는 등 대규모 병력이 있는 것처럼 기만합니다.

令(령) 명을 내리다. 我(아) 아군의. 老弱(노약) 늙고 약한 병사들. 曳(예) 끌다. 柴(섭) 잡목 더미. 揚(양) 오르다. 塵(진) 먼지. 鼓(고) 북을 치다. 呼(호) 부르짖다. 往來(왕래) 가고 오다.

或出其左, 或出其右, 去敵無過百步, 其將必勞, 其卒必駭.
혹출기좌, 혹출기우, 거적무과백보, 기장필로, 기졸필해.

또한 공격하는 부대는 적진의 좌측으로 가기도 하고 우측으로 가기도 하면서 적진에서 100보 이내 지점까지 접근하게 합니다. 이렇게 하면, 적장은 필히 지쳐버리고, 적병들은 놀라서 어리둥절해 할 것입니다.

或出其左, 或出其右(혹출기좌, 혹출기우) 혹은 좌로 갔다가, 혹은 우로 갔다가. 去(거) 가다. 敵(적) 적군. 無(무) 없다. 過(과) 지나다. 百步(백보) 100 발자국. 其(기) 그. 將(장) 장수. 적장. 必(필) 반드시. 勞(로) 피로하다. 其(기) 그. 卒(졸) 군사들. 병사들. 駭(해) 놀라다.

如此, 則敵人不敢來. 吾往者不止, 或襲其內, 或擊其外, 三軍疾戰, 敵人必敗.
여차, 즉적인불감래. 오왕자부지, 혹습기내, 혹격기외, 삼군질전, 적인필패.
그렇게 되면, 적은 감히 아군을 공격하지 못할 것입니다. 또한 아군이 적진으로 진격함에 그침이 없으며, 때로는 적의 내부를 습격하거나 때로는 적의 외부를 공격하게 합니다. 그러다가 전군이 일제히 맹공을 가하면, 적은 반드시 패주하고 말 것입니다.

如此(여차) 이와 같이 하면. 則(즉) 곧. 敵人(적인) 적 부대. 不(불) 아니다. 敢(감) 감히. 來(래) 오다. 吾(오) 나. 아군. 往者(왕자) 가는 것. 不止(부지) 그침이 없다. 或(혹) 때로는. 襲(습) 습격하다. 其內(기내) 적의 내부. 或(혹) 때로는. 擊(격) 치다. 其外(기외) 적의 외부. 三軍(삼군) 전군. 疾戰(질전) 맹렬히 싸우다. 敵人(적인) 적 부대. 적군. 必敗(필패) 반드시 패한다.

37). 動靜 동정. 적의 동정을 잘 살펴라

동정(動靜)이란 적 부대의 동정을 살펴서 기병(奇兵)을 매복시켜 승리하는 것을 말한다.

−육도직해(六韜直解)에서−

武王問太公曰, 引兵深入諸侯之地, 與敵人之軍相當.
무왕문태공왈, 인병심입제후지지, 여적인지군상당.
무왕(武王)이 태공(太公)에게 물었다. 군을 이끌고 적지에 깊이 들어가 적군과 대치하게 되었습니다.

武王問太公曰(무왕문태공왈) 무왕이 태공에게 물었다. 引(인) 끌다. 兵(병) 군사. 深(심) 깊다. 入(입) 들어가다. 諸侯(제후) 적성을 띤 제후국. 地(지) 땅. 與(여) 같이하다. 敵人(적인) 적 부대. 軍(군) 군대. 相(상) 서로. 當(당) 당하다. 적 부대와 대치하는 상황.

兩陣相望, 衆寡强弱相等, 不敢先擧.
양진상망, 중과강약상등, 불감선거.
서로가 진영을 마주 보고 있고 피아의 병력의 숫자나 전투력의 강약 등이 서로 대등해서 서로 감히 먼저 공격하지 못하고 있는 실정입니다.

兩陣(양진) 양쪽 진영. 相(상) 서로. 望(망) 바라보다. 衆寡(중과) 병력의 수가 많고 적음. 强弱(강약) 부대 전투력이 강하고 약함. 相等(상등) 서로 동등하다. 不(불) 아니다. 敢(감) 감히. 先(선) 먼저. 擧(거) 일으키다. 군을 출동하다.

吾欲令敵人將帥恐懼, 士卒心傷, 行陣不固, 後軍欲走, 前陣數顧.
오욕령적인장수공구, 사졸심상, 행진불고, 후군욕주, 전진삭고.
이러한 상황에서 나는 적장을 공포에 몰아넣고 적 장병들의 사기를 꺾어 적의 진용을 견고하지 못하게 해서 적 후방에 있는 부대는 도망치려고 하게 하고, 적의 전방에 있는 부대는 아군을 두려워해서 자꾸만 돌아보게 한 다음,

吾(오) 나는. 欲(욕) ~하고자 한다. 令(령) 령을 내리다. 敵人(적인) 적 부대. 將帥(장수) 장수. 恐(공) 두려워하다. 懼(구) 두려워하다. 士卒(사졸) 장병들. 心(심) 마음. 傷(상) 상처를 주다. 行(행) 행하다. 陣(진) 진을 치다. 不固(불고) 견고하지 않다. 後軍(후군) 적 후방의 군대. 欲(욕) ~하고자 한다. 走(주)

도망가다. 前陣(전진) 적의 전방에 있는 군대. 數(삭) 자주. 顧(고) 돌아보다.

鼓噪而乘之, 敵人遂走. 爲之奈何?
고조이승지, 적인수주. 위지내하?
아군이 북을 울리고 함성을 지르며 승기를 타고 돌격하여 적을 패주하게 하려고 합니다. 이럴 경우에는 어떻게 하여야 합니까?

鼓(고) 북을 치다. 噪(조) 떠들썩하다. 乘(승) 승기를 올라타다. 敵人(적인) 적 부대. 적군. 遂(수) 이르다. 走(주) 도망쳐 달리다. 爲之奈何(위지내하) 어찌해야 합니까?

太公曰, 如此者, 發我兵, 去寇十里而伏其兩旁, 車騎百里而越其前後.
태공왈, 여차자, 발아병, 거구십리이복기양방, 차기백리이월기전후.
태공(太公)이 대답하였다. 이와 같은 경우에는 우선 아군 부대의 일부를 적진의 양쪽으로 10리쯤 떨어진 지점에 매복시키고, 전차대와 기병대는 적진의 전방과 후방으로 약 100리쯤 떨어진 곳에 배치합니다.

太公曰(태공왈) 태공이 말하다. 如此者(여차자) 이와 같은 경우에는. 發(발) 출동시키다. 我兵(아병) 아군 부대를. 去(거) 가다. 寇(구) 도둑. 十里(십리) 약 4km. 伏(복) 매복시키다. 其(기) 그. 兩旁(양방) 양쪽에. 車騎(차기) 전차부대와 기병대. 百里(백리) 약 40km. 越(월) 넘다. 其(기) 그. 前後(전후) 앞뒤.

多其旌旂, 益其金鼓. 戰合, 鼓噪而俱起. 敵將必恐, 其軍驚駭.
다기정기, 익기금고. 전합, 고조이구기. 적장필공, 기군경해.
부대를 상징하는 깃발을 많이 꽂아 놓고, 징과 북을 요란스럽게 울려 적을 혼란스럽게 합니다. 그런 다음, 전투가 개시되면 일제히 북을 치고 함성을 지르면서 맹렬하게 공격합니다. 이렇게 하면 적장은 반드시 공황에 빠지고 적의 병사들은 놀라고 당황스러워 할 것입니다.

多(다) 많다. 其(기) 그. 旌旂(정기) 부대의 깃발. 益(익) 더하다. 其(기) 그. 金(금) 징. 鼓(고) 북. 戰合(전합) 싸움이 붙다. 噪(조) 떠들썩하다. 俱(구) 함께. 起(기) 일어서다. 敵將(적장) 적의 장수. 必(필) 반드시. 恐(공) 두려워하다. 其軍(기군) 적군. 驚(경) 놀라다. 駭(해) 놀라다.

衆寡不相救, 貴賤不相待, 敵人必敗.
중과불상구, 귀천불상대, 적인필패.

따라서 적들은 대부대와 소부대가 서로 구해주지 못하고, 상관과 부하들이 서로 도와주지 못하게 되어 반드시 패하고 말 것입니다.

衆寡(중과) 대부대와 소부대를 말함. 不(불) 아니다. 相(상) 서로. 救(구) 구하다. 貴賤(귀천) 상관과 부하를 말함. 待(대) 기다리다. 敵人(적인) 적 부대. 적군. 必敗(필패) 반드시 패한다.

武王曰, 敵之地勢, 不可伏其兩旁, 車騎又無以越其前後.
무왕왈, 적지지세, 불가복기양방, 차기우무이월기전후.

무왕(武王)이 다시 물었다. 지형상으로 보아 적진의 좌우 측방에 아군의 병력을 매복시킬 수가 없고, 또 적진의 전후방에 아군의 전차대나 기병대를 배치할 수 없는 상황입니다.

武王曰(무왕왈) 무왕이 말하다. 敵(적) 적군. 地勢(지세) 지리가 주는 기세. 不可(불가) 불가능하다. 伏(복) 매복시키다. 其(기) 그. 兩旁(양방) 양쪽에. 車騎(차기) 전차부대와 기병대. 又(우) 또한. 無(무) 없다. 以(이) 써. 越(월) 넘다. 其(기) 그. 前後(전후) 앞뒤.

敵知我慮, 先施其備. 吾士卒心傷, 將帥恐懼, 戰則不勝, 爲之奈何?
적지아려, 선시기비. 오사졸심상, 장수공구, 전즉불승, 위지내하?

게다가 적군이 우리의 계획을 미리 알고 대비하고 있어서 아군의 병사들은 불안하여 사기가 저하되고, 장수들은 공포에 빠져 있습니다. 이렇게 되면 싸우더라도 승리할 수 없을 것이니, 이런 경우에는 어떻게 하여야 합니까?

敵(적) 적군. 知(지) 알다. 我慮(아려) 아군이 생각하는 것. 先(선) 미리. 施(시) 베풀다. 其備(기비) 그 대비하는 것. 吾(오) 아군. 士卒(사졸) 장병들. 心(심) 마음. 사기. 傷(상) 상처를 주다. 將帥(장수) 장수. 恐(공) 두려워하다. 懼(구) 두려워하다. 戰(전) 싸우다. 則(즉) 곧. 不勝(불승) 이기지 못하다. 爲之奈何(위지내하) 어찌해야 합니까?

太公曰, 誠哉王之問也.
태공왈, 성재왕지문야.

태공(太公)이 대답하였다. 참으로 왕의 신분에 걸맞은 좋은 질문이십니다.

太公曰(태공왈) 태공이 말하다. 誠哉(성재) 정성스러운 질문입니다. 王之問(왕지문) 왕다운 질문.

如此者, 先戰五日, 發我遠候, 往視其動靜, 審候其來, 設伏而待之.

여차자, 선전오일, 발아원후, 왕시기동정, 심후기래, 설복이대지.

이와 같은 경우에는 전투하기 닷새 전에 미리 척후병을 출발시켜 적의 동태를 살피게 합니다. 그리고, 적 또한 척후병을 보낼 수 있기 때문에 적의 척후병이 오는 것을 잘 살피기 위해서 복병을 설치하고 기다려야 합니다.

如此者(여차자) 이와 같은 경우에는. 先(선) 먼저. 戰(전) 싸우다. 五日(오일) 5일. 發(발) 출발시키다. 我(아) 아군. 遠(원) 멀리. 候(후) 척후병. 往(왕) 가다. 視(시) 보다. 其(기) 그. 動靜(동정) 적의 동정. 審(심) 살피다. 來(래) 오다. 設(설) 설치하다. 伏(복) 복병. 待(대) 기다리다.

必於死地, 與敵相遇. 遠我旌旂, 疏我行陣. 必奔其前, 與敵相當.

필어사지, 여적상우. 원아정기, 소아행진. 필분기전, 여적상당.

반드시 군사들이 도망할 수 없는 사지(死地)에 매복시켜서 적과 만나게 해야 합니다. 그런 다음, 아군의 깃발을 멀리까지 줄지어 세워 놓고 아군이 진을 펼칠 때 병력을 소산하여 병력이 많은 것처럼 위장합니다. 반드시 적들을 매복한 지점의 앞으로 오게 해서 적 부대를 상대해야 합니다.

必(필) 반드시. 於(어) 어조사. 死地(사지) 죽을 수밖에 없는 지형. 與敵(여적) 적 부대와. 相遇(상우) 서로 조우하다. 遠(원) 멀다. 我(아) 아군. 旌旂(정기) 부대의 깃발. 疏(소) 트이다. 소산하다. 行陣(행진) 진을 펴다. 奔(분) 달리다. 其前(기전) 그 앞. 與(여) 같이하다. 敵(적) 적. 相(상) 서로. 當(당) 당하다. 적 부대와 대치하고 있는 상황을 설명.

戰合而走, 擊金而止. 三里而還, 伏兵乃起.

전합이주, 격금이지. 삼리이환, 복병내기.

치열하게 전투하다가 후퇴 신호인 징소리를 듣고 후퇴를 하다가 잠시 멈춥니다. 3리쯤 후퇴하다가 다시 진격하여 적을 유인해서 아군의 매복 지점으로 끌어들입니다.

戰合(전합) 싸움이 붙다. 전투하다. 走(주) 달리다. 擊(격) 치다. 金(금) 징. 止(지) 그치다. 三里(삼리) 거리 단위 3리. 還(환) 돌아오다. 伏兵(복병) 매복시킨 부대. 乃(내) 이에. 起(기) 일어나다.

或陷其兩旁, 或擊其先後, 三軍疾戰, 敵人必走.

혹함기양방, 혹격기선후, 삼군질전, 적인필주.

그렇게 해서 적이 아군의 매복 지점을 통과할 때, 복병이 일제히 일어나 적의 좌우 측방을 공격하거나 전후방을 차단하여 협공하면서 전군이 전력을 다하여 맹렬히 싸우면 적은 반드시 패주하고 말 것입니다.

或(혹) 혹은. 陷(함) 함락시키다. 其(기) 그. 적군을 말함. 兩旁(양방) 양 측방에서. 或(혹) 혹은. 擊(격) 치다. 其(기) 그. 적군. 先後(선후) 선두와 후미. 三軍(삼군) 전군. 疾戰(질전) 맹렬히 싸우다. 敵人(적인) 적 부대. 적군. 必走(필주) 반드시 패주한다.

武王曰, 善哉!

무왕왈, 선재!

이 말을 들은 무왕은 매우 좋은 전술이라고 칭찬하였다.

武王曰(무왕왈) 무왕이 말하다. 善哉(선재) 잘하였다.

38). 金鼓 금고. 전장에서의 지휘통신

금고(金鼓)란 북을 쳐서 군사들을 나아가게 하고, 징을 쳐서 군사들을 멈추게 하는 것을 말한다. 이번 편에서 금고(金鼓)를 편명으로 삼았으나 내용 중에서 금고(金鼓)에 대해서 말하지 않은 것은 무슨 이유인지 명확하지 않다.

-육도직해(六韜直解)에서-

武王問太公曰, 引兵深入諸侯之地, 與敵相當.
무왕문태공왈, 인병심입제후지지, 여적상당.
무왕(武王)이 태공(太公)에게 물었다. 군사를 이끌고 적지에 깊이 들어가 적군과 대치하고 있는 상황입니다.

武王問太公曰(무왕문태공왈) 무왕이 태공에게 말하다. 引(인) 끌다. 兵(병) 군사. 深(심) 깊다. 入(입) 들어가다. 諸侯(제후) 적성을 띤 제후국. 地(지) 땅. 與(여) 같이하다. 敵(적) 적군. 相(상) 서로. 當(당) 당하다.

而天大寒甚暑, 日夜霖雨, 旬日不止. 溝壘悉壞, 隘塞不守,
이천대한심서, 일야임우, 순일부지. 구루실괴, 애새불수,
그리고, 혹한이나 혹서에 시달리며, 밤낮으로 장맛비가 열흘 이상 계속 내려서, 참호와 보루가 다 무너지고, 견고하던 진지를 제대로 지킬 수 없는 지경에 이르렀습니다.

天(천) 하늘. 기후. 大(대) 크다. 寒(한) 춥다. 甚(심) 심하다. 暑(서) 더위. 日夜(일야) 밤낮으로. 霖雨(임우) 장맛비가 내리다. 旬日(순일) 10일 이상. 不止(부지) 그치지 않는다. 溝(구) 도랑. 壘(루) 진. 성채. 悉(실) 모두. 壞(괴) 무너지다. 隘(애) 장애물. 塞(새) 요새. 不守(불수) 지킬 수 없다.

斥堠懈怠, 士卒不戒.
척후해태, 사졸불계.
그리고 장병들이 모두 지쳐서 적의 지형을 정찰, 탐색하는 일을 게을리하고, 군사들이 경계 임무를 소홀히 하는 실정입니다.

斥堠(척후) 적의 형편, 지형 등을 정찰 탐색하는 일. 懈(해) 게으르다. 怠(태) 게으르다. 士卒(사졸) 군사. 不戒(불계) 경계를 제대로 서지 않다.

敵人夜來, 三軍無備, 上下惑亂, 爲之奈何?
적인야래, 삼군무비, 상하혹란, 위지내하?
이런 상황에서 적이 야밤에 기습해 와서, 이에 대비하지 않고 있던 아군 장병들이 모두 큰 혼란에 빠졌습니다. 이런 경우에는 어떻게 해야 합니까?

敵人(적인) 적군들이. 夜來(야래) 야밤에 기습하다. 三軍(삼군) 전군을 말함. 無備(무비) 대비를 하지 않다. 上下(상하) 윗사람과 아랫사람. 惑(혹) 미혹하다. 亂(란) 혼란스럽다. 爲之奈何(위지내하) 어찌해야 하는가?

太公曰, 凡三軍以戒爲固, 以怠爲敗.
태공왈, 범삼군이계위고, 이태위패.
태공(太公)이 대답하였다. 군은 언제나 경계를 철저히 하면 수비가 견고해지지만, 경계를 게을리하면 적에게 패배하기 마련입니다.

太公曰(태공왈) 태공이 말하다. 凡(범) 무릇. 三軍(삼군) 전군이. 以戒(이계) 경계를 잘하면. 爲固(위고) 견고하게 되고, 以怠(이태) 경계를 게을리하면. 爲敗(위패) 패하다.

令我壘上, 誰何不絕, 人執旌旂, 外內相望, 以號相命, 勿令乏音, 而皆外向.
영아루상, 수하부절, 인집정기, 외내상망, 이호상명, 물령핍음, 이개외향.
아군의 진지에서 경계병들에게 수하를 철저히 하게 하고, 진영을 출입할 때는 각기 깃발로 서로 신호를 확인한 이후에 진영에 출입하게 명을 내려야 합니다. 그리고 경계병은 작은 소리 하나도 흘려들어서는 안 되며, 항상 적진을 향해서 경계하도록 명을 내려야 합니다.

令(령) 령을 내리다. 我(아) 아군. 壘(루) 진지. 上(상) 위에. 誰(수) 누구. 何(하) 어찌. 誰何(수하) 경계하는 군인이 상대편의 정체나 아군끼리 약속한 암호를 확인하는 것. 不絕(부절) 끊임이 없어야 한다. 人(인) 군인. 執(집) 잡다. 旌旂(정기) 깃발. 外內(외내) 바깥과 안. 相(상) 서로. 望(망) 보다. 以號(이호) 신호를 사용함으로써. 相命(상명) 서로 명을 확인하다. 勿(물) 말다. 令(령) 령을 내리다. 乏(핍) 궁핍하다. 音(음) 소리. 皆(개) 모두. 다. 外向(외향) 적진을 향하다.

三千人爲一屯, 誡而約之, 各愼其處.
삼천인위일둔, 계이약지, 각신기처.
그리고 병력은 3,000명 단위로 부대를 편성하여 경계에 관한 임무와 지시 사항을 숙지시킨

다음, 각각 경계 담당 지역을 정해서 경계하게 하여야 합니다.

三千人(삼천인) 군사 3천 명. 爲一屯(위일둔) 한 개의 단위부대로 만들다. 誡(계) 경계하다. 約(약) 약속하다. 各(각) 각각. 愼(신) 삼가다. 其處(기처) 그곳. 경계서는 곳.

敵人若來, 視我軍之警戒, 至而必還, 力盡氣怠. 發我銳士, 隨而擊之.
적인약래, 시아군지경계, 지이필환, 역진기태. 발아예사, 수이격지.
이렇게 경계 태세를 갖춘 이후에는 적이 아군을 공격하려고 하더라도 아군의 진영 가까이 이르렀다가는 반드시 되돌아갈 것입니다. 이렇게 되면 적은 기력이 소진되고 정신 상태가 해이해질 것이므로, 그 기회를 타서 아군의 정예병을 출동시켜 돌아가는 적을 뒤쫓아 공격하여야 합니다.

敵人(적인) 적군들. 若(약) 만약. 來(래) 오면. 視(시) 보다. 我軍(아군) 아군. 警戒(경계) 경계. 至(지) 이르다. 必(필) 반드시. 還(환) 돌아가다. 力(력) 힘. 盡(진) 다하다. 氣(기) 기세. 怠(태) 태만하다. 發(발) 출동시키다. 我(아) 아군. 銳士(예사) 정예부대. 隨(수) 따르다. 擊(격) 치다.

武王曰, 敵人知我隨之, 而伏其銳士, 佯北不止.
무왕왈, 적인지아수지, 이복기예사, 양배부지.
무왕(武王)이 말하였다. 적들이 아군의 추적을 알고 정예 병사들을 매복시켜놓고, 거짓으로 패주하는 척하면서 유인할 수도 있지 않습니까?

武王曰(무왕왈) 무왕이 말하다. 敵人(적인) 적군들. 知(지) 알다. 我(아) 아군. 隨(수) 따라가다. 伏(복) 매복하다. 其(기) 그. 銳士(예사) 정예군사. 佯(양) 거짓. 北(배) 패배. 不止(부지) 그치지 않다.

遇伏而還, 或擊我前, 或擊我後, 或薄我壘.
우복이환, 혹격아전, 혹격아후, 혹박아루.
그리고 적들이 숨겨놓은 복병을 만나 돌아가는 길에 아군의 선두부대나 후미 부대를 타격하기도 하고, 혹은 아군 진지 본영에 가까이 공격을 하기도 할 것입니다.

遇(우) 만나다. 伏(복) 매복. 복병. 還(환) 돌아가다. 或(혹) 혹시. 擊(격) 치다. 我前(아전) 아군의 선두부대. 我後(아후) 아군 후미 부대. 薄(박) 엷다. 가깝다. 我壘(아루) 아군 진지.

吾三軍大恐, 擾亂失次, 離其處所. 爲之奈何?

오삼군대공, 요란실차, 이기처소. 위지내하?

이렇게 된다면, 아군은 모두 공포에 빠져 대오가 문란해지고 담당한 지역을 이탈하지 않겠습니까? 이러한 경우에는 어떻게 하여야 합니까?

吾(오) 나. 三軍(삼군) 전군. 大恐(대공) 큰 공포. 擾(요) 어지럽다. 亂(란) 어지럽다. 失(실) 잃다. 次(차) 버금. 離(리) 떼놓다. 其(기) 그. 處所(처소) 있는 곳. 爲之奈何(위지내하) 어찌해야 하는가?

太公曰, 分爲三隊, 隨而追之, 勿越其伏.

태공왈, 분위삼대, 수이추지, 물월기복.

태공(太公)이 대답하였다. 이러한 때에는, 군을 세 부대로 나누어 퇴각하는 적을 추격하게 하되, 적의 매복 지점을 통과하는 실수를 범하지 않도록 주의하여야 합니다.

太公曰(태공왈) 태공이 말하다. 分(분) 나누다. 爲(위) 하다. 三隊(삼대) 3개의 부대. 隨(수) 따라가다. 追(추) 추격하다. 勿(물) 말다. 越(월) 추월하다. 其伏(기복) 적의 매복.

三隊俱至, 或擊其前後, 或陷其兩旁. 明號審令, 疾擊而前, 敵人必敗.

삼대구지, 혹격기전후, 혹함기양방. 명호심령, 질격이전, 적인필패.

적을 추격할 때는 세 부대가 일시에 적을 포착하고 힘을 모아 적의 전후방이나 좌우 측방을 협공하여야 합니다. 이때 신호체계를 명확히 하고 명령 체계를 잘 살펴서 모든 장병이 맹렬하게 공격하도록 한다면, 적은 반드시 패주할 것입니다.

三隊(삼대) 3개의 부대가. 俱(구) 함께. 至(지) 이르다. 或(혹) 혹은. 擊(격) 치다. 其前後(기전후) 적의 전방과 후방. 或(혹) 혹은. 陷(함) 허물다. 其兩旁(기양방) 적의 좌·우측 측방. 明(명) 명확히 하다. 號(호) 신호. 審(심) 살피다. 令(령) 명령. 疾擊(질격) 빠른 속도로 치다. 前(전) 앞. 敵人(적인) 적 부대. 必敗(필패) 반드시 패하다.

39). 絕道 절도. 병참선이 단절되면

절도(絕道)란 적이 아군의 군량을 수송하는 길을 끊으려 할 경우 굳게 지켜서 손실이 없도록 하고자 하는 것을 말한다.

—육도직해(六韜直解)에서—

武王問太公曰, 引兵深入諸侯之地, 與敵相守.
무왕문태공왈, 인병심입제후지지, 여적상수.
무왕(武王)이 태공(太公)에게 물었다. 군을 이끌고 적성을 띤 제후국인 적지에 깊이 들어가서 적들과 대치한 상황입니다.

武王問太公曰(무왕문태공왈) 무왕이 태공에게 말하다. 引(인) 끌다. 兵(병) 군사. 深(심) 깊다. 入(입) 들어가다. 諸侯(제후) 적성을 띤 제후국. 地(지) 땅. 與敵(여적) 적들과 함께. 相(상) 서로. 守(수) 지키다.

敵人絕我糧道, 又越我前後. 吾欲戰則不可勝, 欲守則不可久. 爲之奈何?
적인절아량도, 우월아전후. 오욕전즉불가승, 욕수즉불가구. 위지내하?
적이 아군의 보급로를 차단하고 또 아군진영의 전후방을 넘어서 대치하는 등 아군이 진격하려 하여도 승산이 없고, 방어하려 해도 군량이 부족해서 오래 지탱해 낼 수 없습니다. 이런 경우에는 어떻게 하여야 합니까?

敵人(적인) 적군. 絕(절) 끊다. 我(아) 아군. 糧道(량도) 군량을 실어 나르는 길. 又(우) 또한. 越(월) 넘다. 前後(전후) 전방과 후방. 吾(오) 내가. 欲戰(욕전) 싸우고자 하다. 則(즉) 곧. 不可勝(불가승) 이길 수가 없고. 欲守(욕수) 방어를 하려고 하다. 不可久(불가구) 오래 할 수도 없다. 爲之奈何(위지내하) 어찌해야 하는가?

太公曰, 凡深入敵人之境, 必察地之形勢, 務求便利.
태공왈, 범심입적인지경, 필찰지지형세, 무구편리.
태공(太公)이 대답하였다. 적지에 깊이 진입하려면, 반드시 적지의 지형을 자세히 살펴서 가능한 한 편하고 유리한 지역을 점령하여 진을 치는 데 힘을 써야 합니다.

太公曰(태공왈) 태공이 말하다. 凡(범) 모름지기. 深(심) 깊게. 入(입) 들어가다. 敵人(적인) 적군. 境

(경) 경계. 必(필) 반드시. 察(찰) 살피다. 地之形勢(지지형세) 땅의 형세. 務(무) 힘쓰다. 求(구) 구하다. 便利(편리) 편하고 유리하다.

依山林險阻, 水泉林木, 而爲之固, 謹守關梁, 又知城邑丘墓地形之利.
의산림험조, 수천임목, 이위지고, 근수관량, 우지성읍구묘지형지리.
나무가 우거진 산이나 험한 지형, 강이나 하천, 수풀이나 숲 등의 지형지물을 이용해서 견고한 진지를 구축하고, 관문이나 교량들을 철저하게 지키며, 또한 성읍 구릉 묘지 등 지형의 이로움에 대해서 잘 알아야 합니다.

依(의) 의지하다. 山林(산림) 산림. 險阻(험조) 험한 지형. 水泉(수천) 강이나 하천. 林木(임목) 수풀이나 나무. 爲(위) 하다. 固(고) 견고하다. 謹(근) 삼가다. 守(수) 지키다. 關(관) 관문. 梁(량) 다리. 又(우) 또한. 知(지) 알아야 한다. 城邑(성읍) 성과 마을. 丘墓(구묘) 언덕이나 묘지. 地形之利(지형지리) 지형의 이로움.

如是, 則我軍堅固, 敵人不能絕我糧道, 又不能越我前後.
여시, 즉아군견고, 적인불능절아량도, 우불능월아전후.
이와 같이 하면, 아군의 진영이 견고해지고, 적이 아군의 보급로를 차단하는 것도 할 수 없게 되고, 아군진영의 전후방을 넘나드는 것도 할 수 없게 될 것입니다.

如(여) ~과 같다. 是(시) 이것. 則我軍堅固(즉 아군견고) 즉, 아군의 진영이 견고해진다. 敵人(적인) 적군. 적 부대. 不能(불능) 능히 ~할 수 없다. 絕(절) 끊다. 我(아) 아군. 糧道(양도) 군량을 수송하는 도로. 又(우) 또한. 越(월) 넘다. 前後(전후) 전방과 후방.

武王曰, 吾三軍過, 大林廣澤, 平易之地, 吾候望誤失, 倉卒與敵人相薄.
무왕왈, 오삼군과, 대림광택, 평이지지, 오후망오실, 창졸여적인상박.
무왕(武王)이 다시 물었다. 전군이 큰 숲이나 광활한 늪지대 또는 평야를 통과하다가 척후병의 실수로 예기치 않은 적을 갑작스럽게[126] 만나게 되었습니다.[127]

武王曰(무왕왈) 무왕이 말하다. 吾(오) 나의. 三軍(삼군) 전군이. 過(과) 지나가다. 大林(대림) 큰 수풀.

126) 창졸(倉卒). 갑작스럽다는 의미로 사용될 때는 졸(卒)자가 아니라 졸(猝=갑자기)자로 사용되어야 함.
127) 상박(相薄). 서로 만난다는 의미로 사용될 때는 박(薄)자가 아니라 박(迫=닥치다)자로 사용되어야 함.

廣澤(광택) 넓은 늪지대. 平易(평이) 평평하고 넓은. 地(지) 지형. 吾(오) 나의. 候(후) 척후병들이. 望(망) 바라보다. 誤失(오실) 과오와 실수. 倉卒(창졸) 미처 어찌할 수 없을 정도로 급작스럽게. 與敵人(여적인) 적 부대들과 함께. 相(상) 서로. 薄(박) 얇다. 가까이.

以戰則不勝, 以守則不固. 敵人翼我兩旁, 越我前後, 三軍大恐, 爲之奈何?
이전즉불승, 이수즉불고. 적인익아양방, 월아전후, 삼군대공, 위지내하?

적과 싸우자니 승산이 없고, 방어하자니 견고하지 못합니다. 이런 상황에서 적이 아군의 양 측방을 포위하고 있고 전후방을 넘나들기 때문에 아군의 전 장병들이 크게 두려워하고 있습니다. 이런 경우에는 어떻게 하여야 합니까?

以戰(이전) 싸우자니. 則(즉) 곧. 不勝(불승) 이길 수 없다. 以守(이수) 수비하자니. 則(즉) 곧. 不固(불고) 견고하지 못하다. 敵人(적인) 적 부대. 翼(익) 날개. 我(아) 아군의. 兩旁(양방) 양 측방. 越(월) 넘다. 前後(전후) 전방과 후방. 三軍(삼군) 전군이. 大恐(대공) 크게 두려워하다. 爲之奈何(위지내하) 어찌해야 하는가?

太公曰, 凡帥師之法, 常先發遠候, 去敵二百里, 審知敵人所在.
태공왈, 범수사지법, 상선발원후, 거적이백리, 심지적인소재.

태공(太公)이 대답하였다. 모름지기 군사를 출동시킬 때에는 먼저 척후병을 멀리 내보내어 적진으로부터 200리 떨어진 지점까지 정탐하게 함으로써 적 부대의 소재를 자세히 알고 살펴야 합니다.

太公曰(태공왈) 태공이 말하다. 凡(범) 모름지기. 帥(수) 장수. 師(사) 군사. 法(법) 방법. 常(상) 항상. 先發(선발) 먼저 출발시키다. 遠(원) 멀리. 候(후) 척후병. 去(거) 가다. 敵(적) 적군. 二百里(이백리) 약 80km. 審(심) 살피다. 知(지) 알다. 敵人(적인) 적군. 所在(소재) 있는 곳.

地勢不利, 則以武衝爲壘而前, 又置兩踵軍於後, 遠者百里, 近者五十里.
지세불리, 즉이무충위루이전, 우치양종군어후, 원자백리, 근자오십리.

만일 지형상 불리한 지역을 만났을 경우, 무충(武衝)이라는 전차를 연결하여 임시 보루를 만들어 전방에 세우며, 후속하는 부대를 양쪽으로 배치해서 멀리는 100리, 가깝게는 50리 거리에서 뒤따르게 합니다.

地勢不利(지세불리) 지세가 불리하면. 則(즉) 곧. 以(이) 써. 武衝(무충) 무충거라는 전차. 爲(위) ~

하다. 壘(루) 보루. 前(전) 전방에. 又(우) 또한. 置(치) 배치하다. 兩(양) 양쪽. 踵(종) 따르게 하다. 軍(군) 부대. 군. 於(어) 어조사. 後(후) 후방에. 遠者百里(원자 백 리) 멀게는 백 리 거리를 띄우고. 近者五十里(근자오십리) 가깝게는 오십 리 거리를 띄운다.

卽有警急, 前後相知, 吾三軍常完堅, 必無毁傷.

즉유경급, 전후상지, 오삼군상완견, 필무훼상.

이렇게 하면 예기치 못한 사태가 생기더라도 전후의 부대가 서로 연락하여 상황을 알 수 있게 됩니다. 그러면 아군의 대비태세가 항상 완벽하고 견고해서, 반드시 무너지거나 손상되는 일이 없을 것입니다.

卽(즉) 곧. 有(유) 있다. 警(경) 경계하다. 놀라다. 急(급) 급하다. 前後(전후) 전방과 후방. 相知(상지) 서로 알게 하다. 吾(오) 나의. 三軍(삼군) 전군. 常(상) 항상. 完(완) 완벽하게. 堅(견) 견고하다. 必(필) 반드시. 無(무) 없다. 毁(훼) 헐다. 傷(상) 상처입니다.

武王曰, 善哉!

무왕왈, 선재!

이 말을 듣고, 무왕은 매우 좋은 방법이라고 칭찬하였다.

武王曰(무왕왈) 무왕이 말하다. 善哉(선재) 잘하였다.

40). 略地 약지. 적지의 공략

약지(略地)란 적과 싸워 이겨서 적지에 깊숙이 진입하여 적의 땅을 공략하는 것을 말한다. 이때 적의 모략이 있을까 두려우므로 무왕(武王)이 이에 대해서 물어보자 태공망(太公望)이 대답한 것이다.

–육도직해(六韜直解)에서–

武王問太公曰, 戰勝深入, 略其地, 有大城不可下.
무왕문태공왈, 전승심입, 략기지, 유대성불가하.

무왕(武王)이 태공(太公)에게 물었다. 적과 싸워 이겨서 적지에 깊숙이 진입하여 그 점령한 지역을 다스리려고 하는데 크고 견고한 성읍이 있어 함락시키는 것이 불가한 상황입니다.

武王問太公曰(무왕문태공왈) 무왕이 태공에게 말하다. 戰勝(전승) 싸워서 이기다. 深入(심입) 적진 깊숙이 들어가다. 略(략) 다스리다. 其地(기지) 점령한 땅. 有(유) 있다. 大城(대성) 큰 성. 不可下(불가하) 아래에 두는 것이 불가하다.

其別軍守險阻, 與我相拒. 我欲攻城圍邑, 恐其別軍猝至而薄我.
기별군수험조, 여아상거. 아욕공성위읍, 공기별군졸지이박아.

적의 별동부대가 험한 요새지에서 아군과 대치하는 상황이며, 아군이 그 성읍을 포위 공격하고자 하는데, 적의 별동부대가 갑자기 아군과 아주 가까이 근접하여 으르대고 있습니다.

其(기) 그. 別軍(별군) 별동부대. 守(수) 지키다. 險阻(험조) 험한 지형. 與我(여아) 아군과 같이. 相(상) 서로. 拒(거) 막다. 我(아) 아군은. 나는. 欲(욕) ~하고자 한다. 攻城(공성) 성을 공격하다. 圍邑(위읍) 읍을 포위하다. 恐(공) 두려워한다. 其(기) 그. 別軍(별군) 별동부대. 猝(졸) 갑자기. 至(지) 이르다. 薄(박) 엷다. 가깝다.

中外相合, 拒我表裏. 三軍大亂, 上下恐駭. 爲之奈何?
중외상합, 거아표리. 삼군대란, 상하공해. 위지내하?

성안의 적과 성 밖에 있는 적들이 서로 합세해서 아군의 전후방을 동시에 협공하면,[128] 전

128) 거아표리(拒我表裏). 아군의 안과 밖을 동시에 공격한다는 의미로 사용되려면, 거(拒=막다)자가 아니라 격(擊=치다)자로

군이 크게 혼란에 빠지고, 상하가 모두 공포심에 사로잡혀 당황할 것입니다. 이런 경우에는 어떻게 하여야 합니까?

中(중) 가운데, 성안의 적들. 外(외) 성 밖의 적들. 相(상) 서로. 合(합) 합세하여. 拒(거) 막다. 我(아) 아군. 表裏(표리) 겉과 속을 말하는 것이니 아군의 전후방을 동시에 협공하는 것을 의미함. 三軍(삼군) 전군. 大亂(대란) 크게 혼란스럽다. 上下(상하) 윗사람과 아랫사람. 恐(공) 두려워하다. 駭(해) 놀라다. 爲之奈何(위지내하) 어찌해야 하는가?

太公曰, 凡攻城圍邑, 車騎必遠, 屯衛警戒, 阻其內外.
태공왈, 범공성위읍, 차기필원, 둔위경계, 조기내외.
태공(太公)이 대답하였다. 성을 공격하고 읍을 포위하려면 전차대와 기병대는 반드시 멀리 떨어진 지점에 배치하고, 적의 성을 완전히 차단하여 성안에 있는 적들이 성 밖에 있는 적들과 서로 통하지 못하게 하여야 합니다.

太公曰(태공왈) 태공이 말하다. 凡(범) 모름지기. 攻城(공성) 성을 공격하다. 圍邑(위읍) 읍을 포위하다. 車騎(차기) 전차부대와 기병대. 必(필) 반드시. 遠(원) 멀다. 屯(둔) 진을 치다. 衛(위) 지키다. 警戒(경계) 경계하다. 阻(조) 험하다. 멀다. 其(기) 그. 內外(내외) 안과 밖. 성의 안과 밖에 있는 적군들.

中人絕糧, 外不得輸, 城人恐怖, 其將必降.
중인절량, 외부득수, 성인공포, 기장필항.
이렇게 하면, 성안에 있는 적들은 식량이 떨어져도 성 밖에 있는 적으로부터 식량 보급을 못 받게 되어, 성안의 모든 적이 두려움에 빠지게 될 것이며, 적장은 반드시 항복할 것입니다.

中人(중인) 성안에 있는 사람들. 絕糧(절량) 양식이 끊기다. 外(외) 성 밖에 있는 사람들. 不得(부득) 얻지 못하다. 輸(수) 수송하다. 城人(성인) 성안에 있는 사람들. 恐怖(공포) 두려워하다. 其將(기장) 그 장수. 적장은. 必(필) 반드시. 降(항) 항복하다.

武王曰, 中人絕糧, 外不得輸, 陰爲約誓, 相與密謀. 夜出, 窮寇死戰.
무왕왈, 중인절량, 외부득수, 음위약서, 상여밀모. 야출, 궁구사전.
무왕(武王)이 다시 물었다. 성안에 있는 적들의 식량이 끊어져도 외부로부터 식량 보급을

수정되어야 함.

받지 못하게 되어도, 성 안팎의 적이 은밀하게 서로 연락을 유지하여 역습할 계획을 세운 다음, 야음을 틈타 성 밖으로 출동해서, 궁지에 빠진 도적 떼처럼 결사적으로 아군을 공격합니다.

武王曰(무왕왈) 무왕이 말하다. 中人(중인) 성안에 있는 적. 絶糧(절량) 양식이 끊기다. 外(외) 성 밖에 있는 적. 不得(부득) 얻지 못하다. 輸(수) 수송하다. 陰(음) 은밀하게. 爲(위) ~하다. 約(약) 약속하다. 誓(서) 맹세하다. 相(상) 서로. 與(여) 함께하다. 密(밀) 은밀하게. 謀(모) 모의하다. 夜出(야출) 야간에 출동하다. 窮寇(궁구) 궁지에 빠진 적을 말함. 死戰(사전) 결사적으로 싸우다.

其車騎銳士, 或衝我內, 或擊我外. 士卒迷惑, 三軍敗亂. 爲之奈何?
기차기예사, 혹충아내, 혹격아외. 사졸미혹, 삼군패란. 위지내하?
이때 적의 전차대와 기병대 및 정예부대가 아군의 진영 내로 공격을 가하거나 아군진영의 외곽을 공격하게 되면, 아군 장병들은 미혹해지고 전군이 혼란에 빠지면서 패하지 않겠습니까? 이럴 때는 어찌해야 합니까?

其(기) 그. 車騎(차기) 전차부대와 기병대. 銳士(예사) 정예부대. 或(혹) 혹은. 衝(충) 찌르다. 我內(아내) 아군의 진내. 或(혹) 옥은. 擊(격) 치다. 我外(아외) 아군의 외곽. 士卒(사졸) 아군의 장병들. 迷惑(미혹) 미혹하다. 三軍(삼군) 전군. 敗(패) 패하다. 亂(란) 혼란스럽다. 爲之奈何(위지내하) 어찌해야 하는가?

太公曰, 如此者, 當分爲三軍, 謹視地形而處.
태공왈, 여차자, 당분위삼군, 근시지형이처.
태공(太公)이 대답하였다. 그러한 경우에는 군을 3개 부대로 나눈 다음, 지형지물을 잘 이용하여 부대를 배치해야 합니다.

太公曰(태공왈) 태공이 말하다. 如此者(여차자) 이와 같은 경우에는. 當(당) 바로. 당하다. 分(분) 나누다. 爲(위) ~하다. 三軍(삼군) 세 개의 부대로. 謹(근) 삼가다. 視(시) 보다. 地形(지형) 지형. 處(처) 배치하다.

審知敵人別軍所在, 及其大城別堡, 爲之置遺缺之道, 以利其心, 謹備勿失.
심지적인별군소재, 급기대성별보, 위지치유결지도, 이리기심, 근비물실.
적 별동부대의 소재를 잘 살펴서 알고 있어야 하며, 아군이 포위하고 있는 성을 도와주고자 하는 또 다른 적군은 없는지도 자세히 파악한 다음, 성안에 있는 적들이 도망갈 길을 열어 줌으로써 적의 도주를 유도해야 합니다. 그러나 이때 아군도 대비태세를 잘 가다듬어 실수하는 일이 없도록 주의하여야 합니다.

審(심) 살피다. 知(지) 알다. 敵人(적인) 적군. 別軍(별군) 별동부대. 所在(소재) 있는 곳. 及(급) 미치다. 其(기) 그. 大城(대성) 큰 성. 別(별) 별동부대. 堡(보) 작은 성. 爲(위) ~하다. 置(치) 두다. 遺(유) 끼치다. 缺(결) 이지러지다. 道(도) 길. 以(이) 써. 利(리) 이롭다. 其心(기심) 그 마음. 謹(근) 삼가다. 備(비) 대비하다. 勿(물) 말다. 하지 말라. 失(실) 실수.

敵人恐懼, 不入山林, 卽歸大邑, 走其別軍. 車騎遠邀其前, 勿令遺脫.
적인공구, 불입산림, 즉귀대읍, 주기별군. 차기원요기전, 물령유탈.
그리하면, 적은 두려워서 산림으로 들어가지 못하고, 큰 촌락 또는 자신의 별동부대가 있는 곳으로 도주할 것입니다. 이때 아군의 전차대와 기병대는 멀리서 적이 도주하는 것을 그 앞에서 차단하며, 도주하는 적을 놓치는 일이 없도록 하여야 합니다.

敵人(적인) 적군. 恐(공) 두려워하다. 懼(구) 두려워하다. 不入(불입) 들어가지 않는다. 山林(산림) 산과 수풀. 卽(즉) 곧. 歸(귀) 돌아가다. 大邑(대읍) 큰 마을. 走(주) 달리다. 其(기) 그. 別軍(별군) 별동부대. 車騎(차기) 전차부대와 기병대. 遠(원) 멀다. 邀(요) 오는 것을 기다리다. 其前(기전) 그 앞에서. 勿(물) 말다. 令(령) 령을 내리다. 遺(유) 끼치다. 영향을 미치다. 脫(탈) 놓치다. 탈출하다.

中人以爲先出者得其徑道, 其練卒材士必出, 其老弱獨在.
중인이위선출자득기경도, 기련졸재사필출, 기노약독재.
성안에 있는 적들은 먼저 탈출한 자들이 무사히 도주하였을 것으로 생각해서, 잘 훈련된 병사들과 재능이 있는 자들도 반드시 뒤를 이어 탈출하게 될 것이고, 성안에는 늙고 약한 병사들만이 남게 될 것입니다.

中人(중인) 성안에 있는 적들. 以(이) 써. 爲(위) ~하다. 先出者(선출자) 먼저 탈출한 자들. 得(득) 얻다. 其(기) 그. 徑道(경도) 지름길. 練卒(연졸) 훈련된 병사들. 材士(재사) 재주 있는 군사들. 必出(필출) 반드시 탈출하다. 老弱(노약) 늙고 약한 병사들. 獨在(독재) 홀로 남다.

車騎深入長驅, 敵人之軍, 必莫敢至.
차기심입장구, 적인지군, 필막감지.

그렇게 되면 아군의 전차대와 기병대가 적지의 후방에 깊이 들어가더라도 적들은 감히 성에서 나와 대항하는 일이 절대 없을 것입니다.

車騎(차기) 전차부대와 기병대. 深入(심입) 깊숙이 들어가다. 長驅(장구) 길게 달리다. 敵人之軍(적인지군) 적군들이. 必(필) 반드시. 莫(막) 없다. 敢(감) 감히. 至(지) 이르다.

愼勿與戰, 絕其糧道, 圍而守之, 必久其日.
신물여전, 절기량도, 위이수지, 필구기일.
이때 성안에 있는 적들과 직접 싸우지 말고, 식량 보급로를 차단하여 장기간 포위 태세만 갖추고 성이 스스로 항복하기를 기다리면 됩니다.

愼(신) 삼가다. 勿(물) 말다. 與戰(여전) 같이 싸우다. 絕(절) 끊다. 其(기) 그. 糧道(량도) 양식을 옮기는 길. 圍(위) 포위하다. 守(수) 지키다. 必(필) 반드시. 久(구) 오래. 其日(기일) 항복하는 날짜.

無燔人積聚, 無毁人宮室, 冢樹社叢勿伐.
무번인적취, 무훼인궁실, 총수사총물벌.
이때 적이 쌓아 놓은 곡식을 불태우거나 백성들의 집을 부수는 일이 없도록 하고, 묘지 주변에 심어놓은 수목이나 사당 주변의 숲을 베지 말아야 합니다.

無(무) 없다. 燔(번) 태우다. 굽다. 人(인) 사람. 적. 積(적) 쌓다. 聚(취) 모으다. 無(무) 없다. 毁(훼) 훼손하다. 宮(궁) 집. 室(실) 집. 冢(총) 무덤. 樹(수) 나무. 社(사) 사당. 사직. 叢(총) 모아놓다. 풀이나 나뭇더미. 勿伐(물벌) 베지 말아야 한다.

降者勿殺, 得而勿戮, 示之以仁義, 施之以厚德.
항자물살, 득이물륙, 시지이인의, 시지이후덕.
그리고, 항복하는 자들은 죽이지 말고, 생포한 적들을 비참하게 모욕을 주어 죽여서는 안 됩니다. 적국의 백성들에게 인의를 보여주고 많은 은덕을 베풀어야 합니다.

降者(항자) 항복하는 사람. 勿殺(물살) 죽이지 말아야 한다. 得(득) 얻다. 勿戮(물륙) 비참하게 죽이지 말아야 한다. 戮(육) 비참하게 죽이다. 示(시) 보여주다. 以(이) 써. 仁義(인의) 인자함과 의로움. 인의. 施(시) 베풀다. 厚德(후덕) 덕을 후하게 베풀다.

令其士民曰, 辜在一人. 如此則天下和服.

영기사민왈, 고재일인. 여차즉천하화복.

적국의 병사들과 백성들에게 령을 내려 말하기를, '모든 허물은 군주나 장수 한 사람에게 있으니, 백성에게는 과오를 묻지 않겠다'고 해야 합니다. 이와 같이 하면 천하는 저절로 화합되고 복종하게 될 것입니다.

令(령) 령을 내리다. 其(기) 그. 적국을 말함. 士民(사민) 병사들과 백성들. 曰(왈) 말하기를. 辜(고) 허물. 在(재) 있다. 一人(일인) 한 사람. 그 한 사람은 바로 적국의 군주나 적장을 말함. 如此(여차) 이와 같이 하면. 則(즉) 곧. 天下(천하) 천하가. 和服(화복) 화합하고 복종하다.

武王曰, 善哉!

무왕왈, 선재!

이 말을 들은 무왕은 매우 좋은 말씀이라고 칭찬하였다.

武王曰(무왕왈) 무왕이 말하다. 善哉(선재) 잘했다.

41). 火戰 화전. 화공작전

화전(火戰)이란 적이 불로 아군을 공격하면, 아군도 불을 이용하여 적과 싸우는 것을 말한다.

-육도직해(六韜直解)에서-

武王問太公曰, 引兵深入 諸侯之地, 遇深草蓊穢, 周吾軍前後左右.

무왕문태공왈, 인병심입 제후지지, 우심초옹예, 주오군전후좌우.

무왕(武王)이 태공(太公)에게 물었다. 군사를 이끌고 적성을 띤 제후국인 적지에 깊숙이 들어갔는데, 아군의 주위 사방이 수풀이 많고 초목이 우거져 있는 곳에 도착하였습니다.

武王問太公曰(무왕문태공왈) 무왕이 태공에게 말하다. 引(인) 끌다. 兵(병) 군사. 深(심) 깊다. 入(입) 들어가다. 諸侯(제후) 적성을 띤 제후국. 地(지) 땅. 遇(우) 만나다. 深(심) 깊다. 草(초) 풀. 蓊(옹) 초목이 우거지다. 穢(예) 잡초. 周(주) 두루. 吾軍(오군) 아군. 前後左右(전후좌우) 앞뒤 좌우. 사방을 말함.

三軍行數百里, 人馬疲倦休止.

삼군행수백리, 인마피권휴지.

전군의 장병들은 이미 수백 리를 행군해서 인마가 모두 지친 상태로 휴식을 취하려고 하는데 적으로부터 공격을 받아 휴식을 그치게 되었습니다.

三軍(삼군) 전군. 行(행) 행군하다. 數百里(수백리) 수백 리. 人馬(인마) 사람과 말. 疲(피) 지치다. 倦(권) 게으르다. 休(휴) 휴식하다. 止(지) 그치다.

敵人因天燥疾風之利, 燔吾上風, 車騎銳士, 堅伏吾後.

적인인천조질풍지리, 번오상풍, 차기예사, 견복오후.

적들이 공기가 건조하고 강풍이 부는 것과 아군이 쉬고자 하는 곳의 위쪽 바람을 이용해서 아군 진지 주변의 잡초에 불을 지른 것입니다. 이때 적은 또 전차대와 기병대 및 정예부대를 아군의 후방에 매복해 놓고 있습니다.

敵人(적인) 적군. 因(인) ~로 인하여. 天燥(천조) 하늘이 마르다. 건조한 날씨를 말함. 疾風(질풍) 매우 빠른 바람. 利(리) 이로움. 燔(번) 굽다. 태우다. 吾(오) 아군. 上(상) 위쪽. 風(풍) 바람. 車騎(차기) 전차부대와 기병대. 銳士(예사) 정예군사. 堅伏(견복) 견고하게 매복시켜놓다. 吾後(오후) 나의 후방에.

아군 후방에.

三軍恐怖, 散亂而走. 爲之奈何?

삼군공포, 산란이주. 위지내하?

따라서 전 장병들이 공포에 빠져서 모두 흩어지고 혼란스럽게 되어 도망을 치는 상황이 생겼습니다. 이럴 경우에는 어떻게 해야 합니까?

三軍(삼군) 전군. 恐怖(공포) 두려워하다. 散(산) 흩어지다. 亂(란) 혼란스럽다. 走(주) 달리다. 도망가다. 爲之奈何(위지내하) 어찌해야 하는가?

太公曰, 若此者, 則以雲梯飛樓, 遠望左右, 謹察前後.

태공왈, 약차자, 즉이운제비루, 원망좌우, 근찰전후.

태공(太公)이 대답하였다. 만약, 이런 경우에는 높은 누각 형태의 장비인 운제(雲梯)나 비루(飛樓) 등을 이용하여 아군 진지의 사방을 잘 살펴야 합니다.

太公曰(태공왈) 태공이 말하다. 若此者(약차자) 만약, 이러한 경우에는. 則(즉) 곧. 以(이) 써. 雲梯(운제) 구름사다리. 운제라는 장비. 飛樓(비루) 날아다니는 누각. 높은 누각 형태의 장비. 遠(원) 멀다. 望(망) 보다. 左右(좌우) 좌우. 謹(근) 삼가다. 察(찰) 살피다. 前後(전후) 앞과 뒤.

見火起, 卽燔吾前而廣延之, 又燔吾後.

견화기, 즉번오전이광연지, 우번오후.

만약 불이 일어나는 것이 보이면, 즉시 아군 진지의 전방 쪽의 나무숲이나 갈대숲과 같은 넓은 지역에 미리 맞불을 질러 태워버려야 합니다. 또한 아군의 후방 쪽도 마찬가지입니다.

見(견) 보다. 火(불) 불. 起(기) 일어나다. 卽(즉) 곧. 燔(번) 태우다. 吾(오) 아군 진지. 前(전) 전방. 앞쪽을. 廣(광) 넓다. 延(연) 끌다. 又(우) 또한. 燔(번) 태우다. 後(후) 후방.

敵人苟至, 卽引軍而卻, 按黑地而堅處, 敵人之來.

적인구지, 즉인군이각, 안흑지이견처, 적인지래.

이때 적이 공격을 해 오면 군사를 이끌고 퇴각했다가 맞불작전으로 미리 불태워 검게 그을린 그 땅에 병력을 배치해서 다시 적군이 공격해 올 것에 대비하여 태세를 갖추게 합니다.

敵人(적인) 적군. 苟(구) 진실로. 至(지) 이르다. 卽(즉) 곧. 引軍(인군) 군사를 이끌고. 卻(각) 퇴각하다. 按(안) 누르다. 黑地(흑지) 태워서 검게 그을린 땅. 堅(견) 견고하다. 處(처) 머물다. 來(래) 오다.

猶在吾後, 見火起, 必遠走.
유재오후, 견화기, 필원주.
이렇게 하면, 오히려 아군의 후방에 있었던 적은 아군이 맞불을 놓아 불길이 솟아오르는 것을 보고 멀리 도망칠 것입니다.

猶(유) 오히려. 在(재) 있다. 吾後(오후) 아군의 후방에. 見(견) 보다. 火(불) 불. 起(기) 일어나다. 必(필) 반드시. 遠(원) 멀리. 走(주) 달리다. 도망가다.

吾按黑地而處, 强弩材士, 衛吾左右, 又燔吾前後.
오안흑지이처, 강노재사, 위오좌우, 우번오전후.
아군은 그 불탄 자리에 병력을 배치하고 강력한 궁수 부대와 재주 있는 군사들로 좌우 측방을 방호하게 하고, 다시 진지의 전후방에 불을 놓아 적의 화공을 무력화시킵니다.

吾(오) 아군. 按(안) 누르다. 黑地(흑지) 태워서 검게 그을린 땅. 處(처) 머물다. 强弩(강노) 강한 쇠뇌를 가진 부대. 材士(재사) 재주 있는 병사. 衛(위) 지키다. 吾(오) 아군. 左右(좌우) 좌우. 又(우) 다시. 燔(번) 태우다. 前後(전후) 전방과 후방.

若此, 則敵人不能害我.
약차, 즉적인불능해아.
이와 같이 하면, 적은 아군을 해치지 못할 것입니다.

若此(약차) 만약, 이와 같이 하면. 則(즉) 곧. 敵人(적인) 적군. 不能(불능) ~할 수 없다. 害(해) 해롭게 하다. 해치다. 我(아) 아군.

武王曰, 敵人燔吾左右, 又燔前後, 煙覆吾軍, 其大兵按黑地而起. 爲之奈何?
무왕왈, 적인번오좌우, 우번전후, 연부오군, 기대병안흑지이기. 위지내하?
무왕(武王)이 다시 물었다. 적이 아군진영의 좌우에 불을 놓고, 또 앞뒤로 불을 놓아 연기가 아군진영의 상공을 뒤덮고 있으며, 오히려 우리가 맞불작전으로 태워서 검게 그을린 자리에 적들이 대병력으로 진영을 설치해놓고 아군을 공격하는 경우에는 어떻게 하여야 합니까?

武王曰(무왕왈) 무왕이 말하다. 敵人(적인) 적군. 燔(번) 태우다. 吾(오) 아군. 左右(좌우) 좌우측방.

又(우) 또. 燔(번) 태우다. 前後(전후) 전방과 후방. 煙(연) 연기. 復(부) 다시. 吾軍(오군) 아군. 其大兵(기대병) 그 대병력. 按(안) 누르다. 黑地(흑지) 맞불작전으로 태워서 검게 그을린 땅. 起(기) 일어나다. 爲之奈何(위지내하) 어찌해야 하는가?

太公曰, 若此者, 爲四武衝陣, 强弩翼吾左右, 其法無勝亦無負.
태공왈, 약차자, 위사무충진, 강노익오좌우, 기법무승역무부.
태공(太公)이 대답하였다. 그런 경우에는 네 개의 무충(武衝)이라는 전차부대를 이용하여 진을 펼치고, 궁수 부대가 진영의 좌우 측방을 방호하게 하면서 정병으로 싸워야 합니다. 그러나 이 전술은 승리하지도 패배하지도 않는 방법일 뿐입니다.

太公曰(태공왈) 태공이 말하다. 若此者(약차자) 만약, 이러한 경우에는. 爲(위) ~하다. 四(사) 네 개의. 武衝陣(무충진) 무충이라는 돌격부대. 强弩(강노) 강한 쇠뇌를 가진 부대. 翼(익) 날개. 吾左右(오좌우) 아군의 좌·우측. 其法(기법) 그 방법. 전법. 無勝(무승) 이기지도 못하고. 亦(역) 또한. 無負(무부) 지지도 않는 방법이다.

42). 壘虛 누허. 적의 기만에 대처하라

누허(壘虛)란 적이 비어있는 보루(堡壘)를 이용해서 아군을 의심하게 하면, 아군은 그것을 정탐해서 알고자 하는 것을 말한다.

-육도직해(六韜直解)에서-

武王問太公曰, 何以知敵壘之虛實, 自來自去?
무왕문태공왈, 하이지적누지허실, 자래자거?
무왕(武王)이 태공(太公)에게 물었다. 적의 보루에 대한 허실과 적군의 움직임을 어찌하면 알 수 있습니까?

武王問太公曰(무왕문태공왈) 무왕이 태공에게 말하다. 何(하) 어찌. 以(이) 써. 知(지) 알다. 敵(적) 적군. 壘(루) 보루. 虛實(허실) 허실. 自來(자래) 스스로 오다. 自去(자거) 스스로 가다. 적군의 움직임을 말함.

太公曰, 將必上知天道, 下知地利, 中知人事.
태공왈, 장필상지천도, 하지지리, 중지인사.
태공(太公)이 대답하였다. 장수라면 반드시 위로는 하늘의 기상을 알고(天道), 아래로는 땅의 지세를 알고(地利), 가운데로는 인간의 일(人事)을 알아야 합니다.

太公曰(태공왈) 태공이 말하다. 將(장) 장수는. 必(필) 반드시. 上(상) 위로는. 知天道(지천도) 천도를 알다. 下(하) 아래로는. 知地利(지지리) 지리를 알다. 中(중) 가운데. 知人事(지인사) 인간의 일을 알다.

登高下望, 以觀敵之變動. 望其壘, 則知其虛實. 望其士卒, 則知其來去.
등고하망, 이관적지변동. 망기누, 즉지기허실. 망기사졸, 즉지기래거.
높은 곳에 올라가 아래를 내려다보면 적 부대의 움직임에 대한 변화를 살필 수 있습니다. 그런 방식으로 적의 보루를 잘 관찰하면 그 허실을 파악할 수 있고, 같은 방법으로 적의 병사들을 잘 관찰하면 그들의 동태를 알 수 있는 것입니다.

登(등) 오르다. 高(고) 높은 곳. 下(하) 아래. 望(망) 바라보다. 以(이) 써. 觀(관) 보다. 敵之變動(적지변동) 적의 움직임의 변화. 望(망) 바라보다. 其壘(기루) 적군의 보루. 則(즉) 곧. 知(지) 알다. 其虛實(기허실) 그 허와 실을. 望(망) 바라보다. 其士卒(기사졸) 적 장병들. 其來去(기래거) 그 오고 가는 것. 적의 움직임.

武王曰, 何以知之?
무왕왈, 하이지지?
무왕(武王)이 물었다. 그것을 어떻게 안다는 말입니까?

武王曰(무왕왈) 무왕이 말하다. 何以知之(하이지지) 그것을 어떻게 안다는 말인가?

太公曰, 聽其鼓無音, 鐸無聲, 望其壘上多飛鳥而不驚.
태공왈, 청기고무음, 탁무성, 망기루상다비조이불경.
태공(太公)이 대답하였다. 적진에서 북이나 방울 소리가 들리지 않고, 보루 위를 보니 새들이 많이 날아다니는데 놀라는 기색이 없습니다.

太公曰(태공왈) 태공이 말하다. 聽(청) 듣다. 其(기) 그. 鼓(고) 북. 無音(무음) 소리가 나지 않는다. 鐸(탁) 방울. 無聲(무성) 소리가 나지 않는다. 望(망) 바라보다. 其(기) 그. 壘(루) 보루. 上(상) 위. 多(다) 많다. 飛鳥(비조) 새들이 날다. 不驚(불경) 놀라지 않는다.

上無氛氣, 必知敵詐而爲偶人也.
상무분기, 필지적사이위우인야.
그리고 보루 위에는 아무런 조짐이 없다면, 적들이 아군을 속이기 위해서 거짓으로 허수아비를 만들어 놓은 것임을 반드시 알아야 한다.

上(상) 위. 無(무) 없다. 氛(분) 조짐. 기운. 氣(기) 기운. 必(필) 반드시. 知(지) 알아야 한다. 敵(적) 적군. 詐(사) 속이다. 爲(위) ~하다. 偶人(우인) 허수아비.

敵人猝去不遠, 未定而復反者, 彼用其士卒太疾也.
적인졸거불원, 미정이부반자, 피용기사졸태질야.
적이 갑자기 멀지 않은 곳으로 물러갔다가, 그들의 행군 대오가 정돈되기도 전에 다시 진지로 되돌아온다면, 이는 적장이 성급하게 지휘를 하는 것입니다.

敵人(적인) 적군. 적 부대. 猝(졸) 갑자기. 去(거) 가다. 不遠(불원) 멀지 않다. 未定(미정) 정해지지 않다. 復反(부반) 다시 돌아오다. 者(자) ~하는 것. 彼(피) 적군. 用(용) 쓰다. 其(기) 그. 士卒(사졸) 장병들. 太疾(태질) 많이 급하다.

太疾則前後不相次. 不相次, 則行陣必亂.
태질즉전후불상차. 불상차, 즉행진필란.
부대를 성질이 급하게 지휘하게 되면 부대의 전후 질서가 제대로 잡히지 않게 마련이며, 질서가 제대로 잡히지 않으면 부대는 진을 펼치는 데 있어서 반드시 혼란스럽게 됩니다.

太疾(태질) 아주 성질이 급하게 지휘하는 것. 則(즉) 곧. 前後(전후) 부대의 앞과 뒤. 不(불) 아니다. 相(상) 서로. 次(차) 뒤를 잇다. 行陣(행진) 진을 펼치는데. 必亂(필란) 반드시 혼란스럽다.

如此者, 急出兵擊之. 以少擊衆, 則必敗矣.
여차자, 급출병격지. 이소격중, 즉필패의.
이와 같은 경우에는, 아군이 신속히 병력을 출동시켜 공격하여야 합니다. 소수의 병력만을 출동시켜도 적의 많은 병력을 공격할 수 있으며, 이때 적은 반드시 패하게 될 것입니다.

如此者(여차자) 이와 같은 경우에는. 急(급) 급하다. 出兵(출병) 병력을 출동시키다. 擊(격) 치다. 공격하다. 以少(이소) 적은 병력으로. 衆(중) 많은 병력. 則(즉) 곧. 必敗(필패) 반드시 패하게 되다. 矣(의) 어조사.

第五. 豹韜 제5. 표도[129)]

43). 林戰 임전. 산림지역에서의 전투

임전(林戰)이란 수풀과 나무로 우거진 가운데 적과 만나서 싸우는 것을 말한다.

—육도직해(六韜直解)에서—

武王問太公曰, 引兵深入諸侯之地, 遇大林, 與敵人分林相拒.
무왕문태공왈, 인병심입제후지지, 우대림, 여적인분림상거.
무왕(武王)이 태공(太公)에게 물었다. 군을 이끌고 적지에 깊이 들어갔다가 큰 산림지대를 만나 적과 대치하게 되었습니다.

武王問太公曰(무왕문태공왈) 무왕이 태공에게 물었다. 引兵(인병) 군대를 이끌고. 深入(심입) 깊이 들어갔다. 諸侯之地(제후지지) 제후의 땅. 적지를 말함. 遇(우) 만나다. 大林(대림) 큰 숲. 與(여) 주다. 敵(적) 적군. 人(인) 사람. 分(분) 나누다. 林(림) 수풀. 相(상) 서로. 拒(거) 막다.

吾欲以守則固, 以戰則勝. 爲之奈何?
오욕이수즉고, 이전즉승. 위지내하?
아군이 방어하면 곧 견고하게 되고, 적과 싸우기만 하면 곧 이기고자 한다면, 어떻게 해야 합니까?

吾欲(오욕) 내가 ~하고자 한다. 以守(이수) 수비를 하면. 則(즉) 곧. 固(고) 견고하다. 以戰(이전) 싸우기만 하면. 則(즉) 곧. 勝(승) 이긴다. 爲之奈何(위지내하) 어찌하면 되는가?

太公曰, 使吾三軍, 分爲衝陣. 便兵所處, 弓弩爲表, 戟楯爲裏.
태공왈, 사오삼군, 분위충진. 편병소처, 궁노위표, 극순위리.
태공(太公)이 대답하였다. 우선 아군을 나누어 충차(衝車)라는 전차로 진을 치게 하고, 각

129) 표도(豹韜). 포범은 원래 행동이 민첩하고 용맹한 맹수라 하여 편명(篇名)으로 삼은 것임. 이 편에서는 군대가 다양한 지형에서 기동하고 싸우는 방법과 적진 깊숙이 쳐들어가서 불리한 여건에 있을 때 어떻게 하는가에 대한 내용으로 구성.

부대는 각기 유리한 지형에 배치하며, 궁노수를 진영의 외부에 배치하고, 창병과 방패수를 진영의 내부에 배치하게 합니다.

太公曰(태공왈) 태공이 말하다. 使(사) ~하게 하다. 吾(오) 나. 아군. 三軍(삼군) 전군. 分(분) 나누다. 爲(위) ~하다. 衝陣(충진) 충차로 진을 치게 하다. 便(편) 편하다. 兵(병) 병력. 所(소) ~하는 바. 處(처) 살다. 숙영하다. 弓弩(궁노) 활 쏘는 부대. 表(표) 겉. 진지의 외부. 戟(극) 창. 楯(순) 방패. 裏(리) 진지의 내부.

斬除草木, 極廣吾道, 以便戰所.

참제초목, 극광오도, 이편전소.

그런 다음, 진영 주변의 전투에 장애가 되는 초목들을 제거하여, 가능한 한 아군의 통로를 넓게 확장해서 아군이 전투하는데 편리하게 합니다.

斬(참) 베다. 除(제) 제거하다. 草木(초목) 풀과 나무. 極(극) 다하다. 廣(광) 넓다. 吾道(오도) 아군의 통로. 도로. 以(이) 써. 便(편) 편리하다. 戰(전) 싸우다. 所(소) ~하는 바.

高置旌旂, 謹敕三軍, 無使敵人知吾之情, 是謂林戰.

고치정기, 근칙삼군, 무사적인지오지정, 시위임전.

그리고, 깃발을 높이 세우고 전군에 칙서를 내려 적들이 아군의 실정을 제대로 파악하지 못하도록 조심시켜야 합니다. 이것이 산림지역에서의 전법, 임전(林戰)입니다.

高(고) 높다. 置(치) 설치하다. 旌旂(정기) 부대의 깃발. 謹(근) 삼가다. 敕(칙) 조서. 三軍(삼군) 전군. 無(무) 없다. 使(사) ~하게 하다. 敵人(적인) 적 부대. 知(지) 알다. 吾之情(오지정) 아군의 정세, 실정. 是謂(시위) 이를 일컬어. 林戰(임전) 산림지역에서의 전법이다.

林戰之法, 率吾矛戟, 相與爲伍.

임전지법, 솔오모극, 상여위오.

산림지역에서 싸울 때는 창병 다섯 명을 한 개 조로 편성, 오(伍)를 만들어 운용합니다.

林戰之法(임전지법) 산림지역에서 전투할 때는. 率(솔) 거느리다. 통솔하다. 吾(오) 아군. 나. 矛戟(모극) 긴 창과 짧은 창. 相(상) 서로. 與(여) 같이 하다. 爲(위) ~하다. 伍(오) 부대 단위의 명칭.

林間木疏, 以騎爲輔, 戰車居前, 見便則戰, 不見便則止.

임간목소, 이기위보, 전차거전, 견편즉전, 불견편즉지.

나무와 나무 사이가 조밀하지 않은 숲 속에서는 기병대를 보조역할로 삼고, 전차부대를 전방에 배치하여 전투합니다. 또한 상황이 유리하면 전투하고, 상황이 유리하지 않으면 전투를 중지해야 합니다.

林(림) 수풀. 間(림) 사이. 木(목) 나무. 疏(소) 트이다. 以(이) 써. 騎(기) 기병. 爲(위) ~하다. 輔(보) 보조. 戰(전) 싸우다. 車(차) 전차부대. 居(거) 두다. 前(전) 전방에. 見(견) 보이다. 便(편) 편리하다. 유리하다. 則(즉) 곧. 不見便(불견편) 유리한 상황이 보이지 않으면. 止(지) 싸움을 그치다.

林多險阻, 必置衝陣, 以備前後. 三軍疾戰, 敵人雖衆, 其將可走.

임다험조, 필치충진, 이비전후. 삼군질전, 적인수중, 기장가주.

또 수풀이 우거지고 지형이 험한 지역에서는 충차(衝車)라는 전차로 진을 치고 전후방을 대비하게 한 다음, 전군이 질풍처럼 달려나가 싸우게 합니다. 이렇게 하면, 적의 병력이 아무리 많다 하더라도 적장을 패주시킬 수 있습니다.

林(림) 수풀. 多(다) 많다. 險阻(험조) 험하다. 必(필) 반드시. 置(치) 배치하다. 衝陣(충진) 충차로 진을 치다. 以(이) 써. 備(비) 대비하다. 前後(전후) 전후방을. 三軍(삼군) 전군. 疾戰(질전) 질풍처럼 나가 싸우다. 敵人(적인) 적군. 雖(수) 비록. 衆(중) 병력이 많다. 其將(기장) 그 장수. 적장을 말함. 可(가) 가히. 走(주) 패주하다.

更戰更息, 各按其部, 是謂林戰之紀.

경전경식, 각안기부, 시위임전지기.

그런 다음, 병사들을 교대로 출전시켜 한번 싸우고 한번 휴식해 가면서 각자의 소속 부대에서 흩어지지 않게 하여야 합니다. 이것이 산림지대에서 싸우는 요령입니다.

更(경) 다시, 고치다. 바꾸다. 戰(전) 싸우다. 息(식) 쉬다. 各(각) 각각. 按(안) 누르다. 其(기) 그. 部(부) 부대. 是謂(시위) 이를 일컬어. 林戰(임전) 산림지역에서의 전투. 紀(기) 기강.

44). 突戰 돌전. 돌격전

돌전(突戰)이란 군대를 갑작스럽게 출동시켜 적과 싸우는 돌격전의 형태를 말한다.

-육도직해(六韜直解)에서-

武王問太公曰, 敵人深入長驅, 侵掠我地, 驅我牛馬, 其三軍大至, 薄我城下.
무왕문태공왈, 적인심입장구, 침략아지, 구아우마, 기삼군대지, 박아성하.
무왕(武王)이 태공(太公)에게 물었다. 적 부대가 아군 지역으로 깊숙이 침입하여 약탈을 자행하고, 우리 백성들의 소나 말을 몰아가며, 또한 적의 대규모 병력이 아군의 성 밑에까지 육박해[130] 왔습니다.

武王問太公曰(무왕문태공왈) 무왕이 태공에게 말하다. 敵人(적인) 적 부대. 深入(침입) 침입하다. 長驅(장구) 말을 타고 멀리 달려감. 侵(침) 침범하다. 掠(략) 약탈하다. 我地(아지) 아군 지역. 驅(구) 몰다. 我(아) 나. 牛馬(우마) 소나 말. 其三軍(기삼군) 적국의 대규모 병력. 大至(대지) 거의 다 이르렀다. 薄(박) 엷다. 城下(성하) 성 밑.

吾士卒大恐, 人民係累, 爲敵所虜. 吾欲以守則固, 以戰則勝. 爲之奈何?
오사졸대공, 인민계루, 위적소로. 오욕이수즉고, 이전즉승. 위지내하?
게다가 아군 병사들은 모두 크게 두려워하며, 백성들은 적의 포로가 되어 있는 상황입니다. 아군이 방어하면 곧 견고하게 되고, 적과 싸우기만 하면 이길수 있기를 원한다면, 어떻게 해야 합니까?

吾(오) 나. 士卒(사졸) 군사들. 大(대) 크다. 恐(공) 두려워하다. 人民(인민) 백성들. 係(계) 걸려있다. 累(루) 묶이다. 爲(위) ~하다. 敵(적) 적군. 所(소) ~하는 바. 虜(노) 포로. 吾(오) 나는. 欲(욕) ~하고자 한다. 以守則固(이수즉고) 방어를 한다면, 견고하게. 以戰則勝(이전즉승) 싸운다면 이기다. 爲之奈何(위지내하) 어찌해야 하는가?

---

130) 박아성하(薄我城下). 아군의 성 아래까지 육박해온다는 의미로 사용될 때는 박(薄=얇다)자를 박(迫=닥치다)자로 수정해야 할 것으로 보임.

太公曰, 如此者謂之突兵, 其牛馬必不得食, 士卒絕糧, 暴擊而前.
태공왈, 여차자위지돌병, 기우마필부득식, 사졸절량, 폭격이전.
태공(太公)이 대답하였다. 이와 같은 부대를 일컬어 돌진하는 부대라 하여 돌병(突兵)이라고 합니다. 이런 적은 사납게 돌진하는 것에 중점을 두었기 때문에 소나 말을 제대로 기르지 못하고 군사들의 식량이 곧 떨어지게 될 것입니다.

太公曰(태공왈) 태공이 말하다. 如(여) ~같이. 此(차) 이. 者(자) ~하는 것. 謂(위) 말하다. 일컫다. 突兵(돌병) 돌진하는 군대. 其(기) 그. 牛馬(우마) 소나 말. 必(필) 반드시. 不得食(부득식) 제대로 먹이지 못하다. 士卒(사졸) 군사들. 絕(절) 끊기다. 糧(량) 군량. 暴(폭) 사납다. 擊(격) 치다. 前(전) 앞. 먼저.

令我遠邑別軍, 選其銳士, 疾擊其後.
영아원읍별군, 선기예사, 질격기후.
이때, 아군은 멀리 떨어져 있는 별동부대에서 정예병을 뽑아 신속하게 적의 후방을 습격하게 합니다.

令(령) 령을 내리다. 我(아) 나. 아군. 遠(원) 멀다. 邑(읍) 읍성. 別軍(별군) 별동부대. 選(선) 선발하다. 其(기) 그. 銳(예) 정예. 士(사) 군사들. 疾擊(질격) 신속히 돌격하다. 습격하다. 其後(기후) 그 후방을. 적 부대의 후방을.

審其期日, 必會於晦. 三軍疾戰, 敵人雖衆, 其將可虜.
심기기일, 필회어회. 삼군질전, 적인수중, 기장가로.
그리고, 특정 일자와 집결지를 정해서 각 부대가 야음을 틈타 집결하게 합니다. 그렇게 집결이 완료되면 신속히 맹공을 가합니다. 그렇게 하면 비록 적의 병력이 아무리 많다 하더라도 적을 격파하고 적장을 사로잡을 수 있을 것입니다.

審(심) 살피다. 其(기) 그. 期(기) 기약하다. 日(일) 날짜. 必(필) 반드시. 會(회) 모여서. 於(어) 어조사. 晦(회) 어둡다. 三軍(삼군) 전군. 疾戰(질전) 신속히 전투하다. 敵人(적인) 적 부대. 雖(수) 비록. 衆(중) 병력이 많다. 其(기) 그. 將(장) 장수. 可虜(가로) 가히 포로로 사로잡을 수 있다.

武王曰, 敵人分爲三四, 或戰而侵掠我地, 或止而收我牛馬.
무왕왈, 적인분위삼사, 혹전이침략아지, 혹지이수아우마.

무왕(武王)이 말하였다. 적이 만일 군대를 서너 개의 부대로 나누어, 한 부대는 전투를 걸어 아군 지역에 침입하고, 다른 한 부대는 점령 지역에 머물러 있으면서 가축을 약탈하며, 또 한 부대는 멈추어 아군의 가축을 거두고,

武王曰(무왕왈) 무왕이 말하다. 敵人(적인) 적 부대가. 分(분) 나누다. 爲三四(위삼사) 3~4개로. 或(혹) 혹시 한 개 부대는. 戰(전) 싸우다. 侵掠(침략) 침략하다. 我地(아지) 아군 지역. 止(지) 그치다. 收(수) 거두다. 我(아) 아군의. 牛馬(우마) 소나 말을.

其大軍未盡至, 而使寇薄我城下, 致吾三軍恐懼, 爲之奈何?
기대군미진지, 이사구박아성하, 치오삼군공구, 위지내하?
적의 주력부대가 아직 도착하지 않은 상태에서 일부의 병력만으로 아군의 성 밑에까지 쳐들어와서 아군 장병들이 모두 공포심에 빠져 있는 경우라면, 어떻게 하여야 합니까?

其(기) 그. 大軍(대군) 대군. 주력부대. 未(미) 아직. 盡(진) 다하다. 至(지) 이르다. 使(사) ~하게 하다. 寇(구) 도둑. 여기서는 쳐들어온다는 의미. 薄(박) 엷다. 我(아) 아군의. 城下(성하) 성 아래. 致(지) 이르다. 吾(오) 나. 아군. 三軍(삼군) 전군. 恐(공) 두려워하다. 懼(구) 두려워하다. 爲之奈何(위지내하) 어찌해야 하는가?

太公曰, 謹候敵人, 未盡至則設備而待之.
태공왈, 근후적인, 미진지즉설비이대지.
태공(太公)이 말하였다. 적의 동태를 주의 깊게 관찰하여 적의 주력이 전부 도착하기 전에 수비 태세를 완벽하게 갖추고 대기합니다.

太公曰(태공왈) 태공이 말하다. 謹(근) 삼가다. 候(후) 묻다. 敵人(적인) 적 부대. 未盡至(미진지) 적 부대가 도착하기 전에. 則(즉) 곧. 設備(설비) 대비태세를 갖추다. 而(이) 순접/역접의 접속사. 待之(대지) 적 부대를 기다려야 한다.

去城四里而爲壘, 金鼓旌旂, 皆列而張. 別隊爲伏兵.
거성사리이위루, 금고정기, 개열이장. 별대위복병.
그리고 성에서 4리쯤 떨어진 지점에 보루를 구축하고, 징이나 북, 깃발 등을 줄지어 세웁니다. 그리고 별동대를 매복시킵니다.

去(거) 가다. 城(성) 성에서. 四里(4리) 4리 정도. 爲壘(위루) 루를 만들다. 金(금) 징. 鼓(고) 북. 旌旂

(정기) 부대 깃발. 皆(개) 다. 모두. 列(열) 열을 지워 세우다. 張(장) 베풀다. 別隊(별대) 별동부대. 爲(위) ~하다. 伏兵(복병) 복병을 세우다.

令我壘上, 多精强弩. 百步一突門, 門有行馬. 車騎居外, 勇力銳士, 隱而處.
영아루상, 다정강노. 백보일돌문, 문유행마. 차기거외, 용력예사, 은이처.

아군의 보루 위에는 궁수를 다수 배치하고, 100보마다 아군의 돌격부대가 출격할 수 있도록 돌문을 만들어 두며, 돌문 앞에는 적 기병대의 접근을 막는 장애물인 행마(行馬)를 설치해 놓습니다. 또한 아군의 전차대와 기병대를 진영 밖에 배치하고, 별도로 정예부대를 매복시킵니다.

令(령) 령을 내리다. 我(아) 아군. 壘上(루상) 보루 위에. 多(다) 많다. 精(정) 정예. 强(강) 강한. 弩(노) 쇠뇌. 百步(백보) 백 걸음. 一(일) 하나. 突(돌) 갑자기. 門(문) 문. 有(유) 있다. 行馬(행마) 적 기병대의 접근을 막는 장애물. 車騎(차기) 전차대와 기병대. 居(거) 있다. 배치하다. 外(외) 바깥에. 勇力(용력) 용맹하고 힘세다. 銳士(예사) 정예부대. 隱(은) 숨기다. 處(처) 배치하다.

敵人若至, 使我輕卒合戰而佯走, 令我城上立旌旂, 擊鼙鼓, 完爲守備.
적인약지, 사아경졸합전이양주, 영아성상립정기, 격비고, 완위수비.

만약 적이 공격해오면, 경무장한 부대를 먼저 출동시켜 적과 싸우다가 거짓 패주하게 하고, 성 위에서는 깃발을 휘날리고 북 등을 요란스럽게 울리면서 방어 대비태세가 완벽함을 보여줍니다.

敵人(적인) 적 부대. 若(약) 만약. 至(지) 이르다. 使(사) ~하게 하다. 我(아) 아군. 輕卒(경졸) 경무장한 부대. 合戰(합전) 싸움을 하다. 佯(양) 거짓. 走(주) 패주하다. 令(령) 령을 내리다. 城上(성상) 성 위에. 立(입) 세우다. 旌旂(정기) 부대 깃발. 擊(격) 치다. 鼙(비) 작은 북. 鼓(고) 큰 북. 完(완) 완벽하다. 爲(위) 하다. 守(수) 방어. 수비. 備(비) 대비.

敵人以我爲守城, 必薄我城下. 發吾伏兵以充其內, 或擊其外.
적인이아위수성, 필박아성하. 발오복병이충기내, 혹격기외.

이렇게 하면, 적들은 아군이 오직 성을 굳게 수비하려고만 하고 출격하지 않을 것이라고 판단해서, 아군의 성 밑에까지 바짝 진격해 올 것입니다. 이때 매복하고 있던 아군의 정예부대가 출동해서 성안에서 적을 차단하거나 혹은 그 밖으로 나가 적을 치기도 합니다.

敵人(적인) 적 부대. 以(이) 써. 我(아) 아군. 爲(위) 하다. 守城(수성) 성을 지키다. 必(필) 반드시. 薄(박) 엷다. 얇다. 我(아) 아군. 城下(성하) 성 아래로. 發(발) 출발하다. 吾(오) 아군. 伏兵(복병) 매복시켜놓았던 부대. 以(이) 서. 充(충) 차다. 차단하다. 막다. 其內(기내) 그 안에서. 或(혹) 혹은. 擊(격) 치다. 其外(기외) 그 밖에서.

三軍疾戰, 或擊其前, 或擊其後.
삼군질전, 혹격기전, 혹격기후.
그런 다음에, 전군이 신속히 전투하여 적의 선두나 후미를 공격합니다.

三軍(삼군) 전군. 疾戰(질전) 신속히 전투하다. 或(혹) 혹은. 擊(격) 치다. 공격하다. 其前(기전) 적 부대의 앞. 其後(기후) 적 부대의 후방.

勇者不得鬥, 輕者不及走, 名曰突戰. 敵人雖衆, 其將必走.
용자부득두, 경자불급주, 명왈돌전. 적인수중, 기장필주.
이렇게 하면, 적들이 아무리 용감하다 하더라도 제대로 싸우지 못할 것이며, 아무리 날쌔다 하더라도 미처 도망가지 못해서 사로잡히고 말 것입니다. 이것을 돌전(突戰)이라고 합니다. 이 작전을 쓰면, 적의 병력이 아무리 많다 하더라도 반드시 패주하게 할 수 있습니다.

勇者(용자) 용감한 자. 不得(부득) 얻지 못하다. 鬥(두) 싸우다. 輕者(경자) 가벼운 자. 날쌘 자. 不及(불급) 미치지 못하다. 走(주) 달리다. 名曰(명왈) 이름하여 가로되. 突戰(돌전) 돌전이라 한다. 敵人(적인) 적 부대. 雖(수) 비록. 衆(중) 많다. 其將(기장) 그 장수. 적장. 必走(필주) 필히 패주하다.

武王曰, 善哉!
무왕왈, 선재!
무왕(武王)은 참으로 좋은 전술이라고 칭찬하였다.

武王曰(무왕왈) 무왕이 말하다. 善哉(선재) 잘했다. 좋다.

45). 敵强 적강. 적이 강할 때의 전투

적강(敵强)이란 강한 적 부대를 만났을 때 기이한 계책으로 적과 싸우는 것을 말한다.

-육도직해(六韜直解)에서-

武王問太公曰, 引兵深入諸侯之地, 與敵人衝軍相當.
무왕문태공왈, 인병심입제후지지, 여적인충군상당.
무왕(武王)이 태공(太公)에게 물었다. 군을 이끌고 적지에 깊이 들어가서 적의 주력군과 대치하였습니다.

武王問太公曰(무왕문태공왈) 무왕이 태공에게 물었다. 引兵(인병) 군사를 이끌고. 深入(심입) 깊숙이 들어가다. 諸侯之地(제후지지) 제후의 땅에. 與(여) 같이하다. 敵人(적인) 적 부대. 衝(충) 찌르다. 軍(군) 군대. 相(상) 서로. 當(당) 당하다.

敵衆我寡, 敵强我弱. 敵人夜來, 或攻吾左, 或攻吾右, 三軍震動.
적중아과, 적강아약. 적인야래, 혹공오좌, 혹공오우, 삼군진동.
적은 병력이 많고 강하며, 아군은 병력이 적고 약한 상황에서 적의 야간 기습을 받게 되었습니다. 적의 야습으로 아군의 좌측을 공격받기도 하고 우측을 공격받기도 해서 군사들이 두려움에 떨고 있습니다.

敵衆(적중) 적 부대는 병력이 많다. 我寡(아과) 아군은 병력이 적다. 敵强(적강) 적 부대는 강하고, 我弱(아약) 아군은 약하다. 敵人(적인) 적 부대. 夜來(야래) 야간에 공격하다. 或(혹) 혹은. 攻吾左(공오좌) 나의 왼쪽을 공격하다. 攻吾右(공오우) 나의 오른쪽을 공격하다. 三軍(삼군) 전군. 震(진) 놀라다. 두려워하다. 動(동) 움직이다.

吾欲以戰則勝, 以守則固, 爲之奈何?
오욕이전즉승, 이수즉고, 위지내하?
이런 경우에 아군이 방어하면 곧 견고하게 되고, 적과 싸우기만 하면 곧 이기기를 원한다면, 어떻게 해야 합니까?

吾(오) 나는. 欲(욕) ~하고자 한다. 以戰(이전) 싸우기만 하면. 則勝(즉승) 곧, 승리하고자 한다. 以守(이수) 수비를 하면, 방어하면. 則固(즉고) 곧 견고해진다. 爲之奈何(위지내하) 어찌하면 되는가?

太公曰, 如此者謂之震寇. 利以出戰, 不可以守.
태공왈, 여차자위지진구. 이이출전, 불가이수.
태공(太公)이 대답하였다. 그러한 상황을 도둑과 같은 무리에게 벼락을 맞는 것 같다 하여 진구(震寇)라 합니다. 이때에는 나가서 적과 싸워야 유리하지, 방어만 해서는 안 됩니다.

太公曰(태공왈) 태공이 말하다. 如此者(여차자) 이와 같은 상황을 謂(위) 일컬어. 震(진) 벼락을 치다. 寇(구) 도둑. 利(리) 유리하다. 以出戰(이출전) 나가서 싸우는 것이. 不可以守(불가이수) 수비만 해서는 안 된다.

選吾材士强弩車騎爲左右, 疾擊其前, 急攻其後, 或擊其表, 或擊其裏.
선오재사강노차기위좌우, 질격기전, 급공기후, 혹격기표, 혹격기리.
재주가 있는 병사들과 강궁을 사용하는 부대 및 전차대 기병대를 뽑아 좌 우익으로 삼고, 신속하게 출동하여 적의 선두와 후미 부대를 맹렬하게 공격하기도 하며, 또한 적진의 내부로 돌진하기도 합니다.

選(선) 가려서 뽑다. 吾(오) 아군의. 材士(재사) 재주 있는 병사. 强弩(강노) 강노대. 車騎(차기) 전차부대와 기병대. 爲左右(위좌우) 좌·우측을 담당하는 부대로 삼다. 疾擊(질격) 신속히 공격하다. 其前(기전) 적들의 전방을. 急攻(급공) 급하게 공격하다. 其後(기후) 적들의 후방을. 或(혹) 때로는. 擊(격) 공격하다. 其表(기표) 그 외부를. 其裏(기리) 그 내부를. 적진의 내부로.

其卒必亂, 其將必駭.
기졸필란, 기장필해.
이렇게 하면, 적은 반드시 혼란에 빠지고 적장은 놀라서 어찌할 바를 모를 것입니다.

其卒(기졸) 그 부대는. 적 부대는. 必(필) 반드시. 亂(란) 혼란에 빠지다. 其將(기장) 그 장수는. 적장. 駭(해) 놀라다.

武王曰, 敵人 遠遮我前, 急攻我後, 斷我銳兵, 絶我材士.
무왕왈, 적인 원차아전, 급공아후, 단아예병, 절아재사.
무왕(武王)이 다시 물었다. 적군이 멀리서 아군의 전방을 막은 다음, 돌연히 아군의 후미를 공격하고 아군의 정예부대와 재주 있는 군사들로 구성된 부대를 차단합니다.

武王曰(무왕왈) 무왕이 말하다. 敵人(적인) 적 부대. 적 장병들. 遠(원) 멀리. 遮(차) 막다. 我前(아전)

아군의 전방을. 急(급) 급하다. 攻(공) 공격하다. 我後(아후) 아군의 후방을. 斷(단) 끊다. 我(아) 아군. 銳兵(예병) 정예부대. 絶(절) 끊다. 材士(재사) 재주 있는 군사들.

吾內外不得相聞, 三軍擾亂, 皆敗而走.
오내외부득상문, 삼군요란, 개패이주.
그렇게 하면 아군 부대 간에 연락이 두절되어, 전군이 어지럽고 혼란스러워 모두 다 패주하게 되었습니다.

吾(오) 아군의. 內外(내외) 안과 밖에 있는 부대 간에. 不得(부득) 얻지 못하다. 相聞(상문) 연락하는 것. 三軍(삼군) 전군. 擾(요) 어지럽다. 亂(란) 어지럽다. 皆(개) 모두. 다. 敗(패) 패하다. 走(주) 도망가다.

士卒無鬪志, 將吏無守心, 爲之奈何?
사졸무투지, 장리무수심, 위지내하?
게다가 전 장병들은 적에 맞서 싸우려는 의지가 전혀 없으며, 장수들과 간부들은 진지를 지키려는 의지를 잃게 되었습니다. 이런 경우, 어떻게 하여야 합니까?

士卒(사졸) 전 장병들. 無(무) 없다. 鬪志(투지) 싸울 의지. 將吏(장리) 장수와 간부들. 守心(수심) 지키려는 의지. 爲之奈何(위지내하) 어찌해야 하는가?

太公曰, 明哉王之問也.
태공왈, 명재왕지문야.
태공(太公)이 대답하였다. 참으로 왕 다운 훌륭한 질문이십니다.

太公曰(태공왈) 태공이 말하다. 明哉(명재) 현명합니다. 王之問(왕지문) 왕 다운 질문입니다.

當明號審令, 出我勇銳冒將之士, 人操炬火, 二人同鼓.
당명호심령, 출아용예모장지사, 인조거화, 이인동고.
그러한 경우에는 장수가 분명하고 단호하게 명령을 내리고, 용맹스러운 정예 병사들을 선발하여 이들이 횃불을 잡게 하고, 두 명이 함께 북을 치게 하여 북소리를 우렁차게 울리도록 합니다.

當(당) 당하다. 明(명) 밝다. 분명하다. 號(호) 부르짖다. 審(심) 살피다. 令(령) 명령. 出(출) 나가다. 출진하다. 我(아) 아군. 勇銳(용예) 용맹하고 정예로운 병사. 冒(모) 무릅쓰다. 將(장) 장수. 士(사) 군사들. 人(인) 사람. 군사들. 操(조) 잡다. 炬火(거화) 횃불. 二人(이인) 2명. 同鼓(동고) 같이 북을 치게 한다.

必知敵人所在, 或擊其表裏.

필지적인소재, 혹격기표리.

그리고 적 부대의 소재를 반드시 알아내서 적진 외부와 내부를 공격하게 합니다.

必知(필지) 반드시 알아야 한다. 敵人(적인) 적 부대. 所在(소재) 있는 곳. 或(혹) 때로는. 擊(격) 치다. 其表裏(기표리) 그 겉과 속을. 적진 외부와 내부를.

微號相知, 令之滅火, 鼓音皆止. 中外相應, 期約皆當.

미호상지, 령지멸화, 고음개지. 중외상응, 기약개당.

그리고 작은 신호도 서로 알 수 있게 되면, 횃불도 끄고 북소리를 그치게 해서 적진 내부와 외곽에서 서로 협공하기로 약속한 대로 모두 공격하게 합니다.

微(미) 작다. 號(호) 부르짖다. 相知(상지) 서로 알아야 한다. 令(령) 명령을 내리다. 滅火(멸화) 불을 끄다. 횃불을 끄다. 鼓音(고음) 북소리. 皆(개) 모두. 다. 止(지) 그치다. 中外(중외) 적진 내부와 외곽. 相應(상응) 서로 응하다. 협공하다. 期(기) 기약하다. 約(약) 약속. 皆(개) 모두. 當(당) 당하다.

三軍疾戰, 敵必敗亡.

삼군질전, 적필패망.

이때, 전군이 신속히 전력을 다해 싸우면, 적은 반드시 패주하고 말 것입니다.

三軍(삼군) 전군이. 疾戰(질전) 신속히 전투하면. 敵(적) 적 부대는. 必(필) 반드시. 敗亡(패망) 패하고 망하다.

武王曰, 善哉!

무왕왈, 선재!

무왕은 매우 좋은 방법이라고 칭찬하였다.

武王曰(무왕왈) 무왕이 말하다. 善哉(선재) 잘했다. 좋다.

46). 敵武 적무. 용맹한 적과의 전투

적무(敵武)란 굳세고 용맹한 적 부대를 만나 대치하고 있을 때, 계책을 세워 싸우고자 하는 것을 말한다.

-육도직해(六韜直解)에서-

武王問太公曰, 引兵深入, 諸侯之地, 猝遇敵人, 甚衆且武.
무왕문태공왈, 인병심입, 제후지지, 졸우적인, 심중차무.

무왕(武王)이 태공(太公)에게 물었다. 군을 이끌고 적지에 깊이 들어갔을 때 갑자기 적의 강한 주력군과 조우하였습니다.

武王問太公曰(무왕문태공왈) 무왕이 태공에게 물었다. 引兵(인병) 군사를 이끌고. 深入(심입) 깊숙이 들어가다. 諸侯之地(제후지지) 제후의 땅에. 猝(졸) 갑자기. 遇(우) 만나다. 敵人(적인) 적군. 甚(심) 심하다. 衆(중) 많은 병력. 且(차) 또한. 武(무) 굳세다.

武車驍騎, 繞我左右. 吾三軍皆震, 走不可止. 爲之奈何?
무차효기, 요아좌우. 오삼군개진, 주불가지. 위지내하?

이때 적의 전차대와 기병대가 아군의 좌우 측방을 포위되어 아군 장병들이 모두 사기가 꺾여 도망만을 치려고 하는데 이를 멈추게 할 수가 없습니다. 이런 경우에는 어떻게 하여야 합니까?

武(무) 굳세다. 車(차) 전차부대. 驍(효) 날쌔다. 騎(기) 기병대. 繞(요) 두르다. 포위하다. 我(아) 아군의. 左右(좌우) 좌우 측방을. 吾(오) 나. 三軍(삼군) 전군. 皆(개) 다. 모두. 震(진) 벼락 치다. 走(주) 달리다. 도망가다. 不可止(불가지) 멈출 수가 없다. 爲之奈何(위지내하) 어찌해야 하는가?

太公曰, 如此者謂之敗兵. 善者以勝, 不善者以亡.
태공왈, 여차자위지패병. 선자이승, 불선자이망.

태공(太公)이 대답하였다. 그와 같은 상황에 빠진 군대를 패병(敗兵)이라 합니다. 이러한 경우, 용병을 잘하는 자는 전세를 역전시켜 승리로 이끌 수 있으나, 그렇지 못한 자는 그대로 패망하고 맙니다.

太公曰(태공왈) 태공이 말하다. 如(여) 같다. 此(차) 이것. 者(자) ~하는 것. 謂(위) 일컫다. 敗兵(패병) 패병이라 한다. 善者(선자) 용병을 잘하는 자. 以勝(이승) 승리를 할 수 있다. 不善者(불선자) 용병을 잘 못하는 자. 以亡(이망) 망하게 된다. 패망한다.

武王曰, 爲之奈何?
무왕왈, 위지내하?
무왕(武王)이 다시 물었다. 그러면 어떻게 하여야 합니까?

武王曰(무왕왈) 무왕이 말하다. 爲之奈何(위지내하) 어찌해야 하는가?

太公曰, 伏我材士强弩, 武車驍騎, 爲之左右, 常去前後三里.
태공왈, 복아재사강노, 무차효기, 위지좌우, 상거전후삼리.
태공(太公)이 대답하였다. 아군의 재주 있는 병사와 쇠뇌를 사용하는 부대를 매복시키고, 전투력이 센 전차부대와 날쌘 기병대를 좌우의 양익에 배치하되, 항상 앞뒤로 3리쯤 떨어뜨려 배치합니다.

太公曰(태공왈) 태공이 말하다. 伏(복) 매복시키다. 我(아) 아군의. 材士(재사) 재주 있는 병사. 强弩(강노) 강노대. 강한 쇠뇌를 운용하는 부대. 武(무) 굳세다. 車(차) 전차부대. 驍(효) 날쌔다. 騎(기) 기병대. 爲之左右(위지좌우) 좌우에 배치하다. 常(상) 항상. 去(거) 가다. 前後(전후) 앞뒤의 거리. 三里(삼리) 3리를 이격시키다.

敵人逐我, 發我車騎, 衝其左右. 如此, 則敵人擾亂, 吾走者自止.
적인축아, 발아차기, 충기좌우. 여차, 즉적인요란, 오주자자지.
적군이 아군을 추격해오면, 매복시켰던 전차부대와 기병대를 출동시켜 적군의 좌우 측방을 공격하게 합니다. 이렇게 하면 적은 어지럽고 혼란스럽게 흩어질 것이며, 도망치던 아군 장병들은 스스로 도망치던 것을 멈추게 될 것입니다.

敵人(적인) 적군. 逐(축) 쫓다. 我(아) 아군. 發(발) 출동시키다. 車騎(차기) 전차부대와 기병대. 衝(충) 찌르다. 공격하다. 其左右(기좌우) 적의 좌우 측방을. 如此(여차) 이와 같이 하면. 則(즉) 곧. 敵人(적인) 적군. 擾(요) 어지럽다. 亂(란) 혼란. 吾(오) 아군의. 走者(주자) 도망치던 장병들. 自(자) 스스로. 止(지) 멈추다. 도망치는 것을 멈추다.

武王曰, 敵人與我車騎相當, 敵衆我寡, 敵强我弱.

무왕왈, 적인여아차기상당, 적중아과, 적강아약.

무왕(武王)이 다시 물었다. 적이 아군의 전차대 기병대와 대치한 상황에서, 적은 병력이 많고 군세가 강한 반면, 아군은 병력이 적고 군세가 약합니다.

武王曰(무왕왈) 무왕이 말하다. 敵人(적인) 적군. 與(여) 같이하다. 我(아) 아군. 車騎(차기) 전차부대와 기병대. 相當(상당) 서로 맞서다. 敵衆(적중) 적은 병력이 많고. 我寡(아과) 아군은 병력이 적다. 敵强(적강) 적은 전투력이 강하고. 我弱(아약) 아 전투력이 약하다.

其來整治精銳, 吾陣不敢當. 爲之奈何.

기래정치정예, 오진불감당. 위지내하.

게다가 적의 정예부대가 기세등등하게 공격을 해오고 있어서 아군이 이를 감당해내기가 어려운 상황입니다. 이런 경우에는 어떻게 하여야 합니까?

其(기) 그. 적을 말함. 來(래) 오는 것. 적이 공격해오는 것. 整(정) 정돈되다. 가지런하다. 治(치) 지휘통제가 잘 되다. 精銳(정예) 정예부대를 말함. 吾陣(오진) 아군의 진지. 不敢當(불감당) 감히 당해내지 못하다. 爲之奈何(위지내하) 어찌해야 하는가?

太公曰, 選我材士强弩, 伏於左右, 車騎堅陣而處.

태공왈, 선아재사강노, 복어좌우, 차기견진이처.

태공(太公)이 대답하였다. 이런 경우에는 재주가 뛰어나고 강궁을 사용할 수 있는 군사를 선발하여 좌우에 매복시키고, 전차부대와 기병대가 진지를 견고하게 지키면서 대비하여야 합니다.

太公曰(태공왈) 태공이 말하다. 選(선) 선발하다. 我(아) 아군의. 材士(재사) 재주 있는 병사. 强弩(강노) 강노대. 강한 쇠뇌를 운용하는 부대. 伏(복) 매복시키다. 於左右(어좌우) 좌우 측방에. 車騎(차기) 전차부대와 기병대. 堅陣(견진) 견고하게 진지를 구축하다. 處(처) 살다.

敵人過我伏兵, 積弩射其左右, 車騎銳兵, 疾擊其軍, 或擊其前, 或擊其後.

적인과아복병, 적노사기좌우, 차기예병, 질격기군, 혹격기전, 혹격기후.

적이 아군을 공격하기 위하여 매복 지점으로 들어오면, 복병들이 일제히 궁노를 발사하여 적의 좌우 측방을 공격하고, 전차대와 기병대 및 정예부대가 신속하게 출동해서 적의 전후방을 공격하게 합니다.

敵人(적인) 적군. 過(과) 지나가다. 我伏兵(아복병) 아군이 매복시켜놓은 군사. 積(적) 쌓다. 弩(노) 활. 射(사) 쏘다. 其左右(기좌우) 적 부대의 좌우 측방. 車騎(차기) 전차부대와 기병대. 銳兵(예병) 정예부대. 疾擊(질격) 아주 맹렬한 속도로 공격하다. 其軍(기군) 적군을 말함. 或(혹) 혹은. 擊(격) 치다. 其前(기전) 적 부대의 전방을. 其後(기후) 적 부대의 후방을.

敵人雖衆, 其將必走.

적인수중, 기장필주.

이렇게 되면, 비록 적의 병력이 아무리 많고 강하다 하더라도 적장은 반드시 패주할 것입니다.

敵人(적인) 적 부대. 雖(수) 비록. 衆(중) 많다. 其將(기장) 적장. 必走(필주) 필히 패주하다.

武王曰, 善哉!

무왕왈, 선재!

이 말을 들은 무왕은 매우 좋은 방법이라고 칭찬하였다.

武王曰(무왕왈) 무왕이 말하다. 善哉(선재) 잘했다. 좋다.

47). 烏雲山兵 조운산병. 산지에서 펼치는 진법

조운산병(烏雲山兵)이란 높은 산과 큰 돌들이 많은 지형에서 적을 만나 서로 대치하고 있을 때는 반드시 조운진(烏雲陣)[131]을 펼쳐 승리를 쟁취하는 것을 말한다.

–육도직해(六韜直解)에서–

武王問太公曰, 引兵深入, 諸侯之地, 遇高山盤石, 其上亭亭, 無有草木, 四面受敵.
무왕문태공왈, 인병심입, 제후지지, 우고산반석, 기상정정, 무유초목, 사면수적.

무왕(武王)이 태공(太公)에게 물었다. 군을 이끌고 적지에 깊이 들어가서 높은 산을 만났습니다. 그런데 산의 정상은 높기만 하고 반석처럼 평평해서 그 정상에 머무는데 초목이 하나도 없습니다. 이런 상황에서 아군은 사방에서 적의 공격을 받고 있습니다.

武王問太公曰(무왕문태공왈) 무왕이 태공에게 물었다. 引兵(인병) 군사를 이끌고. 深入(심입) 깊숙이 들어가다. 諸侯之地(제후지지) 제후의 땅에. 遇(우) 만나다. 高山(고산) 높은 산. 盤石(반석) 넓고 평평하게 된 큰 돌. 其上(기상) 그 위에. 亭亭(정정) 머무르다. 無有草木(무유초목) 초목이 없다. 四面(사면) 사방으로부터. 受(수) 받다. 공격을 받다. 敵(적) 적군.

吾三軍恐懼, 士卒迷惑. 吾欲以守則固, 以戰則勝. 爲之奈何?
오삼군공구, 사졸미혹. 오욕이수즉고, 이전즉승. 위지내하?

그리고 장병들이 두려워하고 혼란에 빠졌습니다. 이런 경우에 아군이 방어하면 곧 견고하게 되고, 적과 싸우기만 하면 곧 이기기를 원한다면, 어떻게 해야 합니까?

吾(오) 아군. 三軍(삼군) 전군. 恐(공) 두려워하다. 懼(구) 두려워하다. 士卒(사졸) 전 장병. 迷惑(미혹) 미혹하다. 吾欲(오욕) 나는 ~하고자 한다. 以守(이수) 수비만 하면. 則(즉) 곧. 固(고) 견고하고. 以戰(이전) 전투만 하면. 勝(승) 이긴다. 爲之奈何(위지내하) 어찌해야 하는가?

太公曰, 凡三軍處山之高, 則爲敵所棲, 處山之下, 則爲敵所囚.
태공왈, 범삼군처산지고, 즉위적소서, 처산지하, 즉위적소수.

태공(太公)이 대답하였다. 군이 산의 정상에 진을 치면 적의 공격을 받을 경우, 아래쪽으로

---

131) 조운진(烏雲陣). 까마귀가 흩어지고 구름이 모이듯이 변화가 무궁하다 하여 붙여진 이름의 진법.

내려갈 수가 없습니다. 또 산 밑에 진을 치면 적의 공격을 받을 경우, 바깥으로 빠져나갈 수가 없습니다.

太公曰(태공왈) 태공이 말하다. 凡(범) 모름지기. 三軍(삼군) 전군. 處(처) 처하다. 山之高(산지고) 산의 높은 곳. 則(즉) 곧. 爲(위) 하다. 敵(적) 적군. 所(소) ~하는 바. 棲(서) 살다. 處(처) 처하다. 山之下(산지하) 산의 낮은 곳. 囚(인) 가두다.

旣以被山而處, 必爲烏雲之陣. 烏雲之陣, 陰陽皆備.

기이피산이처, 필위오운지진. 오운지진, 음양개비.

부득이하여 산지에 진을 치게 될 경우에는 반드시 하늘을 나는 새 또는 흐르는 구름과 같이 자유롭게 분산하거나 집결할 수 있는 진용인 오운의 진(烏雲之陣)을 펼쳐야 합니다. 오운의 진(烏雲之陣)에서는 산의 양지와 음지에 모두 부대를 배치하여 대비를 철저히 하여야 합니다.

旣(기) 이미. 以(이) 써. 被(피) 미치다. 이불을 펴다. 山而處(산이처) 산에 진을 치다. 必(필) 반드시. 爲(위) 하다. 烏雲之陣(오운지진) 오운의 진을 펴다. 하늘을 나는 새나 흐르는 구름과 같이 자유로이 분산, 집결할 수 있는 진을 말함. 陰陽(음양) 음과 양. 皆(개) 모두. 다. 備(비) 대비하다.

或屯其陰, 或屯其陽. 處山之陽, 備山之陰. 處山之陰, 備山之陽.

혹둔기음, 혹둔기양. 처산지양, 비산지음. 처산지음, 비산지양.

음지에도 주둔하고, 양지에도 주둔해야 하는 경우가 있을 것입니다. 만약 산의 양지쪽에 주둔하면 산의 음지를 대비해야 하고, 만약 산의 음지쪽에 주둔하면 산의 양지를 대비해야 하는 것입니다.

或(혹) 혹은. 屯(둔) 주둔하다. 其陰(기음) 음지에. 或(혹) 혹은. 其陽(기양) 양지에. 處(처) 주둔하다. 山之陽(산지양) 산의 양지쪽. 備(비) 대비하다. 山之陰(산지음) 산의 음지를.

處山之左, 備山之右. 處山之右, 備山之左. 敵所能陵者, 兵備其表.

처산지좌, 비산지우. 처산지우, 비산지좌. 적소능릉자, 병비기표.

만약 산의 좌측에 주둔하면 산의 우측을 대비해야 하고, 만약 산의 우측에 주둔하면 산의 좌측을 대비해야 하는 것입니다. 또한 적이 기어오를 수 있는 지역에는 어느 곳이든 병력을 배치하여 경계하여야 합니다.

處(처) 주둔하다. 山之左(산지좌) 산의 왼쪽. 備(비) 대비하다. 山之右(산지우) 산의 오른쪽을. 敵(적)

적군. 所(소) ~하는 곳. 能(능) 능히. 陵(릉) 큰 언덕. 兵(병) 병력. 其表(기표) 그 외곽에.

衢道通谷, 絕以武車. 高置旌旂, 謹敕三軍, 無使敵人知吾之情, 是謂山城.
구도통곡, 절이무차. 고치정기, 근칙삼군, 무사적인지오지정, 시위산성.
사방으로 통하는 길과 골짜기가 통하는 쪽에는 전차를 배치하여 적의 침입을 미리 차단하며, 깃발을 높이 세우고 전군에 명을 내려 보안을 철저히 유지하도록 하여 적이 아군의 행동을 알지 못하게 하여야 합니다. 이렇게 하면 곧 산성(山城)과 같다고 할 수 있습니다.

衢(구) 네거리. 道(도) 길. 通(통) 통하다. 谷(곡) 골짜기. 絕(절) 끊다. 以(이) 써. 武車(무차) 전투력이 센 전차부대. 高(고) 높이. 置(치) 설치하다. 旌旂(정기) 부대 깃발. 謹(근) 삼가다. 敕(칙) 조서. 三軍(삼군) 전군. 無(무) 없다. 使(사) ~하게 하다. 敵人(적인) 적 부대. 知(지) 알다. 吾之情(오지정) 아군의 정세, 실정. 是謂(시위) 이를 일컬어. 山城(산성) 산성과 같다.

行列已定, 士卒已陣, 法令已行, 奇正已設, 各置衝陣於山之表, 便兵所處.
항렬이정, 사졸이진, 법령이행, 기정이설, 각치충진어산지표, 편병소처.
부대의 행렬을 미리 정해놓고, 전 장병들은 이미 진을 치고 있으며, 법령이 잘 시행되고 있으며, 배치된 부대들에는 기정의 운용계획이 이미 잘 배비되어 있으며, 산악지형의 외부에는 충차가 배치되어 있는 등 각 부대는 각자 맡은 곳에서 잘 준비되어 있습니다.

行列(항렬) 행군과 대열. 已(이) 이미. 定(정) 정해지다. 士卒(사졸) 전 장병들. 已(이) 이미. 陣(진) 진을 치다. 法令(법령) 법과 명령. 已(이) 이미. 行(행) 시행되고 있다. 奇正(기정) 기와 정. 已(이) 이미. 設(설) 설치되어 있다. 各(각) 각각. 置(치) 배치하다. 衝(충) 찌르다. 陣(진) 진지. 於山之表(어산지표) 산의 외부 모습. 便兵(편병) 병사들을 편하게 하다. 所處(처소) 숙소. 기거하는 곳.

乃分車騎爲烏雲之陣. 三軍疾戰, 敵人雖衆, 其將可擒.
내분차기위오운지진. 삼군질전, 적인수중, 기장가금.
이에 전차나 기병대를 적절하게 잘 배치해서 오운의 진을 펼치고 있다가 적침이 있을 경우, 맹렬하게 공격을 가합니다. 이렇게 하면 비록 적의 병력이 아무리 많다 하더라도 적을 격파하고 적장을 사로잡을 수 있습니다.

乃(내) 이에. 分(분) 나누다. 車騎(차기) 전차부대와 기병대. 爲(위) ~하다. 烏雲之陣(오운지진) 오운의 진지. 三軍(삼군) 전군이. 疾戰(질전) 신속히 전투를 하면. 敵人(적인) 적 부대. 雖(수) 비록. 衆(중) 많다. 其將(기장) 그 장수. 적장. 可擒(가금) 사로잡는 것이 가능하다.

48). 烏雲澤兵 조운택병. 늪지에서 펼치는 진법

조운택병(烏雲澤兵)이란 늪이나 펄이 많은 지형에서 적을 만나 서로 대치하고 있을 때 반드시 조운진(烏雲陳)132)을 펼쳐 승리를 쟁취하는 것을 말한다.

-육도직해(六韜直解)에서-

武王問太公曰, 引兵深入諸侯之地, 與敵人臨水相拒. 敵富而衆, 我貧而寡.
무왕문태공왈, 인병심입제후지지, 여적인임수상거. 적부이중, 아빈이과.
무왕(武王)이 태공(太公)에게 물었다. 군을 이끌고 적성을 띤 제후들의 땅인 적지에 깊이 들어가 강을 사이에 두고 적과 대치하고 있는데, 적은 보급품이 풍족하고 병력이 많은 반면, 아군은 보급품이 부족하고 병력도 적습니다.

武王問太公曰(무왕문태공왈) 무왕이 태공에게 물었다. 引兵(인병) 군사를 이끌고. 深入(심입) 깊숙이 들어가다. 諸侯之地(제후지지) 제후의 땅에. 與(여) 같이하다. 敵人(적인) 적군. 臨水(임수) 물가에 이르러. 相(상) 서로. 拒(거) 막다. 敵(적) 적군. 富(부) 보급품이 풍부하다. 衆(중) 병력이 많다. 我(아) 아군. 貧(빈) 보급품이 부족하다. 寡(과) 병력이 적다.

踰水擊之, 則不能前. 欲久其日, 則糧食少. 吾居斥鹵之地, 四旁無邑, 又無草木.
유수격지, 즉불능전. 욕구기일, 즉량식소. 오거척로지지, 사방무읍, 우무초목.
따라서 아군이 도강하여 선제공격을 가하려 해도 군세가 약하여 불가능합니다. 시일을 끌며 지구전을 하려고 해도 식량이 부족하여 불가능하며, 게다가 아군이 주둔해 있는 지형을 보니 소금기가 많아서 사방에는 마을도 없고 또 초목도 자라지 않는 지형입니다.

踰(유) 넘다. 水(수) 물. 강. 擊(격) 치다. 공격하다. 則(즉) 곧. 不能(불능) 능히 ~을 하지 못하다. 前(전) 선제공격하는 것을 의미. 欲(욕) ~하고자 한다. 久(구) 지구전을 의미함. 其(기) 그. 日(일) 날짜. 則(즉) 곧. 糧食(양식) 군량을 말함. 少(소) 적다. 吾(오) 나. 아군. 居(거) 주둔해 있다. 斥鹵之地(척로지지) 소금이 많은 지형. 斥(척) 물리치다. 鹵(로) 소금. 四旁(사방) 사방에. 無邑(무읍) 마을이 없다. 又(우) 또한. 無草木(무초목) 풀과 나무가 없다.

132) 조운진(烏雲陳). 까마귀가 흩어지고 구름이 모이듯이 변화가 무궁하다 하여 붙여진 이름의 진법.

三軍無所掠取, 牛馬無所芻牧. 爲之奈何?

삼군무소략취, 우마무소추목. 위지내하?

아군이 물자를 구하려 해도 구할 수 없고 소나 말이 먹을 풀도 없습니다. 이런 경우에는 어떻게 하여야 합니까?

三軍(삼군) 전군. 無(무) 없다. 所(소) ~하는 바. 掠(략) 침략하다. 取(취) 취하다. 牛馬(우마) 소와 말. 無(무) 없다. 所(소) ~하는 바. 芻(추) 꼴. 우마가 먹을 먹이. 牧(목) 마소를 놓아 기르다. 爲之奈何(위지내하) 어찌해야 하는가?

太公曰, 三軍無備, 士卒無糧, 牛馬無食.

태공왈, 삼군무비, 사졸무량, 우마무식.

태공(太公)이 대답하였다. 전군이 적들에 대비할 만한 준비도 되어 있지 않고, 장병들이 먹을 식량도 없으며, 소나 말을 먹일 풀도 없는 상황입니다.

太公曰(태공왈) 태공이 말하다. 三軍(삼군) 전군. 無備(무비) 대비태세가 없다. 士卒(사졸) 장병들. 無糧(무량) 먹을 양식이 없다. 牛馬(우마) 소와 말. 無食(무식) 먹일 풀도 없다.

如此者, 索便詐敵而亟去之, 設伏兵於後.

여차자, 색편사적이극거지, 설복병어후.

이런 경우에는 적당한 기회를 찾아서 적을 기만하고 신속하게 그곳을 빠져나가야 합니다. 빠져나갈 때는 부대의 맨 후미에 매복을 시켜 대비하여야 합니다.

如(여) 같다. 此(차) 이것. 者(자)~하는 것. 索(색) 찾다. 便(편) 편하다. 詐(사) 속이다. 敵(적) 적군. 亟(극) 빠르다. 去(거) 가다. 設(설) 설치하다. 伏兵(복병) 복병. 於後(어후) 후방에.

武王曰, 敵不可得而詐. 吾士卒迷惑.

무왕왈, 적불가득이사. 오사졸미혹.

무왕(武王)이 다시 물었다. 적을 속이려 해도 적이 속아 넘어가지 않고, 아군의 군사들은 무엇에게 홀려 정신을 못 차리고 있습니다.

武王曰(무왕왈) 무왕이 말하다. 敵(적) 적군. 不可(불가) ~이 불가능하다. 得(득) 얻다. 詐(사) 속이다. 吾士卒(오사졸) 아군의 장병들. 迷惑(미혹) 미혹하다. 무엇에게 홀려 정신을 못 차림.

敵人越我前後, 吾三軍敗而走. 爲之奈何?
적인월아전후, 오삼군패이주. 위지내하?
그리고, 적은 아군의 전후방을 넘나들며 공격하고 있으며 아군은 패하여 도망치게 되었습니다. 이런 경우에는 어떻게 하여야 합니까?

敵人(적인) 적 부대. 越(월) 넘다. 我(아) 아군. 前後(전후) 전방과 후방. 吾三軍(오삼군) 아군 전체를 말함. 敗而走(패이주) 싸움에 져서 도망가다. 爲之奈何(위지내하) 어찌해야 하는가?

太公曰, 求途之道, 金玉爲主, 必因敵使, 精微爲寶.
태공왈, 구도지도, 금옥위주, 필인적사, 정미위보.
태공(太公)이 대답하였다. 금이나 옥과 같은 재물들을 주로 사용해서 반드시 적들이 그러한 보배에 눈이 멀어 정신이 혼미하게 해서 퇴로를 구해야 합니다.

太公曰(태공왈) 태공이 말하다. 求(구) 구하다. 途(도) 길. 道(도) 길. 金玉(금옥) 금이나 옥과 같은 재물을 말함. 爲主(위주) 그러한 재물들을 주로 사용해서. 必(필) 반드시. 因(인) ~로 인하여. 敵(적) 적군. 使(사) ~하게 하다. 精微(정미) 정신을 혼미하게 하다. 爲(위) 하다. 寶(보) 보배.

武王曰, 敵人知我伏兵, 大軍不肯濟, 別將分隊, 以踰於水.
무왕왈, 적인지아복병, 대군불긍제, 별장분대, 이유어수.
무왕(武王)이 다시 물었다. 적이 아군의 매복 작전을 알아버리고, 적의 대부대는 강을 건너게 하지 않고, 별동부대들만 몇 개 부대로 나누어서 강을 건너게 한 다음 아군을 공격하게 하는 상황에서 장병들이 모두 두려워하고 있습니다.

武王曰(무왕왈) 무왕이 말하다. 敵人(적인) 적 부대. 知(아) 알다. 我(아) 아군의. 伏兵(복병) 복병을 한다는 계획을. 大軍(대군) 전군. 큰 부대. 대부대. 不(불) 아니다. 肯(긍) 옳게 여기다. 濟(제) 건너다. 別將分隊(별장분대) 별도로 장수를 임명하여 나눈 부대. 以(이) 서. 踰(유) 넘다. 於(어) 어조사. 水(수) 물. 강.

吾三軍大恐. 爲之奈何?
오삼군대공. 위지내하?
이런 있는 경우에는 어떻게 하여야 합니까?

吾三軍(오삼군) 아군 전체를 말함. 大恐(대공) 대단히 두려워하다. 爲之奈何(위지내하) 어찌해야 하는가?

太公曰, 如此者, 分爲衝陣, 便兵所處. 須其畢出, 發我伏兵, 疾擊其後.
태공왈, 여차자, 분위충진, 편병소처. 수기필출, 발아복병, 질격기후.
태공(太公)이 대답하였다. 그런 경우에는, 충차(衝陣)와 같은 전차부대를 일부 나누어서 지형이 유리한 곳에 부대를 배치해서 매복하게 한 다음, 적의 별동부대가 도강을 마칠 때까지 기다렸다가 복병을 출동시켜 적의 후방을 급습합니다.

太公曰(태공왈) 태공이 말하다. 如(여) 같다. 此(차) 이것. 者(자)~하는 것. 分(분) 나누다. 爲(위) ~하다. 衝陣(충진) 충차로 진을 치게 하다. 便(편) 편하다. 兵(병) 병력. 所(소) ~하는 바. 處(처) 숙영하다. 須(수) 기다리다. 其(기) 그. 畢(필) 마치다. 出(출) 나가다. 發(발) 출발하다. 我(아) 아군의. 伏兵(복병) 매복을 서고 있는 부대. 疾擊(질격) 빠른 속도로 공격하다. 其後(기후) 그 후방을.

强弩兩旁, 射其左右. 車騎分爲烏雲之陣, 備其前後. 三軍疾戰.
강노양방, 사기좌우. 차기분위오운지진, 비기전후. 삼군질전.
강한 활처럼 생긴 쇠뇌라는 무기를 가진 궁수는 좌우에서 일제히 궁노를 발사하게 하고, 또한 전차대와 기병대로 편성된 기동부대는 오운의 진(烏雲之陣)을 펼치며 전후방의 위협에 대비하면서 전군이 일제히 맹공을 가합니다.

强弩(강노) 강한 활처럼 생긴 쇠뇌라는 무기. 兩旁(양방) 양쪽 방향에서 대기하다가. 射(사) 쏘다. 其左右(기좌우) 적 부대의 좌·우측. 車騎(차기) 전차부대와 기병대. 分爲(분위) 부대를 나누다. 烏雲之陣(오운지진) 날아다니는 새나 흐르는 구름과 같이 자유로이 분산, 집결할 수 있는 진을 말함. 備(비) 대비하다. 其前後(기전후) 그 앞과 뒤. 三軍(삼군) 전군. 疾戰(질전) 맹공을 가하다.

敵人見我戰合, 其大軍必濟水而來.
적인견아전합, 기대군필제수이래.
이렇게 하면, 도강하지 않고 있던 적의 주력군은 도강한 적의 별동대가 아군과 혈전을 벌이는 것을 보고, 반드시 도강하게 될 것입니다.

敵人(적인) 적 부대. 見(견) 보다. 我(아) 아군이. 戰合(전합) 전투를 하는 것을. 其大軍(기대군) 그 대부대. 적의 대부대를 말함. 必濟(필제) 반드시 건너다. 水(수) 강. 來(래) 오다.

發我伏兵, 疾擊其後, 車騎衝其左右. 敵人雖衆, 其將可走.
발아복병, 질격기후, 차기충기좌우. 적인수중, 기장가주.
이때 별도로 매복시켜 두었던 복병을 출동시켜 적 주력군의 배후를 신속히 공격하게 하고, 전차대와 기병대로 편성된 기동부대로써 적의 좌우 측방을 공격하게 합니다. 이렇게 하면, 적의 병력이 아무리 많다 하더라도 반드시 패주하고 말 것입니다.

發(발) 출발하다. 我(아) 아군의. 伏兵(복병) 매복을 서고 있는 부대. 疾擊(질격) 아주 빠른 속도로 공격하다. 其後(기후) 그 후방을. 車騎(차기) 전차부대와 기병대. 衝(충) 공격하다. 其左右(기좌우) 그 좌우측방을. 敵人(적인) 적 부대. 雖(수) 비록. 衆(중) 많다. 其將(기장) 그 장수. 적장. 必走(필주) 필히 패주하다.

凡用兵之大要, 當敵臨戰, 必置衝陣, 便兵所處.
범용병지대요, 당적임전, 필치충진, 편병소처.
용병술의 요체는 적을 상대하여 전투에 임할 때, 반드시 공격부대의 진을 펼칠 때 지형지물을 이용하여 유리한 지형에 병력을 배치해야 합니다.

凡(범) 무릇. 用兵(용병) 용병술. 大要(대요) 가장 중요한 것. 요체. 當敵(당적) 적을 상대하고. 臨戰(임전) 전투에 임하다. 必置(필치) 반드시 배치하다. 衝陣(충진) 공격부대를 말함. 便(편) 편하다. 兵(병) 병력. 所(소) ~하는 바. 處(처) 숙영하다.

然後以車騎分爲烏雲之陣, 此用兵之奇也.
연후이차기분위오운지진, 차용병지기야.
그런 다음 전차부대와 기병대를 적절히 나누어 배치하면서 오운의 진(烏雲之陣)을 펼치는 등 공격부대와 기동부대를 적절하게 운용하는 것이야말로 용병술에 있어서 '기(奇)'라고 할 수 있는 것입니다.

然後(연후) 그런 다음. 以(이) 써. 車騎(차기) 전차부대와 기병대. 分爲(분위) 부대를 나누다. 烏雲之陣(오운지진) 날아다니는 새나 흐르는 구름과 같이 자유로이 분산, 집결할 수 있는 진을 말함. 此(차) 이것. 用兵(용병) 용병술. 奇(기) 기이하다.

所謂烏雲者, 烏散而雲合, 變化無窮者也.
소위오운자, 오산이운합, 변화무궁자야.

따라서 소위 오운(烏雲)이라고 하는 것은 전차와 말의 기동성을 이용해서 날아다니는 새나 흐르는 구름처럼 신속하게 분산하기도 하고 집결하기도 하는 등 전술적인 변화가 무궁하기 때문에 붙여진 이름입니다.

所謂(소위) 이른바. 烏雲者(오운자) 오운이라고 하는 것은. 烏散(오산) 까마귀가 흩어진다. 雲合(운합) 구름이 합치다. 變化(변화) 전술적 변화. 無窮(무궁) 무궁무진하다. 者(자) ~하는 것.

武王曰, 善哉!

무왕왈, 선재!

이 말을 들은 무왕은 매우 좋은 전술이라고 칭찬하였다.

武王曰(무왕왈) 무왕이 말하다. 善哉(선재) 잘했다. 좋다.

49). 少衆 소중. 적은 병력으로 많은 적을 상대

소중(少衆)이란 아군은 병력이 적고 적은 병력이 많을 때 기이한 계책을 써서 승리를 취하고자 하는 것을 말한다.

—육도직해(六韜直解)에서—

武王問太公曰, 吾欲以少擊衆, 以弱擊强, 爲之奈何?

무왕문태공왈, 오욕이소격중, 이약격강, 위지내하?

무왕(武王)이 태공(太公)에게 물었다. 소수의 병력으로 다수의 적을 공격하고, 약한 군세로 강한 적을 공격하려 할 경우에는 어떻게 하여야 합니까?

武王問太公曰(무왕문태공왈) 무왕이 태공에게 물었다. 吾欲(오욕) 나는 ~하고자 한다. 以少(이소) 소수의 병력으로. 擊(격) 치다. 공격하다. 衆(중) 다수의 병력. 以弱(이약) 약한 부대로. 强(강) 강한 부대. 爲之奈何(위지내하) 어찌하면 되는가?

太公曰, 以少擊衆者, 必以日之暮, 伏以深草, 要之隘路.

태공왈, 이소격중자, 필이일지모, 복이심초, 요지애로.

태공(太公)이 대답하였다. 소수의 병력으로 다수의 적을 공격하려면 반드시 날이 저무는 시기를 이용해서 초목이 우거진 곳에 부대를 매복시켰다가 좁은 길목에서 적을 요격하여야 합니다.

太公曰(태공왈) 태공이 말하다. 以少(이소) 소수의 병력으로. 擊(격) 치다. 공격하다. 衆(중) 다수의 병력. 者(자) ~하는 것. 必(필) 반드시. 以(이) 써. 日之暮(일지모) 하루가 저무는 시기. 暮(모=해가 저물다). 伏(복) 매복하다. 以(이) 써. 深草(심초) 깊은 숲 속. 要(요) 요격하다. 隘路(애로) 좁은 길.

以弱擊强者, 必得大國之與, 鄰國之助.

이약격강자, 필득대국지여, 인국지조.

또 약한 부대로 강한 적을 공격하려면 반드시 강대국이나 이웃 나라의 도움이 필요합니다.

以弱(이약) 약한 부대로. 擊(격) 치다. 공격하다. 强(강) 강한 부대. 者(자) ~하는 것. 必得(필득) 반드시 얻어야 한다. 大國之與(대국지여) 대국의 협조. 鄰國之助(인국지조) 이웃 나라의 도움.

武王曰, 我無深草, 又無隘路,
무왕왈, 아무심초, 우무애로,
무왕(武王)이 다시 물었다. 아군이 진을 친 지역에 초목이 우거진 곳이나 적을 요격할 만한 좁은 길목도 없습니다.

武王曰(무왕왈) 무왕이 말하다. 我(아) 아군. 無深草(무심초) 우거진 수풀이 없다. 又(우) 또. 無隘路(무애로) 좁은 길이 없다.

敵人已至, 不適日暮, 我無大國之與, 又無鄰國之助. 爲之奈何?
적인이지, 적적일모, 아무대국지여, 우무인국지조. 위지내하?
그리고, 적이 이미 도착해 있어서 해가 저무는 시간과 맞지도 않고, 또한 강대국의 협조나 이웃 나라의 지원이 없습니다. 이럴 경우에는 어떻게 하여야 합니까?

敵人(적인) 적군. 已(이) 이미. 至(지) 이르다. 不適(부적) 맞지 않다. 日暮(일모) 해가 저물다. 我(아) 아군. 無大國之與(무대국지여) 대국의 협조가 없다. 又無(우무) 또 ~이 없다. 鄰國之助(인국지조) 이웃 나라의 도움. 爲之奈何(위지내하) 어찌하면 되는가?

太公曰, 妄張詐誘, 以熒惑其將, 迂其途, 令過深草, 遠其路, 令會日暮.
태공왈, 망장사유, 이형혹기장, 우기도, 령과심초, 원기로, 영회일모.
태공(太公)이 대답하였다. 이러한 경우에는 아군의 병력을 과장해 보이는 것과 같은 기만술이나 유인하는 작전으로 적장을 현혹함으로써 적의 진로를 우회하도록 유도해서 초목이 우거진 곳을 통과하게 함으로써 시간이 지체되어 날이 저물어서야 그 지점을 통과하도록 해야 합니다.

太公曰(태공왈) 태공이 말하다. 妄(망) 허망하다. 張(장) 베풀다. 詐(사) 속이다. 誘(유) 유인하다. 以(이) 써. 熒(형) 등불. 惑(혹) 미혹하다. 其將(기장) 그 장수. 迂(우) 우회하다. 其(기) 그. 途(도) 길. 令(령) 명령을 내리다. 過(과) 지나가다. 深草(심초) 깊은 수풀. 遠(원) 멀다. 其路(기로) 그 도로. 令(령) 령을 내리다. 會(회) 모이다. 日暮(일모) 해가 저물다.

前行未渡水, 後行未及舍, 發我伏兵, 疾擊其左右, 車騎擾亂其前後.
전행미도수, 후행미급사, 발아복병, 질격기좌우, 차기요란기전후.
또한 적이 강을 건너 진격해 올 때는 적이 병력의 일부만 도강하고 전군이 미처 도강하지 못한 틈을 타서 공격하고, 적이 퇴각하려 할 때는 적들이 미처 숙영지로 복귀하지 못한 틈을 타서 매복해 놓았던 복병을 출동시켜 적의 좌우 측방을 신속하게 공격하며, 전차대와 기병대는 적의 전후방을 교란합니다.

前行(전행) 적이 공격해오다. 未(미) 아직. 渡(도) 건너다. 水(수) 물. 後行(후행) 적이 퇴각하는 것. 及(급) 미치다. 舍(사) 숙영지. 發(발) 출발하다. 我(아) 아군의. 伏兵(복병) 매복을 서고 있는 부대. 疾擊(질격) 빠른 속도로 공격하다. 其左右(기좌우) 그 좌우측방. 車騎(차기) 전차부대와 기병대. 擾亂(요란) 어지럽고, 혼란스럽다. 其前後(기전후) 그 앞뒤.

敵人雖衆, 其將可走.
적인수중, 기장가주.
이와 같이 하면, 적의 병력이 아무리 많다 하더라도 적을 패주시킬 수 있습니다.

敵人(적인) 적 부대. 雖(수) 비록. 衆(중) 많다. 其將(기장) 그 장수. 可走(가주) 가히 패주시키다.

事大國之君, 下鄰國之士, 厚其幣, 卑其辭.
사대국지군, 하인국지사, 후기폐, 비기사.
그리고 강대국의 군주를 잘 받들고 이웃 나라의 훌륭한 인물들을 잘 예우해줘야 합니다. 비단과 같은 선물을 보낼 때는 후하게 보내고, 말이나 행동을 할 때는 자신을 낮추어 공손히 하여야 합니다.

事(사) 받들다. 大國之君(대국지군) 대국의 군주. 下(하) 자신을 낮추다. 鄰國之士(린국지사) 이웃 나라의 훌륭한 인물. 厚(후) 후하다. 其(기) 그. 幣(폐) 비단. 卑(비) 낮다. 其(기) 그. 辭(사) 말.

如此, 則得大國之與, 鄰國之助矣.
여차, 즉득대국지여, 인국지조의.
이렇게 하면 강대국의 협조와 이웃 나라의 지원을 얻을 수 있습니다.

如此(여차) 이와 같이하면. 則(즉) 곧. 得(득) 얻다. 大國之與(대국지여) 대국의 협조. 鄰國之助(인국지조) 이웃나라의 도움. 矣(의) 어조사.

武王曰, 善哉!
무왕왈, 선재!

무왕은 매우 좋은 방법이라고 칭찬하였다.

武王曰(무왕왈) 무왕이 말하다. 善哉(선재) 잘했다. 좋다.

50). 分險 분험. 험한 지형에서의 부대 운용

분험(分險)이란 험하고 막힌 지형을 만나서 적과 서로 대치하고 있는 것을 말한다.

–육도직해(六韜直解)에서–

武王問太公曰, 引兵深入諸侯之地, 與敵人相遇於險阨之中.

무왕문태공왈, 인병심입제후지지, 여적인상우어험액지중.

무왕(武王)이 태공(太公)에게 물었다. 군을 이끌고 적지에 깊이 진격하여 험하고 좁은 지역 한가운데서 적과 조우하였습니다.

武王問太公曰(무왕문태공왈) 무왕이 태공에게 물었다. 引兵(인병) 군사를 이끌고. 深入(심입) 깊숙이 들어가다. 諸侯之地(제후지지) 제후의 땅에. 與(여) 같이하다. 敵人(적인) 적 부대. 相(상) 서로. 遇(우) 만나다. 於(어) 어조사. ~에서. 險(험) 험하다. 阨(액) 좁다. 中(중) 가운데.

吾左山而右水, 敵右山而左水, 與我分險相拒.

오좌산이우수, 적우산이좌수, 여아분험상거.

이때 아군은 좌측이 산으로 막혀있으며 우측은 물로 막혀있고, 적진은 우측이 산으로 막혀있고 좌측은 물로 막혀있어서 피아가 험한 지형을 양분하여 서로 대치한 상황입니다.

吾(오) 나. 아군. 左山(좌산) 좌측에는 산이. 右水(우수) 우측에는 물이. 敵(적) 적군. 右山而左水(우산이좌수) 우측에는 산으로, 좌측에는 물로 막혀있는 지형. 與(여) 같이. 我(아) 아군. 分(분) 나누다. 險(험) 험하다. 相(상) 서로. 拒(거) 막다.

吾欲以守則固, 以戰則勝, 爲之奈何?

오욕이수즉고, 이전즉승, 위지내하?

내가 방어만 하면 견고하게 되고, 싸우면 승리를 하고자 하는데 이럴 때는 어떻게 하여야 합니까?

吾(오) 나는. 欲(욕) ~하고자 한다. 以守(이수) 방어하면. 則固(즉고) 곧 견고해진다. 以戰(이전) 전투를 하면. 則勝(즉승) 곧, 승리하고자 한다. 爲之奈何(위지내하) 어찌하면 되는가?

太公曰, 處山之左, 急備山之右, 處山之右, 急備山之左.

태공왈, 처산지좌, 급비산지우, 처산지우, 급비산지좌.

태공(太公)이 대답하였다. 산의 좌측에 진을 쳤을 경우에는 즉시 산의 우측을 방비하고, 산의 우측에 진을 쳤을 경우에는 즉시 산의 좌측을 방비하여야 합니다.

太公曰(태공왈) 태공이 말하다. 處(처) 있다. 진을 치다. 山之左(산지좌) 산의 좌측. 急(급) 급하다. 備(비) 대비하다. 山之右(산지우) 산의 우측.

險有大水, 無舟楫者, 以天潢濟吾三軍. 已濟者, 亟廣吾道, 以便戰所.

험유대수, 무주즙자, 이천황제오삼군. 이제자, 극광오도, 이편전소.

지세가 험한 지형에서 큰 강을 만났는데 미리 준비된 배와 노 같은 도하 장비가 없으면, 거룻배와 같이 현장에서 급히 구할 수 있는 것을 활용해서 강을 건너야 하며, 먼저 건너간 부대는 신속히 기동로를 확보해서, 후속 부대가 강을 건널 때 편하게 해주어야 합니다.

險(험) 험하다. 有(유) 있다. 大水(대수) 큰 강. 無(무) 없다. 舟(주) 배. 楫(즙) 노. 者(자) ~하는 것. 以(이) 써. 天潢(천황) 앞에서 말한 주즙(舟楫)은 정상적으로 준비된 도하 장비를 말한다면, 여기서는 현지에 있는 급조된 도하 장비를 의미하는 듯함. 濟(제) 건너다. 吾(오) 나. 三軍(삼군) 전군. 已(이) 이미. 濟(제) 건너다. 者(자) ~한자. 亟(극) 빠르다. 廣(광) 넓히다. 吾(오) 나. 아군. 道(도) 길. 以(이) 써. 便(편) 편하다. 戰(전) 싸우다. 所(소) ~하는 바.

以武衝爲前後, 列其强弩, 令行陣皆固.

이무충위전후, 열기강노, 영행진개고.

또한 무충(武衝)이라는 전차대를 전방과 후방에 배치하고, 강력한 궁수 부대를 잘 정렬하고, 모두 진을 제대로 펼쳐서 견고한 수비 태세를 갖추도록 명령을 내립니다.

以武衝(이무충) 무충이라는 이름을 가진 부대. 전차대를 말함. 爲前後(위전후) 전방과 후방에 배치한다. 列(열) 줄. 其(기) 그. 强弩(강노) 강한 쇠뇌를 가진 부대. 令(령) 령을 내리다. 行陣(행진) 진을 펼치다. 皆(개) 모두. 固(고) 견고하다.

衢道谷口, 以武衝絶之. 高置旌旂, 是爲軍城.

구도곡구, 이무충절지. 고치정기, 시위군성.

또한 모든 도로의 길목에 무충(武衝)이라는 전차를 배치해 주요 도로를 차단하도록 하며, 군중에는 깃발을 높이 세워 놓습니다. 이것을 군성(軍城), 즉 교두보(橋頭堡)라고 합니다.

衢(구) 네거리. 道(도) 길. 谷(곡) 골짜기. 口(구) 입. 도로의 길목에. 以武衝(이무충) 무충이라는 이름을 가진 부대. 전차대를 말함. 絕(절) 끊다. 高(고) 높다. 置(치) 두다. 旌旂(정기) 부대의 깃발. 是爲(시위) 이를 일컬어. 軍城(군성) 도하작전임을 고려 시, 교두보로 해석.

凡險戰之法, 以武衝爲前, 大櫓爲衛, 材士强弩, 翼吾左右.
범험전지법, 이무충위전, 대로위위, 재사강노, 익오좌우.
험한 지역에서 싸울 경우, 무충(武衝)이라는 전차대를 최전방에 추진시키고, 큰 방패를 부착한 전차대로 측방을 엄호하게 하며, 궁수 부대를 좌우 측방에 나누어 배치합니다.

凡(범) 무릇. 險(험) 험하다. 험한 지형에서. 戰之法(전지법) 싸우는 방법. 以武衝(이무충) 무충 부대를. 爲前(위전) 전방에 위치하다. 大櫓(대로) 큰 방패를 가진 부대. 爲衛(위위) 측방을 엄호하게 하다. 材士(재사) 재주 있는 병사. 强弩(강노) 강한 쇠뇌를 쓰는 궁수 부대. 翼(익) 날개. 吾(오) 나. 아군. 左右(좌우) 좌우에 배치하다.

三千人爲一屯, 必置衝陣, 便兵所處.
삼천인위일둔, 필치충진, 편병소처.
그리고 보병 3,000명을 한 개 둔(屯)으로 편성하고, 반드시 무충(武衝)이라는 부대로 진을 펼쳐 방호를 받게 함으로써 병사들이 기거하는 데 편하게 해주어야 합니다.

三千人(삼천인) 보병 3천 명. 爲一屯(위일둔) 1개의 둔으로 제대로 편성하다. 必(필) 반드시. 置(치) 두다. 衝(충) 찌르다. 陣(진) 진영. 便(편) 편하다. 兵(병) 병사들. 所(소) ~하는 바. 處(처) 살다.

左軍以左, 右軍以右, 中軍以中, 並攻而前.
좌군이좌, 우군이우, 중군이중, 병공이전.
좌측에 있는 부대는 좌측을, 우측에 있는 부대는 우측을, 중앙에 배치된 부대는 중앙을 담당해서 전 부대가 일제히 공격하여, 각기 담당 정면의 적과 싸우게 합니다.

左軍(좌군) 좌측에 있는 부대는. 以左(이좌) 좌측을 담당하고. 右軍(우군) 우측에 있는 부대는. 以右(이우) 우측을 담당하다. 中軍(중군) 중앙에 배치된 부대. 以中(이중) 중앙을 담당하다. 並攻(병공) 일제히 공격하다. 前(전) 정면에.

已戰者, 還歸屯所, 更戰更息, 必勝乃已.

이전자, 환귀둔소, 경전경식, 필승내이.

부대들은 교대로 출격시켜, 전투를 치른 부대는 휴식하게 하고, 휴식한 부대는 다시 전투에 참여하게 하되, 적을 격파할 때까지 부대의 휴식과 전투 참가를 반복하여야 합니다.

已(이) 이미. 戰(전) 싸우다. 者(자) ~하는 자. 還(환) 돌아오다. 歸(귀) 돌아가다. 屯所(둔소) 부대가 있는 곳. 更(경) 다시. 戰(전) 전투하다. 息(식) 휴식하다. 必勝(필승) 반드시 이긴다. 乃(내) 이에.

武王曰, 善哉!

무왕왈, 선재!

무왕(武王)은 매우 좋은 전술이라고 칭찬하였다.

武王曰(무왕왈) 무왕이 말하다. 善哉(선재) 아주 좋다. 잘했다.

第六. 犬韜 제6. 견도[133)]

51). 分合 분합. 부대의 이합집산은 어떻게

분합(分合)이란 아군의 전군을 분산시켜 여러 곳에 주둔시켰다가, 필요 시 다시 모아 하나의 진을 편성하여 싸우고자 하는 것을 말한다.

-육도직해(六韜直解)에서-

武王問太公曰, 王者帥師, 三軍分爲數處,
무왕문태공왈, 왕자수사, 삼군분위수처,
무왕(武王)이 태공(太公)에게 물었다. 군주가 전군을 이끌고 출정하였는데, 부대를 여러 곳에 분산 배치하였습니다.

武王問太公曰(무왕문태공왈) 무왕이 태공에게 물었다. 王者(왕자) 군주가. 帥(수) 장수. 師(사) 군사. 三軍(삼군) 전군. 分(분) 나누다. 爲(위) 하다. 數處(수처) 여러 곳에.

將欲期會合戰, 約誓賞罰, 爲之奈何?
장욕기회합전, 약서상벌, 위지내하?
그런데 장수가 전 병력을 집결지에 모두 집결시킨 다음 적과 싸우려 할 경우, 장병들을 지정된 기일에 집결하도록 하려면 어떻게 하여야 합니까?

將(장) 장수가. 欲(욕) ~하고자 한다. 期(기) 기약하다. 會(회) 모으다. 合戰(합전) 전투하다. 約(약) 약속하다. 誓(서) 맹세하다. 賞罰(상벌) 상과 벌. 爲之奈何(위지내하) 어찌해야 합니까?

太公曰, 凡用兵之法, 三軍之衆, 必有分合之變.
태공왈, 범용병지법, 삼군지중, 필유분합지변.
태공(太公)이 대답하였다. 용병할 때 장수는 전군에 대한 병력의 분산과 집중의 변화에 대

133) 견도(犬韜). 개는 원래 영리하면서도 충직한 동물로 평가된다. 인간에게 순화되어 사냥도 같이하는 등 쓰임새가 많은 동물인 개의 성향을 참고하여 편명(篇名)을 삼은 것임. 이 편에서는 부대의 편성, 교육훈련, 그리고 다양한 병종의 편성과 운용에 대하여 상세히 논하고 있음.

해 터득하고 있어야 합니다.

太公曰(태공왈) 태공이 말하다. 凡用兵之法(범 용병지법) 모름지기 용병법에 있어서는. 三軍之衆(삼군지중) 전군의 무리들. 必(필) 반드시. 有(유) 있어야 한다. 分合之變(분합지변) 분산과 집중의 변화.

其大將先定戰地戰日, 然後移檄書與諸將吏期, 攻城圍邑, 各會其所,
기대장선정전지전일, 연후이격서여제장리기, 공성위읍, 각회기소,
군을 집결시키려고 할 경우에는 장수는 사전에 전투 장소와 일자를 결정한 다음, 예하의 모든 지휘관과 간부에게 군이 공격, 포위, 집결할 장소 등을 지정하여 각 부대가 집결할 수 있도록 격문을 보내야 합니다.

其(기) 그. 大將(대장) 대장이. 先定(선정) 먼저 정하다. 戰地(전지) 싸움터. 戰日(전일) 싸우는 일자. 然後(연후) 그런 다음에. 移(이) 옮기다. 檄書(격서) 격문. 與(여) 주다. 베풀다. 諸(제) 모든. 將(장) 장수. 吏(리) 간부들. 期(기) 기약하다. 攻城(공성) 성을 공격하다. 圍邑(위읍) 읍을 포위하다. 各(각) 각기. 會(회) 모이다. 其所(기소) 그 모이는 바.

明告戰日, 漏刻有時.
명고전일, 누각유시.
이때 반드시 전투 개시 일자도 분명하게 알려 주어야 합니다.

明(명) 명백히. 告(고) 알리다. 戰日(전일) 싸우는 날. 漏(누) 새다. 刻(각) 새기다. 有(유) 있다. 時(시) 시기.

大將設營而陣, 立表轅門, 淸道而待. 諸將吏至者, 校其先後,
대장설영이진, 입표원문, 청도이대. 제장리지자, 교기선후,
그리하여 병력 집결일이 되면 장수는 집결지에 진영을 설치하고, 시간을 측정하는 푯말을 영문에 세우고 도로를 깨끗하게 정비를 한 다음, 부대들이 도착하기를 기다립니다. 모든 장수와 간부가 도착하면, 그 앞뒤 사정을 알려주게 됩니다.

大將(대장) 대장. 設營(설영) 진영을 설치하다. 陣(진) 진지. 立(립) 세우다. 表(표) 표시. 轅(원) 끌채. 門(문) 문. 轅門(원문) 군문이나 영문을 이르는 말. 淸道(청도) 도로를 깨끗이 하다. 待(대) 기다리다. 諸(제) 모든. 將吏(장리) 장수와 간부. 至(지) 이르다. 校(교) 가르치다. 其先後(기선후) 그 앞뒤 사정을.

先期至者賞, 後期至者斬. 如此, 則遠近奔集, 三軍俱至, 并力合戰.
선기지자상, 후기지자참. 여차, 즉원근분집, 삼군구지, 병력합전.

부대들이 도착한 순서에 따라 먼저 도착한 부대의 지휘관은 포상하고, 늦게 도착한 부대의 지휘관은 처벌합니다. 이렇게 상벌을 엄격히 시행하면 거리의 원근을 불문하고, 모든 부대가 함께 집결할 수 있으며 이후 전투력을 같이 모아서 적과 싸울 수 있는 것입니다.

先(선) 먼저. 期(기) 기약하다. 至(지) 이르다. 者(자) ~한자. 賞(상) 상을 주다. 後(후) 뒤. 斬(참) 베다. 如此(여차) 이와 같이 하면. 則(즉) 곧. 遠近(원근) 멀고 가깝고. 奔(분) 달리다. 集(집) 모이다. 三軍(삼군) 전군. 俱(구) 함께. 至(지) 이르다. 并(병) 어우르다. 力(력) 전투력. 合戰(합전) 전투를 치르다.

52). 武鋒 무봉. 정예부대를 활용한 공격

무봉(武鋒)이란 아군의 군세고 용맹한 정예 병사들을 선발해서 적이 빈틈을 보이면 나가서 적을 격파하게 하는 것을 말한다.

-육도직해(六韜直解)에서-

武王問太公曰, 凡用兵之要, 必有武車驍騎, 馳陣選鋒, 見可則擊之.
무왕문태공왈, 범용병지요, 필유무차효기, 치진선봉, 견가즉격지.
무왕(武王)이 태공(太公)에게 물었다. 용병술의 요체는 반드시 전차대와 날쌘 기병대, 그리고 목숨을 걸고 적진으로 달려 들어가는 정예부대가 있어야 하며, 이러한 부대들이 호기가 보이면 즉시 공격하는 데 있다고 합니다.

武王問太公曰(무왕문태공왈) 무왕이 태공에게 물었다. 凡(범) 무릇. 用兵(용병) 용병술. 要(요) 요점. 必(필) 반드시. 有(유) 있다. 武(무) 무장된. 車(차) 전차부대. 驍(효) 날쌘. 騎(기) 기병대. 馳陣(치진) 적진을 향해 목숨을 걸고 달려가는 부대. 馳(치) 달리다. 陣(진) 적진. 選鋒(선봉) 선별된 정예부대. 選(선) 가리다. 鋒(봉) 칼끝. 見(견) 보다. 可(가) 가능하다. 則(즉) 곧. 擊(격) 공격하다.

如何而可擊?
여하이가격?
공격의 호기가 있을 때 어떻게 공격해야 하는가?

如(여) 같다. 何(하) 어찌. 可(가) 가능하다. 擊(격) 공격하다.

太公曰, 夫欲擊者, 當審察敵人十四變. 變見則擊之, 敵人必敗.
태공왈, 부욕격자, 당심찰적인십사변. 변견즉격지, 적인필패.
태공(太公)이 대답하였다. 모름지기 적을 공격하고자 한다면 적을 잘 관찰하여 다음의 열네 가지 변화하는 형태를 잘 알아야 합니다. 그중 한 가지라도 변화되는 것이 발견되면, 그 기회를 놓치지 말고 공격을 해야 합니다. 이렇게 하면, 적은 반드시 패주하고 말 것입니다.

太公曰(태공왈) 태공이 말하다. 夫(부) 무릇. 欲(욕) ~하고자 하다. 擊(격) 공격하다. 者(자) ~하는 것. 當(당) 당하다. 審(심) 살피다. 察(찰) 살피다. 敵人(적인) 적 부대의. 十四變(십사변) 열네 가지 변화. 變見(변견) 변화가 보이면. 則(즉) 곧. 擊之(격지) 공격하다. 必敗(필패) 반드시 패한다.

武王曰, 十四變, 可得聞乎?
무왕왈, 십사변, 가득문호?
무왕(武王)이 다시 물었다. 적을 공격하여야 할 열네 가지의 변화란 어떤 것입니까?

武王曰(무왕왈) 무왕이 말하다. 十四變(십사변) 열네 가지 변화. 可得(가득) 얻을 수 있는 방법. 聞(문) 들을 수 있는가?

太公曰, 敵人新集可擊. 人馬未食可擊. 天時不順可擊. 地形未得可擊.
태공왈, 적인신집가격. 인마미식가격. 천시불순가격. 지형미득가격.
태공(太公)이 대답하였다. ① 적군이 전투현장에 방금 도착하여 미처 전투 대형을 갖추지 못한 상태면, 공격하여야 합니다. ② 적의 장병들과 말이 굶주려 있는 상태면, 공격하여야 합니다. ③ 적에게 유리한 기상 조건이 아니면, 공격하여야 합니다. ④ 적에게 유리한 지형 조건을 적이 얻지 못했으면, 공격하여야 합니다.

敵人(적인) 적 부대가. 新集(신집) 새로 모이다. 可擊(가격) 공격하는 것이 가능하다. 人馬(인마) 장병들과 말. 未食(미식) 식사를 하지 않았다. 天時(천시) 적에게 유리한 기상조건을 말함. 不順(불순) 적에게 순조롭지 않다. 地形(지형) 적에게 유리한 지형조건을 말함. 未得(미득) 얻지 못하다.

奔走可擊. 不戒可擊. 疲勞可擊. 將離士卒可擊. 涉長路可擊.
분주가격. 불계가격. 피로가격. 장리사졸가격. 섭장로가격.
⑤ 적군이 절도가 없이 이리저리 뛰어다니기만 하는 상황이면, 공격하여야 합니다. ⑥ 적의 경계 태세가 해이해져 있는 상황이면, 공격하여야 합니다. ⑦ 적의 장병들이 피로에 지쳐 있는 상황이면, 공격하여야 합니다. ⑧ 적장이 부하들과 떨어져 있어 소통이 잘 안 되는 상황이면, 공격하여야 합니다. ⑨ 적이 장거리를 행군해서 제대로 정비가 안 된 상황이면, 공격하여야 합니다.

奔走(분주) 몹시 바쁘게 뛰어다니다. 可擊(가격) 공격하는 것이 가능하다. 不戒(불계) 경계를 제대로 서지 않으면. 疲勞(피로) 적 부대가 피로해 있으면. 疲(피) 지치다. 勞(로) 일하다. 將(장) 장수. 離(리) 떨어져 있다. 士卒(사졸) 장병들과. 涉長路(섭장로) 장거리 행군을 하다.

濟水可擊. 不暇可擊. 阻難狹路可擊. 亂行可擊. 心怖可擊.

제수가격. 불가가격. 조난협로가격. 난행가격. 심포가격.

⑩ 적 부대가 강을 건너는 도중이면, 공격하여야 합니다. ⑪ 적 부대가 여유가 없는 상황이면, 공격하여야 합니다. ⑫ 적 부대가 험하고 행군하기 어려운 좁은 길목을 통과하는 상황이면, 공격하여야 합니다. ⑬ 적이 어지럽게 행군을 하는 상황이면, 공격하여야 합니다. ⑭ 적의 장병들이 두려움에 빠져 있는 상황이면, 공격하여야 합니다.

濟水(수) 물을 건너다. 可擊(가격) 공격하는 것이 가능하다. 不(불) 아니다. 暇(가) 여유롭다. 阻(조) 험하다. 難(난) 어렵다. 狹(협) 좁다. 路(로) 길. 亂(난) 어지럽다. 行(행) 행군하다. 心(심) 마음. 怖(포) 두려워하다.

53). 練士 연사. 부대훈련은 이렇게

연사(練士)란 재주가 있고 용맹한 병사들을 선발, 훈련해서 각각 비슷한 유형의 부대를 만드는 것을 말한다.

-육도직해(六韜直解)에서-

武王問太公曰, 練士之道奈何.
무왕문태공왈, 연사지도내하.
무왕(武王)이 태공(太公)에게 물었다. 병사 훈련은 어떻게 하여야 합니까?

武王問太公曰(무왕문태공왈) 무왕이 태공에게 물었다. 練(련) 훈련하다. 士(사) 병사들. 道(도) 방법. 奈何(내하) 어찌 되는가?

太公曰, 軍中有大勇力, 敢死樂傷者, 聚爲一卒, 名爲冒刃之士.
태공왈, 군중유대용력, 감사악상자, 취위일졸, 명위모인지사.
태공(太公)이 대답하였다. ① 군사 중에 용맹스럽고 힘이 뛰어나 죽음을 두려워하지 않는 자들을 선발하여 한 개 부대를 만들고, 이름을 붙이기를 '모인의 부대'(冒刃之士)라 합니다.

太公曰(태공왈) 태공이 말하다. 軍中(군중) 군사들 중에서. 有(유) 있다. 大(대) 크다. 勇(용) 용맹스럽고. 力(력) 힘이 세다. 敢(감) 감히. 死(사) 죽음. 樂(락) 즐겁다. 傷(상) 상처. 者(자) ~하는 자. 聚(취) 모으다. 爲(위) 하다. 一卒(일졸) 한 개의 부대를 만들다. 名爲(명위) 이름을 붙이다. 冒刃之士(모인지사) 모인의 부대. 冒=무릅쓰다. 刃=칼날. 칼날을 무릅쓰다.

有銳氣, 壯勇强暴者, 聚爲一卒, 名曰陷陣之士.
유예기, 장용강폭자, 취위일졸, 명왈함진지사.
② 기력이 세며 체력이 강하며 용맹한 자들을 선발하여 한 개 부대를 만들고, 이름을 붙이기를 '함진의 부대'(陷陣之士)라 합니다.

有(유) 있다. 銳(예) 예리하다. 氣(기) 기세. 기력. 壯(장) 씩씩하다. 勇(용) 용맹하다. 强(강) 강하다. 暴(폭) 사납다. 者(자) ~하는 자. 聚(취) 모으다. 爲(위) 하다. 一卒(일졸) 한 개의 부대를 만들다. 名曰(명왈) 이름을 붙이다. 陷陣之士(함진지사) 함인의 부대. 陷=빠지다, 무너지다. 함락하다. 陣=진영.

有奇表長劍, 接武齊列者, 聚爲一卒, 名曰勇銳之士.
유기표장검, 접무제열자, 취위일졸, 명왈용예지사.
③ 겉으로 드러난 모습이 기이하고 장검을 잘 쓰며 제식 훈련에 능한 자들을 선발하여 한 개 부대를 만들고, '용예의 부대'(勇銳之士)라 합니다.

有(유) 있다. 奇(기) 기이하다. 表(표) 겉. 長劍(장검) 긴 칼. 接(접) 접하다. 武(무) 힘쓰다. 齊(제) 가지런하다. 列(렬) 줄. 者(자) ~하는 사람. 聚(취) 모으다. 爲(위) 하다. 一卒(일졸) 한 개의 부대를 만들다. 名曰(명왈) 이름을 붙이다. 勇銳之士(용예지사) 용예의 부대. 용맹스러운 정예부대

有披距伸鉤, 强梁多力, 潰破金鼓, 絕滅旌旗者, 聚爲一卒, 名曰勇力之士.
유피거신구, 강량다력, 궤파금고, 절멸정기자, 취위일졸, 명왈용력지사.
④ 뛰기를 잘하고, 쇠고리를 손으로 펼 만한 힘이 있고, 적의 징과 북을 부수고, 적 부대의 깃발을 없애버릴 수 있는 자들을 선발하여 한 개 부대를 만들고, '용력의 부대'(勇力之士)라 합니다.

有(유) 있다. 披距(피거) 높이 뛰고. 伸(신) 펴다. 鉤(구) 쇠갈고리. 强(강) 강하다. 梁(량) 들보. 多力(다력) 힘이 세다. 潰(궤) 무너지다. 破(파) 깨트리다. 金(금) 징. 鼓(고) 북. 絕(절) 끊다. 滅(멸) 멸하다. 旌旗(정기) 깃발. 者(자) ~하는 사람. 聚(취) 모으다. 爲(위) 하다. 一卒(일졸) 한 개의 부대를 만들다. 名曰(명왈) 이름을 붙이다. 勇力之士(용력지사) 용력의 부대. 용맹스럽고 힘이 센 부대.

有踰高絕遠, 輕足善走者, 聚爲一卒, 名曰寇兵之士.
유유고절원, 경족선주자, 취위일졸, 명왈구병지사.
⑤ 높은 곳을 잘 넘고, 장거리를 단시간 내에 주파할 수 있으며, 발이 빨라 달리기를 잘하는 자들을 선발하여 한 개 부대를 만들고, '구병의 부대'(寇兵之士)라 합니다.

有(유) 있다. 踰(유) 넘다. 高(고) 높다. 絕(절) 끊다. 遠(원) 멀다. 輕(경) 가볍다. 足(족) 발. 善(선) 잘하다. 走(주) 달리다. 者(자) ~하는 자. 聚(취) 모으다. 爲(위) 하다. 一卒(일졸) 한 개의 부대를 만들다. 名曰(명왈) 이름하여 가로되. 寇兵之士(구병지사) 구병의 부대. 寇=도둑. 도둑처럼 잘 넘고, 잘 뛰는 부대

有王臣失勢, 欲復見功者, 聚爲一卒, 名曰死鬪之士.
유왕신실세, 욕부현공자, 취위일졸, 명왈사투지사.

⑥ 높은 관직에 있다가 권세를 잃은 자로서 전공을 드러내어 다시 권세를 보려 하는 자들을 선발하여 한 개 부대를 만들고, '사투의 부대'(死鬪之士)라 합니다.

有(유) 있다. 王臣(왕신) 왕의 신하. 높은 관직을 의미. 失勢(실세) 권세를 잃다. 欲(욕) ~하고자 하다. 復(부) 다시. 見(현) 드러내다. 功(공) 공로. 者(자) ~하는 자. 聚(취) 모으다. 爲(위) 하다. 一卒(일졸) 한 개의 부대를 만들다. 名曰(명왈) 이름하여 가로되. 死鬪之士(사투지사) 사투의 부대. 死=죽다. 鬪=싸우다.

有死將之人, 子弟欲爲其將報仇者, 聚爲一卒, 名曰死憤之士.
유사장지인, 자제욕위기장보구자, 취위일졸, 명왈사분지사.
⑦ 전사한 장수의 자제로 부친의 원수를 갚기 위해 복수심에 불타있는 자들을 선발하여 한 개 부대를 만들고 '사분의 부대'(死憤之士)라 합니다.

有(유) 있다. 死將(사장) 전사한 장수. 人(인) 사람. 子弟(자제) 아들이나 형제. 欲(욕) ~하고자 한다. 爲(위) 하다. 其(기) 그. 將(장) 장수. 報(보) 갚다. 仇(구) 원수. 者(자) ~하는 자. 聚(취) 모으다. 爲(위) 하다. 一卒(일졸) 한 개의 부대를 만들다. 名曰(명왈) 이름하여 가로되. 死憤之士(사분지사) 사분의 부대. 死=죽다. 憤=억울하고 분한 마음.

有貧窮忿怒, 欲快其志者, 聚爲一卒, 名曰必死之士.
유빈궁분노, 욕쾌기지자, 취위일졸, 명왈필사지사.
⑧ 가난의 한을 품고 전공을 세워 부귀를 얻으려는 자들을 선발하여 한 개 부대를 만들고, '필사의 부대'(必死之士)라 합니다.

有(유) 있다. 貧(빈) 가난하다. 窮(궁) 궁하다. 忿(분) 억울하고 분한 마음. 怒(노) 노하다. 欲(욕) ~하고자 한다. 快(쾌) 좋아지다. 其(기) 志(지) 뜻. 者(자) ~하는 자. 聚(취) 모으다. 爲(위) 하다. 一卒(일졸) 한 개의 부대를 만들다. 名曰(명왈) 이름하여 가로되. 必死之士(필사지사) 필사의 부대.

有贅婿人虜, 欲掩揭名者, 聚爲一卒, 名曰勵鈍之士.
유취서인로, 욕엄게명자, 취위일졸, 명왈여둔지사.
⑨ 처가살이하거나 포로가 되었던 자로서, 전공을 세워 과거의 오명을 씻고 이름을 드높이고 싶어 하는 자들을 선발하여 한 개 부대를 만들고, '여둔의 부대'(勵鈍之士)라 합니다.

有(유) 있다. 贅(취) 군더더기. 婿(서) 사위. 人(인) 사람. 虜(로) 포로. 欲(욕) ~하고자 한다. 掩(엄)

가리다. 揭(게) 들다. 높이 들다. 名(명) 이름. 명성. 者(자) ~하는 자. 聚(취) 모으다. 爲(위) 하다. 一卒(일졸) 한 개의 부대를 만들다. 名曰(명왈) 이름하여 가로되. 勵鈍之士(려둔지사) 려둔의 부대. 勵=힘쓰다. 권장하다. 鈍=무디다. 둔하다.

有胥靡免罪之人, 欲逃其恥者, 聚爲一卒, 名曰幸用之士.
유서미면죄지인, 욕도기치자, 취위일졸, 명왈행용지사.
⑩ 죄를 짓고 복역한 자들로서 과거의 치욕을 씻으려는 자들을 선발하여 한 개 부대를 만들고, '행용의 부대'(幸用之士)라 합니다.

有(유) 있다. 胥靡(미) 복역하고 있는 죄수. 免(면) 면하다. 罪(죄) 죄. 人(인) 사람. 欲(욕) ~하고자 한다. 逃(도) 달아나다. 其(기) 그. 恥(치) 치욕. 者(자) ~하는 자. 聚(취) 모으다. 爲(위) 하다. 一卒(일졸) 한 개의 부대를 만들다. 名曰(명왈) 이름하여 가로되. 幸用之士(행용지사) 행용의 부대. 幸=다행. 用=쓰이다.

有材技兼人, 能負重致遠者, 聚爲一卒, 名曰待命之士.
유재기겸인, 능부중치원자, 취위일졸, 명왈대명지사.
⑪ 남보다 뛰어난 자질이나 기술을 지니고 있으며, 또 무거운 짐을 지고 먼 길을 갈 수 있는 자들을 선발하여 한 개 부대를 만들고, '대명의 부대'(待命之士)라 합니다.

有(유) 있다. 材(재) 자질. 技(기) 기술. 기능. 兼(겸) 겸하다. 人(인) 사람. 能(능) 능히 ~하다. 負(부) 짐을 지다. 重(중) 무겁다. 致(치) 이르다. 遠(원) 멀다. 者(자) ~하는 자. 聚(취) 모으다. 爲(위) 하다. 一卒(일졸) 한 개의 부대를 만들다. 名曰(명왈) 이름하여 가로되. 待命之士(대명지사) 대명의 부대. 待=기다리다. 命=명령.

此軍之練士, 不可不察也.
차군지련사, 불가불찰야.
이상의 열한 가지는 정예병을 선발하여 특수부대로 훈련하는 방법입니다. 장수는 항상 이것을 잘 살피지 않으면 안 됩니다.

此(차) 이것. 軍(군) 군대. 練(련) 훈련하다. 士(사) 사졸. 부대. 不可不(불가불) ~하지 않을 수 없다. 察(찰) 살피다.

54). 教戰 교전. 전술에 대한 교육과 훈련은

교전(敎戰)이란 병사들에게 앉고 일어서고 나아가고 물러나고 나누고 모이고 해산하고 집결하는 방법 등 전술적으로 필요한 사항을 가르치고 훈련시키는 것을 말한다.

–육도직해(六韜直解)에서–

武王問太公曰, 合三軍之衆. 欲令士卒服習教戰之道, 奈何?
무왕문태공왈, 합삼군지중. 욕령사졸복습교전지도, 내하?

무왕(武王)이 태공(太公)에게 물었다. 전군을 모아 전쟁을 하는 방법을 가르치고 익히게 하려면 어떻게 하여야 합니까?

武王問太公曰(무왕문태공왈) 무왕이 태공에게 물었다. 合(합) 모으다. 三軍(삼군) 전군. 衆(중) 무리. 欲(욕) ~하고자 한다. 令(령) 령을 내리다. 士卒(사졸) 부대를 말함. 服(복) 따르다. 習(습) 익히다. 敎(교) 가르치다. 戰之道(전지도) 전쟁을 하는 방법. 奈何(내하) 어찌해야 하는가?

太公曰, 凡領三軍, 必有金鼓之節, 所以整齊士衆者也,
태공왈, 범령삼군, 필유금고지절, 소이정제사중자야,

태공(太公)이 대답하였다. 모름지기 전군을 제대로 통솔하려면, 반드시 지휘통제 수단인 징과 북을 사용함에 있어 절도가 있어야 하며 이는 징과 북소리에 맞춰서 가지런하게 움직일 수 있어야 한다는 것이다.

太公曰(태공왈) 태공이 말하다. 凡(범) 모름지기. 領(령) 통솔한다는 의미. 三軍(삼군) 전군을 의미함. 必(필) 반드시. 有(유) 있어야 한다. 金鼓(금고) 징과 북을 사용함에 있어서. 節(절) 절도. 所(소) ~하는 바. 以(이) 써. 整(정) 가지런하다. 齊(제) 가지런하다. 士衆(사중) 전 장병을 말함. 者(자) ~하는 것.

將必明告吏士, 申之以三令, 以教操兵起居, 旌旂指麾之變法.
장필명고리사, 신지이삼령, 이교조병기거, 정기지휘지변법.

장수는 반드시 전 간부와 병사들에게 병기를 다루는 법과 전진하고 후퇴하는 제식 훈련, 그리고 깃발의 신호에 따라 동작을 변화하는 법 등을 교육하되, 세 번 반복하여 군사들이 충분히 알아듣게 해야 합니다.

將(장) 장수는. 必(필) 반드시. 明告(명고) 명확하게 알려주다. 吏士(리사) 간부와 병사들. 전 장병. 申(신) 거듭하다. 반복하다. 以(이) 써. 三令(삼령) 세 번 명령을 내리다. 以(이) 써. 敎(교) 가르치다. 操(조) 잡다. 兵(병) 병기. 무기. 起(기) 일어서다. 居(거) 있다. 旌旂(정기) 깃발. 指(지) 가리키다. 麾(휘) 대장기. 變法(변법) 변화하는 법.

故敎吏士, 使一人學戰, 敎成, 合之十人. 十人學戰, 敎成, 合之百人.
고교리사, 사일인학전, 교성, 합지십인. 십인학전, 교성, 합지백인.
고로 전법을 전 장병에게 가르치려면, 우선 한 명씩 전법을 가르쳐 완료되면, 10명의 부대를 만들어 가르치고, 100명의 교육이 완료되면 다시 100명을 모아 가르쳐야 합니다.

故(고) 그러므로. 敎(교) 가르치다. 吏士(리사) 간부들과 병사. 使(사) ~하게 하다. 一人(일인) 한 사람. 學戰(학전) 전법을 배우다. 敎成(교성) 가르치는 것이 완료되면. 合(합) 모으다. 十人(십인) 10명. 十人學戰, 敎成, 合之百人(십인학전, 교성, 합지백인) 10명에게 전법을 가르쳐 그것이 완성되면, 100명을 모아서 가르친다.

百人學戰, 敎成, 合之千人. 千人學戰, 敎成, 合之萬人.
백인학전, 교성, 합지천인. 천인학전, 교성, 합지만인.
100명의 교육이 완료되면 다시 1,000명을 모아서 가르치고, 1,000명의 교육이 완료되면 10,000명을 모아 가르쳐야 합니다.

百人學戰, 敎成, 合之千人(백인학전, 교성, 합지천인) 100명에게 전법을 가르쳐 그것이 완성되면, 1,000명을 모아서 가르친다. 千人學戰, 敎成, 合之萬人(천인학전, 교성, 합지만인) 1,000명에게 전법을 가르쳐 그것이 완성되면, 10,000명을 모아서 가르친다.

萬人學戰, 敎成, 合之三軍之衆. 大戰之法, 敎成, 合之百萬之衆.
만인학전, 교성, 합지삼군지중. 대전지법, 교성, 합지백만지중.
10,000명의 교육이 완료되면, 삼군의 대규모 전투훈련을 시행합니다. 삼군의 대규모 전투훈련이 완성되면 이와 똑같은 방법으로 100만 대군에게도 훈련을 시킵니다.

萬人學戰, 敎成, 合之三軍之衆(만인학전, 교성, 합지삼군지중) 10,000명에게 전법을 가르쳐 그것이 완성되면, 전군의 병사를 모아서 가르친다. 大戰之法, 敎成, 合之百萬之衆(대전지법, 교성, 합지백만지중) 대규모 전투에 필요한 전법을 가르쳐 그것이 완성되면, 100만 명을 모아서 가르친다.

故能成其大兵, 立威於天下.
고능성기대병, 입위어천하.
이렇게 하면, 대군을 통솔하여 훈련하는 것도 능히 할 수 있게 되며, 그 위엄을 천하에 떨칠 수 있는 것입니다.

故(고) 그러므로. 能(능) 능히 ~할 수 있다. 成(성) 이루다. 其(기) 그. 大兵(대병) 대군을 말함. 立(입) 세우다. 威(위)위엄. 於天下(어천하) 천하에.

武王曰, 善哉.
무왕왈, 선재.
무왕(武王)은 매우 좋은 방법이라고 칭찬하였다.

武王曰(무왕왈) 무왕이 말하다. 善哉(선재) 아주 좋다. 잘 했다.

55). 均兵 균병. 서로 다른 병종들의 전투력 운용

균병(均兵)이란 전차병과 기병, 보병 등 세 가지 병종들을 지형의 험함과 평탄함을 잘 살펴서 전투력이 고르게 배치하는 것을 말한다.

-육도직해(六韜直解)에서-

武王問太公曰, 以車與步卒戰, 一車當幾步卒, 幾步卒當一車?
무왕문태공왈, 이차여보졸전, 일차당기보졸, 기보졸당일차?
무왕(武王)이 태공(太公)에게 물었다. 전차부대가 보병부대와 전투를 할 경우, 전차 한 대가 보병 몇 명을 당할 수 있습니까?

武王問太公曰(무왕문태공왈) 무왕이 태공에게 물었다. 以車(이차) 전차부대로. 與步卒(여보졸) 보병부대와 같이. 戰(전) 전투하다. 一車(일차) 전차 1대. 當(당) 당하다. 幾(기) 몇, 얼마나, 어느정도. 步卒(보졸) 보병부대.

以騎與步卒戰, 一騎當幾步卒, 幾步卒當一騎.
이기여보졸전, 일기당기보졸, 기보졸당일기.
기병대가 보병부대와 전투를 할 경우, 기병 한 기(騎)는 보병 몇 명을 당할 수 있습니까?

以騎(이기) 기병대로. 與步卒(여보졸) 보병부대와 같이. 戰(전) 전투를 하다. 一騎(일기) 기병 한 기. 當(당) 당하다. 幾(기) 몇, 얼마나, 어느정도. 步卒(보졸) 보병부대.

以車與騎戰, 一車當幾騎, 幾騎當一車.
이차여기전, 일차당기기, 기기당일차.
전차부대가 기병대와 전투를 할 경우, 전차 한 대는 기병 몇 기(騎)를 당할 수 있습니까?

以車(이기) 전차부대로. 與騎(여기) 기병대와 같이. 戰(전) 전투하다. 一車(일차) 전차 한 대. 當(당) 당하다. 幾(기) 몇, 얼마나, 어느정도. 騎(기) 기병대.

太公曰, 車者, 軍之羽翼也, 所以陷堅陣, 要强敵, 遮走北也.
태공왈, 차자, 군지우익야, 소이함견진, 요강적, 차주배야.

태공(太公)이 대답하였다. 전차부대라고 하는 것은 군대의 양 날개와 같은 것입니다. 적의 견고한 진지를 함락시키거나, 강한 적을 요격하며, 패주하는 적의 퇴로를 막는 역할을 하는 부대입니다.

太公曰(태공왈) 태공이 말하다. 車者(차자) 전차부대는. 軍之(군지) 군대의. 羽(우) 날개. 翼(익) 날개. 所(소) ~하는 바. 以(이) 써. 陷(함) 함락시키다. 堅陣(견진) 견고한 진지. 要(요) 잡다. 强敵(강적) 강한 적. 遮(차) 막다. 走北(주배) 패배해서 도망가다.

騎者, 軍之伺候也, 所以踵敗軍, 絕糧道, 擊便寇也.

기자, 군지사후야, 소이종패군, 절량도, 격편구야.

기마 부대는 군에서 적정이나 지형을 정찰하는 척후와 같은 역할을 하는 것입니다. 패주하는 적을 신속히 쫓거나, 적의 보급로를 차단하며, 적을 공격하여 아군의 안전을 도모하게 합니다.

騎者(기자) 기병이라는 것은. 軍之(군지) 군대의. 伺候(사후) 척후병을 말함. 伺(사) 엿보다. 候(후) 묻다. 所(소) ~하는 바. 以(이) 써. 踵(종) 쫓다. 敗軍(패군) 패배한 군대. 絕(절) 끊다. 糧道(량도) 군량을 보급하는 길. 擊(격) 치다. 便(편) 편하다. 寇(구) 도둑. 적을 말함.

故車騎不適戰, 則一騎不能當步卒一人.

고차기부적전, 즉일기불능당보졸일인.

그러므로 전차와 기마병은 그 능력을 부적절하게 사용하면 보병 한 명의 힘도 당해내지 못합니다.

故(고) 그러므로. 車騎(차기) 전차와 기병은. 不適(부적) 부적절한. 戰(전) 싸우다. 則(즉) 곧. 一騎(일기) 기병 1기. 不能當(불능당) 능히 당해낼 수가 없다. 步卒(보졸) 보병부대. 一人(일인) 1명.

三軍之衆成陣而相當, 則易戰之法, 一車當步卒八十人, 八十人當一車,

삼군지중성진이상당, 즉이전지법, 일차당보졸팔십인, 팔십인당일차,

전군의 병사들이 모두 진을 제대로 갖추고 서로 싸운다고 가정하고 광활한 평지에서 싸울 경우, 전차 1대가 보병 80명을 당해내고 보병 80명이 전차 1대를 당해내고,

三軍之衆(삼군지중) 전군의 병사들이. 成陣(성진) 진을 제대로 이루다. 相當(상당) 서로 맞선다면. 則(즉) 즉, 곧. 易(이) 지형이 평평한 곳. 戰(전) 싸우다. 法(법) 방법. 一車(일차) 전차 1대. 當(당) 당하다.

步卒八十人(보졸 80인) 보병 80명. 八十人(팔십인) 보병 80명. 當(당) 당하다.

一騎當步卒八人, 八人當一騎, 一車當十騎, 十騎當一車.

일기당보졸팔인, 팔인당일기, 일차당십기, 십기당일차.

기병 1기가 보병 8명을 당해내며 보병 8명이 기병 1기를 당해내고, 또한 전차 1대가 기병 10기를 당해내고 기병 10기가 전차 1대를 당해낼 수 있습니다.

一騎當步卒八人, 八人當一騎(1기당 보졸8인, 8인당 1기) 기병 1기가 보병 8명을 당해낸다. 一車當十騎, 十騎當一車(1차당 10기, 10기당 1차) 전차 1대가 기병 10기를 당해낸다.

險戰之法, 一車當步卒四十人, 四十人當一車,

험전지법, 일차당보졸사십인, 사십인당일차,

그러나 지형이 험한 곳일 경우에는, 전차 1대가 보병 40명을 당해내고, 보병 40명이 전차 1대를 당해내고,

險(험) 험한지형에서. 戰之法(전지법) 싸우는 경우에는. 一車當步卒四十人, 四十人當一車(1차당 보졸40인, 40인당 1차) 전차 1대가 보병 40명을 당해낸다.

一騎當步卒四人, 四人當一騎, 一車當六騎, 六騎當一車.

일기당보졸사인, 사인당일기, 일차당육기, 육기당일차.

기병 1기가 보병 4명을 당해내며 보병 4명이 기병 1기를 당해내고, 또한 전차 1대가 기병 6기를 당해내고 기병 6기가 전차 1대를 당해낼 수 있습니다.

一騎當步卒四人, 四人當一騎(1기당 보졸4인, 4인당 1기) 기병 1기가 보병 4명을 당해낸다. 一車當六騎, 六騎當一車(1차당 6기, 6기당 1차) 전차 1대가 기병 6기를 당해낸다.

夫車騎者, 軍之武兵也.

부차기자, 군지무병야.

전차부대와 기마 부대는 군대 중에서도 특히 잘 무장된 부대들입니다.

夫(부) 무릇. 車(차) 전차병. 騎(기) 기병. 者(자) ~라고 하는 것. 軍之武兵也(군지무병야) 군대의 잘 무장된 부대이다.

十乘敗千人, 百乘敗萬人, 十騎走百人, 百騎走千人, 此其大數也.
십승패천인, 백승패만인, 십기주백인, 백기주천인, 차기대수야.
그러므로 전차 10대로 적의 보병 1,000명을 물리치게 할 수 있고, 전차 100대로 적의 보병 10,000명도 물리칠 수 있으며, 기병 10기로써 적의 보병 100명을 패주하게 할 수 있고, 기병 100기로 적의 보병 1,000명을 패주하게 할 수도 있습니다. 이것이 전차와 기병 및 보병 간의 전투력 비율입니다.

十乘敗千人, 百乘敗萬人(10승 패 1,000인, 100승 패 10,000인) 전차 10대로 적 보병 1,000명을 싸움에서 지게 할 수 있으며, 전차 100대로 적 보병 10,000명을 물리칠 수 있다. 十騎走百人, 百騎走千人(10기 주 100인, 100기 주 1,000인) 기병 10기로 적 보병 100명을 패주시킬 수 있으며, 기병 100기로 적 보병 1,000명을 패주시킬 수 있다. 此(차) 이것이. 其(기) 그. 大數(대수) 전투력의 비율을 말함.

武王曰, 車騎之吏數與陣法奈何?
무왕왈, 차기지리수여진법내하?
무왕(武王)이 다시 물었다. 전차대와 기병대에 간부는 몇 명씩 편성하고, 진을 펼치는 방법은 어찌해야 하는가?

武王曰(무왕왈) 무왕이 말하다. 車騎(차기) 전차대와 기병대. 吏(리) 간부. 數(수) 몇 명. 與(여) 같이 하다. 陣法(진법) 진을 펼치는 방법. 奈何(내하) 어찌 되는가?

太公曰, 置車之吏數, 五車一長, 十五車一吏, 五十車一率, 百車一將.
태공왈, 치차지리수, 오차일장, 십오차일리, 오십차일솔, 백차일장.
태공(太公)이 대답하였다. 전차대에 필요한 장교의 수는 전차 5대에 장(長) 1명, 15대에 리(吏) 1명, 50대에 솔(率) 1명, 100대에 장(將) 1명입니다.

太公曰(태공왈) 태공이 말하다. 置(치) 두다. 車之(차지) 전차부대의. 吏數(리수) 간부들 수. 五車一長(오차일장) 전차 5대에 장(長) 1명. 十五車一吏(십오차일리) 전차 15대에 리(吏) 1명. 五十車一率(오십차일솔) 전차 50대에 솔(率) 1명. 百車一將(백차일장) 전차 100대에 장(將) 1명.

易戰之法, 五車爲列, 相去四十步, 左右十步, 隊間六十步.
이전지법, 오차위렬, 상거사십보, 좌우십보, 대간육십보.

포진할 때, 평지에서는 5대의 전차를 1열로 하고, 전후의 간격은 40보, 좌우의 간격은 10보, 대와 대 사이의 간격은 60보가 되도록 합니다.

易(이) 지형이 평평한 곳. 戰之法(전지법) 싸울 때 포진하는 법. 五車爲列(오차위열) 전차 5대를 1열로 하다. 相(상) 서로. 去(거) 가다. 四十步(사십보) 전차의 간격은 40보. 左右十步(좌우십보) 전차 대 간 좌우 간격은 10보. 隊間六十步(대간육십보) 제대와 제대 간 간격은 60보.

險戰之法, 車必循道, 十五車爲聚, 三十車爲屯, 前後相去二十步,
험전지법, 차필순도, 십오차위취, 삼십차위둔, 전후상거이십보,

지형이 험한 곳에서는 전차는 반드시 도로를 따라 기동해야 하며, 전차 15대를 1취(聚), 30대를 1둔(屯)으로 편성하되, 전후의 간격은 20보,

險(험) 험한 지형에서. 戰之法(전지법) 싸울 때 진을 펼치는 방법은. 車(차) 전차는. 必(필) 반드시. 循(순) 좇다. 道(도) 도로. 十五車爲聚(오십차위취) 전차 15대로 1취(聚)로 만들고. 三十車爲屯(삼십차위둔) 전차 30대로 1둔(屯)으로 만들고. 前後相去二十步(전후상거이십보) 앞뒤로는 서로 20보를 띄운다.

左右六步, 隊間三十六步. 縱橫相去一里, 各返故道.
좌우육보, 대간삼십육보. 종횡상거일리, 각반고도.

좌우의 간격은 6보, 대와 대 사이의 간격은 36보가 되게 합니다. 각 전차부대는 종횡으로 1리의 간격을 유지하며, 전투가 끝나면 일단 통과한 길을 따라 복귀하게 합니다.

左右六步(좌우육보) 좌우로는 6보를 띄운다. 隊間三十六步(대간 36보) 제대와 제대는 36보를 띄운다. 縱橫相去一里(종횡상거일리) 종횡으로는 서로 1리를 띄운다. 各(각) 각각. 返(반) 돌아오다. 故(고) 지나가다. 道(도) 도로.

置騎之吏數, 五騎一長, 十騎一吏, 百騎一率, 二百騎一將.
치기지리수, 오기일장, 십기일리, 백기일솔, 이백기일장.

기병대에 필요한 간부의 수는 기병 5기에 장(長) 1명, 10기에 리(吏) 1명, 100기에 솔(率) 1명, 200기에 장(將) 1명을 둡니다.

置(치) 두다. 騎之(기지) 기병대의. 吏數(리수) 간부들 수는. 五騎一長(오기일장) 기병 5기에 1장(長)을 둔다. 十騎一吏(십기일리) 기병 10기에 1리(吏)를 둔다. 百騎一率(백기일솔) 기병 100기에 1솔(率)을

둔다. 二百騎一將(이백기일장) 기병 200기에 1장(將)을 둔다.

易戰之法, 五騎爲列, 前後相去二十步, 左右四步, 隊間五十步,
이전지법, 오기위렬, 전후상거이십보, 좌우사보, 대간오십보,
포진할 때, 평지에서 싸운다면 5명의 기병을 1열(列)로 하고, 전후의 간격은 20보, 좌우의 간격은 4보, 대와 대 사이의 간격은 50보가 되도록 합니다.

易(이) 지형이 평평한 곳. 戰之法(전지법) 싸울 때 포진하는 법. 五騎爲列(오기위열) 기병 5기를 1열로 세우고. 前後相去二十步(전후상거이십보) 앞뒤로 20보의 거리를 둔다. 左右四步(좌우사보) 좌우로는 4보씩 간격을 두고. 隊間五十步(대간오십보) 제대와 제대 사이에는 50보를 띄운다.

險戰之法, 前後相去十步, 左右二步, 隊間二十五步.
험전지법, 전후상거십보, 좌우이보, 대간이십오보.
지형이 험할 경우에는, 전후의 간격은 10보, 좌우의 간격은 2보, 대와 대 사이의 간격은 25보가 되도록 합니다.

險(험) 험한 지형에서. 戰之法(전지법) 싸울 때 진을 펼치는 방법은. 前後相去十步(전후상거십보) 앞뒤로 10보의 거리를 둔다. 左右二步(좌우이보) 좌우로는 2보의 간격을 두고. 隊間二十五步(대간이십오보) 제대와 제대 사이에는 25보를 띄운다.

三十騎爲一屯, 六十騎爲一輩, 縱橫相去百步, 周還各復故處.
삼십기위일둔, 육십기위일배, 종횡상거백보, 주환각부고처.
또한 기병 30기를 1둔(屯), 60기를 1배(輩)로 편성하되, 각 기병대는 종횡으로 100보의 간격을 유지하며, 일단 적진에 돌격전을 수행한 다음에는 다시 원위치로 복귀하여야 합니다.

三十騎爲一屯(30기위1둔) 기병 30기를 1둔(屯)으로 편성하고. 六十騎爲一輩(육십기위일배) 기병 60기를 1배(輩)로 편성하고. 縱橫相去百步(종횡상거백보) 종횡으로는 100보의 간격을 둔다. 周(주) 주위. 還(환) 돌아오다. 各(각) 각각. 復(부) 다시. 故(고) 지나가다. 處(처) 머물다.

武王曰, 善哉!
무왕왈, 선재!
무왕은 매우 좋은 방법이라고 칭찬하였다.

武王曰(무왕왈) 무왕이 말하다. 善哉(선재) 잘했다. 좋다.

56). 武車士 무차사. 전차병의 선발

무차사(武車士)란 재능과 기예가 뛰어난 병사들을 선발해서 전차로 싸우게 하는 것을 일컫는 말이다.

-육도직해(六韜直解)에서-

武王問太公曰, 選車士奈何?
무왕문태공왈, 선차사내하?
무왕(武王)이 태공(太公)에게 물었다. 전차병을 선발하려면 어떻게 하여야 합니까?

武王問太公曰(무왕문태공왈) 무왕이 태공에게 물었다. 選(선) 선발하다. 車士(차사) 전차병. 奈何(내하) 어찌해야 하는가?

太公曰, 選車士之法, 取年四十以下, 長七尺五寸以上, 走能逐奔馬,
태공왈, 선차사지법, 취년사십이하, 장칠척오촌이상, 주능축분마,
태공(太公)이 대답하였다. 전차병은 40세 이하의 젊은이로서 키가 7척 5촌 이상이고, 달리는 말을 따라잡을 수 있을 정도로 달리기를 잘해야 합니다.

太公曰(태공왈) 태공이 말하다. 選車士(선차사) 전차병을 선발하다. 法(법) 방법. 取(취) 취하다. 年(년) 나이. 四十以下(사십이하) 40세 이하. 長(장) 신장. 七尺五寸以上(칠척오촌 이상) 7척5촌 이상. 走(주) 달리다. 能(능) 능히 ~하다. 逐(축) 쫓다. 奔馬(분마) 달리는 말.

及馳而乘之, 前後左右, 上下週旋,
급치이승지, 전후좌우, 상하주선,
그리고 행동이 민첩해서 달리는 말에 올라탈 수 있어야 하며, 말 위에서 전후좌우, 상하로 자유롭게 몸을 움직일 정도로 말을 자유롭게 다룰 줄 알아야 합니다.

及(급) 이에 馳(치) 달리다. 乘(승) 올라타다. 前後左右(전후좌우) 앞뒤, 왼쪽 오른쪽으로. 上下(상하) 아래위로. 週(주) 돌다. 旋(선) 돌다.

能束縛旌旂, 力能彀八石弩, 射前後左右,
능속박정기, 력능구팔석노, 사전후좌우,

적의 군기를 빼앗을 수 있고, 또 힘이 세어 8석(石)이나 되는 무게의 쇠뇌를 당겨 마음대로 쏠 수 있어야 합니다.

能(능) 능히 ~할 수 있어야 한다. 束(속) 묶다. 縛(박) 묶다. 旌旂(정기) 깃발. 力(력) 힘. 能(능) 능히 ~하다. 彀(구) 당기다. 八石(팔석) 무게의 단위로 8석이나 되는 무게. 弩(노) 활 같은 무기인 쇠뇌를 말함. 射(사) 쏘다. 前後左右(전후좌우) 자유자재로.

皆便習者, 名曰武車之士, 不可不厚也.
개편습자, 명왈무차지사, 불가불후야.

이러한 자들을 '무차의 군사'(武車之士)라고 하며, 이들에게는 후한 대우를 하지 않을 수 없는 것입니다.

皆(개) 모두. 다. 便(편) 편하다. 習(습) 익히다. 者(자) ~하는 자. 名曰(명왈) 이름하여 가로되. 武車之士(무차지사) 무차의 군사. 不可不(불가불) ~하지 아니할 수 없다. 厚(후) 후하다.

57). 武騎士 무기사. 기병의 선발

무기사(武騎士)란 재능과 기예가 뛰어난 병사들을 선발해서 기마에 올라타게 해서 싸우게 하는 것을 일컫는 말이다.

-육도직해(六韜直解)에서-

武王問太公曰, 選騎士奈何?
무왕문태공왈, 선기사내하?
무왕(武王)이 태공(太公)에게 물었다. 기병을 선발하려면 어떻게 하여야 합니까?

武王問太公曰(무왕문태공왈) 무왕이 태공에게 물었다. 選(선) 선발하다. 騎士(기사) 기병. 奈何(내하) 어찌해야 하는가?

太公曰, 選騎士之法, 取年四十以下, 長七尺五寸以上, 壯健捷疾, 超絕倫等,
태공왈, 선기사지법, 취년사십이하, 장칠척오촌이상, 장건첩질, 초절륜등,
태공(太公)이 대답하였다. 기병은 40세 이하의 젊은이로서 키가 7척 5촌 이상이고, 매우 건강하고 민첩해야 합니다.

太公曰(태공왈) 태공이 말하다. 選騎士(선기사) 전차병을 선발하다. 法(법) 방법. 取(취) 취하다. 年(년) 나이. 四十以下(사십이하) 40세 이하. 長(장) 신장. 七尺五寸以上(칠척오촌 이상) 7척 5촌 이상. 1척=30.3cm, 1촌=3cm, 7척 5촌=(7x30cm)+(5x3cm)=225cm. 壯(장) 씩씩하다. 健(건) 튼튼하다. 捷(첩) 이기다. 疾(질) 빠르다. 超(초) 넘다. 絕(절) 끊다. 倫(륜) 무리. 等(등) 등급.

能馳騎彀射, 前後左右, 周旋進退, 越溝塹, 登丘陵, 冒險阻, 絕大澤,
능치기구사, 전후좌우, 주선진퇴, 월구참, 등구릉, 모험조, 절대택,
달리는 말 위에서 능히 활을 당기고 쏠 줄 알아야 하며, 말을 타고 전후좌우, 나아가거나 물러나기도 하고, 참호를 넘나들고 언덕 위로 오를 줄 알아야 합니다. 그리고 마상에서 전후좌우로 자유롭게 선회하고 진퇴하며, 말을 타고 참호를 뛰어넘고 구릉 위로 오르며, 험한 지형이나 소택지를 통과할 수 있어야 합니다.

能(능) 능히 ~하다. 馳(치) 달리다. 騎(기) 말 타다. 彀(구) 활 시위를 당기다. 射(사) 활을 쏘다. 前後左右(전후좌우) 앞, 뒤, 좌, 우 자유자재로. 週(주) 돌다. 旋(선) 돌다. 進(진) 나아가다. 退(퇴) 물러나다.

越(월) 넘다. 溝(구) 붓 도랑. 해자. 塹(참) 구덩이. 登(등) 오르다. 丘陵(구릉) 작은 언덕과 큰 언덕. 冒(모) 무릅쓰다. 險阻(험조) 험한 지형. 絶(절) 끊다. 大澤(대택) 아주 큰 연못.

馳强敵, 亂大衆者, 名曰武騎之士, 不可不厚也.

치강적, 란대중자, 명왈무기지사, 불가불후야.

또한 강한 적을 향해서 치달려 적의 대오를 혼란하게 할 수 있어야 합니다. 이러한 자들을 '무기의 군사'(武騎之士)라고 하는 바, 이들 역시 후하게 대우하여야 합니다.

馳(치) 달리다. 强敵(강적) 강한 적군. 亂(란) 어지럽다. 大(대) 크다. 衆(중) 무리, 者(자) ~하는 자. 名曰(명왈) 이름하여 가로되. 武騎之士(무기의 군사) 무기의 군사. 不可不(불가불) ~하지 않을 수 없다. 厚(후) 후하다.

58). 戰車 전차. 전차부대의 운용

전차(戰車)란 전차를 가지고 적과 싸울 때, 지형의 편리함과 불편함을 알려고 힘쓰는 것을 말한다.

-육도직해(六韜直解)에서-

武王問太公曰, 戰車奈何?

무왕문태공왈, 전차내하?

무왕(武王)이 태공(太公)에게 물었다. 전차를 이용하여 싸울 때는 어찌해야 합니까?

武王問太公曰(무왕문태공왈) 무왕이 태공에게 물었다. 戰車(전차) 전차를 이용한 전투. 奈何(내하) 어찌해야 하는가?

太公曰, 步貴知變動, 車貴知地形, 騎貴知別徑奇道, 三軍同名而異用也.

태공왈, 보귀지변동, 차귀지지형, 기귀지별경기도, 삼군동명이이용야.

태공(太公)이 대답하였다. 보병부대는 적측의 변화를 잘 이용하여 기동해야 한다는 점을 아는 것이 중요하며, 전차부대는 지형을 자세히 파악하여 아는 것이 중요하고, 기병대는 지름길이나 잘 알려지지 않은 길을 아는 것이 중요합니다. 이렇듯 보병 전차병 기병의 세 병종은 똑같은 부대이지만, 그 쓰임은 각기 다른 것입니다.

太公曰(태공왈) 태공이 말하다. 步(보) 보병부대는. 貴知(귀지) 아는 것을 귀하게 여긴다. 變動(변동) 적의 움직임의 변화. 車(차) 전차부대는. 地形(지형) 지형에 대해서. 騎(기) 기병대는. 別徑(별경) 갈라진 지름길. 奇道(기도) 잘 알려지지 않은 길. 三軍(삼군) 보병, 전차, 기병의 세 가지 군대. 同名(동명) 같은 이름. 異用(리용) 쓰임새가 다르다.

凡車之戰, 死地有十, 勝地有八.

범차지전, 사지유십, 승지유팔.

모름지기 전차부대가 싸울 때 패할 수 있는 사지(死地)가 열 가지 있으며, 승리할 수 있는 승지(勝地)가 8가지 있습니다.

凡(범) 모름지기. 車(차) 전차부대. 戰(전) 전투. 死地(사지) 패하는 상황. 有十(유십) 열 가지가 있다. 勝地(승지) 이길 수 있는 상황. 有八(유팔) 여덟 가지가 있다.

武王曰, 十死之地奈何?

무왕왈, 십사지지내하?

무왕(武王)이 물었다. 열 가지의 사지(死地)란 어떤 것입니까?

武王曰(무왕왈) 무왕이 말하다. 十死之地 奈何(십사지지 내하) 열 가지 패하는 상황인 사지(死地)란 어떤 것인가?

太公曰, 往而無以還者, 車之死地也.

태공왈, 왕이무이환자, 차지사지야.

태공(太公)이 대답하였다. ① 갈 수는 있어도 되돌아올 수 없는 곳을 사지(死地)라 합니다. 이러한 곳으로는 전차가 기동하지 말아야 합니다.

太公曰(태공왈) 태공이 말하다. 往(왕) 가다. 無(무) 없다. 以(이) 써. 還(환) 돌아오다. 車之死地也(차지사지야) 전차부대의 '사지(死地)'라 한다. 가지 말아야 한다.

越絕險阻, 乘敵遠行者, 車之竭地也.

월절험조, 승적원행자, 차지갈지야.

② 적을 추격하다가 험한 지형을 넘어 적 지역 깊숙이 진입하는 것을 갈지(竭地)라 합니다. 이러한 곳으로는 전차가 추격하지 말아야 합니다.

越(월) 넘다. 絕(절) 끊다. 險阻(험조) 험하고, 험하다, 乘(승) 오르다. 敵(적) 적군. 遠行(원행) 멀리 행하다. 車之竭地也(차지갈지야) 전차부대의 '갈지(竭地)'라 하는데, 가지 말아야 한다. 竭=다하다, 물이 마르다.

前易後險者, 車之困地也.

전이후험자, 차지곤지야.

③ 전면은 넓고 평평해서 진격하기 쉬운 지형이고, 뒤는 험한 지형이어서 전진하기는 쉬워도 후퇴하기는 어려운 곳을 곤지(困地)라 합니다. 이러한 곳으로는 진입하지 말아야 합니다.

前(전) 앞. 易(이) 평평하다. 後(후) 뒤. 險(험) 험하다. 車之困地也(차지곤지야) 전차부대의 '곤지(困地)'라 하는데, 가지 말아야 한다. 困=괴롭다. 피곤하다.

陷之險阻而難出者, 車之絕地也.

함지험조이난출자, 차지절지야.
④ 험한 지형에 빠져 전차가 제대로 나아가기가 어려운 곳 절지(絶地)라 합니다. 이러한 곳으로는 전차가 들어가지 말아야 합니다.

陷(함) 빠지다. 險阻(험조) 험하고 험하다. 難出(난출) 나가기 어렵다. 車之絕地也(차지절지야) 전차부대의 '절지(絕地)'라 하는데, 가지 말아야 한다. 絶=끊기다.

圮下漸澤, 黑土黏埴者, 車之勞地也.
비하점택, 흑토점식자, 차지로지야.
⑤ 점점 늪지처럼 빠지고, 찰흙처럼 진 수렁의 지형을 노지(勞地)라 합니다. 이러한 곳은 전차가 곧바로 통과하지 말고 우회하여야 합니다.

圮(비) 무너지다. 下(하) 아래. 漸(점) 점점. 澤(택) 못. 늪. 黑土(흑토) 검은 흙. 黏(점) 찰지다. 埴(식) 찰흙. 車之勞地也(차지노지야) 전차부대의 '노지(勞地)'라 하는데, 가지 말아야 한다. 勞=힘들다.

左險右易, 上陵仰阪者, 車之逆地也.
좌험우이, 상릉앙판자, 차지역지야.
⑥ 좌측은 지형이 험하고, 우측은 넓은 지역에서 큰 언덕이 위로 펼쳐져서 비탈을 우러러보는 지형을 역지(逆地)라 합니다. 이러한 곳에서는 전차가 적을 공격하지 말아야 합니다.

左險(좌험) 좌측은 지형이 험하다. 右易(우이) 우측은 지형이 평평하다. 上(상) 위. 陵(릉) 큰 언덕. 仰(앙) 우러르다. 阪(판) 비탈. 車之逆地也(차지역지야) 전차부대의 '역지(逆地)'라 하는데, 가지 말아야 한다. 逆=거스르다. 순리를 거스르다.

殷草橫畝, 犯歷浚澤者, 車之拂地也.
은초횡무, 범력준택자, 차지불지야.
⑦ 수풀이 우거지고, 작은 호수나 늪이 많은 곳을 불지(拂地)라 합니다. 이러한 곳에서는 전차가 적을 맞아 싸우지 말아야 합니다.

殷(은) 많다. 크다. 성하다. 草(초) 풀. 橫(횡) 가로. 畝(무) 이랑. 犯(범) 범하다. 歷(력) 지내다. 浚(준) 깊다. 澤(택) 못. 車之拂地也(차지불지야) 전차부대의 '불지(拂地)'라 하는데, 가지 말아야 한다. 拂=먼지를 떨어내다.

車少地易, 與步不敵者, 車之敗地也.
차소지이, 여보부적자, 차지패지야.
⑧ 전차의 대수가 적어, 지형적으로는 기동하기 쉬워도 적 보병과 상대해야 하는 경우라면, 이를 패지(敗地)라 합니다. 이러한 곳에서는 전차가 오래 머물러 있지 말아야 합니다.

車(차) 전차. 少(소) 적다. 地(지) 땅. 易(이) 쉽다. 與步(여보) 적 보병부대와 함께. 不(불) 아니다. 敵(적) 적군. 車之敗地也(차지패지야) 전차부대의 '패지(敗地)'라 하는데, 가지 말아야 한다. 敗=패하다.

後有溝瀆, 左有深水, 右有峻阪者, 車之壞地也.
후유구독, 좌유심수, 우유준판자, 차지괴지야.
⑨ 후방에는 깊은 도랑이 있고, 좌측에는 깊은 물이, 우측에는 높은 산이 있어 전차의 기동이 제한되는 곳을 괴지(壞地)라 합니다. 괴지란 패망한다는 뜻이니, 이러한 곳으로는 전차가 전진하지 말아야 합니다.

後(후) 뒤. 有(유) 있다. 溝(구) 도랑. 해자. 瀆(독) 도랑. 左(좌) 왼쪽. 深水(심수) 깊은 물. 右(우) 오른쪽. 峻(준) 높다. 阪(판) 비탈. 車之壞地也(차지괴지야) 전차부대의 '괴지(壞地)'라 하는데, 가지 말아야 한다. 壞=무너지다.

日夜霖雨, 旬日不止, 道路潰陷, 前不能進, 後不能解者, 車之陷地也.
일야임우, 순일부지, 도로궤함, 전불능진, 후불능해자, 차지함지야.
⑩ 밤낮으로 장맛비가 내려 열흘 이상 그치지 않고, 도로가 끊기고, 앞으로도 뒤로도 나아갈 수도 해결할 수도 없는 곳을 함지(陷地)라 합니다. 이러한 곳에서는 전차가 한시바삐 벗어나야 합니다.

日夜(일야) 낮과 밤. 밤낮으로. 霖雨(임우) 장맛비. 旬日(순일) 열흘 정도. 不止(부지) 그치지 않는다. 道路(도로) 도로. 潰(궤) 무너지다. 陷(함) 빠지다. 前(전) 앞. 不能進(불능진) 나아갈 수 없다. 後(후) 뒤로. 不能解(불능해) 해결할 수 없다. 車之陷地也(차지함지야) 전차부대의 '함지(陷地)'라 하는데, 가지 말아야 한다. 陷=빠지다.

此十者, 車之死地也. 故拙將之所以見擒, 明將之所以能避也.
차십자, 차지사지야. 고졸장지소이견금, 명장지소이능피야.
이상의 열 가지는 전차부대에 불리한 지형입니다. 졸장은 이러한 곳에서 싸우다가 결국 적에게 사로잡히게 되지만, 현명한 장수는 이러한 곳을 피해 갑니다.

此(차) 이것. 十者(십자) 열 가지는. 車之死地(차지사지) 전차부대가 가서는 안 될 지형. 故(고) 그러므로. 拙將(졸장) 못난 장수. 所(소) ~하는 바. 以(이) 써. 見(견) 보다. 擒(금) 사로잡히다. 明將(명장) 현명한 장수. 能(능) 능히 ~하다. 避(피) 피하다.

武王曰, 八勝之地奈何?

무왕왈, 팔승지지내하?

무왕(武王)이 물었다. 여덟 가지의 승지(勝地)란 어떤 것입니까?

武王曰(무왕왈) 무왕이 말하다. 八勝之地(팔승지지) 여덟 가지의 이기는 상황. 奈何(내하) 어찌 되는가?

太公曰, 敵之前後, 行陣未定, 卽陷之. 旌旂擾亂, 人馬數動, 卽陷之.

태공왈, 적지전후, 행진미정, 즉함지. 정기요란, 인마수동, 즉함지.

태공(太公)이 대답하였다. ① 적의 선두부대와 후미 부대의 대오가 정돈되지 못하고 진용이 제대로 갖추어지지 못하였을 때, 이때는 즉시 무찔러야 합니다. ② 부대의 깃발이 어지럽게 날리고, 병력과 말들이 여러 차례 제멋대로 움직이고 있을 때, 이때는 즉시 무찔러야 합니다.

太公曰(태공왈) 태공이 말하다. 敵之前後(적지전후) 적의 선두부대와 후미 부대. 行(행) 행군하다. 陣(진) 진을 치다. 未定(미정) 아직 정해지지 않았다. 卽(즉) 곧. 즉시. 陷之(함지) 함락시켜야 한다. 旌旂(정기) 부대의 깃발. 擾(요) 어지럽다. 亂(란) 어지럽다. 人馬(인마) 병력과 말. 數(수) 수차례. 動(동) 움직이다.

士卒或前或後, 或左或右, 卽陷之. 陣不堅固, 士卒前後相顧, 卽陷之.

사졸혹전혹후, 혹좌혹우, 즉함지. 진불견고, 사졸전후상고, 즉함지.

③ 적병들이 앞뒤좌우의 방향전환에 절도가 없고 제멋대로 움직일 때, 이때는 즉시 무찔러야 합니다. ④ 적의 진용이 견고하지 못하며 장병들이 앞뒤를 서로 돌아보면서 불안해할 때, 이때는 즉시 무찔러야 합니다.

士卒(사졸) 장병들이. 或前(혹전) 어떤 병력은 앞으로. 或後(혹후) 어떤 병력은 뒤로, 或左(혹좌) 어떤 병력은 좌로. 或右(혹우) 어떤 병력은 우로. 卽(즉) 곧. 즉시. 陷之(함지) 함락시켜야 한다. 陣(진) 적의 진영. 不堅固(불견고) 견고하지 못하다. 士卒(사졸) 장병들이. 前後(전후) 앞뒤. 相(상) 서로. 顧(고) 돌아보다.

前往而疑, 後往而怯, 卽陷之. 三軍猝驚, 皆薄而起, 卽陷之.
전왕이의, 후왕이겁, 즉함지. 삼군졸경, 개박이기, 즉함지.
⑤ 적 장병들이 전진하면서도 의구심을 품고, 후퇴하면서도 두려워할 때, 이때는 즉시 무찔러야 합니다. ⑥ 적군이 갑자기 놀라서 모두가 황급하게 일어서는 상황일 때, 이때는 즉시 무찔러야 합니다.

前往(전왕) 앞으로 가다. 疑(의) 의심하다. 後往(후왕) 뒤로 가다. 怯(겁) 두려워하다. 卽(즉) 곧. 즉시. 陷之(함지) 함락시켜야 한다. 三軍(삼군) 적의 전군. 猝(졸) 갑자기. 驚(경) 놀라다. 皆(개) 모두. 薄(박) 엷다. 갑작스럽다는 의미로 쓰임. 起(기) 일어서다.

戰於易地, 暮不能解, 卽陷之. 遠行而暮舍, 三軍恐懼, 卽陷之.
전어이지, 모불능해, 즉함지. 원행이모사, 삼군공구, 즉함지.
⑦ 평탄한 지역에서 싸우다가 날이 저물었는데도 적이 부대를 해산시키지 않고 있을 때, 이때는 즉시 무찔러야 합니다. ⑧ 적이 멀리까지 행군해 와서 해 질 녘에 겨우 막사에 들어 피곤해하며 공포로 두려워할 때, 이때는 즉시 무찔러야 합니다.

戰(전) 싸우다. 於易地(어이지) 평탄한 지역에서. 暮(모) 날이 저물다. 不能(불능) ~하지 못하다. 解(해) 해산하다. 卽(즉) 곧. 즉시. 陷之(함지) 함락시켜야 한다. 遠行(원행) 멀리 행군해 오다. 暮(모) 날이 저물다. 舍(사) 막사. 三軍(삼군) 전군. 恐(공) 두렵다. 懼(구) 두렵다.

此八者, 車之勝地也.
차팔자, 차지승지야.
이상의 여덟 가지는 전차부대로 적을 공격하여 승리를 거둘 수 있는 상황입니다.

此八者(차팔자) 이 여덟 가지는. 車之勝地也(차지승지야) 전차부대가 승리할 수 있는 상황이다.

將明於十害八勝, 敵雖圍周, 千乘萬騎, 前驅旁馳, 萬戰必勝.
장명어십해팔승, 적수위주, 천승만기, 전구방치, 만전필승.
장수가 앞에서 언급한 열 가지 사지(死地)에 대한 해로움과 8가지 승지(勝地)를 잘 알고 적용하면, 적이 전차 일천 대와 기병 일만으로 아군을 완전히 포위한다 하더라도, 아군은 전후좌우로 마음대로 기동을 하면서 일만 번을 싸워도 반드시 이기게 됩니다.

將(장) 장수가. 明(명) 밝다. 잘 알다. 於(어) 어조사. 十害(십해) 열 가지 해로움. 八勝(팔승) 여덟 가지의 이기는 방법. 敵(적) 적군. 雖(수) 비록. 圍(위) 포위하다. 周(주) 두루. 千乘(천승) 전차 일천대. 萬騎(만기) 기병 일만기. 前(전) 앞. 驅(구) 몰아가다. 旁(망) 두루. 馳(치) 달리다. 萬戰(만전) 일만 번 싸워도. 必勝(필승) 반드시 이긴다.

武王曰, 善哉!

무왕왈, 선재!

무왕은 좋은 방법이라고 칭찬하였다.

武王曰(무왕왈) 무왕이 말하다. 善哉(선재) 잘했다. 좋다.

59). 戰騎 전기. 기병대의 운용

전기(戰騎)란 기병(騎兵)을 가지고 적과 싸워 승리를 취하고자 하는 것을 말한다.

-육도직해(六韜直解)에서-

武王問太公日, 戰騎奈何?

무왕문태공왈, 전기내하?

무왕(武王)이 태공(太公)에게 물어보기를, 기병 전투는 어떻게 하는 것이 좋습니까?

武王問太公日(무왕문태공왈) 무왕이 태공에게 물었다. 戰(전) 싸우다. 騎(기)기병. 奈何(내하) 어찌 해야 하는가?

太公日, 騎有十勝九敗.

태공왈, 기유십승구패.

태공(太公)이 말하기를, 기병은 열 가지 승리하는 방법과 아홉 가지 패하는 방법이 있습니다.

太公日(태공왈) 태공이 말하다. 騎(기) 기병. 有(유) 있다. 十勝(십승) 열 가지 승리의 비결. 九敗(구패) 아홉 가지 패하는 방법.

武王日, 十勝奈何?

무왕왈, 십승내하?

무왕(武王)이 되묻기를, 열 가지 승리하는 방법이 무엇입니까?

武王日(무왕왈) 무왕이 말하다. 十勝奈何(십승내하) 열 가지 이기는 방법은 무엇입니까?

太公日, 敵人始至, 行陣未定, 前後不屬, 陷其前騎, 擊其左右, 敵人必走.

태공왈, 적인시지, 행진미정, 전후불속, 함기전기, 격기좌우, 적인필주.

태공(太公)이 대답하였다. ① 적군이 전장에 방금 도착해서 전열이 정돈되지 못하고 전후 부대가 서로 연결되지 못할 경우에는, 적의 선두에 있는 기병대를 격파하고 그 좌우를 쳐야 합니다. 이렇게 하면 적은 반드시 패주할 것입니다.

太公日(태공왈) 태공이 말하다. 敵人(적인) 적 부대. 始(시) 처음. 至(지) 이르다. 行陣(행진) 진을 치다. 未定(미정) 아직 정리가 안 되다. 前後(전후) 앞과 뒤. 不屬(불속) 서로 엮이지 않았다. 陷(함) 함락시키다. 其(기) 그. 前騎(전기) 선두에 배치된 기병. 擊(격) 치다. 其(기) 그. 左右(좌우) 좌·우측 부대. 敵人(적인) 적 부대. 必(필) 반드시. 走(주) 달리다. 도망가다.

敵人行陣, 整齊堅固, 士卒欲鬪.

적인행진, 정제견고, 사졸욕투.

② 적의 대오가 정돈되고 진용이 견고하며, 병사들 또한 투지가 넘쳐나는 경우에는

敵人(적인) 적 부대. 行(행) 행하다. 陣(진) 진. 整齊(정제) 가지런하고 정돈되다. 堅固(견고) 견고하다. 士卒(사졸) 병사들. 欲(욕) ~하고자 하다. 鬪(투) 싸우다.

吾騎翼而勿去, 或馳而往, 或馳而來, 其疾如風, 其暴如雷,

오기익이물거, 혹치이왕, 혹치이래, 기질여풍, 기폭여뢰,

아군의 기병을 날개를 펴듯이 한꺼번에 출격시키지 말고 교대로 출격시키되, 신속한 기동력을 발휘하여 질풍처럼 달리고, 번개처럼 민첩하게 행동하게 합니다.

吾(오) 나. 騎(기) 기병. 翼(익) 날개. 勿(물) ~하지 말다. 去(거) 가다. 或(혹) 어떤. 혹. 馳(치) 기병을 말함. 往(왕) 가다. 來(래) 오다. 其(기) 그. 疾(질) 빠르다. 如風(여풍) 바람처럼 빠르게. 其暴(기폭) 그 사나움. 如雷(여뢰) 우레와 같이.

白晝如昏, 數更旌旂, 變更衣服, 其軍可克.

백주여혼, 삭경정기, 변경의복, 기군가극.

대낮인데도 마치 먼지가 하늘을 뒤덮어 어두운 저녁이 되는 것처럼 공격해야 하며, 기병의 복장과 깃발을 자주 변경시켜, 아군의 병력이 많은 것처럼 위장합니다. 이렇게 하면, 적을 가히 이길 수 있습니다.

白晝(백주) 대낮. 如昏(여혼) 어두운 저녁같이. 數(삭) 자주. 更(경) 다시. 旌旂(정기) 깃발. 變更(변경) 다시 바꾸다. 衣服(의복) 기병의 복장. 其軍(기군) 그 군대. 可克(가극) 가히 극복해내다.

敵人行陣不固, 士卒不鬪. 薄其前後, 獵其左右, 翼而擊之敵人必懼.

적인행진불고, 사졸불투. 박기전후, 엽기좌우, 익이격지적인필구.

③ 적의 대오가 정돈되지 못하고 진용이 견고하지 못하며, 병사들 역시 투지가 없을 경우에는 적의 선후방과 좌우 측방에 충격을 가하여야 합니다. 이렇게 하면 적은 반드시 두려워하

여 도주할 것입니다.

敵人(적인) 적 부대. 行陣(행진) 진을 편성함에 있어. 不固(불고) 견고하지 못하다. 士卒(사졸) 병사들. 不(불) 아니다. 鬪(투) 싸우다. 薄(박) 엷다. 其(기) 그. 前後(전후) 앞뒤. 獵(렵) 사냥하다. 左右(좌우) 좌우. 翼(익) 날개. 擊(격) 치다. 敵人(적인) 적 부대. 必(필) 반드시. 懼(구) 두려워하다.

敵人暮欲歸舍, 三軍恐駭, 翼其兩旁, 疾擊其後,

적인모욕귀사, 삼군공해, 익기양방, 질격기후,

④ 날이 저물어 적군이 놀라고 두려워하면서 막사로 복귀하려고 할 때, 기병을 출동시켜 적의 좌우 양익을 공격하고, 후방으로 신속히 공격합니다.

敵人(적인) 적군. 적 부대. 暮(모) 날이 저물다. 欲(욕) ~하고자 하다. 歸(귀) 돌아가다. 舍(사) 막사로. 三軍(삼군) 전군. 恐(공) 두려워하다. 駭(해) 놀라다. 翼(익) 날개. 其(기) 그. 兩旁(양방) 양쪽 방향. 疾擊(질격) 빠르게 공격하다. 其後(기후) 그 후방을.

薄其壘口, 無使得入, 敵人必敗.

박기루구, 무사득입, 적인필패.

또한 적 부대가 복귀하는 선두부대를 차단하기 위해 적의 보루 입구까지 바싹 붙어서 적들이 막사로 들어가지 못하게 하여야 합니다. 이렇게 하면 적은 반드시 패할 것입니다.

薄(박) 아주 가까이 접근한다는 의미임. 其(기) 그. 壘(루) 보루. 口(구) 입구. 無(무) 없다. 使(사) ~하게 하다. 得(득) 얻다. 入(입) 들어가다. 敵人(적인) 적 부대는. 必敗(필패) 반드시 패하다.

敵人無險阻保固, 深入長驅, 絕其糧道, 敵人必饑.

적인무험조보고, 심입장구, 절기량도, 적인필기.

⑤ 적군이 아군 지역에 깊숙이 침입한 상태에서 견고한 진지를 확보하지 못하고 병참선이 길어졌을 때, 적의 군량 수송로인 병참선을 끊어야 합니다. 이렇게 하면 적은 반드시 굶주림에 시달리게 될 것입니다.

敵人(적인) 적군. 無(무) 없다. 險阻(험조) 험하고, 험하다. 保(보) 확보하다. 固(고) 견고하다. 深入(심입) 깊이 들어와서. 長驅(장구) 길게 달려야 한다. 병참선이 길어졌다는 말임. 絕(절) 끊다. 其(기) 그. 糧道(량도) 양식을 옮기는 길. 병참선. 敵人(적인) 적 부대. 必(필) 반드시. 饑(기) 굶주리다.

地平而易, 四面見敵, 車騎陷之, 敵人必亂.
지평이이, 사면현적, 차기함지, 적인필란.
⑥ 전장이 넓은 평지이며 사방에서 적이 나타날 때는, 전차부대와 기병대를 함께 출동시켜야 합니다. 이렇게 하면 적은 반드시 혼란에 빠지게 될 것입니다.

地(지) 지형. 平(평) 평평하다. 易(이) 쉽다. 넓다. 四面(사면) 사방. 見(현) 나타나다. 敵(적) 적. 車(차) 전차부대. 騎(기) 기병대. 陷(함) 빠지다. 敵人(적인) 적 부대. 必(필) 반드시. 亂(란) 혼란스럽다.

敵人奔走, 士卒散亂, 或翼其兩旁, 或掩其前後, 其將可擒.
적인분주, 사졸산란. 혹익기양방, 혹엄기전후, 기장가금.
⑦ 적 부대가 분주하고 장병들이 어지럽게 흩어질 경우에는, 적의 좌우 양 측면과 앞뒤 제대를 공격하여야 합니다. 이렇게 하면 적장을 사로잡을 수 있을 것입니다.

敵人(적인) 적 부대. 奔(분) 달리다. 走(주) 달리다. 士卒(사졸) 장병들. 散(산) 흩어지다. 亂(란) 혼란스럽다. 或(혹) 혹은. 翼(익) 날개. 其(기) 그. 兩旁(양방) 양쪽 방향. 或(혹) 혹은. 掩(엄) 가리다. 其(기) 그. 前後(전후) 앞뒤. 其將(기장) 그 장수. 적장. 可(가) 가능하다. 擒(금) 사로잡다.

敵人暮返, 其兵甚衆, 其行陣必亂.
적인모반, 기병심중, 기행진필란.
⑧ 해가 저물어 적군이 막사로 돌아갈 때 적 병력이 많으면 진용이 반드시 어지럽게 될 것입니다.

敵人(적인) 적 부대. 暮(모) 해가 저물다. 返(반) 돌아오다. 其兵(기병) 그 부대. 적 부대. 甚(심) 심하다. 衆(중) 무리. 많다. 其(기) 그. 行陣(행진) 진을 펼치다. 必(필) 반드시. 亂(란) 어지럽다.

令我騎十而爲隊, 百而爲屯, 車五而爲聚, 十而爲群,
영아기십이위대, 백이위둔, 차오이위취, 십이위군
이럴 경우에는 그 혼란한 틈을 타서 기병 10기를 1대(隊)로, 100기를 1둔(屯)으로 편성하고, 전차는 5대를 1취(聚)로, 10대를 1군(群)으로 편성합니다.

令(령) 명령을 내리다. 我(아) 아군. 騎(기) 기병. 十(십) 기병 10기. 爲(위) 하다. 隊(대) 부대. 百(백) 100기의 기병으로. 爲(위) 하다. 屯(둔) 1개의 '둔'을 만들다. 車(차) 전차. 五(오) 전차 5대. 爲(위) 하다. 聚(취) 제대의 단위 명칭. 十(십) 10대의 전차로. 爲(위) 하다. 群(군) 제대의 단위명칭.

多設旌旂, 雜以强弩, 或擊其兩旁, 或絕其前後, 敵將可虜. 此騎之十勝也.
다설정기, 잡이강노, 혹격기양방, 혹절기전후, 적장가로. 차기지십승야.
그리고 많은 깃발을 세우고 강력한 궁수 부대를 혼합 편성하여, 적의 좌우를 협공하기도 하고 적의 전후를 차단하기도 하여야 합니다. 이렇게 하면 적장을 사로잡을 수 있습니다. 이상이 기병으로 승리하는 열 가지 전술입니다.
(* 열 가지라고 하였으나 여덟 가지만 논하고 있으므로, 전해오면서 누락된 듯함.)

多(다) 많다. 設(설) 설치하다. 旌旂(정기) 부대의 깃발. 雜(잡) 섞이다. 以(이) ~로써. 强弩(강노) 강한 쇠뇌. 활처럼 생긴 무기. 或(혹) 혹은. 擊(격) 치다. 其兩旁(기양방) 그 양방향으로. 或(혹) 혹은. 絕(절) 끊다. 其前後(기전후) 그 앞뒤 방향으로. 其將(기장) 그 장수. 적장. 可(가) 가능하다. 虜(로) 사로잡다. 此(차) 이것이. 騎(기) 기병의. 十勝(십승) 열 가지 이기게 되는 방법이다.

武王曰, 九敗奈何?
무왕왈, 구패내하?
무왕(武王)이 다시 물었다. 아홉 가지 패하는 길이란 어떤 것입니까?

武王曰(무왕왈) 무왕이 말하다. 九敗(구패) 아홉 가지 패하는 길. 奈何(내하) 어찌 되는가?

太公曰, 凡以騎陷敵而不能破陣, 敵人佯走, 以車騎返擊我後, 此騎之敗地也.
태공왈, 범이기함적이불능파진, 적인양주, 이차기반격아후, 차기지패지야.
태공(太公)이 대답하였다. ① 아군이 기병으로 적을 함락시키려 하였으나 적진을 완전히 격파하지 못하여, 적이 거짓으로 도주하는 척하다가 전차와 기병대로 아군 후방을 반격하면, 이것이 바로 아군 기병이 패하게 되는 상황입니다.

太公曰(태공왈) 태공이 말하다. 凡(범) 모름지기. 以騎(이기) 기병으로. 陷敵(함적) 적을 함락시키려고 했으나. 不能(불능) ~하지 못했다. 破陣(파진) 적진을 격파하다. 敵人(적인) 적 부대. 佯(양) 거짓으로. 走(주) 도망가다. 以車騎(이차기) 전차와 기병으로. 返擊(반격) 반격하다. 我後(아후) 아군 후방. 此(차) 이것이. 騎之(기지) 기병의. 敗地(패지) 패하게 되는 상황.

追北踰險, 長驅不止, 敵人伏我兩旁, 又絕我後, 此騎之圍地也.
추배유험, 장구부지, 적인복아양방, 우절아후, 차기지위지야.
② 패주하는 적을 추격하면서 험한 지형을 넘고 적진으로 너무 깊이 진입을 해서 멈추지 못

한 상황에서, 적이 아군 측 기동로 양쪽에 매복부대를 설치해 놓고 아군의 후방을 끊으면, 이것이 바로 기병이 포위되는 상황입니다.

追(추) 추격하다. 北(배) 패배한 적. 踰(유) 넘다. 險(험) 험한 지형. 長(장) 길게. 깊이. 驅(구) 몰다. 不止(부지) 그치지 못하다. 敵人(적인) 적 부대가. 伏(복) 매복하다. 我(아) 아군의. 兩旁(양방) 양방향으로. 又(우) 또한. 絕(절) 끊다. 我後(아후) 아군 후방을. 此(차) 이것. 騎之(기지) 기병의. 圍地(위지) 포위되는 상황.

往而無以返, 入而無以出, 是謂陷於天井, 頓於地穴, 此騎之死地也.
왕이무이반, 입이무이출, 시위함어천정, 둔어지혈, 차기지사지야.
③ 나아갈 수는 있어도 되돌아오기는 어려우며, 들어갈 수는 있어도 나올 수 없는 지형에 진입하는 것을 일컬어 '하늘의 우물 속에 빠지고, 땅 구멍 속에 빠졌다[134]'고 하는데, 이것이 바로 기병이 죽게 되는 상황입니다.

往(왕) 가다. 無(무) 없다. 以(이) 써. 返(반) 돌아오다. 入(입) 들어가다. 出(출) 나가다. 是謂(시위) 이를 일컬어. 陷(함) 빠졌다. 於天井(어천정) 하늘의 우물에. 頓(둔) 넘어지다. 주저앉다. 於地穴(어지혈) 땅의 구멍에. 此(차) 이것. 騎之(기지) 기병의. 死地(사지) 죽게 되는 상황.

所從入者隘, 所從出者遠. 彼弱可以擊我强, 彼寡可以擊我衆, 此騎之沒地也.
소종입자애, 소종출자원. 피약가이격아강, 피과가이격아중, 차기지몰지야.
④ 따라 들어가는 입구는 좁고 따라 나오는 출구는 멀리 돌아 나오게 되어 있어서, 약한 적이 강한 아군을 공격할 수 있고 적은 병력의 적군이 다수의 아군을 공격할 수 있는 곳에서 전투하면, 이를 일컬어 기병이 전멸하는 상황에 빠졌다고 하는 것입니다.

所(소) ~하는 바. 從(종) 따르다. 入(입) 들어가다. 者(자) ~하는 것. 隘(애) 좁다. 所(소) ~하는 바. 從(종) 따르다. 出(출) 나오다. 者(자) ~하는 것. 遠(원) 멀다. 彼(피) 적군. 弱(약) 약하다. 可(가) 가능하다. 以擊(이격) 공격하는 것이. 我(아) 아군. 强(강) 강하다. 彼(피) 적군. 寡(과) 적다. 衆(중) 병력이 많다. 此(차) 이것이. 騎之(기지) 기병의. 沒地(몰지) 아군이 가라앉는 상황. 아군이 전멸하는 상황.

134) 둔어지혈(頓於地穴). 땅 속 구멍에 빠졌다로 해석을 했으나, 頓자를 전통문화연구회에서 발간한 《육도직해》에서는 둔(屯)과 같은 뜻이라고 설명을 한바, 읽는 것도 같이 '둔'자로 하였다.

大澗深谷, 翳茂林木, 此騎之竭地也.
대간심곡, 예무림목, 차기지갈지야.
⑤ 큰 강과 깊은 골짜기, 무성한 수풀과 나무가 많이 우거진 지형에서 기병이 운용된다면, 이를 일컬어 기병의 전투력이 고갈되는 상황에 빠졌다고 하는 것입니다.

大(대) 크다. 澗(간) 계곡의 시내. 강. 深(심) 깊다. 谷(곡) 골짜기. 翳(예) 햇빛을 가리기 위한 큰 양산처럼. 茂(무) 우거지다. 林(임) 수풀. 木(목) 나무. 此(차) 이것. 騎之(기지) 기병의. 竭地(갈지) 다하다.

左右有水, 前有大阜, 後有高山, 三軍戰於兩水之間, 敵居表裏, 此騎之艱地也.
좌우유수, 전유대부, 후유고산, 삼군전어양수지간, 적거표리, 차기지간지야.
⑥ 좌우 측방에 물이 있고, 앞에는 큰 언덕이 있으며, 뒤에는 높은 산이 솟아 있어, 전군이 좌우로 물을 끼고 전투를 해야 하며, 적은 앞뒤에서 압박을 해오는 상황일 때, 이를 일컬어 기병이 곤경에 빠졌다고 하는 것입니다.

左右有水(좌우유수) 좌우측에 물이 있고. 前(전) 앞에는. 有大阜(유대부) 큰 언덕이 있고. 後有高山(후유고산) 뒤에는 높은 산이 있는 지형. 三軍(삼군) 전군이. 戰(전) 싸운다. 전투한다. 於兩水之間(어양수지간) 양쪽에 물을 끼고 전투를 해야 하는 지형을 설명. 敵居(적거) 적이 있다. 表裏(표리) 안과 밖으로. 此(차) 이것이. 騎之(기지) 기병의. 艱地(간지) 어려운 지형에 빠졌다. 어려운 상황에 빠졌다.

敵人絕我糧道, 往而無以還, 此騎之困地也.
적인절아량도, 왕이무이환, 차기지곤지야.
⑦ 적이 아군의 보급로를 차단하여, 전진할 수는 있어도 되돌아갈 퇴로가 없는 상황일 때, 이를 일컬어 기병이 곤란한 상황에 빠졌다고 하는 것입니다.

敵人(적인) 적 부대. 絕(절) 끊다. 我(아) 아군의. 糧道(량도) 식량을 나르는 길. 往(왕) 가다. 無以還(무이환) 돌아오는 것이 없다. 此(차) 이것이. 騎之(기지) 기병의. 困地(곤지) 어려운 상황에 빠졌다.

汙下沮澤. 進退漸洳, 此騎之患地也.
오하저택. 진퇴점여, 차기지환지야.
⑧ 지형이 더럽고 늪지나 연못 같은 것이 막고 있어서, 전진하거나 후퇴할 때에 점점 더 빠지는 상황에 처했을 때를 일컬어 걱정스러운 상황에 빠졌다고 하는 것입니다.

汙(오) 더럽다. 下(하) 아래. 沮(저) 막다. 澤(택) 못. 연못. 進退(진퇴) 전진하거나 후퇴. 漸(점) 점점. 洳(여) 물에 흠뻑 젖다. 此(차) 이것이. 騎之(기지) 기병의. 患地(환지) 걱정스러운 상황에 빠졌다.

左有深溝, 右有坑阜, 高下如平地, 進退誘敵, 此騎之陷地也.
좌유심구, 우유갱부, 고하여평지, 진퇴유적, 차기지함지야.
⑨ 좌측에는 깊은 도랑이 있고, 우측에는 구덩이나 언덕이 있는데도 높은 곳에서 아래를 볼 때는 평지처럼 보여서, 적의 유인작전에 말려들기 쉬운 곳을 일컬어 기병이 함락되는 상황에 빠졌다고 하는 것입니다.

左有(좌유) 좌측에 ~이 있다. 深(심) 깊다. 溝(구) 도랑. 右有(우유) 우측에 ~이 있다. 坑(갱) 구덩이. 阜(부) 언덕. 高(고) 높다. 下(하) 아래. 如(여) 같다. 平地(평지) 평평한 지형. 進退(진퇴) 전진과 후퇴. 誘(유) 꾀다. 敵(적) 적군. 此(차) 이것이. 騎之(기지) 기병의. 陷地(함지) 걱정스러운 상황에 빠졌다.

此九者, 騎之死地也. 明將之所以遠避, 闇將之所以陷敗也.
차구자, 기지사지야. 명장지소이원피, 암장지소이함패야.
이상은 기병이 패하는 아홉 가지 길입니다. 현명한 장수는 이러한 것을 멀리하고, 피하면서 싸우지만, 용렬한 장수는 이를 피하지 않고 그대로 싸우다가 패망하는 것입니다.

此九者(차구자) 이 아홉 가지는. 騎(기) 기병대가. 死地(사지) 패하는, 죽는 상황이다. 明將(명장) 현명한 장수는. 所(소) ~하는 바. 以(이) 써. 遠(원) 멀다. 避(피) 피하다. 闇將(암장) 어두운 장수. 陷(함) 빠지다. 敗(패) 패하다.

60). 戰步 전보. 보병부대의 운용

전보(戰步)란 보병(步兵)을 가지고 적의 전차부대, 기병대와 싸워서 승리를 취하고자 하는 것을 말한다.

—육도직해(六韜直解)에서—

武王問太公曰, 步兵與車騎戰, 奈何?

무왕문태공왈, 보병여차기전, 내하?

무왕(武王)이 태공(太公)에게 물었다. 보병이 적의 전차나 기병과 싸우려면 어찌해야 합니까?

武王問太公曰(무왕문태공왈) 무왕이 태공에게 물어 가로되. 步兵(보병) 도보 부대. 與(여) 주다. 같이하다. 車(차) 전차. 騎(기) 기병. 戰(전) 싸우다. 전투. 奈何(내하) 어찌해야 하는가?

太公曰, 步兵與車騎戰者, 必依丘陵險阻,

태공왈, 보병여차기전자, 필의구릉험조,

태공(太公)이 대답하였다. 보병이 전차나 기병과 싸우는 데에는 반드시 언덕이나 험조한 땅에 포진해서

太公曰(태공왈) 태공이 말하다. 步兵(보병) 도보부대. 與(여) 주다. 같이하다. 車(차) 전차. 騎(기) 기병. 戰(전) 싸우다. 전투. 者(자) ~라고 하는 것. 必(필) 반드시. 依(의) 의지하다. 丘(구) 언덕. 陵(릉) 큰 언덕. 險(험) 험하다. 阻(조) 험하다.

長兵强弩居前, 短兵弱弩居後, 更發更止.

장병강노거전, 단병약노거후, 경발경지.

장창대와 강노대를 앞에 배치하고, 단창대와 약노대를 뒤에 배치하여 서로 교대로 싸우면서 쉬게 합니다.

長兵(장병) 긴 창을 가진 부대. 장창대. 强弩(강노) 강한 활을 가진 부대. 강노대. 居(거) 있다. 前(전) 앞. 短兵(단병) 짧은 창을 가진 부대. 단창대 弱弩(약노) 약한 활을 가진 부대. 약노대. 居(거) 있다. 後(후) 뒤. 更(갱) 다시. 發(발) 쏘다. 更(경) 다시. 止(지) 멎다.

敵之車騎, 雖衆而至, 堅陣疾戰, 材士强弩, 以備我後.

적지차기, 수중이지, 견진질전, 재사강노, 이비아후.

적의 전차나 기병이 비록 대군으로 밀고 오더라도 진지를 굳게 지키면서 신속하게 싸우고, 재용의 병사나 강노의 병사들이 아군의 후방지역에 대비하도록 해야 합니다.

敵(적) 적군. 車騎(차기) 전차와 기병. 雖(수) 비록. 衆(중) 무리. 대부대. 至(지) 이르다. 堅(견) 견고하다. 陣(진) 진영. 疾(질) 빠르다. 戰(전) 싸우다. 材士(재사) 재용의 병사. 强弩(강노) 강한 활을 가진 부대. 강노대, 以(이) 써. 備(비) 대비하다. 我後(아후) 아군의 후방.

武王曰, 吾無丘陵, 又無險阻. 敵人之至, 旣衆且武, 車騎翼我兩旁, 獵我前後.

무왕왈, 오무구릉, 우무험조. 적인지지, 기중차무, 차기익아양방, 엽아전후.

무왕(武王)이 말하였다. 우리 측에는 언덕도 없고 험하고 막힌 땅도 없습니다. 적은 다수의 정예병인 데다 전차와 기병으로 양익을 공격하면서 앞뒤에서 아군을 핍박해 오고 있습니다.

武王曰(무왕왈) 무왕이 말하다. 吾(오) 나. 無(무) 없다. 丘(구) 언덕. 陵(릉) 큰 언덕. 又(우) 또. 無(무) 없다. 險(험) 험하다. 阻(조) 험하다. 敵(적) 적. 人(인) 부대. 至(지) 이르다. 旣(기) 이미. 衆(중) 무리. 부대. 且(차) 또. 武(무) 굳세다. 車騎(차기) 전차와 기병. 翼(익) 날개. 我(아) 아군. 兩旁(양방) 양쪽 방향. 獵(렵) 사로잡다. 前後(전후) 앞뒤.

吾三軍恐懼, 亂敗而走, 爲之奈何?

오삼군공구, 난패이주, 위지내하?

이렇게 되면 우리 군은 모두 공포에 떨면서 전열이 어지러워져 패주할 것입니다. 이러한 경우에는 어떻게 하는 것이 좋겠습니까?

吾(오) 나. 三軍(삼군) 전군(全軍)을 말함. 恐(공) 두려워하다. 懼(구) 두려워하다. 亂(란) 어지럽다. 敗(패) 패하다. 走(주) 달리다. 도망가다. 爲之奈何(위지내하) 어찌해야 하는가?

太公曰, 令我士卒爲行馬, 木蒺藜, 置牛馬隊伍, 爲四武衝陣,

태공왈, 영아사졸위행마, 목질려, 치우마대오, 위사무충진,

태공(太公)이 말했다. 병사에게 명하여 행마(行馬)와 목질려(木蒺藜)를 만들고 우마(牛馬)의 대오를 조직하여 네 개의 무충(武衝) 부대로 진을 만들게 합니다.

太公曰(태공왈) 태공이 말하다. 令(령) 명령을 내리다. 我(아) 나. 士卒(사졸) 병사들. 爲(위) ~하다. 行(행) 행하다. 馬(마) 말. 木蒺藜(목질려) 나무로 만든 장애물 종류. 置(치) 설치하다. 牛馬隊伍(우마대

오) 소와 말로 편성된 부대. 爲(위) ~하다. 四武衝陣(사무충진) 네 개의 특수임무 부대.

望敵車騎將來, 均置蒺藜, 掘地匝後, 廣深五尺, 名曰命籠.
망적차기장래, 균치질려, 굴지잡후, 광심오척, 명왈명롱.
그런 다음 적의 전차나 기마가 습격해 오는 것이 보이면, 일제히 질려(蒺莉)를 뿌리고 땅을 파서 참호를 두르는데, 폭과 깊이는 각각 다섯 자씩으로 합니다. 이것을 목숨의 바구니(命籠)라고 합니다.

望(망) 바라보다. 敵車騎(적차기) 적 전차와 기병. 將來(장래) 가까운 미래. 均(균) 고르게. 置(치) 설치하다. 蒺莉(질려) 장애물 종류. 掘(굴) 파다. 地(지) 땅. 匝(잡) 둘레. 後(후) 뒤. 廣(광) 넓이. 深(심) 깊이. 五尺(오척) 길이의 단위 오 척. 名曰(명왈) 이름을 붙이다. 命籠(명롱) 목숨 주머니.

人操行馬進步, 闌車以爲壘, 推而前後, 立而爲屯, 材士强弩, 備我左右.
인조행마진보, 난차이위루, 추이전후, 입이위둔, 재사강노, 비아좌우.
각 병사에게는 기병과 도보 부대를 활용해서 전차를 이용하여 진을 쳐서 가로막게도 하고, 재용의 병사나 강노의 병사를 좌우로 비치합니다.

人(인) 사람. 병사들. 操(조) 잡다. 行(행) 행하다. 馬(마) 말. 進(진) 나아가다. 步(보) 걸음. 闌(란) 가로막다. 車(차) 전차. 以(이) 써. 爲(위) 하다. 壘(루) 진. 推(추) 옮기다. 前後(전후) 앞뒤로. 立(입) 서다. 爲(위) 하다. 屯(둔) 진을 치다. 材士(재사) 특수한 부대 중의 하나. 强弩(강노) 강한 활로 무장된 부대. 備(비) 대비하다. 我左右(아좌우) 아군의 좌우.

然後令我三軍, 皆疾戰而不解.
연후령아삼군, 개질전이불해.
그런 다음에 전군에 명을 내려 모두 신속하게 싸운다면 해결을 할 수 있을 것입니다.

然後(연후) ~한 이후. 그렇게 한 이후. 令(령) 명령을 내리다. 我三軍(아삼군) 아군 전체. 皆(개) 모두. 疾戰(질전) 신속히 싸우다. 不(불) 아니다. 解(해) 풀다.

武王曰, 善哉.
무왕왈, 선재.
무왕이 말하기를, 과연 좋은 전법입니다.

武王曰(무왕왈) 무왕이 말하다. 善(선) 좋다. 哉(재) 어조사.

第四書.【三 略】

제4서. 삼 략

《삼략(三略)에 대하여》

무경칠서(武經七書)중 가장 분량이 적은 병서입니다. 상략(上略), 중략(中略), 하략(下略) 등 3개의 장(章)으로 구성되어 있어 삼략(三略)입니다.

지은이를 알아보면, 강태공(姜太公)의 저서라는 설도 있고, 황석공(黃石公)의 저서라는 설도 있습니다. 은나라와 주나라 시대의 전투 양상은 대개 전차전이었는데, 그 시절에는 존재하지 않았던 기마전과 그 시대에 사용되지 않는 용어들이 언급되는 점 등을 고려하면 후대의 인물이 강태공(姜太公) 또는 황석공(黃石公)의 이름을 빌려서 쓴 책이라는 설도 있습니다. 삼략(三略)의 원래 명칭이 황석공 삼략(黃石公 三略)이라는 점을 고려하면 강태공(姜太公)보다는 황석공(黃石公)이 지었다는 설이 훨씬 더 유력합니다. 사마천(司馬遷)의 사기(史記)에 황석공(黃石公)과 관련된 일화가 나오는데, 그 이야기 속에서 한나라의 건국공신 장량(張良)에게 전해주었다는 책이 바로 삼략(三略)으로 추정되고 있습니다.

어떤 일화인지 간단하게 소개하면 이렇습니다. 장량(張良)이 진시황(秦始皇) 암살에 실패한 후 은거하고 있던 마을을 산책하던 중, 다리에 있던 노인이 신발을 다리 아래로 떨어뜨려 놓고 가져오라고 했습니다. 장량(張良)은 화를 참으며 갖다 주었습니다. 그러자 노인이 가르칠 만한 성품이라 칭찬하면서 닷새 뒤 새벽에 나오라고 하였습니다. 속는 셈 치고 장량(張良)이 새벽에 나갔으나 노인보다 늦게 나왔다고 꾸중을 듣기를 몇 차례, 이후 장량(張良)은 한밤중부터 기다려 노인을 만났습니다. 그러자 노인이 칭찬과 함께 책을 전해주면서 "이 책을 읽으면 왕자(王者)의 스승이 될 수 있으며, 10년 뒤 그 뜻을 이룰 것이며, 13년 뒤 나를 만날 수 있을 것인데, 곡성산 아래 황석(黃石)이 바로 나다."라고 하였습니다. 이후 노인의 말대로 10년 뒤 유방을 도와 한나라를 일으켰으며, 13년 뒤 노인이 일러준 곡성산 아래를 지날 때 큰 황석(黃石)을 보게 되었다고 합니다. 그 후 장량(張良)은 그 황석(黃石)에게도 제사를 지냈다는 이야기입니다.

삼략(三略)은 무경칠서(武經七書) 중에서 가장 간결한 병서입니다. 다른 병서의 내용은 대부분 전략전술(戰略戰術)에 관한 내용인데 반해 삼략(三略)은 정략(政略)을 주제로 한 내용으로 구성되어 있다는 평이 있습니다. 병법서라는 느낌보다 치민(治民), 치국(治國) 등과 같이 정치적인

느낌이 더 많이 드는 것이 사실입니다. 상략(上略), 중략(中略), 하략(下略)으로 구분은 하고 있지만, 이는 내용에 따른 구분이 아닌 편의상 구분한 것으로 생각됩니다.

육도(六韜)와 삼략(三略)은 서로 떼어놓고 얘기하기보다 육도삼략(六韜三略)으로 같이 부르는 경우가 많습니다. 그 사상이 일부 유가와 법가의 영향을 받기는 했지만, 대부분이 노자(老子)의 영향을 받았다는 점에서 유사하기 때문입니다. 그 내용을 한마디로 요약한다면, 육도(六韜)는 병법을 포함한 치술(治術) 여섯 가지, 삼략(三略)은 세 가지 기략(機略)을 설명한 것이라고 할 수 있습니다. 육도(六韜)와 같이 비교하면서 보는 것도 하나의 방법일 것입니다.

第一. 上略 제1. 상략.

夫 主將之法, 務攬英雄之心.

부 주장지법, 무람영웅지심.

모름지기 군주나 장수가 되기 위해서는 영웅이라 일컫는 인재들의 마음을 잡는 데 힘을 써야 한다.

夫(부) 모름지기. 主將(주장) 군주와 장수. 法(법) 방법. 務(무) 힘쓰다. 攬(람) 잡다. 英雄之心(영웅지심) 영웅이나 인재들의 마음.

故 與衆同好, 靡不成, 與衆同惡, 靡不傾. 賞祿有功, 通志于衆.

고 여중동호, 미불성, 여중동오, 미불경. 상록유공, 통지우중.

그러므로 백성들이나 부하들이 좋아하는 것을 함께한다면 좋은 군주나 장수가 될 수 있지만, 백성들이나 부하들이 싫어하는 것만 하면 좋은 군주나 장수가 될 수 없다. 그리고 공을 세운 경우에는 상을 충분히 주어야 할 것이며, 백성들과 뜻하는 바가 서로 통해야 한다.

故(고) 그러므로. 與衆(여중) 부하들과 함께한다. 同好(동호) 좋아하는 것을 같이 하다. 靡不成(미불성) 이루어지지 않을 수 없다. 與衆(여중) 부하들과 함께한다. 同惡(동오) 싫어하는 것도 같이하다. 靡不傾(미불경) 이루어지지 아니한다. 賞祿(상록) 상과 녹봉을 주다. 有功(유공) 공이 있는 자에게. 通(통) 통하다. 志(지) 뜻. 于(우) 어조사. 衆(중) 무리.

治國安家, 得人也, 亡國破家, 失人也, 含氣之類, 咸願得其志.

치국안가, 득인야, 망국파가, 실인야, 함기지류, 함원득기지.

나라를 잘 다스리고 각 가정이 편안하게 되는 것은 인재를 얻었기 때문이오, 나라가 망하고 각 가정이 파탄 나는 것은 인재를 잃었기 때문이다. 모름지기, 모든 기(氣)를 머금고 있는 사람이라면 모두 자신이 하고자 하는 뜻이 이루어지기를 원하는 법이다.

治國(치국) 나라가 잘 다스려지고. 安家(안가) 각 가정이 편안한 것은. 得人(득인) 인재를 얻었기 때문이다. 亡國(망국) 나라가 망하고. 破家(파가) 각 가정이 파탄이 나는 것은. 失人(실인) 인재를 잃었기 때문이다. 含氣之類(함기지류) 기를 머금고 있는 무리=사람을 의미함. 咸願(함원) 모두 다 원한다. 得其志(득기지) 자신이 원하는 뜻이 얻어지다.

軍讖曰, 柔能制剛, 弱能制强. 柔者德也. 剛者賊也.
군참왈, 유능제강, 약능제강. 유자덕야. 강자적야.
《군참》[135]에서 이렇게 말하였다. 부드러움이 능히 굳센 것을 제압할 수 있고, 약한 것도 능히 강한 것을 제압할 수 있다. 부드러움이 능히 굳센 것을 제압할 수 있는 이유는, 부드러움에는 덕(德)이 있어서 오히려 장점으로 작용할 수 있는데, 반대로 굳세기만 하면 다른 이들의 마음을 상하게 하거나, 해칠 수 있기 때문이다.

軍讖(군참) 병법서를 말함. 曰(왈) 이르기를. 柔(유) 부드러움. 能(능) 능히 ~할 수 있다. 制(제) 제압하다. 剛(강) 굳셈. 弱(약) 약하다. 强(강) 강하다. 柔者(유자) 부드러운 것. 德(덕) 베풀다. 덕. 剛者(강자) 굳센 자. 賊(적) 상하게 하다. 해치다.

弱者人之所助. 强者怨之所攻.
약자인지소조. 강자원지소공.
약한 것이 능히 강한 것을 제압할 수 있는 이유를 살펴보면, 약자(弱者)의 경우에는 스스로 약하다고 인정하기 때문에 다른 사람들의 도움을 잘 받을 수 있어서 오히려 강점으로 작용하고, 강자(强者)의 경우는 스스로 강하다고 자만하여 다른 사람의 원망을 사서 공격받을 일이 많기 때문에 오히려 약점이 된다.

弱者(약자) 약한 자. 人(인) 다른 사람. 所(조) ~하는 바. 助(조) 돕다. 强者(강자) 강한 자. 怨(원) 원망하다. 攻(공) 공격하다.

柔有所設, 剛有所施, 弱有所用, 强有所加, 兼此四者, 而制其宜.
유유소설, 강유소시, 약유소용, 강유소가, 겸차사자, 이제기의.
남에게 베풀 경우가 있을 때는 부드럽게, 무슨 일을 시행할 때는 굳세게 추진하며, 다른 사람의 도움을 받아야 할 필요가 있을 때는 약점을 보일 필요도 있다는 것이고, 때로 어려운 상황에 처하거나 힘을 보탤 일이 있을 경우에는 강하게 추진해야 할 때도 있는 것이다. 즉, 유 · 강 · 약 · 강(柔 · 剛 · 弱 · 强) 이 네 가지 모두 마땅히 쓰여야 할 곳에, 잘 아울러서 사용해야 한다.

135) 군잠(軍讖). 전쟁의 승패를 예언적으로 서술한 중국고대 병법서로만 알려져 있고, 현재 남아있지 않아서 확인할 길이 없음.

柔(유) 부드러움. 有(유) 있다. 所設(소설) 베푸는 바. 剛(강) 굳세다. 所施(소시) 시행하는 바. 弱(약) 약하다. 所用(소용) 쓰이는 바. 强(강) 강하다. 所加(소가) 더해야 하는 바. 兼(겸) 겸하다. 아우르다. 此四者(차사자) 이 4가지는. 制(제) 마름질하다. 제어하다. 其宜(기의) 그 마땅히 쓰여야 할 곳.

端末未見, 人莫能知. 天地神明, 與物推移.

단말미견, 인막능지. 천지신명, 여물추이.

세상의 모든 일은 시작과 끝이 있는데, 다 겪어보지 않고서는 사람들이 능히 알 수가 없다. 그리고 천지(天地)의 움직임은 신명(神明)한데, 그 이유는 모든 사물은 시간이 흐름에 따라 자꾸 변하기 때문이다.

端末(단말) 시작과 끝. 未見(미견) 겪어보지 않다. 人(인) 사람들. 莫(막) 없다. 能(능) 능히 ~하다. 知(지) 알다. 天地(천지) 하늘과 땅. 神明(신명) 하늘과 땅의 신령을 말함. 與物(여물) 세상의 모든 사물과 함께. 推移(추이) 일이나 형편이 시간에 따라 변화함.

變動無常, 因敵轉化. 不爲事先, 動而輒隨.

변동무상, 인적전화. 불위사선, 동이첩수.

세상의 모든 사물은 일정한 형태 없이 변하고 움직이며, 따라서 적의 변화도 수시로 변하는 것이다. 적의 변화를 살피지도 않고 있다가 적이 움직인다고 해서 따라서 급하게 움직이거나 먼저 일을 도모하려고 하지 말고 적의 변화를 잘 살펴서 그에 대응해야 한다.

變動(변동) 변하고 움직이는 것. 無常(무상) 일정한 형태가 없다. 因敵(인적) 적으로 인해. 轉化(전화) 바뀌어서 다르게 됨. 不爲(불위) 하지 말아야 한다. 事(사) 일. 先(선) 먼저. 動(동) 움직이다. 輒(첩) 문득. 隨(수) 따르다.

故能圖制無疆, 扶成天威. 康正八極, 密定九夷. 如此謀者, 爲帝王師.

고능도제무강, 부성천위. 강정팔극, 밀정구이. 여차모자, 위제왕사.

그렇게 하면, 하고자 하는 큰 그림을 끝도 없이 마음대로 그릴 수 있는 것처럼 하고자 하는 바를 모두 이룰 수 있으며, 그렇게 하여 이룬 것을 떠받들고 천자의 위엄을 세울 수 있으며, 사방팔방을 의미하는 팔극까지 편안히 바르게 잡을 수 있게 되며, 주변의 모든 오랑캐

세력인 구이(九夷)까지도 은밀히 평정할 수 있을 것이다. 이렇게 일을 도모한다면136), 제왕의 스승이 될 수 있다.

故(고) 그러므로. 能(능) 능히 ~하다. 圖(도) 그림. 制(제) 만들다. 無(무) 없다. 疆(강) 지경. 끝. 경계. 扶(부) 돕다. 成(성) 이루다. 天(천) 하늘. 천자. 威(위) 위엄. 康(강) 편안하다. 正(정) 바르다. 八極(팔극) 팔방의 끝. 密(밀) 은밀하다. 定(정) 정하다. 九夷(구이) 옛날 중국에서 부르던 동쪽의 아홉 오랑캐 족을 말함. 如(여) ~와 같다. 此(차) 이것. 謀(모) 도모하다. 꾀하다. 者(자) ~하는 것. 爲(위) ~하다. 帝王(제왕) 왕. 임금. 師(사) 스승.

故曰, 莫不貪强, 鮮能守微, 若能守微, 乃保其生. 聖人存之, 以應事機.
고왈, 막불탐강, 선능수미, 약능수미, 내보기생. 성인존지, 이응사기.
옛말에 이르기를, 강한 것은 탐내지 않는 사람이 없지만, 작고 미미한 것을 잘 지키는 사람은 드물다고 했습니다. 만약 작고 미미한 것이라고 능히 잘 지키는 것이 곧 자기의 목숨을 보전하는 것이다. 옛 성인들은 강한 것뿐 아니라 부드럽고 약함도 잘 유지함으로써, 일을 도모함에 있어서 그 시기 시기마다 잘 대응하였던 것이다.

故曰(고왈) 옛 말에 이르기를. 莫(막) 없다. 不貪(불탐) 탐내지 않는다. 强(강) 강하다. 鮮(선) 드물다. 能守(능수) 능히 잘 지키다. 微(미) 미미하다. 작다. 若(약) 만약~와 같다. 能守微(능수미) 작은 것을 잘 지키다. 乃(내) 이에. 保(보) 지키다. 其生(기생) 그 생명. 聖人(성인) 성인. 存(존) 있다. 以應(이응) 잘 대응함으로써. 事(사) 일. 機(기) 시기.

舒之彌四海, 卷之不盈杯, 居之不以室宅, 守之不以城郭, 藏之胸臆, 而敵國服.
서지미사해, 권지불영배, 거지불이실댁, 수지불이성곽, 장지흉억, 이적국복.
앞에서 말한 것들을 잘 펼치면 사해 먼바다까지 펼칠 수 있으나, 잘하지 못하면 술잔 하나에도 다 차지 못하게 된다. 그러한 것들은 마음에 기인한 것이기 때문에 그러한 마음을 두는 데에는 집과 같은 건물이 필요가 없으며, 또한 그러한 마음을 지키는 데에도 성곽(城郭)137)과 같은 것이 필요가 없다. 그리고 그러한 마음이나 정신 자세를 가슴속에 잘 담아

136) 여차모자(如此謀者). 그대로 해석하면, '이렇게 일을 도모한다면'으로 해석이 되지만, 如자가 知자로 되어 있는 판본이 있는데, 그럴 경우에는 '이와 같은 계책을 아는 자'로 해석이 가능함.

137) 성곽(城郭). 내성과 외성을 의미하는 글자가 서로 다른데 이를 설명하면 다음과 같다. 內城=城, 外城=郭, 따라서 성곽(城郭)이라하는 것은 내성과 외성을 합친 의미를 가진다.

두고 마음에 깊이 새겨서 행동한다면, 적국을 굴복시킬 수 있다.

舒(서) 펼치다. 펴다. 彌(미) 두루. 四海(사해) 사방의 바다. 巻(권) 움켜쥐다. 不盈(불영) 차지 않는다. 杯(배) 잔. 居(거) 기거하다. 不(불) 아니다. 以(이) 써. 室宅(실댁) 집, 저택 같은 건물. 守(수) 지키다. 城郭(성곽) 성의 둘레. 藏(장) 감추다. 胸(흉) 가슴. 臆(억) 가슴. 敵國(적국) 적국. 服(복) 굴복시키다.

軍讖日, 能柔能剛, 其國彌光. 能弱能强, 其國彌彰.

군참왈, 능유능강, 기국미광. 능약능강, 기국미창.

《군참》138)에서 다음과 같이 말하였다. 군주가 부드러움과 굳센 것을 능히 잘 사용하면 그 나라의 빛이 널리 두루 비칠 것이오. 군주가 약함과 강한 것을 능히 잘 사용하면, 그 나라는 더욱 발전할 것이다.

軍讖(군참) 병법서를 말함. 日(왈) 이르기를. 能柔(능유) 부드러움을 능숙하게 사용하다. 能剛(능강) 굳셈을 능숙하게 사용하다. 其國(기국) 그러한 나라는. 彌(미) 두루. 光(광) 빛이 나다. 能弱(능약) 약함을 능숙하게 사용하다. 能强(능강) 강함을 능숙하게 사용하다. 其國(기국) 그러한 나라는. 彌(미) 두루. 彰(창) 밝다.

純柔純弱, 其國必削, 純剛純强, 其國必亡.

순유순약, 기국필삭, 순강순강, 기국필망.

그러나 오로지 부드러움과 약함만으로 정치를 하거나 군대를 운용하면 그 나라는 반드시 망하게 될 것이오, 오로지 굳세게 강하게만 정치를 하여도 그 나라는 반드시 망하게 될 것이다

純柔(순유) 부드럽기만 하다. 純弱(순약) 약하기만 하다. 其國(기국) 그러한 나라는. 必(필) 반드시. 削(삭) 깍다. 깍이다. 純剛(순강) 굳세기만 하다. 純强(순강) 강하기만 하다. 其國(기국) 그러한 나라는. 必(필) 반드시. 亡(망) 망한다.

夫爲國之道, 恃賢與民, 信賢如腹心, 使民如四肢, 則策無遺.

부위국지도, 시현여민, 신현여복심, 사민여사지, 즉책무견.

---

138) 군참(軍讖). 전쟁의 승패를 예언적으로 서술한 중국고대 병법서로만 알려져 있고, 현재 남아있지 않아서 확인할 길이 없음.

모름지기 나라를 잘 다스리는 길은 훌륭한 인물과 백성들에게 달려있고, 훌륭한 인재는 마치 심복들의 마음을 믿는 것처럼 믿어야 하며, 백성들은 마치 내 몸의 사지를 움직이는 것처럼 운용되어야 한다. 그리하면, 모든 국가의 시책이나 정책들이 시행됨에 있어서 버릴게 하나도 없게 된다.

夫(부) 모름지기. 爲國之道(위국지도) 나라를 잘 다스리는 길은. 恃(시) 달려있다. 믿다. 賢(현) 훌륭한 인물. 與(여) 같이하다. 民(민) 백성들. 信(신) 믿다. 賢(현) 훌륭한 인물. 如(여) ~같이. 腹(복) 심복. 心(심) 마음. 使(사) ~하게 하다. 四肢(사지) 팔다리와 같은 사지. 則(즉) 곧. 그리하면. 策(책) 정책, 국가의 시책. 無(무) 없다. 遣(견) 멀리 보내다.

所適如肢體相隨, 骨節相救, 天道自然, 其巧無間.

소적여지체상수, 골절상구, 천도자연, 기교무간.

국가의 시책이 적용되는 곳마다 몸의 각 부분이 잘 움직이는 것처럼 서로 잘 따르게 되고, 뼈마디도 서로 도와서 움직이는 것처럼 하늘의 이치가 자연스럽게 되는 것과 같이 그 정교함과 교묘함이 빈틈이 없게 된다.

所適(소적) 적용되는 바. 如(여) ~과 같이. 肢體(지체) 팔다리와 몸. 相(상) 서로. 隨(수) 따르다. 骨節(골절) 뼈마디. 相(상) 서로. 救(구) 구하다. 天道(천도) 하늘의 이치. 自然(자연) 자연스럽다. 其巧(기교) 그 정교함과 교묘함. 無間(무간) 빈틈이 없다.

軍國之要, 察衆心, 施百務.

군국지요, 찰중심, 시백무.

군대를 통솔하고 나라를 다스리는 비결은 다음과 같다. 백성이나 부하의 마음을 잘 살피는 것과 마음을 잘 살핀 결과를 모든 업무에 잘 적용하여 시행하는 것이다. 나라를 잘 다스리는 경우 스무 가지를 예로 들면 다음과 같다.

軍(군) 군대. 國(국) 나라. 要(요) 요점. 비결. 察(찰) 살피다. 衆心(중심) 무리들의 마음. 施(시) 시행하다. 百務(백무) 백 가지 업무. 모든 일을 말함.

危者安之. 懼者歡之. 叛者還之. 冤者原之. 訴者察之.

위자안지. 구자환지. 반자환지. 원자원지. 소자찰지.

① 위험에 처한 자는 잘 도와서 안정시켜주고, ② 두려움에 떨고 있는 자는 잘 어루만져 즐

겁게 해주고, ③ 배반하는 자는 잘 타일러 돌아오게 하고, ④ 원통한 일이 있는 자는 근원을 찾아 해결해 주고, ⑤ 소송을 제기한 자는 잘 살펴서 사실 여부를 확인해 주고,

危(위) 위험에 처하다. 安(안) 안정시키다. 懼(구) 두려워하다. 歡(환) 기쁘게 해주다. 叛(반) 배반하다. 還(환) 돌아오게 하다. 冤(원) 원통하다. 原(원) 근원. 訴(소) 소송하다. 察(찰) 잘 살피다.

卑者貴之. 强者抑之. 敵者殘之. 貪者豐之. 欲者使之.
비자귀지. 강자억지. 적자잔지. 탐자풍지. 욕자사지.
⑥ 재능이 있되 신분이 비천한 자는 귀하게 여겨 주고, ⑦ 너무 강하기만 한 자는 억제토록 하고, ⑧ 적대행위를 하는 자는 철저히 응징하고, ⑨ 재물을 탐하는 자는 넉넉하게 주어 포섭하고, ⑩ 욕심이 많은 자는 일을 많이 주어 일하게 하고,

卑(비) 비천하다. 貴(귀) 귀하게 대접하다. 强(강) 강하다. 抑(억) 누르다. 억제하다. 敵(적) 적대행위를 하다. 殘(잔) 허물어뜨리다. 貪(탐) 재물을 탐하다. 豐(풍) 풍요롭게 해주다. 欲(욕) 욕심이 많다. 使(사) 일을 시키다.

畏者隱之. 謀者近之. 讒者覆之. 毁者復之. 反者廢之.
외자은지. 모자근지. 참자복지. 훼자복지. 반자폐지.
⑪ 약점이 많아 두려워하는 자는 그 허물을 덮어주고, ⑫ 지모가 뛰어난 자는 가까이 두어 활용을 하고, ⑬ 중상 모략하는 자는 모략한 것을 반대로 받아들이며, 처벌해주고, ⑭ 명예가 훼손된 자는 그 명예를 회복시켜 주고, ⑮ 반역을 꾀한 자는 폐하고,

畏(외) 두려워하다. 隱(은) 덮어주다. 謀(모) 지모가 뛰어나다. 近(근) 가까이 두다. 讒(참) 중상모략하다. 覆(복) 반대로 받아들이다. 毁(훼) 명예가 훼손되다. 復(복) 회복시켜 주다. 反(반) 반역하다. 廢(폐) 폐하다.

橫者挫之. 滿者損之. 歸者招之. 服者活之. 降者脫之.
횡자좌지. 만자손지. 귀자초지. 복자활지. 항자탈지.
⑯ 의욕이 넘쳐 종횡으로 뛰어다니는 자는 주저앉히고, ⑰ 자만한 자는 그 자만을 꺾어주고, ⑱ 귀순하는 자는 받아들여 주고, ⑲ 복종하는 자는 살려서 활기를 불어 넣어주고, ⑳ 항복하는 자는 그 죄를 벗겨주면 된다.

橫(횡) 가로. 종횡으로 다니다. 挫(좌) 주저앉히다. 滿(만) 가득 차다. 자만하다. 損(손) 덜어주다. 歸(귀) 돌아오다. 귀순하다. 招(초) 불러들이다. 초대하다. 服(복) 복종하다. 活(활) 살게 해주다. 降(항)

항복하다. 脫(탈) 벗기다. 죄를 벗기다.

獲固守之. 獲阨塞之. 獲難屯之. 獲城割之. 獲地裂之.
획고수지. 획액색지. 획난둔지. 획성할지. 획지열지.
군사력을 운용하는 경우 열여덟 가지를 예로 들면 다음과 같다.
① 견고한 거점을 탈취하면 굳게 지키고, ② 중요한 길목을 장악하면 철저히 막아야 하며, ③ 다음에 확보하기 어려운 지역을 장악하면 병력을 주둔시키고, ④ 성을 확보하면 전공을 세운 이들에게 할당을 해주고,

獲(획) 얻다. 固(고) 견고한 지형. 守(수) 지키다. 阨(액) 좁은 지형. 塞(색) 막히다. 難(난) 어려운 지형. 屯(둔) 진을 치다. 城(성) 성. 割(할) 할당하다. 地(지) 땅. 裂(렬) 찢어지다.

獲財散之. 敵動伺之. 敵近備之. 敵强下之.
획재산지. 적동사지. 적근비지. 적강하지.
⑤ 토지를 획득하면 장수들에게 찢어서 나누어 주고, ⑥ 재물을 노획하면 골고루 나누어 분배하여야 하고, ⑦ 적이 움직이면 그 행동을 잘 엿보고(예의주시해서 보고), ⑧ 적이 근접해 오면 대비를 철저히 하고, ⑨ 적이 강하면 나를 낮추어 적이 자만에 빠지게 하고,

獲(획) 얻다. 財(재) 재물. 散(산) 나누어 주다. 敵(적) 적군. 動(동) 움직이다. 伺(사) 엿보다. 近(근) 가까이 오다. 備(비) 대비하다. 强(강) 강하다. 下(하) 나를 낮추어 자만하게 하다.

敵佚去之. 敵陵待之. 敵暴緩之. 敵悖義之. 敵睦攜之.
적일거지. 적릉대지. 적폭완지. 적패의지. 적목휴지.
⑩ 적이 편안해 보이면 그들을 움직이게 하여야 하고, ⑪ 적이 언덕에 잘 배치되어 있으면 급히 싸우지 말고 기다리며, ⑫ 적장이 포악하면 맞서지 말고 느슨하게 대응하고, ⑬ 적이 패악 무도하면 대의명분으로 맞서고, ⑭ 적이 상하단결이 잘 되어 화목하면 이간질하고,

敵(적) 적군. 佚(일) 편안하다. 去(거) 가게 하다. 움직이게 하다. 陵(릉) 언덕. 待(대) 기다리다. 暴(폭) 사납다. 緩(완) 느리다. 느슨하다. 悖(패) 패악 무도하다. 義(의) 의롭다. 대의명분. 睦(목) 화목하다. 攜(휴) 끌다. 이간질하다.

順擧挫之. 因勢破之. 放言過之. 四網羅之.

순거좌지. 인세파지. 방언과지. 사망라지.

⑮ 민심에 순응하여 일치단결하면 적을 꺾을 수 있으며, ⑯ 적의 세력을 잘 활용하면 적을 격파할 수 있으며, ⑰ 유언비어를 잘 퍼뜨리면 적이 과실에 빠지게 할 수 있으며, ⑱ 사방에 그물을 펴듯이 인재를 가려 발탁하면 적을 약화할 수 있다.

順(순) 순하다. 擧(거) 일어나다. 挫(좌) 꺾다. 적을 꺾다. 因(인) ~로 인하다. 勢(세) 기세. 破(파) 격파하다. 적을 격파하다. 放言(방언) 유언비어. 過(과) 과실. 적을 과실에 빠지게 하다. 四(사) 사방을 말함. 網(망) 그물을 펴다. 羅(라) 그물을 펴다.

得而勿有, 居而勿守, 拔而勿久, 立而勿取.

득이물유, 거이물수, 발이물구, 입이물취.

다음의 경우는 군주나 장수가 어떻게 처신해야 하는 가를 설명하는 것이다.

① 적의 재물을 얻으면 혼자 소유하지 말고 잘 나누어 주어야 하고, ② 적지를 획득하여 머물게 되더라도 오래 지키고 있어서는 안 된다. ③ 적을 정벌하러 갈 때는 오래 끌지 말아야 하며, ④ 적이 새로운 왕을 옹립했을 때는 탈취하지 말고 그대로 두어야 한다.

得而勿有(득이물유) 재물을 얻으면 혼자 소유하지 말라. 居而勿守(거이물수) 적지역에 머물게 되면 오래 지키고 있지 말라. 拔而勿久(발이물구) 적을 정벌하러 가면 오래 끌지 말라. 立而勿取(입이물취) 적이 새로운 왕을 세우면 취하지 말라.

爲者則己, 有者則士, 焉知利之所在.

위자즉기, 유자즉사, 언지리지소재.

국정을 운영하는 자는 군주나 장수 자신이며, 성공을 만드는 자는 여러 선비들이니, 어찌 이로움이 있는 바를 알겠는가?139)

爲者(위자) 국정을 운영하다. 則(즉) 곧. 己(기) 자기=군주나 장수를 말함. 有者(유자) 성공을 있게 만드는 자. 士(사) 선비=여러 선비들. 焉知(언지) 어찌 알겠는가. 利之所在(이지소재) 이로움이 있는 곳.

彼爲諸侯, 己爲天子, 使城自保, 令士自處.

---

139) 이 문장을 삼략직해(三略直解)에서는 빠진 글과 오자가 있다고 다음과 같이 설명하고 있음. 爲者則己 ⇨ 爲國政者在自己. 국정을 하는 자는 자기 자신이다. 有者則士 ⇨ 有成功者 在衆士 . 성공이 있는 것은 여러 선비들에게 있다. 焉知利之所在 ⇨ 何以知利所在. 어찌 이로움이 있는 바를 알겠는가?

피위제후, 기위천자, 사성자보, 영사자처.

내가 임명한 제후들을 보내어 지방을 다스리게 하고 나는 중앙에서 통제하며 천자가 되고, 주위 제후들이 성을 쌓아 스스로 지키게 하고, 훌륭한 인재들을 뽑아 스스로 일하게 해야 한다.

彼(피) 저들. 爲諸侯(위제후) 제후로 삼다. 己(기) 나. 爲天子(위천자) 천자가 되다. 使(사) ~하게 하다. 城(성) 성. 自保(자보) 스스로 지키다. 令(령) 명령을 내리다. 士(사) 군사. 인재. 自處(자처) 자기 일을 스스로 처리함.

世能祖祖, 鮮能下下, 祖祖爲親, 下下爲君.

세능조조, 선능하하, 조조위친, 하하위군.

세상에는 능히 조상을 받들 줄 아는 사람은 많은 반면 아래로 백성들에게 베풀어 사랑할 줄 아는 이는 드물다. 그러나 조상을 잘 받드는 것은 어버이를 위하는 일이요[140], 아래로 잘 베푸는 것은 바로 군주를 위하는 일임을 알아야 한다.

世(세) 세상에는. 能(능) 능히 ~하다. 祖祖(조조) 조상을 받들다. 鮮(선) 드물다. 下下(하하) 아래로 아래로 베풀다. 祖祖(조조) 조상을 잘 받드는 것. 爲親(위친) 어버이를 위하는 일이요. 爲君(위군) 군주를 위하는 일이다.

下下者, 務耕桑, 不奪其時, 薄賦斂, 不匱其財.

하하자, 무경상, 불탈기시, 박부렴, 불궤기재.

군주가 아래로 백성들에게 잘 베풀고 사랑하는 것이란, 농업의 기본인 경작과 뽕나무로 대표되는 잠업을 권장하며, 힘쓰는 것과 농업을 권장하되, 농번기에는 백성들을 부역에 동원하여 농사짓는 시기를 빼앗아서는 안 된다. 또한, 백성들로부터 세금을 적게 거두어 재물이 고갈되지 않게 해야 하는 법이다.

下下者(하하자) 군주가 아래로 아래로 백성들에게 잘 베풀고 사랑하는 것. 務(무) 힘쓰다. 耕(경) 밭 갈다. 桑(상) 누에. 잠업. 不奪(불탈) 빼앗으면 안 된다. 其時(기시) 그 시기. 농번기를 말함. 薄(박) 얇다. 賦斂(부렴) 조세를 매겨 거둠. 賦(부) 조세. 斂(렴) 거두다. 不匱(불궤) 재물이 바닥나다. 匱(궤) 함. 其財(기재) 그 재물.

140) 위친(爲親). 여기에서 親은 친하다는 의미보다는 어버이를 지칭하는 의미로 사용.

罕徭役, 不使其勞, 則國富而家娛, 然後選士以司牧之.
한요역, 불사기로, 즉국부이가오, 연후선사이사목지.
부역동원을 너무 많이 해서 백성들이 지치지 않게 하는 등 백성들을 괴롭히지 않아야 한다. 그러면 곧 국가는 부유해지고 가정은 즐거워하고 기뻐하게 될 것이다. 그런 연후에 훌륭한 인재들로 관리들을 잘 선발해서 그들이 백성을 다스리게 하여야 한다.

罕(한) 드물다. 徭(요) 부역. 役(역) 부역. 不使(불사) ~하게 해서는 안 된다. 其(기) 그. 勞(로) 피곤하다. 則(즉) 곧. 앞의 문장처럼 하면. 國富(국부) 나라는 부유해진다. 家娛(가오) 각 가정은 즐거워한다. 娛(오) 즐거워하다. 然後(연후) 그런 다음에. 選士(선사) 인재를 선발하다. 以 司(이사) 벼슬을 줌으로써. 牧之(목지) 그들을 다스린다.

夫所謂士者, 英雄也. 故曰 羅其英雄, 則敵國窮.
부소위사자, 영웅야. 고왈 라기영웅, 즉적국궁.
소위 관리로 임명할 훌륭한 인물이라 하는 것은 곧 영웅호걸을 가리키는 것이다. 고로, 옛말에 이르기를 그러한 영웅호걸들을 새로 그물을 짜듯이 잘 가려서 등용하여야 한다. 그리하면 내가 영웅호걸들을 다 데리고 오는 것과 같으니 상대적으로 적국은 인재가 궁해지게 되어 국력이 약해질 수밖에 없다.

夫(부) 무릇. 所謂(소위) 이른바. 士(사) 선비. 훌륭한 인재를 말함. 者(자) ~라고 하는 것. 英雄(영웅) 영웅호걸을 말함. 故日(고왈) 고로 말하기를. 羅(라) 그물. 其(기) 그. 英雄(영웅) 영웅. 則(즉) 곧. 敵國(적국) 적국. 窮(궁) 궁해진다.

英雄者, 國之幹. 庶民者, 國之本. 得其幹, 收其本, 則政行而無怨.
영웅자, 국지간. 서민자, 국지본. 득기간, 수기본, 즉정행이무원.
영웅이라고 하는 것은 국가의 간성이오, 서민들은 국가의 기본이다. 국가의 간성을 얻고, 나라의 근본인 백성의 마음을 얻으면, 국가의 모든 행정이 원망받을 일 없이, 불평불만 없이 잘 진행될 것이다.

英雄者(영웅자) 영웅이라고 하는 것은. 國之幹(국지간) 나라의 간성이다. 幹(간) 줄기. 뼈대. 庶民者(서민자) 서민이라고 하는 것은. 國之本(국지본) 나라의 근본이다. 得(득) 얻다. 其(기) 그. 幹(간) 간성. 收(수) 받다. 本(본) 근본. 則(즉) 곧. 政行(정행) 국가의 정책을 행하는 것. 無怨(무원) 원망이 없다.

夫用兵之要，在崇禮而重祿．禮崇則智士至，祿重則義士輕死．
부용병지요，재숭례이중록．예숭즉지사지，녹중즉의사경사．

무릇 용병의 요체는 첫 번째로 군에 대한 예우를 최대한 갖추는 것이며，두 번째는 녹봉을 후하게 주는 것이다．예우를 최대한 잘 갖추어서 군사들을 대우하면 지혜가 있는 훌륭한 군사들이 저절로 모여들게 될 것이며，녹봉을 후하게 주면 의로운 인물들이 모여드는데 그들은 죽음을 아끼지 않고 충성을 다할 것이기 때문이다．

夫(부) 무릇. 用兵之要(용병지요) 용병의 요체는. 在(재) 있다. 崇禮(숭례) 예를 최대한 갖추어 대우하는 것. 重祿(중록) 녹봉을 후하게 주는 것. 禮崇(예숭) 예를 최대한 갖추어 대우하는 것. 智士(지사) 지혜로운 군사들이. 至(지) 모인다. 祿重(녹중) 녹봉을 후하게 주는 것. 義士(의사) 의로운 군사들. 輕死(경사) 죽는 것을 가볍게 여긴다. 목숨을 아끼지 않고 바친다.

故祿賢不愛財，賞功不踰時，則下力并，敵國削．
고록현불애재，상공불유시，즉하력병，적국삭．

고로 그러한 군(軍)의 인재들에게 녹봉을 줄 때는 재물을 아끼지 말아야 한다．또한 공이 있을 때 상을 내릴 때는 시기를 놓치면 안 되는 법이다．그리하면，부하들의 힘이 하나로 뭉치게 되어 우리의 국방력은 강해지는데，적국은 상대적으로 힘이 쇠퇴하게 되는 것이다．

故(고) 고로. 祿(녹) 녹봉을 주다. 賢(현) 현명한 자. 인재. 不愛(불애) 아끼지 말아야 한다. 財(재) 재물. 賞(상) 상을 주다. 功(공) 공이 있는 자 에게. 不踰(불유) 넘기지 말아야 한다. 時(시) 시기를. 則(즉) 곧. 下(하) 부하들. 力(력) 힘. 并(병) 어우르다. 敵國(적국) 적국의 국력. 削(삭) 깎이다. 쇠퇴한다.

夫用人之道，尊以爵，贍以財，則士自來．接以禮，勵以義，則士死之．
부용인지도，존이작，섬이재，즉사자래．접이례，려이의，즉사사지．

인재 중에서 관리들을 등용하는 방법은 높은 작위를 주고，재물을 많이 주는 것이다．그리하면 인재들이 스스로 찾아오게 된다．스스로 찾아온 인재들을 맞이할 때는 최대한 예의를 갖추고，격려할 때는 의리로서 해야 한다．그리하면 그 인재들이 목숨을 다해 일하게 될 것이다．

夫(부) 무릇. 用人之道(용인지도) 사람을 쓰는 방법. 尊(존) 높이다. 以爵(이작) 벼슬로써. 贍(섬) 넉넉하다. 以財(이재) 재물로써. 則(즉) 곧. 그리하면. 士自來(사자래) 인재늘이 스스로 온나. 接(접) 사귀다. 以禮(이례) 예의로써. 勵(려) 격려하다. 以義(이의) 의로써. 士(사) 인재들. 死之(사지) 목숨을 바친다.

夫將帥者, 必與士卒同滋味, 而共安危, 敵乃可加. 兵有全勝, 敵有全因.
부장수자, 필여사졸동자미, 이공안위, 적내가가. 병유전승, 적유전인.
모름지기 장수라고 하는 자는 반드시 병사들과 함께 먹고 자며, 생사고락을 같이해야 한다. 그런다면 적을 충분히 무찌를 수 있는 군대가 될 수 있다. 고로 아군은 전승하고 적군은 전패하게 되는 것이다[141].

夫(부) 무릇. 將帥者(장수자) 장수라고 하는 자는. 必(필) 반드시. 與士卒(여사졸) 장병들과 같이하다. 同(동) 같이하다. 滋味(자미) 영양분이 많고 맛난 음식. 共(공) 같이하다. 安危(안위) 생사고락을 의미. 敵(적) 적. 乃(내) 이에. 可(가) 가능하다. 加(가) 더하다. 兵(병) 아군을 말함. 有全勝(유전승) 전승을 한다. 敵(적) 적군은. 有全因(유전인) 전패한다. 因(인) 이유.

昔者, 良將之用, 有饋簞醪者, 使投諸河, 與士卒同流而飮.
석자, 양장지용, 유궤단료자, 사투제하, 여사졸동류이음.
옛날에 어느 훌륭한 장수가 있었는데 전공을 세워서 하사품으로 막걸리 한 통을 받았는데, 이 장수는 그 술통을 부하를 시켜 그 술통을 강에다 부어서 부하들과 같이 흐르는 강물을 떠서 마시는 것이었다.

昔者(석자) 옛날에. 良將(양장) 훌륭한 장수. 用(용) 용병술. 有(유) 있다. 饋(궤) 먹이다. 簞(단) 대광주리. 단지. 醪(료) 막걸리와 같은 종류의 술. 者(자) ~하는 것. 使(사) ~하게 하다. 投(투) 던지다. 諸(제) 모두. 河(하) 강. 與士卒(여사졸) 장병들과 함께. 同(동) 같이하다. 流而飮(류이음) 흐르는 강물을 마셨다.

夫一簞之醪, 不能味一河之水, 而三軍之士, 思爲致死者, 以滋味之及己也.
부일단지료, 불능미일하지수, 이삼군지사, 사위치사자, 이자미지급기야.
한 통의 술을 강물에 섞었다고 해서 그 강물이 술맛을 내는 것은 불가능하지만, 전 장병들이 목숨을 바쳐 싸우겠다고 마음을 먹었던 것은 그 한 통의 술을 강물에 쏟아서 같이함으로써 그것이 자신에게까지 미쳤다는 사실 그 자체에 감격했기 때문이었다.[142]

夫(부) 무릇. 一簞(일단) 한 단지. 醪(료) 술. 不能(불능) 능히 ~하지 못하다. 味(미) 맛. 一河之水(일

141) 全因(전인)에 대한 다른 해석. 全湮(인=막히다)이어야 한다는 의견도 있음. ⇨ 全湮(전인)=全沒(전몰)=全敗(전패)
142) 이 예화를 보면 부하들과 같이 동고동락을 한다는 것이 얼마나 큰 효과를 나타내는지를 잘 설명하고 있다. 어느 조직이나 마찬가지일 것이다. 리더가 구성원들과 생사고락을 같이하겠다는데 힘을 모으지 않을 사람이 누가 있겠는가?

하지수) 강물의 물. 三軍之士(삼군지사) 전 병력을 말함. 전 장병이. 思(사) 생각하다. 爲(위) ~하다. 致(치) 이르다. 死(사) 죽음. 者(자) ~하는 것. 以(이) 써. 滋味(자미) 맛있는 음식. 及(급) 미치다. 己(기) 자기.

軍讖曰, 軍井未達, 將不言渴. 軍幕未辦, 將不言倦. 軍灶未炊, 將不言飢.
군참왈, 군정미달, 장불언갈. 군막미판, 장불언권. 군조미취, 장불언기.

《군참》143)에서 이르기를 장수가 해서 안 되는 사항 여섯 가지는 아래와 같다.
① 군중에 우물이 마련되지 못했으면 장수는 목마르다는 말을 해서는 안 된다. ② 군중에 막사가 완비되지 못했으면 장수는 피로하다고 해서는 안 된다. ③ 군중에 식사가 준비되지 않았으면 배고프다고 해서는 안 된다.

軍讖(군참) 병법서를 말함. 曰(왈) 이르기를. 軍(군) 군중에. 井(정) 우물. 未達(미달) 아직 마련되지 못하다. 將(장) 장수는. 不言(불언) 말해서는 안 된다. 渴(갈) 목마르다. 幕(막) 군막. 막사. 未辦(미판) 아직 갖추어져 있지 않다. 將(장) 장수는. 不言(불언) 말해서는 안 된다. 倦(권) 피곤하다. 灶(조) 부엌. 식사준비. 未炊(미취) 아직 식사준비가 되어 있지 않다, 將(장) 장수는. 不言(불언) 말해서는 안 된다. 飢(기) 배고프다.

冬不服裘, 夏不操扇, 雨不張蓋, 是謂將禮.
동불복구, 하부조선, 우부장개, 시위장례.

④ 추운 겨울철에는 가죽으로 만든 외투를 입어서는 안 되며, ⑤ 더운 여름철에는 부채를 잡지 않아야 하며, ⑥ 비가 내려도 우산을 받치지 않아야 한다. 이상 여섯 가지를 일컬어 장수가 지켜야 할 기본적인 예의범절이라고 한다.

冬(동) 겨울에는. 不服(불복) 입지 말아야 한다. 裘(구) 가죽 외투. 夏(하) 여름에는. 不操(부조) 잡지 말아야 한다. 扇(선) 부채. 雨(우) 비 올 때는. 不張(부장) 받치지 말아야 한다. 蓋(개) 덮개. 우산을 말함. 是謂(시위) 이를 일컬어. 將禮(장례) 장수가 지켜야 할 예절.

與之安, 與之危, 故其衆, 可合而不可離, 可用而不可疲,

143) 군참(軍讖). 전쟁의 승패를 예언적으로 서술한 중국고대 병법서로만 알려져 있고, 현재 남아있지 않아서 확인할 길이 없음.

여지안, 여지위, 고기중, 가합이불가리, 가용이불가피,
장수가 이처럼 병사들과 같이 편안한 것도 같이하고, 위험한 것도 같이한다면, 그 군대는 단결의 정도가 서로 떼어내려고 해도 떨어질 수가 없을 정도가 되며, 전투력을 운용할 때도 서로 일치단결하여 힘든 상황에서도 쉽게 지치지 않게 되는 것이다.

與(여) 같이하다. 함께. 安(안) 편안함. 危(위) 위험하다. 故(고) 그러므로. 其衆(기중) 그 부대는. 可(가) 가능해진다. 合(합) 합치다. 단결력을 설명함. 不可(불가) 불가하다. 離(리) 떼어놓다. 用(용) 쓰다. 疲(피) 지치다.

以其恩素蓄, 謀素合也.
이기은소축, 모소합야.
이렇게 평소에 하나씩 하나씩 병사들에 대한 장수의 사랑과 은혜로움이 쌓이고 쌓이면 병사들의 의기가 투합되어 전투력으로 나타나는 것이다.

以(이) 로써. 其恩(기은) 그 은혜. 素(소) 순수하다. 蓄(축) 쌓다. 謀(모) 도모하다. 素(소) 순수하다. 合(합) 합치다.

故曰, 蓄恩不倦, 以一取萬.
고왈, 축은불권, 이일취만.
그러므로 옛말에 이르기를, 장수가 부하에 대한 사랑을 차곡차곡 쌓아감에 게으르지 않으면 장수 한 명의 작은 노력일지라도 만 명이나 되는 많은 장병이 그 사랑을 받을 수 있다고 했다. 장수는 부하에게 사랑을 베푸는 데 게을리해서는 안 된다는 것이다.

故曰(고왈) 옛말에 이르기를. 蓄(축) 쌓다. 恩(은) 은혜. 不倦(불권) 게을리하지 않다. 以一(이일) 하나로써. 取萬(취만) 일만을 취하다.

軍讖曰, 將之所以爲威者, 號令也. 戰之所以全勝者, 軍政也.
군참왈, 장지소이위위자, 호령야. 전지소이전승자, 군정야.
《군참》144)에서 이르기를, 장수의 위엄은 엄격한 명령에 의하여 세워지고, 전투와 전쟁에

144) 군참(軍讖). 전쟁의 승패를 예언적으로 서술한 중국고대 병법서로만 알려져 있고, 현재 남아있지 않아서 확인할 길이 없음.

서의 승리는 올바른 군무처리에 의하여 얻어지며,

軍讖(군참) 병법서를 말함. 曰(왈) 이르기를. 將(장) 장수가. 爲威(이위) 위엄을 세우다. 號令(호명) 지휘하여 명령함. 戰(전) 전투에서. 全勝(전승) 전승할 수 있는 것은. 軍政(군정) 올바른 군무처리.

士之所以輕死者, 用命也.
사지소이경사자, 용명야.
부하들이 전투에서 목숨을 가볍게 여길 수 있는 것은 장수의 명을 잘 따름으로써 이루어진다.

士(사) 장병들. 輕死(경사) 죽음을 가벼이 여기다. 用命(용명) 장수의 명령을 잘 따르는 것을 말함.

故將無還令, 賞罰必信, 如天如地, 乃可使人, 士卒用命, 乃可越境.
고장무환령, 상벌필신, 여천여지, 내가사인, 사졸용명, 내가월경.
고로 장수는 한 번 내린 명령은 쉽게 거두어들이지 말아야 하며, 상과 벌을 내림에 있어서는 필히 신뢰가 바탕이 되어야 한다. 그러한 것들에는 천지의 운행과 같이 공명정대해야 한다. 그리하면, 부하를 자유자재로 지휘할 수 있게 된다. 또한, 부하들이 명령에 따라 일사불란하게 잘 운용된다면, 그들을 이끌고 국경을 넘어서 적지에 들어가서도 싸우는 것이 가능해진다[145].

故(고) 그러므로. 將(장) 장수는. 無還(무환) 거두어들이지 말아야 한다. 令(령) 명령. 賞罰(상벌) 상과 벌은. 必信(필신) 반드시 신뢰가 있어야 한다. 如天(여천) 하늘과 같이. 如地(여지) 땅과 같이. 乃(내) 이에. 可(가) 가능해진다. 使人(사인) 부하들을 지휘하는 것. 士卒(사졸) 장병들. 用命(용명) 명령대로 쓰는 것. 越境(월경) 국경을 넘다.

夫統軍持勢者, 將也. 制勝敗敵者, 衆也.
부통군지세자, 장야. 제승패적자, 중야.
군을 통솔하고 전투준비태세를 유지하는 것은 장수의 책임이며, 승리를 쟁취하고 적을 패

145) 장수는 명령을 내림에 있어서 정말로 신중히 해야 한다. 한번 내린 명령은 거두기가 대단히 힘들다. 따라서 명령을 내려놓고 잘못되어 거두어들이는 일이 자주 있으면 장수의 권위는 바로 세우기가 대단히 힘들다. 따라서 다시 거둘 일이 없을 정도로 명령을 내림에 있어서 신중히 해야 한다는 것이다. 그리고 공적에 따라서 상을 주기도 하고 과오에 대해서 벌을 주기도 할 때 신뢰가 형성되지 않으면 모두 허사이다. 그러므로 장수가 명령을 내리고 상과 벌을 줄 때는 천지의 운행과 같이 투명해야 하고 순리에 따라서 처리해야 한다는 것이다. 그리하면, 모든 부하가 장수의 말을 믿고 움직이므로 위험한 전투현장에서 부하들이 목숨을 내놓고 싸울 수 있게 된다는 것이다.

하게 하는 것은 부하들의 전투 행동에 달린 것이다.146)

夫(부) 무릇. 統軍(통군) 군을 통솔하다. 持勢(지세) 군세를 유지하다. 將(장) 장수의 몫이다. 制勝(제승) 승리를 만들다. 敗敵(패적) 적을 패하게 하다. 衆(중) 무리. 부하들의 몫이다.

故亂將不可使保軍, 乘衆不可使伐人.
고란장불가사보군, 승중불가사벌인.

그러므로 명령이 분명치 못한 장수가 군대를 잘 보위하는 것은 불가능하고, 부하를 업신여기는 장수가 적을 정벌하는 것은 불가능하다.

故(고) 그러므로. 亂將(난장) 명령이 어지러운 장수. 不可(불가) 불가능하다. 使(사) ~하게 하다. 保軍(보군) 군대를 잘 보위하는 것. 乘衆(승중) 무리에 올라타다. 伐人(벌인) 적을 정벌하다.

攻城不可拔, 圍邑則不廢. 二者無功, 則士力疲憊, 士力疲憊, 則將孤衆悖,
공성불가발, 위읍즉불폐. 이자무공, 즉사력피비, 사력피비, 즉장고중패,

성을 공격해서 함락시키는 것도 불가하고, 적의 성읍을 포위하고서도 적을 섬멸하지도 못하는 경우가 있다. 이 두 가지의 경우는 싸워도 공이 없는 경우인데, 이렇게 되면 결국 군사들의 전투력만 지치고 고달프게 되고, 장수는 외롭고 부대의 기강은 어그러지게 되는 것이다.

攻城(공성) 성을 공격하다. 不可(불가) 불가능하다. 拔(발) 쳐서 빼앗다. 圍邑(위읍) 마을을 포위하다. 則(즉) 곧. 不廢(불폐) 폐하지 못하다. 二者(이자) 이 두 가지 경우는. 無功(무공) 공이 없다. 士力(사력) 장병들의 힘. 疲(피) 피로해지다. 憊(비) 고달파지다. 士力(사력) 전투력. 疲(피) 피로해지다. 憊(비) 고달파지다. 將(장) 장수는. 孤(고) 외롭다. 衆(중) 무리. 부하들. 悖(패) 어그러지다.

以守則不固, 以戰則奔北, 是謂老兵. 兵老, 則將威不行.
이수즉불고, 이전즉분배, 시위노병. 병로, 즉장위불행.

이처럼 기강이 없고 무질서한 군대는 성을 지키게 되어도 견고하게 지켜내지 못하고, 적과 싸우게 되어도 적에게 패배하여 도망치는 신세가 된다. 이러한 군을 일컬어 '노병(老兵)'이

---

146) 이 말은 부하들이 전투의 승리와 패배에 책임이 있다는 뜻보다는 지휘관의 적시 적절한 지휘조치로 군을 통솔하는 것과 항시 전투준비태세를 유지하게 하는 것이 더 중요하다는 것을 강조한 것이다.

라 한다. 이런 노병의 특징을 보면, 장수의 권위가 제대로 서 있지 않은 것을 알 수 있다.

以守(이수) 지키려고 하지만. 則(즉) 곧. 不固(불고) 견고하지 못하다. 以戰(이전) 싸우면. 奔(분) 달리다. 北(배) 패하다. 是謂(시위) 이를 일컬어. 老兵(노병) 기강이 없는 군대. 兵老(병노) 군대가 기강이 쇠퇴하면. 將威(장위) 장수의 위엄. 不行(불행) 제대로 행해지지 않는다.

將無威, 則士卒輕刑. 士卒輕刑, 則軍失伍.
장무위, 즉사졸경형. 사졸경형, 즉군실오.

장수의 권위가 제대로 서지 않으면, 부하들이 형벌을 받는 것을 두려워하지 않고 가벼이 여긴다. 부하들이 군령을 무시하고 멋대로 행동하면 군의 대오가 문란해진다.

將無威(장무위) 장수의 위엄이 서지 않는다. 則(즉) 곧. 士卒(사졸) 부하들이. 輕刑(경형) 형벌을 가볍게 생각하다. 士卒(사졸) 부하들이. 輕刑(경형) 형벌을 가볍게 생각하다. 軍(군) 군대. 失伍(실오) 대오가 무너진다.

軍失伍, 則士卒逃亡. 士卒逃亡, 則敵乘利. 敵乘利, 則軍必喪.
군실오, 즉사졸도망. 사졸도망, 즉적승리. 적승리, 즉군필상.

군의 대오가 문란해지면 도망병이 많이 발생하며, 도망병이 많이 발생하면 적이 이러한 이점을 이용해서 기어오를 것이며, 적이 빈틈을 타고 공격해 오면 그 공격을 받는 군은 반드시 패하여 죽고 말 것이다[147].

軍(군) 군대. 失伍(실오) 대오가 무너진다. 則(즉) 곧. 士卒(사졸) 부하들. 逃亡(도망) 도망간다. 則(즉) 곧. 敵(적) 적군. 乘(승) 기어오르다. 利(리) 이롭다. 軍(군) 군대. 아군. 必(필) 반드시. 喪(상) 죽다.

軍讖曰, 良將之統軍也, 恕己而治人, 推惠施恩, 士力日新.
군참왈, 양장지통군야, 서기이치인, 추혜시은, 사력일신.

《군참》[148]에서 이렇게 말했다. 훌륭한 장수는 부대를 통솔할 때 자기의 마음을 들여다보

147) 장수의 권위가 제대로 서지 않았을 경우에 나타나는 현상을 설명한 것이다. 순서를 보면 '將無威 → 士卒輕刑 → 軍失伍 → 士卒逃亡 → 敵乘利 → 軍必喪'의 순이다. 그 첫 시발점이 바로 장수·지휘관의 권위가 제대로 서는 것이다. 장수의 권위가 제대로 서지 않는 것에서부터 모든 것이 촉발되니 장수의 책임이 병사들의 책임보다 더 크다 할 것이다.

148) 군참(軍讖). 전쟁의 승패를 예언적으로 서술한 중국고대 병법서로만 알려져 있고, 현재 남아있지 않아서 확인할 길이 없음.

듯이 부하를 다스리고149), 부하에게 은혜를 베풀어 장수의 마음을 받들도록 함으로써 부하들의 전투력을 매일 매일 새롭게 하는 법이다.

軍讖(군참) 병법서를 말함. 曰(왈) 이르기를. 良將(양장) 훌륭한 장수. 統軍(통군) 군을 통솔하다. 恕己(서기) 자기 자신의 마음을 헤아리다. 治人(치인) 사람을 다스리다. 推(추) 받들다. 惠(혜) 은혜. 施(시) 시행하다. 베풀다. 恩(은) 은혜. 士力(사력) 전투력. 日新(일신) 매일매일 새로워진다.

戰如風發, 攻如河決, 故其衆可望而不可當, 可下而不可勝.

전여풍발, 공여하결, 고기중가망이불가당, 가하이불가승.

그렇게 하면, 전투에 임해서는 그 행동이 질풍처럼 빠르고, 공격할 때는 강물의 제방이 터져 물이 흘러넘치는 것처럼 세차게 달려든다. 그러므로 이러한 군사들은 그냥 바라보는 것은 가능하지만 상대해서 당할 수 없다. 머리를 숙일 뿐, 이길 수가 없다.

戰(전) 전쟁. 싸움. 如(여) ~과 같다. 風(풍) 바람. 發(발) 쏘다. 攻(공) 공격하다. 如(여) ~과 같다. 河(하) 강. 決(결) 터지다. 故(고) 그러므로. 其衆(기중) 이러한 무리. 이러한 군대는. 可望(가망) 바라보는 것은 가능하다. 不可當(불가당) 상대하는 것이 불가하다. 可下(가하) 머리를 숙이는 것은 가능하다. 不可勝(불가승) 이기는 것은 불가능하다.

以身先人, 故其兵爲天下雄.

이신선인, 고기병위천하웅.

장수가 몸소 부하들보다 앞장선다면, 그 군은 천하무적의 강병이 될 것이다.

以身(이신) 몸소. 先(선) 먼저. 人(인) 부하. 故(고) 그러므로. 其兵(기병) 그러한 군대는. 爲天下雄(위천하웅) 천하의 영웅이 된다.

軍讖曰, 軍以賞爲表, 以罰爲裏. 賞罰明, 則將威行.

군참왈, 군이상위표, 이벌위과. 상벌명, 즉장위행.

《군참》150)에서 이렇게 말했다. 군에서 상을 줄 때는 가급적 겉으로 드러나게 주고 벌은 주

149) 서기이치인(恕己而治人). 바꾸어 말하면 역지사지(易地思之)와 같은 것이다. 자기의 마음을 들여다보듯이 부하의 마음을 들여다본다는 것은 부하의 처지나 입장을 자신에게 비추어 보지 않고서는 할 수가 없기 때문이다. 그리하여 부하의 입장이 충분히 고려된다면, 은혜와 사랑을 베푸는 것은 쉽게 행동으로 실천할 수 있을 것이다.

150) 군참(軍讖). 전쟁의 승패를 예언적으로 서술한 중국고대 병법서로만 알려져 있고, 현재 남아있지 않아서 확인할 길이

되 반드시 상처를 감싸주어야 한다. 상벌은 항상 투명하고, 공명정대하여야 한다. 그리해야 장수의 권위가 제대로 서는 법이다.

軍讖(군참) 병법서를 말함. 曰(왈) 이르기를. 軍(군) 군에서. 以賞(이상) 상을 줄 때는. 爲表(위표) 겉으로 드러나게 하다. 以罰(이벌) 벌을 줄 때는. 爲裹(위과) 감싸주어야 한다. 裹(과=보자기로 감싸다) 賞罰(상벌) 상과 벌은. 明(명) 밝아야 한다. 則(즉) 곧. 將(장) 장수의. 威(위) 위엄. 行(행) 행하다.

官人得, 則士卒服. 所任賢, 則敵國畏.
관인득, 즉사졸복. 소임현, 즉적국외.

상벌을 잘 이행할 수 있는 인재를 얻어서 임무를 맡기면 부하들이 복종할 수밖에 없다. 그러한 인재들에게 재능에 따라 현명하게 소임을 잘 맡기면 적국이 두려워할 수밖에 없다.

官人(관인) 관리. 得(득) 얻다. 則(즉) 곧. 士卒(사졸) 장병들. 服(복) 복종하다. 所任(소임) 임무를 맡긴바. 賢(현) 현명하다. 則(즉) 곧. 敵國(적국) 적국. 畏(외) 두려워하다.

軍讖曰, 賢者所適, 其前無敵.
군참왈, 현자소적, 기전무적.

《군참》에서 이렇게 말했다. 현자가 가는 곳에는 그 앞을 가로막는 적이 없다.

軍讖(군참) 병법서를 말함. 曰(왈) 이르기를. 賢者(현자) 현명한 자. 所適(소적) 가는 곳. 其前(기전) 그 앞. 無敵(무적) 적이 없다.

故士可下而不可驕, 將可樂而不可憂, 謀可深而不可疑.
고사가하이불가교, 장가악이불가우, 모가심이불가의.

고로 군주가 그런 선비들을 대할 때는 자신을 낮추어야 하며 교만해서는 안 된다. 또한 군주가 장수들을 대할 때 기쁘게 하는 것은 가능하지만, 근심하게 해서는 안 되며, 어떤 일을 도모할 때 신중하게 계획하되 실행함에 있어서 의심을 해서는 안 된다.

없음.

故(고) 고로. 士(사) 선비. 可下(가하) 자신을 낮추는 것이 가능하다. 不可驕(불가교) 교만해서는 안 된다. 將(장) 장수. 可樂(가락) 즐겁게 하는 것은 가능하다. 不可憂(불가우) 근심스럽게 해서는 안 된다. 謀(모) 일을 도모할 때는. 可深(가심) 깊이 있게 하는 것은 가능하다. 不可疑(불가의) 의심해서는 안 된다.

士驕, 則下不順. 將憂, 則內外不相信. 謀疑, 則敵國奮. 以此攻伐, 則致亂.
사교, 즉하불순. 장우, 즉내외불상신. 모의, 즉적국분. 이차공벌, 즉치란.

군주가 현자를 대할 때 교만하게 대하면, 부하들도 순종하지 않게 된다. 군주가 장수를 근심하게 하면, 안에 있는 군주와 전쟁터와 같은 곳인 밖에 있는 장수가 서로 신뢰하지 못하게 된다. 어떤 일을 도모함에 있어서 의심이 많아 주저하게 되면, 적국은 이런 틈을 타서 분발하게 된다. 이러한 상태로 적을 정벌하러 공격하러 가면 아군만 혼란하게 될 뿐이다.

士(사) 선비. 驕(교) 교만하다. 군주가 선비를 대할 때의 태도를 말함. 則(즉) 곧. 下(하) 신하를 말함. 不順(불순) 순종하지 않는다. 將(장) 장수. 憂(우) 근심. 內(내) 조정의 안. 外(외) 조정의 밖. 不相信(불상신) 서로 신뢰하지 못하게 된다. 謀(모) 일을 꾀하다. 도모하다. 疑(의) 의심하다. 敵國(적국) 적국. 奮(분) 분발하다. 以此(이차) 이러한 상태로. 攻伐(공벌) 적을 공격하여 정벌하러 가다. 致(치) 이른다. 亂(란) 어지럽다.

夫將者, 國之命也, 將能制勝, 則國家安定.
부장자, 국지명야, 장능제승, 즉국가안정.

모름지기 장수라 함은 국가의 운명을 책임지고 있는 사람이라 할 수 있다. 이러한 장수가 능히 적을 제어하여 승리를 만들어낸다면 국가는 자연히 편안하고 안정되는 것이다.

夫(부) 무릇. 將者(장자) 장수라고 하는 자. 國之命(국지명) 국가의 운명을 책임지다. 將(장) 장수가. 能(능) 능히 ~하다. 制勝(제승) 승리를 만들어 내다. 則(즉) 곧. 國家安定(국가안정) 나라가 안정되다.

軍讖曰, 將能淸, 能靜, 能平, 能整, 能受諫, 能聽訟, 能納人,
군참왈, 장능청, 능정, 능평, 능정, 능수간, 능청송, 능납인,

《군참》[151]에서 장수는 이런 능력이 있어야 한다며, 다음과 같이 열두 가지를 제시하였다.

151) 군참(軍讖). 전쟁의 승패를 예언적으로 서술한 중국고대 병법서로만 알려져 있고, 현재 남아있지 않아서 확인할 길이

① 능히 청렴결백하여야 한다. ② 능히 마음의 평정을 유지하여야 한다. ③ 능히 매사를 공평하게 처리하여야 한다. ④ 능히 잘 정돈되어 혼란에 빠지지 말아야 한다. ⑤ 능히 남이 충고해주는 말을 잘 받아들여야 한다. ⑥ 능히 남의 송사를 잘 들어줄 줄 알아야 한다. ⑦ 능히 인재를 맞이할 줄 알아야 한다.

軍讖(군참) 병법서를 말함. 曰(왈) 이르기를. 能OO(능OO) 능히OO하여야 한다. 淸(청) 맑다.淸(청) 맑다. 靜(정) 고요하다. 平(평) 공평하다. 整(정) 가지런하다. 受(수) 받다. 諫(간) 간언. 충고. 聽(청) 듣다. 訟(송) 송사. 納(납) 헌납하다. 人(인) 인재.

能採言, 能知國俗, 能圖山川, 能表險難, 能制軍權
능채언, 능지국속, 능도산천, 능표험난, 능제군권.

⑧ 능히 부하의 의견을 받아들일 수 있어야 한다. ⑨ 능히 나라의 미풍양속을 알아야 한다. ⑩ 능히 산천의 지형을 파악하고 그릴 수 있어야 한다. ⑪ 능히 지형의 험난함을 명백하게 잘 파악하고 있어야 한다. ⑫ 능히 군사의 지휘권을 잘 행사할 수 있어야 한다.

採(채) 캐다. 言(언) 말. 知(지) 알다. 國俗(국속) 나라의 미풍양속. 圖(도) 그림. 山川(산천) 지형을 말함. 表(표) 겉. 險難(험난) 험난하다. 制(제) 제어하다. 軍權(군권) 군 지휘권.

故曰, 仁賢之智, 聖明之慮, 負薪之言, 廊廟之語, 興衰之事, 將所宜聞.
고왈, 인현지지, 성명지려, 부신지언, 랑묘지어, 흥쇠지사, 장소의문.

옛 성현이 이렇게 말했다. 훌륭한 장수라면 인자하고 현명한 사람의 지략, 성인이나 명석한 사람의 생각, 미천한 신분이라 할 수 있는 나무꾼의 의견, 조정의 높은 벼슬을 하는 관리들의 의견, 국가의 흥망성쇠에 관한 역사에서의 교훈 등 그 어느 것이든지 장수라면 마땅히 다 들어 주어야 한다[152].

없음.

152) 앞에서 열두 가지 장수의 능력에 대해서 언급이 있었지만, 그보다 더 우선시 되어야 할 것은 바로 '경청(敬聽)'이라는 말이다. 훌륭한 장수는 어떤 의견이든지 다 듣고 그 안에서 해결의 실마리를 찾아서 모든 문제를 해결할 수 있는 사람이라는 말이다. 예나 지금이나 소통의 첫 단추가 듣는 것이라는 데는 이견이 없을 것이다. 그것도 잘 듣는 것이 전제되어야 한다.

故曰(고왈) 옛 성현이 이르기를. 仁賢(인현) 인자하고 현명한 사람. 智(지) 지혜. 聖明(성명) 성인이나 명석한 사람. 慮(우) 생각. 負薪(부신) 땔나무를 등에 짐. 미천한 신분의 사람. 言(언) 말. 의견. 廊廟(랑묘) 종묘사직의 복도를 걷는 사람. 관직에 있는 사람. 語(어) 말. 의견. 興衰(흥쇠) 흥망성쇠에 관한 것. 事(사) 일. 역사적 교훈으로 해석. 將(장) 장수라면. 所(소) ~하는 바. 宜(의) 마땅히. 聞(문) 듣다.

將者, 能思士如渴, 則策從焉.
장자, 능사사여갈, 즉책종언.
장수가 인재들을 찾거나 그들의 의견에 대해 생각함에 있어서 마치 목이 말라서 물을 찾듯이 능히 한다면, 좋은 계책들을 모두 수용하여 시행할 수 있게 될 것이다

將者(장자) 장수라고 하는 자는. 能(능) 능히 ~하다. 思(사) 생각하다. 士(사) 선비. 인재. 如渴(여갈) 목이 마른 것처럼. 則(즉) 곧. 策(책) 계책, 정책. 從(종) 좇다. 나아가다. 焉(언) 어조사.

夫 將拒諫, 則英雄散. 策不從, 則謀士叛.
부 장거간, 즉영웅산. 책부종, 즉모사반.
장수가 의견을 잘 수렴하지 못하는 경우 여덟 가지가 있는데 아래와 같다. ① 장수가 간언을 거절하고 귀를 기울이지 않으면, 영웅호걸과 같은 인재들이 떨어져 나간다. ② 영웅호걸들이 제안한 좋은 계책들을 수용하지 않으면, 참모들이 배반하게 될 것이다.

夫(부) 무릇. 將(장) 장수가. 拒(거) 거절하다. 諫(간) 간언. 則(즉) 곧. 英雄(영웅) 영웅호걸. 散(산) 흩어진다. 策(책) 계책. 不(부) 아니다. 從(종) 좇다. 나아가다. 則(즉) 곧. 謀士(모사) 남을 도와 꾀를 내는 사람. 叛(반) 배반하다.

善惡同, 則功臣倦. 專己, 則下歸咎.
선악동, 즉공신권. 전기, 즉하귀구.
③ 잘한 것이나 못한 것을 동일하게 처리하면, 공이 있는 신하들이 노력하지 않을 것이다. ④ 독단적으로 모든 일을 처리하면, 아랫사람이 모든 허물을 장수에게 되돌려 주게 될 것이다.

善惡(선악) 잘한 것과 못한 것. 同(동) 같다. 則(즉) 곧. 功臣(공신) 공이 있는 신하. 倦(권) 게으르다. 專(전) 오로지. 己(기) 자신. 下(하) 아랫사람. 歸(귀) 돌아오다. 咎(구) 허물.

自伐, 則下少功. 信讒, 則衆離心. 貪財, 則奸不禁. 內顧, 則士卒淫.

자벌, 즉하소공. 신참, 즉중리심. 탐재, 즉간불금. 내고, 즉사졸음.

⑤ 자신의 공로만 자랑하면, 아랫사람들이 자기 일에 노력을 덜 들이게 될 것이다. ⑥ 남의 모함을 그대로 믿으면, 부하들의 마음이 단결하지 못할 것이다. ⑦ 장수가 재물을 탐내면, 부정을 금하라는 요구를 할 수 없게 된다. ⑧ 자기 가족만을 돌보면, 부하들도 똑같이 자기 가족만을 돌보는 등 간사해질 것이다.

自(자) 스스로. 伐(벌) 치다, 베다는 뜻도 있는데, 여기서는 공적, 공훈을 말함. 則(즉) 곧. 下(하) 부하. 少功(소공) 공을 들이지 않는다. 信(신) 믿다. 讒(참) 중상모략하다. 衆(중) 부하들. 離(리) 떠난다. 떼어놓다. 心(심) 마음. 貪(탐) 탐하다. 財(재) 재물. 奸(간) 요구하다. 不禁(불금) 부정을 금하다. 內(내) 안. 顧(고) 생각하다. 士卒(사졸) 장병들이. 淫(음) 음란해진다.

將有一, 則衆不服. 有二, 則軍無式. 有三, 則下奔北. 有四, 則禍及國.

장유일, 즉중불복. 유이, 즉군무식. 유삼, 즉하분배. 유사, 즉화급국.

앞에서 열거한 장수들의 여덟 가지 병폐 중에서 장수가 몇 가지를 가지고 있는가에 따른 설명이다. 여덟 가지 중에서 한 가지라도 가지고 있으면, 부하들이 복종하지 않게 된다. 두 가지의 병폐가 있으면, 군중에 법규가 없어지게 된다. 세 가지의 병폐가 있으면, 부하들이 다 도망간다. 네 가지의 병폐가 있으면, 그 화가 나라에까지 미치게 된다.

將(장) 장수가. 有一(유일) 한 가지라도 가지고 있으면. 則(즉) 곧. 衆(중) 부하들. 不服(불복) 복종하지 않는다. 有二(유이) 두 가지를 가지고 있으면. 軍(군) 군대. 無式(무식) 법규가 없어진다. 有三(유삼) 세 가지를 가지고 있으면. 下(하) 부하. 奔北(분배) 도망친다. 奔=달리다. 北=달아나다. 有四(유사) 네 가지를 가지고 있으면. 禍(화) 화. 재앙. 及(급) 미치다. 國(국) 나라. 국가.

軍讖曰, 將謀欲密, 士衆欲一, 攻敵欲疾.

군참왈, 장모욕밀, 사중욕일, 공적욕질.

《군참》153)에서 이렇게 말했다. 장수가 일을 도모함에 있어서 은밀히 보안을 유지하려고 해야 하고, 군사들의 마음과 행동을 하나로 통일시켜야 하며, 적을 공격함에 있어서는 맹렬하고 신속하게 하여야 한다.

153) 군참(軍讖). 전쟁의 승패를 예언적으로 서술한 중국고대 병법서로만 알려져 있고, 현재 남아있지 않아서 확인할 길이 없음.

軍讖(군참) 병법서를 말함. 曰(왈) 이르기를. 將(장) 장수. 謀(모) 도모하다. 欲密(욕밀) 보안을 지키려고 하다. 士衆(사중) 부하들. 欲一(욕일) 하나로 단합시키다. 攻敵(공적) 적을 공격하다. 欲疾(욕질) 신속히 하고자 하다.

將謀密, 則姦心閉. 士衆一, 則軍心結. 攻敵疾, 則備不及設.
장모밀, 즉간심별. 사중일, 즉군심결. 공적질, 즉비불급설.

장수의 계책이 은밀하여 보안이 유지되면 적의 첩보활동을 저지시킬 수 있고, 군사들의 마음과 행동이 하나로 통일되면 군심을 하나로 집결시킬 수 있으며, 적을 공격함이 맹렬하고 신속하면 적에게 방어태세를 정비할 여유를 주지 않게 할 수 있다[154].

將(장) 장수가. 謀(모) 도모하다. 密(밀) 은밀히. 則(즉) 곧. 姦(간) 간사하다. 간첩. 心(심) 마음. 閉(폐) 닫다. 士衆(사중) 장병들. 一(일) 하나로 단합하다. 軍心(군심) 군심. 結(결) 단결시키다. 攻敵(공적) 적을 공격하다. 疾(질) 빠르게 질풍같이. 備(비) 대비하다. 不及(불급) 미치지 못하다. 設(설) 설치하다.

軍有此三者, 則計不奪.
군유차삼자, 즉계불탈.

이 세 가지 조건을 잘 구비한 군은 어떠한 계획을 세워 실시한다 하더라도 실패하지 않는다.

軍(군) 군이. 有此三者(유차삼자) 이 세 가지를 잘 갖추고 있으면. 則(즉) 곧. 計(계) 계략. 계책. 不奪(불탈) 빼앗기지 않는다.

將謀泄, 則軍無勢. 外闚內, 則禍不制. 財入營, 則衆奸會.
장모설, 즉군무세. 외규내, 즉화부제. 재입영, 즉중간회.

그러나 반대로 장수의 계책이 보안을 유지하지 못하여 적에게 누설된다면, 작전의 주도권을 적에게 빼앗겨 군세가 약화하며, 적의 첩자가 침투하여 안을 엿보게 되고[155], 그로 인

---

154) 간심폐(姦心閉)에서 閉자를 '폐'가 아니라 '별'로 읽어야 한다고 삼략직해(三略直解)에서 설명하고 있다. 이유는 將謀密, 則姦心閉. 士衆一, 則軍心結. 攻敵疾, 則備不及設. 에서 운(韻)이 맞아야 된다는 것이다. 밀(密), 폐(閉). 일(一), 결(結). 질(疾),설(設) 등의 글자에서 폐(閉) 1글자만 운(韻)이 맞지 않으니 '별(鼈)'로 읽어야 하며, 뜻은 닫힌다는 의미 그대로 해석.

155) 외규내(外闚內). 밖에서 안을 엿보다. 여기에서 '엿보다.'는 의미로 규(闚)자와 규(窺)자를 모두 사용가능하다.

한 화는 제어하기가 불가능하며, 부당한 재물이 영내로 들어오고, 부대 내에 간사한 무리가 모이게 된다.

將(장) 장수. 謀(모) 도모하다. 泄(설) 누설되다. 則(즉) 곧. 軍(군) 군대. 無勢(무세) 군세가 약해진다. 外(외) 밖에서. 闚(규) 엿보다. 內(내) 안을. 禍(화) 화. 不制(부제) 제어하지 못하다. 財(재) 재화. 入(입) 들어오다. 營(영) 군의 진영. 衆(중) 무리. 奸(간) 간사한. 會(회) 모이다.

將有此三者, 軍必敗.
장유차삼자, 군필패.
이 세 가지 결함을 지닌 군은 반드시 패망하고 말 것이다.

將(장) 장수. 有此三者(유차삼자) 이 세 가지 결함을 가지면. 軍必敗(군필패) 군은 반드시 패한다.

將無慮, 則謀士去. 將無勇, 則士卒恐. 將妄動, 則軍不重, 將遷怒, 則一軍懼.
장무려, 즉모사거. 장무용, 즉사졸공. 장망동, 즉군부중, 장천노, 즉일군구.
장수가 항상 명심하고 경계해야 할 사항 네 가지가 있다. ① 장수가 사려가 깊지 않으면, 참모들이 그를 등지고 떠나간다. ② 장수가 나약하여 용맹하지 않으면, 부하들은 공포심에 빠지게 된다. ③ 장수가 신중하지 않고 경거망동하면, 부대의 행동도 신중하지 않게 된다. ④ 장수가 화풀이를 자주 하면, 부대를 두렵고 위태롭게 한다. 이상 네 가지가 그것이다.

將(장) 장수가. 無慮(무려) 사려가 깊지 않으면. 則(즉) 곧. 謀士(모사) 참모들. 去(거) 떠난다. 無勇(무용) 용맹하지 않으면. 士卒(사졸) 장병들. 恐(공) 두려워하다. 妄動(망동) 경거망동. 軍(군) 군대. 不重(부중) 신중하지 못하다. 遷(천) 옮기다. 怒(노) 화내다. 一軍(일군) 부대를 말함. 懼(구) 두려워하다.

軍讖曰, 慮也, 勇也, 將之所重. 動也, 怒也, 將之所用. 此四者, 將之盯誡也.
군참왈, 여야, 용야, 장지소중. 동야, 노야, 장지소용. 차사자, 장지정계야.
《군참》[156]에서 이렇게 말했다. 장수가 항상 경계해야 할 네 가지 덕목이 있는데, ① 사려 깊음(=慮)과 ② 용맹성(=勇)은 장수가 중요하게 생각해야 할 덕목이고, ③ 행동(=動)과 ④ 분노(=怒)는 장수가 어떻게 사용해야 할 것인가에 대한 덕목이다. 이 네 가지는 장수가 항

156) 군참(軍讖). 전쟁의 승패를 예언적으로 서술한 중국고대 병법서로만 알려져 있고, 현재 남아있지 않아서 확인할 길이 없음.

상 두 눈을 부릅뜨고 경계하여야 할 것들이다.

軍讖(군참) 병법서를 말함. 曰(왈) 이르기를. 慮(려) 사려 깊음. 勇(용) 용맹함. 所重(소중) 중요하게 생각해야 할 바. 動(동) 행동. 怒(노) 분노. 所用(소용) 어떻게 사용할 것인가에 대한 것. 此四者(차사자) 이 네 가지는. 盯(정) 똑바로 보다. 誡(계) 경계하다.

軍讖曰, 軍無財, 士不來. 軍無賞, 士不往.

군참왈, 군무재, 사불래. 군무상, 사불왕.

《군참》에서 이렇게 말했다. 군에 재물이 없으면 군사들이 모이지 아니하고, 군에서 상을 내리지 않으면 군사들이 적진에 뛰어들지 않는 법이다.

軍讖(군참) 병법서를 말함. 曰(왈) 이르기를. 軍(군) 군대. 無財(무재) 재물이 없으면. 士(사) 군사들. 不來(불래) 오지 않는다. 無賞(무상) 상이 없으면. 不往(불왕) 가지 않는다.

軍讖曰, 香餌之下, 必有死魚. 重賞之下, 必有勇夫.

군참왈, 향이지하, 필유사어. 중상지하, 필유용부.

《군참》에서는 다른 표현으로 이렇게도 말한 바 있다. 향기로운 낚싯밥 아래에는 반드시 죽음을 무릅쓰고 달려드는 물고기가 있게 마련이며, 후한 상을 내리는 군대에는 반드시 용맹스러운 사내들이 모여들기 마련이다[157].

軍讖(군참) 병법서를 말함. 曰(왈) 이르기를. 香餌(향이) 향기로운 미끼. 餌=먹이, 낚싯밥. 下(하) 아래. 必有(필유) 반드시 있다. 死魚(사어) 죽음을 무릅쓰고 달려드는 물고기. 重賞(중상) 후한 상. 下(하) 아래. 必有(필유) 반드시 있다. 勇夫(용부) 용맹스런 사내.

故 禮者, 士之所歸, 賞者, 士之所死. 招其所歸, 示其所死, 則所求者至.

고 예자, 사지소귀, 상자, 사지소사. 초기소귀, 시기소사, 즉소구자지.

예로부터 인재들이 돌아오면 예로서 맞이하고, 인재들이 죽으면 상으로 보답한다 하였습니다. 그리하면, 부르고 싶은 인재들이 돌아올 것이며 죽음으로 충성을 보여 줄 인재들을 구

157) $E=MC^2$를 달리 해석하면, 어느 조직의 에너지(Energy)는 조직 구성원인 멤버(Member)와 적절한 보상인 캐쉬(Cash)와 칭찬과 격려(Cheering)로 결정된다고 한다. 여기서는 적절한 보상이 없으면 안 된다는 뜻이다. 재물이 없으면 인재가 모이지 않고, 상을 후하게 안 내리면 용감하게 싸우지 않는다. 예나 지금이나 적절한 보상 없이는 인재를 구할 수도 없고, 운용하기도 힘든 모양이다.

하는 대로 모두 다 구할 수 있을 것이다.

故(고) 그러므로. 禮者(예자) 예라는 것은. 士(사) 인재. 所歸(소귀) 돌아오는 바. 賞者(상자) 상이라고 하는 것은. 招(초) 부르다. 示(시) 보이다. 則(즉) 곧. 所求者(소구자) 구하는 바. 至(지) 이른다.

故禮而後悔者, 士不止, 賞而後悔者, 士不使. 禮賞不倦, 則士爭死.

고례이후회자, 사부지, 상이후회자, 사불사. 예상불권, 즉사쟁사.

예로부터 예우로 인물을 맞이해놓고도 그렇게 한 것을 후회하는 모습을 보이면 인물이 머물러 있지 않고 떠나고, 후한 상을 내려주고도 그렇게 한 것을 후회하는 모습을 보이면 인재를 써먹을 수 없게 된다. 예를 베풀거나 상을 주는 것에 게을리하지 않으면, 그러한 인재들이 죽음을 무릅쓰고 앞을 다투어 나서게 되는 것이다.

故(고) 옛날. 禮(예) 예우를 하다. 後悔(후회) 후회하다. 者(자) ~하는 것. 士(사) 선비. 인재를 말함. 不止(부지) 머물러 있지 않는다. 賞(상) 상을 주다. 後悔(후회) 후회하다. 不使(불사) ~하게 시키지 못하다. 禮賞(예상) 예우를 갖추는 것과 상을 내리는 것. 不倦(불권) 게을리하지 않다. 則(즉) 곧. 爭死(쟁사) 죽음을 마다치 않는다.

軍讖日, 興師之國, 務先隆恩. 攻取之國, 務先養民.

군참왈, 흥사지국, 무선륭은. 공취지국, 무선양민.

《군참》158)에서 이렇게 말했다. 군주나 장수가 군대를 일으켜 출동시키려면, 먼저 두터운 은혜를 베푸는데 힘써야 하고 적국을 공격하여 나라를 취하려면 먼저 백성을 돌보아 민심을 얻는 데 힘써야 한다.

軍讖(군참) 병법서를 말함. 日(왈) 이르기를. 興(흥) 일어나다. 師(사) 군사. 군대. 國(국) 나라. 務先(무선) 먼저 힘쓰다. 隆(륭) 높이다. 恩(은) 은혜. 攻取(공취) 공격해서 취하다. 國(국) 적국을 공격해서 취하려고 하는 나라. 務先(무선) 먼저 힘쓰다. 養(양) 기르다. 民(민) 백성.

以寡勝衆者, 恩也. 以弱勝强者, 民也.

이과승중자, 은야. 이약승강자, 민야.

---

158) 군참(軍讖). 전쟁의 승패를 예언적으로 서술한 중국고대 병법서로만 알려져 있고, 현재 남아있지 않아서 확인할 길이 없음.

그리고 소수의 병력으로 다수의 적을 이길 수 있는 방법은 부하들에게 은혜를 베푸는 방법뿐이며, 약한 군대로 강한 적을 이길 수 있는 방법은 백성을 돌보아 민심을 얻는 길뿐이다.

以寡(이과) 소수의 병력으로. 勝衆(승중) 다수의 적을 이기다. 者(자) ~하는 것. 恩(은) 은혜를 베풀다. 以弱(이약) 약한 군대로. 勝强(승강) 강한 군대를 이기다. 民(민) 백성.

故良將之養士, 不易于身. 故能使三軍如一心, 則其勝可全.
고양장지양사, 불역우신. 고능사삼군여일심, 즉기승가전.
예로부터 훌륭한 장수가 부하들을 돌보는 방법은 부하를 마치 자기 몸과 같이 돌보는 것이다[159]. 그리하면, 능히 전군의 마음을 일치단결하여 전투력을 발휘하게 함으로써, 싸울 때마다 전승을 거둘 수 있다.

故(고) 옛날. 良將(양장) 훌륭한 장수. 養士(양사) 부하를 돌보다. 不易(불역) 바꾸지 않다. 于(우) 어조사. 身(신) 몸. 故(고) 옛날. 能(능) 능히 ~하다. 使(사) ~하게 하다. 三軍(삼군) 전군을 의미함. 如(여) 같다. 一心(일심) 한마음. 則(즉) 곧. 其勝(기승) 그 승리는. 可全(가전) 가히 온전하다.

軍讖曰, 用兵之要, 必先察敵情, 視其倉庫, 度其糧食,
군참왈, 용병지요, 필선찰적정, 시기창고, 탁기양식,
《군참》[160]에서 이렇게 말했다. 용병의 가장 핵심이 무엇이냐 하면, 반드시 먼저 적정을 살피는 것이다. 그럼, 적정에서 무엇을 살피라는 것인가? 첫 번째 적의 창고[161]를 자세히 보라는 뜻이다. 두 번째 적의 식량 상태를 잘 측량해보라는 뜻이다.

軍讖(군참) 병법서를 말함. 曰(왈) 이르기를. 用兵之要(용병지요) 용병의 가장 핵심은. 必(필) 반드시. 先察(선찰) 먼저 살펴라. 敵情(적정) 적정을. 視(시) 보다. 其(기) 그. 적의. 倉庫(창고) 창고. 度(탁) 헤아리다. 糧食(양식) 적의 양식. 군량미.

卜其强弱, 察其天地, 伺其空隙.

159) 장수가 부하를 자기 몸같이 돌본다면, 부대의 보이지 않는 무형의 전투력은 극대화될 것이다. 맹자 선생님도 '천시불여지리, 지리불여인화(天時不如地理, 地理不如人和)'라 하였다. 인화가 제일이다.

160) 군참(軍讖). 전쟁의 승패를 예언적으로 서술한 중국고대 병법서로만 알려져 있고, 현재 남아있지 않아서 확인할 길이 없음.

161) 창고(倉庫). 곡식을 쌓아두는 곳을 창(倉)이라 하고, 금은보화를 저장해 두는 곳을 고(庫)라고 한다.

복기강약, 찰기천지, 사기공극.

세 번째 적의 강점과 약점을 잘 점쳐보라는 뜻이다. 네 번째 기상상태를 잘 살펴보라는 뜻이다. 다섯 번째 적의 빈 곳과 틈을 엿보라는 뜻이다.

卜(복) 점을 치다. 其(기) 그. 적의. 强弱(강약) 강점과 약점. 察(찰) 살피다. 天地(천지) 하늘과 땅. 伺(사) 엿보다. 空(공) 비다. 텅 비다. 隙(극) 틈.

故國無軍旅之難, 而運糧者, 虛也. 民菜色者, 窮也.

고국무군려지난, 이운량자, 허야. 민채색자, 궁야.

적정을 잘 살펴본 다음 적이 이런 상태이면, 어떻게 하는지는 다음에서 설명한다. 예로부터 적국에 어떤 변란도 발생하지 않았는데 식량을 수송하는 것이 자주 보인다면 이는 국가의 재정상태가 고갈되어 지방에서 중앙으로 식량이 수송되는 모습으로 판단하면 되고, 적국을 자세히 살펴보니 백성들의 얼굴색이 굶어서 푸른빛을 띤다면 이는 식량 사정이 대단히 악화된것으로 판단하면 된다.

故(고) 옛날. 國(국) 나라. 無(무) 없다. 軍旅之難(군여지난) 군대가 나서야 할 정도의 난. 軍=군대. 旅=군사. 運(운) 운반하다. 糧(량) 양식. 者(자) ~하는 것. 虛(허) 텅 비다. 民(민) 백성들. 菜(채) 나물. 色(색) 색. 窮(궁) 궁하다. 가난한 상태.

千里饋糧, 士有飢色. 樵蘇後爨, 師不宿飽.

천리궤량, 사유기색. 초소후찬, 사불숙포.

전쟁이 나서 군량을 천 리나 되는 먼 길로 수송하다 보면 중간에 손실이 많이 생겨 결국에는 식량이 부족하게 되어 부하들이 굶주린 기색이 나타나게 되며, 땔감이 없어서 나무와 풀을 직접 뜯어다가 밥을 지어서 먹으려고 하면, 군사들을 배부르게 해줄 수가 없게 되는 것이다. 즉, 천 리나 멀리 원정을 가서 전쟁하다 보면 수송 소요가 많아서 충분하게 식량이나 땔감 등을 지원해주지 못하다 보니 병사들은 배를 채우기가 힘들어지게 된다.

千里(천리) 천리나 되는 길. 400km. 饋(궤) 먹이다. 糧(량) 양식. 士(사) 군사. 부하들. 有(유) 있다. 飢(기) 굶주리다. 色(색) 색. 樵(초) 나무이름. 蘇(소) 한해살이풀. 後(후) 뒤. 爨(찬) 밥을 짓기 위해 불을 때다. 師(사) 군사. 不(불) 아니다. 宿(숙) 숙영하다. 飽(포) 배부르다.

夫運糧千里, 無一年之食, 二千里, 無二年之食,

부운량천리, 무일년지식, 이천리, 무이년지식,
무릇, 천 리나 되는 먼 곳까지 원정을 가서 이에 대한 양식을 수송하다 보면 일 년 치의 식량이 소모되고, 이천 리까지 원정 가면 이 년 치의 식량이 소모되고,

夫(부) 무릇. 運糧(운량) 양식을 운반하다. 千里(천리) 1,000리나 되는 먼 길. 400km. 無(무) 없어지게 된다. 一年之食(일년지식) 1년 치 먹을 양식. 二千里(이천리) 2,000리나 되는 먼 길. 無二年之食(무 이년지식) 2년 치 먹을 양식이 없어진다.

三千里, 無三年之食, 是謂國虛.
삼천리, 무삼년지식, 시위국허.
삼천 리까지 원정 가면 삼 년 치의 식량이 소모되는 것이다. 그렇게 군량을 수송하다 보면 결국에는 국가의 재정이 바닥나게 된다.

三千里(삼천리) 3,000리나 되는 먼 길. 無三年之食(무 삼년지식) 3년 치 먹을 양식이 없어진다. 是謂(시위) 이를 일컬어. 國(국) 나라. 虛(허) 텅 비다.

國虛, 則民貧, 民貧, 則上下不親. 敵攻其外, 民盜其內, 是謂必潰.
국허, 즉민빈, 民貧, 즉상하불친. 적공기외, 민도기내, 시위필궤.
국가의 재정이 바닥나게 되면, 자연히 백성들이 가난해지고, 백성들이 가난해지면, 국론이 분열되어 상하가 서로 친하지 않게 된다. 외부로부터는 적국이 이 기회를 틈타 공격하고, 안으로는 백성들이 도적질을 일삼게 되니 결국에는 반드시 궤멸하게 되는 것이다.

國虛(국허) 나라의 재정이 바닥나다. 則(즉) 곧. 民貧(민빈) 백성이 가난해지다. 上下(상하) 윗사람과 아랫사람. 不親(불친) 친하지 않다. 敵攻(적공) 적이 공격하다. 其外(기외) 외적으로는. 民盜(민도) 백성들이 도적질하다. 其內(기내) 내적으로는. 是謂(시위) 이를 일컬어. 必(필) 반드시. 潰(궤) 무너지다.

軍讖曰, 上行虐, 則下急刻. 賦重斂數, 刑罰無極, 民相殘賊, 是謂亡國.
군참왈, 상행학, 즉하급각. 부중렴삭, 형벌무극, 민상잔적, 시위망국.
《군참》[162]에서 나라가 위기에 처하는 다섯 가지 경우에 대해서 아래와 같이 말했다. ① 위

162) 군참(軍讖). 전쟁의 승패를 예언적으로 서술한 중국고대 병법서로만 알려져 있고, 현재 남아있지 않아서 확인할 길이

에 있는 자가 포악한 짓을 자행하고[163] 백성들의 생활이 급해지고 각박해지며, 부역이 계속되고 세금을 많이 거두고 형벌이 끝없이 이어져서 백성들이 서로 도둑질하고 해치는[164] 일이 많을 때를 '망국(亡國)=나라가 망하다'라고 한다.

軍讖(군참) 병법서를 말함. 曰(왈) 이르기를. 上(상) 윗사람. 行(행) 행하다. 虐(학) 사납다. 則(즉) 곧. 下(하) 아랫사람. 急(급) 급하다. 刻(각) 각박하다. 賦(부) 부역. 重(중) 무겁다. 斂(렴) 세금을 거두다. 數(삭) 자주. 刑罰(형벌) 형벌. 無極(무극) 끝이 없다. 民相(민상) 백성들이 서로. 殘(잔) 해치다. 賊(적) 도둑질하다. 是謂(시위) 이를 일컬어. 亡國(망국) 나라가 망하다.

軍讖曰, 內貪外廉, 詐譽取名, 竊公爲恩,
군참왈, 내탐외렴, 사예취명, 절공위은,
② 속으로는 탐욕스러우면서 겉으로는 청렴한 척하고, 거짓으로 남을 속여 명예를 취하고, 공적인 권한을 이용해서 사적인 은혜를 갚는 데 사용하고,

軍讖(군참) 병법서를 말함. 曰(왈) 이르기를. 內(내) 안으로는. 貪(탐) 탐내다. 外(외) 겉으로는. 廉(렴) 청렴하다. 詐(사) 속이다. 譽(예) 명예. 取(취) 취하다. 名(명) 명예. 竊(절) 훔치다. 公(공) 공적인 권한. 爲(위) ~을 하다. 恩(은) 은혜.

令上下昏, 飾躬正顔, 以獲高官, 是謂盜端.
영상하혼, 식궁정안, 이획고관, 시위도단.
윗사람의 명을 빌어 아랫사람을 혼미하게 하며, 모든 일을 직접 하는 것처럼 꾸미고 진실하고 바른 것처럼 표정을 지어[165] 높은 관직을 얻을 때를 '도단(盜端)=도둑질의 발단'이라고 한다.

令(령) 령을 내리다. 上(상) 윗사람. 下(하) 아랫사람. 昏(혼) 어둡다. 飾(식) 꾸미다. 躬(궁) 몸소. 正(정) 바르다. 顔(안) 얼굴. 以(이) ~로써. 獲(획) 획득하다. 高官(고관) 높은 벼슬. 是謂(시위) 이를 일

없음.

163) 상행학(上行虐). 윗사람이 학정을 행하다. 어느 조직이나 상급자가 포악해서는 안 된다. 상급자가 포악하면 부하가 피곤해진다. 그리고 상급자가 부당한 일을 많이 시키고 결과에 대해서 벌만 주면 안 된다. 그리하면 아랫사람들이 서로 단결이 되지 않고 해치게 될 수밖에 없기 때문이다.

164) 민상잔적(民相殘賊). 백성들이 서로 해치다. 해치고 상하게 하는 것을 2종류로 구분하였다. 인(仁)을 해치고 상하게 하는 것을 잔(殘), 의(義)를 해치고 상하게 하는 것을 적(賊)이라고 하였다.

165) 겉과 속이 달라서는 안 되며 공과 사를 구분 못 해서도 안 된다. 그러나 이렇게 하는 사람을 구분하기란 더더욱 힘이 든다. 그래서 군주나 장수나 지휘관이나 이런 사람을 구별해내는 혜안이 필요한 것이다. 지휘관이 혜안을 가지고 이런 도적질을 하려고 하는 자가 있으면 그 발단부터 싹을 잘라내야 한다.

컬어. 盜端(도단) 도둑질의 발단.

軍讖曰, 群吏朋黨, 各進所親. 招擧姦枉, 抑挫仁賢,
군참왈, 군리붕당, 각진소친. 초거간왕, 억좌인현,
③ 벼슬아치들은 무리를 지어 파당을 만들어 각각 자기 파당과 친한 인물들만 관직에 진출시키며, 간사하고 부정한 사람을 천거하여 등용하고, 인자하고 어진 인물들은 등용하지 않으며,

軍讖(군참) 병법서를 말함. 曰(왈) 이르기를. 群(군) 무리. 吏(리) 벼슬아치. 朋黨(붕당) 파당. 붕당. 各(각) 각각. 進(진) 나아가다. 所親(소친) 친한 사람. 招(초) 초대하다. 擧(거) 천거하다. 姦(간) 간사하다. 枉(왕) 굽히다. 간사하다. 抑(억) 억제하다. 挫(좌) 꺾다. 仁賢(인현) 인자하고 현명한 사람.

背公立私, 同位相訕, 是謂亂源.
배공립사, 동위상산, 시위난원.
공적이고 공정함을 배척하고 사리사욕을 앞세우며 동료들끼리 서로 헐뜯고 모함만166) 하는 경우를 '난원(亂源)=환란의 근원'이라고 한다.

背(배) 배척하다. 公(공) 공명정대. 立(입) 세우다. 私(사) 사리사욕. 同位(동위) 같은 위치. 동료. 相(상) 서로. 訕(산) 헐뜯다. 是謂(시위) 이를 일컬어. 亂源(난원) 환란의 근원

軍讖曰, 强宗聚姦, 無位而尊, 威而不震, 葛藟相連,
군참왈, 강종취간, 무위이존, 위이부진, 갈류상련,
④ 종친들의 강한 권세를 등에 업고 간사한 무리를 모아 직위가 없는데도 불구하고 지위가 높은 것과 같은 대우를 받으며, 위세에 눌려 두려움에 떨지 않는 사람이 없고, 그들이 마치 칡넝쿨이나 등나무 넝쿨, 연꽃 뿌리처럼 서로 얽혀 단단히 결탁해 있고, 자기네끼리는 덕과 은혜를 베풀고 세우는 반면

166) 동위상산(同位相訕). 조직 내에서 파벌이 형성되면 절대로 강해질 수가 없다. 조직이 환란에 빠진다. 파벌이 형성되면 인재들이 피해를 본다. 공정함이 사라진다. 사리사욕이 판을 친다. 그래서 동료들이 서로 헐뜯게 되고, 결국에는 그 조직이 망하게 된다. 訕=헐뜯다=言 + 山. 말을 산처럼 많이 하는 것, 조심해야 한다. 말을 많이 하다 보면 자칫 남의 험담까지 할 수도 있으니 조심해야 한다.

軍讖(군참) 병법서를 말함. 曰(왈) 이르기를. 强宗(강종) 종친들의 강한 권세. 聚(취) 모이다. 姦(간) 간사하다. 無位(무위) 직위가 없다. 尊(존) 지위가 높다는 뜻. 威(위) 위엄. 위세. 震(진) 두려움에 떨다. 葛(갈) 칡넝쿨. 藟(류) 등나무 넝쿨. 相(상) 서로. 連(연) 잇닿아 있다.

種德立恩, 奪在位權, 侵侮下民, 國內諠譁, 臣蔽不言, 是謂亂根.

종덕입은, 탈재위권, 침모하민, 국내훤화, 신폐불언, 시위난근.

관직에 있는 사람들의 권한을 빼앗아 제 마음대로 행동하고, 아래 백성들을 업신여기고 괴롭혀서 나라 안에서는 백성들의 원성이 자자하지만 신하들이 간언하지 못하도록 덮어버리는 경우를 '난근(亂根)=환란의 뿌리'이라고 한다.

種(종) 씨를 뿌리다. 德(덕) 베풀다. 立(입) 세우다. 恩(은) 은혜. 奪(탈) 빼앗다. 在(재) 있다. 位(위) 지위. 權(권) 권세. 侵(침) 침범하다. 侮(모) 업신여기다. 下(하) 아래. 民(민) 백성. 國內(국내) 나라 안. 諠(훤) 잊어버리다. 譁(화) 시끄럽다. 백성들의 원성. 臣(신) 신하. 蔽(폐) 덮어버리다. 不(불) 아니다. 言(언) 말. 간언. 是謂(시위) 이를 일컬어. 亂根(난근) 환란의 뿌리.

軍讖曰, 世世作姦, 侵盜縣官, 進退求便, 委曲弄文, 以危其君, 是謂國姦.

군참왈, 세세작간, 침도현관, 진퇴구편, 위곡롱문, 이위기군, 시위국간.

⑤ 세습하는 관리들이 대대로 간사함을 저지르며, 낮은 관리들의 권한을 도적질하듯이 빼앗고, 관직에 나아가고 물러남을 제 편한 대로만 구하려 하고, 제도나 법조문을 마음대로 맡아서 희롱하듯이 만들어내어 그렇게 함으로써 군주를 위험한 지경에 이르도록 하는 것을 '국간(國姦)=나라의 간신'이라고 한다.

軍讖(군참) 병법서를 말함. 曰(왈) 이르기를. 世世(세세) 대를 이어서. 作(작) 만들다. 姦(간) 간사하다. 侵(침) 침범하다. 盜(도) 도적질하다. 縣(현) 옛 지방구획 중의 하나. 官(관) 관리. 進退(진퇴) 나아가고 물러남. 求(구) 구하다. 便(편) 편하다. 委(위) 맡기다. 曲(곡) 곡제. 제도. 弄(롱) 희롱하다. 文(문) 법조문을 말함. 以危(이위) 그 위험한 지경이. 其君(기군) 군주에게 이르다. 是謂(시위) 이를 일컬어. 國姦(국간) 나라의 간신.

軍讖曰, 吏多民寡, 尊卑相若, 强弱相虜, 莫適禁禦, 延及君子, 國受其咎.

군참왈, 이다민과, 존비상약, 강약상로, 막적금어, 연급군자, 국수기구.

《군참》167)에서 나라에 여러 가지 폐해가 나타나는 상황 세 가지, '원망(咎), 폐해(害), 패망(敗)'에 대해서 아래와 같이 말했다. ① 관리는 많고 백성의 수는 적으며, 신분이 귀하고 천함의 구분이 없이 서로 같이 대해서 국가의 위계질서가 지켜지지 않으며, 강자와 약자가 서로 노략질하고168), 금하고 막아야 할 것들이 지켜지지 않고, 앞에서 설명한 폐해들이 군자에게까지 이르니, 국가가 '원망(咎)'을 받는 처지에 놓이게 되는 것이다.

軍讖(군참) 병법서를 말함. 日(왈) 이르기를. 吏(리) 관리. 多(다) 많다. 民(민) 백성. 寡(과) 적다. 尊(존) 귀하다. 卑(비) 천하다. 相(상) 서로. 若(약) 같다. 强弱(강약) 강자와 약자. 虜(로) 사로잡다. 莫(막) 없다. 適(적) 이르다. 도달하다. 따르다. 禁(금) 금하다. 禦(어) 막다. 延(연) 끌어들이다. 及(급) 미치다. 君子(군자) 군주를 말함. 國受其咎(국수기원) 국가가 원망을 받는 처지에 놓이게 된다.

軍讖日, 善善不進, 惡惡不退, 賢者隱蔽, 不肖在位, 國受其害.
군참왈, 선선부진, 오악불퇴, 현자은폐, 불초재위, 국수기해.
② 훌륭한 인물을 칭송하지만 제대로 등용하지 않고, 부족한 이를 좋아하지 않아도 제대로 물리치지 않고, 현명한 자가 등용되지 못하고 꼭꼭 숨어 있고, 현명하지 못한 자가 높은 지위에 오르면, 나라가 '폐해(害)'를 입게 되는 처지에 놓인다.

軍讖(군참) 병법서를 말함. 日(왈) 이르기를. 善善(선선) 훌륭한 인물을 훌륭하다 하다. 不進(부진) 벼슬에 나아가지 못하다. 惡惡(오악) 악한 이를 미워하다. 不退(불퇴) 물러나지 않다. 賢者(현자) 현명한 자. 隱(은) 숨기다. 가리다 蔽(폐) 덮다. 싸다. 不肖(불초) 못난 인물. 在位(재위) 높은 지위에 있다. 國受其害(국수기해) 나라가 그 폐해를 입게 된다.

軍讖日, 枝葉强大, 比周居勢, 卑賤陵貴, 久而益大, 上不忍廢, 國受其敗.
군참왈, 지엽강대, 비주거세, 비천릉귀, 구이익대, 상불인폐, 국수기패.
③ 가지와 잎사귀에 해당하는 신하는 강대해지고, 그들이 도당을 짜서 권세를 가지게 되고, 비천한 자가 존귀한 자를 능멸하며, 그 정도가 날이 지날수록 더욱 심해지고, 군주가 이들을

167) 군참(軍讖). 전쟁의 승패를 예언적으로 서술한 중국고대 병법서로만 알려져 있고, 현재 남아있지 않아서 확인할 길이 없음.

168) 강약상로(强弱相虜). 강자와 약자가 서로 虜한다. 여기에서 로(虜)자는 헤아린다는 의미의 우(虞)자 또는 능멸한다는 의미의 능(陵) 등 2가지 경우로 해석하는 경우가 있는데, 《신간증보사략》편에서는 虜자를 노략질하다는 의미의 략(掠)자와 같은 의미로 해석하였음.

참기만 하고 제거하지 못하게 되면, 나라가 '패망(敗)'하게 되는 처지에 놓이게 된다.[169]

軍讖(군참) 병법서를 말함. 曰(왈) 이르기를. 枝(지) 가지. 葉(엽) 잎사귀. 强大(강대) 강하고 크다. 比周(비주) 도당을 짜는 것. 比=견주다. 周=두루. 居(거) 차지하다. 勢(세) 권세. 卑(비) 낮다. 賤(천) 천하다. 陵(능) 능멸하다. 貴(귀) 귀하다. 久(구) 오래 지나다. 益(익) 더하다. 大(대) 커지다. 上(상) 윗사람. 不(불) 아니다. 忍(인) 참다. 廢(폐) 폐하다. 國受其敗(국수기패) 국가가 패망하게 되는 처지에 놓이게 된다.

軍讖曰, 佞臣在上, 一軍皆訟. 引威自與, 動違于衆. 無進無退, 苟然取容.
군참왈, 영신재상, 일군개송. 인위자여, 동위우중. 무진무퇴, 구연취용.
《군참》[170]에서 이렇게 말했다. 아첨하는[171] 간신이 높은 자리에 있으면 모든 군사가 불평불만을 품게 되는데, 그 일곱 가지 사례는 아래와 같다. ① 간신은 높은 자리에 있으면서 위세를 끌어와 등에 업고, 백성들의 비위에 거슬리는 행동들만 골라서 하는 법이다. ② 아첨하는 간신들은 관직에 나아가고 물러나는 것도 분명하지 않으며, 겉으로 보이는 아첨을 취하는 것을 당연시하는 법이다.

軍讖(군참) 병법서를 말함. 曰(왈) 이르기를. 佞(녕) 아첨하다. 臣(신) 신하. 在上(재상) 윗자리에 있다. 一軍(일군) 군대. 전군을 말함. 皆(개) 모두. 訟(송) 송사하다. 引(인) 끌어오다. 威(위) 위세. 自(자) 스스로. 與(여) 더불어. 動(동) 움직이다. 違(위) 거슬리다. 于(우) 어조사. 衆(중) 무리. 군사들. 無進(무진) 나아감도 없고. 無退(무퇴) 물러남도 없다. 苟(구) 진실로. 然(연) 그러하다. 取(취) 취하다. 容(용) 얼굴. 겉모습.

專任自己,擧措伐功. 誹謗盛德, 誣述庸庸. 無善無惡, 皆與己同.
전임자기,거조벌공. 비방성덕, 무술용용. 무선무악, 개여기동.
③ 간신은 일을 처리함에 있어서 오로지 제 일만 처리를 하며, 일의 공적이 있으면 자기가 한 일처럼 남의 공적을 적당히 잘 섞어서 천거하는 방식으로 공을 가로채는 법이다. ④ 간

---

169) 세 가지 상황이 '원망(咎) → 폐해(害) → 패망(敗)'의 순서임을 명심할 필요가 있다. 어느 조직이나 원망의 소리는 나올 수밖에 없다. 그러나 그 원망소리의 근원지를 찾아 싹을 잘라내야 한다. 그러지 않으면 폐해가 나타나다가 나중에는 조직의 존립조차 보장받지 못하게 되는 것이다. 조직을 수시로 진단하면서 미리 예방해야 한다.

170) 군참(軍讖). 전쟁의 승패를 예언적으로 서술한 중국고대 병법서로만 알려져 있고, 현재 남아있지 않아서 확인할 길이 없음.

171) 영신(佞臣). 아첨하는 신하. 《신간증보삼략》에서는 교묘하게 아첨하고 민첩하게 말하는 것을 佞이라 한다고 하였음.

신은 군주의 덕행은 비방하고, 남을 비방하는 일을 일삼는 법이다. ⑤간신은 선악의 구분도 없이 자신과 같으면 좋아하는 법이다.

專(전) 오로지. 任(임) 임무를 맡다. 自己(자기) 제 일만 한다. 擧(거) 들다. 措(조) 섞다. 伐(벌) 공적. 공훈. 功(공) 공로. 誹謗(비방) 남을 헐뜯어 말함. 盛德(성덕) 크고 훌륭한 덕. 誣(무) 무고하다. 述(술) 짓다. 庸(용) 쓰다. 無善無惡(무선무악) 선악에 대해서 아무런 의견이 없다. 皆(개) 모두. 與(여) 같이하다. 己(기) 자기. 同(동) 같다.

稽留行事, 命令不通. 造作苛政, 變古易常. 君用佞人, 必受禍殃.
계류행사, 명령불통. 조작가정, 변고이상. 군용녕인, 필수화앙.
⑥ 간신은 일을 제때 처리하지 않고 계속 미루면서, 군주의 명령을 불통하게 하는 법이다. ⑦ 간신은 공무를 자세히 보고하지 않고 조작하고 바꾸어 군주에게 보고하는 법이다. 군주가 아첨하는 간신배를 계속 중용하면, 반드시 화와 재앙을 받게 된다.

稽留(계류) 일을 제때 처리하지 않고 미루다. 行事(행사) 일하다. 命令(명령) 군주의 명과 령을 말함. 不通(불통) 제대로 통하지 않는다. 造作(조작) 어떤 일을 사실인 듯 꾸며서 말함. 苛(가) 자세하다. 政(정) 공적인 업무. 군주의 명과 령을 이행하는 일. 變古(변고) 바꾸고 조작하여 보고하는 것. 易常(이상) 쉽고 일상화되어 있다. 君(군) 군주가. 用(용) 쓰다. 중용하다. 佞人(녕인) 아첨하는 사람. 必(필) 반드시. 受(수) 받는다. 禍(화) 재앙이나 화. 殃(앙) 재앙.

軍讖曰, 姦雄相稱, 障蔽主明. 毁譽並興, 壅塞主聰, 各阿所私, 令主失忠.
군참왈, 간웅상칭, 장폐주명. 훼예병흥, 옹색주총, 각아소사, 영주실충.
《군참》[172]에서 간신배들이 하는 짓 세 가지를 아래와 같이 말했다. ① 간신배들은 서로 칭찬을 하여, 군주의 총명함을 흐리게 한다. ② 남에 대한 거짓 칭찬, 명예 훼손 등의 행동을 일삼아, 군주의 총명함을 막는다. ③ 주요한 직책 구석마다 자기 사람을 앉히고, 군주가 충신을 잃게 한다.[173]

172) 군참(軍讖). 전쟁의 승패를 예언적으로 서술한 중국고대 병법서로만 알려져 있고, 현재 남아있지 않아서 확인할 길이 없음.

173) 간신배들이 하는지 3가지. 참으로 못된 놈들이다. 자기네들끼리 서로 칭찬하고, 다른 사람들의 명예를 짓밟고 주요 요직에는 자기 사람들만 포진시켜 군주가 총명함을 잃게 하고, 충신을 제거하게 한다. 군주의 혜안으로 간신들을 막아야 할 것이다. 군주의 역할이 대단히 중요한 것이다. 리더의 역할이 조직을 좌우하는 것이다.

軍讖(군참) 병법서를 말함. 曰(왈) 이르기를. 姦雄(간웅) 간신배. 相(상) 서로. 稱(칭) 칭찬하다. 障(장) 장애물. 蔽(폐) 가리다. 主明(주명) 군주의 총명함. 毁(훼) 훼손시키다. 譽(예) 명예. 並(병) 아우르다. 興(흥) 일어나다. 壅(옹) 막다. 塞(색) 막다. 主聰(주총) 군주의 총명함. 各(각) 각각. 阿(아) 언덕. 구석. 所私(소사) 사적인 일. 令(령) 명령. 主(주) 군주. 失(실) 잃다. 忠(충) 충신

故主察異言, 乃觀其萌. 主聘儒賢, 姦雄乃遯. 主任舊齒, 萬事乃理.
고주찰이언, 내관기맹. 주빙유현, 간웅내둔. 주임구치, 만사내리.
그럼, 군주는 어찌해야 하는가? ① 군주는 서로 말이 다르면 하는 말들을 잘 살펴, 그 싹을 제대로 보아야 한다. ② 군주는 현명하고 훌륭한 인재들은 예를 갖추어 초빙하며, 간신배들은 피해야 한다. ③ 군주가 경험과 경륜이 많은 사람에게 임무를 주면, 모든 일은 순리에 맞게 이루어진다.

故(고) 옛말에. 主(주) 군주가. 察(찰) 살피다. 異言(이언) 서로 다른 말. 乃(내) 이에. 觀(관) 보다. 其(기) 그. 萌(맹) 싹. 聘(빙) 찾아가다. 儒賢(유현) 현명한 유학자들. 현명한 유생들. 姦雄(간웅) 간신배. 乃(내) 이에. 遯(둔) 도망가다. 主(주) 군주가. 任(임) 임무를 주다. 舊齒(구치) 오래되어 경험이 많거나 나이 많은 사람. 萬事(만사) 모든 일이. 乃(내) 이에. 理(리) 이치에 맞다.

主聘巖穴, 士乃得實. 謀及負薪, 功乃可述. 不失人心, 德乃洋益.
주빙암혈, 사내득실. 모급부신, 공내가술. 불실인심, 덕내양익.
④ 군주가 인재들이 있는 바위나 동굴 같은 곳까지라도 찾아가 예를 갖추면, 인재를 얻을 수 있다. ⑤ 군주가 어떤 일을 도모함에 있어서 나무꾼의 의견도 받아들이는 자세로 처리하면, 뛰어난 공적이나 업적을 이룰 수 있다. 이렇게 군주가 모든 일을 처리한다면, 백성들의 마음을 잃지 않고, 훌륭한 제왕의 공적을 이룰 수 있는 것이다.

主(주) 군주가. 聘(빙) 초빙하다. 巖穴(암혈) 바위와 동굴. 士(사) 선비. 인재들. 乃(내) 이에. 得(득) 얻다. 實(실) 충실하다. 謀(모) 어떤 일을 도모하다. 及(급) 미치다. 負薪(부신) 나무꾼과 같은 천한 사람. 負(부) 짐 지다. 薪(신) 섶나무. 功(공) 공적. 乃(내) 이에. 可述(가술) 가히 이룰 수 있다. 不失(불실) 잃지 않는다. 人心(인심) 백성들의 인심. 德(덕) 덕. 군주의 덕. 乃(내) 이에. 洋益(양익) 바다와 같이 더하다.

第二. 中略 제2. 중략[174)]

夫三皇無言, 而化流四海, 故天下無所歸功.

부삼황무언, 이화류사해, 고천하무소귀공.

옛날 복희.신농.황제가 다스리던 삼황 시대에는[175)] 천자가 아무 말을 하지 않아도 황제의 감화가 사해까지 흘러넘쳤다. 천자가 별다른 말을 하지 않아도 천하가 화평하였으니 천하 사람들은 그것이 누구의 공덕인지 잘 알 수 없었다.[176)]

夫(부) 무릇. 三皇(삼황) 복희, 신농, 황제가 다스리던 시대를 말함. 無言(무언) 아무 말을 하지 않다. 化流(화류) 황제의 감화가 흐르다. 四海(사해) 온 세상. 故(고) 옛. 天下(천하) 천하. 無(무) 없다. 所(소) ~하는 바. 歸(귀) 돌아오다. 돌아가다. 功(공) 공로.

帝者, 體天則地, 有言有令, 而天下太平,

제자, 체천칙지, 유언유령, 이천하태평,

소호(少昊).전욱(顓頊).고신(高辛).제요(帝堯).제순(帝舜)이 다스리던 오제(五帝) 시대에는 천지자연의 법칙을 본받아 강권을 쓰지 않고 말로만 가르치고 법령만으로 다스려도 천하가 태평하였다.

帝者(제자) 삼황 시대 이후의 오제 시대를 말함. 體(체) 본받다. 天(천) 하늘. 則(칙) 법칙. 地(지) 땅. 有

174) 중략 : 〈상략〉에서 언급한 통치자의 덕목과 권변을 구체화하여, 역사적인 사례를 들어 차례로 논하고, 삼황·오제의 시대부터 왕자·패자의 시대에 이르기까지 통치술의 시대적 변천에 따라서 민심의 향배가 어떻게 변화하였으며, 백성과 신하를 제어하는데 어떠한 정략이 유리한가를 밝혔다. 이러한 군주의 정략에는, 출정군 지휘관에 대한 독자적인 재량권 부여를 비롯하여 장병들의 개성과 심리 파악, 은덕과 위엄 등의 통솔 요령이 포함되었으며, 대외 전쟁 시 권모술수와 기계의 운용에 대한 중요성, 그리고 작전 종료 후 군권의 회수, 전공자의 포상 및 복리까지 열거하고, 이러한 조치들이 모두 군주의 권위를 보장하기 위해 신하의 세력을 제거하는 비장의 책략이라고 하였다.

175) 삼황(三皇). 중국 상고시대 신화속의 성군. 천하를 다스릴 때 황하에서 용마가 나오자 그 무늬를 본떠서 주역의 팔괘(八卦)를 그렸던 복희씨(伏羲氏), 쟁기와 보습을 만들어 백성들에게 농사짓는 방법을 가르치고 약초를 맛보아 의약을 처음 만들었다는 신농씨(神農氏), 처음으로 글자를 만들고 창과 방패, 배와 수레 등을 만들어 백성들에게 새로운 문명을 가르쳤다는 헌원씨(軒轅氏) 등을 말한다.

176) 옛날 황제가 시골로 암행을 다닐 때 어느 농부를 만나서 지금 황제가 누군지 아느냐고 물어보니, 그 농부가 말하기를 '황제가 누군지 내가 알아서 무엇을 하겠느냐?'며 일하는데 걸리적거리니 비켜달라고 하였다고 한다. 그때 황제가 생각하기를 '황제가 누구든지 간에 백성들이 자기의 일을 제대로 할 수 있도록 백성을 다스릴 때 황제가 거추장스럽게 걸리적거리지만 않으면 되겠구나. 정치는 이렇게 하여야 하는구나!' 하는 교훈을 얻었다고 한다. 삼황 시대에는 말없이 다스려도 천하가 화평하니, 가장 높은 단계의 통치법을 사용했던 시대라고 할 수 있을 것이다.

言(유언) 말만 있다. 有令(유령) 법령만 있다. 而天下太平(이천하태평) 그렇게 해도 천하는 태평하였다.

君臣讓功, 四海化行, 百姓不知其所以然.
군신양공, 사해화행, 백성부지기소이연.
또한, 군신 간은 서로 공로를 양보하고 온 세상에 황제의 감화가 널리 펴져 백성들은 천하가 잘 다스려지는 연유를 알지 못하였다.

君臣(군신) 군주와 신하. 讓功(양공) 공로를 서로 양보하다. 四海(사해) 사방의 바다. 온 세상. 化行(화행) 황제의 감화가 행해지다. 百姓(백성) 백성. 不知(부지) 알지 못하다. 其所(기소) 그 ~하는 바. 나라가 잘 다스려지는 바. 以然(이연) 그 이유를.

故使臣, 不待禮賞有功, 美而無害.
고사신, 부대예상유공, 미이무해.
그리고 아랫사람을 부릴 때 상을 주어 예의를 표시하지 않아도, 오로지 아름다운 미덕만 있을 뿐 서로 해하는 법이 없었다.

故(고) 옛. 고로. 使(사) ~하게 하다. 臣(신) 신하. 不待(부대) 기다리지 않았다. 禮賞(례상) 예우와 상훈. 有功美(유공미) 아름다운 미덕만 있을 뿐. 無害(무해) 서로 해함이 없었다.

王者, 制人以道, 降心服志, 設矩備衰, 四海會同, 王職不廢,
왕자, 제인이도, 강심복지, 설구비쇠, 사해회동, 왕직불폐,
삼왕 시대에는 인간의 도리로써 백성을 다스리고 백성들이 마음에서 우러나와서 그 뜻을 굽히면서 복종하였으며 제도와 법률을 정비하여 국가가 쇠약했을 때를 대비하고 사해(四海)[177]의 제후들이 같이 모여 왕의 직분을 폐하는 법이 없도록 하였다.

王者(왕자) 하 왕조 우왕, 은 왕조 탕왕, 주 왕조 문왕과 무왕이 다스리던 시대로 삼왕 시대라고 함. 制(제) 제도를 의미하며, 다스린다는 의미로 쓰임. 人(인) 사람. 백성. 以道(이도) 도리로써. 降心(강심) 마음을 굽히다. 服志(복지) 뜻에 복종하다. 設矩(설구) 각종 제도와 법령을 설치하다. 備衰(비쇠) 나라가 쇠약했을 때를 대비하다. 四海(사해) 사방의 바다. 온 세상. 會同(회동) 같이 모이다. 王(왕) 왕. 職

177) 사해(四海). 《신간증보삼략》에서 온간 냇물을 받아들이는 것을 海라고 하고, 구이(九夷), 팔적(八狄), 칠융(七戎), 육만(六蠻)을 四海라 하니, 海는 어둡다는 뜻으로 매우 멀어서 어둡다고 한 것이다. 동쪽을 창해(滄海), 서쪽을 한해(瀚海), 남쪽을 명해(溟海), 북쪽을 발해(渤海)라고 한다. 또 사해(四海)를 통틀어서는 비해(裨海)라 한다.

(직) 관직, 직책. 不廢(불폐) 폐하지 않았다.

雖有甲兵之備, 而無戰鬪之患, 君無疑于臣, 臣無疑于主,
수유갑병지비, 이무전투지환, 군무의우신, 신무의우주,
또한, 비록 갑옷 · 병기의 전쟁에 대비한 장비가 갖추어져 있었으나 전쟁을 하는 불상사는 일어나지 않았으며, 임금이 신하를 의심하거나 신하가 임금을 의심하는 일이 없었다.

雖(수) 비록. 有(유) 있다. 甲兵之備(갑병지비) 병사들의 무장을 갖추고 대비하다. 無(무) 없다. 戰鬪之患(전투지환) 나라끼리 다투는 우환. 患(환) 우환. 君(군) 군주. 于臣(우신) 신하에 대한. 臣(신) 신하. 于主(우주) 군주에 대한.

國定民安, 臣以義退, 亦能美而無害.
국정민안, 신이의퇴, 역능미이무해.
그리하여 나라가 안정되고 백성은 편안하였으며, 신하는 관직에서 물러갈 때도 의롭게 은퇴하였으니, 이때에는 아름다운 미덕만 있었고 남을 해치는 일이 없었다.

國定(국정) 나라가 안정되다. 民安(민안) 백성이 편안하다. 臣(신) 신하. 以義(이의) 의로써. 退(퇴) 물러나다. 亦(역) 또한. 能美(능미) 능히 아름다운 미덕만 있다. 無害(무해) 서로 해함이 없다.

霸者, 制士以權, 結士以信, 使士以賞, 信衰則士疏, 賞虧則士不用命.
패자, 제사이권, 결사이신, 사사이상, 신쇠즉사소, 상휴즉사불용명.
춘추전국시대에는 관리들을 통제할 때에 권모와 술수를 쓰고, 뭔가 약속을 해야만 관리들이 모여들고, 상을 주어야만 관리들을 부릴 수 있었다. 그러므로 약속이 지켜지지 않으면 관리들이 떠나가고, 상을 내리는 것이 소원해지면 관리들이 명령을 따르지 않는 지경에 이르게 되었다.178)

霸者(패자) 패권을 다투던 춘추전국시대를 말함. 制士(제사) 관리를 통제하다. 以權(이권) 권모술수로써. 結士(결사) 관리들이 모이다. 以信(이신) 믿음을 주어야. 使士(사사) 관리들을 부리다. 以賞

---

178) 천하를 다스리던 수준을 보면 '삼황(말없이 다스리다)→오제(말로 다스리다)→삼왕(마음을 얻고, 제도와 법령을 정비하여 다스리다)→춘추(약속하고, 상을 줘서 다스리다)'의 순으로 삼황 시내의 말없이 다스리는 것이 가장 높은 수준이다. 국가나 천하를 다스림에 있어서 '말없이 다스리는 수준'까지 도달하려면 어찌해야 하는가? 그 수준까지 되지는 않더라도 국가나 천하를 잘 다스리는 비법을 이 삼략에서 다루고 있음을 옛날 태평성대를 예로 들어 설명하는 것이다.

(이상) 상을 주어야. 信衰(신쇠) 신뢰가 쇠약해지다. 則(즉) 곧. 士疏(사소) 관리들이 등을 돌리다. 賞(상) 상. 虧(휴) 이지러지다. 則(즉) 곧. 士(사) 관리. 不用命(불용명) 명을 따르지 않다.

軍勢曰, 出軍行師, 將在自專. 進退內御, 則功難成.
군세왈, 출군행사, 장재자전. 진퇴내어, 즉공난성.

군세를 논한 옛 병법에서 이렇게 말했다. 군대가 전쟁터로 출동하면 모든 군무를 장수 스스로 판단하여 처리할 수 있도록 재량권이 부여되어야 한다.179) 만일 현지 군대의 전진과 후퇴를 중앙에 있는 군주가 통제한다면 그 군대는 공격을 해도 승리를 이루기가 어렵게 된다.

軍勢曰(군세왈) 군의 기세를 다루던 옛 병법서에서 말하기를. 出軍(출군) 군이 출동하다. 行師(행사) 군이 행진하다. 將(장) 장수에게. 在(재) 있다. 自(자) 스스로. 專(전) 오로지. 進退(진퇴) 군이 전진하고 후퇴하는 것. 內御(내어) 조정안에 있다. 則(즉) 곧. 功(공) 공로. 難(난) 어렵다. 成(성) 이루다.

軍勢曰, 使智, 使勇, 使貪, 使愚.
군세왈, 사지, 사용, 사탐, 사우.

군세를 논한 옛 병법에서 이렇게도 말했다. 지혜로운 사람, 용맹한 사람, 탐욕스러운 사람, 우직한 사람을 부리는 방법은 따로 있다.

軍勢曰(군세왈) 군의 기세를 다루던 옛 병법서에서 말하기를. 使(사) ~하게 하다. 智(지) 지혜로운 사람. 勇(용) 용맹한 사람. 貪(탐) 탐욕스런 사람. 愚(우) 우직한 사람.

智者, 樂立其功. 勇者, 好行其志. 貪者, 邀趨其利. 愚者, 不顧其死.
지자, 낙입기공. 용자, 호행기지. 탐자, 요추기리. 우자, 불고기사.

지혜로운 자는 자기의 계책을 써서 성공하는 것을 좋아하고, 용맹스러운 자는 자기의 용맹을 발휘하여 목적을 달성하는 것을 좋아하며, 탐욕스러운 자는 이익을 얻는 것을 좋아하고, 우직한 자는 목숨을 돌보지 않고 충성을 바친다.180)

---

179) 임무를 주었으면 적절한 권한 위임이 필요하다는 것이다. 권한을 주지 않고 이래라저래라 하면서 상부에서 간섭하면, 하부 조직에서는 신명 나게 일할 수 없을 것이다.

180) 사람들은 여러 유형이 있는데 그 유형별로 어떻게 다루어야 하는지를 설명하고 있다. 그 유형을 네 가지로 구분하고 있는데, ① 지혜로운 사람 ② 용맹스러운 사람 ③ 탐욕스러운 사람 ④ 우직한 사람 등이 있다. 네 가지 유형에 중점을 둘 것이 아니라, 여러 유형의 사람이 있는데 이 사람들을 다룰 때 각기 재능과 특성에 따라 활용해야 함을 강조하고 있다.

智者(지자) 지혜로운 자. 樂(락) 좋아하다. 立(립) 세우다. 其(기) 그. 功(공) 공로. 勇者(용자) 용맹스런 자. 好(호) 좋아하다. 行(행) 행하다. 志(지) 뜻. 貪者(탐자) 탐욕스런 자. 邀(요) 오는 것을 기다리다. 趨(추) 달리다. 利(리) 이익. 愚者(우자) 우직한 자. 우둔한 자. 不顧(불고) 돌아보지 않는다. 死(사) 죽음.

因其至情而用之, 此軍之微權也.
인기지정이용지, 차군지미권야.
그러므로 각기 사람의 타고난 본성 · 재능과 자질에 따라 활용하여야 한다. 이것을 군대를 다스리는 지휘통솔의 묘미이다.

因(인) ~으로 인하다. 其(기) 그. 至(지) 이르다. 情(정) 성품. 用之(용지) 그것을 사용하다. 此(차) 이것. 軍之(군지) 군의. 微(미) 미묘하다. 權(권) 권모술수.

軍勢曰, 無使辯士, 談說敵美, 爲其惑衆. 勿使仁者主財, 爲其多施而附于下.
군세왈, 무사변사, 담설적미, 위기혹중. 물사인자주재, 위기다시이부우하.
군세를 논한 옛 병법에서 이렇게 말했다. 말을 잘하는 관리들이 적국의 좋은 점을 말하지 못하도록 하여야 한다. 그 이유는 백성들을 현혹할 우려가 있기 때문이다. 마음이 너그러운 사람에게 국가의 재정을 관장하도록 해서는 안 된다. 재물을 너무 많이 베풀어주어 재정이 고갈되고, 백성들이 의지하고 기대게 하여 환심을 독점하기 때문이다.

軍勢曰(군세왈) 군의 기세를 다루던 옛 병법서에서 말하기를. 無(무) 없다. 使(사) ~하게 하다. 辯(변) 말 잘하다. 士(사) 선비. 관리. 談(담) 말씀. 說(설) 말씀. 敵美(적미) 적국의 좋은 점. 爲(위) ~하다. 其(기) 그. 惑(혹) 미혹시키다. 衆(중) 무리. 대중. 백성. 勿(물) ~하지 말라. 仁者(인자) 인자한 사람. 主財(주재) 재정을 관장하다. 爲(위) ~하다. 其(기) 그. 多施(다시) 많이 베풀다. 附(부) 기대다. 于(우) 어조사. 下(하) 아랫사람. 백성.

軍勢曰, 禁巫祝, 不得爲吏士卜問軍之吉凶.
군세왈, 금무축, 부득위리사복문군지길흉.
군세를 논한 옛 병법에서 이렇게 말했다. 무당의 주술행위를[181] 금해야 하며, 특히 군대

181) 무축(巫祝). 巫는 신을 섬기는 자를 말하고, 祝은 신에게 기도하는 자를 말한다. 무당(巫堂)과 축관(祝官)으로

가 출정할 때 점을 쳐서 군의 승패를 물어보는 일이 있어서는 안 된다.

軍勢曰(군세왈) 군의 기세를 다루던 옛 병법서에서 말하기를. 禁(금) 금하다. 巫祝(무축) 무당의 주술 행위. 不得(부득) 얻지 못하게 하다. 爲吏士(위리사) 관리나 벼슬아치들로 하여금. 卜問(복문) 점을 쳐서 물어보다. 軍之吉凶(군지길흉) 군의 길흉을 점치는 것.

軍勢曰, 使義士, 不以財. 故義者, 不爲不仁者死. 智者, 不爲闇主謀.
군세왈, 사의사, 불이재. 고의자, 불위불인자사. 지자, 불위암주모.
군세를 논한 옛 병법에서 이렇게 말했다. 의로운 관리를 부릴 때 재물로 매수해서는 안 되고 인의로서 심복시켜야 한다. 왜냐하면, 의로운 자는 품성이 인자하지 아니한 자를 위해서는 목숨을 다하지 않기 때문이다. 그리고 지혜로운 자는 사리에 어두운 군주를 위해서는 지모를 다하지 않기 때문이다.

軍勢曰(군세왈) 군의 기세를 다루던 옛 병법서에서 말하기를. 使(사) ~하게 하다. 義士(의사) 의로운 관리. 不以財(불이재) 재물로써 부리지 않는다. 故(고) 옛. 고로. 義者(의자) 의로운 사람은. 不爲(불위) ~하지 않는다. 不仁者(불인자) 인자하지 않은 자. 死(사) 죽다. 智者(지자) 지혜로운 자. 闇主(암주) 사리분별에 어두운 군주. 謀(모) 모략. 지모.

主 不可以無德, 無德則臣叛, 不可以無威, 無威則失權.
주 불가이무덕, 무덕즉신반, 불가이무위, 무위즉실권.
군주가 덕 없이 무슨 일을 한다는 것은 불가능하다. 군주가 덕이 없으면 부하가 배반한다. 또한 권위가 없이 무슨 일을 한다는 것도 불가능하다. 군주가 위엄이 없으면 권력을 잃을 수도 있다.

主(주) 군주. 不可(불가) ~이 불가하다. 以無德(이무덕) 덕이 없이. 無德(무덕) 덕이 없다. 則(즉) 곧. 臣叛(신반) 신하가 배반한다. 以無威(이무위) 권위가 없이. 無威(무위) 권위가 없다. 失權(실권) 권력을 잃다.

臣 不可以無德, 無德則無以事君, 不可以無威, 無威則國弱, 威多則身蹶.
신 불가이무덕, 무덕즉무이사군, 불가이무위, 무위즉국약, 위다즉신궐.

구분한다.

신하도 또한 덕 없이 무슨 일을 한다는 것이 불가능하다. 덕이 없이는 군주를 제대로 섬길 수가 없다. 또한 위엄 없이 무슨 일을 한다는 것이 불가능하다. 신하가 위엄이 없으면 국가의 권위가 실추되며 이는 곧 나라가 약해짐과 같다. 그러나 위엄이 너무 지나쳐 포악한 행위를 하게 되면 죽임을 당하는 화를 입게 될 수도 있다는 것이다.

臣(신) 신하. 不可(불가) ~이 불가하다. 以無德(이무덕) 덕이 없이. 無德(무덕) 덕이 없다. 則(즉) 곧. 無以事君(무이사군) 군주를 섬기는 것도 없다. 以無威(이무위) 권위가 없이. 無威(무위) 권위가 없다. 國弱(국약) 나라가 약해진다. 威多(위다) 권위가 지나치게 많다. 身(신) 몸. 蹶(궐) 넘어지다.

故聖王御世, 觀盛衰, 度得失, 而爲之制.

고성왕어세, 관성쇠, 도득실, 이위지제.

성군이 세상을 다스리는 방법을 살펴보면 먼저 국가의 운세가 성한지 쇠했는지를 잘 살펴보고, 인재를 등용함에 있어서 득과 실을 잘 따져보며, 그런 다음에 나라의 실정에 맞는 적절한 제도를 만들어서 다스린다.

故(고) 옛. 고로. 聖王(성왕) 성인과 같이 너그러운 왕. 御(어) 다스리다. 世(세) 세상. 觀(관) 보다. 盛(성) 성하다. 衰(쇠) 쇠하다. 度(도) 척도. 따져보다. 측정해보다. 得失(득실) 득과 실. 爲之制(위지제) 적절한 제도를 만들어 나라를 다스리다.

故 諸侯二師, 方伯三師, 天子六師.

고 제후이사, 방백삼사, 천자육사.

그런 이유로 나라의 크기에 따라 제후국은 군대를 2사(師)만 두고, 방백은 3사(師)를 두며, 천자국은 6사(師)까지 둘 수 있는 등의 차이가 있는 것이다.[182]

故(고) 고로. 諸侯(제후) 제후국들은. 二師(이사) 군대 규모 중 師가 2개. 方伯(방백) 방백에 해당하는 나라는. 三師(삼사) 군대 규모 중 師가 3개. 天子(천자) 천자국. 六師(육사) 군대 규모 중 師가 6개.

世亂則叛逆生, 王澤竭 則盟誓相誅伐.

세란즉반역생, 왕택갈 즉맹서상주벌.

세상이 어지러워지면 곧 반역자들이 생겨나고, 왕의 은택이 메마르게 되면 동맹관계를 돌

182) 5명을 오(伍), 5오를 양(兩), 4양을 졸(卒), 5졸을 여(旅), 5여를 사(師), 5사를 군(軍)이라 하였음.

아보지 않고 서로 정벌을 일삼게 된다.

世亂(세란) 세상이 어지럽다. 則(즉) 곧. 叛逆生(반역생) 반역자들이 생겨난다. 王澤(왕택) 왕의 은덕, 은택. 竭(갈) 메마르다. 盟誓(맹서) 동맹을 서약하다. 相(상) 서로. 誅伐(주벌) 베고 정벌하다.

德同勢敵, 無以相傾, 乃攬英雄之心, 與衆同好惡, 然後加之以權變.
덕동세적, 무이상경, 내람영웅지심, 여중동호오, 연후가지이권변.
국가 간의 덕망이나 세력이 적과 서로 비슷해서 서로 굴복시킬 수 없는 경우에는 영웅호걸들의 마음을 잡아서 백성들과 동고동락하여 마음을 일치시킨 다음에 권모술수와 변칙의 방법을 동원해서 적절히 다스리면 된다.

德(덕) 덕. 同(동) 같다. 勢(세) 기세. 敵(적) 적군. 無(무) 없다. 以(이) 써. ~로써. 相傾(상경) 서로 굴복시키다. 乃(내) 이에. 攬(람) 잡다. 英雄之心(영웅지심) 영웅들의 마음. 與(여) 같이하다. 衆(중) 무리. 대중. 백성. 同(동) 같이하다. 好惡(호오) 좋아하고 싫어하는 것. 然後(연후) 그런 다음에. 加(가) 더하다. 權(권) 권모술수. 變(변) 변화.

故非計策, 無以決嫌定疑. 非譎奇, 無以破姦息寇, 非陰謀 無以成功.
고비계책, 무이결혐정의. 비휼기, 무이파간식구, 비음모 무이성공.
그러므로 좋은 방책이 강구되어 있지 않은 상황에서는, 모든 정황이 불만족스럽고 의심이 많이 되므로 쉽게 결단을 내릴 수가 없게 되는 것이다. 상대방의 마음을 놓게 하고 그 틈을 타서 공격하는 것과 같은 기계를 쓰지 않으면 간신들을 격파할 수 없고, 그런 도적질과 같은 행동을 종식할 수 없으므로, 은밀한 계획이 아니면 성공할 수가 없다.[183)]

故(고) 고로. 非(비) ~이 아니다. 計策(계책) 좋은 방책. 無(무) 없다. 아니다. 以(이) ~로써. 決(결) 터지다. 嫌(혐) 싫어하다. 定(정) 정해놓다. 정황. 疑(의) 의심스럽다. 譎奇(휼기) 뛰어난 속임수. 破姦(파간) 간신배를 치다. 息寇(식구) 도둑을 쉬게 하다. 陰謀(음모) 은밀한 계획. 成功(성공) 성공하다.

聖人體天, 賢人法地, 智者師古.
성인체천, 현인법지, 지자사고.

183) 다르게 해석을 해보면, 계책(計策)이 잘 서면 결심을(決) 내리기가 쉬워지고, 상대방을 속여서 치면(譎奇) 간신도 격파할 수 있고 도적질도 막을 수 있으며(破姦, 息寇), 이를 은밀히 도모하면(陰謀) 일을 성공(成功)시킬 수 있다는 것으로 볼 수 있다.

성인은 하늘을 본받고, 현인은 땅의 법에 따르며, 지혜로운 자는 옛 성현들의 가르침을 통해서 배운다.

聖人(성인) 성인. 體(체) 몸. 본받다. 天(천) 하늘. 賢人(현인) 현명한 사람. 法(법) 법. 地(지) 땅. 智者(지자) 지혜로운 자. 師(사) 스승. 古(고) 옛날. 옛 가르침.

是故三略, 爲衰世作, 上略設禮賞, 別姦雄, 著成敗.
시고삼략, 위쇠세작, 상략설례상, 별간웅, 저성패.

다음은 '삼략(三略)'이라는 책의 내용과 효용에 대해 설명하는 부분이다. 상략(上略).중략(中略).하략(下略)의 내용구성과 이것을 군주나 신하가 읽으면 어떻게 된다는 결과에 대해 설명해 놓은 부분이다. 이 「삼략(三略)」이란 책은 세상이 혼란한 때를 위하여 만들어진 책이다. '상략(上略)'에는 예법과 상벌에 관한 설명, 간웅을 분별하는 법, 어떤 일의 성패를 분명히 나타나게 하는 방법 등에 관한 내용으로 구성되어 있다.

是故(시고) 이러한 이유로. 三略(삼략) 삼략이라는 책은. 爲(위) 위하여. 衰世(쇠세) 세상이 쇠약하다. 作(작) 지었다. 上略(상략) 상략이란 부분은. 設(설) 설명해 놓았다. 禮賞(예상) 예법과 상벌. 別(별) 구별하다. 姦雄(간웅) 간신배와 영웅. 著(저) 설명하다. 적혀있다. 成敗(성패) 성공과 실패

中略差德行, 審權變. 下略陳道德, 察安危, 明賊賢之咎.
중략차덕행, 심권변. 하략진도덕, 찰안위, 명적현지구.

'중략(中略)'에는 삼황 · 오제 · 삼왕 · 오패에 대한 덕행의 차이점, 권모술수를 잘 살피는 방법에 대하여 설명하고 있다. '하략(下略)'에는 도덕의 실행, 국가의 안위를 살펴보는 방법, 현인을 해치면 어떤 재앙이 있는지 등에 대하여 언급하고 있다.

中略(중략) 중략이란 부분은. 差(차) 차이점. 德行(덕행) 덕행. 審(심) 살피다. 權變(권변) 권모술수의 변화. 下略(하략) 하략이라는 부분은. 陳(진) 늘어놓다. 道德(도덕) 도덕. 察(찰) 살피다. 安危(안위) 국가의 안위를 말함. 明(명) 밝히다. 賊賢(적현) 현인을 해치다. 咎(구) 허물. 재앙.

故人主深曉上略, 則能任賢擒敵. 深曉中略, 則能御將統衆.
고인주심효상략, 즉능임현금적. 심효중략, 즉능어장통중.

고로 군주가 상략(上略)을 통달하면 능히 훌륭하고 현명한 인물에게 임무를 주어 적을 사로잡을 수 있게 되고, 군주가 중략(中略)을 통달하면 능히 장수를 제대로 통제하고, 백성들을

잘 다스릴 수 있게 된다.

故(고) 그러므로. 人主(인주) 군주인 사람. 深曉(심효) 깊이 깨닫다. 上略(상략) 삼략의 상략 부분을. 則(즉) 곧. 能(능) 능히 ~하다. 任賢(임현) 현명한 사람을 임명하다. 擒敵(금적) 적을 사로잡다. 深曉(심효) 깊이 깨닫다. 中略(중략) 삼략의 중략 부분을. 御將(어장) 장수를 제어하다. 統衆(통중) 백성을 통솔하다.

深曉下略, 則能明盛衰之源, 審治國之紀. 人臣深曉中略, 則能全功保身.
심효하략, 즉능명성쇠지원, 심치국지기. 인신심효중략, 즉능전공보신.
군주가 하략(下略)을 통달하면 능히 국가 흥망성쇠의 근원을 잘 알 수 있으며, 나라를 다스리는 비법의 실마리를 풀 수 있게 되는 것이다. 그리고, 신하가 중략(中略)을 통달하면 능히 공을 온전히, 몸을 온전히 보전할 수 있게 된다.

深曉(심효) 깊이 깨닫다. 下略(중략) 삼략의 하략부분을. 則(즉) 곧. 能(능) 능히 ~하다. 明(명) 밝히다. 盛衰之源(성쇠지원) 국가 흥망성쇠의 근원. 審(심) 살피다. 治國之紀(치국지기) 나라를 다스리는 방법의 실마리. 人臣(인신) 신하인 사람이. 深曉(심효) 깊이 깨닫다. 中略(중략) 삼략 중에 중략 부분을. 全功(전공) 공로를 온전히 하다. 保身(보신) 몸을 보전하다.

夫高鳥死, 良弓藏, 敵國滅, 謀臣亡. 亡者, 非喪其身也. 謂奪其威, 廢其權也.
부고조사, 양궁장, 적국멸, 모신망. 망자, 비상기신야. 위탈기위, 폐기권야.
옛말에 높이 나는 새를 모두 잡고 나면 좋은 활은 상자 속에 깊숙한 곳에 보관하듯이, 적국을 모두 멸하고 나면 계책을 담당하던 신하는 모두 없앤다고 하였다. 여기서 없앤다는 말은 그 몸을 죽이는 것이 아니고, 그 권위와 권한을 없애는 것을 말한다.

夫(부) 대저, 무릇. 高鳥(고조) 높이 나는 새. 死(사) 죽다. 良弓(양궁) 좋은 활. 藏(장) 숨기다. 敵國(적국) 적국. 滅(멸) 멸하다. 謀臣(모신) 모략을 담당던 신하. 亡(망) 망하다. 亡者(망자) 망하게 한다는 것. 非(비) 아니다. 喪其身(상기신) 몸을 없애다. 謂(위) 말하다. 奪(탈) 빼앗다. 其威(기위) 그 권위. 廢(폐) 폐하다. 其權(기권) 그 권한.

封之于朝, 極人臣之位, 以顯其功. 中州善國, 以富其家, 美色珍玩, 以悅其心.
봉지우조, 극인신지위, 이현기공. 중주선국, 이부기가, 미색진완, 이열기심.
임금이 나라의 정치를 의논하는 조정에 신하들에게 그 공로를 높이 치하하면서 높은 지위를 주어서 봉한다.[184] 중앙의 좋은 지역의 땅을 주며, 부잣집 같은 좋은 집을 주고, 미인과 진귀한 보물도 준다. 이는 신하들의 마음을 기쁘게 하려 함이다.[185]

封(봉) 봉하다. 于(우) 어조사. 朝(조) 조정. 極(극) 다하다. 人臣(인신) 신하. 位(위) 지위. 以(이) ~로써. 顯(현) 나타나다. 其功(기공) 그 공로를. 中(중) 가운데. 州(주) 고을. 善(국) 좋다. 國(국) 나라. 富(부) 부유하다. 其(기) 그. 家(가) 집. 美色(미색) 미인. 珍(진) 보배. 玩(완) 희롱하다. 悅(열) 기쁘다. 心(심) 신하의 마음.

夫人衆一合, 而不可卒離. 權威一與而不可卒移. 還師罷軍, 存亡之階.
부인중일합, 이불가졸리. 권위일여이불가졸이. 환사파군, 존망지계.
모름지기 수많은 군사가 일단 모여들어 군이 편성이 되면 갑자기 군을 해산시킬 수 없다. 이와 마찬가지로 그 군대의 지휘권도 한번 주고 나면 갑자기 그 지휘권을 옮기기가 대단히 어렵다. 그 때문에 전쟁이 끝나고 되돌아온 군대를 해산시키는 것이 국가의 존망을 좌우하는 중요한 일인 것이다.[186]

夫(부) 무릇. 人衆(인중) 사람이 무리 지어 모이다. 一合(일합) 하나의 군이 편성되는 것을 말함. 不可(불가) 불가하다. 卒(졸) 갑자기. 離(리) 헤어지다. 權(권) 권한. 威(위) 권위. 一與(일여) 한번 주면. 移(이) 옮기다. 還師(환사) 전쟁이 끝나고 돌아온 군대. 罷軍(파군) 군대를 해산시키다. 存亡之階(존망지계) 존망이 결정되는 디딤돌.

故弱之以位, 奪之以國, 是謂霸者之略.
고약지이위, 탈지이국, 시위패자지략.
그러므로 벼슬을 줌으로써 지위를 약화시키고, 제후국처럼 나라를 줌으로써 지휘권을 빼앗게

184) 그냥 봉하는 것이 아니라, 신하들에게 높은 지위를 주어서 봉한다는 것이다. 그냥 높은 벼슬만 주는 것이 아니라, 그 공로를 높이 치하하면서 벼슬을 준다.

185) 중앙의 좋은 지역의 땅을 보너스로 준다는 뜻이다. 그리고 그 집을 부잣집처럼 만들어 주고, 미인과 진귀한 보물도 준다. 그러한 공로가 많은 신하들의 마음을 잡기 위해서, 그 마음을 기쁘게 하려고 이 모든 조치를 해준다는 것이다. 이 정도이면, 망(亡)한 것이 아니라 성공(成功)한 것이다. 그래서 군주에게 충성을 다하는 것이다. 적국을 멸한 다음, 논공행상을 하는 것에 대한 설명이다.

186) 백성들이 모여서 군대를 편성하고 그 군대에 지휘권을 주었는데, 그 전쟁이 끝났는데 지휘권을 받은 장수가 난을 일으키면 군주의 위치가 불안해지는 것을 우려하는 것이다. 그러니, 군주의 입장에서 보면 국가의 존망이 걸렸다고 하지 않을 수 없는 것이다.

되는 데 이런 것을 일컬어 천하의 패권을 잡은 천자가 신하를 통제하는 책략이라고 한다.[187)]

故(고) 고로. 弱(약) 약하게 하다. 以位(이위) 벼슬을 줌으로써. 奪(탈) 빼앗다. 以國(이국)나라를 줌으로써. 是謂(시위) 이를 일컬어. 霸者之略(패자지략) 패권을 잡은자의 책략.

故霸者之作, 其論駁也. 存社稜, 羅英雄者, 中略之勢也, 故勢秘焉.
고패자지작, 기논박야. 존사릉, 나영웅자, 중략지세야, 고세비언.

그러므로 이런 패자의 책략은 항상 논란거리가 있는데, 논란의 중심이 되는 것은 바로 종묘사직을 보존하고, 영웅들의 마음을 잡아 새로운 판도를 짜는 방법에 대한 것이다. 그 방법은 중략에서 언급한 기세에 관한 내용이므로 군주는 그 기세를 신중하고 비밀스럽게 운용하지 않으면 안 된다.

故(고) 고로. 霸者之作(패자지작) 패자의 작전. 其(기) 그. 論駁(논박) 논쟁거리가 된다. 存(존) 보존하다. 社稜(사릉) 종묘사직을 말함. 羅(라) 새로운 판도를 짜다. 英雄(영웅) 영웅의 마음을 잡는 것. 中略之勢(중략지세) 중략에서 언급한 기세에 대한 내용. 故(고) 고로. 勢(세) 기세. 秘(비) 비밀스럽다. 신중하다. 焉(언) 어조사.

187) 군을 편성하고, 장수에게 지휘권을 줘서 운용을 한 다음에 그 권한을 그대로 두면 안 된다는 말이다. 장수에게 높은 벼슬을 주어 그 세력을 약화한다는 뜻이다. 조정의 높은 벼슬을 주어도 어차피 군주의 아랫사람이다. 벼슬을 준다는 것 자체가 군주에 대한 복종의 의미가 있으니, 아무리 높은 벼슬을 주어도 어차피 군주의 통제권 안으로 들어오게 되니 그 자체가 약해진 것이나 다름이 없다. 나라를 준다는 것이 아니라 중국의 영토가 너무 넓으니 큰 영지를 준다는 것으로 이해하면 될 것이며, 영지를 주면서 장수로부터 군의 지휘권을 빼앗는 것이다. 군대의 지휘권과 영지를 맞바꾸는 것이다.

第三. 下略 제3. 하략[188)]

夫能扶天下之危者, 則據天下之安. 能除天下之憂者, 則享天下之樂.
부능부천하지위자, 즉거천하지안. 능제천하지우자, 즉향천하지락.
무릇, 능히 천하의 위기를 감당할 수 있는 자는 천하제일의 편안함을 차지하고, 능히 천하의 우환을 제거할 수 있는 자는 천하제일의 즐거움을 누리게 된다.

夫(부) 무릇. 能(능) 능히 ~하다. 扶(부) 돕다. 天下之危(천하지위) 천하의 위기. 者(자) ~하는 것. 則(즉) 곧. 據(거) 차지하다. 天下之安(천하지안) 천하제일의 편안함. 除(제) 제거하다. 天下之憂(천하지우) 천하의 우환. 享(향) 누리다. 天下之樂(천하지락) 천하제일의 즐거움.

能救天下之禍者, 則獲天下之福.
능구천하지화자, 즉획천하지복.
그리고, 천하의 재난과 환란을 구제할 수 있는 자는 천하제일의 복록을 누리게 된다.

能(능) 능히 ~하다. 救(구) 구하다. 天下之禍(천하지화) 천하의 재앙. 者(자) ~하는 것. 則(즉) 곧. 獲(획) 획득하다. 얻다. 天下之福(천하지복) 천하제일의 복.

故澤及于民, 則賢人歸之. 澤及昆蟲, 則聖人歸之.
고택급우민, 즉현인귀지. 택급곤충, 즉성인귀지.
군주의 은택이 만백성에게 미치면, 현명한 인재들이 군주에게로 돌아오고, 군주의 은택이 곤충과 같은 미물들에게까지 미치면, 성인들도 군주를 따르게 된다.

故(고) 고로. 澤及(택급) 군주의 은택이 미치다. 于民(우민) 백성들에게. 則(즉) 곧. 賢人(현인) 현명한 인재. 歸之(귀지) 군주에게로 돌아온다. 澤及(택급) 군주의 은택이 미치다. 昆蟲(곤충) 곤충과 같은 미물들. 則(즉) 곧. 聖人(성인) 성인. 歸之(귀지) 군주에게로 돌아온다.

188) 하략 : 이 편에서는 국가의 안위를 좌우하는 내면적 최고 규범으로써 도덕률을 논하였다. 통치자가 덕으로써 어질고 유능한 인재를 등용하고, 그 현자는 인간의 심리에 잠재한 도·덕·인·의·예 등, 다섯 가지 규범으로써 국민의 화목과 결속을 유지하며, 이를 몸소 실천하여 국민이 기꺼이 복종하게 한다고 하였다. 여기에 다시 정령과 제도를 갖추어 시행한다면 국가의 해악을 제거할 수 있으며, 군주가 권력을 확실하게 장악하고, 너른 포용력으로 현명한 인재를 포섭하며, 만인에게 고른 이익이 돌아가게 함으로써 국정의 혼란을 방지하고, 부국강병의 지상 목표를 달성할 수 있다고 하였다.

賢人所歸, 則其國强. 聖人所歸, 則六合同.

현인소귀, 즉기국강. 성인소귀, 즉육합동.

백성들에게 군주의 은택이 미쳐서 현명한 인재들이 나라에 모이게 되면 나라가 부강해지며, 성인들이 군주를 따르기 위해서 모여들면 천하 통일(=육합)189)을 이룰 수 있다.190)

賢人(현인) 현명한 인재들. 所歸(소귀) 돌아오는 바. 則(즉) 곧. 其(기) 그. 國(국) 국가. 强(강) 강해진다. 聖人(성인) 성인. 六合同(육합동) 여섯 개의 나라가 합쳐서 통일된다.

求賢以德, 致聖以道. 賢去則國微, 聖去則國乖. 微者危之階, 乖者亡之徵.

구현이덕, 치성이도. 현거즉국미, 성거즉국괴. 미자위지계, 괴자망지징.

군주는 덕(德)을 행함으로써 현명한 인재를 구하고, 도(道)를 지킴으로써 성인을 구해야 한다. 그러나 군주가 그러지 못해서 현명한 인재들이 떠나면 국력이 약해지고, 성인들이 군주를 떠나면 나라는 분열되어 어그러지는 것이다. 국력이 미약해진다는 것은 국가의 위기가 발생하는 초기 단계이며, 나라가 분열된다는 것은 나라가 망할 징조인 것이다.

求賢(구현) 현명한 인재를 구하다. 以德(이덕) 덕으로써. 致聖(지성) 성인을 이르게 하다. 以道(이도) 도를 통해서. 賢去(현거) 현명한 인재가 떠나다. 則(즉) 곧. 國微(국미) 국력이 미약해지다. 聖去(성거) 성인이 떠나다. 則(즉) 곧. 國乖(국괴) 나라가 어그러진다. 微者(미자) 국력이 미약해지는 것. 危之階(위지계) 나라가 위기에 빠지게하는 디딤돌이다. 乖者(괴자) 나라가 어그러지는 것. 亡之徵(망지징) 나라가 망하는 것의 징후.

賢人之政, 降人以體, 聖人之政, 降人以心.

현인지정, 항인이체, 성인지정, 항인이심.

현명한 인재들이 펼치는 정치는 몸으로 솔선수범을 보여 사람들을 감화시키는 법이고, 성인이 펼치는 정치는 마음으로부터 사람들을 감동하게 하는 법이다.

189) 육합(六合). 《삼략직해》에서 육합은 천지사방을 의미하므로 천하통일과 같은 뜻이라고 해석하였음.

190) 첫 문장, 나라에 생기는 '위기, 우환, 재앙'에 대한 처리와 결과는 다음과 같다. 위기(危)→감당하면(扶)→편안함(安)→차지하다(據), 우환(憂)→제거하면(除)→즐거움(樂)→누리다(享), 재앙(禍)→구제하면(救)→복록을(福)→획득하다(獲). 두 번째 문장, 군주의 은덕이 미치면 어떻게 되는지에 대한 결과는 다음과 같다. 백성에게 미치면(民) →현명한 인재가 모이고(賢人)→나라는 부강해진다(國强), 미물에게 미치면(昆蟲)→성인군자들이 모이고(聖人)→천하 통일을 이룬다(六合同). 어떻게 하는 것이 최선인지 그냥 눈으로 보아도 알 수 있을 것이다.

賢人之政(현인지정) 현명한 인재들의 정치. 降人(항인) 사람을 감화시키다. 以體(이체) 몸소 행함으로써. 聖人之政(성인지정) 성인들의 정치. 以心(이심) 진심으로.

體降可以圖始, 心降可以保終. 降體以禮, 降心以樂.
체항가이도시, 심항가이보종. 항체이례, 항심이락.
몸으로 솔선수범을 보여 사람들을 감동하게 하는 것은 어떤 일을 시작할 때에 필요하고, 마음으로 기쁘게 하여 사람들을 감동하게 하는 것은 일을 마무리 지을 때 필요한 것이다. 몸으로 솔선수범을 보이는 것은 예(禮)를 지킴으로써 하고, 마음으로 기쁘게 하는 것은 즐거움(樂)으로써 하는 것이다.[191]

體(체) 몸소. 降(항) 감화시키다. 可(가) 가능하다. 以圖始(이도시) 일을 처음 도모할 때. 體(체) 몸소. 以保終(이보종) 일을 끝을 내고 성과를 잘 보존해야 할 때. 以禮(이례) 예를 잘 지킴으로써. 心(심) 진정으로. 以樂(이락) 즐거움을 줌으로써.

所謂樂者, 非金石絲竹也, 謂人樂其家, 謂人樂其俗, 謂人樂其業,
소위락자, 비금석사죽야, 위인락기가, 위인락기속, 위인락기업,
그럼 무엇을 '락(樂)'이라고 하는가? 소위 '락(樂)'이라고 하는 것을 살펴보면, 쇠 · 돌 · 현악기의 실 · 대나무[192] 등과 같이 악기를 만드는 재료나 그러한 것들로 만들어진 악기를 말하는 것이 아니라 백성들이 각기 가정생활을 즐겁게 하는 것, 백성들이 풍속을 지키며 즐거워하는 것, 백성들이 각자의 직업에 즐겁게 종사하는 것을 말한다.

所謂(소위) 이른바. 樂者(락자) 락(樂)이라고 하는 것은. 非金石絲竹也(비금석사죽야) 쇠, 돌, 실, 대나무 등과 같은 악기를 만드는 재료나 그러한 재료로 만든 악기를 지칭하는 것이 아니다. 謂人樂其○(위인락기○) 백성을 ○안에서 즐겁게 해주는 것을 락(樂)이라고 한다. 家(가) 집. 俗(속) 미풍양속. 業(업) 일. 생업.

謂人樂其都邑, 謂人樂其政令, 謂人樂其道德,
위인락기도읍, 위인락기정령, 위인락기도덕,

191) 마음으로 부하를 감동하게 하고, 솔선수범으로 부하를 감동하게 하는 것 모두 리더에게 필요한 덕목이다.
192) 쇠는 종(鍾), 돌은 편경(編磬), 현악기는 거문고와 비파, 대나무는 관악기인 퉁소와 피리를 말함.

그리고 백성들이 각자 자기 고을에서 즐겁게 생활하는 것, 백성들이 군주의 정치나 명령을 즐겁게 따르는 것, 백성들이 도와 덕을 즐겁게 행하는 것 등을 모두 '락(樂)'이라고 한다.

都邑(도읍) 각자 자기고을. 政令(정령) 정치나 행정, 명령. 道德(도덕) 도와 덕.

加此君人者, 乃作樂以節之, 使不失其和.
가차군인자, 내작악이절지, 사불실기화.
이러한 것에 군주가 덧붙여 해야 할 일은 다음 두 가지다. 즐거움을 만들어 주되[193] 조절하고 절제하게 해주어야 하고, 조화로움을 잃지 않도록 하여야 한다.[194]

加(가) 가하다. 此(차) 이것. 君人(군인) 군주. 者(자) ~하는 것. 乃(내) 이에. 作樂(작락) 즐거움을 만들다. 以節之(이절지) 그것을 조절함으로써. 使(사) ~하게 하다. 不失(불실) 잃지 않다. 其和(기화) 그러한 조화.

故有德之君, 以樂樂人, 無德之君, 以樂樂身.
고유덕지군, 이락락인, 무덕지군, 이락락신.
고로, 덕이 있는 군주는 '락(樂)'으로 백성들을 기쁘고 즐겁게 하고, 덕이 없는 군주는 '락(樂)'으로 자기 한 몸만 기쁘고 즐겁게 한다.

故(고) 고로. 有德之君(유덕지군) 덕이 있는 군주. 以樂(이락) 즐거움을 통해서. 樂人(락인) 백성들을 즐겁게 하다. 無德之君(무덕지군) 덕이 없는 군주. 樂身(락신) 몸을 즐겁게 하다.

樂人者, 久而長, 樂身者 不久而亡.
낙인자, 구이장, 낙신자 불구이망.
백성을 기쁘고 즐겁게 하는 군주는 그 기쁨과 즐거움이 오래가고 길게 가며, 자기 몸만 즐겁게 하는 군주는 기쁨과 즐거움이 오래가지 못하고 패망하게 된다.[195]

---

193) 樂 ≠ 단순히 악기가 만들어내는 음악을 말하는 것이 아니며(非金石絲竹), 가정(家)→풍속(俗)→직업(業)→마을(都邑)→정치(政令)→도덕(道德) 안에서의 즐거움을 말함

194) 君主의 역할=만들고(作樂)+조절·통제(節樂)+조화롭게(和樂) 하여야 한다.

195) 유덕지군(有德之君)→백성을 즐겁게 한다 (樂人)→길고 오래간다(久而長) 무덕지군(無德之君)→자기 몸만 즐겁게 한다(樂身)→오래 못 가서 패망한다(不久而亡) 모름지기 군주나 지휘관은 자기만 돌봐서는 안 되고, 부하들이 그 중심이 되어야 한다.

樂人者(낙인자) 백성들을 즐겁게 하는 군주. 久(구) 오래가다. 長(장) 길게 가다. 樂身者(낙신자) 자신만 즐겁게 하는 군주. 不久(불구) 오래가지 못하다. 亡(망) 망하다.

釋近謀遠者, 勞而無功. 釋遠謀近者, 佚而有終. 佚政多忠臣, 勞政多怨民.
석근모원자, 노이무공. 석원모근자, 일이유종. 일정다충신, 노정다원민.

가까운 것을 내버리고 먼 곳에 있는 것을 도모하는 자는 힘만 많이 들고 성과나 공이 없다. 반대로, 먼 곳에 있는 것을 내버리고 가까이 있는 것부터 도모하는 자는 편안한 가운데 유종의 미를 거둘 수 있다. 이러한 원리가 나라의 정사를 돌보는데도 적용이 되는데, 편안히 국정을 돌보는 나라에는 충신들이 많고, 힘들게 국정을 돌보는 나라에는 백성들의 원망만 많을 뿐이다.

釋(석) 내버리다. 近(근) 가깝다. 謀(모) 꾀하다. 遠(원) 멀다. 者(자) ~하는 것. 勞(로) 힘들다. 無功(무공) 공이 없다. 釋(석) 내버리다. 謀(모) 꾀하다. 佚(일) 편안하다. 有終(유종) 끝이 있다. 佚政(일정) 편안하게 정사를 보다. 多忠臣(다충신) 충신이 많다. 勞政(노정) 힘들게 정사를 보다. 多怨民(다원민) 백성의 원망만 많다.

故曰, 務廣地者荒, 務廣德者强. 能有其有者安, 貪人之有者殘.
고왈, 무광지자황, 무광덕자강. 능유기유자안, 진인지유자잔.

그러므로 옛말에 이런 말이 있다. 땅을 넓히는 데만 힘을 쓰면 국가가 황폐해지고, 덕을 넓히는 데 힘을 쓰면 나라가 강해진다. 자기 것을 잘 가지고 있으며 능히 분수를 지키는 자는 편안하며, 욕심을 부려 다른 사람이 가지고 있는 것까지 소유하려고 하는 자는 망하게 되는 법이다. 196)

故曰(고왈) 옛말에 이르기를. 務(무) 힘쓰다. 廣地(광지) 땅을 넓히다. 者(자) ~하는 자. 荒(황) 황폐해지다. 廣德(광덕) 덕을 넓히다. 强(강) 강해진다. 能(능) 능히 ~하다. 有(유) 있다. 其(기) 그. 安(안) 편안하다. 貪(진) 참으로. 人(인) 사람. 殘(잔) 해치다.

---

196) 먼 것만 도모 (釋近謀遠, 廣地)→힘들다 (勞, 勞政)→효과 없고, 원망만(無功, 荒, 多怨民). 가까운 것부터 도모(釋遠謀近, 廣德)→편안(佚, 佚政)→유종의 미, 많은 충신(有終, 强, 多忠臣). 먼저 나라 안의 정세는 돌보지 않고 영토만 넓히려고(남이 가진 것을 욕심부리다), 자주 군대를 동원해서 전쟁을 일삼다 보면 정치는 힘들어지고 백성들의 원성만 쌓이게 하는 결과를 초래해서 결국에는 망하게 된다. 반면에 나라 안의 정세를 잘 돌보며 덕을 베풀다 보면, 국정을 운영하는 데 있어서 편안해지고 충신들도 많아지니 자연히 나라가 부강해진다고 볼 수 있다. 조직 관리에서도 마찬가지다. 내실을 도모하는 것이 우선이다. 겉치레에 치중하다 보면 망한다.

殘滅之政, 累世受患. 造作過制, 雖成必敗.
잔멸지정, 누세수환. 조작과제, 수성필패.
나라를 망치는 정치를 계속하게 되면, 그 자손까지도 우환을 물려받게 된다. 어떤 일을 만들어 시행할 때 통제권을 벗어나게 되면 비록 일시적으로 일을 이루게 된다 하더라도 종국에는 반드시 망하게 된다.

殘滅之政(잔멸지정) 나라를 망치는 정치. 累世(누세) 세대를 이어가면서. 受患(수환) 우환을 받는다. 造作(조작) 어떤 일을 만들어서 하다. 過制(과제) 통제범위를 넘어서다. 雖成(수성) 비록 이루게 되어도. 必敗(필패) 반드시 패망한다.

舍己而教人者, 逆. 正己而化人者, 順. 逆者, 亂之招, 順者, 治之要.
사기이교인자, 역, 정기이화인자, 순. 역자, 난지초, 순자, 치지요.
자기 자신을 버려두고 백성만을 교화시키려 하는 것은 순리가 아닌 역리(逆理)이며, 자기 자신을 바르게 가다듬고 백성을 교화시키려 하는 것은 순리(順理)이다. 역리(逆理)는 나라를 혼란에 빠뜨리는 요인이며, 순리(順理)는 나라를 잘 다스리는 요체이다.

舍(사) 捨(사=버릴 사) 자와 같은 의미로 쓰임. 己(기) 자기 자신. 教人(교인) 사람을 가르치다. 者(자) ~하는 것. 逆(역) 순리에 어긋난다. 正己(정기) 자신을 바르게 가다듬다. 化人(화인) 백성을 교화시키다. 順(순) 순리에 맞다. 逆者(역자) 순리에 어긋나는 것. 亂之招(난지초) 혼란을 초래하는 것. 順者(순자) 순리에 맞는 것. 治之要(치지요) 나라를 다스리는 요체.

道, 德, 仁, 義, 禮 五者, 一體也.
도, 덕, 인, 의, 예 오자, 일체야.
도(道)·덕(德)·인(仁)·의(義)·례(禮), 이 다섯 가지는 한 몸과 같다.

道, 德, 仁, 義, 禮 (도, 덕, 인, 의, 예) 도, 덕, 인, 의, 예. 五者(오자) 다섯 가지. 一體也(일체야) 한 몸과 같다.

道者人之所蹈, 德者人之所得, 仁者人之所親,
도자인지소도, 덕자인지소득, 인자인지소친,
도(道)는 사람이 행하여야 할 천지자연의 이치이며, 덕(德)은 사람이 지켜야 할 덕목이며, 인(仁)은 사람의 마음에 항상 간직하여야 할 사랑이며,

道者(도자) 도라고 하는 것은. 人之所蹈(인지소도) 사람이 밟고 다녀야 할 것이다. 德者(덕자) 덕이라고 하는 것은. 人之所得(인지소득) 다른 사람에게서 얻어야 할 것이다. 仁者(인자) 인이라고 하는 것은. 人之所親(인지소친) 사람을 사랑하는 마음을 말한다.

義者人之所宜, 禮者人之所體, 不可無一焉.

의자인지소의, 예자인지소체, 불가무일언.

의(義)는 사람이 따라야 할 의리이며, 예(禮)는 사람이 준수하여야 할 예법이니, 이 다섯 가지 중에 하나라도 없어서는 안 된다.

義者(의자) 의라고 하는 것은. 人之所宜(인지소의) 마땅히 해야 할 바를 하는 것을 말한다. 禮者(예자) 예라고 하는 것은. 人之所體(인지소체) 사람이 본받아야 할 것을 말한다. 不可(불가) 불가하다. 無一(무일) 하나도 없음. 焉(언) 어조사.

故夙興夜寐, 禮之制也. 討賊報讎, 義之決也.

고숙흥야매, 예지제야. 토적보수, 의지결야.

그러므로 일찍 일어나고 늦게 잠자리에 들며 스스로 통제해나가는 것이 예(禮)이고, 도적을 토벌하고 원수를 갚는 것이 의(義)며,

故(고) 그러므로. 夙(숙) 일찍. 興(흥) 일어나다. 夜(야) 밤늦게. 寐(매) 잠자다. 禮(례) 예절. 制(제) 통제. 억제하다. 討(토) 토벌하다. 賊(적) 도적. 報(보) 갚다. 讎(수) 원수. 義(의) 의. 決(결) 터지다. 결단.

惻隱之心, 仁之發也. 得己得人, 德之路也.

측은지심, 인지발야. 득기득인, 덕지로야.

다른 사람을 측은하게 생각하는 마음에서 인(仁)이 나오고, 자신을 돌이켜 보면서 마음을 다잡고 다른 사람의 마음도 얻는 것이 곧 덕(德)이 가야 할 길이다.

惻隱(측은) 가엾고 불쌍하다. 心(심) 마음. 仁(인) 인. 發(발) 출발하다. 得己(득기) 자신을 얻다. 得人(득인) 사람의 마음을 얻다. 德之路(덕지로) 덕이 가야 할 길.

使人均平, 不失其所, 道之化也.

사인균평, 불실기소, 도지화야.

다른 사람을 공평하게 대해주고 평화롭게 해 주며 각기 그 자리를 잃지 않게 해주는 것을

도(道)라고 하는 것이다.

使(사) ~하게 하다. 人(인) 다른 사람. 均平(균평) 균등하고 공평하게. 不失(불실) 잃어버리지 않다. 其所(기소) 그 처한 바. 道(도) 도. 化(화) 모양이 바뀌다.

出君下臣, 名曰命. 施于竹帛, 名曰令. 奉而行之, 名曰政.
출군하신, 명왈명. 시우죽백, 명왈령. 봉이행지, 명왈정.
군주에게서 나와서 신하에게로 내리는 것을 명(命)이라고 하고, 군주의 말을 죽백에 써서 발표하는 것을 영(令)이라고 하며, 군주가 죽백에 써서 발표한 내용을 받들어 행동으로 옮기는 것을 정(政)이라고 한다.

出君(출군) 군주로부터 나와서. 下臣(하신) 신하에게 내리다. 名曰(명왈) 이름하여. 命(명) 명이라 한다. 施(시) 시행하다. 于(우) 어조사. 竹帛(죽백) 대나무와 비단. 令(령) 령이라고 한다. 奉(봉) 받들다. 行(행) 실행하다. 政(정) 정이라고 한다.

夫命失, 則令不行, 令不行, 則政不立.
부명실, 즉령불행, 령불행, 즉정불립.
명(命)이 잘못되면 영(令)이 제대로 행해지지 않고, 영(令)이 제대로 행해지지 않으면 정(政)이 제대로 서지 않고,

夫(부) 무릇. 命失(명실) 명이 잘못되면. 則(즉) 곧. 令不行(령불행) 령이 제대로 행해지지 않는다. 令不行(령불행) 령이 제대로 행해지지 않는다. 政不立(정불립) 정이 제대로 서지 않는다.

政不立, 則道不通. 道不通, 則邪臣勝, 邪臣勝, 則主威傷.
정불립, 즉도불통. 도불통, 즉사신승, 사신승, 즉주위상.
정(政)이 제대로 서지 않으면 도(道)가 통하지 않는 것이며, 도(道)가 통하지 않으면 간사한 신하들이 득세하며, 간사한 신하들이 득세하면 군주의 권위가 손상되는 법이니 명(命)을 내릴 때 신중하지 않으면 안 된다.[197]

政不立(정불립) 정이 제대로 서지 않는다. 則(즉) 곧. 道不通(도불통) 도가 통하지 않는다. 邪臣勝(사신

197) 모든 잘못의 출발점은 군주에서부터 시작된다. 물론, 중간에서 잘못되는 것도 있겠지만 그것마저도 출발점에서 구체적으로 건드려주면 잘못될 일이 없다. 그래서 리더, 지휘관이 어렵다는 것이다.

승) 간사한 신하가 이긴다. 主威傷(주위상) 군주의 권위가 손상된다.

千里迎賢 其路遠, 致不肖 其路近.

천리영현 기로원, 치불초 기로근.

멀리에서 현인을 맞이하는 것은 대단히 어렵지만, 능력이 없는 신하를 끌어들이기는 쉽다.

千里(천리) 천 리나 되는 먼 길. 迎(영) 영접하다. 맞이하다. 賢(현) 현명한 인재. 其路(기로) 그 길. 遠(원) 멀다. 致(치) 이르다. 不肖(불초) 어리석고 못난 사람. 其路(기로) 그 길. 近(근) 가깝다.

是以明君舍近而收遠, 故能全功, 尙人而下盡力.

시이명군사근이수원, 고능전공, 상인이하진력.

따라서 현명한 군주는 가까이 있더라도 능력 없는 자는 버리고, 멀리 있더라도 현명한 신하를 들이는 법이다. 능히 그러한 현인들을 활용해서 백성들을 받들고 공로가 온전하게 할 수 있으면 아랫사람들이 힘을 다해 충성을 바치게 된다.

是以(시이) 따라서. 明君(명군) 현명한 군주. 舍近(사근) 가까이 있는 능력이 없는 자는 버리고. 舍=捨=버릴 사자와 같은 의미로 쓰여 짐. 收遠(수원) 멀리 있는 현인을 받아들이다. 故(고) 그러므로. 能(능) 능히 ~하다. 全功(전공) 공로를 온전하게 하다. 尙人(상인) 사람을 숭상하다. 下(하) 아랫사람. 盡力(진력) 힘을 다하다.

廢一善 則衆善衰, 賞一惡 則衆惡歸.

폐일선 즉중선쇠, 상일악 즉중악귀.

한 명의 선한 자를 물리치면 모든 선한 자가 물러가고, 한 명의 악한 자에게 상을 주면 악한 자가 모두 모여드는 법이다.

廢(폐) 폐하다. 一善(일선) 선한 사람 1명. 則(즉) 곧. 衆善(중선) 모든 착한 사람. 衰(쇠) 쇠하다. 賞(상) 상을 주다. 一惡(일악) 악한 사람 1명. 則(즉) 곧. 衆惡(중악) 모든 악한 사람. 歸(귀) 돌아오다.

善者 得其祐, 惡者 受其誅, 則國安而衆善至.

선자 득기우, 악자 수기주, 즉국안이중선지.

선한 자가 도움을 받고, 악한 자가 목 베임을 당하면, 나라가 평안해지고 많은 백성이 선하게 되는 법이다.

善者(선자) 착한 사람. 得(득) 얻다. 其(기) 그. 祐(우) 도움. 惡者(악자) 악한 사람. 受(수) 받다. 誅(주) 베다. 則(즉) 곧. 國安(국안) 나라가 편안하다. 衆善(중선) 모든 착한 사람. 至(지) 이르다.

衆疑無定國, 衆惑無治民, 疑定惑還, 國乃可安.
중의무정국, 중혹무치민, 의정혹환, 국내가안.
백성들의 의심이 많으면 나라가 안정될 수 없고, 백성들의 의혹이 많으면 백성을 다스릴 수 없다. 고로, 의심을 바로잡고 미혹한 것을 돌려보내면 나라가 가히 안정에 이를 수 있다.

衆疑(중의) 의심이 많다. 無定國(무정국) 나라가 안정되지 않는다. 衆惑(중혹) 의혹이 많다. 無治民(무치민) 백성들을 다스릴 수가 없다. 疑定(의정) 의심을 바르게 하다. 惑還(혹환) 의혹을 돌려보내다. 國(국) 나라. 乃(내) 이에. 可安(가안) 안정되게 하는 것이 가능하다.

一令逆 則百令失, 一惡失 則百惡結.
일령역 즉백령실, 일악실 즉백악결.
군주가 명령을 한 번 잘못 내리면 모든 명령이 잘못될 수도 있으며, 군주가 잘못된 것을 한 번이라도 놓치면 모두 잘못될 수 있다.

一令(일령) 한 번의 명령. 逆(역) 잘못되다. 則(즉) 곧. 百令(백령) 백번의 명령. 모든 명령. 失(실) 잃다. 一惡(일악) 한 번의 잘못. 失(실) 잃어버리다. 百惡(백악) 백번의 잘못. 結(결) 맺히다.

故善施于順民, 惡加于凶, 則令行而無怨. 使怨治怨, 是謂逆天.
고선시우순민, 악가우흉, 즉령행이무원. 사원치원, 시위역천.
좋은 의도로 베푼 것들이 선량한 백성들에게 미치고, 흉악한 백성들에게는 나쁜 형벌들이 가해지면, 명령이 제대로 잘 이행이 되고 백성들의 원성이 없어지게 된다. 백성들의 원망을 받는 자가 원성을 받도록 저지른 자를 다스리게 하는 것은 역천(逆天)이라고 한다.[198]

198) 一善 : 廢→衆善→衰, 祐(善施→順民)→國安衆善 • 一令: 逆→百令失 一惡 : 賞→衆惡→歸, 誅(惡加→凶民)→國安衆善 • 一惡: 失→百惡結 가장 해서는 안 될 일=使怨治怨(怨→怨, 惡→惡), 원망을 원망으로, 악을 악으로 다스리는 것. 군주가 정말 조심해야 한다. 혜안을 가져야 한다. 善惡을 구별할 줄 아는 혜안을 가져야 한다. 안 그러면 다 잘못된다. 혜안이 없으면, 주고도 뺨 맞는 경우가 생길 수도 있다.

故(고) 고로. 善(선) 좋다. 施(시) 베풀다. 于(우) 어조사. 順民(순민) 순한 백성. 惡(악) 나쁘다. 加(가) 가하다. 凶(흉) 흉하다. 則(즉) 곧. 令行(령행) 령이 잘 행해진다. 無怨(무원) 원망이 없다. 使(사) ~하게 하다. 怨(원) 원망. 治(치) 다스리다. 是謂(시위) 이를 일컬어. 逆天(역천) 하늘을 거스른다.

使讎治讎, 其禍不救. 治民使平, 致平以清. 則民得其所, 而天下寧.
사수치수, 기화불구. 치민사평, 치평이청. 즉민득기소, 이천하녕.
나쁜 짓을 했거나 하고 있는 자에게 나쁜 짓을 다스리게 하면 그 화를 구할 수 없고, 공평무사한 사람이 백성을 다스리게 해야 맑고 깨끗하고 공평무사하게 정치가 이루어지는 나라가 될 수 있다. 그런 깨끗한 나라가 되면, 백성들 모두가 각기 제자리에 있을 수 있게 되면서 천하가 안녕하게 된다.

使(사) ~하게 하다. 治(치) 다스리다. 讎(수) 원수. 其禍(기화) 그 화를. 그 재앙을. 不救(불구) 구할 수 없다. 治民(치민) 백성을 다스리다. 使平(사평) 공평무사한 자가 ~하게 하다. 致平(치평) 공평하게 된다. 以清(이청) 맑음으로써. 則(즉) 곧. 民(민) 백성. 得(득) 얻다. 其所(기소) 각기 제자리에. 天下(천하) 천하. 寧(녕) 안녕하다.

犯上者, 尊, 貪鄙者, 富, 雖有聖主, 不能致其治.
범상자, 존, 탐비자, 부, 수유성주, 불능치기치.
윗사람을 범하는 자가 높은 지위에 있으면 안 되며, 재물을 탐하고 인색한 자가 부를 누리면 안 된다. 그런 현상이 생기면 비록 성군이라 하더라도 그 나라는 훌륭한 정치를 이루기가 어렵다.

犯上者(범상자) 윗사람을 범하는 자. 尊(존) 높이다. 貪鄙者(탐비자) 재물을 탐하고 인색한 자. 富(부) 부유하다. 雖(수) 비록. 有聖主(유성주) 성인과 같은 군주가 있어도. 不能(불능) ~하는 것이 불가능하다. 致(치) 이르다. 其(기) 그. 治(치) 다스리다.

犯上者, 誅, 貪鄙者, 拘, 則化行而衆惡消.
범상자, 주, 탐비자, 구, 즉화행이중악소.
윗사람을 범하는 자는 베어버리고, 탐욕스럽고 인색한 자는 구속하면, 모든 행동이 교화되고 백성들의 악행은 모두 사라지게 된다.

犯上者(범상자) 윗사람을 범하는 자. 誅(주) 베다. 貪鄙者(탐비자) 재물을 탐하고 인색한 자. 拘(구) 구속하다. 則(즉) 곧. 化行(화생) 행동이 교화되다. 衆惡(중악) 모든 악한 것. 消(소) 사라지다.

清白之士, 不可以爵祿得. 節義之士, 不可以威刑脅.
청백지사, 불가이작록득. 절의지사, 불가이위형협.
청렴결백한 인재들은 욕심이 없기 때문에 작위를 주거나 녹봉을 주는 방법으로 불러들이는 것은 불가능하다. 절개와 의리가 있는 인재들은 오지 않으면 벌을 주겠다는 식의 위협으로 불러들이는 것이 불가능하다.

清白之士(청백지사) 청렴하고 결백한 선비. 清(청) 청렴하다. 白(백) 결백하다. 不可(불가) 불가능 하다. 以爵祿(이작록) 작위와 녹봉으로써. 得(득) 얻다. 節義之士(절의지사) 절개가 있고 의로운 선비. 節(절) 절개가 있다. 義(의) 의롭다. 以威刑(이위형) 권위와 형벌로써. 脅(협) 위협하다.

故明君求賢, 必觀其所以而致焉.
고명군구현, 필관기소이이치언.
그 때문에 현명한 군주는 필히 그가 끌어들일 수 있는 모든 방법을 다 찾아보게 되는 것이다.

故(고) 고로. 明君(명군) 밝은 군주. 求賢(구현) 현인을 구하다. 必觀(필관) 반드시 살펴보다. 其(기) 그. 所(소) ~하는 바. 以(이) 써. 致(치) 이르다. 焉(언) 어조사.

致清白之士, 修其禮, 致節義之士, 修其道. 然後士可致, 而名可保.
치청백지사, 수기례, 치절의지사, 수기도. 연후사가치, 이명가보.
청렴결백한 인재를 끌어들일 때는 예(禮)로서 맞이해야 하고, 절개와 의리가 있는 인재를 끌어들일 때는 도리(道)로서 맞이해야 한다. 대의명분이 우선이다. 그런 조치를 한 연후에 그러한 인재를 끌어들이는 것이 가능해지고, 그래야 명군으로서의 명성도 가히 보존할 수 있게 된다.

致(치) 끌어들이다. 清白之士(청백지사) 청렴하고 결백한 선비. 修(수) 맞이하다. 其(기) 그. 禮(례) 예절. 節義之士(절의지사) 절개 있고 의로운 선비. 修其道(수기도) 도리로서 맞이하다. 然後(연후) 그런 다음에. 士(사) 선비. 청렴지사, 절의지사를 말함. 可致(가치) 끌어들이는 것이 가능하다. 名(명) 명성. 명예. 可保(가보) 보존하는 것이 가능하다.

夫聖人君子, 明盛衰之源, 通成敗之端, 審治亂之機, 知去就之節.

부성인군자, 명성쇠지원, 통성패지단, 심치란지기, 지거취지절.

모름지기 성인군자라고 하면 아래와 같은 사람을 말한다. 흥망성쇠의 근원에 대해서 밝게 알고 있으며, 일의 성공과 실패에 대한 진리를 통달하고 있고, 난세를 다스리는 기본 틀에 대해 자세하게 알고 있으며, 자신의 거취에 대한 원칙을 잘 알고 있는 사람을 말한다.

夫(부) 모름지기. 聖人(성인) 성인. 君子(군자) 군자. 明(명) 이치에 밝다. 盛衰(성쇠) 흥하고 쇠하는. 源(원) 근본원리. 通(통) 통달하다. 成敗(성패) 성공과 실패. 端(단) 바르다. 곧다. 진실. 진리. 審(심) 살피다. 治亂(치란) 난을 다스리다. 그것. 機(기) 틀. 知(지) 알다. 去就(거취) 거취. 節(절) 절개.

雖窮不處亡國之位, 雖貧不食亂邦之祿.

수궁불처망국지위, 수빈불식난방지록.

성인군자들은 비록 궁색하더라도 망해가는 나라의 높은 지위의 관직은 받지 않으며, 가난하게 살더라도 혼란한 나라의 녹봉은 받아먹지 않는다.

雖(수) 비록. 窮(궁) 궁색하다. 不處(불처) 처하지 않는다. 亡國(망국) 망해가는 나라. 位(위) 지위. 벼슬. 雖貧(수빈) 비록 가난하더라도. 不食(불식) 먹지 않는다. 亂邦(난방) 혼란한 나라. 祿(록) 녹봉.

潛名抱道者, 時至而動, 則極人臣之位. 德合于己, 則建殊絕之功.

잠명포도자, 시지이동, 즉극인신지위. 덕합우기, 즉건수절지공.

도(道)를 품에 안고 있으면서 이름을 감추고 깊이 잠적하고 있는 자가 때가 되면 세상에 나와 움직이기 시작하면 높은 지위에 오름이 끝이 없고, 자기 뜻과 군주의 덕이 하나로 합쳐지면 다시없을 정도로 뛰어난 공적을 세울 수 있게 되는 것이다.

潛名(잠명) 이름을 감추다. 抱道(포도) 도를 품고 있다. 者(자) ~하는 자. 時至(시지) 때가 이르다. 動(동) 움직이다. 則(즉) 곧. 極(극) 다하다. 人臣之位(인신지위) 신하의 지위. 德(덕) 덕. 合(합) 합치다. 于(우) 어조사. 己(기) 자신. 建(건) 짓다. 세우다. 殊絕之功(수절지공) 목숨을 끊을 정도의 공로. 아주 뛰어난 공로를 말함.

故其道高而名揚于後世.

고기도고이명양우후세.

그렇게 공적을 높이 평가해서 후세에 이르기까지 그 이름을 드높일 수 있게 된다.

故(고) 고로. 其(기) 그. 道(도) 도의. 高(고) 높다. 名(명) 이름. 揚(양) 오르다. 于後世(우후세) 후세까지.

聖王之用兵, 非樂之也, 將以誅暴討亂也.
성왕지용병, 비악지야, 장이주폭토란야.
성군이 군대를 운용하는 것은 그것을 좋아하기 때문이 아니다. 장수가 폭도들의 목을 베게 하거나, 난을 토벌하기 위해서 어쩔 수 없이 군사를 동원해서 용병한다.

聖王(성왕) 성인과 같은 군주. 왕. 用兵(용병) 용병. 非樂(비락) 좋아하지 않는다. 용병을 말함. 將(장) 장수. 以(이) ~로써. 誅暴(주폭) 폭도를 베다. 討亂(토란) 난을 토벌하다.

夫以義誅不義, 若決江河而漑爝火, 臨不測而擠欲墜, 其克必矣.
부이의주불의, 약결강하이개작화, 임불측이제욕추, 기극필의.
무릇, 의로움으로 불의를 베어내는 것은 강물을 막아놓았다가 한꺼번에 강물을 터서 조그마한 모닥불을 끄듯이 하며, 측량할 수 없을 정도의 깊은 계곡이나 절벽에 이르러서 떨어지려는 것을 떠미는 것처럼 쉽게 해결할 수 있다.

夫(부) 무릇. 以義(이의) 의로움으로써. 誅(주) 베다. 不義(불의) 불의. 若(약) 마치. 決江河(결강하) 강물을 막아놓는 것. 漑(개) 물을 대다. 爝火(작화) 모닥불을 말함. 臨(임) 임하다. 不測(불측) 측량이 불가하다. 擠(제) 밀다. 欲墜(욕추) 떨어지려고 하다. 其克(기극) 그것을 극복하다. 必(필) 반드시. 矣(의) 어조사.

所以優游恬淡 而不進者, 重傷人物也.
소이우유염담 이부진자, 중상인물야.
성군이 용병할 때 여유를 가지고 천천히 대응하면서 진격을 하지 않는 것은 사람이 다치고 재물의 손해가 있을까를 신중히 생각하기 때문이다.

所(소) ~하는 바. 以(이) ~로써. 優(우) 넉넉하다. 游(유) 놀다. 恬(염) 편안하다. 淡(담) 담박하다. 不進(부진) 진격하지 않다. 者(자) ~하는 것. 重(중) 중요하게 생각하다. 傷(상) 상하다. 人(인) 사람. 物(물) 물건. 재물.

夫兵者, 不祥之器, 天道惡之. 不得已而用之, 是天道也.
부병자, 불상지기, 천도오지. 부득이이용지, 시천도야.
무릇 군사를 쓴다는 것 그 자체는 그렇게 상서로운 것이 아니며, 하늘의 도리로 보면 군사를 쓰는 것이 그다지 좋은 것은 아니다. 용병은 부득이 한 경우에만 하는 것이 하늘의

도인 것이다. 199)

夫(부) 무릇. 兵者(병자) 용병을 하는 것. 不祥(불상) 상서롭지 않다. 器(기) 수단이라는 의미. 天道(천도) 하늘의 도리. 惡之(오지) 그것을 싫어하다. 不得已(부득이) 부득이하다. 用之(용지) 군사를 쓰다. 是(시) 이것. 天道(천도) 하늘의 도리.

夫人之在道, 若魚之在水, 得水而生, 失水而死, 故君子常懼而不敢失道.

부인지재도, 약어지재수, 득수이생, 실수이사, 고군자상구이불감실도.

사람이 언제나 도리(道)에서 벗어나서는 안 되는 것이 마치 물고기가 물에서 벗어나면 안 되는 것과 같다. 물고기가 물을 얻으면 살고, 물을 잃으면 죽는 것처럼, 사람도 도리(道) 안에서는 사람답게 살 수 있지만, 도리(道)를 벗어나면 사람답게 살 수 없다. 그러므로 군자는 항상 도리(道)에서 벗어날까 조심하고 또한 도리(道)에서 감히 벗어나지 않는 것이다.

夫(부) 무릇. 人之在道(인지재도) 사람이 도리 안에서 존재하듯이. 若(약) 마치. 魚之在水(어지재수) 물고기도 물 안에서 존재한다. 得水(득수) 물을 얻으면. 生(생) 살다. 失水(실수) 물을 잃어버리면. 死(사) 죽는다. 故(고) 고로. 君子(군자) 군자는. 常懼(상구) 항상 두려워한다. 不敢(불감) 감히 ~하지 못하다. 失道(실도) 도리에서 벗어나다.

豪傑秉職, 國威乃弱, 殺生在豪傑, 國勢乃竭.

호걸병직, 국위내약, 살생재호걸, 국세내갈.

영웅호걸들이 조정의 여러 관직을 병행해서 독차지해 버리면 나라의 위엄이 약해지고, 영웅호걸들이 죽이고 살리는 권한을 모두 가지고 있으면 나라의 세력이 다 말라 버려서 군주의 세력은 약해지고, 호걸들의 세력만 커지는 것은 곧 국력이 약해지는 것과 같다.

豪傑(호걸) 영웅호걸. 秉(병) 잡다. 職(직) 직책. 國威(국위) 나라의 위엄. 乃(내) 이에. 弱(약) 약해진다. 殺生(살생) 죽이고 살리다. 在(재) 있다. 豪傑(호걸) 영웅호걸. 國勢(국세) 나라의 세력. 乃(내) 이에. 竭(갈) 다하다.

---

199) 성군은 함부로 군사를 쓰지 않는다. 그러나 쓰면 제대로 써야 할 것이다. 그래서인지는 모르겠지만, 육군의 목표를 봐도 이와 유사하게 되어 있다. 육군 목표 첫 번째 항목이 바로 전쟁억제에 기여한다는 것이다. 함부로 쓰지 않는 게 첫 번째 목표로 되어 있다. 그러나 두 번째 목표를 보면, 지상전에서 승리한다고 되어 있다. 함부로 쓰지는 않지만 일단 쓰게 되면 제대로 써서 이겨야 한다는 뜻이 같이 포함되어 있다. 예나 지금이나 군을 운용함에 있어서의 생각이 비슷한 것 같다.

豪傑低首, 國乃可久. 殺生在君, 國乃可安.

호걸저수, 국내가구. 살생재군, 국내가안.

따라서 영웅호걸들이 머리를 낮추어야 나라가 오래 유지되는 것이 가능해진다. 생사여탈권을 군주가 가지고 있어야 나라가 평안하게 유지될 수 있다.

豪傑(호걸) 영웅호걸. 低首(저수) 머리를 낮추다. 國(국) 나라. 乃(내) 이에. 可久(가구) 오래가는 것이 가능하다. 殺生(살생) 죽이고 살리다. 在(재) 있다. 君(군) 군주. 國(국) 나라. 乃(내) 이에. 可安(가안) 안정되는 것이 가능하다.

四民用虛, 國乃無儲. 四民用足, 國乃安樂.

사민용허, 국내무저. 사민용족, 국내안악.

사민(四民)은 사농공상(士農工商)에 종사하는 백성들을 의미하며, 거기에 종사하는 네 부류의 백성들이 가난해지면 국가의 재정이 쌓아놓은 것이 없어지게 되며, 백성들이 부유해지면 나라가 편안하고 즐거움이 넘치게 된다.

四民(사민) 사농공상에 종사하는 백성, 온 백성을 의미함. 用(용) 씀씀이. 虛(허) 텅텅 비다. 國(국) 나라. 乃(내) 이에. 無(무) 없다. 儲(저) 쌓다. 用(용) 씀씀이. 足(족) 풍족하다. 國(국) 나라. 나라의 재정. 乃(내) 이에. 安樂(안락) 편안하고 즐겁다.

賢臣內, 則邪臣外. 邪臣內, 則賢臣斃. 內外失宜, 禍亂傳世.

현신내, 즉사신외. 사신내, 즉현신폐. 내외실의, 화란전세.

현명한 신하들이 조정(朝廷) 안에 있으면, 간사한 신하는 당연히 조정(朝廷) 밖에 있을 수밖에 없다. 반대로 간사한 신하들이 조정(朝廷) 안에 있으면, 현명한 신하들이 버림을 받게 되는 것이다. 내외에 있어야 할 자리가 당연함을 잃게 되면, 재앙과 혼란이 다음 세대로 이어져 오래도록 이어지게 된다.

賢臣(현신) 현명한 신하. 內(내) 여기서 안과 밖의 개념은 조정을 기준으로 설정된 것임. 따라서 안이란 조정 안을 말함. 則(즉) 곧. 邪臣(사신) 간사한 신하. 外(외) 조정밖에 있다. 邪臣(사신) 간사한 신하. 內(내) 조정안에 있으면. 則(즉) 곧. 賢臣(현신) 현명한 신하들. 斃(폐) 버림을 받다. 內外(내외) 조정안과 밖. 失宜(실의) 마땅함을 잃다. 禍亂(화란) 재앙과 혼란. 傳世(전세) 세대를 이어서 전해져 간다.

大臣疑主, 衆姦集聚. 臣當君尊, 上下乃昏. 君當臣處, 上下失序.

대신의주, 중간집취. 신당군존, 상하내혼. 군당신처, 상하실서.

대신들이 군주를 의심하면 많은 간신이 모여들게 되어 있다. 그리고 신하가 군주를 대적함에 있어 군주보다 더 높으면, 상하의 구별이 없어진다. 즉, 군주의 권위가 신하와 대등하게 처해있으면 상하의 질서를 잃게 되는 것이다.

大臣(대신) 대신들. 疑(의) 의심하다. 主(주) 군주. 衆姦(중간) 많은 간사한 자들이. 集(집) 모이다. 聚(취) 모이다. 臣(신) 신하. 當(당) 대적하다. 君(군) 군주. 尊(존) 높다. 上下(상하) 상하의 질서를 말함. 乃(내) 이에. 昏(혼) 어둡다. 當(당) 당하다. 處(처) 처하다. 失序(실서) 위계질서가 없어진다.

傷賢者, 殃及三世. 蔽賢者, 身受其害. 嫉賢者, 其名不全.

상현자, 앙급삼세. 폐현자, 신수기해. 질현자, 기명부전.

현명한 인재들을 해치면 그 재앙이 삼대에 걸쳐 미치게 되고, 현명한 인재들을 숨겨서 등용하지 못하게 하면 그 피해가 자신에게 돌아간다. 그리고 현명한 인재들을 질투하는 자는 그 명예를 온전히 보전하지 못하게 된다.

傷(상) 해치다. 賢者(현자) 현명한 인재들. 殃(앙) 재앙. 及(급) 미치다. 三世(삼세) 삼대에 걸쳐. 蔽(폐) 덮다. 身(신) 자기 자신. 受(수) 받다. 其害(기해) 그 해로움을. 嫉(질) 질투하다. 其名(기명) 그 명예. 명성. 不全(부전) 온전하지 못하다.

進賢者, 福流子孫. 故君子急于進賢, 而美名彰焉.

진현자, 복류자손. 고군자급우진현, 이미명창언.

현명한 인재들을 천거하여 조정에 나아가게 하는 자는 그 복이 자손에게까지 흘러간다. 그러므로 군자는 현명한 인재들을 조정에 진출시키는 것을 부지런히 해야 하며, 그리하면 그 아름다운 명성이 세상에 밝게 빛이 날 것이다.

進(진) 조정에 나아가다. 賢者(현자) 현명한 인재. 福流(복류) 복이 흐른다. 子孫(자손) 자손에게까지. 故(고) 고로. 君子(군자) 군자는. 急(급) 급하다. 于(우) 어조사. 進賢(진현) 현명한 인재들을 조정에 나아가게 하는 것. 美名(미명) 좋은 명성. 彰(창) 밝게 빛나다. 焉(언) 어조사.

利一害百, 民去城郭. 利一害萬, 國乃思散.

이일해백, 민거성곽. 이일해만, 국내사산.

한 명에게 이익을 주고 백 명에게 해를 끼치면, 백성들이 성곽을 떠나게 되고, 한 명에게 이익을 주고 만 명에게 해를 끼치면, 백성들이 국가를 떠날 생각을 하게 된다.

利一(리일) 1명만을 이롭게 하고. 害百(해백) 100명을 해롭게 하다. 民去(민거) 백성들이 떠나다. 城郭(성곽) 성곽. 利一(리일) 1명만을 이롭게 하고. 害萬(해만) 10,000명을 해롭게 하다. 國(국) 국가. 乃(내) 이에. 思(사) 생각하다. 散(산) 흩어지다.

去一利百, 人乃慕澤. 去一利萬, 政乃不亂.
거일리백, 인내모택. 거일리만, 정내불란.

한 명을 제거하여 백 명이 이롭게 하면, 백성들이 그 은택을 잊지 않고, 한 명을 제거해서 만 명이 이롭게 하면, 국가의 정사가 혼란에 빠지지 않고 잘 다스려진다.

去一(거일) 1명을 제거하다. 利百(리백) 100명을 이롭게 하다. 人(인) 사람. 백성. 乃(내) 이에. 慕(모) 그리워하다. 澤(택) 군주의 은택. 去一(거일) 1명을 제거하다. 利만(리만) 10,000명을 이롭게 하다. 政(정) 정사. 국가의 정치. 乃(내) 이에. 不亂(불란) 혼란스럽지 않다.

第五書.【司馬法】

제5서. 사마법

《사마법(司馬法)에 대하여》

중국 춘추시대 제(齊)나라의 병법가 사마양저(司馬穰苴)가 지은 병법서로 알려져 있으며, 무경칠서(武經七書) 중의 하나입니다. 사마양저(司馬穰苴)의 원래 성은 진씨(陣氏)였으나, 이후 전씨(田氏)로 바뀌었습니다. 그 후 제(齊)나라 경공(景公)이 안영(晏嬰)의 천거로 인해 양저(穰苴)는 군사권을 총괄하는 대사마(大司馬)의 직책을 맡게 됩니다. 후대에 사마양저(司馬穰苴)로 불린 것은 직책과 이름을 같이 부른 경우라 하겠습니다.

제경공(齊景公)으로부터 군사지휘권을 받은 지 얼마 지나지 않아 군사를 출동할 일이 있었는데, 이때 아직 지휘권이 확립되지 않았으니 군주께서 신뢰하시는 장수를 추천해달라고 요청하여 한 명을 추천받게 됩니다. 그러나 그 장수가 출동하기로 한 시간에 맞추어 나오지 않았고, 군법에 따라 참형으로 처리하려고 하자 제경공이 급하게 명을 내려 그 장수를 구하려 했습니다. 하지만 '장수는 출정하면 군명을 받지 않는 법이다.'고 하면서 끝내 참하였다는 일화가 내려오고 있습니다. 이러한 군정(軍政) 분리의 정신은 사마법(司馬法) 4편 본문에도 잘 나타나고 있습니다.

지금 현존하는 사마법(司馬法)은 총 5개의 편으로 구성되어 있습니다. 원래는 55편이었다고 하는데 전해오는 과정에서 50편이 망실된 것입니다. 사마법(司馬法)에 나오는 내용을 개략적으로 정리를 해보면 다섯 가지 정도로 요약할 수 있습니다. 첫째는 인의(仁義)에 입각한 전쟁론을 펴고 있으며, 둘째는 유비무환(有備無患)의 태세를 강조하고 있습니다. 셋째는 첨단 병기로 무장해야 함을 강조하고 있으며, 넷째는 조정(朝庭)과 군사(軍事)가 완전히 분리되어야 함을 강조하는 것이며, 다섯째는 장수와 일반장병에게까지도 필요한 덕목을 제시할 정도로 예(禮)를 중시하고 있습니다.

사마법(司馬法)은 정의를 실현하는 주체로서 군대의 역할을 강조하고 있으며, 전쟁을 정의의 관점에서 이해하고 기술해 놓은 것입니다. 그러나 전쟁을 국익(國益)이나, 실리(實利)라는 면에서 보면 이해하기 어려운 부분도 있을 수 있습니다. 취지는 공감하지만, 실제 적용에서는 무리가 있을 수 있다는 의미입니다. 실제 적용에서 어려운 점이 많다고는 하더라도 그 근본을 무시할 수 없기에 더더욱 사마법(司馬法)의 가치는 빛납니다. 따라서 사마법(司馬法)은 따로 읽는 것보다 손자병법(孫子兵法)과 같이 실리(實利)에 입각해서 쓴 서적과 병행해서 읽는다면 훨씬 더 도움이 되리라 판단됩니다.

第一. 仁本 제1. 인본[200] 정치의 기본

인본(仁本)은 인(仁)을 근본으로 삼는 것을 말한다. 첫머리에 인본(仁本) 두 글자가 있으므로 편명(篇名)으로 삼았다.

–사마법직해(司馬法直解)에서–

古者, 以仁爲本, 以義治之, 之爲正. 正不獲意則權.

고자, 이인위본, 이의치지, 지위정. 정불획의즉권.

옛날에 인(仁)을 근본으로 삼고, 의(義)로써 나라를 다스리는 것을 정도(正道)라고 하였다. 정도(正道)로 나라를 다스리고자 하는 것이 제대로 되지 않으면 부득이하게 권모술수와 같은 권도(權道)[201]를 써야 한다.

古者(고자) 옛날에. 以仁(이인) 인으로써. 爲本(위본) 근본으로 삼았다. 以義(이의) 의로써. 治之(치지) 나라를 다스리다. 之爲正(지위정) 그것이 바른 방법이다. 正(정) 바른 방법으로. 不獲(불획) 얻지 못하다. 意(의) 나라를 잘 다스리고자 하는 뜻. 權(권) 권모술수와 같은 방법.

權出於戰, 不出於中人.

권출어전, 불출어중인.

권도(權道)란 임기응변식의 조치를 말하는데 주로 전쟁과 같은 어쩔 수 없는 상황에서 나오는 경우다. 따라서 권도는 보통사람들에게는 쓰이지 않았다.

權(권) 권모술수. 出(출) 나오다. 於戰(어전) 전쟁과 같은 상황에서. 不出(불출) 나오지 않았다. 於中人(어중인) 보통사람들에게.

是故, 殺人安人, 殺之可也, 攻其國愛其民, 攻之可也, 以戰止戰, 雖戰可也.

---

200) 인본 : 이 제목은 본문의 첫 머리에 '인의와 도덕을 근본으로 하여 나라를 다스리다.'에서 편명을 따낸 것이다. 군주는 평상시 인의의 정도에 입각하여 정치를 하나, 비상시에는 부득이 전쟁 수단에 의한 권도를 써야 한다고 하였으며, 전쟁을 너무 좋아하여 침략을 일삼거나, 무사안일에 빠져 국방을 소홀히 하다가 패망하기에 이르는 위험성을 경계하였다. 또한 불의를 범하여 국제간에 지탄의 대상이 되는 제후국이 천자에게 토벌당하는 '9벌의 법'을 조목조목 예시하고, 군이 전쟁에서 보여야 할 인· 의· 예· 지· 신· 용의 여섯 가지 덕목을 아울러 논하였다.

201) 권도(權道). 보통사람들(中人)이 아닌 아주 특별한 사람들이 사용하는 것이라는 의미임

시고, 살인안인, 살지가야, 공기국애기민, 공지가야, 이전지전, 수전가야.

이러한 이유로 소수의 사람을 죽임으로써 다수의 사람을 편안히 할 수 있는 경우라면 사람을 죽이는 것도 가능하며, 다른 나라를 공격함으로써 그 나라의 백성을 사랑해 주는 결과를 가져올 수 있는 경우라면 다른 나라를 공격할 수도 있다. 전쟁이라는 수단으로 궁극적으로 전쟁을 그치게 할 수 있다면 비록 전쟁이라도 가능한 일이다.

是故(시고) 이러한 이유로. 殺(살) 죽이다. 人(인) 소수의 사람. 安(안) 편안하다. 人(인) 다수의 사람. 殺(살) 죽이다. 可(가) 가능하다. 攻(공) 공격하다. 其國(기국) 그 나라=적국을 말함. 愛(애) 아끼다. 其民(기민) 그 백성=적국의 백성. 以(이) ~로써. 止(지) 그치다. 戰(전) 전쟁. 雖(수) 비록.

故 仁見親, 義見說, 智見恃, 勇見方, 信見信.

고 인견친, 의견열, 지견시, 용견방, 신견신.

고로, 군주가 인정을 베풀면 백성들이 그 군주를 사랑하고, 군주가 정의로운 일을 하면 백성들이 기뻐하며, 군주가 지혜로우면 백성들이 의지하고, 군주가 용맹스러우면 백성들이 본을 받으며, 군주가 신의를 지키면 백성들이 군주를 신임하게 된다.

故(고) 그러므로. 仁(인) 인자함. 見(견) 보이다. 親(친) 백성들이 친근하게. 義(의) 의로움. 說(열) 기뻐하다. 智(지) 지혜로우면. 恃(시) 의지하다. 勇(용) 용맹스러우면. 方(방) 본받다. 信(신) 신의를 지키면. 信(신) 군주를 신뢰하다.

內得愛焉, 所以守也, 外得威焉, 所以戰也.

내득애언, 소이수야, 외득위언, 소이전야.

군주가 대내적으로 백성의 사랑을 얻으면 나라를 잘 지킬 수 있고, 대외적으로 위엄을 떨치면 적과 전쟁을 할 수도 있다.

內(내) 대내적으로. 得(득) 얻다. 愛(애) 백성의 사랑. 焉(언) 어조사. 所以守也(소이수야) 잘 지키다. 外(외) 대외적으로. 威(위) 위엄. 所以戰也(소이전야) 잘 싸울 수 있다.

戰道, 不違時, 不歷民病, 所以愛吾民也.

전도, 불위시, 불력민병, 소이애오민야.

전쟁에 있어서도 지켜야 할 도리가 있으니 이를 전도(戰道)라 하는데, 농번기에는 전쟁해서는 안 되고, 백성들에게 전염병이 나돌 때는 군을 징발하지 말아야 한다. 이는 백성들을 아껴야 하기 때문이다.

戰(전) 전쟁에 있어서 道(도) 지켜야 할 도리. 不(불) 안 된다. 違(위) 어기다. 時(시) 농번기. 不(불) 안 된다. 歷(력) 동원하다. 民(민) 백성. 病(병) 전염병. 所(소) 바. 以愛(이애) 아낌으로써. 吾(오) 나의. 民(민) 백성.

不加喪, 不因凶, 所以愛夫其民也.
불가상, 불인흉, 소이애부기민야.
적국의 왕실에 초상이 난 틈을 타서 공격하지 말고, 적국이 흉년 든 것을 기회로 삼아 공격하지 말아야 한다. 이는 적국의 백성들도 자신의 백성과 같이 아껴야 하기 때문이다.

不(불) 안 된다. 加(가) 공격을 가하다. 喪(상) 상을 당하다. 不(불) 안 된다. 因(인) 인하다. 凶(흉) 흉하다. 所(소) 바. 以愛(이애) 아낌으로써. 夫(부) 대장부. 其民(기민) 그 백성.

冬夏不興師, 所以兼愛民也.
동하불흥사, 소이겸애민야.
또한, 혹한기나 혹서기에 군사를 일으키지 말아야 한다. 이는 피아의 백성을 아울러 같이 아껴야 하기 때문이다.

冬(동) 겨울. 夏(하) 여름. 不(불) 안 된다. 興師(흥사) 군사를 일으키다. 兼(겸) 아울러. 愛民(애민) 백성을 아끼다.

故國雖大, 好戰必亡, 天下雖安, 忘戰必危.
고국수대, 호전필망, 천하수안, 망전필위.
그러므로 아무리 강대국이라 하더라도 전쟁을 좋아하면 반드시 망하고, 천하가 아무리 평안하더라도 전쟁에 대비하지 않으면 그 나라는 반드시 위기에 처하게 된다.

故(고) 그러므로. 國(국) 나라. 雖(수) 비록. 大(대) 강대국을 말함. 好戰(호전) 전쟁을 좋아하다. 必亡(필망) 반드시 망한다. 安(안) 평안하다. 忘(망) 잊다. 戰(전) 전쟁. 必(필) 반드시. 危(위) 위험에 빠진다.

天下既平, 天子大愷, 春蒐秋獮, 諸侯春振旅, 秋治兵. 所以不忘戰也.
천하기평, 천자대개, 춘수추선, 제후춘진려, 추치병. 소이불망전야.

천하가 평화로운 시기가 지속되면, 천자국에서는 크게 개선가를 부르고, 봄과 가을에는 사냥으로[202] 군사 훈련을 대신하고, 제후국에서도 봄과 가을에 군부대를 소집시켜 훈련해야 한다. 이렇게 하는 것은 항상 전쟁을 잊지 않고 전쟁에 대비하기 위한 것이다.

天下旣平(천하기평) 旣(기) 이미. 平(평) 평화롭다. 天子(천자) 중국 황제. 愷(개) 승전의 음악. 春(춘) 봄. 蒐(수) 사냥하다. 秋(추) 가을. 獮(선) 가을 사냥. 諸侯(제후) 제후국을 말함. 振(진) 떨쳐 일어나다. 旅(려) 군부대의 단위. 振旅(진려) 군부대를 사열하는 것을 말함. 治兵(치병) 병사를 다스린다. 所以(소이) 이렇게 하는 것은. 不忘(불망) 잊지 않다. 戰(전) 전쟁.

古者, 逐奔不過百步, 縱綏不過三舍, 是以明其禮也,

고자, 축분불과백보, 종수불과삼사, 시이명기례야,

옛날에는 싸움에 있어서도 도리를 지켰다. ① 패주하는 적을 일백 보 이상 추격하지 않았고, 전선에서 퇴각하는 적은 추격을 하더라도[203] 3사, 즉 90리를 넘지 않았으니, 이는 전쟁에서도 지켜야 할 예(禮)를 밝힌 것이었다.

古者(고자) 옛날에. 逐(축) 쫒다. 奔(분) 달리다. 不過(불과) ~을 넘지 않다. 百步(백보) 백 걸음. 縱(종) 원래 늘어지다는 의미이지만 좇는다는 의미의 從자와 같이 쓰이기도 하였음. 綏(수) 말고삐. 不過(불과) ~을 넘지 않다. 三舍(삼사) 1사=30리, 따라서 약 90리 정도의 거리. 是以(시이) 이것은. 明(명) 밝히다. 其禮(기례) 전쟁에서도 지켜야 할 도리 중에서 '예'를 말함.

不窮不能, 而哀憐傷病, 是以明其仁也. 成列而鼓, 是以明其信也.

불궁불능, 이애련상병, 시이명기인야. 성렬이고, 시이명기신야.

② 싸울 능력이 없는 적을 궁지에 몰아넣지 않았으며, 적의 부상자나 병든 자를 가엾게 여겨 보살펴 주었으니, 이는 인(仁)을 밝히는 것이었다. ③ 양 군이 전투태세를 완전히 갖춘 다음에야 전투 개시의 북소리를 울렸으니, 이는 신(信)을 밝힌 것이었다.

不窮(불궁) 궁지에 몰아넣지 않다. 不能(불능) 능력이 없는 적. 哀(애) 슬퍼하다. 憐(련) 불쌍히 여기다. 傷(상) 부상자. 病(병) 병자. 是以(시이) 이것은. 明(명) 밝히다. 其仁(기인) 전쟁에서도 지켜야 할 도리

202) 춘수추선(春蒐秋獮). 사마법 직해본에 보면, 봄에 하는 사냥을 수(蒐)라고 하는데, 수(蒐)는 수색을 한다는 의미를 가지고 있으며 짐승 중에서 새끼를 배지 않은 것을 찾아서 취하는 것을 말함. 그리고, 가을에 하는 사냥을 선(獮)이라고 하는데 선(獮)은 죽인다는 뜻을 가지고 있으며 가을에 음기(陰氣)를 순하게 죽이는 것을 의미한다고 하였음.

203) 縱綏(종수). 말고삐를 잡고 좇다. 즉, 추격한다는 의미임. 낭시에는 좇나는 의미로 縱과 從을 통용한 것으로 보임.

중에서 '인'을 말함. 成(성) 이루다. 列(렬) 줄. 대열. 成列(성렬) 군이 대열을 이루었다는 것은 전투태세를 갖춘 것으로 설명됨. 鼓(고) 북을 울리다. 전투를 개시한다는 의미의 북소리임. 是以(시이) 이것은. 明(명) 밝히다. 其信(기신) 전쟁에서도 지켜야 할 도리 중에서 '신'을 말함.

爭義不爭利, 是以明其義也, 又能舍服, 是以明其勇也,
쟁의부쟁리, 시이명기의야, 우능사복, 시이명기용야,
④ 싸울 때는 대의명분을 내세웠으며, 이해와 득실 때문에 싸우지 않았으니, 이는 의(義)를 밝힌 것이었다. ⑤ 대의를 위하여 싸우다가도 적이 항복하면 용서해 주었으니, 이는 용(勇)을 밝힌 것이었다.

爭(쟁) 다투다. 義(의) 대의명분. 爭義(쟁의) 대의명분이 있는 싸움만 한다는 뜻임. 不爭(부쟁) 다투지 아니한다. 利(리) 이득. 不爭利(부쟁리) 이해와 득실문제로 싸우지는 않는다는 뜻임. 是以(시이) 이것은. 明(명) 밝히다. 其義(기의) 전쟁에서도 지켜야 할 도리 중에서 '의'를 말함. 又(우) 또한. 能(능) 능히 ~할 수 있다. 舍(사) 머물다. 服(복) 항복. 是以(시이) 이것은. 明(명) 밝히다. 其勇(기용) 전쟁에서도 지켜야 할 도리 중에서 '용'을 말함.

知終知始, 是以明其智也.
지종지시, 시이명기지야.
⑥ 싸움에 대한 원인과 승패의 결과를 예측하여 착오가 없게 하였으니, 이는 지(智)를 밝힌 것이었다.

知(지) 알다. 終(종) 전쟁을 마치다. 始(시) 전쟁을 시작하다. 是以(시이) 이것은. 明(명) 밝히다. 其智(기신) 전쟁에서도 지켜야 할 도리 중에서 '지'를 말함.

六德以時合教, 以爲民紀之道也. 自古之政也.
육덕이시합교, 이위민기지도야. 자고지정야.
이상에서 열거한 '예(禮) · 인(仁) · 신(信) · 의(義) · 용(勇) · 지(智)', 이 여섯 가지 덕목을 수시로 군사를 교육하여 따라야 할 도리로 삼게 하였으니, 이것이 바로 예부터 전해 오는 군대를 다스리는 방법이다.

六德(육덕) 앞에서 언급한 여섯 가지 덕목. 以(이) ~로써. 時(시) 시기. 合教(합교) 가르침에 합당하다. 以(이) ~로써 爲(위)~하다. 民(민) 백성. 紀(기) 벼리. 道(도) 도리. 自(자) ~로부터. 古(고) 옛날. 政

(정) 정치. 군정을 말함.

先王之治, 順天之道, 設地之宜, 官民之德,
선왕지치, 순천지도, 설지지의, 관민지덕,
선대의 성왕들은 천하를 다스림에 있어서 하늘의 법칙에 순응하고, 지형을 잘 이용하였으며, 백성 중에 덕망이 높은 인물을 관직에 임명하였다.

先王(선왕) 선대의 왕. 治(치) 다스림. 順(순) 따르다. 天之道(천지도) 하늘의 도리. 設(설) 설치하다. 地(지) 땅. 宜(의) 마땅하다. 官(관) 관리. 民(민) 백성. 德(덕) 덕.

而正名治物, 立國辨職, 以爵分祿.
이정명치물, 입국변직, 이작분록.
그리고 이러한 일들은 명분을 바로 세워 모든 일이 제대로 다스려지게 하기 위한 것이었다. 그리고 제후국을 세워 제후들을 임명하여 작위를 내리고 녹봉을 주어 다스리게 하였다.

正(정) 바로 세우다. 名(명) 명분. 治物(치물) 사물을 다스리다. 立國(입국) 나라를 세우다. 辨(변) 다스리다. 職(직) 임명하다. 以(이) ~로써. 爵(작) 작위. 分(분) 나누어주다. 祿(녹) 황제가 주는 녹봉을 말함.

諸侯說懷, 海外來服, 獄弭而兵寢, 聖德之治也.
제후열회, 해외래복, 옥미이병침, 성덕지치야.
그렇게 하니 제후들이 성심으로 기뻐하며 따르고, 멀리 해외에서도 공물을 바쳐 복종하였다. 그리하여 범죄자가 없어 감옥이 텅 비고, 군사를 일으켜야 하는 전쟁도 일어나지 않았으니, 이것이야말로 성왕들이 덕으로써 다스리는 정치의 모습이라 할 수 있는 것이다.

諸侯(제후) 제후국의 제후를 말함. 說(열) 기뻐하다. 懷(회) 마음. 海外(해외) 바다 건너 있는 나라들. 來(래) 오다. 服(복) 복종하다. 獄(옥) 감옥. 弭(미) 그치다. 兵(병) 군사. 寢(침) 잠자다. 聖德之治也(성덕지치야) 성은과 덕으로 다스리는 정치.

其次, 賢王制禮樂法度, 乃作五刑, 興甲兵, 以討不義.
기차, 현왕제례악법도, 내작오형, 흥갑병, 이토불의.

그다음으로 현명한 군주들은 예악과 법률을 제정하고, 또한 다섯 가지 형벌204)을 만들고, 병기와 갑옷을 만들고 군을 일으켜, 불의를 저지르는 자들을 토벌하였다.

其次(기차) 그다음으로. 賢王(현왕) 현명한 군주. 制(제) 제정하다. 禮樂(예악) 예절과 풍류. 法度(법도) 법규와 법도. 乃(내) 또한. 作(작) 만들다. 五刑(오형) 다섯 가지 형벌. 興(흥) 일으키다. 甲兵(갑병) 갑옷과 병사. 以(이) ~로써. 討(토) 토벌하다. 不義(불의) 의롭지 아니함.

巡狩省方, 會諸侯, 考不同.
순수성방, 회제후, 고부동.
제후국들을 순시하며 훈련 정도나 실정을 살폈으며, 제후들을 한 자리에 모아 책력이나 도량형, 제도 등과 같이 서로 다르게 적용하고 있는 것에 대해 논의해서 그 차이를 바로 잡았다.

巡狩(순수) 군사훈련 정도나 실정을 살피러 순시하다. 省方(성방) 지방 행성들. 會(회) 모으다. 諸侯(제후) 제후들. 考(고) 고민하다. 不同(부동) 일치하지 않는 것들.

其有失命亂常, 背德逆天之時, 而危有功之君, 偏告於諸侯, 彰明有罪.
기유실명란상, 배덕역천지시, 이위유공지군, 편고어제후, 창명유죄.
제후 중에 명을 어기고 지켜야 할 법도를 어지럽히고, 부도덕한 일을 일삼으며 천시에 순응하지 않으며, 공로가 있는 이를 해치려는 자가 있으면, 제후들에게 널리 알려 그의 죄상을 폭로하였다.

其(기) 그. 제후들을 말함. 有(유) 있다. 失命(실명) 군주의 명을 어기다. 亂(난) 어지럽히다. 常(상) 지켜야 할 법도. 背(배) 등을 돌리다. 德(덕) 덕. 逆天之時(역천지시) 하늘의 뜻을 어기다. 危(위) 위해를 가하다. 有功(유공) 공로가 있다. 君(군) 군주, 제후. 偏(편) 치우치다. 告(고) 알리다. 諸侯(제후) 제후. 彰(창) 밝히다. 明(명) 밝히다. 有罪(유죄) 죄가 있다.

乃告於皇天上帝, 日月星辰, 禱於后土四海神祇, 山川冢社, 乃造어先王.
내고어황천상제, 일월성진, 도어후토사해신기, 산천총사, 내조어선왕.

204) 오형(五刑). 고대 형벌의 종류를 말하는 것으로써, 첫째는 사형에 해당하는 대벽(大辟), 둘째는 생식기를 거세하는 궁형(宮刑), 셋째는 다리를 절단하는 비형(剕刑), 넷째는 코를 베는 의형(劓刑), 다섯째는 이마에 글자를 새기는 묵형(墨刑)을 말한다.

그리고 하늘의 신과 일월성신에게 고하고, 후토신(后土神)[205], 사해신(四海神)[206], 산천신(山川神)[207], 신기신(神祇神)[208] 등에게 빌며, 선왕의 영령들에게 도움을 청하기도 하였다.

乃(내) 이에. 告(고) 고하다. 於(어) ~에게. 皇天上帝(황천상제) 하늘의 신. 日月星辰(일월성신) 해와 달 별들의 신. 禱(도) 기도하다. 后土(후토) 토지의 신. 四海(사해) 바다의 신. 神祇(신기) 하늘과 땅의 신. 冢(총) 무덤. 社(사) 토지의 신. 乃(내) 이에. 造(조) 짓다. 先王(선왕) 선대의 왕들.

然後 冢宰徵師於諸侯曰, 某國爲不道, 征之.
연후 총재징사어제후왈, 모국위부도, 정지.
이렇게 한 다음, 천자국의 재상은 천자의 명을 받들어 군사를 징발하면서 제후들에게, "지금 어떤 제후국이 정도에 맞지 않은 짓을 저지르고 있으므로 이를 정벌하려 한다.

然後(연후) 이렇게 한 다음. 冢宰(총재) 관직의 종류로써 재상을 말한다. 徵(징) 징발하다. 師(사) 군사 於(어) ~에게. 諸侯(제후) 제후에게. 曰(왈) 말하다. 某國(모국) 어떤 제후국이. 爲(위) ~을 하다. 不道(부도) 정도에 맞지 않는 일하다. 征之(정지) 그것을 정벌하다.

以某年月日, 師至於某國會, 天子正刑.
이모년월일, 사지어모국회, 천자정형.
따라서 모년 모월 모일에 군사들을 이러 이러한 제후국에 집결시키도록 하라. 그리하면, 천자가 그들에게 형벌을 내려 이를 바로 잡을 것이다."라고 말하였다.

以某年月日(이모년월일) 모년 모월 모일에. 師(사) 군사들. 至(지) 이르게 하다. 於(어) ~에. 某國(모국) 어떤 제후국에. 會(회) 모으다. 天子(천자) 正(정) 바르게 잡다. 刑(형) 형벌을 주다.

冢宰與百官布令於軍曰,

---

205) 성황신(城隍神), 토지야(土地爺), 후토신(后土神). 모두 토지의 수호신을 말함. 성황신은 도시를 수호하는 신. 토지야는 성 바깥쪽의 촌락이나 교외를 관할하는 신. 후토신은 가장 좁은 묘지의 수호신을 말함. 여기서 후토신은 이를 통틀어 토지의 수호신을 의미함.

206) 사해신(四海神). 물, 바다를 수호하는 신을 말함.

207) 산천신(山川信). 산과 내를 수호하는 신을 말함.

208) 신기신(神祇神). 하늘과 땅의 신을 말함.

총재여백관포령어군왈,

천자의 재상은 백관과 함께 군사들에게 다음과 같이 포고령을 내렸다.

冢宰(총재) 관직의 종류로써 재상을 말한다. 與(여) ~과 더불어. 百官(백관) 여러 관리. 布令(포령) 명령을 하달하다. 於軍(어군) 군사들에게. 曰(왈) 말하다.

入罪人之地, 無暴神祇, 無行田獵, 無毁土功,

입죄인지지, 무폭신기, 무행전렵, 무훼토공,

적지에 진입하면, ① 신을 모독하는 사나운 짓을 해서는 안 되며, ② 함부로 사냥해서도 안 되며, ③ 공공건물을 함부로 훼손해서도 안 되며,

入(입) 들어서다. 罪人之地(죄인지지) 죄인들이 있는 적지. 無暴(무폭) 사나운 짓을 하지 말아야 한다. 神祇(신기) 땅의 신. 無行(무행) 행하지 말라. 田獵(전렵) 사냥하다. 無毁(무훼) 훼손하지 마라. 土功(토공) 공공 시설물 등.

無燔牆屋, 無伐林木, 無取六畜, 禾黍器械.

무번장옥, 무벌림목, 무취육축, 화서기계.

④ 백성들의 집에 함부로 불을 질러서도 안 되며, ⑤ 산림을 함부로 벌목해서도 안 되며, ⑥ 백성들의 가축을 함부로 취해서는 안 되며, ⑦ 백성들의 곡식이나 가재도구 등을 함부로 취해서도 안 될 것이다.

無燔(무번) 불을 지르지 말라. 牆屋(장옥) 백성들이 사는 집과 가옥들. 無伐(무벌) 벌목하지 말라. 林木(임목) 수풀과 나무. 無取(무취) 취하지 말라. 六畜(육축) 집에서 기르는 대표적인 여섯 가지 가축인 소 말 돼지 양 닭 개를 이름. 禾黍(화서) 벼와 기장. 器械(기계) 백성들의 가재도구.

見其老幼, 奉歸勿傷. 雖遇壯者, 不校勿敵. 敵若傷之, 醫藥歸之.

견기노유, 봉귀물상. 수우장자, 불교물적. 적약상지, 의약귀지.

또한 ⑧ 노약자를 만나면 그의 집으로 잘 인도할 것이며 절대로 해쳐서는 안 되며, ⑨ 젊은 사람을 만나더라도 상대방이 반항하지 않는 한 적대시하지 말고, ⑩ 적이 상처를 입었으면 치료해 주고 집으로 돌려보내라.

見(견) 보다. 其(기) 그. 老幼(노유) 노약자. 奉(봉) 받들다. 歸(귀) 돌이가게 하다. 勿傷(물상) 상처를 입히지 말라. 雖(수) 비록. 遇(우) 조우하다. 壯者(장자) 젊은 사람. 不校(불교) 교전하지 않다. 勿敵(물적)

적대하지 말라. 敵(적) 적군. 若(약) 만약. 傷之(상지) 상처 입다. 醫藥(의약) 치료를 해주다. 歸之(귀지) 돌아가게 하다.

既誅有罪, 王及諸侯修正其國, 擧賢立明, 正復厥職.
기주유죄, 왕급제후수정기국, 거현입명, 정부궐직.
이미 죄를 저지른 제후를 베어버리는 것으로 제후국을 토벌한 다음, 왕과 제후들은 그 제후국의 잘못된 정사를 바로 잡아주고, 현명한 자를 제후로 삼아 제대로 다스릴 수 있도록 해주고, 제후를 보좌하여 제후국 군주로서의 정상적인 직책을 수행할 수 있도록 조치를 해 주었다.

既(기) 이미. 誅(주) 베다. 有罪(유죄) 죄가 있다. 王(왕) 임금. 군주. 及(급) 미치다. 諸侯(제후) 제후. 修正(수정) 바로잡다. 其國(기국) 그 나라. 擧(거) 오르다. 賢(현) 현명하다. 立明(입명) 밝게 세우다. 正(정) 바로 세우다. 復(부) 다시. 厥職(궐직) 제후로서의 정상적인 직책을 수행할 수 있도록 하다.

王伯之所以治諸侯者 六, 以土地形諸侯, 以政令平諸侯, 以禮信親諸侯,
왕패지소이치제후자 육, 이토지형제후, 이정령평제후, 이례신친제후,
군주나 패자가 제후를 다스리는 데에는 여섯 가지 원칙이 있었다. ① 제후들에게 영토의 한계를 정해 주어 세력의 균형을 유지하게 하며, ② 정치와 법령으로 제후들의 분쟁을 막아 평정을 누리게 하며, ③ 예의와 신의로 제후들 간의 화친을 도모하며,

王(왕) 군주. 伯(패) '우두머리 백'이지만, 霸(패)와 같은 뜻으로 쓰일 때는 패로 읽는다. 패자. 所(소) ~하는 바. 以(이) ~로서. 治(치) 다스리다. 諸侯(제후) 제후들. 者(자) ~하는 것. 六(육) 여섯 가지 원칙. 土地(토지) 제후들에게 주어진 영토를 말함. 形(형) 균형을 유지하다. 政(정) 정치, 정사. 令(령) 명령, 법령. 平(평) 평정하다. 禮信(예신) 예의와 신의. 親(친) 친하다.

以材力說諸侯, 以謀人維諸侯, 以兵革服諸侯.
이재력열제후, 이모인유제후, 이병혁복제후.
④ 재력으로 제후들을 도와 제후들을 기쁘게 하며, ⑤ 지모가 있는 자들을 보내어 제후들과 유대관계를 유지하게 하며, ⑥ 군사력을 튼튼히 하여 제후들을 복종하게 하는 것이다.

以(이) ~로써. 材力(재력) 재력, 재물. 說(열) 기쁘게 하다. 謀人(모인) 모략을 잘 쓰는 사람, 維(유) 유대관계를 가깝게 하다. 兵革(병혁) 튼튼한 군사력을 갖추다. 服(복) 복종시키다.

同患同利, 以合諸侯, 比小事大, 以和諸侯.

동환동리, 이합제후, 비소사대, 이화제후.

그리하여 환난이 발생하거나 이익이 있을 때나 서로 함께함으로써 제후들을 화합시키며, 강대국은 약소국을 보호하고, 약소국은 강대국을 잘 섬기게 하여 제후들을 화목하게 하였던 것이다.

同(동) 같다. 患(환) 환난. 同(동) 같다. 利(리) 이익. 以合(이합) 화합시킨다는 뜻. 諸侯(제후) 제후들. 比(비) 견주다. 小(소) 작은 제후국. 事(사) 섬기다. 大(대) 큰 제후국. 以和(이화) 서로 화합하다.

會之以發禁者九. 憑弱犯寡 則眚之, 賊賢害民 則伐之, 暴內陵外 則壇之,

회지이발금자구. 빙약범과 즉생지, 적현해민 즉벌지, 폭내릉외 즉단지,

제후들을 모아놓고 앞으로 금해야 할 것들 아홉 가지를 발표하고, 이를 준수하게 해야 한다. ① 강대국이 약소국에 기대고 침범하면, 그 즉시 강대국의 영토를 축소할 것이다. ② 현명한 자들을 헤치거나 백성을 이유 없이 해하면, 그 즉시 토벌할 것이다. ③ 안으로는 폭정을 일삼고 밖으로는 무력 침공을 일삼으면, 그 즉시 그 군주를 몰아내고 새로운 인물을 군주로 올릴 것이다.

會之(회지) 제후들을 모아 놓다. 以(이) ~로써. 發(발) 발표하다. 禁者(금자) 금해야 할 것들. 九(구) 아홉 가지. 憑(빙) 기대다. 弱(약) 약소 제후국. 犯(범) 범하다. 寡(과) 적다. 약소제후국. 則(즉) 곧. 眚(생) 영토를 줄인다는 의미임. 賊賢(적현) 현명한 자를 해치다. 害民(해민) 백성들을 해하다. 伐之(벌지) 토벌하다. 暴內(폭내) 안으로는 폭정을 일삼다. 陵外(능외) 밖으로는 무력 침공을 일삼다. 壇之(단지) 壇은 흙을 쌓아 올린 재단을 의미하지만, 그 군주를 몰아내고 새로운 군주를 올린다는 의미임.

野荒民散 則削之, 負固不服 則侵之, 賊殺其親 則正之,

야황민산 즉삭지, 부고불복 즉침지, 적살기친 즉정지,

④ 들판은 황폐되고 백성들이 뿔뿔이 흩어지면, 그 즉시 해당 군주의 작위를 강등시킬 것이다. ⑤ 자국의 험준한 지형을 믿고 명령에 복종하지 않으면, 그 즉시 침공하여 토벌할 것이다. ⑥ 친족들을 이유 없이 살해하면, 즉시 그 죄를 평정할 것이다.

野荒(야황) 들판을 황폐하게 하다. 民散(민산) 백성들을 뿔뿔이 흩어놓다. 則(즉) 곧. 削之(삭지) 군주의 작위를 깎아내린다. 負固(부고) 험준한 지형이나 지리적 이점을 등에 업고서. 不服(불복) 복종

하지 않는다. 侵之(침지) 침공하여 토벌한다. 賊殺(적살) 해치고 살해하다. 其親(기친) 친족들. 正之(정지) 정벌한다.

放弑其君 則殘之, 犯令陵政 則絶之, 外內亂禽獸行 則滅之.
방시기군 즉잔지, 범령릉정 즉절지, 외내란금수행 즉멸지.
⑦ 반란이 일어나 군주를 시해하여 내친다면, 그 즉시 그 주동자를 죽여 버릴 것이다. ⑧ 명령을 어기고 정사를 바르게 시행하지 않으면, 그 즉시 그 나라를 고립시킨다. ⑨ 안팎으로 정치가 문란하고 금수와 같은 행동을 일삼으면, 그 즉시 그 제후국을 멸할 것이다.

放(방) 내치다. 弑(시) 죽이다. 其君(기군) 군주. 則(즉) 곧. 殘之(잔지) 주동자를 죽이다. 犯令(범령) 령을 어기다. 陵政(릉정) 정치를 바르게 하지 않다. 絶之(절지) 잘라버리다. 外內亂(외내란) 안팎으로 정치가 문란하다. 禽獸行(금수행) 금수와 같은 행동을 하다. 滅之(멸지) 멸할 것이다.

第二. 天子之義 제2. 천자지의.[209] 천자의 도리

천자지의(天子之義)는 군주의 도를 말하는 것이다. 군주의 도(道)는 구비하지 않은 바가 없으나 유독 의(義)에 대해서 언급을 한 것은 의(義)는 과단성이 주(主)를 이루는 분야이니 서경(書)에 이르기를 '이의제사(以義制事)'라 하여 '의(義)로써 모든 일을 통제한다.' 하였다. 군사와 관련된 일 또한 큰일이므로 의(義)가 아니면 과감하게 잘라 통제하지 못하는 법이니 이 때문에 유독 의(義)를 가지고 말한 것이다. 따라서 첫머리에 천자지의(天子之義) 네 글자가 있으니 이를 편명(篇名)으로 삼았다.

–사마법직해(司馬法直解)에서–

天子之義, 必純取法天地, 而觀於先聖. 士庶之義, 必奉於父母, 而正於君長.
천자지의, 필순취법천지, 이관어선성. 사서지의, 필봉어부모, 이정어군장.
천자의 도리는 반드시 천지자연의 법칙에 순응하고 옛 성현들의 가르침을 잘 살피는 데 있으며, 선비와 서민들의 도리는 반드시 부모를 잘 봉양하고, 군주나 어른들을 잘 따르는 데 있다.

天子之義(천자지의) 천자의 도리. 必(필) 반드시. 純(순) 순수하다. 取(취) 취하다. 法(법) 법칙. 天地(천지) 하늘과 땅. 觀(관) 보다. 於(어) ~에. ~을. 先聖(선성) 옛 성현들을 말함. 士(사) 선비. 庶(서) 서민들. 義(의) 도리. 必(필) 반드시. 奉(봉) 봉양하다. 父母(부모) 부모님. 正(정) 바르다. 君長(군장) 군주와 어른들.

故 雖有明君, 士不先教, 不可用也.
고 수유명군, 사불선교, 불가용야.
그러므로 비록 군주가 아무리 현명하다 하더라도 백성들을 먼저 잘 가르치지 않으면 제대로 활용할 수가 없는 것이다.

故(고) 그러므로. 雖(수) 비록. 有明(유명) 현명하다. 君(군) 군주. 士(사) 선비. 백성들을 의미함. 不先

---

209) 천자지의 : 이 편에서는 제왕이 문덕과 무위, 상과 벌을 병용하여 나라를 다스리는 도리를 논하였다. 그 구체적인 전제로, 국민과 장병의 교육, 병기·장비의 합리적 운용, 기동의 신속성을 아울러 논하고, 군주와 장수에게 위엄이 과도하거나 결핍됨으로써 발생하는 폐해를 지적하였다.

敎(불선교) 먼저 가르치지 않는다. 不可用也(불가용야) 제대로 활용할 수 없다.

古之敎民, 必立貴賤之倫經, 使不相陵, 德義不相踰, 材技不相掩, 勇力不相犯.
고지교민, 필입귀천지륜경, 사불상릉, 덕의불상유, 재기불상엄, 용력불상범.
옛날에 백성들을 가르칠 때는 반드시 신분의 귀천에 따라 윤리와 경전을 가르쳤으며, 서로 넘보지 않게 하였으며, 덕과 도리를 구별하여 서로의 선을 넘지 않게 하였으며, 재주와 기예가 서로 상충하지 않게 하여 능력이 최대한 발휘되도록 하였으며, 용맹스러움이나 힘을 함부로 쓰지 않게 함으로써 서로를 범하지 않게 하였다.

古(고) 옛날. 敎民(교민) 백성을 가르치다. 必(필) 반드시. 立(입) 세우다. 貴賤(귀천) 귀하고 천함. 倫經(윤경) 윤리와 경전. 使(사) ~하게 하다. 不相(불상) 서로 ~을 못하게 하다. 陵(능) 넘보다. 德(덕) 덕을 베풀다. 義(의) 도리. 踰(유) 넘다. 지나가다. 材技(재기) 재주와 기예. 掩(엄) 가리다. 勇力(용력) 용맹함이나 힘자랑. 犯(범) 범하다.

故 力同而意和也.
고 역동이의화야.
그렇게 하여 백성들은 힘을 합치고, 서로 하고자 하는 뜻이 화합된 것이다.

故(고) 그러므로. 力同(역동) 힘을 합치다. 意和(의화) 뜻이 화합되다.

古者, 國容不入軍, 軍容不入國, 故 德義不相踰.
고자, 국용불입군, 군용불입국, 고 덕의불상유.
옛날부터 조정의 일을 담당하는 문관들의 영역에는 무관들이 간섭하지 않았고, 군사 관련 업무에는 문관들이 간섭하지 않았다. 그러므로 각 문관이나 무관들이 중요하게 생각하는 덕목이 서로의 영역을 넘는 일이 없었다.

古者(고자) 옛날에는. 國容不入軍(국용불입군) 國은 조정의 일이며, 軍은 군사 관련 일을 말함. 따라서, 문관들의 업무영역에는 무관들을 들이지 않았다는 말임. 軍容不入國(군용불입국) 무관들의 영역에는 문관들이 간섭하지 않았다. 故(고) 그러므로. 德義(덕의) 문관의 덕목을 덕, 무관들의 덕목을 의로 생각하여 이 둘을 합쳐서 덕의로 표현. 不相踰(불상유) 서로의 영역을 넘지 않았다.

上貴不伐之士, 不伐之士, 上之器也.

상귀불벌지사, 불벌지사, 상지기야.

군주가 인재를 등용할 때는 자신의 공적을 내세우지 않는 인물을 귀하게 생각해야 한다. 이런 인물은 충분히 윗자리에 쓰일 수 있는 인재이기 때문이다.

上(상) 상급자, 윗사람. 貴(귀) 귀하게 여기다. 不伐之士(불벌지사) 공적을 내세우지 않는 인물. 上之器也(상지기야) 윗자리에 쓰일 수 있는 인재.

若不伐則無求, 無求則不爭,

약불벌즉무구, 무구즉부쟁,

만약, 자신의 공적을 내세우지 않으면 곧 탐욕을 부리지 않을 것이며, 탐욕을 부리지 않으면 서로 다투지 않게 될 것이다.

若(약) 만약. 不伐(불벌) 공적을 내세우지 않으면서도. 則(즉) 곧. 無求(무구) ~을 구하지 않는다. 탐욕을 부리지 않는다. 不爭(부쟁) 다툼이 없다.

國中之聽, 必得其情, 軍旅之聽, 必得其宜, 故材技不相掩.

국중지청, 필득기정, 군려지청, 필득기의, 고재기불상엄.

이러한 인재들이 잘 받아들여져서 조정에 있으면 반드시 민심을 얻을 수 있을 것이며, 군사 분야에 이러한 인재가 받아들여져 있다면 군무가 잘 다스려질 것이다. 그러므로 모든 사람이 각기 자기가 지닌 재주와 기예를 가리지 않고 십분 발휘하게 될 것이다.

國(국) 나라. 中(중) 가운데. 聽(청) 듣다. 받아들이다. 必得(필득) 반드시 얻는다. 其(기) 그. 情(정) 정서. 마음. 민심. 軍旅(군려) 군사. 군대를 말함. 聽(청) 듣다. 받아들이다. 必得(필득) 반드시 얻는다. 其宜(기의) 마땅하다. 故(고) 그러므로. 材技(재기) 재주와 기술. 不(불) 아니다. 相(상) 서로. 掩(엄) 가리다.

從命爲士上賞, 犯命爲士上戮, 故勇力不相犯.

종명위사상상, 범명위사상륙, 고용력불상범.

상관의 명령에 잘 따르는 자에게 높은 상을 주고, 명령을 어기는 자에게는 가혹한 형벌을 주어야 한다. 그리하면, 제아무리 용맹하고 힘센 자라 하더라도 명령에 의하지 않고서는 서로 범하지 않게 되는 것이다.

從命(종명) 명령에 따르다. 爲士上賞(위사상상) 높은 상을 주다. 犯命(범명) 명령을 어기다. 戮(륙) 죽이다. 故(고) 그러므로. 勇力(용력) 용맹스럽고 힘센 자. 不相犯(불상범) 서로 범하지 않는다.

既致教其民, 然後謹選而使之. 事極脩則官給矣. 教極省則民興良矣.
기치교기민, 연후근선이사지. 사극수즉관급의. 교극성즉민흥양의.
이러한 내용을 백성들에게 잘 가르친 연후에 그중에서 우수한 인물을 신중히 선발하여 임무를 맡겨야 한다. 백성을 잘 가르치는 일이 제대로 시행된다면, 그중에서 유능한 문무백관을 충분히 확보할 수 있을 것이다. 또한 가르치는 내용 면에서도 그 내용이 간략하고 번거롭지 않으면 백성들이 교육에 흥미를 느껴 점차 성과를 볼 수 있을 것이다.

既(기) 이미. 致教(지교) 충분히 가르치다. 其民(기민) 그 백성들에게. 然後(연후) 그런 다음에. 謹選(근선) 신중하게 선발하다. 使之(사지) ~을 시키다. 事(사) 일. 極(극) 궁극에 달하다. 脩(수) 닦다. 則(즉) 곧. 官(관) 관리들. 給(급) 잘 공급이 되다. 矣(의) 어조사. 教極省(교극성) 백성을 가르치는 내용이 지극히 간략하다. 民(민) 백성. 興(흥) 흥겨워하다. 良(양) 좋아지다.

習慣成, 則民體俗矣. 教化之至也.
습관성, 즉민체속의. 교화지지야.
이러한 것이 습관화되면 백성들은 이를 몸으로 체득하여 아름다운 미풍양속으로 이어질 수 있으니, 이것이 바로 교화의 극치라 할 수 있다.

習慣(습관) 습관처럼 되는 것. 成(성) 잘 이루어지면. 則(즉) 곧. 民(민) 백성. 體俗(체속) 몸으로 익혀 풍속이 되는 것. 矣(의) 어조사. 教化之至也(교화지지야) 교화의 극치이다.

古者, 逐奔不遠, 縱綏不及.
고자, 축분불원, 종수불급.
옛날 훌륭한 장수들은 접전 중에 패퇴하는 적을 멀리까지 추격하지 않았으며, 퇴각하는 적을 따라갈 때 말고삐를 느슨하게 풀어 쥐고 바짝 붙어 따라잡으려 하지는 않았다.

古者(고자) 옛날에. 逐(축) 쫓다. 奔(분) 달리다. 不(불) 아니다. 遠(원) 멀다. 縱(종) 늘어지다. 綏(수) 수레 손잡이 줄. 말고삐 줄. 及(급) 적을 따라잡다.

不遠則難誘, 不及則難陷. 以禮爲固, 以仁爲勝.
불원즉난유, 불급즉난함. 이례위고, 이인위승.

적을 멀리까지 쫓아가지 않으면 유인술책에 빠질 위험이 없고, 적을 바짝 따라잡으려 하지 않으면 위험에 빠지는 일이 없게 된다. 전쟁터에서도 예로써 굳게 지키고, 인의를 앞세워 승리를 거둔 것이다.

不遠(불원) 멀리까지 쫓아가지 않는다. 則(즉) 곧. 難(난) 어렵다. 誘(유) 적의 유인술책을 말함. 不及(불급) 적을 바짝 따라잡지 않으니. 難陷(난함) 적에 의해 함락되기 어렵다. 以禮(이례) 예로써. 爲固(위고) 견고하게 지키다. 以仁(이인) 인의로. 爲勝(위승) 승리하다.

旣勝之後, 其教可復, 是以君子貴之也.
기승지후, 기교가부, 시이군자귀지야.
그리고 이미 승리한 뒤라 하더라도 다시 백성들을 가르치는 것을 게을리하지 않았다. 이러한 이유로 군자는 교화를 귀하게 여기는 것이다.

旣勝之後(기승지후) 승리한 이후에. 其教可復(기교가부) 그것을 다시 가르치다. 是以(시이) 이러한 이유로. 君子(군자) 군자는. 貴之(귀지) 그것을 귀하게 여긴다.

有虞氏戒於國中, 欲民體其命也. 夏后氏誓於軍中, 欲民先成其慮也.
유우씨계어국중, 욕민체기명야. 하후씨서어군중, 욕민선성기려야.
옛날 유우씨 시대(요순시대)에는 백성들에게 권고하는 형태로 조정에서 명령을 내리고, 백성들이 군주의 의도를 미리 헤아려 실천해주기를 당부하였었다. 하나라 시대는 다소 강압적인 방법으로 군중에서 명령을 내렸는데, 백성들이 각자 부여된 임무를 다하도록 책임을 지우는 방식이었다.

有虞氏(유우씨) 요순시대에 나오는 전설 속의 부족명칭. 戒(계) 타이르다. 권고하다. 於(어) ~에서. 國中(국중) 조정을 말함. 欲(욕) ~하기를 바라다. 民(민) 백성. 體(체) 체득하다. 其命(기명) 조정에서 하달한 명령. 夏后氏(하후씨) 하나라 시대. 誓(서) 맹세하다. 훈계하다. 於軍中(어군중) 군중에서. 先成(선성) 먼저 이루다. 其慮(기려) 책임을 지우다.

殷誓於軍門之外, 欲民先意以待事也. 周將交刃而誓之, 以致民志也.
은서어군문지외, 욕민선의이대사야. 주장교인이서지, 이치민지야.
은(殷)나라 시대에는 출전에 앞서 군문 밖에서 명령을 내렸는데, 백성들이 임무를 기다리면서 먼저 의시를 나질 것을 요구하는 방식이었다. 주(周)나라 시대에는 싸움터에 나아가 교전이 임박한 다음에야 명령을 내렸는데, 백성들이 결사적으로 싸워 자신을 희생시킬 것을 요구하는 방식이었다.

殷(은) 은나라. 誓(서) 맹세하다. 훈계하다. 於軍門之外(어군문지외) 군문 밖에서. 欲(욕) ~하기를 바라다. 民(민) 백성. 先意(선의) 먼저 의지를 다지다. 以待事(이대사) 임무를 주기를 기다리면서. 周(주) 주나라. 將(장) 장수들은. 交(교) 교전. 刃(인) 참다. 誓(서) 맹세하다. 以致(이치) 다 이르러서야. 民志(민지) 백성들이 의지를 다지다.

夏后氏正其德也, 未用兵之刃. 故其兵不雜.
하후씨정기덕야, 미용병지인. 고기병부잡.
하(夏)나라 시대에는 전쟁의 주된 목적이 덕(德)을 바로잡기 위해서였으며, 무력을 사용하여 인명을 살상하는 것을 목적으로 하지는 않았기 때문에 사용되는 무기의 종류가 복잡하지 않았다.

夏后氏(하후씨) 하나라 시대. 正(정) 바르다. 其(기) 그. 德(덕) 덕. 未用(미용) 사용하지 않았다. 兵之刃(병지인) 병사들의 칼. 故(고) 그러므로. 其兵(기병) 무기체계. 不雜(부잡) 복잡하지 않았다.

殷義也, 始用兵之刃矣. 周力也, 盡用兵之刃矣. 夏賞於朝, 貴善也.
은의야, 시용병지인의. 주력야, 진용병지인의. 하상어조, 귀선야.
그러나 은(殷)나라 시대에는 의(義)가 전쟁의 목적이었으며, 인명을 살상하는 무기를 사용하기 시작하였으며, 주(周)나라 시대에는 무력(武力)을 위주로 하여 인명을 살상하는 무기를 많이 사용하게 되었다. 하(夏)나라 시대에는 훌륭한 사람을 뽑아 조정에서 상을 주었으니, 이는 백성들이 그것을 보고 선행에 힘쓰게 하려고 해서였다.

殷義也(은의야) 은나라 시대에는 의(義)가 전쟁의 목적이었다. 始用(시용) 사용하기 시작했다. 兵之刃(병지인) 병사들의 칼. 무력. 周力也(주력야) 주나라 시대에는 력(力=무력)을 위주로 전쟁함. 盡用(진용) 많이 사용하였다. 夏(하) 하나라 시대에는. 賞(상) 상을 주다. 於朝(어조) 조정에서. 貴(귀) 귀하게 여기다. 善(선) 선행하다.

殷戮於市, 威不善也. 周賞於朝, 戮於市.
은륙어시, 위불선야. 주상어조, 륙어시.
은(殷)나라 시대에는 죄를 저지른 자를 잡아 장터에서 처벌하였으니, 이는 백성들이 그것을 보고 악행을 경계하려 함이었다. 주(周)나라 시대에는 위의 두 가지 방법을 모두 사용하여 조정에서 상을 주기도 하고 장터에서 처형하기도 하였다.

殷(은) 은나라 시대. 戮(륙) 죽이다. 於市(어시) 장터에서. 威(위) 경계하다. 不善(불선) 나쁜 짓. 周(주) 주나라 시대에는 賞(상) 상을 주다. 於朝(어조) 조정에서. 戮於市(륙어시) 장터에서 죽이다.

勸君子, 懼小人也. 三王章其德一也.

권군자, 구소인야. 삼왕장기덕일야.

이는 선행을 권장하고 악행을 경계하기 위해서였다. 하(夏) · 은(殷) · 주(周)의 작전 명령과 전쟁의 목적은 각기 달랐으나, 덕(德)을 표장하였음은 모두 같다고 할 수 있다.

勸君子(권군자) 군자의 행동을 권하다. 懼(구) 두려워하다. 三王(삼왕) 하, 은, 주나라 시대의 왕. 章(장) 권장하다. 其(기) 그. 德(덕) 덕행. 一(일) 동일하다.

兵不雜則不利, 長兵以衛, 短兵以守. 太長則難犯, 太短則不及.

병부잡즉불리, 장병이위, 단병이수. 태장즉난범, 태단즉불급.

다양한 무기체계가 제대로 갖추어지지 않으면, 전장에서 제대로 활용할 수 없다. 긴 병기는 짧은 병기를 가진 병사를 엄호하면서 주로 공격하는 데 사용하고, 짧은 병기는 긴 병기를 사용하는 군사들이 사용할 수 없는 곳에 사용하며 주로 방어하는 데 사용한다. 병기는 너무 길면 제대로 사용하기 어렵고, 너무 짧으면 길이가 적에게 미치지 못한다.

兵(병) 병기 등 무기체계를 말함. 不雜(부잡) 다양하지 않으면. 則(즉) 곧. 不利(불리) 불리하다. 長兵(장병) 긴 병기를 가진 병사. 以衛(이위) 지키게 함으로써. 短兵(단병) 짧은 무기를 가진 병사. 以守(이수) 방어함으로써. 太長(태장) 병기가 너무 길다. 難犯(난범) 사용하는데 어렵다. 太短(태단) 너무 짧다. 不及(불급) 적에게 미치지 못한다.

太輕則銳, 銳則易亂. 太重則鈍, 鈍則不濟.

태경즉예, 예즉역란. 태중즉둔, 둔즉부제.

또한 너무 가벼우면 예리함은 있으나 함부로 휘두르게 되어 혼란에 빠지기 쉬우며, 너무 무거우면 사용하기가 힘들어 효과적으로 사용할 수 없게 된다.

太輕(태경) 너무 가볍다. 則(즉) 곧. 銳(예) 예리하다. 銳則易亂(예즉이난) 예리하긴하지만 함부로 휘둘러 혼란스럽다. 太重(태중) 너무 무겁다. 鈍(둔) 사용하기 둔하다. 鈍則不濟(둔즉부제) 사용하기 둔하다는 것은 효과적으로 사용하기 어렵다.

戎車, 夏后氏曰 鉤車, 先正也. 殷曰 寅車, 先疾也. 周曰 元戎, 先良也.
융차, 하후씨왈 구차, 선정야. 은왈 인차, 선질야. 주왈 원융, 선량야.
전차를 사용함에 있어서 하(夏)나라 때에는 구차(鉤車)라고 하여 정상적인 공격에만 선두에서 사용되다가, 은(殷)나라 때에는 인차(寅車)라고 불리었으며 성능이 조금 더 좋아져 선두에서 신속한 공격을 할 때 사용되었으며, 주(周)나라 때에는 원융(元戎)이라고 하였으며 가장 완벽한 상태로 성능이 보완되어 공격할 때 없어서는 안 될 정도의 좋은 무기로 활용되었다.

戎車(융차) 융=무기의 총칭, 전차를 말함. 夏后氏曰(하후씨왈) 하나라 하후씨 때는. 鉤車(구차) 전차를 구차라고 하였음. 先正也(선정야) 정상적인 공격 시 선두에서 사용되었다는 뜻임. 殷曰(은왈) 은나라 때는. 寅車(인차) 인차라고 하였다. 先疾也(선질야) 선두에서 신속한 공격을 할 때 사용되었다. 周曰(주왈) 주나라 때는. 元戎(원융) 원융이라고 하였다. 先良也(선량야) 가장 좋은 상태.

旂, 夏后氏玄首, 人之執也. 殷白, 天之義也. 周黃, 地之道也.
기, 하후씨현수, 인지집야. 은백, 천지의야. 주황, 지지도야.
깃발을 사용함에 있어서, 하(夏)나라에서는 검은색을 최고로 하였으니, 이는 사람의 도를 상징한 것이었으며 은(殷)나라에서는 백색을 사용하였으니, 이는 하늘의 도를 상징한 것이었으며, 주(周)나라에서는 황색을 사용하였으니, 이는 땅의 도를 상징한 것이었다[210].

旂(기) 부대기. 夏后氏(하후씨) 하나라 때. 玄(현) 검은 색. 首(수) 우두머리. 人之執也(인지집야) 사람이 잡고 있는 도를 상징한 것이다. 殷白(은백) 은나라에서는 흰색을 깃발로 사용했다. 天之義也(천지의야) 하늘의 의를 상징하는 것이다. 周黃(주황) 주나라는 황색을 사용했다. 地之道也(지지도야) 땅의 도를 상징하는 것이다.

章, 夏后氏以日月, 尙明也. 殷以虎, 尙威也. 周以龍, 尙文也.
장, 하후씨이일월, 상명야. 은이호, 상위야. 주이룡, 상문야.
휘장을 사용함에 있어서, 하(夏)나라에서는 해와 달을 사용하였으니, 이는 밝음을 숭상한 것이었다. 은(殷)나라에서는 호랑이를 사용하였으니, 이는 위엄을 숭상한 것이었다. 주(周)

210) 사람의 머리가 검기 때문에 검은색을, 하늘이 깨끗하고 밝기 때문에 흰색을, 땅의 색을 황색으로 표현하였기 때문임.

나라에서는 용을 사용하였으니, 이는 찬란한 문체를 숭상한 것이었다.

章(장) 휘장. 夏后氏以日月(하후씨이일월) 하나라 때는 '해와 달'을 사용하였다. 尙明也(상명야) 밝음을 숭상한 것이다. 殷以虎(은이호) 은나라 때는 호랑이를 사용하였다. 尙威也(상위야) 위엄을 숭상한 것이다. 周以龍(주이용) 주나라 때는 용을 사용하였다. 尙文也(상문야) 문을 숭상한 것이다.

師多務威則民詘, 少威則民不勝.
사다무위즉민굴, 소위즉민불승.
군대가 위엄이 너무 많으면 백성들이 공포에 떨게 되고, 너무 위엄이 없으면 백성을 통제하지 못하게 된다.

師(사) 군대. 多務威(다무위) 위엄이 너무 많다. 則(즉) 곧. 民詘(민굴) 백성들이 굽히다. 少威(소위) 위엄이 없으면. 民不勝(민불승) 백성들을 이기지 못한다.

上使民不得其義, 百姓不得其敍, 技用不得其利,
상사민부득기의, 백성부득기서, 기용부득기리,
윗사람이 백성들에게 부당한 방법으로 이득을 취하면, 백성들이 혹사당하고 그 능력을 제대로 발휘하지 못하여,

上(상) 윗사람이 使民(사민) 백성들에게 시키다. 不得其義(부득기의) 의에 합당하지 않는 방법으로 무언가를 취하다. 百姓不得其敍(백성부득기서) 백성들이 그 순서를 제대로 얻지 못한다. 技用不得其利(기용부득기리) 능력을 제대로 발휘하지 못해서 이로움을 얻지 못하고,

牛馬不得其任, 有司陵之, 此謂多威.
우마부득기임, 유사릉지, 차위다위.
우마도 짐을 감당하지 못하게 되며, 벼슬아치들의 횡포만 난무하니 이를 '너무 위엄이 많다'고 하는 것이다.

牛馬不得其任(우마부득기임) 우마차도 그 짐을 감당하지 못하고, 有司陵之(유사릉지) 오직 벼슬아치들의 횡포만 있다. 此謂多威(차위다위) 이를 일컬어 위엄이 많다고 하는 것이다.

上不尊德而任詐慝, 不尊道而任勇力, 不貴用命而貴犯命,
상부존덕이임사특, 부존도이임용력, 불귀용명이귀범명,

윗사람이 덕이 많은 사람을 등용하지 않고, 용감하되 힘만 센 자만을 기용하며, 명령에 잘 복종하는 자를 귀하게 여기지 않고 명령을 어기는 자를 소중히 여기며,

上(상) 윗사람. 不尊(부존) 존중하지 않는다. 德(덕) 덕이 많은 사람. 任(임) 임명하다. 詐慝(사특) 간사한 사람. 道(도) 도의에 바른 사람. 勇力(용력) 힘만 쓴다. 不貴(불귀) 귀하게 여기지 않는다. 用命(용명) 명령을 잘 지키는 사람. 貴犯命(귀범명) 명령을 어기는 자를 귀하게 여긴다.

不貴善行而貴暴行, 陵之有司, 此謂少威. 少威則民不勝.
불귀선행이귀폭행, 능지유사, 차위소위. 소위즉민불승.
선량한 행동을 귀하게 여기지 않고 포악한 행동을 귀하게 여기며, 아랫사람들이 벼슬아치를 능멸하는 것을 일컬어 '위엄이 적다'고 하는 것이다. 군대에 위엄이 너무 적으면 백성을 제대로 통제하지 못하게 된다.

不貴(불귀) 귀하게 여기지 않는다. 善行(선행) 선량한 행동. 貴暴行(이폭행) 포악한 행동을 귀하게 여긴다. 陵(능) 능멸하다. 有司(유사) 벼슬 있는 사람. 此謂少威(차위소위) 이것을 일컬어 위엄이 적다고 하는 것이다. 少威則民不勝(소위즉민불승) 위엄이 적으면 백성을 제대로 통제하지 못하게 된다.

軍旅以舒爲主, 舒則民力足, 雖交兵致刃, 徒不趨,
군려이서위주, 서즉민역족, 수교병치인, 도불추,
군의 행동에는 여유가 있어야 한다. 여유가 있으면 군사들이 힘이 남아돌게 된다. 군은 전투 중이라 할지라도 보병은 함부로 날뛰지 않고,

軍旅(군려) 군대를 말함. 以舒(이서) 여유로움으로써 爲主(위주) 주로 삼다. 舒(서) 여유. 則(즉) 곧. 民力(민력) 전투력을 말함. 足(족) 풍족하다. 雖(수) 비록. 交兵(교병) 적과 교전하다. 致刃(치인) 참을성이 있다. 徒(도) 보병을 말함. 不趨(불추) 함부로 날뛰지 않는다.

車不馳, 逐奔不踰列, 是以不亂.
차불치, 축분불유열, 시이불란.
전차병은 함부로 달리지 않으며, 적을 추격할 때에도 대오에서 벗어나지 않고 질서를 지켜야 한다. 이러한 군은 혼란에 빠지지 않는다.

車(차) 전차병. 不馳(불치) 함부로 달리지 않는다. 逐(축) 쫓을 축. 奔(분) 달릴 분. 踰(유) 넘어가다. 列(열) 대열. 是以不亂(시이불란) 이러한 것을 일컬어 '불란=혼란스럽지 않은 군대'라고 하는 것이다.

軍旅之固, 不失行列之政, 不絕人馬之力, 遲速不過誡命.

군려지고, 불실행렬지정, 부절인마지력, 지속불과계명.

군의 진용을 견고하게 하려면 행군 질서를 잃지 않게 하고, 무리한 강행군으로 인마의 기력이 소진되지 않도록 하여야 하며, 군령을 어겨 지정된 시각보다 늦거나 빠르거나 하는 실수를 범하지 않게 하여야 한다.

軍旅(군려) 군대를 말함. 固(고) 견고함. 不失(불실) 잃지 않는다. 行列之政(행렬지정) 행군질서를 잘 지키는 것. 不絕(부절) 끊이지 않는다. 人馬之力(인마지력) 인마의 기력. 遲速(지속) 지연되거나 빨라지거나. 不過(불과) 넘어서는 안 된다. 誡命(계명) 명을 잘 지키다.

古者, 國容不入軍, 軍容不入國. 軍容入國, 則民德廢, 國容入軍, 則民德弱.

고자, 국용불입군, 군용불입국. 군용입국, 즉민덕폐, 국용입군, 즉민덕약.

고로 옛날에 도덕과 겸양을 중하게 여기는 조정의 예의는 군중에 적용하지 않았고, 위엄과 무용을 중하게 여기는 군중의 법도는 조정에 적용하지 않았다. 이는 군중의 법도를 조정에 적용하면 백성들의 넋이 피폐해지고, 조정의 예의를 군중에 적용하면 백성들의 위엄이 약해지기 때문이었다.

古者(고자) 옛날에. 國(국) 나라. 容(용) 적용하다. 不入軍(불입군) 군에 들이지 않는다. 軍容不入國(군용불입국) 군의 법도는 조정에 적용하지 않는다. 軍容入國(군용입국) 군의 법도를 조정에 적용하면. 則(즉) 곧. 民德廢(민덕폐) 백성들이 피폐해진다. 國容入軍(국용입군) 조정의 법도를 군대에 적용하면. 民德弱(민덕약) 군이 약해진다.

故在國言文而語溫, 在朝恭以遜, 修己以待人,

고재국언문이어온, 재조공이손, 수기이대인,

따라서 조정에서는 언사를 부드럽고 공손하게 하고 겸양의 미덕을 보이며, 자기 수행을 힘쓰고 인자하게 남을 대하며,

故(고) 그러므로. 在國(재국) 조정에서는. 言文(언문) 말이나 글. 語(어) 말 혹은 말씀. 溫(온) 온화하다. 在朝(재조) 조정에서는. 恭(공) 공손하다. 以(이) ~로써. 遜(손) 겸손하다. 修己(수기) 수양하다. 待人(대인) 사람을 대하다.

不召不至, 不問不言, 難進易退.

불소부지, 불문불언, 난진이퇴.

군왕이 부르지 않으면 군왕 앞에 나아가지 않고, 군왕이 묻지 않으면 군왕에게 대답하지 않았다. 그리고 오히려 관직에 나아가는 것을 어렵게 알고, 물러가는 것을 쉽게 생각하였던 것이다.

召(소) 부르다. 至(지) 이르다. 不問不言(불문불언) 묻지 않으면 대답하지 않는다. 難進(난진) 관직에 나가는 것을 어렵게 여긴다. 易退(이퇴) 관직에서 물러나는 것을 쉽게 여긴다.

在軍抗而立, 在行遂而果, 介者不拜, 兵車不式, 城上不趨, 危事不齒.

재군항이입, 재행수이과, 개자불배, 병차불식, 성상불추, 위사불치.

군문에서는 머리를 똑바로 들어야 하며, 행군할 때는 과감성을 보여야 한다. 갑옷을 입으면 상관 앞에서도 허리를 굽혀 절하지 않고, 수레에 타면 윗사람에게도 경례하지 않으며, 성 위에 올라서면 종종걸음으로 바삐 달리거나 정위치를 옮기지 않고, 위급한 상황을 당하면 웃어서 이를 드러내 보이지 않는 것이다.

在軍(재군) 군문에서는. 抗(항) 들다. 立(입) 서다. 在行(재행) 행군을 함에 있어서는. 遂(수) 이르다, 미치다. 果(과) 과감하다. 介者(개자) 갑옷을 입은 자. 不拜(불배) 허리를 굽혀 절하지 않는다. 兵車(병차) 전차병이 수레에 타면. 不式(불식) 경례하지 않는다. 城上(성상) 성 위에 올라서면. 不趨(불추) 바쁘게 달리지 않는다. 危事(위사) 위급한 일이 발생하면. 不齒(불치) 이를 드러내 보이지 않는다.

故禮與法表裏也. 文與武左右也.

고례여법표리야. 문여무좌우야.

그러므로 예의와 법도는 겉과 속이 하나인 것처럼, 문무(文武)는 좌우 두 손으로써 서로 도와야 하는 것이다.

故(고) 그러므로. 禮與法(예여법) 예의라는 것은 법도와 더불어. 表裏(표리) 겉과 속. 文與武(문여무) 문과 무는. 左右(좌우) 서로 도와야 하는 관계.

古者, 賢王明民之德, 盡民之善, 故無廢德, 無簡民, 賞無所生, 罰無所試.

고자, 현왕명민지덕, 진민지선, 고무폐덕, 무간민, 상무소생, 벌무소시.

옛날의 현명한 군주는 백성들의 덕을 밝히고 선을 길러 주었다. 그러므로 백성들은 모두 도덕심이 충만하고, 선행을 쌓아 쓸모없는 사람이 없었다. 그리하여 나라에서 백성들에게 특별히 상을 내려 격려할 것도 없고, 특별히 벌을 내려 경계할 것도 없었다.

古者(고자) 옛날에. 賢王(현왕) 현명한 군주. 明(명) 밝히다. 民之德(민지덕) 백성들의 덕행. 盡(진) 다하다. 民之善(민지선) 백성들의 선행. 故(고) 그러므로. 無(무) 없다. 廢德(폐덕) 덕이 피폐해지다. 簡(간) 간사하다는 의미로 쓰임. 民(민) 백성. 賞無所生(상무소생) 상을 줄 일이 특별히 없다. 罰無所試(벌무소시) 벌을 내려 경계할 거리도 없다.

有虞氏, 不賞不罰, 而民可用, 至德也. 夏賞而不罰, 至敎也.
유우씨, 불상불벌, 이민가용, 지덕야. 하상이불벌, 지교야.
요순(堯舜)시대에는 상벌을 쓰지 않았는데도 백성들이 쓰임새가 있었으니, 이것은 덕화의 극치를 보여주는 것이다. 하(夏)나라 때에는 선한 자에게 상을 주기만 하고 벌을 쓰지 않았으니, 이는 교화의 극치를 보여주는 것이다.

有虞氏(유우씨) 요순시대를 말함. 不賞不罰(불상불벌) 특별히 상을 주지도 벌을 주지도 않음. 民可用(민가용) 백성들이 쓰임새가 있었다. 至德也(지덕야) 지극히 덕이 높은 경지. 夏(하) 하나라 시절. 賞而不罰(상이불벌) 상은 주고 벌을 주지 않았다. 至敎也(지교야) 교화의 경지에 이르다.

殷罰而不賞, 至威也. 周以賞罰, 德衰也.
은벌이불상, 지위야. 주이상벌, 덕쇠야.
은(殷)나라 때에는 악한 자는 벌만 주고 상을 쓰지 않았으니, 이는 위엄의 극치를 보여주는 것이다. 주(周)나라 때에는 상과 벌을 모두 사용하였으니, 이는 백성을 감화시키는 덕이 쇠퇴하였음을 보여주는 것이다.

殷(은) 은나라. 罰而不賞(벌이불상) 벌은 주고 상은 주지 않았다. 至威也(지엄야) 위엄의 극치에 이르다. 周以賞罰(주이상벌) 주나라 때는 상과 벌을 모두 사용하였다. 德衰也(덕쇠야) 덕이 쇠퇴하였다.

賞不踰時, 欲民速得爲善之利也. 罰不遷列, 欲民速睹爲不善之害也.
상불유시, 욕민속득위선지리야. 벌불천렬, 욕민속도위불선지해야.
상을 줄 때는 시기를 놓치지 말고 즉시 시행하여야 한다. 이는 사람들에게 선행을 하면 이익이 돌아온다는 사실을 빨리 인식시키기 위해서이다. 벌을 내릴 때는 현장에서 즉시 시행하여야 한다. 이는 사람들에게 악행을 저지르면 해가 돌아온다는 사실을 속히 보여주기 위해서이다.

賞(상) 상을 주다. 踰(유) 지나가다. 時(시) 시기, 때. 欲(욕) ~하고자 하다. 民(민) 백성들. 速得(속득) 빨리 얻으려고 하다. 爲(위) ~하다. 善之利(선지리) 선행하면 이익이 얻어진다. 罰(벌) 벌을 주다. 遷(천) 자리를 옮기다. 列(열) 벌이다. 欲(욕) ~하고자 하다. 民(민) 백성들. 速(속) 빠르다. 睹(도) 분별하다. 爲(위) ~하다. 不善之害(불선지해) 악행을 저지르면 해가 된다.

大善不賞, 上下皆不伐善.
대선불상, 상하개불벌선.
큰 승리를 거두었을 때는 오히려 특별히 상을 내려 표창하지 않는다. 그러므로 장수나 병졸을 막론하고 모두 그 공로를 자랑하지 않는 것이다.

大善不賞(대선불상) 아주 크게 잘한 일에 대해서는 상을 내리지 않는다. 上下(상하) 윗사람과 아랫사람. 皆(개) 모두. 不伐(불벌) 공로를 내세우지 않는다. 善(선) 공로를 말함.

上苟不伐善, 則不驕矣, 下苟不伐善, 則亡等矣.
상구불벌선, 즉불교의, 하구불벌선, 즉망등의.
윗사람이 자신의 공로를 자랑하지 않으면 교만해지지 않고, 아랫사람이 자신의 공로를 자랑하지 않으면 모두 평등해진다.

上(상) 윗사람. 苟(구) 진실로. 不伐善(불벌선) 자신의 공로를 내세우지 않는다. 則(즉) 곧. 不驕(불교) 교만해지지 않는다. 下(하) 아랫사람. 亡等(망등) 등급이 무너진다는 말은 모두가 평등해진다.

上下不伐善 若此, 讓之至也.
상하불벌선 약차, 양지지야.
이처럼 상하가 모두 자신의 공로를 자랑하지 않으면 이것은 겸양의 극치라고 할 수 있다.

上下不伐善(상하불벌선) 상하가 모두 자신의 공로를 자랑하지 않는다. 若此(약차) 이것과 같다. 讓(양) 겸양. 至(지) 지극하다.

大敗不誅, 上下皆以不善在己.
대패부주, 상하개이불선재기.
또한 크게 패했을 경우에도 오히려 특별히 벌을 내리지 않았다. 그러므로 장수나 병졸들이 모두 패전의 잘못이 자신에게 있다고 생각하여 자책하는 것이다.

大敗(대패) 크게 패하다. 不(불) ~하지 않다. 誅(주) 베다. 上下(상하) 윗사람이나 아랫사람들. 皆(개) 모두. 以(이) ~로써. 不善(불선) 잘못힌 것. 在己(재기) 자기 자신에게 있다.

上苟以不善在己, 必悔其過, 下苟以不善在己, 必遠其罪.
상구이불선재기, 필회기과, 하구이불선재기, 필원기죄.
윗사람이 패전의 잘못이 자신에게 있다고 생각하여 자책하면, 반드시 그 잘못을 뉘우치고 실패를 거울로 삼을 것이며, 아랫사람이 패전의 잘못이 자신에게 있다고 생각하여 자책한다면 반드시 그 잘못을 다시 되풀이하지 않을 것이다.

上(상) 윗사람. 苟(구) 진실로 以(이) ~로써. 不善(불선) 잘못한 것. 在己(재기) 자기 자신에게 있다. 必(필) 반드시. 悔(회) 후회하고 뉘우치다. 其過(기과) 그 과오를. 下(하) 아랫사람. 遠(원) 멀리 있다. 其罪(기죄) 그 잘못을.

上下分惡, 若此, 讓之至也.
상하분악, 약차, 양지지야.
이처럼 상하가 모두 패전의 잘못을 자신에게 돌리면, 이 또한 겸양의 극치라고 할 수 있다.

上下分惡(상하분악) 상하가 공히 그 잘못된 점을 나눈다. 若此(약차) 이를 일컬어 讓(양) 겸양. 至(지) 이르다.

古者, 戍兵三年不典, 睹民之勞也. 上下相報, 若此, 和之至也.
고자, 수병삼년부전, 도민지로야. 상하상보, 약차, 화지지야.
옛날에 병사가 국경수비대에서 일 년간의 복무 기간을 마치면 삼 년 이내에는 다시 징발되지 않았으니, 이는 군왕들이 백성의 수고로움을 보살펴 주었기 때문이었다. 군왕이 백성들의 수고로움을 보살펴 주고 위로해 주면, 백성들 역시 군왕을 위하여 사력을 바치게 된다. 상하가 서로 보답하려 한다면, 이것은 인화의 극치라고 할 수 있다.

古者(고자) 옛날에. 戍(수) 지키다. 兵(병) 병사. 三年(삼년) 3년동안. 不典(부전) 다시 징발되지 않는다. 睹(도) 분별하다. 民之勞(민지로) 백성들의 수고로움. 上下(상하) 윗사람과 아랫사람. 相報(상보) 서로 보살펴 주다. 若此(약차) 이를 일컬어. 和之至也(화지지야) 인화의 극치다.

得意則愷歌, 示喜也. 偃伯靈臺, 答民之勞, 示休也.

득의즉개가, 시희야. 언백영대, 답민지로, 시휴야.

전쟁에 승리를 거두어 목표를 달성하면 개선가를 부르면서 회군하였는데, 이는 온 국민의 기쁨을 표시하는 것이었다. 그리고 문왕이[211] 만든 영대(靈臺)와 같은 높은 누대를 세워[212] 기상 상태를 관찰하고, 백성들의 생활상을 살피며, 연회를 베풀어 장병들의 노고를 위로해 주었는데, 이는 나라가 편안히 휴식함을 나타내는 것이었다.

得意(득의) 뜻을 이루다. 則(즉) 곧. 愷歌(개가) 개선가. 示(시) 보여주다. 喜(희) 기쁨. 偃(언) 쓰러지다. 伯(백) 우두머리. 靈(령) 신령. 台(태) 별 태. 答民之勞(답민지로) 백성의 노고에 답하다. 示休也(시휴야) 나라가 편안히 휴식함을 보여주다.

211) 언백(偃伯), 언패(偃伯). 사마법직해에 보면, 2가지 해석이 있다. 하나는 무력을 쓰지 않는 것을 偃伯이라고 하는 것도 있고, 다른 하나는 偃伯에서 偃이 姬자의 오사(誤字)로 偃伯은 문왕을 말한다는 해석도 있음.

212) 영대(靈臺). 주 문왕이 천문을 관측하기 위해서 세운 단상의 이름.

第三. 定爵 제3. 정작.[213] 군의 위계질서를 정하다

작(爵)은 공(公), 경(卿), 대부(大夫)와 여러 집사(執事)들에게 주는 관작을 말한다. 관작(冠雀)이 정해지면 상하가 서로 구분이 있어야 혼란스럽지 않은 법이다. 글 첫머리에 '정작(定爵)'이라는 두 글자가 있으므로 편명(篇名)으로 삼았다.

-사마법직해(司馬法直解)에서-

凡戰, 定爵位, 著功罪, 收遊士, 申教詔, 訊厥衆, 求厥技,
범전, 정작위, 저공죄, 수유사, 신교조, 신궐중, 구궐기,
무릇 전장에서는 ① 먼저 직책과 직위를 정하여 위계질서를 확립하고, ② 공로와 죄과에 대한 규정을 분명히 세워야 한다. 그리고 ③ 초야에 묻혀 있는 뛰어난 인물을 받아들이고, ④ 군사에게 지시 사항을 잘 가르치고 알려주어야 하며, ⑤ 부하들의 의견을 잘 수렴하여야 하며, ⑥ 재주와 기예가 있는 인물을 널리 구하여 활용하여야 한다.

凡戰(범전) 무릇 전장에서는. 定(정) 정하다. 爵位(작위) 관직과 직위, 군의 위계질서를 말함. 著(저) 분명히 하다. 功罪(공죄) 공로와 죄과. 收(수) 받아들이다. 遊士(유사) 초야에 묻혀 있는 인재. 申(신) 경계하다. 教詔(교조) 가르치고, 알려주다. 訊(신) 묻다. 厥衆(궐중) 대중. 求(구) 구하다. 厥技(궐기) 재주 있는 사람.

方慮極物, 變嫌推疑, 養力索巧, 因心之動.
방려극물, 변혐추의, 양력색교, 인심지동.
⑦ 또한 각종 대비책을 잘 수립하여 방향을 정해야 하며, ⑧ 싫어하거나 의심하는 것 등은 긍정적으로 변화하도록 하여야 하며, ⑨ 힘을 기르고 기량이 있는 자를 잘 살펴야 하며, ⑩ 장병들의 마음을 잘 살펴 그에 따라 행동하도록 해야 한다.

方(방) 방향을 정하다. 慮(려) 생각하다. 極(극) 지극하다. 物(물) 만물. 變(변) 변화하다. 嫌(혐) 싫어하

---

213) 정작 : 이 편에서는 군의 운용에 있어 위계질서의 확립과 상벌의 공정성을 강조하고, 장병의 통솔규정 및 군사훈련법, 합리적인 인사관리, 전투 시 지형지물의 활용과 공수 전법의 원리, 병기설 특성에 따른 배합 운용의 원칙 등, 군사 전반에 걸쳐 폭넓게 논하였다. 특히 승패의 관건이 되는 갖가지 요인, 지휘관이 구비하여야 할 '칠정과 사수' 국가의 혼란을 다스리고 기강을 확립하는 일곱 가지 원칙에 대하여 상세히 설명하고 있다.

다. 推(추) 옮기다. 疑(의) 의심하다. 養力(양력) 힘을 기르고. 索巧(색교) 기량이 있는 자를 잘 살피고, 因(인) ~때문에, 心(심) 장병들의 마음. 動(동) 움직임.

凡戰, 固衆, 相利, 治亂, 進止, 服正, 成恥, 約法, 省罰.
범전, 고중, 상리, 치란, 진지, 복정, 성치, 약법, 성벌.
전쟁에 있어서 휘하 장병들을 하나로 굳게 뭉치게 하고, 유리한 지형을 십분 활용하며, 대오를 질서정연하게 통제하고, 전진과 후퇴에 절도가 있게 하며, 복장을 단정하게 하고, 염치를 알게 하며, 법령을 간단명료하게 하여 알기 쉽게 하고, 형벌을 함부로 사용치 않아야 한다.

凡(범) 모름지기 戰(전) 전쟁. 固(고) 견고하다. 衆(중) 장병들. 相(상) 서로. 利(리) 이롭게 하다. 治(치) 다스리다. 亂(란) 혼란스러움. 進(진) 나아가다. 止(지) 정지하다. 服(복) 복장. 正(정) 바르다. 成(성) 이루다. 恥(치) 부끄러워하다. 約(약) 간략 하다. 法(법) 법령. 省(성) 살피다. 罰(벌) 벌.

小罪乃殺, 小罪殺, 大罪因.
소죄내살, 소죄살, 대죄인.
만일 형벌을 남용하여 가벼운 죄를 지은 자에게 중형을 가한다면, 이로 말미암아 더 큰 죄를 짓는 결과를 초래하게 되는 것이다[214].

小罪(소죄) 가벼운 죄. 乃(내) 이에. 殺(살) 죽이다. 小罪殺(소죄살) 작은 죄를 지은 것에 죽임을 가한 것이. 大罪(대죄) 큰 죄. 因(인) 원인이 된다.

順天, 阜財, 懌衆, 利地, 右兵, 是謂五慮.
순천, 부재, 역중, 리지, 우병, 시위오려.
① 자연의 법칙에 따르고 ② 재정을 풍족하게 하며, ③ 사람들의 마음을 기쁘게 하고 ④ 지형의 이점을 활용하며, ⑤ 무기의 확보를 우선하여야 한다. 이를 일컬어 다섯 가지 고려사항인'오려(五慮)'라고 하는 것이다.

順天(순천) 하늘에 순응한다. 阜(부) 크다. 커지다. 財(재) 재물, 재정. 懌(역) 기뻐하다. 衆(중) 대중들.

214) 사마법직해에 보면, 이런 해석도 있음. 문장의 위아래에 일부 빠진 글이나 오자가 있는 것을 풀이를 하였음. 원래는 "작은 죄를 범한 자를 죽이면 작은 죄를 지은 자를 충분히 제압할 수 있고, 큰 죄를 범한 자 또한 같이 제압할 수 있다."는 뜻이었으나 일부 빠진 글 때문에 다른 의미로 해석될 수 있다는 의미로 풀이를 하였음.

利(리) 이로운 점. 地(지) 지형. 右兵(우병) 무기를 확보하다. 是謂(시위) 이러한 것을 일컬어. 五慮(오려) 다섯 가지 고려사항인 '오려'라고 한다.

順天奉時, 阜財因敵, 懌衆勉若, 利地守隘阻.
순천봉시, 부재인적, 역중면약, 이지수애조.
① 자연의 법칙을 따른다는 것은 계절과 기후 등의 자연적인 조건에 순응함을 말하며, ② 재정을 풍족하게 한다는 것은 적측의 식량이나 재물을 탈취하여 이용함을 말한다. ③ 사람들의 마음을 기쁘게 한다는 것은 그들의 마음을 살펴 순종함을 말하며, ④ 지형의 이점을 활용한다는 것은 험한 요충지를 확보하여 잘 지키는 것을 말한다.

順天奉時(순천봉시) 자연의 법칙을 잘 따른다는 것은. 奉(봉) 받들다. 時(시) 때. 阜財(부재) 재정을 넉넉히 한다는 것은. 因(인) ~로 말미암다. 敵(적) 적에게 달려있다. 懌衆(역중) 사람을 기쁘게 한다는 것은. 勉(면) 힘쓰다. 권하다. 若(약) 같다. 利地(리지) 지형의 이점을 활용한다는 것은. 守隘阻(수애조) 험한 요충지를 잘 지키는 것.

右兵弓矢禦, 殳矛守, 戈戟助.
우병궁시어, 수모수, 과극조.
⑤ 무기의 확보를 우선한다는 것은 활과 화살로 멀리 있는 적을 방어하고, 팔모창과 삼지창 등의 장창으로 근거리에 있는 적을 막아내며, 단창과 미늘창 등으로 수비를 보조하게 함을 말한다.

右兵(우병) 무기 확보를 우선한다는 것은. 弓矢禦(궁시어) 활과 화살로 잘 방어하고. 殳(수) 창. 矛(모) 창. 守(수) 지키다. 殳矛는 팔모창, 삼지창과 같은 장창을 말함. 戈(과) 창. 戟(극) 창. 助(조) 보조, 도우다. 戈戟은 단창이나 미늘창 같은 짧은 창을 말함.

凡五兵五當, 長以衛短, 短以救長, 迭戰則久, 皆戰則强.
범오병오당, 장이위단, 단이구장, 질전즉구, 개전즉강.
이 다섯 가지 병기는 각각 특색이 있어 그 사용법이 다르다. 긴 무기를 가진 군사는 짧은 무기를 사용하는 군사를 엄호해 주고, 짧은 무기를 가진 군사는 긴 무기를 가진 군사를 지원해준다. 그러므로 이 다섯 가지 병기를 적절히 배분하여 이용하면, 교대로 나가 싸울 때는 오랫동안 버틸 수 있고, 전군이 일제히 나가 싸울 때는 강력한 힘을 발휘하게 된다.

凡(범) 모름지기. 五兵五當(오병오당) 다섯 종류의 군대는 다섯 종류의 쓰임이 있다. 長(장) 긴무기의 군대를 말함. 以(이) ~써. 衛(위) 호위해주다. 短(단) 짧은 무기를 가진 군대. 短以救長(단이구장) 짧은 무기를 가진 군대는 긴 무기를 가진 군대를 구해준다. 迭(질) 서로 번갈아들다. 戰(전)싸우다. 則(즉) 곧. 久(구) 오래. 皆(개) 모두. 强(강) 강하다.

見物與侔, 是謂兩之.
견물여모, 시위양지.
적과 싸울 때는 적이 사용하고 있는 병기를 보아 이에 대응할 수 있게 하여야 한다. 이것을 일러 '피아의 형세를 저울질한다.'고 하는 것이다.

見(견) 보다. 物(물) 물건, 적의 무기를 말한다. 與(여) 더불어. 侔(모) 가지런하다, 꾀하다, 힘쓰다. 是謂(시위) 이러한 것을 일컬어 ~라고 한다. 兩之(양지) 저울질한다는 뜻이다.

主固勉若, 視敵而擧. 將心心也, 衆心心也, 馬牛車兵, 佚飽力也.
주고면약, 시적이거. 장심심야, 중심심야, 마우차병, 일포력야.
장수는 확고한 의지와 신념을 품고 있으면서도 장병들의 마음에 순종하여 전군의 마음을 일치단결시킨 다음, 적의 동태에 따라 행동하여야 한다. 장수의 마음과 병사들의 마음을 하나로 뭉쳐야 하며, 말과 소, 수레와 병기를 제대로 확보하고, 군사에게 충분한 휴식과 급양을 실시하여야 한다. 그렇게 함으로써 전투력을 최대로 발휘할 수 있는 것이다.

主(주) 주인. 固(고) 견고하다. 勉(면) 힘쓰다. 若(약) 같다. 視(시) 보다. 敵(적) 적군. 擧(거) 행동하다. 將心心也(장심심야) 장수의 마음과 마음이. 衆心心也(중심심야) 병사들의 마음과 마음이 같다. 馬(마) 말. 牛(우) 소. 車(차) 수레, 전차. 兵(병) 병기, 佚(일) 편안하다. 飽(포) 배부르다. 力(력) 힘세다.

敎惟豫, 戰惟節. 將軍身也, 卒支也, 伍指拇也.
교유예, 전유절. 장군신야, 졸지야, 오지무야.
그리고 군은 평소에 전투훈련을 시행하여, 전투에 임해서는 절도가 있도록 하여야 한다. 인체에 비유하면 장군은 사람의 몸통과 같고, 졸(卒)은 손발과 같으며, 오(伍)는 손가락과 같아, 장수가 마음대로 구사할 수 있게 해야 하는 것이다.

敎(교) 가르치다. 惟(유) 생각하다. 豫(예) 미리. 戰(전) 전투. 惟(유) 생각하다. 節(절) 절도있는 행동. 將軍(장군) 장군. 身(신) 몸통. 卒(졸) 소대급 규모의 부대. 支(지) 사지와 같다. 伍(오) 분대급 규모. 指

(지) 손가락. 拇(무) 엄지.

凡戰, 權也, 鬪, 勇也, 陣, 巧也.
범전, 권야, 투, 용야, 진, 교야.
모름지기 전쟁이라는 것은 권모술수와 같은 것이다. ① 싸움에 있어서는 용맹스러움이 필요하고, ② 진법을 펼치는 데 있어서는 정교함이 필요한 것이다.

凡戰(범전) 모름지기, 전쟁이라는 것은. 權也(권야) 권모술수와 같은 것이다. 鬪(투) 싸우다. 勇也(용야) 용맹스러움. 陣(진) 진을 펴다. 巧也(교야) 정교하다.

用其所欲, 行其所能, 廢其不欲不能, 於敵反是.
용기소욕, 행기소능, 폐기불욕불능, 어적반시.
장수는 권모와 용맹, 군사 지식 등을 겸비한 다음, 특기와 능력을 최고도로 발휘할 수 있도록 유도하고, 불리한 여건에 빠지지 않도록 조치하며, 적에게는 이와 반대로 불리한 여건에서 싸우게 해야 하는 것이다.

用(용) 사용하다. 其所欲(기소욕) 그 하고 싶은 것을. 行(행) 행동하다. 其所能(기소능) 그 능력을 갖추다. 廢(폐) 피폐하다. 其(기) 그. 不欲(불욕) 하고 싶지 않은 것. 不能(불능) 능력을 갖추지 못하는 것. 於敵(어적) 적에게. 反是(반시) 적에게는 반대로 해야 한다.

凡戰, 有天, 有財, 有善. 時日不遷, 龜勝微行, 是謂有天.
범전, 유천, 유재, 유선. 시일불천, 구승미행, 시위유천.
적과 싸우려면 ① 천시를 얻어야 하고, ② 전쟁에 필요한 경제력을 구비하여야 하며, ③ 완벽한 작전 계획을 갖추어야 한다. 작전 개시 일에 계획상의 차질이 없고, 점괘를 보니 승산이 보이며, 첩자를 적지에 침투시킬 때에 은밀히 침투 가능한 날씨가 되는 것을 일컬어'천시를 얻었다'고 하는 것이다.

凡戰(범전) 모름지기 전쟁이라는 것은. 有天(유천) 천시를 얻어야 하고. 有財(유재) 경제력이 있어야 하고, 有善(유선) 좋은 계획을 갖추어야 한다. 時日(시일) 전쟁을 하는 날짜에. 不遷(불천) 계획상의 변동이 없고. 龜(구) 거북. 勝(승) 이기다. 微(미) 작다. 미미하다. 行(행) 행하다. 微行=微服潛行(미복잠행)의 준말. 미복=지위가 높은 사람이 신분을 속이기 위해 허름한 옷을 입는 것을 말함. 潛行=첩자가 은밀히 침투하는 것을 말함. 是謂(시위) 이를 일컬어. 有天(유천) 천시를 얻었다.

衆省, 有因生美, 是謂省財. 人習陳利, 極物以豫, 是謂有善.
중성, 유인생미, 시위성재. 인습진리, 극물이예, 시위유선.

국민의 경제력이 풍부하여 전쟁에 소요되는 비용 확보에 어려움이 없으며, 적측의 물자를 탈취하여 이용하는 것을 '전쟁에 필요한 재원을 구비한다.'고 하는 것이다. 군사들이 진법 등의 훈련에 익숙하고, 무기 등의 전쟁 물자를 충분히 보유하는 것을 '완벽한 작전 계획을 갖춘다.'고 하는 것이다.

衆(중) 무리, 백성이나 국민. 省(성) 살피다. 有(유) 있다. 因(인) 이유, 까닭. 生(생) 나다. 美(미) 아름답다. 是謂(시위) 이를 일컬어. 省財(성재) 전쟁에 필요한 재물을 살핀다. 人(인) 사람, 군사, 부대원. 習(습) 연습하다. 陳(진) 진법. 利(이) 이로움. 極(극) 다하다. 物(물) 물자. 以(이) ~로써. 豫(예) 미리 ~하다. 有善(유선) 좋은 것이 있다는 것은 곧 좋은 작전계획을 갖추었다는 의미.

人勉及任, 是謂樂人. 大軍以固, 多力以煩, 堪物簡治, 見物應率, 是謂行豫.
인면급임, 시위낙인. 대군이고, 다력이번, 감물간치, 견물응솔, 시위행예.

군사들이 싸움에 기꺼운 마음으로 임하고, 맡은 바 임무를 충실히 수행하는 것을 '낙인(樂人)'이라 하고, 군의 능력을 극대화하고, 진영을 견고히 하며, 전투력을 증강하고, 진법을 반복하여 익히며, 물자를 관리하고, 이를 효율적으로 활용할 수 있게 하여야 한다. 적정의 돌연한 변화에 항시 대응할 수 있도록 사전에 만반의 태세를 갖추는 것을 '행예(行豫)'라 한다.

人(인) 사람, 군사, 부대원. 勉(면) 부지런하다. 及(급) 미치다. 任(임) 임무. 是謂(시위) 이를 일컬어. 樂人(낙인) 낙인이라 한다. 大(대) 크다. 軍(군) 군사. 以(이) ~로써. 固(고) 견고하게 하다. 多(다) 많다. 力(력) 전투력. 煩(번) 힘들다. 堪(감) 견디다. 뛰어나다. 物(물) 물자. 簡(간) 대쪽. 治(치) 다스리다. 見(견) 보다. 應(응) 응하다. 率(솔) 거느리다. 行豫(행예) 미리 행하다. 사전 준비를 하는 것.

輕車輕徒, 弓矢固禦, 是謂大軍. 密, 靜, 多內力, 是謂固陳.
경차경도, 궁시고어, 시위대군. 밀, 정, 다내력, 시위고진.

전차 부대는 전차의 속도를 올리고, 보병부대는 더욱 빨리 행진할 수 있게 하며, 활과 화살을 사용하는 부대가 적의 침공에 굳게 방어할 수 있도록 하는 것을 '대군(大軍)'이라 하고, 진중을 정숙하게 하여 전투력이 겉으로 드러나지 않게 하는 것을 '고진(固陳)'이라 한다.

輕車(경차) 전차를 가볍게 하다. 輕徒(경도) 보병을 가볍게 하다. 弓矢(궁시) 활과 화살. 固禦(고어) 방어를 견고히 하다. 是謂(시위) 이를 일컬어. 大軍(대군) 대군이라고 한다. 密(밀) 은밀하게 하다. 靜(정)

정숙하게 하다. 多(다) 많다. 內(내) 안으로 숨기다. 力(력) 전투력을 말함. 固陳(고진) 고진이라고 한다.

因是進退, 是謂多力. 上暇人教, 是謂煩陳.
인시진퇴, 시위다력. 상가인교, 시위번진.
견고한 진용에 따라 전진하고 후퇴하는 것을 '다력(多力)'이라 하고, 윗사람이 여가를 이용하여 군사에게 훈련을 시행하는 것을 '번진(煩陳)'이라 한다.

因(인) ~로 인하여. 是(시) 이것. 進退(진퇴) 전진하고 후퇴하다. 是謂多力(시위다력) 이를 일컬어 다력이라고 한다. 上(상) 윗사람. 暇(가) 여가. 人教(인교) 군사들을 가르치다. 是謂煩陳(시위번진) 이를 일컬어 번진이라고 한다.

然有以職, 是謂堪物. 因是辨物, 是謂簡治.
연유이직, 시위감물. 인시변물, 시위간치.
책임자를 임명하여 물자를 관리하게 하는 것을 '감물(堪物)'이라 하고, 물자의 가용성을 구별하여 적기에 대체하는 것을 '간치(簡治)라 한다.

然有(연유) 그럴만한 이유가 있는 사람. 以職(이직) 임무를 주다. 是謂堪物(시위감물) 이를 일컬어 감물이라고 한다. 因是(인시) 이러한 것(감물)으로 인하여. 辨物(변물) 물건들을 적시에 대체하다. 是謂簡治(시위간치) 이를 일컬어 간치라고 한다.

稱衆, 因地, 因敵, 令陳. 攻, 戰, 守, 進, 退, 止, 前後序, 車徒因, 是爲戰參.
칭중, 인지, 인적, 령진. 공, 전, 수, 진, 퇴, 지, 전후서, 차도인, 시위전참.
병력에 따라 전투 지역을 결정하고, 적의 군세에 따라 진형을 변화시키며, 공격과 수비, 전진과 후퇴에 질서가 정연하고 전차병과 보병이 상호 협조하게 하는 것을 '전참(戰參)'이라고 한다.

稱衆(칭중) 부대의 규모를 가려가면서. 因地(인지) 작전지역을 결정하다. 因敵(인적) 적의 상태에 따라. 令陳(령진) 진의 형태를 바꾸도록 명하다. 攻(공) 공격. 戰(전) 전투. 守(수) 방어. 進(진) 전진. 退(퇴) 후퇴. 止(지) 멈춤. 前後序(전후서) 앞뒤의 질서가 정연한 모습. 車徒因(차도인) 전차와 보병이 서로 잘 협조하는 모습. 是爲(시위) 이를 일컬어. 戰參(전참) 전쟁 시에 참고해야 할 사항.

不服, 不信, 不和, 怠, 疑, 厭, 懾, 枝柱, 詘, 頃, 肆, 崩, 緩, 是謂戰患.

불복, 불신, 불화, 태, 의, 염, 섭, 지주, 굴, 번, 사, 붕, 완, 시위전환.
병사들이 상관의 명령에 복종하지 않고 유언비어가 떠돌아 불신 풍조가 만연하며, 서로 불화를 일으키고 태만에 빠지며, 전투에 회의를 느끼고 적을 두려워하며, 맡은 바 임무를 수행하지 못하고 의기가 소침해 있으며, 경망스럽고 방자하며, 정신 상태가 해이해져 있는 것을 '전환(戰患)'이라고 한다.

不服(불복) 명령에 복종하지 않는다. 不信(불신) 서로 믿지 않는다. 不和(불화) 서로 화합되지 않는다. 怠(태) 태만하다. 疑(의) 서로 의심하다. 厭(염) 싫어하다. 懾(섭) 두려워하다. 枝柱(지주) 기둥과 가지. 詘(굴) 굽히다. 煩(번) 괴로워하다. 肆(사) 방자하다. 崩(붕) 무너지다. 緩(완) 느리다. 是謂(시위) 이를 일컬어. 戰患(전환) 전장에서의 우환, 병폐.

驕驕, 懾懾, 吟曠, 虞懼, 事悔, 是謂毁折.
교교, 섭섭, 음광, 우구, 사회, 시위훼절.
또한 장병들이 너무 교만에 빠져 있거나 공포에 떨고 있으며, 신음과 불평하는 소리가 들끓고 좌절과 시름에 빠져 있으며, 지난날의 잘못을 서로 힐책하여 책임 전가에 급급한 것을 '훼절(毁折)'이라고 한다.

驕驕(교교) 교만하다. 懾懾(섭섭) 불안에 떨다. 吟曠(음광) 앓거나 불평하는 소리. 虞懼(우구) 두려워하다. 事悔(사회) 지난날을 후회하다. 是謂(시위) 이를 일컬어. 毁折(훼절) 사기가 꺾인 것.

大小, 堅柔, 參伍, 衆寡, 凡兩, 是謂戰權.
대소, 견유, 참오, 중과, 범양, 시위전권.
장수가 전투력을 능히 크게도 하고 작게도 할 수 있어야 하며, 강함과 부드러움을 적절히 사용할 수 있어야 하며, 부대를 섞어서 때에 따라 임기응변하고, 상황에 따라 많은 병력 또는 적은 병력을 자유자재로 운용하며, 항상 2가지를 대비하여 정확한 판단을 내리는 것을 '전권(戰權)'이라고 한다.

大小(대소) 세의 크고 작음. 堅(견) 견고하다. 柔(유) 부드럽다. 參伍(참오) 대오를 섞다. 衆(중) 많다. 寡(과) 적다. 凡兩(범양) 2가지 대비책으로 상황을 비교 분석하여 판단을 내리다. 是謂(시위) 이를 일컬어. 戰權(전권) 전쟁에서의 권모술수.

凡戰, 間遠觀邇, 因時因財, 貴信惡疑. 作兵義, 作事時, 使人惠.

범전, 간원관이, 인시인재, 귀신오의. 작병의, 작사시, 사인혜.

무릇 적과 싸울 때, 먼 곳은 직접 첩자를 보내서 적정을 살피고, 가까운 곳은 직접 눈으로 보면서 적의 동태를 살피고, 기상의 변화를 잘 살펴서 이용하고, 각종 전쟁에 필요한 물자들을 제때 활용하며, 신의를 숭상하고, 의심을 멀리해야 하며, 대의명분을 통해 군을 움직이며, 시기적절하게 임무를 부여하며, 사람을 부릴 때는 은혜를 베풀어야 한다.

凡(범) 무릇. 戰(전) 싸우다. 間(간) 간첩. 遠(원) 멀다. 觀(관) 보다. 邇(이) 가깝다. 因(인) ~로 인하여. 時(시) 시기. 기상을 말함. 因(인) ~로 인하여. 財(재) 재물. 貴(귀) 귀하게 여기다. 信(신) 신뢰. 惡(오) 싫어하다. 疑(의) 의심. 作兵(작병) 군사를 움직이다. 義(의) 대의명분. 作事(작사) 임무를 부여하다. 時(시) 시기에 맞게. 使人(사인) 다른 사람에게 ~을 시키다. 惠(혜) 은혜.

見敵 靜, 見亂 暇, 見危難 無忘其衆.

견적 정, 견란 가, 견위난 무망기중.

적을 보면 군을 안정된 가운데 접전을 준비하고, 군이 혼란에 빠졌을 때는 오히려 여유를 가지고 침착하게 대응하며, 위기와 환란이 닥쳐왔을 때는 장수가 자신의 안위만을 생각하여 부대를 잊어버리는 일이 없어야 한다.

見敵(견적) 적을 보다. 靜(정) 안정되다. 見亂(견란) 혼란에 빠진 것을 보면. 暇(가) 여유롭다. 見危難(견위난) 위기와 환란이 닥치다. 無忘(무망) 잊어버려서는 안 된다. 其(기) 그. 衆(중) 부대.

居國惠以信, 在軍廣以武, 刃上果以敏.

거국혜이신, 재군광이무, 인상과이민.

나라를 다스릴 때는 은혜를 베풀고 믿음을 보여야 하고, 군사를 지휘할 때에는 넓은 도량과 강한 위엄을 갖추어야 하며 적과 싸움에 임해서는 과감성과 민첩성을 보여야 한다.

居國(거국) 조정에 있으면서 나라를 다스릴 때. 在軍(재군) 군중에 있으면서 군을 지휘할 때. 刃上(인상) 칼날 위와 같은 위험한 상황. 惠以信(혜이신) 믿음을 가지고 은혜를 베풀다. 廣以武(광이무) 굳센 모습을 지니되 마음을 넓게 가지다. 果以敏(과이민) 민첩하고 과감하게 하다.

居國和, 在軍法, 刃上察. 居國見好, 在軍見方, 刃上見信.

거국화, 재군법, 인상찰. 거국견호, 재군견방, 인상견신.

나라를 다스릴 때는 온화함을 유지해야 하고, 군사를 지휘할 때에는 법도를 엄수해야 하며, 적과 싸움에 임해서는 적정을 잘 관찰해야 한다. 나라를 다스릴 때는 상하가 화목함을 보여야 하고, 군사를 지휘할 때에는 방정함을 보여야 하며, 적과 싸움에 임해서는 신상필벌로 신의를 보여야 한다.

和(화) 온화하다. 法(법) 법을 지키다. 察(찰) 살피다. 見好(견호) 서로 좋아함을 보여주다. 見方(견방) 방정함을 보여주다. 見信(견신) 신의를 보여주다.

凡陣, 行惟疏, 戰惟密, 兵惟雜. 人敎厚, 靜乃治, 威利章.
범진, 행유소, 전유밀, 병유잡. 인교후, 정내치, 위리장.

군진을 편성하는 방법을 말하자면, 훈련할 때는 대오의 간격을 넓게 하고, 전투할 때는 조밀해야 하며, 여러 가지 병기를 잘 안배하여 사용하여야 한다. 병사들의 교육훈련에 많은 노력을 기울여야 하며, 침착성을 기르도록 하여 질서를 바로잡고, 위엄을 분명히 밝혀 기강이 바로 서게 해야 한다.

凡(범) 무릇. 陣(진) 진영을 펴다. 行(행) 행하다. 惟(유) 고려하다. 疏(소) 트이다. 戰(전) 싸우다. 惟(유) 고려하다. 密(밀) 빽빽하다. 兵(병) 병기나 무기체계. 惟(유) 생각하다. 雜(잡) 섞이다. 人(인) 병사들. 敎(교) 가르치다. 厚(후) 두텁다. 靜(정) 안정되다. 乃(내) 이에. 治(치) 다스리다. 威(위) 위엄. 利(리) 이롭다. 章(장) 글. 문장.

相守義, 則人勉. 慮多成, 則人服. 時中服, 厥次治.
상수의, 즉인면. 여다성, 즉인복. 시중복, 궐차치.

상하가 서로 신의를 시키면 장병들이 맡은 바 임무에 충실하려고 노력하며, 장수의 계획이 치밀하고 신중하여 성공을 거두면 군사들이 흔쾌히 복종한다. 군사들이 장수에게 심복하여야 질서정연하게 움직일 수 있다.

相(상) 서로. 守(수) 지키다. 義(의) 의롭다. 則(즉) 곧. 人(인) 장병들. 勉(면) 부지런하다. 慮(려) 신중하다. 多(다) 많다. 成(성) 이루다. 服(복) 복종한다. 時(시) 시기. 中(중) 가운데. 服(복) 복종하다. 厥(궐) 그것. 次(차) 다음. 버금가다. 治(치) 다스리다.

物旣章, 目乃明. 慮旣定, 心乃强. 進退無疑, 見敵而謀.
물기장, 목내명. 여기정, 심내강. 진퇴무의, 견적이모.

그리고, 깃발이나 휘장 등의 표지물이 선명해야 군사들이 그것을 쉽게 보고 명령에 잘 따르게 되는 것이다. 치밀한 계획이 미리 정해져야 필승의 자신감이 확고해지며, 전진과 후퇴에 의심이 없어야 적이 갑자기 나타나더라도 혼란에 빠지지 않고 침착하게 대치할 수 있다.

物(물) 사물. 물건. 旣(기) 이미. 章(장) 휘장을 의미함. 目(목) 눈으로 보다. 乃(내) 이에. 明(명) 밝다. 慮(려) 사려깊은 계획. 旣定(기정) 이미 정하다. 心(심) 마음. 强(강) 강하다. 進退(진퇴) 진격과 후퇴. 無疑(무의) 의심이 없다. 見敵(견적) 적을 보다. 謀(모) 도모하다.

聽誅, 無誑其名, 無變其旗.

청주, 무광기명, 무변기기.

적을 반드시 베어야 할 상황에 처한 장수는 상대방의 명성에 속아 넘어가지 말아야 하며, 군의 지휘통제수단인 깃발을 수시로 바꾸는 것은 군사들에게 혼란만 가중시키므로 그러지 말아야 한다.

聽(청) 듣다. 誅(주) 베다. 無(무) 없다. 誑(광) 속이다. 其(기) 그. 名(명) 명성. 變(변) 변하다. 旗(기) 깃발.

凡事, 善則長, 因古則行, 誓作章, 人乃强, 滅厲祥.

범사, 선즉장, 인고즉행, 서작장, 인내강, 멸려상.

그리하면 모든 일이 잘되고 오래 갈 수 있다. 그리고 과거 사례를 잘 따라 하면 일의 성취가 쉬우며, 선서식을 거행하여 장병들에게 목표하는 바를 분명히 인식시키면 장병들이 적개심에 불타올라 사기가 올라가는 법이다. 이렇게 하면 적을 쉽게 멸할 수 있다.

凡事(범사) 모든 일. 善(선) 잘 되다. 좋다. 則(즉) 곧. 長(장) 길다. 오래가다. 因(인) ~로 인하여. 古(고) 옛. 行(행) 행하다. 誓(서) 맹서하다. 作(작) 만들다. 章(장) 글월. 문장. 人(인) 병사. 장병. 乃(내) 이에. 强(강) 강하다. 滅(멸) 멸망하다. 厲(려) 화. 재앙. 祥(상) 상서롭다.

滅厲之道, 一曰義, 被之以信, 臨之以强, 成基, 一天下之形,

멸려지도, 일왈의, 피지이신, 임지이강, 성기, 일천하지형,

적을 무찌르는 방법에는 두 가지가 있다. ① 첫째는 의(義)를 사용하는 방법이다. 신의를 널리 펴고, 강력한 무력으로 전장에 임하며, 국가의 기반을 튼튼히 하고, 각 지방의 세력들을 하나로 규합시키는 것이다.

滅厲(멸려) 재앙을 멸하다. 재앙=적. 道(도) 방법. 一曰義(일왈 의) 그중 하나는 '의(義)'를 사용하는 방법이다. 被(피) 미치다. 달하다. 以(이) ~로써. 信(신) 믿음. 臨(임) 임하다. 强(강) 강하다. 成(성) 이루다. 基(기) 기초. 기반. 一(일) 하나. 天下之形(천하지형) 천하의 형세.

人莫不說, 是謂兼用其人,
인막불열, 시위겸용기인,
이렇게 하면 백성들이 모두 기뻐하여 심복하게 된다. 이것을 가리켜 '적국의 사람을 얻어 자기 사람으로 만드는 것'이라고 하는 것이다.

人(인) 사람. 莫(막) 없다. 不說(불열) 기뻐하지 않다. 是謂(시위) 이를 일컬어. 兼(겸) 겸하다. 用(용) 쓰다. 其(기) 그. 人(인) 적국의 사람.

一曰權, 成其溢, 奪其好, 我自其外, 使自其內.
일왈권, 성기일, 탈기호, 아자기외, 사자기내.
② 둘째는 권모술수(權)를 쓰는 방법이다. 적이 하는 일마다 넘치게 성공하게 해서 교만하게 하고, 적이 좋아하는 것들은 빼앗아 버리고, 병력을 동원해서 외곽에서 공격하고, 첩자는 안에서 스스로 공격하게 하는 등이 그것이다.

一曰權(일왈권) 다른 하나는 권(權)을 사용하는 방법이다. 成(성) 이루다. 其(기) 그. 溢(일) 넘치다. 奪(탈) 빼앗다. 其(기) 그. 好(호) 좋아하다. 我(아) 나. 自(자) 스스로. 其(기) 그. 外(외) 바깥. 使(사) ~을 하게 하다. 自(자) 스스로. 其(기) 그. 內(내) 안.

一曰 人, 二曰 正, 三曰 辭, 四曰 巧, 五曰 火, 六曰 水, 七曰 兵, 是謂七政.
일왈 인, 이왈 정, 삼왈 사, 사왈 교, 오왈 화, 육왈 수, 칠왈 병, 시위칠정.
장수에게 필요한 것으로 '칠정(七政)과 사수(四守)'가 있다. 첫째는 인재의 등용(人), 둘째는 정도에 입각한 통솔(正), 셋째는 유창한 언변(辭), 넷째는 기예의 활용(巧), 다섯째는 화공법(火), 여섯째는 수공법(水), 일곱째는 병기의 운용(兵) 등 이를 일컬어 '칠정(七政)'이라고 한다.

一曰 人(일왈 인) 첫 번째는 인재의 등용. 二曰 正(이왈 정) 두 번째는 정토에 입각한 통솔, 三曰 辭(삼왈 사) 세 번째는 유창한 언변. 四曰 巧(사왈 교) 네 번째는 기예의 활용, 五曰 火(오왈 화) 다섯 번째는 화공법. 六曰 水(율왈 수) 여섯 번째는 수공법. 七曰 兵(칠왈 병) 일곱 번째는 병기의 운용. 是謂(시위) 이를 일컬어. 七政(칠정) 7가지 중요한 군정의 일.

榮, 利, 恥, 死, 是謂四守.
영, 리, 치, 사, 시위사수.
용감히 싸워 공을 세운 자에게 주는 '영광(榮)'과 '이익(利)', 죽음을 두려워하며 패퇴하는 자에게 내리는 '치욕(恥)'과 '사형(死)', 이 네 가지를 일컬어 '사수(四守)'라고 한다.

榮, 利, 恥, 死, (영, 리, 치, 사) 영광, 이익, 치욕, 죽음. 是謂四守(시위 사수) 이를 사수라고 한다.

容色積威, 不過改意, 凡此道也. 唯仁有親, 有仁無信, 反敗厥身.
용색적위, 불과개의, 범차도야. 유인유친, 유인무신, 반패궐신.
얼굴색에 위엄이 있으면 장병들이 마음을 고쳐 새로운 각오를 다지게 된다. 이러한 것들이 바로 군사를 다스리는 방법이다. 인자한 사람은 반드시 사람들에게 친근감을 준다. 그러나 인자함만 있고 신상 필벌하는 신의가 없으면 도리어 그 몸을 망치게 된다.

容色(용색) 얼굴 색. 積威(적위) 위엄을 쌓다. 不過(불과) ~에 지나지 않는다. 改(개) 고치다. 意(의) 뜻. 凡(범) 모름지기. 此(차) 이것. 道(도) 방법. 唯(유) 오직. 오로지. 仁(인) 인자하다. 有(유) 있다. 親(친) 친하다. 有仁(유인) 인자함이 있다. 無信(무신) 신의가 없다. 反(반) 도리어. 敗(패) 패하다. 厥(궐) 그것. 身(신) 몸.

人人, 正正, 辭辭, 火火.
인인, 정정, 사사, 화화.
7정에 관해서 부연설명을 하자면, 인재는 인재로 알아보고(人), 바른 것을 보면 스스로 바른지 반성도 하며(正), 때와 장소를 잘 가려 능숙한 언변을 구사하고(辭), 정교함(巧)과 화공법(火)과 수공법(水)에 더불어 각종 병기의 사용법(兵) 등 나머지 것들도 잘 활용할 수 있어야 한다.

人人(인인) 7정 가운데 첫 번째, 인재는 인재로 알아봐야 하고. 正正(정정) 7정 가운데 두 번째, 바른 것을 보면, 스스로 바른가를 반성하고. 辭辭(사사) 7정 가운데 세 번째, 때와 장소를 잘 가려 능숙하게 언변을 구사하고. 火火(화화) 7정 가운데 네 번째에서 다섯 번째까지를 설명하는 것으로 보임. 따라서, 巧(교), 火(화), 水(수), 兵(병) 4가지를 대표해서 火(화) 자를 두 번 쓴 것임.

凡戰之道, 旣作其氣, 因發其政,
범전지도, 기작기기, 인발기정,

무릇 전쟁에 임할 때는 먼저 부대의 사기를 진작시켜 부대의 기세를 높여야 하며, 전쟁할 때 필요한 군령을 발표하여 재강조하여야 한다.

凡(범) 무릇. 戰之道(전지도) 전쟁을 하는 방법. 旣(기) 이미. 作(작) 만들다. 其(기) 그. 氣(기) 기세. 사기. 因(인) ~로 인하여. 發(발) 발표하다. 政(정) 군정을 하는 데 필요한 법령.

假之以色, 道之以辭, 因懼而戒, 因欲而事,
가지이색, 도지이사, 인구이계, 인욕이사,
장수가 장병들을 대할 때는 온화한 얼굴색으로 맞이하고, 유창한 언변으로 병사들을 이끌며, 장병들의 두려워하는 심리를 활용하여 철저히 경계하게 하고, 장병들의 하고자 하는 마음을 활용하여 임무를 부여하기도 한다.

假(가) 가급적. 以色(이색) 온화한 얼굴 빛으로. 道(도) 이끌다. 以辭(이사) 유창한 언변으로. 因(인) ~로 인하여. 懼(구) 두렵다. 戒(계) 경계하다. 欲(욕) 하고자 하다. 事(사) 일. 업무. 임무.

陷敵制地, 以職命之, 是謂戰法.
함적제지, 이직명지, 시위전법.
또한 적지에 깊숙이 들어갔을 때는 유리한 지형을 잘 통제하고, 적절한 임무를 부여함으로써 명을 수행하게 한다. 이러한 것들을 일컬어 '전법(戰法)'이라고 한다.

陷(함) 빠지다. 敵(적) 적 지역. 制(제) 제어하다. 地(지) 땅. 以職(이직) 직무를 활용해서. 命(명) 명을 내리다. 是謂(시위) 이를 일컬어. 戰法(전법) 전투 방법.

凡人之形, 由衆以求, 試以名行, 必善行之.
범인지형, 유중이구, 시이명행, 필선행지.
무릇, 훌륭한 인재를 구하려면 여러 사람 중에서 구하여야 한다. 일단 명성을 듣고 실무 능력을 시험한 이후에 사람을 쓰면 반드시 좋은 결과가 있을 것이다.

凡(범) 무릇. 人之形(인지형) 인재를 구하려면. 由(유) 말미암다. 衆(중) 무리. 대중. 以(이) ~써. ~로써. 求(구) 구하다. 試(시) 시험하다. 以(이) ~로써. 名(명) 명성. 行(행) 행하다. 必(필) 반드시. 善(선) 잘하다. 行(행) 행하다.

若行不行, 身以將之, 若行而行, 因使勿忘, 三乃成章. 人生之宜謂之法.

약행불행, 신이장지, 약행이행, 인사물망, 삼내성장. 인생지의위지법.
만약 이것이 제대로 되지 않을 경우에는 장수 자신이 솔선하여 시험을 보이며, 만약 이행이 잘 될 경우에는 그에게 자기의 장점을 잊지 않게 강조해 주어야 한다. 이를 세 번 정도 반복하면 그는 실무 경험이 쌓여 매사를 잘 처리하게 될 것이다. 사람마다 소질과 능력이 다른 것을 잘 찾아내어 활용하는 것을 가리켜 '법(法)'이라 한다.

若(약) 만약. 行(행) 행하는 것이. 不行(불행) 잘 행해지지 않는다. 身(신) 몸소 시범을 보이다. 以(이) 써. 將(장) 장수. 若(약) 만약. 行而行(행이행) 잘 이행이 된다면. 因(인) ~로 인하여. 使(사) ~하게 하다. 勿忘(물망) 잊어버리지 않도록 하다. 三(삼) 세 번. 乃(내) 이에. 成(성) 이루다. 章(장) 글월. 人(인) 사람. 生(생) 나다. 宜(의) 마땅하다. 謂之法(위지법) 이를 일컬어 법이라고 한다.

凡治亂之道, 一曰 仁, 二曰 信, 三曰 直, 四曰 一, 五曰 義, 六曰 變, 七曰 專.
범치란지도, 일왈 인, 이왈 신, 삼왈 직, 사왈 일, 오왈 의, 육왈 변, 칠왈 전.
국가의 혼란을 다스려 바로잡는 데에는 일곱 가지 방법이 있다. 첫째는 사랑(仁), 둘째는 신의(信), 셋째는 정직(直), 넷째는 일관성(一), 다섯째는 의로움(義), 여섯째는 임기응변(變), 일곱 번째는 군주의 간섭 없이 군무를 독자적으로 처리할 수 있는 권한을 의미하는 전제(專=專制))이다.

凡(범) 무릇. 治亂之道(치란지도) 혼란을 다스리는 방법. 一曰 仁(일왈 인) 첫 번째는 사랑. 二曰 信(이왈 신) 두 번째는 신의. 三曰 直(삼왈 직) 세 번째는 정직. 四曰 一(사왈 일) 네 번째는 일관성. 五曰 義(오왈 의) 다섯 번째는 의로움. 六曰 變(육왈 변) 여섯 번째는 임기응변. 七曰 專(칠왈 전) 일곱 번째는 군주의 간섭 없이 혼자서 일을 처리할 수 있는 권한을 의미하는 전제.

立法, 一曰受, 二曰法, 三曰立, 四曰疾,
입법, 일왈수, 이왈법, 삼왈립, 사왈질,
국법을 바로 세우는 데에는 일곱 가지 방법이 있다. 첫째는 넓은 포용력(受), 둘째는 준법정신(法), 셋째는 기강의 확립(立), 넷째는 실행의 신속성(疾),

立法(입법) 국법을 바로 세우다. 一曰 受(일왈 수) 첫 번째는 넓은 포용력. 二曰 法(이왈 법) 두 번째는 준법정신. 三曰 立(삼왈 입) 세 번째는 기강의 확립. 四曰 疾(사왈 질) 네 번째는 신속한 실행.

五曰御其服, 六曰等其色, 七曰百官無淫服.

오왈어기복, 육왈등기색, 칠왈백관무음복.

다섯째는 복장의 단속(御其服), 여섯째는 휘장 등의 통일성(等其色), 일곱째는 관리들의 신분에 맞지 않는 복장을 단속하는 것(百官無淫服)이다.

五日 御其服(오왈 어기복) 다섯 번째는 복장의 단속. 御其服=어기복=복장을 제어하다. 六日 等其色(육왈 등기색) 여섯 번째는 휘장의 통일. 等其色=등기색=같은 등급은 같은 색. 七日 百官無淫服(칠왈 백관무음복) 일곱 번째는 관리들의 음탕한 복장 단속. 百官=백관=관리. 無=무=없다. 淫=음=음란하다. 服=복=복장.

凡軍, 使法在己日 專, 與下畏法日 法.

범군, 사법재기왈 전, 여하외법왈 법.

무릇 군을 운용함에 있어 군법과 군령이 오로지 장수에게 있음을 '전(專)=전제(專制. 군주가 간섭하는 것 없이 장수 혼자서 군무를 처리할 수 있는 권한)'이라고 한다. 그리고 상하가 모두 법을 어기는 것 자체를 두려워하는 것을 '법(法)=준법정신'이라 한다.

凡軍(범군) 무릇 군을 운용함에 있어. 使(사) ~하게 하다. 法(법) 법. 군법, 군령 등. 군을 운용하는 데 필요한 것들. 在己(재기) 자신에게 있다. 日(왈) 이르기를. 專(전)=전제=專制=군주의 간섭 없이 혼자서 일을 처리할 수 있는 권한. 與下(여하) 아랫사람과 같다. 畏(외) 두려워하다. 法(법) 법을 지키는 것을 말함. 日(왈) 이르기를. 法(법) 준법정신을 말함.

軍無小聽, 戰無小利, 日成行微, 日 道.

군무소청, 전무소리, 일성행미, 왈 도.

장수는 군무를 처리함에 있어 소수의 의견만을 듣지 않아야 하고, 전쟁에서 작은 이익을 탐내지 않아야 하며, 계획을 매일매일 착실하게 진행하면서도 행동을 은밀히 하여야 한다. 이것이 '용병의 가장 기본적인 방법(道)'이다.

軍(군) 군무. 無(무) 없다. 小聽(소청) 작은 의견. 戰(전) 전투에 있어서. 無(무) 없다. 小利(소리) 작은 이익. 日成(일성) 매일 이루어 나가는 것. 行微(행미) 은밀히 행하는 것. 日(왈) 이르기를. 道(도) 방법.

凡戰, 正不行則事專, 不服則法, 不相信則一.

범전, 정불행즉사전, 불복즉법, 불상신즉일.

모름지기 전쟁에 임할 때 정상적인 방법으로 군무가 진행되지 않을 경우에는 전제 수단을 써야 하고, 장병들이 명령에 따르지 않을 경우에는 군법을 시행하여야 하며, 상하가 서로 믿지 못할 경우에는 장수가 일관성을 보여야 한다.

凡戰(범전) 모름지기 전쟁에 임할 때. 正(정) 정상적인 방법. 不行(불행) 제대로 진행되지 않으면. 則(즉) 곧. 事(사) 일을 처리할 때. 專(전) 전제를 사용한다. 不服(불복) 복종하지 않으면. 法(법) 법을 사용해야 한다. 不相信(불상신) 서로 믿지 못하다. 一(일) 일관성을 보이다.

若怠則動之, 若疑則變之, 若人不信上, 則行其不復. 自古之政也.
약태즉동지, 약의즉변지, 약인불신상, 즉행기불복. 자고지정야.
군사들이 타성에 빠져 나태해져 있으면 동기유발을 통해 분발시키고, 의심에 빠져 있으면 이를 탈피하도록 지휘의 변화를 주어야 하고, 아랫사람들이 장수를 불신할 경우에는 한 번 내린 명령을 그대로 시행하고 변경하지 말아야 한다. 이러한 것이 예로부터 내려오는 군정의 요령이다.

若(약) 만약. 怠(태) 나태해지면. 則(즉) 곧. 動(동) 움직이도록 하다. 疑(의) 의심하다. 變(변) 바꾸다. 人(인) 사람. 부하들. 不信上(불신상) 윗사람을 믿지 못하다. 行(행) 시행하다. 其(기) 그. 不復(불복) 뒤집지 않다. 自(자) 자연적으로. 古之政(고지정) 옛날부터 내려오던 정사를 처리하는 방법이다.

第四. 嚴位 제4. 엄위.[215] 기강을 바로잡다

엄위(嚴位)는 각각의 위치를 엄정히 정하는 것을 말한다. 글 첫머리에 '위욕엄(位欲嚴)'이라는 세 글자가 있으므로 엄위(嚴位)로 편명(篇名)으로 삼았는데, 내용 중에는 또한 빠진 글과 오자가 많다.

-사마법직해(司馬法直解)에서-

凡戰之道, 位欲嚴, 政欲栗, 力欲窕, 氣欲閑, 心欲一.
범전지도, 위욕엄, 정욕률, 역욕조, 기욕한, 심욕일.
작전에 있어서는 상하의 위계질서가 엄정하여야 하고, 군기가 엄격하여야 하며, 전투력이 충만 되어야 하고, 사기가 진작되어야 하며, 마음이 하나로 뭉쳐져야 한다.

凡(범) 모름지기. 戰之道(전지도) 전쟁에 있어서. 位(위) 위계질서. 欲嚴(욕엄) 엄정하게 하고자 한다. 政(정) 명령을 이행하는 정도. 欲栗(욕율) 잘 지켜지게 하고자 한다. 力(력) 전투력. 欲窕(조) 충만하게 하고자 한다. 氣(기) 사기를 말함. 欲閑(한) 여유가 있게 하고자 한다. 心(심) 마음이. 欲一(욕일) 하나로 뭉치게 하고자 한다.

凡戰之道, 等道義, 立卒伍, 定行列, 正縱橫, 察名實.
범전지도, 등도의, 입졸오, 정행렬, 정종횡, 찰명실.
또한 인품의 고하에 따라 신분의 차등을 두고 부대의 편성을 확실하게 하며, 행군 서열을 정하여 일사불란하게 움직이게 하고, 종대와 횡대에 따른 진법을 엄격히 하며, 명분과 실리를 잘 살펴야 한다.

凡(범) 모름지기. 戰之道(전지도) 전쟁에 있어서. 等(등) 차등을 두다. 道義(도의) 지켜야 할 도리. 立(입) 세우다. 卒伍(졸오) 부대의 편성. 定(정) 정하다. 行列(행렬) 행군 서열을 말함. 正(정) 바르게 하다. 縱橫(종횡) 종대와 횡대에 따른 진법. 察(찰) 살피다. 名實(명실) 명분과 실리.

---

215) 엄 위 : 이 편에서는 군이 작전에 투입되기 전, 갖추어야 할 기본태세를 열거하고, 구체적인 전술방법에 대하여 논하였다. 예컨대 군기의 확립, 위계질서의 엄정성, 전투시 각개행동 요령, 접적시 장병들의 심리 장악, 전열의 편성 요령, 야습, 경계 수칙, 병종별 부대 운용, 행군과 숙영 요령 등이 포함되었으며, 승리 후의 공과 처리, 지휘관의 통솔법, 적황에 따른 전수의 기동 원칙이 광범위하게 설명되어 있다.

立進俯, 坐進跪. 畏則密, 危則坐.
입진부, 좌진궤. 외즉밀, 위즉좌.
적을 향하여 선 자세로 전진할 때는 몸을 약간 굽혀야 하고, 앉은 자세로 전진할 때는 낮은 포복으로 은밀히 접근하여야 한다. 병사들이 적을 두려워하고 있을 때는 대오의 간격을 좁혀 밀집방어를 하고, 위험한 국면에 처했을 때는 몸을 낮추어 앉게 한다.

立進(입진) 서서 전진하다. 俯(부) 구부리다. 坐進(좌진) 앉아서 전진하다. 跪(궤) 꿇어앉다. 畏(외) 두려워하다. 則(즉) 곧. 密(밀) 조밀하게 하다. 危(위) 위험하다. 坐(좌) 몸을 낮추다.

遠者視之則不畏, 邇者勿視則不散.
원자시지즉불외, 이자물시즉불산.
적이 멀리 있을 때는 적의 움직임을 군사들에게 보여주어야 한다. 이렇게 하면 적에 대한 대비가 있어 군사들이 공포심을 품지 않게 된다. 적이 가까이 있을 때는 군사들에게 전투에 전념하게 하여 적의 행동을 정면으로 보지 않게 하여야 한다. 이렇게 하면 군사들이 두려움으로 흩어지는 일이 없게 된다.

遠者(원자) 멀리 있다. 視之(시지) 움직임을 보여주다. 則(즉) 곧. 不畏(불외) 두려워하지 않는다. 邇者(이자) 가까이 있다. 勿視(물시) 움직임을 보여주지 않는다. 不散(불산) 흩어지지 않는다.

位下, 左右下, 甲坐, 誓徐行之.
위하, 좌우하, 갑좌, 서서행지.
명령을 하달할 때에, 장수가 수레에서 내리면 좌우의 장수들이 따라 내리며, 무장을 한 병사들은 그대로 수레에 앉아 대기하고, 명령의 철저한 수행을 맹세하고 나서 다시 서서히 전진한다.[216]

位下(위하) 자리에서 내리다. 左右下(좌우하) 좌우 장수들이 따라 내린다. 甲坐(갑좌) 무장을 한 병사들은 그 자리에 앉아서 대기하다. 誓徐(서서) 맹세하다. 行之(행지) 그것을 실행한다.

216) 어떻게 끊어 읽느냐에 따라 2가지 해석이 있다. 첫 번째 位下左右, 下甲坐, 誓徐行之로 끊어 읽으면, '군사들의 위치는 아래에 있는 장병들을 좌우로 나누고, 아래의 갑옷으로 무장을 한 장병들이 앉아서, 맹세를 하였으면 천천히 행군을 한다.'는 뜻으로 해석이 되고, 두번 째 位下, 左右下, 甲坐, 誓徐行之로 끊어 읽으면, '장수가 수레에서 아래로 내리고, 좌우 장수들이 따라서 아래로 내려서고, 갑옷으로 무장된 병사들은 그 자리에 앉아서, 맹세를 하고 행군을 한다.'는 뜻으로 해석이 되는데 여기서는 두 번째의 경우로 해석을 하였음.

位逮徒甲, 籌以輕重, 振馬譟徒甲, 畏亦密之.
위체도갑, 주이경중, 진마조도갑, 외역밀지.
장수로부터 말단 병사에 이르기까지 상황에 따라 어느 방면에는 많은 병력을 투입하고 어느 방면에는 적은 병력을 투입할 것인가를 정확히 판단하여 배치한 다음, 전차대와 기병대가 선두에 진격하고 보병부대는 함성을 지르면서 후속하되, 적의 강력한 저항이 예상될 때에는 대오의 간격을 밀착시켜야 한다.

位(위) 자리를 배치하다. 逮(체) 따라가다. 徒(도) 보병. 甲(갑) 전차부대. 籌(주) 투호 살로 셈을 따져 보는 것. 以輕重(이경중) 적은 병력을 투입할 것인지 많은 병력을 투입할 것인지. 振馬(진마) 기병대가 떨치고 나아가다. 譟徒甲(조도갑) 보병과 갑옷을 입은 병사들이 시끄럽게 뒤를 쫓아가다. 畏(외) 두려워하다. 亦(역) 또한. 密之(밀지) 간격을 조밀하게 하다.

跪坐坐伏, 則膝行而寬誓之. 起譟鼓而進, 則以鐸止之.
궤좌좌복, 즉슬행이관서지. 기조고이진, 즉이탁지지.
군사들이 적을 두려워하며 엎드릴 때는 낮은 포복으로 서서히 전진하게 하고, 부드러운 얼굴로 잘 타이른다. 진격할 때에는 북을 울려 전진하게 하고, 진격을 중지시킬 때에는 방울이나 징을 울려 전진을 멈추게 한다.

跪(궤) 꿇어앉다. 坐(좌) 앉다. 伏(복) 엎드리다. 則(즉) 곧. 膝行(슬행) 무릎을 꿇고 전진하다. 寬誓之(관서지) 부드러운 얼굴로 잘 타이르다. 起(기) 일어나다. 譟(조) 시끄럽다. 鼓(고) 북. 進(진) 나아가다. 以(이) ~로써. 鐸(탁) 방울. 止(지) 그치다.

御枚誓糗, 坐膝行而推之, 執戮禁顧, 譟以先之.
어매서구, 좌슬행이추지, 집륙금고, 조이선지.
야간에 적을 급습하려 할 경우에는 군사들에게 재갈을 물게 하고 비상식량을 휴대하게 한 다음, 몸을 낮추거나 낮은 포복으로 은밀히 전진하되, 군령을 범하거나 도주하기 위하여 뒤를 자주 돌아보는 자, 또는 소리를 내어 떠드는 자를 가려내어 처벌하여야 한다.

御(어) 다스리다. 枚(매) 채찍. 誓(서) 맹세하다. 糗(구) 볶은 쌀. 비상식량. 坐膝行(좌슬행) 몸을 낮추어 은밀히 적을 향해 전진하다. 推之(추지) 군령을 잘 받들다. 執戮(집륙) 잡아서 살육하다. 禁顧(금고) 뒤 돌아보는 것을 금하다. 譟以先之(조이선지) 앞서가면서 시끄럽게 떠들다.

若畏太病, 則勿戮殺, 示以顔色, 告之以所生, 循省其職.
약외태병, 즉물륙살, 시이안색, 고지이소생, 순성기직.
그러나 장병들이 너무 겁에 질려 있을 경우에는 이들에게 벌을 내리거나 죽이지 말고, 장수가 온화한 얼굴로 따뜻이 대하며 살 방법을 제시하여, 각자 맡은 책임을 다하게 하여야 한다.

若(약) 만약. 畏(외) 두려워하다. 太病(태병) 큰 병. 則(즉) 곧. 勿(물) ~하지 말다. 戮殺(륙살) 벌을 내려 죽이는 것. 示(시) 보여주다. 以(이) ~로써. 顔色(안색) 온화한 얼굴색으로. 告(고) 알리다. 以所生(이소생) 살 방법을. 循(순) 쫓다. 省(성) 살피다. 其職(기직) 그 맡은 바 직책.

凡三軍人戒分日, 人禁不息, 不可以分食, 方其疑惑, 可師可服.
범삼군인계분일, 인금불식, 불가이분식, 방기의혹, 가사가복.
군의 경계 임무를 부여할 때는 하루를 적절하게 나누어 각 개인이 쉬지 못하는 경우가 없어야 하며, 한 부대의 병사들이 분산되어 식사하게 해서는 안 된다. 또한 장병들이 의혹에 빠져 있을 때는 장수가 잘 설득하여 명령에 복종하게 해야 한다.

凡(범) 모름지기. 三軍(삼군) 군대를 말함. 人(인) 군인 개개인을 말함. 戒(계) 경계 임무. 分日(분일) 하루를 적절하게 나누다. 人(인) 개개인 당. 禁(금) 금하다. 不息(불식) 쉬지 않다. 不可(불가) ~하게 해서는 안 된다. 以分食(이분식) 분산해서 식사하다. 方(방) 놓을. 其疑惑(기의혹) 그 의혹. 可師可服(가사가복) 장수가 잘 설득하여 복종하게 하다.

凡戰, 以力久, 以氣勝, 以固久, 以危勝. 本心固, 新氣勝, 以甲固, 以兵勝.
범전, 이력구, 이기승, 이고구, 이위승. 본심고, 신기승, 이갑고, 이병승.
전투는 체력이 있어야 지구전을 할 수 있고, 사기가 높아야 승리할 수 있다. 견고한 수비가 있어야 오랫동안 버틸 수 있고, 위기에 처해야 분발하여 승리할 수 있다. 견고한 수비는 마음이 안정되어야 하고, 빛나는 승리는 새로운 예기가 충만해야 한다. 또한 갑옷이나 장비가 있어야 수비할 수 있고, 위력이 뛰어난 병기가 있어야 승리할 수 있다.

凡戰(범전) 모름지기 전투에 임할 때는. 以(이) ~로써. 力(력) 전투력. 久(구) 오래. 지구전. 氣(기) 사기. 勝(승) 승리. 固(고) 견고한 방어태세. 危(위) 위기에 처하다. 本心(본심) 마음이 안정되다. 新氣(신기) 사기가 충만하다. 以甲(이갑) 튼튼한 갑옷이나 장비. 以兵(이병) 좋은 무기체계.

凡車以密固, 徒以坐固, 甲以重固, 兵以輕勝.

범차이밀고, 도이좌고, 갑이중고, 병이경승.

전차부대는 대오의 간격을 좁혀야 안전하고, 보병부대는 앉아 있어야 안전하다. 갑옷은 여러 겹으로 입어야 안전하고, 병기는 가벼워 마음대로 쓸 수 있어야 적과 싸워 승리한다.

凡(범) 모름지기. 車(차) 전차부대. 以密(이밀) 조밀하게 배치하고 운용함으로써. 固(고) 견고하다. 徒(도) 도보 부대. 以坐(이좌) 자세를 낮추어야. 甲(갑) 갑옷을 입은 병사들. 以重(이중) 중무장을 해야. 兵(병) 병기. 以輕(이경) 가벼워야. 勝(승) 이길 수 있다.

人有勝心, 惟敵是視, 人有畏心, 惟畏是視.

인유승심, 유적시시, 인유외심, 유외시시.

사람들은 승리에 대한 자신감을 품게 되면 적을 얕보게 되고, 적을 두려워하는 공포심을 품게 되면 적의 모든 것을 두려워하게 된다.

人有勝心(인유승심) 승리에 대한 자신감이 있으면. 惟(유) 생각하다. 敵(적) 적군. 是(시) 옳다. 視(시) 보다. 人有畏心(인유외심) 적을 두려워하는 마음이 있으면. 畏(외) 두려워하다.

兩心交定, 兩利若心, 兩爲之職, 惟權視之.

양심교정, 양리약심, 양위지직, 유권시지.

그러므로 군은 지나친 자신감과 지나친 공포심을 경계하여야 한다. 승리에 대한 자신감과 적을 두려워하는 경계심이 서로 조화를 이루고, 피아 양측의 이해를 세밀히 분석해서 저울질하여야 한다.

兩心(양심) 두 마음. 자신감과 공포심. 交定(교정) 바로 잡다. 兩利(양리) 양쪽의 이해관계. 兩爲之職(양위지직) 그 맡은바 벼슬을 주어야 한다. 惟權視之(유권시지) 그 보이는 바를 잘 생각해서.

凡戰, 以輕行輕則危, 以重行重則無功, 以輕行重則敗, 以重行輕則戰.

범전, 이경행경즉위, 이중행중즉무공, 이경행중즉패, 이중행경즉전.

군은 경무장한 부대를 이끌고 경지[217]에 들어가면 위태롭고, 중무장한 부대를 이끌고 중지에 들어가면 승리하지 못하며, 경무장한 부대를 이끌고 중지에 들어가면 패전하고, 중무장한 부대를 이끌고 경지에 들어가면 적과 싸울 수는 있어도 크게 승리할 수는 없다.

217) 경지 : 군을 이끌고 적지에 들어갈 때에 약간만 들어간 것을 이르는 말. 이와 반대로 깊숙이 들어간 것을 중지라 한다.

凡戰(범전) 모름지기 전쟁에 임할 때. 以輕(이경) 경무장한 부대로. 行輕(행경) 적지로 조금만 들어가다. 則危(즉위) 곧, 위태롭다. 以重(이중) 중무장한 부대로. 行重(행중) 적 지역으로 깊숙이 들어가다. 則無功(즉무공) 곧, 공로가 없다. 行重(행중) 적 지역으로 깊숙이 들어가다. 則敗(즉패) 곧, 패한다. 行輕(행경) 적 지역으로 약간만 들어가다. 則戰(즉전) 곧, 적과 싸울 수는 있다.

故戰, 相爲輕重.
고전, 상위경중.
그러므로 반드시 경무장한 부대와 중무장한 부대가 서로 협력하여 그 기능을 보완하도록 하여야 한다.

故(고) 그러므로. 戰(전) 전투를 함에 있어. 相爲輕重(상위경중) 경무장한 부대와 중무장한 부대가 서로 협력해야 한다.

舍謹甲兵, 行愼行列, 戰謹進止. 凡戰, 敬則慊, 率則服. 上煩輕, 上戰重.
사근갑병, 행신행렬, 전근진지. 범전, 경즉겸, 솔즉복. 상번경, 상전중.
군대가 숙영할 때는 갑옷과 병기를 잘 간수 하고, 행군할 때에는 대열을 질서 있게 하며, 적을 맞아 싸울 때는 전진과 후퇴를 절도 있게 하여야 한다. 군을 통솔할 때에 장수가 공손하면 아랫사람들이 흡족해하고, 장수가 솔선수범을 보이면 부하들이 복종한다. 윗사람의 명령이 너무 번거로우면 군의 행동이 경솔해지고, 명령이 번거롭지 않고 여유가 있으면 군의 행동이 신중하게 된다.

舍(사) 숙영하다. 謹(근) 삼가다. 甲兵(갑병) 갑옷과 병기. 行(행) 행군하다. 愼(신) 삼가다. 行列(행렬) 행군대열을 갖추다. 戰(전) 전투에서는. 謹(근) 삼가다. 進止(진지) 전진과 정지. 凡戰(범전) 무릇 전쟁에 임할 때는. 敬(경) 장수가 예의가 바르면. 則(즉) 곧. 慊(겸) 부하들이 흡족해한다. 率(솔) 장수가 솔선수범하면. 服(복) 부하들이 복종한다. 上(상) 윗사람이. 煩(번) 번거롭게 하면. 輕(경) 부하들이 경솔해진다. 上(상) 윗사람이. 戰(전) 싸움에 전념하면. 重(중) 부하들이 신중해진다.

奏鼓輕, 舒鼓重. 服膚輕, 服美重. 凡馬車堅, 甲兵利, 輕乃重.
주고경, 서고중. 복부경, 복미중. 범마차견, 갑병리, 경내중.
급속 전진 명령을 하달하는 북소리는 경쾌하고 빠르며, 서행 전진 명령의 북소리는 둔탁하고 느리게 들려야 한다. 경무장할 때의 복장은 가볍고, 중무장할 때의 복장은 무거워야 한다. 군의 말과 전차가 견고하고 갑옷과 경기가 예리하면, 소수의 병력도 막강한 힘을 발휘하게 된다.

奏(주) 모이라는 명령을 알리는. 鼓(고) 북소리. 輕(경) 경쾌하고 빠르게. 舒(서) 흩어지라는 명령을 알리는. 重(중) 둔탁하게. 服(복) 의복. 膚(부) 살갗. 輕(경) 가볍다. 服(복) 의복. 美(미) 아름답다. 重(중) 무겁다. 凡(범) 모름지기. 馬車(마차) 말과 전차. 堅(견) 견고하다. 甲兵利(갑병리) 갑옷과 병기가 예리하다. 乃(내) 이에.

上同無獲, 上專多死, 上生多疑, 上死不勝.
상동무획, 상전다사, 상생다의, 상사불승.

장수가 주장의 비위만 맞추려고 하면 전과를 올리지 못하고, 너무 독단적인 지휘를 하면 희생자가 많아진다. 장수가 자신이나 부하의 생명을 너무 아껴서 결단을 내리지 못하면 의심함이 많고, 또한 장수가 용맹하기만 해서 자신의 생명을 너무 하찮게 여겨도 승리하지 못한다.

上同(상동) 윗사람 비위만 맞추다. 無獲(무획) 획득하는 것이 아무것도 없다. 上專(상전) 윗사람이 독단적인 지휘를 하면. 多死(다사) 희생자가 많다. 上生(상생) 윗사람이 부하의 생명만 생각하면. 多疑(다의) 의심이 많아진다. 上死(상사) 윗사람이 부하의 생명을 하찮게 여기면. 不勝(불승) 이기지 못하다.

凡人, 死愛, 死怒, 死威, 死義, 死利.
범인, 사애, 사노, 사위, 사의, 사리.

모름지기 사람이란 윗사람의 사랑에 감동되어 목숨을 바치기도 하고, 적개심에 불타 목숨을 바치기도 하며, 위엄을 두려워하여 목숨을 바치기도 하고, 의리를 위하여 목숨을 바치기도 하며, 포상이나 관직 등의 이익을 위하여 목숨을 바치기도 한다. 장수는 이러한 심리를 잘 이용해서 장병들이 목숨을 바쳐 적과 용감히 싸우도록 지휘하여야 한다.

凡人(범인) 모름지기 사람이란. 死愛(사애) 사랑에 감동하여 죽을 수도 있고. 死怒(사노) 적개심에 불타 목숨을 바칠 수도 있고. 死威(사위) 위엄을 두려워해서 목숨을 바칠 수도 있고. 死義(사의) 의리를 생각해서 목숨을 바칠 수도 있고. 死利(사리) 이익을 위해 목숨을 바칠 수도 있다.

凡戰之道, 教約人輕死, 道約人死正. 凡戰, 若勝若否, 若天若人.
범전지도, 교약인경사, 도약인사정. 범전, 약승약부, 약천약인.

군의 교육이 철저하면 군사들이 목숨을 바쳐 싸우게 되고, 도덕성이 확립되면 군사들이 정도를 위하여 몸을 바치게 된다. 전투는 승리할 수 있는 여건이 갖추어지면 공격하고, 그렇지 못하면 공격하지 말아야 한다. 또한 기상과 같은 자연적인 조건을 이용하고 사람들의 마음에 순응하여야 한다.

凡(범) 모름지기. 戰之道(전지도) 전쟁을 하는 방법. 敎(교) 교육훈련. 約(약) 약속하다. 人(인) 부하들. 輕死(경사) 목숨을 바쳐 싸우다. 道約(도약) 도덕성을 잘 확립해놓으면. 人死正(인사정) 부하들이 정도를 위해 목숨을 바쳐 싸우다. 凡戰(범전) 모름지기 전쟁이라는 것은. 若勝若否(약승약부) 만약 승리할 수 있는 요건이 되면 싸우고, 만약 그러지 않으면 싸우지 말라. 若天若人(약천약인) 천연적인 조건과 사람의 마음을 잘 이용하여 싸우라.

凡戰, 三軍之戒, 無過三日, 一卒之警, 無過分日, 一人之禁, 無過一息.
범전, 삼군지계, 무과삼일, 일졸지경, 무과분일, 일인지금, 무과일식.

모름지기 전투에 임하며 군이 경계 임무를 할 때는 한 개 부대가 삼 일 이상 담당하지 않고, 소대 정도 규모인 한 졸(卒)이 한나절 이상 담당하지 않고, 병사 한 명이 두 시간 이상 담당하지 않게 하여야 한다.

凡戰(범전) 모름지기 전투를 함에 있어서는. 三軍(삼군) 전 군. 戒(계) 경계. 無過三日(무과삼일) 3일을 넘어서면 안 된다. 一卒(일졸) 1개의 단위부대. 警(경) 경계하다. 無過分日(무과분일) 하루를 나누지 말라. 一人(일인) 1명. 禁(금) 금하다. 無過(무과) 넘기지 마라. 一息(일식) 2시간 정도의 시간.

凡大善用本, 其次用末, 執略守微, 本末唯權, 戰也. 凡勝, 三軍一人勝.
범대선용본, 기차용말, 집략수미, 본말유권, 전야. 범승, 삼군일인승.

모름지기 전쟁에서 승리하는 데 있어서 가장 좋은 방법은 무력을 사용하지 않고 평화적으로 이기는 것이며, 그다음은 무력을 끝까지 사용해서 적을 굴복시키는 것이다. 전략을 수립할 때에는 작전보안을 잘 유지하여 작은 것이라도 새어 나가서는 안 되며, 기본적으로는 평화적인 방법을 고려하되, 그것으로 안 되면 최후의 수단인 무력을 사용하는 것까지 포함해서 잘 저울질하여야 한다. 전쟁에서 승리라고 하는 것은 전군이 한 사람인 것처럼 행동하여야 얻을 수 있는 것이다.

凡(범) 모름지기. 大善(대선) 가장 좋은 방법은. 用本(용본) 기본만 사용해서 승리를 얻다. 其次(기차) 그다음은. 用末(용말) 힘을 끝까지 사용해서 승리를 얻다. 執略(집략) 전략을 세우다. 守微(수미) 작은 것도 지킨다. 本(본) 기본으로 하다. 末(말) 최후의 수단으로 하다. 唯(유) 오직. 權(권) 두 방법을 잘 저울질해야 한다. 戰也(전야) 전쟁에 있어서. 凡勝(범승) 모름지기 승리라고 하는 것은. 三軍一人勝(삼군일인승) 전군이 마치 한 사람인 것처럼 해야 승리를 할 수 있다.

凡鼓, 鼓旌旗, 鼓車, 鼓馬, 鼓徒, 鼓兵, 鼓首, 鼓足, 七鼓兼齊.
범고, 고정기, 고차, 고마, 고도, 고병, 고수, 고족, 칠고겸제.
전투 명령은 북소리를 주로 사용하고, 부대의 분산 또는 집결시키거나 방향을 알리는 깃발 신호를 잘 조합해서 사용하였다. 북소리의 종류를 살펴보면, 전차부대를 전진시키는 것, 기병대를 전진시키는 것, 보병부대를 전진시키는 것, 무기를 사용하게 하는 것, 방향을 전환하는 것, 앉은 자세로 전진하게 하는 것 등의 일곱 가지가 있었다.

凡鼓(범고) 모름지기 북은. 鼓旌旗(고정기) 북소리와 깃발들을 가지고 신호를 하는 것. 鼓車(고차) 전차부대에 대한 북소리. 鼓馬(고마) 기병대에 대한 북소리. 鼓徒(고도) 보병부대에 대한 명령을 알리는 북소리. 鼓兵(고병) 병기 사용에 대한 북소리. 鼓首(고수) 방향에 대한 북소리. 鼓足(고족) 전진 형태에 대한 북소리. 七鼓兼齊(칠고겸제) 일곱 가지 북소리로 부대를 통제하다.

凡戰, 旣固勿重, 重進勿盡, 凡盡危.
범전, 기고물중, 중진물진, 범진위.
병력을 투입할 때 진용이 견고하면 더는 병력을 증강하지 말아야 하며, 대병력이 동원되었으면 예비 병력까지 전부 투입하지 말아야 한다. 예비 병력을 확보해 두지 않으면 위험한 상황에 처하게 된다.

凡戰(범전) 모름지기 전투에 임할 때는. 旣(기) 이미. 固(고) 견고함. 勿(물) 말다. 重(중) 무겁다. 進(진) 나아가다. 盡(진) 한도에 이르다. 凡盡危(범진위) 모름지기 예비 병력까지 다 소진하면 위기가 닥친다.

凡戰, 非陳之難, 使人可陳難, 非使可陳難, 使人可用難, 非知之難, 行之難.
범전, 비진지난, 사인가진난, 비사가진난, 사인가용난, 비지지난, 행지난.
무릇 전투에서 병력을 배치하여 진용을 갖추는 것이 어려운 것이 아니라, 군사들에게 진법을 훈련시켜 포진하게 하는 것이 어려운 것이며, 군사들에게 진법을 훈련시켜 포진하게 하는 것이 어려운 것이 아니라 실제로 적과 싸울 수 있도록 하는 것이 어려운 것이며, 이러한 사항들을 아는 것이 어려운 것이 아니라, 실천에 옮기는 것이 어려운 것이다.

凡戰(범전) 모름지기 전투에 임할 때. 非(비) 아니다. 陳(진) 진용을 갖추다. 難(난) 어렵다. 使(사) ~하게 하다. 人(인) 병력. 可陳(가진) 진용을 갖추게 하는 것. 可陳(가진) 진용을 갖추게 하는 것. 可用(가용) 쓸모 있게 하는 것. 非知之難(비지지난) 이러한 것을 아는 것이 어려운 것이 아니다. 行之難(행지난) 행동으로 옮기는 것이 어렵다.

人方有性, 性州異, 教成俗, 俗州異, 道化俗.
인방유성, 성주이, 교성속, 속주이, 도화속.
사람은 지방에 따라 특성이 있다. 따라서 사람의 성질은 지방마다 다르지만, 교육하면 모두 아름다운 풍속을 지니게 할 수 있으며, 지방마다 다른 풍속은 제도로 통일할 수 있다.

人(인) 사람. 方(방) 지방. 有性(유성) 특성이 있다. 州(주) 지방. 異(이) 다르다. 教(교) 가르치다. 成(성) 이루다. 俗(속) 미풍양속. 俗州異(속주이) 미풍양속이 지방마다 다르다. 道(도) 국가의 제도. 정책.

凡衆寡, 既勝若否.
범중과, 기승약부.
병력이 많거나 적거나 간에 승리한 후에는 자만에 빠지지 말고, 승리하지 못한 것처럼 경계 태세를 더욱 철저히 갖추어야 완벽한 승리를 굳힐 수 있다.

凡(범) 모름지기. 衆寡(중과) 병력이 많고 적음. 既勝(기승) 이미 이겼다. 若否(약부) 마치 이기지 않은 것처럼 해야 한다.

兵不告利, 甲不告堅, 車不告固, 馬不告良, 衆不自多, 未獲道.
병불고리, 갑불고견, 차불고고, 마불고양, 중불자다, 미획도.
병기가 예리하지 못하고 갑옷이 견고하지 못하며, 전차가 튼튼하지 못하고 전마가 양호하지 못하고, 군의 사기가 왕성하지 못하면, 이는 장수가 군을 제대로 통솔하지 못한 결과이다.

兵(병) 병기나 무기. 不告利(불고리) 예리하지 못하다고 알려지다. 甲不告堅(갑불고견) 갑옷이 견고하지 못하다고 알려지다. 車不告固(차불고고) 전차가 견고하지 못하다고 알려지다. 馬不告良(마불고양) 말들의 상태가 좋지 않다고 알려지다. 衆不自多(중불자다) 무리 중에서, 군부대의 진영에서 스스로 하고자 하는 사람이 많지 않다고 보고되다. 未(미) 아니다. 獲(획) 획득하다. 道(도) 도.

凡戰, 勝則與衆分善, 若將復戰, 則重賞罰,

범전, 승즉여중분선, 약장부전, 즉중상벌,
모름지기 전투에 승리하면 전공을 군사들에게 고르게 잘 나누어 주어야 한다. 만약 승리한 후에 다시 적과 싸우게 되면 상벌을 더욱 분명하게 처리해야 한다.

凡戰(범전) 모름지기 전투에 임할 때, 勝(승) 적과 싸워 이기다. 則(즉) 곧. 與(여) 베풀다. 衆分(중분) 부하들에게 나누어 주다. 善(선) 잘하는 것이다. 若(약) 만약. 將(장) 장수. 復戰(부전) 다시 적과 싸우게 되다. 重(중) 무겁다. 더하다. 賞罰(상벌) 상과 벌.

若使不勝, 取過在己, 復戰則誓以居前, 無復先術. 勝否勿反, 是謂正則.
약사불승, 취과재기, 부전즉서이거전, 무부선술. 승부물반, 시위정칙.
만약 적과 싸워 승리하지 못하게 되었을 때는 모든 과오를 자신에게 돌려야 하는 등 전투에 임하기 전에 이러한 것들을 분명하게 하여야 하며, 앞서 있었던 전투에서 사용했던 전술은 다시 사용해서는 안 된다. 승부는 돌이킬 수 없으니 이를 일컬어 '정칙(正則)'이라고 하는 것이다.

若(약) 만약. 使(사) ~하게 하다. 不勝(불승) 이기지 못하다. 取(취) 취하다. 過(과) 과오를. 在己(재기) 자신에게 있다. 復戰(부전) 다시 싸우다. 則(즉) 곧. 誓(서) 맹세하다. 以(이) ~써. 居(거) 기거하다. 前(전) 앞. 無(무) 없다. 復(부) 다시. 先術(선술) 앞에서 사용했던 전술. 勝否勿反(승부물반) 승부는 돌이킬 수 없다는 말임. 是謂正則(시위정칙) 이를 일컬어 바른 법도나 규칙이라 하는 것이다.

凡民, 以仁救, 以義戰, 以智決, 以勇間, 以信專, 以利勸, 以功勝.
범민, 이인구, 이의전, 이지결, 이용간, 이신전, 이리권, 이공승.
모름지기 부하들을 대함에 있어서 장수는 인자한 마음으로 구제하고, 의로운 명분으로 싸우며, 지혜롭게 결단을 내리고, 용맹하게 적의 빈틈을 노리며, 믿음으로 신뢰를 주고, 이익으로 권장시키며, 공로를 포상하는 방법으로 승리를 취할 수 있게 하는 것이다.

凡民(범민) 모름지기 부하들을 다룰 때. 以仁(이인) 인으로써. 救(구) 구제하다. 以義(이의) 의로운 명분으로. 戰(전) 전투하다. 以智(이지) 지혜로써. 決(결) 결단을 내리다. 以勇(이용) 용맹함으로써. 間(간) 적의 빈틈을 노리며. 以信(이신) 믿음으로써. 專(전) 마음대로 섞이지 않게 하다. 신뢰를 주다. 以利(이리) 이로움을 주면서. 勸(권) 권장하고, 以功(이공) 공로를 주다. 勝(승) 승리를 취하다.

故心中仁, 行中義, 堪物智也, 堪大勇也, 堪久信也.

고심중인, 행중의, 감물지야, 감대용야, 감구신야.

그러므로 장수는 마음이 인자하고 행동이 의로워야 하는 법이다. 지혜는 세상 만물 모든 일을 잘 처리하게 해 주고, 용맹은 큰 적을 잘 이겨내게 해 주며, 믿음은 오랫동안 한마음이 될 수 있게 해 준다.

故(고) 그러므로. 心中仁(심중인) 장수의 마음이 인자하고. 行中義(행중의) 행동이 의롭다. 堪(감) 견디다. 物(물) 만물. 智(지) 지혜. 堪大勇也(감대용야) 용맹은 큰 적을 잘 이겨내게 해주며. 堪久信也(감구신야) 신뢰는 오랫동안 한마음이 될 수 있게 해준다.

讓以和, 人自洽. 自予以不循, 爭賢以爲, 人說其心, 效其力.

양이화, 인자흡. 자여이불순, 쟁현이위, 인열기심, 효기력.

장수는 겸손함으로 화합을 이루며, 좋은 것은 부하들에게 베풀어주고 나쁜 것은 자신에게 돌리는 등 부하의 마음을 기쁘게 함으로써 온 힘을 다하게 하여야 한다.

讓(양) 겸손하다. 和(화) 화합을 이루다. 人(인) 사람. 부하들 自(자) 스스로. 洽(흡) 윤택하게 하다. 自(자) 스스로. 予(여) 나. 以(이) ~로써. 不循(불순) 좋지 않은 일. 爭(쟁) 다투다. 賢(현) 좋은 일. 人說其心(인열기심) 부하들의 마음을 기쁘게 하다. 效其力(효기력) 그 힘을 효과적으로 쓰게 하다.

凡戰, 擊其微靜, 避其强靜,

범전, 격기미정, 피기강정,

무릇 전투를 할 때, 적의 전투력이 약하면서 움직임이 미미한 적은 공격을 해야 한다. 적의 전투력이 강한데도 움직이지 않고 있으면 그러한 적과는 전투를 회피하여야 한다.

凡戰(범전) 무릇, 전투를 함에 있어서. 擊(격) 공격하다. 치다. 其(기) 그. 微(미) 적다. 靜(정) 고요하다. 避(피) 회피하다. 强(강) 전투력이 강하다.

擊其倦勞, 避其閑窕, 擊其大懼, 避其小懼. 自古之政也.

격기권로, 피기한조, 격기대구, 피기소구. 자고지정야.

적이 피로에 지쳐 있으면 그러한 적은 공격을 해야 하고, 적이 여유를 가지고 편안한 상태에 있으면 그러한 적과는 전투를 회피하여야 한다. 적이 공포심에 빠져 있으면 공격을 해야 한다. 적이 두려움을 느끼면서도 수비를 철저히 하고 있으면 그러한 적과는 전투를 회피하여야 한다. 이는 예로부터 전해 오는 전법이다.

擊(격) 공격하다. 치다. 其(기) 그. 倦(권) 게으르다. 勞(노) 피로하다. 避(피) 회피하다. 其(기) 그. 閑(한) 여유롭다. 窕(조) 정숙하다. 擊(격) 공격하다. 치다. 大(대) 크다. 小(소) 적다. 自古(자고) 예로부터. 政(정) 명령을 잘 수행하는 상태.

第五. 用衆 제5. 용중.[218] 병력의 운용

용중(用衆)은 병력이나 부대를 활용하여 싸우는 것을 말하는 것이다. 본문 내용 중에서 첫 머리에 '용중(用衆)'이라는 두 글자가 있으므로 편명(篇名)으로 삼았다.

-사마법직해(司馬法直解)에서-

凡戰之道, 用寡固, 用衆治. 寡利煩, 衆利正.

범전지도, 용과고, 용중치. 과리번, 중리정.

전투하는 방법에 있어서 병력이 적을 때는 수비태세를 견고하게 유지하고, 병력이 많을 때는 대오의 질서를 유지하여야 한다. 병력이 적을 때는 빈번하게 진용을 변화(奇兵)시키는 것이 이롭고, 병력이 많을 경우에는 정상적인 진용(正兵)을 운용하는 것이 이롭다.

凡戰之道(범전지도) 무릇 전투하는 방법에 있어서. 用(용) 쓰다. 寡(과) 병력이 적다. 固(고) 견고하다. 衆(중) 병력이 많다. 治(치) 질서를 유지하다. 利(리) 이로움. 煩(번) 빈번하다. 正(정) 정상적인 방법.

用衆進止, 用寡進退. 衆以合寡, 則遠裹而闕之.

용중진지, 용과진퇴. 중이합과, 즉원과이궐지.

병력이 많을 경우에는 공격을 하거나 아니면 정지를 할 뿐이며, 병력이 적은 경우에는 진격과 후퇴를 동시에 고려해야 한다. 많은 병력으로 적은 병력의 적과 싸울 때는 적진을 멀리서 포위하되, 포위망의 일부를 풀어 주어 적이 도주하도록 유도한다.

用衆(용중) 병력이 다수인 경우의 운용은. 進止(진지) 나아감과 정지. 用寡(용과) 병력이 소수인 경우의 운용은. 進退(진퇴) 나아감과 후퇴. 衆(중) 다수의 병력. 以(이) ~로써. 合(합) 합치다. 싸우다. 寡(과) 소수의 병력. 則(즉) 곧. 遠裹(원과) 멀리서부터 둘러싸다. 闕(궐) 대궐의 문.

若分而迭擊, 寡以待衆. 若衆疑之, 則自用之.

218) 용중 : 이 편에서는 분산과 집중 등 작전시 병력의 다소에 따른 운용 방법과 진지 선정, 전기 포착 등에 관하여 상황별로 예시하였다. 또한 적황에 따라서 대응하는 일반적인 여섯 가지 임기응변술과 여덟 가지 공격전술을 열거하고, 전투에 임박한 장병들의 심리를 장악하여 전력을 강화하는 방법으로, 외부와의 통신 단절을 특기한 것은 매우 주목할 만한 조치라고 할 수 있다.

약분이질격, 과이대중. 약중의지, 즉자용지.

소수의 병력으로 다수의 적과 싸울 때는 부대를 나누어 교대로 나가 공격하게 하여야 한다. 군세가 열세여서 군사들이 전투에 자신감을 잃고 의혹에 빠져 있을 경우에는 장수가 진두 지휘하여 승리에 대한 신념을 품게 해 주어야 한다.

若(약) 만약. 分(분) 나누다. 迭擊(질격) 빠른 속도로 공격하는 것. 寡(과) 소수의 병력. 以(이) ~로써. 待(대) 기다리다. 衆(중) 다수의 병력. 若(약) 만약. 疑(의) 의심하다. 則(즉) 곧. 自(자) 스스로. 用(용) 사용하다.

擅利, 則釋旗, 迎而反之.

천리, 즉석기, 영이반지.

적이 유리한 지형을 먼저 점령했을 경우에는 경솔하게 대적하지 말고, 군기를 버리고 거짓 패주하여 적이 추격해 오도록 유인한 다음, 반격하여야 한다.

擅(천) 차지하다. 利(리) 유리하다. 則(즉) 곧. 釋(석) 일부러 내버리다. 旗(기) 군기. 깃발. 迎(영) 맞이하다. 反(반) 반격하다.

敵若衆, 則相聚而受裹. 敵若寡, 若畏, 則避之開之.

적약중, 즉상취이수과. 적약과, 약외, 즉피지개지.

만약 적의 병력이 많을 경우에는 아군 병력을 한 곳에 집중시켜 적에게 포위되도록 함으로써 장병들이 마음을 통일시켜 사력을 다해 싸우게 해야 한다. 만약 적의 병력이 적으면서도 경계 태세를 잘 갖추고 있을 경우에는 정면 대결하지 말고, 회피하거나 적의 퇴로를 열어주어 적이 물러나게 한 다음 추격하여야 한다.

敵(적) 적군. 若(약) 만약. 衆(중) 다수의 병력. 則(즉) 곧. 相(상) 서로. 聚(취) 모으다. 受(수) 받아들이다. 裹(과) 보자기 같은 것으로 포위하다. 寡(과) 소수인 병력. 畏(외) 두려워하다. 避之(피지) 적들을 피하다. 開之(개지) 퇴로를 열어주다.

凡戰, 背風, 背高, 右高, 左險, 歷沛, 歷圮, 兼舍環龜.

범전, 배풍, 배고, 우고, 좌험, 역패, 역이, 겸사환구.

전투할 지역을 선정할 때에는 바람을 등져야 하며, 뒤쪽이 높은 지형이나 좌우에 높은 언덕이나 험한 지역을 선정해서 적이 쉽게 공격할 수 없게 해야 한다. 행군 도중 늪지대나 흙으로 만든 다리를 만나면 신속하게 통과해야 한다. 숙영해야 할 때는 거북 등처럼 둥글게 형성되어 높게 된 지형에 숙영지를 만들어야 한다.

凡戰(범전) 무릇 전투에 임할 때는. 背(배) 뒤쪽. 風(풍) 바람. 背高(배고) 뒤쪽이 높아야 한다. 右高(우고) 우측에 높은 지형. 左險(좌험) 왼쪽이 험한 지형. 歷(역) 지나다. 沛(패) 늪. 歷(역) 지나다. 圯(이) 흙다리. 兼舍(겸사) 숙영지를 만들다. 環(환) 고리. 龜(구) 거북.

凡戰, 設而觀其作, 視敵而擧, 待則循而勿鼓, 待衆之作, 攻則屯而伺之.
범전, 설이관기작, 시적이거, 대즉순이물고, 대중지작, 공즉둔이사지.
적과 싸울 때는 여러 가지 다양한 작전을 시도하여 적의 반응을 잘 살펴야 한다. 적이 대비태세를 잘 갖추고 있으면서 아군이 먼저 공격하기를 기다리고 있는 경우에는 함부로 공격해서는 안 되고, 적이 먼저 공격해 올 경우에는 아군의 방어태세를 견고히 하고 반격할 기회를 엿보고 있어야 한다.

凡戰(범전) 무릇 전투에 임할 때. 設(설) 계획을 세우다. 觀(관) 지켜보다. 其(기) 그. 作(작) 작전. 視(시) 관찰하다. 탐색하다. 敵(적) 적군. 擧(거) 드나들다. 待(대) 기다리다. 則(즉) 곧. 循(순) 좇다. 勿鼓(물고) 북소리를 울리지 말아야 한다. 待(대) 기다리다. 衆(중) 많은 수의 병력. 攻(공) 공격하다. 屯(둔) 주둔하다. 伺(사) 엿보다.

凡戰, 衆寡以觀其變, 進退以觀其固,
범전, 중과이관기변, 진퇴이관기고,
전투할 때, 때로는 병력을 많이 투입하거나 적게 투입하는 등을 통해서 적의 행동 변화를 관찰하며, 일진일퇴를 해보면서 적진이 얼마나 견고한지를 잘 살펴야 한다.

凡戰(범전) 무릇 전투에 임할 때, 衆寡(중과) 병력이 많고 적음. 以(이) ~로써. 觀(관) 보다. 其變(기변) 적의 변화를. 進退(진퇴) 일진일퇴 하는 방법으로. 其固(기고) 적이 견고한지.

危而觀其懼, 靜而觀其怠, 動而觀其疑, 襲而觀其治.
위이관기구, 정이관기태, 동이관기의, 습이관기치.
때로는 적에게 위협을 가하여 적병들이 얼마나 두려워하는가를 관찰하고, 때로는 적을 가만히 있게 해시 일나나 태만한가를 관찰하며, 때로는 적들을 동요하게 하여 얼마나 당황하는지를 관찰하고, 때로는 적에게 기습공격을 가해서 얼마나 지휘통제가 잘 되는지를 관찰한다.

危(위) 위협을 가하다. 觀(관) 보다. 其懼(기구) 얼마나 두려워하고 있는지. 靜(정) 고요하다. 其怠(기태) 얼마나 게으른지. 動(동) 움직이다. 동요시키다. 其疑(기의) 얼마나 의심이 많은지. 襲(습) 기습하다. 其治(기치) 얼마나 잘 다스려지는지.

擊其疑, 加其卒, 致其屈, 襲其規, 因其不避, 阻其圖, 奪其慮, 乘其懼.
격기의, 가기졸, 치기굴, 습기규, 인기불피, 조기도, 탈기려, 승기구.
그리하여 적이 몹시 당황해하면 공격하고, 적의 대오가 갑자기 혼란에 빠지면 맹공을 가한다. 적이 교란하여 군세가 꺾이도록 유도하고, 적이 진용을 정비하는 틈을 타서 습격한다. 적의 대비가 미비한 틈을 타서 공격하고, 적의 기도를 봉쇄하여 작전계획의 수립을 방해하며, 적이 두려워하는 틈을 타서 공격한다.

擊(격) 치다. 其疑(기의) 적이 의심하는 것. 加(가) 더하다. 其卒(기졸) 적 부대. 致(지) 이르다. 其屈(기굴) 적의 기세가 꺾이다. 襲(습) 기습하다. 其規(기규) 적이 규율을 정비하다. 因(인) ~로 인하여. 其不避(기불피) 적이 피하지 못하는 틈을 타서. 阻(조) 험하다. 其圖(기도) 적들의 의도. 奪(탈) 빼앗다. 其慮(기려) 적들이 근심하는 바. 乘(승) 승기를 올라타다. 其懼(기구) 적들이 두려워하다.

凡從奔, 勿息. 敵人或止不路, 則慮之. 凡近敵都必有進路, 退, 必有返慮.
범종분, 물식. 적인혹지불로, 즉려지. 범근적도필유진로, 퇴, 필유반려.
적이 패주할 때는 쉬지 말고 추격하되, 적이 도로 위에서 정지하면 복병이 있기 쉬우므로 주의하여야 한다. 적의 도성에 가까이 진격했을 때에는 반드시 미리 진로를 알아 두어야 하고, 후퇴할 때에는 반드시 퇴로를 확보하여야 한다.

凡(범) 모름지기. 從奔(종분) 도망가는 적을 쫓아갈 때는. 勿息(물식) 쉬지 말아야 한다. 敵人(적인) 적 부대. 或止(혹지) 혹시 정지하면. 不路(불로) 길이 아닌 곳. 則(즉) 곧. 慮之(려지) 복병이 있는지 살피다. 凡(범) 모름지기. 近敵都(근적도) 적의 도성 가까이. 必有(필유) 반드시 있어야 한다. 進路(진로) 나갈 길. 退(퇴) 후퇴할 때는. 必有返(필유반) 반드시 되돌아오는 길이 있어야 한다. 慮(려) 생각하다.

凡戰, 先則弊, 後則懾, 息則怠, 不息亦弊, 息久亦反其懾.
범전, 선즉폐, 후즉섭, 식즉태, 불식역폐, 식구역반기섭.
전투에서 적보다 먼저 행동을 개시하면 병사들이 피로해지고, 적보다 뒤늦게 출동하면 군사들이 적을 두려워하게 된다. 휴식을 자주 하면 군사들이 태만해지고, 그렇다고 너무 하지 않으면 두려움을 느끼게 된다.

凡戰(범전) 모름지기 전투에 임할 때. 先(선) 먼저 행동을 개시하면. 則(즉) 곧. 弊(폐) 피로해지다. 後(후) 뒤늦게 출동하면. 懾(섭) 적을 두려워하다. 息(식) 휴식을 자주하면. 怠(태) 태만해지다. 不息(불식) 휴식을 주지 않으면. 亦(역) 역시. 弊(폐) 군사들이 피로해지다. 息久(식구) 휴식을 오래하면. 反其懾(반기섭) 병사들이 두려워하는 것이 되돌아온다.

書親絕, 是謂絕顧之慮. 選良次兵, 是謂益人之强.

서친절, 시위절고지려. 선양차병, 시위익인지강.

진중에서는 고향 친척들과의 서신 교환이나 방문을 금지해야 한다. 이것은 집안을 생각하는 마음을 끊는 것이니 '절고지려(絕顧之慮)'라 한다. 유능한 자를 선발하여 중책을 맡기고 군사들의 특성에 따라 병기를 분배해 주는 것을 군의 전력을 증진하는 것이니 '익인지강(益人之强)'이라 한다.

書親(서친) 친척들과 서신교환을. 絕(절) 자르다. 是謂(시위) 이를 일컬어 ~라고 한다. 絕顧之慮(절고지려) 집안을 생각하는 마음을 끊는 것이라고 한다. 選良(선양) 우수하고 유능한 자를 선발하다. 次兵(차병) 무기체계를 차등을 두어 분배 해주는 것. 益人之强(익인지강) 부대를 더욱더 강하게 하는 것.

棄任節食, 是謂開人之意. 自古之政也.

기임절식, 시위개인지의. 자고지정야.

결전시기가 임박하면 지고 있던 짐을 버리고[219] 군사들에게 약간의 식량만을 휴대시켜[220] 결전 의지를 북돋우는 것을 장병들의 마음을 열어 의지를 모으는 것이니 '개인지의(開人之意)'라고 한다. 이런 것들이 바로 예로부터 전해 오는 전법(戰法)이라고 하는 것이다.

---

219) 기임(棄任). 棄=버리다. 任=負任之物=등에 지고 있던 전투물자. 즉, 등에 지고 있던 전투물자를 버린다는 의미임. 이는 전투를 위해서 불필요한 전투물자를 놔두고, 전투에 꼭 필요한 장비와 물자, 약간의 식량만 휴대해서 공격군장을 꾸리는 것을 말함.

220) 절식(節食). 節=끊다. 食=식사. 한자어대로만 해석하면 식사를 끊는다는 의미이지만, 《춘추좌씨전》에서 항우(項羽)가 타고 온 배를 침몰시키고, 밥을 짓는 시루를 깨트리고 3일 동안 먹을 양식만 가져간 것에서 유래하여 식사를 끊는다는 의미보다는 약간의 식량만 휴대한다는 의미로 사용됨.

棄任(기임) 등에 지고 있던 전투물자를 버리다. 節食(절식) 군사들의 먹을 것을 절약하다. 是謂(시위) 이를 일컬어 ~라고 한다. 開人之意(개인지의) 군사들의 전의를 모으는 것. 自古(자고) 예로부터. 政(정) 명령을 잘 수행하는 상태를 말함. 이는 곧 예로부터 내려오는 전법이라는 의미.

第六書.【尉繚子】

제6서. 울료자

《울료자(尉繚子)에 대하여》

이름부터 '위료자'인지, '울료자'인지를 놓고도 논쟁이 많은 병법서입니다. 학계에서 인명이나 지명으로 읽을 때는 '울'로 읽고, 벼슬 이름으로 부를 때는 '위'로 읽습니다. 인명으로 읽어야 한다는 것이 학계의 대체적인 설이기 때문에 여기서도 '울료자(尉繚子)'로 표기하기로 하였습니다. 울료자(尉繚子)가 실존 인물인지, 실존 인물이라면 어느 시대 사람인지에 관해서는 여러 가지 주장이 있지만, 전국시대 위나라에서 활약했다는 것이 학계의 주류 의견입니다.

그리고 울료자(尉繚子)가 총 31편, 29편, 24편 등의 여러 가지 주장이 있지만 여기서는 23편으로 정리하였습니다. 24편이라는 주장은 마지막 23편 병령(兵令)편을 상하로 나누어 2개의 편으로 정리한 데서 나온 것입니다. 무경칠서(武經七書) 중에서 육도(六韜) 다음으로 많은 분량의 내용으로 구성되어 있습니다. 그만큼 다양한 내용으로 구성된 것이 특징이기도 합니다.

다루고 있는 내용을 개략적으로 알아보면, 정치 군사적 분야에 관한 내용과 장수의 리더십에 대한 내용, 군사조직에 관한 내용, 군사훈련에 관한 내용으로 크게 구분할 수 있습니다. 이를 다시 두 가지로 구분해보면 1~12편까지는 병법의 기본 이치에 관한 내용으로 구성되어 있고, 13~24편까지는 군대의 편성과 훈련, 명령체계에 관한 내용으로 구분되어 있다고 할 수 있습니다.

울료자(尉繚子)는 유가(儒家), 묵가(墨家), 법가(法家), 병가(兵家) 등 제자백가(諸子百家)의 사상적 영향을 두루 흡수한 바탕 위에 부국강병(富國强兵)을 강조한 상앙학(商鞅學)의 계보를 잇는 한편, 전국시대의 무수한 전쟁을 경험하면서 수립된 실전적인 전략전술과 치밀한 군사조직의 편제, 엄격한 훈련 및 명령체계 등과 같은 구체적인 내용을 담고 있는 것이 특징이기도 합니다.

후대의 평가는 대체로 전반부에 대해서는 전쟁이라는 무력을 통한 해결보다는 백성과 정치를 중요시하는 유가적 사상이 담겨있어 긍정적인 평가가 많은 편입니다. 그러나 13편 뒤로 구성되는 후반부에서는 각종 령(令)을 설명하며 중형으로 다스려야 할 것들과 군령(軍令)을 어겼을 시에 단호한 필벌(必罰)을 강조하여 다소 가혹하고 비인도적이라는 비판을 받고 있습니다. 그러나 엄격한 훈련이나 명령체계의 중요성에 대해서는 아무리 강조해도 지나치지 않다고 생각합니다. 다양한 내용을 품고 있는 만큼, 다양한 생각을 할 수 있게 해줄 것이라 기대합니다.

第一. 天官 제1. 천관.[221] 천시와 전쟁

천관(天官)은 시일(時日), 천간(天干)과 지지(地支), 고허(孤虛), 왕상(旺相) 등의 일에 관하여 논한 것을 말한다. 이는 바로 병가(兵家)에서 말하는 음양서(陰陽書)를 말하는 것이다. 이 가운데 천관(天官)이라는 두 글자가 있으므로 편명(篇名)으로 삼았다.

–울료자직해(尉繚子直解)에서–

梁惠王問, 尉繚子曰, 黃帝刑德, 可以百勝, 有之乎?

양혜왕문, 울료자왈, 황제형덕, 가이백승, 유지호?

양혜왕(梁惠王)이 울료자(尉繚子)에게 물었다. 옛날 황제(黃帝)222)는 형(刑)과 덕(德)으로 백전백승을 거두었다고 하는데, 과연 그렇소?

梁惠王(양혜왕) 위나라 양혜왕. 問(문) 묻다. 尉繚子(울료자) 이 책의 저자인 울료자를 말함. 曰(왈) 말하다. 黃帝(황제) 중국 전설상의 황제. 刑德(형덕) 형벌과 은덕. 可以百勝(가이백승) 백전백승이 가능하다. 有之乎(유지호) 그런 것이 있을 수 있느냐?

尉繚子對曰, 刑以伐之, 德以守之, 非所謂天官時日陰陽向背也.

울료자대왈, 형이벌지, 덕이수지, 비소위천관시일음양향배야.

울료자(尉繚子)가 대답하였다. 의롭지 못한 세력을 군사력으로 토벌하는 것을 형(刑)이라고 하고, 영토와 백성들을 잘 다스리고 지키는 것을 덕(德)이라고 하는 것입니다. 형덕(刑德)이라는 것이 천관서(天官署)에서 말하는 음양 길흉 따위를 뜻하는 것은 아닙니다.

尉繚子對曰(울료자대왈) 울료자가 대답하다. 刑(형) 형벌. 以伐之(이벌지) 그것을 토벌하는 것으로. 德(덕) 덕. 以守之(이수지) 그것을 지키는 것. 非(비) 아니다. 所謂(소위) 이른바. 天官(천관) 천관서. 천시를 관장하는 관청. 時日(시일) 때와 날을 정하는 것. 陰陽(음양) 음양 길흉을 점치는 것. 向背(향배) 어떤 일이 되어가는 추세나 동향.

---

221) 천관 : 이 편의 제목은 고대 중국 음양설에 관한 역서의 책명이다. 그러나 울료는 양혜왕과의 대화에서 승리의 주체를 「천관서」에 수록된 미신적인 음양· 왕상 따위의 길흉을 점쳐 얻는 것이 아니라, 인간에게 주어진 능력을 최대한으로 발휘하는데 있다고 주장하였다. 이와 아울러 '형덕'의 본의를 밝히고, 이를 전쟁의 주체로 삼았다.

222) 황제(黃帝). 중국의 전설상에 나오는 제왕. 복희씨, 신농씨와 더불어 삼황(三皇)이라고 불림.

黃帝者, 人事而已矣.
황제자, 인사이이의.
황제(黃帝)가 그런 업적을 이룬 것은 인간으로서 해야 할 일을 다 했기 때문이었습니다.

黃帝者(황제자) 황제라는 사람은. 人事(인사) 마땅히 사람이 해야 할 일. 已(이) 이미.

今有城, 東西攻不能取, 南北攻不能取, 四方豈無順時乘之者耶?
금유성, 동서공불능취, 남북공불능취, 사방기무순시승지자야?
성을 공격하는 것으로 예를 들어 설명하겠습니다. 지금 여기에 공격해야 할 성이 하나 있는데 동서로 공격을 해도 취할 수 없고, 남북으로 공격해도 취할 수가 없습니다. 그렇다면, 이 성의 사면을 공격하는 측이 천관서(天官署)에서 길흉 일시를 몰라 공격의 호기를 포착하지 못하였겠습니까?

今(금) 지금. 有城(유성) 성이 있습니다. 東西(동서) 동쪽과 서쪽. 攻(공) 공격하다. 不能取(불능취) 취할 수 없다. 南北攻不能取(남북공불능취) 남북으로 공격해도 취할 수 없다. 四方(사방) 네 방향에서. 豈(기) 어찌. 無(무) 없다. 順(순) 순서. 時(시) 시기. 乘(승) 올라타다. 기회를 타다. 者(자) ~하는 것. 耶(야) 어조사.

然不能取者, 城高池深, 兵器備具, 財穀多積, 豪士一謀者也.
연불능취자, 성고지심, 병기비구, 재곡다적, 호사일모자야.
성을 함락시키지 못하는 이유는 성벽이 높고 견고하며 호가 깊고 넓을 뿐 아니라, 각종 무기와 장비가 완비되어 있고, 물자와 식량이 풍족하게 비축되어 있으며, 전 장병들이 일치단결하여 빈틈없이 대비태세를 취하고 있었기 때문입니다.

然不能取(연불능취) 능히 취하지 못하는 연유는. 城高(성고) 성이 높고. 池深(지심) 주변에 파놓은 호가 깊다. 兵器(병기) 각종 무기들을. 備具(비구) 잘 갖추고 있다. 財穀(재곡) 재물과 곡식. 多積(적) 많이 쌓여 있다. 豪士(호사) 호걸과 같은 장병들. 一謀(일모) 하나가 되어 도모하다. 者(자) ~하는 것.

若城下池淺守弱, 則取之矣. 由此觀之, 天官時日不若人事也.
약성하지천수약, 즉취지의. 유차관지, 천관시일불약인사야.
성벽의 높이가 낮고, 설치해놓은 참호가 얕으며, 대비태세가 약했다면, 그 성을 취할 수 있었을 것입니다. 이를 미루어 보건대, 천문을 관장하는 관청인 천관서(天官署)에서 음양 길흉을 점치는 것은 인간의 조직적인 힘에 비하면 아무것도 아닌 것입니다.

若(약) 만약. 城下(성하) 성이 낮고. 池淺(지천) 호가 얕고. 守弱(수약) 방어태세가 약하다. 則(즉) 곧. 取之(취지) 그것을 취할 수 있다. 由此(유차) 이런 것으로 말미암아. 觀之(관지) 그것을 보다. 天官(천관) 천문을 관장하는 관청인 천관서. 時日(시일) 시기나 날짜를 점치는 것. 不若(불약) 같지 않다. 人事(인사) 사람의 일.

按天官日, 背水陣爲絕地, 向阪陣爲廢軍.

안천관왈, 배수진위절지, 향판진위폐군.

천관서(天官署)에 따르면, 하천을 배후에 둔 배수진을 치는 것을 절지(絶地)라고 하며, 산의 반사면에 진을 친 군대는 폐군(廢軍)이라고 하였습니다.

按(안) 살펴보다. 天官(천관) 천문을 관장하는 관청인 천관서. 日(왈) 말하다. 背水陣(배수진) 물을 등지고 치는 진. 爲絕地(절지) 절지라고 한다. 向阪陣(향판진) 비탈진 산에 치는 진. 爲廢軍(군) 폐군이라 한다.

武王伐紂, 背濟水向山阪而陣,

무왕벌주, 배제수향산판이진,

그러나 무왕(武王)이 상(商)나라 폭군인 주왕(紂王)을 토벌하려고 군을 일으켰을 때, 그는 제수(濟水)[223]를 등지고 산비탈을 향하여 진을 쳤습니다.

武王(무왕) 무왕. 伐紂(벌주) 주왕을 토벌하다. 背濟水(배제수) 제수라는 강을 등지다. 向山阪(향상판) 산비탈을 향하다. 陣(진) 진을 치다.

以二萬二千五百人, 擊紂之億萬而滅商, 豈紂不得天官之陣哉!

이이만이천오백인, 격주지억만이멸상, 기주부득천관지진재!

무왕(武王)은 단지 22,500명의 병력만으로 주왕(紂王)의 10만 대군[224]을 격파하고 상(商)나라를 멸망시켰습니다. 이때, 주왕(紂王)이 어찌 천관서(天官署)에서 말하는 진법을 모르

---

223) 제수(濟水). 무왕(武王)이 상(商)나라 군대를 격파한 지역인 목야(牧野)를 관통하여 흐르는 강은 청수(淸水)임. 따라서 본문에 쓰인 제수(濟水)는 청수(淸水)를 말하는 것임.

224) 10만 대군. 원문에는 억만(億萬)으로 되었으나, 10만을 1억(億)으로 사용했었던 고대 중국의 숫자 개념을 참고해서 10만 대군으로 해석. 실제 기록상으로 당시 상(商)나라 군대는 약 17만 명이었다고 함.

고 있었겠습니까?

以二萬二千五百人(이이만이천오백인) 2만2천5백 군사를 데리고. 擊紂之億萬(주왕지억만) 주왕의 10만이나 되는 군사. 滅商(멸상) 상나라를 멸망시켰다. 豈(기) 어찌. 紂(주) 주왕. 不得(부득) 얻지 못하다. 天官之陣(천관지진) 천관이 말한 진법. 哉(재) 어조사.

楚將公子心與齊人戰, 時有彗星出, 柄在齊. 柄所在勝, 不可擊.
초장공자심여제인전, 시유혜성출, 병재제. 병소재승, 불가격.
또 초(楚)나라의 장수 공자 심(公子 心)[225]이 제(齊)나라군과 싸울 때의 일입니다. 당시 혜성이 나타났는데, 혜성의 꼬리가 제(齊)나라군 쪽으로 향해 있었습니다. 그것을 본 부하가 천관서(天官署)에 따르면, 혜성의 꼬리가 가리키는 쪽이 승리한다 하였으니, 제(齊)나라 군대를 공격해서는 안 된다고 건의하였습니다.

楚將(초장) 초나라 장수. 公子心(공자 심) 공자 심. 與齊人(여제인) 제나라 군대와 만나다. 戰時(전시) 싸울 당시. 有彗星(유혜성) 혜성이 있었다. 出(출) 나타나다. 柄在齊(병재제) 혜성의 자루 부분이 제나라를 향해 있었다. 柄所(병소) 혜성의 꼬리가 가리키는 바. 在勝(재승) 승리가 있다. 不可擊(불가격) 공격하는 것이 불가하다.

公子心曰, 彗星何知?
공자심왈, 혜성하지?
그러자, 공자 심(公子 心)은 혜성 따위가 무엇을 알겠느냐 하면서 건의를 물리쳤다고 합니다.

公子心曰(공자심왈) 공자 심이 말하다. 彗星(혜성) 혜성. 何知(하지) 어찌 알겠는가?

以彗鬪者固倒而勝焉. 明日與齊戰, 大破之.
이혜투자고도이승언. 명일여제전, 대파지.
그리고 빗자루를 가지고 싸울 때는 그 자루를 거꾸로 잡고서 상대방을 쳐야 이기는 법이라고 하고서는 그다음 날 공자 심(公子 心)은 제(齊)나라 군대와 싸워 크게 격파하였습니다.

以彗(이혜) 빗자루를 가지고. 鬪者(투자) 싸우는 자. 固倒(고도) 거꾸로 견고하게 잡다. 勝焉(승언)

225) 공자 심 : 공자는 왕족의 칭호이며, 심이 이름이다. 공자 심에 관한 역사기록은 없으며, 그 대신 「태평어람」제7권에는 초군 측 장수의 이름이 자정으로 기록되어 있다.

이긴다. 明日(명일) 다음날. 與齊戰(여제전) 제나라와 같이 싸우다. 大破之(대파지) 그것을 크게 격파하다.

黃帝曰, 先神先鬼, 先稽我智. 謂之天官人事而已.

황제왈, 선신선귀, 선계아지. 위지천관인사이이.

황제(黃帝)도 이런 말을 하였습니다. 신령을 믿거나 귀신의 말을 앞세우는 것보다는 먼저나 자신의 지혜를 헤아리는 것이 낫다. 이 말은, 천관서(天官署)에서 말하는 형덕(刑德)이란 것은 바로 인간으로서 해야 할 일을 능력껏 다해야 한다는 점을 강조하는 것입니다.

黃帝曰(황제왈) 황제가 말하였다. 先神先鬼(선신선귀) 신령이나 귀신을 먼저 앞세우다. 先稽(선계) 먼저 머무르게 하다. 我智(아지) 나의 지혜. 謂之(위지) 그것을 이렇게 말하다. 天官(천관) 천관서에서 말하는 것. 人事而已(인사이이) 사람이 사람으로서 해야 할 일을 해야 한다

第二. 兵談 제 2. 병담.[226] 부대를 다스리는 방법

병담(兵談)은 병사들을 다스리는 방법에 대하여 담론한 것을 말한다. 본문 내용 중에 뜻을 취하여 편명(篇名)으로 삼았다.

-울료자직해(尉繚子直解)에서-

量土地肥墝而立邑, 建城稱地, 以城稱人, 以人稱粟.
양토지비요이입읍, 건성칭지, 이성칭인, 이인칭속.
토지의 넓이와 비옥한지 메마른지를 살펴 마을을 세웠고, 성을 건설할 때는 지형을 잘 살펴서 그 규모를 결정하였으며, 성의 규모에 따라 주민의 수가 결정되고, 주민의 수에 따라 식량 확보량이 결정되는 것이다.

量土地(양토지) 땅의 넓이. 肥墝(비요) 비옥한지 메마른지. 立邑(입읍) 마을을 세우다. 建城(건성) 성을 건설하다. 稱地(칭지) 지형을 살피다. 以城(이성) 성의 규모에 따라. 稱人(칭인) 주민의 수를 저울질하다. 以人(이인) 주민의 수에 따라. 稱粟(칭속) 곡식량이 결정된다.

三相稱, 則內可以固守, 外可以戰勝.
삼상칭, 즉내가이고수, 외가이전승.
지형, 주민의 수, 식량 확보량 등의 세 가지 요소가 균형을 잘 이루면, 대내적으로는 그 성을 견고하게 지킬 수 있고, 대외적으로는 전쟁이 일어나도 승리를 거둘 수 있는 것이다.

三(삼) 삼. 앞에서 언급한 세 가지, 지형과 주민의 수, 식량의 확보량. 相稱(상칭) 서로 균형을 이루다. 則(즉) 곧. 內(내) 안으로. 可(가) 가능하다. 以(이) 써. 固守(고수) 견고하게 지키다. 外(외) 대외적으로는. 戰勝(전승) 전투에서 승리하다.

戰勝於外, 備主於內, 勝備相用, 猶合符節, 無異故也.
전승어외, 비주어내, 승비상용, 유합부절, 무이고야.

226) 병 담 : 이 편은 장수의 지휘통솔 즉 치군에 관한 방법론적 논술이 수록되어 있다. 제1편 전관에 이어서 저자 울료가 양혜 왕의 질문에 답변하는 형식으로 계속 전개되었으나, 편의상 경어와 대화체를 무시하고 울료의 서술 형식으로 바꾸었다. 이하 제24편 병령까지 모두 이와 같다.

전쟁의 승리는 나라 밖에서 거두지만 전쟁에 대비하는 것은 주로 나라 안에서 해야 한다. 따라서 전쟁에서의 승리와 전쟁에 대비하는 것은 서로 다른 것이 아니라 오히려 부절과 같이 서로 합쳐서 나타나야 하는 것이다. 그 둘은 서로 다를 바가 없기 때문이다.

戰勝(전승) 전쟁에서의 승리는. 於外(어외) 나라 밖에서. 備主(비주) 대비하는 것은 주로. 於內(어내) 나라 안에서. 勝(승) 승리. 備(비) 대비태세. 相用(상용) 서로 쓰임새가. 猶(유) 오히려. 合(합) 합치다. 符節(부절) 비표로 삼았던 물건. 無異(무리) 다르지 않다. 故(고) 이유.

治兵者, 若秘於地, 若邃於天, 生於無,
치병자, 약비어지, 약수어천, 생어무,
군을 통솔하는 자는 땅속 깊숙이 숨겨놓은 것처럼, 하늘 위에서 움직이는 것처럼 아무 형체가 없는 데서 만들어내야 합니다.

治兵者(치병자) 군을 다스리는 자는. 若秘(약비) 숨겨놓은 것과 같다. 於地(어지) 땅에. 若邃(약수) 깊은 것과 같다. 於天(어천) 하늘에. 生於無(무) 없는 곳에서 생겨나게 하다.

故開之, 大不窕, 小不恢, 明乎禁舍開塞, 民流者親之. 地不任者任之.
고개지, 대부조, 소불회, 명호금사개색, 민류자친지. 지불임자임지.
그러므로 이러한 다스림을 열어놓으면 너무 커서 감출수가 없고, 이를 닫으면 너무 작아서 아무도 알 수 없는 법이다. 금사개색(禁舍開塞)227)과 같이 법령에 명확하게 세워 백성들의 행동 중에서 금할 것은 금하고(禁), 작은 허물과 같은 버릴 것은 버리고(舍), 살아가는 길과 같은 열어줄 것은 열어주고(開), 비뚤어진 폐습과 같이 막을 것은 막아야 한다(塞). 그리고 유랑하는 백성들은 다독거려서 임자가 없는 토지를 개간하여 경작하게 함으로써 정착하게 해야 한다.

故(고) 고로. 開之(개지) 그것을 열다. 大(대) 너무 크다. 不窕(부조) 감출수가 없다. 小(소) 작아서. 不恢(불회) 누구도 알 수 없다. 明乎(명호) 분명하게 하다. 禁(금) 금하다. 舍(사) 버리다는 의미의 捨자의 음을 빌려서 사용. 開(개) 열다. 塞(색) 막히다. 民流者(민류자) 떠돌아다니는 백성들. 親之(친지) 친하게 하다. 地不任者(지불임자) 임자가 없는 땅. 任之(임지) 주인을 정해주다.

227) 금사개색(禁舍開塞) : 백성들의 행동 중에서 금할 것은 금하고(금, 禁), 작은 허물과 같은 버릴 것은 버리고(사, 舍=捨), 살아가는 길과 같은 열어줄 것은 열어주고(개, 開), 비뚤어진 폐습과 같은 막을 것은 막다(색, 塞).

夫土廣而任則國富, 民衆而制則國治.

부토광이임즉국부, 민중이제즉국치.

땅이 넓어지고 경작에 힘쓰게 되면 나라는 부유하게 되며, 백성이 많아지고 그 백성들이 모두 국법을 잘 준수하면 나라가 안정될 것이다.

夫(부) 무릇. 土廣(토광) 경작할 수 있는 토지가 넓어지다. 任(임) 임하다. 則(즉) 곧. 國富(국부) 나라가 부유하게 된다. 民衆(민중) 백성이 많아지다. 制(제) 통제에 잘 따르다. 國治(국치) 나라의 정치가 안정된다.

富治者, 民不發軔, 甲不出暴, 而威制天下.

부치자, 민불발인, 갑불출폭, 이위제천하.

나라가 부유하고 정치가 안정되면, 굳이 전차를 출동시키거나[228] 백성들을 무장시켜 전쟁에 동원하지 않더라도 그 위세가 천하를 제압하게 될 것이다.

富治者(부치자) 나라가 부유하고 정치가 안정된 나라. 民(민) 백성들. 不(불) 아니다. 發軔(발인) 쐐기 나무를 빼서 전차를 출동시키다. 甲(갑) 무장시키다. 不出(불출) 나가지 않다. 暴(폭) 사납다=전쟁을 말함. 威(위) 위세. 制(제) 제압하다. 天下(천하) 천하.

故曰, 兵勝於朝廷. 不暴甲而勝者, 主勝也, 陣而勝者, 將勝也.

고왈, 병승어조정. 불폭갑이승자, 주승야, 진이승자, 장승야.

그 때문에 '전쟁의 승리는 조정에서 거둔다.'고 말하는 것이다. 무장한 군대를 동원하지 않고 거두는 승리는 군주의 정치력에 의한 승리이며, 무장한 군대를 동원하며 적과 싸워 얻는 승리는 장수의 지휘 통솔력에 의한 승리이다.

故曰(고왈) 이러한 이유로 말하다. 兵勝(병승) 전쟁에서의 승리. 於朝廷(어조정) 조정에서. 不暴甲(불폭갑) 무장한 군대를 동원하지 않다. 勝者(승자) 이기는 것. 主勝(주승) 군주의 승리. 陣(진) 진을 치다. 將勝(장승) 장수의 승리.

兵起, 非可以忿也. 見勝則興, 不見勝則止.

228) 발인(發軔). 장례 때 상여가 집을 떠난다는 의미. 그러나 여기에서는 전차에 설치되었던 쐐기 나무를 빼서 전차를 출동시킨다는 의미.

병기, 비가이분야. 견승즉흥, 불견승즉지.

군사를 일으키는 것은 결코 사사로운 분노 때문에 일으켜서는 안 되며, 승산이 확실히 보이면 일으키되 승산이 보이지 않으면 즉시 중지해야 하는 것이다.

兵起(병기) 군사를 일으키다. 非可(비가) ~해서는 안 된다. 以忿也(이분야) 분노 때문에. 見勝(견승) 승산이 보이면. 則(즉) 곧. 興(흥) 일으키다. 不見勝(불견승) 승산이 보이지 않으면. 止(지) 그치다.

患在百里之內, 不起一日之師, 患在千里之內, 不起一月之師,

환재백리지내, 불기일일지사, 환재천리지내, 불기일월지사,

수도로부터 100리(里) 거리 이내에서 환란이 생기면 하루를 넘겨서 군을 일으켜서는 안 되며, 1,000리(里) 이내에서 환란이 발생하면 1개월을 넘겨서 군을 일으켜서는 안 되며,

百里(백리) 수도로부터 백리 거리에서 환란이 생기면. 一日(일일) 하루를 넘겨서 군을 일으켜서는 안 된다. 千里(천리) 천리 거리에서 환란이 생기면. 一月(일월) 1개월을 넘겨서는 안 된다.

患在四海之內, 不起一歲之師.

환재사해지내, 불기일세지사.

국경 지역에서 환란이 발생하면 1년을 넘겨서 군을 출동시켜서는 안 되는 것이다.

患在(환재) 환란이 생기다. 四海(사해) 국경을 의미. 一歲(일세) 1년을 넘겨서는 안 된다.

將者, 上不制於天, 下不制於地, 中不制於人,

장자, 상부제어천, 하부제어지, 중부제어인,

장수된 자는 위로는 하늘에서도 제약을 받지 않고, 아래로는 땅에서도 제약을 받지 않고, 중간에 있는 사람에 이르기까지 이 모든 것으로부터 제약을 받아서는 안 된다.

將者(장자) 장수라는 자는. 上(상) 위로는. 不制(부제) 제약을 받아서는 안 된다. 天(천) 하늘에서도. 下(하) 아래로는. 不制(부제) 제약을 받아서는 안 된다. 地(지) 땅에서도. 中(중) 가운데. 不制(부제) 제약을 받아서는 안 된다. 人(인) 사람들도.

寬不可激而怒, 淸不可事以財.

관불가격이노, 청불가사이재.

그리고, 장수는 마음이 넓어 심하게 화내는 법이 없어야 하며, 청렴결백하여 재물을 탐내

는 일이 없어야 한다.

寬(관) 너그럽다. 不可(불가) 불가능하다. 激而怒(격이노) 격하게 노하다. 淸(청) 맑다. 事以財(사이재) 재물을 탐내면서 일을 하다.

夫心狂 · 目盲 · 耳聾, 以三悖率人者難矣.
부심광 · 목맹 · 이롱, 이삼패솔인자난의.
마음이 미친 것처럼 광폭하고, 안목이 소경처럼 사물을 꿰뚫어 보지 못하며, 남의 말을 올바르게 듣지 못하는 이러한 세 가지 흠이 있는 자는 군을 통솔하는 것은 대단히 어려운 것이다.

夫(부) 무릇. 心狂(심광) 마음이 미치다. 目盲(목맹) 안목이 소경같다. 耳聾(이농) 남의 말을 듣지 않다. 以 三悖(이삼괘) 이 세가지 어그러진 흠이 있는 자는. 率人者(솔인자) 사람을 통솔하는 것. 難矣(난의) 어렵다.

兵之所及, 羊腸亦勝, 鋸齒亦勝, 緣山亦勝, 入谷亦勝, 方亦勝, 員亦勝.
병지소급, 양장역승, 거치역승, 연산역승, 입곡역승, 방역승, 원역승.
훈련이 잘된 군대는 양의 창자처럼 굴곡이 심한 험로 상에서도 이길 수 있으며, 톱날처럼 가파른 산악전에서도 승리할 수 있으며, 계곡에서 싸우는 경우에도 이길 수 있으며, 방진 · 원진 등 어떠한 진형으로도 승리할 수 있다.

兵之所及(병지소급) 훈련이 어느 정도의 경지에 이른 군대. 羊腸(양장) 양의 창자와 같이 굴곡이 심한 지형에서도. 亦勝(역승) 또 이기다. 鋸齒(거치) 톱날같이 가파른 지형에서도. 緣山(연산) 산이 연하는 산악지형에서도. 入谷(입곡) 계곡으로 들어가는 지형에서도. 方(방) 방진을 말함. 方陣=방진은 사각형으로 친 군진. 員(원) 원진을 말함. 圓陣=원진은 둥근 원형으로 친 군진.

重者如山 · 如林 · 如江 · 如河, 輕者如炮 · 如燔 · 如垣壓之, 如雲覆之,
중자여산 · 여림 · 여강 · 여하, 경자여포 · 여번 · 여원압지, 여운부지,
중무장한 군대의 움직임은 산악이나 삼림처럼 장중해야 하고, 일단 움직였을 때는 대하의 강물처럼 거침없이 흘러야 한다. 경무장한 군대는 건드리면 금방 터질 것 같이, 금방이라도 활활 탈것처럼 기세를 유지해야 하며, 일단 움직이면 담장을 순식간에 무너뜨리고, 구름이 내리깔려 하늘을 뒤덮듯이 하여야 한다.

重者(중자) 중무장한 군대. 如山(여산) 산과 같이. 如林(여림) 수풀 같이. 如江(여강) 강과 같이. 如河(여하) 큰 강과 같이. 輕者(경자) 경무장한 군대. 如炮(여포) 통째로 굽는 것과 같이. 如燔(여번) 활활 타는 것 같이. 如垣壓之(여원압지) 담장이 무너지듯이. 如雲覆之(여운복지) 구름이 하늘을 뒤덮는 것 같이.

令人聚不得以散, 散不得以聚, 左不得以右, 右不得以左.
영인취부득이산, 산부득이취, 좌부득이우, 우부득이좌.
이렇게 하면 일단 명령을 내려도 집결되어있는 적은 흩어지지 못하고, 한 번 흩어진 적은 다시 집결할 수가 없게 되며, 적의 좌익은 우익을 구하지 못하고, 우익은 좌익을 구하지 못하게 된다.

令(영) 명령을 내리다. 人(인) 사람. 적을 말함. 聚(취) 모이다. 不得(부득) 얻지 못하다. 以(이) 써. ~로써. 散(산) 흩어지다. 聚(취) 모이다. 左(좌) 좌측에 있는 부대. 右(우) 우측에 있는 부대. 右(우) 우측에 있는 부대.

兵如總木弩, 如羊角, 人人, 無不騰陵張膽, 絕乎疑慮, 堂堂決而去.
병여총목노, 여양각, 인인, 무부등릉장담, 절호의려, 당당결이거.
아군은 마치 나무를 묶어놓은 것처럼 전투력이 단단하게 단결되어 있으며, 쇠뇌와 같은 무기들도 마치 양의 뿔처럼 단단하게 설치되어 감당할 수 없는 기세로 적을 몰아치게 한다. 그렇게 하면 병사마다 용감하게 싸우지 않는 병사가 없고, 승패에 대한 의혹과 생사에 대한 우려를 떨쳐버리고, 적과 당당하게 맞서 결전을 하러 갈 수 있는 것이다.

兵(병) 군사. 군대. 如(여) ~와 같다. 總(총) 거느리다. 木(목) 나무. 弩(노) 쇠뇌. 활과 비슷한 무기. 如(여) ~와 같다. 羊角(양각) 양의 뿔. 人人(인인) 병사들을 말함. 無(무) 없다. 不(불) 아니다. 騰陵(등릉) 큰 언덕을 오르다. 張膽(장담) 씩씩한 담력. 絕(절) 끊다. 乎(호) 어조사. 疑(의) 의심. 慮(려) 우려. 堂堂(당당) 당당하다. 決(결) 결전하다. 去(거) 가다.

第三. 制談 제3. 제담[229] 군제를 논하다

제담(制談)은 군대의 제도에 대하여 담론한 것을 말한다. 본문 내용 중에 뜻을 취하여 편명(篇名)으로 삼았다.

-울료자직해(尉繚子直解)에서-

凡兵, 制必先定. 制先定則士不亂, 士不亂則形乃明.
범병, 제필선정. 제선정즉사불란, 사불란즉형내명.
군을 운용하려면 반드시 제도를 먼저 확립해야 한다. 군제가 확립되면 장병들을 일사불란하게 통제할 수 있으며, 장병들이 일사불란하게 통제가 되면 부대의 기강이 명확하게 잡힌다.

凡(범) 무릇. 兵(병) 군의 운용. 制(제) 제도. 군제. 必(필) 반드시. 先(선) 먼저. 定(정) 정하다. 則(즉) 곧. 士(사) 군사. 不亂(불란) 어지럽지 않다. 形(형) 모양. 乃(내) 이에. 명확하다.

金鼓所指, 則百人盡闘, 陷行亂陣, 則千人盡闘, 覆軍殺將,
금고소지, 즉백인진투, 함행란진, 즉천인진투, 복군살장,
이렇게 기강이 확립된 부대는 징과 북으로 명령을 내리게 되는데, 100명에게 명을 내리면, 100명이 전력을 다해 싸워 적진을 함락시키거나 혼란스럽게 할 수 있고, 1,000명에게 명을 내리면, 1,000명이 나가 전력을 다해 싸워 적진을 뒤집고 적장을 살해할 수 있고,

金鼓(금고) 징과 북. 所(소) ~하는 바. 指(지) 가리키다. 則(즉) 곧. 百人(백인) 백 명. 盡(진) 다하다. 闘(투) 싸우다. 陷(함) 함락하다. 行(행) 행하다. 亂(난) 어지럽다. 陣(진) 진을 치다. 千人(천인) 천명. 盡(진) 다하다. 闘(투) 싸우다. 覆軍(패군) 적군을 뒤집다. 殺將(살장) 장수를 살해하다.

則萬人齊刃, 天下莫能 當其戰矣.
즉만인제인, 천하막능 당기전의.
10,000명에게 명을 내리면, 10,000명이 일사불란하게 나가 싸우면, 천하에 능히 싸움에

229) 제담(制談) : 이 편에서는 군사조직, 군제 확립의 중요성에 대하여 네 개 모형을 들어 논술하고, 유사시 외국으로부터 병력 지원을 받는 것이 얼마나 어렵고 비효과적인지를 역설하였으며, 확고한 군제의 기틀 아래 자주적인 국방력을 확립하는 길만이 국가를 보전하고 발전시키는 최선이라고 주장하였다.

있어 막을 자가 없게 할 수 있다.

則(즉) 곧. 萬人(만인) 만 명. 齊(제) 가지런하다. 刃(인) 칼날. 天下(천하) 천하에. 莫能(막능) 능히 ~하는 자가 없다. 當(당) 당하다. 其戰(기전) 그 싸움에서. 矣(의) 어조사.

古者, 士有什伍, 車有偏列,
고자, 사유십오, 차유편열,
옛날에 병사들을 편성할 때, 십(什)과 오(伍)로 편성을 하고, 전차는 편(偏)과 열(列)로 편성을 하였다.

古者(고자) 옛날에는. 士(사) 병사들. 有(유) 있다. 什(십) 부대 단위의 한 종류. 伍(오) 부대 단위의 한 종류. 車(차) 전차. 有(유) 있다. 偏(편) 부대단위의 한 종류. 列(열) 부대단위의 한 종류.

鼓鳴旂麾, 先登者, 未嘗非多力國士也, 先死者, 亦未嘗非多力國士也.
고명기휘, 선등자, 미상비다력국사야, 선사자, 역미상비다력국사야.
북을 울리고 깃발을 휘날리며 공격 명령을 내릴 때, 적진으로 먼저 뛰어오르는 자는 모두 용감무쌍한 나라의 장병들이었으며, 먼저 죽는 자도 모두 용감무쌍한 나라의 장병들이었다.

鼓(고) 북. 鳴(명) 울리다. 旂(기) 깃발. 麾(휘) 휘날리다. 先登者(선등자) 먼저 오르는 자. 未(미) 아니다. 嘗(상) 맛보다. 시험하다. 非(비) 아니다. 多力(다력) 힘이 세다. 國(국) 나라. 士(사) 장병들. 先死者(선사자) 먼저 죽은 자. 亦(역) 또한.

損敵一人, 而損我百人, 此資敵而傷甚焉, 世將不能禁.
손적일인, 이손아백인, 차자적이상심언, 세장불능금.
그래서 적군은 한 명이 죽는 동안에 아군의 용사 일백 명의 손실을 보는 일이 생길 수도 있다. 이는 적을 이롭게 하고 아군에게 막심한 피해를 준 것이다. 그러나 오늘날의 용렬한 장수는 이를 막지 못하고 있다.

損(손) 손해를 입다. 敵(적) 적군. 一人(일인) 1명. 損(손) 손해를 입다. 我(아) 아군. 百人(백인) 100명. 此(차) 이것은. 資(자) 재물. 敵(적) 적군. 傷(상) 상처를 주다. 甚(심) 심하다. 焉(언) 어조사. 世(세) 오늘날. 將(장) 장수. 不能(불능) 능히 ~을 하지 못하다. 禁(금) 금하다.

征役分軍而逃歸, 或臨戰自北, 則逃傷甚焉, 世將不能禁.

정역분군이도귀, 혹임전자배, 즉도상심언, 세장불능금.
또한 병사가 징집되어 입영한 후 부대에서 탈영하거나, 전투에 임하여 도망함으로써 아군의 작전에 막심한 손실을 초래하는 경우가 있는데, 오늘날의 용렬한 장수는 이를 막지 못하고 있다.

征(정) 정벌하다. 役(역) 부역하다. 分軍(분군) 부대를 배치받는 것. 逃歸(도귀) 탈영하다. 或(혹) 혹은. 臨戰(임전) 전투에 임하다. 自(자) 스스로. 北(배) 도망치다. 則(즉) 곧. 逃(도) 달아나다. 傷(상) 상처를 입히다. 甚(심) 심하다. 焉(언) 어조사. 世將(세장) 요즘 장수들. 不能禁(불능금) 막지 못하다.

殺人於百步之外者, 弓矢也, 殺人於五十步之內者, 矛戟也,
살인어백보지외자, 궁시야, 살인어오십보지내자, 모극야,
활과 화살은 100보 밖에 있는 적을 죽일 수 있는 병기이며, 창은 50보 이내의 적을 죽일 수 있는 병기인데,

殺人(살인) 사람을 죽이다. 於(어) 어조사. 百步之外(백보지외) 백보 밖. 者(자) ~하는 것. 弓(궁) 활. 矢(시) 화살. 殺人(살인) 사람을 죽이다. 於(어) 어조사. 五十步之內(오십보지내) 50보 안. 矛(모) 창. 戟(극) 창.

將已鼓而士卒相囂, 拗矢, 折矛, 抱戟, 利後發, 戰,
장이고이사졸상효, 요시, 절모, 포극, 이후발, 전,
장수가 북을 치면서 공격 명령을 내려도 병사들이 서로 왁자지껄 떠들기만 할 뿐, 궁수는 화살을 꺾고 창수는 창대를 부러뜨리거나 겨드랑이에 낀 채, 자신의 이익만을 생각해 남의 뒤만 쫓아 싸우려고 하는데,

將(장) 장수. 已(이) 이미. 鼓(고) 북을 치다. 士卒(사졸) 장병들. 相(상) 서로. 囂(효) 왁자지껄하다. 拗(요) 꺾다. 矢(시) 화살. 折(절) 끊다. 矛(모) 창. 抱(포) 가슴에 안다. 戟(극) 창. 利(리) 이익. 後(후) 뒤. 發(발) 쏘다. 戰(전) 싸우다.

有此數者, 內自敗也, 世將不能禁.
유차수자, 내자패야, 세장불능금.
이러한 경우가 여러 차례 발생하면 이는 아군 내부에서 스스로 패하게 하는 것이다. 그런데도 오늘날의 용렬한 장수는 이를 막지 못하고 있다.

有(유) 있다. 此(차) 이것. 數(수) 여러 차례. 者(자) ~하는 것. 內(내) 안. 自(자) 스스로. 敗(패) 패하다. 世將(세장) 요즘 장수. 不能禁(불능금) 막지 못하다.

士失什伍, 車失偏列, 奇兵捐將而走, 大衆亦走, 世將不能禁.
사실십오, 차실편렬, 기병연장이주, 대중역주, 세장불능금.
병사들로 구성된 부대도 잃고, 전차부대도 대부분 잃고, 기병(奇兵)부대도 장수를 버리고 도망가며, 대부분의 부대도 또한 도망가 버리는 이런 상황이 발생하는데도 불구하고, 오늘날의 용렬한 장수는 이를 막지 못하고 있다.

士(사) 병사들. 失(실) 잃다. 什伍(십오) 부대를 통칭하는 말. 車(차) 전차부대. 失(실) 잃다. 偏列(편열) 전차부대를 통칭하는 말. 奇兵(기병) 특수부대. 捐(연) 버리다. 將(장) 장수. 走(주) 달리다. 大衆(대중) 대부분의 부대. 亦(역) 또한. 走(주) 달리다. 도망가다. 世將(세장) 요즘 장수. 不能禁(불능금) 막지 못하다.

夫將能禁此四者, 則高山陵之, 深水絕之, 堅陣犯之.
부장능금차사자, 즉고산릉지, 심수절지, 견진범지.
무릇 장수 된 자가 이 네 가지 상황을 사전에 방지할 수만 있다면, 높은 산이나 언덕 같은 지형이나, 깊은 강과 같은 아무리 험한 지형이라도 극복할 수 있으며, 아무리 견고한 적진이라도 격파할 수 있는 것이다.

夫(부) 무릇. 將(장) 장수. 能禁(능금) 능히 ~을 금하다. 此四者(차사자) 이 4가지. 則(즉) 곧. 高山陵(고산릉) 높은 산과 언덕. 深水(심수) 깊은 물. 絕(절) 끊다. 堅陣(견진) 견고한 진지. 犯(범) 범하다.

不能禁此四者, 猶亡舟楫, 絕江河, 不可得也.
불능금차사자, 유망주즙, 절강하, 불가득야.
그러나 이 네 가지 상황을 방지하지 못하는 장수는 마치 배도 없이 큰 강을 건너가려는 것과 마찬가지로 승리를 도모할 수가 없는 것이다.

不能禁(불능금) ~을 금하는 것을 할 수가 없다. 此四者(차사자) 이 네 가지. 猶(유) 오히려. 亡(망) 망하다. 舟(주) 배. 楫(즙) 노. 絕(절) 끊다. 건너다. 江河(강하) 강. 不可得(불가득) 얻을 수 없다.

民非樂死而惡生也, 號令明, 法制審, 故能使之前.

민비락사이오생야, 호령명, 법제심, 고능사지전.

백성 중에 누구든지 죽는 것을 좋아하고 사는 것을 싫어하는 사람은 없는 법이다. 그렇지만 군령이 명확하고 군의 법제가 빈틈없이 확립되어 있다면, 군사들이 죽음을 무릅쓰고 적진으로 돌진하게 할 수 있다.

民(민) 백성. 非(비) 아니다. 樂死(락사) 죽는 것을 좋아하다. 惡生(오생) 살기를 싫어하다. 號令(호령) 군령을 의미함. 明(명) 명확하다. 法制(군제) 군의 법제. 審(심) 살피다. 故(고) 고로. 能(능) 능히 ~하다. 使(사) 시키다. 前(전) 앞. 미리.

明賞於前, 決罰於後, 是以發能中利, 動則有功.

명상어전, 결벌어후, 시이발능중리, 동즉유공.

사전에 포상 규정이 명확하게 세우고, 사후에 벌을 시행함에 있어 엄격하게 시행하여야 하는 법이다. 이렇게 함으로써 전쟁터에서 병사들을 분발시킬 수 있으며, 병사들을 움직여 전공을 세울 수 있게 되는 것이다.

明(명) 명확하다. 賞(상) 상을 주다. 於(어) 어조사. 前(전) 앞. 미리. 決(결) 터지다. 罰(벌) 벌을 주다. 於(어) 어조사. 後(후) 뒤에. 是(시) 이것. 以(이) 써. ~로써. 發(발) 쏘다. 떠나다. 能(능) 능히 ~하다. 中(중) 가운데. 利(리) 이롭다. 動(동) 움직이다. 則(즉) 곧. 有功(유공) 공이 있다.

令百人一卒, 千人一司馬, 萬人一將, 以少誅衆, 以弱誅强.

영백인일졸, 천인일사마, 만인일장, 이소주중, 이약주강.

군대의 편제는 병사 100명마다 졸(卒) 1명을 임명하고, 병사 1,000명마다 사마(司馬) 1명을 임명하고, 병사 10,000명마다 장수(將) 1명을 임명하여, 소수의 인원으로 많은 병사를 통제하도록 하고, 소수의 약한 힘으로 다수의 강한 힘을 통제하도록 편성하는 법이다.

令(령) 명령을 내리다. 百人(백인) 병사 백 명. 一卒(일졸) 지휘자로 졸(卒) 1명을 임명하다. 千人(천인) 병사 천 명. 一司馬(일사마) 지휘자로 사마(司馬) 1명을 임명하다. 萬人(만인) 병사 만 명. 一將(일장) 지휘자로 장(將) 1명을 임명하다. 以少(이소) 소수의 인원으로. 誅(주) 통제하다. 衆(중) 많은 병력. 以弱(이약) 소수의 약한 힘으로. 誅(주) 통제하다. 强(강) 다수의 강한 힘을 말함.

試聽臣言, 其術足使三軍之衆, 誅一人無失刑,

시청신언, 기술족사삼군지중, 주일인무실형,

신(臣) 울료의 말을 듣고 그대로 적용해서 병력을 통제한다면, 전군의 장병들을 다스리는 방법으로 충분할 것이며, 단 한 사람도 형벌을 잘못 적용하여 처벌되는 일이 없을 것이다.

試(시) 시험하다. 聽(청) 듣다. 臣言(신언) 신의 말. 즉, 울료자 자신의 말. 其(기) 그. 術(술) 꾀. 술책. 방법. 足(족) 족하다. 使(사) ~하게 하다. 三軍之衆(삼군지중) 삼군의 병력. 전군의 장병. 誅(주) 통제하다. 一人(일인) 1사람. 無失刑(무실형) 형벌을 잘못 적용하는 일이 없다.

父不敢舍子, 子不敢舍父, 況國人乎?
부불감사자, 자불감사부, 황국인호?
아버지도 감히 아들을 감싸주지 못하며, 아들도 감히 아버지를 감사주지 못할 것이니, 하물며 남남끼리야 더 말할 나위가 있겠는가?

父(부) 아버지. 不(불) 아니다. 敢(감) 감히 ~하다. 舍(사) 집. 관청. 감싸주다. 子(자) 아들. 子(자) 아들. 不(불) 아니다. 敢(감) 감히 ~하다. 父(부) 아버지. 況(황) 하물며. 國人(국인) 내국인. 다른 사람을 말함. 乎(호) 어조사.

一賊仗劍擊於市, 萬人無不避之者,
일적장검격어시, 만인무불피지자,
도적 1명이 칼을 들고 시장 거리에서 난동을 부리고 있는데, 주위에 10,000명이 있다 하더라도 이를 피하지 않을 사람이 없을 것이다.

一賊(일적) 도적 한 명. 仗(장) 무기. 劍(검) 칼. 擊(격) 난동을 부리다. 於市(어시) 시장에서. 萬人(만인) 만 명. 無(무) 없다. 不避(불피) 피하지 않다. 者(자) ~하는 것.

臣謂, 非一人之獨勇, 萬人皆不肖也. 何則?
신위, 비일인지독용, 만인개불초야. 하즉?
내가 생각할 때는 칼을 든 도적 1명만 용기가 있는 사람이 아니고, 그 주위에 10,000명 모두가 비겁한 사람이 아니라고 생각한다. 어떻게 그럴 수가 있겠는가?230)

---

230) 오자병법에 나오는 아래 문장과 같이 보면 유사한 점을 발견할 수 있을 것임. 今使一死賊伏於曠野, 千人追之, 莫不梟視狼顧. 何者?(금사일사적복이광야, 천인추지, 막불효시랑고. 하사?). 시금 죽음을 각오한 도적 한 명이 벌판에 숨어 있다고 가정한다면, 천 명이 그를 쫒을 때, 도적을 쫒고 있는 천명이 오히려 올빼미나 이리처럼 겁먹은 모습을 보이지 않는 자가 없을 것입니다. 왜 그렇겠습니까? 忌其暴起而害己. 是以一人投命, 足懼千夫.(기기폭기이해기.

臣(신) 신하. 謂(위) 이르다. 非(비) 아니다. 一人(일인) 1사람. 獨(독) 홀로.勇(용) 용맹하다. 萬人(만인) 만 명. 皆(개) 다. 모두. 不肖(불초) 못나고 어리석은 사람. 何則(측) 어찌 그렇겠습니까?

必死與必生, 固不侔也.
필사여필생, 고불모야.
이는 바로 도적 1명의 입장에서는 필사적으로 죽음을 각오하였고, 주위의 10,000명이나 되는 구경꾼들의 입장에서는 목숨이 아까워 살기를 도모하였기 때문인 것이니, 필사의 마음가짐과 필생의 마음가짐은 근본적으로 같을 수가 없는 것이다.

必死(필사) 죽음을 각오하다. 與(여) 같이. 必生(필생) 반드시 살려고 하다. 固(고) 오로지. 한결같다. 不(불) 아니다. 侔(모) 가지런하다. 같다.

聽臣之術, 足使三軍之衆爲一死賊, 莫當其前, 莫隨其後, 而能獨出獨入焉.
청신지술, 족사삼군지중위일사적, 막당기전, 막수기후, 이능독출독입언.
신(臣) 울료의 방책을 듣고 실행에 옮긴다면, 삼군의 전 장병들을 마치 죽을 각오를 하고 덤벼드는 그 도적처럼 만들어 누구도 감히 앞을 가로막지 못하고, 물러선다 하더라도 감히 뒤를 추격하지 못하며, 전장에서의 진퇴도 자유자재로 하는 데 부족함이 없을 것이다.

聽(청) 듣다. 臣之術(신지술) 신의 방책. 足(족) 족하다. 使(사) ~하게 하다. 三軍之衆(삼군지중) 삼군의 병사. 전 장병을 말함. 爲一(위일) 하나로 만들다. 死賊(사적) 죽기를 각오한 도적. 莫(막) 없다. 當(당) 당하다. 其前(기전) 그 앞. 莫(막) 없다. 隨(수) 따라가다. 其後(기후) 그 뒤. 能(능) 능히 ~하다. 獨出(독출) 혼자 나아가다. 獨入(독입) 혼자 들어오다.

獨出獨入者, 王伯之兵也.
독출독입자, 왕백지병야.
이렇게 자유자재로 진퇴할 수 있는 군대야말로 곧 왕자의 군대요, 패자의 군대인 것이다.

獨出(독출) 혼자 나아가다. 獨入(독입) 혼자 들어오다. 焉(언) 어조사. 王伯之兵(왕백지병) 왕이나 패자의 병사이다.

시이일인투명, 족구천부.) 그것은 도적이 갑자기 나타나 자기를 해치지 않을까 두렵기 때문입니다. 따라서 한 명이 목숨을 내던질 각오를 하면, 족히 천 명을 두려움에 떨게 할 수 있습니다.

有提九萬之衆, 而天下莫能當者, 誰? 曰, 桓公也.
유제구만지중, 이천하막능당자, 수? 왈, 환공야.
단지 90,000의 병력만을 가지고도 천하에 능히 당해낼 사람이 없었던 이는 누구인가? 그는 바로 제나라의 환공(桓公)이었다.

有(유)있다. 提(제) 끌다. 九萬之衆(구만지중) 9만 명의 병력. 天下(천하) 천하. 莫(막) 없다. 能(능) 능히. 當(당) 당하다. 者(자) ~하는 자. 誰(수) 누구. 曰, 桓公也(왈, 환공야) 말하기를, 환공이었다.

有提七萬之衆, 而天下莫敢當者, 誰? 曰, 吳起也.
유제칠만지중, 이천하막감당자, 수? 왈, 오기야.
단지 70,000의 병력만을 가지고도 천하에 감히 당해낼 사람이 없었던 이는 누구인가? 그는 바로 위 나라의 오기(吳起) 장군이었다.

有提七萬之衆, 而天下莫敢當者, 誰(유제칠만지중, 이천하막감당자, 수) 7만의 병력을 가지고도 천하에 감당할 자가 없었던 이는 누구인가를 묻는 것임. 曰, 吳起也(왈, 오기야) 말하기를, 오기 장군이었다.

有提三萬之衆, 而天下莫敢當者, 誰? 曰, 武子也.
유제삼만지중, 이천하막감당자, 수? 왈, 무자야.
단지 3만의 병력을 가지고도 천하에 감히 당해낼 사람이 없었던 이는 누구인가? 그는 바로 오 나라의 손무(孫武) 장군이었다.

有提三萬之衆, 而天下莫敢當者, 誰(유제삼만지중, 이천하막감당자, 수) 3만의 병력을 가지고도 천하에 감당할 자가 없었던 이는 누구인가를 묻은 것임. 曰, 武子也(왈, 무자야) 말하기를, 손무 장군이었다.

今天下諸國士所率無不及二十萬衆者, 然不能濟功名者, 不明乎禁舍開塞也.
금천하제국사소솔무불급이십만중자, 연불능제공명자, 불명호금사개색야.
오늘날 천하의 모든 나라 가운데 20만 명 미만의 병력을 보유하고 있는 나라는 없는데, 그런데도 그들이 공을 세우고 이름을 드높이지 못하는 이유는 바로 금사개색(禁舍開塞)231)

231) 금사개색(禁舍開塞) : 백성들의 행동 중에서 금할 것은 금하고(금, 禁), 작은 허물과 같은 버릴 것은 버리고(사, 舍=捨),

과 같은 법제가 명확하지 않기 때문이다.

今(금) 지금. 오늘날. 天下(천하) 천하. 諸(제) 모두. 國(국) 나라. 士(사) 병사. 군대. 所率(소솔) 거느리는 바. 無(무) 없다. 不及(불급) 미치지 않다. 二十萬衆(이십만중) 병사 20만 명. 者(자) ~하는 것. 然(연) 그러하다. 不能(불능) 능히 ~을 하지 못하다. 濟(제) 건너다. 이루다. 功名(공명) 공을 세우고 이름을 드높이다. 不明(불명) 명확하지 않다. 乎(호) 어조사. 禁舍開塞(금사개색) 금할 것은 금하고, 버릴 것은 버리고, 열어줄 것은 열어주고, 막을 것은 막다.

明其制, 一人勝之, 則十人亦以勝之也. 十人勝之, 則百千萬人亦以勝之也.
명기제, 일인승지, 즉십인역이승지야. 십인승지, 즉백천만인역이승지야.
군의 법제를 명확하게 해서 장병 1명을 잘 통제하면 장병 10명이 통제에 잘 따르게 되며, 10명을 잘 통제하면 1백 명, 1천 명, 1만 명이 통제에 잘 따르게 되는 것이다.

明(명) 명확하게 하다. 其制(기제) 그 법제. 一人(일인) 장병 1명. 勝之(승지) 이기면. 則(즉) 곧. 十人(십인) 장병 10명. 亦(역) 또한. 以(이) 써. 勝之(승지) 이긴다. 十人(십인) 장병 10명. 勝之(승지) 잘 통제하면. 百千萬人(백천만인) 장병 100명, 1000명, 10000명. 勝之(승지) 잘 통제한다.

故曰, 便吾器用, 養吾武勇, 發之如鳥擊, 如赴千仞之谿.
고왈, 편오기용, 양오무용, 발지여조격, 여부천인지계.
옛말에 이르기를 아군의 병기, 무기, 전투 장비들을 사용하기에 편하도록 잘 갖추고 정비해 놓은 다음, 장병들을 굳세고 용맹스럽게 양성해 놓으면, 이러한 군대는 적과 싸울 때 마치 새가 먹이를 공격하듯이, 폭포가 천 길 낭떠러지에서 쏟아져 내리듯이 매서운 기세로 적을 공격할 수 있게 된다.

故曰(고왈) 옛말에 이르기를. 便(편) 편하다. 吾(오) 나. 器(기) 병기. 用(용) 쓰다. 養(양) 양성하다. 吾(오) 나. 武(무) 굳세다. 勇(용) 용맹하다. 發之(발지) 출발시키다. 如(여) 마치 ~같이. 鳥擊(조격) 새가 먹이를 공격하듯. 赴(부) 나아가다. 千(천) 1,000. 仞(인) 사람 키 한길. 谿(계) 계곡.

今國被患者, 以重幣出聘, 以愛子出質, 以地界出割, 得天下助.
금국피환자, 이중폐출빙, 이애자출질, 이지계출할, 득천하조.

살아가는 길과 같은 열어줄 것은 열어주고(개, 開), 비뚤어진 폐습과 같은 막을 것은 막다(색, 塞).

오늘날 다른 나라의 침략을 받아 외환에 시달리는 나라들은 비단과 같은 귀중한 보물을 공물로 바치거나, 사랑하는 자식들, 예를 들면 왕자나 공주를 인질로 보내거나, 영토를 떼어 주면서까지 천하 사방으로부터 도움을 얻으려고 한다.

今(금) 지금. 國(국) 나라. 被(피) 미치다. 患(환) 우환. 者(자) ~하는 것. 以(이) 써. 重(중) 무겁다. 幣(폐) 비단. 出(출) 나가다. 聘(빙) 찾아가다. 以(이) 써. 愛(애) 사랑하다. 子(자) 아들. 出(출) 나가다. 質(질) 인질. 以(이) 써. 地(지) 영토. 界(계) 국경. 出(출) 나가다. 割(할) 나누다. 得(득) 얻다. 天下(천하) 천하. 助(조) 도움.

卒名爲十萬, 其實不過數萬爾.
졸명위십만, 기실불과수만이.

그렇게까지 하면서 얻은 지원군의 실상을 보면, 명목상으로는 100,000명이 지원되었다고 하더라도 실제로는 병력이 수만 명에 지나지 않는 경우가 대부분이다.

卒(졸) 군대를 말함. 名爲(명위) 명목상으로는. 十萬(십만) 십만의 군대. 其實(기실) 실제로는. 不過(불과) ~에 지나지 않는다. 數萬(수만) 수 만명. 爾(이) 어조사.

其兵來者, 無不謂將者曰, 無爲人下, 先戰. 其實不可得而戰也.
기병래자, 무불위장자왈, 무위인하, 선전. 기실불가득이전야.

지원군을 파병할 때, 그 나라의 군주는 출전하는 장수에게 남의 휘하에 들어가는 일이 없이 앞장서서 싸워야 한다고 말하지 않는 경우가 없겠지만, 실전에 큰 도움은 되지 못하는 것이다.

其兵(기병) 지원하러 온 군대. 來(래) 오다. 者(자) ~하는 것. 無(무) 없다. 不謂(불위) 말하지 않다. 將(장) 장수. 曰(왈) 말하다. 無(무) 없다. 爲(위) 하다. 人(인) 사람. 下(하) 아래. 先戰(선전) 먼저 싸우다. 其實(기실) 사실은. 不可得(불가득) 얻는 것이 불가하다. 戰(전) 전투.

量吾境內之民, 無伍莫能正矣.
양오경내지민, 무오막능정의.

우리 국내의 실정도 마찬가지이다. 백성들을 모두 징집한다 하더라도 군제가 확립되어 있지 않으면 이들을 올바로 쓸 수가 없다.

量(양) 헤아리다. 吾(오) 나. 境內(경내) 국경 안. 民(민) 백성. 無(무) 없다. 伍(오) 부대 단위. 莫(막) 없다. 能(능) 능히 ~하다. 正(정) 똑바로 임무 수행하다. 矣(의) 어조사.

經制十萬之衆, 而王必能使之衣吾衣, 食吾食.
경제십만지중, 이왕필능사지의오의, 식오식.
그리고, 우리가 지금 10만의 병력을 보유하고 있는데, 왕은 이들을 전쟁에 쓰겠다 하여 국가의 재정으로 이들을 입히고 먹이고 있다.

經(경) 경영하다. 制(제) 통제하다. 十萬之衆(십만지중) 10만 명의 병력. 王(왕) 왕. 必(필) 반드시. 能(능) 능히 ~하다. 使(사) ~하게 하다. 衣(의) 입히다. 옷. 吾(오) 나. 衣(의) 입히다. 옷. 食(식) 밥. 먹이다. 吾(오) 나. 食(식) 밥. 먹이다.

戰不勝, 守不固者, 非吾民之罪, 內自致也.
전불승, 수불고자, 비오민지죄, 내자치야.
적과 싸워서 이기지 못하고, 방어해도 견고하게 지켜내지 못하는 것은 장병들의 잘못이 아니라 그런 군사 자체 내부적 문제로 인해 그 지경까지 이른 것이다. 즉, 장병들의 잘못이라기보다는 이를 다스리는 자가 자초한 것이다.

戰(전) 전투. 不勝(불승) 이기지 못하다. 守(수) 방어하다. 不固(불고) 견고하지 못하다. 者(자) ~하는 것. 非(비) 아니다. 吾民(오민) 나의 백성. 罪(죄) 잘못. 內(내) 안으로. 自(자) 스스로. 致(치) 이르다.

天下諸國助我戰, 猶良驥騄耳之駃, 彼駑馬鬐興角逐, 何能紹吾後哉?
천하제국조아전, 유량기록이지결, 피노마기흥각축, 하능소오후재?
천하의 모든 우방국이 지원군을 보내 도와준다고 하더라도 그것은 명색만 천리마일 뿐 실제로는 둔한 노마에 지나지 않으므로 그러한 지원군을 데리고 어찌 능히 적을 상대해서 그들을 당해 낼 수 있겠는가?

天下諸國(천하제국) 천하의 모든 나라. 助(조) 도우다. 我戰(아전) 내가 싸우는 전쟁. 猶(유) 오히려. 良(량) 좋다. 驥(비) 천리마. 騄(록) 말 이름. 耳(이) 귀. 駃(결) 암나귀와 수말 사이에서 난 트기. 彼(피) 저. 駑(노) 둔하다. 馬(마) 말. 鬐(기) 갈기. 興(흥) 일어나다. 角逐(각축) 서로 경쟁함. 何(하) 어찌. 能(능) 능히 ~하다. 紹(소) 잇다. 吾(오) 나. 後(후) 뒤. 哉(재) 어조사.

吾用天下之用爲用, 吾制天下之制爲制, 修吾號令, 明吾刑賞,
오용천하지용위용, 오제천하지제위제, 수오호령, 명오형상,
군주는 천하의 재물을 활용하여 경제권을 장악하고, 천하의 법제를 확립하여 통제력을 행사

하여야 한다. 그리고 명령체계를 제대로 잘 닦아 놓고 상벌을 명확하게 시행하여야 한다.

吾(오) 나. 군주. 用(용) 쓰다. 天下之用(천하지용) 천하의 모든 쓰임새. 爲(위) ~하다. 制(제) 통제하다. 天下之制(천하지제) 천하의 모든 법제. 制(제) 제도. 修(수) 닦다. 號令(호령) 지휘하여 명령함. 明(명) 밝다. 刑賞(형상) 상과 벌.

使天下非農所得食, 非戰無所得爵, 使民揚臂爭出農 · 戰, 而天下無敵矣.
사천하비농소득식, 비전무소득작, 사민양비쟁출농 · 전, 이천하무적의.
또한, 천하의 모든 백성에게 '농사에 힘쓰지 않으면 먹고 살 수가 없으며, 전쟁터에 나가서 싸워 이기지 못하면 작록을 얻을 수 없다'는 것을 인식시켜야 한다. 이렇게 하면 백성들 모두가 팔뚝을 걷어붙이고 나서서, 평시에는 농사에 힘쓰고 유사시에는 전쟁에 몸을 바치게 되므로 천하무적의 강국이 될 수 있는 것이다.

使(사) ~하게 하다. 天下(천하) 천하. 非(비) 아니다. 農(농) 농사. 所(소) ~하는 바. 得(득) 얻다. 食(식) 먹다. 非戰(비전) 전쟁이 아니고는. 無(무) 없다. 所得(소득) 얻는 바. 爵(작) 벼슬. 使(사) ~하게 하다. 民(민) 백성. 揚臂(양비) 팔뚝을 걷어붙이다. 爭(쟁) 다투다. 出(출) 나가다. 農·戰(농, 전) 농사와 전투. 天下無敵(천하무적) 천하에 적이 없다. 矣(의) 어조사.

故曰, 發號出令, 信行國內.
고왈, 발호출령, 신행국내.
그러므로 이런 경우를 일컬어 '국가에서 명령을 내리면 모든 백성이 이를 믿고 따르게 된다.'고 말하는 것이다.

故曰(고왈) 고로 이런 경우를 일컬어. 發(발) 쏘다. 출발하다. 號(호) 부르짖다. 出(출) 나가다. 令(령) 명령. 信(신) 믿음. 신뢰. 行(행) 행하다. 國內(국내) 나라 안.

民言有可以勝敵者, 毋許其空言, 必試其能戰也.
민언유가이승적자, 무허기공언, 필시기능전야.
백성 중에서 적을 이길 수 있다고 말하는 사람이 있으면, 이를 헛소리라고 무시하지 말고, 실제 전투에 참여시켜 그의 능력을 시험하고 만약 유능하다면 등용해야 한다.

民(민) 백성. 言(언) 말씀. 有(유) 있다. 可(가) 가능하다. 以(이) ~로써. 勝(승) 이기다. 敵(적) 적군. 者(자) ~하는 자. 毋(무) 말다. 許(허) 허락하다. 其(기) 그. 空言(공언) 빈말. 必(필) 반드시. 試(시) 시험하다. 其(기) 그. 能(능) 능력. 戰(전) 전투.

視人之地而有之, 分人之民而畜之, 必能內有其賢者也.
시인지지이유지, 분인지민이축지, 필능내유기현자야.
군주가 다른 나라 영토를 자신의 영토로 편입시키거나 다른 나라 백성을 자신의 백성으로 만들려고 하면, 반드시 먼저 자기 나라 안에 현명한 인재를 확보해 두어야 한다.

視(시) 보이다. 보다. 人(인) 사람. 地(지) 땅. 영토. 有(유) 있다. 分(분) 나누다. 人(인) 사람. 적. 남. 民(민) 백성. 畜(축) 쌓다. 必(필) 반드시. 能(능) 능히 ~하다. 內(내) 안. 국내. 有(유) 있다. 其(기) 그. 賢(현) 현명하다. 者(자) ~하는 것.

不能內有其賢, 而欲有天下, 必覆軍殺將.
불능내유기현, 이욕유천하, 필복군살장.
국내에서 현명한 인재를 확보해 놓지 않고 천하를 가지고자 한다면, 그런 군대는 궤멸당할 것이고 장수들은 죽음을 면치 못할 것이니 현명한 인재를 확보하는 것이 대단히 중요하다 할 것이다.

不能(불능) ~이 불가능하다. 內(내) 안. 국내. 有(유) 있다. 其(기) 그. 賢(현) 현명한 인재. 欲(욕) ~하고자 한다. 天下(천하) 천하. 必(필) 반드시. 覆(복) 뒤집히다. 軍(군) 군대. 殺(살) 죽이다. 죽다. 將(장) 장수.

如此, 雖戰勝而國益弱, 得地而國益貧, 由國中之制弊矣.
여차, 수전승이국익약, 득지이국익빈, 유국중지제폐의.
이와 같이 유능한 인재를 제대로 확보하지 못한 채로 천하를 얻고자 한다면 비록 전쟁에 이기더라도 괜한 국력만 낭비되어 국력은 점점 쇠약해지고, 다른 나라의 영토를 획득하였더라도 괜한 관리소요만 늘어서 국가의 재정은 더욱 빈곤해질 것이다. 이는 다른 데 원인이 있는 것이 아니라 군제와 기강이 제대로 확립되어 있지 않았기 때문이다.

如此(여차) 이와 같다면. 雖(수) 비록. 戰勝(전승) 전쟁에서 승리하다. 國(국) 나라. 益(익) 더욱. 弱(약) 약해지다. 得地(득지) 영토를 얻다. 益(익) 더욱. 貧(빈) 가난하다. 由(유) 말미암다. 中(중) 가운데. 制(제) 제도. 弊(폐) 허물어지다. 矣(의) 어조사.

第四. 戰威 제4. 전위.[232] 전장에서의 위엄

전위(戰威)는 전투나 전쟁을 함에 있어 발현되는 부대의 위엄을 말하는 것이다. 전투함에 있어 위엄이 없다면 어떻게 승리할 수 있겠는가? 그러므로 본문 내용 중에 뜻을 취하여 편명(篇名)으로 삼았다.

-울료자직해(尉繚子直解)에서-

凡兵, 有以道勝, 有以威勝, 有以力勝.

범병, 유이도승, 유이위승, 유이력승.

전쟁에서 승리하는 방법은 다음과 같은 세 가지가 있다. 첫째는 정치적 역량으로써 적을 이기는 방법, 둘째는 대비태세의 위력으로써 적을 이기는 방법, 셋째는 직접 적과 싸워서 이기는 방법이다.

凡兵(범병) 무릇 용병을 함에 있어서. 道(도) 도의. 威(위) 권위. 위력. 力(력) 힘. 전투력.

講武料敵, 使敵之氣失而師散, 雖形全而不爲之用, 此道勝也.

강무요적, 사적지기실이사산, 수형전이불위지용, 차도승야.

앞에서 설명한 세 가지, 적을 이기는 방법에 대한 것을 하나씩 살펴보면 아래와 같다. 첫째, 국방을 튼튼히 하고 적국의 실정을 잘 헤아려서 적군의 사기를 꺾어 놓고 분열시킴으로써, 외형상으로는 적군의 군세가 온전한 듯하지만 실전에 제대로 쓰이지 못하도록 하는 것이 바로 정치적 역량으로 적을 이기는 길이다.

講(강) 익히다. 武(무) 무. 국방. 料(료) 헤아리다. 敵(적) 적국. 使(사) ~하게 하다. 氣(기) 기세. 사기. 失(실) 잃다. 師(사) 군사. 군대. 散(산) 흩어놓다. 雖(수) 비록. 形(형) 형태. 全(전) 온전하다. 不爲(불위) ~하지 못하다. 用(용) 쓰다. 此(차) 이것. 道(도) 도의. 정치력. 勝(승) 이기다.

---

232) 전 위 : 울료는 이 편에서 국가가 전쟁을 수행하고 승리할 수 있는 방략을 '정치력, 전비, 전투력' 이 셋으로 규정하고, 그중에서도 전비의 위력을 중점적으로 강조하였다. 그리고 아측의 완벽한 전비로써 사전에 적의 투지를 꺾고, 아군의 사기를 고양해 최상의 전투력을 발휘하여야 하며, 이를 위해서는 장수의 일사 분란한 지휘 명령체계 확립, 장병 간의 친화 단결, 합리적인 법령 제도, 후생과 복지를 전제로 삼아야 한다고 역설하였다.

審法制, 明賞罰, 便器用, 使民有必戰之心, 此威勝也.
심법제, 명상벌, 편기용, 사민유필전지심, 차위승야.
둘째, 각종 법과 제도를 잘 살피고, 상벌을 명확하게 시행하며, 각종 무기와 장비를 사용하기에 편리하도록 완벽하게 갖추어 놓고, 백성들 하여금 필승의 신념을 품도록 하는 것이 곧 싸우지 않고 전비 태세의 위력으로 적을 이기는 길이다.

審(심) 살피다. 法制(법제) 법과 제도. 明(명) 명확하게 하다. 賞罰(상벌) 상과 벌. 便(편) 편하다. 器(기) 무기를 말함. 用(용) 쓰다. 使(사) ~하게 하다. 民(민) 백성. 有(유) 있다. 必戰之心(필전지심) 필승하겠다는 마음가짐. 此(차) 이것. 威(위) 권위. 위엄. 위력. 勝(승) 이기다.

破軍殺將, 乘闉發機, 潰衆奪地, 成功乃返, 此力勝也.
파군살장, 승인발기, 궤중탈지, 성공내반, 차력승야.
셋째, 군을 출동시켜 적의 군대를 격파하고 적장을 죽이며, 적의 성곽에 올라가 쇠뇌나 포를 쏘면서 적의 군대를 무너뜨리고 적지를 탈취함으로써 전쟁목적 달성에 성공하고 돌아오도록 하는 것이 곧 직접 적과 싸워 이기는 길이다.

破(파) 깨뜨리다. 軍(군) 군대. 적의 군대. 殺(살) 죽이다. 將(장) 장수. 적의 장수. 乘(승) 올라타다. 闉(인) 성곽 문. 發(발) 쏘다. 機(기) 기계. 潰(궤) 무너지다. 衆(중) 무리. 奪(탈) 빼앗다. 地(지) 땅. 成功(성공) 성공하다. 乃(내) 이에. 返(반) 되돌아오다. 此(차) 이것. 力(력) 힘. 勝(승) 이기다.

王侯如此, 所以三勝者畢矣.
왕후여차, 소이삼승자필의.
왕이나 제후들이 앞에서 언급한 세 가지 이치에 대해서 잘 알고 있다면, 세 가지 유형의 승리를 위한 준비는 모두 마쳤다고 할 수 있다.

王侯(황후) 왕과 제후. 如(여) 같다. 此(차) 이것. 所(소) ~하는 바. 以(이) 써. ~로써. 三勝(삼승) 세 가지 이기는 방법. 者(자) ~하는 것. 畢(필) 마치다. 矣(의) 어조사.

夫將之所以戰者民也, 民之所以戰者氣也. 氣實則鬪, 氣奪則走.
부장지소이전자민야, 민지소이전자기야. 기실즉투, 기탈즉주.
장수가 전쟁을 수행할 수 있게 해 주는 것은 바로 백성들(병력을 구성하는 주된 구성원이 백성들임)이며, 백성들이 적과 싸울 수 있게 해 주는 것은 바로 투지와 사기이다. 투지와 사기가 왕성하면 용감하게 싸울 수 있지만, 투지와 사기가 빼앗기게 되면 패주하게 된다.

夫(부) 무릇. 將(장) 장수. 所(소) ~하는 바. 以(이) ~로써. 戰(전) 전투. 者(자) ~하는 것. 民也(민야) 백성. 民(민) 백성. 氣也(기야) 사기. 기세. 氣(기) 기세. 實(실) 실하다. 鬪(투) 싸우다. 奪(탈) 빼앗기다. 走(주) 도망치다.

刑未加, 兵未接, 而所以奪敵者五.
형미가, 병미접, 이소이탈적자오.
전쟁 또는 전투를 개시하기 전에, 적의 투지와 사기를 빼앗는 데는 다섯 가지 방법이 있다.

刑(형) 형벌. 전투나 전쟁을 말함. 未加(미가) 가해지지 않다. 兵(병) 전쟁, 전투를 말함. 未接(미접) 아직 접하지 않다. 所(소) ~하는 바. 以(이) ~로써. 奪(탈) 빼앗다. 敵(적) 적군. 者(자) ~하는 것. 五(오) 다섯 가지가 있다.

一曰, 廟勝之論, 二曰, 受命之論, 三曰, 踰垠之論,
일왈, 묘승지론, 이왈, 수명지론, 삼왈, 유은지론,
첫째 조정에서 전쟁에서 승리하기 위한 치밀한 계획을 세워야 하며, 둘째 전군을 통솔할 만한 능력이 있는 장수를 임명해야 하고, 셋째 전 장병들이 국경을 넘어서라도 전투를 하겠다는 의지가 넘치거나 국경을 넘어서까지 전쟁을 수행할 수 있는 능력이 있어야 하며,

一曰(일왈) 첫 번째. 廟(묘) 종묘. 조정을 말함. 勝(승) 이기다. 二曰(이왈) 두 번째. 受命(수명) 명을 받다. 三曰(삼왈) 세 번째. 踰垠(유은) 끝을 넘다. 踰=넘다. 垠=땅끝. 국경.

四曰, 深溝高壘之論, 五曰, 擧陣加刑之論.
사왈, 심구고루지론, 오왈, 거진가형지론.
넷째 참호를 깊이 파고 보루를 높이 쌓아 견고한 수비태세를 갖추어야 하며, 다섯째 적 앞에 진영을 제대로 갖추고 적을 칠 준비가 되어 있어야 한다.

四曰(사왈) 네 번째. 深(심) 깊다. 溝(구) 도랑. 참호. 高(고) 높다. 壘(루) 보루. 망루. 五曰(오왈) 다섯 번째. 擧(거) 들다. 오르다. 陣(진) 진. 군진. 진영. 加(가) 가하다. 刑(형) 형벌.

此五者, 先料敵而後動, 是以擊虛奪之也.
차오자, 선료적이후동, 시이격허탈지야.

이 5가지 방법을 실행하기에 앞서 먼저 적정(敵情)을 잘 파악한 이후에 부대를 움직여야 하고, 또한 적의 허점을 공격해서 적의 투지와 사기를 꺾어 놓아야 한다.

此五者(차오자) 이 다섯 가지는. 先(선) 먼저. 料(료) 헤아리다. 敵(적) 적군. 後(후) 뒤에. 動(동) 움직이다. 是(시) 이것. 以(이) ~로써. 써. 擊(격) 치다. 공격하다. 虛(허) 허점. 奪(탈) 빼앗다.

善用兵者, 能奪人而不奪於人. 奪者心之機也, 令者一衆心也.
선용병자, 능탈인이불탈어인. 탈자심지기야, 영자일중심야.
용병술을 잘하는 자는 능히 적의 투지와 사기를 빼앗을 수는 있지만 적에게 아군의 투지와 사기를 빼앗기지는 않는 법이다. 적의 투지와 사기를 빼앗는다는 것은 곧 적의 심리를 조종한다는 것이며, 명령을 내린다는 것은 전 장병의 마음을 하나로 일치시키는 것을 말하는 것이다.

善(선) 잘하다. 用兵(용병) 용병술. 者(자) ~하는 자. 能(능) 능히 ~하다. 奪人(탈인) 적의 투지와 사기를 빼앗다. 不奪(불탈) 빼앗기지 않다. 於人(어인) 적으로부터. 奪者(탈자) 적의 투지와 사기를 빼앗는다는 것은. 心之機(심지기) 마음을 조종하는 것. 令者(령자) 명령을 내린다는 것은. 一衆心(일중심) 무리의 마음을 하나로 만드는 것이다. 무리=부대.

衆不審, 則數變, 數變, 則令雖出衆不信矣.
중불심, 즉수변, 삭변, 즉령수출중불신의.
장수가 피아(彼我)의 심리상태를 잘 파악하지 못하면, 명령이나 계획을 자주 바꿀 수밖에 없는 법이다. 장수가 명령이나 계획을 자주 변경하면, 장병들에게 명령을 내려도 장병들이 그 명령을 믿고 따르지 않게 되는 것이다.

衆(중) 무리. 부대. 不審(불심) 살피지 못하다. 則(즉) 곧. 數(수) 여러 차례. 變(변) 변하다. 數變(삭변) 장수가 명령을 자주 바꾸면. 令(령) 명령. 雖(수) 비록. 出(출) 나가다. 不信(불신) 믿지 못하다. 矣(의) 어조사.

故令之之法, 小過無更, 小疑無申.
고령지지법, 소과무경, 소의무신.
따라서 장수가 명령을 하달할 때에는 하달된 명령에 사소한 착오나 과오가 있더라도 이를 쉽게 바꾸지 말아야 하며, 사소한 의문이 생기더라도 이에 개의치 말아야 한다.

故(고) 그러므로. 令之之法(령지지법) 명령을 내리는 방법. 小過(소과) 작은 과오. 無更(무경) 변경이 없어야 한다. 小疑(소의) 작은 의문. 無申(무신) 개의치 않다.

故上無疑令, 則衆不二聽, 動無疑事, 則衆不二志,
고상무의령, 즉중불이청, 동무의사, 즉중불이지,
상관이 명령을 내림에 있어 전혀 의심함이 없으면 장병들도 한눈팔지 않고 잘 따르는 법이며, 상관이 일을 처리함에 의심 없이 움직이면 장병들도 다른 뜻을 품지 않는 법이다.

故(고) 고로. 上(상) 윗사람. 無疑(무의) 의심이 없다. 令(령) 령을 내리다. 則(즉) 곧. 衆(중) 무리. 장병들. 不二(불이) 둘이 아니다. 聽(청) 듣다. 動(동) 움직이다. 事(사) 일. 志(지) 의지.

未有不信其心而能得其力者也, 未有不得, 其力而能致, 其死戰者也.
미유불신기심이능득기력자야, 미유부득, 기력이능치, 기사전자야.
예로부터 부하 장병들로부터 신임을 얻지 못하고 부하들이 힘을 다하게 한 적이 없으며, 부하들이 힘을 다하게 하지 못하면서 능히 전투에서 죽음을 각오하고 싸우게 할 수도 없다.

未(미) 아직 ~하지 못하다. 有(유) 있다. 不信(불신) 믿지 못하다. 其心(기심) 그 마음. 能(능) 능히 ~하다. 得(득) 득하다. 其力(기력) 그 힘. 者(자) ~하는 것. 不得(부득) 얻지 못하다. 致(치) 이르다. 其死(기사) 그 죽음. 戰(전) 전투.

故國必有禮 · 信 · 親 · 愛之義, 則可以飢易飽.
고국필유례 · 신 · 친 · 애지의, 즉가이기역포.
예(禮) · 신(信) · 친(親) · 애(愛)의 국풍이 있는 나라의 백성들은 굶주림도 감수할 수 있고,

故(고) 고로. 國(국) 나라에. 必(필) 반드시. 有(유) 있다. 禮(예) 예절. 信(신) 믿음. 親(친) 친하다. 愛(애) 사람. 義(의) 의로움. 則(즉) 곧. 可(가) 가능하다. 以(이) ~로써. 飢(기) 배고픔. 易(역) 바뀌다. 飽(포) 배부르다.

國必有孝 · 慈 · 廉 · 恥之俗, 則可以死易生.
국필유효 · 자 · 렴 · 치지속, 즉가이사역생.
그리고 효(孝) · 자(慈) · 렴(廉) · 치(恥)의 풍속이 있는 나라의 백성들은 목숨도 기꺼이 바칠 수 있는 법이다.

國(국) 나라에. 必(필) 반드시. 有(유) 있다. 孝(효) 효도. 慈(자) 자비. 廉(렴) 청렴. 恥(치) 부끄러움을 알다. 俗(속) 풍속. 則(즉) 곧. 可(가) 가능하다. 以(이) ~로써. 死(사) 죽음. 易(역) 바뀌다. 生(생) 살다.

古者率民, 必先禮信而後爵祿, 先廉恥而後刑罰, 先親愛而後律其身.
고자솔민, 필선예신이후작록, 선렴치이후형벌, 선친애이후율기신.
옛날에는 군주가 백성을 다스림에 있어서, 예의와 신의를 먼저 갖춘 다음에 작위와 녹봉을 내렸으며, 백성들이 체면을 차릴 줄 알고 부끄러움을 알도록 한 이후에 형벌을 내렸으며, 친애하는 마음으로 백성을 아낀 다음에 법령을 적용하도록 하였던 것이다.

古者(고자) 옛날에. 率民(솔민) 백성들을 다스리다. 必(필) 반드시. 先(선) 먼저. 禮信(예신) 예의와 신의. 而後(이후) 그다음에. 爵祿(작록) 벼슬과 녹봉. 廉恥(염치) 체면을 차릴 줄 알고 부끄러움을 아는 마음. 刑罰(형벌) 형벌을 가하다. 親愛(친애) 친밀히 사랑하다. 律(율) 법률. 법령. 其身(기신) 자기 자신.

故戰者必本乎率身以勵衆士, 如心之使四肢也.
고전자필본호솔신이려중사, 여심지사사지야.
그러므로 군을 통솔하는 장수는 예하 장병들을 격려할 때 반드시 솔선수범하는 것을 기본으로 삼았으며, 이는 마치 심장이 사지(四肢)를 부리는 것과 같이 그들을 자유자재로 부릴 수 있게 하는 것과 같이하였다.

故戰者(고전자) 옛날에 군을 통솔했었던 자. 必(필) 반드시. 本(본) 근본. 뿌리. 乎(호) 어조사. 率身(솔신) 솔선수범을 말함. 以(이) 써. ~로써. 勵(려) 힘쓰다. 衆士(중사) 휘하에 있는 장병들. 如(여) ~과 같다. 心(심) 마음. 심장을 의미. 使(사) ~하게 하다. 四肢(사지) 팔 다리를 말함.

志不勵則士不死節, 士不死節則衆不戰.
지불려즉사불사절, 사불사절즉중부전.
장수가 예하 장병들을 제대로 격려하지 않으면, 장병들이 죽기를 각오하고 싸우지 않게 되고, 그들이 죽기를 각오하고 싸우지 않으면 곧 전 부대가 싸우려고 하지 않게 되는 것이다.

志(지) 의지. 不勵(불려) 격려하지 않다. 則(즉) 곧. 士(사) 장병들. 不死(불사) 죽지 않다. 節(절) 절개. 不死節(불사절) 죽기를 각오하지 않다. 則(즉) 곧. 衆(중) 장병들. 不戰(부전) 싸울 수가 없다.

勵士之道, 民之生不可不厚也. 爵列之等, 死喪之親, 民之所營不可不顯也.
여사지도, 민지생불가불후야. 작렬지등, 사상지친, 민지소영불가불현야.
장병들의 사기를 진작시키려면 장병들의 생활과 관련된 사항은 풍요롭게 해주고, 신분 계급의 차등이나 상례 규정 등을 명확하게 하는 등 장병들이 생활하는 데 필요한 것들을 제대로 해주어야 한다.

勵(려) 격려하다. 士(사) 장병들. 道(도) 방법. 民之生(민지생) 백성들의 생활. 不可不(불가불) ~하지 않을 수 없다. 厚(후) 두텁다. 爵(작) 벼슬. 列(렬) 순서. 等(등) 신분 계급의 차이. 死(사) 죽다. 喪(상) 상을 당하다. 親(친) 친애하다. 民(민) 백성들. 所營(소영) 살아가는 바. 顯(현) 나타나다.

必也因民所生而制之, 因民所營而顯之,
필야인민소생이제지, 인민소영이현지,
반드시 해야 할 것은 백성들이 살아가는 데 필요한 것들을 불편함이 없이 해주고, 제도도 만들고, 각종 정책을 제대로 해주는 것이 선행되어야 한다.

必(필) 반드시. 因(인) ~로 인하여. 民(민) 백성. 所(소) ~하는 바. 生(생) 살다. 制(제) 마름질하다. 만들다. 營(영) 살아가다. 顯(현) 나타나다. 드러나다.

田祿之實, 飮食之親, 鄕里相勸, 死喪相救, 兵役相從, 此民之所勵也.
전록지실, 음식지친, 향리상권, 사상상구, 병역상종, 차민지소려야.
예를 들면, 토지와 녹봉의 혜택을 내실 있게 하고, 음식을 나누어 주어 서로 친밀도를 높이며, 동향인끼리 서로 돕고 살며, 상을 당했을 때 서로 상부상조하며, 병역 의무를 함께 잘 이행하는 등 이러한 것들이 잘 시행이 되면 곧 백성들의 사기를 올려주는 것이다.

田(전) 밭. 토지를 말함. 祿(녹) 녹봉. 實(실) 실하다. 飮食(음식) 마시고 먹는 것. 親(친) 친하다. 鄕(향) 마을. 里(리) 마을. 相(상) 서로. 勸(권) 권하다. 死喪(사상) 상을 당하다. 相救(상구) 서로 구해주다. 兵役(병역) 병역의 의무. 相從(상종) 서로 잘 따르다. 此(차) 이것. 民(민) 백성들의. 所勵(소려) 사기를 올리는 것.

使什伍如親戚, 卒伯如朋友.
사십오여친척, 졸백여붕우.
십(什)·오(伍)와 같은 소부대 부대원들은 마치 친척과 같이 지내게 하고, 졸(卒)·백(伯)과 같은 대부대의 상급부대원은 마치 친구처럼 지내게 해야 한다.

使(사) ~하게 하다. 什伍(십오) 부대 단위. 십(什)은 10명 단위의 부대. 오(伍)는 5명 단위의 부대. 如(여) ~와 같이. 親戚(친척) 친척과 외척을 통칭하는 말. 卒伯(졸백) 부대 단위의 명칭. 졸(卒)은 100명 단위의 부대. 백(伯)은 1,000명 단위의 사마(司馬)보다는 작고, 졸(卒)보다는 큰 약 500명 단위의 부대로 추정함. 如(여) ~와 같이. 朋友(붕우) 친구.

止如堵牆, 動如風雨, 車不結轍, 士不旋踵, 此本戰之道也.
지여도장, 동여풍우, 차불결철, 사불선종, 차본전지도야.
부대가 주둔해 있으면 장벽처럼 견고하고, 일단 기동하면 폭풍우처럼 세차게 움직이며, 전차부대는 전진만 있을 뿐 후퇴할 줄 모르며, 병사들은 물러설 줄 모르는 등 이러한 것은 전투하는 가장 기본적인 방법이다.

止(지) 그치다. 멈추다. 如(여) ~와 같이. 堵(도) 담. 牆(장) 담. 動(동) 움직이다. 風雨(풍우) 폭풍우와 같다. 車(차) 전차부대를 말함. 不(불) 아니다. 結(결) 맺다. 轍(철) 바퀴 자국. 士(사) 병사들. 不(불) 아니다. 旋(선) 돌다. 회전하다. 踵(종) 발꿈치. 此(차) 이것. 本(본) 근본. 戰之道(전지도) 전투를 하는 방법.

地所以養民也, 城所以守地也, 戰所以守城也,
지소이양민야, 성소이수지야, 전소이수성야,
영토는 백성을 부양하기 위한 것이며, 성읍은 그 영토를 수호하기 위한 것이며, 부대의 전투력은 성읍을 지키기 위한 것이다.

地(지) 땅. 토지. 所(소) ~하는 바. 以(이) ~로써. 養民(양민) 백성을 양육하다. 城(성) 성. 所(소) ~하는 바. 以(이) 써. ~로써. 守地(수지) 땅을 지키다. 戰(전) 전투. 싸우다. 守城(수성) 성을 지키다.

故 務耕者民不飢, 務守者地不危, 務戰者城不圍.
고 무경자민불기, 무수자지불위, 무전자성불위.
그러므로 농사에 힘을 쓰면 백성들이 굶주리지 않게 되고, 영토를 지키는 데 힘쓰면 영토가 위태롭지 않게 되고, 전투력 향상에 힘쓰면 적에게 성을 포위당하는 일이 없게 된다.

故(고) 고로. 務(무) 힘쓰다. 耕(경) 밭을 갈다. 농사를 말함. 者(자) ~하는 것. 民(민) 백성. 不飢(불기) 배고프지 않다. 務守者(무수자) 방어에 힘쓰다. 地(지) 땅. 영토. 不危(불위) 위태롭지 않다. 務戰者(무전자) 전투력 향상에 힘쓰다. 城(성) 성읍. 不圍(불위) 포위당하지 않는다.

三者, 先王之本務也, 本務者兵最急.

삼자, 선왕지본무야, 본무자병최급.

이 세 가지가 바로 옛 성군들이 가장 역점을 두었던 일인데, 그중에서 국방이 최우선이었다.

三者(삼자) 이 세 가지. 先王(선왕) 이전의 왕들. 本(본) 근본. 務(무) 힘쓰다. 本務者(본무자) 역점을 두었던 일. 兵(병) 군대. 最急(최급) 최고로 위급하다.

故先王專務於兵, 有五焉, 委積不多則士不行, 賞祿不厚則民不勸,

고선왕전무어병, 유오언, 위적부다즉사불행, 상록불후즉민불권,

역대의 군주들은 항상 아래의 다섯 가지 측면을 고려하여 군사력의 확보에 주력하였다. ① 비축해놓은 군량이 부족하면 군사들을 출동시키지 않는 점, ② 포상과 녹봉이 후하지 않으면 백성들을 동원하지 않는 점,

故(고) 고로. 先王(선왕) 이전의 왕들. 專(전) 오로지. 務(무) 힘쓰다. 於兵(어병) 국방에. 有五(유오) 다섯 가지가 있다. 焉(언) 어조사. 委(위) 맡기다. 積(적) 쌓다. 不多(부다) 많지 않다. 則(즉) 곧. 士(사) 병사. 군사. 不行(불행) 출동하지 않다. 賞祿(상록) 포상과 녹봉. 不厚(불후) 후하지 않다. 民(민) 백성들. 不勸(불권) 병역 동원을 권하지 않다.

武士不選則衆不强, 器用不便則力不壯, 刑罰不中則衆不畏.

무사불선즉중불강, 기용불편즉력불장, 형벌부중즉중불외.

③ 우수한 장병들이 선발되지 않으면 부대의 전투력은 약해진다는 점, ④ 각종 병기와 장비들이 제대로 갖추어져 있지 않으면 전투력 발휘가 제대로 되지 않는다는 점, ⑤ 형벌을 중요하게 생각하지 않으면 장병들이 군령과 군법의 엄중함을 두려워하지 않는다는 점 등이 그것이다.

武士(무사) 굳센 병사. 不選(불선) 선발되지 않다. 則(즉) 곧. 衆(중) 부대를 말함. 不强(불강) 강하지 않다. 器用(기용) 무기의 사용. 不便(불편) 제대로 되지 않다. 力(력) 전투력. 不壯(부장) 제대로 발휘되지 않는다. 刑罰(형벌) 형벌. 不中(부중) 중요하지 않게 생각하다. 衆(중) 장병들. 不畏(불외) 두려워하지 않다.

務此五者, 靜能守其所固, 動能成其所欲.
무차오자, 정능수기소고, 동능성기소욕.
이상의 다섯 가지 사항에 힘쓰면, 평시에는 능히 지키고자 하는 바를 굳게 지킬 수 있고, 유사시에는 능히 하고자 하는 바를 충분히 이룰 수가 있는 것이다.

務(무) 힘쓰다. 此(차) 이것. 五者(오자) 다섯 가지. 靜(정) 평시를 말함. 能(능) 능히 ~하다. 守(수) 지키다. 其(기) 그. 所(소) ~하는 바. 固(고) 견고하다. 動(동) 전시를 말함. 成(성) 이루다. 欲(욕) ~을 하고자 하다.

夫以居攻出, 則居欲重, 陣欲堅, 發欲畢, 鬪欲齊.
부이거공출, 즉거욕중, 진욕견, 발욕필, 투욕제.
무릇 군이 주둔해 있다가 공격하러 출동함에 있어서, 주둔해 있을 때는 진용이 장중해야 하며, 진지를 편성할 때는 견고해야 하고, 일단 출동할 때에는 모든 전투준비를 마친 이후에 하며, 싸울 때는 장병들이 한마음 한뜻으로 일치단결되어야 한다.

夫(부) 무릇. 以(이) ~로써. 居(거) 주둔하다. 攻出(공출) 공격하러 출동하다. 則(즉) 곧. 重(중) 무겁다. 陣(진) 진을 치다. 堅(견) 견고하다. 發(발) 출동하다. 畢(필) 준비를 마치다. 鬪(투) 싸우다. 齊(제) 일치단결해야 한다.

王國富民, 伯國富士, 謹存之國富大夫, 亡國富食府,
왕국부민, 백국부사, 근존지국부대부, 망국부식부,
왕도(王)를 이룩한 나라에서는 일반 백성들을 부유하게 하고, 패도(伯)를 이룩한 나라에서는 선비 계층까지 부유하게 하는 반면, 간신히 명맥만 유지하는 나라는 사대부와 같은 위정자들만 부유하게 하고, 망해가는 나라는 오로지 군주의 창고만 채우느라 급급한 법이다.

王國(왕국) 왕도를 이룬 나라. 富民(부민) 백성들이 풍족하다. 伯國(백국) 패도를 이룬 나라. 富士(부사) 선비들이 풍족하다. 謹存之國(근존지국) 간신히 존재하는 나라. 富大夫(부대부) 대부들이 풍족하다. 亡國(망국) 망해가는 나라. 富食府(부식부) 먹을 곳을 저장하는 창고만 풍족하다.

所謂上滿下漏, 患無所救.
소위상만하루, 환무소구.
윗사람의 창고는 가득 차는 반면, 아래 백성들의 창고는 줄줄 새게 하여 나라의 근심이 생겨도 도무지 구하려 하는 바가 없는 나라는 망할 수밖에 없는 것이다.

所謂(소위) 이른바. 上滿(상만) 위는 가득 차다. 下漏(하루) 아래로는 줄줄 새다. 患(환) 근심. 無所救(무소구) 구하는 바가 없다.

故曰, 擧賢任能, 不時日而事利, 明法審令, 不卜筮而事吉,
고왈, 거현임능, 불시일이사리, 명법심령, 불복서이사길,
그러므로 '현명한 자를 천거하고 능력에 맞는 임무를 주며, 길일을 택하지 않아도 국내 정사가 잘 풀리고, 법령이 제대로 시행되면 굳이 길조의 점괘가 나오지 않아도 국운이 잘 트이며,

故曰(고왈) 그러므로 말하기를. 擧賢(거현) 현명한 자를 천거하다. 任能(임능) 능력에 맞게 임무를 주다. 不時日(불시일) 시간과 날짜를 정하지 않다. 事利(사리) 일이 이롭게 된다. 明法(명법) 국법이 명확하고. 審令(심령) 명령을 잘 살피다. 不卜筮(불복서) 점을 치지 않다. 事吉(사길) 일을 할 때 길조인지 아닌지 알아보다.

貴功養勞, 不禱祠而得福.
귀공양로, 부도사이득복.
공로가 있는 사람을 우대하고 노력한 사람을 잘 양육하면 굳이 신에게 빌지 않아도 만민이 복을 받게 된다.'고 말하는 것이다.

貴功(귀공) 공로가 있는 사람을 귀하게 여기다. 養勞(양노) 노력한 사람을 잘 양육하다. 不禱祠(부도사) 기도하지 않아도. 得福(득복) 복을 얻는다.

又曰, 天時不如地利, 地利不如人和. 聖人所貴, 人事而已.
우왈, 천시불여지리, 지리불여인화. 성인소귀, 인사이이.
또한 옛말에, '천시(天時)는 지리(地利)만 못하고, 지리(地利)는 인화(人和)만 못하다'233) 하였으니, 성인이 귀하게 여긴 것은 사람의 도리인 인사(人事)였던 것이다.

又曰(우왈) 또한 말하기를. 天時不如地利(천시불여지리) 천시는 지리만 못하다. 地利不如人和(지리불여인화) 지리는 인화만 못하다. 聖人(성인) 성인. 所貴(소귀) 귀하게 여기는 바. 人事(인사) 사람의 도

233) 이 어구는 손자병법에 나오는 줄 아는 사람들도 많이 있으나, 「맹자」 공손추 하편에 나오는 구절임.

리. 已(이) 이미.

夫勤勞之師, 將必先己, 暑不張蓋, 寒不重衣, 險必下步,
부근로지사, 장필선기, 서부장개, 한부중의, 험필하보,
무릇 부대의 모든 힘든 일에 있어서 장수는 반드시 솔선수범해야 하는 법이다. 예를 들어 무더운 여름철에 장수는 햇볕을 피하기 위해 우산을 사용하는 일이 없어야 하며, 추운 겨울철에도 장수는 두꺼운 옷을 껴입지 않으며, 험한 길에서는 수레에서 내려 병사들과 함께 걸으며,

夫(부) 무릇. 勤(근) 근면하다. 勞(로) 힘들다. 師(사) 부대. 將(장) 장수. 必(필) 반드시. 先(선) 먼저. 己(기) 자신. 暑(서) 혹서기. 不張蓋(부장개) 우산을 사용하지 않는다. 寒(한) 혹한기. 不重衣(부중의) 두꺼운 옷을 입지 않는다. 險(험) 험하다. 下步(하보) 내려서 걷는다.

軍井成而後飮, 軍食熟而後飯, 軍壘成而後舍, 勞佚必以身同之.
군정성이후음, 군식숙이후반, 군루성이후사, 노일필이신동지.
병사들이 마실 우물이 완성된 다음에 비로소 물을 마시며, 장병들의 식사 준비가 완료된 다음에 식사하며, 장병들의 숙영 준비가 완료된 다음에야 비로소 숙소에 드는 등 장수는 병사들과 동고동락을 해야 하는 것이다.

軍(군) 군대. 井(정) 우물. 成(성) 이루다. 而後(이후) ~을 한 다음에. 飮(음) 마시다. 軍(군) 군대. 食(식) 식사. 熟(숙) 익다. 飯(반) 식사하다. 軍(군) 군대. 壘(루) 진. 망루. 成(성) 완료되다. 舍(사) 집. 숙소. 勞(노) 힘들다. 佚(일) 편하다. 以(이) ~로써. 身(신) 몸. 同(동) 같이하다.

如此, 則師雖久, 而不老不弊.
여차, 즉사수구, 이불로불폐.
장수가 이렇게 한다면, 그 군대는 출동한 지 아무리 오래되었다 하더라도 쉽게 피로해 하거나 피폐하지 않게 된다.

如此(여차) 이렇게 한다면. 則(즉) 곧. 師(사) 군대. 雖(수) 비록. 久(구) 오래. 不老(불노) 피로하지 않다. 不弊(불폐) 피폐하지 않다.

第五. 攻權 제5. 공권.[234] 공격작전 시 임기응변

공권(攻權)이란 적을 공격하면서 임기응변하는 방법을 말하는 것이다. 적을 공격하면서 권모술수나 임기응변의 방법을 잘 알고 공격을 하면 반드시 취할 수 있을 것이다. 그러므로 본문 내용 중에 뜻을 취하여 편명(篇名)으로 삼았다.

-울료자직해(尉繚子直解)에서-

兵以靜勝, 國以專勝. 力分者弱, 心疑者背.
병이정승, 국이전승. 역분자약, 심의자배.
군대는 항상 안정되어 있어야 승리할 수 있고, 국가도 마찬가지로 국민이 일치단결해야 승리할 수 있다[235]. 국력이 분산되면 나라가 약화하고, 군주에 대해서 의심하기 시작하면 민심은 등을 돌리게 되는 것이다.

兵(병) 군사. 군. 以(이) 써. ~로써. 靜(정) 안정되어 있다. 勝(승) 이기다. 國(국) 나라. 專(전) 오로지. 力(력) 국력. 分(분) 나누다. 者(자) ~하는 것. 弱(약) 약하다. 心(심) 민심. 疑(의) 의심하다. 背(배) 등.

夫力弱故進退不豪, 縱敵不擒, 將吏士卒, 動靜一身.
부력약고진퇴불호, 종적불금, 장리사졸, 동정일신.
전투력이 약해진 군은 진퇴에 호쾌함이 없고, 적을 제대로 추격하여 사로잡지 못하므로 장수와 중간 간부를 포함한 모든 장병의 모든 행동은 마치 한 몸인 것처럼 일심동체가 되어야 승리할 수 있는 것이다.

夫(부) 무릇. 力(력) 전투력. 弱(약) 약하다. 故(고) 그러므로. 進退(진퇴) 나아가고 물러남. 不(불) 아니다. 豪(호) 호걸. 縱(종) 쫓다. 敵(적) 적군. 擒(금) 사로잡다. 將(장) 장수. 吏(리) 간부. 士卒(사졸) 병사

234) 용병 원칙과 수단에 대하여 설명. 전투력의 집중, 군주와 장수의 결단력이 미치는 영향에 대한 설명과 지휘관의 위엄을 아군뿐만 아니라 적 지휘관에 대한 것까지 같이 비교하여 그 미치는 영향을 승패와 연관 지어 설명하였음. '군의 움직임(향배)이라는 부제가 붙어 있기도 함.

235) 兵以靜勝, 國以專勝(병이정승, 국이전승). 죽간본에는 '○○○ 固, 以專勝'으로 되어 있고, 어떤 부분에서는 이를 '兵靜則固, 專一則勝'으로 되어 있는 것도 있다. 문맥을 잘 유추하여 해석해보면 '군은 안정됨으로써 견고해지고, 오로지 전력을 하나로 집중함으로써 승리를 거둘 수 있다.'라는 뜻이 되는데, 혹자는 '固'자를 '國'자로 잘못 기록하고, 나중에 이를 합리화했다는 의견도 있다.

들. 動靜(동정) 움직임이나 정지함. 一身(일신) 한 몸과 같아야 한다.

心旣疑背, 則計決而不動, 動決而不禁, 異口虛言.
심기의배, 즉계결이부동, 동결이불금, 이구허언.

군심(軍心)이 하나로 결집하지 못하고 서로 의심하고 등을 돌리면, 작전계획이 이미 결정되었다 하더라도 행동으로 옮기지 못하며, 행동으로 옮긴다 하더라도 장병들을 통제할 수 없게 되며, 군중에는 상하가 저마다 무책임한 발언을 하게 되어 유언비어가 나돌게 되는 것이다.

心(심) 군심. 旣(기) 이미. 疑(의) 의심하다. 背(배) 등을 돌리다. 則(즉) 곧. 計(계) 작전계획. 決(결) 결정되다. 不動(부동) 움직이지 못하다. 動(동) 움직이다. 행동. 決(결) 결정되다. 不禁(불금) 금하지 못하다. 異(이) 다르다. 口(구) 입. 虛(허) 비다. 허하다. 言(언) 말.

將無修容, 卒無常試, 發攻必衄, 是謂疾陵之兵, 無足與鬪.
장무수용, 졸무상시, 발공필육, 시위질릉지병, 무족여투.

장수는 위엄이 없고, 장병들은 부여된 임무를 제대로 수행하지 못하며, 적을 공격하면 반드시 패배를 당하게 되는 이런 군대를 가리켜 '질릉지병(疾陵之兵=병든 것처럼 힘이 없고 상관을 능멸하는 군대)' 라고 하며, 이들을 이끌고서는 적과 싸울 수 없다.

將(장) 장수. 無(무) 없다. 修(수) 닦다. 容(용) 얼굴. 卒(졸) 병사들. 無(무) 없다. 常(상) 평상시. 試(시) 시험하다. 發(발) 쏘다. 가다. 攻(공) 공격하다. 必(필) 반드시. 衄(육) 코피. 꺾이다. 오그라들다. 是謂(시위) 이를 일컬어. 疾陵之兵(질능지병) 병들어 힘이 없고 능욕을 당할 수 있는 군대. 足(족) 족하다. 與鬪(여투) 같이 싸우다.

將帥者心也, 群下者支節也.
장수자심야, 군하자지절야.

장수는 심장에 해당하고, 장병들은 신체 중에서 관절에 해당한다고 할 수 있다.

將帥者(장수자) 장수라고 하는 자는. 心也(심야) 심장에 해당한다. 群下者(군하자) 부하 장병들은. 支節也(지절야) 사지와 관절에 해당한다.

其心動以誠, 則支節必力, 其心動以疑, 則支節必背.
기심동이성, 즉지절필력, 기심동이의, 즉지절필배.

심장에 해당하는 장수가 정성을 다하면, 사지와 관절에 해당하는 장병들이 전력을 다하게 되며, 심장에 해당하는 장수가 의심하면, 사지와 관절에 해당하는 장병들이 반드시 등을 돌리게 되는 것이다.

其心動以○, 則支節必◎(기심동이○, 즉지절필◎) 심장에 해당하는 장수가 ○하면, 곧 사지와 관절에 해당하는 장병들이 ◎하게 된다. 誠(성) 정성. 力(력) 힘. 疑(의) 의심하다. 背(배) 등을 돌리다.

夫將不心制, 卒不節動, 雖勝幸勝也, 非攻權也.
부장불심제, 졸부절동, 수승행승야, 비공권야.
무릇 심장의 역할을 하는 장수가 부하 장병들을 제대로 통제하지 못하고, 사지와 관절의 역할을 하는 장병들이 제대로 움직여주지 않으면, 비록 싸워서 승리하였다 하더라도 그것은 요행으로 이긴 것이며, 공권(攻權)을 써서 이긴 것이 아니다.

夫(부) 무릇. 將(장) 장수. 不(불) 아니다. 心(심) 마음. 심장. 制(제) 통제하다. 卒(졸) 장병들. 不(부) 아니다. 節(절) 사지와 관절. 動(동) 움직이다. 雖(수) 비록. 勝(승) 이기다. 幸勝(행승) 요행히 이기다. 非(비) 아니다. 攻(공) 공격하다. 權(권) 권모술수.

夫民無兩畏也, 畏我侮敵, 畏敵侮我. 見侮者敗, 立威者勝.
부민무양외야, 외아모적, 외적모아. 견모자패, 입위자승.
무릇 장병들이 두려워하지 않는 것 두 가지의 경우가 있는데, 첫째, 자신의 지휘관인 장수를 두려워하는 장병들은 적을 두려워하지 않고, 둘째, 적을 두려워하는 장병들은 자신의 지휘관인 장수를 두려워하는 법이다. 그러므로 장수가 업신여김을 당하는 자는 패하고, 위엄을 제대로 세우는 자는 이기는 법이다.

夫(부) 무릇. 民(민) 백성. 無(무) 없다. 兩(양) 둘. 쌍. 畏(외) 두려워하다. 我(아) 나. 侮(모) 업신여기다. 敵(적) 적. 者(자) ~하는 자. 敗(패) 패하다. 立(입) 세우다. 威(위) 위엄. 者(자) ~하는 자. 勝(승) 이긴다.

凡將能其道者, 吏畏其將也.
범장능기도자, 이외기장야.
따라서 장수가 능히 그 방법을 알고 잘 실천해서 간부들이 장수를 존경하고 잘 따르게 된다.

凡(범) 무릇. 將(장) 장수가. 能(능) 능히 ~하다. 其(기) 그. 道(도) 방법. 者(자) ~하는 자. 吏(리) 간부. 畏(외) 두려워하다. 其(기) 그. 將(장) 장수.

吏畏其將者, 民畏其吏也, 民畏其吏者, 敵畏其民也.
이외기장자, 민외기리야, 민외기리자, 적외기민야.
간부들이 장수를 존경하고 잘 따르게 되면, 장병들도 그 간부들을 존경하고 잘 따르게 되고, 장병들이 그 간부들을 존경하고 잘 따르게 되면, 적들은 그 장병들을 두려워할 수밖에 없는 것이다.

吏(리) 간부. 畏(외) 두려워하다. 其(기) 그. 將(장) 장수. 者(자) ~한다는 것. 民(민) 장병들. 民(민) 장병들. 敵(적) 적군.

是故, 知勝敗之道者, 必先知畏侮之權.
시고, 지승패지도자, 필선지외모지권.
이러한 까닭에 승패에 관한 도리를 알고자 하는 자는 반드시 두려움과 업신여김의 상호작용인 '외모지권(畏侮之權)'에 대해서 먼저 알아야 한다.

是故(시고) 이러한 이유로. 知(지) 알다. 勝敗之道(승패지도) 이기고 지는 것에 대한 도리. 者(자) ~하는 것. 必(필) 반드시. 先知(선지) 먼저 알다. 畏(외) 두려워하다. 侮(모) 업신여기다. 權(권) 권모술수.

夫不愛悅其心者, 不我用也. 不嚴畏其心者, 不我擧也.
부불애열기심자, 불아용야. 불엄외기심자, 불아거야.
장수가 부하들을 진심으로 아끼고 좋아해 주어야 마음을 얻을 수 있는데 그러지 못하면 제대로 활용할 수가 없으며, 부하들 마음으로부터 장수가 두려우면서도 존경하고 잘 따르도록 만들지 않으면 제대로 활용할 수가 없는 것이다.

夫(부) 무릇. 不(불) 아니다. 愛(애) 아끼다. 悅(열) 기쁘다. 其心(기심) 그 마음. 군심. 者(자) ~하는 것. 不(불) 아니다. 我(아) 나. 用(용) 쓰다. 不(불) 아니다. 嚴(엄) 엄하다. 畏(외) 두려워하다. 擧(거) 일어나다.

愛在下順, 威在上立, 愛故不二, 威故不犯. 故善將者, 愛與威而已.
애재하순, 위재상립, 애고불이, 위고불범. 고선장자, 애여위이이.

부하들을 아끼고 사랑하면 부하들은 순종할 것이며, 지휘관으로서의 위엄은 자신이 어떻게 하느냐에 달려있다. 그리고 부하를 아끼고 사랑하면 부하들은 두 마음을 품지 않으며, 지휘관으로서 위엄이 제대로 서면 부하들이 함부로 범하는 일이 없는 것이다. 고로 유능한 장수들은 부하를 아끼고 사랑하는 마음과 지휘관으로서의 위엄을 동시에 갖추고 있어야 하는 것이다.

愛(애) 사랑. 아끼다. 在(재) 있다. 下(하) 아래. 부하. 順(순) 순종하다. 威(위) 위엄. 在(재) 있다. 上(상) 윗사람. 立(립) 세우다. 故(고) 고로. 그러므로. 不二(불이) 두마음을 품지 않는다. 威(위) 위엄. 不犯(불범) 범하지 않는다. 善將(선장) 잘하는 장수는. 者(자) ~하는 자. 愛與威(애여위) 아끼고 사랑하는 것과 위엄을 같이. 已(이) 이미.

戰不必勝, 不可以言戰, 攻不必拔, 不可以言攻.
전불필승, 불가이언전, 공불필발, 불가이언공.
전쟁에서 필승을 거둘 자신이 없으면, 전쟁을 거론하지 말 것이며, 적의 성을 공격하여 기필코 함락시킬 자신이 없으면, 공격한다는 말을 하지 않아야 한다.

戰(전) 전쟁에서. 不必勝(불필승) 반드시 승리할 수 없으면. 不可(불가) 불가하다. 以言(이언) 말로써. 戰(전) 전쟁을 언급하다. 攻(공) 공격하다. 拔(발) 빼앗다.

不然雖刑賞不足信也. 信在期前, 事在未兆,
불연수형상부족신야. 신재기전, 사재미조,
장수가 그런 자신감 없이 전쟁을 지휘하고 적을 공격한다면, 비록 상과 벌을 엄격하게 적용한다고 하더라도 부하 장병은 장수를 신뢰하지 않는다. 장수에 대한 장병들의 믿음은 평소에 쌓아두어야 하며, 작전계획은 상황이 발생하기 전에 미리 수립해 놓아야 하는 것이다.

不(불) 아니다. 然(연) 그러하다. 雖(수) 비록. 刑賞(형상) 상과 벌. 不足(부족) 부족하다. 信(신) 믿음. 확신. 在(재) 있다. 期前(기전) 어떤 기간 이전에. 평소에. 事(사) 일. 작전계획으로 해석. 未(미) 아니다. 아직. 兆(조) 조짐.

故衆已聚不虛散, 兵出不徒歸, 求敵若求亡子, 擊敵若救溺人.
고중이취불허산, 병출부도귀, 구적약구망자, 격적약구닉인.
그러므로 장병들은 일단 집결되면 아무것도 하는 일이 없이 해산시켜서는 안 되며, 일단 출전을 하면 적을 그냥 쫓다가 빈손으로 귀환시켜서는 안 된다. 적을 찾을 때는 잃어버린 자식을 찾듯이 찾아내야 하고, 마치 물에 빠진 사람을 구할 때 잠시도 지체 없이 구하는 것처럼 적을 공격할 때 잠시도 지체해서는 안 되는 것이다.

故(고) 그러므로. 衆(중) 장병들. 已(이) 이미. 聚(취) 모이다. 不(불) 아니다. 虛(허) 허점. 비다. 散(산) 흩어지다. 兵(병) 군대. 병사. 出(출) 나가다. 徒(종) 쫓다. 歸(귀) 돌아오다. 求(구) 구하다. 敵(적) 적을. 若(약) 마치 ~와 같다. 亡子(망자) 잃어버린 자식. 擊(격) 치다. 공격하다. 溺(닉) 물에 빠지다. 人(인) 사람.

分險者無戰心, 挑戰者無全氣, 鬪戰者無勝兵.
분험자무전심, 도전자무전기, 투전자무승병.
험준한 요지를 지키는 적과는 싸우지 말아야 하고, 아군을 유인하기 위하여 도전하는 적에게는 전력을 다하여 싸우지 말아야 하며, 예기가 충만한 적에게는 정면대결을 피해야 한다.

分(분) 나누다. 險(험) 험하다. 者(자) ~하는 자. 無(무) 없다. 戰(전) 싸우다. 心(심) 마음. 挑戰(도전) 상대와 맞서 싸움을 걸다. 全氣(전기) 온전한 기운. 鬪戰者(투전자) 투지만 가지고 싸우려고 하는 자. 勝(승) 이기다. 兵(병) 군사. 군대.

凡挾義而戰者, 貴從我起, 爭私結怨, 應不得已.
범협의이전자, 귀종아기, 쟁사결원, 응부득이.
대의명분을 내세워 적과 전쟁하는 경우에는 적보다 먼저 군을 출동시켜 공격하는 것이 바람직하지만, 사사로운 분쟁이나 원한으로 인해 적과 싸울 경우에는 부득이한 상황이 조성된 후에야 군을 출동시키는 것이 좋다.

凡(범) 무릇. 挾義(협의) 대의명분을 내세워서. 戰(전) 싸우다. 者(자) ~하는 것. 貴(귀) 귀하게 여기다. 從(종) 나아가다. 我(아) 아군. 起(기) 일으키다. 爭(쟁) 다투다. 私(사) 사적인 것. 結(결) 맺다. 怨(원) 원망하다. 應(응) 응하다. 不得已(부득이) 부득이하다.

怨結雖起, 待之貴後, 故爭必當待之, 息必當備之.
원결수기, 대지귀후, 고쟁필당대지, 식필당비지.
비록 원한이 맺혀서 군사를 일으키더라도 적이 공격하기를 기다렸다가 나중에 군사를 일으키는 것을 바람직하다. 고로 일단 전쟁이 시작되면 반드시 호기를 기다려야 하며, 잠시 휴전을 하게 되면 반드시 적이 공격해 올 것에 대비하여야 한다.

怨結(원결) 원한이 맺히다. 雖(수) 비록. 起(기) 군사를 일으키다. 待(대) 기다리다. 貴(귀) 귀하게 여긴다. 後(후) 나중에. 故(고) 고로. 爭(쟁) 다투다. 必(필) 반드시. 當(당) 당하다. 息(식) 휴식. 當(당) 당하다. 備(비) 대비하다.

兵有勝於朝廷, 有勝於原野, 有勝於市井, 鬪則得, 服則失, 幸以不敗,
병유승어조정, 유승어원야, 유승어시정, 투즉득, 복즉실, 행이불패,

전쟁에서 승리를 거두는 데에는 다음과 같은 경우가 있다.[236] ① 조정에서 미리 국방을 튼튼히 하고 정치적으로 적국을 압도하여 승리를 거두는 경우가 있다. ② 실제로 군사력을 동원하여 야전에서 승리를 거두는 경우가 있다. ③ 적지 깊숙이 진격하여 시가지에서 싸워 승리하는 경우가 있다. 이 세 가지의 경우, 최선을 다해 싸워서 적을 제압하면 승리를 얻게 되고, 적에게 굴복당하면 모든 것을 잃고 만다. 간혹 요행으로 패배를 면하는 경우도 있다.

兵(병) 군사. 有(유) 있다. 勝(승) 이기다. 於(어) 어조사. 朝廷(조정) 왕이 나라의 정치를 논하는 곳. 有勝(유승) 승리하는 방법이 있다. 於原野(어원야) 벌판에서. 전쟁터에서 직접 싸워서. 有勝(유승) 승리하는 방법이 있다. 於市井(어시정) 도시와 우물에서. 적진 깊숙한 곳에서. 鬪(투) 싸우다. 則(즉) 곧. 得(득) 얻다. 服(복) 항복하다. 失(실) 잃다. 幸(행) 요행. 以不敗(이불패) 패하지 않는다.

此不意彼驚懼而曲勝之也.
차불의피경구이곡승지야.

이것은 적의 내부에 돌발적인 사태가 일어나, 스스로 혼란을 일으키고 작전 수행 능력을 잃은 결과 아군이 승리를 얻게 되는 것이다.

此(차) 이것. 不意(불의) 뜻하지 않다. 彼(피) 적을 말함. 驚(경) 놀라다. 懼(구) 두려워하다. 曲勝(곡승) 왜곡된 승리.

曲勝, 言非全也. 非全勝者, 無權名.
곡승, 언비전야. 비전승자, 무권명.

---

236) 죽간본에는 '兵勝于朝廷, 勝于○紀, 勝于土功, 勝于市井'으로 기록되어, 네 가지 유형으로 구분하였으나, 여기서는 본문과 같이 세 가지 경우로 하였다.

운이 좋아 얻어지는 승리인 왜곡된 승리라는 의미의 곡승(曲勝)은 완전한 승리라고 말할 수 없다. 완전한 승리를 얻지 못하는 장수는 권위와 명예가 없는 법이다.

曲勝(곡승) 요행히 이기다. 言(언) 말하다. 非全(비전) 완전하지 않다. 非全勝者(비전승자) 완전한 승리가 아닌 것. 無權名(무권명) 권위와 명예가 없다.

故明主戰攻日, 合鼓合角, 節以兵刃, 不求勝而勝也.
고명주전공일, 합고합각, 절이병인, 불구승이승야.
고로 현명한 군주는 결전을 치르기로 결정된 날, 북소리와 나팔 소리에 맞추어 장병들이 무장하게 하고 절도있게 부대를 기동시키며, 적과 접전할 때는 병기를 절도 있게 사용하게 한다. 이러한 군주와 부대는 군이 승리를 추구하지 않아도 저절로 이기게 되는 것이다.

故(고) 고로. 明主(명주) 현명한 군주. 戰攻日(전공일) 공격하여 싸우러 가는 날. 合鼓(합고) 북소리에 맞추다. 合角(합각) 나팔 소리에 맞추다. 節(절) 절도 있다. 以(이) ~로써. 써. 兵(병) 장병들. 군대. 刃(인) 칼날. 不求勝(불구승) 승리를 구하지 않아도. 勝(승) 이기다.

兵有去備徹威而勝者, 以其有法故也.
병유거비철위이승자, 이기유법고야.
용병을 함에 있어서 적에 대한 대비태세나 위세가 제대로 갖추어지지 않은 것 같은데도 전쟁에서 승리하는 경우가 있는데, 그러는 데는 다 이유가 있는 법이다.

兵(병) 용병. 有(유) 있다. 去(거) 가다. 備(비) 대비하다. 徹(철) 통하다. 威(위) 권위. 위세. 勝(승) 이기다. 者(자) ~하는 것. 以(이) 써. 其(기) 그. 法(법) 법. 故(고) 이유.

有器用之蚤定也, 其應敵也周, 其總率也極.
유기용지조정야, 기응적야주, 기총솔야극.
즉, 평소에 군의 병기와 장비가 완비되어 있고, 유사시 적에 대응할 준비가 주도면밀하게 되어 있으며, 군의 지휘체계나 지휘관의 통솔력이 뛰어났기 때문인 것이다.

有(유) 있다. 器(기) 군의 병기나 장비. 用(용) 쓰다. 蚤(조) 벼룩. 일찍. 定(정) 정하다. 其(기) 그. 應(응) 응하다. 敵(적) 적. 周(주) 두루. 總(총) 거느리다. 率(솔) 거느리다. 極(극) 다하다.

故五人而伍, 十人而什, 百人而卒, 千人而率, 萬人而將,

고오인이오, 십인이십, 백인이졸, 천인이솔, 만인이장,

군의 편제는 병사 5명으로 1개 오(伍)를 편성하고 오장을 두며, 10명으로써 1개 십(什)을 편성하고 십장을 두며, 1백 명으로써 1개 졸(卒)을 편성하고 졸장을 두며, 1천 명으로써 1개 여(旅)를 편성하고 여수를 두며, 1만 명으로써 1개 군을 편성하고 장군(將)을 둔다.

故五人而伍(고 오인이오) 병사 5명당 오장 1명을 두다. 十人而什(십인이십) 병사 10명을 십장 1명을 두다. 百人而卒(백인이졸) 병사 100명을 졸장 1명을 두다. 千人而率(천인이솔) 병사 1,000명을 솔장 1명을 두다. 萬人而將(만인이장) 병사 10,000명을 장수(將) 1명을 두다.

已周已極, 其朝死則朝代, 暮死則暮代, 權敵審將, 而後擧兵.

이주이극, 기조사즉조대, 모사즉모대, 권적심장, 이후거병.

이와 같이 싸우기 전에 미리 모든 준비를 다 한 다음, 각급 부대의 지휘관이 아침에 전사하면 아침에, 저녁에 전사하면 저녁에 바로 대리자를 임명하여 부대 지휘의 공백을 없애야 한다. 이렇게 적에 대하여 각종 대응태세를 갖추고, 장수를 선발할 때는 신중하게 잘 살펴서 선발해야 한다. 그런 것들이 모두 잘 갖추어진 이후에 군을 일으켜야 하는 법이다.

已(이) 이미. 周(주) 두루. 已(이) 이미. 極(극) 다하다. 其(기) 그. 朝(조) 아침. 死(사) 죽다. 則(즉) 곧. 朝(조) 아침. 代(대) 대리하다. 暮(모) 저녁. 死(사) 죽다. 則(즉) 곧. 暮(모) 저녁. 權(권) 권모술수. 敵(적) 적. 審(심) 살피다. 將(장) 장수. 而後(이후) 그다음에. 擧兵(거병) 군사를 일으키다.

故凡集兵千里者旬日, 百里者一日, 必集敵境.

고범집병천리자순일, 백리자일일, 필집적경.

이렇게 하면 1,000리(里) 밖의 백성들은 10여 일 내에 징집시킬 수 있고, 100리(里) 안의 백성들은 1일 만에 징집시켜 적과 접촉한 지역까지 집결시킬 수 있는 것이다.

故(고) 고로. 凡(범) 무릇. 集兵(집병) 병사들을 모으다. 千里(천리) 거리의 단위 약 400km. 者(자) ~하는 자. 旬日(순일) 10여 일. 百里者(백리자) 100리 떨어진 자. 약40km. 一日(1일) 하루. 必(필) 반드시. 集(집) 모으다. 敵(적) 적군. 境(경) 지경. 경계선.

卒聚將至, 深入其地, 錯絕其道, 棲其大城大邑,

졸취장지, 심입기지, 착절기도, 서기대성대읍,

병사들이 집결하고 이를 지휘할 장수가 도착하면, 적지 깊숙이 쳐들어가서 적의 교통로를

단절하여 적의 후방을 교란하고, 적국의 큰 성과 큰 마을을 점령하며,

卒(졸) 병사들. 聚(취) 모이다. 將(장) 장수. 至(지) 이르다. 深(심) 깊다. 入(입) 들어가다. 其(기) 그. 地(지) 땅. 錯(착) 섞이다. 絕(절) 끊다. 其(기) 그. 道(도) 길. 棲(서) 살다. 其(기) 그. 大城(대성) 큰 성. 大邑(대읍) 대읍.

使之登城逼危, 男女數重, 各逼地形, 而攻要塞.
사지등성핍위, 남녀수중, 각핍지형, 이공요새.
성을 공격하여 적들이 위기에 닥치게 하며, 적국에서 징발한 남녀를 아군과 혼합 편성시켜서 각각 적의 주요 지형을 점령하거나 요새를 공격하게 한다.

使(사) ~하게 하다. 登城(등성) 성을 기어오르다. 逼(핍) 닥쳐오다. 危(위) 위기. 男女(남녀) 적국에서 징집한 남녀. 數(수) 숫자. 여럿. 重(중) 중무장시키다. 各(각) 각각. 逼(핍) 닥치다. 地形(지형) 지형. 땅. 而(이) 접속사. 攻(공) 공격하다. 要塞(요새) 군사적으로 중요한 지역에 시설한 방어시설.

據一城邑, 而數道絕, 從而攻之, 敵將帥不能信, 吏卒不能和,
거일성읍, 이수도절, 종이공지, 적장수불능신, 이졸불능화,
적의 한 성읍을 점령하고 그 인근의 교통로를 단절시키고 적을 쫓아가면서 계속 공격하면, 적장은 자신감을 잃고 병사들은 화합할 수 없게 된다.

據(거) 의거하다. 점령하다. 一城邑(일성읍) 하나의 성과 마을. 而(이) 접속사. 數(수) 여럿. 道(도) 도로. 絕(절) 끊다. 從(종) 쫓다. 攻(공) 공격하다. 敵將帥(적장수) 적의 장수. 不能(불능) 능히 ~을 하지 못하다. 信(신) 믿다. 吏卒(리졸) 간부들과 장병들. 和(화) 화합하다.

刑有所不從者, 則我敗之矣. 敵救未至, 而一城已降.
형유소부종자, 즉아패지의. 적구미지, 이일성이항.
그리하면 적장이 아무리 형벌로 다스리려고 해도 따르는 자가 없을 것이며, 이런 적 부대는 아군에게 쉽사리 패배를 당할 것이다. 따라서 적의 구원병이 이르기도 전에 그 성읍은 아군에게 항복하게 되는 것이다.

刑(형) 형벌. 有(유) 있다. 所(소) ~하는 바. 不從(부종) 따르지 않다. 者(자) ~하는 것. 則(즉) 곧. 我(아) 아군. 敗(패) 패배시키다. 矣(의) 어조사. 敵(적) 적군. 救(구) 구원군. 未至(미지) 도달하지 않다. 一城(일성) 성 하나. 已(이) 이미. 降(항) 항복하다.

津梁未發, 要塞未修, 城險未設, 渠答未張, 則雖有城無守矣.
진량미발, 요새미수, 성험미설, 거답미장, 즉수유성무수의.
적의 나루터나 교량이 제대로 기능을 발휘하지 못하고, 군사적으로 중요한 요새의 대비태세가 아직 제대로 준비가 되어 있지 않고, 성 주변의 강이나 도랑 같은 곳에 방어용 장애물이 제대로 설치되지 못하면, 비록 성이 있다 하더라도 그 성은 지키고 있지 않은 것이나 다름이 없다.

津(진) 나루. 梁(량) 교량. 다리. 未(미) 아니다. 發(발) 쏘다. 要塞(요새) 군사적으로 중요한 곳에 설치한 방어시설. 未修(미수) 아직 제대로 닦아놓지 않다. 城險(성험) 성 주변에 설치한 험한 장애물. 未設(미설) 아직 설치되지 않다. 渠(거) 도랑. 答(답) 답하다. 未張(미장) 아직 설치되지 않았다. 則(즉) 곧. 雖(수) 비록. 有城(유성) 성이 있다. 無守(무수) 지키는 것이 없다. 矣(의) 어조사.

遠堡未入, 戍客未歸, 則雖有人無人矣.
원보미입, 수객미귀, 즉수유인무인의.
적이 멀리 떨어진 요새나 보루에 있다가 미처 본대로 돌아오지 않았거나, 외지로 출동하여 적을 지키던 부대가 미처 본대로 복귀하지 않은 상황이라면, 적의 성에는 병력이 지키고 있다고 하더라도 병력이 없는 것이나 다름이 없다.

遠(원) 멀다. 堡(보) 작은 성. 未入(미입) 본성으로 복귀하지 않다. 戍(수) 지키다. 客(객) 손님. 적을 말함. 未歸(미귀) 아직 복귀하지 않았다. 則(즉) 곧. 雖(수) 비록. 有人(유인) 적의 병력이 있다. 無人(무인) 병력이 없다. 矣(의) 어조사.

六畜未聚, 五穀未收, 財用未斂, 則雖有資無資矣.
육축미취, 오곡미수, 재용미감, 즉수유자무자의.
들판에 방목한 가축들을 거두어들이지 못하고, 곡식을 미처 수확하지 못했거나, 성 밖에 분산된 물자를 미처 성안으로 모아들이지 못하였다면, 그 성에는 비록 물자가 있다고 하더라도 물자가 없는 것이나 다름이 없다.

六畜(육축) 여섯 가지 가축. 소, 말, 돼지, 양, 닭, 개. 未聚(미취) 아직 모이지 않았다. 五穀(오곡) 다섯 가지 곡식. 쌀, 보리, 조, 콩, 수수. 未收(미수) 아직 수확하지 못하다. 財用(재용) 쓸 만한 물자나 재물. 未斂(미감) 마무리하지 못하다. 則(즉) 곧. 雖(수) 비록. 有資(유자) 물자가 있다. 無資(무자) 물자가 없다. 矣(의) 어조사.

夫城邑空虛而資盡者, 我因其虛而攻之.
부성읍공허이자진자, 아인기허이공지.
이렇게 하여 적의 성읍에 병력과 물자가 텅 비게 되면, 아군은 그 허점을 타서 공격해야 한다.

夫(부) 무릇. 城邑(성읍) 성과 마을. 空虛(공허) 텅 비다. 資盡(자진) 물자가 다하다. 者(자) ~하는 것. 我(아) 나. 因(인) 인하다. 其虛(기허) 그 허점. 攻(공) 공격하다.

法曰, 獨出獨入, 敵不接刃而致之. 此之謂矣.
법왈, 독출독입, 적부접인이치지. 차지위의.
이것이 바로 병법에서 '적지를 자유자재로 출입하여, 적과 교전하지 않고도 승리한다.'는 것은 이를 두고 이르는 말이다.

法曰(법왈) 병법에서 말하기를. 獨出(독출) 혼자서 나가고. 獨入(독입) 혼자서 들어오다. 敵(적) 적군. 不接(부접) 접하지 않다. 刃(인) 칼날. 전투나 교전. 致(치) 이르다. 此(차) 이것. 謂(위) 이르다. 矣(의) 어조사.

第六. 守權 제6. 수권.[237] 방어작전 시 임기응변

수권(守權)이란 성을 지키는 작전에서 임기응변하는 방법을 말하는 것이다. 성을 지킬 때 권모술수나 임기응변의 방법을 잘 알면 반드시 성을 견고하게 지킬 수 있을 것이다. 그러므로 이를 편명(篇名)으로 삼았다.

-울료자직해(尉繚子直解)에서-

凡守者, 進不郭圉, 退不亭障, 以禦戰非善者也.

범수자, 진불곽어, 퇴부정장, 이어전비선자야.

무릇 방어작전을 하는 경우에 군이 진격할 때 성곽 주변이나 근처의 방어시설에 머무르지 않아야 하고, 후퇴할 때에 방어를 위해 설치한 장애물 등에 머무르지 않아야 한다. 이러한 곳에서 방어하는 것은 좋지 않다.

凡(범) 무릇. 守者(수자) 방어작전을 할 때는. 進(진) 나아가다. 不(불) 아니다. 郭(곽) 성곽. 圉(어) 방어시설. 退(퇴) 물러나다. 不(불) 아니다. 亭(정) 머무르다. 障(장) 장애물. 以(이) ~로써. 禦(어) 방어하다. 戰(전) 싸우다. 非善(비선) 좋지 않다. 者(자) ~하는 것.

豪傑雄俊, 堅甲利兵, 勁弩强矢, 盡在郭中, 乃收窖廩, 毁拆而入保,

호걸웅준, 견갑리병, 경노강시, 진재곽중, 내수교름, 훼탁이입보,

영웅호걸과 같은 인재들, 견고하고 날카로운 병기, 강한 화살이나 쇠뇌로 무장한 병사들은 성곽 안에 대기시켜 놓고, 성 밖의 양곡과 물자들은 모두 성안에 거두어들인 다음에 성 밖의 모든 것들은 남김없이 철거해서 성곽 안에서 보호를 받는 전술로 수비에 임한다면[238],

豪傑雄俊(호걸웅준) 영웅호걸과 같은 인재들을 말함. 堅(견) 견고하다. 甲(갑) 갑옷. 利兵(리병) 날카로운 병기들. 勁(경) 굳세다. 弩(노) 쇠뇌. 强(강) 강한. 矢(시) 화살. 盡(진) 다하다. 在(재) 있다. 郭(곽)

237) 이 편은 방자의 용병 원칙과 수단에 대한 내용이다. 주로 성을 지키는 데 있어서의 기본 조건과 구체적인 병력배치 요령, 공격과 방어에 있어서 임무 분담, 군·관·민의 일치된 정신전력, 지원군과의 협동작전 등에 관한 것을 설명하고 있다.

238) 이 문장은 옛날 고구려에서두 사용하였던 '淸野入保(청야입보)' 진술에 대한 설명과 일맥상통한다. 오랑캐 같은 적들이 진격해오면 들판에 있는 모든 것들은 성곽 안으로 옮기거나 옮길 수 없는 것은 깨끗이 치워버리고 성곽 안에 들어와서 보호를 받는 전술이라는 의미임.

성곽. 中(중) 가운데. 乃(내) 이에. 收(수) 거두다. 窖(교) 움. 움집. 廩(름) 곳집. 곳간. 毁(훼) 헐다. 훼손하다. 拆(탁) 터지다. 부수다. 入(입) 들어오다. 保(보) 보호하다.

令客氣十百倍, 而主之氣不半焉. 敵攻者, 傷之甚也, 然而世將弗能知.
영객기십백배, 이주지기불반언. 적공자, 상지심야, 연이세장불능지.

공격해 오는 적은 10배에서 100배 정도의 힘이 들 것이고, 반면에 방어하는 군대는 그 힘이 절반도 들지 않는다. 따라서 공격하는 적은 방어하는 군대에 비해 심한 손실을 보게 되는데 오늘날의 용렬한 장수는 이런 것들을 능히 알지 못한다.

令(령) 명령을 내리다. 客(객) 손님. 손. 적을 말함. 氣(기) 기세. 十百倍(십백배) 10배나 100배. 主之氣(주지기) 주인의 기세. 방어 중인 군의 기세. 不半(불반) 반도 안 든다. 焉(언) 어조사. 敵攻者(적공자) 공격하는 적은. 傷(상) 상하다. 상처 입다. 甚(심) 심하다. 然(연) 그러하다. 世(세) 세상. 將(장) 장수. 弗(불) 아니다. 能知(능지) 능히 알다.

夫守者, 不失險者也. 守法, 城一丈十人守之, 工食不與焉.
부수자, 불실험자야. 수법, 성일장십인수지, 공식불여언.

무릇 방어작전의 요체는 요충지를 놓치지 않는 데 있다. 그리고 성을 방어하는 데에는 성곽의 길이 1장(약 2m 정도)마다 병력 10명이 지켜야 하며, 여기에는 공병이나 취사병은 여기에 포함되지 않는다.

夫(부) 무릇. 守者(수자) 방어를 한다는 것. 不失(불실) 놓치지 않아야 한다. 險(험) 험한 지형을 말함. 者(자) ~한다는 것. 守法(수법) 방어작전을 하는 방법. 城(성) 성곽. 一丈(일장) 어른 1명의 키 정도의 길이인데, 약 2m 정도로 추측됨. 十人(십인) 장병 10명이. 守之(수지) 그것을 지키다. 工食(공식) 공병이나 취사병을 말함. 不與(불여) 같이 포함이 안 됨. 焉(언) 어조사.

出者不守, 守者不出, 一而當十, 十而當百, 百而當千, 千而當萬,
출자불수, 수자불출, 일이당십, 십이당백, 백이당천, 천이당만,

성곽을 지킬 때 공격과 방어의 임무를 명확히 구분해서 성 밖에 나가 싸우는 부대에는 수비를 맡지 않고, 성을 지키는 수비군은 성 밖에 나가 싸우지 않게 한다. 수비와 공격 임무를 분담하게 함으로써, 수비군 1명이 적의 공격군 10명을 당해내고, 10명이 적 1백 명을, 1백 명이 적 1천 명을, 1천 명이 적 1만 명을 당해낼 수 있다.

出者(출자) 성 밖으로 나가 적을 공격하는 부대는. 不守(불수) 성을 지키지 않고. 守者(수자) 성을 지키는 부대는. 不出(불출) 성 밖으로 나가지 않는다. 一而當十, 十而當百, 百而當千, 千而當萬(일이당십, 십이당백, 백이당천, 천이당만) 1명으로 10명을, 10명으로 100명을, 100명으로 1,000명을, 1,000명으로 10,000명을 당해낼 수 있다.

故爲城郭者, 非特費於民聚土壤也. 誠爲守也.
고위성곽자, 비특비어민취토양야. 성위수야.
성곽을 만드는 이유는 단순히 백성을 힘들게 하려고 흙더미를 높이 쌓아 올리는 것이 아니라, 성을 방어하기 위해서 만드는 것이다.

故(고) 고로. 爲(위) ~을 하다. 城郭(성곽) 성곽. 者(자) ~하는 것. 非(비) 아니다. 特費(특비) 일부러 그렇게 하다. 於民(어민) 백성으로부터. 聚(취) 취하다. 모으다. 土壤(토양) 흙더미를 쌓다. 誠(성) 정성. 爲守(위수) 방어작전을 하다.

千丈之城則萬人守之, 池深而廣, 城堅而厚, 士民備,
천장지성즉만인수지, 지심이광, 성견이후, 사민비,
성의 둘레가 1,000장(丈, 약 2,000m)이면 병력 10,000명으로 지켜야 하며, 성곽 주변의 참호는 깊고 넓게 파야 하고, 성벽은 견고하고 두터워야 하며, 성안의 군 · 관 · 민 모두가 일치단결하여 대비해야 하며,

千丈(천장) 길이의 단위. 1,000丈 = 약 2,000m. 城(성) 성. 則(즉) 곧. 萬人(만인) 병력 일만명. 守之(수지) 지켜야 한다. 池(지) 연못. 성곽 주변에 설치한 해저드나 참호. 深(심) 깊다. 廣(광) 넓다. 城(성) 성곽을 말함. 堅(견) 견고하다. 厚(이) 두텁다. 士(사) 선비. 民(민) 백성. 備(비) 대비하다.

薪食給, 弩堅矢强, 矛戟稱之, 此守法也.
신식급, 노견시강, 모극칭지, 차수법야.
연료와 식량 같은 작전지속을 위한 군수물자가 넉넉해야 하며, 견고한 활과 강한 화살이 준비되고, 창과 같은 각종 무기체계가 균형되게 잘 구비되어 있어야 한다. 이러한 것들이 바로 수성(守城)의 기본 조건들이다.

薪(신) 땔나무. 食(식) 식량. 給(급) 넉넉하다. 弩(노) 쇠뇌. 활과 유사한 무기체계. 堅(견) 견고하다. 矢(시) 화살. 强(강) 강하다. 矛(모) 긴 창. 戟(극) 두 갈래로 갈라진 창. 稱(칭) 균형 있게 잘 구비되어 있

다. 此(차) 이것. 守法(수법) 방어작전을 하는 방법.

攻者不下十餘萬之衆, 其有必救之軍者, 則有必守之城,
공자불하십여만지중, 기유필구지군자, 즉유필수지성,
앞에서 언급한 사항들이 준비된 성을 공격하기 위해서는 약 10여만 명 이하의 병력으로는 안 되며 반드시 외부로부터 지원군이 있어야 그 성을 지켜낼 수 있다.

攻者(공자) 공격하려는 자. 不下(불하) 아래로는 안 된다. 十餘萬之衆(십여만지중) 10여만 명의 병력. 其(기) 그. 有(유) 있다. 必(필) 반드시. 救之軍(구지군) 구원군. 지원군. 者(자) ~하는 것. 則(즉) 곧. 守之城(수지성) 성을 지키다.

無必救之軍者, 無必守之城.
무필구지군자, 무필수지성.
지원군이 없으면 끝까지 성을 지켜내지 못한다.

無(무) 없다. 必(필) 반드시. 救之軍(구지군) 구원군. 者(자) ~하는 것. 無(무) 없다. 守之城(수지성) 성을 지키다.

若彼城堅而救誠, 則愚夫愚婦無不蔽城, 盡資血城者.
약피성견이구성, 즉우부우부무불폐성, 진자혈성자.
만약 성이 견고하고 지원군이 반드시 온다는 확신이 있으면, 성안의 모든 남녀노소가 숨는 일 없이 성을 지켜내기 위하여 노력할 것이며, 특히 자기 재물과 피까지도 아낌없이 바칠 것이다.

若(약) 만약. 彼(피) 저것. 城(성) 성. 堅(견) 견고하다. 而(이) 접속사. 救(구) 구원군을 말함. 誠(성) 정성. 則(즉) 곧. 愚夫(우부) 모든 남자. 愚婦(우부) 모든 여자. 不(불) 아니다. 蔽(폐) 덮다. 숨기다. 城(성) 성. 盡(진) 다하다. 資(자) 재물. 血(혈) 피. 城(성) 성. 者(자) ~하는 것.

期年之城, 守餘於攻者, 救餘於守者.
기년지성, 수여어공자, 구여어수자.
이렇게 한다면 1년 동안은 그 성을 지켜 낼 수 있다. 성을 방어하는 군대는 성을 공격하는 군대보다 여유가 있으며, 지원군으로 온 부대는 성을 방어하는 군대보다 여유가 있는 법이다.

期(기) 기한. 年(년) 1년. 城(성) 성. 守(수) 지키다. 餘(여) 여유가 있다. 於攻(어공) 공격하는 자에 비해. 者(자) ~하는 것. 救(구) 구하다. 지원군. 於守(어수) 방어를 하는 것에 비해.

若彼城堅而救不誠, 則愚夫愚婦無不守陴而泣下, 此人之常情也,
약피성견이구불성, 즉우부우부무불수비이읍하, 차인지상정야,
그러나 만약 성이 견고하더라도 지원군이 오리라는 확신이 없으면, 성안의 남녀노소 모두가 성을 제대로 지키지 못하고 무릎을 꿇고 울지 않는 이가 없을 것이다. 이것은 인간이면 누구나 가지는 보편적인 심정이다.

若(약) 만약. 彼(피) 저것. 城(성) 성. 堅(견) 견고하다. 救(구) 지원군을 말함. 不(불) 아니다. 誠(성) 정성. 則(즉) 곧. 愚夫(우부) 모든 남자. 愚婦(우부) 모든 여자. 無(무) 없다. 不(불) 아니다. 守(수) 지키다. 陴(비) 성 위에 쌓은 낮은 담. 泣(읍) 울다. 下(하) 아래. 무릎을 꿇다. 此(차) 이것이. 人之常情(인지상정) 인간이면 가지는 일반적인 정서이다.

遂發其窖廩救撫, 則亦不能止矣.
수발기교름구무, 즉역불능지의.
이런 경우에는 창고를 열어 재물이나 곡식을 풀어서 그들의 아픔을 구하고 어루만져도 눈물을 멈추게 할 수 없을 것이다.

遂(수) 이르다. 發(발) 쏘다. 其(기) 그. 窖(교) 움집. 창고. 廩(름) 곳간. 救(구) 구하다. 撫(무) 어루만지다. 則(즉) 곧. 亦(역) 또한. 역시. 不能(불능) 능히 ~할 수 없다. 止(지) 그치다. 矣(의) 어조사.

必鼓其豪傑雄俊, 堅甲利兵, 勁弩强矢并於前, 么麼毁瘠者并於後.
필고기호걸웅준, 견갑리병, 경노강시병어전, 요마훼척자병어후.
이럴 때는 반드시 영웅호걸과 같이 뛰어난 장병들에게 견고하고 날카로운 병기로 무장을 시켜서, 굳세고 강한 활과 화살을 가진 부대나 장병들은 선두에 세워 결정적인 작전을 하도록 하고, 노약자나 병약자 등은 후미에 배치해 뒤에서 지원하는 임무를 준다.

必(필) 반드시. 鼓(고) 북. 其(기) 그. 豪傑雄俊(호걸웅준) 호걸, 영웅, 준걸 등 뛰어난 인재를 말함. 堅(견) 견고하다. 甲(갑) 갑옷. 무기체계. 利(리) 날카롭다. 兵(병) 군대. 勁(경) 굳세나. 弩(노) 쇠뇌. 强(강) 강하다. 矢(시) 화살. 并(병) 어우르다. 함께. 於前(어전) 앞에. 么(요) 작다. 麼(마) 작다. 毁(훼) 헐다. 瘠(척) 파리하다. 者(자) ~하는 것. 并(병) 어우르다. 於後(어후) 뒤에.

十萬之軍頓於城下, 救必開之, 守必出之.
십만지군돈어성하, 구필개지, 수필출지.
성을 공격하는 10만의 적 병력이 성을 포위하고 있을 때 구원군은 반드시 포위망을 열어서 수비하는 병력이 즉각 출격할 수 있도록 도와주어야 한다.

十萬之軍(십만지군) 10만의 군사. 頓(돈) 머무르다. 於(어) 어조사. ~에. 城下(성하) 성 아래. 救(구) 구하다. 지원군. 必(필) 반드시. 開(개) 열다. 守(수) 지키다. 出(출) 출동하다.

出據要塞, 但救其後, 無絕其糧道, 中外相應. 此救而示之不誠,
출거요새, 단구기후, 무절기량도, 중외상응. 차구이시지불성,
그리고 요충지를 점거하되 보급로가 차단되지 않도록 성을 방어하는 주력부대의 후방을 보호하면서 안팎으로 서로 연락체계를 유지한다. 이렇게 하면서 구원군은 외견상으로는 전력을 다하지 않는 것처럼 보이게 해야 한다.

出(출) 나가다. 據(거) 의거하다. 의지하다. 要塞(요새) 군사적으로 중요한 시설에 설치한 방어시설. 但(단) 다만. 救(구) 구하다. 구원군. 其後(기후) 그 후방. 無(무) 없다. 絕(절) 끊다. 其(기) 그. 糧道(량도) 보급로를 말함. 中(중) 가운데. 外(외) 밖. 相應(상응) 서로 응하다. 此(차) 이것. 示之不誠(시지불성) 전력을 다하지 않는 것처럼 보이다.

示之不誠, 則倒敵而待之者也.
시지불성, 즉도적이대지자야.
외견상으로는 전력을 다하여 구원해 주지 않는 것처럼 보이게 하는 것은 적의 판단을 흐리게 해서 적의 약점을 유도하여 기다리기 위함이다.

示之不誠(시지불성) 전력을 다하지 않는 것처럼 보이다. 則(즉) 곧. 倒(도) 넘어지다. 敵(적) 적군. 待(대) 기다리다. 者(자) ~하는 것.

後其壯, 前其老, 彼敵無前, 守不得而止矣, 此守權之謂也.
후기장, 전기로, 피적무전, 수부득이지의, 차수권지위야.
전방에는 노약한 병사들을 세우고, 후방에는 정예병을 배치함으로써 전방에는 적을 대항할 부대가 없는 것처럼 보이면 이를 가볍게 보아 별다른 대비책을 세우려 하지 않을 것이며, 이때 성을 지키고 있는 군대는 구원군의 도움만을 기다리지 않고 출격하여, 결전 의시를 보

이면서 싸움을 계속할 수 있게 될 것이다. 이렇게 책략을 써서 성을 방어하는 것이 바로 수성의 요체라고 하는 것이다.

後(후) 뒤에는. 其壯(기장) 씩씩한 장병. 정예병. 前(전) 앞에는. 其老(기로) 노약한 병사들. 彼(피) 저것. 敵(적) 적군. 無(무) 없다. 守(수) 지키다. 不得(부득) 얻지 못하다. 止(지) 그치다. 矣(의) 어조사. 此(차) 이것. 權(권) 권모술수. 謂(위) 말하다.

第七. 十二陵 제7. 십이릉.[239] 적을 압도하는 12가지 방법

릉(陵)은 그 높고 크다는 것을 비유한 말이다. 장수에게 필요한 12가지가 잘 구비되면 적국을 능멸할 수 있다. 반대로 12가지가 제대로 안 되면 적국을 능멸할 수 없다. 모두 24가지이지만 앞의 12가지 사항만 가지고 12릉(十二陵)이라고 했다 하니, 그 설(說)이 옳은지는 불분명하다.

–울료자직해(尉繚子直解)에서–

威在於不變, 惠在於因時, 機在於應事,

위재어불변, 혜재어인시, 기재어응사,

적을 압도하는 방법에는 다음과 같은 열두 가지가 있다. ① 장수의 위엄은 일단 내린 명령을 자주 변경하지 않는 데 있다. ② 부하에게 은혜를 베푸는 것은 시기가 적절해야 한다. ③ 전기를 포착하는 것은 시기를 놓치지 않는 데 있다.

○在於◎◎ (○재어◎◎) ○은 ◎◎에 달려있다. 威(위) 장수의 위엄. 不變(불변) 명령을 자주 바꾸지 않는다. 惠(혜) 부하에 대한 은혜로움. 因時(인시) 적절한 시기로 인하여. 機(기) 호기. 전기를 포착하다. 應事(응사) 어떤 일에 응하다.

戰在於治氣, 攻在於意表, 守在於外飾,

전재어치기, 공재어의표, 수재어외식,

④ 군의 전투력은 사기를 어떻게 다스리는가에 달려있다. ⑤ 공격의 성공은 적이 예상하지 못하도록 하는데 달려있다. ⑥ 방어의 성공은 적을 얼마나 잘 속이는가에 달려있다.

戰(전) 전투. 전투력. 治氣(치기) 기를 다스리다. 攻(공) 공격하는 것. 意表(의표) 생각 밖이나 예상 밖. 守(수) 지키다. 外飾(외식) 외부로 꾸미다.

無過在於度數, 無困在於豫備, 謹在於畏小,

무과재어도수, 무곤재어예비, 근재어외소,

⑦ 과오를 범하지 않으려면, 여러 가지를 고려해야 한다. ⑧ 곤경에 빠지지 않으려면, 사전

---

239) 이 편에서는 적을 압도하는 12가지 방법과 장수가 적에게 압도당하는 12가지 요소에 관해 설명하고 있다.

에 대비해야 한다. ⑨ 신중하고자 한다면, 사소한 일이라도 잘 대처해야 한다.

無過(무과) 과오가 없으려면. 度數(도수) 여러 가지를 고려하다. 無困(무곤) 곤경에 빠지지 않으려면. 豫備(예비) 미리 대비하다. 謹(근) 삼가고 신중하다. 畏小(외소) 작은 일이라도 두려워하다.

智在於治大, 除害在於果斷, 得衆在於下人.
지재어치대, 제해재어과단, 득중재어하인.
⑩ 지혜롭게 일을 처리하려면, 형세를 크게 보고 다스려야 한다. ⑪ 해로움을 제거하려면, 과감한 결단을 할 수 있어야 한다. ⑫ 장병들의 마음을 얻으려면, 자신을 낮추어 겸손하여야 한다.

智(지) 지혜로우려면. 治大(치대) 크게 다스려야 한다. 除害(제해) 해로움을 제거하다. 果斷(과단) 과감하게 결단하다. 得衆(득중) 장병들의 마음을 얻다. 下人(하인) 자신을 낮추다.

悔在於任疑, 孽在於屠戮, 偏在於多私,
회재어임의, 얼재어도륙, 편재어다사,
적에게 압도당하지 않기 위하여, 다음과 같은 열두 가지 사항을 항상 염두에 두어야 한다. ① 후회할 일이 생기는 것은 의심하면서 임무를 주기 때문이다.[240] ② 원성이 생기는 것은 무고한 자를 마구 죽이기 때문이다. ③ 편파적인 일 처리는 사심이 많기 때문이다.

悔(회) 후회하다. 任疑(임의) 의심을 하면서 맡기다. 孽(얼) 첩의 자식. 원성. 원망. 屠戮(도륙) 사람이나 짐승을 마구 죽임. 偏(편) 치우치다. 多私(다사) 사사로움이 많다.

不詳在於惡聞己過, 不度在於竭民財, 不明在於受間,
불상재어오문기과, 부도재어갈민재, 불명재어수간,
④ 불상사가 생기는 이유는 잘못에 대한 조언을 듣기 싫어하기 때문이다. ⑤ 분수에 맞지 않는 낭비가 생기는 이유는 백성들의 재물을 다 써버리기 때문이다. ⑥ 명철하지 못한 일이 생기는 이유는 이간질을 받아들이기 때문이다.

不詳(불상) 불상사. 惡聞己過(오문기과) 잘못에 대한 조언을 듣기 싫어하다. 不度(부도) 정도에 맞지 않음. 낭비하다. 竭民財(갈민재) 백성들의 재물을 고갈시키다. 不明(불명) 명확하지 않다. 명철하지 못하

240) 임의(任疑). 결심의 지체나 우유부단함을 의미하기도 함.

다. 受間(수간) 이간질을 받아들이다.

不實在於輕發, 固陋在於離質, 禍在於好利,
불실재어경발, 고루재어이질, 화재어호리,

⑦ 부실하게 되는 이유는 경솔하게 출병하기 때문이다. ⑧ 고집스럽고 속 좁은 마음이 생기는 것은 현명한 자들을 멀리하기 때문이다. ⑨ 재앙이나 화근이 생기는 것은 이익을 탐하고 좋아하기 때문이다.

不實(부실) 부실하다. 輕發(경발) 경솔하게 출동시키다. 固陋(고루) 고집스럽고 좁은 마음. 離質(이질) 근본을 멀리하다. 禍(화) 재앙이나 화근. 好利(호리) 이익을 탐하고 좋아하다.

害在於親小人, 亡在於無所守, 危在於無號令.
해재어친소인, 망재어무소수, 위재어무호령.

⑩ 해를 입게 되는 것은 소인배를 가까이하기 때문이다. ⑪ 국가나 군이 망하는 것은 국방을 소홀히 하기 때문이다. ⑫ 국가나 군이 위험해지는 것은 명령체계가 바로 서지 않았기 때문이다.

害(해) 재앙이나 해로움. 親小人(친소인) 소인배들을 가까이하다. 亡(망) 망하다. 無所守(무소수) 지키는 바가 없다. 危(위) 위기. 無號令(무호령) 명령체계가 일사불란하지 않다.

第八. 武議 제8. 무의.[241] 무력을 사용하는 방법

무의(武議)는 무력을 사용하는 방법에 대해서 담론한 것이다. 내용 중에 무의(武議) 두 글자가 있어 편명(篇名)으로 취했다.

-울료자직해(尉繚子直解)에서-

凡兵不攻無過之城, 不殺無罪之人.

범병불공무과지성, 불살무죄지인.

무릇 용병을 함에 있어서 대비가 전혀 없는 무방비의 성을 공격하거나, 저항하지 않는 무저항 국민을 함부로 죽여서는 안 된다.

凡(범) 무릇. 兵(병) 용병을 함에 있어. 不攻(불공) 공격하지 말아야 한다. 無過(무과) 잘못이 없다. 城(성) 성. 不殺(불살) 죽이지 말아야 한다. 無罪(무죄) 죄가 없다. 人(인) 사람.

夫殺人之父兄, 利人之財貨, 臣妾人之子女, 此皆盜也.

부살인지부형, 리인지재화, 신첩인지자녀, 차개도야.

남의 부모나 형제를 함부로 죽이거나, 남의 재산을 함부로 약탈하여 이익을 보거나, 남의 자녀를 잡아서 함부로 노예로 부리거나 첩으로 삼는 것은 모두 도적질과 같은 것이다.

夫(부) 무릇. 殺(살) 죽이다. 人之父兄(인지부형) 남의 아버지나 형제. 利(리) 이익을 탐하다. 人之財貨(인지재화) 남의 재화. 남의 재물. 臣(신) 신하로 삼다. 妾(첩) 첩으로 삼다. 人之子女(인지자녀) 남의 자녀. 此(차) 이것. 皆(개) 다. 모두. 盜(도) 도적질.

故兵者, 所以誅亂禁不義也.

고병자, 소이주란금불의야.

즉, 군대는 환란을 토벌하거나 불의의 세력을 막기 위해서 일으켜야 하는 것이다.

241) 무의 : 이 편에서 울료는 제1편 천관에 서술한 승리와 전쟁의 주체, 즉 '형덕'과 '인사'를 재강조하고, 군의 본질과 전쟁의 목적을 구체화하여 포괄적으로 논하였다. 아울러 그는 군의 유지, 전쟁 수행을 위한 민간 상업의 중요성을 특기하고, 국가의 존망과 안위에 있어 핵심적 주체인 군 지휘관의 병폐와 마음가짐을 논하였다. 장수의 본질에 관하여는 제9편 장리에서 재론되고 있다.

故(고) 고로. 兵者(병자) 용병. 군대. 所(소) ~하는 바. 以(이) ~로써. 誅(주) 베다. 토벌하다. 亂(란) 난. 禁(금) 금하다. 不義(불의) 의롭지 않다.

兵之所加者, 農不離其田業, 賈不離其肆宅, 士大夫不離其官府,
병지소가자, 농불리기전업, 고불리기사댁, 사대부불리기관부,
군사력이 운용되더라도 그 나라의 농민이 농토를 떠나지 않게 하고, 상인은 시장을 떠나지 않게 하며, 사대부들이 관청을 떠나지 않게 하여야 한다.

兵(병) 군사. 군대. 所(소) ~하는 바. 加(가) 더하다. 者(자) ~하는 것. 農(농) 농사. 농민. 不離(불리) 떠나지 않다. 其(기) 그. 田(전) 밭. 業(업) 일. 賈(고) 앉아서 하는 장사. 상인을 말함. 肆宅(사댁) 장사하는 집. 점포. 士大夫(사대부) 문무 양반의 일반적인 총칭. 官府(관부) 관청.

由其武議在於一人, 故兵不血刃, 而天下親焉.
유기무의재어일인, 고병불혈인, 이천하친언.
이는 무력을 사용하는 대상이 바로 불의를 저지르거나 폭정을 자행한 군주 한 사람을 제거함에 있기 때문이다. 고로 군이 굳이 무기를 사용해서 피를 보지 않아도 천하를 평정할 수 있는 것이다.

由(유) 말미암다. 其(기) 그. 武(무) 굳세다. 무력. 議(의) 의논하다. 在(재) ~에 있다. 於(어) 어조사 一人(일인) 1명. 故(고) 고로. 兵(병) 군사. 군대. 不(불) 아니다. 血(혈) 피. 刃(인) 칼날. 天下(천하) 천하. 親(친) 친하다. 焉(언) 어조사.

萬乘農戰, 千乘救守, 百乘事養.
만승농전, 천승구수, 백승사양.
전차 일만 대를 운용할 수 있는 대국은 평시에는 농경에 힘쓰고, 유사시 불의를 토벌할 만한 전력을 갖추어야 한다. 전차 일천 대를 운용할 수 있는 중간 정도의 국력을 지닌 나라는 유사시 인접 국가를 구해주거나 자국을 지킬 수 있는 전력을 갖추어야 한다. 전차 일백 대 정도만 운용할 수 있는 약소국은 백성의 생활을 돌보는 일에만 전념해야 한다.

萬乘(만승) 전차 일만 대를 운용할 수 있는 나라. 農(농) 농사. 戰(전) 전쟁. 千乘(천승) 전차 일천 대를 운용할 수 있는 나라. 救(구) 구하다. 守(수) 지키다. 百乘(백승) 전치 일백 대 정도만 운용할 수 있는 나라. 事(사) 일. 養(양) 기르다.

農戰不外索權, 救守不外索助, 事養不外索資.

농전불외색권, 구수불외색조, 사양불외색자.

만승 국가는 다른 나라에서 권세를 찾으려고 하면 안 된다. 천승 국가는 다른 나라에서 군사적 지원을 받으려고 해서는 안 된다. 백승 국가는 다른 나라로부터 경제적 원조를 받으려고 해서는 안 된다.

農戰(농전) 전차 일만 대를 가진 강대국. 不外索(불외색) 바깥에서 찾으려 하면 안 된다. 權(권) 권한. 권위. 救守(수구) 전차 일천 대를 가진 중간 정도 국력의 국가. 不外索(불외색) 바깥에서 찾으려 하면 안 된다. 助(조) 도움. 원조. 事養(사양) 전차 일백 대만 가진 약소국. 不外索(불외색) 바깥에서 찾으려 하면 안 된다. 資(자) 자본. 자원.

夫出不足戰, 入不足守者, 治之以市. 市者, 所以給戰守也.

부출부족전, 입부족수자, 치지이시. 시자, 소이급전수야.

대외적인 전쟁을 할 만한 능력이 부족하거나, 대내적으로 자국을 지키기에도 능력이 부족한 나라는 우선 경제를 다스리는 데 주력해야 한다. 경제라고 하는 것은 전쟁하거나 자국을 지키는 데 필요한 물자를 공급하는 원천이기 때문이다.

夫(부) 모름지기. 무릇. 出(출) 나가다. 不足(부족) 부족하다. 戰(전) 전쟁. 入(입) 들어오다. 不足(부족) 부족하다. 守(수) 지키다. 者(자) ~하는 것. 治(치) 다스리다. 以(이) ~로써. 市(시) 시장. 所(소) ~하는 바. 以(이) ~로써. 給(급) 공급하다. 戰(전) 전쟁.

萬乘無千乘之助, 必有百乘之市.

만승무천승지조, 필유백승지시.

따라서 전차 일만 대를 운용할 수 있는 강대국이 전차 일천 대를 운용할 수 있는 중간 정도 국력의 국가의 도움을 받지 못한다면, 반드시 전차 일백 대만 운용할 수 있는 약소국의 경제력의 도움이라도 있어야 한다. (왜냐하면, 경제력이 곧 전쟁을 지속할 수 있는 능력인데 아무리 강대국이라 하더라도 자국의 경제력만으로 전쟁을 치르기에는 그 비용이 너무 크기 때문이다.)

萬乘(만승) 만 대의 전차를 가지고 있는 강대국. 無(무) 없다. 千乘(천승) 천 대의 전차를 가지고 있는 중간 정도 국력의 국가. 助(조) 도움. 必(필) 반드시. 有(유) 있다. 百乘(백승) 백 대의 전차만 운용할 수 있는 약소국. 市(시) 시장.

凡誅者, 所以明武也. 殺一人而三軍震者, 殺之. 賞一人而萬人喜者, 賞之.
범주자, 소이명무야. 살일인이삼군진자, 살지. 상일인이만인희자, 상지.

무릇 형벌이라고 하는 것은 군의 위엄과 기강을 밝히기 위해서 사용되어야 한다. 잘못한 한 사람을 벌해서 전군이 이를 본보기로 두려워하게 할 수 있다면 그를 벌해야 하고, 공로를 세운 한 사람에게 상을 주어서 만인을 기쁘게 할 수만 있다면 그에게 상을 주어야 한다.

凡(범) 무릇. 誅者(주자) 형벌을 준다는 것은 所(소) ~하는 바. 以(이) ~로써. 明(명) 밝히다. 명백히 하다. 武(무) 군대를 의미함. 殺一人(살일인) 한 사람을 죽이다. 三軍(삼군) 전군을 말함. 震(진) 두려워하다. 者(자) ~하는 것. 殺之(살지) 그를 죽이다. 賞一人(상일인) 한 사람에게 상을 주다. 萬人(만인) 모든 사람이. 喜(희) 기쁘다. 賞之(상지) 상을 주다.

殺之貴大, 賞之貴小, 當殺而雖貴重必殺之, 是刑上究也.
살지귀대, 상지귀소, 당살이수귀중필살지, 시형상구야.

형벌을 줄 때는 윗사람이라고 하더라도 반드시 시행되어야 하고, 상을 줄 때는 아랫사람이라고 하더라도 반드시 주어야 한다. 형벌을 주어야 하는 상황에 처했을 때, 비록 귀함이 중한 사람이라 하더라도 반드시 형벌을 주어야 하는데 이렇게 해야 형벌이 윗사람에게도 제대로 시행된다고 할 수 있다.

殺之(살지) 처벌을 하다. 貴大(귀대) 귀함이 크다. 윗사람. 賞之(상지) 상을 주다. 貴小(귀소) 귀함이 적다. 아랫사람. 當(당) 당하다. 殺(살) 죽이다. 처벌하다. 雖(수) 비록. 貴重(귀중) 귀함이 중하다. 必(필) 반드시. 是(시) 이것이. 刑(형) 형벌. 上(상) 윗사람. 究(구) 궁구하다.

賞及牛童馬圉者, 是賞下流也.
상급우동마어자, 시상하류야.

그리고 상을 줄 때는 소를 키우는 목동이나 말을 키우는 마부에게까지 반드시 상을 주어야 포상이 아랫사람에게까지 제대로 시행된다고 할 수 있다.

賞(상) 상을 주다. 及(급) 미치다. 牛童(우동) 소를 키우는 목동. 馬圉(마어) 말을 키우는 마부. 者(자) ~하는 것. 是(시) 이것. 賞(상) 상을 주다. 下(하) 아랫사람. 流(류) 흐르다.

夫能刑上究賞下流, 此將之武也, 故人主重將.
부능형상구상하류, 차장지무야, 고인주중장.

무릇 형벌이 윗사람에도 정상적으로 시행되고, 포상이 아랫사람에게까지 제대로 시행되는 것은 바로 장수의 권위가 제대로 서 있기 때문이다. 군주가 장수를 존중하는 것은 바로 이러한 이유 때문이다.

夫(부) 무릇. 能(능) 능히 ~하다. 刑(형) 형벌. 上(상) 윗사람. 究(구) 궁구하다. 賞(상) 상. 포상. 下(하) 아랫사람. 流(류) 흐르다. 此(차) 이것이. 將(장) 장수. 武(무) 굳세다. 위엄을 말함. 故(고) 고로. 이유. 人主(인주) 군주. 重(중) 존중하다. 將(장) 장수.

夫將提鼓揮枹, 臨難決戰, 接兵角刃,
부장제고휘포, 임난결전, 접병각인,
장수가 국난이나 전쟁이 터지는 상황에 임하면, 북을 들고 북채를 휘두르며 군사를 지휘하고, 군대를 조직하고 칼날을 세우는 등 전쟁을 준비해서 적과 결전을 하게 된다.

夫(부) 무릇. 모름지기. 將(장) 장수. 提(제) 손에 들다. 鼓(고) 북. 揮(휘) 휘두르다. 枹(포) 북채. 臨(임) 임하다. 難(난) 어지럽다. 決(결) 터지다. 戰(전) 전쟁. 接(접) 사귀다. 兵(병) 병사. 군대. 角(각) 각을 세우다. 刃(인) 칼날.

鼓之而當, 則賞功立名, 鼓之而不當, 則身死國亡.
고지이당, 즉상공립명, 고지이부당, 즉신사국망.
이때 장수의 지휘가 합당하면 그 장수는 공로를 세워 상을 받고 명예를 세울 수 있으나, 장수의 지휘가 부당하게 되면 그 장수는 자신도 죽고 나라도 망하게 되는 것이다.

鼓之(고지) 북을 치다. 지휘하다. 當(당) 합당하다. 則(즉) 곧. 賞(상) 상을 주다. 功(공) 공로. 立(입) 세우다. 名(명) 이름. 명예. 不當(부당) 부당하게 하다. 則(즉) 身(신) 몸. 자신. 死(사) 죽다. 國(국) 나라. 亡(망) 망하다.

是存亡安危, 在於枹端, 奈何無重將也.
시존망안위, 재어포단, 내하무중장야.
이처럼 국가의 존망과 안위가 오로지 장수가 휘두르는 북채 끝에 달린 것이니, 어찌 군주가 장수를 존중하지 않을 수 있겠는가?

是(시) 이것. 存亡(존망) 존재하고 망하는 것. 安危(안위) 편안하고 위태로운 것. 在(재) 있다. ~에 달려있다. 於(어) 어조사. 枹端(포단) 북채 끝단. 奈(내) 어찌. 何(하) 어찌. 無(무) 없다. 重(중) 중하다.

將(장) 장수.

夫提鼓揮枹, 接兵角刃, 居以武事成功者, 臣以爲非難也.
부제고휘포, 접병각인, 거이무사성공자, 신이위비난야.
장수가 북을 들고, 북채를 휘두르며, 군대를 편성하고 전쟁준비를 해서 적과 싸워 승리하는 것이나 신(臣=울료자 자신)에게는 그리 어려운 일이 아니다.

夫(부) 무릇. 提(제) 손에 들다. 鼓(고) 북. 揮(휘) 휘두르다. 枹(포) 북채. 接(접) 사귀다. 兵(병) 군대. 角(각) 각을 세우다. 刃(인) 칼날. 居(거) 거하다. 以(이) ~로써. 武事(무사) 군대의 일. 成功(성공) 성공하다. 者(자) ~하는 것. 臣(신) 신하. 爲(위) ~하다. 非難(비난) 어려운 일이 아니다.

古人曰, 無蒙衝而攻, 無渠答而守. 是謂無善之軍.
고인왈, 무몽충이공, 무거답이수. 시위무선지군.
옛사람은 이렇게 말하였다. 공성 장비도 없이 적을 공격하거나, 장애물을 설치하지 않고 방어를 하는 군대를 공수에 능한 군이라고 할 수가 없다. (즉, 전쟁준비를 잘하면 적과 싸워 이기는 것은 그리 어려운 일이 아니다)

古人曰(고인왈) 옛사람들이 이렇게 말했다. 無(무) 없다. 蒙衝(몽충) 가죽으로 두른 공성용 전차를 말함. 攻(공) 공격하다. 渠答(거답) 방어를 위해 설치한 각종 장애물. 守(수) 지키다. 방어하다. 是謂(시위) 이를 일컬어. 無善之軍(무선지군) 훌륭한 군대라고 할 수 없다.

視無見, 聽無聞, 由國無市也.
시무견, 청무문, 유국무시야.
견문을 넓힐 만한 것이 없고, 새로운 정보를 듣는 것이 없다는 것은 그 나라에 그럴만한 시장이 형성되어 있지 않기 때문이다.

視(시) 보다. 無見(무견) 견문을 넓히는 것이 없다. 聽(청) 듣다. 無聞(무문) 새로운 정보를 듣는 것이 없다. 由(유) 말미암다. 國(국) 나라에. 無市(무시) 시장이 없다. 경제력이 없다.

夫市也者, 百貨之官也, 市賤賣貴, 以限士人.
부시야자, 백화지관야, 시천매귀, 이한사인.
시장이란 무엇인가? 온갖 재화나 물자들이 유통되는 곳이다. 따라서 국가는 물가가 떨어지면 매입을 하고, 물가가 오르면 매출을 하는 등의 노력으로 물가를 조절함으로써 시장을 통해 국민의 소비를 조절해야 한다.

夫(부) 무릇. 市也(시야) 경제라고 하는 것. 者(자) ~하는 것. 百貨(백화) 백 가지 재화. 온갖 재화나 물자. 官(관) 관청. 벼슬. 市賤賣貴(시천매귀) 시장에서 가격이 싸면 매입을 하고, 가격이 오르면 매출을 하는 등으로 물가를 조절하는 것을 말함. 以限士人(이한사인) 사람들이 소비의 한계를 조절하게 하는 것.

人食粟一斗, 馬食菽三斗, 人有飢色, 馬有瘠形, 何也?
인식속일두, 마식숙삼두, 인유기색, 마유척형, 하야?
병사 한 명당 하루에 좁쌀 한 말을 지급하고, 말 한 필에 콩 세 말을 지급해 주어도, 병사들의 얼굴이 굶주린 기색이고, 말이 야위는 경우가 있는데, 이것은 왜 그런가?

人(인) 사람. 군사. 食(식) 먹다. 식량. 粟(속) 조. 오곡 중의 하나. 一斗(일두) 한 말. 馬(마) 말. 食(식) 먹다. 식량. 菽(숙) 콩. 三斗(삼두) 세 말. 人(인) 사람. 군사. 有(유) 잇다. 飢(기) 굶주리다. 色(색) 얼굴색. 馬(마) 말. 瘠(척) 여위다. 形(형) 모양. 何也(하야) 어찌 된 일인가?

市有所出, 而官無主也. 夫提天下之節制, 而無百貨之官, 無謂其能戰也.
시유소출, 이관무주야. 부제천하지절제, 이무백화지관, 무위기능전야.
시장의 각종 재화가 다른 곳으로 유출되고 있는데도 불구하고 관청에서 제대로 통제하지 못하기 때문에 그런 일들이 발생하는 것이다. 모름지기 천하의 모든 것들을 통제하면서도 시장의 물자를 조절하는 관청을 두지 않는다면, 전쟁에 능하다고 말할 수 없는 것이다.

市(시) 시장. 有(유) 있다. 所出(소출) 나가는 바. 官(관) 관청. 無(무) 없다. 主(주) 주관하다. 통제하다. 夫(부) 무릇. 提(제) 끌고 가다. 天下(천하) 천하. 節制(절제) 정도를 넘지 않도록 조절함. 無(무) 없다. 百貨之官(백화지관) 모든 재화를 관리하는 관청. 無謂(무위) 말할 수 없다. 其(기) 그. 能戰(능전) 전쟁에 능하다.

起兵, 直使甲胄生蟣蝨, 必爲吾所效用也.
기병, 직사갑주생기슬, 필위오소효용야.
전쟁에 출정한 장병들의 갑옷과 투구 속에 이와 벼룩이 우글거릴지라도 병사들이 오로지 충성을 다한다면 이러한 군대는 유용하게 쓸 수가 있다.

起(기) 일어나다. 兵(병) 군사. 直(직) 곧다. 바르다. 使(사) ~하게 하다. 甲胄(갑주) 갑옷과 투구. 生(생) 살다. 蟣蝨(기슬) 이와 벼룩. 必(필) 반드시. 爲(위) ~하다. 吾(오) 나. 所(소) ~하는 바. 效用(효용) 쓰임새.

鷙鳥逐雀, 有襲人之懷, 入人之室者, 非出生也, 後有憚也.
지조축작, 유습인지회, 입인지실자, 비출생야, 후유탄야.
사나운 맹금류 새에게 쫓기는 참새가 갑자기 사람의 품속으로 뛰어들거나 집 안으로 날아들기도 하는 것은, 원래 태어날 때부터의 본성이 아니라 등 뒤에서 무서운 맹금류 새가 몰아붙이고 있기 때문이다. 즉, 군의 병사들도 이와 벼룩이 들끓는 투구와 갑옷을 입기 좋아해서가 아니라 군의 위엄이 있기 때문에 그렇게 하는 것이고, 군의 위엄이 있는 경우 목숨까지도 전투에 던질 수가 있는 것이다.

鷙(지) 맹금류 새. 鳥(조) 새. 逐(축) 쫓다. 雀(작) 참새. 有(유) 있다. 襲(습) 갑자기. 人之懷(인지회) 사람의 품. 入(입) 들어오다. 人之室(인지실) 사람의 집. 者(자) ~하는 것. 非(비) 아니다. 出(출) 나다. 生(생) 살다. 後(후) 뒤. 有(유) 있다. 憚(탄) 꺼리다.

太公望年七十, 屠牛朝歌, 賣食盟津, 過七年餘而主不聽, 人人謂之狂夫也.
태공망년칠십, 도우조가, 매식맹진, 과칠년여이주불청, 인인위지광부야.
강태공은 나이 70에 조가에서 소를 잡는 백정 노릇을 하였으며, 맹진(盟津)에서는 밥장수를 하였다. 그렇게 7년[242]이 넘도록 어느 군주 하나 그의 말을 들어주는 이가 없었고 오히려 그를 사람들은 미친 늙은이라고 놀렸었다.

太公望(태공망) 강태공을 말함. 年七十(년칠십) 70살 때. 屠牛(도우) 소를 도축하다. 朝歌(조가) 상나라 주왕 시대에 제2의 수도로 불리던 지역. 현재 하남성 기현을 말함. 賣食(배식) 밥을 팔다. 盟津(맹진) 주 무왕이 제후들과 동맹을 맺고 폭군 주왕을 멸망시킨 지역. 현 하남성 맹진현을 말함. 過七年餘(과칠년여) 7여 년이 지나도록. 主(주) 군주. 不聽(불청) 듣지 않다. 人(인) 사람. 謂(위) 이르다. 狂夫(광부) 미친 사람.

242) 7년 : 원문에는 '過七十餘~(과칠십여~)로 70여 년이 지나도록'으로 되어 있지만, 실제 강태공이 백정 노릇과 밥장수를 한 기간은 약 7년이므로 '過七年餘(과칠년여~)'로 수정하였음.

及遇文王，則提三萬之衆，一戰而天下定，非武議安得此合也．
급우문왕，즉제삼만지중，일전이천하정，비무의안득차합야．
마침내 강태공이 자신을 알아주는 주 나라 문왕(文王)을 만나게 되어 3만의 병력을 이끌고 일전을 벌여 천하를 평정하였으니，이는 용병에 대한 논의 없이 편안하게 천하를 얻은 것이 아니라 인재와 인재를 알아주는 군주가 합쳐져서 나온 결과인 것이다．

及(급) 미치다. 遇(우) 만나다. 조우하다. 文王(문왕) 주나라 문왕. 則(즉) 곧. 提(제) 통제하다. 三萬之衆(삼만지중) 삼만의 군대. 一戰(일전) 일전을 벌여. 天下定(천하정) 천하를 평정하다. 非(비) 아니다. 武(무) 군대. 군사. 議(의) 의논. 安(안) 편안하다. 得(득) 얻다. 此(차) 이것. 合(합) 합치다.

故曰，良馬有策，遠道可致，賢士有合，大道可明．
고왈，양마유책，원도가치，현사유합，대도가명．
그러므로 '좋은 말은 훌륭한 기수를 만나야 먼 길을 달릴 수 있고，현명한 인재는 명군을 만나야 대도를 밝힐 수 있다．'고 하는 것이다．

故曰(고왈) 그러므로 말하기를. 良馬(양마) 좋은 말. 有(유) 있다. 策(책) 채찍. 遠道(원도) 먼 길. 可致(가지) 가히 이를 수 있다. 賢士(현사) 현명한 인재. 有(유) 있다. 合(합) 만나다. 大道(대도) 큰길. 큰 명분. 可明(가명) 가히 밝힐 수 있다.

武王伐紂，師渡盟津，右旄左鉞，死士三百，戰士三萬．
무왕벌주，사도맹진，우모좌월，사사삼백，전사삼만．
주(周) 무왕(武王)이 상(商)나라 주왕(紂王)을 정벌할 당시 출정군이 맹진을 도하하였는데，오른손에 기치를，왼손에 도끼를 잡고[243] 앞장섰으며 당시의 병력은 죽기를 각오한 결사대 3백 명，전사 3만 명이 전부였다．

武王(무왕) 주나라 무왕. 伐(벌) 토벌하다. 정벌하다. 紂(주) 상나라 주왕. 師(사) 군사. 군대. 渡(도) 건너다. 盟津(맹진) 주 무왕이 제후들과 동맹을 맺고 폭군 주왕을 멸망시킨 지역. 현 하남성 맹진현을 말함. 右(우) 오른쪽. 旄(모) 깃대. 左(좌) 왼쪽. 鉞(월) 도끼. 死士(사사) 죽기를 각오한 결사대. 三百(삼백) 300명. 戰士(전사) 싸움을 할 군사들. 三萬(삼만) 삼만 명.

243) 우모 좌월(右旄 左鉞) : 우모는 왕의 지휘용으로 '백모'라고 부르며, 좌월은 무기 또는 군령 위반자를 처벌하는 도구로도 '황월'을 말함.

紂之陳億萬, 飛廉 · 惡來身先戟斧, 陳開百里.
주지진억만, 비렴 · 악래신선극부, 진개백리.
이에 대응하는 주왕(紂王)의 병력은 10만 대군으로 비렴 · 악래(飛廉 · 惡來)244) 두 맹장이 솔선하여 창과 도끼를 들고 선두에 나섰으며 전투를 위해 군진을 펼치니 백 리에 다다랐다.

紂(주) 주왕을 말함. 陳(진) 진영. 億萬(억만) 현재의 단위로 1억이 아닌 10만 명을 말하는 것임. 飛廉·惡來(비렴·악래) 주나라 무왕의 장수. 비렴과 악래를 말함. 身(신) 몸. 先(선) 먼저. 솔선하다. 戟(극) 창. 斧(부) 도끼. 陳(진) 군진. 군대의 진영. 開(개) 열리다. 百里(백리) 거리 단위 백 리를 말함. 약 40km.

武王不罷市民, 兵不血刃, 而克商誅紂, 無祥異也, 人事修不修而然也.
무왕불파시민, 병불혈인, 이극상주주, 무상이야, 인사수불수이연야.
그런 불리한 여건에도 불구하고 주(周)나라 무왕(武王)의 장병들은 제대로 쉬지도 않으면서도 칼날에 피를 묻히지도 않고 상(商) 나라를 물리치고 주왕(紂王)을 잡아 처형하였으니, 여기에는 어떤 상서로운 이유가 있어서가 아니라 인간으로서 해야 할 도리를 다하였는가 못하였는가에 따른 결과인 것이다.

武王(무왕) 주나라 무왕. 不罷(불파) 쉬지 않다. 市民(시민) 시민. 兵(병) 병사들. 不血刃(불혈인) 칼날에 피를 묻히지 않았다. 克(극) 이기다. 商(상) 상나라. 誅(주) 베다. 紂(주) 주왕) 無(무) 없다. 祥(상) 상서롭다. 異(이) 다르다. 人事(인사) 사람의 일. 修(수) 수양하다. 不修(불수) 수양하지 않다. 然(연) 그런 이유이다.

今世將考孤虛, 占咸池, 合龜兆, 視吉凶,
금세장고고허, 점함지, 합구조, 시길흉,
요즘 세속의 장수들은 홀로 문제 해결을 위해 깊이 생각하는 것은 없이 다 같이 연못에 모여서 점을 치고, 거북의 등껍질을 통해 조짐을 살피고, 길흉을 알아보고,

今(금) 지금. 오늘날. 世(세) 세상. 세속적인. 將(장) 장수. 考(고) 곰곰이 생각하다. 孤(고) 외롭다. 虛(허) 비다. 텅 비다. 占(점) 점을 치다. 咸(함) 다. 함께. 池(지) 못. 연못. 合(합) 합치다. 龜(구) 거북. 兆

244) 비렴·악래(飛廉·惡來). 주나라 무왕의 장수 비렴과 악래를 말함. 비렴은 달리기의 명수, 악래는 체력이 월등한 용상. 악래는 비렴의 아들로 이들은 서로 부자지간임.

(조) 조짐. 視(시) 보다. 吉凶(길흉) 길함과 흉함.

觀星辰風雲之變, 欲以成勝立功, 臣以爲難.
관성진풍운지변, 욕이성승립공, 신이위난.
별자리와 하늘의 변화만을 관찰하면서 성공과 승리를 기대하고 공을 세우기를 바라고 있지만, 나 울료는 이렇게 해서 승리하는 것은 불가능하다고 생각한다.

觀(관) 보다. 星辰(성진) 별과 별. 별자리. 風雲(풍운) 바람과 구름. 變(변) 변화. 欲(욕) ~하고자 하다. 以(이) 써. ~로써. 成勝(성승) 성공과 승리. 立功(입공) 공을 세우다. 臣(신) 신하. 울료자를 말함. 爲難(위난) 어렵다.

夫將者, 上不制於天, 下不制於地, 中不制於人.
부장자, 상부제어천, 하부제어지, 중부제어인.
모름지기 장수라고 하는 자는 위로는 하늘로부터, 아래로는 땅으로부터, 그리고 사람으로부터의 제약이나 통제를 받지 않는 법이다.

夫(부) 모름지기. 將者(장자) 장수라고 하는 자는. 上(상) 위로는. 不制(부제) 제약받지 않는다. 於天(어천) 하늘로부터. 下(하) 아래로는. 不制(부제) 제약받지 않는다. 於地(어지) 땅으로부터. 中(중) 가운데. 不制(부제) 제약받지 않는다. 於人(어인) 사람으로부터.

故兵者, 凶器也. 爭者, 逆德也. 將者, 死官也. 故不得已而用之.
고병자, 흉기야. 쟁자, 역덕야. 장자, 사관야. 고부득이이용지.
병기는 흉기요, 전쟁은 덕행을 거스르는 것으로 순리가 아니며, 장수는 죽는 자리에 있는 관리이다. 그러므로 전쟁이라는 것은 부득이한 경우에만 일으켜야 한다.

故(고) 고로. 兵者(병자) 병기는. 凶器也(흉기야) 흉한 기구이다. 爭者(쟁자) 전쟁은. 逆德也(역덕야) 덕행을 거스르는 것이다. 將者(장자) 장수는. 死官也(사관야) 죽는 자리에 있는 벼슬이다. 故(고) 그러므로. 不得已(부득이) 부득이한 경우에. 用之(용지) 그것을 사용해야 한다.

無天於上, 無地於下, 無主於後, 無敵於前.
무천어상, 무지어하, 무주어후, 무적어전.
장수는 위로는 하늘의 제약을 받지 않아야 하며, 아래로는 땅의 제약을 받지 않아야 하며,

또한 후방으로부터는 군주의 통제도 받지 않아야 하며, 앞에는 가로막는 적이 없어야 하는 것이다.

無天於上(무천어상) 위로는 하늘의 제약을 받지 않는다. 無地於下(무지어하) 아래로는 땅의 제약을 받지 않는다. 無主於後(무주어후) 뒤로는 군주의 제약도 받지 않는다. 無敵於前(무적어전) 앞으로는 적의 제약도 받지 않는다.

一人之兵, 如狼如虎, 如風如雨, 如雷如霆, 震震冥冥, 天下皆驚.
일인지병, 여랑여호, 여풍여우, 여뢰여정, 진진명명, 천하개경.
장수 한 사람의 지휘 아래 전 장병이 일치단결하여, 이리나 호랑이처럼 용맹하고, 바람과 폭풍우처럼 신속하고, 우레나 천둥소리처럼 돌발적으로 변화함으로써, 행동은 벼락같이 하되 계획은 은밀하게 추진한다면 천하가 모두 놀라게 되는 것이다.

一人(일인) 한사람. 장수 한 사람을 의미. 兵(병) 군사. 군대. 如狼(여랑) 이리와 같이. 如虎(여호) 호랑이와 같이. 如風(여풍) 바람과 같이. 如雨(여우) 폭풍우와 같이. 如雷(여뢰) 우레와 같이. 如霆(여정) 천둥소리와 같이. 震(진) 벼락. 冥(명) 어둡다. 은밀하다. 天下(천하) 천하. 皆(개) 다. 모두. 驚(경) 놀라다.

勝兵似水, 夫水至柔弱者也, 然所以觸, 丘陵必爲之崩,
승병사수, 부수지유약자야, 연소이촉, 구릉필위지붕,
승리하는 군대는 그 형세가 물과 같은데, 물의 성질은 원래 부드럽고 약하지만 물이 부닥치기 시작하면 구릉이라 하더라도 무너질 수밖에 없다.

勝兵(승병) 이기는 군대. 似(사) 같다. 水(수) 물. 夫(부) 무릇. 水(수) 물. 至(지) 이르다. 柔弱(유약) 부드럽고 약하다. 者(자) ~하는 것. 然(연) 그러하다. 所(소) ~하는 바. 以(이) 써. ~로써. 觸(촉) 닿다. 丘陵(구릉) 언덕을 말함. 必(필) 반드시. 爲(위) ~하다. 崩(붕) 무너지다.

無異也, 性專而觸誠也.
무이야, 성전이촉성야.
그 이유는 물의 부드럽고 약한 성향이 한결같지만 다름이 없고, 그 접촉하는 면에서는 온 정성을 다하기 때문이다.

無(무) 없다. 異(이) 다르다. 性(성) 성향. 성질. 專(전) 오로지. 觸(촉) 닿다. 誠(성) 정성.

今以莫邪之利, 犀兕之堅, 三軍之衆, 有所奇正, 則天下莫當其戰矣.
금이막야지리, 서시지견, 삼군지중, 유소기정, 즉천하막당기전의.
천하의 보검인 막야(莫邪)[245]처럼 예리한 병기와 물소 가죽으로 만든 견고한 갑옷으로 전군을 무장시키고, 기정(奇正)의 변화무쌍한 전술로 (마치 물과 같이) 작전한다면, 전투든 전쟁이든 천하에 당해 낼 자가 없을 것이다.

今(금) 지금. 以(이) ~로써. 써. 莫邪(막야) 중국 고대 전설상의 명검. 利(리) 예리함. 犀(서) 물소 중에 수컷. 兕(시) 물소 중 암컷. 堅(견) 견고함. 三軍(삼군) 전군을 의미함. 衆(중) 무리. 有(유) 있다. 所(소) ~하는 바. 奇正(기정) 변화무쌍한 전법으로. 則(즉) 곧. 天下(천하) 천하. 莫(막) 없다. 當(당) 당하다. 其(기) 그. 戰(전) 전투. 전쟁. 矣(의) 어조사.

故曰, 擧賢任能, 不時日而事利,
고왈, 거현임능, 불시일이사리,
옛말에 이렇게 일렀다. 현명한 인재를 천거하고 능력이 있는 자를 요직에 앉히면, 굳이 날을 가리지 않더라도 일이 유리하게 잘 풀리고,

故曰(고왈) 고로 옛말에 이르기를. 擧賢(거현) 현명한 인재를 천거하고. 任能(임능) 능력 있는 자를 임명하다. 不(불) 아니다. 時日(시일) 시일을 정하다. 事(사) 일. 利(리) 유리하다.

明法審令, 不卜筮而事吉, 貴功養勞, 不禱祠而得福.
명법심령, 불복무이사길, 귀공양로, 부도사이득복.
법령을 명확하게 하고 잘 살펴서 집행하면 굳이 점복을 치지 않더라도 일이 길하게 돌아갈 것이며, 공로를 세운 자와 열심히 일한 자를 귀하게 여긴다면 굳이 제사를 지내며 기도를 하지 않더라도 복을 얻을 수 있는 법이다.

明法(명법) 법을 명확하게 하고. 審令(심령) 령을 자세하게 살피면. 不(불) 아니다. 卜筮(복무) 점을 치다. 事(사) 일. 吉(길) 길하다. 貴功(귀공) 공로를 귀하게 여기고. 養勞(양노) 노력하는 자를 양성하다. 不(부) 아니다. 禱祠(도사) 기도하고 제사를 지내다. 得福(득복) 복을 얻다.

又曰, 天時不如地利, 地利不如人和, 古之聖人, 謹人事而已

245) 莫邪(막야). 중국 고대 전설상의 명검. 쌍검으로 이루어져 있으며, 주조한 부부의 이름을 따서 검명을 붙였다고 전함.

우왈, 천시불여지리, 지리불여인화, 고지성인, 근인사이이

또한, 이렇게도 말하였다. 천시는 지리만 못하고, 지리는 인화만 못 하다고 하여, 옛 성인들은 이미 이런 이유를 알고 인사에 있어서 대단히 세심한 주의를 기울인 것이다.

又曰(우왈) 또 이렇게도 말하였다. 天時(천시) 하늘의 시기. 不如(불여) ~만 같지 못하다. 地利(지리) 땅의 이로움. 人和(인화) 사람의 화합. 古(고) 옛날. 聖人(성인) 성인. 謹(근) 삼가다. 人事(인사) 사람의 일. 已(이) 이미.

吳起與秦戰, 舍不平隴畝, 樸嫩蓋之, 以蔽霜露,

오기여진전, 사불평롱무, 박눈개지, 이폐상로,

오기(吳起) 장군은 진(秦) 나라와 전쟁을 할 때, 그가 머무는 막사의 땅바닥을 평평하게 고르지도 않고 손질도 하지 않은 어린 나뭇가지로만 지붕을 덮어서 겨우 서리와 이슬을 가렸다고 한다.

吳起(오기) 오기 장군을 말함. 與秦(여진) 진나라와. 戰(전) 전쟁하다. 舍(사) 군대의 막사. 不平(불평) 평평하게 하지 않았다. 隴(롱) 땅 이름. 畝(무) 땅 이름. 樸(박) 켜지 않는 나무. 嫩(눈) 어리다. 蓋(개) 덮다. 以(이) ~로써. 써. 蔽(폐) 덮다. 霜露(상로) 서리와 이슬.

如此何也? 不自高人故也.

여차하야? 부자고인고야.

이것은 무엇을 의미하는 것인가 하면, 스스로 자신을 높이지 않고 병사들과 동고동락을 하였다는 것을 의미하는 것이다.

如(여) ~와 같다. 此(차) 이. 이것. 何(하) 어찌. 不(불) 아니다. 自(자) 스스로. 高(고) 높다. 人(인) 사람. 故(고) 이유.

乞人之死, 不索尊, 竭人之力, 不責禮,

걸인지사, 불색존, 갈인지력, 불책례,

부하에게 죽음을 각오하고 싸우기를 원한다면, 장수는 자신을 높이는 일만 찾아서는 안 되며, 부하들이 전력투구하기를 갈구한다면 쓸데없는 허례허식으로 부하를 책망함이 없어야 한다.

乞(걸) 구걸하다. 빌다. 人(인) 사람. 死(사) 죽음. 不索(불색) 찾지 말아야 한다. 尊(존) 높이다. 竭(갈) 다

하다. 力(력) 힘. 不責(불책) 책망하지 말아야 한다. 禮(례) 예의. 예절.

故古者甲胄之士不拜, 示人無已煩也.
고고자갑주지사불배, 시인무이번야.
고로 옛날에는 갑옷과 투구로 무장을 갖춘 병사는 상관에게 절을 하지 않게 했었다. 왜냐하면, 병사를 번거롭게 하지 않으려는 의도에서였다.

故(고) 고로. 古者(고자) 옛날 사람들은. 甲胄(갑주) 갑옷과 투구. 士(사) 병사. 장병. 不拜(불배) 절을 하지 않았다. 示(시) 보이다. 人(인) 부하. 병사. 無(무) 없다. 已(이) 이미. 煩(번) 번거롭다.

夫煩人而欲乞其死, 竭其力, 自古至今, 未嘗聞矣.
부번인이욕걸기사, 갈기력, 자고지금, 미상문의.
무릇 부하들을 번거롭게 하면서 그들에게 죽음을 무릅쓰고 싸우게 하고, 전력투구로 싸워 주기를 요구한다고 해서 성과를 보았다는 말은 옛날부터 지금까지 들어보지 못하였다.

夫(무) 무릇. 煩人(번인) 부하들을 번거롭게 하다. 欲(욕) ~하고자 하다. 乞其死(걸기사) 부하들의 죽음을 구걸하다. 竭其力(갈기력) 부하들이 전력투구하기를 갈구하다. 自古(자고) 옛날부터. 至今(지금) 지금까지. 未(미) 아직. 嘗(상) 맛보다. 聞(문) 듣다. 矣(의) 어조사.

將受命之日, 忘其家, 張軍宿野, 忘其親, 援枹而鼓, 忘其身.
장수명지일, 망기가, 장군숙야, 망기친, 원포이고, 망기신.
장수가 출전명령을 받게 되면, 그 날로 집안일을 잊어야 하며, 군사를 거느리고 야전에 들어가게 되면 부모 친지를 잊어야 하며, 북과 북채를 잡고 전투를 지휘하게 되면 자신도 잊어야 한다.

將(장) 장수가. 受命(수명) 명을 받다. 日(일) 날. 忘(망) 잊다. 其家(기가) 집안일. 張(장) 베풀다. 軍(군) 군대. 宿(숙) 숙영하다. 野(야) 야전. 忘(망) 잊다. 其親(기친) 일가친척. 援(원) 취하다. 枹(포) 북채를 말함. 鼓(고) 북. 忘(망) 잊다. 其身(기신) 자기 자신.

吳起臨戰, 左右進劍. 起曰,
오기임전, 좌우진검. 기왈,
오기(吳起) 장군이 전투가 임박하였을 때 측근에서 보검 한 자루를 바치자 이렇게 말하였다.

吳起(오기) 오기 장군. 臨(임) 임하다. 戰(전) 전투. 전쟁. 左右(좌우) 측근을 말함. 進(진) 나아가다. 劍(검) 칼. 起曰(기왈) 오기 장군이 말하다.

將專主旗鼓爾, 臨難決疑, 揮兵指刃, 此將事也. 一劍之任, 非將事也.
장전주기고이, 임난결의, 휘병지인, 차장사야. 일검지임, 비장사야.

장수는 오로지 북과 깃발로 작전을 지휘하는 것이 주된 임무인 것이다. 이를테면, 어려운 일에 임해서는 의심이 없도록 결단하고, 군사들을 지휘하여 작전을 승리로 이끌어 가는 것이 장수가 해야 할 일이지, 칼 한 자루를 잡고 직접 적과 싸우는 것은 장수의 임무가 아닌 것이다.

將(장) 장수. 專(전) 오로지. 主(주) 주된 일이다. 旗鼓(기고) 깃발과 북. 爾(이) 어조사. 臨(임) 임하다. 難(난) 어렵다. 決(결) 결단하다. 疑(의) 의심하다. 揮(휘) 휘두르다. 兵(병) 병사. 장병. 指(지) 가리키다. 刃(인) 칼날. 此(차) 이것. 將(장) 장수. 事(사) 일. 一劍(일검) 칼 한 자루. 任(임) 임무. 非(비) 아니다. 將事(장사) 장수의 일.

三軍成行, 一舍而後成三舍, 三舍之餘, 如決川源.
삼군성행, 일사이후성삼사, 삼사지여, 여결천원.

전군(=오기 장군의 부대)이 행군대형을 이루어 행군할 때, 하루에 1사(舍, 30리)를 가면서 사흘에 3사(舍, 90리) 정도를 행군한 다음에는 군의 기세가 마치 강둑이 터진 것처럼 되어 막힘 없이 진군할 수 있게 되었다.

三軍(삼군) 전군을 말함. 成(성) 이루다. 行(행) 행하다. 행군하다. 一舍(일사) 거리의 단위. 1사=약 30리. 而後(이후) 그다음에. 三舍(삼사) 거리의 단위 약 90리. 餘(여) 남다. 如(여) ~과 같다. 決(결) 터지다. 川(천) 하천. 源(원) 근원.

望敵在前, 因其所長而用之. 敵白者堊之, 赤者赭之.
망적재전, 인기소장이용지. 적백자악지, 적자자지.

적진 앞에 도착하면 적정을 잘 파악해서 적절하게 대응하여야 한다. 가령 적이 백색 깃발을 사용하면, 아군도 백색 깃발을 사용하고, 적이 붉은 깃발을 사용하면, 아군도 붉을 깃발을 사용하는 등 적절한 대응이 필요한 것이다.

望(망) 바라다. 敵(적) 적군. 在(재) 있다. 前(전) 앞. 因(인) ~로 인하여. 其(기) 그. 所(소) ~하는 바.

長(장) 길다. 用(용) 쓰다. 敵(적) 적군이. 白者(백자) 백기를 들면. 堊(악) 백토. 赤者(적자) 적기를 들면. 赭(적) 붉은 흙. 붉은색.

吳起與秦戰未合, 一夫不勝其勇, 前獲雙首而還.
오기여진전미합, 일부불승기용, 전획쌍수이환.
오기(吳起) 장군이 진나라와 싸울 때의 일이다. 아직 접전이 벌어지기 전에 병사 한 명이 넘치는 투지를 이기지 못하고 적진으로 들어가 적병 두 명의 목을 베서 돌아왔다.

吳起(오기) 오기 장군이. 與秦(여진) 진나라와. 戰(전) 전투. 未合(미합) 합치지 않았다. 一夫(일부) 용사 1명. 不勝(불승) 이기지 못하다. 其勇(기용) 그 용맹함. 前(전) 앞. 獲(획) 획득하다. 雙首(쌍수) 머리 두 개. 還(환) 돌아오다.

吳起立命斬之. 軍吏諫曰, 此材士也, 不可斬!
오기립명참지. 군리간왈, 차재사야, 불가참!
이를 본 오기(吳起) 장군이 그 자리에서 그의 목을 베어 명을 세우려고 하자, 부하 장교가 이 병사는 참으로 재주가 있는 병사이니 참해서는 안 된다고 보고하였다.

吳起(오기) 오기 장군. 立命(입명) 명을 세우다. 斬之(참지) 그를 참하다. 軍吏(군리) 군대의 간부. 諫(간) 간하다. 曰(왈) 말하다. 此(차) 이것. 材(재) 재주. 士(사) 용사. 不可(불가) 불가하다. 斬(참) 베다.

起曰, 材士則是也, 非吾令也. 斬之.
기왈, 재사즉시야, 비오령야. 참지.
오기(吳起) 장군이 말했다. 나도 이 병사가 훌륭한 용사인 것은 알고 있다. 그러나 내 명령을 어기고 행동한 것은 옳지 못하다. 그렇게 말하고는 병사의 목을 베었다.

起曰(기왈) 오기 장군이 말하다. 材士(재사) 재주 있는 병사. 則(즉) 곧. 是也(시야) 옳다. 非(비) 아니다. 吾令(오령) 나의 명령. 斬之(참지) 목을 베었다.

第九. 將理 제9. 장리.[246] 장수의 리더십

장리(將理)는 장수가 부대를 다스리는 것을 말한다. 내용 중에 모두 죄인을 감옥으로 보내는 송사(訟事)와 관련된 일을 다스리고 결단하는 것에 대해서 말하고 있으며, 글 첫머리에 장리(將理) 두 글자가 있어 편명(篇名)으로 취했다.

-울료자직해(尉繚子直解)에서-

凡將, 理官也, 萬物之主也, 不私於一人.
범장, 이관야, 만물지주야, 불사어일인.
무릇 장수는 법을 집행하는 관리이며, 많은 일을 주관하는 자다. 그러므로 어느 한 사람에게 사사로운 감정을 두어서는 안 된다.

凡(범) 무릇. 將(장) 장수는. 理(리) 도리. 법리. 官(관) 벼슬. 萬物(만물) 세상의 모든 일. 主(주) 주관하다. 不私(불사) 사사로우면 안 된다. 於一人(어일인) 한 명에게.

夫能無私於一人, 故萬物至而制之, 萬物至而命之.
부능무사어일인, 고만물지이제지, 만물지이명지.
무릇 장수가 어느 특정 한 사람에게 사사로움을 두지 않고 공평무사하게 처리할 줄 알면, 세상만사를 통제하고 지휘할 수 있게 되는 것이다.

夫(부) 무릇. 能(능) 능히 ~하다. 無私(무사) 사사로움이 없다. 於一人(어일인) 어느 특정 한 사람에게. 故(고) 고로. 萬物(만물) 세상만사를 의미함. 至(지) 이르다. 制(제) 통제하다. 命(명) 명령하다.

君子不救囚於五步之外, 雖鉤矢射之, 弗追也.
군자불구수어오보지외, 수구시사지, 불추야.
군자가 죄수에 관한 업무를 처리할 때는 현장을 직접 확인해야 한다. 그리고 관중(官中)이 제 환공(齊 桓公)을 화살로 쏘아 죽이려고 했었으나[247] 제 환공(齊 桓公)이 왕으로 즉위한

246) 이 편에는 군 지휘관이 법을 집행함에 있어서 공평무사해야 함을 강조하고 있으며, 연좌법의 폐단에 대해서 언급을 하고 있음.

247) 鉤矢射之(구시사지). 제나라 환공의 재상이었던 관중이 처음에는 환공의 형제인 공자 규를 왕으로 옹립하기 위해서

이후 관중(官中)을 오히려 재상으로 등용한 사례가 있는 것처럼 죄수가 비록 자기를 죽이려고 한 일이 있었다고 하더라도, 그것을 추궁해서는 안 된다.

君子(군자) 군자는. 不(불) 아니다. 救(구) 구하다. 囚(수) 죄수. 於五步之外(어오보지외) 다섯 발자국 밖에서. 雖(수) 비록. 鉤矢射之(구시사지) 제나라 관중이 환공의 형제인 공자 규를 왕으로 옹립하기 위해서 환공을 죽이려고 화살을 쏜 일이 있었는데 그 상황처럼 '비록 자신에게 화살을 쏘아 죽이려고 했더라도'라는 의미임. 弗(불) 아니다. 追(추) 추궁하다.

故善審囚之情, 不待箠楚, 而囚之情可畢矣.
고선심수지정, 부대수초, 이수지정가필의.
고로 죄수의 사정을 잘 살펴보면, 굳이 죄수를 고문하지 않고도 그 죄상을 밝힐 수 있다.

故(고) 고로. 善(선) 잘하다. 審(심) 살피다. 囚之情(수지정) 죄수의 마음. 不待(부대) 기다리지 않다. 箠(수) 고문을 하는 도구. 楚(초) 고문을 하는 도구. 囚之情(수지정) 죄수의 사정을. 可畢(가필) 가히 마칠 수 있다. 矣(의) 어조사.

笞人之背, 灼人之脅, 束人之指, 而訊囚之情, 雖國士有不勝其酷, 而自誣矣.
태인지배, 작인지협, 속인지지, 이신수지정, 수국사유불승기혹, 이자무의.
죄수의 등을 채찍으로 치고, 옆구리를 불로 지지거나, 손가락에 기구를 끼우는 등 고문을 통해 죄상을 알아내면, 비록 천하장사라 할지라도 그런 가혹함을 이겨내지 못하고 스스로 거짓 자백을 하게 될 것이다.

笞(태) 볼기를 치다. 人(인) 사람. 背(배) 등. 灼(작) 불로 지지다. 脅(협) 옆구리. 束(속) 묶다. 指(지) 손가락. 訊(신) 신문하다. 囚之情(수지정) 죄수의 죄상. 雖(수) 비록. 國士(국사) 천하장사. 有不勝(유불승) 이겨내는 경우가 없다. 其酷(기혹) 그 혹독함. 自(자) 스스로. 誣(무) 사실을 속여 말하다. 矣(의) 어조사.

今世諺云, 千金不死, 百金不刑.
금세언운, 천금불사, 백금불형.
요즈음 '천금을 쓰면 죽을죄를 면하고, 백금을 바치면 받아야 할 형벌도 면한다'는 말이 나

환공을 죽이려고 화살을 쏜 일이 있었는데 그 때의 경우를 예로 들어서 설명한 것임.

돌고 있습니다.

今世(금세) 지금 세상에서는. 諺(언) 속된 말. 云(운) 이르다. 千金(천금) 천금을 쓰면. 不死(불사) 죽지 않는다. 百金(백금) 백 금을 쓰면. 不刑(불형) 형을 받지 않는다.

試聽臣之術, 雖有堯 · 舜之智, 不能關一言, 雖有萬金, 不能用一銖.
시청신지술, 수유요 · 순지지, 불능관일언, 수유만금, 불능용일수.

만약 나(울료)의 계책을 듣고 그대로 시행한다면, 비록 죄인이 요임금이나 순임금과 같은 지혜를 가진 자라도 변명 한마디도 못 할 것이며, 비록 만금의 재산이 있더라도 한 푼의 뇌물도 쓰지 못하게 될 것이다.

試(시) 시험하다. 聽(청) 듣다. 臣之術(신지술) 신하의 술책. 울료자 자신의 방법을 말함. 雖(수) 비록. 有(유) 있다. 堯(요) 요임금. 舜(순) 순임금. 智(지) 지혜. 不能(불능) ~하지 못하다. 關(관) 변명. 一言(일언) 한마디. 雖(수) 비록. 有萬金(유만금) 만금이 있다고 하더라도. 用(용) 사용하다. 一銖(일수) 한 푼.

今夫決獄, 小圄不下數十, 中圄不下數百, 大圄不下數千.
금부결옥, 소어불하수십, 중어불하수백, 대어불하수천.

요즘 감옥과 관련된 일을 결산해보니, 작은 감옥에는 수십 명이, 중간 크기의 감옥에는 수백 명이, 큰 감옥에는 일천여 명이 수감되어 있다.

今(금) 지금. 夫(부) 무릇. 決獄(결옥) 감옥에 대한 일을 결산해보니. 小圄(소어) 작은 크기의 감옥. 不下數十(불하수십) 수십 명 이하. 中圄(중어) 중간 크기의 감옥. 不下數百(불하수백) 수백 명 이하. 大圄(대어) 큰 크기의 감옥. 不下數千(불하수천) 수천 명 이하.

十人聯百人之事, 百人聯千人之事, 千人聯萬人之事.
십인연백인지사, 백인연천인지사, 천인연만인지사.

수감된 10명의 죄수에게는 연루자가 백 명이 되며, 백 명의 죄수에게는 연루자가 천여 명, 천 명의 죄수에게는 연루자가 만 명이 되고 있다.

十人(십인) 죄수 10명. 聯(연) 연관되어 있다. 百人之事(백인지사) 100명의 일. 百人(백인) 죄수 100명. 聯(연) 연관되어 있다. 千人之事(천인지사) 1,000명의 일. 千人(천인) 죄수 1000명. 聯(연) 연관되어 있다. 萬人之事(만인지사) 10,000명의 일.

所聯之者, 親戚兄弟也, 其次婚姻也, 其次知識故人也.
소연지자, 친척형제야, 기차혼인야, 기차지식고인야.
죄수들과 연루된 자들을 살펴보면, 죄수의 친척과 형제이거나, 인척, 그리고 오래전부터 알고 지내던 사람들이 대부분이다.

所(소) ~하는 바. 聯(연) 연루되어 있다. 者(자) ~하는 자. 親戚兄弟也(친척형제야) 친척이나 형제들이다. 其次(기차) 그다음. 婚姻也(혼인야) 혼인으로 맺어진 인척. 其次(기차) 그다음. 知識故人也(지식고인야) 오래전부터 알고 지내던 사람들이다.

是農無不離田業, 賈無不離肆宅, 士大夫無不離官府.
시농무불리전업, 가무불리사댁, 사대부무불리관부.
죄수들에게 이처럼 많은 사람이 연루되어 있기 때문에 농사를 지을 사람들이 농사일을 떠나는 것을 막을 수 없게 되고, 장사해야 할 사람들이 점포를 떠나게 되는 것을 막을 수 없게 되며, 사대부들이 관청을 떠나는 것을 막을 수 없게 된다.

是(시) 이러하다. 農(농) 농사짓다. 無不離(무불리) 떠나는 것을 막을 수 없다. 田業(전업) 농사일. 賈(매) 상인을 말함. 肆宅(사댁) 점포를 말함. 士大夫=사대부. 官府=관청.

如此關聯良民, 皆囚之情也.
여차관련양민, 개수지정야.
이와 같이 선량한 백성들이 죄수들과 관련된 것이 오늘날 옥사의 실상이다.

如此(여차) 이와 같다면. 關聯(관련) 죄수와 관련된. 良民(양민) 선량한 백성. 皆(개) 모두. 囚之情(수지정) 죄수들의 실정.

兵法曰, 十萬之師出, 日費千金.
병법왈, 십만지사출, 일비천금.
병법에서 말하기를, '10만 병력을 출동시키려면 하루에 드는 비용이 천금이나 된다.' 고 하였다.

兵法曰(병법왈) 병법에서 말하기를. 十萬之師(십만지사) 병력 10만 명의 군대. 出(출) 출전하다. 日費(일비) 하루에 드는 비용. 千金(천금) 천금.

今良民十萬, 而聯於囹圄, 上不能省, 臣以爲危也.

금양민십만, 이련어영어, 상불능성, 신이위위야.

그런데, 지금 10만의 양민이 죄수들과 연루되어 감옥에 있는데도 군주가 이를 살피지 않으니 나 울료자(尉繚子)가 이를 위태롭다고 하는 것이다.

今(금) 지금. 良民(양민) 선량한 백성. 十萬(십만) 10만 명. 聯(연) 연루되어 있다. 於囹圄(어영어) 감옥에. 上(상) 윗사람. 不能(불능) ~을 하지 않다. 省(성) 살피다. 臣(신) 신하. 以(이) ~로써. 爲(위) ~하다. 危(위) 위태롭다.

第十. 原官 제10. 원관.[248] 관직의 근원을 논하다

원관(原官)이란 관직에 있으면서 다스리는 근본에 대해서 평론한 것이다. 한자(韓子)249)의 원도(原道), 원성(原性) 등과 같은 종류의 것이다.

-울료자직해(尉繚子直解)에서-

官者, 事之所主, 爲治之本也. 制者, 職分四民, 治之分也.
관자, 사지소주, 위치지본야. 제자, 직분사민, 치지분야.
관(官)은 국가의 모든 사무를 주관하는 부서이며 국가 통치의 기본이 되는 곳이다. 그리고 제도(制)를 말하자면 모든 백성을 사(士)·농(農)·공(工)·상(商)의 네 직분으로 구분하고, 이렇게 한 것은 국가를 통치함에 있어서 역할분담을 염두에 둔 것이다.

官者(관자) 관청이라고 하는 곳은. 事(사) 일. 所(소) ~하는 바. 主(주) 주로. 爲(위) ~하다. 治之本(치지본) 다스림의 근본. 制者(제자) 관의 제도라고 하는 것은. 職(직) 맡다. 分(분) 나누다. 四民(사민) 사, 농, 공, 상의 네 가지 구분을 말함. 治之分(치지분) 다스리는 것을 나누다.

貴爵富祿必稱, 尊卑之體也.
귀작부녹필칭, 존비지체야.
관제상에 나타난 신분에 따라 벼슬과 녹봉을 주는 것은 귀천(貴賤)의 위계질서를 지키는 근간이다.

貴(귀) 귀하다. 爵(작) 벼슬. 富(부) 부유하다. 祿(녹) 녹봉. 必(필) 반드시. 稱(칭) 저울질하다. 尊卑(존비) 높고 낮음. 體(체) 몸.

好善罰惡, 正比法, 會計民之具也. 均井地, 節賦斂, 取予之度也.
호선벌악, 정비법, 회계민지구야. 균정지, 절부렴, 취여지도야.
선한 자에게 상을 내리고 악한 자를 벌할 때 법에 견주어 바르게 집행하고 시행하는 것은

248) 이 편에서는 국가 제도의 확립과 군신간의 지켜야 할 도리에 대한 내용을 언급하였다.

249) 한자(韓子). 당나라 때 대문호였던 한유(韓愈)를 높여 부르는 말임. 원도(原道)와 원성(原性)은 한유가 지은 글의 제목임.

백성의 역량을 평가하는 방법이다. 백성에게 농토를 균등하게 분배하고, 조세와 부역을 적절하게 거두어들이는 것은 주는 것이 곧 취하는 것이라는 법도인 취여지도(取予之度)를 확립하기 위한 것이다.

好(호) 좋다. 善(선) 착하다. 罰(벌) 벌하다. 惡(악) 나쁘다. 正(정) 바르다. 比(비) 견주다. 法(법) 법령. 會計(회계) 나가고 들어오는 것을 셈하다. 民之具(민지구) 백성의 도구. 均(균) 고르다. 井地(정지) 우물 정 자 형태로 땅을 정리하다. 節(절) 적절하다. 賦斂(부렴) 조세를 매겨서 거두어들임. 取(취) 취하다. 予(여) 주다. 度(도) 법도. 取予之度(취여지도) 주는 것이 곧 취하는 것이라는 법도.

程工人, 備器用, 匠工之功也. 分地塞要, 殄怪禁淫之事也.
정공인, 비기용, 장공지공야. 분지새요, 진괴금음지사야.

공인들의 노임단가를 정해주거나 생산가액의 단위를 정해주거나, 공인에게 소요되는 기구를 준비해 주는 것은 국가가 장인과 공인의 공로를 인정해주기 위함이다. 지역을 구분하고 요충지를 막아 검문 검색하는 것은 수상한 자의 출입을 막고 음행을 예방하기 위한 것이다.

程(정) 단위. 工人(공인) 공인. 備(비) 준비하다. 器(기) 기구. 用(용) 쓰다. 匠(장) 장인. 功(공) 공로. 分(분) 나누다. 地(지) 땅. 塞(새) 막다. 변방. 요새. 要(요) 요충지. 殄(진) 다하다. 怪(괴) 기이하다. 禁(금) 금하다. 淫(음) 음란하다. 事(사) 일.

守法稽斷, 臣下之節也. 明法稽驗, 主上之操也. 明主守, 等輕重, 臣主之權也.
수법계단, 신하지절야. 명법계험, 주상지조야. 명주수, 등경중, 신주지권야.

국법을 지키고 법령에 따라 일을 처리하는 것을 미루지 않는 것은 신하 된 자의 도리이며, 국법을 밝히고 그 법령대로 실행되고 있는가를 확인하는 것은 군주의 도리이다. 또한 군주가 지켜야 할 것은 명확하게 지키고, 일의 경중 완급에 대한 우선순위를 구별하는 것은 군주와 신하의 공통된 도리이다.

守(수) 지키다. 法(법) 국법. 稽(계) 머무르다. 斷(단) 끊다. 臣下(신하) 신하. 節(절) 절개. 法(법) 국법. 稽(계) 머무르다. 驗(험) 증거. 효능. 主上(주상) 군주를 말함. 操(조) 잡다. 明(명) 밝히다. 主(주) 군주 等(등) 등급. 輕重(경중) 가볍고 무거움. 臣主(신주) 신하와 군주. 權(권) 저울추.

明賞賚, 嚴誅責, 止姦之術也. 審開塞, 守一道, 爲政之要也.
명상뢰, 엄주책, 지간지술야. 심개색, 수일도, 위정지요야.

상을 주는 것을 명확히 하고 벌을 주는 것을 엄격히 하는 것은 간사한 술책들이나 행위를 그치게 하는 방법이며, 백성들을 잘 살펴서 올바른 길은 열어 주고, 옳지 못한 길을 막아 줌으로써, 백성들이 한 가지 일에 전념하게 하는 것은 정치의 요체이다.

明(명) 명백하다. 賞(상) 상. 賚(뢰) 주다. 嚴(엄) 엄하다. 誅(주) 베다. 처벌. 責(책) 꾸짖다. 止(지) 그치다. 姦(간) 간사하다. 術(술) 술책. 審(심) 살피다. 開(개) 열다. 塞(색) 막다. 守(수) 지키다. 一道(일도) 한 가지 일. 爲(위) ~하다. 政之要(정지요) 정치의 요체이다.

下達上通, 至聰之聽也. 知國有無之數, 用其仂也.
하달상통, 지총지청야. 지국유무지수, 용기륵야.

상하의 뜻이 막힘없이 서로 통하게 하는 것은 그 군주를 총명하게 하는 방법이며, 국가의 재정 상태나 자원의 유무를 잘 파악하는 것은 경제적 국가 운용을 하는 기본이다.

下達(하달) 윗사람의 뜻이 아래로 전달되다. 上通(상통) 아랫사람 의견이 위로 통하다. 至(지) 이르다. 聰(총) 귀가 밝다. 聽(청) 듣다. 知(지) 알다. 國(국) 나라. 有無(유무) 있고 없음. 數(수) 재정이나 자원을 의미. 用(용) 쓰다. 其(기) 그. 仂(륵) 나머지.

知彼弱者, 强之體也. 知彼動者, 靜之決也.
지피약자, 강지체야. 지피동자, 정지결야.

적국의 약점을 잘 아는 것은 아군이 강해지는 방법이며, 적국의 동정을 잘 아는 것은 아군이 안정을 취할 수 있는 방법이다.

知(지) 알다. 彼(피) 적국. 弱(약) 약점. 者(자) ~하는 것. 强(강) 강하다. 體(체) 몸. 知(지) 알다. 彼(피) 적국. 動(동) 움직이다. 동정. 靜(정) 고요하다. 決(결) 터지다.

官分文武, 惟王之二術也. 俎豆同制, 天子之會也.
관분문무, 유왕지이술야. 조두동제, 천자지회야.

관직을 문관과 무관으로 나누는 것은 군주가 나라를 다스리는 두 가지 방법(정치와 국방)이며, 제사의 법도를 통일하는 것은 천자가 제후들을 화합시키는 방법이다.

官(관) 관청. 관직. 分(분) 나누다. 文武(문무) 문관과 무관. 惟(유) 도모하다. 王(왕) 왕. 군주. 二術(이술) 두 가지 방법이다. 俎(조) 제사 때 쓰는 제단. 豆(두) 제사에 쓰는 제수. 同(동) 같다. 制(제) 통제하다. 天子(천자) 천자를 말함. 會(회) 모으다.

遊說間諜無自入, 正議之術也.
유세간첩무자입, 정의지술야.
감언이설이나 유언비어를 만들어 유세하고 다니는 사람들이나 간첩이 함부로 국내로 들어오지 못하게 하는 것은 국론을 바르게 하는 방법이다.

遊說(유세) 자신의 의견을 주장하며 돌아다니다. 間諜(간첩) 간첩. 無(무) 없다. 自(자) 스스로. 入(입) 들어오다. 正(정) 바르게 하다. 議(의) 의논하다. 術(술) 술책. 방법.

諸侯有謹天子之禮, 君臣繼世, 承王之命也.
제후유근천자지례, 군신계세, 승왕지명야.
제후국들이 천자의 예법을 삼가 준수하며, 군신 관계를 대대로 이어나가는 것은 천자의 명령을 받들게 하는 방법이다.

諸侯(제후) 제후들. 有(유) 있다. 謹(근) 삼가다. 天子之禮(천자지례) 천자의 예법. 君臣(군신) 천자와 제후국들의 군신 관계. 繼(계) 잇다. 世(세) 대. 承(승) 받들다. 王之命(왕지명) 천자의 명령.

更造易常, 違王明德, 故禮得以伐之.
경조이상, 위왕명덕, 고례득이벌지.
제후가 함부로 국호를 바꾸거나 법도를 쉽게 바꾸는 것은 천자의 밝은 덕행을 어기는 것으로써 천자로부터 토벌을 당하는 명분이 된다.

更(경) 고치다. 造(조) 짓다. 易(이) 쉽다. 常(상) 법도. 違(위) 어기다. 王(왕) 군주. 明德(명덕) 밝은 덕행. 故(고) 이유. 고로. 禮(례) 예의 예절. 得(득) 얻다. 以(이) ~로써. 伐之(벌지) 토벌하다.

官無事治, 上無慶賞, 民無獄訟, 國無商賈, 何王之至?
관무사치, 상무경상, 민무옥송, 국무상가, 하왕지지?
천하가 태평하여 관청에는 할 일이 없고, 군주는 백성에게 상을 주어 장려할 필요도 없으며, 백성 또한 소송할 일이 없고, 나라에 부당한 이득을 취하는 상인이 없을 때, 이것이 바로 왕도의 극치라 말할 수 있다.

官(관) 관청. 無事治(무사치) 다스릴 일이 없다. 上(상) 윗사람. 군주. 無慶賞(무경상) 상을 줄 만한 경사스런 일이 없다. 民(민) 백성. 無獄訟(무옥송) 투옥되거나 소송할 일이 없다. 國(국) 나라. 無商賈(무상가) 상인들이 가격을 높게 부르는 일이 없다. 何(하) 어찌. 王之至(왕지지) 왕도의 극치.

明擧上達, 在王垂聽也.

명거상달, 재왕수청야.

이런 명확한 방법들이 군주까지 잘 도달하게 하여, 군주가 잘 새겨듣고 실천하게 해야 한다

明(명) 명확하다. 擧(거) 천거하다. 上(상) 윗사람. 군주. 達(달) 도달하다. 在(재) 있다. 王(왕) 군주. 垂(수) 드리우다. 聽(청) 듣다.

第十一. 治本 제11. 치본.[250] 리더십의 근본

치본(治本)은 다스리는 것의 근본을 말한다. 본문 내용 중에 '치실기본(治失其本)'이라는 네 글자가 있기에 '치본(治本)'이라는 두 글자를 취하여 편명(篇名)으로 삼았다.

-울료자직해(尉繚子直解)에서-

凡治人者何? 曰, 非五穀無以充腹, 非絲麻無以蓋形.
범치인자하? 왈, 비오곡무이충복, 비사마무이개형.
'무릇, 백성 다스리기 위해서 어찌해야 하는가?' 하고 묻자 이렇게 말하였다. 백성들은 오곡이 아니면 배를 채울 수 없고, 옷감이 아니면 몸을 가릴 것이 없는 법이다.

凡(범) 무릇. 治人(치인) 백성을 다스리다. 者(자) ~하는 것. 何(하) 어찌. 曰(왈) 말하다. 非(비) 아니다. 五穀(오곡) 다섯 가지 곡식. 쌀, 보리, 조, 콩, 수수. 無(무) 없다. 以(이) ~로써. 充(충) 채우다. 腹(복) 배. 絲(사) 실. 麻(마) 삼. 無(무) 없다. 以(이) ~로써. 蓋(개) 덮다. 形(형) 몸.

故充腹有粒, 蓋形有縷, 夫在芸耨, 妻在機杼, 民無二事, 則有儲蓄,
고충복유립, 개형유루, 부재운누, 처재기저, 민무이사, 즉유저축,
고로 배를 채우려면 곡식이 있어야 하고, 몸을 가리기 위해서는 옷감이 있어야 한다. 따라서 남자들은 농사일에 전념하고 여자들은 베 짜기에 전념하면 곡식이 떨어지거나 옷감이 없어서 몸을 가리지 못하고 헐벗게 되는 일이 없어지니 곧 민생이 여유로워지는 법이다.

故(고) 그러므로. 充(충) 채우다. 腹(복) 배. 有(유) 있다. 粒(립) 쌀알. 蓋(개) 덮다. 形(형) 몸. 형체. 縷(루) 실. 夫(부) 지아비. 在(재) 있다. 芸(운) 풀. 耨(누) 김을 매다. 妻(처) 지어미. 在(재) 있다. 機(기) 베를 짜는 기계. 杼(저) 베를 짜는 기계에 쓰이는 실이 들어가 있는 북. 民(민) 백성들은. 無(무) 없다. 二事(이사) 두 가지 일. 則(즉) 곧. 儲(저) 쌓다. 蓄(축) 쌓다.

夫無雕文刻鏤之事, 女無繡飾纂組之作.

250) 이 편에서는 백성을 다스리는 근본에 대한 것을 중점으로 다루고 있음. 사치와 낭비의 근절, 근검절약, 군주가 갖추어야 할 네 가지 요건 등에 관한 내용으로 구성되어 있음.

부무조문각루지사, 여무수식찬조지작.

남자들은 나무나 돌, 쇠붙이 따위에 글이나 그림을 새겨 넣는 것과 같은 실용성이 없는 일을 하지 말고, 여자는 사치스러운 장식을 하기 위해 수를 놓거나 색을 넣은 베를 짜지 말아야 한다.

夫(부) 지아비. 無(무) 없다. 雕文(조문) 글을 새기다. 刻鏤(각루) 나무나 돌, 쇠붙이 따위에 글이나 그림을 새겨 넣는 것. 事(사) 일. 女(여) 여자. 無(무) 없다. 繡(수) 수를 놓다. 飾(식) 꾸미다. 纂(찬) 채색하다. 組(조) 베를 짜다. 作(작) 만들다.

木器液, 金器腥, 聖人飮於土, 食於土, 故埏埴以爲器, 天下無費.
목기액, 금기성, 성인음어토, 식어토, 고연식이위기, 천하무비.

나무로 만든 그릇은 아무리 잘 만들어도 진액이 나오거나 물이 스며들어 실용적이지 못하고, 금속으로 만든 그릇은 아무리 잘 만들어도 금속의 비린 냄새 때문에 실용적이지 못하다. 그러므로 성인들은 나무나 금속 같은 자원을 사용해서 만든 그릇이 아닌 지천으로 널린 흙을 이용해서 만든 토기에 음식을 담아서 먹은 것이다. 고로, 땅에서 나는 흙으로 그릇을 만들었기 때문에 천하에 낭비가 없었던 것이다.

木器(목기) 나무로 만든 그릇. 液(액) 진. 金器(금기) 쇠로 만든 그릇. 腥(성) 비리다. 聖人(성인) 성인군자. 飮(음) 마시다. 於(어) 어조사. 土(토) 흙. 토기를 말함. 食(식) 먹다. 於(어) 어조사. 土(토) 토기를 말함. 故(고) 그러므로. 埏(연) 땅. 埴(식) 찰흙. 以(이) ~로써. 爲器(위기) 그릇을 만들다. 天下(천하) 천하. 無費(무비) 낭비가 없었다.

今也, 金木之性不寒, 而衣繡飾, 馬牛之性食草飮水, 而給菽粟.
금야, 금목지성불한, 이의수식, 마우지성식초음수, 이급숙속.

지금의 세태를 보면, 쇠붙이나 나무는 추위를 타지 않는 성질을 가지고 있는데도 옷을 입히거나 수를 놓아 꾸미는 등 낭비가 심하고, 말이나 소는 풀을 먹고 물을 마시는 법인데도 불구하고 콩이나 조 같은 곡식을 먹이는 등 낭비가 심한 실정이다.

今也(금야) 지금은. 金木(금목) 쇠붙이나 나무. 性(성) 성질. 不寒(불한) 추위를 타지 않는다. 衣(의) 옷. 繡(수) 수를 놓다. 飾(식) 꾸미다. 馬牛(마우) 말과 소. 性(성) 성질. 성향. 食草(식초) 풀을 먹다. 飮水(음수) 물을 마신다. 給(급) 공급하다. 菽(숙) 콩. 粟(속) 조.

是治失其本, 而宜設之制也.
시치실기본, 이의설지제야.
이렇게 낭비가 심하다는 것은 백성을 다스리는 기본을 잃은 것이니, 마땅히 필요한 제도를 설치해야 한다.

是(시) 이것. 治(치) 다스리다. 失(실) 잃다. 其本(기본) 기본. 宜(의) 마땅히. 設(설) 설치하다. 制(제) 제도.

春夏夫出於南畝, 秋冬女練於布帛, 則民不困.
춘하부출어남무, 추동녀련어포백, 즉민불곤.
봄과 여름에 남자는 남쪽 이랑에 나가고. 봄과 여름에 남자들은 논과 밭으로 나가 농사를 짓고, 가을과 겨울에 여자들은 베 짜는 방법을 익히면, 백성들이 곤궁해지지 않을 것이다.

春夏(춘하) 봄과 여름. 夫(부) 남자. 出(출) 나가다. 於(어) 어조사. 南(남) 남쪽. 畝(무) 이랑. 秋冬(추동) 가을과 겨울. 女(여) 여자. 練(련) 익히다. 於(어) 어조사. 布(시) 베. 천. 帛(백) 비단. 則(즉) 곧. 民(민) 백성들은. 不困(불곤) 곤궁해지지 않다.

今短褐不蔽形, 糟糠不充腹, 失其治也.
금단갈불폐형, 조강불충복, 실기치야.
그러나 지금의 세태를 보면, 짧은 털옷이나 천으로도 몸을 가리지 못할 정도로 헐벗었고, 지게미나 쌀겨로도 배를 채우지 못하고 있으니, 이는 정치의 근본을 잃었기 때문이다.

今(금) 지금. 短(단) 짧다. 褐(갈) 털옷. 베옷. 不(불) 아니다. 蔽(폐) 덮다. 形(형) 몸. 糟(조) 지게미. 糠(강) 겨. 不(불) 아니다. 充(충) 채우다. 腹(복) 배. 失(실) 잃다. 其治(기치) 백성을 다스리는 기본.

古者土無肥瘠, 人無勤惰, 古人何得, 今人何失耶?
고자토무비척, 인무근타, 고인하득, 금인하실야?
옛날에는 기름지거나 메마른 땅의 구분이 없이 수확이 좋았고, 부지런하거나 게으른 사람의 구분이 없이 모두가 궁색하지 않았는데, 옛날 사람들은 어떻게 해서 부족함을 느끼지 않을 정도로 얻을 수 있었고, 요즘 사람들은 어찌해서 그렇게 궁핍하게 사는가?

古者(고자) 옛날에. 土(토) 흙. 無(무) 없다. 肥(비) 비옥하다. 瘠(척) 척박하다. 人(인) 사람. 無(무) 없다. 勤(근) 부지런하다. 惰(타) 게으르다. 古人(고인) 옛날사람들. 何(하) 어찌. 得(득) 얻다. 今人(금인) 요즘 사람들. 何(하) 어찌. 失(실) 잃다. 耶(야) 어조사.

耕者不終畝, 織者日斷機, 而奈何飢寒. 蓋古治之行, 今治之止也.
경자부종무, 직자일단기, 이내하기한. 개고치지행, 금치지지야.
그 이유는 간단하다. 남자들이 농사를 짓는 데 전념하지 않았고, 여자들이 베 짜기에 전념하지 않기 때문이다. 농사를 제대로 짓지도 않고, 베를 제대로 짜지 않고, 어찌 굶주림과 추위를 면할 수 있겠는가? 그것은 바로 옛날에는 백성을 다스리는 일이 잘 행해졌고, 요즘은 그렇지 못하기 때문이다.

耕者(경자) 밭을 가는 것. 不(부) 아니다. 終(종) 끝나다. 畝(무) 이랑. 織者(직자) 베을 짜는 것. 日(일) 날. 해. 斷(단) 끊다. 機(기) 기계. 베틀 기계. 奈(내) 어찌. 何(하) 어찌. 飢(기) 굶주리다. 寒(한) 춥다. 蓋(개) 덮다. 古(고) 옛날. 治之行(치지행) 다스림이 잘 행해지다. 今(금) 요즘. 治之止(치지지) 다스림이 그치다.

夫謂治者, 使民無私也.
부위치자, 사민무사야.
무릇 나라를 다스린다는 것은 곧 백성들이 사사로운 마음을 품지 않도록 하는 것이다.

夫(부) 무릇. 謂(위) 이르다. 治(치) 다스리다. 者(자) ~하는 것. 使(사) ~하게 하다. 民(민) 백성. 無私(무사) 사사로움이 없다.

民無私, 則天下爲一家, 無私耕私織, 共寒其寒, 共飢其飢.
민무사, 즉천하위일가, 무사경사직, 공한기한, 공기기기.
백성들이 저마다 사사로운 마음을 품지 않는다면, 곧 천하가 한 가족과 같이 되어 자기만을 위하여 농사짓거나 베를 짜는 일이 없기 때문에 추위와 굶주림을 함께 나누게 되는 것이다.

民(민) 백성. 無私(무사) 사사로움이 없다. 則(즉) 곧. 天下(천하) 온 천하. 爲一家(위일가) 한 가족이 되다. 無(무) 없다. 私耕(사경) 개인적으로 농사를 짓고. 私織(사직) 개인적으로 베를 짜다. 共(공) 같이. 함께. 寒(한) 춥다. 其寒(기한) 그 추위. 飢(기) 굶주림. 其飢(기기) 그 굶주림.

故如有子十人, 不加一飯, 有子一人, 不損一飯, 焉有喧呼酖酒以敗善類乎?
고여유자십인, 불가일반, 유자일인, 불손일반, 언유훤호짐주이패선류호?
그러므로 마치 자녀가 열 명이나 된다고 해서 밥 한 그릇의 부담을 더하고, 자녀가 한 명밖에 없다고 해서 밥 한 그릇의 부담을 덜어내지 않는 것처럼 누구나가 공평한 생활을 하게 되는 것이다. 이렇게 되면, 어찌 혼자만이 배불리 먹고 술에 취하여 소란을 부리는 것과 같이 선량한 이웃에게 해악을 끼칠 수 있겠는가?

故(고) 그러므로. 如(여) ~와 같다. 有子(유자) 자식이 있다. 十人(십인) 열 명. 不加(불가) 더하지 않는다. 一飯(일반) 밥 한 그릇. 有子(유자) 자식이 있다. 一人(일인) 한 명. 不損(불손) 덜어내다. 一飯(일반) 밥 한 그릇. 焉(언) 어찌. 有(유) 있다. 喧(선) 의젓하다. 呼(호) 부르다. 酖(탐) 술에 빠지다. 酒(주) 술. 以(이) ~로써. 敗(패) 패하다. 善類(선류) 선량한 이웃. 乎(호) 어조사.

民相輕佻, 則欲心與爭奪之患起矣.
민상경조, 즉욕심여쟁탈지환기의.
민심이 경박하면, 곧 욕심이 생겨 서로 다투고 빼앗으려고 하는 근심거리가 일어나는 법이다.

民(민) 백성. 相(상) 서로. 輕(경) 가볍다. 佻(조) 방정맞다. 則(즉) 곧. 欲心(욕심) 욕심. 與(여) 함께. 爭奪(쟁탈) 서로 다투어 빼앗음. 患(환) 근심. 起(기) 일어나다. 矣(의) 어조사.

橫生於一夫, 則民私飯有儲食, 私用有儲財,
횡생어일부, 즉민사반유저식, 사용유저재,
이런 풍조가 한사람에게 생겨나면 백성들은 서로 자기 밥그릇을 챙기려 하고, 자기 재물을 챙기려 하게 될 것인데,

橫(횡) 가로지르다. 生(생) 생기다. 於(어) 어조사. 一夫(일부) 사람 한명을 의미함. 則(즉) 곧. 民(민) 백성. 私(사) 사사롭다. 飯(반) 밥. 有(유) 있다. 儲(저) 쌓다. 食(식) 밥. 私(사) 사사로이. 用(용) 쓰다. 有(유) 있다. 儲(저) 쌓다. 財(재) 재물.

民一犯禁, 而拘以刑治, 烏有以爲人上也.
민일범금, 이구이형치, 오유이위인상야.
만약 백성 중에 어느 하나가 법을 어겼다고 해서 이를 잡아들여 형벌로 다스리게 된다면, 이는 윗사람으로서 해야 할 도리가 아닌 것이다.

民(민) 백성. 一(일) 하나. 犯(범) 범하다. 禁(금) 금하다. 拘(구) 잡다. 以(이) ~로써. 刑(형) 형벌. 治(치) 다스리다. 烏(조) 새. 有(유) 있다. 以(이) ~로써. 爲(위) 하다. 人(인) 사람. 上(상) 윗사람.

善政執其制, 使民無私, 則爲下不敢私, 則無爲非者矣.

선정집기제, 사민무사, 즉위하불감사, 즉무위비자의.
선정을 베풀면 법과 제도를 잘 지켜 백성들에게 사사로움이 없어지며, 백성들이 감히 사리사욕을 도모하지 않게 되면 비행을 저지르는 자 또한 없어진다.

善政(선정) 잘하는 정치. 執(집) 잡다. 其(기) 그. 制(제) 제도. 법제. 使(사) ~하게 하다. 民(민) 백성. 無私(무사) 사사로움이 없다. 則(즉) 곧. 爲(위) ~하다. 下(하) 아랫사람. 不(불) 아니다. 敢(감) 감히. 私(사) 사사롭다. 無(무) 없다. 非(비) 비행. 나쁜 짓. 者(자) ~하는 것. 矣(의) 어조사.

反本緣理, 出乎一道, 則欲心去, 爭奪止, 囹圄空, 野充粟多, 安民懷遠,
반본연리, 출호일도, 즉욕심거, 쟁탈지, 영어공, 야충속다, 안민회원,
정치를 근본부터 돌이켜 잘 시행하고 이치에 따라 다스려서 백성들이 각자의 본업에 전념하게 하면, 욕심이 없어져서 서로 다투지 않게 되고, 감옥은 텅텅 비게 되며, 들에는 오곡이 풍성해지고, 백성들은 편안해지며 후회할 일이 없어지며,

反(반) 되돌리다. 本(본) 근본. 緣(연) 가장자리. 理(리) 이치. 出(출) 나가다. 乎(호) 어조사. 一(일) 하나. 道(도) 길. 則(즉) 곧. 欲心(욕심) 욕심. 去(거) 제거되다. 爭奪(쟁탈) 다투어 빼앗음. 止(지) 그치다. 囹圄(영어) 감옥. 空(공) 비다. 野(야) 들. 充(충) 차다. 粟(속) 조. 곡식을 말함. 多(다) 많다. 安(안) 편안하다. 民(민) 백성. 懷(회) 후회. 遠(원) 멀다.

外無天下之難, 內無暴亂之事, 治之至也.
외무천하지난, 내무폭란지사, 치지지야.
대외적으로는 외부의 침입으로 인한 변란이 발생하지 않고, 대내적으로도 포악하거나 어지러운 일들이 생기지 않게 되니, 이것이 곧 다스림의 극치인 것이다.

外(외) 겉으로는. 無(무) 없다. 天下之難(천하지난) 천하의 난. 內(내) 안으로는. 無(무) 없다. 暴亂之事(폭난지사) 포악하고 어지러운 일. 治之至也(치지지야) 다스림의 극치.

蒼蒼之天, 莫知其極, 帝王之君, 誰爲法則.
창창지천, 막지기극, 제왕지군, 수위법칙.
푸르고 푸른 저 하늘의 끝을 알 수가 없듯이, 제왕 중에 누구를 따라야 할지 알 수가 없고,

蒼蒼(창창) 푸르고 푸르다. 天(천) 하늘. 莫(막) 없다. 知(지) 알다. 其極(기극) 그 끝. 帝王(제왕) 제왕. 君(군) 군주. 誰(수) 누구. 爲(위) ~하다. 法則(법칙) 따라야 하는 법칙.

往世不可及, 來世不可待, 求己者也.
왕세불가급, 래세불가대, 구기자야.
옛 성왕들은 이미 죽어 그 영향력을 현세까지 미칠 수가 없으며, 미래의 성왕을 기다리는 것도 할 수가 없다. 그러므로 오직 모든 것은 현재의 나에게 달려있다는 것을 잊지 말아야 한다.

往(왕) 가다. 世(세) 세대. 不可(불가) 불가능하다. 及(급) 미치다. 來(래) 오다. 世(세) 세대. 待(대) 기다리다. 求(구) 구하다. 己(기) 나. 자기. 者(자) ~하는 것.

所謂天子者四焉, 一曰神明, 二曰垂光, 三曰洪敘, 四曰無敵. 此天子之事也.
소위천자자사언, 일왈신명, 이왈수광, 삼왈홍서, 사왈무적. 차천자지사야.
천하의 제왕이 되는 자는 다음의 네 가지 요건을 구비하여야 한다. 첫 번째는 신명(神明)으로 지극히 밝은 지혜가 필요하며, 두 번째는 수광(垂光)으로 은택을 널리 베푸는 인품이 필요하며, 세 번째는 홍서(洪敘)로 위아래 질서가 있고 상벌을 엄정하게 집행해야 하며, 네 번째는 무적(無敵)으로 천하에 대적할 수 없을 만한 위엄이 필요한데, 이 네 가지 요건은 천자가 당연히 갖추어야 할 것들이다.

所謂(소위) 이른바. 天子者(천자자) 천자라고 하는 자는. 四焉(사언) 4가지 요건이 필요하다. 一曰(일왈) 첫 번째는. 神明(신명) 신과 같은 밝음. 二曰(이왈) 두 번째는. 垂光(수광) 빛이 드리우다. 三曰(삼왈) 세 번째는. 洪敘(홍서) 위아래 질서가 있고 상벌이 엄정함. 四曰(사왈) 네 번째는. 無敵(무적) 적이 없다. 此(차) 이것. 天子之事(천자지사) 천자가 갖추어야 할 요건.

野物不爲犧牲, 雜學不爲通儒.
야물불위희생, 잡학불위통유.
지천으로 널려있는 들에서 야생으로 나는 짐승 같은 것들로 제사의 희생물로 바치지 않듯이, 잡다한 지식이나 학문을 많이 안다고 해서 선비로서 정통하다고 하지는 않는다.

野(야) 들. 物(물) 만물. 不爲(불위) ~하지 않는다. 犧牲(희생) 희생하다. 雜學(잡학) 잡다한 지식이나 학문. 通(통) 통하다. 儒(유) 선비.

今說者曰, 百里之海, 不能飮一夫, 三尺之泉, 足止三軍渴.
금설자왈, 백리지해, 불능음일부, 삼척지천, 족지삼군갈.

오늘날 '백 리의 넓은 바닷물은 한 사람의 목도 축일 수 없지만, 석 자의 작은 샘물은 전 장병들의 갈증을 풀어 줄 수 있다.'고 말하고 있다.

今(금) 지금. 說(설) 말씀. 者(자) ~하는 자. 曰(왈) 말하다. 百里(백리) 길이 단위. 40km. 海(해) 바다. 不能(불능) ~할 수 없다. 飮(음) 마시다. 一夫(일부) 한 사람. 三尺(삼척) 길이 단위. 3척. 泉(천) 샘. 足(족) 족하다. 止(지) 그치다. 三軍(삼군) 전군을 말함. 渴(갈) 갈증.

臣謂, 欲生於無度, 邪生於無禁.

신위, 욕생어무도, 사생어무금.

나는 이 말을 사람의 욕심은 분수와 절제가 없는 데서부터 생겨나고, 사악한 마음은 통제가 없는 데서 생겨나기 때문이라는 것을 강조한 말이라고 생각한다.

臣(신) 신하. 울료자 자신. 謂(위) 말하다. 欲(욕) 욕심. 生(생) 생기다. 於(어) 어조사. 無(무) 없다. 度(도) 법도. 정도나 한도. 邪(사) 사악하다. 生(생) 생기다. 禁(금) 금하다.

太上神化, 其次因物, 其下在於無奪民時, 無損民財.

태상신화, 기차인물, 기하재어무탈민시, 무손민재.

백성을 교화하는 데 가장 좋은 방법은 자연스럽게 자신도 모르게 교화시키는 것이고, 그다음은 어떤 객관적인 상황이나 사실에 따라 교화시키는 것이며, 그다음 방법은 백성들의 농사 시기를 빼앗지 않고 백성의 재물에 손해를 입히지 않고 교화시키는 것이다.

太上(태상) 가장 상위. 神化(신화) 자신도 모르게 교화되는 것. 其次(기차) 그다음은. 因(인) ~로 인하여. 物(물) 어떤 객관적인 사실. 其下(기하) 그 아래. 그다음. 在(재) 있다. 於(어) 어조사. 無(무) 없다. 奪(탈) 빼앗다. 民(민) 백성. 時(시) 시기. 無(무) 없다. 損(손) 손해. 民(민) 백성. 財(재) 재물.

夫禁必以武而成, 賞必以文而成.

부금필이무이성, 상필이문이성.

대개 천하의 악(惡)을 금하는 것은 무덕(武德)을 기반으로 해야 이루어지며, 선(善)을 권장하기 위해 상을 내리는 것은 문덕(文德)을 기반으로 해야 이루어지는 법이다.

夫(부) 무릇. 禁(금) 금하다. 必(필) 반드시. 以(이) ~로써. 武(무) 무덕. 成(성) 이루다. 賞(상) 상을 주다. 文(문) 문덕.

第十二. 戰權 제12. 전권.[251] 전장에서의 임기응변

전권(戰權)은 전쟁에서의 임기응변을 말하는 것이다. 본문 중에 전권(戰權)이라는 두 글자가 있기에 편명(篇名)으로 삼았다.

-울료자직해(尉繚子直解)에서-

兵法曰, 千人而成權, 萬人而成武.
병법왈, 천인이성권, 만인이성무.
병법에 이런 말이 있다. 1,000명의 병력으로는 책략(權)을 써야 이길 수 있지만, 10,000명의 병력으로는 무위(武威)만으로도 이길 수 있다.

兵法曰(병법왈) 병법에서 말하기를. 千人(천인) 천 명의 병력. 成(성) 이루다. 權(권) 권모술수. 萬人(만인) 만 명의 병력. 武(무) 무위.

權先加人者, 敵不力交, 武先加人者, 敵無威接.
권선가인자, 적불력교, 무선가인자, 적무위접.
적에게 먼저 책략을 써서 공격을 가하면, 적들은 제대로 교전할 힘이 없어지게 되며, 적에게 먼저 무위를 가하면, 적은 투지와 사기가 꺾여 아군에게 대적할 수 없게 된다.

權(권) 책략. 先(선) 먼저. 加(가) 가하다. 人(인) 사람. 者(자) ~하는 것. 敵(적) 적군. 不(불) 아니다. 力(력) 힘. 交(교) 교전하다. 武(무) 무위. 先(선) 먼저. 無(무) 없다. 威(위) 위엄. 무위. 接(접) 접전을 벌이다.

故兵貴先勝於此, 則勝彼矣, 弗勝於此, 則弗勝彼矣.
고병귀선승어차, 즉승피의, 불승어차, 즉불승피의.
용병에서 이와 같이 기선제압을 중요하게 생각하는 이유는 먼저 기선제압을 하면 전투에서도 적을 쉽게 이길 수 있고, 기선제압에서 하지 못하면 전투에서도 이길 수 없기 때문이다.

251) 전 권 : 이 편에서는 작전수단을 논하였다. 울료는 병력의 다소에 따라 작전의 묘을 쓰거나 무위로써 적을 제압할 것을 권하고, 어떤 상황에서든 선제공격을 중요시하였다. 또한 주도권의 장악, 맹목적인 작전의 위험성, 피아간 사기의 향배, 기밀 보안의 문제, 지휘관의 냉철한 판단력 등의 조건들이 모두 작전의 성패를 가름한다고 지적하고 있다.

故(고) 고로. 兵(병) 용병에서. 貴(귀) 귀하게 여기다. 先(선) 먼저. 勝(승) 이기다. 於(어) 어조사. 此(차) 이것. 則(즉) 곧. 勝(승) 이기다. 彼(피) 저. 적군. 矣(의) 어조사. 弗勝(불승) 이기지 못하다. 弗勝(불승) 이기지 못하다.

凡我往則彼來, 彼來則我往, 相爲勝敗, 此戰之理然也.

범아왕즉피래, 피래즉아왕, 상위승패, 차전지리연야.

모름지기 아군이 진군하면 적군이 물러나고, 적군이 진군하면 아군이 물러나는 것처럼 승패(勝敗)도 서로 마찬가지다. 한쪽이 이기면 한쪽이 지는 것, 이것이 바로 전쟁의 기본 이치인 것이다.

凡(범) 무릇. 我(아) 아군이. 往(왕) 가다. 則(즉) 곧. 彼(피) 적군. 來(래) 오다. 彼來(피래) 적군이 오다. 我往(아왕) 아군이 가다. 相(상) 서로. 爲(위) ~하다. 勝敗(승패) 승리와 패배. 此(차) 이것. 戰(전) 전투. 전쟁. 理(리) 이치. 然(연) 그러하다. 也(야) 어조사.

夫精誠在乎神明, 戰權在乎道所極.

부정성재호신명, 전권재호도소극.

모름지기 장수의 주도면밀한 전술구사능력은 용병술에 귀신처럼 밝아야 가능하며, 전투 간 각종 책략을 자유자재로 펼 수 있는 능력은 병법에 대한 이해도가 끝이 없을 정도이어야 가능 한 것이다.

夫(부) 모름지기. 무릇. 精誠(정성) 참되고 성실한 마음. 在(재) 있다. 乎(호) 어조사. 神明(신명) 귀신처럼 밝다. 戰權(전권) 전술적 상황에서 권모술수, 즉 책략을 잘 구사하는 것은. 道(도) 길. 병법에 대한 이해도. 所(소) ~하는 바. 極(극) 다하다.

有者無之, 無者有之, 安所信之.

유자무지, 무자유지, 안소신지.

용병하려는 의도와 실력 등이 있어도 없는 듯, 없어도 있는 듯하면 적은 보이는 것만 믿고 편안한 마음을 가질 수밖에 없으니 적은 아군의 실상을 알 수가 없을 것이다.

有者(유자) 있는 것. 無之(무지) 없는 것. 無者(무자) 없는 것. 有之(유지) 있는 것. 安(안) 편안하다. 所(소) ~하는 바. 信(신) 믿다.

先王之所傳聞者, 任正去詐, 存其慈順, 決無留刑.
선왕지소전문자, 임정거사, 존기자순, 결무류형.
옛날의 훌륭한 선대의 군주들로부터 전해오는 바를 잘 들어보면, 올바른 인재를 등용하여 국사를 맡기고, 거짓을 일삼는 사악한 무리를 제거하였다. 그리고 자비로운 마음으로 순리에 따라 백성을 다스렸으며, 형벌을 가할 때는 지체함이 없이 결단을 내려서 형벌을 가하였다.

先王(선왕) 선대의 왕. 所(소) ~하는 바. 傳(전) 전하다. 聞(문) 듣다. 者(자) ~하는 것. 任(임) 임명하다. 正(정) 바르다. 去(거) 제거하다. 詐(사) 거짓. 存(존) 있다. 其(기) 그. 慈(자) 자애롭다. 자비. 順(순) 순리. 決(결) 결단하다. 無(무) 없다. 留(류) 머무르다. 刑(형) 형벌.

故知道者, 必先圖, 不知止之敗, 惡在乎, 必往有功.
고지도자, 필선도, 부지지지패, 악재호, 필왕유공.
용병의 도를 터득한 장수는 반드시 멈춰야 할 때를 모름으로 인해서 패배할 수 있는 상황에 대한 대비책을 먼저 마련하는 것이다. 어찌 진격한다고 하여 매번 공을 세울 수 있겠는가?

故(고) 그러므로. 知道(지도) 용병의 도를 알다. 者(자) ~하는 자. 必(필) 반드시. 先(선) 먼저. 圖(도) 꾀하다. 그림. 不知(부지) 알지 못하다. 止(지) 그치다. 敗(패) 패하다. 惡在乎(악재호) 어찌 있을 수 있겠는가? 必往有功(필왕유공) 반드시 가기만 하면 공을 세울 수 있는가?

輕進而求戰者, 敵復圖止, 我往而敵制勝矣.
경진이구전자, 적복도지, 아왕이적제승의.
경솔하게 적진으로 진력해서 전투하다가 적이 계략을 꾸며 반격하면, 아군이 진격해도 적이 승리를 하게 되는 경우가 있게 되는 것이다.

輕(경) 가볍다. 進(진) 진격하다. 求(구) 구하다. 戰(전) 전투. 者(자) ~하는 자. 敵(적) 적군. 復(복) 뒤집다. 적의 반격을 의미함. 圖(도) 꾀하다. 그림. 止(지) 그치다. 我(아) 아군. 往(왕) 가다. 진격하다. 制(제) 만들다. 勝(승) 이기다. 矣(의) 어조사.

故兵法曰, 求而從之, 見而加之, 主人不敢當而陵之, 必喪其權.
고병법왈, 구이종지, 견이가지, 주인불감당이릉지, 필상기권.
고로 병법서에 이르기를, 적이 도전해 오면 그에 따라 대응하고, 적의 약점이 보이면 공격을 가해야 하고, 이때 적의 주력이 감당하지 못하는 모습을 보이는 것에 넘어가서 적을 얕

보고 무모한 공격을 계속하다 보면 반드시 그 전장에서의 주도권은 적에게 빼앗기게 된다.

故(고) 고로. 그러므로. 兵法曰(병법왈) 병법서에 이르기를. 求(구) 구하다. 從(종) 좇다. 見(견) 보다. 加(가) 가하다. 공격을 가하다. 主(주) 주인. 적의 주력. 人(인) 사람. 적군. 不敢當(불감당) 감당하지 못하다. 陵(능) 욕보이다. 必(필) 반드시. 喪(상) 죽다. 其(기) 그. 權(권) 전장의 주도권을 말함.

凡奪者無氣, 恐者不可守, 敗者無人, 兵無道也.
범탈자무기, 공자불가수, 패자무인, 병무도야.
적에게 작전의 주도권을 빼앗기면, 그 군의 사기는 없는 것이나 마찬가지다. 사기를 잃어 공포심을 갖는 군대는 그 병력이 아무리 많아도 지킬 수가 없으며, 전투에서 패하는 군대는 없는 것이나 마찬가지가 된다. 이런 것은 모두 장수가 용병의 도를 모르기 때문이다.

凡(범) 무릇. 奪者(탈자) 빼앗긴다는 것은. 無氣(무기) 사기가 없어진다. 恐者(공자) 사기를 잃어 공포심을 가진다. 不可守(불가수) 지킬 수가 없다. 敗者(패자) 전쟁에서 진다는 것은. 無人(무인) 사람이 없다. 兵(병) 용병술. 無道(무도) 도를 모른다.

意往而不疑則從之, 奪敵者無前則加之, 明視而高居則威之, 兵道極矣.
의왕이불의즉종지, 탈적자무전즉가지, 명시이고거즉위지, 병도극의.
군사들이 전혀 의심이 없고 사기가 왕성하면 적을 공격하고, 적의 사기를 빼앗아 아군의 앞을 가로막는 적이 없다면 적을 공격해야 하며, 피아의 형세 판단이 명확하고 적보다 더 우위의 기세를 가지고 있으면 적을 위세로 굴복시킬 수 있다. 이를 용병의 도리가 극에 달했다고 하는 것이다.

意(의) 의도. 往(왕) 가다. 진격하다. 而不疑(불의) 의심이 없다. 則(즉) 곧. 從(종) 좇다. 적을 공격하다. 奪敵者(탈적자) 적으로부터 사기를 빼앗다. 無前(무전) 앞에 적이 아무도 없다. 則(즉) 곧. 加之(가지) 전투력을 더하다. 明(명) 밝다. 視(시) 보다. 高(고) 높다. 居(거) 거하다. 威(위) 위엄. 兵(병) 용병. 道(도) 도리. 極(극) 다하다. 矣(의) 어조사.

其言無謹偷矣, 其陵犯無節破矣, 水潰雷擊三軍亂矣.
기언무근투의, 기릉범무절파의, 수궤뇌격삼군란의.
장병들이 언행을 조심하지 않으면 기밀이 누설되며, 절도도 없고 군령을 어기거나 범하는 등 군기가 문란한 부대는 패배한다. 이와 같은 군대는 마치 봇물이 터지듯, 천둥이 치듯,

순식간에 전군이 혼란에 빠지게 된다.

其(기) 그. 言(언) 말. 장병들의 언행. 無(무) 없다. 謹(근) 삼가다. 偷(투) 훔치다. 矣(의) 어조사. 其(기) 그. 陵(능) 능욕하다. 犯(범) 범하다. 節(절) 마디. 破(파) 깨트리다. 水(수) 물. 潰(궤) 무너지다. 雷(뢰) 번개. 擊(격) 치다. 三軍(삼군) 전군. 亂(난) 어지럽다.

必安其危, 去其患, 以智決之.
필안기위, 거기환, 이지결지.
장수가 필히 부대를 위기로부터 안정시키고 우환을 제거하려면, 매사 지혜롭게 결단을 내려야 한다.

必(필) 반드시. 安(안) 편안하다. 其危(기위) 위기. 去(거) 제거하다. 其患(기환) 그 우환. 以(이) ~로써. 智(지) 지혜. 決(결) 결단.

高之以廊廟之論, 重之以受命之論, 銳之以踰垠之論, 則敵國可不戰而服.
고지이랑묘지론, 중지이수명지론, 예지이유은지론, 즉적국가부전이복.
조정에서 논의를 통해 결정된 책략이나 계책의 수준이 높고, 임무를 부여할 장수의 선발을 신중하게 하고, 국경을 넘어 진격하는 장병들의 예기가 날카로우면, 곧 적국과 싸우지도 않고 적을 굴복시킬 수 있다.

高(고) 높다. 以(이) ~로써. 廊(랑) 복도. 廟(묘) 종묘. 論(론) 논의. 重(중) 중요하다. 以(이) ~로써. 受命(수명) 명을 받다. 論(론) 논의. 銳(예) 예리하다. 踰(유) 넘다. 垠(은) 땅끝. 국경. 則(즉) 곧. 敵國(적국) 적국. 可(가) 가능하다. 不戰(부전) 싸우지 않다. 服(복) 항복하다.

第十三. 重刑令 제13. 중형령.[252] 무거운 형벌

중형령(重刑令)은 행군(行軍)할 때 어떤 경우에 무겁게 벌을 줘야 하는지에 대한 법령에 대해서 말한 것이다. 처벌이 무거우면 병사 중에 도망가는 자가 없는 법이다. 본문 중에 중형(重刑)이라는 두 글자가 있기 때문에 편명(篇名)으로 삼았다.

-울료자직해(尉繚子直解)에서-

夫將自千人以上, 有戰而北, 守而降, 離地逃衆, 命日 國賊.

부장자천인이상, 유전이배, 수이항, 이지도중, 명왈 국적.

모름지기 일천 명 이상의 병력을 지휘하는 장수가 스스로 전투 중에 패주하거나, 방어작전을 하던 중에 항복하거나, 임의로 작전지역을 떠나거나 부하들을 두고 도망가는 자는 나라의 도적이니 '국적(國賊)'이라고 한다.

夫(부) 무릇. 將(장) 장수. 自(자) 스스로. 千人以上(천인이상) 1,000명이상. 有(유) 있다. 戰而北(전이배) 전투를 하는 도중 패배하여 도망하거나. 守(수) 방어하다. 降(항) 항복하다. 離(리) 떠나다. 地(지) 땅. 작전지역. 逃(도) 도망가다. 衆(중) 병력. 命日(명왈) 이를 일컬어. 國賊(국적) 나라의 도적.

身戮家殘, 去其籍, 發其墳墓, 暴其骨於市, 男女公於官.

신륙가잔, 거기적, 발기분묘, 폭기골어시, 남녀공어관.

이러한 부류의 장수는 참형으로 죽이고 가산은 몰수하며, 신분을 박탈하고, 조상의 무덤을 파헤치고, 그의 시신을 시장에 내걸어 치욕스럽게 하고, 처자식은 남녀를 불문하고 관비로 삼는다.

身(신) 몸. 戮(륙) 죽이다. 家(가) 가문. 집. 殘(잔) 해치다. 去(거) 제거하다. 其籍(기적) 호적과 같은 책. 發(발) 파헤친다. 其(기) 그. 墳墓(분묘) 무덤. 조상의 무덤. 暴(폭) 해치다. 其骨(기골) 그 뼈. 그 장수의 시신. 於市(어시) 시장에. 男女(남여) 그 장수의 처자식. 公於官(공어관) 관에서 노비로 삼다.

自百人以上, 有戰而北, 守而降, 離地逃衆, 命日 軍賊.

---

252) 중형령 : 이 편에서는 엄격한 전시군법 규정을 열거하였다.

자백인이상, 유전이배, 수이항, 리지도중, 명왈 군적.

100명 이상의 병력을 지휘하는 장수가 스스로 전투 중에 패주하거나, 방어작전을 하던 중에 항복하거나, 작전지역을 떠나거나 부하들을 두고 도망가는 자는 군대의 도적과 같으니 '군적(軍賊)'이라고 한다.

自(자) 스스로. 百人以上(백인이상) 100명 이상. 有(유) 있다. 戰而北(전이배) 전투를 하는 도중 패배하여 도망하거나. 守(수) 지키다. 降(항) 항복하다. 離(리) 떠나다. 地(지) 땅. 작전지역. 逃(도) 도망가다. 衆(중) 병력. 命曰(명왈) 이를 일컬어. 軍賊(군적) 군대의 도적.

身死家殘, 男女公於官.

신사가잔, 남녀공어관.

이런 부류의 장수는 참형으로 죽이고 가산은 몰수하며, 처자식은 남녀를 불문하고 관비로 삼는다.

身(신) 몸. 死(사) 죽이다. 家(가) 가문. 집. 殘(잔) 해치다. 男女(남여) 그 장수의 처자식. 公於官(공어관) 관에서 노비로 삼다.

使民內畏重刑, 則外輕敵.

사민내외중형, 즉외경적.

백성들에게 대내적으로 무거운 형벌에 대한 두려움을 알게 하면 적을 겁내지 않고 가볍게 보고 용감히 싸울 수 있게 된다.

使(사) ~하게 하다. 民(민) 백성. 內畏(내외) 안으로는 두려워하다. 重刑(중형) 무거운 형벌을. 則(즉) 곧. 外(외) 밖으로는. 輕敵(경적) 적을 가볍게 본다.

故先王明制度於前, 重威刑於後. 刑重則內畏, 內畏則外輕矣.

고선왕명제도어전, 중위형어후. 형중즉내외, 내외즉외경의.

고로 옛날 선왕들은 평소에 군율을 확립해 놓고, 유사시에는 엄한 형벌로써 군을 통제하였다. 형벌이 무거우면 대내적으로 두려움을 갖게 되고, 대내적으로 두려움을 가지면 대외적으로는 적을 가볍게 볼 정도로 국방은 강해진다.

故(고) 고로. 先王(선왕) 선왕들을. 明(명) 명확히 하다. 制度(제도) 제도들을. 於前(어전) 싸우기 전에. 重(중) 무겁다. 威(위) 위엄. 刑(형) 형벌. 於後(어후) 싸움이 시작된 이후에. 刑重(형중) 형벌이 무겁다.

則(즉) 곧. 內畏(내외) 안으로 두려워하다. 外輕(외경) 밖으로는 가볍게 생각한다.

第十四. 伍制令 제14. 오제령.[253] 부대편성 방법

오제령(伍制令)은 오(伍)를 편성하는 제도에 관한 령을 말한다. 본문 내용이 모두 오(伍)를 어떻게 편성하는가에 대한 제도를 논했기 때문에 편명(篇名)으로 삼았다.

-울료자직해(尉繚子直解)에서-

軍中之制, 五人爲伍, 伍相保也. 十人爲什, 什相保也.
군중지제, 오인위오, 오상보야. 십인위십, 십상보야.
군의 기본 편제는 다음과 같다. 병사 5명으로써 1개 오(伍)를 편성하고, 오(伍)의 소속대원은 연대책임[254]을 지게 한다. 병사 10명으로써 1개 십(什)을 편성하고, 십(什)의 소속대원은 연대책임을 지게 한다.

軍中(군중) 군에서. 制(제) 제도. 편제. 五人(오인) 5명. 爲伍(위오) 1개 오(伍)를 편성. 伍(오) 부대편제의 단위. 相保(상보) 서로 보증하게 한다. 十人(십인) 10명. 爲什(위십) 1개 십(什)을 편성. 什(십) 부대편제의 단위.

五十爲屬, 屬相保也. 百人爲閭, 閭相保也.
오십위속, 속상보야. 백인위려, 여상보야.
50명으로써 1개 속(屬)을 편성하고, 속(屬)의 소속대원은 연대책임을 지게 한다. 100명으로 1개 여(閭)를 편성하고, 여(閭)의 소속대원은 연대책임을 지게 한다.

五十(오십) 50명. 爲屬(위속) 1개 속(屬)을 편성. 屬(속) 부대편제의 단위. 相保(상보) 서로 보증하게 한다. 百人(백인) 100명. 爲閭(위려) 1개 려(閭)를 편성. 閭(려) 부대편제의 단위.

---

253) 오제령 : 이 편에서는 단위부대별 상호 연대책임 규정을 논하였다. 부대의 소속대원은 물론, 대장을 제외한 좌·우군의 장에 이르기까지 각급 지휘관에게도 상호 연대책임을 지우고, 위반자에 대한 고발 의무와 은닉한 자의 처벌을 규정하였다.

254) 연대책임 : 원문의 '相保'는 상호 연좌법, 또는 연대책임의 뜻이다. 「사기」〈상군 열전〉에 의하면, '병사들은 십·오의 단위부대를 편성하고, 상호 연대책임 규정으로 묶어 놓는다. 군령 위반자를 고발하지 않는 자는 허리를 베어 죽이고, 고발자는 적을 베어 죽인 공로와 같은 포상을 내리며, 범인을 은닉한 자는 적에게 투항한 죄로써 처형한다.' 울료는 군의 연대책임 규정을 깊이 중요시하고, 군사적 승리를 거두는 데 있어 세 개 요건 중의 하나로 인식하였다.

伍有干令犯禁者, 揭之免於罪, 知而弗揭, 全伍有誅.

오유간령범금자, 게지면어죄, 지이불게, 전오유주.

같은 오(伍) 내에서 군령을 어기거나 금지한 사항을 범하는 자가 있을 경우, 누구라도 이를 신고하면 죄를 면해주고, 범한 사실을 알면서도 신고하지 않았을 때는 모두 참수한다.

伍(오) 부대 단위의 명칭. 有(유) 있다. 干(간) 범하다. 令(령) 명령. 犯(범) 범하다. 禁(금) 금하다. 者(자) ~하는 자. 揭(게) 신고하다. 免(면) 면하다. 於罪(어죄) 죄를. 知(지) 알다. 弗(불) 아니다. 揭(게) 신고하다. 全伍(전오) 오의 전 소속부대원. 有誅(유주) 베다.

什有干令犯禁者, 揭之免於罪, 知而弗揭, 全什有誅.

십유간령범금자, 게지면어죄, 지이불게, 전십유주.

십(什) 내에서 군령이나 법령을 위반하였을 경우, 이를 신고하면 그 대원은 죄를 면해주고, 그러나 위반 사실을 알고도 신고하지 않았을 때는 전원 참수한다.

什(십) 부대 단위의 명칭. 有(유) 있다. 干(간) 범하다. 令(령) 명령. 犯(범) 범하다. 禁(금) 금하다. 者(자) ~하는 자. 揭(게) 신고하다. 免(면) 면하다. 於罪(어죄) 죄를. 知(지) 알다. 弗(불) 아니다. 揭(게) 신고하다. 全什(전십) 십의 전 소속부대원. 有誅(유주) 베다.

屬有干令犯禁者, 揭之免於罪, 知而弗揭, 全屬有誅.

속유간령범금자, 게지면어죄, 지이불게, 전속유주.

속(屬)내에서 군령이나 법령을 위반하였을 경우, 이를 신고하면 그 대원은 죄를 면해주고, 그러나 위반 사실을 알고도 신고하지 않았을 때는 전원 참수한다.

屬(속) 부대 단위의 명칭. 有(유) 있다. 干(간) 범하다. 令(령) 명령. 犯(범) 범하다. 禁(금) 금하다. 者(자) ~하는 자. 揭(게) 신고하다. 免(면) 면하다. 於罪(어죄) 죄를. 知(지) 알다. 弗(불) 아니다. 揭(게) 신고하다. 全屬(전속) 속의 전 소속부대원. 有誅(유주) 베다.

閭有干令犯禁者, 揭之免於罪, 知而弗揭, 全閭有誅.

여유간령범금자, 게지면어죄, 지이불게, 전려유주.

려(閭)에서 군령이나 법령을 위반하였을 경우, 소속원 중 한 사람이 신고하면 려(閭)의 대원은 면죄된다. 그러나 위반 사실을 알고도 신고하지 않았을 때는 전원이 처벌당한다.

閭(려) 부대 단위의 명칭. 有(유) 있다. 干(간) 범하다. 令(령) 명령. 犯(범) 범하다. 禁(금) 금하다. 者

(자) ~하는 자. 揭(게) 신고하다. 免(면) 면하다. 於罪(어죄) 죄를. 知(지) 알다. 弗(불) 아니다. 揭(게) 신고하다. 全屬(전려) 려의 전 소속부대원. 有誅(유주) 베다.

吏自什長以上, 至左右將, 上下皆相保也.
이자십장이상, 지좌우장, 상하개상보야.
간부들은 최하 십장(什長) 이상부터 최고 좌군장(左將)·우군장(右將)에 이르기까지 상하가 모두 연대책임을 진다.

吏(리) 간부. 自(자) ~로부터. 什長(십장) 십장. 以上(이상) 이상. 至(지) 이르다. 左右將(좌우장) 좌군장, 우군장. 上下(상하) 상하. 皆(개) 모두. 相保(상보) 서로 보증하게 한다.

有干令犯禁者, 揭之免於罪, 知而弗揭之, 皆與同罪.
유간령범금자, 게지면어죄, 지이불게지, 개여동죄.
간부들 가운데 군령을 위반하거나 법령을 범한 사실이 있을 경우, 이를 신고하면 면죄되나, 알고서도 신고하지 않았을 경우에는 같은 죄로 처벌한다.

有(유) 있다. 干(간) 범하다. 令(령) 명령. 犯(범) 범하다. 禁(금) 금하다. 者(자) ~하는 자. 揭(게) 신고하다. 免(면) 면하다. 於罪(어죄) 죄를. 知(지) 알다. 弗(불) 아니다. 揭(게) 신고하다. 皆(개) 다. 모두. 與(여) 같다. 同(동) 같다. 罪(죄) 죄.

夫什伍相結, 上下相聯, 無有不得之姦, 無有不揭之罪,
부십오상결, 상하상련, 무유부득지간, 무유불게지죄,
십(什)·오(伍)의 부대를 상호 결속시키고 상하 연대책임을 지우게 되면, 간사한 짓들이 발각되지 않을 수 없으며, 죄상이 드러나지 않을 수 없게 될 것이다.

夫(부) 무릇. 什伍(십오) 부대 단위의 명칭. 相(상) 서로. 結(결) 맺다. 上下(상하) 상하. 相聯(상련) 서로 연대책임을 지우다. 不得(부득) 얻지 못하다. 姦(간) 간사한 짓. 不揭(불게) 드러나지 않다. 罪(죄) 죄상.

父不得以私其子, 兄不得以私其弟,
부부득이사기자, 형부득이사기제,
아버지라 하더라도 자식의 죄를 사사롭게 감싸줄 수 없을 것이며, 형이라 하더라도 동생의 죄를 사사롭게 감싸줄 수 없는 것이다.

父(부) 아버지. 不得(부득) 얻지 못하다. 以私(이사) 사사로움으로. 其子(기자) 그 아들. 兄(형) 형. 不得(부득) 얻지 못하다. 以私(이사) 사사로움으로. 其弟(기제) 그 동생.

而況國人聚舍同食, 烏能以干令相私者哉.

이황국인취사동식, 오능이간령상사자재.

하물며 서로 남남인데 같은 나라에 살고 같이 밥을 먹는다고 해서 법령을 어긴 자를 사사로운 감정으로 어긴 자의 사정을 눈감아 줄 수 있겠는가?

況(황) 하물며. 國(국) 나라. 人(인) 사람. 聚(취) 모이다. 舍(사) 집. 同(동) 같이. 食(식) 밥. 烏(오) 까마귀. 烏哉(오재)와 같이 감탄하는 정도의 의미. 能(능) 능히 ~하다. 以(이) 써. ~로써. 干(간) 범하다. 令(령) 명령. 相(상) 서로. 私(사) 사사로움. 者(자) ~하는 것. 哉(재) 어조사.

第十五. 分塞令 제15. 분새령.[255] 작전지역을 나누는 방법

분새령(分塞令)은 먼저 지역을 나누고, 각 지역별로 자리를 차지하고 잘 막아서 서로 통하지 못하게 하는 것을 말한다.

-울료자직해(尉繚子直解)에서-

中軍 · 左 · 右 · 前 · 後軍, 皆有分地, 方之以行垣, 而無通其交往.
중군 · 좌 · 우 · 전 · 후군, 개유분지, 방지이행원, 이무통기교왕.

군의 제대편성은 중군과 좌군, 우군, 전군, 후군으로 구분하여 편성하고 군(軍)별로 관할구역을 나누어 준다. 그리고 각 군의 주둔지역에는 사방으로 울타리를 쳐서, 부대원들 간 불필요한 왕래를 금한다.

中軍·左·右·前·後軍(중군, 좌, 우, 전, 후군) 중군, 좌군, 우군, 전군, 후군으로 나누어지는 부대의 편성을 말함. 皆(개) 다. 모두. 有(유) 있다. 分地(분지) 관할구역을 나누다. 方(방) 사방. 以(이) 써. ~로써. 行垣(행원) 군이 주둔해 있는 곳에 담이나 울타리를 설치하는 것. 無通(무통) 통행을 금지하다. 其(기) 그. 交往(교왕) 서로 교차해서 왕래하는 것.

將有分地, 帥有分地, 伯有分地, 皆營其溝域,
장유분지, 수유분지, 백유분지, 개영기구역,

장군(將)을 포함하여 여수(旅帥) · 졸백(卒百) 등 단위부대 지휘관들은 각기 부대 규모에 따라 관할구역을 지정해 주며, 관할구역 내에 숙영시설을 설치하고 사방에 방어시설을 설치해서 관할구역을 명확하게 한다.

將(장) 장수. 중군, 좌우군, 전후군 등에 해당하는 군의 장수. 有(유) 있다. 分地(분지) 관할구역을 나누다. 帥(수) 장수. 려(旅,閭)를 지휘하는 려수(旅帥, 閭帥). 伯(백) 졸백. 졸(卒)의 수장인 졸백(卒百)을 지휘하는 간부. 皆(개) 다. 모두. 營(영) 숙영지를 말함. 其(기) 그. 溝(구) 봇 도랑. 참호. 域(역) 관할구역.

255) 분새령 : 이 편에서는 군의 제대편성과 서열, 작전지역의 계엄 규제와 관할구역의 설정 및 경계, 영내·외 출입 규제에 대하여 상술하고 있다. 특히 병사의 부대 행동을 강조하고, 타 부대 출입 위반자 및 무단 이탈자와 낙오병에 대한 형량을 '사형'으로 표기하였는데, 여기서는 모두 '처벌한다'로 번역하였다.

而明其塞令, 使非百人無得通.

이명기새령, 사비백인무득통.

그리고 각 부대 간 관할구역에는 명령을 내려서, 해당 부대 인원이 아닌 경우에는 함부로 출입하지 못하게 해야 한다.

明(명) 명확하게 하다. 其(기) 그. 塞令(새령) 요새마다 령을 내린다. 使(사) ~하게 하다. 非百人(비백인) 해당 부대원이 아니다. 無得通(무득통) 통행해도 된다는 허락을 얻지 못하다.

非其百人而入者, 伯誅之, 伯不誅與之同罪.

비기백인이입자, 백주지, 백부주여지동죄.

소속부대원이 아닌 타 부대원이 허락 없이 출입하면 해당 부대의 지휘관이 그를 처벌해야 한다. 그러나 지휘관이 타 부대원의 출입사실을 알고도 처벌하지 않으면 같은 죄로 처벌한다.

非其百人(비기백인) 해당 부대원이 아니다. 入者(입자) 출입을 하는 자. 伯(백) 졸백을 의미함. 誅之(주지) 처벌해야 한다. 伯(백) 졸백을 말하는 것인데 문맥상 해당 부대 지휘관을 의미함. 不誅(부주) 처벌하지 않다. 與(여) 같이. 同罪(동죄) 같은 죄.

軍中縱橫之道, 百有二十步而立一府柱.

군중종횡지도, 백유이십보이립일부주.

부대가 주둔하고 있는 지역 안에 도로망이 종횡으로 나 있을 경우, 120보마다 푯말을 하나씩 세워 놓는다.

軍中(군중) 군이 주둔하고 있는 지역 안에. 縱橫之道(종횡지도) 종횡으로 나있는 도로. 百有二十步(백유이십보) 약 120보마다. 立一府柱(입일부주) 이정표를 하나씩 세우다.

量人與地, 柱道相望, 禁行淸道, 非將吏之符節, 不得通行.

양인여지, 주도상망, 금행청도, 비장리지부절, 부득통행.

앞에서 말한 푯말을 세우는데 그 수량은 병력 수와 담당하고 있는 관할지의 넓이에 따라 정하며, 푯말과 도로는 서로 연결되게 설치하고, 무단출입을 금지하고, 도로는 항상 깨끗하게 유지해야 한다. 그리고 해당 부대 지휘관이나 행정부서의 통행증이 없이는 통행할 수 없게 해야 한다.

量(량) 수량. 人(인) 사람. 병력 수. 與地(여지) 땅의 넓이에 따라. 柱(주) 기둥. 道(도) 도로. 相望(상망)

서로 연결되게 한다. 禁行(금행) 통행을 금지한다. 淸(청) 맑다. 非(비) 아니다. 將吏(장리) 장수와 간부들. 符節(부절) 통행증. 不得通行(부득통행) 통행을 시켜서는 안 된다.

采薪芻牧者, 皆成伍, 不成伍者, 不得通行.
채신추목자, 개성오, 불성오자, 부득통행.

말 먹이용 사료로 쓸 풀이나 땔감을 채취하기 위하여 출입하는 병사들은 대오를 편성하고 통행하여야 한다. 만약 대오를 이루지 않는 자를 통행을 시켜서는 안 된다.

采(채) 캐다. 말 먹이용 사료를 말함. 薪(신) 섭나무. 땔감. 芻(추) 꼴. 牧(목) 기르다. 者(자) ~하는 자. 皆(개) 다. 모두. 成(성) 이루다. 伍(오) 오. 대오. 不成伍者(불성오자) 대오를 편성하지 않고 움직이는 자. 不得通行(부득통행) 통행하게 해서는 안 된다.

吏屬無節, 士無伍者, 橫門誅之. 踰分干地者, 誅之.
이속무절, 사무오자, 횡문주지. 유분간지자, 주지.

간부 중에서 통행증을 소지하지 않거나 대오를 편성하지 않고 출입하는 장병들은 영문을 통과시키지 말고 처벌을 해야 하며, 소속부대의 관할구역을 넘어서 다니는 자 또한 처벌해야 한다.

吏屬(리속) 부대의 간부들을 총칭. 無節(무절) 부절, 비표가 없다. 士(사) 병사들. 無伍(무오) 대오를 편성하지 않다. 者(자) ~하는 자. 橫門(횡문) 문을 가로지르다. 誅之(주지) 그들을 처벌한다. 踰(유) 넘다. 分(분) 나누어 놓은 관할지. 干(간) 범하다. 地(지) 땅, 관할지를 말함. 誅之(주지) 그들을 처벌한다.

故內無干令犯禁, 則外無不獲之姦.
고내무간령범금, 즉외무불획지간.

영내에서 군령을 어기거나 법령을 범하는 자가 없으면 적의 첩자가 침투할 수 없게 된다.

故(고) 고로. 內(내) 영내. 無(무) 없다. 干令(간령) 령을 어기다. 犯禁(범금) 금한 것을 어기다. 則(즉) 곧. 外(외) 밖에. 無(무) 없다. 不獲(불획) 사로잡지 못하다. 姦(간) 간첩.

第十六. 束伍令 제16. 속오령.[256] 단위부대별 기본 군법

속오령(束伍令)은 부대를 포진하는 것을 개략적으로 정한 법령을 말한다. 본문 첫머리에 속오지령(束伍之令)이라는 글자가 있어서 이를 편명(篇名)으로 삼았다.

-울료자직해(尉繚子直解)에서-

束武之令日, 五人爲伍, 共一符, 收於將吏之所, 亡伍而得伍當之.

속무지령왈, 오인위오, 공일부, 수어장리지소, 망오이득오당지.

예하 부대를 단속하는 명령 규정에 이르기를, 5명으로 구성된 부대의 명칭인 오(伍)를 만들고, 연대책임을 질 것이라는 약속에 모두 같이 서명한 명부 하나를 그 부대의 지휘소에 보관하고, 전투 시에 소속부대원을 잃었더라도 그에 상응하는 적을 죽이거나 생포하였을 경우에는 그 공과(功過)를 상쇄한다.

束武之令(속무지령) 예하 부대를 단속하는 명령 규정. 束(속) 묶다. 武(무) 굳세다. 군을 통칭. 令(령) 명령. 日(왈) 말하다. 五人(오인) 5명. 爲伍(위오) 오(伍)를 만들다. 共(공) 같이 사용하다. 一符(일부) 장부 하나. 연대책임을 진다는 약속에 서명한 명부. 收(수) 거두다. 於(어) 어조사. 將吏之所(장리지소) 장수와 간부들이 머무는 장소. 亡伍(망오) 부대원을 잃다. 得伍(득오) 오를 얻다. 當之(당지) 그에 해당하다.

得伍而不亡有賞, 亡伍不得伍, 身死家殘.

득오이불망유상, 망오부득오, 신사가잔.

소속부대원을 잃지 않고 적을 죽이거나 생포하였을 경우에는 포상하고, 소속부대원을 잃기만 하고 그에 상응하는 적을 죽이거나 생포하지 못했을 경우에는 그 소속부대원에게 연대책임을 지워 참형에 처하고 가산은 몰수한다.

得伍(득오) 적의 수급을 얻다. 不亡(불망) 소속 부대원을 잃지 않는다. 有賞(유상) 상을 준다. 亡伍(망오) 소속부대원을 잃다. 不得伍(부득오) 그에 해당하는 만큼 적의 수급을 얻지 못하다. 身(신) 몸. 死

256) 속오령 : 이 편에서는 단위부대별 전시 기본군법을 규정하고, 공과에 따른 상벌 규정과 각급 부대 지휘관의 전시 즉결처분 권한을 열거하였다. 전시군법에 관하여는 이 속오령 편 이하 제17편부터 마지막 제24편에 이르기까지 상황별로 계속 규정하고 있다.

(사) 죽이다. 家(가) 가문. 집. 殘(잔) 해치다.

亡長得長當之, 得長不亡有賞,
망장득장당지, 득장불망유상,

소속부대의 지휘관을 잃어도 그에 해당하는 적 지휘관을 죽이거나 생포하였을 경우에는 서로 상쇄하고, 소속부대의 지휘관을 잃지 않고 적 지휘관을 죽이거나 생포하였을 경우에는 포상을 주어야 한다.

亡長(망장) 소속부대의 지휘관을 잃다. 得長當之(득장당지) 그에 해당하는 적 지휘관을 죽이다. 得長(득장) 적 지휘관을 죽이다. 不亡(불망) 소속부대의 지휘관을 잃지 않다. 有賞(유상) 상을 주다.

亡長不得長, 身死家殘, 復戰得首長, 除之.
망장부득장, 신사가잔, 부전득수장, 제지.

소속부대의 지휘관을 잃기만 하고 그에 상응하는 적 지휘관을 죽이거나 생포하지 못했을 경우에는 부대원 전원을 참형에 처하고 가산을 몰수한다. 그러나 다시 출전하여 적 지휘관을 죽였을 경우에는 그 죄를 면해준다.

亡長(망장) 소속부대 지휘관을 잃다. 不得長(부득장) 그에 해당하는 만큼 적 지휘관의 수급을 얻지 못하다. 身(신) 몸. 死(사) 죽이다. 家(가) 가문. 집. 殘(잔) 해치다. 復戰(부전) 다시 전장에 나가다. 得首長(득수장) 적 수장의 수급을 얻다. 除之(제지) 그 죄를 제거해준다.

亡將得將當之, 得將不亡有賞, 亡將不得將, 坐離地遁逃之法.
망장득장당지, 득장불망유상, 망장부득장, 좌리지둔도지법.

아군의 장수를 잃은 대신 그에 상응하는 적의 장수를 죽이거나 생포하였을 경우에는 그 공과를 상쇄하고, 아군의 장수를 잃지 않고 적의 장수를 살상하거나 생포하였을 경우에는 포상한다. 아군의 장수를 잃기만 하고 그에 상응하는 적의 장수를 살상하거나 생포하지 못하였을 경우에는, 도망죄를 적용하여 처벌한다.

亡將(망장) 소속부대의 장수를 잃다. 得將當之(득장당지) 그에 해당하는 적장을 죽이다. 得長(득장) 적장을 죽이다. 不亡(불망) 소속부대의 장수를 잃지 않다. 有賞(유상) 상을 주다. 亡將(망장) 소속부대의 장수를 잃다. 不得將(부득장) 적장을 죽이지 못하다. 坐(좌) 앉다. 離(리) 떼어놓다. 떨어지다. 地(지) 땅. 해당 작전지역. 遁逃(둔도) 도망가다. 法(법) 법.

戰誅之法曰, 什長得誅十人, 伯長得誅什長, 千人之將得誅百人之長,
전주지법왈, 십장득주십인, 백장득주십장, 천인지장득주백인지장,
전시 지휘관의 즉결처분 권한에 관한 법령에는 다음과 같이 기록되어 있다. 십장(什長)은 소속부대원 10명을 처벌할 수 있고, 백장(伯長)은 십장(什長)을 처벌할 수 있으며, 천인지장(千人之將)은 백장(伯長)을 처벌할 수 있고,

戰(전) 전시에. 誅之法(주지법) 즉결처분할 수 있는 권한에 대한 법. 曰(왈) 말하기를. 什長(십장) 10명 규모의 부대를 지휘하는 지휘자. 得(득) 얻다. 誅(주) 베다. 처벌하다. 十人(십인) 10명. 伯長(백장) 100명 규모의 부대를 지휘하는 지휘자. 什長(십장) 10명 규모의 부대를 지휘하는 장수. 千人之將(천인지장) 1,000명 규모의 부대를 지휘하는 장수. 百人之長(백인지장) 100명 규모의 부대를 지휘하는 지휘자.

萬人之將得誅千人之將, 左右將軍得誅萬人之將, 大將軍無不得誅.
만인지장득주천인지장, 좌우장군득주만인지장, 대장군무부득주.
만인지장(萬人之將)은 천인지장(千人之將)을 처벌할 수 있다. 좌군과 우군의 장군은 예하 장수인 만인지장을 처벌할 수 있으며 대장군은 휘하 장병 가운데 누구든지 처벌할 수 있다.

萬人之將(만인지장) 10,000명 규모의 부대를 지휘하는 장수. 得(득) 얻다. 誅(주) 베다. 千人之長(천인지장) 1,000명 규모의 부대를 지휘하는 지휘자. 左右將軍(좌우장군) 좌군과 우군을 지휘하는 장수. 萬人之長(만인지장) 10,000명 규모의 부대를 지휘하는 지휘자. 大將軍(대장군) 대장군. 無不得誅(무부득주) 누구든지 처벌할 수 있다.

第十七. 經卒令 제17. 경졸령.[257] 부대운용 및 전시 통솔규정

경졸령(經卒令)은 병사들을 경영하고 관리하는 데 필요한 금(禁)해야 하는 명령들을 말한다. 본문 첫머리에 경졸령(經卒令)이라는 글자가 있어서 이를 편명(篇名)으로 삼았다.

-울료자직해(尉繚子直解)에서-

經卒者, 以經令分之爲三分焉, 左軍蒼旂, 卒戴蒼羽,
경졸자, 이경령분지위삼분언, 좌군창기, 졸대창우,
군사를 통솔하려면 좌군.우군.중군의 3개 군으로 나누어 편성하여야 한다. 좌군은 청색 부대기를 사용하고 소속부대원은 청색 깃털 장식을 투구에 꽂아서 표시하며,

經(경) 경영하다. 卒(졸) 군사. 군대. 以經(이경) 경영하기 위해서는. 令分之(령분지) 령을 내려 군대를 나누다. 爲三分焉(위삼분언) 세 개로 나누어야 한다. 旂(기) 깃발. 卒(졸) 부대원. 戴(대) 머리에 얹다. 羽(우) 깃털. 左軍(좌군) 좌군. 蒼(창) 푸르다.

右軍白旂, 卒戴白羽, 中軍黃旂, 卒戴黃羽.
우군백기, 졸대백우, 중군황기, 졸대황우.
우군은 백색 부대기를 사용하고, 소속부대원은 백색 깃털 장식을 투구에 꽂아서 표시하고, 중군은 황색 부대기를 사용하고, 소속부대원은 황색 깃털 장식을 투구에 꽂는다.

右軍(우군) 우군. 白(백) 하얗다. 旂(기) 깃발. 卒(졸) 소속 부대원. 戴(대) 머리에 이다. 투구에 꽂다. 羽(우) 날개. 깃털. 中軍(중군) 중군. 黃(황) 노랗다.

卒有五章, 前一行蒼章, 次二行赤章,
졸유오장, 전일행창장, 차이행적장,
각 부대 병사는 다섯 종류의 휘장을 패용하도록 하는데, 첫 번째 행렬은 푸른색 휘장을, 다음 두 번째 행렬은 빨간색 휘장을,

---

257) 경졸령 : 이 편에서는 부대운용 및 전시 통솔규정을 상술하였다. 부대편성에 따른 부대기와 소속원의 식별 표지, 부서별 휘장의 종류와 패용 부위를 규정하고, 표지 망실자와 부서 이탈자에 대한 처벌 규정 및 전투 시 군령을 위반하거나 전열의 질서를 어지럽힌 자에 대한 처벌 규정도 아울러 논하였다.

卒(졸) 부대원. 有五章(유오장) 5종류의 휘장이 있다. 前(전) 앞. 一行(일행) 첫 번째 행렬. 蒼章(창장) 푸른색 휘장. 次(차) 다음. 二行(이행) 두 번째 행렬. 赤章(적장) 적색 휘장.

次三行黃章, 次四行白章, 次五行黑章.
차삼행황장, 차사행백장, 차오행흑장.
다음 세 번째 행렬은 노란색 휘장을, 다음 네 번째 행렬은 하얀색 휘장을, 다음 다섯 번째 행렬은 검은색 휘장을 패용하도록 한다.

次(차) 다음. 三行(삼행) 세 번째 행렬. 黃章(황장) 황색 휘장. 四行(사행) 네 번째 행렬. 白章(백장) 백색 휘장. 五行(오행) 다섯 번째 행렬. 黑章(흑장) 흑색 휘장.

次以經卒, 亡章者有誅.
차이경졸, 망장자유주.
이와 같이 병사들의 대열을 규정하여 적용하고, 만약 휘장을 잃은 자가 있으면 처벌한다.

次(차) 다음. 以(이) ~로써. 經(경) 날실. 대오를 편성한다는 의미임. 卒(졸) 부대를 의미함. 亡章者(망장자) 휘장을 잃은 자. 有(유) 있다. 誅(주) 베다. 처벌한다.

前一五行, 置章於首, 次二五行, 置章於項,
전일오행, 치장어수, 차이오행, 치장어항,
첫 번째 제대의 5개 열은 휘장을 머리에 달고, 두 번째 제대의 5개 열은 휘장을 목에 달고,

前(전) 앞. 一(일) 첫 번째 부대를 의미함. 五行(오행) 5개 대열. 置(치) 달다. 설치하다. 章(장) 휘장. 於首(어수) 머리에. 次二(차이) 그다음 두 번째 부대. 五行(오행) 5개 대열. 置(치) 달다. 설치하다. 於項(어항) 목에.

次三五行, 置章於胸, 次四五行, 置章於腹,
차삼오행, 치장어흉, 차사오행, 치장어복,
세 번째 제대 5개 열의 대원은 휘장을 가슴에 달고, 네 번째 제대 5개 열의 대원은 휘장을 배에 단다.

次三(차삼) 그다음 세 번째 부대. 五行(오행) 5개 대열. 置(치) 달다. 설치하다. 章(장) 휘장. 於胸(어흉) 가슴. 次四(차사) 그다음 네 번째 부대. 於腹(어복) 배에.

次五五行, 置章於腰. 如此, 卒無非其吏, 吏無非其卒,

차오오행, 치장어요. 여차, 졸무비기리, 이무비기졸,

그리고 마지막으로 다섯 번째 제대 5개 열의 대원은 휘장을 허리에 달게 한다. 이렇게 하면, 병사들이 간부들을 알아보지 못하는 경우가 없고, 간부들 또한 자기 병사들을 알아보지 못하는 경우가 없게 되는 것이다.

次四(차사) 그다음 다섯 번째 부대. 五行(오행) 5개 대열. 置(치) 달다. 章(장) 휘장. 於腰(어요) 허리에. 如此(여차) 이와 같이 하면. 卒(졸) 병사들. 無(무) 없다. 非(비) 아니다. 其(기) 그. 吏(리) 간부. 卒(졸) 병사들.

見非而不詰, 見亂而不禁, 其罪如之.

견비이불힐, 견란이불금, 기죄여지.

만약, 간부들이 병사들의 잘못된 행동을 보고 제대로 잘못을 묻지 않거나, 대오가 혼란한데도 이를 보고 제대로 통제하지 않으면, 잘못하거나 혼란을 야기한 병사와 같은 죄로 처벌한다.

見(견) 보다. 非(비) 아니다. 잘못된 것. 不(불) 아니다. 詰(금) 묻다. 見(견) 보다. 亂(난) 어지럽다. 禁(금) 금하다. 其(기) 그. 罪(죄) 죄. 如(여) ~와 같다.

鼓行交鬪, 則前行進爲犯難, 後行進爲辱衆.

고행교투, 즉전행진위범난, 후행진위욕중.

부대가 북을 치며 전진해서 적과 교전할 때, 제대의 맨 앞장에서 위험을 무릅쓰고 전진하는 것을 일컬어 위험을 무릅쓰고 싸운다 하여 '범난(犯難)'이라고 하며, 뒤에 처져 퇴각하는 것을 일컬어 명예를 욕되게 한다 하여 '욕중(辱衆)'이라고 한다.

鼓(고) 북을 치다. 行(행) 행진하다. 交(교) 교전하다. 鬪(투) 싸우다. 則(즉) 곧. 前(전) 앞. 行(행) 행하다. 進(진) 나아가다. 爲犯難(위범난) 범난이라고 한다. 後(후) 뒤. 行進(행진) 행진하다. 爲辱衆(위욕중) 부대를 욕되게 한다 하여 '욕중'이라고 한다.

踰五行而前進者有賞, 踰五行而後者有誅,

유오행이전진자유상, 유오행이후자유주,

제대에서 5개 행렬을 뛰어넘어 전진하는 자에게는 포상하고, 5개 행렬을 물러나는 자에게는 처벌해야 한다.

踰(유) 넘다. 五行(오행) 5개 행렬. 前進(전진) 앞으로 가다. 者(자) ~하는 자. 有賞(유상) 상을 주다. 踰(유) 넘다. 後(후) 뒤로 가다. 有誅(유주) 벌을 주다.

所以知進退先後, 吏卒之功也.
소이지진퇴선후, 이졸지공야.
이렇게 하면, 대원 중에서 누가 전진하고 후퇴하는지, 누가 앞서가고 뒤에 가는지에 대한 움직임을 잘 살펴서 누가 전공을 세우는지도 잘 알게 된다.

所(소) ~하는 바. 以(이) ~로써. 知(지) 알다. 進(진) 나아가다. 退(퇴) 물러나다. 先(선) 먼저. 後(후) 뒤. 吏卒(리졸) 간부와 병사. 전 장병들을 말함. 功(공) 공로.

故曰, 鼓之前如霆, 動如風雨, 莫敢當其前, 莫敢躡其後. 言有經也.
고왈, 고지전여정, 동여풍우, 막감당기전, 막감섭기후. 언유경야.
그러므로 병법에서 이르기를 '북을 쳐서 명령이 하달되었을 때, 마치 번개와 같이 전진하고, 폭풍우처럼 신속하게 기동한다면, 감히 그 앞을 가로막거나 그 뒤를 쫓을 만한 적이 없다.' 고 하였는데, 이는 편제와 통솔이 잘 되고 있기 때문에 가능한 것이다.

故曰(고왈) 고로 말하기를. 鼓(고) 북을 치다. 前(전) 앞. 如霆(여정) 번개와 같이. 動(동) 움직이다. 기동하다. 如風雨(여풍우) 비바람과 같이. 莫(막) 없다. 敢當(감당) 감당하다. 其前(기전) 그 앞에. 莫(막) 없다. 敢(감) 감히 ~하다. 躡(섭) 밟다. 其後(기후) 그 뒤에. 言(언) 말. 有經(유경) 부대의 편제와 편성이 잘 되어 있다.

第十八. 勒卒令 제18. 늑졸령.[258] 부대 지휘통제 규정

늑졸령(勒卒令)은 병사들의 법령을 다스려서 시끄럽게 떠들어 차례를 잃지 않게 하는 것을 말한다.

-울료자직해(尉繚子直解)에서-

金 · 鼓 · 鈴 · 旂, 四者各有法.
금 · 고 · 령 · 기, 사자각유법.
징(金) · 북(鼓) · 방울(鈴) · 깃발(旂) 등을 운용하는 데는 각각 일정한 사용법이 따로 있다.

金(금) 징. 鼓(고) 북. 鈴(령) 방울. 旂(기) 깃발. 四者(사자) 징, 북, 방울, 깃발 등 지휘통신을 위한 기구들 네 가지. 各有法(각유법) 각각 사용법이 따로 있다.

鼓之則進, 重鼓則擊. 金之則止, 重金則退. 鈴, 傳令也.
고지즉진, 중고즉격. 금지즉지, 중금즉퇴. 영, 전령야.
북(鼓)을 한 번 올리면 전진하고, 연속해서 올리면 전력을 다하여 적을 공격한다. 징(金)을 한 번 울리면 전진을 멈추고, 연속하여 울리면 후퇴한다. 방울(鈴)은 명령을 하달할 때 울린다.

鼓之(고지) 북을 치다. 則進(즉진) 곧, 나아간다. 重鼓(중고) 연속해서 북을 치다. 則擊(즉격) 곧 공격한다. 金之(금지) 징을 치다. 則止(즉지) 곧 정지한다. 重金(중금) 연속해서 징을 치다. 則退(즉퇴) 곧 물러난다. 鈴(령) 방울. 傳(전) 전하다. 令(령) 명령.

旂麾之左則左, 麾之右則右, 奇兵則反是.
기휘지좌즉좌, 휘지우즉우, 기병즉반시.
깃발로 왼쪽을 가리키면 부대가 왼쪽으로 움직이고, 오른쪽을 가리키면 오른쪽으로 움직인다. 이는 정병(正兵)에게 적용하는 방법이며, 기병(奇兵)에 있어서는 이 규정을 반대로 운용

258) 늑졸령 : '늑'이란 말의 입에 물리는 재갈을 뜻한다. 이 편에서는 전군 장병의 진퇴· 기동을 일사불란하게 제어하는 데 필수적인 지휘 통신기구의 종류와 그 작용에 대하여 논하였다. 또한 밀단 부대로부터 전군에 이르기까지 단계적 교육훈련 과정을 서술하고, 완벽한 전기를 연마하여 상승의 군으로 성장하는 도리를 밝혔다. 이와 아울러 장수가 작전에 실패를 초래할 치명적 결점과 세 가지 병폐를 지적하고 있다.

한다.

旂(기) 깃발. 麾之(휘지) 가리키다. 左(좌) 왼쪽. 則左(즉좌) 곧 왼쪽으로 움직이다. 麾之(휘지) 가리키다. 右(우) 오른쪽. 則右(즉우) 곧, 오른쪽으로 움직이다. 奇兵(기병) 특수임무 부대. 기병. 則(즉) 곧. 反是(반시) 반대.

一鼓一擊而左, 一鼓一擊而右. 一步一鼓, 步鼓也.
일고일격이좌, 일고일격이우. 일보일고, 보고야.
북은 북채를 왼손과 오른손에 쥐고 번갈아 반복하여 치는데, 북소리를 1보(步)마다 한 번씩 울리면 정상 보행 신호이다.

一鼓(일고) 북 하나. 一擊(일격) 한번 치다. 左(좌) 왼쪽. 一鼓(일고) 북 하나. 一擊(일격) 한번 치다. 右(우) 오른쪽. 一步一鼓(일보일고) 1보마다 한 번씩 북을 울리다. 步鼓(보고) 정상적인 보행 신호.

十步一鼓, 趨鼓也, 音不絕, 騖鼓也.
십보일고, 추고야, 음부절, 목고야.
그리고 10보(步)마다 한 번씩 울리면 속보 신호이며, 연속적으로 울리면 구보 또는 돌격 신호이다.

十步一鼓(십보일고) 10보마다 한 번씩 북을 울리다. 趨(추) 추격하다. 鼓(고) 북. 音(음) 북소리. 不絕(부절) 끊이지 않다. 騖(목) 달리다. 鼓(고) 북.

商, 將鼓也. 角, 帥鼓也, 小鼓, 伯鼓也.
상, 장고야. 각, 수고야, 소고, 백고야.
상성(商聲)이 나는 큰 북은 장수(將帥)가, 각성(角聲)이 나는 북은 여수(閭帥)가, 작은 북은 졸백(卒伯)이 운용한다.

商(상) 궁상각치우 중에서 상성(商聲)을 말함. 將鼓(장고) 장수가 운용하는 북. 角(각) 각성(角聲)을 말함. 帥鼓(수고) 장수 밑의 직위인 여수(旅帥)가 운용하는 북이다. 小鼓(소고) 작은 북. 伯鼓(백고) 여수 밑의 직위인 졸백(卒伯)이 운용하는 북이다.

三鼓同, 則將 · 帥 · 伯其心一也. 奇兵則反是.
삼고동, 즉장 · 수 · 백기심일야. 기병즉반시.

이 세 종류의 북이 함께 울리면 장수(將帥) · 여수(閭帥) · 졸백(卒伯) 등의 지휘관과 전 장병이 하나가 되어 움직인다. 이는 정병(正兵)에게 적용하는 방법이며, 기병(奇兵)에 있어서는 이 규정을 반대로 운용한다.

三鼓同(삼고동) 세 가지 북이 같이 울리다. 則(즉) 곧. 將·帥·伯(장, 수, 백) 장수, 여수, 졸백. 其心(기심) 그 마음. 一(일) 하나. 奇兵(기병) 특별한 임무를 띠는 부대. 기병. 則(즉) 곧. 反是(반시) 반대.

鼓失次者有誅, 喧嘩者有誅, 不聽金 · 鼓 · 鈴 · 旂者有誅.

고실차자유주, 훤화자유주, 불청금 · 고 · 영 · 기자유주.

고수가 북 치는 순서를 어기면 처벌을 하고, 북이 울리는데도 시끄럽게 떠들면 처벌하며, 징 · 북 · 방울 · 깃발 등의 지휘에 따르지 않으면 처벌한다.

鼓(고) 북을 치다. 失(실) 잃다. 次(차) 다음. 者(자) ~하는 것. 有(유) 있다. 誅(주) 베다. 喧(훤) 어린아이가 울음을 그치지 않다. 嘩(화) 시끄럽다. 不聽(불청) 듣지 않다. 金·鼓·鈴·旂(금, 고, 령, 기) 징, 북, 방울, 깃발의 신호.

百人而教戰, 教成, 合之千人.

백인이교전, 교성, 합지천인.

군사훈련은 다음과 같이 단계적으로 실시한다. 먼저, 100명 단위로 교육해서 완성되면 1,000명의 단위로 확대해서 교육한다.

百人(백인) 장병 100명. 教戰(교전) 전법에 대해 교육하다. 教成(교성) 교육훈련이 완성되다. 合之千人(합지천인) 1,000명으로 확대하여 교육한다.

千人教成, 合之萬人. 萬人教成, 合之三軍.

천인교성, 합지만인. 만인교성, 합지삼군.

1,000명 단위로 교육해서 완성되면 10,000명의 단위로 확대해서 교육하고, 10,000명 단위로 교육해서 완성되면 전군(全軍)으로 확대해서 교육하는 것이다.

千人教成(천인교성) 장병 1,000명을 교육해서 완성되면. 合之萬人(천인교성, 합지만인) 10,000명으로 확대해서 교육한다. 萬人教成(만인교성) 장병 10,000명을 교육해서 완성되면. 合之三軍(합지삼군) 전군으로 확대해서 교육한다.

三軍之衆, 有分有合, 爲大戰之法, 敎成, 試之以閱.

삼군지중, 유분유합, 위대전지법, 교성, 시지이열.

전군의 훈련은 부대를 분산시키거나 합치는 훈련과 대규모 작전 훈련을 시행하고, 이 훈련이 어느 정도 수준에 올라 완성이 되면 열병식259)을 통해 훈련 상태를 점검한다.

三軍之衆(삼군지중) 전군을 의미함. 有分有合(유분 유합) 부대를 나누고 합치다. 爲大戰之法(위 대전지법) 대규모 작전에 대해 훈련하다. 敎成(교성) 교육훈련이 완성되다. 試(시) 시험하다. 以閱(이열) 열병식으로.

方亦勝, 圓亦勝, 錯斜亦勝, 臨險亦勝.

방역승, 원역승, 착사역승, 임험역승.

이렇게 단계적으로 훈련을 마친 부대는 방형진(方陣)이나 원형진(圓陣)으로도 승리하고, 급경사 지형에서도 승리하고, 험준한 지형에서도 승리할 수 있다.

方(방) 사각으로 각진 형태의 진지를 말함. 圓(원) 둥근 원형의 진지 형태. 錯斜(착사) 경사진 지형을 말함. 臨險(임험) 험한 지형에 임하다.

敵在山緣而從之, 敵在淵沒而從之,

적재산연이종지, 적재연몰이종지,

적이 산꼭대기에 있으면 기어 올라가서라도 이를 무찌르고, 적이 물속에 숨어 있으면 물속으로 따라 들어가서라도 무찔러야 한다.

敵(적) 적군. 在山緣(재산연) 산꼭대기에 있다. 從之(종지) 따라가서라도 무찌르다. 在淵沒(재연몰) 연못 속에 있다.

求敵如求亡子, 從之無疑, 故能敗敵而制其命.

구적여구망자, 종지무의, 고능패적이제기명.

적을 찾을 때는 마치 잃어버린 자식을 찾듯이 끈질기게 찾아서 의혹이 없도록 하여야 하며, 이렇게 함으로써 적을 패배시키고 적을 마음대로 통제할 수 있다.

---

259) 열병식. 주로 가을철(음력 8월)에 하였으며 군주가 전국적인 규모의 군사훈련이나 군사연습을 시행하는 의식을 대열(大閱)·대열의(大閱儀)라고 하였다.

求敵(구적) 적을 찾다. 如(여) 마치 ~하다. 求亡子(구망자) 잃어버린 자식을 찾다. 從之(종지) 따라가다. 無疑(무의) 의심이 없다. 故(고) 고로. 能(능) 능히 ~하다. 敗敵(패적) 적을 패배시키다. 制其命(제기명) 그 운명을 제어하다.

夫蚤決先敵, 若計不先定, 慮不蚤決, 則進退不定, 疑生必敗.
부조결선적, 약계불선정, 여부조결, 즉진퇴불정, 의생필패.
장수는 작전계획을 적보다 먼저 세워야 한다. 만약 작전계획이 적보다 미리 세워져 있지 않고 우물쭈물하다가는 부대를 어떻게 운용할 것인가 근심하게 되고 그러다 보면 군의 진퇴를 결정하지 못하게 되고 장병들에게 의구심만 생기게 해서 반드시 패하게 되고 만다.

夫(부) 무릇. 蚤(조) 일찍. 決(결) 결정하다. 先敵(선적) 적보다 먼저. 若(약) 만약. 計(계) 작전계획이. 不先定(불선정) 적보다 미리 정해지지 않다. 慮(려) 걱정하다. 不蚤決(부조결) 일찍 결정하지 못하다. 則(즉) 곧. 進退(진퇴) 공격, 후퇴. 不定(부정) 정해지지 못하다. 疑生(의생) 의심이 생기다. 必敗(필패) 반드시 패하다.

故正兵貴先, 奇兵貴後, 或先或後, 制敵者也.
고정병귀선, 기병귀후, 혹선혹후, 제적자야.
고로 정병(正兵)은 적보다 먼저 대응하는 것을 귀하게 여기고, 기병(奇兵)은 적이 먼저 움직인 뒤에 그 상황에 따라 대응하는 것을 귀하게 여기는 법이다. 그러나 때에 따라서는 정병과 기병이 선후를 바꾸어 적용할 수도 있다. 이는 일정한 틀에 얽매이지 말고 적의 상황변화에 따라 임기응변하여 승리할 줄 알아야 한다는 것과 같은 것이다.

故(고) 고로. 正兵(정병) 정병. 貴(귀) 귀하게 여기다. 先(선) 먼저. 奇兵(기병) 기병. 貴(귀) 귀하게 여기다. 後(후) 뒤. 나중에. 或先(혹선) 혹은 먼저. 或後(혹후) 혹은 나중에. 制(제) 제어하다. 敵(적) 적군. 者(자) ~하는 것.

世將不知法者, 專命而行, 先擊而勇, 無不敗者也.
세장부지법자, 전명이행, 선격이용, 무불패자야.
오늘날의 용렬한 장수들은 앞에서 설명한 원칙을 알지 못해서 오로지 명령받은 대로만 작전을 수행하려고 하고, 용맹을 앞세워 공격만을 하려고 한다. 그러다 보면 패하지 않는 경우가 없다.

世將(세장) 요즘 장수들. 不知(부지) 알지 못하다. 法(법) 방법. 者(자) ~하는 것. 專命(전명) 명을 전하다. 行(행) 행하다. 先擊(선격) 먼저 공격하다. 勇(용) 용맹하다. 無(무) 없다. 不敗(불패) 패하지 않다.

其擧有疑而不疑, 其往有信而不信, 其致有遲疾而不遲疾,
기거유의이불의, 기왕유신이불신, 기치유지질이부지질,
상황판단을 함에 있어 신중을 기하여야 할 때 신중을 기하지 않거나, 결단을 내림에 있어서 자신감을 가져야 할 때 자신감이 없거나, 적과의 접전에 있어서 작전 속도를 조절해야 할 때 조절하지 못하면 반드시 실패한다.

其(기) 그. 擧(거) 움직이다. 有疑(유의) 의심이 있다. 不疑(불의) 의심하지 않다. 其(기) 그. 往(왕) 가다. 有信(유신) 자신감이 있다. 不信(불신) 자신감이 없다. 其(기) 그. 致(치) 이르다. 有遲疾(유지질) 늦거나 빠름이 있다. 不遲疾(부지질) 늦거나 빠르지 않다.

是三者戰之累也.
시삼자전지루야.
이 세 가지는 작전을 지휘하는 장수에게 있어 가장 큰 병폐이다.

是三者(시삼자) 이 세 가지는. 戰之累(전지루) 적과 싸우는 데 있어서 발목을 잡는 것이다.

第十九. 將令 제19. 장령.[260] 장수의 지휘권 확립

장령(將令)은 대장군이 시행하는 명령이다. 명령이 엄격하면 부하들이 명령을 범하지 않고 마음이 하나가 될 것이고, 부하들의 마음이 하나가 되면 적에게서 승리를 취할 수 있게 된다.

-울료자직해(尉繚子直解)에서-

將軍受命, 君必先謀於廟, 行令於廷, 君身以斧鉞授將曰,
장군수명, 군필선모어묘, 행령어정, 군신이부월수장왈,
장수에게 군의 출정명령을 하달할 때는 군주가 먼저 종묘에 들어가서 출정 사실을 고한 다음, 조정에서 명령을 내리고, 군주가 직접 출정군의 지휘권을 상징하는 부월(斧鉞=도끼)을 장군에게 수여하며, 다음과 같은 훈시를 내린다.

將(장) 장수. 軍(군) 군사. 군대. 受命(수명) 명을 받다. 君(군) 군주. 必(필) 반드시. 先(선) 먼저. 謀(모) 꾀하다. 於廟(어묘) 종묘에서. 行令(행령) 명령을 내리는 것을 행하다. 於廷(어정) 조정에서. 君(군) 군주가. 身(신) 몸소. 친히. 以斧鉞(이부월) 지휘권을 상징하는 도끼를 말함. 斧=도끼. 鉞=도끼. 授(수) 주다. 將(장) 장수. 曰(왈) 말하다.

左 · 右 · 中軍皆有分職, 若踰分而上請者死,
좌 · 우 · 중군개유분직, 약유분이상청자사,
좌군 · 우군 · 중군, 3군은 모두 각각 지켜야 할 직분이 있다. 만약 분수를 지키지 않고 월권해서 지휘 계통을 무시하고 직접 상부로 보고하는 자가 있으면 사형에 처한다.

左·右·中軍(좌, 우, 중군) 좌군, 우군, 중군은. 皆(개) 모두. 다. 有(유) 있다. 分職(분직) 맡은 바 직무. 若(약) 만약. 踰(유) 넘다. 分(분) 나누어준 직무. 上(상) 위로. 請(청) 청하다. 보고하다. 者(자) ~하는 자. 死(사) 죽다.

軍無二令, 二令者誅. 留令者誅. 失令者誅.
군무이령, 이령자주. 유령자주. 실령자주.

260) 이 편에서는 군주가 전쟁을 결심한 이후 출정을 하는 장수에게 지휘권을 부여하는 절차와 의식에 대하여 설명하고 있음.

그리고 군무를 처리함에 있어서 두 가지 명령은 없다. 만약 그러는 자가 있으면 처벌할 것이며, 한번 하달된 명령을 즉시 시행하지 않거나, 명령대로 시행하지 않는 자 또한 같이 처벌할 것이다.

軍(군) 군에는. 無(무) 없다. 二令(이령) 두 가지 명령. 者(자) ~하는 자. 誅(주) 베다. 留(유) 머물다. 令(령) 명령. 失(실) 잃다. 令(령) 명령.

將軍告曰, 出國門之外, 期日中設營, 表置轅門, 期之, 如過時則坐法.
장군고왈, 출국문지외, 기일중설영, 표치원문, 기지, 여과시즉좌법.
장수가 군주로부터 출정명령을 받은 다음 출전하는 전 장병들에게 다음과 같이 포고하였다. 모든 장병은 지시된 집결일 정오에 도성문 밖에 집결하라. 그곳에 영채를 설치하고 푯말을 세워 둘 것이니, 반드시 시간을 엄수하라. 만약 지각하는 자가 있다면 군법에 의해 처벌할 것이다.

將(장) 장수가. 軍(군) 군에. 告(고) 포고하다. 曰(왈) 말하다. 出(출) 나가다. 國(국) 나라. 門(문) 문. 外(외) 밖에서. 期日(기일) 정해진 날짜. 中(중) 가운데. 정오를 의미. 設(설) 설치하다. 營(영) 숙영하는 곳. 表(표) 표시하다. 置(치) 두다. 轅(원) 끌채. 期之(기지) 시간을 지켜라. 如(여) ~와 같이. 過時(과시) 시간을 넘기다. 則(즉) 곧. 坐(좌) 앉다. 法(법) 법. 군법.

將軍入營, 卽閉門淸道, 有敢行者誅, 有敢高言者誅, 有敢不從令者誅.
장군입영, 즉폐문청도, 유감행자주, 유감고언자주, 유감부종령자주.
장수가 영내에 들어가면, 즉시 영문을 닫고 잡인의 출입을 금지한다. 영내를 함부로 통행하는 자, 고성방가하는 자, 명령을 어기는 자는 처벌한다.

將(장) 장수가. 軍(군) 군대. 入營(입영) 영내에 들어오다. 卽(즉) 즉시. 閉門(폐문) 문을 닫다. 淸道(청도) 도로를 깨끗이 하다. 有(유) 있다. 敢(감) 감히. 行(행) 다니다. 者(자) ~하는 자. 誅(주) 베다. 처벌하다. 高言(고언) 높은 소리로 말하다. 처벌하다. 不從(부종) 따르지 않다. 令(령) 명령.

第二十. 踵軍令 제20. 종군령[261] 지원부대의 운용

종(踵)은 발뒤꿈치를 쫓아가는 것을 말하며, 종군(踵軍)은 뒤를 이어 쫓아가는 부대를 말한다. 본문 내용 첫머리에 종군(踵軍)이라는 두 글자가 있어 이를 편명(篇名)으로 삼았다.

–울료자직해(尉繚子直解)에서–

所謂踵軍者, 去大軍百里, 期於會地, 爲三日熟食, 前軍而行, 爲戰合之表.
소위종군자, 거대군백리, 기어회지, 위삼일숙식, 전군이행, 위전합지표.
선봉에 서는 군대를 종군(踵軍)과 흥군(興軍)이라고 하는데, 그중에서 종군(踵軍)이라고 하는 것은 주력군인 대군보다 전방 일백 리 지점에 위치하며, 정해진 시간과 장소에서 집결하며, 이때 약 3일분의 비상식량을 휴대하고 본대보다 먼저 출발해서 전투태세를 갖춘 가운데 본대와 합치라는 신호를 기다린다.

所謂(소위) 이른바. 踵軍者(종군자) 종군이라고 하는 것은. 去(거) 가다. 大軍(대군) 본대를 의미함. 百里(백리) 백 리를 이격하여. 期(기) 기약하다. 於(어) 어조사. 會地(회지) 집결지. 爲(위) ~하다. 三日(삼일) 3일. 熟食(숙식) 비상식량. 前(전) 앞. 軍(군) 군사. 行(행) 행군하다. 戰合(전합) 싸움을 하다. 表(표) 표식.

合表, 乃起踵軍, 饗士, 使爲之戰勢, 是謂趨戰者也.
합표, 내기종군, 향사, 사위지전세, 시위추전자야.
본대와 합치라는 신호가 접수되면 즉시 본대와 합칠 수 있도록 하되, 행동을 개시하기 전에는 미리 병사들에게 음식과 상을 푸짐하게 제공해서 사기를 북돋운다. 그러다가 본대가 전장에 도착하면 본대의 지시에 따라 전투에 함께 투입되는데 이를 일컬어 종군(踵軍)이 본대의 뒤를 쫓아간다 하여 추전(趨戰)이라고 하는 것이다.

合(합) 본대와 합치다. 表(표) 겉. 표식. 전투태세를 말함. 乃(내) 이에. 起(기) 일어나다. 踵軍(종군) 본

261) 종군령 : '종'이란 발뒤꿈치의 뜻이다. 이 편에서는 전시 주력부대가 출동하기 전 앞서 기동하여 작전지역의 정찰 및 본대의 취사준비 등 지원 임무를 담당하는 지원부대와 후속 부대의 운용을 규정하였다. 이 후비군의 통상 종군과 후군 2개 부대로 편성되어, 본대가 작전지역에 당도하는 즉시 합류하는데, 직접 전투보다 요해지의 수비, 적 추격, 교통로의 봉쇄, 낙오병 또는 탈주병의 색출 처단 등의 임무를 수행하게 되어 있다.

대를 쫓아가는 부대. 饗士(향사) 사기를 유지하기 위해서 미리 푸짐하게 먹이다. 使(사) ~하게 하다. 爲(위) ~하다. 戰勢(전세) 전투의 기세. 是謂(시위) 이를 일컬어. 趨戰者(주전자) 추전이라고 한다.

興軍者, 前踵軍而行, 合表乃起, 去大軍一倍其道, 去踵軍百里, 期於會地,
흥군자, 전종군이행, 합표내기, 거대군일배기도, 거종군백리, 기어회지,
선봉에 서는 군대 중에서 흥군(興軍)은 통상 종군(踵軍)보다 먼저 출발해서 나중에 종군과 합쳐서 전투에 참여하게 되는데 본대와 종군의 거리만큼 종군보다 약 일백 리 앞에 정해진 장소에 집결지를 선정한다.

興軍者(흥군자) 흥군이라고 하는 것은. 前(전) 앞에. 踵軍(종군) 종군. 行(행) 가다. 合(합) 합치다. 表(표) 겉. 전투태세. 乃(내) 이에. 起(기) 일어나다. 去(거) 가다. 大軍(대군) 본대. 一倍(1배) 1배. 其(기) 그. 道(도) 길. 踵軍(종군) 종군. 百里(백리) 백 리를 이격하여. 期(기) 기약하다. 於(어) 어조사. 會地(회지) 집결지.

爲六日熟食, 使爲戰備, 分卒據要害.
위육일숙식, 사위전비, 분졸거요해.
이 때 6일분의 비상식량을 휴대하여 아군에게는 유리하며 적군에게는 해가 될 수 있는 요충지에 병력을 분산하여 배치하는 등의 전투준비를 하고 있어야 한다.

爲(위) ~하다. 六日(육일) 6일. 熟食(숙식) 비상식량. 使(사) ~하게 하다. 爲(위) ~하다. 戰備(전비) 전투준비. 分卒(분졸) 부대를 나누다. 據(거) 의거하다. 要害(요해) 요충지이면서 적에게는 해를 끼칠 수 있는 지형.

戰利則追北, 按兵而趨之. 踵軍遇有還者誅之.
전리즉추배, 안병이추지. 종군우유환자주지.
그러다가, 전세가 유리하게 전환되어 적이 패주하면 적을 추격하는 임무를 담당한다. 이때 종군은 본대의 후방에서 아군의 탈주병을 처벌하는 임무를 맡는다.

戰(전) 전투. 전세. 利(리) 유리하다. 則(즉) 곧. 追(추) 쫓다. 北(배) 패배해서 도망가다. 按兵(안병) 병사를 데리고. 趨之(추지) 추격하다. 踵軍(종군) 쫓아가는 군대. 遇(우) 만나다. 有(유) 있다. 還(환) 돌아오다. 者(자) ~하는 것. 誅之(주지) 베다.

所謂諸將之兵, 在四奇之內者勝也.

소위제장지병, 재사기지내자승야.

이른바 어떤 장수가 지휘하든 군을 본대, 종군, 흥군, 요충지에 분산 배치된 부대 등 이와 같이 네 가지 유형의 부대 운용을 효과적으로 사용하면 승리를 거둘 수 있다.

所謂(소위) 이른바. 諸將(제장) 모든 장수. 兵(병) 용병. 在(재) 있다. 四(사) 종군, 흥군, 요충지에 분산 배치된 부대 등의 네 가지를 의미함. 奇(기) 기병의 운용. 內(내) 안. 者(자) ~하는 자. 勝也(승야) 이긴다.

兵有什伍, 有分有合,

병유십오, 유분유합,

군에는 십(什). 오(伍) 등 정상적인 편제가 있지만 상황에 따라 부대를 나누기도 하고 합치기도 하여 변칙적으로 운용할 때도 있다.

兵(병) 군사. 군대. 有什伍(유십오) 십(什) 또는 오(伍)와 같은 정상적인 군의 편제를 말함. 有分(유분) 나누기도 하고. 有合(유합) 합치기도 한다.

豫爲之職, 守要塞關梁而分居之. 戰合表起, 卽皆會也.

예위지직, 수요새관량이분거지. 전합표기, 즉개회야.

전투하기 전에는 부대의 편제와는 별개로 요새. 관문. 교량 등의 수비 임무를 담당하다가 일단 전투가 개시되면 즉시 원대로 복귀하여 기 편제된 전투편제에 따라 전투에 투입한다.

豫(예) 미리. 爲(위) ~하다. 職(직) 임무. 守(수) 지키다. 要塞(요새) 군 요충지에 설치된 방어시설. 關(관) 관문. 梁(량) 교량. 다리. 分(분) 나누다. 居(거) 있다. 戰合(전합) 전투가 시작되다. 表起(표기) 전투준비를 일으키다. 卽(즉) 곧. 皆(개) 다. 會(회) 모인다.

大軍爲計日之食起, 戰具無不及也, 令行而起, 不如令者有誅.

대군위계일지식기, 전구무불급야, 영행이기, 불여령자유주.

본대는 작전 동안 소요되는 식량과 무기 및 장비들을 완벽히 갖춘 다음, 출동 명령이 하달되면 즉시 출동한다. 이때 만일 명령대로 출동하지 않는 부대는 즉시 처벌한다.

大軍(대군) 본대. 爲(위) ~하다. 計(계) 작전계획. 日(일) 날짜. 食(식) 식량. 起(기) 일어나다. 戰具(전구) 전투에 사용되는 도구. 無(무) 없다. 不及(불급) 보급되지 않다. 令(령) 명령. 行(행) 행하다.

起(기) 일어나다. 不如(불여) ~와 같지 않다. 者(자) ~하는 자. 有誅(유주) 베다. 처벌하다.

凡稱分塞者, 四境之內, 當興軍踵軍旣行, 則四境之民, 無得行者.
범칭분새자, 사경지내, 당흥군종군기행, 즉사경지민, 무득행자.
무릇 주둔하는 지역을 나누는 분새령(分塞令)에 따라 동서남북 사방으로 나누어 경계에 만전을 기한다. 그러다가 본대의 출동에 앞서서 종군(踵軍)이나 흥군(興軍)이 전쟁터로 출동하면, 해당 지역 거주민이라 하더라도 일체 통행을 금지한다.

凡(범) 무릇. 稱(칭) 일컫다. 分塞(분새) 분새령. 者(자) ~하는 것. 四境(사경) 동서남북 사방으로 나눈 경계. 분새령에 따라 나누어진 경계를 말함. 內(내) 안. 當(당) 당하다. 興軍(흥군) 흥군. 踵軍(종군) 종군. 旣(기) 이미. 行(행) 행하다. 則(즉) 곧. 四境之民(사경지민) 분새령에 따라 동서남북 사방으로 나눈 경계 안에서 사는 거주민. 無(무) 없다. 得行(득행) 통행하는 것에 대한 허락을 득하다. 者(자) ~하는 것.

奉王之軍命, 授持符節, 名爲順職之吏, 非順職之吏而行者誅之.
봉왕지군명, 수지부절, 명위순직지리, 비순직지리이행자주지.
왕명에 따라 부절 같은 통행증을 휴대한 관원을 '순직지리(順職之吏)'라 하여 왕명을 받고 임무를 수행하는 관리라고 하는데, 이런 관리가 아니면서 통행하는 자는 처벌한다.

奉(봉) 받들다. 王之軍命(왕지군명) 왕의 군명. 授(수) 주다. 持(지) 가지다. 符節(부절) 비표를 말함. 통행증. 名(명) 이름. 爲(위) ~하다. 順職之吏(순직지리) 임무를 수행하는 관리. 非(비) 아니다. 順職之吏(순직지리) 왕의 명을 받고 임무를 수행하는 관리. 行(행) 통행하다. 者(자) ~하는 자. 誅之(주지) 베다. 처벌하다.

戰合表起, 順職之吏, 乃行用以相參, 故欲戰先安內也.
전합표기, 순직지리, 내행용이상참, 고욕전선안내야.
일단 전투가 일어나서 본대가 출동하게 되면 왕명을 받든 관원은 각 군을 왕래하면서 군무 처리에 참여할 수 있다. 적과 싸우려면 이와 같이 전후방 간에 긴밀한 협조를 유지하는 노력을 통하여 내부를 먼저 안정시켜야 하는 법이다.

戰合(전합) 싸움이 붙고. 表起(표기) 전투준비태세가 일어나다. 順職之吏(순직지리) 왕명을 받아 임무를 수행 중인 관리. 乃(내) 이에. 行(행) 행하다. 用(용) 쓰다. 以相(상) 서로. 參(참) 참여하다. 故(고) 고로. 欲戰(욕전) 싸우고자 한다면. 先(선) 먼저. 安內(안내) 안을 편안하게 하다.

第二十一. 兵敎 上. 제21. 병교 상.[262] 부대교육 (상)

병교(兵敎)는 부대를 교육하는 방법을 말하는 것이며, 내용이 많아서 상, 하로 나누어 두 편을 만든 것이다.

-울료자직해(尉繚子直解)에서-

兵之敎, 令分營居陳, 有非令而進退者, 加犯敎之罪.
병지교, 영분영거진, 유비령이진퇴자, 가범교지죄.
부대를 교육훈련 함에 있어서 먼저 진영을 나누어 각 군진을 편성하도록 명을 내린 다음 명령 없이 함부로 진영에서 나아가고 물러나는 자가 있으면 교육훈련과 관련된 죄를 추가하여 처벌한다.

兵(병) 군대. 敎(교) 교육훈련. 令(령) 명령. 分營(분영) 관할구역을 나누다. 居陳(거진) 진영에 거주하다. 有(유) 있다. 非令(비령) 명령이 없이. 進退者(진퇴자) 나아가고 물러나는 자. 加(가) 가하다. 犯(범) 범하다. 敎之罪(교지죄) 교육훈련과 관련된 범죄.

前行者前行敎之, 後行者後行敎之, 左行者左行敎之, 右行者右行敎之,
전행자전행교지, 후행자후행교지, 좌행자좌행교지, 우행자우행교지,
전열에 배속된 병사는 전열의 지휘관이 교관이 되어 교육하고, 후열에 배속된 병사는 후열의 지휘관이 교육하며, 우열과 좌열도 마찬가지이다.

前行者(전행자) 앞의 대열에 있는 자는. 前行敎之(전행교지) 앞 열에서 교육하다. 左行者(좌행자) 왼쪽 대열에 편성된 병사는. 左行敎之(좌행자 좌행교지) 왼쪽 대열의 지휘자에 의해 교육훈련을 받다. 右行者(우행자) 오른쪽 대열에 편성된 병사는. 右行敎之(우행자 우행교지) 오른쪽 대열의 지휘자에 의해 교육훈련을 받는다.

262) 병교(兵敎). 부대교육을 논하였다. 제13편 중형령으로부터 제18편 늑졸령에 이르기까지 각종 교령으로 묶어서 이를 병사들에게 단계별로 교육해시 위반 시에는 병사와 교관(단위부대 지휘관)을 동시에 책임을 지워 처벌한다는 규정을 세움. 이 부대교육에 관한 내용은 '병교' 상· 하편으로 나누었으며, 하편에서는 장수가 군을 필승의 강병으로 육성하는 방법을 열두 가지로 종합하여 강조하고 있다.

敎擧五人, 其甲首有賞. 弗敎如犯敎之罪.
교거오인, 기갑수유상. 불교여범교지죄.
교육에 있어 5명을 기준으로 이들을 잘 교육훈련 시킨 지휘자가 있으면 상을 주고, 잘못 교육한 지휘자의 경우에는 교육훈련과 관련된 명령을 위반한 것과 같은 죄로 처벌한다.

敎(교) 교육훈련 하다. 擧(거) 들다. 五人(오인) 5명. 其(기) 그. 甲(갑) 최고. 首(수) 우두머리. 有賞(유상) 상을 주다. 弗敎(불교) 제대로 가르치지 못하다. 如(여) ~와 같다. 犯(범) 범하다. 敎之罪(교지죄) 교육훈련과 관련된 범죄.

羅地者, 自揭其伍, 伍內互揭之, 免其罪.
나지자, 자게기오, 오내호게지, 면기죄.
훈련을 기피하는 자는 부대원끼리 스스로 적발하게 하며, 그 해당 소속대원이 상호 적발하여 신고하였을 경우에는 연대책임을 면한다.

羅(라) 그물. 이탈하거나 벗어난다는 의미로 해석. 地(지) 땅, 교육훈련을 하는 장소. 者(자) ~하는 것. 自(자) 스스로. 揭(게) 알리다. 걸다. 其伍(기오) 그 해당 오 안에서. 伍內(오내) 해당 오 내에서. 互(호) 서로. 揭之(게지) 알리다. 免(면) 면하다. 면책하다. 其罪(기죄) 그 죄.

凡伍臨陳, 若一人有不進死於敵, 則敎者如犯法之罪.
범오임진, 약일인유부진사어적, 즉교자여범법지죄.
전투에 임하여 소속부대원 중 한 명이라도 결사적으로 나아가 싸우지 않으면, 그 부대를 교육한 지휘관은 결사적으로 싸우지 않는 자와 같이 처벌한다.

凡(범) 무릇. 伍(오) 오. 5명 단위의 부대. 臨(임) 임하다. 陳(진) 진. 군진. 若(약) 만약. 一人(일인) 한 명. 有(유) 있다. 不進死(부진사) 죽을 각오로 나아가 싸우다. 於敵(어적) 적에게. 則(즉) 곧. 敎者(교자) 교육훈련을 담당했던 자. 如(여) ~과 같다. 犯法之罪(범법지죄) 법을 어긴 죄로 처벌한다.

凡什保什, 若亡一人, 而九人不盡死於敵, 則敎者如犯敎之罪.
범십보십, 약망일인, 이구인부진사어적, 즉교자여범교지죄.
소속부대원은 서로 연대책임을 진다. 예를 들면, 십(什)의 부대원 중 1명이 전사하였는데도 나머지 9명이 적을 상대로 죽을 각오로 싸우지 않았을 경우에는, 그 십(什)의 부대원을 교육한 지휘관도 함께 처벌한다.

凡(범) 무릇. 什(십) 10명 단위의 부대. 保(보) 연대책임을 말함. 若(약) 만약. 亡(망) 사망하다. 一人(일인) 1명. 九人(구인) 9명이. 不盡死(부진사) 죽을 각오로 싸우지 않다. 於敵(어적) 적을 상대로. 則(즉) 곧. 敎者(교자) 교육훈련을 담당했던 자. 如(여) ~과 같다. 犯法之罪(범법지죄) 법을 어긴 죄로 처벌한다.

自什己上, 至於裨將, 有不若法者, 則敎者如犯法者之罪.
자십기상, 지어비장, 유불약법자, 즉교자여범법자지죄.
이와 같은 방법으로, 십장(什長)으로부터 장수인 비장(裨將)에 이르기까지 이 규정을 적용하여, 소속대원 중에 명령을 지키지 않으면서 죽을 각오로 싸우지 않는 자사 생길 때는, 그 부대장을 그들과 함께 처벌한다.

自(자) ~로부터. 什(십) 10명 단위의 부대를 지휘하는 지휘자. 己(기) 자기 자신. 上(상) 위. 至(지) 이르다. 於(어) 어조사. 裨將(비장) 장수를 말함. 有(유) 있다. 不(불) 아니다. 若(약) ~과 같다. 法(법) 법. 者(자) ~하는 것. 則(즉) 곧. 敎者(교자) 교육훈련을 담당했던 자. 如(여) ~과 같다. 犯法之罪(범법지죄) 법을 어긴 죄로 처벌한다.

凡明刑罰, 正勸賞, 必在乎兵敎之法.
범명형벌, 정권상, 필재호병교지법.
무릇 형벌을 명확하게 하고, 포상을 바르게 해야 하는 법이며, 이는 평상시 부대를 교육훈련 시킬 때 적용되어야 하는 것이다.

凡(범) 무릇. 明(명) 명확하게 하다. 刑罰(형벌) 형벌을. 正(정) 바르게 하다. 勸賞(권상) 상을 권하다. 必在(필재) 반드시 있다. 乎(호) 어조사. 兵敎之法(병교지법) 병사를 교육훈련 하는 방법.

將異其旂, 卒異其章, 左軍章左肩, 右軍章右肩, 中軍章胸前.
장이기기, 졸이기장, 좌군장좌견, 우군장우견, 중군장흉전.
장수는 각기 고유의 지휘용 깃발을 사용하고, 병사들은 각기 고유의 휘장을 패용한다. 좌군의 휘장은 왼쪽 어깨에, 우군의 휘장은 오른쪽 어깨에, 중군의 휘장은 가슴 앞에 단다.

將(장) 장수는. 異(이) 다르다. 其旂(기기) 깃발. 지휘용 깃발. 卒(졸) 병사들. 異(이) 다르다. 其章(기장) 휘장. 左軍章(좌군장) 좌군의 휘장. 左肩(좌견) 왼쪽 어깨에. 右軍章(우군장) 우군의 휘장. 右肩(우견) 오른쪽 어깨에. 中軍章(중군장) 중군의 휘장. 胸前(흉전) 가슴 앞에.

書其章曰, 某甲 · 某士.
서기장왈, 모갑 · 모사.
그리고 그 휘장에는 각각 소속부대의 명칭과 이름을 기록한다.

書(서) 기록한다. 其章(기장) 그 휘장에. 曰(왈) 이르기를. 某甲(모갑) 모 부대. 某士(모사) 모 병사.

前後軍各五行, 尊章置首上, 其次差降之.
전후군각오행, 존장치수상, 기차차강지.
제대의 앞에서부터 뒤까지 각 5개 대열마다 계급이 높은 자는 휘장을 머리 위에 달고, 그다음은 계급 차이만큼 휘장을 내려서 단다.

前後軍(전후군) 전방에서 후방에 이르는 제대편성. 各五行(각오행) 각 5행으로 편성한다. 尊(존) 높다. 계급이 높은 사람. 章(장) 휘장. 置(치) 두다. 首上(수상) 머리 위에. 其次(기차) 그다음. 差(차) 차이. 降(강) 내려오다.

伍長教其四人, 以板爲鼓, 以瓦爲金, 以竿爲旂.
오장교기사인, 이판위고, 이와위금, 이간위기.
5명 단위로 편성된 제대인 오를 지휘하는 지휘자인 오장(伍長)이 그 나머지 4명의 소속부대원을 교육할 때는 판자를 북으로 삼고, 기왓장을 징으로 삼으며, 장대를 깃발로 삼아서 교육한다.

伍長(오장) 오를 지휘하는 지휘자. 教(교) 가르치다. 其四人(기사인) 나머지 4명. 以板(이판) 나무판자를 이용해서. 爲鼓(위고) 북으로 삼는다. 以瓦(이와) 기와를 이용해서. 爲金(위금) 징으로 삼는다. 以竿(이간) 장대를 이용해서. 爲旂(위기) 깃발로 삼는다.

擊鼓而進, 低旂則趨, 擊金而退. 麾而左之, 麾而右之, 金鼓俱擊而坐.
격고이진, 저기즉추, 격금이퇴. 휘이좌지, 휘이우지, 금고구격이좌.
북을 치면 전진하고, 깃발을 낮게 흔들면 돌격하며, 징을 치면 퇴각한다. 깃발을 흔들어 왼쪽으로 지향하면 왼쪽으로 이동하고, 오른쪽을 지향하면 오른쪽으로 이동하며, 징과 북을 한꺼번에 울리면 그 자리에 앉아야 한다.

擊鼓(격고) 북을 치다. 進(진) 전진하다. 低旂(저기) 깃발을 낮게 하다. 則(즉) 곧. 趨(추) 달리다. 擊金(격금) 징을 치다. 退(퇴) 퇴각하다. 麾(휘) 깃발로 가리키다. 左之(좌지) 왼쪽을. 麾而右之(휘이우지) 깃발을 오른쪽으로 가리키다. 金鼓(금고) 징과 북. 俱(구) 함께. 擊(격) 치다. 坐(좌) 앉다.

伍長教成, 合之什長. 什長教成, 合之卒長. 卒長教成, 合之伯長.
오장교성, 합지십장. 십장교성, 합지졸장. 졸장교성, 합지백장.
오장(伍長)의 교육훈련이 끝나면 소속부대원을 십장(什長)에게 인계하여 통합시키고, 십장(什長)의 교육훈련이 끝나면 소속대원을 졸장(卒長)에게 인계하여 통합시키고, 졸장(卒長)의 교육훈련이 끝나면 소속부대원을 백장(伯長)에게 인계하여 통합시킨다.

伍長教成(오장교성) 오장이 교육을 마치면. 合之什長(합지십장) 십장에게 인계하여 통합시킨다. 什長教成(십장교성) 십장이 교육을 마치면. 合之卒長(합지졸장) 졸장에게 인계하여 통합시킨다. 卒長教成(졸장교성) 졸장이 교육을 마치면. 合之伯長(합지백장) 백장에게 인계하여 통합시킨다.

伯長教成, 合之兵尉. 兵尉教成, 合之裨將. 裨將教成, 合之大將.
백장교성, 합지병위. 병위교성, 합지비장. 비장교성, 합지대장.
백장(伯長)의 교육훈련이 끝나면 소속부대원을 병위(兵尉)에게 인계하여 통합시키고, 병위(兵尉)의 교육훈련이 끝나면 소속부대원을 비장(裨將)에게 인계하여 통합시키고, 비장(裨將)의 교육훈련이 끝나면 소속부대원을 대장(大將)에게 인계하여 통합시킨다.

伯長教成(백장교성) 백장이 교육을 마치면. 合之兵尉(합지병위) 병위에게 인계하여 통합시킨다. 兵尉教成(병위교성) 병위가 교육을 마치면. 合之裨將(합지비장) 비장에게 인계하여 통합시킨다. 裨將教成(비장교성) 비장이 교육을 마치면. 合之大將(합지대장) 대장에게 인계하여 통합시킨다.

大將教之, 陳於中野, 置大表三百步而一.
대장교지, 진어중야, 치대표삼백보이일.
대장(大將)이 부대를 교육훈련 시킬 때, 먼저 벌판에 전 병력을 부대별로 진을 치게 한 다음, 300보 거리마다 큰 말뚝 1개씩을 세운다.

大將教之(대장교지) 대장이 부대를 교육하다. 陳(진) 진을 치다. 於(어) 어조사. 中野(중야) 벌판 한 가운데. 置(치) 두다. 大表(대표) 큰 말뚝. 三百步而一(삼백보 이일) 300보마다 1개씩.

旣陣去表, 百步而決. 百步而趨, 百步而鶩, 習戰以成其節, 乃爲之賞罰.
기진거표, 백보이결. 백보이추, 백보이목, 습전이성기절, 내위지상벌.

부대가 공격대형을 편성해서 푯말이 있는 쪽으로 공격할 때, 처음 백 보 거리까지는 최초 공격속도대로 공격하고, 다음 백 보 거리에서는 더 빠른 속도로 공격하고, 다음 백 보 거리에서는 더 빠른 속도로 공격하는 훈련을 시행한다. 이와 같이 반복해서 싸우는 방법을 연습해서 완성되면, 그 성과에 따라 상벌을 내린다.

旣(기) 이미. 陣(진) 군진. 去(거) 가다. 表(표) 푯말. 百步(백보) 처음 백 보 거리에서는. 而(이) 접속사. 決(결) 터지다. 百步(백보) 다음 백보 거리까지는. 趨(추) 달리다. 百步(백보) 다음 백 보 거리까지는 騖(목) 달리다. 習戰(습전) 싸우는 것을 연습하다. 以成(이성) 완성되다. 其節(기절) 절도 있게. 乃(내) 이에. 爲(위) ~하다. 賞罰(상벌) 상과 벌.

自尉吏而下, 盡有旂. 戰勝得旂者, 各視所得之爵, 以明賞勸之心.
자위리이하, 진유기. 전승득기자, 각시소득지작, 이명상권지심.
군 편제상 병위 이하의 각급 부대에는 고유의 부대기가 있는데, 전투에서 적 부대를 격파하고 그 부대기를 탈취한 자는, 적 부대기에 표시된 적장의 지위에 따라 전공을 포상함으로써 전투 의지를 독려하려는 뜻을 분명하게 밝혀야 한다.

自(자) ~로부터. 尉吏(위리) 병위 벼슬. 而下(이하) 이하. 盡(진) 다하다. 有旂(유기) 깃발이 있다. 戰勝(전승) 전투에서 승리하다. 得旂(득기) 지휘용 깃발을 얻다. 各(각) 각각. 視(시) 보여주다. 보이다. 所得之爵(소득지작) 작위를 얻는 바. 以(이) 써. 明(명) 명확히 하다. 賞勸之心(상권지심) 포상을 독려하는 마음.

戰勝在乎立威, 立威在乎戮力, 戮力在乎正罰, 正罰者, 所以明賞也.
전승재호립위, 입위재호륙력, 육력재호정벌, 정벌자, 소이명상야.
전승의 비결은 바로 장수의 위엄을 세우는 데 있으며, 장수의 위엄은 장병들이 죽을힘을 다해 싸우게 하는 데 있으며, 장병들이 죽을힘을 다해 싸우게 하는 것은 벌을 바르게 시행하는 데 있으며, 벌을 바르게 시행한다는 것은 상을 명확하게 한다는 것과 같은 뜻이다.

戰勝(전승) 전쟁에서의 승리. 在(재) ~에 달려있다. 乎(호) 어조사. 立威(입위) 위엄을 세우다. 戮力(륙력) 죽을힘을 다하다. 正罰者(정벌자) 벌을 바르게 하다. 所以明賞(소이명상) 상을 주는 것을 명확하게 하는 것에 달려있다.

令民背國門之限, 決生死之分, 敎之死而不疑者, 有以也.

영민배국문지한, 결생사지분, 교지사이불의자, 유이야.
장병들이 고국을 뒤로하고 성문을 떠나와서 생과 사를 가늠하는 결전을 함에 있어 죽을 위험에 처하게 하는데도 의심이 없도록 가르치는 데에는 다 이유가 있다.

令民(령민) 백성으로 하여금. 背(배) 등을 지다. 國(국) 나라. 門(문) 자신의 고국에 설치된 성문을 말함. 限(한) 한계. 決(결) 결전을 벌이다. 生死之分(생사지분) 생과 사를 나누다. 敎(교) 가르치다. 死(사) 죽을 위험에 처하게 하다. 不疑(불의) 의심이 없다. 者(자) ~하는 것. 有以也(유이야) 다 이유가 있다.

令守者必固, 戰者必鬪, 姦謀不作, 姦民不語, 令行無變, 兵行無猜,
영수자필고, 전자필투, 간모부작, 간민불어, 영행무변, 병행무시,
장수는 방어하는 부대는 반드시 견고하게 지키게 하고, 전투하는 부대는 반드시 용감히 싸우게 하고, 내부의 단결을 해치는 간사한 모략이 일어나지 않게 하며, 간사한 자에 의한 유언비어가 나돌지 못하게 하며, 일단 내려진 명령을 바뀜이 없이 제대로 지키게 하고, 장병들이 행동함에 주저함이 없도록 해야 한다.

令守者(령수자) 방어를 하는 부대로 하여금. 必固(필고) 반드시 견고하게 지키고. 戰者(전자) 싸우기만 하면. 必鬪(필투) 반드시 용감하게 싸우고. 姦(간) 간사하다. 謀(모) 모략. 不作(부작) 만들지 않다. 姦(간) 간사하다. 民(민) 백성. 장병. 不語(불어) 말을 못 하게 하다. 令行(령행) 명령을 이행하다. 無變(무변) 변화가 없다. 바뀜이 없다. 兵行(병행) 장병들의 행동에. 無猜(무시) 의심하는 바가 없다.

輕者若霆, 奮敵若驚. 擧功別德, 明如白黑, 令民從上令, 如四肢應心也.
경자약정, 분적약경. 거공별덕, 명여백흑, 령민종상령, 여사지응심야.
적을 공격할 때는 번개처럼 가볍고, 말을 놀라게 하는 것처럼 용맹해야 한다. 공적을 거론할 때는 전우들과 공적을 나누고, 이때 흑백을 가리는 듯 명확해야 하는 법이다. 그리고 장병들이 윗사람의 명령에 따르게 하는 것을 마치 자신의 사지가 마음먹은 대로 움직이는 것처럼 부릴 수 있어야 한다.

輕者(경자) 가볍게는. 若(약) ~처럼. 霆(정) 천둥소리. 奮(분) 떨치다. 敵(적) 적군. 驚(경) 말이 놀라다. 擧(거) 들다. 功(공) 공. 別(별) 나누다. 德(덕) 덕. 明(명) 명확하다. 如(여) ~와 같이. 白黑(흑백) 희고 검은 것. 令民(영민) 장병들이. 從(종) 따르다. 上令(상령) 상부의 명령. 四肢(사지) 사지가. 應(응) 응하다. 心(심) 마음먹은 대로.

前軍絕行亂陳, 破堅如潰者, 有以也. 此謂之兵教.

전군절행난진, 파견여궤자, 유이야. 차위지병교.

앞에 선봉으로 나서는 부대가 견고한 적진을 깨트리고 무너지게 하는 데는 다 이유가 있는데, 그것은 바로 '병교(兵教)'가 제대로 되었기 때문이다.

前軍(전군) 앞에 가는 군대. 絕行(절행) 적진을 끊고 나아감. 亂陳(난진) 적진을 어지럽게 하다. 破(파) 깨트리다. 堅(견) 견고하다. 如(여) ~와 같이. 潰(궤) 무너지다. 者(자) ~하는 것. 有以也(유이야) 다 이유가 있다. 此(차) 이것. 謂(위) 이르다. 兵教(병교) 부대를 교육훈련 하다.

所以開封疆, 守社稷, 除患害, 成武德也.

소이개봉강, 수사직, 제환해, 성무덕야.

이러한 교육훈련이 있으므로 땅끝까지 영토를 넓혀서 제후에 봉할 수 있게 되고, 나라도 제대로 지킬 수 있게 되며, 환난을 제거하는 등 무덕(武德)을 이루게 되는 것이다.

所以(소이) 이러한 바. 開(개) 열다. 封(봉) 봉하다. 疆(강) 지경. 끝. 경계. 守(수) 지키다. 社稷(사직) 종묘사직. 除(제) 제거하다. 患(환) 환란. 害(해) 해로움. 成(성) 이루다. 武德(무덕) 무덕.

第二十二. 兵教 下. 제22. 병교 하. 부대교육(하)

병교(兵敎)는 부대를 교육하는 방법을 말하는 것이며, 내용이 많아서 상, 하로 나누어 두 편을 만든 것이다.

–울료자직해(尉繚子直解)에서–

臣聞人君有必勝之道, 故能并兼廣大, 以一其制度, 則威加天下有十二焉,
신문인군유필승지도, 고능병겸광대, 이일기제도, 즉위가천하유십이언,
신이 듣기로는 일국의 군주는 전쟁에서 필승할 방법을 알고 있어야 하며, 그렇게 되어야 영토를 확장할 수 있으며, 제도를 하나로 통일하여 그 위세를 천하에 떨칠 수 있는 것이다. 그 필승의 방법은 다음과 같은 12개 항목을 이행함으로써 달성할 수 있다.

臣聞(신문) 신이 듣기로는. 人君(인군) 군주는. 有(유) 있다. 必勝之道(필승지도) 필승의 방법. 故(고) 고로. 能(능) 능히 ~하다. 并(병) 어우르다. 兼(겸) 겸하다. 廣大(광대) 영토를 확장하다. 以一(이일) 하나로 통일되게 하다. 其制度(기제도) 그 제도를. 則(즉) 곧. 威(위) 위엄. 加(가) 가하다. 天下(천하) 천하에. 有十二焉(유십이언) 열두 가지가 있다.

一日 連刑, 謂同罪保伍也,
일왈 연형, 위동죄보오야,
첫 번째, 연대책임에 대한 것이다. 소속부대원들과 같은 죄에 대해 연대책임을 묻는 것을 말한다.

一日(일왈) 첫 번째. 連刑(연형) 연대책임에 대한 것이다. 謂(위) 이르다. 同罪(동죄) 같은 죄. 保(보) 연대책임을 지우다. 伍(오) 5명 단위의 부대.

二日 地禁, 謂禁止行道, 以網外姦也,
이왈 지금, 위금지행도, 이망외간야,
두 번째, 계엄 규제이다[263]. 일체 왕래를 금지 또는 통제하며, 외부로부터 침투 활동을 그

263) 지금(地禁). 군사행동이 개시되었을 때 전선과 부대 주둔지역 일대에 민간인의 통행을 제한하거나 금지하는 것과 부대

물처럼 막아내는 것을 말한다.

二曰(이왈) 두 번째. 地禁(지금) 지금으로 말하면 계엄을 말하는 듯. 땅에 대해 금지하는 것은 통행을 제한하는 것을 말함. 謂(위) 일컫다. 禁止(금지) 금하고 중지시키다. 行道(행도) 도로를 왕래하는 것. 以(이) 로써. 網(망) 그물. 外姦(외간) 외부로부터의 간사함.

三曰 全軍, 謂甲首相附, 三五相同, 以結其聯也,
삼왈 전군, 위갑수상부, 삼오상동, 이결기련야,
세 번째, 군의 안전 확보와 조직적인 운용이다. 이를테면, 전차부대 지휘관은 상호 친밀한 관계를 유지하고, 삼삼오오 짝을 지워 서로 협동작전을 하면서 서로 타 부대들과 긴밀하게 협조체제를 갖추어야 안전이 확보되며 조직적인 운용이 가능한 것이다.

三曰(삼왈) 세 번째. 全軍(전군) 군을 온전히 보존하다. 謂(위) 이르다. 甲首(갑수) 전차부대 지휘관. 相(상) 서로. 附(부) 붙다. 三五(삼오) 삼삼오오. 相同(상동) 서로 같이하다. 以(이) ~로써. 結(결) 맺다. 其(기) 그. 聯(련) 연관되어 있다.

四曰 開塞, 謂分地以限, 各死其職而堅守也,
사왈 개색, 위분지이한, 각사기직이견수야,
네 번째, 열어야 할 것은 열고, 막아야 할 것은 막아야 한다. 이를테면, 부대별로 임무의 한계를 부여하는 방법으로 책임 지역을 나누어 주면, 부대별로 필사의 각오로 직분을 완수하며 견고히 지켜야 한다.

四曰(사왈) 네 번째. 開(개) 열다. 塞(색) 막히다. 막다. 謂(위) 이르다. 分地(분지) 책임 지역을 나누다. 以限(이한) 한계를 주어서. 各(각) 각각. 死(사) 죽을 각오로. 其(기) 그. 職(직) 임무. 직분. 堅(견) 견고하다. 守(수) 지키다.

五曰 分限, 謂左右相禁, 前後相待, 垣車爲固, 以逆以止也,
오왈 분한, 위좌우상금, 전후상대, 원차위고, 이역이지야,
다섯 번째, 전투 시 부대 간의 구분과 한계를 설정해주어야 한다. 좌우로 한계를 구분하여 서로 경계하고 협조하며, 전후로도 서로 한계를 주어 이를 어기지 않도록 한다. 그리고 전

영내의 군기 단속을 모두 포함하는 것을 말한다.

차부대로 진영을 견고하게 둘러서 적의 공격을 막으며 숙영을 하거나 부대가 정지 간에 각 진영의 안전을 도모하는 것을 말한다.

五曰(오왈) 다섯 번째. 分(분) 나누다. 限(한) 한계. 謂(위) 이르다. 左右(좌우) 왼쪽과 오른쪽. 相(상) 서로. 禁(금) 금지하다. 前後(전후) 앞과 뒤. 相(상) 서로. 待(대) 기다리다. 막다. 垣(원) 담. 車(차) 전차부대. 爲固(위고) 견고하게 하다. 以(이) ~로써. 逆(역) 거스르다. 以(이) ~로써. 止(지) 그치다.

六曰 號別, 謂前列務進以別, 其後者不得爭先登不次也,
육왈 호별, 위전렬무진이별, 기후자부득쟁선등불차야,
여섯 번째, 지휘명령에 따른 행동지침을 구분해야 한다. 전투 시 공격하는 부대의 선두는 명령에 따라 공격하는 데만 힘을 써야 하며, 그 뒤를 후속하는 부대가 먼저 선두에 서려고 다투어 혼란을 초래하지 말아야 한다.

六曰(육왈) 여섯 번째. 號(호) 부르짖다. 別(별) 나누다. 謂(위) 이르다. 前列(전열) 앞 열. 務(무) 힘쓰다. 進(진) 나아가다. 以(이) ~로써. 別(별) 구분하다. 나누다. 其後者(기후자) 그 뒷 부대는. 不得爭(부득쟁) 서로 다투지 말아야 한다. 先登(선등) 먼저 오르다. 不次(불차) 뒤처지지 않으려고.

七曰 五章, 謂彰明行列, 始卒不亂也,
칠왈 오장, 위창명항렬, 시졸불란야,
일곱 번째, 부대를 식별하는 휘장 패용규정을 명확히 해야 한다. 이를테면, 소속부대별로 장병들의 소속과 전투서열을 명확하게 해줌으로써 부대들이 서로 어지럽지 않게 하는 것을 말한다.

七曰(칠왈) 일곱 번째. 五章(오장) 다섯 가지 휘장. 謂(위) 이르다. 彰(창) 밝다. 明(명) 밝다. 명확하다. 行列(행렬) 부대의 행군 순서를 말함. 전투에서의 전투서열을 말하기도 함. 始(시) 처음. 근본. 卒(졸) 부대. 不亂(불란) 어지럽지 않다.

八曰 全曲, 謂曲折相從, 皆有分部也,
팔왈 전곡, 위곡절상종, 개유분부야,
여덟 번째, 전 부대의 편성이나 대형유지를 완벽히 해야 한다. 부대들은 어떠한 상황에 처하더라도, 서로 부대 간 유기적인 협조를 통해서 전체적인 대형을 잘 유지해야 하는데, 이는 모두 부대를 어떻게 잘 편성하는가에 달려있다.

八日(팔왈) 여덟 번째. 全曲(전곡) 완전한 편성 및 대형유지. 謂(위) 이르다. 말하다. 曲折(곡절) 어떤 복잡한 이유나 상황. 曲(곡) 굽다. 折(절) 꺾다. 자르다. 쪼개다. 相(상) 서로. 從(종) 좇다. 皆(개) 다. 有(유) 있다. 分部(분부) 부대를 잘 나누다. 也(야) 어조사.

九日 金鼓, 謂興有功, 致有德也,
구왈 금고, 위흥유공, 치유덕야,
아홉 번째, 지휘 통신기구의 운용이다. 지휘통신기구의 효과적인 운용을 통해서 전공을 세우게 하고, 무덕을 드높이기에 이르는 것을 말한다.

九日(구왈) 아홉 번째. 金鼓(금고) 징과 북. 지휘통신 운용. 謂(위) 이르다. 말하다. 興(여) 같이. 有功(유공) 전공을 세우다. 致(치) 이르다. 有德(유덕) 덕이 있다.

十日 陳車, 謂接連前矛, 馬冒其目也,
십왈 진거, 위접련전모, 마모기목야,
열 번째, 군진과 전차대의 운용에 관한 내용이다. 전차를 운용할 때에 전차부대의 앞뒤를 창을 가진 부대로 서로 연결하여 취약점을 보완해주고, 말이 놀라 날뛰지 않도록 말의 눈에 측면 가리개를 씌워주는 것을 말한다.

十日(십왈) 열 번째. 陳車(진거) 군진과 전차대의 운용. 謂(위) 말하다. 이르다. 接(접) 접하다. 連(연) 잇다. 前(전) 앞. 矛(모) 창을 가진 부대. 馬(마) 말. 冒(모) 말의 눈을 가리는 가리개를 말함. 其(기) 그. 目(목) 눈.

十一日 死士, 謂衆軍之中有材智者, 乘於戰車, 前後縱橫, 出奇制敵也,
십일왈 사사, 위중군지중유재지자, 승어전차, 전후종횡, 출기제적야,
열한 번째, 죽기를 각오한 결사대의 운용이다. 전군의 병사 중에서 재능과 지혜를 갖춘 이들을 선발해서 전차에 탑승시키고, 전후좌우 종횡무진으로 기동하다가 적의 약점이 포착되면 기습적으로 타격, 적을 제압하는 것을 말한다.

十一日(십일왈) 열한 번째. 死士(사사) 죽기를 각오한 결사대의 운용. 謂(위) 말하다. 이르다. 衆軍(중군) 전군을 의미함. 中(중) 가운데. 有(유) 있다. 材智(재지) 재주와 지혜. 者(자) ~하는 자. 乘(승) 태우다. 올라타다. 於戰車(어전차) 전차에. 前後(전후) 앞뒤. 縱橫(종횡) 가로와 세로. 出奇(출기) 기습적으로 출격하다. 制敵(제적) 적을 제압하다.

十二曰 力卒, 謂經旂全曲, 不麾不動也.
십이왈 역졸, 위경기전곡, 불휘불동야.
열두 번째, 지휘부의 안전과 확고한 운용이 필요하다. 장병 중에서 전투력이 뛰어난 군사를 선발하여 지휘부의 깃발을 호위할 수 있도록 온전히 편성하고, 장수의 명령이 아니면 움직이지 않도록 하는 것을 말한다.

十二曰(십이왈) 열둘째. 力卒(역졸) 힘 있는 병사. 謂(위) 이르다. 말하다. 經(경) 날실. 세로줄. 旂(기) 깃발. 全曲(전곡) 온전한 편성. 부대의 기를 호위할 수 있는 힘센 장병들을 선발해서 완전히 편성한다는 의미임. 不(불) 아니다. 麾(휘) 대장기. 不(불) 아니다. 動(동) 움직이다.

此十二者敎成, 犯令不舍.
차십이자교성, 범령불사.
이상의 열두 가지에 대한 전군의 교육훈련이 완료되면, 그 후부터 군령을 범한 자는 가차 없이 처벌한다.

此(차) 이것. 十二者(십이자) 열두 가지. 敎(교) 가르치다. 成(성) 이루다. 犯(범) 범하다. 令(령) 명령. 不(불) 아니다. 舍(사) 집.

兵弱能强之, 主卑能尊之, 令弊能起之,
병약능강지, 주비능존지, 영폐능기지,
이렇게 하면 나약한 군을 능히 강한 군으로 만들 수 있고, 낮아진 군주의 위엄을 능히 드높일 수 있으며, 해이해진 군령을 능히 바로 세울 수 있으며,

兵(병) 군사. 군대. 弱(약) 약하다. 能(능) 능히 ~할 수 있다. 强(강) 강하다. 主(주) 군주. 卑(비) 낮다. 尊(존) 높이다. 令(령) 명령. 弊(폐) 헤지다. 起(기) 일어나다.

民流能親之, 人衆能治之, 地大能守之.
민류능친지, 인중능치지, 지대능수지.
흩어진 민심을 능히 단결시킬 수 있으며, 백성이나 군사가 아무리 많아도 능히 잘 다스릴 수 있으며, 영토가 아무리 광대하더라도 능히 잘 지켜낼 수 있게 된다.

民(민) 백성. 민심. 流(류) 흐르다. 能(능) 능히 ~할 수 있다. 親(친) 친하다. 人(인) 사람. 군사. 장병들을 말함. 衆(능) 무리. 治(치) 다스리다. 地(지) 땅. 영토. 大(대) 크다. 넓다. 守(수) 지키다.

國車不出於閫, 組甲不出於橐, 而威服天下矣.
국거불출어곤, 조갑불출어탁, 이위복천하의.
그리하여, 전쟁하기 위해서 굳이 전차부대가 영토를 벗어나지 않고, 굳이 병사가 갑옷을 꺼내 입지 않고서도 군대의 위엄만으로도 천하를 굴복시킬 수가 있다.

國車(국거) 나라의 전차부대. 不出(불출) 나가지 않다. 於(어) 어조사. 閫(곤) 왕후가 거처하는 곳. 組(조) 끈. 甲(갑) 갑옷. 橐(탁) 전대. 威(위) 위세. 위엄. 服(복) 굴복시키다. 天下(천하) 천하. 矣(의) 어조사.

兵有五致, 爲將忘家, 踰垠忘親, 指敵忘身, 必死則生, 急勝爲下.
병유오치, 위장망가, 유은망친, 지적망신, 필사즉생, 급승위하.
장수는 다음의 다섯 가지를 명심해야 한다. ① 장수의 임무를 부여받으면 자기 집안을 잊어야 하고, ② 국경을 넘어 적지에 진공하면 자기 부모를 잊어야 하며, ③ 전지에서 적과 대결하게 되면 자기 자신을 잊어야 한다. ④ 적과 싸워 생존하려면 필사의 각오로 싸워야 하며, ⑤ 조속한 승리를 거두려면 겸손하여 교만을 버려야 한다.

兵(병) 군대. 군사. 여기서는 부대나 장수가 지켜야 할 것을 설명하므로 장수로 해석함이 맞을 듯함. 有五(유오) 다섯 가지가 있다. 致(치) 이르다. 爲(위) ~하다. 將(장) 장수. 忘(망) 잊다. 家(가) 집. 踰(유) 넘다. 垠(은) 땅끝. 국경. 忘(망) 잊다. 親(친) 친척. 指(지) 손가락. 가리키다. 敵(적) 적군. 忘(망) 잊다. 身(신) 몸. 자기 자신. 必(필) 반드시. 死(사) 죽을 각오로 싸우다. 則(즉) 곧. 生(생) 살다. 急(급) 급하다. 勝(승) 이기다. 爲(위) ~하다. 下(하) 아래. 겸손해야 한다는 의미임.

百人被刃, 陷行亂陳, 千人被刃, 擒敵殺將, 萬人被刃, 橫行天下.
백인피인, 함행란진, 천인피인, 금적살장, 만인피인, 횡행천하.
장병 100명이 죽음을 무릅쓰고 싸우면 적을 함락시키고 적진을 어지럽힐 수 있고, 장병 1,000명이 죽음을 무릅쓰고 싸우면 적을 사로잡고 적장을 죽일 수 있으며, 장병 10,000명이 죽음을 무릅쓰고 싸우면 대적할 상대가 없어 천하를 종횡무진 누비고 다닐 수 있을 것이다.

百人(백인) 장병 백 명. 被(피) 미치다. 달하다. 刃(인) 칼날. 陷(함) 적을 함락시키다. 行(행) 행하다. 가다. 亂(난) 어지럽다. 陳(진) 군대의 진을 말함. 千人(천인) 장병 천 명. 刃(인) 칼날. 擒(금) 사로잡다. 敵(적) 적군. 殺(살) 죽이다. 將(장) 장수. 萬人(만인) 장병 만 명. 橫行(행행) 대적할 적이 없어 종횡무진 다닐 수 있다는 의미임. 天下(천하) 천하.

武王問 太公望曰, 吾欲少間而極用人之要?
무왕문 태공망왈, 오욕소간이극용인지요?
주(周)나라 무왕(武王)이 태공망에게 이렇게 물었다. 나는 단시간에 사람을 부리는 요령을 알고 싶은데 어떻게 하면 좋겠습니까?

武王問 太公望曰(무왕문, 태공망 왈) 무왕이 묻고, 태공망이 답하다. 吾欲(오욕) 내가 ~하기를 원한다. 少間(소간) 적은 시간. 단시간 내에. 極(극) 다하다. 用人(용인) 사람을 쓰다. 사람을 부리다. 要(요) 요체. 핵심.

望對曰, 賞如山, 罰如谿. 太上無過, 其次補過, 使人無得私語.
망대왈, 상여산, 벌여계. 태상무과, 기차보과, 사인무득사어.
무왕(武王)의 물음에 태공망(太公望)이 이렇게 답하였다. 상을 줄 때는 높은 산처럼 크게 하고, 벌을 줄 때는 계곡처럼 깊게 해야 하며, 그 보다도 제일 좋은 방법은 처음부터 과오를 없게 하는 것이고, 그다음은 과오가 있으면 시정하게 하는 것입니다. 그리고 백성들이 사사롭게 말을 옮기지 못하게 해야 합니다.

望(망) 태공망. 강태공을 말함. 對曰(대왈) 대답하여 가로되. 賞(상) 상을 주다. 如山(여산) 산과 같이. 罰(벌) 벌을 주다. 如谿(여계) 계곡과 같이. 太上(태상) 최고로 좋은 상태. 無過(무과) 과오가 없다. 其次(기차) 그다음. 補過(보과) 과오를 바로잡아주다. 使(사) ~하게 하다. 人(인) 사람. 無(무) 없다. 得(득) 얻다. 私(사) 사사롭다. 語(어) 말씀. 유언비어. 좋지 않은 말.

諸罰而請不罰者死, 諸賞而請不賞者死.
제벌이청불벌자사, 제상이청불상자사.
또한 마땅히 벌을 받아야 할 자를 처벌하지 못하게 하거나, 마땅히 상을 받아야 할 자를 포상하지 못하게 하는 자가 있으면, 이 역시 처벌해야 합니다.

諸(제) 모두. 罰(벌) 벌하다. 請(청) 청하다. 不罰(불벌) 벌을 받지 않다. 者(자) ~하는 자. 死(사) 죽이다. 賞(상) 상을 주다. 不賞(불상) 상을 주지 않다.

伐國必因其變, 示之以財, 以觀其窮, 示之以弊, 以觀其病,
벌국필인기변, 시지이재, 이관기궁, 시지이폐, 이관기병,
다른 나라를 정벌하려면 반드시 그 나라의 변화를 잘 살펴야 한다. 예를 들면, 재화나 재물

로 유인하여 그 나라의 경제력을 잘 관찰하고, 내부에 어떤 폐단들이 있는지를 알아봄으로써 상대국의 병폐가 무엇이 있는지 파악하기도 해야 한다.

伐國(벌국) 다른 나라를 정벌하다. 必(필) 반드시. 因(인) ~로 인하여. 其(기) 그. 變(변) 변화. 示(시) 보다. 以財(이재) 재물로써. 재화로. 以觀(이관) 잘 관찰하다. 窮(궁) 가난하다. 궁구하다. 示(시) 보다. 以弊(이폐) 내부에 어떤 폐단이 있는지 잘 살핌으로써. 以觀(이관) 잘 관찰하다. 病(병) 병. 그 나라의 취약점. 약점.

上乖下離, 若此之類是伐之因也.
상괴하리, 약차지류시벌지인야.
만약 이런 방법으로 인해서 상대국의 상하가 서로 어그러지고 분리된다면 그 나라를 정벌할 수 있는 아주 좋은 구실이 되는 것이다.

上(상) 위. 乖(괴) 어그러지다. 下(하) 아래. 離(리) 떨어지다. 若(약) 만약. 此(차) 이것. 類(류) 부류. 是(시) 옳다. 伐(벌) 정벌하다. 因(인) ~로 인하여. ~의 원인.

凡興師, 必審內外之權, 以計其去.
범흥사, 필심내외지권, 이계기거.
전쟁을 일으키려면 반드시 피아의 전력이나 처한 상황 등을 모두 잘 파악한 다음 계산을 해보고 출병 여부를 결정해야 한다.

凡(범) 무릇. 興(흥) 일으키다. 師(사) 군사. 必審(필심) 반드시 살펴봐야 한다. 內外之權(내외지권) 안과 밖 모든 사항. 以(이) 써. ~로써. 計(계) 계획. 계략. 其(기) 그. 去(거) 가다.

兵有備闕, 糧食有餘不足, 校所出入之路, 然後興師伐亂, 必能入之.
병유비궐, 양식유여부족, 교소출입지로, 연후흥사벌란, 필능입지.
군의 병력과 장비는 성문을 떠날 대비가 되어 있는가? 군량은 충분하게 확보되어 있는가? 그리고 부대가 진격하거나 퇴각하는 길은 제대로 확보되었나? 이러한 것들이 다 확인된 다음에 군사를 일으켜 난을 토벌해야 하며, 그리하면 반드시 적지의 깊숙한 곳까지 쳐들어가도 능히 승리를 거둘 수 있다.

兵(병) 군사. 병력. 군대. 有(유) 있다. 備(비) 대비. 闕(궐) 대궐. 성문. 糧食(양식) 군량을 말함. 有餘(유여) 남는 것이 있는지? 不足(부족) 부족한지? 校(교) 본받다. 가르치다. 所(소) ~하는 바. 出入之路

(출입지로) 출입하는 길. 然後(연후) 그런 다음에. 興師(흥사) 군사를 일으키다. 伐亂(벌란) 난을 토벌하다. 必(필) 반드시. 能(능) 능히 ~하다. 入(입) 들어가다. 적지에 들어간다는 의미임.

地大而城小者, 必先收其地. 城大而窄者, 必先攻其城.
지대이성소자, 필선수기지. 성대이착자, 필선공기성.
적국의 영토는 넓은 데 비해 성의 규모가 작을 경우에는 먼저 영토부터 장악해야 한다. 그러나 성의 규모는 크지만 영토가 작을 경우에는 먼저 성부터 공략해야 한다.

地大(지대) 땅은 넓고 크다. 城小(성소) 성은 작다. 者(자) ~하는 것. 必(필) 반드시. 先(선) 먼저. 收(수) 거두다. 其(기) 그. 地(지) 땅. 城大(성대) 성의 규모가 크다. 窄(착) 좁다. 攻(공) 공격하다. 城(성) 성.

地廣而人寡者, 則絕其阨. 地狹而人衆者, 則築大堙以臨之.
지광이인과자, 즉절기애. 지협이인중자, 즉축대인이임지.
적의 영토는 넓은데 인구가 적을 경우에는 군사적 요충지부터 공격하여 적의 맥을 끊어야 하며, 적의 영토는 협소하지만 인구가 많으면 성을 공격할 때 성벽보다 높은 토산을 쌓아 그 위에서 성을 공격하여야 한다.

地(지) 땅. 영토. 廣(광) 넓다. 人(인) 인구. 寡(과) 적다. 者(자) ~하는 것. 則(즉) 곧. 絕(절) 끊다. 其(기) 그. 阨(애) 좁다. 요충지를 말함. 地(지) 땅. 영토. 狹(협) 좁다. 협소하다. 衆(중) 무리. 많다. 築(축) 쌓다. 大堙(대인) 성을 공격하기 위해서 성보다 더 높은 토산을 쌓는 것을 말함. 以(이) ~로써. 臨(임) 임하다.

無喪其利, 無奮其時, 寬其政, 夷其業, 救其弊, 則足施天下.
무상기리, 무분기시, 관기정, 이기업, 구기폐, 즉족시천하.
그렇게 해서 적지를 점령하면, 다음과 같이 해야 한다. ① 점령지역 백성의 이익을 해치는 일이 없어야 한다. ② 점령지역 백성들을 농번기에 부역을 시키는 등으로 농사 시기를 놓치게 하지 말아야 한다. ③ 점령지역 백성들에 대하여 관대한 정치를 펴야 한다. ④ 점령지역 백성들이 생업에 편안하게 종사하도록 해야 한다. ⑤ 점령지역 백성들의 폐습을 없애주고, 가난을 구원해주어야 한다. 이상과 같이 점령국을 다스린다면, 선정을 천하에 베풀게 될 것이다.

無(무) 없다. 喪(상) 죽다. 其(기) 그. 利(리) 이익. 無(무) 없다. 奮(분) 떨치다. 흔들리다. 時(시) 때. 시기. 농번기를 의미함. 寬(관) 너그럽다. 政(정) 정치. 정사. 夷(이) 오랑캐라는 뜻이 아니라 편안하다는 의미. 業(업) 일. 생업. 救(구) 건지다. 구원하다. 弊(폐) 폐단. 폐습을 말함. 則(즉) 곧. 足(족) 족하다. 施(시) 베풀다. 天下(천하) 천하.

今戰國相攻, 大伐有德. 自伍而兩, 自兩而師, 不一其令.

금전국상공, 대벌유덕. 자오이양, 자양이사, 불일기령.

오늘날 전쟁을 좋아하는 나라들이 서로 침공하면서 강대국들이 덕정을 베풀고 있는 나라까지 토벌의 대상으로 삼고 있는데, 그러한 군대의 모습을 보면 오(伍)에서 양(兩), 양(兩)에서 전군(師)에 이르기까지 군령이 통일되어 있지 않다.

今(금) 지금. 오늘날. 戰國(전국) 전쟁을 하는 나라. 相攻(상공) 서로 침공하다. 大(대) 크다. 伐(벌) 토벌하다. 有(유) 있다. 德(덕) 덕. 自(자) ~부터. 伍(오) 5명으로 구성된 부대 단위. 兩(양) 25명으로 구성된 부대단위. 師(사) 군사. 전군을 의미하는 부대단위. 不一(불일) 일치하지 않다. 其(기) 그. 令(령) 명령.

率俾民心不定, 徒尙驕侈, 謀患辨訟, 吏究其事, 累且敗也.

솔비민심부정, 도상교치, 모환변송, 이구기사, 누차패야.

장병들의 마음이 안정되지 않고, 교만과 사치를 일삼고, 간부들은 당면한 문제점이나 송사를 해결하는 데 정신이 없는 등 이러한 것들이 누적되다 보면 곧 패하게 되는 것이다.

率(솔) 거느리다. 俾(비) 시키다. 民心(민심) 백성들의 마음. 장병들의 마음. 不定(부정) 안정되어 있지 않다. 徒(도) 무리. 군대를 말함. 尙(상) 오히려. 驕(교) 교만하다. 侈(치) 사치하다. 謀(모) 꾀하다. 患(환) 근심. 辨(변) 분별하다. 訟(송) 송사하다. 吏(이) 간부. 벼슬아치. 究(구) 궁구하다. 其(기) 그. 事(사) 일. 累(루) 묶다. 누적되다. 且(차) 또. 敗(패) 패하다.

日暮路遠, 還有挫氣. 師老將貪, 爭掠易敗.

일모로원, 환유좌기. 사로장탐, 쟁략이패.

날은 저물고 갈 길은 먼데 군사들의 사기는 저하되어 있으며, 병사들은 지쳐 있는데 장수는 탐욕을 부려 노략질을 일삼는 군대라면, 적에게 쉽게 패배를 당하게 된다.

日(일) 날. 暮(모) 저물다. 路(로) 길. 가야 할 길. 遠(원) 멀다. 還(환) 돌아오다. 有(유) 있다. 挫(좌) 꺾이다. 氣(기) 사기. 師(사) 군사들. 병력. 老(로) 피로하다. 將(장) 장수. 貪(탐) 탐을 내다. 爭(쟁) 싸우다. 掠(략) 약탈하다. 易(이) 쉽다. 敗(패) 패하다.

凡將輕, 壘卑, 衆動, 可攻也. 將重, 壘高, 衆懼, 可圍也.
범장경, 누비, 중동, 가공야. 장중, 누고, 중구, 가위야.

모름지기 적장이 경망스럽고, 보루가 낮게 설치되는 등 대비태세가 허술하며, 군심이 동요하는 상황이라면, 이런 적은 즉시 공격하여야 한다. 그러나 적장이 신중하고, 보루가 높게 설치되는 등 대비태세가 튼튼하며, 장병들이 군령을 어기는 것을 두려워하는 상황이라면, 이런 적은 직접 공격하는 것보다는 포위를 해서 지구전으로 가는 것이 좋다.

凡(범) 무릇. 將(장) 장수. 輕(경) 가볍다. 壘(루) 진. 성곽의 보루. 卑(비) 낮다. 衆(중) 무리. 動(동) 움직이다. 可(가) 가능하다. 攻(공) 공격. 將(장) 장수. 重(중) 무겁다. 高(고) 높다. 懼(구) 두려워하다. 圍(위) 둘러싸다. 포위. 也(야) 어조사.

凡圍必開其小利, 使漸夷弱, 則節各有不食者矣.
범위필개기소리, 사점이약, 즉절각유불식자의.

적을 포위할 때에는 반드시 한쪽을 열어두어 적의 결전 의지를 약화해야 하며, 적에게 소모전을 강요하여 적의 식량과 군수품을 고갈시키면, 적이 아무리 절약을 한다고 하더라도 굶주리는 자가 나올 수밖에 없게 되는 것이다.

凡(범) 무릇. 圍(위) 포위하다. 必(필) 반드시. 開(개) 열다. 其(기) 그. 小(소) 작다. 利(리) 이롭다. 使(사) ~하게 하다. 漸(점) 점점. 夷(이) 오랑캐. 적군. 弱(약) 약하다. 則(즉) 곧. 節(절) 마디. 절약하다. 各(각) 각각. 有(유) 있다. 不食(불식) 먹지 못하다. 者(자) ~하는 것. 矣(의) 어조사.

衆夜擊者驚也, 衆避事者離也.
중야격자경야, 중피사자리야.

적들이 야간에 소요를 일으켜 서로 자기네끼리 싸우는 것은 작은 상황에도 놀랄 정도로 적병들의 심리상태가 불안하고 두려움에 떨고 있기 때문이며, 적의 병사들이 임무를 부여받은 것을 회피하는 것은 마음이 전쟁터를 떠났거나 상하 간 틈이 너무 떨어져 있기 때문이다.

衆(중) 무리. 부대. 夜(야) 밤. 擊(격) 치다. 者(자) ~하는 자. 驚(경) 놀라다. 衆(중) 무리. 부대. 避(피) 피하다. 事(사) 일. 임무. 離(리) 떨어지다. 분리.

待人之救, 期戰而蹙, 皆心失而傷氣也. 傷氣敗軍, 曲謀敗國.

대인지구, 기전이축, 개심실이상기야. 상기패군, 곡모패국.

전투할 의지는 없이 다른 부대가 구해줄 것만 기다리며, 전투를 기약하고도 결전 당일에 의지가 오그라들어 적극성을 잃게 되는 것은, 모두 다 전투를 할 마음이나 사기를 잃었기 때문이다. 군은 사기와 투지를 잃으면 반드시 패배하고, 나라는 정책을 잘못 수립하면 반드시 멸망한다.

待(대) 기다리다. 人(인) 다른 사람. 救(구) 구하다. 期(기) 기한. 기약하다. 戰(전) 싸우다. 전투. 蹙(축) 오그라들다. 皆(개) 모두. 다. 心(심) 마음. 失(실) 잃다. 傷(상) 상처 입다. 氣(기) 사기. 敗(패) 패하다. 軍(군) 군대. 曲(곡) 굽다. 휘다. 잘못하다. 謀(모) 꾀하다. 모략. 敗(패) 패하다. 國(국) 나라.

第二十三. 兵令 上. 제23. 병령 상. 항상 지켜야하는 령 (상)

병령(兵令)은 용병할 때 금해야 하는 명령에 대해서 말하고 있다. 본문 내용 중 '병유상령(兵有常令)', 부대에는 항상 지켜야 하는 령이 있다고 하여 여기서 두 글자를 따서 편명(篇名)을 지었다.

-울료자직해(尉繚子直解)에서-

兵者, 凶器也. 爭者, 逆德也. 事必有本, 故王者伐暴亂, 本仁義焉.
병자, 흉기야. 쟁자, 역덕야. 사필유본, 고왕자벌폭란, 본인의언.
병기는 흉기이며, 전쟁은 순리가 아니다.[264] 모든 일에는 근본이 있는 법이다. 그러므로 포악하고 혼란한 나라를 토벌할 때는 반드시 인의를 전쟁 목표로 삼아야 한다.

兵者(병자) 여기서, 兵은 무기들을 의미함. 凶器(흉기) 흉기다. 爭者(쟁자) 전쟁을 말함. 逆德(역덕) 덕치에 역행하는 것이다. 事(사) 일. 세상사 모든 일. 必(필) 반드시. 有本(유본) 근본이 있다. 故(고) 고로. 王者(왕자) 왕이. 伐(벌) 토벌하다. 暴亂(폭난) 사납고, 어지러운. 本(본) 근본으로 삼다. 仁義(인의) 인의를. 焉(언) 어조사.

戰國則以立威, 抗敵, 相圖, 不能廢兵也.
전국즉이립위, 항적, 상도, 불능폐병야.
오늘날 전쟁을 좋아하는 나라들을 보면, 오로지 자신의 위엄을 세우고, 적의 공격에 대항하며, 서로 전쟁을 도모하고 있기에 전쟁이 없어지지 못하고 있다.

戰國(전국) 전쟁하는 나라. 則(즉) 곧. 以(이) ~로써. 立(입) 세우라. 威(위) 위엄. 권위. 抗(항) 막다. 敵(적) 적. 相(상) 서로. 圖(도) 도모하다. 꾀하다. 不能(불능) ~하지 못하다. 廢兵(폐병) 전쟁을 없앤다는 의미.

兵者, 以武爲植, 以文爲種. 武爲表, 文爲裏. 能審此二者, 知勝敗矣.
병자, 이무위식, 이문위종. 무위표, 문위리. 능심차이자, 지승패의.

264) 죽간본과 군서치요 판본에는 '병기는 흉기요, 순리를 거스르는 것이며, 다툼은 사물의 종말이다.'라고 표기되었는데, 이것은 「사기」〈월왕 구천 세가〉의 '…兵者凶器也, 戰者逆德也, 爭者事之末也'의 과정을 거쳐 송나라 때에 이르면서 잘못 전해진 듯하다.

전쟁에서 무력(武)은 줄기에 해당하고, 문략(文)은 뿌리에 해당하며, 무력(武)이 표면이라면, 문략(文)은 이면이다. 따라서 무력과 문략, 이 두 가지를 잘 살펴보면 전쟁에서의 승패를 알 수 있다.

兵者(병자) 전쟁이라는 것은. 以武(이무) 무력으로써. 爲植(위식) 줄기로 삼고. 以文(이문) 문략으로써. 爲種(위종) 씨앗, 뿌리로 삼다. 武(무) 무력. 爲表(위표) 겉면으로 삼다. 文(문) 문략. 爲裏(위리) 속으로 삼다. 能(능) 능히 ~하다. 審(심) 살피다. 此(차) 이것. 二(이) 두 가지. 者(자) ~하는 것. 知(지) 알다. 勝敗(승패) 이기고 지는 것. 矣(의) 어조사.

文所以視利害, 辨安危, 武所以犯强敵, 力攻守也.

문소이시리해, 변안위, 무소이범강적, 역공수야.

문략이란 피아간의 이해를 잘 살펴서 국가의 안위를 도모하는 분야를 담당하는 것이고, 무력이란 강력한 적에게 직접적인 힘으로 공격과 방어를 통해서 국가의 안위를 담당하는 수단으로써의 역할을 담당하는 것이다.

文(문) 문략=文略. 所(소) ~하는 바. 以(이) ~로써. 視(시) 보다. 利害(이해) 피아간 이해관계. 辨(변) 분별하다. 安危(안위) 안전과 위험. 武(무) 무력은. 犯(범) 범하다. 强敵(강적) 강한 적. 力(력) 힘. 攻守(공수) 공격과 방어.

專一則勝, 離散則敗. 陳以密則固, 鋒以疏則達.

전일즉승, 이산즉패. 진이밀즉고, 봉이소즉달.

무력과 문략이 서로 힘을 합쳐 하나로 뭉치면 이기고, 힘이 분산되어 따로 놀면 패배한다. 방어를 위해 진을 펼 때 조밀하게 편성하면 수비력이 견고해지고, 공격할 때에 부대의 간격을 적당히 소산하면 행동이 자유로워 승리할 수 있다.

專(전) 오로지. 一(일) 하나. 則(즉) 곧. 勝(승) 이긴다. 離(리) 떼놓다. 散(산) 흩어놓다. 敗(패) 패한다. 陳(진) 군진을 펴다. 以密(이밀) 조밀하게. 固(고) 견고하다. 鋒(봉) 칼끝. 以疏(이소) 소산시키다. 達(달) 통달하다.

卒畏將甚於敵者, 勝, 卒畏敵甚於將者, 敗.

졸외장심어적자, 승, 졸외적심어장자, 패.

장병들이 적보다 자신의 장수를 더 두려워한다면 승리하고, 장병들이 자신의 장수보다 적을 더 두려워한다면 패한다.

卒(졸) 병사들. 畏(외) 두려워하다. 將(장) 장수. 甚(심) 심하다. 於敵(어적) 적 보다. 者(자) ~하는 것. 勝(승) 이기다. 敵(적) 적군. 於將(어장) 장수보다. 敗(패) 패배하다.

所以知勝敗者, 稱將於敵也, 敵與將猶權衡焉.
소이지승패자, 칭장어적야, 적여장유권형언.
따라서 피아 장수를 서로 비교해 보면 승패를 알 수 있다. 적과 장수는 마치 저울과 저울추와 비슷하기 때문이다.

所(소) ~하는 바. 以(이) ~로써. 知(지) 알다. 勝敗(승패) 이기고 지는 것. 者(자) ~하는 것. 稱(칭) 비교하다. 將(장) 장수. 於敵(어적) 적과. 敵(적) 적군. 與(여) ~와. 將(장) 장수. 猶(유) 오히려. 權(권) 저울추. 衡(형) 저울대. 焉(언) 어조사.

安靜則治, 暴疾則亂.
안정즉치, 폭질즉란.
장수의 언행이 안정되어 있으면 그 군은 군기가 잘 잡혀있는 부대이고, 장수의 언행이 난폭하고 급하면 그 군은 자연히 어지러워진다.

安靜(안정) 안정되다. 則(즉) 곧. 治(치) 다스리다. 暴疾(폭질) 사납고 급하다. 亂(난) 어지럽다.

出卒陳兵有常令, 行伍疏數有常法, 先後之次有適宜.
출졸진병유상령, 행오소수유상법, 선후지차유적의.
군이 출동하여 진을 치거나, 행군 간 대오의 간격을 유지하거나 하는 데에는 일정한 법칙을 따라야 하고, 진형의 앞뒤 순서를 정하거나 할 때는 적절한 융통성이 필요한 법이다.

出(출) 나가다. 卒(졸) 군대를 의미. 陳(진) 진을 치다. 兵(병) 군대. 有(유) 있다. 常(상) 일정한. 令(령) 명령. 行(행) 행군하다. 伍(오) 5명으로 구성된 부대의 단위. 疏(소) 트이다. 數(수) 숫자. 有(유) 있다. 常(상) 일정한. 法(법) 법칙. 先後(선후) 먼저와 나중. 次(차) 차이. 有(유) 있다. 適(적) 적당하다. 宜(의) 마땅하다.

常令者, 非追北襲邑攸用也. 前後不次則失也. 亂先後斬之.
상령자, 비추배습읍유용야. 전후불차즉실야. 난선후참지.

평소에 정해져 있는 군령이라는 것은 패주하는 적을 추격하거나 적의 성읍을 공격할 때와 같은 상황에서는 적용되지 않을 수도 있다. 그러나 부대의 질서가 제대로 지켜지지 않으면, 그 군대는 통제력을 상실하게 되며, 이때 부대의 질서를 어지럽힌 자는 누구를 막론하고 참형에 처해야 한다.

常(상) 항상. 令(령) 명령. 者(자) ~하는 것. 非(비) 아니다. 追(추) 쫓다. 北(배) 패배하다. 襲(습) 습격하다. 邑(읍) 마을. 攸(유) ~하는 바. 소(所)자와 같은 의미. 用(용) 쓰다. 적용되다. 前後(전후) 앞과 뒤. 不(불) 아니다. 次(차) 순서. 則(즉) 곧. 失(실) 잃다. 亂(란) 어지럽히다. 先後(선후) 앞과 뒤. 斬(참) 베다. 참하다.

常陳皆向敵, 有內向, 有外向, 有立陳, 有坐陳.
상진개향적, 유내향, 유외향, 유입진, 유좌진.
통상적인 진법은 대부분 적 방향으로 포진하는 것이 원칙이다. 하지만 상황에 따라서 내부로 향하는 내향진, 외부로 향하는 외향진, 선 자세인 입진, 앉은 자세인 좌진 등을 치게 할 수도 있다.

常(상) 통상적인. 陳(진) 진을 펴다. 皆(개) 모두. 向敵(향적) 적을 향하다. 內向(내향) 내부로 향하다. 外向(외향) 외부로 향하다. 立陳(입진) 서 있는 모습의 진. 坐陳(좌진) 앉아있는 모습의 진.

夫內向所以顧中也, 外向所以備外也, 立陳所以進也, 坐陳所以止也,
부내향소이고중야, 외향소이비외야, 입진소이진야, 좌진소이지야,
내향진은 중군의 안전을 도모하기 위한 것이며, 외향진은 적의 기습에 대비한 것이고, 입진은 여차하면 돌진을 하기 위한 것이며, 좌진은 방어를 하기 위한 것이다.

夫(부) 무릇. 內向(내향) 내향진. 所(소) ~하는 바. 以(이) ~로써. 顧(고) 돌아보다. 中(중) 가운데. 아군의 편성중 중군. 外向(외향) 외향진. 備(비) 대비하다. 外(외) 외부의 침입. 立陳(입진) 입진. 進(진) 나아가다. 坐陳(좌진) 좌진. 止(지) 그치다. 방어하다.

立坐之陳, 相參進止, 將在其中.
입좌지진, 상참진지, 장재기중.
그리고 입진과 좌진을 혼합 운용하는 것은 공수 교대를 원활하게 하기 위한 것으로 장수는 입진과 좌진의 중간에서 지휘하여야 한다.

立坐之陳(입좌지진) 입진과 좌진을 혼합한 진의 편성. 相參(상참) 서로 참고하다. 進止(진지) 돌진과 정지한 이후의 수비. 공격과 방어를 의미함. 將(장) 장수. 在(재) 있다. 其中(기중) 그 가운데.

坐之兵劍斧, 立之兵戟弩, 將亦居中.
좌지병검부, 입지병극노, 장역거중.
좌진의 병사들은 칼이나 도끼 등 근거리 전투용 무기를 사용하고, 입진의 병사들은 창이나 궁노 등 원거리 전투용 무기를 사용하며, 이때 지휘관인 장수는 이들 부대의 중간 지점에서 지휘해야 한다.

坐(좌) 좌진의 병사들. 兵(병) 병기는. 劍(검) 칼. 斧(부) 도끼. 칼과 도끼는 근거리 전투용 무기임. 立(입) 입진의 병사들. 戟(극) 창. 弩(노) 궁노. 활. 쇠뇌 등은 원거리 전투용 무기임. 將(장) 장수. 亦(역) 또한. 居(거) 위치하다. 中(중) 가운데.

善禦敵者, 正兵先合, 而後振之, 此必勝之術也.
선어적자, 정병선합, 이후진지, 차필승지술야.
적을 제압하는데 능한 장수는 먼저 정병(正兵)으로 적을 공격한 이후에 기병(奇兵)으로 적을 공략한다. 이것이 바로 필승을 거두는 방법이다.

善(선) 잘하다. 禦(어) 제어하다. 제압하다. 敵(적) 적군. 者(자) ~하는 자. 正兵(정병) 정병. 先(선) 먼저. 合(합) 싸우다. 而後(이후) 그런 다음에. 振(진) 떨치다. 此(차) 이것이. 必勝(필승) 반드시 이기다. 術(술) 방법이다.

陳之斧鉞, 飾之旂章, 有功必賞, 犯令必死, 存亡死生, 在枹之端,
진지부월, 식지기장, 유공필상, 범령필사, 존망사생, 재포지단,
부대가 진을 칠 때는 앞에 지휘권을 상징하는 도끼인 부월을 세워 놓고, 각종 부대기와 휘장들로 부대를 꾸미고, 공이 있는 자는 반드시 상을 주며, 군령을 어긴 자는 반드시 처벌한다. 국가의 존망이나 전군의 생사가 그 장수가 지휘하는 북채 끝에 달린 것이다.

陳(진) 진을 치다. 斧鉞(부월) 도끼. 지휘권을 부여할 때 장수에게 주는 도끼. 飾(식) 꾸미다. 旂(기) 깃발. 章(장) 휘장. 有功(유공) 공이 있는 자는. 必賞(필상) 반드시 상을 주다. 犯令(범령) 군령을 어긴 자는. 必死(필사) 반드시 죽이다. 存亡(존망) 국가의 존망. 死生(사생) 국가나 부대의 생사. 在(재) 있다. 枹(포) 북채. 端(단) 끝.

雖天下有善兵者, 莫能禦此矣.
수천하유선병자, 막능어차의.
이렇게 해서 군율이 제대로 잡힌 군대는 비록 천하에 제아무리 용병을 잘하는 자가 있다고 하더라도 당해 내지는 못할 것이다.

雖(수) 비록. 天下(천하) 천하에. 有(유) 있다. 善(선) 잘하다. 兵(병) 용병. 者(자) ~하는 자. 莫(막) 없다. 能(능) 능히 ~하다. 禦(어) 제어하다. 제압하다. 此(차) 이것. 矣(이) 어조사.

矢射未交, 長刃未接, 前譟者謂之虛, 後譟者謂之實,
시사미교, 장인미접, 전조자위지허, 후조자위지실,
화살도 쏘지 않고, 칼날끼리 접촉이 없는 등 전투가 개시되기 전에 시끄럽게 떠드는 부대는 전력이 허(虛)하다는 것이고, 접전이 벌어진 뒤에 함성을 지르는 등 시끄러운 부대는 전투력이 실(實)한 부대이다.

矢(시) 화살. 射(사) 쏘다. 未(미) 아니다. 交(교) 주고받다. 長(장) 길다. 刃(인) 칼날. 未(미) 아니다. 接(접) 붙다. 前(전) 전투가 개시되기 전. 譟(조) 시끄럽다. 者(자) ~하는 것. 謂(위) 말하다. 虛(허) 허하다. 後(후) 전투가 개시된 후. 實(실) 실하다.

不譟者謂之秘, 虛實秘者, 兵之體也.
부조자위지비, 허실비자, 병지체야.
그리고 부대가 전혀 시끄럽지 않은 부대는 뭔가를 은폐(秘)하기 위한 것이다. 따라서 허(虛).실(實).비(秘)의 특성, 이 세 가지를 잘 운용하는 것이 바로 용병의 요체이다.

不(부) 아니다. 譟(조) 시끄럽다. 者(자) ~하는 것. 謂(위) 말하다. 秘(비) 숨기다. 虛實秘者(허실비자) 허·실·비를 잘 운용하는 것. 兵之體(병지체) 용병의 요체이다.

第二十四. 兵令 下. 제24. 병령 하.[265] 항상 지켜야 하는 령 (하)

諸去大軍爲前禦之備者, 邊縣列候各相去三 · 五里.
제거대군위전어지비자, 변현열후각상거삼 · 오리.
출정군의 본대인 대군이 출동하면, 전방을 경계하던 부대는 출정군이 통과하는 변방의 국경 지역 읍이나 현에서 3~5리 간격으로 척후병을 운용하여 지원해준다.

諸(제) 모두. 去(거) 가다. 大軍(대군) 출정군의 본대를 의미. 爲(위) ~하다. 前禦(전어) 전방을 방어하다. 備(비) 대비하다. 者(자) ~하는 것. 邊縣(변현) 변두리에 있는 현이나 읍. 列(열) 벌이다. 候(후) 척후병을 말함. 各(각) 각각. 相(상) 서로. 去(거) 가다. 三·五里(삼·오리) 3~5리 간격으로.

聞大軍爲前禦之備戰, 則皆禁行, 所以安內也.
문대군위전어지비전, 즉개금행, 소이안내야.
전쟁이 개시되었다는 소식을 들으면 국경 지역에 대한 통행을 금하게 되는데, 이는 국내의 안전을 도모하기 위해서이다.

聞(문) 듣다. 大軍(대군) 출정군의 본대. 爲(위) ~하다. 前禦(전어) 전방을 방어하다. 備(비) 대비하다. 戰(전) 전투. 則(즉) 곧. 皆(개) 모두. 다. 禁行(금행) 통행을 금하다. 所(소) ~하는 바. 以(이) 로써. 安(안) 편안하다. 內(내) 안. 국내. 후방.

內卒出戍, 令將吏授旗鼓戈甲.
내졸출수, 영장리수기고과갑.
중앙 또는 내지의 병력이 국경지방에 파견되어 국경 수비 임무를 담당하게 될 때는, 그 상급부대의 지휘관이 파견부대에 지휘관을 상징하는 기치와 북을 수여하고, 창검과 갑옷 등 병기 장비를 지급한다.

內(내) 안. 卒(졸) 병사. 出(출) 나가다. 戍(수) 지키다. 令(령) 명령. 령을 받다. 將(장) 장수. 吏(리) 관리. 벼슬아치. 간부. 授(수) 주다. 旂(기) 깃발. 鼓(고) 북. 戈(과) 창. 甲(갑) 갑옷.

265) 이 편에서는 군의 존재 이유, 전쟁의 본질, 전쟁의 목적 등에 대하여 설명하고 있다.

發日, 後將吏及出縣封界者, 以坐後戍法.
발일, 후장리급출현봉계자, 이좌후수법.
그리고 지정된 출동 기일에 부대 지휘관보다 뒤늦게 출동지역 경계에 도착한 자는 태만죄로 처벌한다.

發日(발일) 출동하는 날. 後(후) 뒤. 나중에. 將吏(장리) 장수와 간부. 及(급) 미치다. 出(출) 나가다. 縣(현) 마을. 封(봉) 봉하다. 界(계) 경계. 者(자) ~하는 자. 以(이) 로써. 坐(좌) 앉다. 後戍法(후수법) 후수법.

兵戍邊一歲, 遂亡不候代者, 法比亡軍.
병수변일세, 수망불후대자, 법비망군.
국경 수비대의 복무 기간은 1년으로 하며, 후임자와 임무를 교대하기 전에 근무지역을 이탈한 자는 도망병과 같은 죄로 처벌한다.

兵(병) 병사. 戍(수) 지키다. 邊(변) 변방. 一歲(일세) 일년. 遂(수) 이르다. 亡(망) 도망가다. 不(불) 아니다. 候(후) 척후. 代(대) 대신하다. 者(자) ~하는 자. 法(법) 법. 比(비) 견주다. 亡軍(망군) 도망병.

父母妻子知之, 與同罪. 弗知, 赦之.
부모처자지지, 여동죄. 부지, 사지.
부모 처자가 이 사실을 알고서도 신고하지 않은 경우에는 도망병과 같은 죄로 처벌한다. 다만, 그 사실을 알지 못하였을 때는 처벌하지 않는다.

父母妻子(부모처자) 부모 처자. 知(지) 알다. 與同罪(여동죄) 같은 죄로 벌을 준다. 弗(불, 부) 아니다. 不 자와 같은 의미임. 知(지) 알다. 赦(사) 용서하다.

卒後將吏而至大將所一日, 父母妻子盡同罪.
졸후장리이지대장소일일, 부모처자진동죄.
병사가 장수나 간부보다 뒤에 출발해서 대장보다 하루 늦게 소집 장소에 도착한 경우에는, 그 병사의 부모 처자도 같은 죄로 처벌한다.

卒(졸) 병사. 後(후) 뒤에. 將(장) 장수. 吏(리) 간부. 至(지) 이르다. 大將(대장) 대장군. 所(소) ~하는 바. 一日(1일) 하루. 父母妻子(부모처자) 부모와 처자식. 盡(진) 다하다. 同罪(동죄) 같은 죄.

卒逃歸至家一日, 父母妻子弗捕執及不言, 亦同罪.
졸도귀지가일일, 부모처자불포집급불언, 역동죄.
병사가 도망가서 귀향한 지 1일 이상 지났는데도 그 병사의 부모와 처자식들이 잡지도 않고 신고도 하지 않았을 경우에는 도망병과 같은 죄로 처벌한다.

卒(졸) 병사가. 逃(도) 도망하여. 歸至家(귀지가) 집으로 돌아가다. 一日(1일) 하루. 父母妻子(부모처자) 부모와 처자식. 弗(불) 아니다. 不와 같은 뜻임. 捕(포) 사로잡다. 執(집) 잡다. 及(급) 미치다. 不言(불언) 말하지 않다. 亦(역) 또한. 同罪(동죄) 같은 죄.

諸戰而亡其將吏者, 及將吏棄卒獨北者, 盡斬之.
제전이망기장리자, 급장리기졸독배자, 진참지.
모든 전투에서 자기 소속부대의 장수와 간부들을 제대로 지키지 않아 잃게 된 경우, 장수와 간부들이 자기 소속부대원을 버리고 혼자 도망하였을 경우에는 모두 참형에 처한다.

諸(제) 모든. 戰(전) 전투. 亡(망) 잃다. 其(기) 그. 將吏(장리) 장수와 간부. 者(자) ~하는 자. 及(급) 미치다. 將吏(장리) 장수와 간부. 棄(기) 버리다. 卒(졸) 병사들. 獨(독) 홀로. 北(배) 도망가다. 盡(진) 다하다. 斬(참) 참형에 처하다.

前吏棄其卒而北, 後吏能斬之而奪其卒者, 賞. 軍無功者, 戍三歲.
전리기기졸이배, 후리능참지이탈기졸자, 상. 군무공자, 수삼세.
전방에 있는 부대의 간부들이 자기 부하들을 버리고 도망하였을 경우, 후방에 있는 부대의 간부들이 그를 잡아 처형하고, 그 병력을 수용하여 자기 부대에 편입시키면 포상한다. 그리고 참전한 군인 중에서 전공을 세우지 못한 자는 국경 수비대에 3년을 복무하게 한다.

前(전) 앞. 전방부대. 吏(리) 간부. 棄(기) 버리다. 其(기) 그. 卒(졸) 병사. 北(배) 도망가다. 後(후) 뒤. 후방부대. 吏(리) 간부. 能(능) 능히 ~하다. 斬(참) 베다. 奪(탈) 빼앗다. 其(기) 그. 卒(졸) 병사. 者(자) ~하는 경우. 賞(상) 상을 주다. 軍(군) 군대. 無功者(무공자) 공이 없는 자. 戍(수) 지키다. 국경 수비대를 말함. 三歲(삼세) 3년.

三軍大戰, 若大將死, 而從吏五百人以上不能死敵者, 斬.
삼군대전, 약대장사, 이종리오백인이상불능사적자, 참.
전군의 병력이 모두 참가한 대전에서 대장군이 전사하였을 경우, 그 휘하에서 5백 명 이상을 지휘한 부대의 간부들이 결사적으로 적과 싸우지 않았으면 참형에 처한다.

三軍(삼군) 전군을 말함. 大戰(대전) 대전을 치르다. 若(약) 만약. 大將(대장) 최고 지휘관. 死(사) 전사하다. 從(종) 따르다. 吏(리) 간부. 五百人以上(오백인이상) 5백 명 이상. 不能(불능) ~하지 못하다. 敵(적) 적. 者(자) ~한 자. 斬(참) 참형에 처하다.

大將左右近卒在陳中者, 皆斬.

대장좌우근졸재진중자, 개참.

그리고 대장군의 측근에서 호위하던 장병들을 포함하여 현장에 있었던 자들도 모두 참형에 처한다.

大將(대장) 최고 지휘관. 左右近卒(좌우근졸) 좌우에 있는 호위병들. 在(재) 있다. 陳(진) 진영. 中(중) 가운데. 者(자) ~하는 자. 皆(개) 모두. 다. 斬(참) 참형에 처하다.

餘士卒, 有軍功者, 奪一級. 無軍功者, 戍三歲.

여사졸, 유군공자, 탈일급. 무군공자, 수삼세.

기타 병사 중에서 전공을 세운 자에 한하여 1계급 강등 조치만 하고, 전공이 없는 자는 국경 수비대에서 3년간 복무하게 한다.

餘(여) 남다. 士卒(사졸) 장병들. 有軍功者(유군공자) 전공이 있는 자. 奪(탈) 빼앗다. 一級(일급) 1계급. 無(무) 없다. 軍(군) 군대. 功(공) 전공. 者(자) ~한 자. 戍(수) 지키다. 국경 수비대. 三歲(삼세) 3년.

戰亡伍人, 及伍人戰死不得其死, 同伍盡奪其功. 得其屍, 罪皆赦.

전망오인, 급오인전사부득기사, 동오진탈기공. 득기시, 죄개사.

전투 중에 소속부대원 중에서 도망병이 생기거나 전사자가 발생하였을 경우에 전사자의 시체가 회수되지 않았으면, 도망자로 간주하여 그 소속부대원이 세운 전공을 박탈한다. 그러나 소속부대원의 시체를 찾아내어 전사 사실이 증명되었을 경우에는 모두 용서해준다.

戰(전) 전투. 亡(망) 도망가다. 伍人(오인) 5명 규모의 부대인 오(伍)의 소속부대원. 及(급) 미치다. 伍人(오인) 소속부대원으로 해석. 戰死(전사) 전사하다. 不得(부득) 얻지 못하다. 其(기) 그. 死(사) 죽음. 시체를 말함. 同伍(동오) 같은 소속부대. 盡(진) 다하다. 奪(탈) 빼앗다. 其功(기공) 그 전공을. 得(득) 얻다. 其(기) 그. 屍(시) 주검. 시체. 罪(죄) 죄. 皆(개) 모두. 다. 赦(사) 용서하다.

軍之利害, 在國之名實. 今名在官, 而實在家, 官不得其實, 家不得其名.
군지리해, 재국지명실. 금명재관, 이실재가, 관부득기실, 가부득기명.
군대의 이해[266]관계는 병역제도를 운영하기 위해서 관에서 관리하는 명부와 실제가 얼마나 일치하는가에 달려있다. 오늘날 병사의 이름은 관청의 군적에 등록되어 있으나 실제 병력은 자기 집에 있는 경우가 있는데, 이는 관청에서는 병력을 보유하고 있다고 하지만 실제 병력은 없는 상태가 되는 것이다.

軍之利害(군지이해) 군의 이익과 해로움. 在(재) 있다. 國(국) 나라. 名(명) 명부. 實(실) 실하다. 今(금) 지금. 오늘날. 在官(재관) 관청에 있다. 實(실) 실제로는. 在家(재가) 집에 있다. 官(관) 관청에서. 不得(부득) 얻지 못하다. 其實(기실) 그 실제. 家(가) 집. 其名(기명) 그 명부.

聚卒爲軍, 有空名而無實, 外不足以禦敵, 內不足以守國,
취졸위군, 유공명이무실, 외부족이어적, 내부족이수국,
병사들을 동원해서 군대를 편성하려 해도 유명무실하게 되고, 이런 군대로는 외적의 침입을 막기에도 부족하고, 국내의 치안을 유지하기에도 부족하게 되는 것이다.

聚(취) 모으다. 卒(졸) 장병. 爲軍(위군) 군을 편성하다. 有空名(유공명) 빈 이름만 있다. 無實(무실) 실속이 없다. 外(외) 대외적으로. 不足(부족) 부족하다. 以(이) ~로써. 禦(어) 방어하다. 막다. 敵(적) 적군. 內(내) 대내적으로. 守(수) 지키다. 치안을 말함. 國(국) 나라.

此軍之所以不給, 將之所以奪威也.
차군지소이불급, 장지소이탈위야.
이렇게 되면, 군대의 병력이 부족할 뿐만 아니라 장수의 위엄까지 제대로 세울 수 없게 된다.

此(차) 이. 이것. 軍(군) 군대. 所(소) ~하는 바. 以(이) ~로써. 不(불) 아니다. 給(급) 넉넉하다. 將(장) 장수. 奪(탈) 빼앗다. 威(위) 위엄.

臣以謂, 卒逃歸者, 同舍伍人及吏, 罰入糧爲饒.
신이위, 졸도귀자, 동사오인급리, 벌입량위요.
내가 듣건대, 요즘 군에서 도망병이 생기면, 같은 소속부대원과 간부들이 이를 면하기 위

266) 병역제도를 제대로 운영해야 군에 이롭고, 제대로 운영하지 않으면 해롭다는 것을 군의 이해관계로 설명한 것이다.

해서 벌칙으로 양곡을 모아서 장수에게 바침으로 인해서 장수는 사리사욕을 채우고 있다고 한다.

臣(신) 신하. 以(이) ~로써. 謂(위) 말하다. 卒(졸) 병사. 逃歸者(도귀자) 도망하여 귀향한 자. 同(동) 같다. 舍(사) 집. 막사. 伍人(오인) 같은 소속부대원. 及(급) 미치다. 吏(리) 간부. 罰(벌) 벌하다. 入糧(입량) 양곡을 들이다. 爲(위) ~하다. 饒(요) 넉넉하다.

名爲軍實, 是有一軍之名, 而有二實之出,
명위군실, 시유일군지명, 이유이실지출,
도망병이 생겨서 사실은 없는데 군대의 명부에만 올라와 있는 경우는 군적에는 1명만 있는데 실제로는 2명분의 양곡이 지출되기 때문에 유지비가 많이 들게 된다.

名(명) 명부. 爲(위) ~하다. 軍(군) 군대. 實(실) 실제. 是(시) 옳다. 有一(유일) 한 명이 있다. 軍之名(군지명) 군대의 명부에. 그런데. 有二(유이) 두 명이 있다. 實(실) 실제. 出(출) 나가다.

國內空虛, 自竭民歲, 曷以免奔北之禍乎?
국내공허, 자갈민세, 갈이면분북지화호?
이렇게 되면 국고는 텅텅 비게 되고, 백성들의 양식도 고갈되게 하는 것이다. 이러고서야 어떻게 유사시에 패전하지 않을 수 있겠는가?

國內(국내) 국가의 창고. 空虛(공허) 텅텅비다. 自(자) 스스로. 竭(갈) 고갈되다. 民(민) 백성. 歲(세) 해. 1년. 曷(갈) 어찌. 以(이) ~로써. 免(면) 면하다. 奔(분) 달리다. 北(배) 패배하다. 禍(화) 재앙. 乎(호) 어조사.

今以法止逃歸, 禁亡軍, 是兵之一勝也.
금이법지도귀, 금망군, 시병지일승야.
① 지금부터라도 엄격한 법령으로 도망병이 생기지 않도록 철저히 단속하여야 한다. 이것이 바로 군이 승리하는 데 필요한 첫 번째 요건이다.

今(금) 지금. 以法(이법) 법령으로. 止(지) 그치게 하다. 逃歸(도귀) 병사들이 도망하여 귀가하다. 禁(금) 금하다. 亡軍(망군) 군대를 망치다. 是(시) 이것. 兵(병) 용병. 군대. 一(일) 하나. 勝(승) 이기다. 승리.

什伍相聯, 及戰鬪則卒吏相救, 是兵之二勝也.
십오상련, 급전투즉졸리상구, 시병지이승야.
② 같은 부대원끼리 서로 연합하여, 전투 시에는 병사들과 간부급 지휘자들이 서로 돕게 해야 한다. 이것이 바로 군이 승리하는 데 필요한 두 번째 요건이다.

什伍(십오) 여러 부대를 통칭한 것임. 相聯(상련) 서로 연합하여. 及(급) 미치다. 戰鬪(전투) 전투. 則(즉) 곧. 卒吏(졸리) 병사들과 간부들. 相救(상구) 서로 돕다. 是(시) 이것. 兵(병) 용병. 군대. 二(이) 둘. 勝(승) 이기다. 승리.

將能立威, 卒能節制, 號令明信, 攻守皆得, 是兵之三勝也.
장능립위, 졸능절제, 호령명신, 공수개득, 시병지삼승야.
③ 장수가 능히 위엄을 세울 수 있고, 장병들이 능히 지휘관의 통제에 순종하며, 명령이 분명해서 신뢰가 가고, 공격작전을 하든지 방어작전을 하든지 모두 다 원하는 목적을 얻는 것, 이것이 바로 군이 승리하는 데 필요한 세 번째 요건이다.

將(장) 장수. 能(능) 능히 ~하다. 立威(입위) 위엄을 세우다. 卒(졸) 장병들. 節制(절제) 통제에 잘 따르고. 號(호) 부르다. 令(령) 명령. 明(명) 밝다. 분명하다. 信(신) 믿다. 攻守(공수) 공격과 수비. 皆(개) 모두다. 得(득) 얻다. 是(시) 이것. 兵(병) 용병. 군대. 三(삼) 셋. 勝(승) 이기다. 승리.

臣聞, 古之善用兵者, 能殺士卒之半, 其次殺其十三, 其下殺其十一.
신문, 고지선용병자, 능살사졸지반, 기차살기십삼, 기하살기십일.
내가 듣건대, 옛날에 용병을 잘했던 장수 중에서 최고의 장수는 군의 절반 이상의 장병이 그를 위하여 목숨을 바치게 했고, 그다음은 10분의 3을, 또 그다음 장수는 10분의 1이 그를 위하여 목숨을 바치게 했다.

臣聞(신문) 신이 듣건대. 古(고) 옛날. 善用兵者(선용병자) 용병을 잘하는 자. 能(능) 능히 ~하다. 殺(살) 죽이다. 士卒之半(사졸지반) 장병들의 절반. 其次(기차) 그다음. 殺其十三(살기십삼) 10분의 3의 장병들이 능히 죽기를 각오하고 싸울 수 있게 했다. 其下(기하) 그다음. 殺其十一(살기십일) 10분의 1의 장병들이 능히 죽기를 각오하고 싸울 수 있게 했다.

能殺其半者, 威加海內, 殺十三者, 力加諸侯, 殺十一者, 令行士卒.
능살기반자, 위가해내, 살십삼자, 역가제후, 살십일자, 영행사졸.

부대의 절반 이상이 목숨을 바쳐 싸울 수 있게 할 수 있는 장수는 그 위세를 천하에 떨쳤으며, 10분의 3일 경우에는 제후들을 위압하였으며, 10분의 1일 경우에는 자신의 명령이 전 장병에게 어김없이 시행되게 하였다.

能(능) 능히. 殺(살) 죽다. 죽이다. 其半(기반) 그 절반. 者(자) ~하는 자. 威(위) 위엄. 加(가) 가하다. 海內(해내) 바다 안쪽. 十三(십삼) 십 분의 3. 力(력) 힘. 加(가) 가하다. 諸侯(제후) 제후들. 十一(십일) 십 분의 1. 令(령) 군령. 行(행) 행하다. 士卒(사졸) 장병들.

故曰, 百萬之衆不用命, 不如萬人之鬪也. 萬人之鬪, 不如百人之奮也.
고왈, 백만지중불용명, 불여만인지투야. 만인지투, 불여백인지분야.
따라서 옛 병법서에서 이렇게 말했다. 장수의 명령에 잘 따르지 않는 백만 대군은 장수의 명령에 잘 복종하는 만 명의 병사보다 못하며, 명령에 잘 따르는 만 명의 병력은 목숨을 바쳐 싸우는 백 명의 용사보다 못하다.

故曰(고왈) 고로 말하기를. 百萬之衆(백만지중) 백만 대군. 不用命(불용명) 명령에 잘 따르지 않는다. 不如(불여) ~보다 못하다. ~못지않다. 萬人之鬪(만인지투) 명령에 잘 따르는 만 명의 군사. 百人之奮(백인지분) 목숨 걸고 싸우는 백 명의 군사.

賞如日月, 信如四時, 令如斧鉞, 制如干將, 士卒不用命者, 未之聞也.
상여일월, 신여사시, 영여부월, 제여간장, 사졸불용명자, 미지문야.
포상은 해와 달처럼 분명하게 시행하고, 신의는 사계절이 돌아오듯이 반드시 지키며, 명령은 서슬이 퍼런 도끼와 같이 엄격히 내리고, 군의 통제는 장수의 방패와 같이 절도있게 하여야 한다. 장수가 이렇게 하는데도 병사들이 그 명령에 따르지 않았다는 말은 아직 들어본 적이 없다.

賞(상) 상을 주다. 如(여) ~와 같이. 日月(일월) 해와 달처럼 밝게. 분명하게. 信(신) 신의. 믿다. 四時(사시) 사계절. 令(령) 명령. 斧鉞(부월) 도끼. 왕이 장수에게 내리는 지휘권의 표시. 制(제) 통제하다. 干將(간장) 장수의 방패. 士卒(사졸) 장병들. 不(불) 아니다. 用(용) 쓰다. 命(명) 장수의 명령. 者(자) ~하는 자. 未(미) 아니다. 아직. 聞(문) 듣다.

第七書.【李衛公問對】

제7서. 이위공문대

《이위공문대(李衛公問對)에 대하여》

당태종이위공문대(唐太宗李衛公問對)는 당태종(唐太宗)과 이위공(李衛公) 이정(李靖)이 나눈 군사와 관련된 대화를 기록한 병서입니다. 이 책의 명칭은 당태종이위공문대(唐太宗李衛公問對), 당리문대(唐李問對), 이정문대(李靖問對), 이위공문대(李衛公問對) 등으로 부릅니다. 여기에서 공통으로 들어있는 문대(問對)는 묻고 답한다는 의미로 당태종과 이위공 이정이 서로 대화를 한다는 뜻입니다. 따라서 당태종이위공문대(唐太宗李衛公問對)가 정확한 표현이며, 줄여서는 당리문대(唐李問對)로 쓰기도 하는 것입니다. 그러나 가장 많이 쓰는 표현은 이위공문대(李衛公問對)입니다.

문대 상(問對 上), 문대 중(問對 中), 문대 하(問對 下) 총 3편으로 구성되어 있으며, 당태종(唐太宗) 이세민(李世民)이 군사와 관련된 질문을 하고 이위공(李衛公) 이정(李靖)이 그에 대한 답을 하는 형태로 되어 있어 다른 병서들보다 역동적인 구성으로 되어 있다는 것이 특징입니다. 흔히 군기가 빠진 모습을 보면 '당나라 군대'를 언급하는데, 이는 어느 나라든지 말기에는 모든 면에서 흐트러진 모습을 보이게 되는 것을 두고 당나라 말기의 군대를 떠올려 말하는 것이라 생각합니다. 오히려 역사적으로 보면 이세민(李世民)이 제위에 있었던 당나라 초기에는 군사적으로 아주 강한 면모를 보였다는 것이 정설입니다. 이런 병서를 정리해서 활용할 정도로 군사 분야에 관심이 많았던 것을 보면 미루어 짐작할 수 있습니다.

이위공문대(李衛公問對)의 가장 큰 특징은 기존의 병서에 나온 병법이론을 대화를 통하여 분석하였다는 것입니다. 거의 모든 병법이론에 대해서 언급하고, 이를 정밀하게 분석하고, 구체적인 사례까지 들어가면서 설명하는 모습은 다른 병서에서는 찾아볼 수 없는 이위공문대(李衛公問對)만의 독보적인 특징이라고 할 수 있습니다. 이 때문에 중간중간에 다른 병서로부터 인용한 문구가 나옵니다. 그에 대한 해석은 대부분 이위공(李衛公) 이정(李靖)이 하지만, 당태종(唐太宗) 역시 본인의 생각을 말하고 이에 대한 해석을 이위공(李衛公) 이정(李靖)에게 요구하는 등 전체적인 문장의 내용이나 구성이 지루하지 않게 잘 구성되었다고 생각됩니다.

무경칠서(武經七書)의 다른 병서들은 모두 구체적인 전례에 대한 분석 대신 병법이론 자체에 관한 내용으로 구성되어 있다면, 당리문대(唐李問對)는 구체적인 전례와 그에 따른 병법이론을 동시에 전개하는 것이 특징입니다. 문대 상(問對 上) 첫 대목부터 고구려(高句麗) 공략에 대해서 언급하는 것을 볼 수 있는데, 이는 당시에 고구려(高句麗) 공략이 얼마나 큰 관심사였는지를 반증해 주는 것이라 할 수 있습니다. 다른 병서에서는 찾아볼 수 없는 다양한 재미를 느낄 수 있기를 기대합니다.

第一. 問對 上. 제1. 문대 (상)

太宗曰, 高麗數侵新羅, 朕遣使諭, 不奉詔, 將討之, 如何?
태종왈, 고려삭침신라, 짐견사유, 불봉조, 장토지, 여하?
당태종(太宗) 이세민이 이정(李靖)에게 말하였다. 고구려가 수차례 신라를 침범하기에 짐이 사신을 보내어 타일렀으나 말을 듣지 않고 있소. 이에 짐은 장수를 보내 고구려를 정벌하려고 하는데, 경은 어떻게 생각하는가?

太宗曰(태종왈) 당태종 이세민이 말하였다. 高麗(고려) 고구려를 말함. 數侵(수침) 여러 차례 침략, 침범하다. 新羅(신라) 신라를 말함. 朕(짐) 당태종 자신을 일컫는 말임. 遣使(견사) 사신을 보내다. 諭(유) 깨우치다, 타이르다. 不奉(불봉) 받들지 않는다. 詔(조) 윗사람이 아랫사람에게 무언가를 잘 가르쳐주는 것을 말함. 將(장) 장수를 보낸다는 뜻인데, 곧 군대를 출동시킨다는 말임. 討(토) 토벌하다. 如何(여하) 어떻게 생각하는가?

靖曰, 深知蓋蘇文, 自恃知兵,
정왈, 심지개소문, 자시지병,
이정(李靖)이 대답하였다. 신이 연개소문에 대해서는 잘 알고 있사옵니다. 연개소문은 자신이 병법에 대해서 잘 알고 있다고 자부하고 있습니다.

靖曰(정왈) 이정이 대답하다. 深知(심지) 매우 잘 알다. 蓋蘇文(개소문) 연개소문을 말함. 自恃(자시) 자부하고 있다. 知兵(지병) 병법을 잘 알고 있다.

謂中國無能討, 故違命, 臣請師三萬擒之.
위중국무능토, 고위명, 신청사삼만금지.
또한 우리 당나라가 고구려를 정벌하지 못할 것이라고 생각하기 때문에 폐하의 명령을 따르지 않고 있는 것입니다. 신에게 3만의 군사를 주신다면 신이 연개소문을 사로잡아 바치겠습니다.

謂(위) 말하다. 中國(중국) 당나라를 말함. 無能討(무능토) 토벌할 능력이 없다. 故(고) 그러므로. 違(위) 어기다. 命(명) 당태종의 명령. 臣(신) 이정 자신을 말함. 請(청) 청하옵니다. 師三萬(사삼만) 군사 삼만을 주시면. 擒之(금지) 연개소문을 사로잡는다.

太宗曰, 兵少地搖, 以何術臨之.

태종왈, 병소지요, 이하술임지.

태종(太宗)이 물었다. 3만의 적은 병력으로 멀리 떨어져 있는 고구려를 정벌하려면 어떤 전술을 써야 한다고 생각하오?

太宗曰(태종왈) 당태종 이세민이 말하였다. 兵少(병소) 3만의 적은 병력. 地(지) 땅. 搖(요) 흔들리다. 以(이) ~로써. 何術(하술) 어떠한 전술. 臨(임) 임하다.

靖曰, 臣以正兵.

정왈, 신이정병.

이정(李靖)이 대답하였다. 신은 정공법을 사용하려고 합니다.

靖曰(정왈) 이정이 대답하다. 臣(신) 이정 자신을 말함. 以(이) ~로써. 正兵(정병) 정공법.

太宗曰, 平突厥時, 用奇兵, 今言正兵, 何也.

태종왈, 평돌궐시, 용기병, 금언정병, 하야.

태종(太宗)이 말하였다. 장군이 지난번 돌궐을 평정할 때에는 정공법이 아닌 변칙(奇兵)을 사용하였는데[267], 지금은 어찌하여 정병(正兵)을 사용하려 하는 것이오?

太宗曰(태종왈) 태종이 말하다. 平(평) 평정하다. 突厥(돌궐) 돌궐족. 時(시) 때. 用(용) 사용하다. 奇兵(기병) 변칙. 今(금) 지금. 言(언) 말하다. 正兵(정병) 정공법. 何也(하야) 어찌하여 그렇소?

靖曰, 諸葛亮七擒孟獲, 無他道也, 正兵而已矣.

정왈, 제갈량칠금맹획, 무타도야, 정병이이의.

이정(李靖)이 대답하였다. 옛날 제갈공명(諸葛孔明)이 남만을 정벌할 당시에 그 군주인 맹획(孟獲)을 일곱 번이나 사로잡았는데[268], 다른 특별한 방법을 사용한 것이 아니라 바로 정공법을 사용한 것입니다.

267) 이정장군이 병부상서로 있던 당태종 정관 3년(629년)에 동돌궐을 정벌하러 갔을 때 야간 기습공격으로 동돌궐 실리카칸의 군대를 크게 물리쳤던 전투를 예로 들어서 말하는 것임. 참고로 돌궐은 흉노의 일종으로, 582년, 동돌궐·서돌궐로 나누어졌다.

268) 칠금맹획(七擒孟獲). 삼국지에 나오는 이야기에서 유래한 문구임. 제갈공명이 현재의 운남, 귀주 등지에 있던 남만족을 토벌하였을 때 남만족 군주였던 맹획을 7번 사로잡았다가 7번 모두 놓아 주었는데, 이에 맹획은 제갈량에게 감동하여 항복한 바가 있음.

靖曰(정왈) 이정이 대답하다. 諸葛亮(제갈량) 제갈공명. 七擒(칠금) 7번 사로잡다. 孟獲(맹획) 삼국지에 나오는 남만족 군주의 이름. 맹획. 無(무) 없다. 他道(타도) 다른 방법 正兵(정병) 정공법. 已(이) 이미. 矣(의) 어조사.

太宗日, 晉馬隆討涼州, 亦是依八陳圖, 作偏箱車.
태종왈, 진마륭토양주, 역시의팔진도, 작편상거.
태종(太宗)이 말하였다. 진(晉)나라의 마륭(馬隆)269)이 양주의 선비족을 토벌할 때 제갈량(諸葛亮)이 고안했다는 팔진도(八陣圖)를 구사하면서 편상거(偏箱車)270)를 만들어 사용하였소.

太宗日(태종왈) 태종이 말하다. 晉(진) 진나라. 馬隆(마륭) 진나라의 장수. 효무제 때 선비족이 양주 지방에서 일으킨 반란을 평정하였던 장수 이름. 討(토) 토벌하다. 凉州(양주) 양주라는 지명. 亦(역) 또한. 是(시) 맞다. 依(의) 의지하다. 八陳圖(팔진도) 제갈량이 고안한 전법의 한 종류. 作(작) 만들다. 偏箱車(편상거) 마륭이 양주지방을 토벌할 당시, 선비족은 주로 산악지형을 이용하였는데 마륭 부대가 사용한 아주 좁은 길에도 사용할 수 있도록 만든 수레의 종류.

地廣則用鹿角車營, 路狹則爲木屋, 施於車上, 且戰且前.
지광즉용녹각거영, 노협즉위목옥, 시어거상, 차전차전.
지세가 광활하고 평평하면 녹각거(鹿角車)271)를 만들어 병사들을 숙영하게 하였고, 길이 좁으면 수레 위에 판자 지붕을 만들어 덮고 적과 싸우면서 진군을 계속한 바 있소.

地廣(지광) 땅이 넓다. 則(즉) 곧. 用(용) 사용하다. 鹿角車營(녹각거영) 편상거를 여러 대 엮어서 만든 녹각거라는 것으로 만든 숙영시설. 路狹(로협) 길이 좁다. 則(즉) 곧. 爲(위) ~을 하다. 木屋(목옥) 나무로 만든 집. 施(시) 시설하다. 설치하다. 於(어) ~에 車上(거상) 수레 위에. 且(차) 또. 戰(전) 싸우다. 前(전) 전진하다.

信乎, 正兵, 古人所重也

---

269) 마륭(馬隆). 중국 서진의 장수. 자는 효흥(孝興). 젊어서부터 지용을 갖추었으며 명분과 절의를 중요하게 생각했던 장수.

270) 편상거(偏箱車). 수레 앞에 넓은 방패를 설치, 공성용으로 사용 시 보병의 희생을 줄이도록 고안된 야전용 방패 역할을 하던 수레를 말함.

271) 녹각거(鹿角車). 수레 앞에 사슴뿔과 같이 이리저리 뻗어있으며 뾰족한 것을 설치, 적을 공격할 때 사용하였던 것으로 보이는 수레를 말함.

신호, 정병, 고인소중야.

과연 믿을만한 방법이요. 정공법은 옛날의 명장들도 중요하게 여겼던 전법이오.

信(신) 믿을만하다. 乎(호) 감탄사. 正兵(정병) 정공법. 古人(고인) 옛 사람. 선조들. 앞에서 언급했던 옛날 명장들. 所重(소중) 중요하게 여겼던 바.

靖曰, 臣討突厥, 西行數千里, 若非正兵, 安能致遠.

정왈, 신토돌궐, 서행수천리, 약비정병, 안능치원.

이정(李靖)이 말하였다. 신이 돌궐을 토벌할 때 서쪽으로 수천 리를 행군하였는바, 만약 정병을 쓰지 않았다면 어찌 그렇게 멀리까지 원정을 할 수 있었겠습니까?

靖曰(정왈) 이정이 말하다. 臣(신) 신하. 이정 자신. 討(토) 토벌하다. 突厥(돌궐) 돌궐족. 西(서) 서쪽 行(행) 행군하다. 數千里(수천리) 수천 리. 若(약) 만약. 非正兵(비정병) 정공법의 용병술이 아니라면. 安(안) 편안하다. 평안하다. 能(능) 능히 ~을 할 수 있다. 致遠(치원) 멀리 보내다.

偏箱, 鹿角, 兵之大要, 一則治力, 一則前拒, 一則束部伍,

편상, 녹각, 병지대요, 일즉치력, 일즉전거, 일즉속부오,

편상거(偏箱車)[272]와 녹각거(鹿角車)[273] 같은 것들은 용병할 때 매우 중요하다 할 수 있습니다. 첫 번째 이유로는 군사들의 전투력을 잘 보존할 수 있으며, 두 번째로는 전진하면서 적의 공격을 막을 수 있으며, 세 번째로는 신속히 전진하면서도 부대의 대오를 잘 유지할 수 있는 것입니다.

偏箱(편상) 편상거라는 무기 체계 중의 하나. 鹿角(녹각) 녹각거라는 무기 체계 중의 하나. 兵(병) 용병술. 大要(대요) 대단히 중요하다. 一(일) 첫 번째 이유. 則(즉) 곧. 治力(치력) 전투력을 잘 다스리다. 一(일) 또 한가지의 이유. 前(전) 전진하다. 拒(거) 막다. 一(일) 또 한 가지의 이유. 束(속) 신속하다. 部伍(부오) 부대의 대오를 잘 유지하다.

三者迭相爲用, 斯馬隆所得古法深也.

272) 편상거(偏箱車). 수레 앞에 넓은 방패를 설치, 공성용으로 사용 시 보병의 희생을 줄이도록 고안된 야전용 방패 역할을 하던 수레를 말함.

273) 녹각거(鹿角車). 수레 앞에 사슴뿔과 같이 이리저리 뻗어있으며 뾰족한 것을 설치, 적을 공격할 때 사용하였던 것으로 보이는 수레를 말함.

삼자질상위용, 사마륭소득고법심야.

이 세 가지는 서로 상황에 따라 유용하게 사용할 수 있는 점을 고려해 볼 때, 마륭(馬隆)274)은 제갈량(諸葛亮)의 옛 진법에서 많은 것을 배운 덕분이라 할 수 있습니다.

三者(삼자) 이 세 가지 이유는. 迭相爲用(질상위용) 서로 상황에 따라 유용하게 잘 사용될 수 있다는 뜻. 斯(사) 이것. 여기서는 앞에서 설명한 것들. 馬陵(마륭) 사람 이름. 所(소) ~한바. 得(득) 얻다. 古法(고법) 옛날 전법. 深(심) 깊이가 있다.

太宗曰, 朕破宋老生, 初交鋒, 義師少卻.

태종왈, 짐파송노생, 초교봉, 의사소각.

태종(太宗)이 말하였다. 짐(朕)이 수(隨)나라 송로생(宋老生)275)을 격파할 때, 교전 초기에는 적의 기세에 눌려 우리 의병들이 약간 뒤로 물러났었소.

太宗曰(태종왈) 태종이 말하다. 朕(짐) 당태종 자신을 말함. 破(파) 격파하다. 宋老生(송로생) 수나라 양제 때 장수. 初(초) 초기에. 交(교) 교전을 말함. 鋒(봉) 적의 기세가 날카롭다. 義師(의사) 당나라를 건국한 것을 의로운 것으로 표현한 문구임. 少(소) 적다. 약간 卻(각) 물러나다.

朕親以鐵騎, 自南原馳下, 橫突之,

짐친이철기, 자남원치하, 횡돌지,

그래서 내가 직접 정예기병을 이끌고 남쪽 언덕으로부터 달려나가면서 적진의 측방으로 돌격하였소.

朕(짐) 당태종. 親(친) 친히, 직접. 以(이) ~로써. 鐵騎(철기) 정예기병. 自南(자남) 남쪽으로부터. 原(원) 언덕. 馳(치) 달리다. 下(하) 아래. 橫(횡) 가로. 突(돌) 돌진하다.

老生兵斷後, 大潰, 逐擒之. 此正兵乎, 奇兵乎.

노생병단후, 대궤, 축금지. 차정병호, 기병호.

그렇게 하니, 송로생(宋老生)은 후면이 차단되어 궤멸하였으며, 그 결과 나는 송로생(宋老生)을 사로잡게 되었던 것이오. 이것은 정병(正兵)이오, 기병(奇兵)이오?

---

274) 마륭(馬隆). 중국 서진의 장수. 자는 효흥(孝興). 젊어서부터 지용을 갖추었으며 명분과 절의를 중요하게 생각했던 장수.

275) 송로생(宋老生). 수(隨)나라의 장수. 용맹하기만 할 뿐 지략이 없었던 장수였음.

老生兵(송로생) 장수 이름. 斷後(단후) 후방이 잘리다. 大潰(대궤) 크게 궤멸당하다. 逐(축) 쫓다. 擒(금) 사로잡다. 此(차) 이것이. 正兵乎(정병호) 정병인가? 奇兵乎(기병호) 변칙을 사용한 기병인가?

靖曰, 陛下, 天縱聖武, 非學而能.

정왈, 폐하, 천종성무, 비학이능.

이정(李靖)이 대답하였다. 폐하께서는 하늘이 내린 성무의 자질을 가지고 계시는데 이러한 것은 배워서 가능한 것이 아니라 생각되옵니다.

靖曰(정왈) 이정이 말하다. 陛下(폐하) 당태종을 말함. 天縱(천종) 하늘이 내리다. 聖武(성무) 무의 성인. 非學而能(비학이능) 배우지 않고도 능력을 갖추다.

臣按, 兵法, 自黃帝以來, 先正以後奇, 先仁義以後權譎.

신안, 병법, 자황제이래, 선정이후기, 선인의이후권휼.

신이 생각건대, 병법은 황제(皇帝)[276] 이래로 먼저 정병(正兵)을 사용하고 나중에 기병(奇兵)을 사용하였는데 이는 먼저 인의를 베풀고 후에 권모술수를 사용하는 것과 같은 이치입니다.

臣(신) 이정을 자신을 지칭하는 말. 按(안) '누를 안' 자이지만, 여기서는 신이 생각하기를 이라는 뜻임. 兵法(병법) 병법은. 自(자) ~로부터. 黃帝(황제) 고대 중국의 제왕. 以來(이래) ~이래. 先(선) 먼저. 正(정) 정병을 말함. 以後(이후) 이후. 奇(기) 기병을 말함. 仁義(인의) 어짊과 의로움. 權(권) 권모술수. 譎(휼) 속이다.

且霍邑之戰, 師以義擧者, 正也. 建成墜馬, 右軍少卻者, 奇也.

차곽읍지전, 사이의거자, 정야. 건성추마, 우군소각자, 기야.

또 다른 예를 든다면, 곽읍(霍邑)에서 송로생(宋老生)과 대전할 때의 경우를 들 수 있습니다. 우리 군은 대의에 기초한 의병이니 이는 정병(正兵)이라 할 수 있으며, 당시 건성(建成)이 말에서 떨어짐으로써 우리 군이 약간 퇴각하게 된 것은 기병(奇兵)을 쓴 것이라 할 수 있는 것입니다.

---

276) 황제(黃帝). 중국 원시시대 한 부락의 수령이자 중화 민족의 선조. 본래의 성은 공손(公孫)이고, 이름은 헌원(軒轅)이라는 언덕에서 살았기 때문에 헌원(軒轅)이라고 불렀으며, 유웅(有熊) 부족에 속했기 때문에 유웅씨(有熊氏)라고도 불렀음.

且(차) 또, 또 다른 예를 들자면. 霍邑之戰(곽읍지전) 곽읍에서 송로생 군과 대전하였던 전투. 師(사) 이연과 이세민의 군대를 지칭함. 以義(이의) 의로움으로. 擧(거) 일으키다. 者(자) ~하는 것. 正也(정야) 정병을 말함. 建成(건성) 당시 장수의 이름. 墜馬(추마) 말에서 떨어지다. 右軍(우군) 우리 군사들. 少卻者(소각자) 약간 뒤로 퇴각해서 물러난 것. 奇也(기야) 기병을 말함.

太宗曰, 彼時少卻, 幾敗大事, 曷謂奇邪.

태종왈, 피시소각, 기패대사, 갈위기사.

태종(太宗)이 물었다. 그 당시 우리 군사들이 약간 물러났었는데, 당시 상황으로는 자칫 잘못하면 통일의 대업이 실패로 돌아갈 수도 있었던 상황이었는데, 이것을 어찌하여 기병(奇兵) 전술이라고 말할 수 있겠는가?

太宗曰(태종왈) 태종이 말하다. 彼時(피시) 그 당시. 少卻(소각) 약간 물러나다. 幾(기) 기미, 낌새. 敗(패) 패하다. 大事(대사) 큰일. 曷(갈) 어찌. 謂(위) 말하다. 奇(기) 기병. 邪(사) 간사하다. 정병과 비교, 변칙이라는 의미로 해석(正↔奇·邪).

靖曰, 凡兵, 以前向爲正, 後卻爲奇. 且右軍不卻, 則老生安致之來哉.

정왈, 범병, 이전향위정, 후각위기. 차우군불각, 즉노생안치지래재.

이정(李靖)이 대답하였다. 무릇 용병에 있어서 앞으로 공격하는 것을 정병(正兵)이라고 하며, 뒤로 후퇴하는 것을 기병(奇兵)이라고 합니다. 그리고 송로생(宋老生)과의 전투할 당시, 우군이 약간 후퇴하지 않았다면 송로생의 군대를 어떻게 유인해 낼 수 있었겠습니까?

靖曰(정왈) 이정이 말하다. 凡(범) 모름지기. 兵(병) 용병. 以(이) ~로. ~을 함으로써. 前向(전향) 적의 전방으로 향해서 공격하는 것. 爲正(위정) 정병이라고 하다. 後卻(후각) 뒤로 퇴각하는 것. 爲奇(위기) 기병이라고 하다. 且(차) 또. 右軍(우군) 우리군사들. 不卻(불각) 퇴각하지 아니하다. 則(즉) 곧. 老生(노생) 수나라 송로생을 말함. 安致之來(안치지래) 송로생의 군대가 편안하게 유인하고자 하는 곳까지 오게 하다. 哉(재) 어조사.

法曰, 利而誘之, 亂而取之.

법왈, 이이유지, 난이취지.

「손자병법」에서 이르기를 '적에게 유리함을 보여 주어 유인하고, 적이 혼란한 틈을 타서 취

하라.' 하였습니다.277)

法曰(법왈) 손자병법에서 말하기를. 利而誘之(이이유지) 이로움을 보여 주어 적을 유인하다. 亂而取之(난이취지) 적이 혼란한 틈을 타서 적을 취하라.

老生不知兵, 恃勇急進, 不意斷後, 見擒於陛下, 此所謂以奇爲正也.
노생부지병, 시용급진, 불의단후, 견금어폐하, 차소위이기위정야.
송로생(宋老生)은 병법을 알지 못하는 자로서, 자신의 용맹만 믿고 경솔히 진격하다가 전혀 뜻하지 않은 기습으로 후미가 차단되어 폐하에게 사로잡힌 것을 볼 때, 이것은 소위 '기병(奇兵)을 정병(正兵)으로 바꾸어 쓴다.'는 것과 같은 것이었습니다.

老生(노생) 수나라 송노생. 不知兵(부지병) 병법을 모른다. 恃(시) 믿다. 勇(용) 용맹스러움. 急進(급진) 급하게 나아가다. 不意(불의) 뜻하지 않게. 斷後(단후) 후미가 잘리다. 見(견) 보다. 擒(금) 사로잡히다. 於陛下(어폐하) 폐하에게. 此(차) 이것. 所謂(소위) 이른바. 以奇爲正(이기위정) 기병을 사용하여 정병을 만들다.

太宗曰, 霍去病, 暗與孫吳合, 誠有是夫.
태종왈, 곽거병, 암여손오합, 성유시부.
태종(太宗)이 말하였다. 전한(前漢)의 곽거병(霍去病)278)은 병법을 따로 배우지 않고도 그의 용병술은 은연중에 손자(孫子)와 오자(吳子)의 병법과 부합하였으니, 이러한 경우도 있는가 보오.

太宗曰(태종왈) 태종이 말하다. 霍去病(곽거병) 전한 무제 때의 명장. 暗與(암여) 은연중에. 孫吳合(손오합) 손자와 오자의 병법과 부합하다. 誠(성) 정성. 有(유) 있다. 是(시) 옳다. 夫(부) 모름지기.

當右軍之卻也, 高祖失色, 及朕奮擊, 反爲我利, 孫吳暗合, 卿實知言.
당우군지각야, 고조실색, 급짐분격, 반위아리, 손오암합, 경실지언.
당시 아군이 퇴각하자 고조(高祖)께서는 아연실색하여, 짐이 급히 달려가 불리한 전세를 역전시켰으니, 병법을 배우지 않고도 손자(孫子)와 오기(吳起)의 병법과 부합한 것이라고 하

277) 리이유지, 난이취지(利而誘之, 亂而取之). 손자병법 제1 시계 편에 나오는 문구임.

278) 곽거병(霍去病). 전한 하동(河東) 평양(平陽)사람으로 대상군 위청(衛靑)의 조카, 무제 위황후(衛皇后)의 조카. 말타기와 활쏘기에 능하였음. 무제(武帝) 때 6차례나 흉노를 정벌하는 등 뛰어난 용병술을 보였던 장수였음.

는 경의 말이 참으로 옳소.

當(당) 그 당시. 右軍(우군) 아군을 말함. 卻(각) 퇴각하다. 高祖(고조) 이연을 말함. 失色(실색) 얼굴색을 잃다. 及(급) 미치다. 朕(짐) 이세민을 말함. 奮(분) 떨치다. 擊(격) 치다. 反(반) 반대로. 爲我利(위아리) 아군이 유리하게 하다. 孫吳(손오) 손자와 오자병법. 暗合(암합) 은연중에 부합하다. 卿(경) 이정을 말함. 實知言(실지언) 참으로 옳은 말이오.

太宗曰, 凡兵卻, 皆謂之奇乎.
태종왈, 범병각, 개위지기호.
태종(太宗)이 물었다. 그러면, 병법에서 말하기를 후퇴하는 용병술은 모두 기병(奇兵)이라 할 수 있는 것이오?

太宗曰(태종왈) 태종이 말하다. 凡(범) 모름지기. 兵(병) 병법에서. 卻(각) 퇴각하다. 皆(개) 모두. 다. 謂(위) ~라고 하다. 奇(기) 기병. 용병에서의 변칙. 乎(호) 어조사.

靖曰, 不然. 夫兵卻, 旗參差而不齊, 鼓大小而不應,
정왈, 불연. 부병각, 기참치이부제, 고대소이불응,
이정(李靖)이 대답하였다. 그렇지 않습니다. 모름지기 용병에 있어서 군대가 퇴각할 때 깃발이 뒤섞여서 어긋나고 가지런하지 못하고, 북소리의 크고 작음이 제대로 맞지 않으며,

靖曰(정왈) 이정이 말하다. 不然(불연) 그렇지 않다. 夫(부) 모름지기. 兵(병) 병법에서. 卻(각) 퇴각하다. 旗(기) 깃발. 參(참) 섞이다. 差(치) 어긋나다. 不齊(부제) 가지런하지 않다. 鼓(고) 북. 大小(대소) 크고 작음. 不應(불응) 제대로 응답하지 못하다.

令喧囂而不一, 此眞敗者也, 非奇也.
영훤효이불일, 차진패자야, 비기야.
명령을 내렸으나 군사들이 조용해야 할 때와 떠들어야 할 때를 제대로 구분하지 못하여 일사불란하지 못하다면, 이것은 분명 적이 패하여 도망치는 것이니 이런 것은 적의 계략에 의한 기병(奇兵)이라 할 수 없는 것입니다.

令(령) 명령. 喧(훤) 의젓하다. 囂(효) 왁자지껄하다. 不一(불일) 일치하지 않다. 此(차) 이것. 眞(진) 정말로. 敗者(패자) 패하여 도망치는 것을 말함. 非奇也(비기야) 기병의 모습이 아니다.

若旗齊鼓應, 號令如一, 紛紛紜紜, 雖退走, 非敗也. 必有奇也.
약기제고응, 호령여일, 분분운운, 수퇴주, 비패야. 필유기야.
만약, 깃발이 가지런하고 북소리의 장단이 잘 맞으며 명령이 일사불란한데 겉으로만 어지러운 것처럼 보인다면, 이것은 분명히 적이 패하여 도망치는 것이 아닙니다. 거기에는 반드시 적의 계략이 숨어 있는 것입니다.

若(약) 만약. 旗(기) 깃발. 齊(제) 가지런하다. 鼓(고) 북소리. 應(응) 제대로 맞다. 號令(호령) 명령을 내리다. 如一(여일) 하나와 같다. 紛紛(분분) 어지럽다. 紜紜(운운) 어지럽다. 雖(수) 비록. 退走(퇴주) 후퇴하여 도망치다. 非敗也(비패야) 패한 것이 아니다. 必有(필유) 반드시 있다. 奇(기) 적의 기계. 계략.

法曰, 佯北勿追, 又曰, 能而示之不能. 皆奇之謂也.
법왈, 양배물추, 우왈, 능이시지불능. 개기지위야.
병법에 이르기를 '거짓으로 패하여 도망치는 적은 추격하지 말라'279) 하였습니다. 또한 '능력이 있으면서도 능력이 없는 것처럼 보여야 한다'280)고 하였으니, 이것은 모두 기병(奇兵)에 대해서 말한 것입니다.

法曰(법왈) 병법에서 말하길. 佯(양) 거짓. 北(배) 패배하다. 勿追(물추) 추격하지 말라. 又曰(우왈) 또 말하다. 能(능) 능력이 있다. 示(시) 보이다. 不能(불능) 능력이 없다. 皆(개) 모두. 다. 奇(기) 기병. 변칙적인 전술. 謂(위) 말하다.

太宗曰, 霍邑之戰, 右軍少卻, 其天乎. 老生被擒, 其人乎.
태종왈, 곽읍지전, 우군소각, 기천호. 노생피금, 기인호.
태종(太宗)이 물었다. 곽읍(霍邑) 전투에서 우군이 약간 퇴각한 것은 어찌해서 하늘의 뜻이라 할 수 있겠는가? 그리고 송로생(宋老生)이 우리에게 사로잡힌 것은 사람의 힘으로 이루어진 것이라 할 수 있겠는가?

太宗曰(태종왈) 태종이 말하다. 霍邑之戰(곽읍지전) 곽읍이라는 지역에서의 전투. 右軍(우군) 아군을

279) 양배물추(佯北勿追). 오자병법 제5. 응변 편에 戰勝勿追(전승물추)라는 문구에서 전투에서 이기더라도 추격하지 말라는 내용이 나옴.

280) 능이시지불능(能而示之不能). 손자병법 제1. 시계 편에 '兵者 詭道也(병자 궤도야)'라고 하면서 적을 속이는 방법을 설명하는데 그중의 한 방법이다.

말함. 少卻(소각) 약간 퇴각함. 其(기) 그. 天(천) 하늘. 乎(호) 어조사. 老生(노생) 송노생. 被擒(피금) 사로잡히다. 其人乎(기인호) 그것이 사람의 뜻이란 말이오?

靖曰, 若非正兵變爲奇, 奇兵變爲正, 則安能勝哉.
정왈, 약비정병변위기, 기병변위정, 즉안능승재.
이정(李靖)이 대답하였다. 만약에 정병(正兵)을 변화시켜 기병(奇兵)으로 사용하지 않고, 기병(奇兵)을 변화시켜 정병(正兵)으로 사용하지 않는다면 어떻게 편안하게 승리를 거둘 수 있겠습니까?

靖曰(정왈) 이정이 말하다. 若(약) 만약. 非(비) 아니다. 正兵(정병) 정병. 變(변) 변화시키다. 爲(위) ~하다. 奇(기) 기병. 奇兵變爲正(기병변위정) 기병을 변화시켜 정병으로 사용하다. 則(즉) 곧. 安(안) 편안하다. 能(능) 능히 ~을 하다. 勝(승) 이기다. 哉(재) 어조사.

故善用兵者, 奇正在人而已, 變而神之, 所以推乎天也. 太宗俛首.
고선용병자, 기정재인이이, 변이신지, 소이추호천야. 태종부수.
고로 용병을 잘한다는 것은 곧 기병(奇兵)과 정병(正兵)을 적절히 배합하여 사용한다는 것이며 이는 전적으로 사람에게 달려 있습니다. 그러나 이러한 기정(奇正)의 신묘한 변화는 하늘의 조화로 돌리는 수밖에 없습니다. 그러자 태종(太宗)은 고개를 끄덕였다.

故(고) 그러므로. 善(선) 잘하다. 用兵(용병) 용병술. 者(자) ~하는 것. 奇正(기정) 기병과 정병. 在人(재인) 사람에게 달려있다. 已(이) 이미. 變(변) 기병과 정병의 변화. 神(신) 신의 경지. 所(소) ~하는 바. 以(이) ~로써. 推(추) 받들다. 乎(호) 어조사. 天(천) 하늘. 太宗(태종) 당태종. 俛首(부수) 고개를 끄덕이다.

太宗曰, 寄正, 素分之歟. 臨時制之歟.
태종왈, 기정, 소분지여. 임시제지여.
태종(太宗)이 물었다. 기병(奇兵)과 정병(正兵)은 원래 그렇게 구분하는 것인가, 아니면 상황에 따라 구분하는 것인가?

太宗曰(태종왈) 태종이 말하다. 寄正(기정) 기병과 정병. 寄=奇. 素(소) 평소. 分(분) 나누다. 歟(여) 어조사. 臨時(임시) 상황에 따라. 制(제) 만들다. 歟(여) 어조사.

靖曰, 按曺公新書曰,
정왈, 안조공신서왈,
이정(李靖)이 대답하였다. 조조의 조공신서(曺公新書)281)에 보면 이렇게 말하고 있습니다.

靖曰(정왈) 이정이 대답하다. 按(안) 잘 살펴보다는 의미. 曺公新書(조공신서) 조조가 지은 병서. 曰(왈) 말하기를.

己二而敵一, 則一術爲正, 一術爲奇. 己五而敵一, 則三術爲正, 二術爲奇,
기이이적일, 즉일술위정, 일술위기. 기오이적일, 즉삼술위정, 이술위기,
아군이 2이고 적이 1이면, 1은 정병(正兵)으로 1은 기병(奇兵)으로 운용해야 하며, 아군이 5이고 적이 1이면, 3을 정병(正兵)으로 2를 기병(奇兵)으로 운용한다.

己(기) 자기. 敵(적) 적군. 則(즉) 곧. 術(술) 전술적으로 운용하다. 爲正(위정) 정병으로. 爲奇(위기) 기병으로. 己(기) 자기. 三(삼) 셋은.

此言大略耳.
차언대략이.
그러나 이것은 일반적인 원칙일 뿐입니다.

此(차) 이것. 言(언) 말하다. 大略(대략) 일반적인 원칙. 耳(이) 어조사.

唯孫武云, 戰勢不過寄正, 寄正之變, 不可勝窮,
유손무운, 전세불과기정, 기정지변, 불가승궁,
그리고 손무(孫武)가 전세(戰勢)와 기정(奇正)의 운용에 대해서 이렇게 말했습니다. 전세(戰勢)는 오직 기병(奇兵)과 정병(正兵)의 운용에 지나지 않을 뿐이며, 기병(奇兵)과 정병(正兵)의 변화를 일일이 설명을 한다는 것은 불가능하다.

唯(유) 오직. 孫武(손무) 손무는. 云(운) 말하다. 戰勢(전세) 전장에서의 기세는. 不過(불과) ~에 지나지 않는다. 寄正(기정) 기병과 정병의 운용. 寄正之變(기정지변) 기병과 정병의 변화라는 것은. 不可(불가) ~이 불가하다. 勝(승) 이기다. 窮(궁) 다하다.

281) 曺公新書(조공신서) : 조조가 지은 병서로 알려졌으나, 현존하지 않으며 일부 주장으로 '손자 주해'가 바로 신서라는 의견도 있다.

寄正相生, 如循環之無端, 孰能窮之.

기정상생, 여순환지무단, 숙능궁지.

또한, 기병(奇兵)과 정병(正兵)의 상생(相生)은 마치 순환되는 고리와 같이 끝이 없으니 누가 능히 그것을 다 헤아릴 수 있겠는가?

寄正(기정) 기병과 정병의 운용. 相生(상생) 서로 꼬리를 물고 생겨나다. 如(여) ~과 같다. 循環(순환) 돌다. 순환하다. 無端(무단) 끝이 없다. 孰(숙) 누구. 能(능) 능히 ~하다. 窮(궁) 다하다.

斯得之矣, 安有素分之耶.

사득지의, 안유소분지야.

손무(孫武)의 이 말은 기병(奇兵)과 정병(正兵)의 깊은 뜻을 잘 터득한 것이라 할 수 있으니, 기병(奇兵)과 정병(正兵)의 운용은 평소에도 엄격히 구분할 수가 없는 것입니다.

斯(사) 이것. 즉. 得(득) 얻다. 矣(의) 어조사. 安(안) 편안하다. 有(유) 있다. 素(소) 평소. 分(분) 나누다. 耶(야) 어조사.

若士卒未習吾法, 偏裨未熟吾令, 則必爲之二術,

약사졸미습오법, 편비미숙오령, 즉필위지이술,

그리고 만일 장병들이 장수의 전술이나 전법에 대해 익히지 못하고, 부장(副將)들 역시 장수의 명령에 익숙하지 못한 경우에는 반드시 두 개의 부대로 나누어서 가르쳐야 합니다.

若(약) 만약. 士卒(사졸) 장병들. 未習(미습) 익히지 못하다. 吾法(오법) 나의 전술이나 전법. 偏裨(편비) 장수를 도와주는 부장. 未熟(미숙) 익숙하지 못하다. 吾令(오령) 나의 명령. 則(즉) 곧. 必(필) 반드시. 爲(위) ~하다. 二(이) 둘. 術(술) 방법.

敎戰時, 各認旗鼓, 迭相分合.

교전시, 각인기고, 질상분합.

각각 소속부대의 깃발과 북소리에 따른 신호가 전투할 때 어떻게 쓰이는지 가르친 다음, 신호에 따라 두 부대가 서로 합쳐지게도 하고 다시 나누어지게도 하며, 이를 번갈아가며 전법(戰法)을 가르쳐야 합니다.

敎(교) 가르치다. 戰時(전시) 싸울 때. 各(각) 각각. 認(인) 알게 하다. 旗鼓(기고) 깃발과 북. 지휘통제수단. 迭(질) 갈마들다=서로 번갈아가며 하다. 相(상) 서로. 分合(분합) 나누고 합치다.

삼 략 사마법 울료자 이위공문대

故曰, 分合爲變, 此教戰之術耳.

고왈, 분합위변, 차교전지술이.

그러므로 병법에서 '전술적 상황변화에 따라 부대를 분산 또는 집중하여 운용해야 한다.' 고 말하고 있는 것이며, 이는 전투를 대비한 교육훈련의 방법이기도 한 것입니다.

故曰(고왈) 고로 병법서에서 말하기를. 分合(분합) 나누고 합치다. 爲(위) ~하다. 變(변) 변하다. 此(차) 이것. 教戰(교전) 전투를 대비한 교육. 術(술) 방법. 술책. 耳(이) 어조사.

教閱旣成, 衆知吾法然後, 如驅羣羊, 由將所指, 孰分奇正之別哉.

교열기성, 중지오법연후, 여구군양, 유장소지, 숙분기정지별재.

그렇게 훈련해서 장병들에 대한 교육과 사열이 완료되고, 장병들이 장수의 전술과 전법에 대해서 잘 알게 한 다음에는, 마치 목동이 양 떼를 몰고 가듯이 장수가 가리키는 대로 움직일 수 있게 되는 것입니다. 그렇다면, 구태여 기병(奇兵)과 정병(正兵)을 구분하려고 할 필요가 있겠습니까?

教(교) 가르치다. 閱(열) 검열하다. 旣(기) 이미. 成(성) 이루다. 衆(중) 부대. 장병들. 知(지) 알다. 吾法(오법) 나의 전술이나 전법. 然後(연후) 그런 다음. 如(여) ~와 같이. 驅(구) 몰다. 羣(군) 무리. 羊(양) 양. 由(유) 말미암다. 將(장) 장수. 所指(소지) 가리키는 바. 孰(숙) 누구. 分(분) 나누다. 奇正之別(기정지별) 기병과 정병을 구별하다. 哉(재) 어조사.

孫武, 所謂形人而我無形, 此乃奇正之極致.

손무 소위형인이아무형, 차내기정지극치.

손무가 손자병법에서 이렇게 말했습니다. '적의 태세는 드러나 보이게 하고, 나의 태세는 절대로 적에게 드러내지 말아야 한다.'[282] 이는 기병(奇兵)과 정병(正兵)을 운용하는 전술의 극치라고 할 수 있습니다.

孫武(손무) 손자병법의 저자. 所謂(소위) 이른바. 形(형) 형태. 부대의 태세. 人(인) 적 부대를 말함. 我(아) 아군. 無形(무형) 태세가 드러나지 않는다. 此(차) 이것. 乃(내) 이에. 奇正之極致(기정지 극치) 기병과 정병을 운용하는 전술의 극치.

282) 형인이아무형(形人而我無形). 손자병법 제6 허실편에 나오는 문구임.

是以素分者, 教閱也. 臨時制變者, 不可勝窮也.

시이소분자, 교열야. 임시제변자, 불가승궁야.

따라서 기병(奇兵)과 정병(正兵)을 나누는 것은 평소 교육훈련이나 검열할 때나 나누는 것입니다. 실제 전투에 임해서 전술적 상황이 변하는 데 따라 기병(奇兵)과 정병(正兵)을 나누어 사용하는 것을 일일이 다 헤아린다는 것은 불가능 한 일인 것입니다.

是(시) 옳다. 맞다. 以(이) 써. 素(소) 평소. 分(분) 나누다. 者(자) ~하는 것. 教閱(교열) 교육훈련이나 검열. 臨(임) 임하다. 時(시) 시기. 制(제) 제어하다. 變(변) 전술적 상황이 변하다. 不可(불가) 불가능하다. 勝(승) 이기다. 窮(궁) 다하다.

太宗曰, 深乎深乎, 曺公必知之矣, 但新書, 所授諸將而已, 非奇正本法

태종왈, 심호심호, 조공필지지의, 단신서, 소수제장이이, 비기정본법

태종(太宗)이 말하였다. 참으로 심오하오. 조조도 필히 이러한 심오함을 알고 있었을 것이오. 다만 「조공신서」에서는 여러 장수에게 병법을 전수하기 위한 것이었기 때문에 기병(奇兵)과 정병(正兵)을 구분하여 설명하였을 뿐이며, 기정(奇正)의 원칙을 말한 것은 아니었으리라 생각하오.

太宗曰(태종왈) 태종이 말하다. 深(심) 깊다. 乎(호) 어조사. 曺公(조공) 조조를 말함. 必(필) 반드시. 知(지) 알다. 矣(의) 어조사. 但(단) 다만. 新書(신서) 조공신서를 말함. 所(소) ~하는 바. 授(주) 주다. 諸將(제장) 모든 장수. 已(이) 이미. 非(비) 아니다. 奇正(기정) 기병과 정병. 本(본) 근본. 法(법) 법칙.

太宗曰, 曺公云, 奇兵旁勢, 卿謂若何.

태종왈, 조공운, 기병방세, 경위약하.

태종(太宗)이 다시 말하였다. 조공신서(曺公新書)283)에 '기병(奇兵)은 여러 방향에서 불시에 기습 공격하는 것이다.'라고 하였는데, 경은 이것을 어떻게 생각하오?

太宗曰(태종왈) 태종이 말하다. 曺公云(조공운) 조공신서에서 운운하다. 奇兵(기병) 기병이라는 것은. 旁勢(방세) 두루두루 여러 방향에서 기세가 분출되는 것. 卿(경) 이정을 일컫는 말. 謂(위) 말하

283) 曺公新書(조공신서) : 조조가 지은 병서로 알려졌으나, 현존하지 않으며 일부 주장으로 '손자 주해'가 바로 신서라는 의견도 있다.

다. 이르다. 若(약) 만약. 何(하) 어찌.

靖曰, 臣按曺公註孫子曰, 先出合戰爲正, 後出爲奇, 此與蒡擊之設異焉.
정왈, 신안조공주손자왈, 선출합전위정, 후출위기, 차여방격지설이언.
이정(李靖)이 대답하였다. 신이 살펴보건대 조조(曹操)가 주석을 단 해설집에서 손자(孫子)가 말하기를 '먼저 진격하여 적과 정면으로 대결하는 부대를 정병(正兵)이라 하고, 뒤늦게 나와서 공격하는 부대를 기병(奇兵)이라 한다.'고 하였으니, 이는 '측방을 기습 공격하는 것은 기병(奇兵)이라 한다.'는 말과는 다른 것입니다.

靖曰(정왈) 이정이 말하다. 臣按(신안) 신이 살펴보건대. 曺公(조공) 조조를 말함. 註(주) 주석을 단 해설집. 孫子曰(손자왈) 손자가 말하다. 先(선) 먼저. 出(출) 출격하다. 合戰(합전) 전투하다. 爲正(위정) 정병이라 하다. 後(후) 나중에. 出(출) 출격하다. 爲奇(위기) 기병이라 하다. 此(차) 이것. 與(여) 더불어. 蒡擊(방격) 측방을 공격하다. 設(설) 말씀. 異(이) 다르다. 焉(언) 어조사.

臣愚謂, 大衆所合爲正, 將所自出爲奇, 烏有先後蒡擊之拘哉.
신우위, 대중소합위정, 장소자출위기, 조유선후방격지구재.
신의 어리석은 소견으로는 대병력이 적과 당당히 대결하는 것은 정병(正兵)이고, 장수가 상황에 따라 자신의 판단으로 운용하는 군은 기병(奇兵)이라고 생각됩니다. 먼저 또는 나중에 출격하는 것, 측방에서 기습 공격하는 것들을 기병(奇兵)이라고 한다고 특별히 구애받을 필요는 없는 것입니다.

臣(신) 신하. 愚(우) 어리석다. 謂(위) 말하다. 大衆(대중) 대병력. 所合(소합) 교전을 한다는 말임. 爲正(위정) 정병이라고 한다. 將(장) 장수가. 所自(소자) 자신의 재량으로. 出(출) 출격하다. 爲奇(위기) 기병이라고 한다. 烏(조) '어떻게'라는 의미로 해석. 有(유) 있다. 先後(선후) 먼저 또는 나중. 蒡擊(방격) 측방에서 기습 공격하다. 拘(구) 구속받다. 哉(재) 어조사.

太宗曰, 吾之正, 使敵視以爲奇, 吾之奇, 使敵視以爲正, 斯所謂形人者歟.
태종왈, 오지정, 사적시이위기, 오지기, 사적시이위정, 사소위형인자여.
태종(太宗)이 말하였다. 아군의 정병(正兵)을 적에게 기병(奇兵)으로 보이게 하고, 아군의 기병(奇兵)을 적에게 정병(正兵)으로 보이게 하는 것이 소위 '적의 전술은 드러내 보이게 하여야 한다.'는 것이 아니겠소?

太宗曰(태종왈) 태종이 말하다. 吾(오) 나. 正(정) 아군의 정병을. 使(사) ~하게 하다. 敵(적) 적군. 視(시) 보이다. 보다. 以(이) ~로써. 爲(위) ~하다. 奇(기) 기병. 吾(오) 나. 奇(기) 아군의 기병을. 使(사) ~하게 하다. 敵(적) 적군. 視(시) 보이다. 보다. 正(정) 정병. 斯(사) 이것. 所謂(소위) 일컫는 바. 形(형) 형태. 人(인) 사람. 적군을 말함. 者(자) ~하는 것. 歟(여) 어조사.

以奇爲正, 以正爲奇, 變化莫測, 斯所謂無形者歟,
이기위정, 이정위기, 변화막측, 사소위무형자여,

그리고 기병(奇兵)을 정병(正兵)으로, 정병(正兵)을 기병(奇兵)으로 변화시켜 운용함으로써 적이 아군의 전술적 변화를 판단하지 못하게 하는 것이 소위 '우리의 전술은 적에게 드러내지 말아야 한다.'는 것이 아니겠소?

以奇(이기) 기병으로. 爲正(위정) 정병으로 하다. 以正(이정) 정병으로. 爲奇(위기) 기병으로 하다. 變化(변화) 전술의 변화를 말함. 莫(막) 없다. 測(측) 측정하다. 斯(사) 이것. 所謂(소위) 일컫는 바. 無(무) 없다. 形(형) 형태. 者(자) ~하는 것. 歟(여) 어조사.

靖再拜曰, 陛下神聖, 逈出古人, 非臣所及.
정재배왈, 폐하신성, 형출고인, 비신소급.

이정(李靖)이 두 번 절하고 말하였다. 과연 폐하의 병법에 대한 이해는 신성하기가 옛날의 명장들을 능가하십니다. 이는 신이 따라갈 수 없을 정도입니다.

靖(정) 이정. 再拜(재배) 두 번 절하다. 曰(왈) 말하다. 陛下(폐하) 폐하. 태종을 말함. 神聖(신성) 신비하고 성스러움. 逈(형) 빛나다. 멀다. 出(출) 나다. 古人(고인) 옛날의 명장들을 말함. 非(비) 아니다. 臣(신) 신하. 이정 자신을 말함. 所及(소급) 이르는 바.

太宗曰, 分合爲變者, 奇正安在.
태종왈, 분합위변자, 기정안재.

태종(太宗)이 물었다. 부대를 분산하기도 하고 집중하기도 하는데, 어떤 것을 기병(奇兵)이라 하고 어떤 것을 정병(正兵)이라 하오?

太宗曰(태종왈) 태종이 말하다. 分合(분합) 부대를 나누기도 하고 합치기도 하는 것. 爲變(위변) 변화를 주다. 者(자) ~하는 것. 奇正(기정) 기병과 정병. 安(안) 편안하다. 어찌. 在(재) 있다.

靖曰, 善用兵者, 無不正, 無不奇, 使敵莫測. 故 正亦勝, 奇亦勝.
정왈, 선용병자, 무부정, 무불기, 사적막측. 고 정역승, 기역승.
이정(李靖)이 대답하였다. 용병을 잘하는 자는 부대를 모두 정병(正兵)으로 운용하거나 모두 기병(奇兵)처럼 운용하기도 해서 적이 전혀 예측하지 못하게 부대를 운용합니다. 고로 정병(正兵)을 사용하여도 승리하고, 기병(奇兵)을 사용하여도 승리하는 것입니다.

靖曰(정왈) 이정이 말하다. 善(선) 잘하다. 用兵(용병) 용병술. 者(자) ~하는 자. 無(무) 없다. 不(불) 아니다. 正(정) 정병을 말함. 奇(기) 기병을 말함. 使(사) ~하게 하다. 敵(적) 적군. 莫(막) 없다. 測(측) 예측하다. 故(고) 고로. 亦(역) 또한. 勝(승) 이기다.

三軍之士, 止知其勝, 莫知其所以勝, 非變而能通, 安能至是哉.
삼군지사, 지지기승, 막지기소이승, 비변이능통, 안능지시재.
용병을 잘하는 장수가 지휘하는 부대의 장병들도 단지 승리한 결과만 알 뿐이며, 어떻게 승리한 것인지에 대한 과정은 알지 못합니다. 장수가 전술적 상황에 따라 변화무쌍하게 잘 대응하지 않았다면 어찌 이렇게 될 수 있겠습니까?

三軍(삼군) 전군을 말함. 士(사) 장병들을 말함. 止(지) 그치다. 知(지) 알다. 其(기) 그. 勝(승) 이기다. 莫(막) 없다. 知(지) 알다. 所(소) ~하는 바. 以(이) 로써. 非(비) 아니다. 變(변) 변하다. 能(능) 능히 ~하다. 通(통) 통하다. 安(안) 편안하다. 至(지) 이르다. 是(시) 옳다. 哉(재) 어조사.

分合所出, 唯孫武能之, 吳起而下, 莫可及焉.
분합소출, 유손무능지, 오기이하, 막가급언.
출전하기만 하면 전술적 상황에 따라 능숙하게 부대를 분산시키기도 하고, 집중시키기도 하는 것은 오로지 손자(孫子)만이 제대로 할 수 있었습니다. 오기(吳起) 장군 이하의 인물들도 그에 미칠 수가 없었습니다.

分合(분합) 분산과 집중. 所(소) ~하는 바. 出(출) 나가다. 唯(유) 오직. 孫武(손무) 손자를 말함. 能(능) 능히 ~하다. 吳起而下(오기이하) 오기 장군 이하의 인물들. 莫(막) 없다. 可(가) 가능하다. 及(급) 미치다. 焉(언) 어조사.

太宗曰, 吳術若何.
태종왈, 오술약하.

태종(太宗)이 물었다. 오기(吳起) 장군의 전술이나 용병술은 어떠하였소?

太宗曰(태종왈) 태종이 말하다. 吳(오) 오기 장군. 術(술) 전술. 若何(약하) 어떠한가?

靖曰, 臣請略言之. 魏武候問吳起, 兩軍相向,
정왈, 신청략언지. 위무후문오기, 양군상향,

이정(李靖)이 대답하였다. 신이 거기에 대하여 간략히 말씀드리겠습니다. 위 무후(魏 武候)가 오기(吳起) 장군에게 적과 아군이 서로 대진하게 되었을 때의 방법을 묻자,

靖曰(정왈) 이정이 말하다. 臣(신) 신이. 제가. 請(청) 청하다. 略言(략언) 간략하게 말하다. 魏武候(위무후) 위나라 무후를 말함. 問(문) 물었다. 吳起(오기) 오기 장군에게. 兩軍(양군) 양쪽 군대가. 相(상) 서로. 向(향) 향하다.

起曰, 使賤而勇者前擊, 鋒始交而北,
기왈, 사천이용자전격, 봉시교이배,

오기(吳起)는 이렇게 말했습니다. 먼저 신분은 천하지만 용감한 자들을 전방에 배치하여 적을 공격하게 하고, 교전이 시작되면서 일부러 도망하게 합니다.

起曰(기왈) 오기 장군이 말하다. 使(사) ~하게 하다. 賤(천) 천하다. 勇(용) 용맹하다. 者(자) ~하는 자. 前(전) 전방에. 擊(격) 공격하다. 鋒(봉) 칼끝. 始(시) 처음. 交(교) 교전하다. 北(배) 도망가다.

北而勿罰, 觀敵進取, 一坐一起, 奔北不追, 則敵有謀矣.
배이물벌, 관적진취, 일좌일기, 분배불추, 즉적유모의.

이들이 패주하더라도 처벌하지 말고 적의 동정을 살피다가 만약 적들의 지휘체계가 일사불란하게 지휘하는 대로 잘 따르고, 아군이 패배해서 도망가는데도 추격하지 않는다면 이는 적장에게 지모가 있다는 증거입니다.

北(배) 도망가다. 而(이) 접속사. 勿(물) 말다. 하지 말다. 罰(벌) 벌주다. 觀(관) 보다. 敵(적) 적군을. 進(진) 나아가다. 取(취) 취하다. 一坐(일좌) 한번 앉다. 一起(일기) 한번 일어서다. 奔(분) 달리다. 北(배) 패배하다. 不追(불추) 추격하지 않다. 則(즉) 곧. 敵(적) 적군. 有謀(유모) 지모가 있다. 矣(의) 어조사.

若悉衆追北, 行止縱橫, 此敵人不才, 擊之勿疑.
약실중추배, 행지종횡, 차적인부재, 격지물의.

그러나 만약 적들이 일제히 나와서 패주하는 아군을 추격하면서 어떤 부대는 추격하고, 어떤 부대는 추격을 그치고, 종횡으로 산만하게 질서가 없다면 이는 적장에게 지모가 없다는 증거이니 이런 경우에는 의심할 필요 없이 공격해야 합니다.

若(약) 만약. 悉(실) 다. 모두. 衆(중) 무리. 부대들을 말함. 追(추) 추격하다. 北(배) 패배하다. 行(행) 행군하다. 止(지) 그치다. 縱橫(종횡) 종횡으로. 此(차) 이것. 敵(적) 적군. 人(인) 사람. 장병들. 不才(부재) 재능이 없다. 擊(격) 치다. 勿疑(물의) 의심하지 말고.

臣謂, 吳術, 大率多類此, 非孫武所謂以正合也.
신위, 오술, 대솔다류차, 비손무소위이정합야.

신이 생각하기에는 오기(吳起) 장군의 전술은 이와 같이 다양하고 많기는 하지만 깊이 면에서 심오하지는 않다고 여겨집니다. 이는 손자(孫子)가 말하는 소위 '정병(正兵)으로 적과 대결한다(合).'는 것은 아닙니다.

臣(신) 신하. 謂(위) 말하다. 吳術(오술) 오기 장군의 전술. 大(대) 많다. 率(솔) 거느리다. 多(다) 많다. 類(류) 부류. 종류. 此(차) 이것. 非(비) 아니다. 孫武(손무) 손자. 所謂(소위) 이른바. 以正(이정) 정병으로써. 合(합) 싸운다. 합치다.

太宗曰, 卿舅韓擒虎嘗言, 卿可與論孫吳, 亦奇正之謂乎.
태종왈, 경구한금호상언, 경가여론손오, 역기정지위호.

태종(太宗)이 말하였다. 경(卿)의 외숙인 한금호(韓擒虎)는 '경(卿)과 함께 손자와 오기 장군(孫吳)의 병법을 이야기할 만하다.'고 말한 적이 있었는데, 이것도 기병(奇兵)과 정병(正兵)의 운용을 말한 것이오?

太宗曰(태종왈) 태종이 말하다. 卿(경) 태종이 이정을 일컫는 말. 舅(구) 외숙. 韓擒虎(한금호) 사람 이름. 수 나라의 대장. 嘗(상) 맛보다. 시험하다. 言(언) 말하다. 卿(경) 태종이 이정을 일컫는 말. 可(가) 가능하다. 與(여) 같이. 論(론) 논의하다. 孫吳(손오) 손자와 오기 장군. 亦(역) 또한. 奇正(기정) 기병과 정병의 운용. 謂(위) 말하다. 이르다. 乎(호) 어조사.

靖曰, 擒虎安知奇正之極.
정왈, 금호안지기정지극.

이정(李靖)이 대답하였다. 어찌 한금호(韓擒虎)284) 같은 인물이 기병(奇兵)과 정병(正兵)을 운용하는 전술의 극치를 알겠습니까?

靖曰(정왈) 이정이 말하다. 擒虎(금호) 한금호를 말함. 安知(안지) 어찌 알겠는가? 奇正之極(기정지극) 기병과 정병을 운용하는 극치.

但以奇爲奇, 以正爲正耳, 曾未知奇正相變, 循環無窮者也.
단이기위기, 이정위정이, 증미지기정상변, 순환무궁자야.
단지, 그는 기병(奇兵)은 기병(奇兵)으로만 알고, 정병(正兵)은 정병(正兵)으로만 알 뿐이며, 기병(奇兵)과 정병(正兵)을 서로 변화시킴으로 인해 나오는 무궁무진한 전술적 운용에 대해서는 잘 알지 못합니다.

但(단) 단지. 다만. 以奇爲奇(이기위기) 기병을 기병으로써만 운용하다. 以正爲正(이정위정) 정병을 정병으로만 운용하다. 耳(이) 어조사. 曾(증) 일찍이. 未知(미지) 알지 못하다. 奇正(기정) 기병과 정병의 운용. 相變(상변) 서로 변하는 것. 循環(순환) 돌고 돌다. 無窮(무궁) 다함이 없다. 者(자) ~하는 것.

太宗曰, 古人, 臨陳出奇, 攻人不意, 斯亦相變之法乎.
태종왈, 고인, 임진출기, 공인불의, 사역상변지법호.
태종(太宗)이 물었다. 옛사람들은 적과 대진하였을 때에 기병(奇兵)으로 적이 의도치 않은 방법으로 기습하였다고 하는데, 이 또한 기병(奇兵)과 정병(正兵)의 변화무쌍한 전법이란 말이오?

太宗曰(태종왈) 태종이 말하다. 古人(고인) 옛날 사람들. 臨陳(임진) 적과 대진하는 것에 임하다. 出奇(출기) 기병으로 출진하다. 攻(공) 공격하다. 人(인) 사람. 적군을 말함. 不意(불의) 의도하지 않게. 斯(사) 이것. 亦(역) 역시. 相變之法(상변지법) 기병과 정병의 변화무쌍한 전술 전법. 乎(호) 어조사.

靖曰, 前代戰鬪, 多是以小術而勝無術, 以片善而勝無善,
정왈, 전대전투, 다시이소술이승무술, 이편선이승무선,
이정(李靖)이 대답하였다. 선대의 전투는 대부분 전술에 대해서 약간 아는 자가 전혀 모르는

284) 한금호(韓擒虎). 수(隨)나라의 장수. 한웅(韓雄)의 아들.

자를 이기거나, 전술적 재능이 약간 있는 자가 전혀 없는 자를 이긴 것에 불과한 것입니다.

靖曰(정왈) 이정이 말하다. 前代(전대) 앞선 시대의. 戰鬪(전투) 전투. 多(다) 많다. 是(시) 옳다. 以(이) 로써. 小術(소술) 전술에 대해서 조금 알다. 勝(승) 이기다. 無術(무술) 전술에 대해서 아는 것이 없다. 以(이) 로써. 片善(편선) 약간 잘하다. 無善(무선) 잘하는 것이 없다.

斯安足以論兵法也.
사안족이논병법야.
어찌 이 정도를 가지고 병법에 대해서 논의하기에 충분하다고 할 수 있겠습니까?

斯(사) 이것. 安(안) 어찌. 足(족) 족하다. 以(이) ~로써. 論兵法(논병법) 병법을 논하다.

若謝玄之破符堅, 非謝玄之善也. 蓋符堅之不善也.
약사현지파부견, 비사현지선야. 개부견지불선야.
예를 들면, 사현(謝玄)[285]이란 장수가 진(秦)나라 부견(符堅)의 80만 대군을 격파한 경우는 사현(謝玄)이 싸움을 잘해서가 아니라 부견(符堅)이 잘못했기 때문에 패했던 것입니다.

若(약) ~와 같다. 謝玄(사현) 사람 이름. 破(파) 격파하다. 符堅(부견) 전진의 군주. 오호 십육국 제후 중 한 명. 비수 전투에서 사현 군에게 대패하고, 이후 후진의 장수 요장에 의해 살해되었다. 非(비) 아니다. 謝玄之善(사현지선) 사현이 잘했다. 蓋(개) 덮다. 符堅之不善(부견지불선) 부견이 잘못하다.

太宗顧侍臣, 檢謝玄傳, 閱之日, 符堅甚處是不善.
태종고시신, 검사현전, 열지왈, 부견심처시부선.
태종(太宗)이 좌우의 신하를 돌아보고, 사현(謝玄)의 전기를 가져오게 해서 그것을 읽어보고 말하였다. 부견(符堅)이 어떤 점에서 용병을 잘못했다는 것인가?

太宗(태종) 당태종. 顧(고) 돌아보다. 侍(시) 모시다. 臣(신) 신하. 檢(검) 검사하다. 謝玄傳(사현전) 사현에 관한 전기. 閱(열) 검열하다. 曰(왈) 말하다. 符堅(부견) 진나라 군주의 이름. 甚(심) 심하다. 處(처) 처하다. 있다. 살다. 是(시) 옳다. 不善(불선) 잘못하다.

---

285) 사현(謝玄). 동진(東晉)의 장수. 비수라는 지역에서 전진(前秦)의 황제 부견(符堅)이 지휘하는 80만 군을 맞아 병력 8만으로 격파한 장수.

靖曰, 臣觀符堅載記, 曰, 秦諸軍皆潰敗, 唯慕容垂一軍獨全.
정왈, 신친부견재기, 왈, 진제군개궤패, 유모용수일군독전.
이정(李靖)이 이에 대답하였다. 신이 부견(符堅)에 대한 기록들을 보니, 당시 진(秦)나라 군사들은 모조리 패하여 궤멸하였으나 오로지 모용수(慕容垂)[286] 장군 휘하의 한 부대만 온전하였습니다.

靖曰(정왈) 이정이 말하다. 臣(신) 신이. 觀(관) 보다. 符堅(부견) 부견. 진나라 군주의 이름. 載(재) 싣다. 記(기) 기록. 曰(왈) 말하다. 秦(진) 진나라. 諸軍(제군) 모든 군사. 皆(개) 다. 모두. 潰(궤) 무너지다. 敗(패) 지다. 唯(유) 오로지. 慕容垂(모용수) 사람 이름. 一軍(일군) 한 부대. 獨(독) 홀로. 全(전) 온전하다.

堅以千餘騎赴之, 垂子寶勸垂殺堅, 不果.
견이천여기부지, 수자보권수살견, 불과.
패전한 부견(符堅)이 겨우 기병 일천여 명을 거느리고 모용수(慕容垂)의 진영으로 달려가자, 모용수의 아들 모용보(慕容寶)는 부견(符堅)을 죽이자고 권하였으나, 모용수(慕容垂)는 그를 죽이지 않았다고 하였습니다.

堅(견) 부견을 말함. 以(이) 로써. 千餘騎(천여기) 기병 일천여 명. 赴(부) 나아가다. 垂子(수자) 모용수의 아들. 寶(보) 모용수 장군 아들의 이름. 勸(권) 권하다. 垂(수) 모용수 장군에게. 殺堅(살견) 부견을 죽이자고. 不果(불과) 실행에 옮기지 않다.

此有以見秦軍之亂, 慕容垂獨全.
차유이견진군지란, 모용수독전.
이는 진(晉)나라군의 내부에 혼란이 있었음을 보여 주는 것이며, 이 틈을 타서 모용수(慕容垂) 휘하의 부대만 온전하였던 것입니다.

此(차) 이것. 有(유) 있다. 以(이) 로써. 見(견) 보다. 보여 주다. 秦軍之亂(진군지란) 진나라 군 내부의 혼란. 慕容垂獨全(모용수 독전) 모용수의 부대만 홀로 온전하였다.

---

286) 모용수(慕容垂). 중국 5호 16국 시대 후연(後燕)의 건국자. 중산을 도읍으로 나라를 연(燕)이라 하고, 왕위에 오름. 화북 동부지역을 평정하고 고구려로부터 요하 유역을 빼앗기도 하였음.

蓋堅爲垂所陷, 明矣. 夫爲人所陷, 而欲勝敵, 不亦難乎.
개견위수소함, 명의. 부위인소함, 이욕승적, 불역난호.
부견(符堅)의 운명은 모용수(慕容垂)의 손에 달려 있었던 것이 분명합니다. 타인의 손에 운명이 달린 자가 적을 이기고자 하는 데 이 또한 어렵지 않겠습니까?

蓋(개) 덮다. 堅(견) 부견을 말함. 爲(위) ~하다. 垂(수) 모용수를 말함. 所(소) ~하는 바. 陷(함) 빠지다. 明(명) 밝다. 矣(의) 어조사. 夫(무) 무릇. 爲人(위인) 다른 사람에게 ~하다. 所陷(소함) 빠져 있다. 欲(욕) ~하고자 하다. 勝敵(승적) 적을 이기다. 不亦(불역) 또한 ~하지 아니한가. 難(난) 어렵다. 乎(호) 어조사.

臣故曰, 無術焉, 符堅之類是也.
신고왈, 무술언, 부견지류시야.
그러므로 신이 부견(符堅)과 같은 부류의 사람들을 전술이나 전법을 모르는 자라고 말하는 것입니다.

臣(신) 신이. 故(고) 그러므로. 曰(왈) 말하다. 無術(무술) 전술 전법을 모르다. 焉(언) 어조사. 符堅之類(부견지류) 부견과 같은 부류의 사람들. 是(시) 옳다.

太宗曰, 孫子謂多算勝少算, 有以知少算勝無算, 凡事皆然.
태종왈, 손자위다산승소산, 유이지소산승무산, 범사개연.
태종(太宗)이 말하였다. 손자(孫子)가 말하기를 승산이 많은 자는 승산이 적은 자를 이길 수 있고, 승산이 적은 자는 승산이 없는 자를 이길 수 있다고 하였습니다. 모름지기 세상 모든 일이 다 그러한가 보오.

太宗曰(태종왈) 태종이 말하다. 孫子謂(손자위) 손자가 말하다. 多算(다산) 승산이 많다. 勝(승) 이긴다. 少算(소산) 승산이 적은 자. 有(유) 있다. 以(이) 로써. 知(지) 알다. 勝(승) 이긴다. 無算(무산) 승산이 없는 자. 凡事(범사) 세상 모든 일이. 皆(개) 다. 모두. 然(연) 그러하다.

太宗曰, 黃帝兵法, 世傳握奇文, 或謂爲握機文, 何謂也.
태종왈, 황제병법, 세전악기문, 혹위위악기문, 하위야.

태종(太宗)이 물었다. 황제(黃帝)의 병법을 세상에서 악기문(握奇文)[287]이라고도 하고, 악기경(握機文)이라고도 하는데, 어째서 그렇게 말하는 것이오?

太宗曰(태종왈) 태종이 말하다. 黃帝兵法(황제병법) 황제의 병법. 世(세) 세상에서는. 傳(전) 전하다. 握奇文(악기문) 황제의 병법을 기록한 책 이름. 或(혹) 혹자는. 謂(위) 말하다. 爲握機文(위악기문) 악기문이라고 하다. 何謂也(하위야) 어째서 그렇게 말하는 것인가?

靖曰, 奇音機, 故或傳爲機, 其義則一.
정왈, 기음기, 고혹전위기, 기의즉일.
이정(李靖)이 대답하였다. 기(奇)의 음이 기(機)와 같습니다. 혹자는 기(奇)자를 기(機)자로 하였는데, 그 뜻은 같습니다.

靖曰(정왈) 이정이 말하다. 奇音機(기음기) 奇의 음이 機와 같다. 故(고) 고로. 或(혹) 혹자는. 傳(전) 전한다. 爲機(위기) 機라고 하다. 其(기) 그. 義(의) 뜻. 則(즉) 곧. 一(일) 하나다.

考其辭云, 四爲正, 四爲奇, 餘奇爲握機, 奇餘零也, 因此音機.
고기사운, 사위정, 사위기, 여기위악기, 기여령야, 인차음기.
그 내용을 곰곰이 살펴보면, 4개 부대를 정병(正兵)으로 하고, 4개 부대를 기병(奇兵)으로 하며, 나머지 여기(餘奇)는 장수가 직접 기틀을 장악한다는 의미에서 악기(握機)라 하였습니다. 여기(餘奇)의 기(奇)는 나머지란 뜻인데, 기(奇)의 음이 기(機)이므로 악기(握奇)가 악기(握機)로 전해지기도 한 것입니다.

考(고) 곰곰이 생각하다. 其(기) 그. 辭(사) 말. 云(운) 운운하다. 四爲正, 四爲奇(사위정, 사위기) 4개의 진을 정병으로 하고, 4개의 진을 기병으로 하다. 餘奇(여기) 나머지 기병. 爲握機(위악기) '기틀을 장악하다'라고 하다. 奇(기) 기. 餘(여) 남다. 零(령) 우수리. 나머지. 因(인) ~로 인하여. 此(차) 이것. 音(음) 음. 소리. 機(기) 기. 기틀.

信愚謂, 兵無不是機, 安在乎握而言也.
신우위, 병무불시기, 안재호악이언야.
신의 어리석은 생각을 말씀드려보면, 병법에는 기략(機)이 아닌 것이 없다고 생각되옵니

287) 악기문(握奇文). 악기경(握奇經)이라고 하는 고대 병법서. 황제가 신하인 풍후로 하여금 편찬한 것으로 총 380여 자로 되어 있음.

다. 앞에서 언급한 4개의 진(陳)을 기병(奇兵)으로, 4개의 진(陳)을 정병(正兵)으로 운용하고 나머지를 장수가 직접 장악한다는 의미에서 악기(握機)라고 한다고 해서 장수가 그 나머지만을 지휘한다고 말하는 것은 아닙니다.

臣(신) 신하. 愚(우) 어리석다. 謂(위) 말하다. 兵(병) 병법. 無不(무불) 아닌 것이 없다. 是(시) 옳다. 機(기) 기략. 安(안) 편안하다. 在(재) 있다. 乎(호) 어조사. 握(악) 쥐다. 言(언) 말하다.

當爲餘奇則是, 夫正兵受之於君, 奇兵將所自出.
당위여기즉시, 부정병수지어군, 기병장소자출.

나머지라는 의미에서 여기(餘奇)는 당연히 장수의 지휘하에 있는 것이며, 정병(正兵) 그 자체는 군주로부터 지휘권을 받았으므로 당연히 장수의 지휘하에 있는 것입니다. 따라서 장수가 필요에 따라서 자기 스스로 만들어서 활용하는 기병(奇兵), 군주로부터 지휘권을 받은 정병(正兵), 모두 다 당연히 장수의 지휘하에 있는 것입니다.

當(당) 당연히. 爲餘奇(위여기) 나머지 기병. 則(즉) 곧. 是(시) 옳다. 夫(부) 무릇. 모름지기. 正兵(정병) 정병은. 受之於君(수지어군) 군주로부터 지휘권을 받다. 奇兵(기병) 기병은. 將(장) 장수. 所(소) ~하는 바. 自(자) 스스로. 出(출) 나다.

法曰, 令素行, 以敎其民者, 則民服, 此受之於君者也.
법왈, 영소행, 이교기민자, 즉민복, 차수지어군자야.

옛 병법에서 이렇게 말했습니다. '평소에 명령이 잘 이행되도록 군사들을 잘 가르치면 군사들이 잘 복종한다'[288] 이것은 장수가 군주로부터 지휘권을 받아 정상적인 지휘하에 군을 운용한다는 것입니다.

法曰(법왈) 병법에서 말하기를. 令(령) 명령, 素(소) 평소에. 行(행) 행하다. 以敎(이교) 교육으로 잘 가르치다. 其民(기민) 그 백성들. 者(자) ~하는 것. 則(즉) 곧. 民服(민복) 백성들이 잘 복종한다. 此(차) 이것. 受(수) 받다. 於君(어군) 군주로부터.

又曰, 兵不豫言, 君命有所不受, 此將所自出者也.
우왈, 병불예언, 군명유소불수, 차장소자출자야.

288) 령소행, 이교기민, 즉민복(令素行, 以敎其民, 則民服) 손자병법 제9 행군 편에 나오는 문구임.

또 이렇게도 말하였습니다. '용병술이란 것은 미리 예언하듯이 지휘할 수 있는 것이 아니다. 장수가 출전하게 되면 군주의 명령이라도 따르지 말아야 할 경우가 있는 것이다'[289) 이것은 장수가 전투 현장의 상황에 따라 스스로 판단해서 군을 운용해야 한다는 것입니다.

又曰(우왈) 또 말하기를. 兵(병) 병법. 不(불) 아니다. 豫言(예언) 미리 말하다. 君命(군명) 군주의 명령. 受(수) 받다. 此(차) 이것. 將(장) 장수가. 所(소) ~하는 바. 自出(자출) 스스로 하다. 者(자) ~하는 것.

凡將, 正而無奇, 則守將也, 奇而無正, 則鬪將也, 奇正皆得, 國之輔也.
범장, 정이무기, 즉수장야, 기이무정, 즉투장야, 기정계득, 국지보야.
모름지기 장수가 정병(正兵)만 운용할 줄 알고, 기병(奇兵)은 운용할 줄 모르면 이를 수비만 할 줄 아는 장수라 해서 '수장(守將)'이라고 하며, 장수가 기병(奇兵)만 운용할 줄 알고, 정병(正兵)은 운용할 줄 모르면 이를 싸움만 할 줄 아는 장수라 해서 '투장(鬪將)'이라고 하며, 기병과 정병 모두 다 운용할 줄 아는 장수를 '나라의 대들보(國之輔)'라고 하는 것입니다.

凡(범) 모름지기. 將(장) 장수가. 正而無奇(정이무기) 정병만 운용할 줄 알고 기병은 운용할 줄 모른다. 則(즉) 곧. 守將(수장) 수비만 하는 장수. 奇而無正(기이무정) 기병만 운용할 줄 알고, 정병은 운용할 줄 모른다. 鬪將(투장) 싸움만 할 줄 아는 장수. 奇正(기정) 기병과 정병. 皆(개) 모두. 다. 得(득) 얻다. 國之輔(국지보) 나라의 대들보.

是故, 握機握奇, 本無二法, 在學者兼通而已.
시고, 악기악기, 본무이법, 재학자겸통이이.
그러므로 악기(握奇)와 악기(握機)가 본래부터 두 가지로 나누어져 있는 것은 아닙니다. 병법을 배우는 자는 이 두 가지를 함께 통달하여야 합니다.

是故(시고) 이런 이유로. 握機(악기)와 握奇(악기)는. 本(본) 원래. 無二法(무이법) 두 가지로 나누어진 병법이 아니다. 在學者(재학자) 배우고 있는 자는. 兼(겸) 겸하다. 通(통) 통달하다. 已(이) 이미.

太宗曰, 陳數有九, 中心零者, 大將握之, 四面八向, 皆取準焉
태종왈, 진수유구, 중심령자, 대장악지, 사면팔향, 개취준언

289) 병불예언, 군명유소불수(兵不豫言, 君命有所不受) 손자병법 제8 구변 편에 나오는 문구임.

태종(太宗)이 물었다. 진(陳)을 칠 때 모두 9개가 있으면, 8개의 진(陳)은 주변으로 하고 나머지 1개의 진(陳)은 중앙에 설치해서 대장이 직접 장악하며, 사방 8면의 진(陳)은 모두 중앙을 중심으로 편성되어야 하며,

太宗曰(태종왈) 태종이 말하다. 陳(진) 진을 치다. 數(수) 숫자. 有九(유구) 9개가 있다. 中心(중심) 가운데. 零(령) 나머지. 者(자) ~하는 것. 大將(대장) 대장. 握(악) 장악하다. 四面(8면) 8개의 면. 八向(8향) 8개의 방향. 皆(개) 모두. 다. 取(취) 취하다. 準(준) 평평하다. 焉(언) 어조사.

陳間容陳, 隊間容隊, 以前爲後, 以後爲前, 進無速奔, 退無遽走,
진간용진, 대간용대, 이전위후, 이후위전, 진무속분, 퇴무거주,
진(陳)과 진(陳) 사이에 작은 진지(陳)를 편성하고, 부대와 부대 사이에 작은 부대를 편성하고, 앞에 있는 진(陳)이 방향이 바뀌면 뒤에 있는 진(陳)이 되기도 하고, 뒤에 있는 진(陳)이 방향이 바뀌면 앞에 있는 진(陳)이 되기도 하고, 진격하되 조급히 서두르지 않고, 퇴각하되 갑자기 서두르지 않아야 하는 것이다.

陳間(진간) 진과 진 사이에는. 容(용) 안에 넣다. 陳(진) 진. 隊間(대간) 제대와 제대 사이에는. 容(용) 안에 넣다. 隊(대) 제대. 以前(이전) 앞에 있는 진. 爲後(위후) 뒤로 빠다. 以後(이후) 뒤에 있는 진. 爲前(위전) 앞으로 빠다. 進(진) 나아가다. 無速(무속) 빠르지 않게. 奔(분) 달리다. 退(퇴) 퇴각하다. 無遽(무거) 갑자기 하지 않다. 走(주) 달리다.

四頭八尾, 觸處爲首, 敵沖其中, 兩頭皆救,
사두팔미, 촉처위수, 적충기중, 양두개구,
4개의 진(陳)이 동시에 머리가 되기도 하고, 8개의 진(陳)이 모두 꼬리가 되기도 하는 등 어느 곳이든 적과 접촉하는 곳이 전위(前衛)가 될 수 있도록 움직여야 하며, 적이 가운데를 침범하면 양쪽 전위(前衛)와 후위(後衛)가 모두 이를 구해야 한다고 했소.

四頭(사두) 4개의 진이 전위가 되기도 하다가. 八尾(팔미) 8개의 진이 모두 꼬리가 되기도 한다. 觸(촉) 적과 접촉하다. 處(처) ~하는 곳. 爲首(위수) 머리가 되다. 敵(적) 적군이. 沖(충) 비다. 공허하다. 其中(기중) 그 가운데. 兩頭(양두) 양쪽 머리. 전위와 후위를 말함. 皆(개) 모두. 救(구) 구하다.

數起於五, 而終於八, 此何謂也.
수기어오, 이종어팔, 차하위야.

그리고 진영의 수가 5에서 시작해서 8에서 끝나게 된다고 하였는데 이것은 무슨 말이오?

數(수) 숫자. 진의 숫자를 말함. 起(기) 일어나다. 於五(어오) 5에서부터. 終(종) 끝나다. 於八(어팔) 8에서. 此(차) 이것. 何謂也(하위야) 어떤 말인가?

靖曰, 諸葛亮, 以石縱橫, 布爲八行, 方陳之法, 卽此圖也.
정왈, 제갈량, 이석종횡, 포위팔행, 방진지법, 즉차도야.
이정(李靖)이 대답하였다. 옛날 제갈량(諸葛亮)이 돌을 가지고 종횡으로 포진해서 8행의 방진(方陣)을 만들었습니다. 그런데 이것은 '악기경(握奇經)'에 나오는 도식에 의한 것이었습니다.

靖曰(정왈) 이정이 말하다. 諸葛亮(제갈량) 제갈공명을 말함. 以石(이석) 돌로. 縱橫(종횡) 종으로 횡으로 움직여. 布(포) 포진하다. 넓게 펴다. 爲八行(위팔행) 팔행의 진을 만들다. 方陳之法(방진지법) 방진을 하는 방법. 卽(즉) 곧. 此(차) 이것. 圖(도) 그림.

臣嘗敎閱, 必先此陳. 世所傳握機文, 蓋得其粗也.
신상교열, 필선차진. 세소전악기문, 개득기조야.
신이 군사들을 교육하고 검열하거나 할 때는 반드시 먼저 이 진형을 사용하였습니다. 세상에 전해지고 있는 '악기경(握奇經)'은 정밀한 것이 아니라 겉만 대강 전해지는 것입니다.

臣(신) 신이. 嘗(상) 시험보다. 敎閱(교열) 교육훈련하고 검열하다. 必(필) 반드시. 先(선) 먼저. 此陳(차진) 이 진형을 사용하였다. 世(세) 세상에. 所傳(소전) 전해지는 바. 握機文(악기문) 악기문은. 蓋(개) 덮다. 得(득) 얻다. 其(기) 그. 粗(조) 거칠다. 대강.

太宗曰, 天地風雲龍虎鳥蛇, 斯八陣, 何義也.
태종왈, 천지풍운룡호조사, 사팔진, 하의야.
태종(太宗)이 물었다. 팔진(八陣)은 천(天) · 지(地) · 풍(風) · 운(雲) · 용(龍) · 호(虎) · 조(鳥) · 사(蛇)로 구성되어 있는데, 여기에 어떤 뜻이 있는가?

太宗曰(태종왈) 태종이 말하다. 天(천) 하늘. 地(지) 땅. 風(풍) 바람. 雲(운) 구름. 龍(용) 용. 虎(호) 범. 鳥(조) 새. 蛇(사) 뱀. 斯(사) 이것. 八陣(팔진) 팔진은. 何義也(하의야) 어떤 뜻이 있는가?

靖曰, 傳之者, 誤也. 古人秘藏此法, 古詭設八名耳.

정왈, 전지자, 오야. 고인비장차법, 고궤설팔명이.
이정(李靖)이 대답하였다. 이렇게 전해진 것은 잘못 전해진 것입니다. 옛사람들이 이 병법을 비밀스럽게 감추려고 하다가 엉뚱하게 이런 여덟 가지 이름이 붙게 된 것입니다.

靖曰(정왈) 이정이 말하다. 傳之者(전지자) 전해진 것. 誤也(오야) 잘못된 것이다. 古人(고인) 옛날 사람들. 秘藏(비장) 비밀스럽게 감추다. 此(차) 이것. 法(법) 진법. 古(고) 옛날. 詭(궤) 속이다. 設(설) 말하다. 八名(팔명) 여덟 가지 이름. 耳(이) 어조사.

八陣, 本一也, 分爲八焉. 若天地者, 本乎旗號. 風雲者, 本乎旛名.
팔진, 본일야, 분위팔언. 약천지자, 본호기호. 풍운자, 본호번명.
팔진(八陣)은 원래 하나의 진형을 8개로 나눈 것입니다. 천진(天陳)과 지진(地陳)은 그 진(陳)을 상징하는 기(旗)의 명칭이었고, 풍진(風陳)과 운진(雲陳)도 아래로 길게 늘어뜨려 부대를 나타내는 번(旛)이라는 깃발의 명칭이었습니다.

八陣(팔진) 팔진은. 本一也(본일야) 본래 하나다. 分(분) 나누다. 爲八(위팔) 8개가 되다. 焉(언) 어조사. 若(약) 같다. 天地者(천지자) 천지라고 하는 것. 本乎(본호) 원래는. 旗(기) 깃발. 號(호) 부르다. 風雲者(풍운자) 풍운이라고 하는 것은. 旛(번) 깃발. 名(명) 명칭. 이름.

龍虎鳥蛇, 本乎隊伍之別. 後世誤傳, 詭設物象. 何止八而已乎.
용호조사, 본호대오지별. 후세오전, 궤설물상. 하지팔이이호.
용(龍)·호(虎)·조(鳥)·사(蛇)는 본래 각 부대를 해당 명칭의 동물로 나타내어 부대를 구별하는 것이었는데, 후세 사람들이 잘못 전하게 됨으로써 엉뚱하게 각각의 형상처럼 병력을 배치하는 것으로 잘못 알게 된 것입니다. 물건의 형상처럼 병력을 배치하는 것이라면, 어찌 이 여덟 가지밖에 없겠습니까?

龍虎鳥蛇(용호지사) 용진, 호진, 조진, 사진. 本乎(본호) 본래. 隊伍(대오) 부대를 말함. 別(별) 구별하다. 後世(후세) 후세 사람들이. 誤(오) 잘못. 傳(전) 전하다. 詭(궤) 속이다. 設(설) 설치하다. 物象(물상) 물건의 형상. 何(하) 어찌. 止(지) 그치다. 八(팔) 여덟 가지. 已(이) 이미. 乎(호) 어조사.

太宗曰, 數起於五, 而終於八, 則非設象, 實古陣也. 卿試陳之.
태종왈, 수기어오, 이종어팔, 즉비설상, 실고진야. 경시진지.
태종(太宗)이 물었다. 진영(陳)의 수가 5에서 시작되어 8에서 끝나는데, 이것이 물건의 형상을 따라 병력을 배치하는 것이 아니라는 경의 말이 실로 옛날의 진법이란 말이오? 경이 그것을 좀 더 자세하게 설명해주었으면 하오.

太宗曰(태종왈) 태종이 말하다. 數(수) 숫자. 진의 숫자를 말함. 起(기) 일어나다. 於五(어오) 5에서부터. 終(종) 끝나다. 於八(어팔) 8에서. 則(즉) 곧. 非(비) 아니다. 設象(설상) 형상에 따라 설치하다. 實(실) 실제. 실로. 古陣(고진) 옛날의 진법. 卿(경) 태종이 이정을 부르는 말. 試陳(시진) 진을 시험삼아 보여 주시오.

靖曰, 臣按黃帝始立丘井之法, 因以制兵.

정왈, 신안황제시립구정지법, 인이제병.

이정(李靖)이 대답하였다. 신이 알아본 바로는 황제가 맨 처음 구정의 법(丘井之法, 井田之法-토지와 관련된 법령)[290]을 만들고, 이후 이를 참고해서 여러 진법을 제정한 것으로 생각됩니다.

靖曰(정왈) 이정이 말하다. 臣按(신안) 신이 살펴보건대. 黃帝(황제) 황제가. 始立(시립) 처음 세웠다. 丘井之法(구정지법) 구정지법을. 因(인) ~로 인하여. 以(이) 써. 로써. 制(제) 만들다. 兵(병) 군사. 병법.

故井分四道, 八家處之, 其形井字, 開方九焉,

고정분사도, 팔가처지, 기형정자, 개방구언,

고로 우물 정(井)자로 땅을 나누고 사방으로 길을 내서 9등분으로 구획을 해서 외곽에 있는 8개는 8가구에 나누어 살게 하였습니다.

故(고) 고로. 井分(정분) 우물 정자 모양으로 땅을 나누고. 四道(사도) 사방으로 길을 내서. 八家(팔가) 8집이. 處之(처지) 그것을 담당하도록 하다. 其形(기형) 그 모양이. 井字(정자) 우물 정자. 開(개) 열다. 方(방) 모서리. 九(구) 아홉. 焉(언) 어조사.

五爲陳法, 四爲閑地, 此所謂數起於五也.

오위진법, 사위한지, 차소위수기어오야.

9개의 네모꼴 중에서 동서남북과 중앙의 5구역은 실 병력을 배치해서 실제 진법을 펴는 데

---

290) 구정지법, 정전지법(丘井之法, 井田之法). 사방 1리, 약 400m 정도의 토지를 우물 정(井)자 모양으로 9등분 해서 주위의 8구획은 각각 사전(私田)으로 경작하고, 중앙 1구획을 공전(公田)으로 8가구가 공동으로 경작해서 정부에 조세를 바치는 방법의 제도.

사용하고, 나머지 귀퉁이의 4구역은 실 병력이 포진하지 않고 방어만 함으로써 '진영의 수가 5에서 시작된다.'고 하였던 것입니다.

五(오) 다섯. 爲(위) ~하다. 陳法(진법) 진을 펴는 방법. 四(사) 넷. 爲(위) ~하다. 閑(한) 막다. 地(지) 땅. 此(차) 이것. 所謂(소위) 이른바. 數起於五(수기어오) 진영의 수가 5에서 시작된다.

虛其中, 大將居之, 環其四面, 諸部連繞, 此所謂終於八也.
허기중, 대장거지, 환기사면, 제부련요, 차소위종어팔야.
9개 구역 중에서 가운데를 비워서 대장이 거기에 위치하며, 나머지 8구역에는 8개의 부대가 사면을 고리처럼 에워싸는 형태로 방진(方陣)을 펼치게 되는데 이를 보고 '진법을 펴는데 진영의 숫자가 8에서 끝난다.'고 하였던 것입니다.

虛(허) 비우다. 其中(기중) 그 가운데. 大將(대장) 대장이. 居之(거지) 거기에 위치하다. 環(환) 고리. 其四面(기사면) 그 4면을. 諸(제) 모두. 部(부) 부대가. 連(연) 잇닿다. 繞(요) 두르다. 此(차) 이것이. 所謂(소위) 이른바. 終(종) 끝나다. 於八(어팔) 8에서.

及乎變化制敵, 則紛紛紜紜, 鬪亂而法不亂, 混混沌沌, 形圓而勢不散.
급호변화제적, 즉분분운운, 투란이법불란, 혼혼돈돈, 형원이세불산.
이러한 진형을 유지하고 있다가 포진을 변화시켜 적을 제압해야 할 상황에 이르면, 즉 전투가 벌어지고 아주 어지러운 상황이 생긴다고 하더라도 진용은 어지럽지 않아야 하고, 혼전을 벌이더라도 둥근 진의 형태와 부대의 기세가 흩어지지 않아야 합니다.

及乎(급호) ~에 미치다. 變化(변화) 전술적 변화. 制(제) 제어하다. 敵(적) 적군. 則(즉) 곧. 紛紛(분분) 어지럽고, 어지럽다. 紜紜(운운) 어지럽고 어지럽다. 鬪(투) 싸우다. 亂(란) 어지럽다. 法(법) 진법. 不亂(불란) 어지럽지 않다. 混混(혼혼) 섞이고 섞이다. 沌沌(돈돈) 어둡고 어둡다. 形(형) 형태. 圓(원) 둥글다. 勢(세) 부대의 기세. 不散(불산) 흩어지지 않는다.

此所謂散而成八, 復而爲一者也.
차소위산이성팔, 부이위일자야.
이것이 소위 '흩어지면 8개의 작은 진(陳)을 이루며, 이를 다시 합치면 1개의 큰 진(陳)이 된다.'는 것입니다.

此(차) 이것이. 所謂(소위) 이른바. 散(산) 흩어지다. 成八(성팔) 8이 되고, 復(부) 다시. 爲一(위일) 1이 된다. 者(자) ~하는 것.

太宗曰, 深乎, 黃帝之制兵也.

태종왈, 심호, 황제지제병야.

태종(太宗)이 물었다. 황제의 병법은 참으로 심오한 것 같소.

太宗曰(태종왈) 태종이 말하다. 深乎(심호) 심오하다. 黃帝(황제) 황제. 制(제) 제어하다. 제압하다. 兵(병) 용병술. 병법.

後世雖有天智神略, 莫能出其閫閾, 降此, 孰有繼之者乎.

후세수유천지신략, 막능출기곤역, 강차, 숙유계지자호.

후세에 비록 하늘과 같은 지혜와 신과 같은 지략을 가진 인물이 나타난다 하더라도 황제의 수준에 비하면 문지방이라도 넘어갈 자가 있겠는가? 황제 이후에 이러한 진법(陣法)을 이어받을 만한 사람으로 누구를 들 수 있겠소?

後世(후세) 후세에. 雖(수) 비록. 有(유) 있다. 天智(천지) 하늘과 같은 지혜. 神略(신략) 신과 같은 지략. 莫(막) 없다. 能(능) 능히 ~하다. 出(출) 나다. 나가다. 其(기) 그. 閫(곤) 문지방. 閾(역) 문지방. 降(강) 내리다. 此(차) 이것. 孰(숙) 누가. 有(유) 있다. 繼(계) 잇다. 者(자) ~하는 것. 乎(호) 어조사.

靖曰, 周之始興, 則太公實繕其法,

정왈, 주지시흥, 즉태공실선기법,

이정(李靖)이 대답하였다. 주(周)나라 초기에 태공망(太公望)이 이와 같은 병법을 응용하여 실제로 사용하였습니다.

靖曰(정왈) 이정이 말하다. 周(주) 주나라. 始(시) 시작하다. 興(흥) 일어나다. 則(즉) 곧. 太公(태공) 태공망. 강태공. 實(실) 실제. 繕(선) 손보아 고치다. 其法(기법) 그 법.

始於岐都, 以建井畝, 戎車三百輛, 虎賁三百人, 以立軍制.

시어기도, 이건정무, 융차삼백량, 호분삼백인, 이입군제.

기도(岐都)[291]에서 정전법을 세우고, 전차 300대와 호랑이처럼 용감한 군사 300명으로 군의 대오를 편성하고,

始(시) 시작하다. 於岐都(어기도) 기도라는 곳에서. 以建(이건) 세움으로써. 井(정) 우물 정. 畝(무) 이랑. 戎車(융차) 전차의 종류를 말함. 三百輛(삼백량) 300대. 虎(호) 범. 賁(분) 크다. 三百人(삼백인) 300명. 以(이) ~로써. 立(입) 세우다. 軍制(군제) 군의 편제.

六步七步, 六伐七伐, 以教戰法, 陳師牧野.
육보칠보, 육벌칠벌, 이교전법, 진사목야.

군의 대오를 편성한 다음 수시로 대열을 정돈하고, 여러 번 적과 대전을 하는 동안 전법을 가르쳐가면서, 마침내 군사들로 목야(牧野)[292]에 진을 펼치게 됩니다.

六步七步(육보칠보) 여섯 발자국 또는 일곱 발자국. 六伐七伐(육벌칠벌) 6번 ~7번 정벌하다. 以(이) 써. 로써. 教(교) 가르치다. 戰法(전법) 전법. 陳(진) 진을 펴다. 師(사) 군사들. 牧野(목야) 지명.

太公以百夫制師, 以成武功, 以四萬五千人, 勝紂七十萬衆.
태공이백부제사, 이성무공, 이사만오천인, 승주칠십만중.

그런 다음, 태공망(太公望)은 100명의 용사를 선발해서 적과 싸워 무공을 세우고, 이어서 45,000명의 적은 병력으로 은(殷)나라 주왕(紂王)의 700,000 대군을 격파하였습니다.

太公(태공) 강태공을 말함. 以百夫(이백부) 100명의 용사. 制(제) 제어하다. 제압하다. 師(사) 군사. 以(이) ~로써. 成(성) 이루다. 武功(무공) 무공. 以(이) ~로써. 四萬五千人(사만오천인) 45,000명. 勝(승) 이기다. 紂(주) 주왕. 은나라 주왕을 말함. 七十萬衆(70만중) 70만 대군.

周司馬法, 本太公者也. 太公旣沒, 齊人得其遺法.
주사마법, 본태공자야. 태공기몰, 제인득기유법.

주(周)나라 사마법(司馬法)은 태공망(太公望)의 병법을 근본으로 한 것입니다. 태공망(太公望)이 세상을 떠나자, 제(齊)나라 사람들이 그 병법을 이어받게 된 것입니다.

---

291) 기도(岐都). 주(周)나라의 근거지였던 곳. 주원(周原)을 말함. 서안(西安)의 서쪽 약 100km, 위하(渭河)의 북쪽 기산(岐山) 남쪽 기슭의 지역을 말함.

292) 목야(牧野). 태공망이 은나라 주왕의 70만 대군을 맞이해서 전투를 펼쳤다는 지명.

周(주) 주나라. 司馬法(사마법) 사마법이라는 병법서. 本(본) 근본으로 하다. 太公(태공) 태공망의 병법. 者(자) ~하는 것. 太公(태공) 태공망. 강태공. 旣(기) 이미. 沒(몰) 가라앉다. 죽다. 齊人(제인) 제나라 사람. 得(득) 얻다. 其(기) 그. 遺法(유법) 남긴 병법.

至桓公覇天下, 任管仲, 復修太公法, 謂之節制之師, 諸侯畢服.
지환공패천하, 임관중, 복수태공법, 위지절제지사, 제후필복.
제(齊)나라 환공(桓公)293)이 천하의 패권을 차지하자, 관중(管仲)294)을 재상으로 임명하고, 다시 태공(太公)의 병법으로 군사들을 훈련하기 시작했는데, '절도가 있는 군대(節制之師)'라고 칭찬이 자자하였으며, 이후 여러 제후를 복속시키기도 하였습니다.

至(지) 이르다. 桓公(환공) 환공. 제나라의 군주. 覇(패) 패권을 차지하다. 天下(천하) 천하. 任(임) 임명하다. 管仲(관중) 사람 이름. 환공이 임명한 명재상. 復(부) 다시. 修(수) 수련하다. 太公法(태공법) 태공의 병법. 謂(위) 말하다. 節制之師(절제지사) 절도 있는 군대. 諸侯(제후) 제후국을 말함. 畢(필) 마치다. 服(복) 복종시키다.

太宗曰, 儒者多言, 管仲覇臣而已, 殊不知兵法, 乃本於王制也.
태종왈, 유자다언, 관중패신이이, 수부지병법, 내본어왕제야.
태종(太宗)이 말하였다. 유학자들은 흔히 말하기를 관중(管仲)은 패자(覇者)의 신하일 뿐이라고 하는데, 이는 관중(管仲)의 병법이 왕자(王者)의 제도인 정전법(井田法)을 근본으로 한다는 것을 알지 못했기 때문에 하는 말이오.

太宗曰(태종왈) 태종이 말하다. 儒者(유자) 유학자들은. 多言(다언) 말이 많다. 管仲(관중) 제나라 재상의 이름. 覇臣(패신) 패자의 신하. 已(이) 이미. 殊(수) 처지에 놓이다. 不知(부지) 알지 못하다. 兵法(병법) 관중의 병법. 乃(내) 이에. 本(본) 근본. 於王制(어왕제) 왕의 제도에서.

諸葛亮, 王佐之才, 自比管樂, 以此知管仲亦王佐也.
제갈량, 왕좌지재, 자비관악, 이차지관중역왕좌야.

293) 제(齊)나라 환공(桓公). 춘추시대 제나라의 15대 군주. 제환공, 진문공, 초장왕, 오왕부차, 월왕구천 등을 일컫는 춘추오패 중의 1명.

294) 관중(管仲). 춘추시대 제나라의 재상. 소년 시절부터 평생토록 변함이 없었던 포숙아와의 우정은 '관포지교(管鮑之交)'로 유명하다.

제갈량(諸葛亮)은 왕자(王者)를 보좌할 만한 큰 인물이었으나 스스로 자신을 관중(管仲)과 악의(樂毅)295)에게 비하였으니, 이것으로도 관중(管仲) 역시 왕자를 보필할 만한 큰 인물임을 알 수 있는 것이오.

諸葛亮(제갈량) 제갈공명을 말함. 王佐之才(왕좌지재) 왕을 보좌할 말한 인재. 自(자) 스스로. 比(비) 비교하다. 管(관) 관중을 말함. 樂(락) 악의를 말함. 以此(이차) 이것으로. 知(지) 알다. 管仲(관중) 관중. 亦(역) 또한. 王佐(왕좌) 왕을 보좌할 만한 인물이다.

但周衰, 時王不能用, 故假齊興師爾.
단주쇠, 시왕불능용, 고가제흥사이.
다만, 주(周)나라의 왕조가 쇠퇴하여 관중(管仲)을 등용하지 못할 시기여서 제후국인 제(齊)나라에서 벼슬을 하면서 군사를 일으켰던 것이오.

但(단) 다만. 周(주) 주나라. 衰(쇠) 쇠하다. 時(시) 시절. 시기. 王(왕) 왕. 不能用(불능용) 등용을 해서 쓰지를 못하다. 故(고) 고로. 假(가) 임시로. 齊(제) 제나라. 興(흥) 일으키다. 師(사) 군사. 爾(이) 어조사.

靖再拜曰, 陛下神聖, 知人如此, 老臣雖死, 無愧昔賢也.
정재배왈, 폐하신성, 지인여차, 로신수사, 무괴석현야.
이정(李靖)이 두 번 절하고 말하였다. 폐하께서는 신(神)이나 성인(聖人)과 같이 사람을 이처럼 잘 알아보시니, 노신이 비록 지금 당장 죽는다 하더라도 옛 현인들과 비교해 부끄러울 것이 하나도 없이 오히려 영광스럽사옵니다.

靖再拜曰(정재배왈) 이정이 두 번 절하고 말하다. 陛下(폐하) 태종을 말함. 神聖(신성) 거룩하고 성스럽다. 知人(지인) 사람을 알아보다. 如此(여차) 이와 같으니. 老臣(노신) 늙은 신하. 본인을 말함. 雖(수) 비록. 死(사) 죽다. 無(무) 없다. 愧(괴) 부끄럽다. 昔(석) 옛. 賢(현) 현자.

臣請言管仲制齊之法. 三分齊國, 以爲三軍, 五家爲軌, 故五人爲伍.
신청언관중제제지법. 삼분제국, 이위삼군, 오가위궤, 고오인위오.
신이 청하여 관중(管仲)이 제(齊)나라를 다스린 방법에 대하여 말씀드리고자 합니다. 관중

295) 악의(樂毅). 중국 전국시대에 활약한 연(燕)나라의 무장. 현자(賢者)이면서도 전쟁을 좋아했다고 함. 훗날 연(燕)나라 혜왕(惠王)이 즉위하자 제나라에서 반간계를 사용하는 바람에 조(趙)나라로 달아나서 결국 조(趙)나라에서 죽었나.

(管仲)은 제(齊)나라를 크게 셋으로 나누어 각각 군을 조직하여 3군으로 만들었으며, 5가구를 1궤(軌)로 만들고, 군에서는 5명을 1오(伍)로 편성하였습니다.

臣(신) 신이. 請(청) 청하여. 言(언) 말하다. 管仲(관중) 관중이. 制(제) 제어하다. 齊(제) 제나라. 法(법) 법. 三分(삼분) 3개로 나누다. 齊國(제국) 제나라를. 以(이) ~로써. 爲三軍(위삼군) 3군으로 만들다. 五家(오가) 5가구. 爲軌(위궤) 1궤로 만들다. 故(고) 고로. 五人(오인) 5명을. 爲伍(위오) 1오로 만들다.

十軌爲裏, 故五十人爲小戎. 四裏爲連, 故二百人爲卒.
십궤위리, 고오십인위소융. 사리위련, 고이백인위졸.
10궤(10軌=50가구)를 1리(裏)로 만들고, 군에서는 50명을 1소융(小戎)으로 편성하였습니다. 또한 4리(4裏=200가구)를 1연(連)으로 만들고, 군에서는 200명을 1졸(卒)로 편성하였습니다.

十軌(십궤) 10궤. 爲裏(위리) 1리로 하다. 故(고) 고로. 五十人(오십인) 50명. 爲小戎(위소융) 1소융으로 하다. 四裏(사리) 4리. 爲連(위연) 1연으로 하다. 故(고) 고로. 二百人(이백인) 200명. 爲卒(위졸) 1졸로 하다.

十連爲鄕, 故二千人爲旅. 五鄕一師, 故萬人爲軍.
십연위향, 고이천인위려. 오향일사, 고만인위군.
10연(10連=2,000가구)을 1향(鄕)으로 삼고 군에서는 2,000명을 1여(旅)로 편성하였습니다. 5향(鄕=10,000가구)을 1사(師)로 삼고, 군에서는 10,000명을 1군(軍)으로 편성하였습니다.

十連(십연) 10연. 爲鄕(위향) 1향으로 하다. 故(고) 고로. 二千人(이천인) 2천 명. 爲旅(위여) 1여로 하다. 五鄕(오향) 5향. 一師(일사) 1사로 하다. 萬人(만인) 1만 명. 爲軍(위군) 1군으로 하다.
家(가):5 → 軌(궤):10→ 裏(리):4→ 連(연):10 → 鄕(향) : 5 → 師(사)
人(인)→伍(오=5명)→小戎(소융=50명)→卒(졸=200명)→旅(여=2000명)→軍(군=10000명)

亦由司馬法, 一師五旅, 一旅五卒之義焉. 其實皆得太公之遺法.
역유사마법, 일사오여, 일여오졸지의언. 기실개득태공지유법.
또, 사마법(司馬法)296)에서 유래하여 1사(師)는 5여(旅)로 나누고, 1여(旅)는 5졸(卒)로 나

296) 사마법(司馬法). 전양저(田穰苴) 또는 사마양저(司馬穰儲)가 지었다고 전해지는 고대 병법서. 무경칠서(武經七書) 중의

눈 것이지만, 실제는 모두 태공망(太公望)의 병법을 따른 것입니다.

亦(역) 또한. 由(유) 말미암다. 司馬法(사마법) 사마법. 一師(일사) 1사. 五旅(오여) 5여. 一旅(일여) 1여. 五卒(오졸) 5졸. 義(의) 뜻. 焉(언) 어조사. 其(기) 그. 實(실) 실제. 皆(개) 다. 모두. 得(득) 얻다. 太公(태공) 강태공. 遺(유) 남기다. 法(법) 병법.

太宗曰, 司馬法, 人言穰苴所述, 是歟, 否也.
태종왈, 사마법, 인언양저소술, 시여, 부야.

태종(太宗)이 물었다. 사마법(司馬法)이라는 병법서를 사마양저(司馬穰苴)[297]가 지은 것이라고 하는데, 이것이 사실이오?

太宗曰(태종왈) 태종이 말하다. 司馬法(사마법) 사마법이라는 병법서. 人言(인언) 사람들이 말하다. 穰苴(양저) 사마양저. 전양저. 所述(소술) 저술한 바. 是歟(시여) 맞는가? 否也(부야) 아닌가?

靖曰, 按史記穰苴傳, 齊景公時, 穰苴善用兵, 敗燕晉之師,
정왈, 안사기양저전, 제경공시, 양저선용병, 패연진지사,

이정(李靖)이 대답하였다. 사기(史記)의 양저전(穰苴傳)을 살펴보면, 제(齊)나라 경공(景公) 시절에 사마양저(司馬穰苴)가 용병술을 잘해서 연(燕)나라와 진(晉)나라의 군대를 격파하였다고 하였습니다.

靖曰(정왈) 이정이 말하다. 按(안) 어루만지다. 살펴보다. 史記(사기) 사기라는 역사책. 穰苴傳(양저전) 사마양저에 대해서 기록한 인물전. 齊景公時(제경공시) 제나라 환공 시절에. 穰苴(양저) 사마양저가. 善(선) 잘하다. 用兵(용병) 용병술. 敗(패) 패배시켰다. 燕晉之師(연진지사) 연나라와 진나라의 군사들.

景公尊爲司馬之官, 由是稱司馬穰苴, 子孫號司馬氏.
경공존위사마지관, 유시칭사마양저, 자손호사마씨.

하나.

297) 사마양저(司馬穰苴). 본명은 전양저(田穰苴). 춘추시대 제(齊)나라 출신. 비록 서얼 출신이긴 하지만 병법에 밝아 당시 재상인 안영(晏嬰)의 추천으로 장군이 되었음. 연(燕)나라와 진(晉)나라의 군사를 막으라는 임무를 받고는 자신의 신분이 미천하다고 해서 복종하지 않을 것을 염려하여 경공(景公)에게 총애하는 신하 한 명을 보내달라고 요청해서 장고(莊賈)라는 장수를 부하로 받고, 다음날 정오에 군영 입구에서 만나기로 하였으나 장고(莊賈)가 제시간에 나타나지 않자 약속 시간에 오지 못한 죄를 물어 군법을 적용, 그 자리에서 참수함으로써 군기를 세운 유명한 일화가 있음.

이에 경공(景公)이 그를 후하게 대접하여 병권(兵權)의 요직인 사마(司馬)라는 관직으로 높여 주었기 때문에 사마양저(司馬穰苴)라고 부르게 되었으며, 그 자손들도 사마씨(司馬氏)라고 부르게 되었습니다.

景公(경공) 제나라 경공. 尊(존) 높이다. 爲(위) ~하다. 司馬之官(사마지관) 사마라는 관직. 由(유) 말미암다. 是(시) 이것. 稱(칭) 칭하다. 일컫다. 司馬穰苴(사마양저) 사마라는 관직을 가진 양저. 子孫(자손) 그 자손들. 號(호) 부르다. 司馬氏(사마씨) 사마라는 성씨.

至齊威王, 追論古司馬法, 又述穰苴所學, 遂有司馬穰苴書數十篇.
지제위왕, 추론고사마법, 우술양저소학, 수유사마양저서수십편.

그 후 제(齊)나라 위왕(威王) 때에 이르러, 옛날의 사마법(司馬法)을 다시 추적하여 기록하고, 양저(糧儲)가 가르친 바를 같이 기록하여 사마양저(司馬穰苴)의 병서 수십 편이 전해지게 된 것입니다.

至(지) 이르다. 齊(제) 제나라. 威王(위왕) 위왕. 왕의 이름. 追(추) 추적하다. 論(론) 논하다. 古(고) 옛날. 司馬法(사마법) 사마법이라는 병법서. 又(우) 또한. 述(술) 서술하다. 穰苴(양저) 양저가. 所學(소학) 가르친 바. 遂(수) 이르다. 有(유) 있다. 司馬穰苴書(사마양저서) 사마양저의 책. 사마양저의 병법서. 數十篇(수십편) 수십 편.

今世所傳兵家者流, 又分權謀 · 形勢 陰陽 · 技巧, 四種, 皆出司馬法也.
금세소전병가자류,우분권모.형세 · 음양 · 기교, 사종, 개출사마법야.

요즘 후세의 병법을 연구하는 학자들이 이것을 다시 권모(權謀)·형세(形勢) ·음양(陰陽) ·기교(技巧)의 네 가지로 크게 분류하였는데, 이것은 모두 사마법(司馬法)에서 나온 것입니다.

今(금) 지금. 오늘날. 世(세) 세상. 所傳(소전) 전하는 바. 兵家(병가) 병서를 연구하는 사람들. 者(자) ~하는 자. 流(류) 흐르다. 又(우) 또. 分(분) 나누다. 權謀(권모) 권모술수. 形勢(형세) 형태나 기세. 陰陽(음양) 음과 양. 技巧(기교) 기교. 四種(사종) 4가지 종류. 皆(개) 모두. 出(출) 나오다. 司馬法(사마법) 사마법에서.

太宗曰, 漢張良韓信, 序次兵法. 凡百八十二家, 删取要用, 定著三十五家,
태종왈, 한장량한신, 서차병법. 범백팔십이가, 산취요용, 정저삼십오가.

태종(太宗)이 물었다. 한(漢)나라의 장량(張良)298)과 한신(韓信)299)이란 장수가 고대 병법서 182가(家) 중에서 중요하고 쓸 만한 내용만 뽑아서 35가(家)로 만들었다고 하였소.

太宗曰(태종왈) 태종이 말하다. 漢(한) 한나라. 張良(장량) 한나라의 개국공신. 자는 자방. 韓信(한신) 전한의 명장. 유방을 도와 천하를 통일하는데 기여한 장수. 序(서) 차례를 매기다. 次(차) 다음. 兵法(병법) 병법서. 凡百八十二家(범 백팔십이가) 무릇 병법서 182권. 刪(산) 깍다. 取(취) 취하다. 要(요) 중요한 것. 用(용) 쓰다. 定(정) 정하다. 著(저) 저술하다. 三十五家(삼십오가) 35권.

今失其傳, 何也.

금실기전, 하야.

그런데 오늘날 하나도 전해지지 않고 있소. 그것은 대체 어떤 내용이오?"

今(금) 지금. 失(실) 잃다. 其傳(기전) 그 전하는 바. 何也(하야) 어떤 내용이오.

靖曰, 張良所學, 太公六韜三略, 是也. 韓信所學, 穰苴孫武, 是也.

정왈, 장량소학, 태공육도삼략, 시야. 한신소학, 양저손무, 시야.

이정(李靖)이 대답하였다. 장량(張良)이 배운 것은 태공의 병법인 육도(六韜)300)와 삼략(三略)301)이며, 한신(漢信)이 배운 것은 전양저(田穰苴)가 지은 사마법(司馬法)과 손무가 지은 손자병법(孫子兵法)입니다.

靖曰(정왈) 이정이 말하다. 張良(장량) 장량이. 所學(소학) 배운바. 太公(태공) 태공이 지은. 六韜三略(육도삼략) 육도와 삼략이. 是也(시야) 그것이다. 韓信(한신) 한신이라는 장수가. 所學(소학) 배운 바. 穰苴(양저) 사마양저가 지은 사마법. 孫武(손무) 손자가 지은 손자병법. 是也(시야) 그것이오.

298) 장량(張良). 한나라 고조 유방의 공신. 자는 자방(子房). 시호는 문성공(文成公). 한나라 명문 출신으로 시황제를 습격하였으나 실패하고 하비(下邳)라는 지역에 은신하고 있을 때 황석공(黃石公)으로부터 태공병법서를 사사 받았다는 유명한 일화가 전해지고 있음. 훗날 진승(陳勝)과 오광(吳廣)의 난이 일어났을 때 유방의 진영에 있었으며 훗날 유방이 위기에 처했을 때 유방을 구해주는 등 한나라 개국공신 중의 한 명임.

299) 한신(韓信). 중국 한나라의 무장. 처음에는 초(楚)나라 항량, 항우를 섬겼으나 중용되지 않자 한(漢)나라 유방의 장수가 됨.

300) 육도(六韜). 태공망(太公望)이 지었다고 하는 무경칠서(武經七書) 중의 하나. 후세에서 가탁한 것이 분명하다는 것이 정설임.

301) 삼략(三略). 태공망(太公望)이 지었다고 하는 설과 한나라 장량(張良)이 황석공(黃石公)으로 사사 받았다는 설이 있는 무경칠서(武經七書) 중의 하나.

然大體不出, 三門四種而已.
연대체불출, 삼문사종이이.
그러나 이들 병법서의 대략적인 내용은 삼문(三門)과 사종(四種)에 지나지 않습니다.

然(연) 그러하다. 大體(대체) 대략적인 내용을 말함. 不出(불출) 지나지 않는다. 三門四種(삼문사종) 삼문 사종. 已(이) 이미.

太宗曰, 何謂三門.
태종왈, 하위삼문.
태종(太宗)이 물었다. 무엇을 삼문(三門)이라고 하오?

太宗曰(태종왈) 태종이 말하다. 何(하) 어찌. 謂(위) 말하다. 三門(삼문) 삼문.

靖曰, 臣按太公謀八十一篇, 所謂陰謀, 不可以言窮.
정왈, 신안태공모팔십일편, 소위음모, 불가이언궁.
이정(李靖)이 대답하였다. 신이 살펴보건대, 태공(太公)의 병법서 중에서 태공 모(太公 謀)가 81편인데[302], 이것은 이른바 음모에 관한 내용으로 그 뜻을 모두 말로 한다는 것은 불가능합니다.

靖曰(정왈) 이정이 말하다. 臣按(신안) 신이 살펴보건대. 太公(태공) 강태공이 지은. 謀(모) 모략에 관한 것. 八十一篇(팔십일편) 81편. 所謂(소위) 이른바. 陰謀(음모) 음모. 不可(불가) 불가능하다. 以言(이언) 말로서. 窮(궁) 다하다.

太公言七十一篇, 不可以兵窮.
태공언칠십일편, 불가이병궁.
다음은 태공 언(太公 言)이 71편인데[303], 이것은 용병에 관한 내용으로 이 또한 사람이 용병으로 그 내용을 다 설명한다는 것은 불가능합니다.

太公言(태공언) 태공의 병법 중 태공이 한 말에 대한 것을 적은 부분. 七十一篇(칠십일편) 71편이 있는데. 不可(불가) 불가하다. 以兵(이병) 용병에 관한 것을 적은 것으로. 窮(궁) 다하다.

302) 태공망이 지은 책은 모두 237편인데, 그중에서 편명이 모(謀)인 것이 81편이라는 내용임.
303) 태공망이 지은 책은 모두 237편인데, 그중에서 편명이 언(言)인 것이 71편이라는 내용임.

太公兵八十五篇, 不可以財窮. 此三門也.
태공병팔십오편, 불가이재궁. 차삼문야.
그리고 마지막으로 태공 병(太公 兵)이 85편인데[304), 이는 군사재정의 이치가 담겨진 내용으로 사람의 재주로는 그 내용을 다 아는 것이 불가능합니다.

太公兵(태공병) 태공의 병법 중 용병에 관한 내용. 八十五篇(팔십오편) 85편. 不可(불가) 불가하다. 以財(이재) 군사와 관련된 재정에 관한 것. 窮(궁) 다하다. 此三門也(차 삼문야) 이것을 삼문이라고 한다. 삼문=태공모(謀), 태공언(言), 태공병(兵)

太宗曰, 何謂四種.
태종왈, 하위사종.
태종(太宗)이 다시 물었다. 그럼, 무엇을 사종(四種)이라 하오?

太宗曰(태종왈) 태종이 말하다. 何(하) 어찌. 謂(위) 말하다. 四種(사종) 4종.

靖曰, 漢任宏所論是也.
정왈, 한임굉소론시야.
이정(李靖)이 대답하였다. 한(漢)나라 임굉(任宏)[305)이 논한 네 종류의 병법서가 그것입니다.

靖曰(정왈) 이정이 말하다. 漢(한) 한나라. 任宏(임굉) 사람 이름. 所論(소론) 논한 바. 是也(시야) 그것이오.

凡兵家流, 權謀爲一種, 形勢爲一種, 及陰陽技巧二種, 此四種也.
범병가류, 권모위일종, 형세위일종, 급음양기교이종, 차사종야.
무릇 병법을 연구하는 사람들은 권모(權謀)를 1종류로 분류하고, 형세(形勢)를 1종류로 분류하며, 음양(陰陽)과 기교(技巧)를 2종류로 분류해서 이를 사종(四種)이라고 하는 것입니다.

凡(범) 무릇. 兵家(병가) 병학. 병가. 流(류) 흐르다. 權謀(권모) 권모술수. 爲一種(위일종) 한 종류로 분류하다. 形勢(형세) 형세. 及(급) 미치다. 陰陽技巧(음양기교) 음양과 기교. 二種(이종) 2종류로 분류하다. 此(차) 이것. 四種(사종) 4종이라고 한다.

304) 태공망이 지은 책은 모두 237편인데, 그중에서 편명이 병(兵)인 것이 85편이라는 내용임
305) 임굉(任宏). 한나라 성제 때 사람으로 성제의 명을 받고 병서를 정리한 인물.

太宗曰, 司馬法首序蒐狩, 何也.
태종왈, 사마법수서수수, 하야.
태종(太宗)이 물었다. 사마법(司馬法) 첫머리에서 사냥에 대해서 나오는데, 어떤 이유에서 그런 것이오?

太宗曰(태종왈) 태종이 말하다. 司馬法(사마법) 사마법이라는 병법서. 首(수) 머리. 序(서) 순서. 蒐(수) 사냥하다. 狩(수) 사냥하다. 何也(하야) 어찌 된 일이오.

靖曰, 順其時, 而要之以神, 重其事也.
정왈, 순기시, 이요지이신, 중기사야.
이정(李靖)이 대답하였다. 농한기에 맞춰서 사냥을 통해 무예를 익히고, 잡은 짐승들을 신에게 바치는 것은 중요한 일이었기 때문입니다.

靖曰(정왈) 이정이 말하다. 順(순) 순하다. 其時(기시) 그때. 농한기를 말함. 要(요) 중요하다. 以(이) ~로써. 神(신) 신. 重(중) 중요하다. 其事(기사) 그 일.

周禮最爲大政,
주례최위대정,
주례(周禮)에서는 사냥을 국가의 가장 큰 행사로 여기고 있었습니다.

周禮(주례) 예법에 관한 책. 最(최) 가장. 爲(위) ~하다. 大(대) 크다. 政(정) 정사. 당시 정황을 유추해 보았을 때 사냥을 핑계로 각 제후들을 모으는 것이 국가의 큰 행사였음을 짐작할 수 있음.

成有岐陽之蒐, 康有酆宮之朝, 穆有塗山之會,
성유기양지수, 강유풍궁지조, 목유도산지회,
그래서 성왕(成王) 때에는 기산(岐山) 남쪽(岐陽)에서 사냥을 한 바 있었고, 강왕(康王) 때는 사냥하기 위해서 풍읍(豐邑)의 궁정에 제후들을 모이게 한 적도 있었으며, 목왕(穆王) 때도 사냥하기 위해 도산(塗山)이라는 지역에 제후들을 모이게 한 바도 있습니다.

成(성) 주나라 성왕 때. 有(유) 있다. 岐陽(기양) 기산이라는 곳의 양지바른 쪽이니 남쪽을 말함. 蒐(수) 사냥하다. 康(강) 강왕 때. 有(유) 있다. 酆(풍) 풍읍. 宮(궁) 궁궐. 朝(조) 조현하다. 穆(목) 목왕 대. 有(유) 있다. 塗山(도산) 지명. 會(회) 모이게 하다.

此天子之事也.
차천자지사야.
이는 모두 천자(天子)가 해야 하는 일이었던 것입니다.

此(차) 이는. 天子之事(천자지사) 천자가 해야 하는 일.

及周衰, 齊桓有召陵之師, 晉文有踐土之盟, 此諸侯奉行天子之事也.
급주쇠, 제환유소릉지사, 진문유천토지맹, 차제후봉행천자지사야.
이후 주(周)나라가 쇠퇴하게 되자, 제(齊)나라 환공(桓公)은 군사를 거느리고 사냥을 하여 제후들을 소릉(召陵)에 모이게 하여 여러 제후와 연합하여 초(楚)나라를 정벌하기로 맹약하였으며, 진(晉) 나라의 문공(文公)은 천토(踐土)라는 지역에 제후들을 모아 놓고 서약을 받기도 하였습니다. 이것은 제후들이 천자(天子)의 할 일을 받들어 행한 것입니다.

及(급) 미치다. 周(주) 주나라. 衰(쇠) 쇠퇴하다. 齊桓(제환) 제나라 환공. 有(유) 있다. 召陵(소릉) 소릉이라는 지명. 師(사) 군사. 晉文(진문) 진나라 문공. 有(유) 있다. 踐土(천토) 지명. 盟(맹) 맹세하다. 此(차) 이것. 諸侯(제후) 제후들. 奉行(봉행) 받들어 행하다. 天子之事(천자지사) 천자가 해야 할 일.

其實用九伐之法, 以威不恪, 假之以朝會, 因之以巡遊, 訓之以甲兵.
기실용구벌지법, 이위불각, 가지이조회, 인지이순유, 훈지이갑병.
이러한 것은 실제로 사마법(司馬法)에 있는 아홉 가지 죄악을 저지른 제후들을 벌한다는 '구벌지법(九伐之法)'으로, 천자의 명령을 잘 받들지 않는 자들을 응징하기 위해서 제후들에게 천자를 조회하라는 명목을 붙이거나, 천자가 직접 제후국을 순시한다는 명목을 붙이거나 해서 군사들을 훈련하였던 것입니다.

其(기) 그. 實(실) 실제. 用(용) 쓰이다. 九伐之法(구벌지법) 아홉 가지 죄악을 저지른 제후들을 정벌하는 법. 以威(이위) 위엄으로. 不(불) 아니다. 恪(각) 삼가다. 假(가) 임시로 차용하다. 以朝會(이조회) 조회를 한다는 것을 빌미로. 因(인) ~로 인하여. 以巡遊(이순유) 제후국들은 순회하는 것을 빌미로. 訓(훈) 훈련하다. 以甲兵(이갑병) 무장한 군사들.

言無事兵不妄擧, 必於農隙, 不忘武備也.
언무사병불망거, 필어농극, 불망무비야.
이는 나라에 큰일이 없으면 함부로 군을 일으킬 수 없기 때문에, 반드시 농한기에 사냥함으로써 국방을 튼튼히 해야 한다는 것을 잊어버리지 않게 하기 위해서였습니다.

言(언) 말. 말씀. 無事(무사) 무사하다. 兵(병) 군사들. 不(불) 아니다. 妄(망) 함부로. 擧(거) 일으키다. 必(필) 반드시. 於(어) 어조사. 農(농) 농사. 隙(극) 틈. 不忘(불망) 잊어버리지 않다. 武備(무비) 국방에 대비하다.

故首序蒐狩, 不其深乎.
고수서수수, 불기심호.
이 때문에 사마법(司馬法)의 첫머리에 사냥에 대하여 언급한 것이니, 그 의미가 깊다고 하지 않을 수 없는 것입니다.

故(고) 그러므로. 首序(수서) 첫머리 순서에. 蒐狩(수수) 사냥. 不(불) 아니다. 其(기) 그. 深(심) 심오하다. 乎(호) 어조사.

太宗曰, 春秋楚子二廣之法雲,
태종왈, 춘추초자이광지법운,
태종(太宗)이 물었다. 춘추좌전(春秋左傳)에 나오는 초(楚) 나라 장왕(莊王)이 전차부대를 운용할 때 사용했던 '이광지법(二廣之法)'에 관해서 설명해주시오.

太宗曰(태종왈) 태종이 말하다. 春秋(춘추) 춘추시대. 楚子(초자) 초나라 장왕. 二廣之法(이광지법) 2광=전차 30대, 1광=전차 15대. 전차를 전술적으로 운용하는 방법. 雲(운) 설명하다.

百官象物而動, 軍政不戒而備, 此亦得周制歟.
백관상물이동, 군정불계이비, 차역득주제여.
그리고'여러 군관이 신분과 소속을 밝히는 상징물들만 보고도 질서정연하게 움직였으며, 군정은 군이 경계하지 않아도 대비가 완벽하였다.' 하였는데, 이것도 주(周)나라 제도를 따른 것이오?

百官(백관) 여러 관리. 象物(상물) 신분이나 소속을 밝히는 물건들. 動(동) 움직이다. 軍政(군정) 군대의 행정. 不戒(불계) 경계하지 않다. 備(비) 대비하다. 此(차) 이. 이것. 亦(역) 또한. 得(득) 얻다. 周制(주제) 주나라 제도. 歟(여) 어조사.

靖曰, 按左氏說, 楚子乘廣三十乘, 廣有一卒, 卒偏之兩,

정왈, 안좌씨설, 초자승광삼십승, 광유일졸, 졸편지양,

이정(李靖)이 대답하였다. 좌씨(左氏)의 말에 의하면, 초(楚)나라 장왕(莊王)은 전차부대를 편성할 때 좌 · 우광으로 나누어진 각 승광(乘廣)에 전차를 15대씩 나누어 총 30대의 전차를 편성하였다고 합니다. 각 승광(乘廣)에는 보병 100명 규모의 부대인 1졸(卒) 씩을 추가로 편성하고, 각 졸(卒)에는 편(偏)이라 불리는 1량(兩) 규모의 부대를 추가로 편성하였습니다.

靖曰(정왈) 이정이 말하다. 按(안) 어루만지다. 살펴보다. 左氏(좌씨) 좌씨. 춘추좌전에 나오는 좌씨. 說(설) 말. 楚子(초자) 초나라 장왕. 乘廣(승광) 승광에. 三十乘(삼십승) 전차 30대를 편성하다. 다른 기록들을 보면 좌광, 우광으로 나누어 각 15대를 배치하여 총 30대로 편성을 하였다고 함. 廣(광) 전차 15대 규모의 부대. 有一卒(유일졸) 1졸을 편성하다. 卒(졸) 보병 100명 규모의 부대. 偏(편) 편이라는 부대규모. 兩(양) 1량.

軍行右轅, 以轅爲法, 故挾轅而戰, 皆周制也.

군행우원, 이원위법, 고협원이전, 개주제야.

부대들이 행군할 때는 전차의 끌채를 우측에 향하게 해서 이를 기본원칙으로 하게 하였습니다. 따라서 전차의 우측에 배치되어 전차의 끌채를 끌고 다니며 전투를 하는 것은 모두 주(周)나라의 제도입니다.

軍(군) 군사들. 行(행) 행군하다. 右(우) 오른쪽. 轅(원) 전차의 끌채. 以轅(이원) 끌채를 그렇게 다는 것을. 爲法(위법) 원칙으로 하다. 故(고) 고로. 그러므로. 挾轅(협원) 전차에 끌채를 달다. 戰(전) 사우다. 皆(개) 모두. 다. 周制(주제) 주나라 제도.

臣謂百人曰卒, 五十人曰兩, 此是每車一乘, 用士百五十人, 比周制差多耳.

신위백인왈졸, 오십인왈양, 차시매차일승, 용사백오십인, 비주제차다이.

신이 생각건대, 1백 명을 졸(卒)이라 하고, 50명을 양(兩)이라고 한 것 같습니다. 초(楚)나라에서는 전차 1대에 보병 150명을 운용하였으니, 이것은 주(周)나라의 제도에 비하면 병력 운용에서 차이가 크게 납니다.

臣謂(신위) 신이 말하다. 百人曰卒(백인왈졸) 100명을 졸이라고 하다. 五十人曰兩(오십인왈 양) 10명을 양이라고 하다. 此(차) 이. 이것. 是(시) 옳다. 每(매) 매양. 車(차) 전차. 一乘(일승) 1대. 用(용) 쓰다. 士(사) 병사들. 百五十人(백오십인) 150명. 比(비) 비교하다. 周制(주제) 주나라 제도. 差多(차다) 차이가 크다. 耳(이) 어조사.

周一乘, 步卒七十二人, 甲士三人, 以二十五人爲一甲,

주일승, 보졸칠십이인, 갑사삼인, 이이십오인위일갑,

주(周)나라의 제도는 전차 1대에 보병 72명과 중무장 병사 3명을 편성하면 총 75명이 되는데, 이를 각 25명씩으로 나누어 1갑(甲)으로 편성이 됩니다.

周(주) 주나라. 一乘(일승) 전차 1대에. 步卒(보졸) 보병 병사. 七十二人(칠십이인) 72명. 甲士(갑사) 갑옷을 입은 병사. 三人(삼인) 3명. 以二十五人(이25인) 25명당. 爲一甲(위일갑) 1갑을 편성하다.

凡三甲, 共七十五人.

범삼갑, 공칠십오인.

그리하면 3갑(三甲)으로 총 75명이 편성되도록 하였습니다.

凡(범) 무릇. 三甲(삼갑) 3갑. 共(공) 같이. 합쳐서. 七十五人(75인) 75명.

楚山澤之國, 車少而人多, 分爲三隊, 則與周眺矣.

초산택지국, 차소이인다, 분위삼대, 즉여주조의.

초(楚)나라는 산과 늪이 많은 지형의 나라이며, 전차는 적지만 인구가 많았기 때문에 병력을 많이 편성한 것입니다. 그러나 이들을 3개 부대로 편성한 것은 주(周)나라 제도와 마찬가지입니다.

楚(초) 초나라. 山澤之國(산택지국) 산이 많고 늪이 많은 지형의 나라. 車少(차소) 전차는 적고. 人多(인다) 병력은 많다. 分(분) 나누다. 爲三隊(위삼대) 3개의 부대로 편성하다. 則(즉) 곧. 與(여) 같다. 周(주) 주나라. 眺(조) 바라보다. 矣(의) 어조사.

太宗曰, 春秋荀吳伐狄, 毁車爲行, 亦正兵歟, 奇兵歟.

태종왈, 춘추순오벌적, 훼차위행, 역정병여, 기병여.

태종(太宗)이 물었다. 춘추시대 순오(荀吳)306)라는 장수가 오랑캐를 토벌할 때에는 전차를 사용하지 않고 보병을 그대로 사용했다고 하는데, 이것은 정병(正兵)이오, 기병(奇兵)이오?

306) 순오(荀吳). 중국 춘추시대 진(晉)나라의 정치가이자 장수. 중행(中行)이라고도 한다.

太宗曰(태종왈) 태종이 말하다. 春秋(춘추) 춘추시대. 荀吳(순오) 진나라의 장수. 伐(벌) 토벌하다. 狄(적) 오랑캐. 毁(훼) 헐다. 車(차) 전차. 爲行(위행) 행군하다. 행군이라기 보다 전투를 했다는 표현이 더 적절함. 亦(역) 또. 正兵(정병) 정병인가? , 奇兵(기병) 기병인가? 歟(여) 어조사.

靖曰, 荀吳用車法耳, 雖舍車而法在其中焉.

정왈, 순오용차법이, 수사차이법재기중언.

이정(李靖)이 대답하였다. 순오(荀吳) 장군 역시 전차 운용법을 그대로 적용했습니다. 비록 전차를 버리고 사용하지 않았으나, 그 운용법은 그대로 사용하였습니다.

靖曰(정왈) 이정이 말하다. 荀吳(순오) 순오 장군. 用車法(용차법) 전차 운용법을 그대로 사용했다. 耳(이) 어조사. 雖(수) 비록. 舍(사) 버린다는 의미의 捨(버릴 사)의 음을 차용한 것이 아닌가 추측됨. 車(차) 전차. 法(법) 방법. 전법. 在(재) 있다. 其(기) 그. 中(중) 가운데. 焉(언) 어조사.

一爲左角, 一爲右角, 一爲前拒, 分爲三隊,

일위좌각, 일위우각, 일위전거, 분위삼대,

부대를 편성함에 있어서 1개 부대는 좌측을 맡는 좌각(左角)으로, 1개 부대는 우측을 맡는 우각(右角)으로, 1개 부대는 전위대를 맡는 전거(前拒)로 삼아서 총 3개의 부대로 나누었습니다.

一爲左角(일위좌각) 1개 부대는 좌각으로 삼다. 一爲右角(일위우각) 1개 부대는 우각으로 삼다. 一爲前拒(일위전거) 1개 부대는 전거로 삼다. 分(분) 나누다. 爲三隊(위삼대) 3개 부대로 편성하다.

此一乘法也, 千萬乘皆然.

차일승법야, 천만승개연.

이것은 전차 1대에 대한 것이지만 전차가 1,000대나 10,000대가 되어도 마찬가지입니다.

此(차) 이것. 一乘法(일승법) 전차 1대를 편성하는 방법과 같다. 千萬乘(천만승) 전차 천 대나 만 대. 皆(개) 모두. 然(연) 그러하다.

臣按, 曹公新書雲, 攻車七十五人, 前拒一隊, 左右角二隊,

신안, 조공신서운, 공차칠십오인, 전거일대, 좌우각이대,

신이 조공신서(曹公新書)를 살펴보니, 공격용 전차 1대에 병사 75명을 편성하는데, 병사들을 셋으로 나누어 전위대인 전거(前拒)로 1개 부대를 편성하고, 좌우를 맡는 좌각(左角)과 우각(右角)으로 2개 부대를 편성하였습니다.

臣按(신안) 신이 살펴보건대. 曹公新書(조공신서) 조조가 지은 병서. 雲(운) 운운하다. 말하다. 설명하다. 攻車(공차) 공격용 전차. 七十五人(75인) 75명을 편성하다. 前拒一隊(전거1대) 전거로 1개 부대를 편성하고. 左右角二隊(좌우각2대) 좌우각으로 2개 부대를 편성하다.

守車一隊, 炊子十人, 守裝五人, 廏養五人, 樵汲五人, 共二十五人.
수차일대, 취자십인, 수장오인, 구양오인, 초급오인, 공이십오인.
또한 방어를 위한 전차인 수차(守車) 1개 부대에는 취사병 10명, 군장을 지키는 병사 5명, 마구간 관리 병사 5명, 땔 나무를 구하고 물을 긷는 병사 5명을 포함, 모두 25명을 편성하였습니다.

守車(수차) 방어용 전차. 一隊(일대) 1개 부대에는. 炊子(취자) 취사병. 十人(십인) 10명. 守裝(수장) 군장을 지키는 병사. 五人(오인) 5명. 廏養(구양) 마구간을 관리하는 병사. 五人(오인) 5명. 樵汲(초급) 땔나무를 구하고 물을 긷는 병사. 五人(오인) 5명. 共(공) 모두. 二十五人(25인) 25명을 편성하다.

攻守二乘, 凡百人. 興兵十萬, 用車千乘, 輕重二千,
공수이승, 범백인. 흥병십만, 용차천승, 경중이천,
따라서 공격용과 방어용 전차 2대에 병사 100명이 편성되었습니다. 따라서 10만 대군을 일으키려면 전차 1,000대가 소요되며, 추가로 운반용 수레 2,000대가 더 필요하게 됩니다.

攻守二乘(공수이승) 공격용과 방어용 전차 2대. 凡(범) 무릇. 百人(백인) 100명. 興兵(흥병) 군사를 일으키다. 十萬(십만) 10만 대군을. 用車(용차) 전차를 사용하다. 千乘(천승) 천 대를. 輕重(경중) 가볍고 무겁다. 二千(이천) 이천 대.

此大率荀吳之舊法也.
차대솔순오지구법야.
이것이 바로 개략적인 순오(荀吳)의 낡은 방법입니다.

此(차) 이것이. 大率(대솔) 개략적인. 荀吳之舊法(순오지구법) 순오 장군의 옛날 방법.

又觀漢魏之間軍制, 五車爲隊, 僕射一人,

우관한위지간군제, 오차위대, 복야일인,
또, 한(韓)나라와 위(魏)나라 시대의 군제를 살펴보면, 전차 5대를 1대(隊)로 편성하고 활을 쏘는 복야(僕射)[307] 1명을 두었습니다.

又(우) 또. 觀(관) 보다. 漢(한) 한나라. 魏(위) 위나라. 間(간) 틈. 사이. 軍制(군제) 군대의 편제. 五車(오차) 전차 5대. 爲隊(위대) 부대를 편성하다. 僕射(복야) 숨어서 활을 쏘는 병사. 一人(일인) 1명.

十車爲師, 率長一人, 凡車千乘, 將吏二人, 多多倣此.
십차위사, 솔장일인, 범차천승, 장리이인, 다다방차.
전차 10대를 1사(師)로 하고 솔장(率長) 1명을 두었으며, 무릇 전차 1,000대가 있으면 장수와 관리할 간부 2명을 두었는데, 아무리 전차가 많더라도 모두 이에 준해서 편성하였습니다.

十車(십차) 전차 10대. 爲師(위사) 1사로 하다. 率長一人(솔장일인) 솔장 1명을 두다. 凡(범) 무릇. 車千乘(차천승) 전차 1,000대. 將吏(장리) 장수와 간부. 二人(2인) 2명. 多多(다다) 아무리 많아도. 倣(방) 본받다. 此(차) 이것.

臣以今法參用之, 則跳蕩騎兵也. 戰鋒隊步騎相半也, 駐隊兼車乘而出也.
신이금법참용지, 즉도탕기병야. 전봉대보기상반야, 주대겸차승이출야.
신이 지금 옛 제도를 참작하여 만든 군제를 보면, 돌격대에 해당하는 도탕대(跳蕩隊)라고 하는 기병대가 있고, 선봉에서는 부대에 해당하는 전봉대(戰鋒隊)는 기병과 보병을 같은 수로 편성한 부대이고, 유사시 긴급히 출동하는 부대인 주대(駐隊)는 전차부대를 겸하도록 편성한 부대입니다.

臣(신) 신이. 이정 자신을 말함. 以(이) ~로써. 今(금) 지금. 法(법) 방법. 參(참) 참고하다. 用(용) 사용하다. 則(즉) 곧. 跳蕩騎兵(도탕기병) 돌격대에 해당하는 도탕대라고 하는 기병대. 戰鋒隊(전봉대) 선봉에 서는 부대인 전봉대라고 하는 것은. 步騎(보기) 보병과 기병이. 相半(상반) 서로 반반으로 駐隊(주대) 주대라고 하는 부대. 兼(겸) 겸하다. 車(차) 전차. 乘(승) 타다. 出(출) 출동하다.

臣西討突厥, 越險數千里, 此制未嘗敢易, 蓋古法節制, 信可重也.

307) 복야(僕射). 고려 때 상서도성(尙書都省), 도첨의사사(都僉議使司), 상서성(尙書省)의 정 2품 벼슬로 좌우 복야(左右僕射)가 있었으며, 조선 시대에는 삼사(三司)의 정 2품 벼슬로 좌우 복야(左右 僕射)가 있었음. 그러나, 여기서는 그냥 숨어서 활을 쏘는 궁술사의 의미로 쓰임.

신서토돌궐, 월험수천리, 차제미상감역, 개고법절제, 신가중야.

신이 서쪽 지방의 돌궐(突厥)을 토벌할 때, 몇천 리나 되는 험준한 지형을 넘으면서 행군했었지만, 이 편제를 한 번도 감히 바꿀 생각을 하지 않았습니다. 이는 절제가 있는 옛날 군제가 가히 믿고 존중할 만하기 때문이었습니다.

臣(신) 신. 이정 자신을 말함. 西(서) 서쪽으로. 討(토) 토벌하다. 突厥(돌궐) 돌궐족. 越(월) 넘다. 險(험) 험하다. 數千里(수천리) 수천 리 되는 거리. 此(차) 이것. 制(제) 군제를 말함. 未(미) 아니다. 嘗(상) 맛보다. 敢(감) 감히. 易(역) 바꾸다. 蓋(개) 덮다. 古法(고법) 옛날 방법. 節制(절제) 통제하는 것을 말함. 信(신) 신뢰가 가다. 可(가) 가능하다. 重(중) 무겁다.

太宗幸靈州回, 召靖賜坐, 曰,

태종행령주회, 소정사좌, 왈,

태종(太宗)이 영주에 행차하였다가 돌아와서 이정(李靖)을 불러 자리에 앉기를 권하고는 이렇게 말했다.

太宗(태종) 당태종을 말함. 幸(행) 다행이라는 뜻보다는 행차한다는 의미. 靈州(영주) 영주라는 지명. 回(회) 돌아오다. 召(소) 부르다. 靖(정) 이정. 賜坐(사좌) 자리를 권하다. 曰(왈) 말하다.

朕命道宗及阿史那杜爾等, 討薛延陀,

짐명도종급아사나사이등, 토설연타,

짐이 이도종(李道宗)308)과 아사나사이(阿史那杜爾)309)등에게 명하여 설연타(薛延陀)310)를 토벌하게 하였는데,

朕(짐) 짐이. 命(명) 명하다. 道宗(도종) 이도종 장군. 及(급) 이르다. 阿史那杜爾(아사나사이) 돌궐족 장수 이름. 等(등) 등등. 討(토) 토벌하다. 薛延陀(설연타) 부족의 이름. 한때는 당나라를 도와 돌궐을 멸망시켰으나 당나라에 반기를 든 부족.

而鐵勒諸部乞置漢官, 朕皆從其請.

308) 이도종(李道宗). 당나라의 종친으로 태종을 따라 여러 차례 출전하여 전공을 세운 장수.

309) 아사나사이(阿史那杜爾). 돌궐족이었다가 당나라에 항복하여 장군에 임명된 장수.

310) 설연타(薛延陀). 지금의 터키를 당시에는 철륵(鐵勒)이라 하였는데, 철륵의 한 부족. 중앙아시아에 분포해 있었던 튀르크계의 유목민족.

이철륵제부걸치한관, 짐개종기청.

철륵(鐵勒)[311]의 여러 부족이 이를 보고 두려워하며 우리 관리들이 자기들을 통치해줄 것을 애걸하여 짐이 그들의 요청을 모두 다 들어 주었소.

鐵勒諸(철륵자) 철륵이라고 하는 지명. 총 15개의 부족이 있었는데 설연타는 그중의 한 부족. 部(부) 부족. 乞(걸) 애걸하다. 置(치) 설치하다. 漢官(한관) 한나라 관리. 朕(짐) 당태종을 말함. 皆(개) 모두. 다. 從(종) 좇다. 其請(기청) 그 요청을.

延陀西走, 恐爲後患, 故遣李勣討之, 今北荒悉平.

연타서주, 공위후환, 고견리적토지, 금북황실평.

그 후 설연타(薛延陀)는 서쪽 지방으로 도주하였는데, 짐은 후환이 될까 염려가 되어 이세적(李世勣)[312]을 보내어 토벌하게 해서 북쪽 변방을 모두 평정하게 되었소.

延陀(연타) 설연타를 말함. 西走(서주) 서쪽으로 도주하다. 恐(공) 두려워하다. 爲後患(위후환) 후환이 되다. 故(고) 고로. 遣(견) 파견하다. 李勣(이적) 이세적을 말함. 討(토) 토벌하다. 今(금) 지금. 北(북) 북쪽. 荒(황) 거칠다. 悉(실) 모두다. 平(평) 평정하다.

然諸部番漢雜處, 以何道經久, 使得兩全安之.

연제부번한잡처, 이하도경구, 사득양전안지.

그러나 여러 부락에는 번족(番族)[313]과 한족(漢族)이 뒤섞여 살고 있는데, 어떻게 하면 이 모두가 분란 없이 오랫동안 온전히 평안하게 할 수 있겠소?

然(연) 그러하다. 諸部(제부) 여러 부족. 番(번) 번족. 漢(한) 한족. 雜(잡) 섞이다. 處(처) 살다. 以(이) 로써. 何(하) 어찌. 道(도) 길. 방법. 經久(경구) 잘 통치되어 오래 지내다. 使(사) ~하게 하다. 得(득) 얻다. 兩(양) 두 부족을 말함. 한족과 번족. 全(전) 온전하다. 安(안) 편안하다.

靖曰, 陛下勅 自突厥 至回紇部落, 犯置驛六十六處, 以通斥候, 斯已得策矣.

---

311) 철륵(鐵勒). 지금의 터키를 일컫는 말. 몽골고원 일대의 중앙아시아에 분포해 있었던 튀르크계의 유목민족.

312) 이세적(李世勣). 당나라의 장수. 자는 무공(懋功). 원래는 서세적(徐世勣)이었으나, 당 고조 이연(李淵)으로부터 이(李)씨 성을 하사받음.

313) 번족(番族). 산동 반도 일대에 존재했던 번조선을 구성하고 있던 종족을 번족이라고 하는 견해도 있으나, 어기서는 단순히 한족(漢族)이 아닌 오랑캐 족으로 해석함이 타당할 것으로 보임.

정왈, 폐하칙 자돌궐 지회흘부락, 범치역육십육처, 이통척후, 사이득책의.

이정(李靖)이 대답하였다. 폐하께서 이미 칙명을 내려 돌궐(突厥)로부터 회흘(回紇)314)에 있는 부락에 이르기까지 총 66곳에 역(驛)을 설치해서 정세를 탐지하게 하셨으니, 이는 참으로 좋은 방책이었습니다.

靖曰(정왈) 이정이 말하다. 陛下勅(폐하칙) 폐하의 칙명을 내리다. 自突厥(자돌궐) 돌궐로부터. 至回紇(지회흘) 현재의 위구르족. 회흘에 이르는. 部落(부락) 부락. 犯(범) 범하다. 置(치) 설치하다. 驛(역) 역. 六十六處(66처) 66군데. 以(이) 로써. 通(통) 통하다. 斥候(척후) 적의 정세를 살피는 일. 斯(사) 이것. 已(이) 이미. 得(득) 얻다. 策(책) 정책. 矣(의) 어조사.

然臣愚以謂, 漢戍宜自爲一法, 番落宜自爲一法, 敎習各異, 勿使混同.

연신우이위, 한수의자위일법, 번락의자위일법, 교습각이, 물사혼동.

그러나 어리석은 신의 생각으로는 한족(漢族) 출신과 번족(番族) 출신을 각각 하나의 부대로 편성하여, 따로따로 가르치고 훈련해서 서로 뒤섞이지 않도록 하는 것이 옳을 듯합니다.

然(연) 그러나. 臣(신) 신이. 이정 자신을 말함. 愚(우) 어리석다. 以(이) 로써. 謂(위) 말하다. 漢戍(한수) 한족을 말함. 宜(의) 마땅하다. 自(자) 스스로. 爲(위) ~하다. 一法(일법) 한 가지 방법. 番落(번락) 번족을 말함. 敎習(교습) 가르치고 익히다. 各異(각이) 각각 다르게. 勿(물) 말다. 使(사) ~하게 하다. 混同(혼동) 뒤섞다.

或遇寇至, 則密勅主講, 臨時變號易服, 出奇擊之.

혹우구지, 즉밀칙주강, 임시변호역복, 출기격지.

그리하여 만일 적이 쳐들어오게 되면, 은밀하게 주장(主將)에게 명하여 전투 시에는 각기 기호나 신호를 변경하고 복장을 바꾸어 기습적으로 공격하게 하여야 할 것입니다.

或(혹) 혹시. 遇(우) 만나다. 寇(구) 도둑. 至(지) 이르다. 則(즉) 곧. 密勅(밀칙) 은밀히 칙령을 내리다. 主(주) 주장. 講(강) 익히다. 臨(임) 임하다. 時(시) 전투를 할 때. 變(변) 바꾸다. 號(호) 신호. 易(역) 바꾸다. 服(복) 복장. 出(출) 나가다. 奇擊(기격) 기습적으로 타격하다.

太宗曰, 何道也.

314) 회흘(回紇). 몽골고원과 중앙아시아에서 활약한 튀르크계 유목민족으로 '위구르' 족을 말함.

태종왈, 하도야.
태종(太宗)이 물었다. 그럴 때는 어떤 방법을 써야 하는가?

太宗曰(태종왈) 태종이 말하다. 何道也(하도야) 어떤 방법으로?

靖曰, 此所謂多方以誤之之術也. 番而示之漢, 漢而示之番,
정왈, 차소위다방이오지지술야. 번이시지한, 한이시지번,
이정(李靖)이 대답하였다. 이것은 병법에 이른바 '모든 방법을 동원해서 적을 기만함으로써 적의 실수를 유도한다'는 것으로서, 번족(番族)을 한족(漢族)인 것처럼 보이게 하고, 한족(漢族)을 번족(番族)인 것처럼 보이게 하는 것입니다.

靖曰(정왈) 이정이 말하다. 此(차) 이것. 所謂(소위) 이른바. 多方(다방) 여러 방면, 모든 방면에서. 以(이) ~로써. 誤之之術(오지지술) 과오를 만들어 내는 전술. 番(번) 번족. 示(시) 보이다. 漢(한) 한족.

彼不知番漢之別, 則莫能測我攻守之計矣.
피부지번한지별, 즉막능측아공수지계의.
그래서 적이 번족(番族)과 한족(漢族)을 구별하지 못하게 되면, 곧 아군의 공격과 방어 계획을 적이 전혀 예측하지 못할 것입니다.

彼(피) 적을 말함. 不知(부지) 알지 못하게 하다. 番漢之別(번한지별) 번족과 한족을 구별하다. 則(즉) 곧. 莫(막) 없다. 能(능) 능히 ~하다. 測(측) 예측하다. 我(아) 아군의. 攻守之計(공수지계) 공격과 방어 계획. 矣(의) 어조사.

善用兵者, 先爲不可測, 則敵乖其所之也.
선용병자, 선위불가측, 즉적괴기소지야.
용병을 잘하는 자는 먼저 적이 아측의 계략을 예측할 수 없게 하여 기만을 당하게 합니다.

善(선) 잘하다. 用兵(용병) 용병술. 者(자) ~하는 자. 先(선) 먼저. 爲(위) ~하다. 不可(불가) 불가하다. 測(측) 측정하다. 則(즉) 곧. 敵(적) 적이. 乖(괴) 어그러지다. 其(기) 그. 所(소) ~하는 바.

太宗曰, 正合朕意. 卿可密教邊將, 只以此, 番漢便見, 奇正之法矣.
태종왈, 정합짐의. 경가밀교변장, 지이차, 번한변견, 기정지법의.
태종(太宗)이 말하였다. 그 방법은 참으로 나의 의도에 맞소. 경은 은밀히 변방의 장수들에

게 가르치시오. 번족(番族)과 한족(漢族)에게 기호를 바꾸고 서로 번족(番族)과 한족(漢族)을 알아볼 수 없게 하는 등 기정(奇正)의 변화를 발휘하는 전법을 쓰도록 하오.

太宗曰(태종왈) 태종이 말하다. 正(정) 바르다. 合(합) 합치다. 朕意(짐의) 짐의 의도. 卿(경) 경은. 이정을 낮추어 부르는 말. 可(가) 가히 ~하다. 密(밀) 은밀하다. 敎(교) 가르치다. 邊(변) 변두리. 변방. 將(장) 장수. 只(지) 다만. 以此(이차) 이를 가지고. 番漢(번한) 번족과 한족. 便(변) 바꾸다. 기호를 바꾸는 것을 말함. 見(견) 보다. 보이다. 奇正之法(기정지법) 기정의 전법. 矣(의) 어조사.

靖再拜曰, 聖慮天縱, 聞一知十, 臣安能極其說哉.

정재배왈, 성려천종, 문일지십, 신안능극기설재.

이정(李靖)이 두 번 절하고 말하였다. 폐하는 사려 깊음이 성스러울 정도이며 이는 하늘이 내리신 것과 같으며, 하나를 들으시면 열을 아시니, 신이 어찌 다 말로 설명할 수 있겠습니까?

靖再拜曰(정재배왈) 이정이 두 번 절하고 말하다. 聖慮(성려) 사려 깊음이 성스러울 정도다. 天縱(천종) 하늘이 내리다. 聞一(문일) 하나를 듣다. 知十(지십) 열을 알다. 臣(신) 신이. 이정 자신을 말함. 安(안) 어찌. 能(능) 능히 ~하다. 極(극) 다하다. 其(기) 그. 說(설) 말하다. 哉(재) 어조사.

太宗曰, 諸葛亮言, 有制之兵, 無能之將, 不可敗也.

태종왈, 제갈량언, 유제지병, 무능지장, 불가패야.

태종(太宗)이 말하였다. 제갈량은 절도가 있는 군대는 무능한 장수가 지휘하더라도 적에게 패하지 않는다고 하였소.

太宗曰(태종왈) 태종이 말하다. 諸葛亮(제갈량) 제갈공명을 말함. 言(언) 말하다. 有制之兵(유제지병) 절제가 있는 군대. 無能之將(무능지장) 무능한 장수. 不可敗也(불가패야) 패할 수가 없다.

無制之兵, 有能之將, 不可勝也.

무제지병, 유능지장, 불가승야.

그리고 절도가 없는 군대는 유능한 장수가 지휘하더라도 적을 이길 수 없다고 하였소.

無制之兵(무제지병) 절제와 절도가 없는 부대. 有能之將(유능지장) 유능한 장수. 不可勝也(불가승야) 이길 수가 없다.

朕疑此談, 非極致之論.

짐의차담, 비극치지론.

짐은 이 말이 결코 불변의 정론은 아니라고 생각하오.

朕(짐) 짐은. 疑(의) 의심하다. 此談(차담) 이 이야기. 非(비) 아니다. 極致之論(극치지론) 지극한 말.

靖曰, 武侯有所激雲耳.

정왈, 무후유소격운이.

이정(李靖)이 대답하였다. 이는 제갈량이 절도가 없는 군대를 개탄한 나머지 격분해서 그렇게 말했을 뿐입니다.

靖曰(정왈) 이정이 말하다. 武侯(무후) 무후. 제갈량을 말함. 有(유) 있다. 所(소) ~하는 바. 激(격) 격분하다. 雲(운) 운운하다. 耳(이) 어조사.

臣按孫子有曰, 教習不明, 吏卒無常, 陳兵縱橫曰亂.

신안손자유왈, 교습불명, 이졸무상, 진병종횡왈란.

신이 손자병법을 살펴보니 이런 말이 있습니다. 군사를 가르치는 방법이 밝지 못하고 간부들과 병사들이 임무가 일정하지 못하며, 진용이 이리저리 종횡으로 흩어져 있는 군을 난병(亂兵)이라 하는 것이다.

臣按(신안) 신이 살펴보건대. 孫子(손자) 손자병법에. 有曰(유왈) 이런 말이 있다. 將弱(장약) 장수가 약하다. 不嚴(불엄) 위엄이 없다. 教習(교도) 가르치고 익히는 것이. 不明(불명) 불명확하다. 吏卒(이졸) 간부들과 병사들이. 無常(무상) 일정한 형태의 절도 있는 모습이 없다. 陳兵(진병) 병사들의 대형. 縱橫(종횡) 종횡으로 제멋대로 있는 모습을 설명. 曰(왈) 이르기를. 亂(란) 난병이라 한다.

自古亂軍引勝, 不可勝紀. 夫教道不明者, 言教閱無古法也.

자고난군인승, 불가승기. 부교도불명자, 언교열무고법야.

예로부터 군에 규율이 없어 혼란해져 적에게 승리를 안겨준 사례는 수없이 많았습니다. 군사를 가르치는 방법이 명확하지 못하다는 것은 군사를 훈련하고 열병할 때 옛 법도를 따르지 않음을 가리키는 것입니다.

自古(자고) 예로부터. 亂軍(난군) 군대를 혼란하게 하다. 引勝(인승) 승리를 끌어들인다. 不可(불가) 불가능하다. 勝(승) 이기다. 紀(기) 벼리. 夫(부) 모름지기. 教道(교도) 가르치는 방법. 不明(불명) 불명확하다. 者(자) ~하는 것. 言(언) 말씀. 教閱(교열) 가르치고 검열하다. 無古法(무고법) 옛날 법칙을 따르지 않다.

吏卒無常者, 言將臣權任無久職也. 亂軍引勝者, 言己自潰敗, 非敵勝之也.
이졸무상자, 언장신권임무구직야. 난군인승자, 언기자궤패, 비적승지야.
간부들과 병사의 임무가 일정하지 못하다고 하는 것은 장교와 사병의 임무가 자주 교체되어 오래지 않음을 가리키는 것입니다. 군에 규율이 없어 절도를 잃음으로써 적에게 승리를 안겨 준다는 것은 자기 스스로 자멸해서 패함을 말하는 것이지 적이 강해서 승리하는 것이 아님을 말하는 것입니다.

吏卒(이졸) 간부들과 병사들이. 無常(무상) 일정한 형태의 절도 있는 모습이 없다. 者(자) ~하는 것. 言(언) 말씀. 將(장) 장수. 臣(신) 신하. 權(권) 권한. 任(임) 임무. 無久(무구) 오래지 않다. 職(직) 직책. 亂軍(난군) 군대를 혼란하게 하다. 引勝(인승) 승리를 끌어들인다. 言(언) 말씀. 己(기) 자신. 自(자) 스스로. 潰(궤) 무너지다. 敗(패) 패하다. 非(비) 아니다. 敵勝之(적승지) 적이 승리하다.

是以武侯言, 兵卒有制, 雖庸將未敗, 若兵卒自亂, 雖賢將危之, 又何疑焉.
시이무후언, 병졸유제, 수용장미패, 약병졸자란, 수현장위지, 우하의언.
그러므로 제갈량(諸葛亮)은 '군에 절도가 없어 스스로 혼란해지면 훌륭한 장수가 지휘하더라도 위험하다'고 말한 것입니다. 무엇을 더 의심할 것이 있겠습니까?

是(시) 이것. 以武侯言(이무후언) 제갈량의 말로써. 兵卒(병졸) 장병들은. 有制(유제) 절제가 있다. 雖(수) 비록. 庸將(용장) 평범한 장수. 未敗(미패) 패하지 않는다. 若(약) 만약. 兵卒(병졸) 장병들이. 自亂(자란) 스스로 어지러워지면. 賢將(현장) 현명한 장수. 危之(위지) 위험해진다. 又(우) 또. 何(하) 어찌. 疑(의) 의심하다. 焉(언) 어조사.

太宗曰, 敎閱之法, 信不可忽.
태종왈, 교열지법, 신불가홀.
태종(太宗)이 말하였다. 군사들을 훈련하고 사열하는 법은 참으로 소홀히 할 수 없소.

太宗曰(태종왈) 태종이 말하다. 敎(교) 가르치다. 閱(열) 검열하다. 法(법) 방법. 信(신) 믿다. 不可(불가) 불가능하다. 忽(홀) 소홀히 하다.

靖曰, 敎得其道, 則士樂爲用. 敎不得法. 雖朝督暮責, 無益於事矣.

정왈, 교득기도, 즉사악위용. 교부득법. 수조독모책, 무익어사의.
이정(李靖)이 말하였다. 군사들에 대한 교육이 법도에 맞으면 적과 대전시에 군사들은 자신이 그렇게 쓰임을 기꺼이 좋아하지만, 이와 반대로 교육이 법도에 맞지 못하면 장수가 아침저녁으로 독려하고 질책하여도 아무런 효과를 거둘 수 없습니다.

靖曰(정왈) 이정이 말하다. 敎(교) 가르치다. 得(득) 얻다. 其道(기도) 그 방법. 則(즉) 곧. 士(사) 군사들. 樂(락) 즐거워하다. 爲用(위용) 쓰임이 되다. 敎(교) 가르치다. 不得(부득) 얻지 못하다. 法(법) 방법. 雖(수) 비록. 朝(조) 아침. 督(독) 독려하다. 暮(모) 저녁에. 責(책) 책망하다. 無益(무익) 더해짐이 없다. 於事(어사) 모든 일. 矣(의) 어조사.

臣所以區區古制, 皆纂以圖者, 庶乎成有制之兵也.
신소이구구고제, 개찬이도자, 서호성유제지병야.
신이 애써 옛 제도를 수집하여 도표를 만들어 군사들을 가르치는 이유는, 절도가 있는 군대를 만들기 위해서입니다.

臣(신) 신이. 所(소) ~하는 바. 以區區(이구구) 애쓰는 모습을 설명하는 것임 . 古制(고제) 옛날 군제. 皆(개) 모두. 다. 纂(찬) 모으다. 以(이) 써. 圖(도) 도표를 만들다. 者(자) ~하는 것. 庶(서) 여럿. 乎(호) 어조사. 成(성) 이루다. 有制之兵(유제지병) 절제가 있는 부대.

太宗曰, 卿爲我擇古陳法, 悉圖以上.
태종왈, 경위아택고진법, 실도이상.
태종(太宗)이 말하였다. 경은 짐을 위해서 옛날 진법을 골라서 모두 도식으로 그려 올리도록 하오.

太宗曰(태종왈) 태종이 말하다. 卿(경) 태종이 이정을 부르는 말. 爲我(위아) 나를 위하여. 擇(택) 고르다. 古陳法(고진법) 옛날 진법. 悉(실) 모두. 다. 圖(도) 그리다. 以上(이상) 위로.

太宗曰, 番兵唯勁馬奔沖, 此奇兵歟. 漢兵唯强弩犄角, 此正兵歟.
태종왈, 번병유경마분충, 차기병여. 한병유강노기각, 차정병여.
태종(太宗)이 말하였다. 번족(番族) 출신의 군사들은 준마를 달려가서 적에게 타격을 가하는 것을 잘하는데, 이것을 기병(奇兵)이라 할 수 있겠소? 그리고 한족(漢族) 출신의 군사들은 힘센 궁노로 적을 협공하기를 잘하는데, 이것을 정병(正兵)이라 할 수 있겠소?

太宗曰(태종왈) 태종이 말하다. 番兵(번병) 번족 병사들. 唯(유) 오직. 勁(경) 굳세다. 馬(마) 말. 奔(분) 달리다. 沖(충) 타격하다. 此(차) 이것은. 奇兵(기병) 기병이오. 歟(여) 어조사. 漢兵(한병) 한족 병사. 唯(유) 오직. 强弩(강노) 강한 활. 掎(기) 끌다. 角(각) 뿔. 正兵(정병) 정병이오.

靖曰, 按孫子雲, 善用兵者, 求之以勢, 不責於人, 故能擇人而任勢.
정왈, 안손자운, 선용병자, 구지이세, 불책어인, 고능택인이임세.
이정(李靖)이 말하였다. 신이 손자병법을 살펴보니 손자가 이렇게 말했습니다. '용병을 잘하는 자는 부대의 기세로 승리를 구하며, 절대 다른 사람에게 책임을 돌려서는 안 된다. 그러므로 사람을 가려 뽑아 적재적소에 배치하여 각자 소유하고 있는 능력을 활용하며, 세에 따라 운용하여야 한다.'

靖曰(정왈) 이정이 말하다. 按(안) 살펴보다. 孫子(손자) 손자. 雲(운) 운운하다. 말하다. 善用兵者(선용병자) 용병을 잘하는 자는. 求(구) 구하다. 勢(세) 기세. 不責(불책) 책망하지 않다. 於人(어인) 다른 사람에게서. 故(고) 고로. 能(능) 능히 ~하다. 擇人(택인) 사람을 가려서. 任(임) 임무를 주다. 勢(세) 세에 따라서.

夫所謂擇人者, 各隨番漢所長而戰也. 番長於馬, 馬利乎速鬪.
부소위택인자, 각수번한소장이전야, 번장어마, 마리호속투.
이른바 손자병법(孫子兵法)에서 말한 '사람을 가려서 뽑는다.'는 것은, 번족(番族) 출신과 한족(漢族) 출신 등을 그들의 장기에 따라 싸우게 하는 것을 말합니다. 예를 들면, 번족(番族) 출신은 기마전에 장기가 있으니 이는 속전속결에 유리합니다.

夫(부) 모름지기. 所謂(소위) 이른바. 擇人者(택인자) 사람을 가려서 뽑는다는 것. 各(각) 각각. 隨(수) 따르다. 番漢(번한) 번족과 한족. 所(소) ~하는 바. 長(장) 잘하는 것. 戰(전) 싸우다. 番(번) 번족은. 長(장) 장점이 있다. 於馬(어마) 말 타는 데. 馬利乎(마리호) 말을 타고 하는 전투에 유리하다. 速鬪(속투) 빠른 전투에.

漢長於弩, 弩利乎緩戰. 此自然各任其勢也, 然非奇正所分.
한장어노, 노리호완전. 차자연각임기세야, 연비기정소분.
또 한족(漢族) 출신들은 궁노에 장기가 있으니, 이는 지구전에 유리합니다. 이와 같은 장기는 번족(番族)과 한족(漢族)의 지역적인 특성에 따른 것입니다. 그러하니 이것을 기병(奇兵)

과 정병(正兵)으로 나눌 수는 없습니다.

漢(한) 한족은. 長(장) 장기가 있다. 於弩(어노) 활을 쏘는데. 弩利乎(노리호) 활로서 하는 전투에 유리하다. 緩戰(완전) 느린 전투. 此(차) 이는. 自然(자연) 자연히. 各(각) 각각. 任(임) 임무를 주다. 其勢(기세) 그 세에 따라서. 然(연) 그러하니. 非(비) 아니다. 奇正(기정) 기병과 정병으로. 所分(소분) 나누는 바.

臣前曾述番漢必變號易服者, 奇正相生之法也.

신전증술번한필변호역복자. 기정상생지법야.

신이 앞에서 '번병(番兵)과 한병(漢兵)을 각기 기호를 변경하고 복색을 바꾸어 공격하게 한다'고 말한 것은 기병(奇兵)과 정병(正兵)을 계속 바꾸어 운용하는 방법을 말한 것입니다.

臣(신) 신하. 이정 자신을 말함. 前(전) 앞. 曾(증) 일찍. 述(술) 말하다. 番漢(번한) 번족과 한족. 必變(필변) 반드시 바꾸다. 號(호) 신호. 기호. 易(역) 바꾸다. 服(복) 복장. 者(자) ~하는 것. 奇正(기정) 기병과 정병. 相生之法(상생지법) 상생하는 방법.

馬亦有正, 弩亦有奇, 何常之有哉.

마역유정. 노역유기. 하상지유재.

기마전에도 정병(正兵)이 있고, 궁노로 싸우는 데에도 기병(奇兵)이 있으니, 어찌 일정하다고 할 수 있겠습니까?

馬(마) 기병을 말함. 亦(역) 또한. 有正(유정) 정병이 있다. 弩(노) 노병. 궁노로 싸우는 부대. 有奇(유기) 기병이 있다. 何(하) 어찌. 常之有(상지유) 항상 같을 수가 있는가. 哉(재) 어조사.

太宗曰, 卿更細言其術.

태종왈, 경경세언기술.

태종(太宗)이 말하였다. 경은 기병(奇兵)과 정병(正兵)의 전술을 좀 더 자세히 말해 주오.

太宗曰(태종왈) 태종이 말하다. 卿(경) 태종이 이정을 부르는 말. 更(경) 다시. 細言(세언) 세부적으로 말하다. 其術(기술) 그 전술에 대하여.

靖曰, 先形之, 使敵從之, 是其術也.

정왈, 선형지, 사적종지, 시기술야.

이정(李靖)이 대답하였다. 우선 아군의 전법 형태를 적에게 보여 주어 적이 이에 대처하게 한 다음, 그 전법을 변경시키는 것이 바로 그 세부적인 방법입니다.

靖曰(정왈) 이정이 말하다. 先(선) 먼저. 形之(형지) 형태를 보여주다. 使(사) ~하게 하다. 敵(적) 적군. 從之(종지) 그것을 따라오게 하다. 是(시) 옳다. 其術(기술) 그 전술.

太宗曰, 朕悟之矣. 孫子曰, 形兵之極, 至於無形.

태종왈, 짐오지의. 손자왈, 형병지극, 지어무형.

태종(太宗)이 말하였다. 짐은 이제 서야 경의 말을 알아듣겠소. 손자병법(孫子兵法)에서 이르기를 '군사적 배비의 극치는 적이 도저히 알아차릴 수 없도록 무형의 경지에 이르러야 한다.'315)고 하였소.

太宗曰(태종왈) 태종이 말하다. 朕(짐) 태종 자신을 일컫는 말. 悟(오) 깨닫다. 矣(의) 어조사. 孫子曰(손자왈) 손자병법에서 이르기를. 形兵(형병) 군의 배비된 형태. 極(극) 극치. 至(지) 이르다. 於(어) 어조사. 無形(무형) 형태가 없음.

又曰, 因形以措勝於衆, 衆不能知, 其此之謂乎.

우왈, 인형이개승어중, 중불능지, 기차지위호.

또 이르기를 '장수가 피아의 형세에 따라 승리를 쟁취하되, 장병들이 승리한 원인을 알지 못하게 한다'고 하였는데, 그 말은 바로 이를 두고 한 것 같소.

又曰(우왈) 또 이르기를. 因(인) ~로 인하여. 形(형) 적의 형태. 措勝(조승) 승리를 만들다. 於(어) 어조사. 衆(중) 무리. 衆(중) 많은 사람. 不能知(불능지) 알 수가 없다. 其(기) 그. 此(차) 이것. 謂(위) 이르다. 乎(호) 어조사.

靖再拜曰, 深乎, 陛下聖慮, 已思過半矣.

정재배왈, 심호, 폐하성려, 이사과반의.

이정(李靖)이 두 번 절하며 대답하였다. 폐하께서는 이미 병법의 태반을 터득하셨습니다.

靖再拜曰(정재배왈) 이정이 두 번 절하며 말하다. 深乎(심호) 심오합니다. 陛下(폐하) 폐하. 호칭. 聖慮(성려) 성스러울 정도로 사려 깊음. 已(이) 이미. 思(사) 생각하다. 過半(과반) 반이 지났다.

---

315) 병형지극, 지어무형(形兵之極, 至於無形). 손자병법 제6. 허실 편에 나오는 문구임.

太宗曰, 近契丹奚皆內屬, 置松漠饒樂二都督, 統於安北都護.
태종왈, 근거란해개내속, 치송막요악이도독, 통어안북도호.
태종(太宗)이 물었다. 근래에 거란(契丹)과 해족(奚族)들이 모두 우리나라에 예속되었으므로, 짐은 이들 지역에 송막(松漠)과 요악(饒樂)에 도독부를 두 군데 설치하고, 안북도호부에서 이들을 통치하게 했소. 316)

太宗曰(태종왈) 태종이 말하다. 近(근) 근래에. 契丹(거란) 거란족을 말함. 奚(해) 해족. 내몽고 지역에 분포한 부족 중의 하나. 皆(개) 모두. 다. 內(내) 안으로. 屬(속) 속하다. 置(치) 설치하다. 松漠(송막) 지명. 饒樂(요악) 지명. 二都督(이도독) 2개의 도독을. 統(통) 통치하다. 於(어) 어조사. 安北都護(안북도호) 안북도호부에서.

朕用薛萬徹, 如何.
짐용설만철, 여하.
짐은 설만철(薛萬徹)317)을 임명하여 쓰려고 하는데, 어떻게 생각하오?

朕(짐) 짐이. 用(용) 쓰다. 薛萬徹(설만철) 설만철. 사람 이름. 당나라에 귀순한 장수의 이름. 如何(여하) 어떠한가?

靖曰, 萬徹不如阿史那社爾, 及執失思力, 契必何力, 此皆番臣之知兵者也.
정왈, 만철불여아사나사이, 급집실사력, 설필하력, 차개번신지지병자야.
이정(李靖)이 대답하였다. 설만철(薛萬徹)의 능력은 아사나사이(阿史那社爾)318).집실사력(執失思力)319).설필하력(契必何力)320)만 못합니다. 이들 세 사람은 모두 번족 출신 중 병법을 통달한 자들입니다.

靖曰(정왈) 이정이 말하다. 萬徹(만철) 설만철을 말함. 不如(불여) ~만 같지 못하다. 阿史那社爾(아

316) 이는 역사적 사실과 다르다는 것이 정설이다. 안북도호부라는 명칭은 당태종과 이정 모두 죽은 이후인 669년에서야 처음으로 만들어졌다고 한다. 그러니 당태종과 이정이 이런 대화를 나누었을 리 없으니, 이는 곧 이 병법서의 저자가 이정이 아니고 후세에 기록된 것이라 볼 수 있는 증거이기도 하다.

317) 설만철(薛萬徹). 당나라 장수의 이름. 고-당 전쟁 때 고구려 우무위대장군으로 임명되어 참전한 바도 있음. 기병대 운용에 능했다고 함.

318) 아사나사이(阿史那杜爾). 돌궐족이었다가 당나라에 항복하여 장군에 임명된 장수.

319) 집실사력(執失思力). 원래 돌궐의 추장으로 당나라에 입조하여 좌령군장군에 임명된 인물.

320) 설필하력(契必何力). 설필은 옛날 철륵, 즉 요즘으로 말하면 터키족을 생각하면 됨. 632년 당나라에 귀화하여 요동도 행군대총관을 시내고, 고구려 침공전 이후 성국공에 봉해진 인물이다.

사나사이) 사람 이름. 及(급) 미치다. 執失思力(집실사력) 사람 이름. 돌궐의 추장으로 당나라에 입조하여 좌령군장군에 임명된 인물. 契必何力(설필하력) 사람 이름. 632년 당나라에 귀화하여 요동도 행군대총관을 지내고, 고구려 침공전 이후 성국공에 봉해진 인물. 此(차) 이. 皆(개) 모두. 아사나사이, 집실사력, 설필하력 3명을 말함. 番臣(번신) 번족 출신 신하. 知兵(지병) 병법을 잘 알다. 者(자) ~하는 자.

臣嘗與之言, 松漠饒樂, 山川道路, 番情逆順,
신상여지언, 송막요악, 산천도로, 번정역순,
신은 일찍이 이들과 더불어 송막(松漠)과 요악(饒樂) 지역의 산천이나 도로 상태와 번족(番族)의 정세가 역심을 품고 있는지 순종하는지에 대해서 얘기를 나눈 바 있습니다.

臣(신) 신은. 이정 자신을 말함. 嘗(상) 일찍이. 與之言(여지언) 더불어 얘기를 하다. 松漠(송막) 지명. 饒樂(요악) 지명을 말함. 山川道路(산천도로) 산천과 도로 상태에 대해서. 番情(번정) 번족의 정세. 逆順(역순) 민심이 역적인지 순종하는지.

遠至於西域部落, 十數種, 歷歷可信.
원지어서역부락, 십수종, 역력가신.
또 멀리 서역 지방의 여러 부족에 대한 얘기도 나눈 적이 있는데, 그들의 말은 모두 믿을 만하였습니다.

遠(원) 멀다. 至(지) 이르다. 於(어) 어조사. 西域部落(서역부락) 서역에 있는 여러 부락. 十數種(십수종) 십여 개의 종. 歷歷(역력) 지내보다. 可信(가신) 믿을 만하다.

臣教之以陣法, 無不點頭服義, 望陛下任之勿疑,
신교지이진법, 무부점두복의, 망폐하임지물의,
또한 신이 이들에게 병법을 가르쳤사온데, 모두 이를 이해하고 오묘한 뜻에 탄복했습니다. 폐하께서는 부디 그들을 의심하지 마시고 임무를 맡기소서.

臣(신) 신이. 教(교) 가르치다. 以陣法(이진법) 진법에 대해서. 無(무) 없다. 不(부) 아니다. 點(점) 점. 頭(두) 머리. 服(복) 복종하다. 義(의) 뜻. 望(망) 바라옵건대. 陛下(폐하) 폐하께서는. 任之(임지) 임무를 주다. 勿疑(물의) 의심하지 말고.

若萬徹, 則勇而無謀, 難耳任.
약만철, 즉용이무모, 난이임.
설만철(薛萬徹)321)은 용맹은 있으나 지략이 부족하오니, 설만철(薛萬徹)에게만 모든 일을 맡기기는 어렵습니다.

若萬徹(약만철) 설만철의 경우에는. 則(즉) 곧. 勇(용) 용맹하다. 無謀(무모) 지모가 없다. 難(난) 어렵다. 耳(이) 어조사. 任(임) 임무.

太宗笑曰, 番人皆爲卿役使,
태종소왈, 번인개위경역사,
태종(太宗)이 웃으며 말하였다. 현재 번족(番族) 출신의 장병들은 모두 경을 위하여 활동하고 있소.

太宗笑曰(태종소왈) 태종이 웃으면서 말하다. 番人(번인) 번족 출신의 장병들. 皆(개) 모두. 다. 爲卿(위경) 경을 위해서. 役使(역사) 역할을 하다.

古人雲, 以蠻夷攻蠻夷, 中國之勢也. 卿得之矣.
고인운, 이만이공만이, 중국지세야. 경득지의.
옛사람의 말에 중국의 처지는 오랑캐 출신의 장병을 써서 오랑캐를 공격하여야만 성공할 수 있다 하였는데, 경이야말로 이를 잘 활용하고 있는 것 같소.

古人(고인) 옛날 사람들이. 雲(운) 운운하다. 말하다. 以蠻夷(이만이) 오랑캐 족을 활용해서. 攻蠻夷(공만이) 오랑캐들을 공격하다. 蠻(만) 오랑캐. 夷(이) 오랑캐. 中國之勢(중국지세) 중국의 기세. 여건. 卿(경) 태종이 이정을 부르는 말. 得(득) 얻다. 矣(의) 어조사.

321) 설만철(薛萬徹). 당나라 장수의 이름. 고-당 전쟁 때 고구려 우무위대장군으로 임명되어 참전한 바도 있음. 기병대 운용에 능했다고 함.

第二. 問對 中. 제2. 문대 (중)[322)]

太宗曰, 朕觀諸兵書, 無出孫武, 孫武十三篇, 無出虛實.
태종왈, 짐관제병서, 무출손무, 손무십삼편, 무출허실.
태종(太宗)이 말하였다. 짐이 여러 병서를 읽어본 결과, 모든 병서가 「손무병법(孫武兵法=이하 孫子兵法)」에서 벗어나지 않았으며, 손자병법(孫子兵法) 총 13편은 모두가 '허실(虛實)'에서 벗어나지 않는다고 생각되오.

太宗曰(태종왈) 태종이 말하다. 朕(짐) 나. 觀(관) 보다. 諸(제) 모든. 兵書(병서) 병법서. 無(무) 없다. 出(출) 나다. 孫武(손무) 손무병법을 말함. 孫武十三篇(손무 십삼편) 손무병법의 총 13편을 말함. 虛實(허실) 손무병법 13편 중 허실 편을 말함.

夫用兵, 識虛實之勢, 則無不勝焉.
부용병, 식허실지세, 즉무불승언.
용병에 있어서 허실의 세를 잘 알고 있으면 싸움에 승리하게 마련이오.

夫(부) 모름지기. 用兵(용병) 용병에 있어서. 識(식) 알다. 虛實之勢(허실지세) 허실의 세. 則(즉) 곧. 無(무) 없다. 不勝(불승) 이기지 못하다. 焉(언) 어조사.

今諸將中, 但能了背實出虛, 及其臨敵, 則鮮識虛實者.
금제장중, 단능료배실출허, 급기임적, 즉선식허실자.
지금 여러 장수는 적의 세가 실한 경우에는 회피해야 하고, 적의 세가 허한 경우에는 공격해야 한다고 알고는 있으나, 막상 적과 싸워야 하는 상황에 임하면 허실의 세를 알고 대처하는 자가 드물 것이오.

今(금) 지금. 諸(제) 모두. 將(장) 장수. 中(중) 가운데. 但(단) 다만. 能(능) 능히 ~하다. 了(료) 깨닫다. 背(배) 도망가다. 實(실) 실하다. 出(출) 나가다. 虛(허) 허하다. 及(급) 이르다. 其(기) 그. 臨(임) 임하다. 敵(적) 적군. 則(즉) 곧. 鮮(선) 드물다. 識(식) 알다. 虛實(허실) 허실. 者(자)~하는 것.

---

322) 이번 편에서는 '손무병법(孫武兵法)=손자병법(孫子兵法)' 허실(虛實) 편과 군쟁(軍爭) 편에 관한 내용을 주로 다루며 기정(奇正)의 전술 변화에 대한 토론을 하고 있다. 기만전술, 보병·전차·기병의 운용, 육화진을 중심으로 한 진법의 운용, 첩자의 활용 등 다양한 분야의 사례를 예로 들어 설명하고 있음.

皆不能致人而反爲敵所致故也, 如何. 卿悉爲諸將言其要.

개불능치인이반위적소치고야, 여하. 경실위제장언기요.

이것은 적을 유인해서 아군의 의도대로 싸우려고 했으나, 오히려 반대로 적에게 주도권을 내주었기 때문이라 생각하는데, 어떻게 생각하시오? 경은 여러 장수를 위하여 허실의 운용에 대한 요점을 말해 주기 바라오.

皆(개) 모두. 不(불) 아니다. 能(능) 능히 ~하다. 致(치) 이르다. 人(인) 사람. 적군. 反(반) 되돌리다. 爲(위) ~하다. 敵(적) 적군. 所(소) ~하는 바. 致(치) 이르다. 故(고) 이유. 如何(여하) 어떤 것 같소? 卿(경) 신하를 낮추어 부르는 말. 悉(실) 모두. 남김없이. 諸將(제장) 여러 장수. 言(언) 말. 其要(기요) 그 요점을.

靖曰, 先敎之以奇正相變之術, 然後語之以虛實之形可也.

정왈, 선교지이기정상변지술, 연후어지이허실지형가야.

이정(李靖)이 대답하였다. 장수들에게 병법을 제대로 가르치려면, 먼저 기병(奇兵)과 정병(正兵)이 서로 전술적으로 어떻게 변화하는가에 대한 방법을 가르친 후에야 허실(虛實)의 형세에 대해서 가르칠 수 있습니다.

靖曰(정왈) 이정이 대답하였다. 先(선) 먼저. 敎(교) 가르치다. 以(이) ~로써. 奇正(기정) 기병과 정병. 相變之術(상변지술) 서로 변화하는 방법. 然後(연후) 그런 다음에. 語(어) 말하다. 虛實之形(허실지형) 허실의 형세. 可(가) 가능하다.

諸將多不知以奇爲正, 以正爲奇, 且安識虛是實, 實是虛哉.

제장다부지이기위정, 이정위기, 차안식허시실, 실시허재.

대부분 장수는 기병(奇兵)을 정병(正兵)으로, 정병(正兵)을 기병(奇兵)으로 변화시켜 용병하는 방법을 다 알지 못하고 있으니, 겉으로는 허(虛)한 것처럼 보이는 것이 사실은 실(實)한 것이고, 실(實)한 것처럼 보이는 것이 사실은 허(虛)한 것임을 어찌 알겠습니까?

諸將(제장) 여러 장수. 多(다) 많다. 不知(부지) 알지 못하다. 以奇爲正(이기위정) 기병을 정병으로 바꾸다. 以正爲奇(이정위기) 정병을 기병으로 바꾸다. 且(차) 또한. 安(안) 편안하다. 識(식) 알다. 虛是實(허시실) 허한 것처럼 보이는 것이 사실은 실한 것이며. 實是虛(실시허) 실하게 보이는 것이 사실은 허한 것이다. 哉(재) 어조사.

太宗曰, 策之而知得失之計, 作之而知動靜之理,
태종왈, 책지이지득실지계, 작지이지동정지리,
태종(太宗)이 말하였다. 「손자병법(孫子兵法)」에 보면 계책을 써서 적의 득실에 대한 계획을 파악해야 하고, 적을 움직이게 해서 적의 동정에 대한 이치를 파악해야 한다고 하였소.

太宗曰(태종왈) 태종이 말하다. 策(책) 계책을 쓰다. 知(지) 알다. 得失之計(득실지계) 적의 계획에 대해서 득과 실을 따지다. 作之(작지) 만들다. 動靜之理(동정지리) 적의 동정을 잘 살펴서 그 이치를 알다.

形之而知死生之地, 角之而知有餘不足之處,
형지이지사생지지, 각지이지유여부족지처,
그리고 적이 형태를 나타내게 하여 그들의 사지와 생지를 알아내야 하며, 적과 부딪쳐 보고 적의 전투력이 집중된 곳과 절약된 곳을 알아내야 한다고 하였소.

形之(형지) 적의 형태를 드러나게 하다. 死生之地(사생지지) 적이 어떤 처지에 있는지를 알아보는 것을 의미. 角之(각지) 적과 부딪쳐 보다. 有餘(유여) 전투력이 남다. 不足(부족) 전투력이 부족.

此則奇正在我, 虛實在敵歟.
차즉기정재아, 허실재적여.
이는 곧 기정(奇正)을 변화시켜 운용하는 것은 아측에 달려 있고, 형세의 허실(虛實)에 대한 운용은 적에게 달린 것이라 할 수 있겠소?

此(차) 이것은. 則(즉) 곧. 奇正(기정) 기정의 변화는. 在我(재아) 아군에게 있다. 虛實(허실) 허실의 운용은. 在敵(재적) 적에게 있다. 歟(여) 어조사.

靖曰, 奇正者, 所以致敵之虛實也. 敵實, 則我必以正, 敵虛, 則我必以奇.
정일, 기정자, 소이치적지허실야. 적실, 즉아필이정, 적허, 즉아필이기.
이정(李靖)이 대답하였다. 기정(奇正)의 변화라는 것은 적의 허(虛)와 실(實)을 드러나도록 유도하는 방법입니다. 즉, 적이 실(實)하면 아군은 정병(正)으로 대응하고, 적이 허(虛)하면 아군은 기병(奇)으로 대응하는 것과 같은 것입니다.

靖曰(정왈) 이정이 대답하였다. 奇正者(기정자) 기정이라고 하는 것은. 所(소) ~하는 바. 以(이) ~로써. 致(치) 이르다. 敵之虛實(적지허실) 적의 허와 실. 敵實(적실) 적군이 실하다. 則(즉) 곧. 我(아)

아군은. 必以正(필이정) 반드시 정병을 운용한다. 敵虛(적허) 적군이 허하다. 則(즉) 곧. 我(아) 아군은. 必以奇(필이기) 반드시 기병을 운용한다.

苟將不知奇正, 則雖知敵虛實, 安能致之哉.
구장부지기정, 즉수지적허실, 안능치지재.
진실로 장수가 기와 정을 변화시켜 용병하는 방법을 알지 못한다면, 비록 적의 허실을 알고 있다 할지라도 적을 유인하여 승기를 잡을 수 없습니다.

苟(구) 진실로. 將(장) 장수가. 不知(부지) 알지 못하다. 奇正(기정) 기정의 변화. 則(즉) 곧. 雖(수) 비록. 知(지) 알다. 敵(적) 적군의. 虛實(허실) 허와 실. 安(안) 편안하다. 能(능) 능히. 致(치) 이르다. 哉(재) 어조사.

臣奉詔, 但敎諸將以奇正, 然後虛實自知焉.
신봉조, 단교제장이기정, 연후허실자지언.
신이 폐하의 명령을 받들어 고하노니, 다만 여러 장수에게 기정(奇正)의 변화에 대한 용병술만을 가르치려고 합니다. 그렇게 하고 나면, 허실에 대한 용병술은 자연히 알게 될 것이기 때문입니다.

臣(신) 신하. 奉(봉) 받들다. 詔(소) 고하다. 但(단) 다만. 敎(교) 가르치다. 諸將(제장) 여러 장수. 以奇正(이기정) 기정의 변화를. 然後(연후) 그런 다음에는. 虛實(허실) 허실에 대해서는. 自知(자지) 스스로 알게 되다. 焉(언) 어조사.

太宗曰, 以奇爲正者, 敵意其奇, 則吾正擊之.
태종왈, 이기위정자, 적의기기, 즉오정격지.
태종(太宗)이 말하였다. 기병(奇兵)을 정병(正兵)으로 변화시킨다는 것은 적이 아군을 기병(奇兵)으로 싸우리라 생각하게 한 다음 아군은 정병(正兵)으로 바꾸어 공격하는 것을 말하는 것으로 생각되고,

太宗曰(태종왈) 태종이 말하다. 以奇爲正(이기위정) 기병을 정병으로 바꾸다. 者(자) ~하는 것. 敵(적) 적군. 意(의) 의도. 其(기) 그. 奇(기) 기병. 則(즉) 곧. 吾(오) 나. 正(정) 정병으로. 擊之(격지) 적을 치다.

以正爲奇者, 敵意其正, 則吾奇擊之.
이정위기자, 적의기정, 즉오기격지.
정병(正兵)을 기병(奇兵)으로 변화시킨다는 것은 적이 아군을 정병(正兵)으로 싸우리라 생각하게 한 다음 아군은 기병(奇兵)으로 바꾸어 공격하는 것을 말하는 것으로 생각되오.

以正爲奇(이정위기) 정병을 기병으로 바꾸다. 者(자) ~하는 것. 敵(적) 적군. 意(의) 의도. 其(기) 그. 正(정) 정병. 則(즉) 곧. 吾(오) 나. 奇(기) 가병으로. 擊之(격지) 적을 치다.

使敵勢常虛, 我勢常實, 當以此法授諸將, 使易曉爾.
사적세상허, 아세상실, 당이차법수제장, 사이효이.
적군의 기세는 항상 허하게 하고 아군의 기세는 항상 실하게 하는 것이니, 이렇게 용병을 하는 전법(戰法)을 여러 장수에게 알려 줌으로써 쉽게 깨닫도록 하여야 할 것이오.

使(사) ~하게 하다. 敵(적) 적군. 勢(세) 기세. 常(상) 항상. 虛(허) 허하다. 我勢(아세) 아군의 기세. 常(상) 항상. 實(실) 실하다. 當(당) 당하다. 以(이) ~로써. 此(차) 이것. 法(법) 전법. 전술. 용병하는 방법. 授(수) 주다. 諸將(제장) 여러 장수. 易(이) 쉽다. 曉(효) 새벽이라는 뜻도 있지만, 여기서는 깨닫다. 爾(이) 어조사.

靖日, 千章萬句, 不出乎致人而不致於人而已, 臣當以此教諸將.
정왈, 천장만구, 불출호치인이불치어인이이, 신당이차교제장.
이정(李靖)이 말하였다. 1,000개의 장절(章節)과 10,000개의 문구(文句)처럼 많은 병법서의 내용들도 '적을 끌어들이되 적에게 끌려가지 않는 것'에서 벗어나지 않는다고 할 수 있습니다. 신은 이것을 여러 장수에게 가르치려고 합니다.

靖日(정왈) 이정이 대답하였다. 千章萬句(천장만구) 천 개의 장과 만 개의 문구. 많은 병서의 내용을 의미함. 不出(불출) 지나지 않는다. 乎(호) 어조사. 致(치) 이르다. 끌어들이다. 人(인) 적 부대를 말함. 不致(불치) 이르지 않다. 끌려가지 않다. 於人(어인) 적 부대에게. 已(이) 이미. 臣(신) 신하. 이정 자신을 말함. 當(당) 당하다. 以(이) ~로써. 此(차) 이것. 敎(교) 가르치다. 諸將(제장) 여러 장수에게.

太宗日, 朕置瑤池都督, 以隷安西都護, 蕃漢之兵, 如何處置.
태종왈, 짐치요지도독, 이예안서도호, 번한지병, 여하처치.
태종(太宗)이 말하였다. 짐은 요지도독부(瑤池都督部)를 설치한 후에 안서도호부(安西都

護)[323]에 예속시켰는데, 번족(番族) 출신의 병사와 한족(漢族) 출신의 병사들을 어떻게 처리하면 좋겠소?

太宗曰(태종왈) 태종이 말하다. 朕(짐) 나. 군주가 신하에게 자신을 낮춰 부르는 호칭. 置(치) 설치하다. 瑤池都督(요지도독) 당나라 때 설치한 도독부 중의 하나. 以(이) ~로써. 隷(예) 붙다. 예속시키다. 安西都護(안서도호) 정관 14년(640)에 당나라가 고창국을 멸망시키고 설치한 도호부를 말함. 蕃(번) 번족. 漢(한) 한족. 兵(병) 병사. 번족과 한족 출신의 병사. 如何(여하) 어찌해야 하는가? 處置(처치) 일을 감당하여 나감.

靖曰, 天之生人, 本無蕃漢之別,
정왈, 천지생인, 본무번한지별,
이정(李靖)이 대답하였다. 하늘이 사람을 만들 때 원래 번족(番族)과 한족(漢族)을 구별한 것은 아닙니다.

靖曰(정왈) 이정이 대답하였다. 天(천) 하늘. 生(생) 생겨나다. 人(인) 사람. 本(본) 근본. 無(무) 없다. 蕃(번) 번족. 漢(한) 한족. 別(별) 구별하다.

然地遠荒漠, 必以射獵而生, 由此常習戰鬪.
연지원황막, 필이사렵이생, 유차상습전투.
번족(番族)이 사는 지형은 멀고 거친 사막과 같아서 반드시 사냥해야 살 수 있습니다. 그런 이유로 그들은 자연히 항상 전투하는 법을 연습하게 되었던 것입니다.

然(연) 그러하다. 地(지) 땅. 遠(원) 멀다. 荒(황) 거칠다. 漠(막) 사막. 必(필) 반드시. 以(이) ~로써. 射(사) 쏘다. 獵(엽) 사냥. 生(생) 살다. 由(유) 말미암다. 此(차) 이것. 常習(상습) 항상 연습하다. 戰鬪(전투) 전투.

若我恩信撫之, 衣食周之, 則皆漢人矣.
약아은신무지, 의식주지, 즉개한인의.
만약 우리가 그들을 은혜와 신의로 어루만져주고, 의복과 식량을 나누어 주며 구휼한다면

323) 瑤池都督(요지도독) 당나라 때 금만구라는 지역에 설치했었던 도독. 당태종은 정관 23년(649) 2월에 도독을 설치, 아사나하로 장군을 도독으로 임명하였다고 함.

곧 우리가 모두 한족(漢族)이 될 수 있는 것입니다.

若(약) 만약. 我(아) 나. 恩(은) 은혜. 信(신) 믿다. 撫(무) 어루만지다. 衣(의) 옷. 食(식) 식량. 周(주) 두루 미치다. 則(즉) 곧. 皆(개) 모두. 다. 漢人(한인) 한족 사람. 矣(의) 어조사.

陛下置此都護, 臣請收漢卒, 處之內地,

폐하치차도호, 신청수한졸, 처지내지,

폐하께서 그 지역에 도호부(都護府)를 설치하셨다고 하니, 신이 청하옵건대 한족(漢族) 병사들로 구성된 국경 수비대는 철수시켜 내륙지역에 두십시오.

陛下(폐하) 당태종을 말함. 置(치) 설치하다. 此(차) 이. 都護(도호) 도호부. 臣請(신청) 신이 청하옵건대. 收(수) 거두다. 漢卒(한졸) 한족 병사들. 處(처) 살다. 주둔하게 하다. 內地(내지) 내륙지역.

減省糧饋, 兵家所謂治力之法也.

감성량궤, 병가소위치력지법야.

그러면, 군량 수송의 부담을 덜 수 있을 것입니다. 이를 일컬어 병가에서는 '힘을 다스린다'고 하여 '치력지법(治力之法)'이라고 하는 것입니다.

減(감) 덜다. 省(성) 살피다. 糧(양) 양식. 饋(궤) 먹이다. 수송한다는 의미도 포함. 兵家(병가) 병가에서. 所謂(소위) 이른바. 治力之法(치력지법) 힘을 다스리는 방법.

但擇漢吏有熟蕃情者, 散守堡障,

단택한리유숙번정자, 산수보장,

다만 한족(漢族) 출신 관리를 번족의 사정을 잘 아는 자로 선발한 다음 이들을 분산시켜 여러 성이나 방어를 위해 설치해놓은 장애물을 지키게 하십시오.

但(단) 다만. 擇(택) 가리다. 漢吏(한리) 한족 출신 관리. 有熟(유숙) 능숙하다. 蕃(번) 번족. 情(정) 실정. 者(자) ~하는 자. 散(산) 흩어놓다. 守(수) 지키다. 堡(보) 작은 성. 障(장) 가로막다.

此足以經久, 或遇有警, 則漢卒出焉.

차족이경구, 혹우유경, 즉한졸출언.

그러면, 오래도록 평안이 유지될 것입니다. 혹시라도 어떤 변란이 생긴다면 즉시 한족(漢族) 부대를 출동시켜 진압하면 됩니다.

此(차) 이것. 足(족) 족하다. 以(이) ~로써. 經(경) 날. 세로. 길. 조리. 久(구) 오래. 或(혹) 혹시. 遇(우) 만나다. 有警(유경) 놀랄 일이 있다. 則(즉) 곧. 漢卒(한졸) 한족 출신으로 구성된 부대. 出(출) 출동하다. 焉(언) 어조사.

太宗曰, 孫子所言治力如何.
태종왈, 손자소언치력여하.
태종(太宗)이 물었다. 손자(孫子)가 말한 '힘을 다스린다.'는 것은 어떻게 하는 것이오?

太宗曰(태종왈) 태종이 말하다. 孫子(손자) 손자. 손무. 所言(소언) 말하는 바. 治力(치력) 힘을 다스리다. 如何(여하) 어떻게 하는 것이오.

靖曰, 以近待遠, 以佚待勞, 以飽待饑, 此略言其槩耳.
정왈, 이근대원, 이일대로, 이포대기, 차략언기개이.
이정(李靖)이 대답하였다. 손자(孫子)는 '아군은 가까운 것으로 멀리서 오는 적을 상대하며, 편안함으로 피로에 지쳐 있는 적을 상대하며, 배부름으로써 굶주림에 허덕이는 적을 상대한다.'324) 하였습니다. 이는 힘을 다스리는 방법의 개략적인 내용만을 말합니다.

靖曰(정왈) 이정이 대답하였다. 近(근) 가깝다. 遠(원) 멀다. 佚(일) 편안하다. 勞(로) 피로하다. 飽(포) 배부르다. 飢(기) 배고프다. 此(차) 이것. 略(략) 대략. 言(언) 말. 其(기) 그. 槩(개) 평목. 耳(이) 어조사로 쓰임.

善用兵者, 推此三義而有六焉,
선용병자, 추차삼의이유육언,
용병을 잘하는 자는 이 3가지를 6가지로 바꿔서 적용합니다.

善(선) 잘하다. 用兵(용병) 용병술. 者(자) ~하는 자. 推(추) 옮기다. 변하다. 此三義(차삼의) 이 3가지 의미가. 有六(유육) 6가지로. 焉(언) 어조사.

以誘待來, 以靜待躁, 以重待輕, 以嚴待懈, 以治待亂, 以守待攻,
이유대래, 이정대조, 이중대경, 이엄대해, 이치대란, 이수대공,

324) 이근대원, 이일대로, 이포대기(以近待遠, 以佚待勞, 以飽待饑). 손자병법 제7 군쟁 편에 나오는 문구임.

① 아군이 유인해서 오는 적을 상대하고, ② 아군은 안정된 상태에서 성급한 적을 상대하고, ③ 아군은 신중한 상태에서 경거망동하는 적을 상대하고, ④ 아군은 엄중한 경계를 하고 있으면서 기강이 해이해진 적을 상대하고, ⑤ 아군은 질서정연한 가운데 어수선한 적을 상대하고, ⑥ 아군은 견고하게 방어를 하는 가운데 공격해오는 적을 기다리는 것입니다.

誘(유) 유인하다. 來(래) 오다. 靜(정) 안정되다. 躁(조) 성급하다. 重(중) 무겁다. 신중하다. 輕(경) 가볍다. 嚴(엄) 엄하다. 懈(해) 게으르다. 治(치) 다스리다. 亂(란) 어지럽다. 守(수) 지키다. 攻(공) 공격하다.

反是則力有弗逮, 非治力之術, 安能臨戰哉.

반시즉력유불체, 비치력지술, 안능임전재.

이와 같이 하지 않으면 힘이 있어도 제대로 쓰지 못하는 법입니다. 앞에서 언급한 것과 같이 힘을 다스리는 전법이 아니고서 어찌 전투에 임할 수 있겠습니까?

反是(반시) 반대로 하면. 則(즉) 곧. 力有(력유) 힘이 있어도. 弗逮(불체) 이르지 못하다. 非(비) 아니다. 治力(치력) 힘을 다스리다. 術(술) 방법. 安(안) 편안하다. 어찌. 能(능) 능히 ~하다. 臨戰(임전) 전투에 임하다. 哉(재) 어조사.

太宗曰, 今人習孫子者, 但說空文, 鮮克推廣其義,

태종왈, 금인습손자자, 단설공문, 선극추광기의,

태종(太宗)이 말하였다. 오늘날 손자병법(孫子兵法)을 배우는 사람들은 그 깊은 의미를 이해하려고 하기보다는 그냥 빈 문장만 외울 뿐, 그 넓은 뜻을 깊이 연구하는 자가 드문 것 같소.

太宗曰(태종왈) 태종이 말하다. 今(금) 오늘날. 지금. 人(인) 사람. 習(습) 배우다. 孫子(손자) 손자병법을 말함. 者(자) ~하는 자. 但(단) 다만. 說(설) 말씀. 空(공) 비다. 文(문) 문장. 鮮(선) 드물다. 克(극) 이기다. 推(추) 옮기다. 변하다. 廣(광) 넓다. 其(기) 그. 義(의) 뜻.

治力之法, 宜遍告諸將.

치력지법, 의편고제장.

그러니, 경은 '힘을 다스리는 법'을 여러 장수에게 널리 알리도록 하시오.

治力之法(치력지법) 힘을 다스리는 방법. 宜(의) 마땅히. 遍(편) 두루. 告(고) 알리다. 諸將(제장) 여러 장수.

太宗曰, 舊將老卒, 雕零殆盡, 諸軍新置, 不經陳敵, 今敎以何道爲要.
태종왈, 구장로졸, 조령태진, 제군신치, 불경진적, 금교이하도위요.
태종(太宗)이 물었다. 요즘 군대들을 보면 실전경험이 많아 전투에 익숙하고 노련한 장병들은 지금 거의 다 죽고 없고, 대부분 부대가 새로 편성되어 아직 실전의 경험이 없는 상태인데, 지금 이들을 훈련을 시키려면 어떤 방법을 쓰는 것이 좋겠소?

太宗曰(태종왈) 태종이 말하다. 舊(구) 오래. 將(장) 장수. 老(노) 늙다. 卒(졸) 장병. 雕(조) 시들다. 零(령) 조용히 오는 비. 殆(태) 위태하다. 盡(진) 다되다. 諸軍(제군) 모든 군대. 新(신) 새롭다. 置(치) 두다. 不經(불경) 경험이 없다. 陳(진) 진을 치다. 敵(적) 적군. 今(금) 지금. 敎(교) 가르치다. 以(이)로써. 何(하) 어찌. 道(도) 방도. 방법. 爲(위) ~하다. 要(요) 대강. 요약.

靖曰, 臣嘗敎士, 分爲三等.
정왈, 신상교사, 분위삼등.
이정(李靖)이 대답하였다. 신이 일찍이 군사들을 훈련할 때 3단계로 나누어 실시하였습니다.

靖曰(정왈) 이정이 대답하였다. 臣(신) 신하. 이정 자신을 말함. 嘗(상) 일찍이. 敎(교) 가르치다. 士(사) 군사들. 分(분) 나누다. 爲(위) ~하다. 三等(삼등) 3단계.

必先結伍法, 伍法旣成, 授之軍校, 此一等也.
필선결오법, 오법기성, 수지군교, 차일등야.
먼저 5명의 병사를 1오(伍)로 묶어 소부대 훈련을 시행하고, 그것이 완성되면 군교(軍校)에 교육을 맡겼습니다. 이렇게 하는 것이 바로 1단계입니다.

必(필) 반드시. 先(선) 먼저. 結(결) 묶다. 伍(오) 5명으로 편성된 부대의 단위. 法(법) 법. 伍法(오법) 旣(기) 이미. 成(성) 이루다. 授(수) 주다. 軍校(군교) 군교. 군사교육을 담당하는 사람. 此(차) 이것. 一等(일등) 1단계.

軍校之法, 以一爲十, 以十爲百, 此一等也.
군교지법, 이일위십, 이십위백, 차일등야.
군교(軍校)가 훈련하는 방법은 1개 오(伍)를 10개 오(伍)로, 다시 10개 오(伍)를 100개 오(伍)로 합쳐 가면서 훈련하는 것입니다. 이렇게 하는 것이 바로 2번째 단계입니다.

軍校(군교) 군 교관. 法(법) 방법. 以一(위일) 1개 오로써. 爲十(위십) 10개오로 만들고. 以十(이십) 10개 오를. 爲百(위백) 100개 오로 만들다. 此(차) 이것. 一等(일등) 1단계. 다음 한 단계이니 2단계.

授之裨將, 裨將乃總諸校之隊, 聚爲陳圖, 此一等也.

수지비장, 비장내총제교지대, 취위진도, 차일등야.

다음은 부장(裨將)이 지휘하는 훈련을 하게 되는데, 부장(裨將)은 여러 부대를 모아서 훈련하게 되는 데 부대들이 다 모이면 진영을 구성하는 훈련을 시행합니다. 이렇게 하는 것이 바로 3번째 단계입니다.

授(수) 주다. 내려지다. 裨將(비장) 보좌하는 부장을 말함. 裨將(비장) 부장. 乃(내) 이에. 總(총) 모아서 묶다. 諸(제) 모두. 校(교) 가르치다. 隊(대) 부대. 聚(취) 모이다. 爲(위) ~하다. 陳圖(진도) 진영을 구성하다. 此(차) 이것. 一等(일등) 다음 한 단계이니 3단계.

大將軍家此三等之教, 於是大閱, 稽考制度,

대장군가차삼등지교, 어시대열, 계고제도,

대장(大將)은 이렇게 3단계의 훈련 진행 상태를 점검하고, 열병식을 통해 훈련이 잘되었는지를 검열하며, 추가로 군의 편제나 제도 중에서 고칠 점이 없는지 검토해야 합니다.

大將(대장) 대장. 軍(군) 군대. 家(가) 집. 此(차) 이것. 三等(삼등) 3단계. 教(교) 교육. 가르치다. 於(어) 어조사. 是(시) 옳다. 大閱(대열) 검열하는 것. 열병식 정도로 해석. 稽(계) 머무르다. 考(고) 생각하다. 制度(제도) 군의 편제나 각종 제도.

分別奇正, 誓衆行罰.

분별기정, 서중행벌.

그런 다음에 어느 쪽을 기병(奇兵)으로 하고 어느 쪽을 정병(正兵)으로 할 것인가를 결정하고, 장병들을 모아 필사의 의지를 맹세하게 하고, 벌을 주어야 할 일이 있을 때는 엄격히 시행합니다.

分別(분별) 종류를 구분하여 가름. 奇正(기정) 기병과 정병. 誓(서) 맹서하다. 衆(중) 부대를 모아놓고. 行(행) 행하다. 罰(벌) 벌.

陛下臨高觀之, 無施不可.

폐하임고관지, 무시불가.

폐하께서 높은 곳에 올라가 훈련하는 모습을 보시면, 훈련이 잘되고 있는지 아닌지 잘 보실 수 있을 것입니다.

陛下(폐하) 폐하께서. 臨高(임고) 높은 곳에 임하다. 觀之(관지) 그것을 보다. 無(무) 없다. 施(시) 시행되다. 不可(불가) 불가하다.

太宗曰, 伍法有數家, 孰者爲要.

태종왈, 오법유수가, 숙자위요.

태종(太宗)이 물었다. 오(伍)를 편성하고 훈련하는 방법에 대해 여러 병법 연구가들 의견이 서로 다른데, 그중에서 누구의 것이 가장 중요하다고 생각하시오?

太宗曰(태종왈) 태종이 말하다. 伍法(오법) 오를 편성하는 방법. 有數(유수) 여럿이 있다. 家(가) 집이 아닌 병학가. 孰(숙) 누구. 者(자) ~하는 것. 爲(위) ~하다. 要(요) 중요하다.

靖曰, 臣案春秋左氏傳雲, 先偏後伍. 又司馬法曰, 五人爲伍.

정왈, 신안춘추좌씨전운, 선편후오. 우사마법왈, 오인위오.

이정(李靖)이 대답하였다. 신이 살펴본 바에 의하면, 춘추좌씨전(春秋左氏傳)[325]에는 전차 25대로 편성된 전차부대 1편(偏)을 선두에 두고, 5명으로 편성된 보병부대 1개 오(伍)를 후미에 둔다고 하였으며, 또한 사마법(司馬法)에는 5명을 1오(伍)로 편성한다고 하였습니다.

靖曰(정왈) 이정이 대답하였다. 臣(신) 신하. 이정 자신을 말함. 案(안) 어루만지다. 살펴보다. 春秋左氏傳(춘추좌씨전) 책 이름. 雲(운) 말하다. 운운하다. 先(선) 먼저. 선두에. 偏(편) 전차부대를 구성하는 부대 단위 중의 하나. 後(후) 나중에. 후미에. 伍(오) 5명 단위로 편성되는 부대. 又(우) 또. 司馬法(사마법) 사마법에서. 曰(왈) 말하다. 五人爲伍(오인위오) 5명을 1개 오로 편성하다.

尉繚子, 有束伍令. 漢制, 有尺籍伍符.

울료자, 유속오령. 한제, 유척적오부.

울료자(尉繚子)가 지은 병법서의 속오령(束伍令)[326]이라는 편에 오의 편제에 대한 설명이

325) 춘추좌씨전(春秋左氏傳). 공자가 지은 춘추시대 노(魯)의 역사책인 춘추(春秋)를 해설한 책을 말함.

326) 울료자(尉繚子), 제16. 속오령(束伍令)을 말함.

있습니다. 그리고 한(韓)나라에서는 전공을 기록한 척적(尺籍)과 대원들의 연대책임을 증명하는 오부(伍符)[327]라는 제도가 있었습니다.

尉繚子(울료자) 울료자가 지은 병법서. 有束伍令(유 속오령) 속오령이라는 편이 있다. 漢制(한제) 한나라 제도. 有(유) 있다. 尺籍(척적) 전공을 기록했었던 장부. 伍符(오부) 연대책임을 증명하는 장부.

後世符籍, 以紙爲之, 於是失其制矣.
후세부적, 이지위지, 어시실기제의.
후세 사람들이 척적(尺籍)과 오부(伍符)를 만들 때 죽간이나 목간으로 만들지 않고 종이로 만들면서 옛 제도의 원래 모습을 잃게 되었습니다.

後世(후세) 후세 사람들이. 符籍(부적) 척적과 오부를 말함. 以紙(이지) 종이로. 爲之(위지) 그것을 만들었다. 於(어) 어조사. 是(시) 옳다. 맞다. 失(실) 잃다. 其(기) 그. 制(제) 제도. 矣(의) 어조사.

臣酌其法, 自五人變爲二十五人, 自二十五人而變爲七十五人,
신작기법, 자오인변위이십오인, 자이십오인이변위칠십오인,
신이 옛날의 방법을 참고해서 부대를 편성하며 처음 5명으로 구성되었던 것을 25명으로, 처음에는 25명이었던 것을 75명으로 바꾸었습니다.

臣(신) 신하. 酌(작) 따르다. 其法(기법) 그 방법. 自(자) ~부터. 五人(오인) 5명. 變(변) 바꾸다. 爲二十五人(위 이십오인) 25명으로 하다. 二十五人(이십오인) 25명. 爲七十五人(위칠십오인) 75명으로 하다.

此則步卒七十二人, 甲士三人之制也.
차즉보졸칠십이인, 갑사삼인지제야.
이는 전차 1대에 총 75명이 편성되었는데 그중에서 보병은 72명으로 편성하고 갑옷을 입은 중무장한 병사는 3명을 배속시키는 제도입니다.

此則(차즉) 이는 곧. 步卒(보졸) 보병 병사. 七十二人(칠십이인) 72명. 甲士(갑사) 갑옷을 입은 중무장한 병사. 三人(삼인) 3명. 制(제) 제도. 군제.

327) 척적오부(尺籍伍符). 척적은 장수의 군령을 적어넣은 척서(尺書)와 부책(簿册)을 말하며, 오부(伍符)는 오(伍)의 대원들이 전투수칙 등에 관해 서로 연대보증을 한 부절(符節)을 말한다.

舍車用騎, 則二十五人當八馬, 此則五兵五當之制也.
사차용기, 즉이십오인당팔마, 차즉오병오당지제야.
전차 대신 기병(騎兵)을 운용할 경우에는 보병(步兵) 25명 정도의 전투력에 해당하는 기병(騎兵) 8명을 편성하였는데, 이는 5종류의 부대에 5가지 병기를 사용토록 편성하는 오병오당(五兵五當)의 제도를 보더라도 부대를 편성할 때 5가 기본이라는 것을 보여 주는 것입니다.

舍車(사차) 전차를 버리고. 舍=버리다는 의미. 用騎(용기) 기병을 쓰다. 則(즉) 곧. 二十五人當(이십오인당) 25명당. 八馬(팔마) 기병 8. 此則(차즉) 이는 곧. 五兵五當(오병오당) 5 병종이 5가지 무기로 적을 막아내는, 군을 편제하는 방법의 하나. 制(제) 제도.

是則諸家兵法, 惟伍法爲要.
시즉제가병법, 유오법위요.
이를 통해서 대부분 병가(兵家)의 병법은 5개를 1개 부대로 편성하는 오법(伍法)을 중요시한 것을 알 수 있습니다.

是(시) 이는. 則(즉) 곧. 諸家(제가) 거의 모든 병학가들. 兵法(병법) 병법. 惟(유) 생각하다. 伍法(오법) 5명을 1오로 편성하는 방법. 爲要(위요) 중요하다.

小列五人, 大列二十五人, 參列七十五人, 又五參其數, 得三百七十五人.
소열오인, 대열이십오인, 참열칠십오인, 우오참기수, 득삼백칠십오인.
오법에서 소열(小列)은 5명으로 편성되고, 대열(大列)은 소열의 5배로 25명이 됩니다. 3개의 대열로 편성되는 참열(參列)은 75명이 되고, 참열(參列)을 다시 5곱절로 하면 375명이 됩니다.

小列(소열) 소열은. 五人(5인) 5명. 大列(대열) 대열은. 二十五人(이십오인) 25명. 參列(참열) 25명을 다시 3열로 세우면. 七十五人(칠십오인) 75명. 又(우) 또. 五參(오참) 참열을 5배로 하다. 其數(기수) 그 숫자는. 得(득) 얻다. 三百七十五人(삼백칠십오인) 375명.

三百人爲正, 六十人爲奇, 此則百五十人分爲二正, 而三十人分爲二奇.
삼백인위정, 육십인위기, 차즉백오십인분위이정, 이삼십인분위이기.
300명은 정병(正兵)으로, 60명은 기병(奇兵)으로 편성합니다. 이는 다시 150명씩 2개 부대로

나누어 정병(正兵)을 편성하고, 30명씩 2개 부대로 나누어 기병(奇兵)으로 편성합니다.[328]

三百人爲正(300인 위정) 300명은 정병으로 편성하다. 六十人 爲奇(60인 위기) 60명은 기병으로 편성하다. 此則(차즉) 이는 곧. 百五十人(350인) 350명을. 分(분) 나누다. 爲二正(위 2정) 정병 2개 부대로 나누다. 三十人(30인) 30명. 爲二奇(위2기) 기병 2개 부대로 나누다.

蓋左右等也. 穰苴所謂五人爲伍, 十伍爲隊, 至今因之, 此其要也.
개좌우등야. 양저소위오인위오, 십오위대, 지금인지, 차기요야.
이렇게 좌우를 같은 규모로 나누는 것은 한쪽으로 기울지 않게 하기 위한 것입니다. 사마법(司馬法)을 지은 사마양저(司馬穰苴)가 '5명을 1개 오(伍)로 하고 10오(伍)를 1개 대(隊)로 한다'는 것은 지금까지 그대로 적용하고 있으니 이는 곧 오법(伍法)이 아직 적용 가능하고 중요하기 때문이라 생각됩니다.

蓋(개) 덮다. 左右等(좌우등) 좌우가 같다. 穰苴(양저) 사마법을 지은 사마양저. 所謂(소위) 이른바. 五人(오인) 5명을. 爲伍(위오) 1개오로 하다. 十伍(십오) 10개 오를. 爲隊(위대) 1개 대로 한다. 至(지) 이르다. 今(금) 지금. 因之(인지) 원인으로 하다. 此(차) 이것은. 其(기) 그. 要(요) 중요하다.

太宗曰, 朕與李勣論兵, 多同卿說, 但勣不究出處爾.
태종왈, 짐여리적론병, 다동경설, 단적불구출처이.
태종(太宗)이 말하였다. 짐이 이세적(李世勣) 장군과 함께 병법에 대해서 논하다 보면 경의 생각과 같은 것이 많았는데, 다만 이세적(李世勣) 장군은 어느 병법에서 기인한 것인지를 잘 설명하지 않았을 뿐이었소.

太宗曰(태종왈) 태종이 말하다. 朕(짐) 당태종. 與(여) ~와 같이. 李勣(이적) 이세적을 말함. 論兵(논병) 병법에 대해서 논하다. 多同(다동) 많은 부분이 같다. 卿說(경설) 경의 설명과. 但(단) 다만. 勣(적) 이세적. 不究(불구) 구하지 않다. 出處(출처) 출처. 爾(이) 어조사.

卿所制六花陳法, 出何術乎.
경소제육화진법, 출하술호.

---

328) 숫자가 맞지 않는다. 총 375명 중 300명은 정병, 60명은 기병, 나머지 15명은 설명되어 있지 않다. 누락된 15명은 중무장한 병사인 갑사로 편성해서 총 375명이 된다. 거기에 지휘자 10명을 포함하면 총 385명이라는 기록도 있다.

경이 창안한 육화진[329]은 어느 진법에 근거한 것이오?"

卿(경) 경이. 이정을 지칭하는 말. 所制(소제) 제안한 바. 六花陳法(육화진법) 육화진이라는 진법. 出(출) 나다. 나오다. 何(하) 어찌. 어떤. 術(술) 전술. 乎(호) 어조사.

靖曰, 臣本諸葛亮八陳法也.

정왈, 신본제갈량팔진법야.

이정(李靖)이 대답하였다. 육화진은 신이 제갈량(諸葛亮)의 팔진도(八陣圖)[330]를 본따서 만든 것입니다.

靖曰(정왈) 이정이 대답하였다. 臣本(신본) 신이 본을 따다. 諸葛亮 八陳法(제갈량 팔진법) 제갈량의 팔진법을.

大陳包小陳, 大營包小營, 隅落鉤連, 曲折相對, 古制如此.

대진포소진, 대영포소영, 우락구련, 곡절상대, 고제여차.

대진(大陣) 속에 소진(小陳)이 들어 있고, 대영(大營) 속에 소영(小營)이 들어 있으며, 각 진영의 정면과 모퉁이 부분이 서로 빈틈없이 연결되어 있으며, 진영의 구부러진 부분은 부대들끼리 서로 간격을 잘 유지해서 질서정연하게 구성되어 있습니다. 옛 팔진도의 진법이 이와 같습니다.

大陳(대진) 대진은 包(포) 품다. 小陳(소진) 소진을. 大營(대영) 대영은. 包(포) 품다. 小營(소영) 소영을. 隅(우) 모퉁이. 落(락) 떨어지다. 鉤(구) 갈고랑이. 連(연) 연결되다. 曲折(곡절) 구부러지고 끊어진 것. 相對(상대) 서로 마주 대함. 古制(고제) 옛날 군제나 편제. 如此(여차) 이것과 같다.

臣爲圖因之, 故外畫之方, 內環之圓, 是成六花, 俗所號爾.

신위도인지, 고외화지방, 내환지원, 시성육화, 속소호이.

신이 육화진(六花陣)의 진도를 만들 때 제갈량(諸葛亮)의 팔진도(八陣圖)에 근거를 두고 육화진(六花陣)의 진도를 만들었습니다. 고로 외면은 각진 방진의 형태로 만들고, 내면은 고리

329) 육화진(六花陣). 이정이 제갈량의 팔진도를 근거하여 만든 진법으로 중군을 합하여 7군이 되기 때문에 칠군진이라고도 한다. 밖에 위치한 6군은 정병, 나머지 안에 있는 중군은 기병으로 배치한다.

330) 팔진도(八陣圖). 제갈량이 군사를 거느리고 전쟁을 수행하는 가운데 역대 병법 연구가들의 진법을 계승 발전시켜 연구해낸 독특한 진법.

모양으로 둥글게 만들었습니다. 그래서, 마치 6개의 꽃잎처럼 보인다 해서 세간에서 육화진(六花陣)이라고 이름을 붙인 것입니다.

臣(신) 신하. 이정을 말함. 爲圖(위도) 진도를 만들다. 因之(인지) 그것에 기인하여. 故(고) 고로. 外(외) 바깥. 畫(화) 그리다. 方(방) 방진. 內(내) 안. 環(환) 고리. 圓(원) 둥글다. 是(시) 이것. 成(성) 이루다. 六花(육화) 6개의 꽃잎처럼 보이다. 俗(속) 세속에서. 所號(소호) 부르는 바. 爾(이) 어조사.

太宗曰, 內圓外方, 何謂也.

태종왈, 내원외방, 하위야.

태종(太宗)이 물었다. 내부는 원진(圓陳)이고 외면은 방진(方陣)으로 하는 것은 무슨 뜻에서 이오?

太宗曰(태종왈) 태종이 말하다. 內圓(내원) 안은 원진으로. 外方(외방) 밖은 방진으로. 何謂也(하위야) 어떤 이유인가?

靖曰, 方生於步, 圓生於奇, 方所以矩其步, 圓所以綴其旋.

정왈, 방생어보, 원생어기, 방소이구기보, 원소이철기선.

이정(李靖)이 대답하였다. 방진(方陣)은 정병(正兵)의 기본인 보병(步兵)에서 나온 것이고, 원진(圓陣)은 기병(奇兵)으로부터 나온 것입니다. 방진(方陣)은 정병(正兵)들의 절도에 맞는 보법을 바탕으로 하고, 원진(圓陣)은 기병(奇兵)들이 둥글게 선회하며 언제라도 투사될 수 있도록 하는 모습을 바탕으로 하였습니다.

靖曰(정왈) 이정이 대답하였다. 方(방) 방진. 각이 진 형태의 진영. 生(생) 생기다. 於步(어보) 보병으로부터. 圓(원) 원진. 둥근 모양의 진영. 生(생) 생기다. 於奇(어기) 기병으로부터. 方(방) 방진은. 所(소) ~하는 바. 以(이) 로써. 써. 矩(구) 각이진 자의 형태를 말함. 其(기) 그. 步(보) 걸음. 보병. 圓(원) 원진은. 綴(철) 꿰매다. 연달아 잇다. 旋(선) 돌다. 선회하다.

是以步數定於地, 行綴應乎天, 步定綴齊, 則變化不亂.

시이보수정어지, 행철응호천, 보정철제, 즉변화불란.

고로, 방진(方陣)에 쓰이는 절도 있는 보법은 땅에 의해 정해지고, 원진(圓陣)에 쓰이는 둥근 모양은 하늘에 의해 대응하는 것을 서로 연결하는 모양에 따라 나타난 것이다. 보법이 절도에 맞으면서 진영의 연결이 가지런하면 진용을 아무리 변화시키더라도 혼란스럽지 않습니다.

是(시) 이는. 以(이) 써. ~로써. 步(보) 걸음. 보법. 數(수) 숫자. 定(정) 정해지다. 於地(어지) 땅에. 行(행) 행하다. 綴(철) 연결하다. 應(응) 응하다. 乎(호) 어조사. 天(천) 하늘. 步(보) 보법. 定(정) 정해지다. 정하다. 齊(제) 가지런하다. 則(즉) 곧. 變化(변화) 변하다. 不亂(불란) 혼란스럽지 않다.

八陣爲六, 武侯之舊法焉.

팔진위육, 무후지구법언.

이렇게 팔진도를 육화진(六花陣)으로 바꾼 것은 제갈량(諸葛亮)의 옛날 진법인 팔진(八陣)을 변화시킨 것입니다.

八陣爲六(팔진위육) 팔진도를 육화진으로 바꾼 것. 武侯(무후) 제갈량을 의미. 舊法(구법) 옛날 방법. 焉(언) 어조사.

太宗曰, 畫方以見步, 點圓以見兵, 步教足法, 兵教手法,

태종왈, 화방이견보, 점원이견병, 보교족법, 병교수법,

태종(太宗)이 말하였다. 보법을 보면, 움직이는 것이 일정한 방향이 있어서 각이 나올 수밖에 없고, 무기나 병기를 운용하는 모습은 자유자재로 움직일 때 원의 형태로 나타날 수밖에 없소. 보법의 기준은 다리의 보폭이나 다리를 가지고 주로 하는 것이니 거기에 중점을 두고 가르쳐야 할 것이고, 무기나 병기를 다루는 것은 주로 손이니 손을 쓰는 것에 중점을 두고 가르쳐야 할 것이오.

太宗曰(태종왈) 태종이 말하다. 畫(화) 그림. 方(방) 각. 모. 以(이) ~로써. 見步(견보) 보법을 보다. 點(점) 점. 圓(원) 둥글다. 見兵(견병) 무기를 운용하는 것을 보다. 步(보) 보법. 教(교) 가르치다. 足(족) 다리. 法(법) 법. 兵(병) 병기. 무기. 教(교) 가르치다. 手(수) 손.

手足便利, 思過半乎.

수족편리, 사과반호.

수족을 편히 제 맘대로 다룰 줄 안다면, 이미 훈련은 절반 이상 된 거나 마찬가지라고 할 수 있을 것이오.

手足(수족) 팔과 다리. 便利(편리) 편리하게 사용하다. 思(사) 생각하다. 過半(과반) 반이 넘다. 乎(호) 어조사.

靖曰, 吳起云, 絕而不離, 卻而不散, 此步法也.
정왈, 오기운, 절이불리, 각이불산, 차보법야.

이정(李靖)이 대답하였다. 오기(吳起) 장군이 '대오가 끊어지더라도 완전히 떨어지지 말고, 퇴각하더라도 완전히 흩어지지 말라.' 331)는 말을 하였는데, 이는 보법에 대한 말입니다.

靖曰(정왈) 이정이 대답하였다. 吳起(오기) 오기 장군. 雲(운) 운운하다. 말하다. 絕(절) 끊다. 끊기다. 不離(불리) 완전히 떨어지지 말라. 卻(각) 퇴각하다. 물러나다. 不散(불산) 완전히 흩어지지 마라. 此(차) 이것은. 步法(보법) 보법에 대한 말이다.

教士就布棊於盤, 若無畫路, 棊安用之.
교사취포기어반, 약무화로, 기안용지.

군사들을 가르치는 것은 마치 바둑판에서 포석하는 것과 같습니다. 만약 바둑판에 바둑돌이 놓이는 길을 그려놓지 않으면 어떻게 바둑돌을 제대로 놓을 수 있겠습니까?

教士(교사) 군사들을 가르치다. 就(취) 이루다. 布(포) 넓게 깔다. 바둑에서의 포석을 말함. 棊(기) 바둑. 於盤(어반) 바둑판에서. 若(약) 만약. 無畫(무화) 그림이 없다면. 路(로) 길. 棊(기) 바둑알. 安(안) 어찌. 用(용) 쓰다.

孫武曰, 地生度, 度生量, 量生數, 數生稱, 稱生勝,
손무왈, 지생도, 도생량, 양생수, 수생칭, 칭생승,

손무(孫武)는 '전장의 지형에 따라 전투의 규모가 정해지고, 전투의 규모에 따라 자원의 양이 정해지고, 자원의 양에 따라 투입할 전력이 결정되고, 투입된 전력에 따라 피아의 전투력 수준이 정해지고, 완벽한 전투력에 대한 평가에 따라 승리가 결정된다'고 하였습니다.332)

孫武曰(손무왈) 손무가 말하기를. 地(지) 지형. 度(도) 국토의 넓이. 度(도) 넓이. 量(량) 자원의 양. 數(수) 군사의 수. 數(수) 군사의 수. 稱(칭) 전력의 비교. 稱(칭) 전력비교. 勝(승) 승리에 대한 예측.

331) 절이불리, 각이불산(絕而不離, 卻而不散). 오자병법에 정확히 맞는 문구는 없음. 지금은 전해지지 않는 편에서 언급한 문구로 보임.

332) 여기에서 손자병법 해석은 국가 간의 전쟁이 아닌 전쟁터에 국한하여 해석하였음.

勝兵若以鎰稱銖, 敗兵若以銖稱鎰, 皆出於度量方國也.
승병약이일칭수, 패병약이수칭일, 개출어도량방국야.
또한 '승리하는 군대는 마치 일(鎰=240銖, 무게의 단위)로 수(銖=1/240鎰, 무게의 단위)를 상대하는 것과 같고, 패배하는 군대는 이와 정반대여서 수(銖=1/240鎰, 무게의 단위)로 일(鎰=240銖, 무게의 단위)을 상대하는 것과 같다.'고 하였으니, 333) 이는 피아의 군세를 종합적으로 평가해서 방진(方陣)으로 싸울 것인지, 아니면 원진(圓陣)으로 싸울 것인지를 결정하여야 한다는 것입니다.

勝兵(승병) 승리하는 군대. 若(약) ~과 같다. 以(이) ~로써. 鎰(일) 무게의 단위. 稱(칭) 저울질하다. 銖(수) 무게의 단위. 敗兵(패병) 패배하는 군대. 若以銖稱鎰(약이수칭일) 패배하는 군대는 가벼운 것으로 무거운 것을 저울질하는 것과 같다는 의미. 皆(개) 모두. 出(출) 나오다. 於度量(어도량) 상대의 전투력을 잘 측정하고 평가하는 데에서. 方國(방국) 본문에는 方國(방국)으로 되어 있으나 필자는 方圓(방원)으로 되어야 한다고 생각함. 방진(方陣)을 선택할지, 원진(圓陣)을 선택할 것인지를 결정한다는 의미에서 方國(방국)→方圓(방원)으로 되어야 한다고 생각함.

太宗曰, 深乎, 孫子之言, 不度地之遠近, 形之廣狹, 則何以制其節乎.
태종왈, 심호, 손자지언, 부도지지원근, 형지광협, 즉하이제기절호.
태종(太宗)이 말하였다. 손자(孫子)의 말은 참으로 심오하오. 장수가 만약 전투하는 지형에 대한 원근과 광협을 제대로 파악하지 않고서 어찌 부대의 절도 있는 움직임을 통제할 수 있겠는가?

太宗曰(태종왈) 태종이 말하다. 深乎(심호) 심오하도다. 孫子之言(손자지언) 손자의 말은. 不度(부도) 측정하지 않다. 地之遠近(지지원근) 지형의 원근. 形之廣狹(형지광협) 형태가 넓은지 좁은지. 則(즉) 곧. 何(하) 어찌. 以制(이제) 제어하다. 其節(기절) 부대의 절도 있는 움직임. 乎(호) 어조사.

靖曰, 庸將安能知其節者也.
정왈, 용장안능지기절자야.
이정(李靖)이 대답하였다. 평범한 장수가 어찌 능히 부대의 절도 있는 진퇴에 대해서 알겠습니까?

---

333) 승병약이일칭수, 패병 약이수칭일(勝兵, 若以鎰稱銖, 敗兵, 若以銖稱鎰,). 손자병법 제4. 군형 편에 나오는 문구임.

靖曰(정왈) 이정이 대답하였다. 庸將(용장) 평범한 장수를 말함. 安(안) 어찌. 能知(능지) 능히 알겠는가? 其節(기절) 부대의 절도 있는 기동. 者(자) ~하는 것.

善戰者, 其勢險, 其節短, 勢如彍弩, 節如發機.

선전자, 기세험, 기절단, 세여확노, 절여발기.

전투를 잘하는 자는 그 기세가 맹렬하고 진퇴의 절도가 간명합니다. 그 기세는 마치 활시위를 힘껏 당겨 놓은 것과 같고, 그 절도는 그 시위에서 화살이 발사되는 것과 같습니다.

善戰者(선전자) 전투를 잘하는 자. 其勢(기세) 그 기세가. 險(험) 험하다. 맹렬하다. 其節(기절) 그 절도가. 短(단) 짧고 간명하다. 勢(세) 기세가. 如(여) ~와 같다. 彍(확) 시위를 당기다. 弩(노) 쇠뇌. 활. 節(절) 절도가. 發(발) 쏘다. 機(기) 기계. 쇠뇌나 활.

臣修其術, 幾立隊相去各十步, 駐隊去前隊二十步,

신수기술, 기립대상거각십보, 주대거전대이십보,

신은 그 전술과 전법을 다음과 같이 육화진(六花陣)에 적용하였습니다. 부대의 대오를 세울 때는 서로 각각 10보씩 떨어지게 하고, 예비부대인 주대(駐隊)는 앞 부대와 20보 간격으로 떨어지게 하였으며,

臣(신) 신하. 이정을 말함. 修(수) 수련하다. 닦다. 其術(기술) 그 전술을. 幾立隊(기립대) 부대의 대오를 세우다. 相去(상거) 서로 떨어지게 하다. 各十步(각십보) 각각 10보씩. 駐隊(주대) 예비부대를 말함. 去前隊(거전대) 앞의 부대와 떨어지게 하다. 二十步(이십보) 20보의 간격으로.

每隔一隊立一戰隊, 前進以五十步爲節.

매격일대립일전대, 전진이오십보위절.

부대마다 선봉 부대인 전봉대(戰鋒隊)를 하나씩 두었으며, 적을 향해 전진할 때에는 50보씩 거리를 두고 절도 있게 이동하게 하였습니다.

每(매) 매양. 隔(격) 간격을 말함. 一隊(일대) 한 개의 부대. 立(입) 세우다. 一戰隊(일전대) 하나의 전봉대. 전봉대를 줄여서 전대로 기술. 전봉대는 선봉대를 맡는 부대의 명칭. 前進(전진) 앞으로 나아가다. 以五十步(이오십보) 50보의 거리를 두고. 爲節(위절) 절도 있게 하다.

角一聲, 諸隊皆散立, 不過十步之內.

각일성, 제대개산립, 불과십보지내.

그런 다음, 첫 번째 나팔 소리가 울리면 전 부대가 흩어져 있으나 그 자리에서 섭니다. 그러나 간격은 10보 이내로 유지해야 합니다.

角(각) 뿔. 나팔을 말함. 一聲(일성) 한번 울리면. 諸隊(제대) 모든 부대. 皆(개) 모두. 散(산) 흩어지다. 立(입) 서다. 不過十步之內(불과 십보지내) 불과 10보 이내로

至第四角聲, 籠槍跪坐, 於是鼓之, 三呼三擊,

지제사각성, 농창궤좌, 어시고지, 삼호삼격,

네 번째 나팔 소리가 울리면 각각 창을 겨누고 앉아서 대기하다가, 북소리가 울리면 병사들이 일제히 세 번 크게 외치면서 창으로 세 번 적을 공격합니다.

至(지) 이르다. 第四角聲(제4각성) 4번째 나팔 소리. 籠槍(농창) 긴 창. 跪(궤) 꿇어앉다. 坐(좌) 앉아있다. 於(어) 어조사. 是(시) 옳다. 이것. 鼓之(고지) 북소리가 울리다. 三呼(삼호) 세 번 크게 외치다. 三擊(삼격) 세 번 적을 공격하다.

三十步至五十步, 以制敵之變.

삼십보지오십보, 이제적지변.

그 기세를 몰아 30보 내지 50보 되는 지점까지 나아가되 적의 변화를 살펴가면서 적을 제압합니다.

三十步至五十步(삼십보 지 오십보) 30보에서 50보. 以制(이제) 제압한다. 敵之變(적지변) 적의 변화를.

馬軍從背出, 亦五十步, 臨時節止. 前正後奇, 觀敵何如.

마군종배출, 역오십보, 임시절지. 전정후기, 관적하여.

이때, 기병대는 뒤에서 좇아가면서 따라가다가 역시 50보 되는 지점에서 임시로 멈추게 합니다. 앞에는 정병(正兵), 뒤에는 기병(奇兵)을 배치하여 적의 동정을 살피게 하는 것입니다.

馬軍(마군) 기병대. 從(종) 좇다. 背(배) 뒤. 出(출) 나아가다. 亦(역) 또한. 五十步(오십보) 50보. 臨時(임시) 임시로. 節止(절지) 멈추다. 前正(전정) 앞에는 정병을 배치하고. 後奇(후기) 뒤에는 기병을 배치하고. 觀敵(관적) 적을 관측하다. 何如(하여) 어찌하는가를.

再鼓之, 則前奇後正, 復邀敵來, 伺隙搗虛, 此六花大率皆然也.
재고지, 즉전기후정, 복요적래, 사극도허, 차육화대솔개연야.
두 번째 북소리가 울리면 전방에는 정병(正兵)에서 기병(奇兵)으로, 후방에는 기병(奇兵)에서 정병(正兵)으로 배치를 바꾸어서 적이 공격해오는 것을 맞이하면서, 적 부대의 허점과 간극을 엿보다가 역습하는 것입니다. 이것이 육화진(六花陣)의 대략적인 전법이며, 대체로 이러한 진용으로 싸우는 것입니다.

再(재) 다시. 鼓之(고지) 북소리가 울리다. 則(즉) 곧. 前奇(전기) 앞에는 기병으로. 後正(후정) 뒤에는 정병으로. 復(부) 다시. 邀(요) 맞이하다. 敵來(적래) 적이 오는 것을. 伺(사) 엿보다. 隙(극) 간극. 틈. 搗(도) 찧다. 虛(허) 허하다. 텅 비다. 此(차) 이것이. 六花(육화) 육화진. 大率(대솔) 대강. 皆然(개연) 모두 그러하다.

太宗曰, 曹公新書雲, 作陳對敵, 必先立表, 引兵就表而陳,
태종왈, 조공신서운, 작진대적, 필선입표, 인병취표이진,
태종(太宗)이 물었다. 조조(曹操)가 지은 병법서 조공신서(曹公新書)에서는 '진영을 펴고 적과 대치할 때는 반드시 먼저 표목을 세운 다음 부대를 이끌고 가서 각 표식에 따라 부대를 배치한다.

太宗曰(태종왈) 태종이 말하다. 曹公新書(조공신서) 조조가 지은 병법서. 雲(운) 운운하다. 말하다. 作陳(작진) 진을 만들고. 對敵(대적) 적과 대치하다. 必(필) 반드시. 先(선) 먼저. 立表(입표) 표식을 세우다. 引兵(인병) 부대를 이끌고. 就表(취표) 표식에 따라. 陳(진) 진을 펼친다.

一部受敵, 余部不進救者斬, 此何術乎.
일부수적, 여부부진구자참, 차하술호.
만약 한 부대가 적의 공격을 받았는데도 불구하고 다른 부대가 구하러 나아가지 않으면 참형에 처한다.'고 하였소. 이것은 어떤 전술이오?

一部(일부) 1개의 부대가. 受敵(수적) 적의 공격을 받다. 余部(여부) 나머지 부대. 不進(부진) 나아가지 않다. 救(구) 구하러. 者(자) ~하는 자. 斬(참) 참형에 처한다. 此(차) 이것은. 何術(하술) 어떤 전술. 乎(호) 어조사.

靖曰, 臨敵立表, 非也, 此但教戰時法耳.

정왈, 임적입표, 비야, 차단교전시법이.
이정(李靖)이 대답하였다. 적을 앞에 놓고서 표목을 세우는 것은 잘못된 일입니다. 표식을 세우는 것은 단지 군사들을 교육 훈련할 때만 사용하는 방법입니다.

靖曰(정왈) 이정이 대답하였다. 臨敵(임적) 적을 앞에 놓고서. 立表(입표) 표식을 세우는 것. 非也(비야) 잘못하는 것이다. 此(차) 이것. 但(단) 다만. 敎(교) 가르치다. 戰(전) 전법. 전술. 時(시) ~할 때. 法(법) 방법이다. 耳(이) 어조사.

古人善用兵者, 敎正不敎奇, 驅衆若驅群羊, 與之進, 與之退, 不知所之也.
고인선용병자, 교정불교기, 구중약구군양, 여지진, 여지퇴, 부지소지야.
옛날 용병술에 능한 자는 군사들에게 정병(正兵)의 전술만을 가르치고, 기병(奇兵)의 전술은 가르치지 않았으며, 군사들을 마치 양 떼를 몰듯이 함께 전진하고 함께 후퇴하면서, 병사들이 어디로 가는지를 알지 못하게 하였습니다.

古人(고인) 옛사람. 善用兵者(선용병자) 용병을 잘하는 자. 敎正(교정) 정병의 전술을 가르치다. 不敎奇(불교기) 기병의 전술은 가르치지 않았다. 驅衆(구중) 부대를 이끌다. 若(약) 마치. 驅群羊(구군양) 양떼를 몰다. 與之進, 與之退(여지진, 여지퇴) 전진하고 후퇴하다. 不知(부지) 알지 못하게 하다. 所之(소지) 가는바.

曹公驕而好勝, 當時諸將, 奉新書者, 莫敢攻其短, 且臨敵立表, 無乃晩乎.
조공교이호승, 당시제장, 봉신서자, 막감공기단, 차임적립표, 무내만호.
조조(曹操)는 교만하고 남을 이기기를 좋아해서, 당시의 모든 장수 중에서 조공신서(曹公新書)를 신봉하는 자들까지도 조공신서(曹公新書)의 단점에 대해서 감히 비판하는 이가 없었습니다. 또, 적과 대치한 상태에서 표목을 세워 진을 친다는 것은 너무 늦은 것이 아니겠습니까?

曹公(조공) 조조. 驕(교) 교만하다. 好勝(호승) 이기기를 좋아하다. 當時(당시) 그 당시. 諸將(제장) 모든 장수. 奉(봉) 받들다. 新書(신서) 조공이 지은 병법서인 조공신서. 者(자) ~하는 자. 莫(막) 없다. 敢(감) 감히. 攻(공) 공격하다. 其短(기단) 그 단점을. 且(차) 또한. 臨敵(임적) 적을 앞에 놓고서. 立表(입표) 표식을 세우는 것. 無(무) 없다. 乃(내) 이에. 晩(만) 늦다. 乎(호) 어조사.

臣竊觀陛下所製破陳樂舞, 前出四表, 後綴八旛,

신절관폐하소제파진악무, 전출사표, 후철팔번,
신이 폐하께서 직접 지으신 적의 진영을 격파한다는 의미의 파진악(破陣樂)334)에 맞춘 군무를 몰래 살펴보니, 전면에는 네 개의 표목을 세우고, 후면에는 여덟 개의 깃대가 묶여 있었습니다.

臣(신) 이정 자신을 말함. 竊(절) 몰래. 훔치다. 觀(관) 보다. 陛下(폐하) 태종을 말함. 所製(소제) 지으신 바. 破陳樂(파진악) 당나라 궁정의 춤곡. 전투 시 사용하던 군악이었음. 舞(무) 춤. 前(전) 앞. 出(출) 나다. 四表(사표) 네 개의 표목. 後(후) 뒤. 綴(철) 꿰매다. 묶어놓다. 八旛(8번) 8개의 깃대.

左右折旋, 趨步金鼓, 各有其節, 此卽八陳圖四頭八尾之制也.
좌우절선, 추보금고, 각유기절, 차즉팔진도사두팔미지제야.
춤을 추는 사람들이 좌우로 방향을 꺾거나 돌면서, 징과 북에 맞춰서 달리거나 걷는 등의 동작을 하는 데에도 각기 모두 절도가 있어 보였습니다. 이는 곧 팔진도(八陣圖)에서 부대를 우물 정(井)자 모양으로 총 9개 부대를 배치해 놓고 있다가 적이 4개 방향 중 어느 방향으로라도 공격을 해오면 대응하는 1개 부대를 제외한 나머지 8개 부대가 일제히 꼬리가 되어 적에게 달려드는 사두팔미(四頭八尾)의 군제를 따른 것과 같았습니다.

左右(좌우) 무녀들이 좌우로 움직이다. 折(절) 꺽다. 旋(선) 돌다. 趨(추) 달리다. 步(보) 걷다. 金(금) 징. 鼓(고) 북. 各(각) 각각. 有其節(유기절) 절도가 있다. 此卽(차즉) 이는 곧. 八陳圖(팔진도) 팔진도의. 四頭八尾(사두팔미) 머리가 4개, 꼬리가 8개. 우물 정(井)자 모양으로 총 9개 부대를 배치해 놓고 있다가, 적이 공격을 해올 때 사방의 어느 곳이든지 머리가 되고 나머지 여덟 군데는 꼬리가 되어 일제히 달려든다 하여 이름 붙여진 군제. 制(제) 제도. 군제.

人間但見樂舞之盛, 豈有知軍容如斯焉.
인간단견악무지성, 기유지군용여사언.
보통 사람들은 단지 악무가 멋지다는 것만 볼 뿐이지, 그 안에 군의 기율이나 사기 같은 군용(軍容)이 깃들어 있음을 어찌 알겠습니까?

---

334) 파진악(破陣樂). 당태종(太宗)이 진왕이 되었을 때 당시의 군벌이었던 유무주(劉武周)의 군사를 파한 것을 내용으로 지은 곡. 뒤에 '칠덕가(七德歌)'라고 하였다.

人間(인간) 사람들은. 但(단) 단지. 다만. 見(견) 보다. 樂舞之盛(악무지성) 악무의 훌륭한 점. 豈(기) 어찌. 有(유) 있다. 知(지) 알다. 軍容(군용) 군의 상태. 如斯(여사) 이와 같이. 焉(언) 어조사.

太宗曰, 昔漢高帝定天下, 歌云, 安得猛士兮, 守四方.
태종왈, 석한고제정천하, 가운, 안득맹사혜, 수사방.
태종(太宗)이 말하였다. 한(漢)나라의 고조(高祖)가 천하를 평정한 뒤에 노래하기를 '어찌하면 용맹한 사람을 얻어 사방을 지킬 것인가?' 하였다 하오.

太宗曰(태종왈) 태종이 말하다. 昔(석) 옛날에. 漢高帝(한 고제) 한나라 고조 임금. 定天下(정천하) 천하를 평정하다. 歌云(가운) 노래하기를. 安(안) 어찌. 得(득) 얻다. 猛士(맹사) 용맹한 무사. 兮(혜) 어조사. 守(수) 지키다. 四方(사방) 사방.

蓋兵法可以意授, 不可以言傳.
개병법가이의수, 불가이언전.
대개 병법이란 것이 마음으로 서로 통해서 전할 수는 있어도, 말로 전할 수는 없는 법이오.

蓋(개) 대개. 兵法(병법) 병법. 可(가) 가능하다. 以意(이의) 마음으로. 授(수) 주다. 不可(불가) 불가능하다. 以言(이언) 말로써. 傳(전) 전하다.

朕爲破陳樂舞, 唯卿已曉其表矣, 後世其知我不苟作也.
짐위파진악무, 유경이효기표의, 후세기지아불구작야.
짐이 파진(破陣)의 악무를 만들었는데, 오직 경만이 그 참뜻을 깨달았을 뿐이오. 후세 사람들도 내가 이것을 공연히 만든 것이 아님을 알 수 있을 것 같소.

朕(짐) 태종 자신을 말함. 爲(위) ~하다. 만들다. 破陳樂舞(파진악무) 파진의 악무. 唯(유) 오직. 卿(경) 이정을 말함. 已(이) 이미. 曉(효) 깨닫다. 其表(기표) 뜻하는 바. 矣(의) 어조사. 後世(후세) 후세 사람들이. 其(기) 그. 知(지) 알다. 我(아) 내가. 不(불) 아니다. 苟(구) 구차하다. 공연하게. 作(작) 만들다.

太宗曰, 方色五旗爲正乎, 旛麾折衝爲奇乎.
태종왈, 방색오기위정호, 번휘절충위기호.
태종(太宗)이 물었다. 동서남북과 중앙에 청적백흑황(靑赤白黑黃)의 오색 깃발을 세우는 것은 정병(正兵)에 해당하오? 또 깃발을 이리저리 변화시켜 적의 침공을 격퇴하는 것은 기병(奇兵)에 해당하는 것이오?

太宗曰(태종왈) 태종이 말하다. 方色五旗(방색오기) 오방색으로 만들어진 깃발 5개. 爲正(위정) 정병을 위한 것인가? 乎(호) 어조사. 旛(번) 깃발. 麾(휘) 대장기. 折(절) 꺾다. 衝(충) 찌르다. 折衝(절충) 적의 깃발을 꺾어서 막다. 爲奇(위기) 기병을 위한 것인가?

分合爲變, 其隊數曷爲得宜.

분합위변, 기대수갈위득의.

부대를 여러 개로 분산시키기도 하고 합치기도 해서 기병(奇兵)을 정병(正兵)으로 바꾸거나 정병(正兵)을 기병(奇兵)으로 바꾸는 등 전술의 변화를 주려고 할 때, 부대의 수를 얼마로 하여야 합당하오?

分合(분합) 나누고 합치다. 爲變(위변) 변화를 주다. 其隊數(기대수) 그 부대의 숫자. 曷(갈) 어찌. 爲(위) ~하다. 得(득) 얻다. 宜(의) 마땅하다.

靖曰, 臣參用古法,

정왈, 신참용고법,

이정(李靖)이 대답하였다. 신은 옛날 방법을 참작하여 사용합니다.

靖曰(정왈) 이정이 대답하였다. 臣(신) 신하. 이정 자신을 말함. 參(참) 참고하다. 用(용) 쓰다. 古法(고법) 옛날 방법.

凡三隊合, 則旗相倚而不交, 五隊合, 則兩旗交, 十隊合, 則五旗交.

범삼대합, 즉기상의이불교, 오대합, 즉양기교, 십대합, 즉오기교.

3개의 부대를 합칠 때는 두 깃발을 서로 기대기만 하고 교차하지는 않으며, 5개의 부대를 합칠 때는 두 깃발을 서로 교차하고, 10개의 부대를 합칠 때는 깃발 5개를 교차하여 신호합니다.

凡(범) 무릇. 三隊合(삼대합) 3개의 부대가 합치면. 則(즉) 곧. 旗(기) 깃발. 相倚(상의) 서로 의지하다. 不交(불교) 교차하지 않는다. 五隊合(오대합) 5개 부대가 합치면. 兩旗(양기) 깃발 2개를. 交(교) 교차하다. 十隊合(십대합) 10개 부대가 합치면. 則(즉) 곧. 五旗(오기) 5개의 깃발. 交(교) 교차합니다.

吹角開五交之旗, 則一復散而爲十, 開二交之旗, 則一復散而爲五,
취각개오교지기, 즉일부산이위십, 개이교지기, 즉일부산이위오,
나팔을 불고 교차했던 5개의 깃발을 떼어 놓으면 합쳐졌던 부대들이 다시 흩어져 원래대로 10개의 부대가 되고, 교차했던 2개의 깃발을 떼어 놓으면 합쳐졌던 부대들이 다시 흩어져 원래대로 5개의 부대가 되며,

吹角(취각) 나팔을 불다. 開(개) 열다. 五交之旗(5교지기) 5개의 교차한 깃발. 則(즉) 곧. 一(일) 하나로 된 부대가. 復(부) 다시. 散(산) 흩어진다. 爲十(위십) 10개의 부대로. 開(개) 열다. 二交之旗(이교지기) 2개의 교차된 깃발. 爲五(위오) 5개의 부대로.

開相倚不交之旗, 則一復散而爲三.
개상의불교지기, 즉일부산이위삼.
서로 기대기만 하고 교차하지는 않았던 2개의 깃발을 떼어 놓으면 합쳐졌던 부대들은 다시 흩어져 원래대로 3개의 부대가 됩니다.

開(개) 열다. 相倚(상의) 서로 의지하다. 不交(불교) 교차시키지 않는다. 旗(기) 깃발. 則(즉) 곧. 一(일) 하나로 된 부대가. 復(부) 다시. 散(산) 흩어진다. 爲三(위삼) 3개의 부대로.

兵散則以合爲奇, 合則以散爲奇, 三令五申, 三散三合, 復歸於正,
병산즉이합위기, 합즉이산위기, 삼령오신, 삼산삼합, 부귀어정,
부대가 분산되어 있을 때는 합치는 것을 기병(奇兵)이라 하고, 합쳐져 있을 때는 분산시키는 것을 기병(奇兵)이라 합니다. 분산시키고 합치는 법을 3번 명령하고 5번 말하는 삼령오신(三令五申)[335]의 방법으로, 3번은 흩어지고 3번은 합치는 방법으로 훈련한 후 다시 원래의 정병으로 돌아갑니다.

兵(병) 부대. 散(산) 흩어져 있다. 則(즉) 곧. 以合(이합) 합치다. 爲奇(위기) 기병이라고 한다. 合(합) 합쳐져 있다. 則(즉) 곧. 以散(이산) 흩어지다. 爲奇(위기) 기병이라고 한다. 三令(삼령) 3번 명령을 내리다. 五申(오신) 5번 말하다. 三散(삼산) 3번 흩어지고. 三合(삼합) 3번 합치다. 復(부) 다시. 歸(귀) 돌아오다. 於正(어정) 정병.

---

335) 삼령오신(三令五申). 세 번 명령하고 다섯 번 되풀이한다는 뜻으로 완벽을 기하기 위해 몇 번이고 고치거나 바꾼다는 의미임.

四頭八尾, 乃可敎焉. 此隊法所宜也.

사두팔미, 내가교언. 차대법소의야.

이렇게 하면, 적이 공격을 해올 때 사방의 어느 곳이든지 머리가 되고 나머지 여덟 군데는 모두 꼬리가 되어 일제히 달려든다 하여 이름 붙여진 사두팔미(四頭八尾)의 진법을 가르칠 수 있을 것입니다. 이것이 부대를 훈련하는 방법 중에서 가장 알맞은 방법입니다.

四頭八尾(사두팔미) 머리가 4개, 꼬리가 8개. 부대를 우물 정(井)자 모양으로 총 9개 부대를 배치해 놓고 있다가, 적이 공격을 해올 때 사방의 어느 곳이든지 머리가 되고 나머지 여덟 군데는 모두 꼬리가 되어 일제히 달려든다 하여 이름 붙여진 군제. 乃(내) 이에. 可(가) 가능하다. 敎(교) 가르치다. 焉(언) 어조사. 此(차) 이렇게. 隊法(대법) 부대를 훈련하는 방법. 所宜(소의) 마땅한 바.

太宗稱善.

태종칭선.

태종(太宗)이 좋은 방법이라고 칭찬하였다.

太宗(태종) 당태종. 稱(칭) 칭하다. 善(선) 잘하다. 태종이 잘했다고 칭찬하였다.

太宗曰, 曹公 有戰騎 · 陷騎 · 遊騎,今馬軍, 何等比乎.

태종왈, 조공 유전기 · 함기 · 유기,금마군, 하등비호.

태종(太宗)이 물었다. 조조(曹操)가 지은 조공신서(曹公新書)에는 전기(戰騎) · 함기(陷騎) · 유기(遊騎)의 3가지 기병이 있는데, 오늘날의 기병(騎兵)은 이 중에서 어느 것에 해당하오?

太宗曰(태종왈) 태종이 말하다. 曹公(조공) 조조가 지은 조공신서를 말함. 有(유) 있다. 戰騎, 陷騎, 遊騎(전기, 함기, 유기) 전기, 함기, 유기의 3가지 기병이 있다. 今(금) 지금. 馬軍(마군) 기병. 何(하) 어찌. 어느. 等(등) 등급. 比(비) 견주다. 乎(호) 어조사.

靖曰, 臣案新書雲, 戰騎居前, 陷騎居中, 陷騎居後,

정왈, 신안신서운, 전기거전, 함기거중, 유기거후,

이정(李靖)이 말하였다. 신이 조공신서(曹公新書)에서 말한 것을 살펴보니, '전기(戰騎)는 앞에 두고, 함기(陷騎)는 중앙에 두며, 유기(陷騎)는 뒤에 둔다'고 하였습니다.

靖曰(정왈) 이정이 대답하였다. 臣(신) 이정 자신을 말함. 案(안) 생각. 新書(신서) 조공신서를 말함. 雲(운) 운운하다. 말하다. 戰騎(전기) 전기라는 기병은. 居(거) 거하다. 위치하다. 前(전) 앞에. 陷騎(함기) 함기라는 기병은. 中(중) 중앙에. 遊騎(유기) 유기라는 기병은. 後(후) 뒤에.

如此則是各立名號, 分爲三類爾.
여차즉시각립명호, 분위삼류이.
이것으로 보면, 같은 기병(騎兵)을 3종류로 나누어 이름만 다르게 붙였을 뿐이라 생각합니다.

如(여) 같다. 此(차) 이것. 則(즉) 곧. 是(시) 옳다. 다만. 各(각) 각 각. 立(입) 세우다. 名(명) 이름. 號(호) 부르다. 分(분) 나누다. 爲三類(위삼류) 세 가지 종류. 爾(이) 어조사.

大抵騎隊八馬, 當車徒二十四人, 二十四騎, 當車徒七十二人, 此古制也.
대저기대팔마, 당차도이십사인, 이십사기, 당차도칠십이인, 차고제야.
대체로 보아서 기병대의 8기(騎)는 전차에 배속된 보병 24명에 해당하며, 기병대 24기(騎)는 전차에 배속된 보병 72명에 해당합니다. 이는 옛날의 군제입니다.

大抵(대저) 대체로 보아. 騎隊(기대) 기병대. 八馬(팔마) 8기. 當(당) 해당하다. 車(차) 전차부대. 徒(도) 보병부대. 二十四人(이십사인) 24명. 二十四騎(이십사기) 기병 24기. 當(당) 해당하다. 車(차) 전차부대. 徒(도) 보병부대. 七十二人(칠십이인) 72명. 此(차) 이것은. 古制(고제) 옛날 군제다. 也(야) 어조사.

車徒常教以正, 騎隊常教以奇,
차도상교이정, 기대상교이기,
전차부대에 배속되는 보병은 마땅히 정병(正兵)의 전술을 가르쳐야 하고, 기병대(騎兵)는 마땅히 기병(奇兵)의 전술을 가르쳐야 합니다.

車徒(차도) 전차부대에 배속되는 보병. 常(상) 항상. 마땅히. 教(교) 가르치다. 以正(이정) 정병의 전술을 말함. 騎隊(기대) 기병대. 常(상) 항상. 마땅히. 教(교) 가르치다. 以奇(이기) 기병의 전술을 말함.

據曹公, 前後及中, 分爲三覆, 不言兩廂, 擧一端言也.
거조공, 전후급중, 분위삼복, 불언양상, 거일단언야.
조조(曹操)가 지은 조공신서(曹公新書)에 의하면, 부대의 진영을 운용할 때 선두와 후미 및 중앙으로 삼분한 뒤에 이들이 서로 자유자재로 위치를 바꾸도록 하는 것을 삼복(三覆)이라고 하였는데, 여기서 좌우의 양상(兩廂)을 언급하지 않은 것은 단지 용병술 가운데 한 가지의 예를 든 것에 불과하기 때문입니다.

據(거) 의거하다. 曹公(조공) 조조의 조공신서를 말함. 前後(전후) 선두와 후미. 及(급) 미치다. 中(중) 가운데. 分(분) 나누다. 爲(위) ~하다. 三(삼) 셋. 覆(복) 뒤집히다. 不言(불언) 말하지 않는다. 兩廂(양상) 좌우에 위치한 것. 擧(거) 들다. 一端(일단) 한 가지 예. 言(언) 말하다.

後人不曉三覆之義, 則戰騎必前於陷騎遊騎, 如何使用.
후인불효삼복지의, 즉전기필전어함기유기, 여하사용.
그런데, 후세 사람들은 삼복(三覆)의 깊은 뜻을 깨닫지 못하고, 전기(戰騎)라는 기병대는 반드시 함기(陷騎)라는 기병대와 유기(遊騎)라는 기병대의 앞에 둔다면 이렇게 해서야 어떻게 기병을 올바르게 사용할 수 있겠습니까?

後人(후인) 후세 사람들. 不曉(불효) 깨닫지 못하다. 三覆之義(삼복지의) 삼복의 뜻. 則(즉) 곧. 戰騎(전기) 전기라는 기병대. 必前(필전) 반드시 앞에 위치하다. 於陷騎遊騎(어 함기, 유기) 함기 및 유기라는 기병대의. 如(여) ~같이. 何(하) 어찌. 使(사) ~하게 하다. 用(용) 운용하다.

臣孰用此法, 回軍轉陳, 則遊騎當前, 戰騎當後, 陷騎臨變而分, 皆曹公之術也.
신숙용차법, 회군전진, 즉유기당전, 전기당후, 함기임변이분, 개조공지술야.
신은 이 전법을 자주 사용하는데, 부대를 회전시켜 진용을 전환하면 후미에 있었던 유기(遊騎)라는 기병대는 선두가 되고, 선두에 있던 전기(戰騎)라는 기병대는 후미가 되고, 중앙에 있던 함기(陷騎)라는 기병대는 전술 상황의 변화에 따라 나누어서 운용할 수 있습니다. 이는 모두 조조(曺操)의 전술을 응용한 것입니다.

臣(신) 이정 자신을 말함. 孰用(숙용) 자주 사용하다. 此法(차법) 이 전법을. 回軍(회군) 부대를 회전시키다. 轉陳(전진) 진을 바꾸다. 則(즉) 곧. 遊騎(유기) 유기라는 기병대. 當前(당전) 앞이 되다. 戰騎(전기) 전기라는 기병대는. 當後(당후) 후미가 되다. 陷騎(함기) 함기라는 기병대. 臨(임) 임하다. 變(변) 변하다. 分(분) 나누다. 皆(개) 다. 모두. 曹公之術(조공지술) 조조의 전술이다.

太公曰, 多少人爲曹公所惑.
태공왈, 다소인위조공소혹.
태종(太宗)이 웃으면서 말하였다. 조조(曺操)의 삼복전술(三覆戰術)에 미혹된 자가 그 얼마나 많았단 말인가!

太宗曰(태종왈) 태종이 말하다. 多少人(다소인) 많고 적은 사람들. 爲(위) ~하다. 曹公(조공) 조조를 말함. 所惑(소혹) 미혹되는 바.

太宗曰, 車步騎三者一法也, 其用在人乎.
태종왈, 차보기삼자일법야, 기용재인호.

태종(太宗)이 물었다. 전차, 보병, 기병대 이 3가지 부대들은 각각 특색이 다르지만 운용하는 방법은 모두 마찬가지 아니겠소. 결국 그 운용은 운용하는 사람에게 달려있지 않은가?

太宗曰(태종왈) 태종이 말하다. 車步騎(차보기) 전차, 보병, 기병대. 三者(삼자) 이 세 가지는. 一法(일법) 한 가지 방법. 其用(기용) 그 운용은. 在人(재인) 사람에 달려 있다. 乎(호) 어조사.

靖曰, 臣案春秋魚麗陳, 先偏後伍, 此則車步無騎,
정왈, 신안춘추어리진, 선편후오, 차즉차보무기,

이정(李靖)이 대답하였다. 신이 춘추좌전(春秋左傳)에 나오는 정나라 장공이 창안한 전차부대와 보병을 혼합하여 운용하는 진의 편성인 어리진(魚麗陣)[336]을 살펴보았습니다. 선두에는 전차 25대로 구성된 편(偏)이라는 부대를 배치하고, 후미에는 5명 단위 구성된 보병부대인 오(伍)를 배치하였는데, 이를 보면 전차부대와 보병부대만 운용하고 기병(騎兵)은 운용하지 않은 것입니다.

靖曰(정왈) 이정이 대답하였다. 臣案(신안) 신이 생각건대. 春秋(춘추) 춘추좌전을 말함. 魚麗陳(어리진) 진법의 한 종류. 좌·우·중 총 3군으로 편성되고 군별로 5편, 1편은 전차 5대, 1대에는 전차 5승으로 편제되었고, 5편을 5개 방향으로 진열하여 방진을 이루고 전차가 선두에 서면서 공간을 보병이 메우는 방법으로 진을 편성. 先偏(선편) 선두에 전차 25대로 편성된 편이라는 제대가 서고. 後伍(후오) 그 뒤에는 보병부대인 오를 편성. 此則(차즉) 이는 곧. 車步(차보) 전차부대와 보병부대는 있고. 無騎(무기) 기병대는 없다.

謂之左右拒, 言拒禦而已, 非取出奇勝也.
위지좌우거, 언거어이이, 비취출기승야.

336) 魚麗陳(어리진). 여기서 麗는 '려'로 읽지 않고 '리'로 읽는다. 진법의 한 종류. 춘추시대 정나라 장공이 창안한, 전차부대와 보병을 혼합하여 만든 진형 모양이 그물 같다고 해서 붙여진 이름임.

이 진법을 좌거(左拒)·우거(右拒)라 하는데, 그 이유는 단지 적의 공격을 방어할 뿐이요, 기병(騎兵)전술을 써서 승리하려고 하지는 않았기 때문입니다.

謂(위) 이르다. 말하다. 左右拒(좌우거) 좌거, 우거를 말함. 言拒(언거) 거라고 말하는 것. 禦而已(어이이) 방어만 하기 때문이다. 非(비) 아니다. 取(취) 취하다. 出(출) 나가다. 奇(기) 기병. 勝(승) 이기다.

晉荀吳伐狄, 舍車爲行, 此則騎多爲便, 唯務奇勝, 非拒禦而已.

진순오벌적, 사차위행, 차즉기다위편, 유무기승, 비거어이이.

진(晉)나라 장군 순오(荀吳)는 오랑캐를 정벌할 때, 전차를 사용하지 않고 출전을 하였습니다. 이는 곧 기병(騎兵)대가 많아서 그대로 싸우는 것이 편리했기 때문이며, 오직 기병(奇兵)의 전법으로 계략을 써서 승리를 거두려고만 애를 썼지, 방어만 할 뜻이 없었기 때문입니다.

晉(진) 진나라. 荀吳(순오) 장수의 이름. 伐(벌) 토벌하다. 狄(적) 오랑캐. 舍車(사차) 전차부대를 사용하지 않고. 爲行(위행) 행군을 하다. 此則(차즉) 이는 곧. 騎多(기다) 기병이 많다. 爲便(위편) 편했다. 唯(유) 오직. 務(무) 힘쓰다. 奇勝(기승) 기계를 써서 승리하다. 非(비) 아니다. 拒禦(거어) 막고 방어하다. 已(이) 이미.

臣均其術, 一馬當三人, 車步稱之, 混爲一法, 用之在人,

신균기술, 일마당삼인, 차보칭지, 혼위일법, 용지재인,

신은 위의 두 가지 방법을 절충하여, 기병(騎兵) 한 명을 보병(步兵) 3명에 해당시키는 비율로 하고, 전차대와 보병의 숫자 역시 이에 적당히 맞추어 부대를 혼합 편성하였습니다. 이것을 상황과 장소에 따라 적절히 운용하는 것은 장수의 재량에 달려 있습니다.

臣(신) 신하. 이정 자신을 말함. 均(균) 고르다. 절충하다. 其術(기술) 그 전술들을. 一馬當三人(일마당삼인) 기병 1에 보병 3명을 편성하다. 車步(차보) 전차부대와 보병부대. 稱(칭) 무게를 달다. 混(혼) 섞다. 爲一(위일) 하나의 부대로 만들다. 法(법) 방법. 用之(용지) 그것을 사용하고, 운용하는 것. 在人(재인) 사람에게 달려 있다.

敵安知吾車果何出, 騎果何來, 徒果何從哉.

적안지오차과하출, 기과하래, 도과하종재.

이 전법을 잘 운용한다면, 적이 아군의 전차부대가 어디로 출격할 것인지, 아군의 기병(騎

兵)대가 어디로 갈 것인지, 아군의 보병(步兵)부대가 어디로 추격할 것인가를 어떻게 알 수 있겠습니까?

敵(적) 적군. 安(안) 어찌. 知(지) 알다. 吾車(오차) 나의 전차부대. 果(과) 결과를 낳다. 何出(하출) 어떻게 나가다. 騎(기) 기병대. 果(과) 결과를 낳다. 何來(하래) 어떻게 오다. 徒(도) 보병부대. 果(과) 결과를 낳다. 何從(하종) 어떻게 따라올지. 哉(재) 어조사.

或潛九地, 或動九天, 其知如神, 唯陛下有焉, 臣何足以知之.
혹잠구지, 혹동구천, 기지여신, 유폐하유언, 신하족이지지.

혹은 구지(九地)와 같이 땅속 깊이 숨어 그 동태를 파악할 수 없게 하고, 혹은 구천(九天)의 하늘 위에서 움직이는 것 같이 행동합니다. 이는 지혜가 신의 경지에 이르신 폐하만이 아실 수 있는 것입니다. 신이 어찌 이를 자세히 알 수 있겠습니까?

或(혹) 혹은. 潛(잠) 숨다. 九地(구지) 땅속 깊이. 動(동) 움직이다. 九天(구천) 하늘 위. 其(기) 그. 知(지) 알다. 如神(여신) 신과 같이. 唯(유) 오로지. 陛下(폐하) 태종을 말함. 有(유) 있다. 焉(언) 어조사. 臣(신) 이정 자신을 말함. 何(하) 어찌. 足(족) 족하다. 以(이) ~로써. 知之(지지) 그것을 알다.

太宗曰, 太公書云, 地方六百步, 或六十步, 表十二辰, 其術如何.
태종왈, 태공서운, 지방육백보, 혹육십보, 표십이진, 기술여하.

태종(太宗)이 물었다. 태공(太公)의 병법에 보면, 진영을 칠 때 대진(大陣)은 사방 600보, 소진(小陣)은 사방 60보를 필요로 하고, 진지 둘레에 12개 방향을 가리키는 십이신(十二辰)을 표시한다 하였는데, 그 방법은 어떤 것이오?

太宗曰(태종왈) 태종이 말하다. 太公書(태공서) 태공이 지은 병법서. 云(운) 운운하다. 地(지) 땅에. 方(방) 모. 모서리. 六百步(육백보) 600보. 或六十步(혹육십보) 혹은 60보가 필요하다. 表(표) 표시하다. 十二辰(십이신) 12가지 방향. 其術(기술) 그 방법. 如何(여하) 어찌 되는가?

靖曰, 畫地方一千二百步, 開方之形也.
정왈, 화지방일천이백보, 개방지형야.

이정(李靖)이 대답하였다. 진지를 구획할 때는 사방 둘레를 1,200보로 하여 개방지형(開方

之形)337)으로 만든다.

靖曰(정왈) 이정이 말하다. 畫地(화지) 땅에 그림을 그리는 것은 구획을 나누는 것. 方(방) 사방. 一千二百步(일천이백보) 1,200보. 開(개) 열다. 方(방) 각지다. 形(형) 형태.

每部占地二十步之方, 橫以五步立一人, 縱以四步立一人.
매부점지이십보지방, 횡이오보립일인, 종이사보립일인.
동.서.남.북.중앙의 부마다 병사 1인당 사방 20보의 구역을 담당하게 합니다. 즉, 횡렬의 개인 간격은 5보, 종렬의 개인 거리는 4보로 합니다.

每部(매부) 각 부대마다. 占地(점지) 땅에 점을 찍는다. 二十步之方(이십보지방) 사방 20보씩. 橫(횡) 횡으로. 以五步(이오보) 5보씩 떨어져서. 立(입) 서다. 一人(일인) 1명당. 縱(종) 종으로. 以四步(이사보) 4보씩 떨어져서. 立(입) 서다. 一人(일인) 1명당.

凡二千五百人, 分五方, 空地四處, 所謂陳間容陳者也.
범이천오백인, 분오방, 공지사처, 소위진간용진자야.
무릇 2,500명의 병사를 우물 정(井)자로 구획된 진에서 동서남북과 중앙의 5개 방향으로 나누어서 배치하고, 네 군데는 비워둡니다. 이것은 진과 진 사이에 같은 규모의 진을 수용할 만한 여유를 남겨 둔다는 것입니다.

凡(범) 무릇. 二千五百人(이천오백인) 2,500명을. 分(분) 나누다. 五方(오방) 5개 방향으로. 空地(공지) 비워두는 땅. 四處(사처) 네 군데. 所謂(소위) 이른바. 陳間(진간) 진과 진 사이. 容陳(용진) 다른 진을 수용할 수 있도록 한다는 의미임. 者(자) ~하는 것.

武王伐紂, 虎賁各掌三千人, 每陳六千人, 共三萬之衆, 此太公畫地之法也.
무왕벌주, 호분각장삼천인, 매진육천인, 공삼만지중, 차태공화지지법야.
주(周)나라 무왕(武王)이 은(殷)나라의 주왕(紂王)을 정벌할 때, 용맹한 병사 3천 명, 날랜 병사 3천 명을 자신의 지휘하에 두고, 진지마다 6천 명의 병력을 배치하여, 병력이 도합 3만 명이었습니다. 이때 무왕(武王)이 적용한 진지편성 방법이 바로 태공(太公)이 창안한 우물

337) 개방지형(開方之形). 개방(開方)은 개방(開放)과 같이 문을 연다는 의미가 아니라 원래 제곱근을 구하거나 할 때 쓰는 용어인데, 여기에서 의미를 보면 사방을 1,200보로 하는 방법으로 면적을 셈하니 그 셈한 장소를 개방지형이라 이름한 것으로 보임.

정자(井) 모양으로 구획하여 포진하는 방법이었습니다.

武王(무왕) 주나라 무왕. 伐(벌) 토벌하다. 紂(주) 은나라 주왕. 虎(호) 범. 용맹하다. 賁(분) 크다. 날래다. 各(각) 각각. 掌(장) 손바닥. 장악하다. 三千人(삼천인) 3,000명. 每陳(매진) 진지마다. 六千人(육천인) 6,000명. 共(공) 합이. 모두 합하여. 三萬之衆(삼만지중) 3만의 병사. 此(차) 이것. 太公(태공) 강태공의. 畫地之法(화지지법) 진지를 편성하는 방법.

太宗曰, 卿六花陳, 畫地幾何.
태종왈, 경육화진, 화지기하.
태종(太宗)이 물었다. 경이 만든 육화진(六花陣)이라는 진법은 진지 내 구역을 어떻게 나누는가?

太宗曰(태종왈) 태종이 말하다. 卿(경) 태종이 이정을 부르는 말. 六花陳(육화진) 이정이 만든 진법, 육화진. 畫地(화지) 지역을 나누는 방법. 幾何(기하) 어떻게.

靖曰, 大閱地方千二百步者,
정왈, 대열지방천이백보자,
이정(李靖)이 대답하였다. 대규모 열병식을 할 경우에는 사방 1,200보 면적의 땅이 필요합니다.

靖曰(정왈) 이정이 대답하였다. 大閱(대열) 대규모 열병식. 地(지) 땅. 方(방) 모. 사방을 의미. 千二百步者(천이백보자) 1,200보.

其義六陳各占地四百步, 分爲東西兩廂, 空地一千二百步, 爲教戰之所.
기의육진각점지사백보, 분위동서양상, 공지일천이백보, 위교전지소.
6개의 진(陳)이 각각 400보의 땅을 차지하며, 동서의 양쪽 2개 부대로 나누어 그 사이에 1,200보의 공간을 만들어서 전투 훈련장으로 사용합니다.

其義(기의) 그 뜻. 六陳(육진) 6개의 진. 各占地(각점지) 각각 땅을 점유한다. 四百步(사백보) 400보씩. 分(분) 나누다. 爲(위) ~하다. 東西(동서) 동과 서. 兩廂(양상) 양쪽 부대를 의미함. 空地(공지) 빈땅. 一千二百步(일천이백보) 1,200보. 爲(위) ~하다. 教戰之所(교전지소) 전투 훈련장.

臣嘗教士三萬, 每陳五千人, 以其一爲營法,

신상교사삼만, 매진오천인, 이기일위영법,
신이 일찍이 3만 명의 군사를 훈련할 때의 방법입니다. 6개의 진(陳)을 만들어, 진(陳)마다 5천 명의 병력을 배치하되, 그중에서 1개 진(陳)을 직속 부대인 영(營)으로 삼아서 시범부대로 활용합니다.

臣(신) 신하. 嘗(상) 일찍이. 敎士(교사) 군사를 가르치다. 三萬(삼만) 3만 명. 每陳(매진) 진지마다. 五千人(오천인) 5천 명을 편성하다. 以(이) 써. 其(기) 그. 一(일) 하나의 진. 爲營(위영) 영으로 하다. 직속 부대를 영이라 함. 法(법) 방법.

五爲方圓曲直銳之形, 每陳正變, 凡二十五變而止.
오위방원곡직예지형, 매진정변, 범이십오변이지.
나머지는 방진(方陣).원진(圓陣).직진(直陣).예진(銳陣) 등 5개의 진(陳)으로 편성하여 배치하고, 진(陳)마다 형태를 변화시키는 훈련을 5회씩, 총 25번을 하고 훈련을 중지하였습니다.

五(오) 나머지 5개의 진. 爲(위) ~로 삼다. 方(방) 방진. 圓(원) 원진. 曲(곡) 곡진. 直(직) 직진. 銳(예) 예진. 形(형) 형태. 每陳(매진) 앞의 5개 부대의 진. 正(정) 바르다. 變(변) 진을 바꾸다. 凡(범) 무릇. 二十五變(25변) 25번 진을 바꾸다. 止(지) 그치다.

太宗曰, 五行陳如何.
태종왈, 오행진여하.
태종(太宗)이 물었다. 오행진(五行陣)338)이란 어떤 것이오?

太宗曰(태종왈) 태종이 말하다. 五行陳(오행진) 오행진이라는 진법. 如何(여하) 어떤 것이오.

靖曰, 本因五方色, 立此名, 方圓曲直銳, 實因地形使然.
정왈, 본인오방색, 입차명, 방원곡직예, 실인지형사연.
이정(李靖)이 대답하였다. 오행진(五行陣)은 본래 청적백흑황(靑赤白黑黃)의 다섯 가지 색인 오방색에서 이름을 따온 것입니다. 실제 방진(方陣) · 원진(圓陣) · 직진(直陣) · 예진(銳陣)의 이름은 지형에 따라 병력을 배치하는 방법으로 구분하는 것입니다.

---

338) 五行陳(오행진). 오행진이란 금(=서쪽), 목(=동쪽), 수(=북쪽), 화(=남쪽), 토(=가운데)의 오행으로 방위를 표시하는 진법. 오행의 상생·상극에 따라 대처하는 병법을 말함.

靖曰(정왈) 이정이 말하다. 本(본) 근본. 因(인) ~로 인하여. 五方色(오방색) 다섯 가지 색. 오방색은 청적백흑황(靑赤白黑黃)의 다섯 가지 색. 立(입) 세우다. 此(차) 이것. 名(명) 이름. 方(방) 방진. 圓(원) 원진. 曲(곡) 곡진. 直(직) 직진. 銳(예) 예진. 實(실) 실제. 因(인) ~로 인하여. 地形(지형) 지형에 따라. 使(사) ~하게 하다. 然(연) 그러하다.

凡軍不素習此五者, 安可以臨敵乎.

범군불소습차오자, 안가이임적호.

군대가 평소에 이 다섯 가지 형태의 진용을 익혀두지 않으면 어떻게 적과 맞서 싸울 수 있겠습니까?

凡(범) 무릇. 軍(군) 군대. 不素習(불소습) 평소에 연습하지 않으면. 此五者(차오자) 이 다섯 가지 형태의 진형을. 安可(안가) 어찌 가능하겠는가? 以(이) 로써. 臨敵(임적) 적을 맞이해서 싸우다.

兵詭道也, 故强名五行焉, 文之以術數相生相剋之義,

병궤도야, 고강명오행언, 문지이술수상생상극지의,

용병술은 일종의 속임수입니다. 그러므로 굳이 오행(五行)이라는 이름을 붙이고, 마치 오행이라는 것이 어떤 술수가 있어서 상생(相生)하거나 상극(相剋)하는 신비스러운 의미가 있는 것처럼 꾸민 것에 불과합니다.

兵(병) 용병술. 詭(궤) 속이다. 道(도) 방법. 길. 故(고) 고로. 强名(강명) 굳이 이름을 붙이다. 五行(오행) 오행. 焉(언) 어조사. 文(문) 글로 표현하다. 以術數(이술수) 오행이라는 술수를 가지고. 相生相剋(상생상극) 오행이 상생하고 상극하는 것. 義(의) 뜻.

其實兵形象水, 因地制流, 此其旨也.

기실병형상수, 인지제류, 차기지야.

사실 용병의 형태는 물이 지형의 생김새에 따라 흐름이 바뀌는 것과 같이 물의 성질과 같은 것입니다. 이는 바로 진법의 가장 핵심이기도 합니다.

其實(기실) 사실은. 兵形(병형) 용병의 형태는. 象水(상수) 물과 같다. 因地(인지) 지형에 따라. 制流(제류) 흐름이 제어된다. 此(차) 이것이. 其(기) 그. 旨(지) 요점. 핵심.

太宗曰, 李勣言牝牡方圓伏兵法, 古有是否.

태종왈, 이적언북모방원복병법, 고유시부.

태종(太宗)이 물었다. 이세적(李世勣)이 빈모(牝牡)와 방원(方圓), 복병법(伏兵法)에 대해서 말한 적이 있는데, 옛 병법에도 그러한 것이 있는가? 없는가?

太宗曰(태종왈) 태종이 말하다. 李勣(이적) 이세적을 말함. 言(언) 말하다. 牝牡(빈모) 음양의 이치를 응용한 병법 중의 하나. 牝=빈, 암컷. 牡=모=수컷. 方圓(방원) 방진과 원진. 伏兵法(복병법) 복병을 운용하는 방법. 古(고) 옛날. 有(유) 있다. 是否(시부) 옳다 아니다.

靖曰, 牝牡之法, 出於俗傳, 其實陰陽二義而已.

정왈, 빈모지법, 출어속전, 기실음양이의이이.

이정(李靖)이 대답하였다. 빈모(牝牡)라는 병법은 세간에서 전하는 바에서 나온 것으로 사실은 빈(牝)은 암컷이라는 뜻이므로 음(陰)을 말하는 것이고, 모(牡)는 수컷이라는 뜻이므로 양(陽)을 말하는 것으로 음(陰)과 양(陽)을 의미할 뿐입니다.

靖曰(정왈) 이정이 대답하였다. 牝牡之法(빈모지법) 빈모라는 병법은. 出(출) 나오다. 於俗傳(어속전) 세속에서 전하는 데서. 其實(기실) 사실은. 陰陽(음양) 음과 양. 二義而已(이의이이) 두 가지 뜻일 뿐이다.

臣按, 范蠡云, 後則用陰, 先則用陽, 盡敵陽節, 盈吾陰節而奪之,

신안, 범려운, 후즉용음, 선즉용양, 진적양절, 영오음절이탈지,

신이 범려(范蠡339)가 한 말을 잘 살펴보니, 후미 부대는 음(陰)을 사용하고, 선두부대는 양(陽)을 사용하는데, 적의 양기가 소진되게 하고, 아군은 음기가 충만 되기를 기다렸다가 적을 공격해서 탈취하라고 하였습니다.

臣(신) 이정을 말함. 按(안) 어루만지다. 살펴보다. 范蠡云(범려운) 범려가 한 말을. 後(후) 후미 부대. 則(즉) 곧. 用陰(용음) 음을 사용하다. 先(선) 선두부대. 則(즉) 곧. 用陽(용양) 양을 사용하다. 盡(진) 다하다. 敵(적) 적군이. 陽(양) 양기. 節(절) 마디. 盈(영) 차다. 吾(오) 나. 아군. 陰(음) 음기. 節(절) 절도. 奪之(탈지) 탈취하다.

---

339) 범려(范蠡). 월나라 충신이자 천재 전략가. 춘추시대 말기의 병법 연구가로, 본래 초나라 완읍 출신이고 자는 소백이며 월왕 구천을 섬기면서 월 나라를 부흥시키고 오나라를 멸망시킨 다음, 은둔 생활을 하였음.

此兵家陰陽之妙也.
차병가음양지묘야.
이것이 바로 병가에서 말하는 음양(陰陽)을 운용하는 묘(妙)입니다.

此(차) 이것이. 兵家(병가) 병가의. 陰陽之妙(음양지묘) 음양의 미묘함.

范蠡又雲, 設右爲牝, 益左爲牡, 早晏以順天道,
범려우운, 설좌위빈, 익우위모, 조안이순천도,
범려(范蠡)는 또 이렇게도 말했습니다. 오른쪽에 진을 치는 것을 빈(牝)이라 하고, 왼쪽에 진을 치는 것을 모(牡)라고 하며, 아침 일찍 진(陳)을 치기도 하고 저녁 늦게 진(陳)을 치기도 하되 천도(天道)에 순응하라고 하였습니다.

范蠡又雲(범려우운) 범려는 또 이렇게도 말하였다. 設(설) 설치하다. 진을 치는 것을 말함. 右(우) 오른쪽. 爲牝(위빈) 빈이라고 하다. 益(익) 더하다. 左(좌) 왼쪽. 爲牡(위모) 모라고 한다. 早(조) 새벽. 晏(안) 늦다. 以(이) 써. 順(순) 순종하다. 天道(천도) 천도.

此則, 左右早晏, 臨時不同, 在乎奇正之變者也.
차즉, 좌우조안, 임시부동, 재호기정지변자야.
이는 곧 진을 왼쪽에 치거나, 오른쪽에 치거나, 아침 일찍 치거나, 저녁 늦게 치거나 하는 등 상황이 일정하지 않음을 설명하는 것입니다. 병가에서 말하는 기정(奇正)의 변화와 같은 것입니다.

此則(차즉) 이는 곧. 左右(좌우) 진을 왼쪽이나 오른쪽에 치다. 早晏(조안) 진을 아침 일찍 치거나, 저녁 늦게 치다. 臨時(임시) 임시로. 不同(부동) 같지 않다. 在(재) 있다. 乎(호) 어조사. 奇正之變(기정지변) 기정의 변화. 者(자) ~하는 것.

左右者人之陰陽, 早晏者天之陰陽, 奇正者天人相變之陰陽.
좌우자인지음양, 조안자천지음양, 기정자천인상변지음양.
왼쪽과 오른쪽은 인간의 음과 양이고, 아침과 저녁은 하늘의 음과 양이라면, 기(奇)와 정(正)은 하늘과 인간이 서로 변화하는 것의 음과 양이라고 할 수 있습니다.

左右者(좌우자) 좌우라고 하는 것은. 人之陰陽(인지음양) 사람의 음과 양이다. 早晏者(조안자) 아침과 저녁은. 天之陰陽(천지음양) 하늘의 음과 양이다. 奇正者(기정자) 기정이라고 하는 것은. 天人相變(천인상변) 하늘과 사람이 서로 변화하다. 陰陽(음양) 음과 양이다.

若執而不變, 則陰陽俱廢, 如何守牝牡之形而已.
약집이불변, 즉음양구폐, 여하수빈모지형이이.
만약 음과 양 중에서 한 가지만 고집하고 변화를 할 줄 모른다면, 음과 양은 모두 쓸모가 없어집니다. 그러한데 어찌 빈모(牝牡)의 진형만을 고집해야 하겠습니까?

若(약)~와 같다. 執(집) 잡다. 不變(불변) 변하지 않다. 則(즉) 곧. 陰陽(음양) 음과 양은. 俱(구) 함께. 廢(폐) 폐기하다. 如何(여하) 어떻게. 守(수) 지키다. 牝牡之形而已(빈모지형이이) 빈모의 진형만을.

故形之者, 以奇示敵, 非吾正也. 勝之者, 以正擊之, 非吾奇也, 此謂奇正相變.
고형지자, 이기시적, 비오정야. 승지자, 이정격지, 비오기야, 차위기정상변.
그러므로 적을 기만한다는 것은 기병(奇兵)을 적에게 정병(正兵)처럼 보이게 하는 것을 말하는 데, 이는 아군의 정병(正兵)이 아닙니다.

故(고) 고로. 形之者(형지자) 형세라는 것은. 뒷 문장을 고려해보았을 때 적을 속이는 형세를 말함. 즉 적을 기만한다는 것은. 以奇(이기) 기병으로. 示敵(시적) 적에게 보이다. 非吾正也(비오정야) 이것은 아군의 정병이 아니다.

勝之者, 以正擊之, 非吾奇也, 此謂奇正相變.
승지자, 이정격지, 비오기야, 차위기정상변.
승리라고 하는 것은 정병(正兵)을 기병(奇兵)처럼 보이게 해서 적을 공격했을 때 주로 얻어지는데, 이때의 아군은 정병(正兵)이 아닙니다. 이것을 가리켜 기병(奇兵)과 정병(正兵)을 때에 따라 변화시켜 쓴다고 하는 것입니다.

勝之者(승지자) 이기고자 한다면. 以正(이정) 정병으로. 擊之(격지) 적을 공격하다. 非吾奇也(비오기야) 이것은 아군의 기병이 아니다. 此謂(차위) 이를 일컬어. 奇正相變(기정상변) 기정이 서로 변화한다.

兵伏者, 不止山谷, 草木伏藏, 所以爲伏也.
병복자, 부지산곡, 초목복장, 소이위복야.
군에서 복병을 운용할 때 산골짜기나 숲 속에 숨는 것만 가지고 복병을 운용해서는 안 됩니다.

兵(병) 군사. 군대. 伏者(복자) 매복을 시키는 것. 不止(부지) 그치지 말아야 한다. 山谷(산곡) 산이나 계곡. 草木(초목) 숲이나 나무. 伏(복) 엎드리다. 藏(장) 숨다. 所(소) ~하는 바. 以(이) ~로써. 써. 爲伏(위복) 복병이라 하다.

其正如山, 其奇如雷, 敵雖對面, 莫測吾奇正所在, 至此夫何形之有哉.
기정여산, 기기여뢰, 적수대면, 막측오기정소재, 지차부하형지유재.
정병(正兵)으로 있을 때는 태산처럼 하고, 기병(奇兵)으로 출동할 때에는 번개처럼 해서, 비록 적과 대면하고 있더라도 적은 아군이 정병(正兵)인지 기병(奇兵)인지 예측하지 못하게 해야 합니다. 사실 이럴 때는 정병(正兵)도 복병입니다. 기정(奇正)의 운용이 경지에 달하면 무슨 형태라는 것이 있을 수 없습니다.

其正(기정) 정병으로 운용될 때는. 如山(여산) 산과 같이 하다. 其奇(기기) 기병으로 운용될 때는. 如雷(여뢰) 번개처럼 하다. 敵(적) 적군이. 雖(수) 비록. 對面(대면) 대면하고 있다. 莫(막) 없다. 測(측) 예측하다. 吾(오) 나. 아군. 奇正所在(기정소재) 기정의 소재. 至(지) 이르다. 此(차) 이것. 夫(부) 무릇. 何(하) 어찌. 形之有(형지유) 형태가 있다. 哉(재) 어조사.

太宗曰, 四獸之陳, 又以商羽徵角象之, 何道也.
태종왈, 사수지진, 우이상우치각상지, 하도야.
태종(太宗)이 물었다. 청룡(靑龍).백호(白虎).주작(朱雀).현무(玄武)로 표현되는 사수진(四獸陳)은 또 궁상각치우(宮商角徵羽) 중에서 상(商).우(羽).치(徵).각(角)의 네 가지 음을 상징한 것이라 하는데, 이것이 무슨 말이오?

太宗曰(태종왈) 태종이 말하다. 四獸(사수) 네 가지 동물. 청룡, 백호, 주작, 현무를 말함. 陳(진) 사수진을 말함. 又(우) 또. 以(이) 써. 로써. 商羽徵角(상우치각) 궁상각치우에서, 상우치각을 말함. 象之(상지) 상징하다. 何道也(하도야) 어떤 방법인가?

靖曰, 詭道也.
정왈, 궤도야.
이정(李靖)이 대답하였다. 그것은 적을 속이는 방법입니다.

靖曰(정왈) 이정이 대답하였다. 詭(궤) 속이다. 道(도) 방법.

太宗曰, 可廢乎.
태종왈, 가폐호.
태종(太宗)이 말하였다. 그러면 이것은 폐기해야 하오?

太宗曰(태종왈) 태종이 말하다. 可(가) 가능하다. 廢(폐) 폐기하다. 乎(호) 어조사.

靖曰, 存之所以能廢之也. 若廢而不用, 詭愈甚焉.
정왈, 존지소이능도지야. 약폐이불용, 궤유심의.
이정(李靖)이 말하였다. 그대로 두는 것이 곧 이를 폐기하는 방법이 됩니다. 만일 이것을 폐기해서 쓰지 못하게 하면 다른 속임수가 점점 더 심해질 것입니다.

靖曰(정왈) 이정이 대답하였다. 存之(존지) 그대로 두다. 所(소) ~하는 바. 以(이) 써. 로써. 能廢之(능폐지) 능히 그것을 폐기할 수 있다. 若(약) 만약. 廢而不用(폐이불용) 폐기해서 쓰지 못하게 하다. 詭(궤) 속이다. 속임수. 愈(유) 점점 더. 甚(심) 심하다. 焉(언) 어조사.

太宗曰, 何謂也.
태종왈, 하위야.
태종(太宗)이 물었다. 그것이 무슨 말이오?

太宗曰(태종왈) 태종이 말하다. 何(하) 어찌. 謂(위) 말하다.

靖曰, 假之以四獸之陳, 及天地風雲之號, 又加商金羽水徵火角木之配,
정왈, 가지이사수지진, 급천지풍운지호, 우가상금우수징화각목지배,
이정(李靖)이 대답하였다. 4진(四陳)은 청룡(靑龍).백호(白虎).주작(朱雀).현무(玄武)의 네 가지 짐승 이름을 빌려 오고, 또한 천(天).지(地).풍(風).운(雲)의 이름을 붙였으며, 거기에 덧붙여 상(商)은 금(金)으로, 우(羽)는 수(水)로, 치(徵)는 화(火)로, 각(角)은 목(木)으로 짝을 지어 줍니다.

靖曰(정왈) 이정이 대답하였다. 假(가) 거짓. 빌려 오다. 以四獸(이사수) 네 가지 동물로. 陳(진) 군진. 及(급) 미치다. 天地風雲(천지풍운) 하늘과 땅, 바람과 구름. 號(호) 부르다. 又(우) 또. 加(가) 보태다. 商金(상금) 상은 금으로. 羽水(우수) 우는 수로. 徵火(치화) 치는 화로. 角木(각목) 각은 목으로. 配(배) 짝을 지우다.

此皆兵家自古詭道.
차개병가자고궤도.
이것은 모두 병가에서 옛날부터 사용해온 기만술입니다.

此皆(차개) 이 모든 것은. 兵家(병가) 병가의. 自古(자고) 오래전부터 내려오는. 詭道(궤도) 속임수, 기만술이다.

存之, 則余黨不復增矣. 廢之, 則使貪使愚之術從何而施哉.
존지, 즉여당불부증의. 폐지, 즉사탐사우지술종하이시재.
이것을 그대로 두면, 다른 속임수들이 더는 늘어나지 않을 것입니다. 만일 이것을 폐기한다면, 탐욕스럽고 어리석은 자들을 어떻게 마음대로 부릴 수가 있겠습니까?

存之(존지) 그대로 두다. 則(즉) 곧. 余(여) 나. 黨(당) 무리. 不(불) 아니다. 復(부) 다시. 增(증) 붙다. 늘이다. 矣(의) 어조사. 廢之(폐지) 폐기한다면. 則(즉) 곧. 使貪(사탐) 탐하게 하다. 使愚(사우) 어리석게 하다. 術(술) 방법. 從(종) 좇다. 何(하) 어찌. 施(시) 베풀다. 哉(재) 어조사.

太宗良久曰, 卿宜秘之, 無洩於外.
태종양구왈, 경의비지, 무설어외.
태종(太宗)이 한동안 잠자코 있다가 말하였다. 경은 당연히 이것을 비밀로 하고, 외부에 누설하지 마시오.

太宗(태종) 태종. 良久(양구) 오랫동안 가만히 있다가. 曰(왈) 말하다. 卿(경) 태종이 이정을 부르는 말. 宜(의) 마땅히. 秘之(비지) 그것을 비밀로 하다. 無洩(무설) 누설하지 말라. 於外(어외) 외부로.

太宗曰, 嚴刑峻法, 使人畏我而不畏敵, 朕甚惑之.
태종왈, 엄형준법, 사인외아이불외적, 짐심혹지.
태종(太宗)이 물었다. 장수는 형벌을 가혹하게 하고 법을 엄하게 하여, 장병들이 장수인 자신은 두려워하게 하되 적을 두려워하지 않게 하여야 한다고 하는데, 짐은 이것에 대해 매우 이상하게 생각하오.

太宗曰(태종왈) 태종이 말하다. 嚴(엄) 엄하다. 刑(형) 형벌. 峻(준) 높이다. 엄하다. 法(법) 법. 使人(사인) 사람들을 ~하게 하다. 畏我(외아) 나를 두려워하게 하고. 不畏敵(불외적) 적을 두려워하지 않게 하다. 朕(짐) 태종 자신을 말함. 甚(심) 심하다. 惑(혹) 의혹이 생기다.

昔光武以孤軍當王莽百萬之衆, 非有刑法臨之, 此何由乎.

석광무이고군당왕망백만지중, 비유형법임지, 차하유호.

옛날 후한(後漢)의 광무제(光武帝)340)는 홀로 외로이 군대를 이끌고 왕망(王莽)341)의 백만 대군을 격파하였는데, 그 당시 광무제(光武帝)는 형법으로 군사들을 엄하게 다스린 적이 없었는데도 승리하였으니, 그 이유는 어디에 있소?

昔(석) 옛날에. 光武(광무) 광무제. 以孤軍(이고군) 약소한 군으로. 當(당) 당하다. 王莽(왕망) 신나라의 왕망을 말함. 百萬之衆(백만지중) 백만의 군사. 非(비) 아니다. 有刑法(유형법) 형법을 가지고. 臨之(임지) 전투에 임했다. 此(차) 이것. 何由(하유야) 그 이유는 무엇이었겠소. 乎(호) 어조사.

靖曰, 兵家勝敗, 情狀萬殊, 不可以一事推也.

정왈, 병가승패, 정상만수, 불가이일사추야.

이정(李靖)이 대답하였다. 병가의 승패는 그 정황이나 상황이 천차만별이어서 한 가지 사례만 가지고 단언할 수 있는 것이 아닙니다.

靖曰(정왈) 이정이 대답하였다. 兵家(병가) 병가의. 勝敗(승패) 승패는, 情狀(정상) 정황과 상황. 萬殊(만수) 천차만별이란 의미임. 不可(불가) 불가능하다. 以一事(이일사) 한 가지 일. 推(추) 옮다.

如陳勝吳廣, 敗秦師, 豈勝廣刑法能加於秦乎.

여진승오광, 패진사, 기승광형법능가어진호.

옛날에 진(秦)나라의 학정에 시달리다가 봉기했었던 의병장 진승(陳勝)과 오광(吳廣)342)은 같이 의병을 이끌고 나가 진(秦)나라의 군대를 무찔렀는데, 그들의 형법이 진(秦)나라의 형법보다 더 엄하여 그러한 것은 아니었습니다.

---

340) 광무제(光武帝). 후한(後漢)의 초대 황제. 왕망의 군대를 격파하고 즉위를 한 황제. 한 왕조를 재건, AD 36년에 전국을 평정하였다.

341) 왕망(王莽). 중국 전한 말의 정치가, 신(新)왕조의 건국자. 전한(前漢)의 평제라는 황제가 14세 때 독살을 하고 두 살배기 갓난아기를 대리 황제로 내세웠다가 신하들의 추앙을 받는 형태로 온갖 권모술수를 부려서 최초로 선양(禪讓), 선위(禪位)의 형태로 전한(前漢)의 황제권력을 찬탈하였던 인물임. 신(新)왕조를 기점으로 전한(前漢)과 후한(後漢)으로 구분된다.

342) 진승(陳勝)과 오광(吳廣). 진나라의 학정에 봉기한 의병장들임. 오광과 진승은 함께 봉기하여 승승장구하였으나 후일 오광과 부하인 장가에게 배신을 당해 진승은 피살됨.

如(여) ~와 같이. 陳勝(진승) 진나라 의병장. 吳廣(오광) 진나라 의병장. 敗秦師(패진사) 진나라 군사들을 패하게 하였다. 豈(기) 어찌. 勝廣(승광) 진승과 오광. 刑法(형법) 형법. 能加(능가) 능가하다. 於秦(어진) 진나라의 형법에 비해. 乎(호) 어조사.

光武之起, 蓋順人心之怨莽也.
광무지기, 개순인심지원망야.
광무제(光武帝)가 군사를 일으켜 승리한 것은 당시 왕망(王莽)을 원망하는 민심에 순응하였기 때문이었습니다.

光武之起(광무지기) 광무제가 군사를 일으켜 승리한 것은. 蓋(개) 덮다. 順(순) 순응하다. 人心之怨莽(인심지원망) 백성들의 원망.

況又王尋, 王邑, 不曉兵法, 徒誇兵衆, 所以自敗.
황우왕심, 왕읍, 불효병법, 도과병중, 소이자패.
더구나 왕망(王莽)의 장수인 왕심(王尋)과 왕읍(王邑)은 병법에 대해 전혀 아는 것도 없었으며 단지 병력이 많다는 것을 과시만 하고 있었을 뿐입니다. 이것이 바로 왕망(王莽)이 스스로 패망하게 된 이유입니다.

況(황) 하물며. 又(우) 또한. 王尋(왕심) 왕망의 장수. 王邑(왕읍) 왕망의 장수. 不曉(불효) 깨닫지 못하다. 兵法(병법) 병법. 徒(도) 보병부대. 誇(도) 자랑하다. 兵衆(병중) 군의 병력이 많다. 所以自敗(소이자패) 스스로 패한 것이다.

臣案, 孫子曰, 卒未親附而罰之, 則不服, 已親附而罰不行, 則不可用.
신안, 손자왈, 졸미친부이벌지, 즉불복, 이친부이벌불행, 즉불가용.
신이 손자병법(孫子兵法)을 살펴보니, '장수가 군사들과 친숙해지기 전에 잘못이 있다 하여 처벌하기 시작하면 군사들이 진심으로 복종하지 않고, 군사들과 이미 친숙해진 뒤에는 군사에게 잘못이 있는데도 불구하고 처벌을 제대로 하지 않으면 령(令)이 제대로 서지 않아 군사들을 전투에 활용할 수 없게 된다.'고[343] 하였습니다.

343) 졸미친부이벌지, 즉불복, 이친부이벌불행, 즉불가용(卒未親附而罰之, 則不服, 已親附而罰不行, 則不可用). 손자병법 제9. 행군 편에 나오는 문구임.

臣(신) 이정을 말함. 案(안) 살펴보다. 孫子曰(손자왈) 손자가 말한 것을. 卒(졸) 병사들. 未(미) 아직. 親(친) 친하다. 附(부) 붙다. 기대다. 의지하다. 罰(벌) 벌하다. 則(즉) 곧. 不服(불복) 복종하지 않는다. 已(이) 이미. 不行(불행) 시행하지 않다. 不可用(불가용) 쓸 수 없다.

此言凡將先有愛結於士, 然後可以嚴刑也.
차언범장선유애결어사, 연후가이엄형야.
이 말은 무릇 장수 된 자가 장병들과 관계를 맺을 때는 먼저 사랑을 베풀어 친숙해진 뒤에 잘못이 있으면 엄하게 다스려야 함을 말한 것입니다.

此言(차언) 이 말은. 凡(범) 모름지기. 將(장) 장수. 先(선) 먼저. 有愛(유애) 사랑이 있어야 한다. 結於士(결어사) 군사들과 맺을 때. 然後(연후) 그런 다음에. 可(가) 가능하다. 以嚴刑(이엄형) 엄격한 형벌을 주는 것.

若愛未加, 而獨用峻法, 鮮克濟焉.
약애미가, 이독용준법, 선극제언.
만약 장병들에게 먼저 사랑을 베풀지 않고 형벌만 엄격하게 시행한다면, 제대로 군을 통솔하여 성공을 거두기는 어려울 것입니다.

若(약) 만약. 愛(애) 부하에 대한 사랑. 未加(미가) 더해짐이 없이. 獨用(독용) 홀로 쓰이다. 峻法(준법) 법을 엄격히 적용하다. 鮮(선) 드물다. 克(극) 극복하다. 이기다. 濟(제) 건너다. 구제하다. 焉(언) 어조사.

太宗曰, 尙書云, 威克厥愛允濟, 愛克厥威允罔功, 何謂也.
태종왈, 상서운, 위극궐애윤제, 애극궐위윤망공, 하위야.
태종(太宗)이 말하였다. 상서(尙書)344)에 보면, 위엄이 자애심보다 앞서면 성공하고, 자애심이 위엄보다 앞서면 성공하지 못한다고 하였는데, 이것은 무슨 뜻이오?

太宗曰(태종왈) 태종이 말하다. 尙書云(상서운) 상서에서 말하기를. 威(위) 위엄. 克(극) 이기다. 厥(궐) 그. 愛(애) 사랑. 자애심. 允(윤) 진실로. 濟(제) 건너다. 罔(망) 그물. 그물에 걸리다. 功(공) 성공. 何(하) 어찌. 謂(위) 말하다.

344) 상서(尙書). 중국 전통 산문의 근원. 한대(漢代) 이전까지는 '서(書)'라고만 불렸는데, 이후 유가 사상의 지위가 상승하면서 소중한 경전이라는 뜻을 포함해 한 대(漢代) 이후에는 상서(尙書)라고 하였음.

靖曰, 愛設於先, 威設於後, 不可反是也.

정왈, 애설어선, 위설어후, 불가반시야.

이정(李靖)이 대답하였다. 손무(孫武)의 말은 먼저 자애심을 베푼 뒤에 위엄을 보여야 하며, 이와 반대로 먼저 위엄을 보여서는 안 된다는 것입니다.

靖曰(정왈) 이정이 대답하였다. 愛(애) 사랑, 자애심. 設(설) 베풀다. 於先(어선) 먼저. 威(위) 위엄. 設(설) 베풀다. 於後(어후) 뒤에. 不可(불가) 불가합니다. 反是也(반시야) 반대로 하는 것.

若威加於前, 愛求於後, 無益於事矣.

약위가어전, 애구어후, 무익어사의.

만일 위엄을 먼저 보이고 자애심을 뒤에 베풀게 되면, 그 자애심은 아무런 쓸모가 없게 됩니다.

若(약) 만약. 威(위) 위엄. 加(가) 가하다. 於前(어전) 앞에. 愛(애) 사랑. 자애심. 求(구) 구하다. 於後(어후) 나중에. 無益(무익) 무익하다. 於事(어사) 모든 일에. 矣(의) 어조사.

尙書所以愼戒其終, 非所以作謀於始也. 故孫子之法, 萬代不刊.

상서소이신계기종, 비소이작모어시야. 고손자지법, 만대불간.

상서(尙書)에서 말한 것은 군을 출동시켜 적과 싸울 준비가 다 된 이후에 형벌을 주거나 법을 지킴에 있어서 삼가고 경계하라는 것이지, 군을 출동하기 전 작전을 짜고 모의를 시작하면서 그렇게 하라고 한 것은 아닙니다. 그러므로 먼저 자애심을 베푼 뒤에 위엄을 보이라고 하는 손자(孫子)의 방법이 만세불변의 진리인 것입니다.

尙書(상서) 병법서 중의 하나. 所(소) ~하는 바. 以(이) 로써. 愼戒(신계) 삼가고 경계하다. 其終(기종) 그 마지막에. 非(비) 아니다. 作謀(작모) 작전을 짜고 모의하다. 즉, 於始(어시) 시작하면서. 故(고) 그러므로. 孫子之法(손자지법) 손자의 방법. 萬代(만대) 만 세대. 不刊(불간) 불변의 진리다.

太宗曰, 卿平蕭銑, 諸將皆欲藉僞臣家, 以賞士卒,

태종왈, 경평소선, 제장개욕자위신가, 이상사졸,

태종이 말하였다. 경이 수나라 장수인 소선(蕭銑)의 무리를 평정했을 때 모든 장수가 그 일당의 가산을 몰수해서 장병들에게 상으로 내리고자 하였소.

太宗曰(태종왈) 태종이 말하다. 卿(경) 태종이 이정을 부르는 말. 平(평) 평정하다. 蕭銑(소선) 소선의

무리. 수 나라 장수. 이정과의 전투에서 항복한 이력이 있음. 諸將(제장) 모든 장수. 皆(개) 모두. 欲(욕) ~하고자 하다. 藉(자) 깔다. 僞(위) 거짓. 臣家(신가) 신하들과 그 집안. 以賞(이상) 상으로. 士卒(사졸) 장병들에게.

獨卿不從, 以謂蒯通不戮於漢, 旣而江漢歸順.
독경부종, 이위괴통불륙어한, 기이강한귀순.

그러자, 경은 한 고조(漢 高祖)도 괴통(蒯通)345) 을 잡아 죽이려 하다가 죽이지 않고 살려준 적이 있다고 말하면서 홀로 따르지 않았소. 그래서 짐은 경의 의견을 따랐었는데, 얼마 후 강한(江漢) 일대의 적대 세력들이 그 조치에 감격하여 모두 귀순했소.

獨(독) 홀로. 卿(경) 신하를 부르는 말. 不從(부종) 따르지 않았다. 以謂(이위) ~에 대해서 말을 하면서. 蒯通(괴통) 진나라의 달변가. 不戮(불륙) 죽이지 않았다. 於漢(어한) 한나라에서. 旣(기) 이미. 江漢(강한) 강한이라는 지역의 명칭. 歸順(귀순) 귀순하다.

朕由是思, 古人有言曰, 文能附衆, 武能威敵, 其卿之謂乎.
짐유시사, 고인유언왈, 문능부중, 무능위적, 기경지위호.

짐은 옛사람들의 말 중에서 문덕(文德)은 부하들을 감동하게 하여 따르게 하고, 무위(武威)는 위엄으로 적을 굴복시킨다는 것은 경을 두고 한 말이 아닌가 생각하오.

朕(짐) 태종 자신을 말함. 由(유) 말미암다. 是思(시사) 이런 생각. 古人(고인) 옛날 사람들. 有言(유언) 말 중에. 曰(왈) 말하다. 文(문) 문덕. 能(능) 능히 ~하다. 附(부) 붙다. 衆(중) 무리. 武(무) 무위는. 威(위) 위엄. 敵(적) 적군. 其(기) 그. 그것. 卿之謂(경지위) 경을 두고 한 말 같소. 乎(호) 어조사.

靖曰, 漢光武平赤眉, 入賊營中按行, 賊曰, 蕭王推赤心於人腹中.
정왈, 한광무평적미, 입적영중안행, 적왈, 소왕추적심어인복중.

이정(李靖)이 대답하였다. 후한(後漢)의 광무제(光武帝)가 당시 군벌세력이었던 적미(赤眉)의 세력을 평정하고 나서, 그 일당들이 있는 진영으로 갑옷도 입지 않은 채 순찰을 한 적이

345) 蒯通(괴통). 진나라의 변설가. 본명은 철이었는데, 한 무제의 이름을 싫어해서 통으로 씀. 유방의 부하였던 한신에게 왕이 될 것을 권했으나, 한신이 그 말을 듣지 않고 유방을 도와 천하 통일을 이루게 되었고, 그 후 한신은 반역죄로 몰려 죽게 된다. 이때 괴통이 탄식을 하였다는 소식을 고조가 듣고 잡아 죽이려 하였는데, 자신은 자신의 군주를 위하여 노력했을 뿐이라는 논리를 펴서 석방됨.

있습니다. 이에 적미(赤眉)의 군사들이 '소왕(蕭王=광무제의 당시 봉호)은 우리를 전혀 의심 없이 진심으로 대해주시므로 저희가 마음속에서부터 복종합니다.'라고 하였습니다.

靖曰(정왈) 이정이 대답하였다. 漢光武(한광무) 한나라 광무제. 平(평) 평정하다. 赤眉(적미) 군벌세력의 이름. 入(입) 들어가다. 賊(적) 도적. 적. 營中(영중) 영내로. 按行(안행) 순찰을 가다. 賊曰(적왈) 도적들이 말하기를. 蕭王(소왕) 한 광무제의 또 다른 칭호. 推(추) 옮기다. 赤心(적심) 붉은 마음. 於人(어인) 사람들. 腹中(복중) 뱃속. 가슴속.

此蓋先料人情必非爲惡, 豈不豫慮哉.
차개선료인정필비위악, 기불예려재.
이는 광무제(光武帝)가 먼저 인정을 헤아려 그들이 자신에게 악행을 저지르지 않으리라고 판단해서 한 행동이었지 어찌 미리 아무런 생각도 없이 그런 행동을 했겠습니까?

此(차) 이것. 蓋(개) 덮다. 先(선) 먼저. 料(료) 헤아리다. 人情(인정) 인정을. 必(필) 반드시. 非(비) 아니다. 爲惡(위악) 악행을 저지르다. 豈(기) 어찌. 不(불) 아니다. 豫(예) 미리. 慮(려) 생각하다. 哉(재) 어조사.

臣頃討突厥, 總蕃漢之衆, 出塞千里,
신경토돌궐, 총번한지중, 출새천리,
신이 지난번 돌궐(突厥)족을 토벌할 때 번족(蕃)과 한족(漢)으로 편성된 군을 이끌고 천 리나 되는 먼 변방으로 출정하였습니다.

臣(신) 신하. 이정 자신을 말함. 頃(경) 요사이. 지난번. 討(토) 토벌하다. 突厥(돌궐) 돌궐족. 總(총) 모으다. 蕃漢之衆(번한지중) 번족과 한족의 군사들. 出(출) 나가다. 塞(새) 요새. 변방. 千里(천리) 1,000리.

未嘗戮一揚干, 斬一莊賈, 亦推赤誠, 存至公而已矣.
미상륙일양간, 참일장가, 역추적성, 존지공이이의.
그러나 신은 옛날 위강(胃腔)이 양간(楊干)[346]을 모욕하듯이 대하거나, 전양저(田穰苴)가

346) 揚干(양간). 진(晉)나라 도공(悼公)의 아우. 도공(悼公)이 제후들을 모아놓고 회맹을 주재하는데 양간이 군기를 흩트리자 위강(胃腔)이라는 장수가 군기를 잡기 위해 양간의 마부를 처형해 버렸다. 이에 양간이 모욕을 받은 것에 대해 형인 도공(悼公)에게 위강을 처벌할 것을 주문하였다. 위강(胃腔)은 스스로 자기 죄를 청하였으나 오히려 도공(悼公)은 양간을

장가(莊賈)를 처형하듯이347) 한 적이 한 번도 없었습니다. 오직 성심을 다하여 지공무사(至公無私)하게 부하들을 대했을 뿐입니다.

未(미) 아직. 嘗(상) 맛보다. 戮(륙) 죽이다. 一(일) 한번. 揚干(양간) 진나라 도공의 아우. 斬(참) 참하다. 一(일) 한 번도. 莊賈(장가) 제나라 경공 때의 신하로 전양저와 같이 출정할 때 자신의 신분만을 믿고 약속된 시간보다 늦게 집결했다가 군법에 따라 참형으로 처벌받은 인물. 亦(역) 역시. 推(추) 옮다. 赤誠(적성) 성심을 다하다. 存(존) 있다. 至(지) 이르다. 公(공) 사적이 아닌 공적인 일. 而(이) 접속사. 已(이) 이미. 矣(의) 어조사.

陛下過時聽, 擢臣以不次之位, 若於文武, 則何敢當.

폐하과시청, 탁신이불차지위, 약어문무, 즉하감당.

폐하께서는 신에 대하여 흘려들으신 것을 가지고 미천한 신을 뽑으셔서 높은 지위를 내리셨습니다. 이런 저를 두고 문덕(文德)과 무위(武威)에 대해서 그렇게 칭찬을 하시면 어찌 감당이나 하겠습니까?

陛下(폐하) 태종을 말함. 過(과) 지나가다. 時(시) 때. 시기. 聽(청) 듣다. 擢(탁) 뽑다. 臣(신) 이정 자신을 말함. 以(이) 써. 不次之位(불차지위) 다음이 없는 지위. 높은 지위를 말함. 若(약) 만약. 於文武(어문무) 문덕과 무위에 대해서. 則(즉) 곧. 何(하) 어찌. 敢當(감당) 감당하다.

太宗日, 昔唐儉使突厥, 卿因擊而敗之,

태종왈, 석당검사돌궐, 경인격이패지,

태종(太宗)이 말하였다. 옛날에 돌궐(突厥)을 설득시키기 위해서 당검(唐儉)을 사신으로 삼아 돌궐로 보냈을 때, 경은 화의로 말미암아 돌궐(突厥)의 수비가 허술해진 틈을 타서 돌궐(突厥)을 기습적으로 공격해서 패퇴시킨 적이 있었소.

나무라며 위강의 충직함을 변호하였다.

347) 사마양저(司馬穰儲). 본명은 전양저(田穰苴). 춘추시대 제(齊)나라 출신. 비록 서얼 출신이긴 하지만 병법에 밝아 당시 재상인 안영(晏嬰)의 추천으로 장군이 되었다. 연(燕)나라와 진(晉)나라의 군사를 막으라는 임무를 받고는 자신의 신분이 미천하다고 해서 복종하지 않을 것을 염려하여 경공(景公)에게 총애하는 신하 한 명을 보내달라고 요청해서 장고(莊賈)라는 장수를 부하로 받고, 다음날 정오에 군영 입구에서 만나기로 하였으나 장고(莊賈)가 제시간에 나타나지 않자 약속 시간에 오지 못한 죄를 물어 군법을 적용, 그 자리에서 참수함으로써 군기를 세운 유명한 일화가 있음.

太宗曰(태종왈) 태종이 말하다. 昔(석) 옛날. 唐儉(당검) 태종의 명으로 돌궐의 실리카 칸을 설득하러 사신으로 갔다가 구사일생으로 살아난 적이 있는 인물. 使突厥(사돌궐) 사신으로 돌궐로 가다. 卿(경) 경은. 因擊(격인) 공격을 해서. 敗之(패지) 그들을 패배시켰다.

人言卿以儉的死間, 朕至今疑焉, 如何.
인언경이검적사간, 짐지금의언, 여하.
사람들은 경이 당검(唐儉)을 사간(死間)으로 삼아 희생시키려 했다고들 하였는데, 짐은 지금까지도 그것을 의심하고 있소. 경은 어떻게 생각하오?

人言(인언) 사람들이 말하다. 卿(경) 경에 대해서. 이정에 대해서. 以儉(이검) 당검으로. 的死間(적사간) 사간으로 활용하다. 사간은 간첩활동을 하다가 적에게 잡혀 죽는다 하여 붙여진 이름. 朕(짐) 태종 자신을 말함. 至今(지금) 지금까지. 疑(의) 의심하다. 焉(언) 어조사. 如何(여하) 어떤가?

靖再拜曰, 臣與儉, 比肩事主, 料儉說必不能柔服,
정재배왈, 신여검, 비견사주, 요검설필불능유복,
이정(李靖)이 두 번 절하고 대답하였다. 신은 당검(唐儉)과 더불어 어깨를 나란히 하여 폐하를 섬겼습니다. 신은 당검(唐儉)의 설득만으로는 돌궐(突厥)을 회유하여 복종시킬 수 없다고 생각하였습니다.

靖再拜曰(정재배왈) 이정은 두 번 절하고 말하다. 臣(신) 이정 자신을 말함. 與(여) 같이. 儉(검) 당검을 말함. 比(비) 견주다. 肩(견) 어깨. 事(사) 일. 主(주) 군주. 料(료) 헤아리다. 儉說(검설) 당검의 설득으로. 必(필) 반드시. 不能(불능) ~하지 못하다. 柔服(유복) 회유하여 복종시키다.

故臣因縱兵以擊之, 所以去大患, 不顧小義也.
고신인종병이격지, 소이거대환, 불고소의야.
그래서 신은 군을 출동시켜 그들을 공격했던 것이며, 이는 큰 걱정거리를 제거하기 위하여 작은 것은 돌아보지 않았던 결과였습니다.

故(고) 고로. 臣(신) 신하. 이정 자신을 말함. 因(인) ~로 인하여. 縱兵(종병) 군을 출동시키다. 以擊之(이격지) 그들을 공격하다. 所(소) ~하는 바. 以去(이거) 제거함으로써. 大患(대환) 큰 걱정거리. 不顧(불고) 돌아보지 않다. 小義(소의) 작은 뜻.

人謂以儉爲死間, 非臣之心. 按, 孫子用間, 最爲下策.
인위이검위사간, 비신지심. 안, 손자용간, 최위하책.
사람들은 신이 당검(唐儉)을 사간(死間)으로 삼았다고 말을 하지만, 이는 신의 본심이 아닙니다. 신이 손자병법(孫子兵法) 용간 편(用間 篇)을 보니, 그것은 가장 하책에 속하는 것이었습니다.

人謂(인위) 사람들이 말하다. 以儉(이검) 당검을. 爲死間(위사간) 사간으로 삼다. 非(비) 아닙니다. 臣之心(신지심) 신의 본심. 按(안) 살피다. 孫子(손자) 손자병법. 用間(용간) 용간 편. 最爲下策(최위하책) 가장 하책이다.

臣嘗著論其末云, 水能載舟, 亦能覆舟, 或用間以成功, 或憑間以傾敗.
신상저론기말운, 수능재주, 역능복주, 혹용간이성공, 혹빙간이경패.
신은 그 글의 뒤에 논평하기를 물이란 능히 배를 띄울 수도 있지만, 또한 배를 뒤집을 수도 있는 것이라고 하였습니다. 간혹 첩자를 활용하여 성공하기도 하지만, 또한 첩자를 잘못 믿다가 패배로 기우는 경우도 있는 것입니다.

臣(신) 신하. 이정 자신을 말함. 嘗(상) 일찍이. 著論(저론) 논평을 짓다. 논평하다. 其末(기말) 그 말미에. 云(운) 운운하다. 말하다. 水(수) 물. 能(능) 능히~하다. 載(재) 싣다. 舟(주) 배. 亦(역) 또한. 能(능) 능히~하다. 覆(복) 뒤집다. 舟(주) 배. 或(혹) 간혹. 用間(용간) 간자를 쓰다. 以成功(이성공) 성공하다. 或(혹) 간혹. 憑(빙) 기대다. 間(간) 간자. 간첩. 以傾敗(이경패) 패배로 기울다.

若束髮事君, 當朝正色, 忠以盡節, 信以竭誠, 雖有善間, 安可用乎,
약속발사군, 당조정색, 충이진절, 신이갈성, 수유선간, 안가용호,
만약 청년 시절부터 군주를 섬기면서, 조정의 일은 바르게 처리하고, 충절을 다해 충성을 바치며, 정성을 다해 신의를 지키면서 보필한다면, 비록 적의 뛰어난 첩자가 이간질하더라도 어찌 그를 등용하지 않겠습니까?

若(약) 같다. 束髮(속발) 머리를 묶을 때부터. 아주 어린 청년 시절부터. 事君(사군) 군주를 섬기다. 當(당) 당하다. 朝(조) 조정. 正(정) 바르다. 色(색) 색. 모양. 忠(충) 충성. 以(이) ~로써. 써. 盡(진) 다하다. 節(절) 충절. 信(신) 신의. 竭(갈) 다하다. 誠(성) 정성. 雖(수) 비록. 有(유) 있다. 善(선) 잘하다. 間(간) 간첩. 安(안) 어찌. 可(가) 가히. 用(용) 쓰다. 乎(호) 어조사.

唐儉小義, 陛下何疑.
당검소의, 폐하하의.
거기에 비하면 당검(唐儉)을 사지에 몰아넣은 것은 신이 작은 신의를 저버린 것에 불과합니다. 폐하께서는 어찌 저를 의심하시옵니까? 더는 신을 의심하지 말아 주시기 바랍니다.

唐儉小義(당검소의) 당검에 대한 것은 작은 뜻에 불과하다. 陛下何疑(폐하하의) 폐하께서 어찌 저를 의심하십니까.

太宗曰, 誠哉, 非仁義不能使間, 此豈纖人所爲乎.
태종왈, 성재, 비인의불능사간, 차기섬인소위호.
태종이 말하였다. 인의가 없으면 첩자를 활용할 수 없으니, 인격이 낮아 인의가 없는 자는 첩자를 제대로 쓸 수 없는 법이오.

太宗曰(태종왈) 태종이 말하다. 誠哉(성재) 정성스럽고 순수한 마음을 알겠소! 非(비) 아니다. 仁義(인의) 어짐과 의로움. 不能(불능) 불가능하다. 使(사) ~을 하게 하다. 間(간) 정보원. 此(차) 이것. 豈(기) 어찌. 纖(섬) 작다. 가늘다. 人(인) 사람. 所(소) ~하는 바. 爲(위) ~하다. 乎(호) 어조사.

周公大義滅親, 況一使人乎. 灼無疑矣.
주공대의멸친, 황일사인호. 작무의의.
주공(周公)은 대의를 위하여 역모에 가담한 친형제들도 처형하였으니, 당검(唐儉)과 같은 사신 한 사람을 어찌 돌아볼 것이 있겠소. 이제 짐은 경의 본심을 분명히 알게 되었소.

周公(주공) 주 나라 무왕의 동생. 무왕이 죽은 후 어린 성황을 보필하던 중에 형인 관숙이 반란을 일으키자, 그를 토벌하고 처형함. 이를 두고 대의멸친 이라는 말이 생겨남. 大義滅親(대의멸친) 대의를 위해 친족도 멸하다. 況(황) 하물며. 一(일) 하나. 한번. 使(사) 사신을 의미함. 人(인) 사람. 乎(호) 어조사. 灼(작) 사르다. 굽다. 無(무) 없다. 疑(의) 의심. 矣(의) 어조사.

太宗曰, 兵貴爲主, 不貴爲客, 貴速不貴久, 何也.
태종왈, 병귀위주, 불귀위객, 귀속불귀구, 하야.
태종(太宗)이 물었다. 용병술에 있어 '근거리에서 전투하는 것을 귀하게 여기고 손님처럼 원거리까지 나가서 전투하는 것을 귀하게 여기지 않는다는 것, 전투를 빨리 끝내는 것을 귀하게 여기고 오래 끄는 것을 귀하게 여기지 않는다.'는 말은 무슨 뜻인가?348)

太宗曰(태종왈) 태종이 말하다. 兵(병) 용병술. 貴(귀) 귀하게 여긴다. 爲主(위주) 주도권을 잡다. 不貴(불귀) 귀하게 여기지 않는다. 爲客(위객) 손님의 입장이 되다. 貴(귀) 귀하게 여기다. 速(속) 빠르다. 不貴(불귀) 귀하게 여기지 않는다. 久(구) 오래. 何也(하야) 무슨 뜻인가?

靖曰, 兵不得已而用之, 安在爲客且久哉.

정왈, 병부득이이용지, 안재위객차구재.

이정(李靖)이 대답하였다. 용병이나 전쟁은 부득이한 경우에만 사용하는 것입니다. 부득이한 경우에만 하는 것인데 주도권도 빼앗기고 오래 끄는 것이 어찌 좋을 리가 있겠습니까?

靖曰(정왈) 이정이 대답하였다. 兵(병) 용병. 不得已(부득이) 부득이하다. 用之(용지) 그것을 사용하다. 安(안) 어찌. 在(재) 있다. 爲(위) ~하다. 客(객) 손님. 且(차) 또. 久(구) 오래. 哉(재) 어조사.

孫子曰, 遠輸則百姓貧, 此爲客之弊也.

손자왈, 원수즉백성빈, 차위객지폐야.

손자병법(孫子兵法)에서 말하기를, '원정을 가서 장거리에 군량을 수송하게 되면 백성들이 빈곤해진다고 하였는데, 이는 남의 나라에서 손님처럼 전투할 때 생겨나는 폐단입니다.'라고 하였습니다. 349)

孫子曰(손자왈) 손자가 말하다. 遠輸(원수) 멀리 수송하는 것. 則(즉) 곧. 百姓(백성) 백성들. 貧(빈) 가난하다. 此(차) 이것. 爲(위) ~하다. 客之弊(객지폐) 멀리 원정을 가서 손님처럼 전투하는 것의 폐해이다.

又曰, 役不再籍, 糧不三載, 此不可久之驗也.

우왈, 역부재적, 양불삼재, 차불가구지험야.

또 이르기를 '군사를 일으키기 위해 징집을 할 때 쓰는 장부를 두 번 쓰게 하지 않으며, 군량을 세 번 이상 전장으로 수송하지 말라'고 하였습니다. 이는 전쟁을 오래 끌지 말라고 강

348) 요즘과는 다른 해석이다. 당시 상황으로 보아서는 적이 멀리까지 원정을 오게 함으로써 지치고 군수지원도 많이 소요되는 적을 쉽게 격파하고, 자신은 근거리에서 모든 지원을 쉽게 받을 수 있는 자국의 땅에서 전투하는 것을 귀하게 여겼다.

349) 손자병법 제2. 작전 편에 나오는 문구임.

조하는 것입니다.

又曰(우왈) 또 말하다. 役(역) ~하게 하다. 不(불) ~하지 않다. 再(재) 다시. 籍(적) 징집하기 위해서 쓰는 장부. 糧(량) 식량. 三載(삼재) 세 번 싣는다. 此(차) 이것. 不可(불가) 불가하다. 久(구) 오래. 驗(험) 증거. 효능.

臣較量主客之勢, 則有變客爲主, 變主爲客之術.
신교량주객지세, 즉유변객위주, 변주위객지술.
신이 주인과 손님의 입장을 비교해 보니, 주인의 입장을 손님의 입장으로 바꾸고, 손님의 입장을 주인의 입장으로 바꾸는 술책이 있습니다.

臣(신) 이정 자신을 말함. 較(교) 견주다. 量(량) 헤아리다. 主客之勢(주객지세) 주인과 객의 기세. 則(즉) 곧. 有(유) 있다. 變客(변객) 객의 입장을 바꾸다. 爲主(위주) 주인의 입장으로. 變主(변주) 주인의 입장을 바꾸다. 爲客(위객) 손님의 입장으로. 術(술) 술책. 방법.

太宗曰, 何謂也.
태종왈, 하위야.
태종(太宗)이 물었다. 그게 무슨 말이오?

太宗曰(태종왈) 태종이 말하다. 何(하) 어찌. 謂(위) 말하다.

靖曰, 因糧於敵, 是變客爲主也. 飽能饑之, 佚能勞之, 是變主爲客也.
정왈, 인량어적, 시변객위주야. 포능기지, 일능로지, 시변주위객야.
이정(李靖)이 대답하였다. 군량을 적지에서 조달하는 것은 바로 객(客)을 주인(主)의 입장으로 바꾸는 방법입니다. 적의 군량을 결핍되게 하여 적을 능히 굶주리게 하고, 편안하게 쉬는 적을 능히 피곤하게 하여 사기를 저하하는 것 등은 주인(主)을 객(客)의 입장으로 바꾸는 방법입니다.

靖曰(정왈) 이정이 대답하였다. 因(인) ~로 인하다. 糧(량) 식량. 於敵(어적) 적으로부터. 是(시) 옳다. 이것. 變(변) 바꾸다. 客爲主(객위주) 객이 주인으로 바뀌다. 飽(포) 배부르다. 能(능) 능히 ~하다. 饑(기) 굶주리다. 佚(일) 편안하다. 能(능) 능히 ~하다. 勞(노) 힘들다. 是(시) 옳다. 이것. 變(변) 바꾸다. 主爲客(주위객) 주인이 객으로 바뀌다.

故兵不拘主客遲速, 惟發必中節, 所以爲宜.
고병불구주객지속, 유발필중절, 소이위의.
고로, 용병에 있어서 주객(主客)이나 지속(遲速)에 관계없이 상황에 맞게 적절하게 대처하는 것이 가장 당연한 처사입니다.

故(고) 고로. 兵(병) 용병. 不拘(불구) ~에도 구애됨이 없이. 主客(주객) 주인이냐 객이냐? 遲速(지속) 전투를 오래 끄느냐 빨리하느냐? 惟(유) 생각하다. 發(발) 쏘다. 必(필) 반드시. 中(중) 가운데. 節(절) 절도. 적절하다. 所(소) ~하는 바. 以(이) 로써. 爲(위) ~하다. 宜(의) 마땅하다.

太宗曰, 古人有諸.
태종왈, 고인유제.
태종(太宗)이 말하였다. 옛사람 중에도 이렇게 한 경우가 많이 있었소?

太宗曰(태종왈) 태종이 말하다. 古人(고인) 옛날 사람들. 有(유) 있다. 諸(제) 모두.

靖曰, 昔越伐吳, 以左右二軍, 鳴鼓而進, 吳分兵禦之,
정왈, 석월벌오, 이좌우이군, 명고이진, 오분병어지,
이정(李靖)이 대답하였다. 옛날 월(越)나라가 오(吳)나라를 공격할 때에 좌우 2군을 출동시켜 북을 치며 진격하자, 오(吳)나라는 부대를 나누어 이를 방어하였습니다.

靖曰(정왈) 이정이 대답하였다. 昔(석) 옛날에. 越(월) 월나라. 伐吳(벌오) 오나라를 토벌하러 갈 때. 以左右二軍(이좌우이군) 좌우 2군을 데리고. 鳴鼓(명고) 북을 울리다. 進(진) 진격하다. 吳(오) 오나라는. 分兵(분병) 병사들을 나누어. 禦之(어지) 방어하다.

越以中軍潛涉, 不鼓襲取吳師. 此變客爲主之驗也.
월이중군잠섭, 불고습취오사. 차변객위주지험야.
이때, 월(越)나라는 중군을 은밀히 도강시켜 북소리도 내지 않고 기습적으로 공격하여 오나라 군사를 취한 바 있습니다. 이는 주객(主客)을 바꾸어서 승리한 전례입니다.

越(월) 월나라는. 以中軍(이중군) 중군으로 하여금. 潛涉(잠섭) 은밀히 강을 도섭하다. 不鼓(불고) 북을 치지 않고. 襲(습) 습격하다. 取(취) 취하다. 吳師(오사) 오나라 군사들을. 此(차) 이것은. 變(변) 바꾸다. 客爲主(객위주) 객을 주인과 바꾸다. 驗(험) 경험.

石勒與姬澹戰, 澹兵遠來,
석륵여희담전, 담병원래,
석륵(石勒)과 희담(姬澹)이 전투할 때, 희담(姬澹)의 군대는 장거리 행군으로 전쟁터에 도착했습니다.

石勒(석륵) 5호 16국 시대에 후조를 세운 군주. 與(여) ~와 같이. 姬澹(희담) 자치통감이란 책에는 기담(箕澹)으로 기록되기도 하였던 남조 동진의 부장. 戰(전) 전투. 싸움. 澹兵(담병) 희담의 군대. 遠來(원래) 장거리 행군으로 오다.

勒遣孔萇爲前鋒, 逆擊淡軍, 孔萇退走, 澹來追,
늑견공장위전봉, 역격담군, 공장퇴주, 담래추,
이때 석륵(石勒)은 부장(副將)인 공장(孔萇)을 최전방 선봉대로 삼아 희담(姬澹)의 군을 공격하게 하였으나, 이는 소수의 병력으로 적을 유인하기 위해 거짓 공격을 한 것이었습니다. 공장(孔萇)의 군대가 거짓으로 퇴각하자, 희담(姬澹)은 군사들을 이끌고 추격하기 시작했습니다.

勒(륵) 석륵은. 遣(견) 보내다. 孔萇(공장) 사람 이름. 석륵의 부장. 爲前鋒(위전봉) 선봉으로 삼다. 逆(역) 거스르다. 擊(격) 공격하다. 淡(담) 묽다. 싱겁다. 軍(군) 군대. 孔萇(공장) 공장이라는 부장은. 退走(퇴주) 후퇴하면서 달리다. 澹(담) 희담 장군. 來追(래추) 추격하면서 오다.

勒以伏兵夾擊之, 澹軍大敗, 此變勞爲佚之驗也. 古人如此者多.
늑이복병협격지, 담군대패, 차변로위일지험야. 고인여차자다.
이때 석륵(石勒)은 군대를 매복시켜 놓고 있다가 공장(孔萇)의 군과 합세하여 희담(姬澹) 군을 협공한 결과, 희담 군을 대패시킨 바가 있습니다. 이는 피로한 군대를 바꾸어 편안한 군대로 만들어(勞→佚) 승리를 만든 전례입니다. 옛날 사람들에게서 이와 같은 사례는 많이 찾아볼 수 있습니다.

勒(륵) 석륵 장군은. 以伏兵(이복병) 복병으로. 夾擊(협격) 퇴각하는 공장의 군과 같이 공격하여. 澹軍(담군) 희담의 군대. 大敗(대패) 크게 패하다. 此(차) 이것은. 變(변) 바꾸다. 勞爲佚(노위일) 피곤한 군대를 편안한 군대로 만들다. 驗(험) 사례. 전례. 경험. 古人(고인) 옛날 사람들. 如(여) ~과 같다. 此(차) 이것. 者(자) ~하는 것. 多(다) 많다.

太宗曰, 鐵蒺藜行馬, 太公所制, 是乎.

태종왈, 철질려행마, 태공소제, 시호.

태종(太宗)이 물었다. 철질려(마름쇠)와 행마는 강태공이 창안한 것이라 하는데, 맞는 말이오?

太宗曰(태종왈) 태종이 말하다. 鐵(철) 쇠. 철. 蒺藜(질려) 질려는 도둑이나 적을 막기 위해 흩어 두었던 끝이 뾰족하게 송곳처럼 생긴 서너 개의 발을 가진 쇠못을 말함. 行馬(행마) 전차에 칼날을 장착해서 적진을 누비고 다니면서 적을 공격하는 무기를 말함. 太公(태공) 강태공. 所制(소제) 만든 바. 是乎(시호) 맞는가?

靖曰, 有之, 然拒敵而已. 兵貴致人, 非欲拒之也.

정왈, 유지, 연거적이이. 병귀치인, 비욕거지야.

이정(李靖)이 대답하였다. 그렇습니다. 그러나 태공망(太公望)이 만든 이런 무기들은 단지 적을 막기 위한 도구일 뿐입니다. 용병에 있어서는 아군이 의도한 대로 적을 끌어들이는 주도권 확보를 귀하게 여겨야 하지, 적을 막는 것에만 치중해서는 안 되는 것입니다.

靖曰(정왈) 이정이 대답하였다. 有之(유지) 그런 것이 있습니다. 然(연) 그러하다. 拒(거) 거부하다. 敵(적) 적군. 已(이) 이미. 兵(병) 용병. 貴(귀) 귀하게 여긴다. 致人(치인) 적을 끌어들이다. 非(비) 아니다. 欲(욕) ~하고자하다. 拒之(거지) 적을 거부하다.

太公六韜, 言守禦之具爾, 非攻戰所施也.

태공육도, 언수어지구이, 비정전소시야.

태공(太公)의 육도(六韜)에서는 방어용 장비나 기구들을 언급하고 있으나 공격용 무기에 대해서는 언급이 없습니다.

太公(태공) 강태공. 태공망. 六韜(육도) 태공이 지은 병법서. 言(언) 말하다. 언급하다. 守禦之具(수어지구) 방어용 장비들을 말함. 爾(이) 어조사. 非(비) 아니다. 攻戰(공전) 공격작전. 所(소) ~하는 바. 施(시) 시설하다. 설치하다.

第三. 問對 下. 제3. 문대 (하)

太宗曰, 太公雲, 以步兵與車騎戰者, 必依丘墓險阻.
태종왈, 태공운, 이보병여차기전자, 필의구묘험조.
태종(太宗)이 물었다. 태공(太公)은 보병을 거느리고 적의 전차대나 기병대와 싸우려 할 경우에는 반드시 구릉, 분묘, 험준한 지형을 이용하라 하였소.

太宗曰(태종왈) 태종이 말하다. 太公(태공) 강태공을 말함. 雲(운) 운운하다. 말하다. 以步兵(이보병) 보병을 데리고. 與車騎(여차기) 전차대나 기병대와 함께. 戰者(전자) 싸운다면, 必依(필의) 반드시 이용하라. 丘墓險阻(구묘험조) 언덕이나 구릉, 분묘, 험한 지형을 말함.

又孫子雲, 天隙之地, 丘墓故城, 兵不可處. 如何.
우손자운, 천극지지, 구묘고성, 병불가처. 여하.
그리고 손자(孫子)는 자연적으로 형성된 험한 지형이나 구릉, 분묘, 옛 성터 같은 곳에 군사를 주둔시켜서는 안 된다 하였소. 대체 누구 말이 맞는 거요?

又孫子雲(우손자운) 또한 손자가 말하기를. 天(천) 자연적으로 형성된. 隙(극) 간극을 말하는데 험한 지형을 말함. 丘墓故城(구묘고성) 구릉이나 분묘, 오래된 성터를 말함. 兵不可處(병불가처) 병력을 주둔시켜서는 안 된다. 如何(여하) 어떠한가를 물어보는 말임.

靖曰, 用衆在乎心一, 心一在乎禁祥去疑.
정왈, 용중재호심일, 심일재호금상거의.
이정(李靖)이 대답하였다. 용병할 때는 우선 장병들의 마음이 하나가 되어야 합니다. 장병들의 마음을 하나로 만들기 위해서는 유언비어를 금지하고 의심을 제거해야 합니다.

靖曰(정왈) 이정이 대답하였다. 用衆(용중) 용병과 같은 의미임. 在乎心一(재호심일) 마음이 하나가 되어야 한다는 뜻임. 心一在(심일재) 마음을 하나로 만드는 것은. 禁祥(금상) 유언비어를 금하다. 去疑(거의) 의심을 없애다.

儻主將有所疑忌, 則群情搖. 群情搖, 則敵乘釁而至矣.
당주장유소의기, 즉군정요. 군정요, 즉적승흔이지의.

만일 군주나 장수가 먼저 의심하거나 꺼리는 것이 있으면, 장병들의 마음도 이에 따라 동요하기 마련입니다. 그렇게 되면, 적들은 이러한 빈틈을 비집고 쳐들어오게 될 것입니다.

儻(당) 만일. 主將(주장) 주군이나 장수. 有所疑忌(유소의기) 의심하거나 꺼리는 마음이 있다. 則(즉) 곧. 群(군) 무리. 情搖(정요) 장병들의 마음이 동요하다. 敵(적) 적들이 乘(승) 기어오른다. 釁(흔) 빈틈. 至(지) 이르다.

安營據地, 便乎人事而已,
안영거지, 편호인사이이,
지형이 좋은 곳에 진영을 설치하고 거처를 정하는 것은 장병의 편리를 도모하기 위해서입니다.

安(안) 편안하다. 營(영) 진영을 설치하다. 據(거) 거처를 정하다. 地(지) 땅. 便乎(편호) 편하다. 人事而已(인사이이) 장병들과 관계된 일, 요즘으로 말하면 장병들의 복지를 의미한다고 볼 수 있음.

若澗井陷隙之地, 及如牢如羅之處, 人事不便者也.
약간정함극지지, 급여뢰여라지처, 인사불편자야.
만약 계곡이나 시내가 흐르는 지형, 물이 많은 늪지대, 움푹 패어서 간극이 벌어진 땅과 같은 곳에 거처를 정하면 마치 가축을 키우는 우리나 그물에 갇힌 것과 같아서 장병들이 대단히 불편할 것입니다.

若(약) 만약. 澗(간) 계곡이나 시내가 흐르는 곳. 井(정) 물이 많은 늪지대 정도로 해석. 陷(함) 함몰된 지형. 隙(극) 간극이 많이 벌어진 땅. 及(급) 이르게 되다. 如(여) 마치 ~하는 것 같다. 牢(뢰) 가축을 가두어 놓는 우리를 말함. 羅(라) 그물. 人事不便者也(인사불편자) 장병들이 생활하는 데 불편할 것이다.

故兵家引而避之, 防敵乘我.
고병가인이피지, 방적승아.
그러므로 병가의 사람들은 이러한 지형을 피해서 진영을 설치해야 하며, 아군의 행동이 제약받는 틈을 타서 적이 공격해오는 일이 없도록 대비해야 합니다.

故(고) 그러므로. 兵家(병가) 군사에 종사하는 사람들. 引而避之(인이피지) 그러한 지형이 있으면 유인당하지 말고, 피하라. 防(방) 방어하다. 乘(승) 기어오르다.

丘墓故城, 非絕險處, 我得之爲利, 豈宜反去之乎.
구묘고성, 비절험처, 아득지위리, 기의반거지호.
구릉이나 분묘, 오래된 성터와 같은 지형은 크게 험한 곳이 아닙니다. 아군이 이러한 곳을 장악하면 유리하게 활용할 수 있으니 이러한 지형을 버려서는 안 될 것입니다.

丘墓故城(구묘고성) 구릉, 묘지 터, 옛날 성곽. 非(비) 아니다. 絕(절) 끊을 절. 끊는다는 의미보다는 절대적이라는 뜻으로 해석. 險處(험처) 험한 곳. 我得之爲利(아득지위리) 내가 취하면 유리하게 이용할 수 있다. 豈(기) 어찌. 宜(의) 마땅히. 反(반) 돌이키다. 去(거) 가다. 乎(호) 어조사.

太公所說, 兵之至要也.
태공소설, 병지지요야.
태공의 이러한 말들은 바로 용병술의 요체라고 할 수 있습니다.

太公所說(태공소설) 태공이 말한바. 兵之至要也(병지지요야) 용병의 요체라 할 수 있다.

太宗曰, 朕思兇器無甚於兵者, 行兵苟便於人事, 豈以避忌爲疑.
태종왈, 짐사흉기무심어병자, 행병구편어인사, 기이피기위의.
태종(太宗)이 말하였다. 짐이 생각해보니 흉기로 말하자면 군사를 일으키는 것보다 더한 것이 어디에 있겠소? 군을 출동시키는 것이 진실로 백성들을 위한 것이라면, 출병에 있어 무엇을 의심하여 기피하겠는가?

太宗曰(태종왈) 태종이 말하였다. 朕(짐) 당태종을 말함. 思(사) 생각하다. 兇器(흉기) 흉기를 말함. 無甚(무심) 심한 것이 없다. 兵(병) 군사를 일으키는 것. 行兵(행병) 군사를 출동시키는 것. 苟(구) 진실로 便(편) 편리하게 하다. 人事(인사) 백성과 관련된 일. 豈(기) 어찌. 以避忌(이피기) 기피하다. 爲疑(위의) 의심하다.

今後請將, 有以陰陽拘忌, 於事宜者, 卿當丁寧誡之.
금후청장, 유이음양구기, 어사의자, 경당정녕계지.
이 시간 이후로 장수 중 음양의 길흉에 얽매어 출병의 호기를 놓치는 자가 있으면 경은 이를 잘 가르쳐 주기 바라오.

今後(금후) 지금부터 이후로. 請(청) 청하다. 將(장) 장수에게. 有(유) 있다. 以(이) ~로써. 陰陽(음양) 음양으로 길흉을 점쳐보는 행위. 拘(구) 얽매이다. 忌(기) 꺼리다. 於事(어사) 일을 함에 있어서. 宜(의)

마땅하다. 者(자) ~하는 자. 卿(경) 경은~. 當(당) 마땅히. 丁寧(정녕) 거짓없이. 진실되게. 誡(계) 훈계하다.

靖再拜謝曰, 臣按, 尉繚子曰, 黃帝以德守之, 以刑伐之,
정재배사왈, 신안, 위료자왈, 황제이덕수지, 이형벌지,
이정(李靖)이 두 번 절하여 감사해 하고 말하였다. 신이 병법서 울료자(尉繚子)를 보니, '황제는 덕으로 나라를 지키고 강한 군사력으로 적을 정벌하였다'고 하였습니다.

靖(정) 이정을 말함. 再拜(재배) 두 번 절하다. 謝(사) 감사하다. 曰(왈) 말하다. 臣(신) 이정 자신을 말함. 按(안) 누를 안. 생각을 해보니. 尉繚子曰(울료자왈) 병법서 '울료자'에서 말하기를. 黃帝(황제) 중국의 황제를 말함. 以德(이덕) 덕으로써. 守之(수지) 나라를 지키다. 以刑(이형) 형벌로써. 伐之(벌지) 다른 나라를 토벌하다.

是謂刑德, 非天官時日之謂也. 然詭道可使由之, 不可使知之.
시위형덕, 비천관시일지위야. 연궤도가사유지, 불가사지지.
이것은 바로 형벌과 문덕을 설명하는 말이며, 천관에 점을 보아 음양의 길흉을 따져서 하는 말이 아닙니다. 따라서 음양의 길흉을 보는 것을 기만술로써 사용하는 것을 고려해 봄 직하지만, 그러한 내용을 자세하게 알 필요는 없는 것입니다.

是(시) 이것. 謂(위) 말하다. 일컫다. 刑德(형덕) 형벌과 문덕. 非(비) 아니다. 天官(천관) 하늘의 점을 보는 기관. 時日(시일) 시기와 일기. 謂(위) 말하다. 然(연) 그러하다. 詭道(궤도) 속이는 방법. 可使(가사) ~을 하게 하는 것이 가능하다. 由之(유지) 그것을 생각해보다. 不可使(불가사) ~하게 하는 것을 굳이 할 필요가 없다. 知之(지지) 그것을 알다.

後世庸將泥於術數, 是以多敗, 不可不誡也. 陛下聖訓, 臣宜宣告諸將.
후세용장니어술수, 시이다패, 불가불계야. 폐하성훈, 신의선고제장.
오늘날 장수들이 음양설과 같이 길흉을 점치는 등의 술수에 빠져 전투에 패배하는 일이 많으니, 이를 경계하지 않을 수 없습니다. 신은 폐하의 훌륭하신 가르침을 받들어 모든 장수에게 널리 잘 알리도록 하겠습니다.

後世(후세) 오늘날로 해석. 庸(용) 쓰다, ~로써. 將(장) 장수. 泥(니) 더럽혀지고 썩다. 於(어) ~에. 術數(술수) 음양설과 같이 길흉을 점치는 술수. 是以多敗(시이다패) 자주 전투에서 패배하는 일이 많다.

不可不(불가불) ~하지 않을 수 없다. 誡(계) 훈계하다. 陛下聖訓(폐하성훈) 폐하의 훌륭하신 가르침. 臣(신) 이정을 말함. 宜(의) 마땅하다. 宣(선) 베풀다. 告(고) 알리다. 諸將(제장) 모든 장수.

太宗曰, 兵有分有聚, 各貴適宜, 前代事跡, 孰爲善此者.
태종왈, 병유분유취, 각귀적의, 전대사적, 숙위선차자.
태종(太宗)이 말하였다. 용병할 때는 부대를 분산시키기도 하고 집중시키기도 하는 경우가 있는데, 이는 각각의 경우에 따라 적절히 잘 운용하여야 할 것이오. 과거 사례 중에서 이를 잘 운용한 경우에는 어떤 것들이 있소?

太宗曰(태종왈) 태종이 말하다. 兵(병) 용병을 말함. 有分(유분) 분산시키는 경우가 있다. 有聚(유취) 집중해서 운용하는 경우가 있다. 各(각) 각각의 경우. 貴(귀) 귀하다. 適(적) 적절하다. 宜(의) 마땅하다. 前代(전대) 앞선 시대. 지난 시절에. 事跡(사적) 사례. 孰(숙) 능숙하다. 爲善(위선) 잘하다. 此(차) 이것.

靖曰, 苻堅總百萬之衆, 而敗於淝水, 此兵能合不能分之所致也.
정왈, 부견총백만지중, 이패어비수, 차병능합불능분지소치야.
이정(李靖)이 대답하였다. 부견(苻堅)350)이 총 백만 대군을 거느리고 비수(淝水)에서 싸우다가 대패한 적이 있었는데351), 이 사례가 바로 부대를 한 곳에 집중시키기만 하고, 적절히 분산하여 활용하지 못한 사례입니다.

靖曰(정왈) 이정이 말하다. 苻堅(부견) 왕의 이름. 總百萬之衆(총백만지중) 총 백만 대군의 군사를 이끌고. 敗(패) 패배하다. 於(어) ~에서. 淝水(비수) 비수라는 지명을 말함. 此(차) 이것. 兵(병) 용병. 能合(능합) 집중은 제대로 하였다. 不能分(불능분) 분산은 제대로 하지 못했다. 所(소) ~하는 바. 致(치) 이르다.

吳漢討公孫述, 與副將劉尙分屯, 相去二十里, 述來攻漢, 尙出合擊, 大破之,
오한토공손술, 여부장류상분둔, 상거이십리, 술래공한, 상출합격, 대파지,

350) 부견(苻堅). 전진(前秦)의 제3대 왕. 태학을 정비, 학문을 장려하고 농경을 활발히 일으켰음. 특히 한인학자 왕맹(王猛)의 보필로 국세를 크게 떨쳤음. 그 위세는 동쪽 고구려로부터 서쪽 타림 남서부 호탄에까지 미쳤음.

351) 비수전투(淝水戰鬪). 중국 동진(東晉)의 사현(謝玄)이라는 장수가 전진(前秦)의 부견(苻堅)을 격파한 전투. 비수는 지금의 안후이성(安徽省)에 있는 화이허 강(淮河)의 지류임.

그리고 오한(吳漢) 장군[352]이 공손술(公孫述)[353]을 토벌할 때, 부장(副將)인 유상(劉尙)의 부대와 약 20리쯤 떨어진 곳에 나뉘어서 주둔하였는데, 공손술(公孫述)이 부대를 이끌고 와서 오한(吳漢) 군을 공격하자, 부장(副將) 유상(劉尙)이 출병하여 오한(吳漢) 장군과 합세하여 공손술(公孫述)의 군대를 대파시켰습니다.

吳漢(오한) 오한 장군. 討(토) 토벌하다. 公孫述(공손술) 공손술. 與(여) 더불어. 副將(부장) 오한 장군의 부장. 劉尙(유상) 부장의 이름. 分屯(분둔) 나누어서 주둔하다. 相去二十里(상거이십리) 서로 이십 리 정도 떨어지다. 述(술) 공손술. 來(래) 오다. 攻(공) 공격하다. 漢(한) 오한 장군을 말함. 尙(상) 부장 유상을 말함. 出(출) 출병하다. 合(합) 합치다. 擊(격) 치다. 大破之(대파지) 대파하다.

此兵分而能合之所致也.
차병분이능합지소치야.
이것이 바로 부대를 분산시켰다가 적절한 시기에 제대로 집중시켜 공격한 사례입니다.

此(차) 이것이. 兵分而能合(병분이능합) 군대가 분산되어 있으나 능히 합칠 수 있다. 所(소) ~하는 바. 致(치) 이르다.

太公曰, 分不分爲縻軍, 聚不聚爲孤旅.
태공왈, 분불분위미군, 취불취위고려.
태공(太公)이 말하기를 '부대를 분산시켜야 할 때 분산시키지 않는 것을 일컬어 얽혀 매인 군대라는 의미로 미군(縻軍)이라 하고, 부대를 합쳐서 운용해야 할 경우에 합치지 않고 운용하는 것을 일컬어 외로운 부대라는 뜻으로 고려(孤旅)라 한다.' 하였습니다.

太公曰(태공왈) 태공이 말하다. 分(분) 나누다. 不分(불분) 나누지 않다. 爲(위) ~라고 하다. 縻軍(미군) 옭혀 매인 부대. 聚不聚(취불취) 집중해서 운용해야 할 때 그러지 않는 것은. 爲(위) ~라고 하다. 孤旅(고려) 외로운 부대.

太宗曰, 苻堅初得王猛, 實知兵, 遂取中原, 及猛卒, 堅果敗, 此縻軍之謂乎.

352) 오한(吳漢). 후한 초기의 장군으로 익주 지방을 점령해있던 공손술(公孫述)을 부장 유상과 함께 토벌하였음.

353) 공손술(公孫述). 중국 후한 때의 군웅 중의 한 사람. 촉 지방에 나라를 세우고 스스로 황제라 칭하였으나 후한 광무제에게 멸망 당함.

태종왈, 부견초득왕맹, 실지병, 수취중원, 급맹졸, 견과패, 차미군지위호.

태종(太宗)이 말하였다. 부견(符堅)이 처음에는 용병에 대해 정통한 왕맹(王猛)[354]을 신하로 얻었기 때문에 천하를 얻을 수 있었던 것이오. 그러나 왕맹(王猛)이 죽음에 이르자 부견은 곧바로 패망하는 결과를 낳았으니, 이것을 미군(縻軍)이라고 하는 것이오.

太宗曰(태종왈) 태종이 말하다. 苻堅(부견) 장수의 이름. 初(초) 처음에. 得(득) 얻었다. 王猛(왕맹) 사람 이름. 5호 16국 당시 전진의 정치가. 實知兵(실지병) 용병에 대해 자세하게 잘 아는. 遂(수) 성취하다. 取(취) 취하다. 中原(중원) 천하를 일컫는 말. 及(급) 이르다. 猛(맹) 왕맹을 말함. 卒(졸) 죽었다는 말임. 堅(견) 부견을 말함. 果(과) 결과를 낳다. 敗(패) 패배하다. 此(차) 이것을. 縻軍(미군) 얽혀 매인 군대. 謂(위) 말하다. 일컫다.

吳漢爲光武所任, 兵不遙制, 故漢果平蜀, 此不陷孤旅之謂乎.

오한위광무소임, 병불요제, 고한과평촉, 차불함고려지위호.

오한(吳漢)은 광무제(光武帝)[355]의 신임을 얻어 용병할 때 조정의 통제를 받지 않았기 때문에 결과적으로 촉(蜀)나라의 공손술(公孫述)을 평정하게 되었소. 이러한 것을 일컬어 고려(孤旅)에 빠지지 않은 것이라 하는 것이오.

吳漢(오한) 오한 장군을 말함. 爲(위) ~하다. 光武(광무) 광무제를 말함. 所任(소임) 신임을 얻은 바. 兵(병) 용병을 함에 있어. 不遙制(불요제) 조정의 통제를 받지 아니하다. 故(고) 그러므로. 漢(한) 오한 장군을 말함. 果(과) 결과를 낳다. 平(평) 평정하다. 蜀(촉) 촉나라. 此(차) 이것. 不陷(불함) ~에 함락되지 않았다. ~에 빠지지 않았다. 孤旅(고려) 외로운 군대.

得失事跡, 足爲萬代鑒.

득실사적, 족위만대감.

이러한 성공과 실패의 사례는 만대에 이르는 후세까지 거울로 삼을 만한 것이오.

354) 왕맹(王猛). 5호 16국 당시 전진의 정치가. 아는 것이 많고, 특히 병략을 통달하여 부견의 신임을 받고 승상의 지위에 오른 자임. 그러나 그가 죽은 후, 부견은 그의 유언을 듣지 않고 무리하게 군사를 운용하다가 80만 대군을 잃고 결국 패망하였다.

355) 광무제(光武帝). 후한(後漢)의 초대 황제. 왕망의 군대를 격파하고 즉위해서 한 왕조를 재건. 36년에 전국을 평정했으며 중앙집권화를 꾀했다. 학문을 장려하고, 유교 존중주의를 택해서 예교주의의 기초를 다졌다고 평가되는 인물임.

得(득) 얻다. 성공하다. 失(실) 잃다. 실패하다. 事跡(사적) 여러 지나온 사례들을 말함. 足(족) 충분하다. 爲(위) ~라고 하다. 萬代(만대) 만대에 이르는 후세를 말함. 鑒(감) 거울로 삼다.

太宗曰, 朕觀千章萬句, 不出乎多方以誤之一句而已.
태종왈, 짐관천장만구, 불출호다방이오지일구이이.
태종(太宗)이 말하였다. 짐이 병서를 보니, 그 수많은 내용이 모두 '온갖 방책을 써서 적의 실수를 유도한다'는 한 구절로 요약될 수 있을 것 같소. 이에 대하여 경의 견해는 어떠하오?

太宗曰(태종왈) 태종이 말하다. 朕(짐) 당태종을 말함. 觀(관) 보다. 千章(천장) 천 개나 되는 문장. 萬句(만구) 1만개나 되는 구절. 不出(출) ~에 지나지 않는다. 多方(다방) 여러 가지 방책. 誤(오) 과오. 一句(일구) 한 구절.

靖良久曰, 誠如聖語. 大凡用兵, 若敵人不誤, 則我師安能克哉.
정양구왈, 성여성어. 대범용병, 약적인불오, 즉아사안능극재.
이정(李靖)이 한참 동안 생각하다가 대답하였다. 폐하, 지당하신 말씀이옵니다. 전시에 용병할 때 만약 적이 과오를 범하지 않는다면, 아군이 어떻게 그 난관을 극복해 나갈 수 있겠습니까?

良久(양구) 오래도록 생각하다. 誠(성) 정성. 如(여) 같다. 聖語(성어) 성스러운 말. 大凡用兵(대범용병) 용병을 함에 있어서. 若(약) 만약. 敵人(적인) 적군이. 不誤(불오) 실수를 하지 않는다. 則(즉) 곧. 我師(아사) 우리 측 군대. 군사. 安能克(안능극) 능히 극복하다. 哉(재) 어조사.

譬如奕棋, 兩敵均焉, 一著或失, 竟莫能助,
비여혁기, 양적균언, 일저혹실, 경막능조,
비유하자면, 바둑 실력이 비슷한 두 적수가 대국할 때, 단 한 수라도 패착하면 그 판을 지고 마는 것과 같은 것입니다.

譬(비) 비유하다. 如(여) ~와 같다. 奕(혁) 바둑. 棋(기) 바둑. 兩(양) 두 양. 敵(적) 적. 均(균) 비슷하다. 一著(일저) 바둑에서의 한수. 或(혹) 혹시나. 失(실) 실수하다. 竟(경) 끝나다. 莫(막) 없다. 能助(능조) 도와주다.

是古今勝敗率有一誤而已. 況多失者乎.

시고금승패솔유일오이이. 황다실자호.
예로부터 전쟁에서도 한 번의 실수로 승패가 결정되는 경우가 많이 있었습니다. 그러니, 많은 실수가 있다면 그 승패는 더 말할 필요가 없는 것입니다.

是(시) 옳다. 古今(고금) 예나 지금이나. 勝敗(승패) 이기고 지는 것. 率(솔) 이끌다. 有一誤(유일오) 한 번의 실수를 말함. 況(황) 하물며. 多失(다실) 많은 실수.

太宗曰, 攻守二事, 其實一法歟.
태종왈, 공수이사, 기실일법여.
태종(太宗)이 물었다. 공격전술이나 방어전술 이 두 가지는 결국 같은 전술이 아니겠는가?

太宗曰(태종왈) 태종이 말하다. 攻守二事(공수이사) 공격과 수비의 두 가지는. 其(기) 그. 實(실) 사실상. 一法(일법) 동일한 전법. 같은 전술. 歟(여) 어조사.

孫子言, 善攻者, 敵不知其所守, 善守者, 敵不知其所攻.
손자언, 선공자, 적부지기소수, 선수자, 적부지기소공.
손자병법에서 말하기를 '공격전술을 잘하는 자는 적이 어떻게 방어해야 할지 모르게 하고, 방어를 잘하는 자는 적이 아군의 어느 곳을 공격해야 할지 모르게 한다'고 하지 않았소.

孫子言(손자언) 손자병법에서 말하기를. 善(선) 잘하다. 공격을 잘하는 자는. 敵(적) 적이. 不知(부지) 알지 못하게 하다. 其(기) 그. 所守(소수) 지키는 곳을. 善守者(선수자) 방어를 잘하는 자는. 敵不知其所攻(적부지기소공) 적이 어느 곳을 공격하는지 알지 못하게 한다.

卽不言敵來攻我, 我亦攻之, 我若自守, 敵亦守之, 攻守兩齊, 其術如何.
즉불언적래공아, 아역공지, 아약자수, 적역수지, 공수양제, 기술내하.
그런데, 손자병법에서는 적이 와서 아군을 공격하면 아군 역시 공격을 해야 하고, 아군이 방어하면 적 또한 방어하게 될 텐데 이것에 대해서는 언급이 없지 않은가? 공격과 방어력이 서로 비슷한 경우에는 싸우는 전술이 어찌해야 하오?

卽(즉) 곧. 不言(불언) 말하지 않았다. 敵來攻我(적래공아) 적이 아군을 공격해오면. 我亦攻之(아역공지) 아군도 역시 적을 공격하다. 我若自守(아약자수) 아군이 만약 스스로 방어를 하면. 敵亦守之(적역수지) 적도 역시 방어하다. 攻守(공수) 공격과 방어. 兩(양) 양쪽. 齊(제) 가지런하다. 其術(기술) 그 방법. 如何(여하) 어찌 되는 것이오.

靖曰, 前代似此, 相攻相守者, 多矣.
정왈, 전대사차, 상공상수자, 다의.
이정(李靖)이 대답하였다. 역대의 전쟁사를 보면, 이처럼 서로 공격하거나 서로 방어하는 경우가 많이 있었습니다.

靖曰(정왈) 이정이 말하다. 前代(전대) 앞선 시대의. 似(사) 같다. 닮았다. 此(차) 이것. 相攻相守者(상공상수자) 서로 공격하고 서로 방어를 하는 상황을 말함. 多矣(다의) 많았다.

皆曰, 守則不足, 攻則有餘.
개왈, 수즉부족, 공즉유여.
그런데 모두 손자가 말한 것처럼 '방어는 부족할 때 하고, 공격은 여유가 있을 때 한다'는 말을 하고 있습니다.

皆曰(개왈) 모두 말하기를. 守則不足(수즉부족) 방어는 곧, 전투력이 부족할 때 하고, 攻則有餘(공즉유여) 공격은 곧 전투력이 남을 때 하는 것이다.

便謂不足爲弱, 有餘爲强, 蓋不悟攻守之法也.
편위부족위약, 유여위강, 개불오공수지법야.
앞에서 손자가 말한 문장에서 '부족하다'는 것을 전투력이 약하다는 뜻으로 해석하고, '여유가 있다'는 것을 전투력이 강하다는 뜻으로 나름대로 편하게만 해석하여, '전투력이 부족하면 수비하고, 전투력이 충분하면 공격하라'는 뜻으로 잘못 알고 있습니다. 이것은 공격과 방어에 대한 전술이나 전법을 제대로 깨닫지 못한 것이라 할 수 있습니다.

便(편) 편하다. 謂(위) 설명하다. 不足爲弱(부족위약) 부족하다는 것을 약한 것으로 해석하다. 有餘爲强(유여위강) 여유가 있다는 것을 강한 것으로 해석하다. 蓋(개) 덮어씌우다. 不(불) 아니다. 悟(오) 깨닫다. 攻守之法(공수지법) 공격과 방어의 전법.

臣按, 孫子云, 不可勝者守也, 可勝者攻也.
신안, 손자운, 불가승자수야, 가승자공야.
제가 생각하기로 손자병법(孫子兵法)에서 말하는 것은 '승리할 수 있는 여건이 부족할 경우에는 방어하고, 승리할 수 있는 여건이 있을 경우에는 공격하라.'는 뜻입니다.

臣按(신안) 신하인 제가 생각했을 때에는. 孫子雲(손자운) 손자가 말하기를. 不可勝者(불가승자) 승리를 할 수 없을 때. 守也(수야) 방어작전을 하다. 可勝者(가승자) 승리할 수 있는 여건이 충분히 갖추어졌을 경우. 攻也(공야) 공격하라.

謂敵未可勝, 則我且自守, 待敵可勝, 則攻之爾, 非以强弱爲辭也.
위적미가승, 즉아차자수, 대적가승, 즉공지이, 비이강약위사야.

이는 적을 공격하여 승리할 수 없다고 판단되면 우선 방어를 하고, 승리할 기회를 기다렸다가 적을 이길 수 있는 여건이 갖추어졌을 때 공격을 하라는 뜻이지 오로지 전투력의 강약만을 가지고 설명한 것이 아닙니다.

謂(위) 설명하다. 敵未可勝(적 미가승) 적을 이길 수 없을 때. 則(즉) 곧. 我(아) 아군. 且(차) 잠깐. 自守(자수) 스스로 방어작전을 펼치다. 待(대) 기다리다. 敵可勝(적가승) 적을 이길 수 있는 여건이 갖추어졌을 때. 攻之(공지) 적을 공격하다. 爾(이) 어조사. 非(비) 아니다. 以强弱(이강약) 전투력의 강약만을 가지고. 爲辭(위사) 설명하다.

後人不曉其義, 則當攻而守, 當守而攻, 二役旣殊, 故不能一其法.
후인불효기의, 즉당공이수, 당수이공, 이역기수, 고불능일기법.

후세 사람들은 이런 손자병법에서의 진의를 깨닫지 못하고, 공격하여야 할 경우에 방어하기도 하고, 방어해야 할 경우에 공격하여 실패하는 경우가 많습니다. 공격과 방어작전, 이 두 가지는 역할이 서로 다르므로, 같은 전술이라고 할 수 없는 것입니다.

後人(후인) 후세 사람들. 不(불) 아니다. 曉(효) 깨닫다. 其義(기의) 그 진의. 깊은 뜻. 則(즉) 곧. 當攻(당공) 당연히 공격을 해야한다. 而守(이수) 방어하다. 當守(당수) 당연히 방어해야 한다. 而攻(이공) 공격을 한다. 二役(이역) 공격과 방어작전의 역할. 旣(기) 이미. 殊(수) 단절되다. 故(고) 그러므로. 不能一(불능일) 같을 수 없다. 其法(기법) 그 전법이나 전술.

太宗曰, 信乎, 有餘不足, 使後人惑其强弱,
태종왈, 신호, 유여부족, 사후인혹기강약,

태종(太宗)이 말하였다. 참으로 그리하오. 손무의 '충분하다'는 말과 '부족하다'는 말을 후세 사람들이 단지 전투력의 강약을 뜻하는 것으로 잘못 알았소.

太宗曰(태종왈) 태종이 말하다. 信乎(신호) 믿다. 有餘(유여) 남는 것이 있다. 不足(부족) 부족하다. 使(사) ~하게 하다. 後人(후인) 후세 사람들. 惑(혹) 의혹. 强弱(강약) 강하고 약함.

殊不知守之法, 要在示敵以不足, 攻之法, 要在示敵以有餘也.
수부지수지법, 요재시적이부족, 공지법, 요재시적이유여야.
방어할 때는 적에게 전투력이 부족한 것처럼 보이고, 공격할 때는 적에게 전투력이 남는 것처럼 보이게 하는 것이 요점이라는 것을 알 수 없게 단절되었소.

殊(수) 죽이다. 정하다. 단절되다. 不知(부지) 알지 못하다. 守之法(수지법) 방어하는 방법. 要(요) 요점. 在(재) 있다. 示敵(시적) 적에게 보이다. 以不足(이부족) 부족한 것처럼. 攻之法(공지법) 공격하는 법. 要(요) 요점. 在(재) 있다. 示敵(시적) 적에게 보이다. 以有餘(이유여) 남는 것처럼.

示敵以不足, 則敵必來攻, 此是敵不知其所攻者也.
시적이부족, 즉적필래공, 차시적부지기소공자야.
적에게 전투력이 부족한 것처럼 보이면 곧 적은 반드시 공격하러 올 것이라는 말은, 적이 공격할 바를 제대로 알지 못하게 해야 한다는 말이오.

示敵(시적) 적에게 보이다. 以不足(이부족) 부족한 것처럼. 則(즉) 곧. 敵(적) 적 부대. 必來(필래) 반드시 온다. 攻(공) 공격하러. 此(차) 이것. 是(시) 옳다. 敵(적) 적 부대. 不知(부지) 모른다. 其所攻(기소공) 그 공격할 곳. 者(자) ~하는 것.

示敵以有餘, 則敵必自守, 此是敵不知其所守者也.
시적이유여, 즉적필자수, 차시적부지기소공자야.
그리고 공격할 때 아군의 전투력이 충분한 것처럼 보이면, 적은 반드시 우리의 군세가 강성한 것으로 오판하여 여러 곳을 수비함으로써 적의 전투력을 분산시킬 것이니, 이는 적이 수비할 곳을 제대로 알지 못하게 하는 것이오.

示敵(시적) 적에게 보이다. 以有餘(이유여) 남는 것처럼. 則(즉) 곧. 敵(적) 적 부대. 必自守(필자수) 반드시 스스로 방어하다. 此(차) 이것. 是(시) 옳다. 不知(부지) 모른다. 其所守(기소수) 그 방어할 곳. 者(자) ~하는 것.

攻守一法, 敵與我分而爲二事, 若我事得, 則敵事敗, 敵事得, 則我事敗,
공수일법, 적여아분이위이사, 약아사득, 즉적사패, 적사득, 즉아사패,
공격과 수비는 완전히 분리되는 것이 아니라 본래 하나의 전법이오. 적과 아군이 싸우게 되면, 다음 두 가지의 경우 중의 하나로 나누어지게 되오. 만약, 아군이 이기면 적이 패하게

되고, 적이 이기면 아군이 패하오.

攻守一法(공수일법) 공격과 방어는 하나의 전법이다. 敵與我(적여아) 적과 아군이 싸우게 되면. 分(분) 나누어진다. 爲二事(위이사) 2가지의 경우로. 若(약) 만약. 我事得(아사득) 아군이 승리를 얻으면, 則敵事敗(즉 적사패) 곧. 적이 패하게 되고. 敵事得(적사득) 적이 승리를 얻으면, 則我事敗(즉 아사패) 곧, 아군이 패하게 되는 것이다.

得失成敗, 彼我之事分焉.
득실성패, 피아지사분언.
이해와 득실, 성공과 실패는 이처럼 상반되는 것이어서, 적과 아군에 각각 판이한 결과를 가져오는 것이오.

得失(득실) 얻고 잃음. 成敗(성패) 성공과 실패. 彼我之事(피아지사) 피아간에 있어나는 일. 分(분) 나누어서. 焉(언) 어조사.

攻守者, 一而已矣, 得一者百戰百勝.
공수자, 일이이의, 득일자백전백승.
그러나 공격과 수비는 완전히 분리되는 것이 아니라, 상황에 따라 변화하는 것으로서 그 원리는 같은 것이니, 공격과 수비가 똑같은 법임을 아는 자는 백전백승할 수 있는 것이오.

攻守者(공수자) 공격과 방어는. 一(일) 하나다. 已(이) 이미. 矣(의) 어조사. 得一者(득일자) 하나임을 아는 자. 百戰百勝(백전백승) 백번 싸워도 백번 이긴다.

故曰, 知己知彼, 百戰不殆, 其知一謂乎.
고왈, 지기지피, 백전불태, 기지일위호.
그러므로 손자병법(孫子兵法)에 '적의 허실과 아군의 강약을 알면, 백 번 싸워도 위태로울 것이 없다'고 한 것이니, 이는 공격과 수비가 똑같은 법임을 말한 것이오.

故曰(고왈) 그러므로 말하기를. 知己知彼(지피지기) 나를 알고 적을 알면. 百戰不殆(백전불태) 백번 싸워도 위태롭지 않다. 其(기) 그. 知(지) 알다. 一(일) 하나임을. 謂(위) 말하다. 乎(호) 어조사.

靖再拜曰, 深乎, 聖人之法也.
정재배왈, 심호, 성인지법야.

이정(李靖)이 두 번 절하고 말하였다. 성인들의 병법은 참으로 심오합니다.

靖再拜曰(정재배왈) 이정이 두 번 절하고 말하다. 深乎(심호) 심오하다. 聖人之法(성인지법) 성인의 병법은.

攻是守之機, 守是攻之策, 同歸乎勝而已矣.
공시수지기, 수시공지책, 동귀호승이이의.
공격작전은 방어작전을 위한 기틀이고, 방어작전은 공격작전을 하기 위한 책략입니다. 즉 공격작전이나 방어작전의 궁극적인 목적은 승리를 도모함에 있을 뿐입니다.

攻(공) 공격작전은. 是(시) 옳다. 맞다. 守之機(수지기) 방어작전의 기틀이다. 守(수) 방어작전은. 是(시) 옳다. 맞다. 攻之策(공지책) 공격작전을 하기 위한 책략이다. 同(동) 같다. 歸(귀) 돌아가다. 乎(호) 어조사. 勝(승) 이기다. 已(이) 이미. 矣(의) 어조사.

若攻不知守, 守不知攻, 不惟二其事, 抑又二其官.
약공부지수, 수부지공, 불유이기사, 억우이기관.
만약에 장수가 적을 공격할 줄만 알고 방어할 줄을 모르며, 방어할 줄만 알고 공격할 줄을 모른다면, 공격과 수비를 완전히 두 가지로 쪼개는 차원을 넘어 공격과 수비를 완전히 따로 갈라놓는 결과를 낳게 됩니다.

若(약) 만약. 攻(공) 공격작전. 不知(부지) 알지 못한다. 守(수) 방어작전. 不知(부지) 알지 못한다. 攻(공) 공격작전. 不(불) 아니다. 惟(유) 생각하다. 二其事(이기사) 두 가지 일로. 抑(억) 억제하다. 누르다. 又(우) 또. 二其官(이기관) 두 가지 다른 임무.

雖口誦孫吳, 而心不思妙, 攻守兩齊之說, 其孰能知其然乎.
수구송손오, 이심불사묘, 공수양제지설, 기숙능지기연재.
사람들이 비록 손자(孫子)와 오자(吳子)의 병법을 입으로는 아무리 암송한다고 할지라도 마음속으로 손자나 오자의 병법이 얼마나 오묘한지를 생각하지 못한다면, 공격과 방어가 결국 같은 이치라는 말을 누가 능히 그렇다고 알 수 있겠습니까?

雖(수) 비록. 口(구) 입. 誦(송) 외우다. 孫吳(손오) 손자와 오자의 병법. 心(심) 마음. 不思(불사) 생각하지 않다. 妙(묘) 오묘한 것. 攻守(공수) 공격과 방어가. 兩齊(양제) 두 개가 같다. 說(설) 말씀. 其(기) 그. 孰(숙) 누구. 能知(능지) 능히 알겠는가. 其(기) 그. 然(연) 그러하다. 乎(호) 어조사.

太宗曰, 司馬法言, 故國雖大, 好戰必亡,
태종왈, 사마법언, 고국수대, 호전필망,
태종(太宗)이 말하였다. 사마법(司馬法)에서 말하기를, '비록 나라가 강대국이라 할지라도 전쟁을 좋아하면 반드시 멸망하고,

太宗曰(태종왈) 태종이 말하다. 司馬法言(사마법왈) 사마법에서 말하기를. 國(국) 나라. 雖(수) 비록. 大(대) 강대국을 말함. 好戰(호전) 전쟁을 좋아하다. 必亡(필망) 반드시 망한다.

天下雖安, 忘戰必危, 此亦攻守一道呼.
천하수안, 망전필위, 차역공수일도호.
천하가 아무리 태평하다 할지라도 전쟁을 잊고 있으면 반드시 위태롭다'356)고 하였으니, 이 역시 공격과 수비가 똑같음을 말한 것이오?

天下(천하) 천하가. 雖(수) 비록. 安(안) 평안하다. 忘(망) 잊어버리다. 戰(전) 전쟁. 必(필) 반드시. 危(위) 위기. 此(차) 이것. 亦(역) 역시. 攻守一道(공수일도) 공격과 수비가 하나이다. 呼(호) 어조사.

靖曰, 有國有家者, 曷嘗不講乎攻守也.
정왈, 유국유가자, 갈상불강호공수야.
이정(李靖)이 대답하였다. 국가(國家)가 있는 자가 어찌해서 공격과 방어에 대한 방안을 강구하지 않을 수 있겠습니까?

靖曰(정왈) 이정이 말하다. 有國(유국) 나라가 있다. 有家(유가) 집이 있다. 者(자) ~하는 것. 曷(갈) 어찌. 嘗(상) 일찍이. 不講(불강) 익히지 않는다. 攻守(공수) 공격과 방어.

夫攻者, 不僅攻其城, 擊其陳而已, 必有攻其心之術焉.
부공자, 불근공기성, 격기진이이, 필유공기심지술언.
공격할 때는 겨우 적의 성벽과 적의 진영을 공격함에 그쳐서는 안 되고, 반드시 적의 심리를 공격하는 전술이 있어야 합니다.

夫(부) 무릇. 攻者(공자) 공격이라는 것은. 不(불) 아니다. 僅(근) 겨우. 攻其城(공기성) 성을 공격하다.

356) 고국수대, 호전필망, 천하수안, 망전필위(故國雖大, 好戰必亡, 天下雖安, 忘戰必危). 사마법 제1. 인본 편에 나오는 문구임.

擊其陳(격기진) 적의 진영을 공격하다. 已(이) 이미. 必(필) 반드시. 有攻(유공) 공격이 있다. 其心(기심) 심리에 대한 공격을 말함. 術(술) 전술. 焉(언) 어조사.

守者, 不止完其壁堅其陳而已, 必也守吾氣, 而有待焉.
수자, 부지완기벽견기진이이, 필야수오기, 이유대언.
수비에 있어서는 단지 성벽이 견고하거나 진영을 잘 편성함에 그치지 않고, 반드시 군사들의 사기와 기세를 잘 유지하고 지켜서 적을 공격할 기회가 오기를 기다려야 합니다.

守者(수자) 방어한다는 것은. 不止(부지) 그치지 않는다. 完(완) 완전하다. 其(기) 그. 壁堅(벽견) 성벽이 견고하다. 陳(진) 진영. 已(이) 이미. 必也(필야) 반드시. 守(수) 지키다. 吾氣(오기) 아군의 사기. 有待(유대) 기다리다. 焉(언) 어조사.

大而言之, 爲君之道, 小而言之, 爲將之法.
대이언지, 위군지도, 소이언지, 위장지법.
이것은 크게 말하면 군주가 해야 할 도리이고, 작게 말하면 장수가 반드시 알아야 할 법도인 것입니다.

大而言之(대이언지) 크게 말하면. 爲君之道(위군지도) 군주의 도리이다. 小而言之(소이언지) 작게 말하면. 爲將之法(위장지법) 장수가 반드시 알아야 할 법도이다.

夫攻其心者, 所謂知彼者也, 守吾氣者, 所謂知己者也.
부공기심자, 소위지피자야, 수오기자, 소위지기자야.
적의 심리를 공격한다는 것은 손자병법(孫子兵法)에서 말한 지피지기(知彼知己)에서 지피(持彼)에 해당하는 것이며, 아군의 사기와 기세를 지킨다는 것은 함은 손자병법(孫子兵法)에서 말한 지피지기(知彼知己)에서 지기(知己)에 해당하는 것입니다.

夫(부) 무릇. 攻其心者(공기심자) 적의 심리를 공격하다. 所謂(소위) 이른바. 知彼(지피) 적을 알다. 者(자) ~하는 것. 守吾氣者(수오기자) 아군의 사기나 기세를 잘 지킨다는 것은. 所謂(소위) 이른바. 知己(지기) 나를 알다.

太宗曰, 誠哉. 朕常臨陳, 先料敵之心與己之心孰審, 然後彼可得而知焉,
태종왈, 성재. 짐상임진, 선료적지심여기지심숙심, 연후피가득이지언,

태종(太宗)이 말하였다. 잘 알겠소! 짐도 출전해서 군진을 펼칠 때마다 먼저 적군의 작전계획과 아군의 작전계획 중에서 어느 쪽이 더 치밀한가를 살펴본 후에야 적의 허실에 대해서 알 수 있었소.

太宗曰(태종왈) 태종이 말하다. 誠哉(성재) 정성스럽고 순수한 마음을 알겠소! 朕(짐) 태종 자신을 말함. 常(상) 항상. 臨(임) 임하다. 陳(진) 군진. 진영. 先料(선료) 먼저 헤아리다. 敵之心(적지심) 적군의 의도. 與(여) 더불어. 己之心(기지심) 아군의 작전의도. 孰(숙) 누가. 審(심) 살피다. 然後(연후) 그런 다음에. 彼(피) 저. 적군. 可得(가득) 얻는 것이 가능하다. 知(지) 알다. 焉(언) 어조사.

察敵之氣與己之氣孰治, 然後我可得而知焉, 是以知彼知己, 兵家大要.
찰적지기여기지기숙치, 연후아가득이지언, 시이지피지기, 병가대요.
그리고 군의 사기 면에서 피아 어느 쪽이 더 왕성한가를 먼저 잘 살핀 다음에야 피아의 강약에 대해서 알 수 있었소. 이것이 바로 병가에서 말하는 적을 알고 나를 안다는 것인데, 이는 병가에서 가장 중요한 요체인 것이오.

察(찰) 살피다. 敵之氣(적지기) 적의 기세. 與(여) 더불어. 己之氣(기지기) 나의 기세. 孰(숙) 누가. 治(치) 잘 다스리다. 然後(연후) 그런 다음에. 我(아) 나. 可得(가득) 얻는 것이 가능하다. 知(지) 알다. 焉(언) 어조사. 是以(시이) 이것이. 知彼知己(지피지기) 적을 알고 나를 아는 것이다. 兵家大要(병가대요) 병가에서 가장 중요한 요체이다.

今之將臣, 雖未知彼, 苟能知己, 則安有失利者哉.
금지장신, 수미지피, 구능지기, 즉안유실리자재.
지금의 장수와 신하들이 비록 적에 대해서 알지 못한다고 하더라도 아군의 강약점에 대해서 잘 알고 있다면, 어찌 실패하는 일이 있겠는가?

今之(금지) 지금의. 將臣(장신) 장수와 신하. 雖(수) 비록. 未知(미지) 알지 못하다. 彼(피) 저. 적. 苟(구) 진실로. 能(능) 능히 ~하다. 知己(지기) 자신을 알다. 則(즉) 곧. 安(안) 어찌. 有(유) 있다. 失利(실리) 이로움을 잃다. 者(자) ~하는 것. 哉(재) 어조사.

靖曰, 孫武, 所謂, 先爲不可勝者, 知己者也, 以待敵之可勝者, 知彼者也.
정왈, 손무, 소위, 선위불가승자, 지기자야, 이대적지가승자, 지피자야.
이정(李靖)이 말하였다. 손자병법에 보면, 미리 적이 아군과 싸워 승리할 수 없도록 철저히 대비한다는 것은 곧 자기를 안다는 것을 의미합니다. 또한, 적을 이길 기회가 오기를 기다린다는 것은 바로 적을 안다는 것을 의미하는 것입니다.

靖曰(정왈) 이정이 말하다. 孫武(손무) 손자가. 所謂(소위) 이른바. 先(선) 미리. 爲(위) ~하다. 不可勝(불가승) 적이 이길 수 없도록 하다. 者(자) ~하는 것. 知己者也(지기자야) 자기를 안다는 것이다. 以(이) ~로써. 待(대) 기다리다. 敵之可勝(적지가승) 적이 이긴다는 것이 아니라, 적이 허점을 만들어서 내가 이길 수 있도록 하는 상황이 만들어지는 것을 설명한 것임. 知彼者也(지피자야) 적을 안다는 것이다.

又曰, 不可勝在己, 可勝在敵, 臣斯須不敢失此誡.

우왈, 불가승재기, 가승재적, 신사수불감실차계.

또한, 적이 이기지 못할 태세는 나에게 달려 있고 내가 이길 수 있는 허점(虛點)의 조성은 적에게 달려 있다고도 하였으니, 신은 한순간도 이 점을 잊은 적이 없습니다.

又曰(우왈) 또 말하다. 不可勝(불가승) 적이 나를 이기지 못할 상황. 在己(재기) 나에게 달려있음. 可勝(가승) 내가 적을 이길 수 있는 상황. 在敵(재적) 적에게 달려 있음. 臣(신) 이정을 말함. 斯(사) 이. 이것. 須(수) 모름지기. 不敢(불감) 감히 ~하지 않다. 失(실) 잃다. 此(차) 이것. 誡(계) 경계하다.

太宗曰, 孫子言, 三軍可奪氣之法,

태종왈, 손자언, 삼군가탈기지법,

태종(太宗)이 물었다. 손자병법(孫子兵法)에서 적군의 사기를 꺾는 방법에 대해서 다음과 같이 말한 바가 있소.

太宗曰(태종왈) 태종이 말하다. 孫子言(손자언) 손자의 말에 보면. 三軍(삼군) 전군을 말함. 可(가) 가히. 奪(탈) 빼앗다. 氣(기) 기세. 法(법) 방법.

朝氣銳, 晝氣惰, 暮氣歸, 善用兵者, 避其銳氣, 擊其惰歸, 如何.

조기예, 주기타, 모기귀, 선용병자, 피기예기, 격기타귀, 여하.

'군의 사기는 아침에는 충만하고, 낮에는 차츰 쇠퇴하고, 저녁에는 권태를 느껴 막사로 돌아가 편안히 휴식할 것을 생각하니, 용병을 잘하는 자는 적군의 사기가 충만 되어 있을 때를 피하고, 권태를 느껴 돌아가 휴식하려고 할 때를 포착하여 공격한다.'[357] 경은 이 말에 대해서 어떻게 생각하오?

朝氣(조기) 아침의 기세. 銳(예) 예리하다. 晝氣(주가) 주간의 기세는. 惰(타) 타성에 젖으며. 暮氣(모기) 저녁의 기세는. 歸(귀) 돌아가고자 하는 것. 善用兵者(선용병자) 용병을 잘하는 자는. 避(피) 피하다. 其(기) 그 銳(예) 예리하다. 氣(기) 기세. 擊(격) 치다. 其(기) 그. 惰(타) 게으르다. 歸(귀) 돌아가다. 如何(여하) 어떠한가?

靖曰, 夫含生稟血, 鼓作鬪爭, 雖死不省者, 氣使然也.
정왈, 부함생품혈, 고작투쟁, 수사불성자, 기사연야.
이정(李靖)이 대답하였다. 생명이 있고 혈기가 있는 동물은 일단 싸우도록 북돋기만 하면 죽음도 돌보지 않는 경우가 있는데, 이는 사기(士氣)가 그렇게 만드는 것입니다.

靖曰(정왈) 이정이 말하다. 夫(부) 무릇. 含(함) 머금다. 生(생) 생명. 稟(품) 품다. 血(혈) 피. 鼓(고) 북을 치다. 作(작) 만들다. 鬪爭(투쟁) 싸우다. 雖(수) 비록. 死(사) 죽음. 不省(불성) 돌보지 않는다. 者(자) ~하는 것. 氣(기) 기. 사기. 使(사) ~하게 하다. 然(연) 그러하다.

故用兵之法, 必是察吾士衆, 激吾勝氣, 乃可以擊敵焉.
고용병지법, 필시찰오사중, 격오승기, 내가이격적언.
그러므로 용병법에서는 반드시 먼저 아군의 사기를 자세히 관찰해서 적을 반드시 이기고 말겠다는 필승의 의지를 불러일으킨 다음에야 적을 공격할 수 있는 것입니다.

故(고) 그러므로. 用兵之法(용병지법) 용병을 하는 방법은. 必(필) 반드시. 是(시) 옳다. 察(찰) 살피다. 吾(오) 나. 士衆(사중) 군사들. 激(격) 격려하다. 吾(오) 나. 勝氣(승기) 승리를 위한 기운. 乃(내) 이에. 可(가) 가능하다. 以(이) 로써. 써. 擊(격) 치다. 공격하다. 敵(적) 적군. 焉(언) 어조사.

吳起四機, 以氣機爲上, 無他道也, 能使人人自鬪, 則其銳莫當.
오기사기, 이기기위상, 무타도야, 능사인인자투, 즉기예막당.
오기(吳起) 장군은 기기(氣機), 지기(地機), 사기(事機), 력기(力機) 등과 같은 사기(四機) 중

357) 조기예, 주기타, 모기귀, 선용병자, 피기예기, 격기타귀 (朝氣銳, 晝氣惰, 暮氣歸, 善用兵者, 避其銳氣, 擊其惰歸). 손자병법 제7. 군쟁 편에 나오는 문구임.

에서 사기(士氣)라는 요소를 가장 중요하게 여겼는데, 여기에는 다른 특별한 이유가 있는 것이 아니라, 장병들 개인별로 스스로 싸우겠다는 의지를 다지게 하면, 그 예리함은 당해 낼 자가 없게 되기 때문입니다.

吳起(오기) 오기장군. 四機(사기) 오기 장군이 말한 용병의 4요소. ①기기(氣機)②지기(地機)③사기(事機)④력기(力機). 以(이) 써. 氣機(기기) 사기라는 요소. 爲上(위상) 최고로 치다. 無(무) 없다. 他(타) 다른. 道(도) 방법. 能(능) 능히~하다. 使(사) ~하게 하다. 人人(인인) 개인마다. 自鬪(자투) 스스로 싸우겠다는 의지를 다지다. 則(즉) 곧. 其銳(기예) 그 예리함은. 莫當(막당) 당할 자가 없다.

所謂朝氣銳者, 非限時刻而言也, 擊一日始末爲喻也.
소위조기예자, 비한시각이언야, 격일일시말위유야.
이른바 아침에 군사들의 기세가 가장 예리하다고 하는 것은 단지 시각의 개념으로 제한해서 말하는 것이 아니라 하루의 시작과 끝을 예로 들어서 전투의 초기에는 사기가 왕성하고 전투의 말미에는 사기가 떨어짐을 깨우치게 하기 위한 것입니다.

所謂(소위) 이른바. 朝氣(조기) 아침의 기세. 銳(예) 예리하다. 者(자) ~하는 것. 非(비) 아니다. 限(한) 제한하다. 時刻(시각) 시각. 言(언) 말하다. 擊(격) 공격하다. 一日(일일) 하루. 始末(시말) 시작과 끝. 爲喻(위유) 깨우치게 하다.

凡三鼓而敵不衰不竭, 則安能必使之惰歸哉.
범삼고이적불쇠불갈, 즉안능필사지타귀재.
세 차례나 진격 북소리가 울렸음에도 불구하고[358] 적의 사기가 조금도 쇠퇴하지 않았다면, 저녁이 되었다 한들 적이 어찌 싸움에 권태를 느껴 휴식하려는 마음을 갖겠습니까?

凡(범) 무릇. 三鼓(삼고) 북소리가 세 번 울리다. 敵(적) 적군. 不衰(불쇠) 쇠하지 않다. 不竭(불갈) 목마르지 않다. 則(즉) 곧. 安(안) 어찌. 能(능) 능히 ~하다. 必(필) 반드시. 使(사) ~하게 하다. 惰(타) 게으르다. 타성에 젖다. 歸(귀) 돌아오다. 哉(재) 어조사.

---

358) 춘추좌전의 기록에 의하면, 노나라와 제나라 군사들이 전투를 할 때, 제나라 진영에서 북소리가 세 차례 울린 뒤에야 나가 싸워 승리하였는데, 그 이유를 물어보니 제나라에서 첫 번째 북을 울릴 때에는 사기가 왕성하고, 두 번째 울릴 때에는 약간 쇠하고, 세 번째 울릴 때에는 사기가 완전히 쇠진하였을 때이기 때문에 제군의 사기가 쇠진한 다음 싸웠기 때문에 승리하였다는 이야기에 유래람.

蓋學者徒誦空文, 而爲敵所誘, 苟悟奪之之理, 則兵可任矣.

개학자도송공문, 이위적소유, 구오탈지지리, 즉병가임의.

오늘날 병서를 익히는 자들은 헛되이 문장만을 암송할 뿐이며, 그 참뜻을 모르기 때문에 적의 꾐에 빠지는 것입니다. 진실로 적으로부터 사기를 빼앗는 방법을 깨달은 장수라면 병권을 맡길 수 있는 인물입니다.

蓋(개) 대개. 學(학) 배우다. 者(자) ~하는 자. 徒(도) 무리. 誦(송) 외우다. 空文(공문) 빈 문장. 爲(위) ~하다. 敵(적) 적군. 所誘(소유) 유인하는 바. 苟(구) 진실로. 悟(오) 깨닫다. 奪(탈) 빼앗다. 理(리) 이치. 則(즉) 곧. 兵(병) 용병. 可(가) 가능하다. 任(임) 임무를 주다. 矣(의) 어조사.

太宗曰, 卿嘗言李勣能兵法, 久可用否.

태종왈, 경상언리적능병법, 구가용부.

태종(太宗)이 물었다. 경은 일찍이 이세적(李世勣)이 병법에 능하다고 말하였는데, 그는 오랫동안 요직을 주어 쓰는 것이 가능하다고 생각하시오? 아니라고 생각하시오?

太宗曰(태종왈) 태종이 말하다. 卿(경) 태종이 이종을 칭하는 말. 嘗(상) 일찍이. 言(언) 말하다. 李勣(이적) 이세적을 말함. 能(능) 능하다. 兵法(병법) 병법에 대해서. 久(구) 오랫동안. 可(가) 가능하다. 用(용) 쓰다. 否(부) 아니다.

然非朕控禦, 則不可用也. 他日太子治, 若何禦之.

연비짐공어, 즉불가용야. 타일태자치, 약하어지.

그러나 이세적(李世勣)은 짐이 직접 통제를 하지 않으면 부릴 수가 없으니, 훗날 태자(太子) 치(治)로 하여금 그를 통제하도록 하려면 어떻게 하여야 하겠소?

然(연) 그러하다. 非(비) 아니다. 朕(짐) 태종 자신을 말함. 控(공) 당기다. 禦(어) 제어하다. 則(즉) 곧. 不可用也(불가용야) 쓸수가 없다. 他日(타일) 훗날에. 太子治(태자 치) 태종의 아홉째 아들. 태종의 뒤를 이어 즉위함. 若(약) 같다. 何(하) 어찌. 禦之(어지) 그것을 제어하는가?

靖曰, 爲陛下計, 莫若黜勣, 令太子復用之, 則必感恩圖報, 於理何損乎.

정왈, 위폐하계, 막약출적, 영태자부용지, 즉필감은도보, 어리하손호.

이정(李靖)이 대답하였다. 신이 폐하를 위하여 계책을 생각건대, 폐하께서 일단 이세적(李世勣)을 좌천시켰다가 태자의 명으로 다시 그를 등용하게 하는 것이 상책(上策)이라고 여겨집니다. 그리하면, 이세적(李世勣)은 반드시 태자의 은혜에 감격하여 보답하려고 할 것입니다. 이는 폐하가 통치하는 이치에도 하등 손상을 끼칠 것이 없습니다.

靖曰(정왈) 이정이 말하다. 爲陛下(위폐하) 폐하를 위하여. 計(계) 계책. 莫(막) 없다. 若(약) 같다. 黜(출) 물리치다. 勣(적) 이세적을 말함. 令(령) 령을 내리다. 太子(태자) 태자 치를 말함. 復用(부용) 다시 등용하다. 則 (즉) 곧. 必(필) 반드시. 感恩(감은) 은혜에 감사하다. 圖報(도보) 보답하다. 於理(어리) 폐하가 다스리는 이치에. 何損乎(하손호) 어찌 손해가 되겠습니까.

太宗曰, 善, 朕無疑矣.
태종왈, 선, 짐무의의.
태종(太宗)이 말하였다. 그 방법이 좋겠소. 짐은 경의 말을 믿어 의심하지 않겠소.

太宗曰(태종왈) 태종이 말하다. 善(선) 좋다. 朕(짐) 태종 자신을 말함. 無疑(무의) 의심하지 않다.

太宗曰, 李勣若與長孫無忌, 共掌國政, 他日如何.
태종왈, 이적약여장손무기, 공장국정, 타일여하.
태종(太宗)이 다시 물었다. 만약 이세적(李世勣)이 장손무기(長孫無忌)와 함께 공동으로 국정을 맡는다면 후일에 어떻게 되겠소?

太宗曰(태종왈) 태종이 말하다. 李勣(이적) 이세적을 말함. 若(약) 만약. 與(여) 같이. 함께. 長孫無忌(장손무기) 태종의 아내 장손황후의 오라버니. 共(공) 같이. 掌(장) 장악하다. 國政(국정) 국가의 일. 국무. 他日(타일) 훗날. 如何(여하) 어떻게 되겠는가?

靖曰, 勣忠義, 臣可保任也. 無忌佐命大功, 陛下以肺腑之親, 委之輔相,
정왈, 적충의, 신가보임야. 무기좌명대공, 폐하이폐부지친, 위지보상,
이정(李靖)이 대답하였다. 이세적(李世勣)의 충성심과 의리는 신이 보장할 수 있습니다. 그리고 장손무기(長孫無忌)는 폐하의 명을 받고 폐하를 보좌하면서 큰 공로를 세웠으며, 허파나 폐처럼 한 몸과 같은 친족으로서 폐하를 보좌하는 재상의 지위를 맡기셨습니다.

靖曰(정왈) 이정이 말하다. 勣(적) 이세적. 忠義(충의) 충성스럽고 의리가 있다. 臣(신) 신하. 이정 자신을 말함. 可(가) 가능하다. 保任(보임) 보장하다. 無忌(무기) 장손무기를 말함. 佐(좌) 보좌하다. 命(명) 명하다. 大功(대공) 큰 공을 세우다. 陛下(폐하) 태종을 말함. 以(이) ~로써. 써. 肺腑(폐부) 허파와 폐. 親(친) 친족. 委(위) 맡기다. 輔(보) 보좌하다. 相(상) 재상.

然外貌下士, 內實嫉賢. 故尉遲敬德而折其短, 遂引退焉.
연외모하사, 내실질현. 고위지경덕이절기단, 수인퇴언.
그러나 장손무기(長孫無忌)가 겉으로는 어진 선비들에게 겸손하게 자신을 낮추지만, 내심 현신들을 질투하고 있습니다. 위지경덕(尉遲敬德)은 장손무기(長孫無忌)의 면전에서 그의 단점을 얘기하고는 마침내 자리에서 물러나 은퇴하였습니다.

然(연) 그러하다. 그러나. 外貌(외모) 겉으로 보아서는. 下(하) 낮추다. 士(사) 선비들. 內實(내실) 실제로는. 嫉(질) 질투하다. 賢(현) 현자. 현신. 故(고) 그러므로. 尉遲敬德(위지경덕) 태종의 측근으로 용맹과 지략이 뛰어난 인물. 折(절) 끊다. 其短(기단) 그 단점을. 遂(수) 이르다. 引(인) 물러나다. 退(퇴) 은퇴하다. 焉(언) 어조사.

侯君集恨其忘舊, 因以犯逆, 皆無忌致其然也.
후군집한기망구, 인이범역, 개무기치기연야.
후군집(侯君集)은 장손무기(長孫無忌)가 옛 은혜를 배신한 것에 원한을 품고 그로 인하여 반역을 범했던 것인데, 이는 모두 장손무기(長孫無忌) 스스로가 그렇게 만든 것입니다.

侯君集(후군집) 태종의 장수. 장손무기와의 불화로 은퇴하였다가 반역을 꾀하였다는 죄목으로 잡혀 죽었음. 恨(한) 한. 其(기) 그. 忘(망) 잊다. 舊(구) 옛날의 은혜. 因(인) ~로 인하여. 그로 인하여. 以(이) 써. 犯逆(범역) 반역을 범하다. 皆(개) 다. 모두. 無忌(무기) 장손무기를 말함. 致(치) 미치다. 其(기) 그. 然(연) 그러하다. 也(야) 어조사.

陛下詢及臣, 臣不敢避其說.
폐하순급신, 신불감피기설.
폐하께서는 신을 믿고 하문하셨기 때문에 신은 꺼리는 것 없이 다 말씀드리는 것입니다.

陛下(폐하) 폐하께서. 詢(순) 묻다. 及(급) 미치다. 臣(신) 신하. 이정 자신을 말함. 不敢避(불감피) 감히 피하지 않다. 其說(기설) 그 이야기를.

太宗曰, 勿洩也, 朕徐思其處置.
태종왈, 물설야, 짐서사기처치.
태종(太宗)이 말하였다. 이 말을 부디 누설하지 마오. 짐은 서서히 이에 대한 방안을 강구해 보겠소.

太宗曰(태종왈) 태종이 말하다. 勿(물) 말다. 洩(설) 새다. 朕(짐) 태종 자신을 말함. 徐(서) 천천히. 思(사) 생각하다. 其(기) 그. 處置(처치) 일을 감당하여 처리함.

太宗曰, 漢高祖能將將, 其後韓彭見誅, 蕭何下獄, 何故如此.
태종왈, 한고조능장장, 기후한팽견주, 소하하옥, 하고여차.
태종(太宗)이 물었다. 한 고조(漢 高祖) 유방(劉邦)은 장수들을 잘 통솔했다고 들었는데, 그를 보좌했던 한신(漢臣)과 팽월(彭越)359)은 처형되었고, 소하(蕭何)360)는 투옥되었으니, 어떤 이유로 그렇게 되었소?

太宗曰(태종왈) 태종이 말하다. 漢 高祖(한고조) 한나라 고조 유방을 말함. 能(능) 능히 ~하다. 將將(장장) 장수들을 잘 통제하다. 其後(기후) 그 후에. 韓彭(한팽) 한신과 팽월. 유방을 도와서 한나라가 천하통일을 하는 데 공을 세움. 見(견) 보다. 誅(주) 목을 베다. 蕭何(소하) 한 고조 유방의 개국공신. 下獄(하옥) 투옥되다. 何(하) 어찌. 故(고) 이유. 如(여) ~와 같다. 此(차) 이것.

靖曰, 臣觀劉項, 皆非將將之君, 當秦之亡也, 張良本爲韓報仇,
정왈, 신관류항, 개비장장지군, 당진지망야, 장량본위한보구,
이정(李靖)이 대답하였다. 신이 보기에는 유방(劉邦)과 항우(項羽) 모두 장수들을 잘 통솔하는 군주가 아니라 생각합니다. 장량(張良)은 진(秦)나라가 멸망할 무렵에 선친들이 옛날 한(韓)나라의 재상을 지냈기 때문에 한나라를 멸망시킨 진(秦)나라에 대한 원한을 품고 복수하려고 했을 뿐입니다.

靖曰(정왈) 이정이 말하다. 臣觀(신관) 신이 보기에는. 劉項(유항) 유방과 항우. 皆(개) 모두. 非(비) 아니다. 將將之君(장장지군) 장수들을 잘 통솔하는 군주. 當(당) 당하다. 秦之亡(진지망) 진나라가 망하다. 張良(장량) 장수의 이름. 本(본) 근본. 爲(위) ~하다. 韓(한) 한나라. 報(보) 보답하다. 仇(구) 원한. 원수.

---

359) 팽월(彭越). 전한 초기 신앙 창읍 사람. 진나라 말에 진승과 항우가 병사를 일으키자 산동 지역에서 거병하였으며, 초-한 전쟁 때 병사 3만을 이끌고 한나라 유방을 도와 개국공신이 되었다. 그 후 모반을 꾀하다가 유방에게 죽임을 당하고 말았다.

360) 소하(蕭何). 중국 전한 때 고조 유방의 재상. 한나라 유방과 초나라 항우의 싸움에서는 관중에 머물러 있으면서 고조 유방을 위해 양식과 군병을 보급하는 등 후방지원을 주로 하였던 인물이다. 고조 즉위 시, 논공행상에서 가장 으뜸가는 공신으로 봉해졌던 인물임.

陳平韓信, 皆怨楚不用, 故假漢之勢, 自爲奮爾.
진평한신, 개원초불용, 고가한지세, 자위분이.
진평(陳平)361)과 한신(韓信)은 초(楚)나라에서 자신들을 등용해 주지 않은 것을 원망한 나머지 한(漢)나라의 힘을 빌려 일어서려고 했을 뿐입니다.

陳平(진평) 장수의 이름. 韓信(한신) 한나라의 개국공신. 장수 이름. 皆(개) 모두. 다. 怨(원) 원망하다. 楚(초) 초나라. 不用(불용) 등용하지 않다. 故(고) 그러므로. 假(가) 임시. ~을 빌다. 漢之勢(한지세) 한나라의 세력. 自(자) 스스로. 爲(위) ~을 하다. 奮(분) 떨치다. 爾(이) 어조사.

至於蕭曹樊灌, 悉由亡命, 高祖因之, 以得天下.
지어소조번관, 실유망명, 고조인지, 이득천하.
그리고 소하(蕭何).조참(曺參).번쾌(樊噲).관영(灌嬰) 등으로 말하면, 모두가 망명을 통해서 한 고조(漢 高祖) 유방(劉邦)의 휘하에 들어왔으며, 이들의 도움으로 천하를 장악하였습니다.

至(지) 이르다. 於(어) 어조사. 蕭(소) 소하를 말함. 曹(조) 조참을 말함. 유방과 동향 사람으로 함께 기병하여 많은 전공을 세우고 평양후에 봉해졌으며, 소하의 뒤를 이어 상국이 되어 선정을 베풀었다 함. 樊(번) 번쾌를 말함. 본래 개백정 출신으로 유방과 동서 간이었으며, 용맹성으로 유명한 인물. 灌(관) 관영을 말함. 미천한 출신으로 야전에 능하여 거기장군을 역임하고 영양후에 봉해졌음. 悉(실) 모두. 다. 由(유) 말미암다. 亡命(망명) 망명. 高祖(고조) 한고조 유방을 말함. 因(인) ~로 인하여. 以(이) 로써. 써. 得(득) 얻다. 天下(천하) 천하.

設使六國之後復立, 人人各懷其舊, 則雖有能將將之才. 豈爲漢用哉.
설사육국지후부립, 인인각회기구, 즉수유능장장지재. 기위한용재.
만약 진시황(秦始皇)에게 패한 6국의 후손들이 다시 왕으로 옹립되었더라면, 각자 고국으로 돌아갈 생각을 품었을 것입니다. 그러니 한 고조(漢 高祖)가 비록 장수를 잘 통솔하는 재능이 있다고 하더라도 이들이 어찌 한(漢)나라를 위해 충성을 바쳤겠습니까?

設(설) 베풀다. 설치하다. 使(사) ~하게 하다. 六國之後(육국지후) 6국의 후손들. 復立(부립) 다시 왕으로 옹립하다. 人人各(인인각) 사람마다 각각. 懷(회) 생각을 품다. 其舊(기구) 그 옛날. 則(즉) 곧. 雖

361) 陳平(진평). 장수의 이름. 지략은 뛰어나지만 자신이 섬기던 항우에 대해 불만을 품고 유방에게 귀순한 한나라의 장수. 항우의 모사인 범증을 제거하는 계책을 내는 등 결정적 공헌을 많이 하였음.

(수) 비록. 有能(유능) 능력이 있다. 將將之才(장장지재) 장수를 잘 통제하는 재능. 豈(기) 어찌. 爲(위) ~하다. 漢(한) 한나라. 用(용) 쓰다. 哉(재) 어조사.

臣謂, 漢得天下, 由張良借箸之謀, 蕭何漕輓之功也.
신위, 한득천하, 유장량차저지모, 소하조만지공야.
신은 한 고조(漢 高祖)가 천하를 얻은 것은 장량(張良)의 차저지모(借箸之謀)362)와 소하(蕭何)가 전쟁물자를 배와 수레로 나른 덕이라고 생각합니다.

臣(신) 이정 자신을 말함. 謂(위) 말하다. 漢得天下(한득천하) 한나라가 천하를 얻은 것은. 由(유) 말미암다. 張良(장량) 장수이름. 借箸之謀(차저지모) 젓가락을 빌려서 모의를 짜다. 蕭何(소하) 유방의 신하. 漕輓之功(조만지공) 소하는 후방에서 전쟁터로 전쟁물자들을 실어 나르는 총 책임자로서 역할을 충실히 하였기 때문이라는 의미임. 漕=배로 실어 나르다. 輓=수레를 끌다.

以此言之, 韓彭見誅, 範增不用, 其事同也. 臣故謂 劉項 皆非將將之君.
이차언지, 한팽견주, 범증불용, 기사동야. 신고위 류항 개비장장지군.
이것으로 미루어 말씀드리자면, 한신(漢臣)과 팽월(彭越)이 한 고조(漢 高祖) 유방(劉邦)에게 죽임을 당한 것이나 범증(范增)이 항우(項羽)로부터 버림받은 것은 모두가 같은 맥락입니다. 그러므로 신은 유방(劉邦)과 항우(項羽)가 모두 장수를 잘 통솔한 군주가 아니라고 말씀드리는 것입니다.

以此(이차) 이것으로 보아. 言之(언지) 말씀드리자면. 韓(한) 한신. 사람 이름. 彭(팽) 팽월. 사람이름. 見誅(견주) 죽임을 당하다. 範增(범증) 항우의 모사. 진평의 계책에 넘어가 항우에게 버림받음. 不用(불용) 쓰이지 못하다. 其事(기사) 그 일들은. 同也(동야) 같은 일이다. 臣(신) 이정 자신을 말함. 故(고) 고로. 謂(위) 말하다. 劉(유) 유방. 項(항) 항우. 皆(개) 다. 모두. 非將將之君(비장장지군) 장수를 잘 통솔하던 군주가 아니다.

---

362) 차저지모(借箸之謀). 유방이 항우와의 전투에서 번번이 패하자, 역이기(酈食其)가 건의한 '6국의 후손을 왕으로 봉해주어 각기 지역을 지키게 하면 항우의 세력을 약화할 수 있다'는 계획을 장량에게 설명했다. 그러자 밥을 먹던 장량이 유방의 젓가락을 빌려 계산하면서, 그렇게 하면 대왕을 따르는 자들이 모두 돌아가 옛 군주를 섬기게 될 것이라고 하며 중지시켰다. 차저지모는 이 이야기에서 유래되었다. 계책이란 말은 원래 산대를 가지고 계산해 본다는 뜻에서 나왔으므로, 젓가락으로 산대를 삼아 계산해 보겠다고 말한 것이다.

太宗曰, 光武中興, 能保全功臣, 不任以吏事, 此則善於將將乎.
태종왈, 광무중흥, 능보전공신, 불임이리사, 차즉선어장장호.
태종(太宗)이 말하였다. 한(漢)나라 광무제(光武帝)는 한(漢)나라를 중흥시킨 다음, 한 고조(漢 高祖)의 실패를 거울삼아 공신들을 잘 보전해주는 대신 이들에게 일체의 나랏일에 관한 것은 임무를 주지 않았는데, 이것은 장수를 잘 통솔한 것이라 말할 수 있겠소?

太宗曰(태종왈) 태종이 말하다. 光武(광무) 한나라 광무제. 中興(중흥) 나라를 중흥시키다. 能(능) 능히 ~하다. 保全(보전) 안전하게 보호하다. 功臣(공신) 공신들. 不任(불임) 임무를 주지 않다. 以(이) 써. ~로써. 吏(리) 관리. 벼슬. 事(사) 일. 此(차) 이것. 則(즉) 곧. 善(선) 잘하다. 於(어) 어조사. 將將(장장) 장수를 잘 통제하다. 乎(호) 어조사.

靖曰, 光武雖藉前構, 易子成功. 然莽勢不下於項藉, 鄧寇未越於蕭曺.
정왈, 광무수자전구, 역자성공. 연망세불하어항자, 등구미월어소조.
이정(李靖)이 대답하였다. 광무제(光武帝)는 선대의 유업을 이어받아서 성공하기가 쉬웠다고는 하지만 당시 왕망(王莽)의 세력 또한 항우(項羽)에 못지않았고, 광무제(光武帝)의 신하였던 등우(鄧禹)363)와 구순(寇恂)364)은 한 고조(漢 高祖)의 신하였던 소하(蕭何)나 조참(曺參)을 넘지 못했습니다.

靖曰(정왈) 이정이 말하다. 光武(광무) 광무제는. 雖(수) 비록. 藉(자) 깔다. 前構(전구) 앞에서 얽어 놓은 것. 선대의 유업을 말함. 易(이) 쉽다. 子(자) 아들. 成功(성공) 성공하다. 然(연) 그러하다. 그러나 莽(망) 왕망. 한나라에 대응하던 장수. 勢(세) 기세. 세력. 不下(불하) 아래가 아니다. 於(어) 어조사. 項(항) 항우. 藉(저) 깔다. 鄧(등) 등우. 寇(구) 구순. 未越(미월) 넘지 못하다. 於(어) 어조사. 蕭(소) 한고조의 신하였던 소하를 말함. 曺(조) 한고조의 신하였던 조참을 말함.

獨能推赤心, 用柔治, 保全功臣, 賢於高祖遠矣.
독능추적심, 용유치, 보전공신, 현어고조원의.
그런데도 광무제(光武帝)는 사람들을 성심으로 대하여 민심을 얻었고, 유화책을 써서 공신

363) 등우(?~58) : 자는 중화이며 남양 신야 출신으로 지략이 뛰어난 인물. 유수가 후한의 황제에 오른 후 대사도를 맡아 일등 공신이 되고, 고밀후에 봉해졌다.

364) 구순(?~58) : 자는 자익이며 상곡 창평 출신. 공무제인 유수를 도와 주요 인물을 포섭하고 영천과 여남의 태수로 있으면서 인심을 수습하였으며, 옹노후에 봉해졌다.

들을 잘 보전하였으니, 한 고조(漢 高祖)보다 훨씬 뛰어난 인물이라고 할 수 있습니다.

獨(독) 홀로. 能(능) 능히 ~하다. 推(추) 옮다. 赤心(적심) 거짓이 없는 참된 마음. 用(용) 쓰다. 柔(유) 부드럽다. 治(치) 다스리다. 保全(보전) 보전하다. 功臣(공신) 공이 있는 신하. 賢(현) 어질다. 현명하다. 於高祖(어고조) 한 고조에 비해. 遠(원) 멀다. 차이가 있다. 矣(의) 어조사.

以此論將將之道, 臣調光武得之.
이차론장장지도, 신조광무득지.
이것을 가지고 어느 군주가 장수를 더 잘 통솔했었는지를 논한다면, 신은 한 고조(漢 高祖)와 광무제(光武帝) 중에서는 광무제(光武帝)를 고르겠습니다.

以此(이차) 이것만 가지고. 論(논) 논하다. 將將之道(장장지도) 장수를 통솔하는 방법. 臣(신) 이정 자신을 말함. 調(조) 고르다. 光武(광무) 광무제. 得之(득지) 얻다.

太宗日, 古者出師命將, 齋三日, 授之以鉞日, 從此至天, 將軍制之.
태종왈, 고자출사명장, 재삼일, 수지이월왈, 종차지천, 장군제지.
태종(太宗)이 물었다. 옛날에 군주가 출병하기 위하여 장수를 임명하면, 사흘 동안 목욕재계하고 군주의 권위를 상징하는 도끼(鉞)를 임명된 장수에게 주면서 이르기를 '여기 이 도끼날로부터 하늘에 이르기까지 모든 것을 장군이 통제하라.' 하였소.

太宗日(태종왈) 태종이 말하다. 古者(고자) 옛날에. 出師(출사) 군사를 출병시키다. 命將(명장) 장수를 임명하다. 齋(제) 목욕재개하다. 三日(삼일) 사흘 동안. 授(수) 주다. 以鉞(이월) 도끼를. 日(왈) 말하다. 從(종) 따르다. 此(차) 이것. 至天(지천) 하늘까지. 將(장) 장수. 軍(군) 군대. 制(제) 통제하다.

又授之以斧日, 從此至地, 將軍制之. 又推其轂日, 進退唯時.
우수지이부왈, 종차지지, 장군제지. 우추기격왈, 진퇴유시.
또한, 생사에 관한 지휘권을 상징하는 도끼(斧) 하나를 더 주면서 말하기를 '이 도끼날로부터 땅에 이르기까지 모든 것을 장군이 통제하라'고도 하였소. 또한, 친히 장수가 탈 수레의 바퀴를 밀면서 '군의 전진과 후퇴는 오로지 전쟁터의 상황에 맞추어서 하라'고 당부하면서 부대 운영의 재량권을 온전히 장수에게 일임하였소.

又(우) 또. 授(수) 주다. 以斧(이부) 도끼를. 日(왈) 말하다. 從(종) 따르다. 此(차) 이것. 至地(지지) 땅속 깊이까지. 將(장) 장수. 軍(군) 군대. 制(제) 통제하다. 又(우) 또. 推(추) 옮다. 其(기) 그. 轂(격)

굴대가 서로 부딪히다. 曰, 進退(진퇴) 나아가고 후퇴하다. 唯(유) 오직. 時(시) 때.

旣行, 軍中但聞將軍之令, 不聞君命.
기행, 군중단문장군지령, 불문군명.
그리하여, 장수가 일단 출정한 뒤에는 전군이 오직 장수의 지휘에만 따르고, 군주의 명령이라 할지라도 따르지 않는 경우가 있었다 하오.

旣(기) 이미. 行(행) 행하다. 출정하다. 軍中(군중) 군에서는. 但(단) 다만. 聞(문) 듣다. 將軍之令(장군지령) 장수의 명령. 不聞(불문) 듣지 않는다. 君命(군명) 군주의 명령.

朕謂此禮久廢, 今欲與卿參定遣將之儀, 如何.
짐위차례구폐, 금욕여경참정견장지의, 여하.
짐이 생각건대 이러한 예법이 오랫동안 폐기되어 있었소. 그래서 짐은 경들과 더불어 옛 의식을 참고하여 장수를 전쟁터로 보낼 때의 의식을 제정하고자 하는데, 어떻게 생각하는가?

朕(짐) 태종 자신을 말함. 謂(위) 말하다. 此禮(차례) 이러한 예법. 이러한 의식. 久(구) 오래. 廢(폐) 폐지되다. 今(금) 지금. 欲(욕) ~하고자 하다. 與(여) 더불어. 卿(경) 태종이 신하들을 부르는 말. 參(참) 참고하다. 定(정) 정하다. 遣將(견장) 장수를 임명하여 보내다. 儀(의) 예의. 풍속. 如何(여하) 어떠한가?

靖曰, 臣竊謂, 聖人制作, 致齋於廟者, 所以假威於神也.
정왈, 신절위, 성인제작, 치재어묘자, 소이가위어신야.
이정(李靖)이 대답하였다. 신이 생각건대, 옛날 성인이 장수를 임명해서 전쟁터로 보내는 의식을 만들 때 목욕재계하고 종묘에서 행사를 주관한 것은 신의 위엄을 빌고자 함이었다고 생각합니다.

靖曰(정왈) 이정이 말하다. 臣(신) 이정 자신을 말함. 竊(절) 훔치다. 몰래. 조용하다. 謂(위) 말하다. 聖人(성인) 성인들이. 制作(제작) 제도를 만들다. 致(치) 보내다. 齋(제) 목욕재계하다. 於(어) 어조사. 廟(묘) 종묘. 者(자) ~하는 것. 所(소) ~하는 바. 以(이) 써. 로써. 假(가) 빌다. 威(위) 위엄. 於(어) 어조사. 神(신) 신.

授斧鉞, 而推其轂者, 所以委寄以權也.

수부월, 이추기격자, 소이위기이권야.

지휘권의 상징인 부월(斧鉞)을 주고, 장수가 탈 수레의 바퀴를 밀어주는 등의 의식은 군주로서 장수에게 그 권한을 위임한다는 뜻을 보이기 위해서였습니다.

授(수) 주다. 斧(부) 도끼. 鉞(월) 도끼. 推(추) 옮다. 其(기) 그. 轚(격) 굴대가 서로 부딪히다. 者(자) ~하는 것. 所(소) ~하는 바. 以(이) 써. 로써. 委(위) 맡기다. 寄(기) 주다. 權(권) 권한.

今陛下每有出師, 必與公卿議論, 告廟而後遣, 此則邀以神至矣.

금폐하매유출사, 필여공경의론, 고묘이후견, 차즉요이신지의.

지금 폐하께서는 출병할 때마다 반드시 조정 대신들과 함께 의논하시고 종묘에 고한 다음 군사를 파견하시니, 이렇게 신의 위령을 비는 것은 이미 그만하면 충분할 정도에 이르렀습니다.

今(금) 지금. 陛下(폐하) 폐하. 태종을 말함. 每(매) 매양. 有(유) 있다. 出師(출사) 출병. 출군. 必(필) 반드시. 與(여) 같이. 公卿(공경) 대신들을 말함. 議論(의논) 의논하다. 告(고) 고하다. 廟(묘) 종묘사직. 後(후) 그런 다음. 遣(견) 보내다. 此(차) 이것. 則(즉) 곧. 邀(요) 맞이하다. 以(이) ~로써. 써. 神(신) 신. 至(지) 이르다. 矣(의) 어조사.

每有任將, 必使之便宜從事, 此則假以權重矣.

매유임장, 필사지편의종사, 차즉가이권중의.

또한 장수를 임명하실 때마다 반드시 장수의 편의에 따라 군무를 처리할 수 있도록 장수에게 권한을 위임해 주시니, 장수에게 이렇게 중요한 권한을 빌려주신 것만으로도 충분합니다.

每(매) 매양. 有(유) 있다. 任(임) 임명하다. 將(장) 장수를. 必(필) 반드시. 使(사) ~하게 하다. 便宜(편의) 편의. 從(종) 좇다. 事(사) 일. 此(차) 이. 則(즉) 곧. 假(가) 빌다. 以(이) 써. 權(권) 권한. 重(중) 무겁다. 소중하다. 矣(의) 어조사.

何異於致齋推轂邪, 盡合古禮, 其義同焉, 不須參定.

하이어치재추곡사, 진합고례, 기의동언, 불수참정.

폐하께서 매번 이렇게 장수를 파견 보낼 때마다 해주시니, 옛날 장수를 임명하여 전쟁터로 보낼 때마다 목욕재계하고 임명식을 거행하며, 출정식에서 장수가 탈 수레바퀴를 밀어주던 예식과 어찌 다를 것이 있겠습니까? 모두 옛날의 예법에 부합하기도 하며, 그 뜻은 모두 같은 것입니다. 굳이 예법을 참작하여 다시 제정할 필요가 없을 듯합니다.

何(하) 어찌. 異(리) 다르다. 於(어) 어조사. 致(치) 보내다. 齋(재) 목욕재계하다. 推(추) 옮다. 轂(곡) 수레바퀴통. 邪(사) 어긋나다. 盡(진) 다하다. 合(합) 합치하다. 古禮(고례) 옛날 예법. 其義(기의) 그 뜻은. 同(동) 같다. 焉(언) 어조사. 不(불) 아니다. 須(수) 모름지기. 參(참) 참고하다. 定(정) 정하다.

上曰, 善. 乃命近臣, 書此二事, 爲後世法.
상왈, 선. 내명근신, 서차이사, 위후세법.
태종은 '옳은 말이오'라고 하고, 측근의 신하에게 명하여 종묘에 고하는 의식과 장수에게 당부하는 두 가지 일을 기록하여, 후세의 법으로 삼게 하였다.

上曰(상왈) 태종이 말하다와 같은 뜻임. 여기서 上은 윗사람 즉 태종을 말함. 善(선) 좋다. 잘했소. 乃(내) 이에. 命(명) 명을 내리다. 近臣(근신) 가까이 있는 신하. 書(서) 책. 기록하다. 此(차) 이것. 二事(이사) 두 가지 일. 爲(위) ~하다. 後世(후세) 후세들에게. 法(법) 법으로 만들다.

太宗曰, 陰陽術數, 廢之可乎.
태종왈, 음양술수, 폐지가호.
태종(太宗)이 물었다. 용병을 함에 있어서 음양설에 입각한 술수는 폐지하는 것이 좋지 않겠소?

太宗曰(태종왈) 태종이 말하다. 陰陽(음양) 음양에 대한. 術數(술수) 술책. 술수. 廢之(폐지) 그것을 폐하다. 可乎(가호) 가능한가?

靖曰, 不可. 兵者詭道也.
정왈, 불가. 병자궤도야.
이정(李靖)이 대답하였다. 폐지하는 것은 옳지 않습니다. 용병술은 원래 속임수를 근본으로 삼습니다.

靖曰(정왈) 이정이 말하다. 不可(불가) 불가하다. 兵者(병자) 용병은. 詭(궤) 속이다. 道(도) 방법.

托之以陰陽術數, 則使貪使愚, 玆不可廢也.
탁지이음양술수, 즉사탐사우, 자불가폐야.
음양설에 의한 술수를 잘 활용한다면, 탐욕스러운 자나 어리석은 자를 질 부릴 수 있으니,

이를 폐지해서는 안 됩니다.

托(탁) 밀다. 잘 활용하다. 以陰陽術數(이음양술수) 음양의 술수를. 則(즉) 곧. 使貪(사탐) 탐욕스런 자를 부릴 수 있다. 使愚(사우) 어리석은 자를 부릴 수 있다. 玆(자) 이에. 不可(불가) 불가하다. 廢(폐) 폐기하는 것.

太宗曰, 卿嘗言, 天官時日, 明將不法, 闇者拘之, 廢亦宜然.
태종왈, 경상언, 천관시일, 명장불법, 암자구지, 폐역의연.
태종(太宗)이 말하였다. 경은 일찍이 병법에 밝은 장수는 천관이 알려주는 일진이나 음양의 법칙에 따르지 않고, 병법에 대해 어두운 장수나 그런 것들에 구애를 받는다고 하지 않았소. 그러니 폐지하는 것이 마땅한 것 아니오?

太宗曰(태종왈) 태종이 말하다. 卿(경) 태종이 이정을 부르는 호칭. 嘗(상) 일찍이. 言(언) 말하다. 天官時日(천관시일) 천관이라는 천문을 관장하는 관리가 보는 일진을 말함. 明將(명장) 이치에 밝은 장수. 不法(불법) 법칙을 따르지 않는다. 闇者(암자) 병법에 어두운 장수. 拘(구) 구애를 받다. 廢(폐) 폐하다. 亦(역) 또. 宜(의) 마땅하다. 然(연) 그러하다.

靖曰, 昔紂以甲子日亡, 武王以甲子日興,
정왈, 석주이갑자일망, 무왕이갑자일흥,
이정(李靖)이 대답하였다. 옛날 은(殷)나라 주왕(紂王)은 갑자일에 망했고, 주(周)나라 무왕(武王)은 갑자일에 흥했습니다.

靖曰(정왈) 이정이 말하다. 昔(석) 옛날. 紂(주) 은나라 주왕. 以甲子日(이갑자일) 갑자일에. 亡(망) 망하다. 武王(무왕) 주나라 무왕. 以甲子日(이갑자일) 갑자일에. 興(흥) 흥하다.

天官時日, 甲子一也. 殷亂周興, 興亡異焉.
천관시일, 갑자일야. 은란주흥, 흥망이언.
이는 일진으로 보면 똑같은 갑자일인데, 은(殷)나라는 망하고 주(周)나라는 흥한바, 흥하고 망하는 것이 서로 달랐습니다.

天官時日(천관시일) 천관이 일려주는 일진. 甲子一也(갑자일야) 갑자라는 것은 하나이다. 殷亂(은란) 은나라는 혼란하고. 周興(주흥) 주나라는 흥했다. 興亡(흥망) 흥하고 망하다. 異(이) 다르다. 焉(언) 어조사.

又宋武帝以往亡日起兵, 軍吏以爲不可.

우송무제이왕망일기병, 군리이위불가.

또, 송(宋)나라 무제(武帝)는 음양설에서 불길하다고 하는 왕망일(往亡日)에 군사를 일으켰습니다. 이때 군의 주요 지휘관들은 왕망일(往亡日)에 군사를 일으키는 것은 안 된다고 말했습니다.

又(우) 또. 宋武帝(송무제) 송나라 무제는. 以往亡日(이왕망일) 가면 망하는 날에. 起兵(기병) 군사를 일으키다. 軍吏(군리) 군의 간부들. 以(이) 써. 로써. 爲(위) ~하다. 不可(불가) 불가하다.

帝曰, 我往彼亡, 果克之. 由此言之, 可廢明矣.

제왈, 아왕피망, 과극지. 유차언지, 가폐명의.

그러나 무제(武帝)는 왕망일(往亡日)이란 것은 우리가 가면(往) 저들이 망하는(亡) 날(日)을 말하는 것이라고 하면서 군사를 일으킨 결과, 대승을 거두었습니다. 이러한 사례들을 보면, 음양가의 길흉설은 폐지하여야 함이 분명합니다.

帝曰(제왈) 무제가 말하다. 我往(아왕) 내가 가면. 彼亡(피망) 저들이 망한다. 由(유) 말미암다. 此言之(차언지) 이런 말들. 可(가) 가능하다. 廢(폐) 폐하다. 明(명) 밝다. 矣(의) 어조사.

然而田單爲燕所圍, 單命一人爲神, 拜而祠之, 神言燕可破,

연이전단위연소위, 단명일인위신, 배이사지, 신언연가파,

그러나 제 나라 전단(田單)의 군사들이 연(燕)나라 군사들에게 포위되었을 때, 전단(田單)은 명을 내려 병사 한 명을 신(神)으로 분장시켜 절을 하며 제사를 지내게 해서 신으로 분장한 병사가 연(燕)나라 군대는 가히 격파할 수 있다고 말하게 하는 방법으로 군사들의 사기를 올렸습니다.

然(연) 그러하다. 田單(전단) 제나라의 종친, 장수. 연나라가 제나라를 침공하였을 때 연나라 군대를 물리친 바 있음. 爲(위) ~하다. 燕(연) 연나라. 연나라 군대. 所圍(소위) 포위하는 바. 單(단) 전단을 말함. 命(명) 명을 내리다. 一人(일인) 1명. 병사 1명. 爲神(위신) 신인 것처럼 만들다. 拜(배) 절하다. 祠(사) 제사를 지내다. 神(신) 신으로 만든 한 명. 言(언) 말하다. 燕(연) 연나라 군대를. 可(가) 가능하다. 破(파) 격파하다.

單於是以火牛出擊燕, 大破之. 此是兵家詭道, 天官時日, 亦猶此也.

단어시이화우출격연, 대파지. 차시병가궤도, 천관시일, 역유차야
이어서, 전단(田單)은 쇠꼬리에 횃불을 달아 적진으로 내보내는 전술을 구사해 연(燕)나라 군을 대파하였습니다. 이것이 바로 병가에서 말하는 속임수로써, 천관에서 말하는 일진과 같은 음양에 대한 술수도 오히려 이처럼 잘 활용할 수도 있습니다.

單(단) 전단을 말함. 於(어) 어조사. 是(시) 옳다. 이것. 以火牛(이화우) 불을 매달아 놓은 소를. 出(출) 나가게 하다. 擊(격) 치다. 燕(연) 연나라 군대. 大破(대파) 크게 격파하다. 此(차) 이것. 是(시) 옳다. 이. 兵家(병가) 병학가. 詭道(궤도) 속이는 방법. 天官時日(천관시일) 천관에서 알려주는 일진을 말함. 亦(역) 역시. 猶(유) 오히려. 此(차) 이것.

太宗曰, 田單托神怪而破燕, 太公焚蓍龜而滅紂, 二事相反, 何也.
태종왈, 전단탁신괴이파연, 태공분시귀이멸주, 이사상반, 하야.
태종(太宗)이 말하였다. 전단(田單)은 신으로 분장시키는 기이한 방법을 이용해서 연나라 군대를 격파하였지만, 태공은 길흉을 점치는 데 사용하는 시초와 거북껍질을 불태워 버리고, 진격해서 은나라 주왕을 멸망시켰소. 이 두 가지 사례는 서로 반대인데, 이것은 무슨 까닭이오?

太宗曰(태종왈) 태종이 말하다. 田單(전단) 제나라 전단을 말함. 托(탁) 밀다. 神(신) 신. 怪(괴) 기이하다. 破(파)격파하다. 燕(연) 연나라. 太公(태공) 태공망 강태공을 말함. 焚(분) 불사르다. 蓍(시) 점을 칠 때 사용하는 도구중의 하나. 龜(귀) 거북. 滅(멸) 멸하다. 紂(주) 은나라 주왕. 二事(이사) 두 가지 일은. 相反(상반) 서로 반대다. 何也(하야) 어찌 된 일인가?

靖曰, 其機一也. 或逆而轉之, 或順而行之, 是也.
정왈, 기기일야. 혹역이전지, 혹순이행지, 시야.
이정(李靖)이 대답하였다. 두 가지의 기본 틀은 동일합니다. 한쪽은 그것을 역으로 이용하였고, 다른 한쪽은 그대로 하였을 뿐입니다.

靖曰(정왈) 이정이 말하다. 其(기) 그. 機(기) 틀. 一(일) 하나. 或(혹) 혹은. 逆(역) 반대. 轉(전) 구르다. 변하다. 或(혹) 혹은. 順(순) 순응하다. 순방향. 行(행) 행하다. 是(시) 옳다.

昔太公佐武王, 至牧野, 遇雷雨, 旗鼓毀折. 散宜生欲卜吉而後行.
석태공좌무왕, 지목야, 우뇌우, 기고훼절. 산의생욕복길이후행.

태공(太公)이 무왕(武王)과 함께 은(殷)나라를 정벌하기 위하여 군대를 이끌고 목야(牧野)에 이르렀을 때, 갑자기 폭풍우를 만나 깃발이 찢기고 북이 파손되었습니다. 그러자 산의생(散宜生)365)은 길흉을 점쳐보고 행군을 하자고 하였습니다.

昔(석) 옛날에. 太公(태공) 강태공. 佐(좌) 돕다. 武王(무왕) 무왕. 至(지) 이르다. 牧野(목야) 지명. 遇(우) 만나다. 雷雨(뇌우) 번개와 비. 旗(기) 깃발. 鼓(고) 북. 毁(훼) 헐다. 折(절) 꺾이다. 散宜生(산의생) 사람 이름. 欲(욕) ~하고자 한다. 卜吉(복길) 길흉을 점치다. 後行(후행) 후에 행군하다.

此則因軍中疑懼, 必假卜以問神焉.
차즉인군중의구, 필가복이문신언.
이는 당시 장병들이 의구심을 품고 있었기 때문에, 신에게 묻는 방법을 통해서 점괘를 빌어서라도 군사들의 의구심을 풀고자 했던 것입니다.

此(차) 이것. 則(즉) 곧. 因(인) ~로 인하여. 軍中(군중) 군중에. 疑懼(의구) 의구심을 가지다. 必(필) 반드시. 假卜(가점) 점을 가짜로 보다. 以(이) ~로써. 問(문) 묻다. 神(신) 신. 焉(언) 어조사.

太公以爲, 腐草枯骨無足問, 且以臣伐君, 豈可再乎.
태공이위, 부초고골무족문, 차이신벌군, 기가재호.
그러나 태공(太公)은 '썩은 풀이나 말라빠진 뼛조각에 무엇을 물어본단 말인가? 그리고 제후국인 주 나라가 천자국인 은나라를 정벌하는 것은 신하가 임금을 치는 것과 같은 일인데, 어찌 후일을 기다릴 수 있겠는가?' 하면서 그대로 강행하였습니다.

太公以爲(태공이위) 태공은 이렇게 했습니다. 腐草(부초) 썩은 풀. 枯骨(고골) 마른 뼈. 無(무) 없다. 足(족) 족하다. 問(문) 묻다. 且(차) 또. 以臣(이신) 신하가. 伐君(벌군) 군주를 벌하다. 豈(기) 어찌. 可(가) 가능하다. 再(재) 다시. 乎(호) 어조사.

然觀散宜生發機於前, 太公成機於後, 逆順雖異, 其理致則同.
연관산의생발기어전, 태공성기어후, 역순수이, 기리치즉동.
이는 자세히 살펴보면, 처음에 산의생(散宜生)이 임기응변술을 구사하였고, 나중에 태공(太公)이 그것으로 결말을 지은 것임을 알 수 있었습니다. 산의생(散宜生)이 점괘를 인정한 것

365) 산의생(散宜生). 은나라 주왕에게 미녀를 바쳐 주나라 문왕을 구해낸 바 있는 인물.

과 태공(太公)이 점괘를 부정한 것은 서로 다르나, 임기응변한 것은 마찬가지입니다.

然(연) 그러하다. 觀(관) 보다. 散宜生(산의생) 사람이름. 發(발) 쏘다. 떠나다. 보내다. 機(기) 틀. 於前(어전) 먼저. 太公(태공) 태공망. 成(성) 이루다. 機(기) 틀. 於後(어후) 나중. 逆順(역순) 음양의 술수를 쓰는 것을 거스르거나 순응하는 것. 雖(수) 비록. 異(이) 다르다. 其(기) 그. 理(리) 이치. 致(치) 이르다. 則(즉) 곧. 同(동) 같다. 그 이치는 같다.

臣前所謂術數不可廢者, 蓋存其機於未萌也. 及其成功, 在人事而已.
신전소위술수불가폐자, 개존기기어미맹야. 급기성공, 재인사이이.
신이 앞에서 음양설에 의한 술수를 폐지해서는 안 된다고 말한 것은 전투하다 보면 승리를 위한 결정적인 계기가 아직 싹이 트지 않은 상황일 때 이를 적절히 활용할 수도 있기 때문입니다. 즉, 음양설에 의한 술수를 쓰는 것도 오로지 사람에 달린 것입니다.

臣(신) 신하. 前(전) 앞. 所謂(소위) 이른바. 術數(술수) 음양에 의한 술수. 不可(불가) 불가하다. 廢者(폐자) 폐기하는 것. 蓋(개) 덮다. 存(존) 있다. 其(기) 그. 機(기) 틀. 승리에 필요한 계기. 於(어) 어조사. 未(미) 아직. 萌(맹) 싹이 트다. 及(급) 미치다. 其(기) 그. 成功(성공) 성공. 在(재) 있다. 달려 있다. 人事(인사) 사람의 일. 已(이) 이미.

太宗曰, 當今將帥, 唯李勣道宗薛萬徹, 除道宗以親屬外, 孰堪大用.
태종왈, 당금장수, 유리적도종설만철, 제도종이친속외, 숙감대용.
태종(太宗)이 물었다. 현재 우리나라에서 이름이 있는 장수는 이세적(李世勣) · 이도종(李道宗) · 설만철(薛萬徹) 이 세 사람뿐이오. 이 중에서 이도종(李道宗)은 황실의 친족이므로 논외로 하고, 나머지 두 사람 중에 누가 큰 임무를 감당할만한 인물이오?

太宗曰(태종왈) 태종이 말하다. 當今將帥(당금장수) 지금의 장수들은. 唯(유) 오로지. 李勣(이적) 이세적. 道宗(도종) 이도종. 薛萬徹(설만철) 사람 이름. 除(제) 제외하다. 以親屬(이친속) 황실의 친족이기 때문에. 外(외) 제외하다. 孰(숙) 누구. 堪(감) 견디다. 大用(대용) 크게 쓰이다.

靖曰, 陛下嘗言, 勣道宗用兵, 不大勝, 亦不大敗. 萬徹若不大勝, 卽須大敗.
정왈, 폐하상언, 적도종용병, 부대승, 역부대패. 만철약부대승, 즉수대패.
이정(李靖)이 대답하였다. 폐하께서 일찍이 말씀하시기를 이세적(李世勣)과 이도종(李道宗)은 크게 승리를 거두지도 못하고 또한 크게 패배를 당한 적이 없고, 설만철(薛萬徹)은 크게 승리하지 못하면 크게 패할 것이라고 하셨습니다.

靖曰(정왈) 이정이 말하다. 陛下(폐하) 폐하. 嘗(상) 일찍이. 言(언) 말하다. 勣(적) 이세적. 道宗(도종) 이도종. 用兵(용병) 용병술. 不大勝(부대승) 크게 이기지도 못하고. 亦(역) 또한. 不大敗(부대패) 크게 패하지도 않았다. 萬徹(만철) 설만철. 若(약) 만약. 不大勝(부대승) 크게 이기지도 못하다. 卽(즉) 곧. 즉. 須(수) 모름지기. 大敗(대패) 크게 패하다.

臣愚思聖言, 不求大勝, 亦不求大敗者, 節制之兵也.
신우사성언, 불구대승, 역불구대패자, 절제지병야.

신이 폐하의 말씀을 듣고 깊이 생각해보니, 크게 승리를 거두지도 못하고 또한 크게 패배를 당하지도 않는 자가 절도 있는 군대를 운용할 줄 아는 자입니다.

臣(신) 신하. 이정 자신을 말함. 愚思(우사) 어리석은 생각. 聖言(성언) 성스러운 말씀. 不求大勝(불구대승) 크게 승리를 거두지도. 亦不求大敗者(역불구대패자) 또한 크게 패하지도 않는 자. 節制之兵也(절제지병야) 절도 있는 용병을 하는 자입니다.

或大勝或大敗者, 幸而成功者也.
혹대승혹대패자, 행이성공자야.

그러나 크게 승리하기도 하고 또한 크게 패하기도 하는 자는 요행으로 성공하는 자입니다.

或(혹) 간혹. 大勝(대승) 크게 이기고. 或(혹) 간혹. 大敗者(대패자) 크게 패하는 자. 幸(행) 요행. 成功者(성공자) 성공하는 자.

故孫武雲, 善戰者, 立於不敗之地, 而不失敵之敗也, 節制在我云爾.
고손무운, 선전자, 입어불패지지, 이불실적지패야, 절제재아운이.

그러므로 손무(孫武)가 말하기를 전쟁을 잘 수행하는 자는 우선 아군이 패하지 않도록 대처한 다음, 적에게 패할 만한 허점이 발견되면 즉시 공격하고, 기회를 놓치지 않는다고 하였습니다. 이것은 용병에 있어 절제가 있어야 함을 말한 것입니다.

故(고) 고로. 孫武雲(손무운) 손무가 말하다. 善戰者(선전자) 잘 싸우는 자. 立(입) 서다. 於(어) 어조사. ~에. 不敗之地(불패지지) 지지 않을 처지. 不失(불실) 놓치지 않는다. 敵之敗(적지패) 적을 패배시킬 수 있는. 節制(절제) 절도. 在我(재아) 나에게 있다. 云爾(운이) 어조사.

太宗日, 兩陳相臨, 欲言不戰, 安可得乎.
태종왈, 양진상임, 욕언부전, 안가득호.
태종(太宗)이 말하였다. 양쪽 진영이 서로 대치하고 있는 상황에서 서로 말로는 결전을 피하고 싶다고 하는데, 어떻게 그것이 가능하겠는가?

太宗日(태종왈) 태종이 말하다. 兩陳(양진) 양쪽 진영이. 相臨(상임) 서로 전쟁터에 임해서. 欲(욕) ~하고자 한다. 言(언) 말로는. 不戰(부전) 싸우지 않는다. 安(안) 어찌. 可(가) 가능하다. 得(득) 얻다. 乎(호) 어조사.

靖日, 昔晉師伐秦, 交綏而退. 司馬法日, 逐奔不遠, 縱綏不及.
정왈, 석진사벌진, 교수이퇴. 사마법왈, 축분불원, 종수불급.
이정(李靖)이 대답하였다. 옛날 진(晉)나라 군대가 진(秦)나라를 토벌하러 갔을 때 두 진영이 서로 진영을 후퇴시키며 결전을 피하고 있었습니다. 사마법(司馬法)에 이르기를 패주하는 적을 멀리 추격하지 말고, 후퇴하는 적을 추격할 때에는 말고삐를 풀어 속히 달리게 하되, 적군을 완전히 섬멸하려고 하지는 말라고 하였습니다.

靖日(정왈) 이정이 말하다. 昔(석) 옛날에. 晉師(진사) 진나라 군사들이. 伐(벌) 토벌하다. 秦(진) 진나라. 交(교) 주고받았다. 綏(수) 편안하다. 退(퇴) 퇴각하다. 司馬法日(사마법왈) 사마법이 말하기를. 逐(축) 쫓다. 奔(분) 달리다. 不遠(불원) 멀리 가지 말라. 縱(종) 늘어지다. 綏(수) 고삐. 不及(불급) 미치지 말라.

臣謂, 綏者禦轡之索也. 我兵旣有節制, 彼敵亦正行伍, 豈敢輕戰哉.
신위, 수자어비지소야. 아병기유절제, 피적역정행오, 기감경전재.
신은 생각건대, 후퇴한다는 의미의 수(綏)자는 원래 말고삐라는 뜻도 가지고 있는데 이는 평소에 통제를 잘해야 한다는 뜻이기도 합니다. 후퇴하면서도 아군은 절도를 잘 지키고 있고 적군 역시 대오가 잘 정돈되어 있다면, 어찌 서로 함부로 싸울 수 있겠습니까?

臣(신) 이정을 말함. 謂(위) 말하다. 綏者(수자) 말고삐란. 禦(어) 제어하다. 轡(비) 말고삐. 索(소) 평소. 我(아) 나. 兵(병) 군사들. 旣(기) 이미. 有節制(유절제) 절도를 잘 지키다. 彼(피) 저. 敵(적) 적군. 亦(역) 역시. 또한. 正(정) 바르다. 行伍(행오) 행군하는 대오. 豈(기) 어찌. 敢(감) 감히. 輕(경) 경솔하게. 戰(전) 싸우다. 哉(재) 어조사.

故有出而交綏, 退而不逐, 各防其失敗者.
고유출이교수, 퇴이불축, 각방기실패자.
그러므로 출전했다가도 서로 후퇴하고, 적이 후퇴하더라도 끝까지 추격하지 않는다는 것은 비겁해서 싸우지 않는 것이 아니라 실수를 방지하기 위해서입니다.

故(고) 그러므로. 有出(유출) 출전하다. 交綏(교수) 서로 후퇴하다. 退(퇴) 후퇴하다. 不逐(불축) 추격하지 않다. 各(각) 각각. 防(방) 방어하다. 失(실) 실수. 敗(패) 패하다. 者(자) ~하는 것.

孫武雲, 勿擊堂堂之陳, 無邀正正之旗.
손무운, 물격당당지진, 무요정정지기.
손자병법(孫子兵法) 군쟁(軍爭) 편을 보면, '진용이 당당한 적진을 공격하지 말고, 깃발이 질서 정연한 적은 맞받아치지 말라'고 하였습니다.

孫武雲(손무운) 손무가 말하기를. 勿擊(물격) 치지 않는다. 堂堂(당당) 당당하다. 陣(진) 진영. 無(무) 없다. 邀(요) 맞이하다. 맞받아치다. 正(정) 바르다. 正(정) 바르다. 旗(기) 깃발.

若兩陳體均勢等, 苟一輕肆, 爲其所乘, 則或大敗, 理使然也.
약양진체균세등, 구일경사, 위기소승, 즉혹대패, 이사연야.
양쪽 진영의 전투력 비슷하고 군세가 대등할 경우, 한때 경솔하고 방자한 한 번의 실수로 적이 그 기회를 틈탄다면 우리가 크게 패할 우려가 있습니다. 이는 당연한 이치인 것입니다.

若(약) 같다. 兩陳(양진) 양쪽 진영이. 體均(체균) 전투력이 비슷하고. 勢等(세등) 기세가 대등하다. 苟(구) 진실로. 한때. 一(일) 한 번의. 輕(경) 경솔하다. 肆(사) 방자하다. 爲(위) ~하다. 其(기) 그. 所(소) ~하는 바. 乘(승) 올라타다. 기회를 틈타다. 則(즉) 곧. 或(혹) 혹은. 大敗(대패) 크게 패하다. 理(리) 이치. 使然(사연) 그렇게 된다.

是敵兵有不戰, 有必戰, 夫不戰者在我. 必戰者在敵.
시적병유부전, 유필전, 부부전자재아. 필전자재적.
이 때문에 용병할 때 싸우지 말아야 할 경우가 있고, 반드시 싸워야 할 경우가 있는 것입니다. 싸워서는 안 될 조건은 아군에게 있고, 반드시 싸워야 할 조건은 적에게 있습니다.

是(시) 이것. 敵兵(적병) 적의 군사. 有不戰(유부전) 적과 싸우지 말아야 할 경우가 있다. 有必戰(유필전) 반드시 적과 싸워야 할 경우가 있다. 夫(부) 무릇. 不戰者(부전자) 싸우지 않을 조건. 在我(재아) 나에게 달려 있다. 必戰者(필전자) 반드시 싸울 조건. 在敵(재적) 적에게 있다.

太宗曰, 不戰在我, 何謂也.

태종왈, 부전재아, 하위야.

태종(太宗)이 물었다. 싸워서는 안 될 조건이 아군에게 달려 있다는 것은 무슨 말이오?

太宗曰(태종왈) 태종이 말하다. 不戰(부전) 싸우지 않을 조건. 在我(재아) 나에게 달려 있다. 何謂也(하위야) 무슨 말인가?

靖曰, 孫武云, 我不欲戰者, 劃地而守之, 敵不得與我戰者, 乖其所之也.

정왈, 손무운, 아불욕전자, 획지이수지, 적부득여아전자, 괴기소지야.

이정(李靖)이 대답하였다. 손자병법(孫子兵法) 허실(虛實) 편에 보면, '내가 싸우지 않으려 하면 비록 땅에 선만 긋고 지킬지라도 적이 싸움을 걸지 못한다. 이는 적이 의도하는 바를 허물어뜨리는 것이다'고 하였습니다.

靖曰(정왈) 이정이 말하다. 孫武云(손자운) 손자가 말하기를. 我不欲戰(아불욕전) 내가 싸우고자 하지 않으면. 雖(수) 비록. 劃(획) 긋다. 선을 긋다. 地(지) 땅. 守(수) 지키다. 敵(적) 적 부대. 不得(부득) 얻지 못하다. 與(여) 함께하다. 我戰(아전) 나와 싸우는 것. 乖(괴) 어그러지다. 其所(기소) 그곳.

敵有人焉, 則交綏之間, 未可圖也, 故曰不戰在我.

적유인언, 즉교수지간, 미가도야, 고왈부전재아.

만약 적에게 유능한 인재가 있다면 적은 후퇴를 주고받는 사이에 공격하려고 일을 도모하지 않을 것입니다. 그러므로 싸워서는 안 될 조건을 아군에 있게 하여야 한다고 말한 것입니다.

敵(적) 적군. 有人(유인) 사람이 있다. 여기서 사람이란 유능한 인재를 의미함. 焉(언) 어조사. 則(즉) 곧. 交綏(교수) 間(간) 사이. 후퇴를 주고받는 사이. 未(미) 아니다. 아직. 可(가) 가능하다. 圖(도) 일을 도모하다. 故曰(고왈) 그러므로 ~라고 말하다. 不戰(부전) 싸우지 않을 조건은. 在我(재아) 아군에게 있다.

夫必戰在敵者, 孫武雲,

부필전재적자, 손무운,

또, 반드시 싸워야 할 조건은 적에게 달려 있다는 것을 손자병법(孫子兵法) 병세(兵勢) 편에서는 이렇게 말했다.

夫(부) 모름지기. 必戰(필전) 반드시 싸워야 할 조건. 在敵(재적) 적에게 있다. 者(자) ~하는 것. 孫武雲(손무운) 손자병법에서 말하기를.

善動敵者, 形之, 敵必從之, 予之, 敵必取之. 以利動之, 以本待之.
선동적자, 형지, 적필종지, 여지, 적필취지. 이리동지, 이본대지.
적을 잘 조종하는 자는 적에게 어떤 작전의도를 보여 주어 적이 반드시 그것에 속아 넘어가게 한 다음 그에 따라 대응하며, 적에게 어떤 이익을 던져 주어 적이 반드시 그것을 취하게 하도록 유도한다. 이처럼 이익으로 적을 유인하고 나서는 아군은 본래 태세로 되돌아가 적이 오기를 기다려야 한다'는 말로 설명하고 있습니다.

善(선) 잘하다. 動(동) 움직이다. 形(형) 부대의 태세. 敵(적) 적군. 必(필) 반드시. 從(종) 따르다. 予(여) 주다. 取(취) 취하다. 以(이) ~로써. 利(리) 이익. 動(동) 움직이다. 本(본) 근본. 待(대) 기다리다.

敵無人焉, 則必來戰, 吾得以乘而破之. 故曰, 必戰者在敵.
적무인언, 즉필래전, 오득이승이파지. 고왈, 필전자재적.
이때 만일 적측에 유능한 인물이 없다면, 적은 반드시 아군에게 싸움을 걸 것이니, 아군은 그 기회를 타서 반격하면 적을 무찌를 수 있을 것입니다. 그러므로 반드시 싸워야 할 조건은 적에게 있게 하여야 한다고 말한 것입니다.

敵(적) 적군. 無人(무인) 사람이 없다. 焉(언) 어조사. 則(즉) 곧. 必(필) 반드시. 來(래) 오다. 戰(전) 싸우다. 吾(오) 나는. 得(득) 얻다. 以乘(이승) 기회에 올라타다. 破之(파지) 격파하다. 故曰(고왈) 고로 말하기를. 必戰者(필전자) 반드시 싸우게 할 조건. 在敵(재적) 적에게 있다.

太宗曰, 深乎, 節制之兵, 得其法則昌, 失其法則亡.
태종왈, 심호, 절제지병, 득기법즉창, 실기법즉망.
태종(太宗)이 말하였다. 절도 있는 군대라는 말이 지닌 뜻이 참으로 심오하오! 그 이치나 법도를 얻으면 나라가 번창할 것이며, 얻지 못하면 나라가 패망할 것이오.

太宗曰(태종왈) 태종이 말하다. 深乎(심호) 심오하다. 節制之兵(절제지병) 절도가 있는 부대. 得(득) 얻다. 其法(기법) 그 이치. 그 방법. 則(즉) 곧. 昌(창) 번창하다. 失(실) 잃다. 其法(기법) 그 이치. 그 방

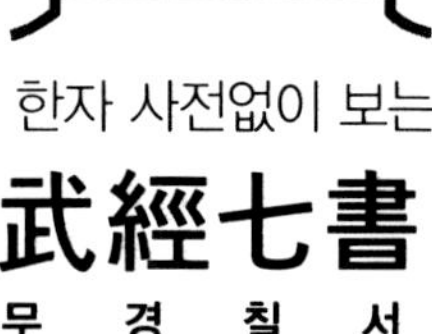

초 판 1쇄 인쇄일 2016년 11월 4일
개정판 1쇄 발행일 2019년 4월 15일
개정판 2쇄 발행일 2021년 7월 19일

지은이 김원태
펴낸이 양옥매
디자인 임흥순 송다희
교 정 조준경

펴낸곳 도서출판 책과나무
출판등록 제2012-000376
주소 서울특별시 마포구 방울내로 79 이노빌딩 302호
대표전화 02.372.1537 **팩스** 02.372.1538
이메일 booknamu2007@naver.com
홈페이지 www.booknamu.com
ISBN 979-11-5776-707-6 (03390)